한국군사사 연구

| 저자 약력

· 공군사관학교 및 공군대학 졸업
· 미국 공군통신학교 통신장교과정 수료
· 경희대학교 대학원 사학과 졸업
· 충남대학교 명예 군사학 박사
· 공군사관학교 교수부 군사학과장
· 공군대학 교수부 및 제2·3처장
· 국방대학원 교수 및 교수부 제3학처장
· 한국군사사학회 창설 및 초대 회장
· 현재 : 서라벌군사연구소장
충남대학교 평화안보대학원 겸임교수
공군사관학교 명예교수

1판 1쇄 2010년 07월 12일
1판 2쇄 2013년 03월 05일
발행인 정상철 **저자** 이종학
펴낸곳 충남대학교출판문화원 **주소** 대전광역시 유성구 대학로 79
전화 042-821-6045 **홈페이지** cnupress.cnu.ac.kr **E-mail** cnupress@cnu.ac.kr

ISBN 978-89-7599-352-7 93390
값 30,000원

한국군사사 연구

이종학 지음

충남대학교출판문화원

| 머리말 |

1981년 국방대학원에 재직하고 있을 때, 「현대 군사사의 연구방향」이라는 논문을 발표함으로써, 군사사(혹은 군사사학, military history)에 대한 이론정립을 시도했다. 즉 군사사는 군사이론(혹은 병법)과 역사학이 결합된 학문인 동시에 군사학(military art and science)의 이론적 기초이며 근원이다. 군사사의 연구대상은 전쟁사, 군사제도사·기술사, 국방사, 군대사 및 군사 사료편찬 등이다.

따라서 군인이 군사사를 연구하는 이유는 그에게 주어진 임무를 성공적으로 달성하기 위한 수단과 자료를 제공해 주기 때문이다. 장수로서의 나폴레옹(1769~1821)이 초기의 전투·전쟁에 있어서 혁혁한 승리를 획득한 원인은 그가 치밀한 전쟁사 연구가였다는 데서 비롯되었다. 그리하여 그는 다음과 같이 주장했다. "알렉산더, 한니발, 카이사르 … 프리데릭 대왕의 전쟁사를 몇 번이고 음미하여 정독하라. 그리고 그들을 본받으라. 이것만이 위대한 명장이 되는 유일한 길이자, 전쟁술의 비밀을 터득하는 방법이다."

저자는 군사사의 이론정립 후, 그것을 기초로 하여 한국사의 군사문제를 다루기 시작하여 그 연구 성과를 편집해서 『한국군사사 서설韓國軍事史序說』(1990)을 발간했으며, 거기서 "이 책이 앞으로 보다 섬세하고 체계적인 한국군사사 연구韓國軍事史研究를 위한 한 개의 디딤돌의 역할을 한다면 저자로서 그 이상의 기쁨이 없을 것이다"고 했다. 그러나 이 책도 그 후의 연구 성과를 편집했을 뿐이고, 조직적·체계적인 전체로서의 한국군사사의 연구가 아니라는 것을 밝혀둔다.

이 책에 수록해야 할 논문, 「광개토왕 비문 신묘년 기사廣開土王碑文 辛卯年記事」에 관한 상세한 내용과 「명량해전의 군사사학적 연구」는 작년에 발간한 『나의 학문과 인생』(2009)에 수록되어 있기 때문에, 책의 부피로 인해 삭제했음을 밝힌다.

일본 사학계는 '신묘년 기사'를 가지고 1889년 이후 지금까지 「임나일본부任那日本府」설說, 즉 일본열도의 왜倭가 4세기 중반부터 6세기 중반까지 200여 년 동안 한반도 남부지역을 지배했다는 논거로 삼아왔다. 그래서 저자는 군사사학적 연구방법으로 그들의 주장을 논

파하는 논문을 우리나라뿐만 아니라, 일본에서 발간하는 잡지, 즉『東アジアの古代文化』(81号, 1994 ; 85号, 1995 ; 創刊100号記念特大号, 1999),『日本及日本人』(創刊110年記念号, 1998) 그리고『日本戰略研究フォーラム會誌』(2008)에 발표했다.

최근 신문의 일면기사에서, "제2기 한·일 역사 공동연구위원회 최종 보고서 요약에 따르면, 양국 학자들은 서기 4~6세기 왜倭가 가야에 군대를 파견해 정치기관인 '임나일본부'를 세웠다는 설이 사실이 아니라는 데 합의했다."(조선일보, 2010. 3. 23.)는 보도 내용을 읽으면서 오랜만에 흐뭇한 생각이 들었다.

올해는 6·25전쟁이 발발한지 60년이 되며, 구소련이 붕괴되어 비밀문서의 공개로 인해 전쟁의 실상이 밝혀졌다. 즉, 6·25전쟁은 스탈린의 승인과 모택동이 동의하여 김일성이 일으킨 침략·대리전쟁이었다. 그럼에도 불구하고 북한은 또 지난 3월 천안함 침몰사건을 일으켰는데, 우리들의 안보의식을 각성시키는 계기로 삼아야 하리라. 저자는 지난 반세기 동안 군사사 연구에서 얻은 결론과 기본철학을 소개하면, 다음과 같다.

"평화를 바란다면, 전쟁을 이해하고 이에 대비하라 !"

이 책을 발간하는 데 협조하여 준 출판부장 이형권 교수와 출판부의 직원들에게 심심한 사의를 표하며, 특히 이 책의 원고를 정리·편집하여 준 최정화 연구위원에게 깊은 감사를 드린다.

2010년 6월

저자 이종학

—경주 풍석재에서—

| 목차 | 한국군사사 연구

한국군사사 연구

제 1 장

현대 군사사의 연구방향

1. 머리말

인간사회에 변화를 가져다주는 요인은 대단히 많지만 대체로 두 가지로 분류할 수 있다고 생각한다. 하나는 자연적 충격으로서 지진, 태풍, 화재 등이며, 다른 것은 인위적 충격으로서 폭동, 혁명, 질병 그리고 전쟁 등이다. 이 가운데서도 인간사회에 가장 큰 충격을 주는 것은 전쟁일 것이다.

일단 전쟁이 발발하면 전쟁은 우리의 생활을 지배한다. 1861년 미국의 어느 소설가가 쓴 것과 같이 전쟁이란 대폭풍우와 같은 것으로 누구에게나 불어 닥치고, 교회의 오르간과 뒤섞이고, 거리를 휩쓸고 가정에 침입하고 주점의 유리잔을 잡아 흔들고, 정치가의 흰 머리를 일으키고, 학원學園을 침범하고, 학자들의 책장을 뒤적인다. 전쟁은 노동과 의무, 개인적인 이상과 공공의 이념, 개인적인 선호와 사회적인 유대에 대해 우리가 얼마나 충성심을 가지고 있는가에 대해서 피할 수 없는 시련을 가해 온다. 전쟁은 결코 신의 작란作亂이 아니라, 개인, 정치가 및 국가의 성공과 실패로부터 직접 생기는 것이다.[1]

1) Edward M. Earle, ed., *Makers of Modern Strategy* (Princeton : Princeton University Press, 1943), p. vii.

요컨대, 전쟁은 국가정책의 결과인 것이다. 그리고 일단 민족과 국가의 운명이 무서운 전쟁의 심판에 맡겨지게 되면, 승리와 패배는 다같이 우리가 성공하느냐, 실패하느냐에 따라 결정되며, 패자는 승자의 의지意志 앞에 치욕적인 굴복을 당하고 만다.

이제, 우리 사회의 구성원 가운데 6·25전쟁의 비참한 시련을 체험한 사람들이 줄어들고 있으며, 반면에 전쟁의 실체를 모르고 또 그것에 대응하는 자세보다는 그것을 혐오하고 회피함으로써 미봉책을 삼으려는 사람도 존재할 가능성이 없지 않다. 우리들은 지난날의 인류의 기록, 그리고 우리 자신의 전쟁체험에 대한 기록을 통하여 성공과 실패의 교훈을 배움으로서만이 그 전철을 반복하지 않게 만들 것이다.

전쟁이란 오늘날에 와서 군인만의 독점무대가 아니라, 온 국민이 참여해야 소기의 성과를 얻을 수 있다. 그러나 우리들에게 지금 주어진 문제는 어떻게 전쟁준비를 해서 승리를 얻을 수 있는가 하는 문제도 대단히 중요하지만, 더 중요한 과제는 한반도에서의 전쟁을 억지하는 문제일 것이다. 이것을 알자면 먼 외국에 갈 것이 아니라, 우리의 생생한 6·25 전쟁에 대한 역사를 냉철히 분석 평가함으로써 거기서 우리들은 교훈을 얻을 수 있다.

그렇다면, 우리들은 과연 민족이 겪은 비참한 체험인 6·25전쟁사에 대해 어느 정도 연구했으며, 또 어느 정도 그 성과를 온 국민들에게 보급했고, 전쟁사戰爭史의 연구가 중요한 의의를 가지고 있다는 것을 깨닫게 하여 일반 대학의 교수들을 여기에 참여케 했는가? 이 질문에 대해 우리들은 해답에 앞서, 반성을 해야 할 것으로 생각하며, 또한 그러기 때문에 이 논문을 집필하게 되었다는 것을 솔직히 고백하지 않을 수 없다. 그래서 이 논문은 다음 내용을 다루고자 한다.

첫째, 군사사軍事史의 연구의의研究意義와 목적 그리고 효용성은 무엇인가?

둘째, 군사사의 개념, 즉 군사사, 전쟁사 및 전사戰史의 뜻은 무엇이며, 군사사의 연구범위를 정하는 것이다.

셋째, 군사사의 연구방법 및 연구상의 고려요인을 밝히는 일이다.

넷째, 군사사의 발전과정과 현대 군사사 연구의 전망을 살피고 우리의 나아갈 바를 밝히려고 한다.

2. 군사사 연구의 의의

가. 군사사 연구의 의의와 목적

역사가는 과거의 기록에서 역사적 변천과 의의 등을 규명한다. 그리하여 그것을 가지고 현재의 입장과 상황을 이해하고 나아가서 장래를 예지豫知하기 위해 논리적, 유형적 그리고 계속적 사실史實을 연구하고 분석·평가하지 않을 수 없다.

역사의 연구는 삶을 영위하는 환경의 시간, 공간의 제약으로부터 인간을 해방하고 선인先人들의 성공과 실패의 기록을 통하여 원인을 앎으로써 다음 세대를 위해 다시 과오를 범하지 않는 길을 발견케 하고, 또한 터득케 하는 데 있다. 그러나 시대가 변하면 상황과 조건이 달라지며 따라서 거기서 생기는 결과도 달라지게 마련이다. 그리고 역사는 반복하는 것이 아니라, 오히려 점차로 변화하는 방향으로 진행한다는 것을 잊어서는 안 된다.

기억이 개인의 기능이라고 한다면, 역사는 인류 전체의 기능이다. 건망증의 인간은 과거의 기억도 없고 현재의 자기의 행동도 알지 못하며 따라서 장래의 갈 바를 생각할 수도 없기 때문에 사회인으로서의 임무를 달성하기 어려우리라. 한편 역사에 관한 인식을 소홀하게 생각하는 국민은 건망증 환자와 마찬가지 존재라 해도 과언이 아니리라.

역사란 개인 또는 사회집단의 기록의 축적에서부터 국민은 과거의 경험에 대한 의의를 아는 동시에 장래에 대한 예측과 대응책을 수립하는 자료를 제공하는 것이다. 그리고 역사는 모든 인간에 있어서 사고思考의 수단이 된다. 그래서 과거의 위대한 정치가나 군인들은 역사에 대한 깊은 조예가 있었을 뿐만 아니라, 나름대로의 사관史觀도 확립했던 것이다.

군인이 군사사를 연구하는 이유는 그에게 주어진 임무를 성공적으로 달성하기 위한 수단과 자료를 제공해 주기 때문이다. 예컨대, 전략, 전술, 군수, 군사교리, 군사조직, 과학기술, 정치외교, 경제 등에 관하여 고찰할 때, 군사사는 많은 정보자료를 제공해 주는 것이다. 그리고 과거의 많은 경험의 축적에서부터 창조가 실현된다. 원래 창조는 무無에서 돌발적으로 발생하는 것이 아니라, 본인의 천성, 체험, 연구·분석 및 종합력 등에 의해 비로소 생기는 것이다.

군인이 군사사를 연구하는 목적을 살피면 다음과 같다.

첫째, 전쟁의 본질과 양상을 이해하여 미래전의 상황을 추정하는 데 있다.

둘째, 군사문제에 관한 광범하고 전문적인 군사이론과 지식을 획득하는 데 있다.

셋째, 지휘관으로서 상황에 따르는 적응성을 파악할 수 있는 사고력思考力을 계발하는 데 있다.

넷째, 전투의 실태 및 전장戰場에서의 여러 현상을 이해하고, 무력전武力戰의 원인, 경과 및 결과의 상호관계를 규명하여 교훈을 배우는 데 있다.

다섯째, 군인으로서의 자질향상이다.

군인의 자질 가운데 중요한 것은 전문직능專門職能, 책임관념 및 협동정신 등이다. 특히, 사생관死生觀, 지휘관 및 참모로서의 자질, 복종에 대한 미묘한 문제, 책임과 의무에 대한 갈등 등에 대해 바른 사실史實을 통하여 배워 실천력을 육성하는 데 있다.

나. 군사사 연구의 효용[2)]

(1) 전망은 사건을 평가한다.

군사사의 연구는 우리들에게 군사문제에 대한 전망, 영감靈感 그리고 경험을 제공해 준다는 것이다. 전망은 시간, 장소 및 환경의 상호관계 속에서 균형의 감각을 우리들에게 준다. 전망은 우리들에게 긴 안목으로 보게 하여 단기간의 이해득실利害得失을 알게 해주고 또한 전쟁에 있어서 기본 목표와 중간 목표를 인식케 해 준다. 전망은 계속적인 변화의 발전에서 생기는 지나친 낙관이나 비관을 타협케 해 준다. 그리고 이러한 전망은 성취, 방법 그리고 결심에 대한 비판적 평가를 위한 판단력의 발전에 도움을 준다. 예컨대, 1953년 휴전협정 때, 한국대표는 고의로 조인調印에 참가하지 않았는데, 오늘날의 관점에서 본다면 그 결정은 바람직한 전망에 입각했다고 보기 어려우리라.

(2) 사례事例로부터 얻는 영감

군사사 연구의 다른 중요한 가치는 영감에 있다. 말할 것도 없이 전쟁의 곤란과 장애물은 정신적 반응에 의해 더욱 확대된다. 그러나 만약 장병들이 다른 장병들도 그와 비슷한

---

2) James A. Huston, "The Uses of History", *Military Review*, U.S. Army Command and General Staff College, June 1957, No. 3, pp. 26~30 참조.

악조건을 극복했다는 것을 안다면, 그들도 역시 극복해 낼 수 있으리라고 확신하게 될 것이다.

아마도 군사사에 있어서 직접적 영감의 가치는 대원의 단결심을 육성하는 데 있을 것이다. 그래서 미 육군은 사단사師團史 및 연대사聯隊史 등에 대한 자료를 계속적으로 수집하여 편찬하고 부대사部隊史를 통하여 그 부대원의 전통과 단결심 그리고 사기를 높이는 수단으로 사용하고 있다.

6·25전쟁에 있어서 맥아더 원수의 인천 상륙작전의 구상은 전쟁사 속의 기습의 사례에서 얻은 영감이었다고 회고록에서 밝혔으며, 독일의 슐리펜 계획도 슐리펜 원수의 칸네 전투의 사례연구에서 얻은 영감에 입각하고 있다는 것은 알려진 사실이다.

(3) 연구를 통한 경험

군사사의 연구는 결국 군사 경험의 거대한 축적을 발전시키는 데 있다. 어떠한 지위에 있는 장병이건 경험 있는 장병들의 건의建議는 소중한 것이다. 열성적이고 솔직한 과거 전투의 체험담은 전연 경험은 없지만 앞으로 똑같은 환경에 직면하게 되는 장병의 다음의 전투를 위한 해결방안에 참고가 될 것이다.

경험은 상상력의 순수한 원료가 되며, 군사사는 이런 군사 경험의 원천이 된다. 군사사는 새로운 방안이나 새로운 아이디어의 빈곤을 가져오는 것과는 거리가 멀며 오히려 그러한 새로운 방안과 아이디어의 기초가 된다. 상상이란 과거의 경험에서 뽑아낸 요인의 재조직이다. 그러므로 어떤 경험도 없이는 아무런 상상력도 구사할 수 없다. 군사사 교훈의 가치는 경험 속에서 이런 요인을 제공하는 데 있다. 장병들은 새로운 상황에 직면했을 때, 그 상황에 정확히 적용되는 것이 아니고 또 그 상황을 위한 명백한 해결책은 아니지만, 군사사 연구의 교훈을 통하여 당황하지 않고 상상의 많은 요인을 적절하게 활용하게 될 것이다.

정확하게 완전한 교훈을 어느 특정한 상황에 그대로 적용하려는 노력은 헛된 꿈이며 환멸적 결과를 가져올 것이다. 왜냐하면, 교훈은 방향을 제시해 주지만, 현실 이해理解와 변화는 각자의 능력에 의해 좌우되기 때문이다. 그리고 군사사 연구를 통한 경험은 간접경험이라 해도 좋을 것이다.

(4) 경험을 통한 지혜

경험은 또한 가동되지 않은 지혜의 원료이다. 여기서 지혜라는 것은 올바른 결정을 내릴 수 있는 능력을 의미한다. 경험 혼자만으로는 지혜를 창조해 낼 수 없고, 상상력도 창조할 수 없다. 사고력과 독창력이 경험을 발전시켜야 한다. 경험은 원료이고, 역사는 이런 경험의 대원천大源泉이다. 따라서 전술前述한 바와 같이 군사사의 간접경험을 통하여 젊은 장병들 역시 지혜를 쌓을 수 있다.

(5) 교수방법敎授方法의 방편方便

군사사적 사례는 군사문제의 실례實例로서 그리고 교육을 위한 기본 자료로서도 훌륭한 것이 될 수 있다. 예컨대 가상적假想敵 A, B 등의 접근로接近路는… 등으로 설명하기보다는 실제 6·25전쟁 때의 북한군의 기습적 침공로를 분석하고 그들의 도로사정, 부대 주둔위치 등을 지도나 공중사진을 사용해서 교육한다면 피교육자는 실감을 느끼면서 수업에 임하게 될 것이다. 항공작전을 가르칠 때, 일본군의 진주만 기습작전을 사례로 가르친다는 것은 더욱 효과적 방법이다.

일찍이 독일의 몰트케 장군은 "전쟁사 연구는 장차의 지휘관들이 군사행동을 수행할 수 있는 여러 가지 실정實情의 복잡성을 이해하게 하는데 가장 유용하다"[3]고 갈파했는데, 이것은 지금도 사실事實이요, 앞으로도 그러하리라.

3. 군사사의 개념과 범위

가. 군사사의 개념

군사사란 용어는 군사와 역사의 합성어이다. 역사란 인간사회의 변천 및 발전의 과정을 엮은 것을 뜻한다. 영국의 카(E. H. Carr, 1892~1982)는 "역사란 무엇인가?" 하고서 답하기를, "역사란 역사가와 사실史實 사이의 상호작용의 계속적 과정이요, 현재와 과거 사이의

3) Edward M. Earle, ed., 전게서, p. 179.

끝없는 대화이다"[4]고 했다. 여기서 역사 연구의 본질적 문제를 다루는 역사학歷史學을 논의할 여유는 없지만, 독일의 대표적 사학자 베른하임(1850~1942)의 견해를 소개하면 다음과 같다. "역사학은 공동체를 이루는 존재로서 여러 가지 활동을 하는 인간의 공간적 시간적 발전의 여러 사실事實을 그때그때의 공동체에서 본 가치에 관련시켜 심리적·물질적인 인과관계에 대해 규명하고 또한 서술하는 과학이다."[5]

저자도 그동안 '역사란 무엇인가?' 하는 문제를 곰곰이 생각하여 다음과 같이 풀이해 보았다. 즉 "역사란 지난날 인간생활에서 일어난 여러 가지 일의 인과관계因果關係의 진실을 밝히고, 그것으로 현실을 이해하는 자료로 삼고 또 후세에 넘겨주어 교훈으로 삼게 함으로써 삶을 유익하게 하는 학문이다."

그리고 역사의 네 가지 특징은 아래와 같다.[6]

① 역사는 과학적이며 물음을 제기하는 것으로서 시작한다. 그러나 전설傳說의 작성자는 그 무엇을 아는 것으로부터 시작하여 알고 있는 것을 말한다.
② 역사는 인간주의적이며 과거의 일정한 시간에 인간에 의해 행해진 것에 대한 물음을 묻는다.
③ 역사는 합리적이다. 물음에 대한 대답을 근거에 바탕을 두고 증거에 호소한다.
④ 역사는 자기 계시적啓示的이다. 인간이 무엇을 했는가 말함으로써 인간이 무엇인가를 인간에게 말하기 위하여 존재한다.

다음은 군사인데, 군사의 개념을 구성하는 것에는 두 가지의 요소가 있다. 하나는 기능적 요소요, 다른 것은 가치(목적)적 요소이다. 기능적 요소란 외교, 재정, 경제, 교육 등 각각 국가의 행정기능으로서의 지위에 있는 법적 개념이며, 그 실태는 군대의 관리, 운영에 관한 것을 뜻한다. 한편 가치적 요소는 전쟁에 임하여 보유하고 있는 군사력을 어떻게 행사할 것인가 하는 임무를 가지고 있다. 따라서 전쟁을 떠나서 군사를 생각할 수 없다.

그렇다면 군사사란 무엇인가? 하는 기본적 질문에 과감히 도전할 때가 온 것 같다. 소련의 『기초 군사용어사전』에 의하면 다음과 같이 정의하고 있다.

> 역사학의 한 분과요, 마찬가지로 군사학의 한 분과인 군사사는 현대 군사학의 발전 근원의 하나로서 작용하는 과거의 군사경험의 일반화이다. 전쟁을 지배하는 객관적 법칙을 연구함에 있어서, 소

---

4) E. H. Carr, *What is History?*(Harmondsworth : Penguin Books, 1964), p. 30.
5) ベルンハイム, 『歷史とは何ぞや』, 坂口昂·小野鐵二 譯(東京 : 岩波書店, 1958), p. 72.
6) R. G. 콜링우드, 『西洋史學史』 金鳳鎬 譯(서울 : 探求堂, 1979), pp. 39~40.

련 군사사는 마르크스-레닌주의자의 철학을 기본주의로 삼는다. 군사사의 주요 과학분야는 전쟁사, 병술사兵術史 그리고 근무 부대사를 포함한다.[7]

소련의 군사사에 대한 정의를 분석한다면,

첫째, 군사사의 족보族譜를 따진다면, 그것은 역사학의 한 분과요, 또한 군사학의 한 분과라는 것.

둘째, 군사사는 현대 군사학의 발전 근원의 하나로서 작용하는 과거의 군사경험의 체계적 지식이라는 것.

셋째, 소련 군사사는 마르크스-레닌주의자의 철학을 기본주의로 삼고 있다는 것.

넷째, 군사사의 주요 구성분과는 전쟁사, 병술사(즉 전략, 작전술 및 전술의 역사를 뜻한다), 그리고 근무 부대사로 성립되어 있다는 것이다.

위에 말한 바와 같이 군사사는 역사의 한 특수한 분야라는 것은 쉽게 이해할 수 있지만, 군사학의 한 분야라고 한다면, 우선 군사학이 무엇인가 하는 문제가 해결되어야 한다. 필자의 군사학에 대한 정의는 다음과 같다.

• **군사학은 전쟁의 본질과 성격 및 무력전武力戰의 준비와 수행에 관한 통일된 지식의 체계이다.**[8]

군사학이 해결해야 할 문제는 다음과 같다.

① 전쟁의 본질과 성격의 규명

② 무력전 수행의 객관적 원칙의 해명과 연구

③ 위와 같은 원칙에 바탕을 두고 전쟁목적을 달성하기 위한 무력전의 형태 및 방법의 연구

④ 전쟁에 대비한 군의 준비, 경제적, 정신적 및 다른 면에서의 전쟁의 전면적 지원에 관한 여러 문제의 연구와 준비·지원의 방법의 연구

⑤ 전쟁의 요구에 따른 군대의 조직, 교육 및 훈련에 대한 연구

⑥ 군사학 전체 및 군사학의 각 분야의 연구방법의 확립 등이다.

군사학의 정의와 군사학이 해결해야 하는 과제를 생각했을 때, 군사학의 범위는 다음과

---

7) *Dictionary of Basic Military Terms* (A Soviet View), Published under the auspices of the United States, Washington : U.S. Government printing office, 1976, p. 37.

8) 李鍾學, 「軍事學의 理論體系」, 『國防學術세미나 論文集』(서울 : 國防大學院, 1980), p. 1-28.

같은 학문분야로 구성되어야 한다고 생각한다.

① 전쟁철학

② 전쟁학

㉮ 군제학軍制學

㉯ 용병학用兵學(군사전략, 작전술, 전술)

③ 군사사학

④ 군사기술

⑤ 군사교육학

⑥ 군사지리학

⑦ 군사 보조학문(국방경제론, 군법, 위생학 등)

요약컨대 군사학은 여러 학문분야의 혼합체가 아니라, 통일되고 선후先後·주종관계主從關係에 바탕을 둔 종합과학이요, 또한 통일된 지식의 체계이다. 그래서 군사학에 있어서 전쟁학의 이론이 지배적 의의를 가지며 다른 분야는 이 핵심분야에 대해 봉사하거나 지원을 하는 입장이며, 이 관계를 도표로 그리면 아래와 같다.[9]

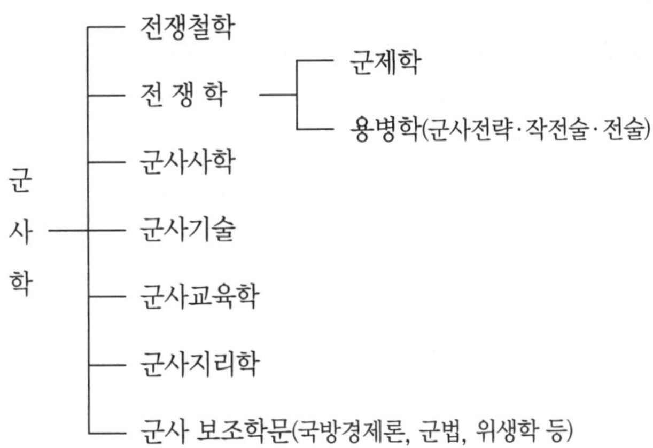

9) 上揭論文集, pp. 1-28~30.

여기서 우리들은 군사사가 군사학의 일부 분야인 동시에, 군사학의 전 분야를 연구대상으로 삼고 있다. 특히 용병술의 원칙은 군사사의 연구에서 비롯되는 것이다. 클라우제비츠는 "전쟁술戰爭術에 있어서 모든 철학적 진리보다도 경험이 더 가치를 가지기 때문이다."[10], "역사적 실례實例는 모든 것을 명확하게 할 뿐만 아니라, 경험과학에 있어서 가장 훌륭한 증명력을 가지고 있다. 특히 전쟁술에 있어서는 더욱 현저하다"[11]고 했다.

그렇다면 군사사란 무엇인가? 미국의 매트로프는,

> 전쟁 행위는 군대의 인원 증가와 프랑스 혁명과 함께 동반된 징병의 증가 그리고 산업혁명의 확대로 인해 점점 크게 보급되어졌다. 이것은 사회에 커다란 영향을 미쳤고, 그리하여 20세기의 세계대전에서는 전쟁을 하고 있는 나라들뿐만 아니라, 전쟁에 실제 참가하는 국가의 주변 국가들에 까지도 영향을 미치기 시작했다. 그래서 군사사의 개념은 더 넓어지게 되었다. 군사사는 군사학과 일반역사 사이의 영역에 달려있다. 그러나 군사문제를 군사학으로 보아서는 안 된다. 군사사는 사회의 군사적 경향과 지적知的, 사회적, 경제적, 정치적 그리고 외교적 요인의 상호작용과 합류점을 다루게 된다. 그 상호작용과 합류점은 역사의 넓은 흐름 속에서 찾아야 한다고 했다.[12]

이 정의定義는 퍽 신축성이 있는 군사사에 대한 광의廣義의 정의라 할 수 있다. 군사학은 무력전의 준비와 수행에 관련된 분야를 중점적으로 다루는 학문분야이기는 하지만, 군사사는 다만 이 분야에 국한해서 다룰 것이 아니라, 현대전쟁은 그 미치는 영향이 대단히 넓기 때문에 군사사가 다루는 군사문제는 무척이나 넓고 다양해졌다는 것만은 확실하다. 그래서 필자는 매트로프의 견해에 대체적으로 동의하는 것이다.

그리고 전사戰史, 전쟁사 및 군사사의 상호관계는 어떤 것일까? 우리나라에 있어서는 아직 명백한 공식적 개념 규정이 없지만, 필자는 전사란 전쟁사의 준말이며, 전쟁사는 군사사의 중추적 지위를 차지하지만, 군사사의 한 분야에 포함되는 것으로 생각한다. 이것은 다음의 군사사의 범위에서 명시되겠지만 주로 무력전을 중심으로 하는 전략, 전술, 군수 등을 다루게 된다.

---

10) 클라우제비츠, 『戰爭論』 李鍾學 譯(서울 : 一潮閣, 1974), p. 169.
11) 上揭書, p. 177.
12) Maurice Matloff, "The Nature and Scope of Military History", *Essays in Some Dimensions of Military History*, Vol. I , Carlisle Barracks, Pennsylvania, 1972, p. 7.

나. 군사사의 범위

앞에 얘기한 바와 같이 현대전쟁이란 국가의 모든 인적, 물적 자원을 총동원한 전면전쟁全面戰爭이고 보면 군사사가 연구해야 하는 분야는 너무나 광범위해진다. 그러나 적어도 다음 내용은 군사사의 연구 범위가 되어야 한다고 생각하며, 도표는 다음과 같다.

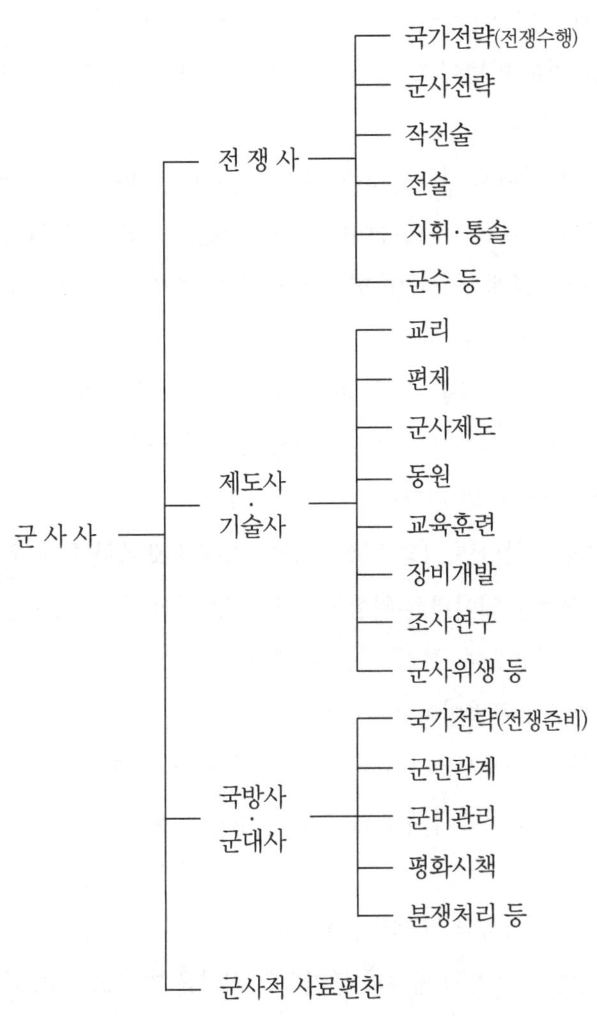

4. 군사사의 연구방법

가. 개괄적概括的 방법과 집중적 방법

인간과 인간사회에 대한 군사적 측면의 변화과정을 다루는 군사사는 결국 인간이 주체이다. 연구방법은 대상과 그리고 연구자의 취향에 따라 다소의 차이는 있지만, 대체적으로 대상에 따라 그 연구방법이 정해지기 마련이다. 그래서 콜링우드는 "자연을 연구하는 정당한 길은 과학적이라는 방법이고, 정신을 연구하는 정당한 길은 역사적 방법이라는 것이다"[13]고 했다.

군사사의 연구방법에 있어서 자주 논의의 대상이 되어 온 내용은 개괄적 방법(extensive method)과 집중적 방법(intensive method)이다. 전자前者는 군사와 전쟁의 문제를 고대에서부터 현대에 이르기까지 넓게 연구해야 한다는 것이요, 후자는 몇 개의 주제에 대해 좁게 그리고 깊게 연구한다는 것이다. 이들 둘의 방법 가운데 어느 방법이 적합한가에 대해 논란이 있지만, 리델 하트는 "전쟁을 광범위하게 조사하는 객관적 가치는 새롭거나 진실한 교리연구에 제한하는 것이 아니다. 만약 광범위한 조사가 어떤 전쟁이론에 있어 불가결한 기초라고 한다면 자신의 시야와 판단력을 개발하려고 하는 보통 군사연구자에 있어서도 똑같이 필요하다. 그렇지 않다면 그의 전쟁에 관한 지식은 뾰족한 첨단 위에 거꾸로 서있는 피라미드와 같이 균형을 잃어버린 위험물이 되고 말 것이다"[14]고 했다. 그는 개괄적 방법을 권장하는 입장을 취했으며, 특히 전쟁이론을 연구하고 또 개발하려는 군사연구자에게는 더욱 필요불가결한 연구방법이라는 주장이다.

영국의 저명한 군사사가軍事史家 마이클 하워드는 「군사사의 활용과 오용誤用」이라는 논문에서 군사사의 활용과 연구에서 우리가 기억해 두면 유용한 세 가지의 보편적 요인을 말했다.[15]

첫째, 폭幅이다. 이것은 역사의 전망의 문제인데, 역사, 특히 군사사를 읽을 때는 가능한 한 폭넓게 읽으라고 했다. 그리고 연속과 불연속의 의식을 가지고, 무엇이 항상 동일하게

---

13) R. G. 콜링우드, 전게서(1979), p. 322.
14) B. H. Liddell Hart, *Strategy*, second revised edition (New York : Frederick A.Praeger, 1968), p. 26.
15) Maurice Matloff, 前揭論文, pp. 9~10에서 재인용.

머무는 듯 한가, 무엇이 변하는 듯 한가를 살펴야 한다. 예컨대 전쟁의 원칙에 대해 이 시대에서 저 시대로 가는 변화의 의식을 가지고, 그리고 서로 마주 보고 있는 각자의 영향을 주는 효과의 조건을 비교하여 그것을 조정하라고 했다. 그는 제1차 세계대전에 대해 나폴레옹 시대의 방법을 적용하여 역사를 읽는 것이 옳을 것이라는 원리를 시대에 뒤진 이용방법으로서 인용했다.

둘째, **깊이의 요인**을 언급했다. 여기서 그는 역사서歷史書 안에서 읽은 것과 같은 행동이나 사건의 질서 있는 형태 너머로 있는 것을 알아야 할 필요성을 강조한다. 이것은 질서 있는 듯이 보이는 전장戰場에서 일어나는 모든 일이 얼마나 자주 인위적인 표현인가를 지적한 하나의 짜임이라 하겠다. 지휘부의 일부에서 설정된 결정으로 보이는 것은 오직 모든 것을 증거 속에서 보았을 때만 어떤 것으로 평가되는 것이다. 만약 보고서나 메모, 일지日誌 혹은 그런 종류의 사료史料를 보게 되면, 그것들은 자주 단지 직감의 문제이거나 운運의 문제인 것으로 판단된다. 그리고 역사적 행동의 깊이의 면에서 살펴봐야 한다. 모든 종류의 사실事實들을 살펴보고, 역사가들이 만들어 놓은 사실과 역사의 사실을 비교해 보라.

세 번째로, 하워드 교수는 **문맥의 전후관계의 문제**를 설명한다. 이 문맥의 전후관계의 문제를 통해서 그는 역사적 사실事實은 적절한 상황에 꼭 적용되어야 한다는 것을 제시한다. 그는 유추類推의 위험성을 경고하고 또 역사가들은 유추를 신용하지 않음을 얘기한다. 역사가들은 역사 속의 확고한 원리에 대해 매우 회의적이다. 그는 경고하기를 문맥 외에서 어떤 일을 택하지 말 것이며 또한 그 시대의 배경에서 발전시키라는 것이다.

군사사의 연구는 과거의 군사문제를 통하여 현재의 군사문제를 이해해야 할 뿐만 아니라, 미래를 전망해야 하기 때문에 필자의 경험으로 미루어 다음과 같은 방법을 제시하는 것이다.

첫째, 연대순年代順으로 군사사를 개관하여 군사사의 전체적 형태와 모습을 살핀다.

둘째, 다음은 주제별로 깊이 있게 연구를 한다. 이것은 주로 석사과정이 여기에 해당된다.

셋째, 주제별에 의한 깊이 있는 연구 경험을 쌓은 자가 다시 연대순으로 군사사를 개관하게 되면 어렵지만 어느 정도 미래를 전망할 수 있으리라 생각한다.

따라서 군사사 연구에 있어서는 개괄적 방법과 집중적 방법을 병용하는 것이 바람직하다고 생각한다.

나. 양적 방법과 질적 방법

다른 학문분야와 마찬가지로 군사사 연구에는 크게 두 가지의 연구방법이 있는데, 하나는 양적 방법(quantitative method)이요, 다른 하나는 질적 방법(qualitative method)이다.[16]

양적 방법에는 게임이론(game theory), O.R.(Operation Research), 체계분석(System analysis), 비용대효과의 비교분석(Cost-effectiveness Comparative analysis) 등이다. 이것은 연구대상을 수량화할 수 있다는 전제에서 출발한다. 만약 대상을 수량화할 수 없다면 적용할 수 없을 뿐만 아니라, 엉뚱한 결과(해답)가 나타난다.

군사사에 대한 양적 방법은 미국의 듀피 대령이 주관하는 역사평가연구소(Historical Evaluation and Research Organization)에서 개발한 '계량적 판단모형'(Quantified Judgment method)을 이용하여 현대전례現代戰例에 기초를 둔 전산화전술교육체계電算化戰術敎育體系를 연구 발전시킨 것은 좋은 예의 하나이다. 1962년부터 역사평가연구소에서는 현대전투의 제반문제를 보다 정확히 이해함으로써 모의전투模擬戰鬪에 사용될 수 있는 실제적인 자료를 제공하기 위하여 역사적 전투경험을 분석 연구해 왔다. 이 같은 연구의 결과로 전투를 좌우하는 여러 가지 요소들 간의 상호 관련성을 수리적數理的으로 모형화할 수 있게 되었다. 그들이 연구개발한 '계량적 판단모형'(QJM)이란 일종의 전투결과에 영향을 주는 모든 요소들을 계량적으로 반영하는 역사적 전투모형이며, 이 분석적 모형은 다시 전산화電算化된 모의전투로 전환해서 오늘날 미 국방성의 여러 교육 연구기관에서 현대전 문제의 분석연구를 위해 사용되고 있을 뿐만 아니라, 유럽 연합사령부의 기술본부와 영국 국방운용분석연구소 등에서 여러 조건 하에서의 전술핵모의전분석戰術核模擬戰分析을 위해 광범위하게 사용되고 있다.

역사평가연구소의 주요 연구제목을 열거하면 아래와 같다.

- 무기살상도武器殺傷度의 역사적 추세(1964)
- 전사戰史에 비친 대량 인구살상의 군사·정치·심리적 의의의 연구(1965)
- 현대 중국 전략사상의 분석적 연구(1965)
- 게릴라의 고립화 연구(1966)

16) Morton H. Halperin, *Contemporary Military Strategy* (Boston : Little, Brown and Company, 1967), pp. 3~42.

- 국가전략 구상과 현대전의 성격변화 연구(1966)
- 군사력의 본질과 이의 미래적 응용연구(1967)
- 전술항공작전 대對 지상전의 상관성 연구(1971)
- 중동전의 분석적 연구(1974)
- 현대전쟁에서의 속승速勝의 연구(1975)
- 돌파작전의 연구(1976)

이러한 연구방법은 우리나라에도 도입해야 할 과제라고 생각한다.[17)]

질적 방법이란 계산 및 측정의 방법을 취하지 않는 것으로 개인의 논리, 평가, 직관, 통찰력 및 능력 등에 의해 이루어지며 특히 역사적 연구방법은 여기에 속한다.

역사란 다만 과거의 연구와 기록을 위해서 뿐만 아니라, 연구의 도구이기도 하다. 예컨대 고전적 전략연구가로서 클라우제비츠, 조미니, 마한 그리고 현대의 전략분석가였던 리델 하트와 플러 그리고 오늘날의 브로디(Bernard Brodie) 또 소위 과학적 전략가로 알려진 칸(Herman Kahn) 등도 역사를 하나의 연구 도구로 사용해 왔다. 그런데 미국에서는 근래에 와서, 이 고전적 연구 도구는 양적 연구방법의 새로운 접근법의 편견으로 인하여 쇠퇴하는 기운마저 감돌았다. 그러나 저명한 정치학도인 헌팅턴 교수는 그의 저서 『군인과 국가』(1957)에서 미국 사회에서 군사적 요인을 분석함에 있어서 역사적 연구방법으로 훌륭한 업적을 남겼다.

역사는 연구의 도구일 뿐만 아니라, 경험과 사회과학의 실험실이며, 군사학도들에게 있어서 역사는 특히 중요하다. 왜냐하면, 그의 훈련이나 교육에 있어서 대신할만한 전쟁경험의 획득이 필요하기 때문이다. 그러나 그의 생애를 통하여 무력충돌의 직접적 경험을 단 한 번이라도 직면하기란 어려웠던 것이다. 그래서 비스마르크는 "어리석은 자는 경험을 통하여 배운다지만, 나는 타인의 경험을 통하여 배우는 것을 좋아한다"고 했다. 그는 어리석은 자만이 자신의 경험을 통하여 배우는 것으로 생각했다.[18)]

---

17) 미국 버지니아 주의 역사평가연구소에서 발간한 다음 팜프렛에 의하였다.
(가) Computerized Tactical Instruction System Based on Historical Combat Scenarios, A HERO Concept Paper.
(나) The Quantified Judgment Method of Analysis of Historical Combat Data, Summary.
(다) Report Summaries 등.
18) Maurice Matloff, 前揭論文, p. 7.

다. 역사학의 연구방법[19)]

역사학의 학문적 체계는 19세기 이후부터이며, 따라서 역사의 연구방법도 정밀하게 고려하게 되었다. 그런데 역사학의 연구방법이 성립된 연후에 역사학이 발달된 것이 아니라, 오히려 훌륭한 업적을 남긴 니이브르, 랑케 등의 많은 사가史家들이 실제로 행한 연구의 방법을 통일적·조직적인 고찰로 조립한 것이 바로 역사학의 연구방법이다. 따라서 역사학의 연구방법의 성립은 역사학의 발달의 원인이 아니라 오히려 그 결과라 말할 수 있을 것이다.

역사학의 연구법은 본질적으로 일반과학의 연구이며, 따라서 그 추리의 형식도 동일한 것이지만, 다만 역사학이라는 특수한 형식의 과학에의 응용에 지나지 않는다. 그러나 역사학이 그 인식의 대상에 있어서 또한 그 연구의 기초가 되는 재료의 광범함에 있어서 그 특수성이 현저하기 때문에 그 연구성은 사실에 있어서 독특한 형태를 가지고 있다.

1) 역사학의 보조학문

학문은 하나의 유기체와 같은 것으로 전체가 내적인 연관을 갖고 있다고 말할 수 있다. 고대 희랍에 있어서 철학이라는 말은 일체의 학문지식을 포함했다. 이것이 학문의 본래의 이상理想이 되어야 하는 것이다. 그러나 인간의 능력에는 한도가 있기 때문에, 문화의 진보와 함께 학문의 분업分業이 생겼다. 즉, 연구대상의 상위相違에 의하여 또 인식방법의 상위에 의하여 여러 가지 과학이 성립했다. 그러나 여러 과학의 분파는 결코 절대적인 것이 아니라 오히려 편의적인 것이며 또한 언제나 상보적相補的 발전을 도모해 왔다는 것이다.

역사학은 인간의 과거의 사회적 생활의 변천을 연구하는 학문이다. 그런데 인간의 사회적 생활은 대단히 복잡한 것이며, 따라서 그 연구의 기초가 되는 재료가 무한히 넓고, 또 그 고찰하는 사항이 다방면이기 때문에, 역사학은 다른 과학과 대단히 많은 관계를 가지고 있다.

예컨대, 정신과학, 인문과학, 사회과학 그리고 심지어 자연과학에서도 학사학學史學의 지원이 없으면 불완전한 학문이 되지 않을 수 없다. 즉 경제학을 알자면 경제사經濟史, 정

19) 아래의 저서를 주로 참고했다.
가) 今井登志喜, 『歷史學硏究法』(東京 : 東京大學出版會, 1976)
나) ベルンハイム, 『歷史とは何ぞや』 坂口昻·小野鐵二 譯(東京 : 岩波書店, 1958)
다) クロオチエ, 『歷史の理論と歷史』 羽仁五郎 譯(東京 : 岩波書店, 1957)

치학을 알자면 정치사, 법률학을 알자면 법제사法制史, 그리고 자연과학도 자연과학사의 도움이 없다면 그 전모全貌와 생성과정을 이해할 수 없으리라. 한편으로는 역사학처럼 광범한 범위에 관계하는 성질의 학문에 있어서는 일체의 과학으로부터 기여를 기대할 가능성을 지니고 있다. 예컨대 프리맨은 역사가란 이상理想으로 철학, 법률, 재정, 민족학, 지리학, 인류학, 자연과학 등의 모든 것을 알아야 한다고 했는데, 이것은 역사학에 대한 다른 학문과의 관계를 말한 것으로 대단히 의의가 있다.

역사학의 보조학문에 대해, 베른하임은 언어학, 고서학古書學, 고문서학古文書學, 인장학印章學, 고전학古錢學(Numismatik), 계보학系譜學, 연대학年代學, 지리학 등을 열거하여 설명하고 있다. 한편 후에더(A. Feder)는 보조학문을 실질적 보조학과와 기계적 보조학과로 나누고, 전자에는 철학, 인류학, 사회학, 정치학, 통계학, 법률학, 언어학, 지리학 등을 말하며, 후자는 주로 사료史料를 다루는 데 필요한 기술적 지식을 뜻했다. 요컨대 역사학의 보조학문이라 하면 역사의 연구에 필요한 일체의 지식이 그 쓰이는 때에 있어서 보조학문이 되는 것이다.

그렇다면, 군사사학에 있어서 보조학문은 어떤 것이 있을까? 그것은 용병학(군사전략, 작전술 및 전술), 군사제도학, 전쟁철학, 군사기술, 군사지리학 등이 포함되어야 한다. 역사학이 많은 보조학문을 필요로 하지만, 군사사학은 거기에다 더 첨가해서 군사에 관한 전문지식 분야의 보조학문이 필요하기 때문에 일반학자들이 쉽게 접근하여 연구하기가 어려웠던 것이다.

2) 사료학史料學

역사학 연구의 방법론 가운데 가장 주요한 부분을 이루는 것은

① 사료학

② 사료비판

③ 종합

의 세 가지이다. 방법론이란 역사의 증거물건證據物件인 사료에 입각하여 올바른 역사인식에 도달하는 방법의 전체를 뜻한다.

역사학은 경험과학이며, 경험적인 증거물건을 기초로 하여 실증적으로 성립하는 학문이다. 역사연구의 바탕이 되는 증거물건이 곧 사료이다. 사료학이란 사료 즉 적어도 역사

의 증거물건으로서 쓰일만한 것을 고찰하고, 그것을 충분히 수집하는 방도를 강구하여 연구에 편리하도록 분류하여 정리하는 직능이다. 역사학은 그 대상이 복잡한 인간의 사회이기 때문에, 그 증거로서 채용되는 사료도 또한 대단히 광범하다. 특히 근대 역사학이 진보되어 수직적으로 깊어졌고 또한 수평적으로 넓어졌기 때문에 사료의 범위도 더욱 광범해졌다.

사료는 그것을 바탕으로 하여 역사의 연구대상인 인간사회의 과거의 상태 및 그 변천을 고찰하는 근거가 되는 것이다. 따라서 그것은 과거로부터 계속하여 존재하는 것이다. 그런데 시간이라는 것은 많은 것을 망실亡失시켜 가는 성질을 가지고 있다. 그러기 때문에 사료는 무슨 이유이든 시간의 망멸작용亡滅作用으로부터 면免한 것이며, 말하자면 우연적 존재이다. 사료의 범위는 무한하지만 그 존재는 결코 완전한 것이 아니다. 한 가지 사항의 고찰에 대해 필요하고도 충분한 사료의 존재란 오히려 드문 일이다. 역사학은 이런 불완전한 재료에 의해 연구를 진행시켜야 한다. 이것은 역사적 성질을 가지는 다른 과학에 있어서도 마찬가지이다.

예컨대, 고생물학처럼 화석의 하나, 뼈의 단편 등의 많지 않은 재료에서 옛날 생물의 모습을 복원하는 것이다. 이러한 성질의 학문에 있어서는 가능한 한, 많은 풍부한 증거물건을 찾는다는 것이 연구를 진행하는 기초가 된다. 새로운 한 자료의 발견에 의해 구학설舊學說이 뒤집어지는 실례實例는 때때로 겪는 일이다. 이런 종류의 학문은 아무리 불완전할지라도 발견해서 얻은 자료에 바탕을 두고 그것에 의해 입증된 한도 내에서의 진리를 인식하는 도리 외에는 없는 것이다. 따라서 자료를 찾는 일이 학문을 발전시키는 중요한 조건이다.

역사학의 사료는 그 종류가 대단히 많고 다방면에 존재하고 있다. 무엇이 사료인가를 생각하고, 그 소재를 찾아, 그것을 수집하여 정리하는 것이 아니면 연구의 진보는 결코 바랄 수 없다. 사료학의 의의는 바로 여기에 있다. 근대의 역사학의 진보는 첫째로 사료학의 발달에 기인하고 있다고 말해도 좋으리라.

사료의 개념 속에 포함되는 총체의 자료는 대단히 많고 또한 내용적으로 극히 복잡하다. 모든 문헌, 구비口碑, 전설뿐만 아니라, 비명碑銘, 유물유적, 풍속습관 등 일반적으로 과거의 인간에 대해 현저한 사실에 설명을 줄 수 있는 것은 모두 사료에 포함되는 것이다. 이처럼 사료가 복잡하기 때문에 그것을 정리하고 그 성질을 살펴, 그것을 이용하기 편리하게 하기 위해 사료의 분류가 시도된다.

사료의 분류는 여러 가지 기준에 의해 이루어진다. 예컨대 시간에 의한 분류, 장소에 의한 분류, 사료의 내용의 성질에 의한 분류(정치사료, 경제사료, 종교사료, 군사사료 등), 사료의 외적 성질에 의한 분류(문헌적 사료, 유물유적 등의 물적 사료, 구비, 전설, 제도, 풍속, 습관 등의 무형의 사료 등)이다. 이러한 분류도 때로는 실제상의 필요가 있고 특히 사료를 수집하여 정리 보존하는 경우에는 실용적 가치가 인정되지만, 방법론적으로는 이런 상식적 분류가 아니고 더 내적으로 예리한 분류가 연구 작업의 필요에 바탕을 두고 세워지는 것이다.

예컨대, 베른하임에 의하면 사물의 직접적 결과로서 자연에 잔류하고 있는 것을 유물이라고 부르며, 어떤 사물을 인간의 인식이 한 번 파악하여 사람에게 전하기 위해 어떤 형으로 표현되어 있는 것을 전승傳承 혹은 보고報告라고 부른다. 유물의 제1종인 잔류물은 단순한 협의狹義의 유물로 낡은 해골, 선사시대의 발굴물, 언어, 풍속, 습관, 종교적 의식, 법률 제도, 인간의 정신적 육체적 숙련의 산물인 기술·학문·예술·가구·무기·화폐·유물 등의 일체, 법정·의회·관청 등의 공문서·서예·신문·통계서 등의 사무적 성질의 문서 등이 그것이다. 제2종인 기념물은 그 사물에 관심을 가진 사람의 기억을 위해 그것을 보조하는 의지가 그 밑바탕에 있는 것으로 어느 종류의 공문서·묘비 등의 비문, 기념건물 등이 그것이다. 한편 전승에는 ① 역사서, 지도 등의 형상적形像的 전승, ② 전설, 일화, 역사적 가요 등의 구두적口頭的 전승, ③ 역사적 비문, 연표, 계도系圖, 연대기, 각서, 전기傳記, 각종의 역사기술歷史記述 등의 문헌적 전승이 있다.

한편 이런 역사적 자료인 유물은 침묵하고 있으며, 역사적 대상에 대해 아무런 보고 진술을 하지 않는다. 연구자는 오성悟性에 의해 그 속에 포함되어 있는 역사적 대상을 도출해 내야 한다. 유물은 사료로서 절대적 완전성을 가지고 있다. 다만 그것을 올바르게 해석하고 사용되기를 요구한다. 이에 반하여 진술은 사람의 오성에 의해 파악 구성되어 언어 문학 등에 표현된 것이며, 주관적 요구를 가진 오류, 혹은 허구에 의한 변형의 존재가 예상되며 그 증거력은 불완전하고 상대적이다.

베른하임은 전승, 보고報告와 유물 외에도 직접의 관찰 및 회상 등의 종류를 만들고 있다. 이에 대해 후에더는 직접의 지각知覺은 본격적인 사료가 아니고 그러기 때문에 사료는 모든 사람들이 인식할 수 있는 것에 반하여, 직접의 지각은 사건에 대해 극히 소수의 사람만의 인식방법이 될 뿐이라고 했다. 그리고 그것은 타인에게 전해짐으로 비로소 사료가 된다는 견해이다.

그러나 역사의 연구자가 요행스럽게도 그 연구대상인 사항에 참가하거나 혹은 그것에 관계를 가졌을 때, 그 체험을 가지고 사료를 보충하고 그 사항을 기술記述하는 경우가 있다. 이런 경우 연구자의 체험 그 자체가 사료와 같은 작용을 하게 된다. 즉 역사인식의 기초적 소재로서 활용되는 것이다.

그리고 최근 군사사의 영역에 있어서 새로운 기법을 사용하게 되었는데, 그것은 즉 기록된 자료의 틈과 깨진 금을 메우기 위해 구술사口述史(oral history)를 사용한다.

예컨대, 제2차 세계대전에 있어서 전략계획은 육군 총참모부에서 수립되지만, 대통령의 결정에 의해 실제 행동으로 옮길 때, 대통령은 전화기로 사령부를 호출하여 지시를 했는데, 이때 아무런 기록도 남지 않았다. 이런 형적形跡은 백악관 부근에서 사라져 버렸다. 구술사는 때때로 이런 틈을 메울 수 있다.[20]

근대의 역사학의 발달은 사료의 신분야를 개척하여 그것을 조직적으로 수집하는 것이 그 기초였다. 우리나라에는 각군 사관학교에 소규모의 군사박물관이 있지만, 국가적인 군사박물관과 군사고문서관軍事古文書館의 설립이 무엇보다도 긴요한 일로 생각한다.

3) 사료비판

사료학은 주어진 제목에 대해 가능한 한 충분한 사료를 수집하는 방법을 명시했는데, 사료비판이란 수집된 많은 사료에 대해 증거물건으로서의 진실성을 비판하여 결정하는 것이다.

가) 외적 비판

이것은 사료의 외적 성질 내지 가치를 음미하는 직능職能이며, 이의 주요한 것은 다음과 같다.

(1) 진실성의 비판

사료로서 제출될 것이 때때로 전부 혹은 일부가 진실한 것이 아니거나 혹은 종래로부터

20) Maurice Matloff, 前掲論文, p. 8.

승인되어 있지 않은 것이 있다. 즉 연구법으로서 위작僞作, 착오 그리고 오인으로 불리는 것이 많으니 주의해야 한다.

위작 혹은 착오가 전부가 아니고 부분적일 경우, 이것을 참입(개찬)이라 한다. 전체로서는 진실하지만 일부분 불순물이 혼입되어 있는 경우이다. 많은 사료, 특히 문서·기록 등에는 위작의 의지에서 참입이 행해지는 경우가 많다. 특히 서적은 원본이 남는 경우가 드물며, 보통 여러 번 전사轉寫를 거친 것이다. 이 전사를 할 때 참입이 생긴다.

진실성의 비판은 위작 혹은 착오의 유무를 밝히는 것이며, 위작에 대해 베른하임은 판정에 있어서 알아두어야 할 네 조항을 들었다.

㈎ 문제에 오르는 사료의 표면적인 형태가 그 언어, 문학, 문체, 구성, 형태에 있어서 그 사료가 자칭自稱하는 바, 또 우리가 우선 가정하는 성립의 시대와 장소에서 나타나는 이런 종류의 사료가 이미 진정한 것이라고 알려지고 있는 다른 것이 가지고 있는 형태와 일치되고 있는가.

㈏ 이 사료의 내용이 기타 같은 시대와 같은 장소의 확실하고 진정한 사료에서 우리가 알고 있는 바 내용에 합치되고 있는가, 또 이 경우에 그 시대와 그 장소의 한 진정한 사료에 그를 기재하고 있는가, 또는 그를 알고 있다고 생각하여야 할 여러 사실이 묵살되고 있지나 않은가, 혹은 명백하게도 부지不知의 사실로 되고 있지나 않은가, 다른 면으로 그 사료에서 가정되는 성립시대에서도 알려지고 있지 못한 여러 사업에 관한 지식이 문제의 사료에 포함되고 있지 않은가.

㈐ 사료의 형식(문자, 언어, 문체 등)과 내용이 그 사료가 이른바 소속되고 있다는 발전의 특성과 환경 전체에 적합하고 있는가, 또는 그 사료가 이미 알고 있는 것과의 관련을 가짐에 있어서 내면적인 진실성을 가지고 있는가, 또는 아무런 모순도 일으키지 않는가.

㈑ 그 사료의 내면 또는 외면에 인공적 위조적 위작의 흔적이 발견되지나 않는가.

(2) 내력비판來歷批判

내력이란 그 사료가 작성될 시기와 장소 및 인간의 관계를 가리키며, 이것을 음미하는 것이 내력비판이다. 근래의 사료에는 서적, 문서를 비롯하여 건축물, 기물器物 등에 이르기까지 그것이 명시되어 있어서 이런 비판이 불필요하지만, 옛 것의 고문서에는 이런 것이 기록되어 있는 것이 드물다.

일시日時를 밝히는 것은 다음 의미에 있어서 중요하다.

첫째, 사료를 사건의 추이의 순서로 배열하여 비로소 그 일의 경과를 알 수 있다. 문화사적 연구나 군사사적 연구에 있어서도 사료의 시간적 관계가 기초가 되어 그 방면의 발전과 경위를 알 수 있다.

둘째, 사료의 증거 가치는 그것과 역사적 대상과의 사이의 시간적 거리에 관계가 있으며, 그 관계가 불명하다면 그 가치를 판정하는 충분한 기준을 상실케 된다. 사료의 장소적 관계에 있어서도 이와 거의 동일한 것이다. 또 진술적陳述的 사료에 대해서도 그 작자作者의 지위, 성격, 직업, 계통 등이 밝혀지면, 그것이 그 사료의 가신성可信性 등을 판단하는 근거가 되어 그 진술을 적당하게 이용하기가 좋다.

(3) 본원성本原性의 비판

사료의 이용에 대해 특히 주의해야 할 것은 본원사료本原史料와 차용사료借用史料의 차별이다. 이것은 옛날에 있어서는 매우 소홀하게 다루어진 사항이지만, 근래에 와서 사료의 본원성 및 그것과 관련하는 종속성의 비판이 사료비판의 주제목主題目이 되었다.

나) 내적 비판

(1) 가신성可信性의 비판

외적 비판에 의하여 사료의 외적 성질 내지 가치, 즉 진실성, 내력, 본원성이 결정되지만, 아직 그 가신성, 신빙성은 결정되지 않았다. 즉 그것을 어느 정도 믿어도 좋은가, 어느 정도의 증거력을 가지는가는 불명이다. 물론 사료를 유물로서 다룰 때, 그것은 위작 혹은 착오가 아니면 충분한 가신성을 가진다. 그러기 때문에 유물은 가신성의 비판의 대상이 되지 않는다. 그러나 사료가 진술陳述인 경우, 그 가신성은 구구하다. 실제로 같은 사실에 관한 증인의 직접 진술이 모순되는 경우가 적지 않다. 이런 경우, 한 편이 바르다고 한다면, 다른 편은 오류 혹은 허위일 경우도 있다. 이 가신성의 음미가 내적 비판의 임무이다.

이 가신성의 음미에 대해 진술 내지 증언은 다음 두 가지 점에 있어서 평가되어야 한다. 즉 첫째는, 논리적 평가에서 증인은 진리를 말할 수 있었던가, 둘째는, 윤리적 평가에서 증인은 진리를 말할 의지가 있었던가 하는 점이다. 사료의 가신성은 논리적 그리고 윤리적으로 진실의 왜곡에 의하여 손상된다. 즉 착오와 허위가 원인이 된다. 따라서 착오와 허위가 어떻게 해서 일어나는가를 음미할 필요가 있다.

착오가 일어나는 이유는 다음과 같다.

㈎ 감각의 착오－사람이 사건을 인식할 때, 그것은 많은 감각적 인지가 기초가 되어 그것이 통일되는 것이다. 따라서 먼 감각적 인지에 착오가 있어서는 안 된다. 거기에는 그 사람이 생리적으로나 심리적으로 병적이 아닐 것, 또한 대상에 대해 거리가 적당할 것, 방해가 없을 것, 충분한 주의력이 집중되어야 할 것 등의 조건이 갖추어져야 한다. 이런 조건을 갖추지 못할 경우 당연히 착오가 일어나게 된다.

㈏ 종합의 착오－하나의 사건은 작은 여러 개의 감각적 사실의 종합이다. 사람의 오성이 이런 개개의 요소를 논리적·심리적으로 결합시키는 것이다. 그 종합에 있어서 언제나 이전의 경험 내지 지식에 바탕을 두고 유추를 하게 된다. 이때 주관적 요소가 수반된다는 것은 면할 수 없다. 더욱이 선입관, 감정 등이 작용할 때, 판단을 그르쳐 착오를 일으키게 된다.

㈐ 재현再現의 착오－사람이 사건을 진술하는 데는 과거에 인식한 것은 기억에 의하여 재현해야 한다. 그런데 완전한 기억은 예외의 일이다. 따라서 전후의 잘못, 시간과 장소의 잘못이 일어나기 쉽다. 각서나 자서전 등에 오류가 있는 것을 발견하는 것은 그 예가 된다. 더욱이 시간이 멀어질수록 기억에 잘못이 생기기 쉽다. 여기에는 감정적 요소도 작용하여 경험적 사실에 과대미화誇大美化 등이 일어난다.

㈑ 표현의 착오－진술은 언어적 형식에서 표현된다. 그런데 언어에는 불완전성이 있으며 내용이 언제나 적절하게 표현된다고 말할 수는 없다. 그러기 때문에 거기에 착오가 있게 마련이고 또한 진술하는 참다운 내용이 그대로 타인에게 이해되지 않을 경우도 있는 것이다.

사료의 진술의 진리를 손상시키는 것은 착오 및 허위이기 때문에 가신성의 비판은 개개의 사료에 대해 세밀하게 착오 및 허위의 가능성을 생각하여 증거로서 채용하는 요소를 기술하고자 한다. 그러기 위해서는 사료를 외적 비판의 결과에 바탕을 두고 ① 그 성질, ② 그 일시와 장소 및 작자에 대한 여러 각도로부터의 검사가 필요하다.

㈎ 사료의 성질－전술前述한 바와 같이 유물은 진짜인 한 가신성의 음미의 대상이 되지 않는다. 문헌도 전체적으로(칙령, 법률, 조약문, 문학적 작품 등) 혹은 부분적으로 유물의 성질의

범위 내에서 다루는 경우는 다른 유물과 같다.

가신성의 비판은 주로 진술적 사료에 대해서 필요하기 때문에, 거기에 대해서는 세밀히 외적 및 내적 성질에 따라 음미를 필요로 한다. 예컨대 외적 성질에 바탕을 두고 구두적 진술, 문학적 진술로 크게 나누어 생각해 보자. 먼저 구두적 진술을 생각하면, 거기에도 여러 가지 종류가 있다. 본인 직접의 진술은 착오가 가장 적고, 그것을 듣고 또 간접의 진술이 되면 착오가 섞이기 쉽다. 특히 시간적으로 인간적으로 간접의 도가 많아질수록 진실은 손상케 된다. 전설은 좋은 예이며 일반적으로 길게 전하여 오는 동안에 ① 과대, 미화, 이상화理想化, ② 집중, ③ 혼합 등이 행해지는 경향을 가진다.

문학적 진술은 외적 성질에 의하여 공사公私의 왕복문서, 선언서, 연설, 신문·잡지의 기사, 일기, 각서, 회상록, 계도, 역사서, 연대기, 전기 기타의 여러 종류로 나누어 대체적인 그 성질을 고찰하고, 더욱 그 사료의 하나하나에 대해 그 진술의 내용에 음미를 가한다. 같은 공적公的 왕복문서라 할지라도 그 성질은 각각 나누어진다. 예컨대, 외교문서도 프리맨으로 하여금 "우리들은 여기에 허위의 가장 선택된 분야를 가진다"고 했던 것이다. 그리고 같은 외교문서라 할지라도 그 문서의 목적의 상위相違 등에 의하여 그 내적 성질은 동일하지 않다. 예컨대 이해관계利害關係를 가진 진술, 선언적 성질을 가진 진술, 도덕적 내지 예술적 효과를 목적으로 하는 진술 등에 대해서는 특히 진실의 왜곡을 예상해야 한다.

㈏ 일시와 장소 및 작자—사료의 가신성可信性을 비판함에 있어서 그 사료의 성질을 고찰하는 것만으로는 불충분하며, 그것을 보완하는 것이 일시와 장소 및 작자와의 관계이다.

일시와 장소에 대해서는 원칙적으로 대단히 간단하다. 요약컨대, 진술이 시간이나 장소에 있어서 그 진술하는 내용에 가까울수록 가신성이 있고, 멀어짐에 따라 그것이 감소된다. 즉석의 진술이 이상理想이다. 실제에 있어서 시간은 가깝지만 장소가 먼 데도 이루어지는 진술, 장소는 가깝지만 시간이 먼 데도 이루어지는 진술 등이 있다. 일일이 거기에 대한 가신성이 음미되어야 한다. 작자에 대해서는 그 진술의 논리적 진실성 및 윤리적 진실성을 작자作者에 따라 판단하게 된다. 즉 작자와 사건의 관계, 그 자질, 성격, 교양, 연령, 성性, 직업, 계급, 당파, 종파 등의 관계에 따라 그 진술에서의 착오 내지 허위의 가능성에 여러 가지 등차等差가 있게 마련이다. 그러나 이러한 등차의 고찰은 실제에 있어서 대단히 복잡하다. 예컨대, 사건의 당사자의 보고는 그 사건을 가장 잘 파악하고 있는 사람의 진술이라는 점에서 가장 가치가 있다. 그것은 구두적口頭的 진술에서 말한 것처럼 문학적 진술에 있어서도 직접의 진술은 간접의 진술보다 이론적으로 착오의 가능성이 적기 때문이다. 그러나 한편 당사자는 그 사건에 대해 가장 관심이 많기 때문에 때로는 이해관계利害關係, 허영심 등에 의해 진실을 은익하는 경향이 있고, 이 점에 있어서 제3자의 진술이 오히려 가신성이 많아진다. 논리적 진실성은 있어도 윤리적 진실성이 결핍되어 착오는 없어도 허위가 들어가게 된다. 실제에 있어서 어느 사료의 작자에 대해 충분한 자료가 없는 경우가 많으며, 따라서 여러 가지 관계를 안다는 것은 어려우며, 또 많은 경우 반드시 전부의 관계를 알 필요는 없지만, 일체의 진술에 있어서 그 작자의 인간을 고려하는 것이 그 가신성 비판의 중요한 표준이 된다. 더욱이 사건에 관해 작자의 주관이 많이 들어간 의견·비판 등 보다는 그 진술의 요소를 이루는 순박한 각 사실이 중요하며, 의견·비판 등은 오히려 유물적인 요소로 보아야 한다.

작자에 관한 허위의 유무에 대해서,

① 작자의 이해利害

② 사정事情의 여건(직무적 보고인가 등)

③ 동정, 반감

④ 허영심

⑤ 여론에의 복종

⑥ 문학적 왜곡

등을 고찰해야 하며, 또 착오의 유무에 대해서,

① 나쁜 관찰자는 아닌가(착각, 환각, 편견 등)

② 잘 관찰할 수 있는 지위에 있었는가

③ 태만 및 냉담

④ 직접 관찰할 수 없는 성질의 사건이 아닌가

등을 고찰해야 한다.

예컨대 1970년 흐루시초프 전 소련 수상의 『회고록回顧錄』이 출간되었다. 아직까지 공산측에서는 6·25전쟁 도발에 대한 경위의 외교문서를 전연 발표하지 않고 있다. 그런데 문제의 『회고록』에는 당시의 권력자 스탈린, 김일성 그리고 마오쩌둥(毛澤東)이 관여한 사실과 그 경위를 소상히 기록하고 있다. 여기서 자료의 가신성이 문제가 되지 않을 수 없다. 즉 그 『회고록』은 과연 흐루시초프가 집필한 것인가? 이 문제는 미국에서도 논쟁의 대상이 되었다. 그런데 1974년 2월 7일 뉴욕발發 시사전신時事電信에 의하면, 흐루시초프의 『회고록』은 자신의 구술口述 테이프에 바탕을 둔 것이며, "테이프의 성문聲紋이 흐루시초프 자신의 것이라는 것이 전문가에 의해 증명되었다"[21]고 전했다. 새로운 전자기술의 발달은 구술 테이프의 성문을 분석함으로써 가신성을 입증할 수 있었다.

4) 사료의 가치의 등급

가신성의 음미에 의해 사료의 가치를 판단하는 기준이 서게 된다. 사료에는 근본사료와 참고사료로 크게 둘로 나눌 수 있으며, 이를 6등급으로 분류할 수 있다.

(1) Ⅰ등 사료

사실史實의 발생 당시 같은 장소에서 해당 책임자가 직접 작성한 문서류로서 당해 책임자의 일기, 서적, 각서류覺書類 등을 말한다. 예컨대, 이순신의 『난중일기』, 제2차 세계대전 때, 일본의 최고 전쟁지도戰爭指導의 전모를 알려주는 스기야마(杉山) 원수元帥의 『杉山메모』나, 일본 해군 연합함대의 참모장이었던 우가키(宇垣) 중장中將의 일기인 『전조록戰藻錄』 등은 여기에 속한다.

(2) Ⅱ등 사료

사실발생事實發生 당시 그곳에서 가장 가까운 시대 가장 가까운 장소에서 담당 책임자가 자신이 작성한 보고, 일기, 유언, 각서, 추기류追記類 등을 말한다.

(3) Ⅲ등 사료

연대, 장소, 제작, 인물 등 모두가 당시 직접 관련인물이 아니고 전술前述한 Ⅰ, Ⅱ등 사료를 재료로 하여 작성한 전기傳記, 가보家譜, 각서류覺書類를 말한다.

(4) Ⅳ등 사료

작자, 제작 연대, 제작 장소가 확실하게 판명되지 않을 때 또는 그 일부가 판명되어도 사본 등에 의하여 몇 번 전사轉寫되었고, 또 탈락되었을 때이다. 이것은 건축물, 지리 및 서적 등에서 많이 발견할 수가 있다. 요컨대 진정眞正의 부분과 그렇지 않은 부분이 혼재

---

21) 中嶋嶺雄, 『中ソ対立と現代』(東京 : 中央公論社, 1978), p. iv.

하여 구별하기 어려움을 말한다.

(5) V등 사료

찬자撰者 또는 저자著者가 어떤 사료로서 또 어떤 방침으로서 조사 및 심사했는가가 불명不明한 것이다. 그리고 정치상, 경제상 혹은 그 밖에 무엇인가를 하기 위하였을 때 일부의 생각에 치우치고 그로 말미암아 사실史實의 재료의 취사선택이 어느 정도 좌우되어 있는 종류의 것을 말한다.

(6) 등외사료等外史料

I 등부터 V등까지의 사료 이외의 것 전부를 말하는 데 모든 편찬물編纂物, 서화書畵, 소설, 시극詩劇, 가극, 역사영화, 유행가 등이다. 이러한 것은 한 시대의 사회·사상 또는 특수사特殊史의 연구에 있어서 불가결한 증거물이 된다.

이상의 사료의 분류는 어디까지나 편의적인 것이며 반드시 전반에 걸쳐 적용되는 분류법의 기준이요, 동시에 가치판단이 되는 것은 아니다.

그리고 사료의 가신성의 비판에 있어서 시간, 장소 및 인간의 관계를 잘 고려하여 이것을 가치판단의 기준으로 한다는 것은 보편적 방법이다.

5) 종합

다른 많은 과학에 있어서 자료는 동시에 그 학문의 대상이다. 그런데 역사학에 있어서 사료의 조사는 마치 광부의 지하의 작업과 마찬가지로, 사료는 다만 수단일 뿐이고, 그 비판은 역사학의 기초 공사에 지나지 않는다. 비판에 의해 그 증거력의 정도가 음미된 사료를 사용하여 그 목적으로 하는 역사인식에 도달하는 작업, 즉 종합이며 역사연구에 있어서 가장 중요한 직능이다.

가) 사료의 해석

사료의 해석은 이미 사료의 수집 때 시작되며, 비판에 있어서는 해석을 수반해야 비로소 가능하지만, 사료의 성질이 충분히 음미된 연후에야 충분한 해석이 주어진다. 사료는 올바른 해석에 의해 비로소 연구에 쓸모가 있다. 유물은 침묵하고 있으며 그 자신이 직접 설명하지 않는다. 그것을 살리게 하는 것은 해석에 의해 가능한 것이다. 유물의 사료적 가치는 절대적이지만, 해석을 그르치게 되면 전연 엉뚱한 결론에 도달하고 만다. 유물이 증거가 되는 것은 다만 해석을 통해서이고, 유물에 있어서 해석은 최초이고 또한 최후의 조건이다.

문헌적 사료는 언어문자에 의해 표현되어 있으며, 그 언어문자를 해석하는 것은 출발점이다. 해석할 수 없는 문헌은 채굴되지 않은 광산과 같다. 많은 고대 문자의 해독이 고대사에 새로운 세계를 열어 주었다는 것은 알려진 사실이다. 역사연구는 그 시대의 문헌을 해석하는 것이 깊을수록 유리한 무기를 가지는 것이 된다.

사료의 해석은 다만 언어의 의미뿐만 아니라, 역사적 대상의 설명자라는 의미에 있어서 해석되어야 한다. 그러기 위해서는 그 사료의 증명할 수 있는 사항에 관한 지식이 깊어야 한다. 그것은 언제나 그 배경이 되는 역사적 사실事實의 지식이며, 또한 때때로 각종의 보조학문의 지식이다. 예컨대, 고서古書의 내용은 때로는 극히 단편적斷片的이다. 그것을 적당히 해석하여 충분한 증명력을 발휘케 하자면 그 주위의 사정이 명료할 필요가 있으며, 이리하여 그 단편적 내용이 살아나게 된다.

나) 사료의 결정

사료는 어떤 역사적 사상事象, 즉 사실事實을 증거로 내세우는 것이다. 예컨대 어떤 형식을 갖춘 조약문의 존재는 충분히 그 조약을 체결한 결의사항의 증거가 되는 것이다. 그러나 많은 경우 한 사료만으로 한 사실史實을 결정하는 것은 불가능하며, 많은 사료를 필요로 하고, 때로는 한 사실史實에 관한 사료가 대단히 불충분하여 발견된 모든 사료를 사용해야 하는 경우가 많다. 많은 사료의 진술은 일치하거나 혹은 모순이 된다.

(1) 사료의 증거가 일치하는 경우

(가) 유물과 유물의 일치 : 유물은 침묵하고 있으며, 그것을 살려 증거로 사용하는 것은 해석이다. 그런데 해석은 주관적 요소가 있으며 오류에 빠지기 쉽다. 그러기 때문에 유물의 일치에는 많은 수가 요구된다. 유물의 일치란 즉 해석의 일치이며, 많은 유물에 대해 동일한 해석이 성립된다는 것을 의미한다. 극소수의 유물의 일치로는 사실史實을 충분히 결정지을 수 없다.

(나) 진술과 진술의 일치 : 이 일치는 그러한 것이 아무런 친근관계를 가지지 않고 본원성本原性을 가지는 것이 조건이다. 친근관계가 없는 진술이 많이 일치할수록 그 힘은 강해진다.

㈐ 유물과 진술과의 일치 : 어떤 사료의 가치가 낮고, 그 진술이 그것만으로는 의심스러울 경우, 유물이 그것을 확인하여 그 사실史實의 존재를 긍정하는 경우가 있다. 예컨대, 고대의 전설이 유물의 발견에 의해 믿을 수 있게 되는 경우와 같다.

⑵ 사료의 증거가 모순되는 경우

두 가지 이상의 사료의 증거가 일치하지 않는 것은 실제의 연구에 있어서 언제나 마주치게 된다. 이 경우를 원칙적으로 다루기 위해 두 가지의 사료에 대해 말하면, 한 편이 전연 불가능하거나 또는 가능성이 거의 없는 경우, 혹은 사료의 가신성에 있어서 한편은 충분하며 다른 편은 의심스러울 때, 그 결정은 용이하다. 그러나 어느 쪽이나 가신성이 충분치 않고, 다만 그 정도에 차이가 있을 때, 가신성이 많은 편에 가능성·개연성을 인정하는 정도 이상의 결정은 할 수 없다. 이처럼 사실史實에 대해 많은 사료가 모순되어 있을 때, 그런 사료에서 세울 수 있는 사실史實의 결정을 형식으로 표시하면,

㈎ 긍정

㈏ 개연

㈐ 미결정

㈑ 부정

의 종류로 나눌 수 있다.

사료가 서로 모순되어 있을 경우 여러 가지 주의할 사항이 있다.

표면상 모순된 것처럼 보이나 실은 상보相補하는 때가 있다. 예컨대 甲은 한 사실事實을 증명하고, 乙은 다른 것을 증명하는 경우, 그것은 모순되는 것이 아니라 다 같이 진실이 될 수 있다.

사료의 모순은 실로 진리가 중간에 있다는 것을 표시하는 경우가 있다. 예컨대, 전쟁에 있어서 양편이 서로 승리를 보고하는 경우, 이것은 그 승패가 결정적이 아니라는 것을 의미하는 것과 같다.

다) 역사적 연관의 구성

사료가 제공하는 사실史實은 단편적이며, 그대로는 아무런 연결이 없는 소재이다. 이것을 인과관계에 있어서 연결하고, 유기적이고 전반적인 경과발전의 형태로 구성하는 것이 여기서 말하는 역사적 관련의 구성이며, 종합작업의 중심이다. 그것은 사실史實 관련의 파

악에 의하여 과거의 사적史的 발전을 사상思想 속에서 재현하는 것이다. 그런데 사실史實을 연결시키는 수단은 추리이지만, 그것은 엄밀히 과학적 추리가 되어야 한다.

랑케는 역사란 거울에 사물이 비치듯 객관적으로 논구論究되어야 한다고 주장했다. 역사를 객관적으로 논구한다는 태도는 역사적 관련의 구성 문제와 관계가 있다. 엄격히 말한다면 인간의 인식에는 순 객관적인 것은 없다. 하물며 역사학처럼 가치적 의식을 그 인식의 밑바탕으로 하는 학문에 있어서는 도저히 주관적 요소를 씻어버릴 수 없다. 그러나 랑케의 발언은 그 내용에 정당한 주장을 가진다. 그것은 이해관계利害關係, 호오好惡의 감정 등에 지배되지 않고 모든 것에 공평한 태도를 취해야 한다는 소박한 표현이다. 역사학의 연구자가 가져야 하는 반성을 뜻하는 것이리라.

역사학의 대상은 인간적 사상事象이며, 따라서 자연을 대상으로 하는 자연과학의 경우와 다르며, 또한 그것이 다루는 개인, 단체, 시대 등에 호오好惡의 감정을 가지는 것을 면할 수 없다. 더욱이 역사가는 현실의 정치적, 경제적, 사상적 생활에 있어서 실제적 관심이 있으며, 그것이 의식적, 무의식적으로 연구 속에 개입할 위험이 있다. 객관적이라 함은 이 같은 경향을 벗어나서 냉정히 역사적 대상을 다룬다는 뜻이다.

라) 역사적 의식의 파악

각각의 역사적 사상事象은 유기적인 커다란 전체의 발전 가운데 일부이다. 그 일부가 전체의 발전에 대한 어떠한 지위를 정하는 것이다. 즉 전체의 인과적 관계에 있어서 어떠한 요소인가를 고찰하는 것이 역사적 의의의 파악이다.

각각의 연구제목에 대해 그 역사적 의의를 파악한다는 것은 역사연구의 고찰이 되어야 한다. 실제의 연구에 있어서 어떤 제목에 대한 연구의 요구를 일으키는 동기는 의식이든 무의식이든 그것에 관한 역사적 의의의 파악일 것이다. 역사는 과거에 대한 현대의 관심이다. 카 교수는 "역사란 역사가와 사실事實 사이의 계속적인 상호작용의 과정이며 또한 현재와 과거 사이의 끊임없는 대화이다."[22]고 했다. 과거는 과거의 관점에서 이해하려고 노력하는 동시에 그것의 현대적 의의를 탐구하는 것이 역사가의 기본 임무가 되리라.

이러한 점에서 역사연구에는 현대의 입장에서 언제나 새로운 역사적 의의의 파악이 시도

22) Edward H. Carr, *What is History?* (Middlesey England : Penguin Books, 1961), p. 30.

되며, 새로운 문제가 제공된다. 특히 역사의 연구에 있어서 새로운 역사의 형태를 규정하는 것은 역사적 의의의 파악이며, 그것은 역사연구의 출발점인 동시에 도착점이다. 즉 역사적 의의의 파악은 직감적으로 역사연구에 선행先行하며, 실증적으로 그 귀결이 되는 것이다. 우리들은 이러한 역사학의 연구방법을 터득하여 군사사의 연구에 임해야 할 것이다.

5. 군사사 연구의 고려요소

인간의 역사란 수많은 인간들의 사상과 행위로서 구성되어 있는 하나의 복합적인 과정이라 볼 수 있다. 그러기 때문에 전쟁사戰爭史를 완전히 간결한 형태로 분석하기란 대단히 어려운 문제이다. 그러나 수많은 요인들 가운데 가장 현저히 영향을 미치는 기본 요인은 대략 다음과 같은 내용이 될 것이다.

- 정치적 요인
- 사회적 요인
- 산업기술적 요인
- 조직 및 관리적 요인
- 군사 이론적 요인
- 군사 교리적敎理的 요인
- 통솔적 요인
- 사기적士氣的 요인
- 전략적 요인

이들 요인은 그 자체가 결심을 바르게 하기 위한 지침으로서 지휘관에 의해 채택될 수 있는, 소위 전쟁의 원칙과 같은 것은 결코 아니다. 그러나 각 요인은 그 자체가 역사상 시대에 따라 광범위하게 변질과정을 겪는 응용과 관련된 하나의 복합적인 요인이라 볼 수 있다. 이들 요인들의 상관관계는 결코 단순한 것은 아니다. 이들 요인들은 다 같이 군사사의 기본적 성분을 구성한다. 이들 요인들은 현대의 군사문제를 이해하는 데, 도움이 될 뿐만 아니라, 그것이 시대와 상황 그리고 국가 등의 여건에 따라 중요성과 관련성이 변동된다는 것을 알게 될 것이다.

가. 정치적 요인

정치와 전쟁의 관계에 대하여 『손자병법』(기원전 513년?)은 다음과 같이 제시하고 있다. 즉, 전쟁수행에 있어서 기본적인 전력戰力의 요소(五事)에서 첫 번째로 도道를 등장시켰다.

- 道란 국민들이 위정자와 같은 마음이 되어 생사를 함께 할 수 있으면 어떤 위험도 두려워하지 않도록 하는 것이다.(시계始計)

예컨대, 월남전쟁에 있어서 미 육군은 연간 100만에 가까운 병력을 월남에 수송하고 군수면에 있어서 전투에 지장이 없을 정도로 충분히 공급했다. 그리고 전장에서 미군은 베트콩과 월맹군을 패배시켜 도주케 했다. 미군은 전투마다 계속 승리했으나, 마지막 결과는 비참하게도 패배로 끝났는데, 그 원인은 무엇일까? 여러 가지 요인이 복합적으로 작용했지만, 주요 원인의 하나는 국민의 지지 없이 육군 단독으로 전쟁을 수행한다는 것은 불가능하다는 것을 깨달았다. 통수권자와 장수의 관계는 어떠해야 하는가?

- 장수는 군주를 보좌하는 중요한 존재이다. 보좌가 주도면밀하면 국가가 강대해 질 것이고, 보좌가 그렇지 못하면 국가는 반드시 약해진다.… 장수가 유능하고 군주가 간섭하지 않으면 승리한다.(모공謀攻)

"장수는 군주의 보좌하는 존재"라 함으로써 손무는 통수권자와 장수의 관계를 분명하게 명시했다. 그러나 멀리 전장으로 나가는 장수에게 지휘권을 이양했다면, 간섭하지 말라고 했다. 즉, "장수가 유능하고 군주가 간섭하지 않으면 승리한다"고. 옛날에 있어서 전장과 군주가 상주하는 수도 사이의 거리가 먼데, 통신·교통수단이 발달하지 못한 고대에 있어서는 손무의 주장이 합당했었다. 그러나 시대가 변하자, 정치와 전쟁의 기본관계는 변함이 없으나, 실시에는 약간의 변동이 나타났다. 즉 클라우제비츠는 『전쟁론』(1832)에서 다음과 같이 주장했다.

- 전쟁은 정치적 교섭의 일부에 지나지 않으며, 따라서 그것만으로 독립적으로 존재하는 것이 아니라는 개념에 지나지 않는다.… 전쟁은 정치적 목적에 합치되어야 하며, 또 정책은 그의 수단인 전쟁에 무리한 요구를 강요해서는 안 된다고 한다면, 정치가와 군인이 한 사람으로 겸비되지 않

는 한, 남은 방법은 한 가지이다. 즉 최고의 장수를 내각의 일원으로 만들어, 내각이 장수의 주요한 활동에 관여할 수 있도록 하는 데 있다.(제8편 제6장)

클라우제비츠는 전쟁은 정책의 한 도구 내지 수단에 불과하다고 주객主客을 분명히 했고, 또 전쟁의 개시·수행·종결도 정치에 의해 주도되어야 한다고 주장했다. 그러나 보불전쟁(1870~1871)을 수행한 몰트케(1800~1891)는 클라우제비츠의 사상과는 달리, 전쟁수행 중에는 정책이 개입하지 말라는 입장이었다. 즉 통수권의 독립과 적군의 격멸을 목표로 하는 절대전쟁이 결합하면 군국주의(militarism)로 타락케 되고 국가의 멸망을 자초하는 결과가 되었으며, 제2차대전 이전의 독일과 몰트케의 참모본부의 제도·운영뿐만 아니라, 사상을 수용한 일본 육군이 그 예가 되었다.

1951년 4월 중공군의 개입으로 한반도의 군사정세가 위태로웠으나, 중공군의 공세가 저지되고, 전선은 교착상태에 빠지려는 경향을 보이는 마당에, 트루먼 대통령은 4월 11일 맥아더 원수를 유엔군 총사령관에서 파면시키고 말았다. 그 이유는 대통령이 명확하게 전달한 정책에 대해 현지 사령관이 공공연하게 불찬성의 성명을 발표했기 때문이며, 이것은 미국의 헌법상으로나 또 군사이론상으로도 합법적인 조치이다.

미국 대통령의 정책과 군에 부여된 임무는 "침략을 격퇴하고, 그 지역에서의 국제평화를 회복한다"는 것이며, 대체로 6·25전쟁 이전의 상태로 복귀하는 것으로 군사목표는 제한되어 있었다. 그러나 맥아더의 성명은 다음과 같은 것이었다.

① 압록강으로 진격할 뿐만 아니라, 만주의 공군기지와 공업지대의 파괴.

② 공산주의 중국의 연안봉쇄.

③ 중국의 공업 중심지의 파괴.

④ 장개석蔣介石의 대륙침공에 필요한 모든 지원.

⑤ 한국에 파견된 미군 지상군의 강화를 위해 국민정부군의 한반도 출병이 포함되어 있었다.

맥아더 원수로부터 지휘권을 인수한 릿지웨이 대장은 회고록에서 다음과 같이 주장했다.

맥아더가 승리에 대해 얘기할 때, 그는 다만 한반도에 있는 적 병력의 섬멸과 민주적 정부 하에서 국가를 통일시키는 것만을 뜻하지는 않았다. 그가 생각하고 있었던 것은, 공산주의에 대해, 두 번 다시 부흥하는 것을 불가능케 하고, 공산주의의 역사적 퇴조를 가져오는 타격을 가하며, 공산주의의 세계적 패배를 도모하는 데 있었다.[23]

트루먼 대통령의 현지 사령관 맥아더 원수의 파면은 합법적인 조치임에는 틀림없다. 그러나 그 후 미국의 월남전 개입과 패배를 생각했을 때, 6·25전쟁 당시, 트루먼 대통령의 정책과 군에 부과된 군사목표는 과연 타당했던가? 그리고 트루먼 대통령의 6·25전쟁 개입으로 달성하고자 했던 정치적 목적은 진실로 무엇인가 하는 문제는 앞으로 논의되어야 하리라.

나. 사회적 요인

전쟁의 성격은 모든 시대에 따라 끊임없는 변화를 받아왔다. 그러나 모든 시대에 있어서 하나의 논쟁의 여지가 없는 명백한 관계는 전쟁과 사회 사이에 존재하고 있다는 사실이다. 전쟁에 대해 그 국가가 접근하는 방법은 그 국가 특유의 역사, 문화 그리고 지리를 반영한다. 실제의 전쟁 도구 즉 무기와 장비 등은 그 사회의 산업기술의 표현이다. 정치적, 경제적 체제는 전쟁을 조직하는 한 국가의 능력을 좌우한다. 정예 상비군을 지원하고 유지하기 위한 한 사회의 구성원들의 적극적인 태도는 전쟁을 위한 준비를 훨씬 더 명백히 한다. 사회적 태도는 사기士氣와 호전적好戰的인 전통에 깊이 영향을 미친다. 즉, 군사 전문가들에 대한 높은 지위와 존경하는 국가의 평가자세는 전쟁수행 능력을 강화하게 마련이다. 한편 직업군인이나 군사 전문가를 천시하는 국가는 결코 외침外侵을 방지할 수 있는 능력을 갖추기 어려운 형편이다.

군사사는 사회와 전쟁성격 사이의 착잡한 관계의 수많은 예증例證을 포함하고 있다. 가장 뚜렷한 예증은 고대에 나타난다. 우리들은 해상무역의 부富에 기반을 둔 아테네의 풍부하고 다양한 문명, 스파르타의 전사사회戰士社會, 페르시아의 동방東方의 전제정치와 대조하여 연구하면 흥미 있는 결론을 찾을 수 있다. 특히 로마제국의 독특한 사회가 강인한 시민병 군단市民兵軍團을 창조했는데 이것으로 그들은 그들 국가의 평화와 번영을 약속해 주었다. 그들은 끊임없는 전쟁준비에 의해 평화를 유지했다. 로마시민이 입대할 때는 대단히 장중한 의식을 가지고 선서를 했다. 어떠한 경우에도 자대自隊의 군기軍旗를 버리지 않으며, 사령관의 명령에 복종하고, 황제의 안전을 위해 신명身命을 바칠 것을 선서했다. 그들에게는 정액의 급료, 임시급료 및 일정 기간 후에 규정의 보상급여 등이 군대생활의 노

---

23) Matthew B. Ridgway, *The Korean War* (New York : Popular Library, 1967), pp. 147~148.

고를 경감輕減했다. 동시에 비겁한 명령 불복종에 대해서는 준엄한 형벌을 면할 수가 없었다. 백인대장百人隊長은 구타·징계의 권한이 부여되고 있었고, 장군은 사형에 처하는 권한을 가지고 있었다. 그리하여 선량한 병사는 적 이상으로 상관을 두려워했다. 그들에 대한 군사훈련은 그들 군기軍紀의 중요한 끊임없는 목표였다. 그래서 그들의 국어에는 군대라는 명사가 훈련을 의미하는 단어에서 차용될 정도였다. 로마의 군대는 평화로운 시기에 있어서도 전시훈련에 익숙해 있었다. 로마군과 싸운 경험이 있는 한 사가史家는 이런 명언을 남겼다. 즉 "로마군에 있어서 유혈流血만이 실전장과 훈련장을 구별하는 조건이었다. 탁월한 장수는 물론이지만, 황제 스스로도 군사훈련을 검열하고 병사들의 사기를 앙양시키는 것을 근본정책으로 삼았던 것이다."[24)]

군사사를 통하여 사회적 요인은 변함없이 근본적인 것으로 남아 있다. 스파르타와 초기 로마제국의 상무적尙武的 가치관은 현대의 프러시아·독일과 일본에서 재출현하였다. 프랑스 혁명의 사회적 변동에 의해 발생한 무장한 대군중大群衆은 20세기 러시아 혁명 기간 중의 붉은 군대와 금세기 중엽의 혁명군대의 하나와 가까운 징조를 이루었다.

미국의 군사정책은 그 사회의 태도에 의해 항상 예민하게 영향을 받아왔다. 미 공화국은 반군사적인 취지를 갖는 혁명과 함께 탄생하였다. 옛날 미국 헌법의 입안자들은 "평화시의 상비군은 인간의 자유에 위험하며, 공화국 정부의 여러 원리에 모순된다"고 확신하였다. 이러한 취지에 의하여 빈약하게 훈련된 민병民兵에 대한 신뢰는 왕왕 전쟁 발발 무렵 미국의 오랜 기간에 걸친 무방비 상태를 특징지어 주며 또한 평화시의 군사정책의 특색을 이루어 왔다. 군사독재에 대한 공포의 망상은 항상 강렬하였으며, 1960년 이미 은퇴한 아이젠하워 대통령에 의한 특별 경고의 주제가 되었던 것이다. 미국의 군사문제에 대한 이해理解는 이러한 사회적 요인에 대한 인식 없이는 불가능하며, 또한 이것이 해양국가가 가지는 군사에 대한 기본태도의 특징이다. 왜냐하면, 그들은 해양에 의해 격리되어 있기 때문에 직접적인 적군의 침입에 대한 우려가 없기 때문이다. 예컨대 미국은 동·서로 태평양과 대서양으로 대륙세력으로부터 격리되어 있고, 또한 남·북의 국경에는 미국을 위협할 강대국이 존재하고 있지 않다는 사실이다. 그러나 오늘날에 와서 군사기술의 발달로 열핵폭탄과 그것의 운반수단인 로켓에 의해 지리적 장애는 감소되기는 하지만 그것은 전면 핵전쟁의 경우이고, 재래식

24) ギボン, 『ローマ帝國滅亡史』(一), 村山勇三 譯(東京 : 岩波書店, 1954), pp. 42~43.

전쟁에 있어서는 아직도 지리적 요인이 중요한 영향을 미치고 있는 것이다.

한편 대륙국가인 소련이나 독일 등은 군사에 대한 태도가 해양국가인 미국과는 전연 다르다. 특히 미·소의 핵전략 이론의 차이점은 여기서 비롯되는 것으로 생각되며,[25] 우리의 안보 문제를 미국식으로 무작정 따를 수 없는 이유도 이런 관점에서 분석되어야 한다.[26] 한 국가의 군사제도에 의한 강인한 군대의 출현은 그 사회의 구조와 풍조를 이해하지 않으면 안 되며 또한 사회적 전후관계와 유리시켜 전쟁을 관찰하고 분석하는 것은 무용無用한 일이다.

다. 산업기술적 요인

전쟁의 여러 문제에 대한 발명의 재간才幹과 기술의 평가는 먼 옛날 고대에서 시작되었다. 전쟁사에 있어서 모든 새로운 시대는 전쟁의 성격을 변질시켰고 또한 군사조직의 새로운 체계를 가져오게 한 것은 새로운 무기의 출현에 의해 이루어지는 것이다. 전쟁에 대한 새로운 산업기술은 전쟁에서 승리의 문제를 해결하는 군사교리軍事教理를 도입하여 왔다.

군사 전문가들은 군인들이 지나치게 과학적 발전에 주의를 기울이지 않거나 혹은 거기에 대해 대단히 보수적 경향을 가지고 있다고 혹평하여 왔다. 군인들은 옛날부터 전승해 온 기마騎馬에 대한 지나친 애착으로 인하여 금세기까지 부자연스럽게 기병騎兵의 존속을 연장시켜 왔다. 이로 인하여 근대전近代戰에 있어서 가장 필요로 하는 전차와 항공기의 등장을 저지해 왔던 것이다. 예컨대 페탕 원수는 다음과 같이 회상했다. 즉 "1914~1918년의 전쟁 후 나의일은 끝났다.… 나의 군사적 정신은 막혀져 있었다. 새로운 도구, 새로운 기계, 새로운 방법이 도입되는 것을 보았을 때, 나는 거기에 대해 관심이 없었다는 것을 고백하지 않을 수 없다."[27]

1935년 1월 은퇴 직전의 노기병老騎兵 웨이간 장군은 군대의 기계화에 대해 신중할 것을 말하고, "말(馬)은 언제나 유용하다는 것을 잊지 말라"고 전쟁회의에서 얘기하고, 특히 많

---

25) 美蘇核戰略理論의 근본적 차이에 관한 문헌은 다음과 같다.
 · Richard Pipes, "Why the Soviet Union Think It Could Fight and Win a Nuclear War", *Commentary*, July 1977, pp. 21~34 참조.
 · 宮內邦子,『クレムリン悪魔の賭け』(東京 : ごま書房, 1980)

26) 李鍾學,『韓半島의 抑止戰略理論』(서울 : 螢雪出版社, 1979), pp. 291~299 참조.

27) ウイリアム シャイラー,『フランス第三共和國の興亡』I, 井上 勇 譯(東京 : 創元社, 1971), p. 195.

은 말, 승용마乘用馬가 군대에 있어서 더 긴급히 필요하다고 언명했다. 다른 한 장군은 "나의 의견으로는 기계화 전투부대에는 그 자체의 완전한 작전을 수행하기 위해 사용될 가능성은 없다.… 나는 모든 상황에서 기계화 기병사단機械化騎兵師團을 창설할 이유를 이해할 수 없다"고 했다. 전차는 보병에 수반해서 사용되는 것이며 부대 자체로 싸울 수 있는 것이 아니라 했다. 이러한 가운데 프랑스의 전차의 아버지로 알려진 에스치엔느 장군은 전차가 전투를 혁명케 하고 있다고 주장했고 또한 전차가 항공기와 입체행동을 취하는 경우, 미래의 지상전투의 주요 무기가 된다고 확신했다. 그는 "전차는 곧 전술뿐만 아니라 전략 그리고 머지않아 근대적 군대의 조직 그 자체의 기반을 흔들어 버릴 것으로 믿는다"고 했다. 그는 장갑부대와 항공기와의 밀접한 협력의 중요성을 강조하고 또 항공기는 진격하는 전차에 선행先行하여 공중정찰을 할 뿐만 아니라, 전차와 더불어 전투 및 적의 진격에 가세한다는 것이었다. 그는 나폴레옹의 말을 부연하여 "돌격 포병대(기갑부대)는 금후 군대와 국민의 운명을 결정한다"고 결론을 내렸다.[28] 1940년 5월 10일 독일의 기계화 부대의 침공에 대해 프랑스는 비참하게 패배하고 말았다. 새로운 무기의 채택 그리고 그것의 운용법에 대한 관심 여부가 중대한 결과를 가져왔던 것이다.

화약의 출현은 전쟁의 성격을 철저하게 변질케 하는 징조가 되었다. 스웨덴의 구스타부스 아돌프스 왕은 이 새로운 산업기술에 기반을 둔 여러 가지 개혁을 성공적으로 이끌어 옴으로써 유럽 최강의 지상군을 가지고 전투에 임하여 전승을 거두었다.

해군사海軍史에서 전투수행에 대한 산업기술의 현저한 공헌에 대한 몇 가지 사례를 찾아보기로 한다. 근대 영국의 해군력은 16세기의 범선시대에 화약의 성공적인 응용과 더불어 탄생하였다. 임진왜란 때의 이순신 함대의 혁혁한 전승에는 그의 탁월한 지휘·통솔력과 아울러 신묘한 용병술이 있었던 것도 사실이다. 그러나 이러한 그의 능력을 십분 발휘할 수 있는 무기와 장비를 갖추고 있었기 때문에 가능했다는 것을 잊어서는 안 된다.

이순신이 건조한 거북선의 모양에 대해서는 그가 왕에게 보고한 장계狀啓를 보면, "신臣이 일찍이 왜구가 있을 것을 걱정한 나머지 거북선을 특별히 만들었습니다. 앞에 용두龍頭를 만들어달고 그 입에서는 대포를 쏘게 하였으며, 거북선의 등(背)에는 쇠로 만든 송곳을 꽂았습니다. 안에서 밖을 능히 내다 볼 수 있으나 밖에서는 안을 들여다 볼 수 없습니다.

---

28) 上揭書, pp. 196~198.

적선 수 백 척 속에 돌입하여서도 방포放砲할 수 있습니다"고 했다. 그의 조카인 이분李芬은 숙부인 이순신의 거북선에 대해, "… 또 전선戰船을 창작하였다. 크기는 판옥선만하다. 판상板上에는 십자세로十字細路가 있어서 사람이 걸어 다니게 되었다. 나머지는 전부 송곳을 꽂았다. 그러기에 판상에는 발을 딛을 수가 없었다. 앞에는 용두구를 만들어서 총(포)혈을 두고 미상尾上에도 총(포)혈이 있다. 좌우에는 각각 여섯 군데의 총(포)혈이 있다. 대개 그 모양이 거북 같기에 구선龜船이라 한다"고 했다.[29]

그리고 왜군이 기록한 『정한위록征韓偉錄』에는 "적선이 전철全鐵로써 장갑裝甲되어 있어서 우리 포(실은 조총)가 무용지물이 되었다"[30]고 했다. 한편 이순신의 거북선에는 대형 화포, 즉 천자포天字砲, 지자포地字砲, 및 현자포玄字砲가 있어서 왜선은 화력에 있어서도 상대가 되지 않을 정도로 열세했던 것이다.

한편 제2차 세계대전에 있어서, 일본 군함의 기계력은 세계 최고의 수준을 가지고 있었지만, 전파탐지기의 발명은 그것을 반신불수로 만들었다. 미 해군은 레이더 사격을 개발하여 어두운 밤에도 일본의 군함을 잡아 전파로 조준하여 명중을 시켜 일본 해군의 특기인 야간전법夜間戰法을 무력화無力化시켰다. 일본의 구축함은 미국의 잠수함을 잡는 것이 아니라, 오히려 잠수함의 밥이 되었다. 왜냐하면, 미국의 잠수함은 강력하고도 정밀한 전파탐지기 및 수중 측정무기에 의해 수상水上이나 수중水中에서도 일군日軍보다 먼저 원거리에서 포착하여 격파하기 때문이었다. 일본의 한 군사평론가는 "일본은 미국보다 군함에 레이더를 장치하는 것이 2년 정도 늦었는데, 만약 이것이 동시에 이루어졌다면 태평양의 해전海戰(대소 15회)의 양상을 일변케 했으리라고 생각할 만큼 중요 무기였다"[31]고 했다.

현대전의 수행은 산업기술의 중요성을 더욱 부각시켰다. 무기의 경쟁은 기록된 역사보다 더 오래 되었을 뿐만 아니라, 현대에 와서 산업기술의 혁신이 너무 빠르고 계속적으로 이루어져야 하기 때문에 과학자도 정치가나 장병들과 마찬가지로 전쟁에서 중요하게 되었다.[32]

29) 崔碩男, 『韓國水軍活動史』(서울 : 鳴洋社, 1965), p. 293.
30) 上揭書, p. 299.
31) 伊藤正德, 『連合艦隊の最後』(東京 : 文藝春秋, 1968), pp. 30~31 및 p. 125.
32) Theodore Ropp, *War in the Modern World* (Durham, N.C. : Duke University Press, 1959), p. xiii.

라. 조직 및 관리적 요인

군사사의 고대의 위대한 명장名將들은 그들의 개인적인 지휘에 의한 그의 휘하 부대를 모두 지휘하고 통제하였다. 전투 중에 지휘관은 그의 밀집부대의 갖가지 기동을 나팔이나 기치旗幟로서 알리거나 또는 전령병傳令兵을 보내서 지휘했다. 때때로 지휘관 자신은 부하들의 사기를 진작시키기 위해 그의 중기병重騎兵의 선두에서 말을 달리기도 했다.

『손자병법』은 다음과 같이 기록하고 있다. 즉, "무릇 용병의 원칙은 장수가 군주로부터 명령을 받아 군대를 소집 편성하며 대적하게 된다.… 옛 병서에 의하면, 구령이 서로 들리지 않기 때문에 북과 징을 치며, 보아도 서로 보이지 않기 때문에 깃발을 사용한다고 한다. 징이나 북, 깃발을 사용하는 것은 눈과 귀를 통하여 군을 지휘하기 위한 것이다. 군이 잘 지휘되면 비록 용감한 자라 하더라도 단독으로 전진하지 못할 것이요, 비겁한 자도 혼자서 도주하지 못할 것이다. 따라서 혼전상태가 되어도 문란하지 않을 것이며, 혼돈 속에서도 질서가 있어 패배하지 않을 것이다. 이것이 군대를 지휘하는 방법이다."[33]

전쟁이 그 범위와 복잡성이 커짐에 따라 군대는 전장戰場에서 기동과 신축성을 충분히 발휘할 수 있도록 하기 위해 자급自給할 수 있는 전술부대로 편성하게 되었다. 단 한 사람의 견해로 부대의 모든 활동을 통솔하는 것은 불가능하게 되었다. 지휘관이 직면하는 여러 가지 난문제難問題를 해결하기 위해 각 전문분야 내에서 지휘관을 보좌하고, 부대 내의 제반 시책의 관리를 감독하는 참모조직이 필수적이었다. 예컨대, 우리는 나폴레옹의 짧은 생애 중에서 전쟁의 규모가 거대해졌고 또한 복잡해졌기 때문에 초기의 그의 성공적이었던 조직적 편제가 몇 년이 못 가서 대단히 부적당한 것으로 증명되었던 것을 알고 있다. 군사사에 있어서 조직적 요인의 연구는 근대적인 지휘와 참모의 배치에 대한 발전을 추구하게 된다.

19세기와 20세기에 접어들면서부터 전 인류가 전쟁에 휘말리게 되었다. 전쟁은 병사, 관리만의 업무가 아니라, 전 국민의 참여가 절실히 필요하게 되었다. 그리하여 전쟁은 점차로 전면전쟁으로 확대되었고, 이에 대처하기 위해 정부에서는 인구와 경제적 자원을 조직하여 점진적으로 능률화된 무장국가로 발전했는데, 그 계기는 바로 조직적 요인의 공헌

---

33) 李鍾學 譯編, 『孫子兵法』(서울 : 博英社, 1974), pp. 160~162.

에서 비롯된 것이다.

프랑스 혁명은 이러한 발전이 출발을 가장 명백하게 구획 지었으나, 조직적 요인의 여러 국면은 고대 군사사에서도 강조되었다. 말 잔등 위에 올라 탄 무장기사의 우월성에 종지부를 찍는데 역할을 했던 스위스의 군사조직은 하나의 대단히 효율적인 조직의 승리였다. 중세 말기의 전문적 상비군의 발전은 봉건적 전투에 조종弔鐘을 울렸다. 고대 로마의 군단은 조직적인 신축성을 가진 걸작이었다.

군사관리는 작전부대에 대하여 장비를 갖추고, 유지하고 보급하는 문제와 관련을 가지고 있다. 현대전現代戰의 발전에 따라 특수화 부대가 이러한 기능을 수행하기 위하여 개발되었다. 이들 병참부대가 전투부대보다 숫자가 많아지는 경향은 미군에 있어서 더욱 심하지만, 지나친 것은 바람직하지 못하다고 생각된다. 그러나 현대전은 더욱 더 후방의 병참부대를 필요로 하고 있다는 것도 사실이다. 전쟁의 행정·병참적 측면의 발전은 전쟁을 위한 국가자원을 조직하는 국가 능력의 다른 일면一面일 뿐만 아니라 조직적 요인의 특별한 부분을 구성하는 것으로 생각된다.

마. 군사 이론적 요인

군사이론이란 군사적 경험의 축적에서 비롯하여 군사지식의 개념적 체계화인데, 이것은 결코 일조일석一朝一夕에 형성되는 것이 아니고 긴 인간의 역사 속에서 서서히 발달되어 왔다. 우리가 군사이론을 만들고 이해하려는 데는 두 가지 목적이 있다. 즉 하나는 군사현상軍事現象(현실)을 바르게 이해할 수 있게 하기 위한 것이요, 둘째, 군사현상을 이해하여 미래를 예측해서 이에 대한 대책을 세우는 데 있다고 본다. 이 문제에 대해 근세 군사이론의 창시자로 알려진 클라우제비츠의 견해는 다음과 같다.

> 일반적으로 어느 활동이 반복해서 생기고 또 언제나 동일한 사물, 즉 동일한 목적과 동일한 수단을 대책으로 한다면, 가령 그 사이에 약간의 변동이 있거나 또는 다양한 조합이 있다고 할지라도 이러한 사물은 충분한 이론적 관찰의 대상이 될 수 있다. 그리고 이와 같은 관찰이야말로 모든 이론의 본질을 이루는 것이며 실제로 이론에 해당할 만한 것이다.
>
> 전쟁을 구성하고 있는 모든 대책은 얼른 보아서는 엉켜져 분리하기 어려움에도 불구하고 만약 이론이 이러한 대상을 하나하나 명확히 구별하고, 여러 수단의 특성을 열거하며, 또 이러한 수단에서 생기는 효과를 지적하고, 목적의 성질을 명확히 규정하며 더욱이 투철한 비판적 관찰의 빛에 의하여 전

> 쟁이라는 영역을 샅샅이 비칠 수 있다면 이론은 그 주요한 임무를 달성한 것이 된다. 이렇게 되면 이론은 전쟁이 어떠한 것인가를 책을 통해서 알려는 사람에게 좋은 안내자가 되고 그가 가는 곳을 비춰주며 그의 발걸음을 가볍게 해주고, 또 그의 판단력을 육성하며 그가 기로에서 헤매지 않도록 지도指導할 수 있을 것이다.[34]

군사 이론가는 군사직업분야에 종사하는 많은 사람들에 앞서서 전쟁의 성격 가운데 제반 변화를 해석하고, 새로운 무기나 군사제도에 함축된 것을 마음 속에 구상화 하는 데 주의를 기울인다. 예컨대, 15세기 이태리의 마키아벨리는 군대의 구성을 용병 대신 시민에 의한 시민군을 만들 것을 제창했다. 그의 시민군에 대한 구상은 프랑스 혁명의 위대한 군사상의 혁신인 일반징병을 예견한 근대전쟁의 예언자로서 또한 최초의 근대 군사 사상가로 불려지고 있다. 이것은 그가 군사문제에 대해 논의한 최초의 인물이라는 뜻이 아니라 군사에 관한 논의를 새로운 수준까지 높였고 또 전쟁과 군사문제에 대한 지적知的 이해와 그 이론적 분석을 진보시키는 원리를 탐구했다는 점에서 다른 사람과 상이相異하다.

이태리의 두헤나 미국의 미첼은 항공세력의 결정적인 미래의 역할에 대해 예언했는데 오래 전에 항공공학이 이러한 구상을 현실적 가능성으로 전환시켰다. 이러한 이론가들의 저서는 때때로 전문적 군인들 가운데 시끄러운 논쟁을 불러일으키기도 하지만, 공식적 교리와 사상에 대해 중요한 영향을 미치기도 한다. 일반적으로 본다면, 이런 이론가는 정부의 공식적인 군사정책을 점진적으로 흔들어왔다.

어떤 군사 저술가는 전쟁 철학자로서 중요한 위치를 차지하게 되었고, 그의 이론은 대대로 내려오면서 연구되었다. 이러한 사상학파思想學派는 19세기 클라우제비츠의 저서『전쟁론』(1832)으로부터 비롯되었으며, 그의 제자들은 정책 결정을 교정하는 지침서로서 그들 스승의 저서에서 많은 인용문을 발췌했다.

군사이론은 마치 이념이 인류의 전 역사의 형성에 많은 영향을 미쳐왔듯이 전쟁사에 있어서 중요한 요인으로 작용하여 왔다.

바. 군사 교리적 요인

군사교리軍事敎理란 군사학, 전쟁의 원칙 및 그 국가가 놓여져 있는 여건을 바탕으로 하

34) 클라우제비츠,『戰爭論』李鍾學 譯(서울 : 大洋書籍, 1972), pp. 142~143.

여 국가목표를 달성하기 위한 군사행동의 방침을 공식적으로 승인한 체계이다. 따라서 군사교리는 실질적으로 그 나라 국군의 군사행동을 지배하는 철학이며, 지침이고 원리이다.

군사학이나 전쟁의 원칙 등은 객관적·과학적 이론 내지 지식에 속하지만, 군사교리란 용병 당국자가 당시 가장 적절하다고 생각한 용병에 관한 능력의 발로이며 술책術策의 표현이다. 이 문제에 대해 소련이 군사교리의 개발을 얼마나 중시했는가를 소련 국방상 말리노프스키 원수는 다음과 같이 말했다.

> 무기의 개발이 급속히 발전하고 있는 정세 하에 군사적·이론적 연구는 대단히 중요하다. 최근 소련의 군사 기술적 사상은 크게 진보하였다. 우리들은 심오한 이론적 기초를 가지고 있으며, 그것은 군사교리의 정치상의 특성에서 흘러오고 있다. 소련의 군사교리－우리 당의 정책을 기초로 하고, 군사학의 결론에 관한 중요한 건의에 바탕을 두고－는 현대전과 그 서전기緖戰期의 특징을 깊이 이해하는 것을 돕고, 또한 그런 전쟁에 있어서 작전의 가장 적합한 방식을 결정하는 것을 도우며 또한 우리들의 군대의 발전과 준비의 방향을 지시한다.[35]

소련의 군사교리에 대한 정의는 다음과 같다. "군사교리란 미래전의 정치적 평가, 전쟁에 대한 국가의 태도, 전쟁의 성격, 국가로 하여금 전쟁을 위해 경제적 및 정신적으로 준비시키는 데 필요한 여러 방책 및 군대를 편성하여 준비시키는 것, 전쟁수행을 위한 여러 방법에 포함된 문제에 관해 국가에서 채택된 견해의 표현이다. 따라서 군사교리는 전쟁의 근본적 여러 문제에 관한 개념의 공식적으로 승인된 체계이다."[36]

예컨대, 1936년 프랑스의 참모본부는 전면전쟁 이외의 군사교리를 갖고 있지 않았으며, 수세 이외의 전략에 대해서도 믿지를 않았다. 따라서 프랑스 국경을 침범하지 않는 전략적 변경에는 대처할 수 없었으며, 이러한 사소한 사태에 의하여 전략적 균형이 전복되어질 수 있다는 사실을 예기豫期하지 못하였고, 더욱이 이러한 사소한 사태로 인하여 전면전쟁을 감행해야 한다고는 생각하지를 못했다. 그 결과 히틀러가 라인랜드의 재점령을 감행했을 때는 프랑스의 지도력은 마비되고 말았다. 이로부터 불과 4년도 못되어서 프랑스의 전략교리戰略敎理가 대비하고 있었던 명백한 침략이 발생하였을 때는 프랑스가 최대의 자원을 투입한 마지노 선에 공격이 지향되지 않았다. 교리의 경직성에 대한 대가는 군사적

---

35) V. D. Sokolovskii, ed., *Soviet Military Strategy*, trans. Herbert S.Dinerstein et al.(Englewood Cliffs, New Jersey : Prentice-Hall, Inc. 1963), p. 7.

36) 上揭書, p. 30.

인 대참패大慘敗를 초래하였다. 역사는 전략교리상의 우월성이 자원에 있어서의 우세와 거의 같이 승리의 원인이 되었다는 것을 예시例示하였다. 1940년 독일은 전략교리가 우월했기 때문에 그 장비에 있어서는 거의 동일하며, 수에 있어서 우세하였으나 시대에 뒤떨어진 전쟁개념에 집착하고 있었던 연합군을 패배시킬 수 있었다.[37]

사. 통솔적 요인

통솔력이란 여러 사람들에게 복종, 신뢰, 존경 그리고 성실한 협조심을 불러일으킴으로써 그들을 선정된 목표로 인도하는 기술이다.[38]

옛날의 위대한 명장들은 그들의 정력, 재능 및 용기에 의해 전쟁수행에 있어서 개인적 영향력을 발휘할 수 있었다. 전쟁수행의 모든 요인은 지휘관의 모습을 엮어냈다. 장수의 기지와 용기, 그리고 부하들의 충성에 대한 명예심은 군대에 있어서 결속력을 유지시키는데 으뜸가는 것이었다. 예컨대, 한니발, 시저, 나폴레옹 등은 특출한 명장의 모습을 전장에서 나타냈다. 1796년 3월 27일 임지에 도착한 나폴레옹은 병사들의 급양給養이 비참한 것을 보고 유명한 훈시를 통해 사기를 북돋우고, 그에게 심복·충성케 하여 그들을 지휘해서 알프스를 넘어 이태리로 침공하여 혁혁한 전과를 획득했고 그의 출세의 길이 열렸다. 그리고 1798년 5월 나폴레옹이 이집트 원정에서 터키군의 마메류크 기병대의 주력과 나일 강에서 결전을 할 때, 다음과 같은 훈시로 장병의 사기를 북돋아 전승했다. 즉 "장병 여러분! 4,000년의 성상星霜은 저 피라미드의 정상에서 여러분의 활동을 바라보고 있소."

나폴레옹의 훈시의 특색은 첫째, 병사들의 과거의 공적에 대해 높이 찬양해 주고, 둘째, 공동의 목표, 즉 지금부터 장병들이 성취하려는 것을 명확히 알려주었으며, 셋째, 적을 멸시하고 또한 전공戰功에 대한 매혹적인 포상을 암시해 주었다.

나폴레옹의 초기 전투 때만 하여도, 지휘관은 대체로 전 병력의 전투상황을 목격하면서 전투를 수행했으나, 후기부터는 전쟁 양상의 규모가 거대해지고 또한 복잡해짐에 따라, 지휘관은 후방에서 위치하여 많은 참모들의 도움을 받아 작전을 지휘하지 않을 수 없게 되었다. 그리하여 옛날처럼 장수의 활동이 표면적이고 행동적으로 잘 표출되지는 않지만, 그러

---

37) Henry A. Kissinger, *Nuclear Weapon and Foreign Policy* (New York : Harper & Brothers, 1957), pp. 19~22.
38) R. E. Dupuy and T. N. Dupuy, *Military Heritage of America* (New York : McGraw-Hill Book Company, 1956), p. 11.

나 전투의 승패는 지휘관의 통솔력에 크게 힘입고 있다는 것을 알려주고 있다. 즉 2차대전에 있어서 독일의 구데리안 장군, 미국의 패튼 장군, 니미츠 제독, 맥아더 장군 등이다.

우리나라에 있어서 임진왜란 때의 이순신의 탁월한 통솔력은 부하들로 하여금 언제나 용감하게 싸우도록 했다. 원균과 이순신이 지휘한 수군은 같은 수군이었지만, 그 결과는 엄청난 차이가 있었다. 이순신의 마지막 싸움인 노량해전露梁海戰에서 그는 함수艦首에서 독전督戰하다 가슴에 총탄을 맞고 전사하는 그 순간, 한 마디의 유언을 남겼다.

"전쟁이 바야흐로 급하니 아예 내가 죽었다는 말을 말라."

아. 사기적士氣的 요인

승리하려는 의지, 필승의 신념, 괴로움을 참는 의지와 희생정신, 모든 어려움을 극복하는 인내심 등은 장병의 정신적 요인의 중요한 위치를 차지한다. 나폴레옹은 전쟁에 있어서 정신력과 물질의 비율을 3대1이라고 했는데, 이러한 비율이 반드시 타당한가를 묻기 전에 전쟁에 있어서 사기의 중요성을 대단히 높이 평가한 말이라 하겠다. 사기와 전쟁술의 관계에 대하여 클라우제비츠는 "병력의 현격한 차이가 있음에도 전투를 해야 하는 군대에 있어서 병력의 부족이 많을수록, 따라서 그 위험에 대항하는 장병의 정신적 긴장, 즉 군의 사기도 더욱 더 왕성해야 한다. 만약 이와 반대로 한다면, 이 어려움을 타개하려는 필사적인 영웅적 용기보다는 오히려 의기소침한 절망상태가 생겨, 이미 어떠한 전쟁술이라 할지라도 쓸모가 없는 것이다"[39]고 했다.

300여년 전 프란시스 베이컨은 국가방위의 능력은 자원의 소유보다는 국민의 사기에 의해서 좌우된다고 지적했다. 그리고 아담 스미스도 모든 사회의 안전은 반드시 국민이라는 커다란 단체의 사기에 달려 있으며, 또 사기가 있다 할지라도 잘 훈련된 군대가 이를 지원하지 않는다면, 아마도 사회의 방위와 안전보장에 충분치 못할 것이라 했다.

프랑스의 드 피크는 "승패를 결정하는 것은 전투의 총 회수가 아니라 사실 전투의 성공은 사기문제이다"[40]고 갈파했다. 그리고 포슈 장군도 "'패전이란 무엇인가?' 하는 질문에 대해 '자기 자신이 패하였다고 생각하는 전투가 곧 패전이다. 왜냐하면, 물질적으로 패전

39) Carl von Clausewitz, *On War*, trans. O. J. Matthijs Jolles (New York : The Modern Library, 1943), p. 236.
40) Edward M. Earle, ed., *Maker of Modern Strategy* (Princeton : Princeton University Press, 1943), p. 210.

이란 있을 수 없기 때문이다. 그러니 패전이란 사기 상으로만 있을 수 있다. 그리고 전승한다는 것도 사기 상으로만 존재하는 것이다. 그러므로 우리는 이 격언을 더욱 연장해서 전투에서의 승리란 자기 자신이 패전하였다고 말하지 않는 전투이다'고 하였다. '승리=의지' 이 공식은 포슈의 정신적 요소를 표현한 것이다. '전쟁=사기의 영역', '승리=승리자의 사기의 우세, 패전자의 사기 침체', '전투=두 의지간의 투쟁' 정복하려는 의지, 이것이 승리의 첫 요건이며 따라서 군인의 첫 의무이다. 그리고 나아가서는 이것이 필요에 따라서 지휘관이 병사의 정신에 주입해야 하는 최상의 결의가 되는 것이다"[41]고 했다.

물론 사기만 있으면 전투에서 승리할 수 있다고 주장하는 것도 유치하지만, 반면에 군사과학기술의 놀라운 발달로 물질적 우세만으로 전투에서 승리할 수 있다고 고집하는 사람들이 존재하는 한, 포슈의 주장은 아직도 상당한 교훈과 의의를 가진다고 하겠다. 1967년 중동전쟁에 있어서 아랍군이 패배한 큰 원인 중의 하나는 그들이 우수한 소련제 무기를 보유하고 있었지만, 싸우려는 의지와 사기가 없었기 때문이었다. 이렇게 되면, 최신식 무기도 하나의 고철뭉치로 변하고 마는 것이다. 아직 전장에서 인간이 활동하는 이상, 사기의 문제는 대단히 중요하다.

자. 전략적 요인

장수는 가장 유리한 결과를 획득하기 위하여 많은 고려 요소를 분석·평가하여 가장 최선의 행동방책을 결정하게 된다. 즉 그는 시간과 공간의 요소, 자기의 병력현황, 적의 능력과 의도, 그가 구상한 행동에 대한 국내외의 반응 등을 고려하게 되니, 전략의 수립에는 너무나 많은 요소의 불확실성과 불투명성이 개재介在하고 있다. 따라서 전략가의 술術은 계획적 모험의 술이라 해도 빗나간 말은 아니다. 더욱이 전쟁터에서 전투를 하자면 너무나 가변적可變的 요소가 개입됨으로 인하여 모든 계획은 수정을 하지 않을 수 없게 된다. 그래서 오랫동안 전쟁을 체험한 장수들은 폭풍우가 휘몰아치는 바다에서 그의 길을 인도해 주는 등대처럼, 또 전장의 아수라장에서 어렵고 복잡한 임무를 수행하는 지휘관에게 지침이 되는 나침반의 역할을 하는 것은 없을까 하고 전쟁원칙의 탐구를 계속하였다.

---

41) 上揭書, p. 228.

우리들은 이것을 흔히 '전쟁의 원칙' 혹은 '전략의 원칙'[42] 등으로 부르고 있다. 이러한 원칙은 장수들이 승리하기 위해 준수해야 할 원칙인 동시에, 이것은 또한 전쟁사 연구에 있어서 작전의 분석·평가의 기준이 되는 것이다. 근래에 와서 이러한 원칙을 경시하려는 경향이 없지 않지만, 그러나 건전한 전략은 진실로 이런 여러 원칙과 일치된 용병을 했다는 것을 역사, 특히 전쟁사는 말해주고 있다. 이러한 원칙은 사람과 국가에 따라 다르며, 우리나라 육군의 「전쟁원칙」을 소개하면 다음과 같다.[43]

(1) 목표의 원칙

모든 군사작전은 명확하고 결정적이며, 달성 가능한 목표에 지향되어야 한다. 전쟁에 있어서 궁극적인 군사목표는 적의 군대와 그의 전의戰意를 분쇄함에 있다.

(2) 공격의 원칙

공격전투는 결정적인 성과를 달성하고, 행동의 자유를 획득하는 데 필요하다. 공격에 의하여 지휘관은 주도권을 갖고 그의 의지를 적에게 강요하고, 방책方策을 조정 결정하고, 적의 약점과 급변하는 상황을 활용하고 불의의 사태에 대처할 수 있다.

(3) 집중의 원칙

결정적인 목적을 달성하기 위해서 우세한 전투력을 결정적인 시간과 장소에 집중시켜야 한다. 전투력의 우세는 전투력의 각 요소를 결합함으로써 획득된다.

(4) 절약의 원칙

전투력은 능숙하고 신중하게 사용함으로써 지휘관은 최소한의 자원 소모로 그 임무를 달성할 수 있다. 이 원칙은 집중원칙의 당연한 귀결이다.

(5) 기동의 원칙

기동은 전투력의 가장 긴요한 요소이다. 그것은 전과戰果를 확대하는 데 또는 행동의 자유를 유지하고 취약성을 감소시키는데 실질적으로 기여한다. 기동의 목적은 적을 비교적

---

42) 李鍾學, 『現代戰略論』(서울 : 博英社, 1972), p. 234.
43) 『作戰要務令』(서울 : 陸軍本部, 1970), pp. 52~54.

불리한 처지에 놓이도록 함으로써 아군의 보다 적은 병력과 물질로 결정적인 성과를 성취하는 데 있다.

(6) 지휘통일의 원칙

전 전투력을 결정적으로 운용하기 위해서는 지휘의 통일이 필요하다. 지휘의 통일은 공동목표로 지향하는 모든 부대가 협조된 활동으로서 노력의 통일을 달성하게 한다.

(7) 경계의 원칙

경계는 전투력을 보존하는 데 긴요하다. 경계는 기습을 방지하고 행동의 자유를 유지하며 우군友軍 부대에 관한 적의 정보활동을 거부하기 위해 취해지는 여러 대책으로 달성된다.

(8) 기습의 원칙

기습은 피아彼我의 전투력의 균형을 결정적으로 우군에게 유리하게 전환시키며, 제공된 노력 이상의 성공을 획득할 수 있다. 기습은 적의 예상치 않은 시간, 장소 및 방법으로 적을 강타함으로써 달성된다. 적이 모르도록 하는 것이 중요한 것이 아니라 효과적으로 대처하기엔 너무나 늦게 알도록 하는 것이 더욱 중요하다. 기습에 기여하는 요소에는 속도, 기만, 예상치 않은 전투력의 적용, 효과적인 정보 및 방첩 그리고 전술과 작전방법의 변화 등이 포함된다.

(9) 간명簡明의 원칙

간명성簡明性은 작전을 성공적으로 수행하는 데 기여한다. 직접적이고 간단한 계획과 명확하고 간결한 명령은 오해와 환란을 감소시킨다.

영국의 리델 하트는 8개의 전략의 원칙을 제시했는데, 그 내용은 다음과 같다.[44]

(1) 목적을 수단에 조정시켜라

목표를 결정하는데 명백한 통찰과 냉철한 평가가 절대로 필요하다. 능력에 넘치는 목적

44) B. H. Liddell Hart, 前揭書, pp. 348~349.

을 달성하려는 것보다 더 어리석은 것은 없다. 군사적 지혜의 제일보第一步는 가능한 것에 대한 식별력에서 시작된다.

(2) 계획을 환경에 적응시키면서 항상 목표를 명심하라

목표를 달성하는 데는 여러 가지 방법이 있다는 것을 알아야 하고 또 여러 목표는 한 목적으로 향하도록 주의하여야 한다. 앞으로 가능한 목적을 검토하는 데 있어서 목표가 달성된 후에 그 목적에 얼마나 거기에 도움이 될 것인가를 고려하라.

(3) 적의 의표意表에 나아가라

적의 입장에서 항상 생각하고 그리하여 적의 가장 예기치 않으며 저지하지 못하는 방책을 강구하라.

(4) 가장 적은 저항선에서 전과를 확대하라

우리의 기본 목적에 도움이 되는 목표를 달성시킬 수 있다면, 적의 저항이 가장 약한 곳에서 성공의 전과를 확대시킨다(전술에 있어서 이 원칙은 예비대 사용을 의미하며, 전략에 있어서는 전술적인 성공의 전과를 확대하는 것을 의미한다).

(5) 예비 목표를 가질 수 잇는 작전선을 선택하라

이렇게 함으로써 적을 진퇴양난進退兩難에 빠뜨릴 수 있는 까닭이다. 이리하여 적이 가장 소홀히 하고 있는 목표 하나를 쉽사리 획득할 수 있게 되며, 나아가서는 다음에 오는 목표 하나를 달성할 수 있게끔 할 것이다.

(6) 여러 가지 환경에 적응할 수 있도록 계획과 배치에 있어서 융통성을 가져라

당신의 계획은－전쟁에 있어서 대부분의 경우 그러하지만－성공이나 실패, 그렇지 않으면 부분적인 성공을 할 경우, 다음 단계를 위하여 예비되고 또 준비되어 있어야 한다.

(7) 적이 경계태세를 취하고 있는 동안에는 공격하지 말라

역사적인 경험은 적이 지나치게 무력無力할 때를 제외하고는 적의 저항력이나 도피하는 능력이 마비되기 전에 적을 효과적으로 강타할 수 없다는 것을 알려주고 있다. 따라서 지휘관은 적의 전투력이 만족할 정도로 마비되기 전에 진지陣地에 있는 적을 정면으로 공격

하지 말아야 한다.

(8) 공격이 한 번 실패한 후에 동일한 방식의 재공격을 시도하지 말라

단순한 병력의 증강은 전국戰局을 변화 시킬 수 없다. 왜냐하면, 적이 그동안 병력을 증강할 수 있기 때문이다. 뿐만 아니라, 적이 우리를 격퇴하는 데 성공하였다는 사실은 적으로 하여금 사기를 더욱 왕성케 만들어 주는 까닭이다.

프랑스 군 출신의 조미니는 다음과 같이 네 가지 전략의 원칙을 명시했다.[45]

(1) 전략적인 방법으로서 군의 주력부대를 계속 투입하여 작전지구의 요지에 압력을 가하게 하고, 나아가서는 자군自軍은 위험하게 하지 않고 적의 병참선에 압력을 가하게 할 것.

(2) 아군의 주력부대를 적 주력부대의 일부에 대해서만 대항케 하는 방식으로 기동할 것.

(3) 더욱이 전투에 있어서는 전술적 기동에 의하여 주력부대를 전장戰場의 요지에 혹은 적 전선敵戰線에서 꼭 제압해야 할 주요 부분에 대해 압력을 가하게 할 것.

(4) 대부대를 결정적 장소로 이동케 할 뿐만 아니라, 이들을 신속히 그리고 합세케 하여 전투에 임하게 함으로써 동시에 전력全力을 경주할 수 있도록 조치할 것.

6. 군사사의 발전과정

가. 투키디데스의 펠로폰네소스 전쟁

일찍이 로마의 키케로에 의해 '역사의 아버지'로 알려진 희랍의 헤로도토스(484~430 B.C.)는『역사』라는 저서를 남겼는데, 이것은 희랍과 페르시아와의 전쟁사이다. 영역자英譯者는 아예『페르시아 전쟁』[46]이라 했는데, 이 책에는 당시의 전쟁술의 귀중한 자료가 담겨져 있을 뿐만 아니라, 오늘날까지 희랍과 페르시아의 전쟁에 관한 유일한 지식을 남겨주

45) Edward M. Earle, ed., 前揭書, p. 85.
46) Herodotus, *The Percian War*, trans. George Rawlinson (New York : Modern Library, 1942)

고 있다. 한편 아테네의 전성기에 존명存命하고 있었던 투키디데스(480~396 B.C.)는 아테네와 스파르타의 양 도시국가 사이의 전쟁, 즉 펠로폰네소스 전쟁[47]의 기록을 남겼다.

기원전 431~404년까지 27년간에 걸쳐 희랍의 전 국토를 초토화한 이 전쟁의 원인과 경과를 정치, 경제, 외교 및 군사에 대해 놀라운 통찰력과 관찰력을 가지고 사실史實을 과학적으로 조사하여 객관적 역사적 사실의 서술, 사색思索의 합리성을 통하여 훌륭한 전쟁사를 남겼으나 불행히도 21년까지의 기록만 남기고 절필되고 말았는데, 이것은 군사사에 있어서 미완未完의 걸작傑作이라 해도 타당하리라.

투키디데스란 과연 어떤 사람이었던가 하는 기록은 알려져 있지 않으나, 그 저서 속에 자신의 기록을 남겼기 때문에 알 수 있을 정도이다. 그는 아테네군의 지휘관의 한 사람으로 병선 7척을 지휘하여 암피포리스의 구원을 위해 출항했으나, 펠로폰네소스군의 명장 브라시다스가 선취를 했기 때문에 도시를 잃고 말았다. 그는 여기서 그의 아버지가 올로르스이며, 자기가 도라키아 지방의 금의 채굴권을 보유했고 또 그 지방의 유력자 사이에 세력을 가지고 있다는 것을 적장敵將이 탐지하고 있었다는 사실을 기록했다.[48] 그래서 그는 책임 추궁을 당하여 직책을 박탈당하고 아테네에서 추방을 당하고 말았다.

> 나는 전쟁이 3×9, 즉 27년간이 소요될 것이라고 개전開戰 이래 일반에게 알려져 있었던 것을 확실히 기억하고 있다. 나는 전 기간을 통하여 성년에 달하고 있어서 분별력도 있고 또 정확한 사실을 알려고 노력해 왔고 체험도 쌓았다. 그러나 암피포리스의 작전지휘 후, 20년간의 망명생활을 하게 되었으며, 그동안 양 진영의 움직임을 관찰했고, 특히 망명자이기에 다행하게도 펠로폰네소스 측의 실상도 접하여 경과를 상세히 그리고 냉정히 알 수 있는 기회가 있었다.[49]

우리들은 그의 저서를 통하여 다음 사항을 알 수 있다. 즉

첫째, 그는 아테네의 군 지휘관 출신이다.

둘째, 저술활동, 즉 여행, 답사 그리고 자료 수집을 위한 재원財源의 배경이 금광의 수입에서 충당할 수 있는 처지에 있었다는 것.

셋째, 암피포리스의 작전 실패는 그 개인의 영달을 위해서는 불행한 사건이지만, 한 위대한 군사학가軍史學家의 탄생을 위해서는 다행한 일이었다. 왜냐하면, 그는 양측의 이해

---

47) Thucydides, *The Peloponnesian War*, trans. Crawley (New York : Modern Library, 1951)
48) 上揭書, pp. 264~265.
49) 上揭書, p. 297.

관계利害關係를 떠나 있었기 때문에 정보를 획득하는데 유리했을 뿐만 아니라, 역사기술歷史記述에 있어서도 객관적 입장을 취할 수 있었다. 역설적 표현이기는 하지만, 개인적 작전 실패가 만고의 명저인 『펠로폰네소스 전쟁』을 남기는 계기가 되었던 것이다.

넷째, 그의 사가史家로서의 자질은 어떠한가에 대해서는 그의 기록을 살피는 것이 좋을 것이다.

> 옛날 일을 노래한 시인들의 수식과 과장에 넘친 표현에는 신빙성을 인정할 수 없다. 또 전승작가傳承作家처럼 너무 옛날로 거슬러 가기 때문에 논증할 수 없는 사건이나 믿을 수 없는 다만 신화적 주제를 엮어 진실탐구보다는 청중의 흥미 본위의 작문을 감수하는 입장이 허용되지 않는다. 이 어느 것이나 배척하고 명백한 사실만을 바탕으로 하여 옛날 일이라 해도 충분히 사실史實에 가까운 윤곽을 규명한 결과는 당연한 것으로 시인해도 좋을 것이다.…
>
> 한편 정견政見에 대한 기록은 약간 사정이 다르다. 전투상태에 이미 들어 있는 사람이나, 바로 그 상태에 들어가려는 사람이 각각 그 입장을 알고서 행한 발언에 대하여 필자 자신이 그 곳에서 들은 연설이라 할지라도 일자일구一字一句를 정확히 기억한다는 것은 불가능했고, 또 다른 곳에서 행한 연설의 내용을 나에게 전한 사람들에게도 정확한 기억을 기대할 수 없었다. 따라서 정견의 기록은 사실표면事實表面된 정견政見의 전체로서의 취지를 가능한 한 충실하게 필자의 안목으로 각각의 발언자가 그 곳에서 직면한 사태에 대해 가장 적절하게 판단해서 얘기했다고 생각한 논지를 가지고 그 정견을 엮었다.
>
> 그러나 전쟁을 통하여 실제로 이루어진 사적事績에 대해서는 다만 지나가는 목격자로부터 정보를 얻어 이것을 무비판으로 기술記述하는 것을 엄격히 삼가하였다. 그리고 여기에 주관적인 유추類推를 섞는 것을 피하였다. 내 자신이 목격자인 경우에도, 또는 다른 사람의 정보에 의한 경우에도, 개개의 사건에 대한 검증은 가능한 한, 정확을 기하였다. 그러나 이 조작을 수행한다는 것은 많은 어려움을 수반했다. 사건이 일어날 때마다 그곳에 있었던 자는 한 사건에 대해서도 적아敵我의 감정에 지배되어 사건의 반면半面만 기억하는 경우가 많고, 그러기 때문에 그들의 진술은 언제나 어긋남이 있었다.
>
> 또한 나의 기록에는 전설적인 요소가 제외되어 있기 때문에 이것을 읽고 흥미가 있다고 생각하는 사람은 적을지 모른다. 그러나 곧 지금부터 전개될 역사도 인간성이 인도引導하여 이루어지는 것처럼 다시 그와 유사한 과정을 겪는 것이 아닐까 하고 생각하는 사람들이 회고하여 과거의 진상을 찾을 때, 나의 역사에 가치를 인정해 준다면 그것으로 충분하리라. 이 기술은 오늘의 독자의 구미에 맞추어 상賞을 얻기 위한 것이 아니라, 후세의 유산이 되도록 엮은 것이다.[50)]

상술한 내용은 역사가가 어떠한 태도를 가지고 역사를 기술해야 하는가 하는 근본문제를 명확히 한 것으로, 바로 그러한 입장과 구상에서 기록되었기 때문에 오늘날까지도 생명을 유지하고 있는 것으로 평가된다. 그의 『펠로폰네소스 전쟁』은 21년간 사건을 춘하추

---

50) 上揭書, pp. 14~15.

동春夏秋冬의 순서로 기술했으며, 때때로 위기와 결단을 내려야 하는 임박한 처지에 놓인 각국의 정치가들이 말한 연설의 부분으로 성립되어 있다. 그의 기록은 어디까지나 정확성을 제일의第一義로 삼았으며, 문장은 간결 명쾌하여 우리들은 여기서 현대적 의미에서의 역사가의 참모습을 보는 듯하다.

투키디데스는 자기보다 앞선 역사가나 시인의 저서를 이미 독파讀破하고 있었기 때문에, 그들의 비실증적인 태도나 기록의 부정확성, 과장된 허식의 문장을 통해 독자의 환심을 얻기 위한 수법 등을 의식적으로 제거했다. 뿐만 아니라, 역사의 주체가 인간인 이상, 그 인간이 언제, 어디에서 유사한 길을 반복하게 되리라는 조건, 선택 그리고 결단의 개별적인 실례實例를 엄밀한 사안史眼과 엄밀한 논리에 의해 기록함으로써 다만 충실한 자료를 남겼다는 그 이상으로 인간행동의 미지의 영역을 비치는 광명과 교훈을 던져 준 것으로 평가한다.

예컨대 양 도시국가의 전쟁에 돌입하는 마지막 장면을 투키디데스는 다음과 같이 기록했다.

> 그들이 원정군의 도상途上에 있는 것을 보고, 아테네 측이 혹시 일보의 양보할 기색을 보이지나 않을까 하는 기대에서 스파르타인 디아크리트스의 아들 메리싯프스를 사자使者로 하여 아테네에 파견했다. 그러나 아테네인은 사자가 도시에 들어오는 것을 허가하지 않았고, 발언도 인정하지 않았다. 왜냐하면, 일단 펠로폰네소스로 군대가 출발한 이상 적측의 사자나 사절의 신청은 받아들이지 않는다고 하는 페리클레스의 제안이 가결되어 있었기 때문이다. 그래서 아테네인은 사자에게 일언의 발언도 허용치 않고, 그날로 국외 퇴거를 명하고, 금후 전할 일이 있다면, 군대를 펠로폰네소스로 철수시킨 후 사절을 보내라는 뜻을 전하고 돌려보냈다. 그리고 메리싯프스가 귀도歸途에서 아테네 국민과 접촉할 수 없도록 호송병을 붙였다. 국경에 도착하여 이별하는 마당에, 메리싯프스는 '이 날부터 희랍인들의 대화大禍가 시작된다!'고 한마디 남기고 급히 돌아갔다. 그는 진영에 돌아가서 아테네 측에는 지금 양보할 의도가 없다는 것을 말했다. 이것을 알자, 알키다모스는 비로소 군대에 출발을 명하고 아테네령領을 향해 진격을 했다.[51]

이들 양 도시국가는 그 후 27년간 전쟁을 치렀으며, 결국 스파르타가 승리했으나, 희랍민족은 장기간의 전쟁으로 인력과 자원을 모두 소모해 버려 그 후, 2,000여년이 넘도록 빈곤과 외세外勢에 의한 노예생활로 연명해 왔고, 오늘날까지도 옛날의 영화를 다시 찾지 못하고 있다.

---

51) 上揭書, p. 91.

오늘날 한민족韓民族이 한반도에서 남북한으로 대치하고 있는 군사정세를 분석해 보았을 때, 희랍민족의 실패의 교훈을 우리들은 냉철히 배워야 하리라.

나. 『동국병감東國兵鑑』[52]

우리나라의 전쟁사로 발간된 『동국병감』의 발간 경위에 대해서는 조선의 문종이 왕위에 오른 1450년 3월 14일 의정부에 명하여 편찬했는데, 「문종실록」의 문종 즉위년 경오 3월조에 잘 명시되어 있다.

> 의정부에서 건의하기를, "중국에서는 위급한 병란兵亂을 당하면 과거의 역사를 상고하여 그 대비책을 마련하오나, 우리나라는 그러한 역사책이 없으므로 일단 유사시에 변방 방비의 염려되는 점이 많습니다. 원컨대, 삼국시대로부터 고려에 이르기까지 외적의 내침한 사실과 그때마다 적을 막아낸 용병술과 경과와 결과 등에 따르는 이해득실을 자세히 살펴 이를 책으로 만들어 펴서, 국민들이 많이 읽어 사실事實을 알도록 마련하소서." 하였다. 왕은 그 생각이 매우 좋다고 하시면서, "그런 책을 빨리 만들어 세상에 널리 펴도록 하라"고 하셨다. 그래서 이 책을 편찬하여 간행하고, 책 이름을 『동국병감』이라고 하였다.

이 기록으로 미루어 보면 『동국병감』의 발간에 관한 경위는 분명히 알 수 있지만, 저자와 발간년도가 분명치 않다. 이에 대하여 다음과 같은 추론도 가능하다. 즉 "나의 생각으로는 문종 때 이룩한 여러 책, 곧 『고려사』, 『고려사절요高麗史節要』 등 역사서의 편찬과 『동국병감』 편찬의 특수성으로 미루어보아, 이 책도 김종서金宗瑞의 주관으로 마련된 것이라고 짐작된다. 그리고 이 책을 마련하게 한 문종은 학문에 조예가 깊어 온갖 학술學術에 능통하였으며, 특히 국방에 유의하여 『동국병감』을 비롯하여 『양계지도兩界地圖』와 『오위진법五衛陣法』과 『역대병요歷代兵要』 등을 마련하였는데, 이런 점으로 미루어보아, 이 책의 편찬에 있어서도 임금이 직접 지휘하여 마련하였을 것이라고 여겨진다"[53]고 했는데, 이것 역시 어디까지나 짐작에 지나지 않지만 상당히 타당성을 지닌 짐작이라 하겠다.

그리고 육당 최남선도 『동국병감 요해要解』에서 다음과 같이 밝히고 있다.

---

52) 졸고, 「東國兵鑑의 戰史的 意義」, 『慶熙史學』 第六,七,八合輯, 1980, pp. 31~41 참조.
53) 김종권 역, 『동국병감』(한국자유교육협회, 1972), p. 14.

지은이의 성명 및 이룩한 날짜를 지금 상고할 수 없는데, 이를 밝혀내는 일은 뒷날의 학자들에게 기대할 수밖에 없다. 문종은 학문에 조예가 깊어서 경사經史의 풍부한 지식과 성리학의 심오한 진리로부터 법률, 역서曆書, 음악, 시문詩文, 병서, 공예 등의 학술에 이르기까지 널리 통달하고 자세히 연구하지 않은 것이 없었으며, 더욱 군사적인 정사를 중히 하는 데 힘을 기울여서 병요兵要를 선정하고 진법陣法을 발명하였는데, 이는 다 문종의 슬기로운 재량에서 나왔다. 그러나 임금이 지은 글로 세상에 전하는 것은 시 5편과 글 5편에 지나지 않는다. 그리고 이 책과 『오위진법』은 임금이 마련한 중요한 책인데, 대개 역대 여러 임금이 문을 숭상하는 것을 정치의 근본으로 삼아 그 기풍氣風이 흘러 퍼져 문에만 힘쓰고 무에는 게을리 하여 500여 년 동안 군사적 정사에 관한 책을 간행한 것이 오직 문종과 세조 두 임금 때에만 성하였으니, 곧 이 책은 실로 군사를 숭상하는 거룩한 뜻에서 나온 것이라 하겠다.[54]

『동국병감』의 저자와 발간년도를 밝힌다는 것도 대단히 중요하지만, 더 중요한 것은 이 책의 발간 경위와 더불어 문종이 의정부의 건의를 쾌히 수락하여 빨리 책을 발간해서 널리 국민들에게 펴도록 했다는 점이다.

먼저 발간 경위에 있어서, 과거 적이 침공한 경위와 결과를 거울삼아, 앞으로의 적의 침공에 대한 대비책을 강구하겠다는 사고방식은 오늘날에 있어서도 우리가 왜 전쟁사를 연구해야 하는가 하는 근본 이유를 밝힌 내용으로 탁견이라 하지 않을 수 없다.

다음은 문종이 이 책의 중요성을 인식하고 급히 발간케 했다는 사실이다. 당시 조선왕조는 세종대왕을 통하여 왕권이 확립되었고 또한 세종 1년(1419년)에 대마도의 왜구를 정벌하는 등 안정과 번영기에 접어들었으며, 우리나라 역사상에 있어서 황금시절을 구가하고 있을 때, 그가 1450년 2월 왕위에 즉위하자 곧 3월에 『동국병감』의 간행을 허락했다는 것은 여간 현명한 군주가 아니면 내리기 어려운 결정이었다. 옛 병서인 『사마법司馬法』에 "천하가 비록 평안하다 할지라도, 전쟁을 잊으면 반드시 위태롭다"고 했고, 로마의 베케티우스는 "평화를 바란다면, 전쟁에 대비하라"고 했는데, 문종은 진실로 이 진리를 깨닫고 실천에 옮겼던 것이다. 그러니 이것은 놀랍고 또 한편으로는 긍지를 갖지 않을 수 없는 사실이다. 왜냐하면 평화로운 시기에 한 나라의 국왕이 앞으로의 국방을 위해 전쟁사의 서적을 간행하여 국민들에게 보급한 전례前例는 듣지 못했기 때문이다.

『동국병감』의 내용 구성은 고조선 시대로부터 고려 말엽에 이르기까지 중국을 비롯한 대륙호족大陸胡族들의 침입으로 인한 전쟁사를 상·하 2권으로 엮은 것인데, 상권에는 '한

54) 上揭書, p. 17.

漢나라 무제武帝가 조선을 평정하고 사군四郡을 설치함'을 첫머리로 '거란이 세 번째 고려를 침범함'까지 20번의 전역戰役을 기록하였고, 하권에는 '고려가 여진을 침'을 첫 머리로 '고려가 호발도胡拔都를 쫓아냄'까지 17번의 전역戰役을 기록하고 있다.

필자는 오늘날의 입장에서 고조선 시대부터 월남전쟁의 파병종결派兵終結까지의 「한국역대전쟁사韓國歷代戰爭史」를 엮어보았으면 하는 생각이다.

다. 델브류크의 『전쟁술사론戰爭術史論』[55]

델브류크는 1848년 11월 독일의 베르겐에서 출생했다. 그의 부친은 지방판사였고 모친은 베를린 대학교 철학교수의 딸이었다. 그는 하이델베르크, 그라인프스발드 및 본대학大學에서 교육을 받았으며, 일찍부터 역사에 흥미를 가졌다. 그 당시 랑케가 학계에 기여한 업적인 새로운 과학적 경향에 큰 영향을 받은 노오르덴, 쉐퍼, 시벨과 같은 교수의 강의를 들었다. 그는 1867년 군에 입대하였고, 1870년 보불전쟁에 종군했으며, 1885년까지 예비장교로 있었다. 그는 한 병사였던 1874년에 빗덴베르크에서 춘계 기동 중 류스토브의 저서 『보병사步兵史』를 읽었으며, 그것이 인연이 되어 군사사의 연구에 관심을 갖게 되었다.

그는 1900년에 강의와 연구결과를 토대로 하여 『전쟁술사론』의 제1권을 발간했으며, 부제副題는 '정치사의 테두리 안에서 본 전쟁술사론'[56]이라 했다. 제1권이 출간되자 그날부터 격노한 비판가들의 화살을 받기도 하고, 반면 유일무이唯一無二한 명저라는 칭찬도 받았다.

『전쟁술사론』은 4권으로 구성되어 있으며, 제1권은 페르시아 전쟁부터 율리우스 카이사르 통치시대까지의 전쟁술을 다루었고, 제2권은 주로 초기 독일에 관련된 것으로 역시 로마 군사제도의 몰락, 비잔틴 제국의 군사조직 및 봉건제도의 기원을 다루고 있으며, 제3권은 중세시대의 전술 및 전략의 몰락과 소멸에 관해서 서술한 후 스위스-부르군드 전쟁에서 전술이 되살아났다는 간결한 설명으로 끝났다. 제4권은 나폴레옹 시대에 이르는 전술적 양식樣式 및 전략적 사상의 발전을 서술하고 있다.

55) Edward E. Earle, ed., 前揭書, pp. 260~283.
56) 上揭書, p. 263.

델브류크는 그의 저서 제4권의 서문에서 저술목적을 상세히 설명했다. 즉 저술의 기본 목적은 국가체제와 전술 및 전략의 관련성을 밝히는 데 있었다.

> 전술·전략·국가체제 및 정책 간의 상관성의 인식은 군사사와 세계사의 관련성을 반영하며 지금까지 암흑 속에 숨겨져 있거나 알려지지 않은 많은 사실을 밝혀준다. 이 저서는 전쟁술을 위해서가 아니라 세계사를 위해서 저술된 것이다. 만약 군인들이 이 책을 읽고 자극을 받는다면 본인은 대단히 기쁘며 또한 영광으로 생각한다. 이 책은 역사가가 역사의 벗을 위하여 저술한 것이다.[57]

그는 군사사 연구에 있어서 사실史實의 비판에서부터 출발했고, 이 문제는 몇 가지 방법으로 해결할 수 있다고 확신했다. 만약 역사가가 과거 전투가 실시되었던 지형을 알고 있다면 현대 지리학의 모든 지식을 이용하여 이미 처리되어버린 사적史的 기록을 재검토할 수 있다. 또한 전투에 사용된 무기와 장비를 알고 있다면 능히 논리적인 추리로써 그 전투의 전술을 다시 구상해 볼 수 있는 것이다. 왜냐하면, 각종 무기에 부응하는 전술 원칙이 확인될 수 있었기 때문이다. 더구나 근대전近代戰에서는 평균적인 병사의 행동능력, 보통 말(馬)의 부하능력負荷能力 및 대집단 병력의 기동성 등을 판단할 수 있으므로 사가史家는 근대전을 연구할 수 있는 많은 연구수단을 가지고 있다. 그리고 끝으로 초기 전투조건을 거의 정확하게 재생 가능한 신뢰할 수 있는 기록이 남아있는 전역戰役 혹은 전투도 찾아볼 수 있는 것이다. 이러한 연구방식의 결론을 델브류크는 '실증비판實證批判' 즉 사실에 기초를 둔 비판이라고 호칭했다.[58]

그의 뛰어난 업적은 과거 대大전쟁에 동원된 병원 수兵員數의 조사에서 이루어졌다. 예컨대 헤로도토스에 의하면 기원전 5세기에 아테네와 싸운 페르시아군은 4백만을 초과하는 숫자였다고 했는데, 델브류크는 이와 같은 숫자는 믿을 수 없는 것이라고 지적했다. 즉 "독일군의 행군 서열을 볼 것 같으면 3만 명을 가진 1개 군단이 치중대를 제외하고도 약 3마일에 뻗치게 된다. 그렇다면 페르시아 군의 행군 종대는 420마일에 달했을 것이며 그 선두부대가 데르모필레에 도달하고 있을 때, 그 후미부대는 티그리스 강의 건너편에 있는 수사(Susa)를 막 나섰을 것이다."[59]

---

57) 上揭書, pp. 264~265.
58) 上揭書, p. 265.
59) 上揭書, pp. 265~266.

이와 같은 놀라운 사실이 설명될 수 있다손 치더라도 헤로도토스가 추산한 병원 수를 포용할 만큼 광대한 전장戰場이 없었던 것이다. 예컨대 마라톤 평원만 하더라도 너무 좁아서 약 50년 전에 그 곳을 방문한 프러시아 참모장교가 프러시아군 1개 여단일지라도 도저히 그 곳에서 연습할 여지가 없다고 다소 놀라운 기술을 했을 정도였다.

헤로도토스의 기록은 투키디데스를 비롯하여 오랫동안 의심을 받아왔던 것이므로 델브류크의 비판이 결코 최초의 것은 아니다. 그러나 그의 진정한 공적은 그가 이러한 체계적인 분석방식을 페르시아전쟁부터 나폴레옹전쟁까지의 모든 전쟁의 숫자상의 기록에 적용했다는 사실에 있는 것이다.

그는 '실증비판'이라는 새로운 방법론을 제시했을 뿐만 아니라, 그 저서에서 3개의 중요 과제를 규명했는데,

첫째, 페르시아 시대로부터 나폴레옹 시대까지의 전술형식의 발달

둘째, 역사상 전쟁과 정치와의 상관성相關性

셋째, 모든 전쟁을 두 가지의 기본 형식으로 구분했다는 것이다.

특히 그는 어떠한 역사상의 시기에 있어서도 정치의 발전과 전술의 진화는 상호 밀접한 관련이 있다는 것을 사례史例를 통해 밝혔고, 또 정치와 전쟁의 상호간 밀접한 관련을 맺고 있다는 것은 델브류크 시대 이전에도 이미 자명한 사실로서 확정되어 왔었으나, 그 자명한 사실은 다각도로 연구되어야 했었고 실제로 있었던 사건에 의하여 설명되지 않으면 안 되었다. 따라서 그가 군사 이론가들에게 기여한 공헌은 각 시대에 있어서 정치적 요인과 군사적 요인의 상관적相關的 역할을 규명하는 체계적인 방식을 제시하였다는 점에 있다. 그의 군사이론 중 가장 괄목할만한 이론은 모든 전략은 2개의 기본 형식만으로 구분될 수 있다는 그의 소신이었다. 이 이론은 그의 저서『전쟁술사론』의 출판 이전에 세워진 것인데, 동저 제1권과 제4권에 요약 기술되어 있다.

클라우제비츠의『전쟁론』의 영향을 받아 당시의 군사 사상가의 거의 대부분은 전쟁의 목적은 적군을 완전히 격멸하는 데 있는 것이며, 따라서 이와 같은 목적을 성취하는 전투는 모든 전략의 목표라고 믿었다. 델브류크는 군사사에 대한 최초의 연구를 통해서 이와 같은 형태의 전략이 반드시 보편적인 것이라고 할 수 없으며, 그와는 전연 상이相異한 전략이 전쟁분야를 지배했던 유구한 역사상의 시기가 있었음을 인식하게 되었다. 더구나 그는 클라우제비츠 자신도 하나 이상의 전략적 체계가 있을 수 있는 가능성을 인정한 사실

을 찾아내었다. 1827년에 쓴 한 논문에서 클라우제비츠는 전쟁수행 방식에는 확연히 구별되는 2개의 방식이 있음을 암시했다. 즉, 하나는 적군을 섬멸하는 데만 오로지 열중하는 것이고, 다른 하나는 제한전쟁인데 이것은 전쟁에 포함되어 있는 정치적 목적과 긴장이 경미하거나 군사적 수단이 불충분하여 적의 군사력을 격파할 수 없는 경우에 취하는 방식이다.

클라우제비츠는 2개의 전략형태가 존재한다는 것 이상의 연구를 남기기 전에 사망했다. 델브류크는 각 전략의 고유한 여러 원칙을 자세히 규명키로 결심했다. 클라우제비츠의 『전쟁론』의 주제가 된 제1 형식의 전략을 '섬멸전략'(Strategy of Annihilation)이라고 이름을 붙였다. 이 전략의 유일한 목표는 결정적인 전투이며 사령관의 유일한 임무는 주어진 정세 하에서 섬멸적인 전투를 수행할 가능성을 판단하는 것이다.

제2 형식의 전략을 그는 '소모전략'(Strategy of Exhaustion) 또는 '양극전략'(Two-pole Strategy)이라 호명했다. 이 전략이 섬멸전략과 다른 것은 섬멸전략이 하나의 극極만을 가지고 있음에 반하여, 소모전략은 두 개의 극, 즉 전투와 기동을 가지고 있으며 사령관은 이 양극 사이에서 방책을 선택할 수 있다는 점이다. 소모전략에 있어서는 전투가 전략의 유일한 목표는 아니다. 전투는 전쟁의 정치적 여러 목적을 달성하는 데 동일한 효과를 가진 몇 가지 수단 중의 하나에 지나지 않으며, 따라서 전투는 본질적으로 영토의 점령이나 농작물 및 통상通商의 파괴 그리고 봉쇄 등 여러 방책이 가지는 것 이상의 어떤 중요성을 띠고 있는 것이 아니다.

제2 형식의 전략은 제1 형식의 전략의 변형도 아니며 그보다 열등한 것도 아니다. 역사상 어느 특정한 시대에 있어서는 정치적 요인이나 군의 소규모 때문에 이와 같은 전략형태가 가용可用한 유일한 전략형태였던 것이다. 따라서 이 전략도 사령관에게 부과하는 임무만큼이나 어려운 것이다. 즉 소모전략은 제한된 조건하에서 몇 가지 전쟁수행 수단 중에서 어느 것이 전쟁목적에 적합한가를 결정하며 또 전투 및 기동할 시기, 과감성의 원칙을 따를 시기, 병력 절용節用의 원칙을 따라야 할 시기 등을 결정하지 않으면 안 된다.[60)]

따라서 그 결정은 주관적인 것이다. 왜냐하면, 모든 상황과 상태, 특히 적군 진지 내에서 진행되고 있는 상황에 대해서는 완전히 그리고 권위 있게 이를 파악할 수 없기 때문이

60) 上揭書, p. 273.

다. 모든 상황 즉 전쟁의 목표, 전투력, 정치적 반향反響, 적 지휘관의 개성, 피아의 정부 및 국민의 개성 등을 신중히 고려한 후, 사령관은 전투 여부를 결정하지 않으면 안 된다. 그는 어떻게 해서라도 결전만은 회피해야 한다는 결론이나 일극전략一極戰略(섬멸전략)에서와 마찬가지로 전투를 택할 수도 있는 것이다.[61]

델브류크는 군사문제에 대한 독일의 지도적인 민간 전문가였기 때문에 제1차 세계대전 중(1914~1918) 그의 논설과 저서는 대단히 흥미를 끌었다. 군사문제 해설자로서 그가 가지고 있던 정보원情報源은 다른 신문이나 정기 간행물을 다루는 사람들의 그것보다 결코 나은 것이 못 되었다. 그들과 마찬가지로 델브류크도 참모본부가 발표한 커뮤니케나 중립국으로부터의 일간신문 및 보고에 의존치 않을 수 없었다. 그의 전쟁해설이 다른 민간인 해설자에게서 흔히 찾아볼 수 없는 넓은 견식見識 때문에 뛰어난 것이 있다면 그것은 주로 현대전쟁에 대한 전문적 지식을 가지고 있었다는 점 그리고 역사, 특히 군사사의 깊은 연구에서 얻은 전망에 대한 예지력豫知力에 기인하는 것이라 하겠다. 매월『프러시아 연감』에 발표한 그의 해설을 보면 누구든지 그가 군사사에 관한 저서에서 기술한 바 있는 여러 원리, 특히 그의 전략이론 그리고 전쟁과 정치의 관련성에 관한 그의 이론을 구체적으로 설명하고 있음을 알 수 있다.

델브류크는 비교적 어린 시절부터 그의 재능을 군사사 연구에 기울였는데, 그는 그의 동료들이 빈번히 군사사는 정력을 기울일만한 가치가 없는 것으로 생각하고 있다는 것을 알게 되었다. 프러시아의 사가史家들은 영국의 자유주의적 사가처럼 전쟁을 반자연적인 것으로 간주하려고 하지는 않았지만, 군사문제의 연구에 전념하여 학자로서 인정을 받거나 지위의 승진을 얻을 수 있다고는 생각하지 않았다. 그는 군사사도 로마 비문을 해독하는 것 못지않게 중요하다고 주장하였고 또 평생토록 그의 역사 전공분야의 정통성을 주장하였는데, 이것 때문에 교수의 자격을 얻는데 늦어진 것이 확실하다. 그는 애초부터 역사가는 전쟁사에 대해 부수적이 아닌 전문적 흥미를 기울이는 것이 대단히 필요하다고 주장했다. 학계에서 확고한 지위를 얻은 훨씬 후인 그의 만년에 이르러 그는 그의 저서『세계사』를 통해서 다시 한 번 '전투와 전쟁은 세계사에 있어서 보잘 것 없는 부산물'이라고 고집하는 사람들에게 그 잘못을 설파하였다.

---

61) 上揭書, p. 273.

7. 맺음말 : 현대 군사사 연구의 전망

현대 군사사의 연구조류는 두 가지가 있다고 생각된다. 하나는 실리적 학파요, 다른 하나는 역사적 학파라 할 수 있다.

첫째, **실리적 학파**라는 것은 역사적 사료를 사용하여 교훈과 의사결정의 자료를 찾자는 것이다. 각국마다 국방부나 혹은 육·해·공군에 전사실戰史室과 같은 부서를 설치하여 예산을 투입해서 어떤 결과를 얻자는 입장이다. 일찍이 나폴레옹은 훌륭한 장수가 되기 위해서는 알렉산더 대왕, 구스타부스 아돌프스 왕과 같은 훌륭한 명장들의 전쟁사를 배워야 한다고 역설했고, 나폴레옹 자신도 그들의 전쟁사를 통해 교훈을 배워 그의 작전 성공의 참고로 삼았던 것이다. 그러나 그는 어떻게 배우느냐 하는 방법론에 대해서는 말하지 않았다. 그런데 이런 나폴레옹의 사고방식을 19세기 중엽부터 독일에서 열심히 연구·개발했다. 특히 몰트케는 실천가인 동시에 군 교육자였다. 그는 전쟁사를 교육의 장에서 활용했다는 점에서 크게 공적을 쌓았다. 그 특색은 현장의 지도상에서, 사단에서 소부대에 이르기까지의 작전사作戰史를 구체적으로 교육시켰고, 또 현지의 참모교육이라 해서 실질적인 상황 하에서의 부대지휘를 창조력을 구사하여 어떻게 할 것인가를 교육시켰다.

한편 영국의 플러와 리델 하트도 군사사의 연구를 통하여 교훈을 발표했지만, 자기 나라에서는 무시되고 오히려 독일 등의 외국에 의해 그 군사이론이 결실을 가져왔는데, 제2차 대전 초기의 독일군의 전격전電擊戰의 신화神話란 이것을 두고 하는 말이다.

그리고 각국의 국방부 산하에서의 전쟁사 연구도 실리파의 범주에 속하는 것이다. 리델 하트는 "전쟁사 연구의 가치는 과거의 사실을 현재의 렌즈를 통하여 장래의 영화 스크린 위에 영상을 나타내는 데 있다"고 했는데, 우리들은 선입감에 빠지지 않고 사실을 객관적으로 바르게 보는 렌즈를 갖는데 노력해야 할 것이다.

두 번째의 **역사적 학파**란 실리적인 효과를 바라지 않고 역사연구를 위한 역사연구의 경향을 갖는 학파를 말한다. 이 학파는 세 가지로 구분된다.

가) 법칙학파法則學派이다 : 이들은 이론·법칙을 수립하려는 것으로 사실과 사실의 관계에 있어서 법칙을 찾는 것이다. 그러기 위해 역사 이외의 과학의 법칙을 그 연구의 배경으로 이용하고 있다. 예컨대, 전쟁의 빈도, 전쟁의 사상자 등의 통계적 조작에 의해 하나의

법칙을 찾고자 한다. 란체스터는 인력과 화력의 상호관계를 하나의 수식數式으로 나타내는 데 성공하고 있다.

나) 신학파神學派이다 : 이들은 영구불변의 법칙에 대하여 연구하려는 것이며, 법칙에 대해 신학적 신념이라 말할 수 있는 신앙을 갖고 있다. 환언하면, 자기네들의 신념을 위해 역사는 어떠해야 한다는 것을 연구하고 있으며, 마르크스 학파나 기독교 학파가 여기에 속한다.

다) 비판학파批判學派이다 : 이들은 가능한 한, 많은 사료를 수집하여 풍부한 사료를 바탕으로 사실관계事實關係를 선입감 없이 관찰하자는 입장이다. 순수한 입장에서 사실을 봄으로써 비판적인 감식안鑑識眼을 갖자는 것이다.

독일처럼 군사문제의 연구가 활발한 국가에 있어서도 1920년경 그것을 연구하여 학자로서 인정을 받거나 또는 지위의 승진을 얻을 수 있다고 생각되지 않았다. 군사문제의 연구는 군인들의 연구분야에 속하는 것이라고 일반대학의 교수들은 돌보지도 않았다. 이것은 미국에 있어서도 마찬가지의 경향이었다. 예컨대, 2차 세계대전 전, 군사를 가르치는 곳은 시카고 대학교 한 곳 밖에 없었으나, 지금은 학도군사훈련단(ROTC) 과정을 제외하고도 군사사를 가르치는 곳은 적어도 110여 곳이나 되며 또한 군사사의 박사학위논문의 수도 증가되고 있다는 것이다.

2차대전 이후부터 구미학계歐美學界에서는 군사문제의 연구가 활발히 진행되고 있으며, 특히 미국에서는 유명한 대학교나 연구기관에는 거의 전략문제의 연구기관이 설치되어 있는 실정이다.

한편 우리나라에는 그 많은 대학교와 많은 학과가 있음에도 불구하고 군사사軍事史뿐만 아니라, 군사학을 본격적으로 연구하고 또한 가르치는 일반대학교는 동국대학교 행정대학원에서 약간 가르치는 것을 제외하고는 거의 없고, 다만 군사교육기관에서만 겨우 명맥을 유지하고 있는 형편이다. 1980년 10월 국방대학원에서 건군建軍 이후 최초로 '군사학 이론과 교육체계정립'을 위한 국방학술 세미나가 개최된 실정이다.[62]

그렇다면 지금까지 우리나라에 있어서 군사문제의 학술적 연구가 부진한 이유는 무엇일까?

---

62) 2002년 12월 한국교육개발원은 군사학(military art and science)을 공식 학문으로 인정하여 학위 수여가 가능한 '표준교육과정'으로 공시했으며, 군사교육기관 뿐만 아니라 민간대학교에서도 학위수여를 하고 있다.

첫째, 군사문제의 학술적 연구를 가장 필요로 하는 것은 군대이지만, 군에서의 수요가 별로 없기 때문에 공급이 성립되지 않았고, 따라서 군인이라 할지라도 연구에 대한 관심이 적었다.

둘째, 우리나라의 일반대학 교수들도 2차대전 이전의 구미학계와 마찬가지로 군사문제는 학자들이 연구할만한 가치로 인정하지 않을 뿐만 아니라, 그러한 군사문제를 연구한다는 그 자체를 군국주의자 내지 호전주의자好戰主義者의 부류에 속하는 것처럼 생각하여 연구 그 자체를 금기로 생각하고 있다는 것이다.

셋째, 군사문제를 연구한다는 것은 종합학문의 성격을 지니고 있다. 그 이유는 현대전쟁의 규모가 거대해졌고, 뿐만 아니라 복잡하고 한 국가의 전 자원을 동원하기 때문이다. 예컨대 군사문제의 일부분인 군사사의 연구분야를 본다면, 먼저 역사학에 대한 배경지식背景知識에다 군사학의 전문지식이 요구되는 것이다.

요컨대, 우리의 역사 가운데 우리들이 군사문제의 연구를 소홀히 함으로써 빚은 민족적, 국가적 비극과 재화災禍를 재연출하지 않기 위해 먼저 군사사를 연구할 인재를 양성하여 그들로 하여금 충분히 그리고 열심히 연구할 수 있는 조건을 만들어 주어야 한다. 그리고 그들의 연구 성과는 온 국민들에게 전파해야 한다. 이렇게 함으로써 여러 가지 어렵고 중요한 문제 가운데 가장 비중이 큰 우리의 생존과 안전을 유지할 수 있게 될 것이다.♣

(『軍史』 3, 군사편찬연구소, 1981.)

제 2 장

한국의 역대歷代 전쟁사 개관

1. 머리말

역사를 살펴보면 인류의 역사란 곧 생존을 위한 투쟁사 내지 전쟁사로 보아도 무방하리라. 1940년 미국 카네기 국제평화재단은 『세계의 전쟁』이라는 논문집을 발간했는데, 거기의 한 분석에 의하면 기원전 1496년부터 기원후 1861년에 이르는 3,357년 동안 평화기간은 227년간이고, 전쟁기간은 3,130년간이라는 통계숫자가 나왔다. 이것은 1년의 평화에 대하여 13년의 전쟁이라는 비율이다. 오늘날의 지구촌은 화약의 냄새로 가득 차 있고 또한 핵무기의 공포에 떨고 있다. 1983년 6월에 발간된 스톡홀름 국제평화연구소 연차年次 보고서에 의하면 "작년 1년간 세계의 군사비 지출은 7,000억~7,500억 달러에 달했고 계속 확대일로에 있다"고 했다.

전쟁의 승패는 국가의 존망과 국민의 생사에 깊은 관계가 있을 뿐만 아니라, 그 국가와 민족의 번영과 발전에도 밀접한 관계를 맺고 있다. 그래서 한민족은 옛날부터 오늘날까지 전쟁에 대해 어떻게 대처해 왔는가를 개관하고 아울러 한국의 역대歷代 전쟁의 특징 및 전쟁이란 무엇인가 하는 문제를 규명해 보기로 한다.

2. 전쟁의 개설槪說

가. 전쟁의 개념 및 정의

전쟁은 국가간에 있어서 서로 자기네 국가의 의사意思를 상대국에 강요하기 위해서 수행되는 조직적인 무력투쟁의 상태로 알려져 왔다. 클라우제비츠는 "전쟁이란 적을 굴복시켜 자기의 의지를 강요하기 위해 사용되는 일종의 폭력행위"라고 정의했다. 전쟁의 규모와 양상이 복잡해짐에 따라 전쟁의 주체가 국가만으로 한정될 수가 없고, 한 국가 속에 두 개 이상의 정치적 권력집단 사이의 무력투쟁도 존재하게 되었으며 국가 이외의 전쟁의 주체가 국제법상으로 인정될 때 이것을 교전단체交戰團體라 말하고 있다. 그리고 전쟁은 군사적 측면의 무력투쟁 뿐만 아니라 비군사적 측면인 정치·외교, 경제, 심리, 사상 및 과학기술 등도 무력수단과 마찬가지로 전력戰力으로서 중요한 위치를 차지하게 되었다. 이런 관점에서 전쟁은 정치적 권력집단뿐만 아니라, 최근에는 테러집단도 조직적인 정치, 경제, 사상 및 군사력 등을 사용하여 자기의 의사를 상대편에게 강요하는 투쟁행위라 할 수 있다.

전쟁의 개념과 정의는 시대와 관점에 따라 그 견해를 달리하지만 전쟁의 특징은 다음과 같다.

① 전쟁은 국가의 존망과 국민의 생사의 문제이다.

② 패자는 승자의 의지 앞에 치욕적인 굴복을 당한다.

③ 전쟁은 약속이나 계약에 의해 발발하는 것이 아니라 전쟁을 하고자 하는 자의 의지意志에 의해 시작된다.

④ 민족이나 국가 사이의 분쟁은 조정기관에 의해 해결된 일은 거의 없었고 유일한 해결수단으로 전쟁을 구사해 왔다.

⑤ 전쟁은 지금까지 인류생존의 기본 요소가 되어 왔고, 또 인간의 천성이 변하지 않는 한 전쟁 양상을 달리하면서 계속 존속한다는 것이다.

따라서 국가와 민족의 생존권을 확보하고 독립과 번영 그리고 평화를 누리기 위해서는 전쟁을 이해하고 연구하여 이에 대비해야 한다는 이론적 근거가 여기서 비롯되는 것이다. 전쟁은 국제분쟁을 해결하는 한 수단으로 또한 최후 수단이며, 인간은 아직 전쟁보다 더 합리적이고 효과적인 국제분쟁 해결의 수단을 찾지 못하고 있다는 것이다.

나. 전쟁의 원인

전쟁이 일어나는 원인은 단일적인 것이 아니라 여러 가지 원인이 복합적으로 작용하여 일어나는 것이 일반적 경향이다. 조미니(Jomini, Antoine Henri)는 정부가 전쟁을 하는 원인을 여섯 가지로 분류했다.

① 권리의 회복 및 보호

② 커다란 국가이익의 보호 및 유지(상업, 제조업 또는 농업)

③ 세력균형의 유지

④ 정치적 혹은 종교적 이념의 전파, 말살 또는 보호

⑤ 영토의 획득에 의한 국가의 영향력 및 세력의 증대

⑥ 정복욕의 충족

전쟁의 원인을 네 가지의 중요한 범주, 즉 정치적, 경제적, 심리적 및 전략적 원인으로 분류하면 다음과 같다.

① 정치적 원인 : 군주적, 국내적, 민족주의적, 제국주의적, 외교적, 법률적, 이데올로기적.

② 경제적 원인 : 과잉 인구, 산업정책, 외국 투자, 배상.

③ 심리적 원인 : 종교적, 종족적, 문화적, 광신적, 애국주의, 공포.

④ 전략적 원인 : 영토, 군축, 군비, 세계 지위, 치명적 이익.

전쟁은 반드시 원인과 동기에 의해서 발발하는 것이다. 원인이란 가스가 충만하는 작용이며, 동기는 점화의 작용이다. 원인은 예외 없이 장기간에 걸쳐 전쟁 결의와는 별도로 교전국 쌍방간에 의해서 만들어지는 것이며, 동기 즉 점화는 많은 경우 미묘하고 교활하게 하여 개전 책임을 상대편에게 전가시키기 위해 감추어져서 식별하기 어렵지만, 아무튼 한 편이 먼저 침공하는 것만은 사실이다.

다. 전쟁의 형식

전쟁의 형식으로 제국주의 전쟁, 민족주의 전쟁, 종교전쟁 등이 옛날부터 존재해 왔으나 근세에 와서 국민전쟁, 독립전쟁, 혁명전쟁, 경제전쟁 그리고 심지어 냉전까지도 등장했다. 클라우제비츠는 절대전쟁絕對戰爭과 현실전쟁現實戰爭으로 구별했고, 조미니는 공세전쟁攻勢戰爭, 수세전쟁守勢戰爭, 간섭전쟁, 종교이념전쟁으로 분류하여 논의했다. 옛날부터 여러 가지의 전쟁을 그것의 동기, 지역, 다루어진 전쟁술 또는 성격 등의 각도에서 분류하는 경우도 있다. 예컨대 전쟁이 실시된 지역의 관점에서 세계전쟁, 국지전쟁局地戰爭, 주변전쟁, 우주전쟁 등으로 분류하고 동기의 관점에서는 제국주의 전쟁, 민족주의 전쟁, 혁명전쟁, 독립전쟁 또는 식민지 쟁탈전쟁 등이 있다. 그리고 전쟁술의 관점에서 본다면, 침략전쟁(공세), 방위전쟁(수세), 경제전쟁, 간섭전쟁, 심리전쟁 등으로 구분된다. 성격의 관점에서 본다면, 절대(무제한)전쟁, 현실(제한)전쟁, 총력전쟁 등으로 구분된다.

현대전쟁의 특색의 관점에서 여섯 가지의 전쟁형식으로 구분되기도 한다.

(1) 총력전쟁

교전 국가들이 국가의 존망을 걸고 모든 수단과 자원을 사용하는 투쟁이다. 총력전쟁은 제한이 없다는 것이 특징이며, 만약 강대국 간에 총력전쟁이 발생한다면 열핵무기 및 화생무기의 사용도 포함된다.

(2) 전면전쟁

한 국가가 타국을 멸망시킬 목적을 가진 양국간의 전쟁이지만 가능한 모든 수단을 전부 사용치 않는 전쟁, 특히 열핵무기의 사용이 포함되지 않는 전쟁이다.

(3) 제한전쟁

양측이 제한된 목표를 가지고, 제한된 자원을 쓰며 제한된 지역 내에서 행하는 강대국 간의 혹은 약소국간의 전쟁이다.

(4) 혁명전쟁

정부와 비정부 집단 사이의 전쟁이며, 여기에서 정부는 한정된 혹은 가능한 모든 수단을 써서 비정부 집단이 붕괴를 기도하고, 비정부 집단은 가능한 모든 수단을 다하여 영토의 전부 혹은 일부에 걸쳐 새로운 정부를 세우려는 전쟁이다.

(5) 게릴라전(Guerrilla Warfare)

적 지역 또는 적이 점령한 지역 내에서 현지 주민들에 의해 생성 발전된 유격작전부대가 적의 전투력과 산업시설 및 적의 사기를 감소시키기 위해 공개적으로 수행하는 군사적 또는 준군사적 전투작전을 뜻한다.

(6) 테러리즘(terrorism)

개인 혹은 단체가 기존의 정부에 대항하거나 혹은 대항하기 위해서는 직접적인 희생자들보다 더욱 광범위한 대중들에게 심리적 충격 혹은 위협을 가함으로써 정치적 목적을 달성하기 위해 폭력을 사용하거나 혹은 폭력의 사용에 대한 협박을 행하는 것을 뜻한다.

특히 제2차 세계대전 후에 빈번하게 등장한 게릴라전과 테러리즘은 정치적 목적 달성의 수단으로 이용된다는 유사성을 가지고는 있으나 본질적으로 커다란 차이점을 보이고 있다. 테러리즘은 게릴라 단체와 비교할 때 규모면에서 작은 집단에 의해 자행되며, 폭력행사의 대상도 게릴라전이 작전 중인 군대나 경찰을 폭력행사의 주요 대상으로 삼는 데 비해 테러리즘의 공격목표는 비전투원인 민간인을 주요 대상으로 하고 있다.

오늘날 폭력의 스펙트럼의 관점에서 본다면, 한쪽은 재래식 전쟁과 핵전쟁으로 규모가 확대되고 막대한 전비戰費가 필요하지만, 다른 쪽, 즉 게릴라전과 테러리즘은 최소의 인원과 경비로 최대의 효과를 거둘 수 있는 수단으로 간주되어 빈번하고 확대되고 있는 실정이다.

라. 현대전쟁의 특징

1) 정치와 군사의 융합

무력투쟁의 일반적 형식은 선전포고에서 시작하여 강화조약으로 끝을 맺는 것으로 생각되어 왔으나, 특히 2차대전 이후에 있어서는 선전포고도 없고, 휴전협정은 있어도 강화조약은 고려하기 어려운 실정이다. 더욱이 전쟁의 당사자가 명확하게 나타나지 않기 때문에 대리전쟁이 출현하게 되었고 또 승패의 개념도 애매하게 되었으며 또한 관심이 적어졌다. 예컨대, 6·25전쟁에서 중공의 개입, 쿠바군의 아프리카 분쟁지역에의 개입, 베트남의 캄보디아 침공 등은 소련의 대리전쟁代理戰爭으로 평가된다.

현대전쟁은 정치와 군사가 밀접하게 융합되어 있으며, 특히 공산주의 국가에서는 더욱 그러하다. 일찍이 클라우제비츠는 "전쟁은 다른 수단에 의한 정책의 계속이다"고 했는데, 이것은 정치적 목적을 달성하기 위한 수단이 전쟁이라는 뜻이다. 전면전쟁에 있어서는 교전국간의 외교관계는 단절되고, 군사행동이 그것 스스로의 법칙에 따라 전개되었으나, 제한전쟁에 있어서는 외교교섭은 전쟁 중이라 해도 어떤 형태로도 유지되는 것이 보통이며, 전쟁과 정치의 수단적 구별마저 어렵게 만들고 있으며 따라서 정치가는 군사문제에 대해 깊은 이해가 필요하고 군인은 군사문제에 전문가일 뿐만 아니라, 정치적 예지를 갖추어야 한다.

현대전쟁은 다만 이익이나 세력의 쟁탈이 아니라, 예컨대 민주주의 대 공산주의처럼 체제의 투쟁, 이데올로기의 특징으로 인식되고 있다. 따라서 19세기까지의 전쟁이 최소의 희생으로 최대의 이익획득을 지향한 데 반하여, 현대전쟁은 희생을 불문에 붙이고 상대국의 무조건 항복 혹은 그 나라를 지탱하는 체제나 이데올로기를 말살하는 데 지향되는 경향이었다. 적대국가의 도의적·가치적·체제적 열등성을 강조하는 반면, 성전聖戰 혹은 자위전自衛戰, 해방전, 이데올로기에 의해 자신의 전쟁의 정당성 도덕성이 고취되고 있다. 여기에 현대전쟁에서의 심리전쟁, 선전전쟁宣傳戰爭, 이데올로기 전쟁이 가지는 영향은 대단히 크다.

2) 현대군비現代軍備의 거대화와 고가화高價化

현대전쟁은 옛날에 비해 대규모화되었다. 이것은 동원병력이 많아지고 전장戰場이 넓어졌다는 것을 뜻한다. 특히 프랑스 혁명 이후 대중동원이 제도화되어 국민의 의무복무와 상비군제가 일반화됨에 따라 무장국가 혹은 국민의 군국주의화로 옮기는 경향을 나타낸다. 이것은 또한 전쟁준비의 국력 총동원의 방향으로 가게 마련이며, 북한의 '4대 군사로선'이 잘 예시해 주고 있다. 구체적으로 전장에 동원된 병력 수를 본다면 나폴레옹 전쟁 이전에는 100,000명 이하였으나, 1812년 러시아 원정 때 680,000명, 1918년 1차대전 말기 영국 육군이 570,000명, 1945년 2차대전 말기 미국의 육·해군은 8,300,000명이 되었다. 병력 수의 증가에 따른 군수생산 능력의 향상뿐만 아니라 무기와 장비의 고도의 기술화와 기계화에서 오는 값의 상승도 고려하지 않을 수 없다. 예컨대 한국 공군의 주력기인 F-5E 전투기의 국내 조립가격은 대당 692,300만원(1달러=750원)이며, 구입을 추진하고 있는 F-16 전투기는 대당 1,978,500만원(86년 예상 구매가격)이며, 공중전에 사용되는 공대공 스패로우 미사일은 7,500만원이나 된다. 1973년 10월 6일 제4차 중동전쟁에서 이스라엘이 17일간의 전쟁에서 소비한 전비는 42,750억원이나 되었다고 하니 전쟁을 해서 물질적 이득을 획득한다는 것은 거의 불가능한 형편이다. 현재 지구상에서 자신의 힘만으로 전쟁을 수행할 수 있는 국가는 미국과 소련뿐이며, 그들이라 할지라도 통로, 기지 및 자원의 협력 등 다른 나라의 지지 없이는 효과적인 군사행동을 하기가 어렵다.

3) 현대군사기구의 복잡화

병력의 증가, 무기의 진보 및 군비의 확대에 따라 생산, 수송에서 일선의 부대를 지휘·통제하는 최고의 기관에 이르는 모든 조직이 대규모화되고 복잡해지기 마련이다. 시시각각으로 변하는 전황戰況에 비추어 예정계획의 변경은 그것만으로도 시간에 쫓기는 어려운 일인데, 그것을 위한 보급·통신·수송로선의 변경을 행한다는 것은 더욱 어려운 일이다. 더욱이 속력이 빠른 무기와 군대에 있어서는 초를 다투는 시간적 어려움이 있다. 1945년 봄, 서유럽에 전개된 미·영의 연합군(지상군)은 2월경 약 386만 명이었으나, 최고 사령부 직원은 실로 16,312명(2월 1일 현재)에 달했다. 노르망디 상륙작전에서 약 1개월 후의 최고 사령부 직원은 4,914명(1944. 7. 12)에 비하면 약 3.3배에 달하며, 전황의 이동에 따라 조직의 복잡화를 나타내고 있다.

3. 한국 역대 전쟁의 특징

가. 자위전쟁自衛戰爭

자위전쟁이란 국가의 주권과 민족의 생존권을 보호하고 침략군을 저지하기 위해 싸우는 전쟁이다. 이것은 전쟁술의 관점에서 본다면, 수세전쟁을 뜻하기도 한다. 수세란 적의 공세를 기다려 그들의 의도를 저지하고 분쇄하는 수동적인 태세이다. 수세는 일반적으로 수동의 입장에 놓이기 때문에 시기, 장소 및 수단 등에서 주도권을 장악할 수 없고, 적의 방책에 추종해야 하는 불리한 면도 있다. 그러나 한편 적의 전력戰力의 소모를 강요하고, 우리의 준비와 지형의 이점 등을 활용하여 적을 분산·타격하며 정세의 변화로 이용하여 적의 의도를 좌절시킬 수 있는 이점도 있다. 수세는 다만 전략적 견지에서 적보다 열세할 때 취하는 태세이나, 전술적으로 적을 공격하는 것을 잊어버린 혹은 공격하는 능력을 상실하면 자멸을 가져올 뿐이다.

역대 전쟁사에서 대부분 침략한 적을 격퇴할 수 있었던 경우는 전자에 속하고, 후자는 병자호란이 여기에 속하는 것이다. 자위전쟁의 반대는 침략전쟁(공세전쟁)이며, 유구한 역사를 통하여 한민족韓民族이 아직 침략전쟁을 하지 못한 이유는 주변 국가에 비해 힘이 열세한데다가 경제적으로 자급자족을 할 수 있는 환경에 있었기 때문으로 간주된다.

나. 독립전쟁

잃었던 국가의 주권과 민족의 생존권을 다시 찾기 위한 전쟁이다. 국제사회에 있어서 국가와 민족의 기본권의 보호 및 유지의 능력은 그것을 확보하기 위해 군사력이라는 폭력을 사용하여 상대방에게 알려 줄 수 있는 능력, 즉 전쟁수행능력에 달려 있는 것이다. 이 문제에 대해 조선 후기에 와서 너무 소홀했기 때문에 일제에 의해 국가의 주권을 상실하게 되었다. 1907년 8월 1일 군대가 일제에 의해 해산당한 이후부터의 의병 및 광복군의 투쟁이 해방전쟁이며, 해방전쟁을 국내의 자원을 활용하여 수행하지 못한 상황이었기에 많은 문제점이 야기되었다. 그래서 2차대전이라는 절호의 기회를 활용하여 주권을 찾고 독립을 위한 연합군과 연합작전을 수행할 단계에 이르지 못했을 때 일제가 항복하고 말았기 때문에 강대국에 의해 국토가 분단되고 말았다. 잃은 주권을 스스로의 힘으로 찾지 못하는 민족은 스스로 통치할 능력도 없다고 판단하는 것이 국제사회의 생리라는 것을 깨닫게 했다.

다. 해방전쟁

북한은 6·25전쟁을 일컬어 해방전쟁이라 한다. 마르크스·레닌주의에 의하면, 전쟁은 국가 사이 혹은 국내의 반대 계급 사이의 투쟁으로 정치적·경제적 목적을 획득하기 위하여 치르는 무력투쟁이다. 그리고 전쟁에는 두 가지 종류가 있는데, 하나는 정의의 전쟁으로 인민을 자본주의의 노예로부터 해방하기 위하여 또는 식민지 혹은 예속된 국가를 제국주의 예속에서 해방시키기 위한 전쟁이며, 불의의 전쟁은 외국과 외국인을 정복하여 예속하기 위해 일으키는 전쟁이다. 따라서 그들이 주장하는 기준은 공산주의 사회를 만들기 위해 일으키는 전쟁은 정의의 전쟁이며, 그렇지 않은 것은 불의의 전쟁이라는 것이다. 북한은 6·25전쟁을 도발하고는 민족해방전쟁을 수행했다고 주장하지만, 소련의 세계전략의 관점에서 본다면 대리전쟁을 수행한 데 지나지 않은 것이다.

4. 한국의 역대 전쟁

가. 통일신라 이전의 전쟁

1) 고조선과 한漢의 전쟁

고조선 지역에 있어서의 위만의 지배권은 그의 아들과 손자에게 계승되었으며, 특히 손자 우거왕右渠王에 이르러 군사력이 증강되고 국토가 넓어졌다. 그리고 고조선의 남부의 진번·임둔이 한漢과의 교역을 하려는 데 중간에서 막을 뿐만 아니라 그들이 한의 황제에게 알현도 못하고 글마저 올리지 못하게 했다. 한漢의 무제武帝는 기원전 109년 사자를 보내서 우거왕을 책망하고 설유했으나 우거왕은 끝내 무제의 요구를 받아들이지 않았다.

한의 무제는 기원전 109년 가을에 육군 50,000명, 수군 7,000명을 파견하여 고조선을 침공케 했으나 고조선군의 선전으로 실패하고 말았다. 무제는 전투의 상황이 유리하지 못하자 위산衛山으로 하여금 고조선에 파견해서 우거왕을 설유케 했다. 우거왕은 한의 사자에게 예의를 다해 사과하고 항복할 것을 표명했다. 그리고 태자를 한에 보내어 사과하기로 하고 말 5,000필과 군량 그리고 10,000여명의 병력을 호위병으로 동원하여 보냈다. 패수浿水를 건너려 할 지점에서 한의 사자는 호위병의 무장해제를 요구하자 태자는 패수를 건너지 않고 돌아와 버렸고, 양국의 협상은 결렬되고 말았다.

한의 군사들은 총공세를 취하여 패수를 방위하던 고조선군을 패배시키고 전진하여 왕검성 밑에 이르러 서북편을 포위했다. 수군도 성 밑으로 와서 성의 남쪽에 진을 쳤다. 우거왕은 굳게 성을 지켜 적의 공격이 수 개월 계속되었으나 오히려 견고한 채로 지탱했다. 그러나 장기전으로 변하자 적의 포위공격에 완강히 저항해 왔던 성내에서도 화전和戰 양파의 대립으로 동요를 가져오게 했다. 그리하여 우거왕이 살해되고, 중요 인물들의 이탈로 마침내 성은 함락되고 위씨조선衛氏朝鮮은 3대 80여년 만에 멸망(기원전 108년)하고 말았다.

2) 고구려의 수·당과의 전쟁

수가 589년 중국을 통일하게 되자 고구려 영양왕은 598년 말갈의 병력 10,000명을 지휘하여 요서遼西를 공격했다. 이것은 수隋의 침략을 미연에 방지하기 위한, 그리고 일단 전쟁이 개시되면 전투를 유리하게 이끌기 위한 전략적 거점을 사전에 획득하기 위한 조치인 듯 했다.

수 문제隋文帝는 이 소식을 듣고 화가 나서 수·육군 300,000여 명을 파견하여 침공케 했다. 육군은 임유관을 나왔으나 홍수를 만나 군량의 수송이 잇따르지 못해 군사들이 굶주리게 되었고, 거기에다 전염병까지 유행했다. 한편 수군은 동래로부터 바다를 건너 평양으로 향했으나 풍파를 만나 전선戰船이 많이 표류되고 침몰했다. 그리하여 9월에 회군해 갔는데 사망자가 10명에 8, 9명꼴이 되었다. 수는 대규모의 군대를 다시 파견하기에는 국내체제와 경제적 어려움이 있었고, 고구려도 전쟁을 더 원치 않아 사과함으로써 수는 고구려의 사과를 명분으로 내세워 전쟁을 중지하고 양국의 우호관계는 재개되었다.

그러나 고구려는 수의 북방에 위치한 돌궐과 동맹하여 수의 요동 침략의 의도를 견제하려고 밀사를 보냈다. 그런데 607년 수 양제隋煬帝가 돌궐에 행차하니 돌궐의 계민啓民은 고구려의 사자를 숨길 수가 없어 양제를 뵙게 하였다. 양제는 이미 고구려의 대수정책對隋政策에 회의를 품어왔는데, 이 기회를 이용하여 고구려 사자에게 왕이 조례를 하지 않으면 계민을 거느리고 가서 고구려를 정벌할 것이라고 말했다.

고구려왕이 조례를 거부하자, 양제는 고구려 원정을 결의하고, 선제先帝인 문제의 전철을 밟지 않기 위해 철저한 전쟁준비를 서둘렀다. 즉 동래에서 전선 300척을 제작함에 있어 인부들을 밤낮없이 물 속에 서서 쉴 새 없이 작업을 시키다 보니 허리 아래는 모두 살이 썩어 구더기가 생겨 죽을 정도로 혹사했고, 말 한 마리를 10만전에 구입하기도 했다.

612년 정월 수 양제는 고구려 정벌의 조서를 내렸다. 이때 동원병력은 1,133,800명이며, 군량 수송을 담당한 인원은 갑절이 되었다. 2월에 양제는 군대를 지휘하여 요수遼水에 도착했다. 수군隋軍은 부교浮橋를 만들어 진격하자 고구려군은 10,000여명의 전사자를 내고 요하의 방위선을 포기하고 요동 일대의 여러 성을 이용한 거점방어로 들어갔다. 수의 군대는 요동성을 공격목표로 삼고 4월에 주력부대를 투입하여 부근의 여러 성을 포위함으로써 상호지원을 차단했다. 그러나 공격이 부진하자 6월 양제가 직접 진두지휘를 했으나 한 개의 고구려성도 점령하지 못했다.

요동전투가 전개되는 동안 수의 수군은 황해를 건너 대동강을 거슬러 612년 6월 평양을 공격했다. 고구려의 수군은 열세하여 해전海戰을 피하고 적의 수군을 지상으로 유도하여 섬멸키로 하고 거짓으로 패한 척 후퇴하여 평양성내로 유인해서 약탈을 개시하여 전투대형이 흩어지자 기습공격을 가하여 40,000여명의 적 가운데 생존자는 수 천에 지나지 않았다.

요동전선이 교착상태에 빠지자, 수 양제는 요동지방의 고구려성 포위를 계속하여 고구려군을 교착시켜 두고, 별동부대를 305,000여명으로 편성하여 평양을 직접 공격토록 명령했다. 이들은 고구려군의 초토전술에 대비하여 요서를 출발할 때 병사마다 100일간의 양식과 장비를 휴대케 했으나 강행군과 과중한 휴대량에 지친 병사들이 휴대품을 몰래 땅에 묻어버려 식량이 부족해졌고 또한 피로했다. 이들이 압록강 서안에 도착한 것은 6월 하순이었다. 을지문덕乙支文德은 항복한다는 구실로 우중문于仲文의 진중陣中으로 가서 적정敵情을 파악하여 후퇴 유도작전을 전개했다. 수군隋軍은 고구려군을 추격하여 평양성 밖 30리 지점에 정지하여 포진했다. 을지문덕은 우중문에게 조롱의 시 한 수를 보내고 그에게 철군하면 고구려왕이 수 양제에게 조례하겠다고 통보했다.

수군은 강행군으로 피로와 보급의 결핍으로 사기가 저하되었고, 견고한 평양성의 공격이 어렵다고 판단한 수군은 고구려왕의 조례 약속을 명분으로 후퇴를 개시했다. 을지문덕은 수나라 군대가 살수(청천강)에 도착하여 반수가 도강渡江하자 미리 배치해 두었던 고구려군의 정예부대로 하여금 매복·기습공격을 감행하여 결정적 타격을 입혀, 압록강을 건너 요동으로 생환 도주한 수는 불과 2,700여명에 지나지 않았다. 별동부대의 결정적인 패배는 수의 철수를 불가피하게 만들었으며, 수 양제는 612년 9월 수도(落陽)에 귀환함으로써 제1차 고구려 침입은 완전히 실패하고 말았다. 이것은 조국 방위를 위한 우리의 전사상戰史上 불멸의 광채를 띠는 살수대첩薩水大捷이며 서기 612년 7월의 일이었다. 수 양제는 그 후 613년 1월, 614년 2월 침입을 했고, 617년 4차의 침입을 위해 동원령을 발포했으나 전쟁으로 인한 국력의 탕진과 민심의 이간으로 반란이 일어나 615년 멸망하고 말았다. 옛 병서에 "비록 나라가 강대하다 할지라도 전쟁을 좋아하면 반드시 망한다"고 했는데, 수나라는 그 본보기라 하겠다. 한편 국력이 압도적으로 우세했던 수 제국을 상대로 3차에 걸친 침략을 저지하여 승리로 이끌어 급기야 자멸自滅시킨 고구려의 거국적인 일치단결, 신묘한 용병술 그리고 장병들의 감투정신 등을 생각할 때, 국난을 극복한 고구려의 저력에 감탄하지 않을 수 없다.

수의 뒤를 이어 중국대륙에 또 다른 제국이 등장했으니 당唐이 바로 그것이다. 당도 수와 마찬가지로 고구려 침공의 징조를 보이자, 고구려는 이에 대비해서 630년부터 요하지방의 국경선에 천여 리의 장성을 쌓기 시작하여 전후 16년이 소요된 끝에 646년에 완성했다. 당시 장성 축조공사의 책임자로 임명된 연개소문淵蓋蘇文이 642년에 쿠데타를 일으켜 영류왕과 그 일파 100여명을 죽이고 스스로 막리지(수상)가 되어 강력한 독재정치를 실시했다.

그는 밖으로 당 및 그와 연결하려는 신라에 대해 강경한 태도를 견지했다. 644년 1월 당 태종은 고구려와 백제에 사신을 보내 신라와의 화친을 권고하면서 만일 신라를 공격한다면 당이 출병하겠다고 위협했다. 당의 이런 간섭에 대해 백제는 수락했으나 고구려는 응하지 않았다. 왜냐하면 당시 신라가 점령하고 있던 죽령 이북, 철령 이남의 옛 고구려 영토를 반환하지 않는 한 신라와는 화평할 수 없다는 것이었다.

당 태종은 고구려가 그의 권고에 응하지 않자 고구려 원정을 결정하고 전선戰船을 건조하고 군량을 수송하는 등 전쟁준비를 서둘러 644년 11월 고구려 원정을 내외에 선포했다. 그리하여 그는 645년 4월 2개의 방면군으로 나누어, 하나는 장량張亮을 총사령관으로 한 병력 43,000명을 전선 500척에 싣고 양주(산동성)을 출발하여 평양을 공격케 하는 것, 또 다른 하나는 이세적李世勣을 총사령관으로 한 병력 60,000명으로 북경방면에서 요하방면으로 진격케 하는 소위 전장집결戰場集結 작전구상이었다. 당군은 건안성, 개모성, 요동성, 백암성을 차례로 함락시키고, 이 해 8월 안시성安市城 공격이 개시되었다. 그러나 안시성은 성이 험하고 병사들이 정예하며 또한 성주城主가 용맹하여 당군이 60일간 맹공격을 했으나 함락시키지 못했다. 요동에는 초겨울이 닥쳐오고 군량도 거의 다하게 되어 당 태종은 안시성의 점령을 포기하고 9월에 철군을 명령했다. 조그마한 안시성에서의 전투는 역전의 명장으로 알려진 당 태종의 대군을 맞아 끝내 굽히지 않고 사수함으로써 전쟁의 전국全局을 좌우하여 당의 원정을 실패로 돌아가게 했다는 점에서 중요한 의미를 갖는다. 당 태종은 그 후에도 647년, 648년, 655년에 거듭 고구려 침공을 감행했으나, 끝내 뜻을 이루지 못했다. 고구려는 수·당제국의 침공을 물리침으로써 명실공히 동아東亞의 패자가 되었다.

나. 신라의 삼국통일과 당의 축출

당은 고구려 침공에 의한 한반도의 정복이 불가능하게 되자 계획을 바꾸었다. 그것은 신라와 연합하여 백제를 먼저 침공하고 다음에 고구려를 정복하자는 계획이며, 이것은 또한 신라의 삼국 통일정책과도 부합되는 것이었다. 655년부터 백제와 고구려가 신라의 30여 성을 빼앗자, 신라의 무열왕은 이것을 계기로 당에 출병을 거듭 요청하였다. 이리하여 백제에 대한 나·당 연합군의 공세가 시작되었다.

660년 3월 당 고종은 수륙水陸 130,000명의 병력으로 백제를 원정케 했다. 김유신金庾信이 지휘하는 50,000여명의 신라군은 660년 5월 경주를 출발하여 탄현을 넘어 7월 황산에서 계백階伯이 지휘하는 백제의 방어군을 격파하고 사비성泗沘城을 포위했다. 한편 당의 소정방蘇定方도 금강의 양안兩岸에 상륙하여 백제군을 격파하고 사비성 밖 30리 지점인 소부리까지 진격했다. 7월 13일 백제의 의자왕義慈王은 세자 및 중신들과 더불어 밤을 이용하여 사비성을 탈출하여 웅진성(공주)으로 피신했으나 사비성이 함락되자 웅진성에 피난했던 의자왕은 7월 18일 나·당 연합군에 항복했다. 그러나 백제의 부흥군은 만만찮게 항전抗戰을 계속했다. 661년 1월 의자왕의 아들로 일본에 가있던 부여풍扶餘豊이 신왕新王으로 옹립되었으나, 662년 7월경부터 패색이 짙어졌다. 즉 풍왕이 일본에서 돌아오자 백제군 지도부에 내분이 일어났고, 거기다 당나라가 해로海路로 원병 7,000명을 보내 백제에 대한 반격이 본격화 되었다. 백제는 상황이 불리해지자 고구려와 일본에 각각 원병을 요청했는데, 고구려는 이에 응할 형편이 아니었고, 일본은 27,000명의 병력을 파병했다.

663년 9월 백제군의 총본산인 주류성周留城에 대해 나·당 연합군은 수륙 양면으로 총공격을 개시했다. 결전決戰은 '백강구白江口'(동진강)에서 전개되어 강안江岸에는 백제군, 강에는 일본 수군이 포진하여 나·당 연합군과 4차의 교전交戰에서 패하여 일본 병선兵船 400척이 불타고 수군은 섬멸되었으며, 주류성도 곧 함락되고 풍왕은 고구려로 망명했다. 한편 백제군의 다른 거점인 임존성任存城은 그 후 2개월을 더 항쟁하다가 함락되고 흑치상지黑齒常之는 당군에 항복함으로써 백제의 항쟁은 완전히 종식되어 멸망되었으니, 때는 서기 663년 11월이었다.

당의 기본 목표는 고구려 정복에 있었다. 그래서 660년 사비성이 함락되자 곧 고구려 원정군의 부서를 정하고 661년 4월 병력 45,000명으로, 수로水路로 대동강으로 올라가서 평양성을 포위하여 총공격했으나 실패하여 이듬 해 2월 철수하지 않을 수 없었다. 그러나 고구려에 돌발사태가 생겼으니 당에 대해 강경노선으로 일관하여 왔고 고구려를 이끌어 온 연개소문이 666년에 죽고 그 후계를 둘러싸고 심각한 내분이 일어나게 되었다.

이런 상황에서 당은 제3차 고구려 침입을 하기로 결정하고, 666년 11월 당 고종은 이세적을 총사령관으로 임명했다. 그는 20년 전 1차 침공 때 육로군陸路軍을 총지휘한 바 있었기에 패전의 교훈을 살려 전력을 집중한 속전속결의 전략을 버리고 장기적인 공세전략을 택하여 고구려의 국력을 고갈시켜 마지막에 결정적 공세를 취하기로 했다. 그래서 667년 9, 10월에 침공했다 철수하고, 다음은 668년 1, 2월, 세 번째 6월의 3차 대공세를 폈는데, 북쪽에서는 당군, 남쪽에서는 신라군이 협공으로 평양성 총공격이 시작되었다. 고구려군의 용맹은 여전했으나, 요하방면은 이미 상실했고 평양성은 고립되었으며, 수뇌부는 동요하게 되어 마침내 668년 9월에 평양성은 함락되어 고구려는 멸망하고 말았다.

용맹스러움과 단결을 자랑하며 수와 20년, 당과 20년간의 전쟁을 굳건히 견디어 온 고구려는 연개소문이 죽은 뒤 집권층의 내분으로 국력을 조직화하지 못한 그 틈을 이용한 나·당 연합군에 의해 멸망되었다.

신라와 당은 연합하여 백제와 고구려를 정복하였으나, 두 나라의 목적은 서로 다른 것이었다. 신라는 삼국통일을 위해서 당의 힘을 일시적으로 빌린 것이며, 당은 한반도를 정복할 야심에서 신라와 연합했었다. 그러므로 당은 백제뿐만 아니라, 고구려가 망하자 군정軍政을 실시함으로써 반도 전체를 점령하려는 의도를 노골적으로 드러내었다. 그리고 당은 신라에 대해서 위협과 간섭을 가했다. 신라는 당과 투쟁키로 결정하고 백제지역의 당군을 직접 공격하여 671년 7월 사비성을 함락시키고 웅진도독부熊津都督府 대신 소부리주를 설치했으며, 다음은 평양방면의 당군과도 정면 대립했다. 당은 675년 9월 매소성 전투에서 패하자, 676년 2월 마침내 평양의 안동도호부安東都護府를 요동성으로 후퇴시켰다. 당 수군은 이 해 11월에 기벌포 해전에서 패하여 서해의 제해권도 신라의 손에 들어감으로써 신라와 당의 투쟁은 끝나고, 신라는 한반도에서의 삼국통일을 달성하게 되었다.

다. 고려시대의 전쟁

1) 고려와 거란과의 전쟁

중국의 송宋은 거란이 점령하고 있는 화북지방을 탈취하려는 계획을 세워, 985년 고려에 사신을 보내와 원병을 요청했으나 거절했고, 거란도 986년 고려에 사신을 보내어 친선을 제의해 왔으나 회답을 하지 않고 중립을 지켰다. 거란은 고려와 송과의 연합에 불안을 느끼고 993년 10월 소손령蕭遜寧으로 하여금 대군(800,000명이라 일컬었음)을 보내어 고려를 침공케 했다. 거란군은 고려군을 물리치고 청천강에 도달하여 강화조건을 제시했다. 즉 고구려의 옛 땅을 할양하고 송과 단교하여 거란을 상국으로 받들라는 것이었다. 고려 조정에서는 의논이 많았으나, 중군사中軍使 서희徐熙는 스스로 적진에 가서 적장敵將과 담판하기를 청했다. 그는 직접 적장 소손녕을 만나 거란이 제시한 두 가지 요구조건을 논리정연하게 반박하여 그의 입을 다물게 했다. 한편 거란은 송과의 대립한 정세 하에서 더 이상 고려와 싸울 수 없음을 알고 드디어 그 해 10월 철수했다.

1010년 11월 거란의 성종은 강조康兆에 대한 문책을 구실로 400,000여명의 대군을 지휘하여 2차로 고려를 침공하여 왔다. 이를 예견하고 10월 강조를 행영통제사行營統制使로 삼아 300,000여명의 대군으로 통주에서 저항했으나 패했다. 현종은 12월에 나주로 피난했으며, 1011년 1월 거란군은 개경에 침입하여 분탕과 약탈을 자행하여 개경은 일시에 폐허가 되고 고려의 문화재가 대부분 소실되었다. 거란의 성종은 국왕의 무조건 친조親朝를 조건으로 군대를 철퇴시켰다. 거란군의 철퇴를 계기로 양규楊規 등은 이들을 습격하여 구주 등지에서 치열한 전투를 벌여 적에게 수 만 명의 인명 피해를 입혀 고려의 저항정신을 유감없이 발휘하였다.

거란은 고려왕의 친조를 거듭 재촉했으나, 고려 조정은 이에 응하지 않았다. 거란은 다시 청천강 이북의 강동 6주(흥화, 통주, 용주, 철주, 곽주, 구주)를 할양할 것을 요구해 왔으나 응하지 않았다. 거란은 고려 조정이 무신武臣의 쿠데타에 의해 내부가 어지러운 틈을 타서 1018년 12월 거란 장수 소배압蕭排押이 10만의 대군을 지휘하여 고려에 침입해 왔다. 고려에서는 강감찬姜邯贊을 도원수로 삼아 208,000여명의 대군을 지휘하여 안주로 나아가 대비케 했다. 강감찬은 압록강을 건너 흥화진으로 남침하는 거란군을 복병伏兵으로 요격하여 손실을 입혔으나, 거란군은 바로 개경을 향해 남진하여 다음 해 정월에는 개경 백리 거리의 신은현(지금의 신계)에 이르렀다. 이 때 강감찬은 개경에 대한 병력 증강과 동성 밖의 백성들을 성안으로 철수케 하고 청야전법淸野戰法으로 거란군을 요격邀擊하니, 소배압은 공격을 시도하다 실패하여 철퇴하지 않을 수 없었다. 고려군은 적의 퇴로를 지켜 곳곳에서 기습과 유격遊擊으로 손해를 입혔고, 특히 1019년 2월 강감찬·김종현 등이 구주에서 적을 협격하여 대승을 거두었으니, 이를 구주대첩龜州大捷이라 일컫게 되었다.

거란군은 100,000여명의 병력으로 침공해 왔으나 살아서 돌아간 자가 겨우 수 천을 넘지 못했다고 한다. 거란의 성종이 패보敗報를 듣고 소배압에게 사람을 보내 말했듯이, 그들은 고려군을 업신여기고 후방의 병참선도 고려치 않고 깊이 침투했다가 섬멸 당했던 것이다. 현종은 친히 영파역까지 나가 개선군을 맞이하여 큰 잔치를 베풀었다. 그 후 고려와 거란 사이에는 국교가 재개되어 대체로 평화적인 관계가 지속되었다.

2) 고려의 여진정벌

11세기 후반에 이르러 만주 북부 완안부 여진은 세력이 강대해지자 함흥평야의 패권을 두고 고려와 정면충돌을 하기 시작했다. 1104년 1월 완안부의 기병이 정평(정주)의 장성 밖에까지 미치자 고려에서는 임간林幹(동북면행영병마사東北面行營兵馬使)을 파견하여 대항케 했으나 도리어 패배당하여, 다시 윤관尹瓘(병마도통兵馬都統)을 보내어 방비케 했으나, 여진의 기병을 물리치지 못하고 전세가 불리하여 화의를 맺고 돌아왔다.

윤관은 그의 패인을 적의 기병에 우리의 보병이 대적하지 못한 데 있고, 마땅히 군사를 쉬게 하고 사졸을 양성·훈련하여 후일을 기다려야 한다고 그의 패인분석과 대비책을 건의했다. 고려 조정은 현명하게도 장기적인 구상 하에 1104년 12월 별무반의 편성에 착수하여 기병부대의 양성에 역점을 두었고 또한 군량을 비축하고 군사훈련을 강화했다. 그리하여 1107년 12월 윤관을 도원수로 삼아 17만의 대군을 파견하여 여진정벌의 길에 오르게 했다. 고려군은 먼저 정평지역의 여진군을 토벌하고 다음은 장성을 넘어 수륙 양면작전에 의한 전격전電擊戰을 벌여 130여 부락을 점령했고, 거의 9천명의 적을 살상했으며 5천명 이상의 포로를 얻었다.

윤관은 이 수복된 지역을 확보하기 위하여 전략적 요지인 함주를 비롯하여 9개소의 요지에 성을 쌓았으니, 이것이 이른바 윤관의 9성(함주, 영주, 웅주, 복주, 길주, 의주, 통진진, 평융진, 공험진)이다. 이리하여 고려가 점령지를 영구적으로 확보하기 위하여 성을 쌓았을 뿐만 아니라, 남부의 백성들을 이주시켜 방위력을 유지케 하고 1108년 4월에 개선했다. 윤관의 이번 여진정벌이 성공할 수 있었던 이유는 전번의 패전 원인을 분석·평가하여 여진의 기마전술에 대비책을 강구했고, 우세한 병력에 많은 훈련을 쌓았기 때문이었다. 더욱이 지상군뿐만 아니라 병량兵糧의 수송을 위한 수군 2,600명을 도린포에서 출항케 하였다는 것은 여진정벌을 위해 얼마나 만반의 준비를 했는가를 말해 준다.

그 후 여진은 계속 반격해 왔으며, 고려로서는 멀리 떨어진 변경을 확보·경영한다는 것이 어렵다고 판단했고, 또 그들은 조공할 것을 조건으로 9성의 환부를 애걸해 옴으로써 1109년 7월 여진추장들의 군은 맹서를 받은 후 9성을 돌려주었다.

3) 고려의 몽골과의 항쟁

정예한 기마부대로 인접국가를 정복하고 있었던 몽골의 칭기스칸은 1211년경부터 북중국에 대한 침략을 개시하여 1215년 금金의 수도 연경(지금의 북경)을 함락시키고 황하 이북의 땅을 그의 판도 안에 넣었다. 금왕조의 지배 하에 있던 만주의 거란족이 금왕조가 쇠퇴해지자 요동지방에서 세력을 확충하다 몽골군과 충돌하여 패해서 추격당해 1216년 8월 압록강을 건너 고려에 침입하여 의주에서 평양에 이르는 서북지방에서 약탈을 감행했다.

1218년 8월 거란은 또다시 고려에 침입하여 고려군과 싸우다가 강동성에 몰리게 되었다. 이 해 12월 거란 소탕의 마무리 단계에서 몽골군은 거란족 격멸을 이유로 동진의 포선만노蒲鮮萬奴와 연합하여 이 전투에 개입해 왔다. 고려에서는 몽골의 요청으로 군량미도 내고 병력을 합세시켰다. 몽골은 거란족 소탕의 은혜를 구실로 해마다 막대한 공물貢物을 고려에 강요했으나 이에 잘 응하지 않았다. 이로 인해 두 나라의 관계가 소원해 가던 중 1225년 1월 몽골사신이 압록강을 건너 귀국 도중 도적에게 피살되고 말았다.

몽골은 이를 구실로 드디어 1231년 8월 살례탑撒禮塔으로 하여금 몽골군을 지휘하여 고려를 침공케 했다. 몽골군은 구주성에서 박서朴犀의 완강한 저항에 부딪혀 함락시키지 못한 채 남하하여 개경에 임박했고, 그 일부는 멀리 충주까지 내려갔다. 최우崔瑀는 하는 수 없이 몽골의 요구(황금 70근, 백금 1,300근, 기타 의류와 말 등)를 받아들여 화해가 성립되어 몽골군은 1232년 1월에 철수했다.

그러나 최우는 몽골과의 항쟁을 결의하고 서울을 그 해 6월에 강화로 옮겼다. 이것은 수군이 없는 몽골군의 허점을 찌른 방책이었다. 왕과 귀족들이 강화로 들어감과 동시에 일반 백성들도 산성이나 섬으로 피난케 함으로써 몽골을 자극하여 그 해 12월 몽골군은 재침해 왔다. 몽골 장수 살례탑이 처인성(지금의 용인)에서 승僧 김윤후金允候에게 사살되자 사기가 곧 떨어져 철수했다.

그 후 몽골은 동진과 금제국을 멸망시키고 탕구(唐古)로 하여금 몽골군을 지휘케 하여 1235년 7월 고려에 침입해 왔으며, 그 후 1239년까지 5년간 전국을 마음대로 짓밟고 노략질하고 살육했으며, 1238년에는 동경(지금의 경주)의 황룡사의 탑을 태워버리기도 했다.

강화에 있던 고려 조정에서는 해상으로 약간의 군대를 출동시켜 육상에 산재하여 있는 병력과 협력하기도 하고 또는 기회를 얻어서 연해지방에 있는 몽골군을 공격하는 게릴라전을 펴기도 했지만, 적의 대병력에는 상대가 되지 못했다. 유럽과 아시아를 석권했던 몽골의 대군이 강줄기의 넓이 약 650미터를 건너지 못하여 강화도를 침공하지 못한 이유는 고려의 수군이 월등하게 강했기 때문이리라.

몽골의 요구는 고려왕이 육지로 나와 친조를 해야 한다는 것이나, 이에 응하지 않음으로써 몽골군은 그 후 제4차(1253년), 제5차(1254~1255년), 제6차(1255년), 제7차(1257년)에 걸쳐 침략을 거듭해 왔다. 그 중에서도 1254년의 침략에 있어서는 민중을 살육함은 물론이요, 포로로 붙들어간 남녀만도 206,800여명이나 되었다.

무인정치의 마지막 집권자 최의崔竩가 1258년 3월에 피살되자 정권은 일단 왕에게 돌아가고 몽골에 대한 강화가 결정되기에 이르렀다. 그래서 다음 해인 1259년 4월 태자가 몽골로 출발하여 항복의 뜻을 표하고, 항전을 단념한다는 표시로 강도江都의 성곽을 파괴했다. 그러나 무인들은 여전히 대몽강화對蒙講和를 달갑게 여기지 않았다. 그러나 무인세력이 몰락하고 또 몽골의 압력을 받아 1270년에 개경으로 환도하니 강화로 천도한지 39년만이며, 이로써 고려 조정은 완전히 몽골의 간섭을 받게 되었다.

몽골군에 게릴라전으로 대항하여 괴롭혔고 또한 무인정권武人政權의 군사적 뒷받침이요 항몽세력抗蒙勢力의 핵심인 삼별초三別抄는 무인정권이 타도되고 몽골과 강화가 성립된 데 대해 불만을 품고, 불온한 기세를 보였다. 1270년 5월 원종은 사람을 보내 삼별초를 선무하였으나 불응함으로 강경책으로 나아가 해산을 명하고 명부를 압수했다. 그 해 6월 삼별초는 반란을 일으켜 배중손裵仲孫의 지휘 하에 강화도에 개경의 조정과 대립하는 반몽정권反蒙政權을 수립했다. 그러나 원종의 개경조정이 몽골과 결탁하고 있기 때문에 강화도는 대몽항쟁의 근거지로는 불리하여 반기를 든지 3일만인 6월 2일 모든 물자와 병력을 대소함선大小艦船 1천여 척에다 싣고 진도로 내려가 부근의 여러 섬과 해안일대를 지배하여 해상왕국을 이룩했다.

1271년 5월 김방경金方慶의 고려 및 몽골의 연합군은 진도를 함락하는 데 성공했으며, 이로 인해 삼별초는 그 중심 인물의 대부분을 잃게 됨으로써 그 전력이 크게 약화되었으나 나머지 병력은 김통정金通精의 지휘 하에 제주도로 도망하여 거기에 근거지를 두고 항전을 계속했다. 1273년 4월 김방경의 고려 및 몽골의 연합군은 제주에 상륙하여 삼별초를 격멸하니 삼별초의 만 3년간에 걸친 대몽항쟁도 마침내 종막을 고하게 되었다.

고려는 몽골과의 40여년 간의 항쟁을 통하여 한민족韓民族의 끈질긴 저항정신을 유감없이 발휘했으며, 원제국元帝國도 다른 정복국가와는 달리 작은 나라이지만 고려왕실과 혈연관계를 맺도록 하는 유화정책을 쓰게 했던 것이다.

라. 조선시대의 전쟁

1) 대마도 정벌

1419년(세종 원년) 5월 5일 왜적의 배 50여척이 비인현庇仁縣에 와서 우리 병선을 불사르고 노략질을 했다는 보고가 있자 상왕上王(왕은 세종이나 병권兵權은 태종이 장악하고 있었다)은 "왜구가 온 백성을 학살하여 천벌을 자청하여도 토벌하지 않는다면 어찌 나라에 사람이 있다 하랴. 따라서 장수를 보내 출병하여 그 죄를 바로 잡으려 한다"고 대마도 정벌의 명분을 백성들에게 밝혔다.

그리하여 6월 삼군도체찰사三軍都體察使 이종무李從茂는 병력 17,285명, 병선 227 척, 군량 65일분을 가지고 대마도 정벌에 출전했다. 이들이 두지포에 정박하여 적을 수색해서 대소의 적선 129척을 빼앗아, 그 중 쓸만한 것 20척을 고르고 나머지는 모두 불살라 버렸다. 그리고 가옥 1,939호를 불태우고, 참수 114명, 포로 21명 그리고 포로된 중국인 131명을 구했다. 왜적은 항복하지 않고 계속 항쟁을 계속함으로 날마다 장수를 파견하여 왜구들을 수색하여 다시 그 소굴 68호와 배 15척을 불태우고 왜적 9명의 목을 베고, 그들에게 포로가 되었던 중국인 15명과 우리나라 사람 8명을 구출했다.

대마도주對馬島主 소오(宗貞盛)는 우리의 군사가 오래 머물까 두려워서 글을 받들어 군사를 철수시켜 보존하기를 빌면서, 7월 사이에는 항상 풍파가 일어나니 오래 머무름이 옳지 않다고 했다.

삼군도체찰사 이종무는 7월 6일 군사를 거느리고 거제에 돌아왔는데, 대마도 원정기간은 17일간, 전사자 180명이었다. 이 원정에서 조선군은 왜구의 주력부대(중국으로 노략질하러 가서 궤멸 당했지만)를 섬멸하지도 못했고 더욱이 대마도주 소오의 항복도 받지 못했다는 점에서 소기의 성과를 얻지 못한 아쉬움을 남겼다.

대마도 정벌의 실패는 용병술에 통달하지 못한 이종무를 장수로 임명한 데서 비롯된 것이었다.

2) 임진·정유왜란

조선왕조가 건국된 지 200년이 가까워짐에 따라 지배계급은 문약에 빠지고 사회의 기강은 해이해졌고 국방에 대해 관심이 적었다. 이이李珥 같은 사람이 '십만 양병설十萬養兵說'을 주장하여 국방의 긴요성을 역설했으나 모두 귀를 기울이지 않았다. 이처럼 국가의 지배계급이 안일한 생각과 생활에 빠져 있는 동안, 일본에서는 새로운 정세변화가 일어났다. 즉 도요토미 히데요시(豊臣秀吉)가 전국시대戰國時代의 혼란을 수습하여 국내 통일에 성공했다. 그는 장기간의 싸움에서 강력해진 제후들의 군사력을 해외에 방출시킴으로써 국내의 체제의 안전을 도모하고 신흥 상업세력의 억제를 위해 대륙침략을 구상하게 되었다. 그리하여 그는 대마도주 소오(宗義調)에게 명하여 조선이 사신을 일본에 보내어 수교하도록 조처하라 했으나 뜻대로 잘 안되자 침략할 뜻을 나타내었다.

조정에서는 1590년(선조 23년) 마침내 일본의 실정實情과 도요토미의 의도를 살피기 위해 황윤길黃允吉을 통신사通信使, 김성일金誠一을 부사副使로 임명하여 파견했다. 이듬해 3월 통신사 편에 보내온 도요토미의 답서에는 '정명가도征明假道'의 문자가 있어 침략의 의도가 명백했으나, 사신의 보고는 일치하지 않았다. 즉 황윤길은 반드시 병화兵禍가 있을 것이라 하고, 김성일은 그러한 정상情狀이 없었다고 했다. 이리하여 조신들 간에 의견이 엇갈렸으나 안일을 바라는 요행심은 조정으로 하여금 김성일의 의견을 좇게 했다.

침략전쟁의 모든 준비를 도요토미는 1592(선조 25년) 4월 158,700여명의 병력을 9진으로 편성하여 조선을 침공케 했다. 4월 14일 고니시(小西行長)를 선봉으로 하는 이 부대는 부산에 상륙하여 이를 함락시키고 뒤따라 들어온 가토(加藤清正), 구로다(黑田長政), 시마즈(島津義弘), 고바야가와(小早川隆) 등과 함께 세 길로 나누어 진격했다. 고니시의 부대는 부산, 밀양, 대구, 상주, 문경을 거쳐 충주에 이르고, 가토의 부대는 울산, 영천을 거쳐 충주에서 고니시의 부대와 합세하여 서울로 진격했고, 구로다의 부대는 김해를 지나 추풍령을 넘어 서울로 북상했다. 한편 구키(九鬼嘉隆), 도오도오(藤堂高處)가 지휘하는 8,980여명의 수군은 바다에서 이들을 지원·엄호케 했다.

왜병 침입의 급보를 접한 조정에서는 신립申砬을 도순변사都巡邊使, 이일李鎰을 순변사巡邊使로 임명하여 왜병의 진격을 저지케 했으나 이일은 4월 24일 상주에서 패하였고, 신립은 28일 충주 탄금대에서 배수의 진을 치고 싸웠으나 패하여 죽었다. 신립의 패보는 서울의 상하 인심을 극도로 동요시켰고 선조는 마침내 정신廷臣과 더불어 서울을 떠나 개성,

평양방면으로 난을 피해갔다.

고니시의 군대는 충주, 여주, 양주를 거쳐 5월 2일에는 서울을 함락하여 근거지로 삼고 다시 2개 군으로 나누어 가토는 함경도로, 고니시는 평안도로 북상 진격하여 평양을 위협했다. 선조는 다시 의주로 피난하고, 고니시군은 6월 13일에 평양을 점령하였고 가토는 함경도로 진격하여 그 일대를 점령하는 등 불과 2개월 만에 조선 전역을 휩쓸고 말았다. 국내 여러 곳에서는 나라를 위하여 봉기한 의승병義僧兵들이 결사적으로 대항했으나 대세를 바로 잡을 수는 없었으며, 위정자들은 의주에서 명군明軍의 구원병이 오기를 고대하는 실정이었다.

일본의 수군은 700여척의 병선으로 편성되었으며, 4월 27일 부산에 도착했는데, 이들의 주임무는 조선의 서해안을 우회하여 고니시군과 연락을 취하면서 수륙 합동작전으로 북상하는 것이었다. 경상도의 수군은 일본 수군의 위세에 밀려 싸워보지도 않고 패주하여 경상도 일대의 해상권을 일본 수군에게 넘겨주고 말았다. 그러나 전라좌수사全羅左水使 이순신李舜臣은 경상우수사慶尙右水使 원균元均이 구원을 청하자 평시부터 정비해 두었던 병선, 특히 거북선을 이끌고 도처에서 일본 수군을 격파했다. 더욱이 7월 8일 한산도 해전에서는 적 수군의 주력함대 73척 중 59척을 노획·격파했고 또한 9월 1일 부산포 해전에서 적선 100척을 격파함으로써 제해권을 완전히 장악하게 되었다.

이 공으로 이순신은 삼도 수군통제사가 되어 한산섬에 통영統營을 두고 수군을 지휘하게 되니 이로부터 일본 수군은 완전히 기세를 잃고 말았다. 일본의 지상군은 그들의 수군이 패배하여 제해권을 상실함에 따라 병참선의 위협을 당하자 이제 더 북상할 기세를 잃고 후퇴를 거듭하지 않을 수 없었다.

한편 국내 각 지방에서는 왜병의 침략에 항전하기 위해 의병이 일어났다. 조헌趙憲은 충청도 옥천에서 거병하여 충주의 왜병을 축출하고 금산의 왜병을 공격하다 전사했다. 곽재우郭再祐는 경상도 의령에서 거병하여 의령·창령 등에서 적을 물리치고, 전주에서 김시민金時敏과 함께 적을 격퇴했다. 묘향산의 노승 휴정休靜(서산대사西山大師)은 격문을 팔도의 승려에게 발하여 그의 제자 유정惟政(사명당泗溟堂)의 내원을 얻어 1,700의 승병을 이끌고 평양 탈환전에 공을 세워 도총섭都摠攝에 임명되기도 했다.

앞서 선조는 피난 도중에 명나라에 사신을 보내 구원병의 파견을 요청했는데, 이에 요양부총병遼陽副總兵 조승훈祖承訓은 5,000의 군사를 이끌고 7월 17일 평양성을 공격했으나 실패하자, 명나라에서는 심유경沈惟敬을 파견하여 화의를 제창하는 한편 송응창宋應昌·이여송李如松 등으로 하여금 40,000의 병력을 파견하여 1593년 1월 8일 평양을 공격하여 탈환하고 계속 일본군을 추격하여 서울로 향했다. 그러나 1월 27일 벽제관 싸움에서 명군이 패배하여 일시 개성으로 후퇴했다. 왜군은 서울에 집결하여 마침 함경도에서 철수한 가토의 군대와 합동하여 2월 12일 행주산성을 공격하게 되었다.

행주산성은 권율權慄이 배수의 진을 치고 왜군의 공격을 끝내 무찔렀다. 이것은 김시민의 진주싸움, 이순신의 한산섬 싸움과 함께 임진왜란의 3대첩三大捷의 하나이다.

그동안 명나라는 심유경을 서울의 왜진에 보내어 화의를 계속 추진하였으며, 왜군도 병참선의 위협, 각지의 의병의 봉기와 명군의 진주進駐, 전염병의 유행으로 전의戰意를 잃고 화의에 의하여 1593년(선조 26년) 4월에 전군을 철수시켜 서생포에서 웅천에 이르는 사이에 성을 쌓고 화의진행을 기다리게 되었다. 회의 진행 도중 왜병은 2월 18일 진주성에 보복적인 공격을 가하여 치열한 공방전 끝에 성을 함락시켰다.

한편 심유경이 왜군과 함께 도요토미의 본영에 들어간 후 2, 3년간 사신이 왕래하였으나 화의는 결렬되었다. 즉 도요토미는 명나라에 대하여 ① 명의 황녀를 일본의 후비後妃로 줄 것 ② 감합인勘合印(무역증인貿易證印)을 복구할 것 ③ 조선 팔도 중 4도를 할양할 것 ④ 조선 왕자 및 대신 12명을 인질로 삼을 것 등의 망상적인 제안을 하였던 것이다. 도요토미는 1597년 1월 140,000여명의 대병력을 동원하여 조선에 재침공해 왔으니, 이것이 이른바 정유재란丁酉再亂이다.

이번에는 왜군의 활동이 여의치 못하였는데, 그것은 조선군이 전비戰備를 갖추었고 또 명明의 원군도 즉시 출동했기 때문이었다. 한편 왜군은 이순신을 두려워하여 간첩으로 하여금 그를 모함케 하여 결국 탄핵을 받아 옥에 갇혔다가 겨우 사형이 면제되어 백의종군의 특사를 받아 권율의 휘하에 들어갔다. 7월 15~16일 조선 수군함대는 다대포와 칠천량에서 일본 수군에 의해 섬멸당하고 말았다. 이에 기세를 올린 일본군은 7월 28일부터 행동을 개시하여 경상도를 중심으로 전라도 일대까지 점령했다. 그러나 조선·명나라의 연합군도 총반격을 가하여 9월 6일 소사전투에서 적을 대파하여 전세戰勢를 만회했다.

조정에서는 수군이 패하자 다시 이순신을 기용하여 남은 병선 13척으로 수군을 재편성하여 9월 16일 명량해전鳴梁海戰에서 적선 133척과 격전을 벌여 적선 31척을 격파하여 승리를 거두었다. 이 해전의 승리는 제해권의 탈환과 종국적으로 조선 수군의 건재를 확인해 주었을 뿐만 아니라, 일본 수군의 서진을 완전히 좌절시킨 것으로 한산량 해전의 전략적 의의와 함께 정유재란의 전환점을 이룩했던 것이다.

전투 후 이순신은 1598년 2월 고금도로 진을 옮겨 전비강화戰備强化에 전력을 기울이고 있던 중 명明의 수사제독水師提督 진린陳璘의 함대와 합세하였다. 그동안 육상에서는 명군의 전쟁 개입과 명량해전의 패전 영향으로 일본군의 사기는 떨어져 전투는 부진상태에 놓여 있었다. 특히 도요토미의 유언에 따라 왜군은 철수를 서두르고 있었다. 이때 이순신은 진린과 함께 철수하는 왜군을 노량에서 격전을 벌여 왜선 200여척을 격파하여 승리를 획득했으나, 이 해전에서 이순신은 가슴에 총탄을 맞고 전사하고 말았다.

전후 7년에 걸친 왜란은 끝났으나 이 전쟁이 조선·명·일본 등 3국에 미친 영향은 대단히 컸으며, 이로 인해 명과 일본은 정권의 교체마저 생겼다. 조선은 8도가 거의 전장화戰場化하여 왜군의 약탈과 살육으로 인해 심한 타격을 받았으며 관료기구의 부패, 사회 기강의 해이, 전야田野의 황폐, 중요 문화재의 소실 등 조선왕조와 사회는 멍들었다. 한편 병제兵制의 개편과 무기의 개량에 착수하여 훈련도감訓錬都監의 설치, 삼수병三手兵에 의한 무예의 훈련, 비격진천뢰飛擊震天雷와 화차火車가 발명되었고, 조총과 불랑기佛狼機 등을 제조하였다. 명나라는 병력을 조선에 파견하여 국력의 소모와 재정의 문란으로 새로 대두하기 시작한 여진의 청에 의해 망하게 되었다. 일본은 이 전쟁으로 국내의 봉건제후의 세력을 약화시켰으나, 이 전쟁에 참여하지 않고 세력을 보존했던 도쿠가와 이에야스(德川家康)에 의해 쉽게 정권을 장악케 했다. 이 전쟁은 도요토미의 체제의 안전 유지의 기대와는 정반대의 결과를 가져왔을 뿐만 아니라, 무익한 전쟁으로서 한·일 양 민족의 원한관계를 뿌리 깊게 만들었다.

3) 병자호란丙子胡亂

1627년(인조 5년) 1월의 정묘호란丁卯胡亂으로 조선과 후금後金(후에 청국淸國)은 형제지국의 맹약을 맺었으나, 그 후 후금은 명을 치기 위해 조선에 군량과 병선을 강요하는 등 압력을 가하고 또 1632년(인조 10년)에는 형제관계를 고쳐 군신君臣의 관계를 맺고 조공은 세폐歲幣를 증가할 것을 요구했다. 후금의 태종은 황제의 존호를 사용하기 위해 1636년 2월 용골대龍骨大 등을 보내어 황제로 부를 것을 요구했다. 그러나 인조는 사신을 만나지도 않고 국서도 받지 않았다. 동년 4월 황제의 칭호와 더불어 국호를 청으로 고친 태종은 조선의 이러한 도전적 태도에 대하여 조선 원정군 100,000명을 편성하여 청 태종이 친히 지휘하여 동년 12월 2일 심양瀋陽을 출발, 9일 압록강을 넘어 침입했다. 이때 의주부윤 임경업林慶業은 백마산성을 굳게 방비하고 있었으나 청군은 이 길을 피하여 서울로 직행하여 진격하니 출발한 지 10일 만에 서울 근교에 도달했다.

조정에서는 바로 그 전일에야 비로소 청군이 침입했다는 사실을 알고, 이조판서 최명길崔鳴吉 등을 적진에 보내어 시간을 얻는 한편, 두 왕자와 희빈妃嬪을 먼저 강화로 피난시켰으나, 인조는 길이 이미 청군에 의해 차단되어 12월 14일 밤 남한산성으로 들어갔다. 성내에는 병력 12,000여명, 식량 14,300섬(석)으로 50여일을 견딜만한 정도였다. 청군의 선봉은 벌써 남한산성에 이르고, 다른 부대도 아무 저항 없이 서울에 입성했다. 그 길로 한강을 건너 남한산성을 포위했으며, 이듬 해(1637년) 1월 1일 청 태종이 도착하여 북한강안北漢江岸에 진을 치고 전군全軍을 지휘했다.

산성은 완전히 고립상태에 빠졌다. 즉 구원군은 도중에서 모두 청군에 격파 당했고, 포위된 지 45일에 식량의 부족과 추위로 인해 성내의 장병은 사기를 잃었다. 성중에는 화전양론和戰兩論의 대결이 거듭되었으나 주화파主和派의 견해가 채택되어 마침내 성문을 열고 항복키로 했다. 1월 10일 이후 화전교섭이 진행되었는데, 청 태종의 요구는 조선왕이 친히 성문 밖에 나와 항복하고, 양국의 관계를 악화시킨 주모자 2~3명을 인도하면 화의和議에 응하겠다는 것이었다. 왕은 처음 이 제안에 대해 주저했으나 강화 함락의 소식에 접하자 부득이 1월 30일 성문을 열고 왕세자와 함께 삼전도(송파)에서 청 태종에게 항복을 했는데, 이것은 한국 역사상 처음 겪는 치욕이었다. 이 결과 조선과 청나라 사이에 화약이 체결되었다.

① 조선은 청에 대하여 신臣의 예禮를 행할 것.

② 조선은 명의 연호年號를 폐지하고 명과 교통을 끊고 명에서 받은 고명誥名·책인冊印을 내놓을 것.

③ 조선은 왕의 장자와 대신의 자녀를 인질로 보낼 것.

④ 청국이 명을 정벌할 때는 기일을 어기지 않고 원군을 파견할 것.

⑤ 내외 제신內外諸臣과 혼인을 맺고 사호私好를 굳게 할 것.

⑥ 성곽의 증축·수리는 사전에 허락을 얻을 것.

⑦ 성절聖節·정삭正朔·동지冬至·경조慶弔의 사신은 명나라의 구례舊例를 따를 것.

⑧ 청이 회군시에 가도假島를 공격하려 하니 병선 50척을 보낼 것.

⑨ 명인明人의 도망자를 숨기지 말 것.

⑩ 조선의 대일무역對日貿易은 종전대로 할 것.

⑪ 조선은 1639년(인조 17년)부터 황금 100냥, 백은 1,000냥을 비롯한 20여종의 물품을 조공으로 바칠 것.

이리하여 소현세자昭顯世子와 봉림대군鳳林大君의 두 왕자가 인질로 가고, 삼학사三學士는 잡혀가 참형을 당했다. 그 후 1639년 청은 조선에 강요하여 청 태종 송덕비를 삼전도에 세우게 했으며, 조선은 완전히 명에서 벗어나 청에 복종하게 되었다. 그 후 군비軍備를 갖추어 북벌계획北伐計劃을 비밀리에 진행했으나 실천에 옮기지 못했다. 그리고 조선은 양차(1654년, 1658년)에 걸쳐 청군의 나선정벌에 원병을 파견했다.

4) 나선정벌羅禪征伐

러시아인들이 우랄산맥을 넘어 동진東進을 시작한 것은 1581년부터이며, 그들이 청군과 군사충돌을 일으킨 곳은 흑룡강의 하류 연안이었다. 즉 청국은 원주민의 보호요청을 계기로 정규군인 만주팔기병滿洲八旗兵을 출동시켜 1652년 4월 3일 새벽 러시아인의 진지를 습격했으나 참패를 당하고 말았다.

이리하여 1654년(효종 5년) 2월 2일 청국사절은 효종에게 나선정벌을 위한 소총수小銃手 100명의 원병을 요구하는 외교문서를 가져왔다. 조선 조정은 청국의 출병요청을 수락하고 즉시 변급邊岌을 출병군 사령관으로 임명하고 병력 152명을 지휘케 하여 3월 회령에서 영고탑으로 출전했다. 조·청 연합군(병력 1,000명, 17인이 타는 배 20척, 작은 배 140척)은 4월 28일 러시아 선단(병력 37명, 300석 크기의 배 13척, 작은 배 26척)과 조우하여 전투를 벌여 적을 패배시켜 철수케 하고 6월 전원 무사히 귀국했다.

1658년(효종 9년) 3월 청국사절은 제2차 나선정벌을 위한 출병을 요구하는 국서를 가지고 왔는데, 이번에는 소총수가 200명으로 배로 증가되었고, 식량보급은 전 작전기간을 조선 측이 전담하는 불리한 조건이었다. 청국 측에서 조선군의 참전이 필요한 이유는 청로清露간의 군사 분쟁지역이 흑룡강 중·하류와 송화강 하류이기 때문에 전장戰場이 비교적 가까운 거리에 있고 또 조선군의 화력이 청군보다 우세했기 때문이었다.

신류申瀏가 지휘하는 총병력 265명의 조선군은 5월 두만강을 건너 원정길에 올라 5월

10일 청군과 합류했다. 연합군의 병력은 약 2,000명, 함선 52척이며, 러시아군의 병력은 약 500명, 함선 11척이었다.

6월 10일 연합군이 흑룡강 본류에 들어서자 때마침 강을 거슬러 오던 러시아 선단과 만나 일대 조우전이 벌어졌다. 러시아군의 스테파노프 대장은 함선 및 병력의 열세로 강변에 포진하는 수륙 양용작전을 폈다. 연합군은 조선의 소총수를 주축으로 한 맹렬한 사격전을 벌여 러시아군을 화력으로 압도했다. 러시아군은 이 때문에 전의戰意를 상실하여 배 속에 숨기도 하고 또는 배를 버리고 육지로 도망치기 바빠서 조직적인 항쟁을 할 수 없었다. 연합군은 맹렬한 공격을 계속하여 러시아군을 격파하고 러시아 선단 11척 중 10척을 불태우고 1척이 도망쳤다. 이 전투에서 러시아군은 스테파노프 대장을 비롯하여 270명이 전사하고, 담비가죽 3,080장, 대포 6문, 화약, 군기 및 식량을 실은 배가 파괴되었다.

한편 연합군 측의 희생자는 조선군 전사 8명, 부상자 25명이고, 청군은 전사 120명, 부상 200명이었다.

이 전투에서 조선군 소총부대가 주도적 역할을 담당하여 승리를 거두었으며, 이로써 러시아의 동아시아의 진출은 처음으로 저지를 당해 그 후 흑룡강 일대는 다시 청국의 지배권에 들어갔고 1683년까지 약 4반세기 동안 청국과 러시아 사이에 군사 분쟁은 발생하지 않았다. 이 전투로 인하여 그 후 러시아와 청국의 군사 분쟁이 흑룡강 상류로 이동하였고, 또한 한반도에 대한 남하가 제거됨에 따라 우리의 안보에 크게 기여하는 바가 되었다.

5) 병인丙寅·신미양요辛未洋擾

조선은 서양인과의 교섭은 위험한 것으로 생각하여 문호를 굳게 닫는 철저한 쇄국정책鎖國政策을 펴왔다. 특히 철저한 쇄국정책을 표방하는 대원군 치하의 조선과 평화적 교섭에 의해 통상관계를 맺는다는 것은 도저히 바랄 수가 없었다. 그래서 서양제국은 무력적 위협수단에 의해 통상관계를 맺고자 시도했으며, 이로 인해 발생한 것이 양차兩次 양요洋擾이다.

대원군은 처음 천주교도를 탄압하지 않았으나, 1866년 정월에 탄압령을 내려 불과 몇 개월 동안에 9명의 프랑스인 신부와 8,000여명의 천주교 신도를 학살했다. 이 때 탈출한 리델(Ridel) 신부의 보고에 접한 프랑스 공사는 극동 함대사령관 로즈(Rose)에게 명하여 9월에 군함 3척을 보내 한강을 거슬러 올라와 양화진楊花津에 이르기까지 시위·정찰케 하여 돌아갔으나, 10월에 군함 7척, 육전대陸戰隊 600명을 지휘해 와서 선교사 살해에 대한 항의를 하는 한편, 10월 14일 한 부대는 갑곶甲串에 상륙하였으며, 16일에는 강화부江華府를 점령하여 무기와 양식 및 서적 등을 약탈했다. 10월 26일 다른 한 프랑스군의 부대(120여 병력)는 서울로 가는 길목의 문수산성文殊山城에서 조선군에 의한 20여명의 사상자를 내고 패퇴했다. 앞서 강화부를 점령한 한 부대는 11월 9일 정족산성鼎足山城을 점령코자 했으나 천총千摠 양헌수梁憲洙가 지휘하는 사격에 능한 500여명의 매복한 포수의 기습에 의해 30여명의 사상자를 내고 격퇴당하고 말았다. 로즈 제독은 사태의 불리함을 깨닫고 강화부의 여러 관아를 불사르고 11월 18일 함대를 철수하여 청국으로 돌아갔다. 이 사건으로 동양에서의 프랑스 정부의 위신은 실추되었고, 반면 대원군은 의기양양해져 쇄국양이정책鎖國攘夷政策을 더욱 고집하여 천주교 탄압에 박차를 가했다.

병인양요가 발생한 지 5년 후 1871년 5월 신미양요가 발발했다. 1866년 미국 상선商船 셔먼호 사건이 일어난 후 미국 정부는 이를 알고 조선을 문책하는 동시에 강제로 통상조약을 맺으려고 북경에 있는 로우(Law) 공사에게 훈령하여 아시아 함대를 출동케 했다. 로우는 아시아 함대사령관 로저스(Rodgers)와 상의하여 군함 5척에 병력 1,200명을 지휘하여 남양 앞바다에 와서 조선 정부에 통상을 요구했으나 즉시 거절당했다. 6월 1일 그들의 일대가 강화해협을 측량코자 강화도 광성진 앞에 왔을 때 요새要塞의 수병守兵들이 맹렬한 포격을 가하자 미군들도 응사했다. 그 후 외교교섭을 벌였으나 조선 정부가 완강히 거절하자 6월 10일 651명의 헌병대와 7문의 포를 가지고 공격행동을 개시하여 초지진, 덕진을 점령하고 다시 북진하여 광성진을 공격했다. 서로의 공방전이 치열하게 벌어져, 중군中軍 어재연魚在淵 등 243명이 전사하고 포로가 20명이 되었고, 반면 미군은 맥키(Mckee) 중위 이하 3명이 전사하고 10명이 부상당했다. 로우 공사와 로저스 제독은 조선 정부로부터 협상소식이 올 것으로 기대하고 일주일을 기다렸으나 아무런 소식이 없자, 더 이상 전투하는 것이 무익하다고 생각하여 청국으로 철수해 버렸다. 전쟁은 정치적 목적을 달성하기 위한 수단이라 한다면, 미군은 전투에서는 승리했으나 전쟁을 통하여 조선국의 문호개방이라는 정치적 목적은 조금도 달성하지 못했을 뿐만 아니라, 역효과의 결과를 초래했다. 두 차례의 양요에서 외국군을 철수케 한 대원군으로 하여금 각지에 척화비斥和碑를 세워 서양인에 대한 적개심을 불러일으키고 쇄국정책을 더욱 굳게 하여 개국과 근대화를 늦추는 결과를 가져오게 하고 말았다.

6) 일제의 침략과 의병 및 광복군의 활동

일제는 청일전쟁(1894년) 및 노일전쟁(1904~5)의 승리를 기반으로 하여 한반도의 침략 및 대륙진출을 실현하게 되었다. 더욱이 1907년 7월 한일신협약韓日新協約으로 한반도의 정치실권政治實權은 거의 일본인의 손에 들어갔다. 그리고 얼마 남지 않은 대한제국의 군대(서울 4,000여명, 지방 4,800여명, 계 8,800여명)는 8월 1일 일제에 의해 강제로 해산케 됐다. 이렇게 해산되어 지방으로 내려간 군인들은 각지의 의병과 합류하여 일제에 무력항쟁을 계속하였다. 의병의 활동은 전국 각지에서 일어났으며, 1907년에 전국의 의병이 연합하여 서울로 진격할 계획을 진행시킨 일만 보아도 의병활동이 활발했었다는 것은 짐작할 수 있다. 그러나 1908년을 고비로 의병의 활동은 점차 약화되어 결국 일본군에 진압당하고 말았으며, 인명의 희생만도 17,600여명이나 되었다. 일제의 침략에 대한 항거는 의병활동 이외에 침략의 주동자 및 그 협조자에 대한 암살로 나타났다. 즉 외교고문으로 있던 미국인 스티븐스(Stevens), 이토(伊藤博文)는 암살당했고, 친일정책의 두목 이완용은 습격을 당했다.

국내에서 살아남은 의병들은 압록강과 두만강을 건너 새로운 항쟁을 위한 근거지를 찾아 동북만주 및 연해주로 이동해서 독립군 전투를 전개하게 되었다. 만주에는 여러 무장武裝 독립단체가 생겼으며(대한국민회군大韓國民會軍, 북로군정서北路軍政署, 대한독립군大韓獨立軍, 군무도독부軍務都獨府 등), 그리고 신흥무관학교新興武官學校를 세워 독립군 양성에 주력했다. 1919년 3·1운동 후, 항일 무력투쟁이 요원의 불길처럼 만주에서 일어나 1920년까지 군사활동이 가장 활발했는데, 홍범도洪範圖 부대의 만포진 공격 및 두만강 연안에서의 유격전 그리고 청산리 전투는 일본군에 대해 독립군의 혁혁한 승리를 안겨준 전투였다. 1920년 만주의 독립단체의 총수는 22개, 무장군인은 2,000여명이나 되었다.

1931년 9월 만주사변이 일어나고 일제의 세력이 만주에도 미치게 되자 독립군은 근거지를 잃게 되어 시베리아 등지로 흩어지기도 하고 일부는 상해上海로 모여들어 상해 임시정부上海臨時政府에 가담함으로써 종래의 외교투쟁 노선은 지양하고 무력 항일투쟁으로 서서히 그 성격을 변화시켜 갔다. 1937년 7월, 중·일전쟁이 발발하자 중국정부는 중국대륙에 침공한 일제를 몰아내자는 입장이고 보면 임시정부의 입장과 동일했으므로 협조태도가 달라지게 향상되었다. 그리하여 1940년 9월 17일, 중경重慶에서 중국 측 요인 및 한국독립운동자 다수가 참석한 자리에서 한국광복군이 정식으로 창설되었다. 그리고 광복군의 경비, 무기 및 장비 등은 당분간 중국정부의 원조로 충당하기로 했으며, 우선 항일결전을 위한 전투부대를 편성, 훈련하는 데 주력하기로 했다. 광복군은 창설 초 중국정부와의 협정으로 중국 군사위원회의 지휘·감독을 받도록 되어 있었다. 그러나 임시정부의 끈질긴 협정 수정 요구가 수락되어 1944년 8월 28일 광복군은 독자적 지위를 갖게 되었다.

당면한 광복군의 활동은 병력 증강을 위한 병력모집 활동과 첩보공작이었다. 1943년 6월 한·영군韓英軍의 합작교섭이 성립되어 광복군이 영국군에 파견되어 버마 전선에서 영국군을 도와 전단작성과 포로신문 등을 담당했다. 광복군은 국제정세의 변화에 대처하여 미국과의 제휴로 본국 상륙작전을 준비하며 나아가서는 한반도에 대한 연합진공으로 조국에서 적 일본의 세력을 완전히 소탕하기 위해 1945년 5월부터 한미합작 특수훈련이 시작되었다. 3개월간의 훈련이 끝나면 훈련생은 국내로 파견되어 적의 군사시설을 파괴하고 지하 저항군을 조직하며 정보활동을 전개하다가 미군 상륙부대와 연합하여 본토 수복작전을 성공리에 완수한다는 계획에 의거 진입작전 준비를 갖추고 있었을 때, 일제의 항복으로 실현을 보지 못했다. 광복군은 2차대전에서 연합국의 교전단체交戰團體로서의 승인을 받지 못했고 또한 광복군은 항복한 일본군의 무장해제를 시킬 능력이 없다고 판단되었기에 미·소 강대국에 의해 국토가 분단되고 말았다.

마. 6·25전쟁

1943년 12월 카이로에서 회담한 미국, 영국, 중국의 거두들은 소위 카이로 선언을 발표하고, 그 속에서 "한국민의 노예 상태에 유의하여 적당한 시기에 한국을 자유·독립케 할 것을 결정한다"고 했다. 소련은 일본의 패망이 거의 확실해진 1945년 8월 9일에 선전포고를 하고 한·소 국경을 넘어 일본이 항복한 뒤에도 계속 남진하여 평양, 함흥, 원산 등 주요 도시를 점령해 왔다. 다급해진 미국정부는 소련군의 남하를 저지하기 위해 미·소 양군이 북위 38도선으로서 경계를 삼아 한반도를 남북으로 갈라서 점령키로 결정했다.

그 후 한반도 문제를 두고 1945년 12월 모스크바 삼상회의三相會議에서의 5년의 신탁통치안의 결정, 미·소 공동위원회의 회의결과 미·소간에 견해가 엇갈리자 미국은 1947년 9월 한국 독립의 문제를 유엔에 제출했다. 미국은 유엔 감시 하에 총선거를 실시하고, 그 결과 정부가 수립되면 미·소 양국은 철퇴할 것이며, 이러한 모든 절차를 감시 및 협의하기 위하여 유엔 한국위원단을 설치할 것을 제안했다. 이 안은 약간의 수정을 거쳐 소련의 반대에도 불구하고 절대 다수로 유엔 총회를 통과했다. 그러나 소련은 이 유엔의 활동에 반대하므로, 유엔은 가능한 지역에서만이라도 선거에 의한 독립정부를 수립키로 결정했다. 그리하여 1948년 5월 10일 남한에서 총선거가 실시되었고, 8월 15일 대한민국 정부의 수립이 국내외에 선포되었다.

한편 북한에는 1947년 2월 북조선 인민위원회를 조직했는데, 이것은 북한에서의 단독 정권이나 다름이 없었다. 1948년 북한에서의 유엔 한국위원단의 활동을 거절한 그들은 남북 정치협상을 제의하였다. 그 목적은 동同위원단의 활동을 방해하고 미·소 양국을 동시에 철수시킴으로써 군사력에 의하여 한반도를 석권할 기회를 마련하자는 것이었다. 따라서 북한은 벌써부터 소련의 적극적인 군사지원과 협력에 의하여 강력한 인민군을 창설·유지 및 발전시키고 있었다.

인민군의 조직편성은 방위적이며 경비적인 한국군과는 대조적으로 그 규모가 막강할 뿐만 아니라, 전형적인 2개의 야전군을 만들어 전투지휘를 위한 조직으로 편성했다. 그러나 한국군은 육군본부라는 행정사령부에 직속되어 있는 불합리한 상태에 있었다. 그들은 군대 구분에 있어서도 인민군으로 하여금 전적으로 전쟁준비를 위한 높은 수준의 전투훈련에만 전념케 할 목적으로 38선의 경비는 훈련된 보안대로 하여금 담당케 했으나, 한국군에 있어서는 8개 사단 중 4개 사단과 1개 연대가 38선에 배치되어 경비에 임하였고, 다른 사단은 후방지역에 배치되어 공산 유격대의 토벌작전 임무에 있었으므로 경비와 작전 임무에 쫓기어 중대 단위 이상의 작전훈련을 실시치 못했다.

국내외 정세도 북한의 전쟁도발에 유리하게 진행되는 것으로 평가되었다. 즉 ① 1949년 6월에 이미 주한 미군이 철수를 완료했으며, ② 1950년 1월 애치슨 미 국무장관은 미국이 설정한 태평양 방위권에서 한국과 대만은 제외되어 있으며, ③ 1950년의 5·30 총선거의 결과는 무소속 의원이 국회 의석의 과반수를 점하여 압도적인 우세를 보였고 여당의 진출이 미미했으며, ④ 중공이 국부國府를 물리치고 중국대륙에 공산국가를 수립했다는 것 등이었다.

1950년 6월 초, 인민군은 전쟁준비를 위한 무기 및 장비의 정비에 주력했다. 한편 6월 10일 인민군 총참모총장 강건姜健은 '각 부대는 6월 23일까지 전투배치를 위한 이동을 완료하라'는 명령을 내렸다. 그리하여 6월 12일부터는 38선의 전투배치를 위해 부대 이동이 시작되었다. 약 3,000여명의 소련 군사고문단이 남침계획에 직접 참여했다. 북한은 인민군의 전면적인 군사행동을 감행하기 직전에 그들의 행동을 감추기 위해 소위 '평화통일'의 기만적 허위선전 공세를 조직적으로 전개했고, 6월 25일 새벽 4~5시 30분, 38선 전역에서 인민군은 일제히 기습공격으로 전면적 남침을 개시했다. 한국군은 즉각 외출 중인 장병들을 전원 귀대시키고 후방사단들로부터 5개 연대를 일선에 급파했으나 26일에 옹진반도의 한국군 17연대는 할 수 없이 철수했고, 26일 의정부가 인민군에 점령당하고 말았으며, 27일 저녁에는 서울 동북방 미아리 방면으로 인민군이 침투해 왔으며 일부 전차부대가 서울 시내에 침투했다. 한국군의 주력부대는 서울의 한강 이북에 남겨둔 채 28일 새벽 3시 한강 인도교를 폭파하여 한국군은 거의 와해상태에 빠지고 말았다. 서울을 점령한 인민군의 주력부대는 3일간 재편성의 시간을 보내고는 남하를 계속했다.

인민군의 전면적 기습남침이 미 행정부에 전해지자 그들은 신속한 행동을 취하여 유엔의 안전보장이사회를 뉴욕시간으로 6월 25일 14시에 긴급 소집하여 다음과 같은 결의를 했다.

① 즉시 전투행위를 중지할 것.

② 북한은 38선 이북으로 군대를 철수시킬 것.

③ 모든 회원국은 이 결의안을 시행하는 데 유엔을 도울 것이며 북한을 돕지 말 것.

미국의 트루먼 대통령은 악화일로로 달음질치는 한국의 긴급사태에 비추어 6월 26일 밤에 미 극동사령관 맥아더 장군에게 공중 및 해상으로부터 38선 이남의 군사목표에 대한 공격의 권한을 부여했으며, 6월 27일에는 전미극동全美極東의 해군 및 공군은 출동을 개시했다. 그리고 6월 30일 트루먼 대통령은 맥아더 장군에게 미 지상군의 사용을 승인했다. 그리고 일본에 주둔하고 있던 미 제24사단이 한국전선에 투입하게 되었다. 7월 7일 유엔 안보이사회는 주한 유엔군 총사령관의 임명을 미국에 의뢰하였고, 이에, 트루먼 대통령은 즉시 맥아더 장군을 임명했다. 이리하여 이 전쟁은 북한의 무력침략에 대한 유엔과의 전쟁이 되었다. 그리고 한국군의 지휘권도 7월 14일 이승만 대통령이 맥아더 장군에게 보낸 공한에 의해 유엔군 사령관에게 이양되었다.

미 제24사단 제21연대의 스미스 특수 임무부대는 최초로 일본에서 한국에 공수된 부대로 오산 북방에 방어진지를 구축하여 7월 5일 인민군 주력부대와 교전하여 패배하고 말았다. 그 후 한국군 및 유엔군의 저지작전에도 불구하고 인민군의 공세에 밀려 8월 초에 결국 낙동강 방위선까지 후퇴하게 되었다. 낙동강 방위선은 길이가 약 240킬로미터에 달하며, 부산 교두보선의 남쪽인 마산, 창녕 및 예산 방면에는 주로 미군이, 대구, 영천 및 포항 방면에는 한국군이 방위를 담당했다. 8월 초순, 인민군은 총공세를 취했는데, 이것은 김일성의 8월 15일 이전에 대구 및 부산을 점령하라는 엄명에 의해 감행되었다. 그러나 인민군은 8월 중순의 대구 방면의 다부동 전투에서 패배했으며, 9월 초에 영천 방면에 공세를 취했으나, 인민군 제15사단은 한국군 제8사단에 의해 섬멸당하고 말았다. 당시 미 8군 사령관 워커 중장은 9월 12일 담화를 발표하여 한국전선 최대의 위기는 지나갔다고 말했다. 이로써 인민군의 공세는 저지당하고 전선前線은 역전시기逆轉時機를 기다릴 뿐이었다.

한국군 및 유엔군이 낙동강 전선에서 인민군의 총공세를 저지하기까지에는 미 극동공군의 제공권 장악, 북한의 주요지역에 대한 전략폭격, 병참선의 차단작전 및 근접지원 작전이 크게 주효했기 때문이었다. 9월 15일 새벽 유엔군 및 한국 해병대가 맥아더 장군의 진두지휘로 인천에 상륙하여 서울로 진격해서 인민군의 저항을 뿌리치고 9월 28일 역사적인 서울 탈환식전이 중앙청에서 거행되었다. 인천 상륙작전과 더불어 낙동강 방위선의 한국군 및 유엔군도 9월 16일을 기해 총공세를 취하여 9월 30일에는 38선 부근까지 진격하니, 38선 이남의 인민군은 사실상 퇴로가 끊긴 채 와해상태에 빠졌다.

38선의 돌파문제를 두고 국제적으로 의견이 구구했으나, 이승만 대통령은 한국군 지휘관에게 38선 돌파를 지시하여 10월 1일에는 38선을 돌파했으며, 미 8군은 10월 3일 북한으로의 공격명령을 하달했다. 한편 유엔총회는 10월 7일 자유롭고 독립된 한국을 수립하려는 장기적인 목표를 달성하기 위해 맥아더 장군에게 그 휘하의 군대를 실제적으로 사용하도록 허락하자는 결의안을 통과시켰다. 한편 9월 30일 중공 당국은 만약에 제국주의자들이 38선 이북으로 진주한다면 중공은 북한의 인민군을 돕기 위하여 군대를 파견할 것이라고 언명했다.

한국군 및 유엔군은 북진을 계속하여 10월 19일 평양을 점령했으며, 동해안 쪽의 한국군 제3사단은 10월 10일 원산을 점령했으며, 수도사단은 10월 17일 흥남, 24일에는 청진을 점령했으며, 유엔군은 해산진까지 돌입했다. 한편 서부전선에서는 한국군 제6사단의 일부 병력은 10월 26일 초산을 점령했으며, 서해안으로 진격하고 있던 유엔군은 신의주 남방 16킬로미터까지 진출했는데 맥아더 장군은 크리스마스 이전에 전 한국에 평화를 찾고 전쟁을 종식시키게 될 것이라고 했다.

인민군이 거의 붕괴상태에 이르자 중공군은 10월 중순부터 한국전선에 잠입하기 시작했다는 것을 10월 26일 운산에서 생포된 중공군 포로의 진술에 의해 밝혀졌다. 10월 29일에는 동부전선에서도 3명의 중공군을 포로로 잡았다. 중공군은 수 십만의 대병력을 야간 행군만으로 고원지대를 타고 잠입했다. 중공은 11월 7일 중공 의용군 2만 명이 한국전선에 참가했다고 허위 방송을 했으나, 그들은 의용군이 아니라 정규군이었다. 당시 유엔군의 총병력은 약 420,000명이며 그 중 한국군이 약 200,000명, 미군은 약 177,000명이었고 나머지는 여러 국가에서 참전한 병력이었다. 한편 인민군의 병력은 약 60,000명이고, 국경을 넘어 잠입한 중공군은 약 270,000명이며 동결된 하천을 횡단하여 계속 증강되고 있었다.

11월 24일 맥아더 장군은 총공세를 명했으나 실패하여 28일 그는 "중공의 개입으로 6·25 전쟁은 새로운 국면에 돌입했다"는 성명을 발표하는 동시 만주폭격에 관한 제안을 했다. 트루먼 대통령은 "어떠한 사태에도 한국은 포기치 않겠으며 경우에 따라서는 원자탄 사용까지 고려하겠다"고 언명하자, 영국의 애틀리 수상이 12월 4일 미국으로 가서 트루먼 대통령과 회담을 가져 미국으로 하여금 핵무기의 억제력을 상실케 만드는 데 성공했다.

동·서부 전선에서 한국군 및 유엔군은 철수를 개시하여 12월 4일 평양에서 철수를 완료했고, 12월 24일 동부전선의 유엔군 및 많은 피난민이 흥남에서 철수를 완료했다. 12월 말에 중공군은 38선에 도달했고, 1951년 1월 4일 서울이 다시 중공군에 의해 점령당했다. 유엔군은 계속 철수를 하다가 오산－제천－담양－삼척을 연하는 선에서 철수작전에 종지부를 찍고 부대를 재편성하여 차기의 반격작전에 대비했다. 1월 25일부터 유엔군의 반격작전이 개시되어 3월 18일에는 서울을 재탈환했으며, 3월 24일 맥아더 장군은 38선의 재돌파를 명령하여 북진하게 되었다. 그러나 4월 11일 트루먼 대통령은 맥아더 장군이 행한 현지 정전협상現地停戰協商의 요청 성명 등으로 유엔군 총사령관과 기타 모든 직위에서 해임시키고 후임으로 미 제8군 사령관이던 릿지웨이 장군을 임명하였다.

유엔군은 화력과 기동력의 우세를 활용하여 중공군의 공세를 좌절시키는 동시에 막대한 인적 손실을 입힘으로써 전선의 주도권을 장악하여 5월 31일부터 공세를 취했다. 그래서 6월 15일 현재 전선은 38선 이북으로 50킬로미터 이상이나 전진했다. 이 때 한국군과 유엔군은 공산군을 추격하여 승리를 획득할 수 있는 기회를 잡았으나, 미 행정부의 정책 변경으로 군사적 우세를 정치적으로 활용하지 못했다. 사태의 변화를 주시하여 오던 소련은 중공군 재정비를 위해 시간이 필요하기 때문에 유엔 주재 소련대사 마리크로 하여금

1951년 6월 23일 휴전회담을 제의케 했다. 7월 10일 개성에서 휴전회담이 개시된 후에도 전투행위는 회담과는 별도로 계속되었지만 전선은 별다른 변동이 없었다. 그러나 1952년 10월 6일부터 15일까지 10일간에 걸친 백마고지 전투는 한국군 제9사단이 중공군 제38군단의 정예부대의 파상적인 인해전술人海戰術로 병력을 투입했으나 중공군의 공격을 저지하여 승리를 획득한 주요한 전투였다.

휴전회담의 교착과 더불어 1953년 1월과 2월은 소규모의 정찰전이 계속되었을 뿐이었다. 그런데 2월 5일 소련의 스탈린이 사망한 후, 4월 6일에야 재개되어 4월 26일에 병상포로들이 판문점에서 교환되고 또 휴전선의 경계선 결정을 토의하게 되었다. 현 전선이 휴전 경계선으로 될 가능성이 짙자 양군은 5월 초순부터 전 전선에 걸쳐 공방전이 치열하게 전개되었다. 휴전협정이 막바지에 접어들자 이승만 대통령은 1953년 6월 18일 미명을 기해 송환을 거부하는 한국인 반공포로 27,000여명을 극적으로 탈출시켜 휴전협정을 위태롭게 만들었으며, 또한 미국의 휴전정책을 방해하지 않는다는 조건으로 한·미 군사방위조약의 체결, 경제원조, 한국군의 증강 등 정치적 이득을 성취했다. 그러나 7월 27일 오전 10시 정전협정이 조인되고, 22시를 기하여 포화가 멈추어져 드디어 3년 1개월에 걸친 동족상쟁의 참극은 일단 휴전으로 막을 내렸다. 동족의 마음속에 깊은 상처와 국토의 폐허만 남기고 변한 것은 38선에서 휴전선뿐이었다.

바. 한국군의 월남파병

1964년 7월 15일 월남의 쿠엔칸 장군의 집권 당시 월남정부의 지원요청에 의하여 최초로 동년 9월에 1개 의무중대와 소수의 태권도 교관단 파견을 선두로 1965년에는 건설지원단(비둘기 부대)을 정식으로 파견함으로써 월남공화국의 대공對共 투쟁을 지원하게 되었다. 그 후 한국은 해상 수송지원을 위한 해군 수송전대, 건설지원단 자체 경비부대, 의무증원부대 등을 계속 파월派越시켰다. 1965년 6월 21일 월남정부에서는 한국군의 전투부대 파월을 정식 요청함으로써 이에 대하여 이미 파월한 후방지원부대와는 다른 전투부대 파병이라는 점에서 정부 및 국회에서는 국가 장래를 위하여 신중히 논의한 끝에 파병할 것을 결정, 동년 8월 13일에는 국회의 의결을 거쳐 국군 1개 사단 규모의 전투부대를 10월에 파병했다.

박정희 대통령을 비롯한 3부요인과 외교사절, 한·미군 수뇌, 정당 사회단체 대표, 일반 시민과 학생, 파월장병의 가족 등 100,000여의 인파가 운집한 가운데, 1965년 10월 12일 여의도 비행장에서 파월하는 수도사단 결단 및 환송식과 초대 파월한국군 사령관 겸 수도사단장에 채명신蔡命新 소장이 임명되었다. 파월부대가 월남의 퀴논에 도착한 것은 10월 22일이며, 퀴논 부근의 전략지역에 위치하여 퀴논을 확보하고 책임지역 내의 19번 도로를 확보함과 동시에 다른 부대와 협조하여 전술지역 확장준비를 했다. 파월된 전투부대는 수도사단과 해병 제2여단이었다. 주월駐越 한국군 전투부대가 전지戰地에 투입된 지 반년이 되자 1966년 2월 정부는 월남정부로부터 전투병력 증파에 관한 간곡한 요청을 받았다. 이것은 한국군이 지닌 용감성과 한국전에서 얻은 실전實戰경험을 살려 공산 게릴라의 소탕작전에서 최소의 희생으로 최대의 전과를 올렸다는 것과 월남전의 쌍벽을 이루고 있는 대민對民지원과 심리전 분야에서도 성과를 얻어 현지주민들로부터 존경과 신뢰를 받고 있었기 때문이었다.

정부는 전투 병력을 증파하는 데 대한 국내 및 국제정세와 특히 우리의 안전보장 문제를 중심으로 신중히 검토하여 1966년 2월 28일 국무회의의 의결을 거쳐 국회에 동의 요청하였다. 국회는 3월 19일 월남 증파 결의안을 찬성 95, 반대 27, 기권 3으로 통과시켰으며, 증파 병력은 1개 연대를 포함한 1개 전투사단(제9사단, 백마부대)이었다. 이들 부대는 9월과 10월 사이에 3진으로 나누어 월남에 상륙하여 작전지역에 투입되었다. 파월된 한국군 부대는 육군 맹호사단, 백마사단, 건설지원단, 해병 청룡부대, 해군 수송전단, 공군 은마부대 등 총병력은 48,000여명이었다.

전투부대가 파월된 이후 많은 작전이 수행되었다. 주로 베트콩을 상대로 하는 게릴라전이었다. 그러나 1966년 7월 9일~10일의 두코(Duco)전투는 증강된 1개 대대의 월맹 정규군과 수도사단 기갑연대 3대대 9중대와의 전투에서 월맹군의 야간 기습공격을 격파하여 한국군의 전투력을 내외에 과시했다. 그리고 맹호 17호 작전(1971. 6.~7.), 안케 패스작전(1972. 4.) 등 대부대 작전 1,171회 소부대 작전 57,636회를 통하여 한국군의 작전 수행능력을 과시했고, 연 320,000여명의 전투 경험자를 획득하게 되었다.

1971년 1월 11일 박정희 대통령은 연두 기자회견에서 월남군의 전투력이 빠른 속도로 증강되고 있기 때문에 주월군駐越軍의 감축문제를 검토 중이며 그 시기는 월남정부와 미국을 비롯한 참전 연합국과 충분한 협의 후 결정하겠다고 발표했으며, 4월 23일 미 국무성

회의실에서 열린 제5차 월남 참전국 외상 회담에서 주월 한국군의 1개 사단 감축을 수락하고 그 시기를 한국과 월남정부와의 협의를 통해서 결정한다고 발표했다. 그리하여 해병 제2 여단을 포함한 10,000명의 제1단계 철수는 1971년 12월 4일부터 1972년 4월 10일까지 실시 완료했다.

1973년 1월 23일 닉슨 미 대통령과 티우 월남 대통령이 월남 휴전일을 1973년 1월 28일 08 : 00시부로 실시한다는 발표에 이어 주월 한국군의 철수병력은 공중수송으로 하고, 화물은 해상수송으로 제2단계 철수제대가 편성되어 1월 30일 선발대가 철수하기 시작하여 3월 23일 후발대가 철수함으로써 주월 한국군의 철수작전은 성공리에 끝났으며 철수병력은 36,856명(장교 2,912명, 준사관 97명, 군속 57명, 하사관 5,920명, 사병 27,870명)이었다.

한민족韓民族이 역사상 이 많은 병력을 만 7년 5개월간이나 파병했고, 또 후방지원은 미국이 담당함으로써 여러 가지 의의가 있었다. 즉,

첫째 : 정치적 관점에서 본다면, ① 대공對共투쟁과 집단 안전보장체제를 강화하고, ② 국민의 단결과 해외진출의 촉진, ③ 반공의식의 재고再考와 국토통일의 실력 배양을 포함한 국제적 지위향상에 기여한 점이다.

둘째 : 군사적 관점에서 본다면, ① 미군의 계속 주둔과 한국 방위보장 확보, ② 국방력 강화, ③ 안정된 방위력 유지이며, 특히 대부대 작전 1,171회, 소부대 57,636회를 통하여 연인원 320,000명의 전투 유경험자의 획득은 우리의 국방력 강화에 크게 이바지하는 요인이 되었다.

셋째 : 경제적 관점에서 본다면, 제1차 경제개발 5개년 계획과 제2차 경제개발 5개년 계획을 달성하는 데 중요한 계기를 마련했던 것이다.

반면 4,863명(장교 286명, 사병 4,577명)의 희생이 있었다는 것도 잊어서는 안 되리라.

5. 맺음말

대륙국가와 해양국가의 분쟁교섭의 접촉점인 한반도는 언제나 중요한 역할을 담당해 왔고 또 한편으로는 열강국의 이권개입으로 복잡한 처지에 놓여 타의에 의해 국가의 운명이 좌우되기도 하였다. 특히 제2차 대전 후 연합국, 즉 미·소에 의해 분단된 한반도는 동

족상쟁의 전쟁을 한 번 치렀고 또 지금 위기가 고조되고 있는 실정이다.

오랜 역사와 전통 그리고 문화적 긍지를 지닌 한민족은 여러 번 외침을 받아왔지만, 무서운 저항심과 국민의 단결된 힘으로 국난을 극복하여 왔기 때문에, 그 많은 민족들이 한민족漢民族에 동화·흡수되어버렸지만, 우리들은 한민족韓民族으로서의 문화 및 생활양식, 전통, 언어 등을 간직하여 왔다. 그러나 우리들은 한반도의 주변정세의 변화, 힘의 불균형을 미리 알고, 전쟁에 대한 대비책을 강구함으로써 외침外侵을 사전에 저지하는 데는 거의 실패했다는 역사적 교훈을 솔직히 그리고 엄숙히 받아들여야 할 것이다.

옛말에 '비록 천하가 평안하다 할지라도 전쟁을 잊으면 위태롭다'고 했다. 더욱이 전쟁은 아직 국제분쟁을 해결하는 합리적 수단이며, 이것 외에 다른 수단이 없는 현실에 있어서는 더욱 그러한 것이다. 역사는 우리들에게 전쟁을 회피하기 위해 외면하는 방법으로는 결코 전쟁을 면하지 못하는 것임을 입증해 주고 있으며, 전쟁을 회피하려고 할 때는 과감하게 전쟁에 직면함으로써 입는 물질적·심적 손실보다도 더 심한 손해를 입는다는 것을 알아야 한다.♣

(『국방연구』, 국방대학원, 1983.)

제 3 장

신라 군사사상軍事思想의 연구

1. 머리말

전쟁은 우리가 좋아하거나 싫어하거나 간에 그것은 국가의 존망과 국민의 생사를 좌우할 뿐만 아니라, 패자敗者는 승자勝者의 의지意志 앞에 굴욕적인 굴복을 당하고 만다. 그리고 전쟁을 시작하고자 하는 자의 의지에 의해 언제든지 시작할 수 있으며 또 국가간의 분쟁을 해결하는 최후 수단이 되어 왔고 그리고 인간의 천성天性이 갑자기 변하지 않는 한 그 전쟁양상戰爭樣相을 달리하면서 계속 존재할 것이다. 이것이 바로 우리들이 왜 전쟁을 연구하고 이에 대비해야 하는가 하는 이론적理論的 근거이다.

신라의 군사문제에 있어서 군사제도에 관한 분야에는 적지 않은 논문이 발표되었으나,[1] 군사사상軍事思想에 대해서는 한 편의 논문도 발견하지 못한 것을 서운하게 생각했고, 이 논문을 집필함에 있어 어려움도 수반되지만 해 볼만한 연구라 생각하여 최초로 다음 사항

---

1) · 李基白, 「新羅私兵考」, 『歷史學報』9, 1957.
· 辛兌鉉, 「新羅職官 및 軍制의 硏究」, 『新興大學論文集』1~2. 1959.
· 申瀅植, 「新羅兵部令考」, 『歷史學報』61, 1974.
· 李文基, 「新羅 6停軍團의 運用」, 『大邱史學』29, 1986.
· 李明植, 「新羅統一期의 軍事組織」, 『韓國古代史硏究』1, 1988.
· 末松保和, 「新羅幢停考」, 『新羅史の諸問題』, 1954.
· 井上秀雄, 「新羅兵制考」, 『新羅史基礎硏究』, 1974.

에 관하여 논의를 시도해 보고자 한다.

첫째 : 군사사상이란 무엇인가?

둘째 : 신라의 군사사상은 어떻게 형성되었나?

셋째 : 신라는 통일전쟁을 위해 무엇을 준비했으며, 어떻게 수행되었나? 그리고 당군唐軍의 축출과정에 있어서 매소성전투買肖城戰鬪와 기벌포해전伎伐浦海戰의 전략적 의의는 무엇인가?

넷째 : 삼국통일 후 문무왕文武王에 의한 「선부船府」의 별설別設은 어떤 관점에서 고찰되어야 하며, 신라의 국가 진로에 어떤 영향을 미쳤는가? 그리고 해상세력海上勢力이란 무엇인가?

다섯째 : 신라에는 과연 독자적인 군사이론軍事理論이 대두되었을까?

2. 군사사상의 범주範疇

군사사상이란 전쟁의 준비(군사력의 건설)와 수행(군사력의 운용)의 기준이 되고 지표가 되는 사고체계思考體系를 뜻한다.

인간들이 모여 살면 정치집단이 형성되고, 그 정치집단 간에는 권력투쟁이 있게 마련이다. 권력투쟁에 있어서 가장 효과적이고 결정적 수단은 군사력이었다. 인류의 역사는 투쟁의 역사라는 말은 결코 빗나간 말은 아니었고, 또 군사사상은 그 투쟁과정에서 배태된 것으로 추정한다.

기원전 600~400년, 즉 반전설적半傳說的인 역사시대歷史時代에서 역사시대로의 변천은 모든 인류활동이 변화하고 발달하는 시기로서 대단히 중요하다. 이 때 주요한 군사적 추세는 더욱 분명하게 부각되었는데, 첫째는 기술적 제한 내에서 무기 운용에 대한 건전한 개념이 정립되었고, 둘째는 그 결과로 전술이론과 군사교리가 출현했다. 기원전 400년에 와서는 전쟁은 그것이 갖추어야 할 각종 특색을 모두 갖추게 되었고 이것은 최소한 핵시대의 직전까지 지속되었다[2]고 했으나 필자는 핵시대 이후에도 그리고 앞으로도 지속될 것으로 예측한다.

2) R. Ernest Dupuy and T. N. Dupuy, *The Encyclopedia of Military History* (New York : Harper & Row, Publisher, 1970), p. 16.

군사적 경험과 축적에서 비롯하여 군사지식의 개념적 체계화인 군사이론은 결코 하루 아침에 형성되는 것이 아니라 긴 인간의 역사 속에서 서서히 발전되어 왔다. 그것을 최초로 시도한 것은 기원전 5세기경 중국의 손무孫武에 의해 저술되어 오吳나라의 합려왕(B.C. 514~496 재위)에게 바쳐진 『손자孫子』요, 그 다음은 오기吳起(B.C. 440?~381)에 의해 저술된 『오자吳子』 등의 병서兵書가 있다.

손무의 군사이론서軍事理論書인 『손자』는 오늘날의 관점에서 보아도 현대전 수행에 필요한 근본 문제를 망라한 거의 완벽에 도달한 보기 드문 저서이다. 영국의 저명한 전략 이론가 리델 하트는 "『손자』는 전쟁연구의 가장 훌륭하고 짧은 입문서이다"[3]고 평했고, 또 세계 군사고전世界軍事古典 5권을 편집한 필립스는 "기원전 500년에 저술된 손자병법은 지금까지 존재하는 군사작품 가운데 가장 오래 된 것이며 또 아마도 가장 훌륭한 것이리라.… 손자병법의 원리를 현대전쟁의 양상에다 적용할 수 있는 군사학도에게는 그것이 저술된 지 2,500여년이 지난 오늘날에 있어서도 그것은 전쟁수행에 있어서 가장 새롭고 또한 가장 가치 있는 지침서이다"[4]고 했다.

군사이론에 바탕을 두고 군사목표를 달성하기 위한 실천적 단계인 군사전략·전략술·전술을 전쟁술戰爭術·용병술用兵術·병술兵術 등으로 호칭되어 왔다. 이 관계를 도식으로 표시하면 〈그림-1〉과 같다.

〈그림-1〉

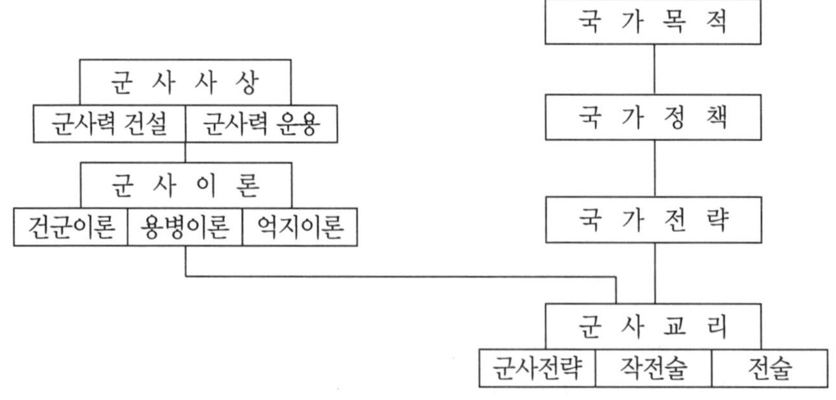

3) Samuel B. Griffith, *Sun Tzu : The Art of War* (Oxford : OUP, 1963), Forword by B. H. Liddell Hart, p. vii.
4) Thomas R. Philips, ed., *Roots of Strategy* (Harrisburg, Pa : Military Service Publishing Co., 1940), p. 9.

군사사상·군사이론은 일반적·보편적 특징을 지니고 있지만, 실천차원인 군사교리軍事敎理는 개별적·특수한 특징을 가지고 있다. 왜냐하면, 그것은 국가마다 국가목적[5]이 다르고 또 지리적 위치, 제도·전통 등이 다르기 때문이다.

3. 신라 군사사상의 형성

문헌상 신라의 군사사상 형성에 관련이 있는 사료史料는 다음과 같다.

① 7년(A.D. 10) 탈해脫解를 대보大輔로 삼아 군국정사軍國政事를 맡겼다.(『삼국사기』1, 남해 차차웅南解次次雄)
② 11년(14)에 왜인이 병선兵船 100여척을 보내어 바닷가의 민가를 약탈하므로 6부部의 정병精兵을 보내어 이를 막았다.(위와 같음)
③ 8년(64) 8월에 백제가 군사를 보내어 와산성를 공격했다. 10월에 또 구양성을 공격하므로 왕이 기병騎兵 2천명을 보내어 쳐서 쫓아버렸다.(『삼국사기』1, 탈해 이사금脫解尼師今)
④ 3년(82) 정월에 왕은 영을 내렸다. "이제 창고는 비고 무기는 무디어 못 쓰게 되어 있다. 혹시 수재水災와 한재旱災가 있거나 변방에 경보가 있다면 무엇으로써 그것을 막아내겠는가? 마땅히 담당자를 시켜서 농사와 누에치기를 권장하고, 무기를 벼리어서 뜻밖의 일에 대비할 것이다."(『삼국사기』1, 파사 이사금婆娑尼師今)
⑤ 8년(87) 7월에 영을 내렸다. "…덕德은 능히 백성을 편안케 하지 못했고, 위엄은 이웃 나라를 두렵게 하지 못했으니 마땅히 성루城壘를 수리해서 적의 침범에 대비할 것이다."(위와 같음)
⑥ 15년(94) 8월에 알천閼川에서 열병閱兵하였다.(위와 같음)
⑦ 5년(116) 8월에 장수將帥를 보내어 가야를 침범케 하고, 왕은 정병 1만 명을 거느리고 뒤따르니, 가야에서는 성안에 틀어 박혀 굳게 지키었다.(『삼국사기』1, 지마 이사금祇摩尼師今)
⑧ 14년(167) 8월에 일길찬一吉湌 흥선興宣에게 명하여 군사 2만을 거느리고 이를 치게 하고, 왕이 또한 기병騎兵 8천을 거느리고 한수漢水로부터 싸움터에 이르니… (『삼국사기』1, 아달라 이사금阿達羅尼師今)
⑨ 5년(200) 9월 알천에서 크게 열병을 행하였다.(『삼국사기』1, 나해 이사금奈解尼師今)
⑩ 15년(244) 정월에 이찬伊湌 우로于老를 임명하여 서불감舒弗邯을 삼고 겸하여 병마사兵馬事(군사)를 맡게 했다.(『삼국사기』1, 조분 이사금助賁尼師今)
⑪ 6년(289) 5월에 왜병이 쳐들어온다는 소문을 듣고 배를 수리하고 갑옷과 무기를 수리했다.(『삼국사기』1, 유례 이사금儒禮尼師今)
⑫ 12년(295) 봄에 왕이 신하들에게 말했다. "왜인이 자주 우리 성읍城邑을 침범하여 백성들이 편히 살 수 없으니, 내가 백제와 모의하여 일시에 바다를 건너 그 나라에 들어가서 치고자 하는데 어떻

5) 國家目的·國家政策 및 國家戰略 등에 관해서는 拙著, 『現代戰略論』(서울 : 博英社, 1972), pp. 90~132 참조할 것.

겠는가?" 서불감 홍권弘權이 대답했다. "우리가 수전水戰에 익숙하지 못한데, 위험을 무릅쓰고 멀리 정벌한다면 아마도 예측할 수 없는 위험이 있을 것이며, 게다가 백제는 거짓이 많고, 항상 우리나라를 삼킬 생각이 있으니 함께 모의하기가 어렵습니다." 왕은 "옳다"고 했다.(위와 같음)

⑬ 37년(346) 왜병이 갑자기 풍도風島에 들이닥쳐 변방 지방의 민가를 노략질하고 또 금성金城으로 와서 포위하고 급히 쳤다. 왕이 군사를 내어 싸우려 했으나 이벌찬 강세康世는 말했다. "적은 멀리서 왔으므로 그 예봉銳峰을 당할 수 없습니다. 이들을 가만히 두어 피로하기를 기다리는 것만 같지 못합니다." 왕은 옳게 여겨 성문을 닫고 나가지 않으니, 적은 양식이 다 되어 물러가려 했다. 이때 강세에게 명하여 강한 기병騎兵을 거느리고 가서 추격하여 쫓아버렸다.(『삼국사기』1, 흘해 이사금訖解尼師今)

⑭ 38년(393) 5월에 왜인이 와서 금성을 포위하고 5일 동안 풀지 않으니 장졸將卒들이 모두 나가 싸우기를 청했다. 왕은 말했다. "이제 적은 배를 버리고 깊이 들어와서 사지死地에 놓여 있으니 그 날랜 기세를 감당할 수 없다." 이에 성문을 닫으니, 적은 공도 이루지 못하고 물러갔다. 왕은 먼저 용맹스러운 기병騎兵 200을 보내어 그들이 돌아갈 길을 막고, 또 보병 1,000을 보내어 독산獨山까지 추격하여 두 쪽에서 협격挾擊하여 격파하니 죽이고 사로잡은 것이 매우 많았다.(『삼국사기』1, 나물 이사금)

⑮ 28년(444) 4월에 왜병이 금성을 10일간 포위하고 있다가 양식이 떨어지자 돌아가니, 왕이 군사를 내어 그들을 추격하려 했다. 측근의 신하들이 말했다. "병가兵家의 설說에 '궁지에 빠진 도적은 쫓지 말라'고 했으니 임금께서는 그 일을 그만 두십시오."(『삼국사기』1, 눌지 마립간訥祗麻立干)

⑯ 눌최訥催는 사량부沙梁部 사람이고… 진평왕 건복建福 41년(624) 10월에 백제가 크게 군사를 일으켜 내침하였는데… 백제의 군진軍陣이 당당하여 그 예봉을 당할 수 없으므로 서성대며 나아가지 못했다. 어떤 사람이 의견을 내기를, "대왕이 5군軍을 여러 장수들에게 맡기었으니 나라의 존망이 이 한 싸움에 있다. 병가의 말에 '가可한 것을 볼 때는 나아가고, 어려움을 알 때는 물러선다'고 하였다 …"(『삼국사기』47, 눌최)

신라는 초창기부터 비록 겸직이기는 하지만 대보大輔(①)와 서불감舒弗邯(⑩, ⑫)이라는 직명이 있었다는 것을 알 수 있다. 이 직책이 바로 전쟁의 준비와 수행의 업무를 관장하고 있었던 것이다.

전쟁의 준비에 관한 사료는 ④, ⑤이며, 이들 내용을 보면 상당한 수준의 군사사상을 내포하고 있음을 알 수 있다.

전쟁의 수행에 관한 사료는 ②, ③, ⑦, ⑧이며, 특히 ⑧에 있어서 동원한 병력 수는 2만 8천 명이며, 금성부근에서 수세를 취한 것이 아니라, 원정遠征을 해서 공세를 취했다는 점에서 군사이론에 바탕을 두고 전쟁의 준비와 수행을 한 것으로 추정된다.

알천에서 열병을 했다는 것이 ⑥, ⑨에 있고 그 후의 기록에도 때때로 나온다. 열병이란 오늘날에도 장병들의 군사훈련, 무기와 장비의 검사 등 전투준비의 상태가 어느 정도인가를 검사하는 행사로 대단히 중요하다. 옛 병서에도 열병의 내용을 상세히 기록하고 있다. 즉 3단계의 훈련과정이 있는데 소부대에서 대부대의 훈련과 지휘가 끝나면, 대장은 다시 열병식을 거행하여 대오隊伍, 무기, 깃발 등 여러 가지 제도의 적합 여부를 생각하고, 어느 쪽을 기병奇兵으로 하고 어느 쪽을 정병正兵으로 할 것인가를 결정한 다음 장병들을 집합시켜 선서를 하게 하고, 이를 어길 경우 처벌한다. 이리하여 왕은 높은 곳에 올라가 이를 관망하면 전투 대형을 모두 볼 수 있다.[6]

사료⑪, ⑫에서 신라에는 병선兵船을 보유하고 있다는 것을 말하고, 다만 수전水戰에 익숙하지 못한 것이 倭의 근거지를 침공하는데 걸림돌의 한 가지 이유로 열거되어 있다. 이것은 후에 신라의 수군, 그들의 조선술造船術과 항해술航海術[7]을 연구하는 데도 깊은 관련이 있는 자료이다.

사료⑬의 강세康世의 말은 『손자』의 "사기가 왕성한 적을 공격해서는 안 된다"[8]는 내용과 거의 같다.

사료⑭에서 나물왕이 '사지死地'라는 『손자』의 군사용어를 사용함으로써 비로소 분명하게 그 출처를 밝혀 주고 있다. "급하게 싸우면 살아남지만, 급하게 싸우지 않으면 곧 망하는 곳을 사지라고 한다."[9], "사기가 왕성한 적을 공격해서는 안 된다."[10] 왕의 작전은 이 두 가지 원칙에 입각해서 수행되었고, 또 왜군이 침공하자 위장술과 복병에 의한 기습으로 적을 격파했을 뿐만 아니라 철저한 추격을 감행한 것으로 보아,[11] 왕의 병법에 대한 조예가 상당한 수준에 있었다는 것을 알 수 있다.

사료⑮에서 '병가의 설'이란 『손자』의 '窮寇勿迫궁구물박'(구변九變)이다.

사료⑯에서 '병가의 말'이란 『오자吳子』의 '見可而進 知難而退'(요적料敵)이다. 따라서 신

---

6) 『李衛公問對』 中.
7) 日本의 造船術과 航海術의 스승은 新羅人이었다.
- 李丙燾, 『韓國史－古代篇』(서울 : 乙酉文化社, 1959), p. 614.
- 內藤俊輔, 『朝鮮史研究』(京都 : 東洋史研究會, 1961), pp. 334~366.
- E. O. ライシャワー, 『円仁唐代中国への旅』(東京 : 原書房, 1984), pp. 74~85.
- E. O. ライシャワー, 『日本への自叙伝』(東京 : 日本放送出版協会, 1982), p. 182.

8) 銳卒勿攻 (九變)
9) 疾戰則存 不疾則亡者 爲死地. (九地)
10) 註8)과 같음.
11) 『三國史記』3, 奈勿尼師今 9年.

라에서는 나물왕(393) 이후부터 『손자』, 『오자』 등의 병서가 전래·수용되었다는 것이 확실하다. 그런데 그것이 어디서 전래되었을까?

한반도에 있어서 신라의 지리적 위치는 고구려·백제에 비하여 불리했다. 반도의 동쪽에 편재偏在하고, 해안선이 짧고 산악이 많으며, 비옥한 넓은 평야가 없었다. 거기에다 직접 중국대륙과의 교통의 편의도 없어 문화의 수준이 낮았고 국력도 열세했다. 그래서 381년에 고구려 사절을 따라 부진符秦(전진前秦)에 사신을 보냈고,[12] 또 고구려가 강성하기 때문에 실성實聖을 인질로 보냈다.[13] 당시 신라는 백제와 대결 중이라 고구려와의 유대로 존립을 유지했고, 400년 백제·가야·倭의 연합군이 신라에 침공하자 고구려(광개토왕)의 보·기병 5만 명의 구원병으로 물리치기도 했다.[14]

고구려는 기원전 9년 부분노扶芬奴가 선비鮮卑의 공략법攻略法으로 반간反間의 사용을 건의했으며,[15] '반간'은 『손자』의 '용간用間'에 나오는 용어이다. 기원전 11년 온조왕溫祚王은 낙랑태수樂浪太守에게 회답하여, "험고한 성을 설치하여 나라를 지킴은 고금의 상도常道인데 어찌 이 일로 화호和好에 변함이 있겠소?"[16]라고 한 것으로 보아 상당한 수준의 군사사상을 지니고 있었다. 그러나 백제와 신라의 관계는 나물왕대에 이르기까지 대결 상태가 지속되었기 때문에 신라에 『손자』가 전래된 것은 고구려를 통하여 이루어진 것으로 추정한다.

사료①에서 ⑬까지의 내용으로 보아 신라의 군사사상도 상당한 수준에 있다는 것을 보여 주는데, 그것이 신라인들의 스스로의 실전을 통해 터득한 것인지 아니면, 외부에서 전래한 병서에 의한 것인지 분별할 수는 없다. 그러나 『손자』가 신라에 전래·수용된 것은, 비록 나물왕 때 출처가 밝혀지기는 했지만 실제로는 훨씬 이전인 것으로 추정한다.

---

12) 『三國史記』 3, 奈勿尼師今 26年.
13) 위와 같음, 37年.
14) 金哲埈·崔柄憲 編著, 『史料로 본 韓國文化史』(서울 : 一志社, 1986), p. 82.
15) 『三國史記』13, 瑠璃王 11年.
16) 『三國史記』23, 溫祚王 8年.

4. 신라 군사사상과 통일전쟁

가. 신라의 통일전쟁의 준비·수행과 백제·고구려의 멸망

신라는 앞에 말한 것처럼 나물왕 26년(381)에 고구려 사절을 따라 전진에 사신을 보냈고, 다음은 법흥왕 8년(521) 백제사신을 따라 사신을 양梁에 보냈다.[17] 신라는 140년간 고구려·백제·왜 등의 압력에 시달려 왔기 때문에 중국과의 교류는 엄두도 내지 못했다. 그러나 고구려·백제를 통하여 간접적으로 들어온 외래문화를 천천히 잘 소화시키고 또 비축하여 민족문화를 창조할 기반을 다져 왔다. 그리고 중국과의 교류를 위해 무엇보다 통로의 확보가 시급했는데, 진흥왕 14년(553) 7월 백제의 동북지방을 취해 신주新州라는 고을을 두고 아찬阿湌 무력武力을 군주軍主로 임명했다.[18]

이것은 신라가 한반도의 중추지역인 한강 하류를 점령하여 중국과의 외교·문물교류 등을 직접 할 수 있는 통로를 획득했을 뿐만 아니라, 삼국통일의 기반을 구축했다고 볼 수 있다. 즉 신라가 중국대륙과의 해상교통로를 획득하느냐의 여부는 신라의 국운國運을 좌우하는 중대사일 뿐 아니라 국가의 존망에 직결되는 생사여부生死與否의 대사건이었다. 한강은 신라의 대중국대륙對中國大陸과의 해상교통의 문호門戶가 되었고 당시 신라의 대중국對中國 해상교통의 요충要衝인 당항성黨項城은 실로 한강의 외항外港이었던 것이다. 이렇게 됨으로써 신라는 마침내 삼국통일의 지리적 거점을 획득하기에 성공한 것이다.[19] 그러나 이로 인해 그 후 신라는 백제·고구려의 협격을 받는 궁지에 몰렸다.

일찍이 진흥왕은 나라를 흥하게 하려면 반드시 풍월도風月道를 먼저 일으켜야 한다고 생각했는데,[20] 그것은 곧 효제충신孝悌忠信을 뜻하는 것으로 해석한다. 600년 수나라에서 귀국한 원광법사圓光法師에게 귀산·추항의 두 젊은이가 찾아가서 종신토록 지킬 계명誡銘을 가르쳐 달라고 하자, 세속오계世俗五戒를 일러 주었다. 즉

첫째 : 임금을 섬기되 충성으로써 하고(事君以忠)

---

17) 『三國史記』4, 法興王 8年.
18) 上揭書, 眞興王 14年.
19) 崔碩男, 『韓國水軍活動史』(서울 : 鳴洋社, 1965), p. 22, p. 24.
20) 『三國遺事』3, 彌勒仙花…

둘째 : 어버이를 섬기되 효도로써 할 것이며(事親以孝)
셋째 : 벗을 사귐에 있어서는 신의있게 하고(交友以信)
넷째 : 전쟁터에 나가서는 물러남이 없어야 하며(臨戰無退)
다섯째 : 살생은 잘 분간해서 한다(殺生有擇)[21]

귀산과 추항은 602년 아막성阿莫城의 전투에서 "내가 일찍이 스승에게 들으니, 선비는 싸움터에서 물러서지 않는다고 하였다. 어찌 감히 달아날까 보냐!"고 외치면서 싸워 전사했다. 그 후 신라인들의 싸움터에서의 태도는 전연 달라지기 시작했다.[22] '임전무퇴臨戰無退'를 오계五戒 속에 넣은 것은 흥미 있다. 생각건대 법사法師의 소위 세속오계는 불교의 수령에 빠지지 않고, 유교에 치우치지 않으며, 오로지 국가의 현실에 입각하여 그 견지에서 시세時世에 적절하기도 하고 필요한 도道를 설파했다.… 당시 신명身命을 가볍게 여긴 것이 일반적으로 미풍美風으로 숭상되었기 때문에 그러한 죽음을 택했는데, 여기에 신라인의 정신생활상의 특색이 나타나고 있다. 이러한 특색은 후세의 조선인 사이에서는 도저히 찾을 수 없다[23]는 견해가 있는데 조선인의 정신생활에 대해서는, 반성할 필요가 있으리라. 왜냐하면, 생존권과 자주독립을 쟁취·유지하는 데 신명의 희생을 아까워해서는 결코 그것을 획득할 수 없기 때문이다.

임신서기석壬申誓記石은 신라 젊은이들의 기상氣像을 잘 나타내 주고 있다. 즉 두 사람이 함께 하늘에 맹세하여 기록한다. 지금으로부터 3년 이후에 충도忠道를 집지執持하고 과실이 없기를 맹세한다.… 만일 나라가 편안치 않고 크게 세상이 어지러우면 가히 모름지기 충도를 행할 것을 맹세한다.…[24] 세속오계는 신라인의 생활신조요 좌표가 되었을 뿐만 아니라, 더 나아가서 화랑도花郎道의 정신적 기조가 되었다. 그래서 김대문金大問은 『화랑세기花郎世紀』에서 "어진 보필과 충성스러운 신하는 여기서 선발되었고 훌륭한 장수와 용감한 병졸도 이에서 나오게 되었다"[25]고 기록했다.

신라의 외교는 김춘추金春秋에 의해 수행되었다. 즉 642년 백제는 신라의 40여 성을 탈취했으며, 더욱이 대야성大耶城을 공략했는데, 도독都督 품석品釋과 그의 처도 죽임을 당했

---

21) 『三國史記』45, 貴山.
22) 金忠烈, 「花郎五戒의 思想背景考」, 『亞細亞硏究』, 1971, 14-4.
23) 池內 宏, 『滿鮮史硏究』上世 第二冊(東京 : 吉川弘文館, 1960), pp. 492~502.
24) 金哲埈·崔柄憲 編著, 前揭書. p. 181.
25) 『三國史記』4, 眞興王 36年.

다. 품석은 김춘추의 사위요, 그의 처는 춘추의 딸인지라 충격이 무척 컸다. 이리하여 춘추는 백제를 멸망시킬 것을 결심하고 숙적宿敵인 고구려에 원군을 청하러 갔다. 고구려는 죽령竹嶺 서북西北의 땅을 돌려주면 원병援兵을 보내겠다고 하여 춘추는 성과 없이 돌아왔다.[26] 그는 647년 왜국에 사절로 갔지만 성과는 없었고 다만 "춘추는 용모가 아름답고 쾌활하게 담소하였다"는 기록을 남겼다.[27]

김춘추는 648년 당에 가서 당 태종을 만나 원병을 청했던 바, 출사出師를 허락하고 후한 대접을 했을 뿐만 아니라, 백제와 고구려를 평정하면 평양 이남과 백제의 토지는 아울러 신라에게 주어 영원히 편안하게 하려고 한다고 했다.[28] 『삼국사기』의 찬자撰者는 "춘추의 용모가 영특하고 위대함을 보고 그를 후히 대접했다"고 기록했으나, 그는 당 태종의 흉계, 즉 이이제이以夷制夷에 의한 고구려의 멸망과 한반도의 정복을 알지 못한 것 같다.

신라는 지증왕대에 정치적·군사적으로 많은 발전을 도모했으며, 505년 군주제軍主制를 만들기도 했다.[29] 신라의 군사제도에 있어서 병부령兵部令, 군주제軍主制, 6정停 및 9서당誓幢 등이 있으나 여기서는 전쟁의 준비와 수행에 있어서 중추적 역할을 했던 병부령에 대해 고찰키로 한다.

> **병부**兵部 : 영令은 1인으로 법흥왕 3년에 처음 두었고, 진흥왕 5년에 또 1인을 더하였으며, 태종왕 6년에 또 1인을 더하여 3인으로 하였다. 관등官等은 대아찬大阿飡으로부터 태대각간太大角干으로 하였고 또 재상宰相과 사신私臣을 겸할 수 있었다.(『삼국사기』38, 잡지雜志 7, 직관職官 上)

앞에 말한 바와 같이 대보와 서불감이 담당하고 있었던 군사업무는 영토의 확장, 전쟁 규모의 확대 및 업무의 전문화와 세분화에 따라 병부(국방부)로 계승·발전되었다. 병부령(국방장관)은 재상과 사신까지 겸직하는 최고 관직인데 태종왕(무열왕武烈王, 654~661) 때는 3인까지 두게 된 이유는 무엇인가? 학자들의 견해는 다음과 같다.[30]

> ㉮ 경주 내부·경주 이외의 지방 및 전체의 통일조직의 3분야를 분장分掌한 것. (井上秀雄)
> ㉯ 주요 타관부他官府의 복수령제複數令制를 '왕을 정점으로 한 중앙집권제가 아닌 귀족의 합의정

---

26) 『三國史記』5, 善德王 11年.
27) 『日本書紀』25, 孝德天皇 3年.
28) 『三國史記』5, 眞德王 2年 및 同書 7, 文武王 11年.
29) 『三國史記』4, 智證王 6年.
30) 申瀅植, 『韓國古代史의 新研究』(서울 : 一潮閣, 1984), p.177 및 p.184.

체合議政體'인 신라사회의 성격으로 파악(井上秀雄), 이에 대해서 이기백李基白도 찬동했다.

㉰ 경덕왕의 한화정책漢化政策 이후에도 병부령 3인은 그대로 두고 병권兵權을 분산시켜 상호견제하고 있다. (金哲埈)

㉱ 무열왕 때의 복치複置는 무열왕권의 유지와 긴급한 나·당 연합전선의 수행에 부응한 것으로 볼 수가 있다. (申瀅植)

필자는 ㉱에 있어서 무열왕권武烈王權의 유지를 위해 병부령을 3인이나 두었다고는 수긍하기 어렵다. 제도상으로 한 직책에 3명이 있다면 오히려 반목·분열·비협조를 가져올 경향이 더 많기 때문이다. 그러나 긴급한 나·당 연합작전의 수행에 부응하기 위한 것이라는 데는 동의한다. 이에 관해 더 부연한다면, 병부령(국방장관)은 군정軍政·군령권軍令權(왕의 위임에 의해)을 가져도 전장戰場에서 작전을 수행하는 것은 야전군사령관인 장수(장군)가 하는 것이 일반적 추세이다. 그런데 신라에서는 병부령이 야전군사령관을 겸무했다는 것이 특이하다. 660년 백제침공 때 신라는 정병 5만 명을 작전에 투입했으나, 필자는 당시 실제의 동원한 병력 수는 14~15만으로 추정한다.[31] 따라서 왕이 총사령관이 되고 병부령이 예하 야전지휘관이 됨으로써 대병력大兵力을 분할·지휘하고, 또 그들은 용병술에 능통해서 전장이 확대됨에 따라 통신·교통수단이 불편한 상황 하에 그런 제도가 전쟁의 수행에 더 효율적이라 판단한 신라 특유의 군사제도요, 또한 운용이라 해석한다.

김춘추의 외교, 김유신의 군사가 결합되어 신라의 삼국통일전쟁이 그들의 중추적 역할에 의해 수행되었다 해도 과언이 아닐 것이다. 김유신은 백제로 잡혀간 급찬級湌 조미곤租未坤이 좌평 임자任子의 집에 종으로 있자, 그로부터 백제의 상세한 정보를 입수했을 뿐만 아니라, 임자도 협조하겠끔 만들었고 급기야 백제를 정복할 계획을 더욱 급히 추진시켰다.[32]

이처럼 신라는 백제를 정복하기 위한 만반의 전쟁준비를 갖추는 일을 착실하게 진행시켰으나, 백제의 의자왕은 전쟁의 준비와는 동떨어진 생활을 했다. 옛 병서에 말하기를, "승리하는 군대는 모든 준비를 갖추어 승산이 확실한 뒤에 전쟁을 개시하고, 패배하는 군대는 덮어 놓고 전쟁을 시작한 뒤에 승리를 찾으려 한다."[33]고 했는데, 신라는 확실히 승병勝兵에 속한다고 하겠다.

---

31) 그 이유에 대해서는 이 책의 「제7장 『삼국사기』의 군사사적 인식서설」의 '4. 신라의 동원된 총병력 수' 참조.
32) 『三國史記』42, 金庾信(中).
33) 『孫子』 軍形.

전쟁의 수행은 다음과 같이 기록되고 있다.

> ① (660) 3월에 당나라 고종은 소정방蘇定方을 명하여 수륙군 13만 명을 거느려 백제를 치게 했다.… ② 왕은 김유신·진주眞珠·천존天存 등과 함께 군사를 거느리고 서울을 떠나 6월 18일에 남천정南川停에 이르렀다.… ③ 왕은 태자 법민에게 병선兵船 100척을 거느리고 가서 소정방을 덕물도德物島에서 맞이하게 했다. ④ 정방定方은 법민法敏에게 "내가 7월 10일에 백제의 남쪽에 이르러서 대왕의 군사와 만나서 의자義慈의 서울을 무찔러 부수려 하오"라고 말했다.… ⑤ 법민이 돌아와서 소정방의 군대가 매우 강성함을 말했고, 왕은 태자에게 명하여 대장군 김유신과 장군 품일 등으로 더불어 날랜 군사 5만 명을 거느리고 가서 그들을 응원하게 하고, ⑥ 왕은 금돌성今突城에서 머물렀다. ⑦ 7월 13일 의자왕은 측근의 신하를 거느리고 밤에 도망쳐 달아나서 웅진성을 지켰으며, 의자왕의 아들 융隆이 나와서 항복했다.… 7월 18일 의자왕은 웅진성으로부터 와서 항복했다.(『삼국사기』5, 무열왕 7年)

①은 소정방이 13만의 병력을 지휘해서 왔는데, 원정군遠征軍이라 특별한 훈련과 선발과정을 거쳤기 때문에 정예군이라 볼 수 있으며, 태자 법민도 왕에게 그들이 매우 강성하다는 것을 보고했다(⑤). ②, ⑥은 왕의 친정親征을 뜻하며, ②와 ⑤를 결부시켜 5만의 군을 지휘하여 남천정南川停까지 갔다가 다시 되돌아와서 탄현炭峴으로 진격한 것으로 해석하는 견해도 있으나,[34] 필자는 동의하지 않는다. 왜냐하면, 날랜 군사 5만 명을 전장에 투입키로 결정하여 조치한 것은 소정방과의 전략회의戰略會議를 마친 후이고(④), 또 신라군의 군사목표는 백제의 왕도王都 사비성泗沘城였기 때문이다.[35] ①, ④, ⑤는 나·당 연합군의 군사전략을 명시하고 있다. 오늘날 군사전략이란 군사목표, 군사전략개념 그리고 군사자원으로 구성된 것으로 생각한다.[36] 이러한 관점에서 나·당 연합군의 군사전략은 다음과 같이 분석할 수 있다.

- 군사목표 : 백제 수도 사비성
- 군사전략개념 : 육로陸路로 신라군이, 해로海路로 당군이 분진합격分進合擊으로 공세를 취한다.
- 군사자원 : 신라군 5만 명과 당군 13만 명.

---

34) · 洪思俊, 「炭峴考」, 『歷史學報』35·36合輯, 1967. p. 66.
· 鄭永鎬, 「金庾信의 百濟攻擊路硏究」, 『史學志』제6집, 단국대학교출판부, 1972. p. 61.
· 津田左右吉, 『津田左右吉全集』 第11卷(東京:岩波書店, 1964), pp. 166~168.

35) 상세한 내용은 拙著, 『韓國軍事史序說』, pp. 126~129 참조.

36) 李鍾學 編著, 『軍事戰略論』(서울 : 博英社, 1987), pp. 378~382.

③은 태자 법민이 병선 100척을 지휘했는데, 당시 그는 병부령이었다는 점에 유의할 필요가 있다. ⑦은 의자왕의 항복과정이다.

나·당 연합군이 쉽게 의자왕을 항복케 한 것은 연합군의 긴밀한 협조에 의한 것이라기보다 백제의 허술한 대비책에서 기인했다. 이 전쟁과정을 통하여 나·당군 간에는 우여곡절이 있었다.

⑧ (660) 김유신 등이 당나라 진영에 이르니, 소정방은 유신 등이 약속한 기일에 늦었다 하여 장차 신라의 김문영을 목 베려 했다. 김유신은 "대장군(소정방)은 황산싸움을 보지도 못하고 기일에 늦은 것만으로써 죄를 삼으려 하니, 나는 죄 없이 모욕을 당할 수는 없다. 반드시 먼저 당나라 군사와 결전한 후에 백제를 부수겠다"고 말했다.… 소정방의 우장右將 동보량은 소정방의 발을 밟아 일깨워 말했다. "신라 군사가 변란을 일으키려 합니다." 소정방은 문영의 죄를 용서해 주었다.(『삼국사기』5, 무열왕 7년)

⑨ 소정방이 유신, 인문, 양도 세 사람에게 말했다. "나는 황제의 명령을 받아 편의에 따라 일을 처리하게 되었소. 지금 얻은 백제의 땅은 공들에게 나누어 드려서, 식읍으로 하도록 하여, 그 공의 보수로 삼을까 하오. 어떻겠소?" 유신이 대답하였다. "대장군이 천자의 군사를 거느리고 와서 우리 임금의 소망을 도와 우리나라의 원수를 갚아 주었으니, 우리 임금과 온 나라의 신하와 백성들이 기뻐서 말할 겨를이 없습니다. 그런데 우리들만이 홀로 은혜를 받아 자기만 이익을 취한다면 의리에 어긋나지 않겠습니까?" 마침내 받지 않았다.(『삼국사기』42, 김유신(중))

⑩ 당나라 군사는 이미 백제를 멸망시키고는 사비성의 언덕에 진을 치고 신라를 침공하려고 몰래 계획을 꾸미고 있었다. 우리 임금이 이를 알고 여러 신하들을 불러 계책을 물으니 다미공多美公이 말하기를, "…그 일로 말미암아 그들과 싸우면 뜻대로 될 것입니다"고 하자, 유신이 아뢰었다. "그 말이 취할 만 하오니 따르기를 바랍니다." 왕은 말했다. "당나라 군사가 우리를 위해서 적국을 멸망시켰는데, 도리어 그들과 서로 싸운다면 하늘이 우리를 도우겠소?" 유신이 아뢰었다. "…어찌 난을 당하고서도 자신을 구원하지 않을 수 있겠습니까? 부디 대왕은 이를 허락해 주십시오."

당나라 군사들은 우리나라에 방비가 있음을 정탐해 알고 신라를 치지 못하고 백제왕과 신하 93명… 사비泗沘에서 배를 타고 돌아갔다.(위와 같음)

⑪ 소정방이 돌아가서 백제의 포로를 바치니 천자는 그를 위로해서 말했다. "어찌 이내 신라까지 치지 아니했는가?" ⑫ 정방은 아뢰었다. "신라는 그 임금이 어질어 백성을 사랑하고 그 신하들은 충성으로써 나라를 받들고 아랫사람은 윗사람을 친부형처럼 섬기니 비록 나라는 작지만은 도모할 수가 없었습니다."(위와 같음)

⑪은 소정방이 출정에 앞서 당 고종으로부터 백제를 멸하면 다음에 곧 신라도 정복하라는 밀명密命을 받았다는 사실을 분명히 하고 있다. 이런 관점에서 ⑧의 내용은 소정방이 신라의 김문영을 목 벰으로써 신라군의 기세와 사기를 꺾어 버리자는 속셈이었다. 그러나 김유신이 당군과 먼저 싸우겠다는 결의를 보임으로써 사태는 수습됐지만, 김유신은 한 사

람의 목숨 때문에 신라의 존망을 걸었을까? ⑨는 소정방이 식읍이라는 미끼를 던져 신라의 장수들을 서로 반목·갈등·와해시켜 전력戰力을 감소시키려는 술책을 벌였으나, 김유신에 의해 거절당했다. ⑩은 소정방이 최후의 수단으로 군사적 침공을 감행하려고 했으나, 신라의 방비책을 정탐해 알고서 사태의 불리함을 깨닫고 백제의 포로만 이끌고 철수했다.

우리의 역사가들 가운데는 아직도 남의 나라 독립전쟁을 위해 자기네 백성들의 피를 흘리는 것을 감수하는 멍청한 왕(당 태종과 고종)이 있는 것으로 생각하는 학자들이 있지만, 김유신은 영원한 우방도 없다는 견지에서 비록 동맹군이지만 당군唐軍에 대한 대비책을 강구해 두었던 것으로 추정되며 그 결과가 ⑧, ⑨, ⑩에서 결실을 맺었던 것으로 해석한다.

옛 병서에서 말하기를, "용병의 원칙은 적이 오지 않으리라고 믿어서는 안 되며, 언제 와도 대적할 수 있는 자신의 대비를 믿어야 하며, 적이 공격하지 않으리라는 것을 믿을 것이 아니라, 공격해 오지 못하도록 하는 방비 태세를 믿어야 한다"[37]고 했는데, 김유신은 바로 여기에 바탕을 두고 대비책을 강구한 것으로 생각한다.

백제는 수도가 함락되고 의자왕이 항복했지만 3년간 끈질긴 항전을 계속하다가 상황이 불리해지자 고구려와 일본에 원병을 요청했다. 고구려는 당과 대치하고 있어서 요청에 응할 수 없었으나, 일본은 27,000여명의 병력을 파견했다. 첫 결전決戰은 금강의 하구인 백강구白江口(일본서는 백촌白村이라 함)에서 663년 8월에 전개되었다. 즉 "대당大唐의 장군이 전선 170척을 이끌고 백촌강白村江에 진쳤다.… 일본의 제장과 백제의 왕이 기상을 보지 않고, '우리가 선수를 쳐서 싸우면, 저쪽은 스스로 물러갈 것이다'라고 말하였다. 다시 일본이 대오가 난잡한 중군의 병졸을 이끌고 진을 굳건히 한 대당大唐의 군사에게 나아가 쳤다. 대당은 좌우에서 수군水軍을 내어 협격했다. 잠시 사이에 일본군은 패하고 많은 자가 물에 빠져 익사하고 뱃머리를 돌릴 수도 없었다."[38] 『자치통감資治通鑑』에 의하면, "그(일본) 배 400척을 불태우니 연염煙炎이 하늘을 불태우고 해수海水는 붉게 물들었다"[39]고 그 처절한 장면을 묘사했다.

일본은 백강구의 참패 후 나·당군의 침공에 대비하여 한국식 산성山城을 백제 장군들의 지휘 하에 축성했고 또 수도首都도 옮기는 분주한 움직임을 보였다.[40] 왜군이 철수할 때,

37) 『孫子』, 九變.
38) 『日本書紀』, 天智天皇 2年.
39) 千寬宇, 『人物로 본 韓國古代史』(서울 : 正音文化社, 1982), p. 217에서 再引用. 『舊唐書』에 의하면, "仁軌가 白江 어귀에서 扶餘豊의 무리를 만나 네 번을 싸워 모두 이기고 그들의 배 400척을 불태우니…"라 했다.
40) 李進熙, 『広開土王碑と七支刀』(東京 : 学生社, 1980), p. 107. p. 193.

수천 명의 백제유민百濟遺民도 함께 철수했으며, 병법에 밝은 달솔達率 곡나진수谷那晋首, 목소귀자木素貴子, 억례복류憶禮福留, 답발춘초答㶱春初는 야마도정부(大和政府)에서 대산하大山下를 주어 등용했다(671년).[41] 이들 4명의 백제인은 중국병법의 숙달자이며 최초로 왜인들에게 중국병법을 전수한 것으로 추정되며, 『일본서기日本書紀』권3에 나오는 '出其不意출기불의'로 보아 그들에 의해 『손자』가 전해진 것으로 상상된다.[42] 4명의 병법가가 야마도정부에 등용된 것을 보면 백제의 군사사상이 상당한 수준에 있었다는 것을 알 수 있다.

백제를 멸망시킨 나·당 연합군은 고구려를 멸망시킬 작전을 진행시켰으며, 특히 당군은 소모·지구전략으로 고구려의 전력과 국력의 약화에 주력했다. 고구려는 60여년에 걸쳐 수·당과의 전쟁으로 피로에 지쳐 있었고 거기에다 동맹국 백제가 멸망되었으며, 666년 연개소문이 사망했다. 그 후 고구려의 권력투쟁과 내분 등으로 국력이 약화되자 이 기회를 이용하여 당 고종은 667년 7월 이세적李世勣·설인귀薛仁貴에 명하여 수륙水陸으로 고구려를 침공케 했으며, 한편 문무왕도 668년 김인문金仁問과 함께 군사 20만 명을 동원하여 북한산에 이르러 왕은 이 곳에 머물고, 먼저 인문仁問 등을 보내어 당나라 군사와 합세해서 평양을 공격하여 한 달 남짓 만에 보장왕을 사로잡았으며,[43] 이로써 고구려는 668년 9월에 멸망하고 말았다.

나. 신라에 의한 당군 구축唐軍驅逐과 삼국통일

고구려가 멸망된 후에도 유민遺民들의 반당투쟁反唐鬪爭은 치열했으며, 그들은 신라에 의존했고, 신라는 그들을 도와 당군과 대결을 계속했다. 한편 신라는 670년 여름부터 백제고지百濟故地에 주둔하는 당군을 축출하기 시작했다. 671년 6월 장군 죽지竹旨 등은 당군과 석성石城에서 싸워 승리했다. 그리고 신라군은 사비성을 함락하여 신라의 소부리주所夫里州를 설치했다. 당군 구축에 있어서 가장 중요한 매소성 전투(675)와 기벌포 해전(676)에 관해 그 의의를 규명해 보고자 한다.

---

41) 『日本書紀』, 天智天皇 10年.
42) 佐藤堅司, 『孫子の思想史的研究』(東京 : 風間書房, 1962), pp. 231~232.
43) 『三國史記』44, 金仁問傳.

⑬ (675) 9월 29일 (당장唐將) 이근행李謹行은 20만의 대병大兵을 거느리고 매소성買肖城에 둔쳤으므로 우리 군사가 이를 쳐서 쫓고 전마戰馬 30,380필을 얻었으며, 기타 노획한 무기도 이에 상등했다.(『삼국사기』 7, 문무왕 15년)

매소성 전투는 당군과의 가장 대규모의 지상전투였음에도 불구하고 신라군 총지휘관의 이름도 없고, 동원된 병력도 모르고, 더욱이 어떤 전략구상에 입각하여 전투를 수행했는지 전혀 기술記述하지 않았다는 것은 애석한 일이 아닐 수 없다. 더욱이 신라군의 피해에 대해 언급이 없을 뿐만 아니라, 당군의 전마戰馬를 3만여 필 얻었다니 무슨 이런 전기戰記의 기록법이 있는가? 아마도 이것은 『삼국사기』의 찬자撰者가 당군 전사자唐軍戰死者로 명기明記하는 것을 꺼려서 전마戰馬로 표기한 것이 아닌지?

당군은 이 전투의 패배로 병사들의 사기士氣가 극도로 저하되었을 뿐만 아니라, 안동도호부安東都護府를 요동고성遼東故城으로, 웅진도독부熊津都督府를 건안고성建安故城으로 옮겨야만 했다. 따라서 이 전투의 승리의 결과로 신라가 점령한 백제·고구려의 영토에서 당군을 축출한 것이 되었다. 길이 빛내야 할 전적지戰蹟地, 매소성의 위치를 후손들은 잊어버리고 있는데 앞으로 찾아야 할 것이다.[44)]

기벌포 해전과 관련된 사료는 다음과 같다.

⑭ (671) 겨울 10월 6일에 당나라의 수송선 70여척을 격파하여 낭장郎將 겸이鉗耳·대후大侯와 사졸 100여명을 사로잡았는데, 물에 빠져 죽은 자는 그 수효를 헤일 수도 없었다. 이 전투에서 급찬級湌 당천當千의 공로가 첫째였으므로 사찬沙湌의 직위를 주었다.(『삼국사기』7, 문무왕 11년)

⑮ (673) 왕은 대아찬大阿湌 철천徹川 등을 보내어 병선兵船 100척을 거느리고 서해를 지키게 했다.(위와 같음, 문무왕 13년)

⑯ (675) 가을 9월에 설인귀는… 풍훈風訓을 이끌어 길잡이로 삼아 와서 천성泉城을 쳤다. 우리나라의 장군 문훈文訓 등은 맞아 싸워서 이겨 머리 1,400을 베고 병선 40척을 빼앗았으며, 인귀仁貴가 포위를 풀고 물러나 달아나자 전마戰馬 1,000필을 얻었다.(위와 같음, 문무왕 15년)

⑰ (676) 겨울 11월에 사찬 시득施得은 수군을 거느리고 설인귀와 소부리주의 기벌포에서 싸워 패배했으나, 또 나아가 크고 작은 22회의 싸움에서 이겨 머리 4,000여급을 베었다.(위와 같음, 문무왕 16년)

---

44) 買肖城의 位置에 관한 論文은 다음과 같다.
· 閔德植, 「羅·唐戰爭에 관한 考察」, 『史學研究』第40號, 1989. pp.178~193.
· 池內 宏, 前揭書, p.469.

사료⑭는 당의 수송선 70여척을 격파했고 그 공로로 당천當千이 급찬(9등급)에서 사찬(8등급)으로 진급했다는 내용이며, 비록 수송선이지만 70척을 격파하고 낭장을 사로잡았으니 당의 수군에 관한 많은 정보도 획득했으리라. ⑮는 신라 수군의 전력이 병선 100척이란 내용인데, 사료③에 의하면 법민이 지휘한 병선이 100척이고 보면, 13년의 세월이 흘렀어도 신라는 지상전에 주력한 나머지 병선의 증강에는 힘이 미치지 못했음을 말하는 것이리라. 그러나 당의 병선 40척을 노획함으로써(⑯), 신라의 병선은 적어도 140척으로 증강되었다.

당의 수군은 663년 백강구에서 일본의 수군을 궤멸시킨 전적戰績을 가지고 있기 때문에 가볍게 볼 수 없는 적수였다. 그러나 설인귀는 지난 해(675) 9월의 패배를 설욕하기 위해 단단한 결의와 전전력全戰力을 가지고 676년 11월 시득이 지휘하는 수군과 격돌하여 초전에 승리했다. 그러나 시득도 신라 수군의 명예와 나라의 흥망의 갈림길에서 선전善戰하여 대소大小 22회의 해전에서 결국 승리하여 동·서해 뿐만 아니라 일본의 주변 해역까지 해상우세海上優勢[45](sea supremacy)를 획득했는데, 이에 대한 전략적 의의를 밝혀 보려고 한다.

전쟁에 있어서 군수軍需란 불가결한 요소이다. 그것은 전투원에게 무기와 장비를 제공하는 일과 또 전투원에게 식량과 기타 필수품을 보급하는 일이다.[46] 무기체계가 다양하게 발달하지 못한 고대전쟁古代戰爭에 있어서 식량의 공급이 주요 과제였다. 고대 희랍의 철학자 소크라테스는 훌륭한 지휘관의 자질을 말하여 "장수는 그의 부하로 하여금 어떻게 식량을 얻도록 할 것이며, 전쟁에 필요한 다른 모든 물자를 어떻게 얻도록 할 것인가를 알지 않으면 안 된다"[47]고 말했다.

수와 당이 고구려 침공에 있어서 군수문제에 당면했던 사료는 다음과 같다.

> ⑱ (612) 모두 평양에 모이게 하니 1,133,800명이었는데, 200만 명이라 선전했다. 그들의 군량 운반자의 수는 이보다 배가 되었다. ⑲ 우문 술 등의 군사는 노하·회원의 두 진鎭을 출발하면서 사람과 말에게 모두 100일 동안의 식량을 주고, 또 배갑排甲·창모槍矛와 옷감·무기·화막火幕을 주니 사람마다 3석이 넘어 무거워서 운반할 수가 없었는데, 영令을 군중에 내려 '쌀과 좁쌀을 버리는 자는 목을 베겠다'고 했으므로, 사졸들은 모두 장막 밑에 구덩이를 파서 묻어 버렸다. 이리하여 겨우 행군이 중도에 이르러 양식은 이미 떨어지려 했다. ⑳ 왕(영양왕)은 을지문덕을 보내

---

45) 옛날에는 制海(control of the sea)라는 용어를 사용했는데, 海軍力에 의해 敵의 海軍力을 격파 혹은 억제하여 바라는 海域을 통제 또는 지배할 수 있는 힘과 상태를 뜻했다. 그러나 海軍力과 넓은 바다의 특성으로 열세한 敵의 海軍力을 조금도 활동하지 못하게 할 수는 없기 때문에 2차 세계대전 후 制海 대신에 海上優勢라는 용어를 사용하게 되었다.

46) 拙著, 『現代戰略論』(서울 : 博英社, 1972), p.184.

47) R. E. Dupy & T. N. Dupy, *Military Heritage of America* (New York : McGraw-Hill Book Company, Inc. 1956), p.420.

어… 처음 9군이 요동에 도착했을 때는 무릇 305,000명이더니 돌아와 요동성에 이르자 오직 2,700명뿐이었다.(『삼국사기』20, 영양왕 23년)

㉑ (644) 7월에 황제(당 태종)는 장차 출병을 하려고 홍주·요주·강주의 세 주州에 칙령을 내려서 배 400척을 만들어 군량을 싣게 하고… ㉒ 황제는 그가 일찍이 수 양제를 따라 고구려를 정벌했으므로 불러서 물으니 대답했다. "요동은 길이 멀어서 양식을 운반하기가 어려우며, 동이東夷는 성을 잘 지키므로 갑자기 항복시킬 수가 없습니다." 황제는 말했다. "오늘날은 수나라에 비교할 바가 아니니, 공公은 나의 의견에 좇기만 하라." ㉓ 황제는 급히 안시성安市城을 공격했다.… 황제는 요동이 빨리 추워져 풀이 마르고 물이 얼어 군사와 말이 오래 머물기가 어렵고 또한 양식이 장차 떨어지려 했으므로 칙명으로 군사를 돌리기로 했다.(『삼국사기』21, 보장왕 3년)

㉔ (648) 황제는 우리가 곤궁하고 피폐하다 하여 명년에 30만 명의 군사를 동원하여 단번에 고구려를 멸망시킬 것을 의논하자, 어떤 이가 말했다. "많은 군사가 동방을 정벌하자면 모름지기 한 해를 지낼 양식을 준비해야 할 것인데, 짐승과 수레로써는 능히 운반할 수가 없으니 마땅히 선박을 갖추어 수로水路로 운반해야 될 것입니다.… 그 백성이 많고 부유하므로 마땅히 그들에게 배를 만들게 해야 될 것입니다."(『삼국사기』22, 보장왕 7년)

㉕ (662) 왕(문무왕)은 유신·인문·양도 등 9장군將軍에게 명하여 수레 2,000여 차량에 쌀 4,000석과 벼 22,000여석을 싣고 평양으로 가게 했다.… 소정방은 군량을 받고는 별안간 전투를 그만두고 돌아가 버렸다.(『삼국사기』6, 문무왕 2년)

⑱은 수 양제가 고구려 원정 때 동원한 병력이 113만여 명이나 되고, 그 병력의 치중 병력이 배가 되었다는데, 결코 과장된 내용이 아니다. 예컨대 날마다 1군軍을 보내는데 서로 떨어지기가 40리나 되었으므로, 진영陣營을 연이어 점점 전진하니 40일 만에 출발이 끝났다고 했다.[48] ⑲는 수군隋軍의 작전기지인 노하·회원에서 평양성의 탈환까지 작전완료 기간을 100일로 잡고, 각 병사가 운반해야 할 무기·장비 및 식량의 무게가 3석이나 되었다. 만약 1석이 120근이라 한다면,[49] 3석은 216킬로그램이 된다. 그래서 영令을 내려 양식을 버리면 목을 베겠다고 했으나 행군 도중에 버렸던 것이다. ⑳은 을지문덕이 직접 수군隋軍에 가서 보니 이미 양식이 떨어짐을 알고 평양성 가까이 더 유인해서 철수케 하여 살수에서 섬멸한 내용이다.

㉑은 당 태종이 군량미 수송에는 수레보다 배가 유리함을 알고 조치한 내용이다. ㉒는 수 양제와 함께 고구려 정벌에 참가했던 신하에게 어려움을 묻고는 당 태종은 상황이 다

48) 『三國史記』20, 영양왕 23년.
49) 金谷 治 譯註, 『孫子』(東京 : 岩波書店, 1962), p. 31.

르다며 대책을 강구했다. 즉 대병력을 동원하는 것이 아니라, 소수정예부대少數精銳部隊를 편성하고, 속전속결速戰速決의 전략을 구사하겠다는 것이었다. 그러나 안시성 전투에서 보기 좋게 실패하고 말았다㉓. 그러나 당 태종은 자기의 종전 전략에 미련을 두고 있었지만, 한 신하의 견해는 장기전長期戰에 대비하여 1년간의 양식을 준비하여 운반하자면 선박이어야 하고, 선박을 준비하자면 인력·시간 그리고 부富가 있어야 한다고 했는데, 이것은 당唐(중국의 왕조)의 동정東征에 대한 필수조건을 말한 탁견이라 하겠다㉔. ㉕는 소정방이 평양에 와서 문무왕에게 "배를 바닷가에 댄 지도 이미 한 달이 넘었습니다만 대왕의 군사는 이르지 않고 군량도 공급되지 않으니, 그 위태함이 심하니 왕께서는 계책을 세워 주십시요."[50] 하는 전달에 의해 식량을 어렵게 공급해 주었다. 그러나 소정방은 식량난에 너무나 시달렸기에 식량을 수령하고도 더 싸울 기력마저 없어서 철수한 것으로 해석된다.

당이 고구려의 평양을 침공하는 데도 식량의 해상수송이 사활적인 중요한 과제였는데, 하물며 신라의 서라벌을 침공한다는 것은 육로수송에 의한 군수의 해결은 거의 불가능하기 때문에 마치 바다 가운데의 섬으로 가는 것과 유사하니, 서해西海의 해상우세海上優勢의 획득은 필요조건이 아니라, 필수조건이다. 따라서 당이 신라를 재침공하는데 소극적이었고 또 마침내 포기한 이유는 기벌포 해전에서 당 수군唐水軍의 패배로 서해의 해상세력을 상실한 데서 기인(필수조건)하는 것으로 필자는 해석하며, 670년 토번吐蕃이 안서安西의 4진鎭을 함락시켜 서역지방西域地方을 지배하기 시작하여 서방에의 관심이 높아졌고, 또 동방에의 출병에 반대하고 있던 측천무후則天武后가 674년 천후天后가 되어 당의 정치에 개입했기 때문에,[51] 또 시중侍中 장문관張文瓘(605~677)이 토번문제를 들어 원정遠征을 만류함으로 중지되고 말았다는 견해[52]는 필요조건에 속하고 또 사실과는 약간 떨어진 견해로 본다. 왜냐하면, 전쟁의 수행은 전쟁의 문법에 의해 진행되는 것이지 결코 다른 문제에 의해 수행되지 않기 때문이다.[53]

신라의 통일전쟁 과정을 통하여 군사사상의 주류와 특징은 무엇일까? 필자는 이 문제를 다룸에 있어서 통일전쟁의 준비와 수행에 있어서 주도적 역할을 수행한 김유신에 초점을

50) 『三國史記』42, 金庾信(中).
51) 井上秀雄, 『変動期の東アジアと日本』(東京 : 日本書籍, 1983), p. 201.
52) 閔德植, 前揭論文, p. 194.
53) 클라우제비츠, 『戰爭論』(增補新版)(서울 : 一潮閣, 1987), p. 217.

두고 약술略述하고자 한다.[54]

첫째 : 정보의 중요성을 인식하여 간첩의 활용을 통해 확실한 정보를 입수하여 거기에 바탕을 두고 전략계획을 수립했다.

둘째 : 예상되는 돌발사태에 대해 사전에 만전의 대비책을 강구해 두었다.

셋째 : 대당전쟁對唐戰爭에 있어서 교묘하고 유연한 자세로 임했으며, 특히 외교와 군사가 긴밀하게 협조하였다. 마치 물이 높은 곳에서 낮은 곳으로 흐르듯 군사를 운용했다.

넷째 : 『손자』의 오사五事, 즉 도천지장법道天地將法에 바탕을 두고 있다. 김유신은 668년 병으로 인해 고구려 원정에 가지 못하고 장군들에게 말하기를, "대저 장수가 된 사람은 나라의 방패가 되고 임금의 무기가 되어 승부를 싸움터에서 결단하게 되는 것이니 반드시 위로는 천도天道를 얻고 아래로는 지리地理를 얻고 중간으론 신임을 얻어야 성공할 수 있다. 지금 우리나라는 충성과 신의로써 보존되었고…"[55]라 했다.

신라의 전쟁 준비와 그 수행을 통한 김유신의 군사사상과 더 나아가 신라의 군사사상의 특징을 본다면, 제한된 자료에 의한 것이기는 하지만 또 어느 특정한 한 사람의 군사이론에 한정지을 수는 없지만, 최고最古·최선最善의 군사이론으로 알려진 『손자』에 바탕을 두고 있었던 것으로 추정된다.

5. 삼국통일 후의 군사사상의 발전

가. 문무왕의 「선부船府」의 별설別設

문무왕은 삼국통일을 완수한 후 2년만인 678년 정월에 선부령船府令을 한 사람 두어 선박의 사무를 관장케 했는데,[56] 구체적 내용은 다음과 같다.

① **선부**船府－옛날에는 병부兵部의 대감大監·제감弟監에게 선박의 사무를 맡게 했으나, 문무왕 18

54) 필자는 「金庾信의 軍事思想」에 대해 별개의 論文을 준비하고 있다.
55) 『三國史記』43, 金庾信(下).
56) 『三國史記』7, 文武王 18年.

년(678)에 별도로 설치했다. 경덕왕이 고쳐서 이제부利濟府라 했으나, 혜공왕이 옛날 대로 회복했다. 영令은 1인이며 관등官等은 대아찬大阿湌으로부터 각간角干까지로 하였다.(『삼국사기』38, 잡지 7, 직관 상)

진평왕 5년(583) 병부(국방부)에다 선부서船府署를 설치했는데,[57] 이제 와서 병부와 동격인 선부船府를 별설別設했다는 것은 무슨 뜻일까? 이것은 신라의 함선행정艦船行政이 독립 강화된 것으로 볼 수 있다. 동양을 제패한 당의 수군을 도처에서 격파하여 패퇴시킨 당시의 신라 수군을 볼 때 이 기록은 의의를 가지는 듯하다.[58] 이와 같은 조치(선부의 별설)는 통일신라기에 접어들자 일익증폭日益增幅하는 해외교통 및 연해운송沿海運送 그리고 증대된 국토연안國土沿岸의 방어에 있어서 함선운용의 필수불가결의 합리적인 관리와 그 유지 및 운용이 이루어진 것이라 하겠다.[59] 한편 항해의 관장으로 보는 견해[60]도 있다.

당과 일본에 선부와 유사한 관청은 당에 도수감都水監과 공부工部가 있고 일본에는 없다[61]고 했다. 그런데 도수감은 수리水利, 관개灌漑, 하천보수河川補修를 다루는 부서이고,[62] 공부의 수부사水部司는 국내의 치산治山, 치수治水 등을 다루는 부서이다.[63] 따라서 신라의 선부와는 그 직능이 전연 다르다. 대륙국가인 중국에 있어서 국가의 존망은 지상군에 의해 좌우되기 때문에 수군이나 선박에 대해 별로 관심이 적은 편이다. 한편 해양국인 일본은 수군이나 선박을 관장하는 부서가 별설되었어야 마땅하나 없었다. 즉 8세기에 들어와 대보율령大宝律令의 제정공포制定公布(701년경), 더욱이 양로율령養老律令(721년경)에 의해 정부의 행정조직이 실현되었을 때 병부성의 관할하에 「주선사主船司」가 설치되었다.[64] 따라서 신라의 「선부」는 당과 일본에도 없는 특유한 것임을 알 수 있다. 그렇다면 왜 문무왕은 선부를 별설했을까? 이것은 왕의 국가통치에 대한 지혜와 삼국통일 후의 신라의 진로, 즉 국가정책 및 국가전략의 관점에서 규명되어야 할 과제라고 생각한다.

신라의 문무왕(법민)은 그가 잠저潛邸에 있을 때 진덕왕을 도와 입당외교入唐外交를 수행

---

57) 『三國史記』4, 眞平王 5年.
58) 李弘稙, 「古代三國及統一新羅時代」, 『韓國海洋史』(海軍本部, 1955), p. 103.
59) 崔碩男, 『韓國水軍史硏究』(서울 : 鳴洋社, 1964), p. 40.
60) 井上秀雄, 「隋唐文化の影響をうけた朝鮮諸国の文化」, 『隋唐帝国と東アジア世界』(東京 : 汲古書房, 1979), p. 337.
61) 위와 같음.
62) 日中民族科学研究所編, 『中国歷代職官辞典』(東京 : 国書刊行会, 1980), pp. 289~290.
63) 上揭書, pp. 191~192.
64) 佐藤和夫, 『日本水軍史』(東京 : 原書房, 1985), p. 54.

함으로써 명성을 얻었으며, 그의 아버지 김춘추가 신라 제29대 태종무열왕太宗武烈王으로 즉위한 다음에는 파진찬의 위位로 병부령이 되었다가 얼마 아니하여 태자에 봉한 바 되었고, 나·당 연합군의 백제침공 시에는 신라조정을 대표하여 소정방과 교섭하는 한편으로 직접 백제 평정에 종군하여 큰 공을 세웠다. 그리고 대왕으로 등극한 이후에는 곧 바로 고구려 원정의 용단을 내려 당군을 지원하였으며, 강대국 당에 대해서도 끈질긴 투쟁을 계속하여 민족의 자주성을 회복하고, 삼국통일을 완성하였다.[65]

진덕왕이 태평송太平頌을 지어 650년 법민을 보내어 당나라 황제에게 바쳤으며, 당 고종은 그를 대부경大府卿으로 삼아서 돌려보냈다.[66] 법민의 외교수완도 성과가 있었지만,[67] 필자는 다른 면의 성과도 있었으리라 본다. 즉 당에의 왕래에는 선편船便을 이용했는데, 말(馬)에 의한 육로보다는 배에 의한 해로가 더 편리하고 또 더 많은 화물을 배가 실을 수 있다는 것을 체험했으리라 추정한다.

660년 법민은 병부령으로 병선 100척을 지휘하여 덕물도에 나가 소정방을 맞이했고, 또 백제정벌을 위한 구체적인 전략계획을 수립하였으며, 야전지휘관으로 이례성尒禮城과 사비성泗沘城 남령南嶺의 전투에서 공을 세웠다. 그가 병선을 지휘하면서, 만약 백제의 수군이 강력했다면 소정방의 당군이 바다를 건너 자유로이 올 수 있었을까? 또 신라의 수군도 활동할 수 있을까 하는 문제를 한 번쯤은 병부령으로서 생각해 보았으리라 추정한다. 이것은 요즘의 군사용어로 말하면 해상우세의 중요성을 인식했으리라고 본다.

661년 법민은 문무왕으로 즉위한 다음에는 신라국군新羅國軍의 총사령관으로 직접 백제고토百濟故土 평정에 나섰고, 또 나·당 연합군의 고구려 원정에도 능동적으로 참가하여 661년, 666년 그리고 668년에도 참가했다. 따라서 문무왕은 외교관, 수륙 야전지휘관水陸野戰指揮官 그리고 국군 총사령관을 역임하면서 삼국통일을 완성했으나, 신라는 해결해야 할 여러 가지 문제점을 안고 있었다.

17년간의 통일전쟁으로 인해 헐벗고 굶주리고 피로에 지친 백성들을 어떻게 하면 편안하게 살 수 있게 해 줄 수 있는가? 전쟁에서 공을 세운 자들의 논공행상論功行賞을 어떻게 해야 그들이 만족할 것인가? 백제 및 고구려의 고관으로 통일전쟁에 협조한 자들에게 무

---

65) 李明植, 「新羅 文武大王의 民族統一 偉業」, 『大丘史學』 제25집, 1984, p. 60.
66) 『三國史記』 5, 眞德王 4年.
67) 李明植, 前揭論文, p. 70.

슨 관직과 논공행상을 어떻게 할 것이며, 그들 백성들의 마음은 어떻게 어루만져야 할 것인가? 통일국가로서의 율령체제律令體制는 어떻게 정비해야 하는가? 골품제 체제하에서 유능한 젊은 인재들에게 어떻게 하면 그들의 소망을 채워 줄 수 있을까 등등이었다.

문무왕이 이런 난문제難問題를 해결하기 위한 국가의 진로에는 두 가지가 있다고 생각했으며, 하나는 대륙정책이요 다른 것은 해양정책였으리라.

대륙정책을 추구한다면, 옛 고구려의 땅을 찾기 위해 그 곳에 사는 거란족·말갈족과 전쟁을 하지 않을 수 없으리라. 만약 희생의 대가를 치르고 승리하여 고구려의 옛 땅을 차지한다면 다음에 당과 국경을 접하게 되어 또 대결할 가능성이 많으리라. 농경민인 신라인들에게 압록강 일대와 그 위의 땅은 벼농사에 적합할까? 거란족과 말갈족으로부터 수용할 수 있는 문물제도는 무엇이 있겠는가?

해양정책을 추구한다면, 이미 해상우세를 확보하고 있는 신라에 대해 당·일본의 침공은 억제할 수 있고 또 매소성 전투 이후 말갈족·거란족의 도발도 쉽게 일어나지 않으리라. 당과의 문물교역은 선박에 의한 해상교통로가 더 편리하고 부富를 축적할 수 있고 또 젊은 이들의 해외진출도 쉽게 가능하지 않을까?

당시 신라는 반도국의 특성인 수륙 양서국의 이점利點, 즉 대륙정책과 해양정책을 마음대로 선택할 수 있는 중앙적 위치에 놓여 있었다. 문무왕은 신라의 당면한 과제를 해결하기 위해 양 정책兩政策을 동시에 추구할 것인가, 아니면 한 쪽을 택해야 한다면 어느 쪽이 바람직한 것일까, 하는 문제를 생각했으리라. 이것을 도표로 그리면 다음과 같다.

국가정책의 선택과정

내용 \ 정책	대륙정책	해양정책
국가의 안전보장	불안정	안정
문물제도의 교류에 의한 성과와 이점	부적하고 적다	적합하고 많다
교역에 의한 부의 축적	불안정	안정
해외의 진출 가능성	적다	많다

문무왕은 앞에 말에 말한 바와 같이 외교관, 수륙 야전지휘관 그리고 왕으로서 총사령관도 역임했고 또한 총명하고 지략智略이 많았다.[68] 그럼에도 불구하고 삼국통일을 완수한 후 2년간 곰곰이 생각한 끝에 국가의 번영과 안정 그리고 백성들이 편안히 살 수 있는 길을 택하기로 했다. 즉 유조遺詔에 의하면, "무기를 녹여 농구農具를 만들어 백성들을 인수仁壽의 경지에로 이끌고, 부세賦稅를 가볍게 하고 요역徭役을 덜어 주고 집집이 넉넉해지고, 사람마다 풍족해 지고 인구가 늘며 민간民間이 안정케 되는 것"[69] 바로 이것이 해양정책이며, 이를 제도화하기 위해 당·일본에도 없는 제도를 678년 정월에 「선부」를 별설하였다고 필자는 해석한다. 삼국통일이 문·무를 겸비한 문무왕에 의해 달성한 것은 결코 우연이 아니다.

선부는 선박의 사무를 관장한다 했으니, 병선, 무역선, 어선 등과 수군의 장병, 각종 선박의 선원의 양성과 관리 그리고 조선술과 항해술에 관한 업무도 관장했으리라.

또한 선부를 병부에서 독립시켜 동격同格으로 만들었다는 것은 국가전략의 관점에서 본다면, '육주해종陸主海從'에서 '해주육종海主陸從'의 전략사상으로의 전환을 뜻하기도 한다. 문무왕은 평소 지의법사智義法師에게 "나는 죽은 후에 나라를 지키는 대룡大龍이 되어 불법佛法을 받들어서 나라를 지키려 하오"라고 말했고, 유언에 따라 해중海中의 바위에 유골을 뿌렸으니, 지금의 경주군 양북면 봉길리慶州郡 陽北面 奉吉里 앞 바다의 대왕암大王岩이다. 이것은 왕이 倭의 침공을 저지하기 위해서만이 아니라[70](倭의 수군은 백강구 해전白江口海戰에서 궤멸되었다), 더 깊은 의도가 담겨져 있었던 것으로 해석된다. 즉 더 넓은 바다의 세계로 시야를 돌리라는 뜻이리라. 그리고 대룡大龍을 마한(Mahan, 1840~1914)의 해상세력[71](sea power)으로 해석한다면 더욱 그 뜻이 명확해 지리라.

신라의 통일 이후로 안으로 산업의 발달과 밖으로 당과의 교통이 크게 열림에 따라 문

---

68) 『三國史記』6, 文武王 上, 卽位年, '聰明多智略'

69) 『三國史記』7, 文武王 21年.

70) 『三國遺事』2, 文虎王 法敏. 萬波息笛. '神文大王…爲聖考文武大王, 創感恩寺於東海邊.'이 옳으며, '寺中記云. 文武王欲鎭倭兵. 故始創此寺. 未畢而崩, 爲海龍其子神文立'은 잘못이다. 왜냐하면 白江海戰 및 伎伐浦海戰으로 당시 東아시아의 海上勢力은 신라가 완전히 장악하고 있었기 때문이요, 또한 倭의 侵攻의 對備策을 寺刹로 여길 文武王은 아닐 것이다.

71) 海上勢力理論의 創始者인 마한에 의하면, '넓은 의미의 海上勢力이란 武力에 의해 海洋 내지 그 일부분을 지배하는 海上의 軍事力 뿐만 아니라, 平和的인 通商 및 海運도 포함한다'고 했고, 海上勢力에 영향을 미치는 주요한 조건은 (1) 地理的 位置, (2) 自然的 形態, (3) 領土의 範圍, (4) 人口의 數, (5) 國民性, (6) 政府의 性格이라 했다.(A. T. Mahan, T*he Influence of Sea Power upon History, 1660~1783*, Boston : Little, Brown and Company, 1890, pp. 28~89.)

화의 향상과 신라인 생활상태의 변화 등은 물품 수요의 증대를 가속도적으로 초래한 결과, 무역관계에 있어서도 재래형식의 조공수단朝貢手段만으로는 시대적 진전에 상부相符하지 못할 것은 명료한 사례라 할 것이다. 그리하여 신라 말기의 민간무역의 완성을 보게 된 것도 이 까닭이다.[72] 필자는 우리의 역사에 있어서 찬란한 신라문화를 창조했고 또 황금의 전성시대는 문무왕의 삼국통일(676) 후로부터 혜공왕惠恭王(779)까지의 100여년 간이라 생각하며, 또 장보고張保皐의 해상활동의 기반도 문무왕의 해양정책의 채택에 의한 「선부」의 별설에서 연유된 것임을 지적해 둔다.

영국, 스페인 그리고 이태리와 같은 도서국島嶼國이나 반도국은 국력을 신장하기 위해서는 강력한 해상세력이 필요하다. 해안선을 가지고 있는 국가는 바다가 곧 국경이다. 따라서 국력은 그 국경의 확장 정도에 의해 주로 결정될 것이다.[73]

해양은 지구표면의 4분의 3을 차지하고 있으며 무한한 생물학적·광물자원의 에너지를 보유하고 있다. 많은 세기世紀에 걸쳐 인간들의 해양활용은 상업·어선단漁船團의 발전을 가져 왔으며 무역의 확대로 많은 기지와 항구의 건설 등 변화를 가져왔다. 대양大洋의 중요성은 국가에 의해 생산적인 힘과 축적된 부로 높이 평가하지 않을 수 없다. 일반적으로 문명은 엄밀히 바다와 대양에 접한 육지에서 형성되었고 발전되었다. 한 국가의 국민이 항해와 관련된 국가는 다른 국가보다 경제적으로 먼저 강대해 졌다. 인류 역사의 일정한 단계에서 심각한 요구는 바다의 무진장한 물과 풍요로운 부의 이용을 생각했던 것이다. 이러한 부의 이용 가능성이 많으면 많을수록 한 국가의 경제력과 군사력을 특징짓고 세계무대에서 그 국가의 역할을 강화시켜 주는 국가 해상세력의 형성과 출현을 결정하는 조건들에 의해 그 국가의 우월성이 점점 더 커진다고 하겠다.[74]

이러한 관점에서 본다면 문무왕은 해상세력의 선각자先覺者요 또한 대전략가라 해도 결코 지나친 말은 아닐 것이다.

이병도李丙燾는 신라에 의한 한반도 통일의 의의를 아래와 같이 논평했다.

> ㉮ 이리하여 당의 세력은 완전히 반도에서 구축되고 신라는 반도의 민중을 통치하는 본 궤도에 오르게 되었다. 신라의 세력범위는 겨우 대동강으로부터 원산만에 이르는 반도의 세요부細腰部를

---

72) 金庠基, 『東方文化交流史論攷』(서울 : 乙酉文化社, 1948), pp. 8~43 참조.
73) Edward M. Earle ed., *Makers of Modern Strategy* (Princeton University Press, 1943), p. 419.
74) S. G. Gorshkov. *The Sea Power of the State* (Oxford:Pergamon Press, 1979), p. ix, p. 1.

한계로 하여 그 이남의 땅을 차지한데 불과하였다. 신라의 통일사업이 지역적으로 보아 완전한 의미의 삼국통일이 되지 못하고 오직 백제의 전역과 유민을 합한 외에, 고구려의 남계南界와 그 유민의 일부를 소유하게 된 것은 약소국가로서의 우리의 운명을 정히 이 때에 결정지어 준 것과 다름이 없으니, 오늘날 우리의 감각과 의식으로 볼 때는 더욱 불행과 불만을 느끼지 아니할 수 없다.

㉯ 그러나 이때 신라로서 이 이상 더 북진을 계속한다면 압록강까지는 몰라도 요동을 포함한 전 만주 지역을 경략經略한다는 것은 큰 문제였을 것이다. 왜냐하면 그렇게 손을 뻗친다면, 위에 말한「평양 이남이란」당 태종의 언질·면약面約과 위반되는 동시에, 대당제국과 전면적인 충돌을 야기할 우려가 있을 뿐더러, 전일前日 고구려에 복속하였던 반복무쌍叛服無雙한 말갈족과도 충돌을 일으켜 막대한 정력을 허비하게 되고, 또 광대한 영토를 통치 유지할 역량조차도 부족하였을 것이다.

㉰ 다시 생각하면 삼국 중 제일 후진으로 동남우東南隅에서 일어난 묘소한 신라가 차차 성장하여 이만한 통일사업이라도 달성하여 반도의 주인공이 되었다는 것은 도리어 기적적이요, 경이적이라고 할 수 있다. 요컨대 행이건 불행이건 반도의 민중이 비로소 한 정부, 한 법속法俗, 한 지역 내에 뭉치어 단일국민으로서의 문화를 가지고 금일에 이른 것은 실로 이 통일에 기초를 가졌던 것이다. 이런 점으로 보아 신라의 반도통일은 우리 역사상에 있어 큰 의의를 갖고 큰 시기時期를 획劃한 것이라 할 수 있다.[75]

약간 장황한 인용을 한 이유는 한민족韓民族의 생존전략과 깊은 관련이 있을 뿐만 아니라, 신라의 통일이 고구려의 남계南界와 그 유민의 일부를 소유함으로 약소국가로 되었다는 오도誤導된 견해㉮로 인하여 ㉯, ㉰의 의의를 무시하려는 일부 인사들이 있기 때문이다.

일찍이 해상세력이론의 마한 제독은 "역사가는 대체로 바다의 사정에는 어둡다. 그들은 바다에 관하여 특별한 관심과 지식도 가지고 있지 않기 때문이다. 그렇기 때문에 그들은 해상력이 커다란 여러 문제에 있어서 심원深遠한 결정적인 영향을 미친다는 것을 간과해 왔다"[76]고 지적하고 "바다가 정치적·사회적 견지에서 가장 중요하고 명백한 점은 그것이 커다란 공로公路라는 것이다. 아니 광대한 공유지公有地라고 말하는 것이 좋으리라. 그 위를 통하여 사람들은 어느 방향으로도 갈 수 있다.… 해로海路에 의한 여행이나 수송은 육로에 의한 것보다 용이하고 안가安價이다.… 생산, 해운 그리고 식민지의 세 가지에서 바다에 연하는 국가의 정책뿐만 아니라 역사의 열쇠를 찾을 수 있다. 생산에 의하여 생산물의 교역이 필요하고, 해운에 의하여 교역품은 운반된다. 식민지는 해운의 활동을 조장확대助長擴大하고 안전한 거점을 확보함으로써 해운의 보호에 보탬이 된다"[77]고 했다.

---

75) 李丙燾, 前揭書. pp. 624~625.
76) A. T. Mahan, 前揭書, Preface, p. iii.

휴전선에 의해 분단된 한국은 신라의 삼국통일 때보다 영토 면에서 더 불리한 조건이다. 그럼에도 불구하고 우리는 지금 세계 11위의 무역국이 되었고, 자동차·전자·철강제품, 의류 등 다양한 상품을 전 세계에 수출하며, 조선업은 일본과 수위를 다투고 있고, 초강대국으로 군림하는 소련이 우리와의 경제협력을 바라고 있다는 현실을 감안했을 때(1991년 1월 22일, 서울에서 한·소 양국은 30억 달러의 대소對蘇 경제협력 규모를 확정했다), 필자는 고구려의 고토故土를 잃은 것보다 고려·조선왕조가 부와 힘의 원천인 넓은 바다를 상실한 데 대해 더 원통하게 생각하는 입장이고, 역사가들[78]의 바다에 관한 무지와 무관심을 애석하게 여긴다.

㉯에 있어서 당 태종의 언약은 앞에 말한 바와 같이 간계奸計에 속하며, 그 외의 내용은 대단히 깊고 함축성이 있는 것으로 평가한다. 실제로 고려는 고구려의 고토를 찾고자 노력했으나 압록강·두만강 선에도 미치지 못했고(육진六鎭의 설치는 세종 31년, 1449년에야 이루어짐), 오히려 거란족이 세운 요遼에 의해 수도 개경開京이 함락되고 대묘·궁궐이 불태워지고 또 여러 번 침략을 당했다. 여진족(말갈족)의 금金이 고려를 침공하지 않은 것은 윤관尹瓘 장군의 여진정벌에 의한 그들의 맹세 때문인 것으로 해석한다. 요(916~1125)는 210년간, 여진족의 금(1115~1234)은 120년간, 청(1616~1911)은 296년간 중국의 한민족漢民族을 정복·통치했는데, 우리가 거란족과 여진족의 통치를 받지 않았다는 것은 정말 기적에 속한다. 따라서 당시의 대륙정책(고구려의 고토를 확보한다는 것)은 소망 사항에 속하는 것이지 결코 실현 가능한 국가정책이 될 수 없다는 것이며, 따라서 ㉰의 "행이건 불행이건"은 "다행히"로 수정되어야 한다는 것이 필자의 견해이다.

나. 신라 군사이론의 대두

신라는 중국의 병서를 연구·수용함으로서 독자적인 군사이론을 발전시킨 것으로 추정한다.

---

77) 上揭書, p. 23 및 p. 28.

78) 우리나라 歷史家 가운데 崔南善만큼 바다를 理解한 분은 드물다. 즉 "바다 本位의 西洋史에 內陸中心의 東洋史의 사이에는 중대한 차이, 아니 勢力의 根本的 優劣이 생긴 것은 16세기 이후의 이른바 近世史가 우리에게 보여 주는 바와 같다.… 바다가 國家防衛線, 民族活動舞臺 또 國際貿易 및 國際交通路로서 가장 중요함은 이를 것 없거니와 漁撈養殖과 海草採取 등 廣大豊富한 生産資源으로서 一國의 經濟上에 가지는 價値도 실로 絕大한 것이 있다."(『韓國海洋史』, 海軍本部, 1955, p. 17 및 p. 19.)

② (674) 왕은 영묘사靈廟寺의 앞길에 행차하여 군사를 사열하고 아울러 아찬 설수진薛秀眞의 육진병법六陣兵法을 관람했다.(『삼국사기』7, 문무왕 14년)

③ 윤중允中의 서손庶孫 암巖은… 대력大曆(766~779) 연간에 귀국하여 사천대박사司天大博士가 되었고… 삼수절三秀節(춘春·하夏·추秋) 농무農務의 여가에 육진병법을 가르치니 모두들 편하게 여겼다.(『삼국사기』43, 김유신 하)

이병도는 육진병법이란 일명 육화진법六花陣法이며, 당 이정李靖이 제갈량諸葛亮의 팔진법八陣法에 의거하여 만든 것으로, 대진大陣이 소진小陣을 싸고 대영大營이 소영小營을 싸며 곡절상대曲折相對한 진법이라고 주註를 붙였다.[79] 만약 이것이 사실이라고 한다면 병서, 『이위공문대李衛公問對』가 신라에 674년 이전에 이미 전래되었다는 것을 뜻한다.

『이위공문대』는 당의 태종이 병사兵事를 이정李靖에게 묻고, 정靖이 이에 답한 것을 사신史臣이 이를 기록한 것을 칭한다. 그런데 이 책은 송대宋代에 처음 나왔으며, 소식蘇軾 등은 모두 원일阮逸의 위찬僞撰이라 했다. 요컨대 이 책은 『당서예문지唐書藝文志』에도 재록載錄되지 않았고, 또 두우杜佑의 통전通典의 병전兵典에 초록抄錄되는 『대당위공이정병법大唐衛公李靖兵法』도 이 책과 전연 다르다. 따라서 이 책은 당말唐末에서 송초宋初 사이에 누군가에 의해 가탁假託되었다는 것은 의심할 여지가 없다. 그러나 그 주장은 병가의 미의微意에 있어서 때로는 얻는 바가 있다. 고로 정원鄭瑗의 『정관쇄언井觀瑣言』에는 "그 책은 위서僞書이기는 하지만, 또한 학식모략學識謀略이 있는 자의 머리에서 나왔다"고 했는데, 이 말은 타당하다는 견해[80]도 있다. 『이위공문대』(차후 『문대問對』라고 약칭함)의 첫머리에 다음과 같이 기록하고 있다.

④ 당 태종이 물었다. "고구려가 때때로 신라를 침범하고 있는데, 내가 사신使臣을 보내어 타일렀지만, 내 말을 듣지 않으므로 이를 치려고 하는데 경은 어떻게 생각하오?"
이정李靖이 대답하였다. "신臣이 연개소문에 대해 탐지한 바에 의하면 자기가 병법에 능통하다고 믿으며, 중국은 감히 고구려를 징벌하러 나서지 못할 것이라고 장담하는 것입니다. 그러기 때문에 폐하의 명을 어기는 것입니다. 그러므로 신臣에게 3만의 군사를 맡겨 주시면, 그를 사로잡을 수 있으리라 생각합니다."(『문대』 상)

644년 정월 당 태종은 사신 현장玄奬을 고구려에 파견하여 신라를 침범하지 말 것을 요구하고, 만일 또다시 신라를 친다면 군사를 발하여 고구려를 친다고 했다. 그러나 연개소

---

79) 李丙燾 譯註, 『三國史記』(서울 : 乙酉文化社, 1977), p.123. 그리고 六花陣에 관해서는 『李衛公問對』(中)를 참조할 것.
80) 公田連太郎 譯, 『李衛公問對』(東京 : 中央公論社, 1936), p.122.

문이 듣지 않자 11월 당 태종은 고구려 친정親征의 길에 나섰다.[81] 따라서 당 태종과 이정의 병법문답은 644년 11월 이전에 실시되었으며, 책이 발간된 해는 알지 못한다. 만약 이 병도의 견해가 옳다고 한다면, 『문대』는 결코 위서가 아니며, 그 책이 신라에 전래·수용되는데 불과 20여년(책 발간을 고려하여) 밖에 소요되지 않았다는 것은 신라인들의 중국병법에 대한 높은 관심도와 ②, ③으로 보아 상당히 보급된 것으로 해석된다.

신라는 삼국통일전쟁을 체험했고, 중국의 『손자』, 『오자』 및 『이위공문대』를 수용한 것은 물론이요, 다른 병서들도 수용했으리라 추정한다. 따라서 신라인들은 스스로의 관점과 입장에서 병서를 저술했는데, 문헌상 최초의 병서는 『안국병법安國兵法』이며 그 사료는 다음과 같다.

> ⑤ (767) 『안국병법』 하권에 의하면 이러한 변괴가 있으면 천하에 큰 병란兵亂이 일어난다 했으므로, 이에 왕은 죄수를 사면하고 몸을 닦고 반성했다.(『삼국유사』2, 혜공왕)

『안국병법』에는 상·하권이 있다는 것, 그리고 그것이 767년 이전에 저술되었다는 것은 알 수 있으나, 저자著者와 내용에 관해서는 책이 전래되지 않았기 때문에 전연 알 수 없다. 시대의 상황이 평화로운 때요, 또한 책명이 안국병법이고 보면 용병술 보다는 국가전략의 비군사적 측면을 더 강조한 내용의 병서로 추정할 따름이다.

> ⑥ (786) 대사大舍 무오武烏가 병법 15권과 화령도花鈴圖 2권을 바치매, 그에게 굴압현령屈押縣令을 임명하였다.(『삼국사기』10, 원성왕 2년)

대사 무오의 병서도 전해지지 않아서 내용에 관해서는 전연 알 수 없다. 그러나 그가 병서를 저술한 공적으로 현령縣令이 된 것으로 미루어 보아, 아마도 중국의 병서를 신라의 실정에 맞게 편집하였고 또 신라의 독자적인 군사사상, 즉 문무왕이 678년 「선부」를 별설한 것처럼 신라에 정착화定着化된 '해주육종海主陸從'의 전략사상에 입각한 해상세력의 중요성과 활용을 강조한 내용을 포함시켰으리라 추정해 볼 따름이다.

만약 무오의 병서가 전해져 왔고 또 병서연구가 계승·발전되었다면 세계에서 유일무이唯一無二한 반도국의 군사이론이 탄생했을 것이며 또한 한민족韓民族의 역사 방향도 밝은 방향으로 발전되었으리라고 추정한다.

81) 『三國史記』21, 보장왕 3년.

6. 맺음말

군사사상이란 한 정치집단, 국가 또는 민족이 그들의 생존권과 자주독립을 획득·유지 및 발전시키기 위해 전쟁의 준비와 수행에 대한 사고체계思考體系로 이해했다.

이런 관점에서 봤을 때, 남해왕南解王 때 이미 대보大輔를 두고 군국정사軍國政事를 맡겼다는 것은 상당한 수준의 군사사상이 존재하고 있었다는 것을 말한다. 그러나 그것이 신라인들이 실전實戰을 통해 스스로 터득한 것인지 아니면 외부에서 전래한 병서에 의한 것인지 분별할 수는 없다. 비록 나물왕奈勿王 때, 『손자』가 신라에 전래·수용되었다는 확실한 출처가 밝혀지기는 했지만, 실제로는 훨씬 이전에 전래된 것으로 추정한다. 그 후 『오자』, 『이위공문대』 등이 전래·수용된 것으로 확인되었지만 다른 병서들도 그러한 과정을 밟은 것으로 생각한다.

신라의 통일전쟁의 준비과정에 있어서 정신적 측면에서 원광법사의 세속오계, 외교적 측면에서 김춘추의 외교활동, 특히 대당외교對唐外交에서 당 태종의 「평양이남」이란 밀약密約은 흉계였다는 것을 지적했다. 군사제도적 측면에서 태종왕 때 병부령을 3인까지 두게 된 이유는 전쟁 수행을 효과적으로 하기 위해 왕이 총사령관이 되고 병부령이 예하 야전지휘관이 되는 특유한 체제임을 밝혔다. 군사적 측면에서는 김유신의 정보수집과 전략계획 등을 살폈다.

전쟁의 수행과정에 있어서 김유신의 활약을 살폈으며, 백제와 고구려의 멸망 후 신라에 의한 당군의 구축驅逐에 있어서 매소성 전투와 기벌포 해전의 의의를 고찰했다. 특히 기벌포해전은 신라가 서해의 해상우세를 획득함으로써 당의 재침再侵을 불가능케 했다는 것을 규명했다.

신라의 통일전쟁 과정을 통하여 군사사상의 주류와 특징을 전쟁에서 주도적 역할을 수행한 김유신에 초점을 두고 봤을 때, 최고最古·최선最善의 군사이론으로 알려진 『손자』에 바탕을 두고 있었던 것으로 추정했다.

문무왕은 삼국통일을 완수한 후 678년에 「선부」를 별설했는데, 당·일본에도 없는 제도이며, 이는 신라의 국가진로, 즉 국가정책과 국가전략의 관점에서 규명코자 시도했다. 이것은 수륙 양서국인 신라가 해양정책을 채택했다는 뜻이며 또한 '해주육종'의 전략사상으로 전환했다는 것을 말한다. 신라의 통일 후부터 혜공왕까지의 100여년 간 찬란한 신라문화의 창조와 전성시대 그리고 장보고의 해상활동의 기반도 문무왕의 해양정책(「선부」의 별설)에서 연유되었다는 것을 밝혔다. 해상세력이론의 창시자 마한 제독과 소련 해군의 아버지로 알려진 골시코프 해군 원수의 견해를 종합해 보았을 때, 문무왕은 해상세력이론의 선각자요, 또한 대전략가로서 높이 평가해도 좋을 것이다.

신라에는 통일전쟁 후 독자적인 군사이론, 즉 『안국병법』 그리고 무오의 병법 15권 등을 문헌상 찾을 수 있으나, 책이 전해지지 않아서 내용을 알 수 없고 다만 추정을 해 보았다.

한 국가와 민족의 성쇠는 그들이 채택한 국가정책·국가전략의 양부良否에 의해 좌우되는 경우가 많다는 것을 감안했을 때, 삼국통일 후의 문무왕이 채택한 해양정책은 오늘날 남북통일 후의 우리의 국가진로를 결정함에 있어서 시사해 주는 바가 많다고 확신한다.♣

(『신라사상의 재조명』, 경주동국대학교, 1991.)

제 4 장

고구려 군사사상의 연구

1. 머리말

군사사상軍事思想이란 전쟁의 준비(군사력의 건설)와 수행(군사력의 운용)의 기준이 되고 지표가 되는 사고체계思考體系라는 관점에서 필자는 신라 군사사상의 규명을 시도해 보았다.[1] 특히 신라의 군사사상 형성에 있어서 고구려의 영향이 지대했다는 것을 알았을 때, 고구려의 군사사상을 규명할 필요가 있다는 것을 절감하게 되었다. 그리하여 본고本稿는 다음 사항에 대해 논의를 시도해 보고자 한다.

첫째 : 고구려 군사사상의 형성 시기는 언제이며 무엇에 근거를 두고 있나?

둘째 : 한민족漢民族과 대치한 고구려의 기본전략은 언제·누구에 의해 정립되어 활용되었나?

셋째 : 광개토왕廣開土王의 팽창정책이 성공한 이유는 무엇이며, 그의 비문碑文은 후세에 와서 왜倭(야마토 정권大和政權)의 「조선출병朝鮮出兵과 조선 남부의 지배」설의 사료史料로 활용되었는데, 비문 속의 '倭'의 실체實體는 무엇인가?

1) 拙稿, 「新羅軍事思想의 研究」, 『新羅思想의 再照明』(경주 : 신라문화선양회, 1991), pp. 41~73.

넷째 : 장수왕長壽王의 군사사상 그리고 그의 남하정책南下政策은 그 후 고구려의 국가 운명에 어떤 영향을 미쳤나?

다섯째 : 수隋·당唐을 상대한 고구려의 군사사상은 무엇이며, 결국 고구려가 멸망당한 원인은 무엇인가?

여섯째 : 고구려의 해상활동을 어떻게 볼 것인가?

2. 고구려 군사사상의 형성

고구려의 조상은 부여夫餘에서 갈라져 나왔다. 부여왕이 일찍이 하백河伯의 딸을 얻어서 방 안에 가둬 두었다. 그러나 태양 빛이 마냥 그녀를 따라 다니더니 이 태양 기운이 감동되어 태기가 있기 시작하여 커다란 알(卵) 한 개를 낳았다. 이 알을 깨치고 한 사내아이가 나왔는데, 이 아이의 이름을 주몽朱蒙이라 하며, 활을 잘 쏜다는 뜻이라 했다. 그는 나이 22세, 즉 서기전 37년에 고구려를 건국했다. 고구려에 관하여 중국의 사서史書는 다음과 같이 기록하고 있다.

> 고구려는 요동 동쪽 천리 밖에 있다. 남쪽은 조선·예맥과 연접되어 있고, 동쪽은 옥저와 연결되었으며, 북쪽은 바로 부여와 접해 있다. 환도丸都 아래에 도읍했는데, 면적은 사방 2천리가 되고 호수는 3만이었다.
>
> 이곳은 큰 산과 깊은 골짝이가 많고, 넓은 못은 없다. 사람들은 산골짜기를 따라 살고 있다. 시냇물은 마시지만 좋은 밭은 없다. 아무리 힘써 농사를 짓는 데도 식량이 충분하지 못하다.
>
> 그 나라의 말은 몸이 작아서 산에 오르기에 편리하다. 사람들은 힘이 세고 전투에 익숙하여 옥저·동예 등이 모두 부속되었다.[2)]

고구려의 자연환경은 큰 산과 깊은 골짝이가 많아서 농사를 짓고 살만한 곳이 아니었고, 이웃 나라를 정복하여 양식을 획득하는 길 밖에 없었다. 그런데 그들은 힘이 세고 또 전투를 잘했다고 했는데, 그것은 그들이 생존을 위한 마지막 수단이기도 했다.

고구려의 군사사상 형성에 관련된 사료는 다음과 같다.

---

2) 『三國志』, 東夷傳 高句麗.

사료 ① 유리왕 11년(B.C.9) 부분노扶芬奴가 나와서 아뢰었다.

"선비鮮卑는 험하고 견고한 나라이오나 사람들은 용맹스러우면서도 어리석으니, 힘으로 싸우기는 어려우나 꾀로써 굴복시키기는 쉬울 것입니다."

왕은 말했다.

"그렇다면 이를 어찌하면 좋겠는가?"

부분노는 대답했다.

"마땅히 어떤 사람으로 하여금 반간反間으로 그 나라에 들어가게 하여 거짓말로 우리나라는 작고 군사가 약해서 겁이 나서 행동하기가 어렵다고 말해야 합니다. 그러면 선비鮮卑는 반드시 우리들을 깔보고 방비를 하지 않을 것입니다. 신은 그 틈을 타서 날랜 군사를 거느리고 샛길로 가서 산림에 숨어 그 성을 망보고 있고, 왕께서는 파리한 군사를 시켜 그 성 앞에 나타나게 하면, 그들은 반드시 성을 비워두고 멀리 추격해 올 것입니다. 그때 신은 정병을 거느리고 그 성으로 달려 들어가고, 왕께서 친히 용감한 기병騎兵을 거느리고 나와 그들을 협공한다면 이길 수 있을 것입니다."(『삼국사기』 13)

② 유리왕 32년(A.D.13), 부여의 군사가 들어와서 침략했으므로 왕은 아들 무휼無恤를 시켜 군사를 거느리고 이를 막게 했다. 무휼은 군사가 적었으므로 대적할 수 없음을 두려워하여 기계奇計를 내여 친히 군사를 거느리고 산골짜기에 잠복해서 적을 기다렸다. 부여의 군사들은 학반령 고개 밑에 거리낌 없이 이르자 복병들은 일어나 그들을 기습하니 부여의 군사들은 크게 패하여 말을 버리고 산으로 올라갔으므로 무휼은 군사를 놓아 그들을 모조리 죽여 버렸다.(위와 같음)

③ 유리왕 33년(14). 왕자 무휼을 세워 태자로 삼아 군국軍國의 일을 맡겼다. 가을 8월에 왕은 오이烏伊와 마리摩離에게 명하여 군사 2만명을 거느리고 서쪽으로 양맥을 치게 하여 그 나라를 멸망시키고 진군시켜 한漢의 고구려현高句麗縣(현은 현도군에 속함)을 습격하여 빼앗았다.(위와 같음)

사료①에는 '반간反間'이라는 손무孫武가 저술한 병서兵書, 『손자孫子』에 나오는 군사용어가 나타남으로써, 문헌상 손자병법이 고구려에 전래되어 있었다는 것을 뜻하고 있다. 기원전 9년에 고구려에 이미 『손자』가 전래되어 고구려인들이 그것을 이해하여 실전實戰에 활용했다는 『삼국사기』의 기록은 과연 신빙성이 있을까? 하는 문제가 검토되어야 한다.

첫째, 병서 『손자』의 저자·저술연대가 검토되어야 한다. 사마천司馬遷의 『사기史記』(손자오기열전孫子吳起列傳 제5)에 의하면, 두 사람의 위대한 병법가인 손무와 손빈孫臏이 존재했고, 병서 『손자』는 손무의 저서로 기록되어 있는데, 이것이 사실이라면 그 저술 연대는 기원전 500년경이 된다. 한편 손무의 실재實在에 대해 의문을 제기하는 사람도 적지 않았다. 즉 손무의 업적이 『춘추좌씨전春秋左氏傳』에 나타나지 않는다는 것이 유력한 근거였다. 한편 일본의 손자 연구의 전문가 佐藤堅司는 "『손자』 13편의 원저자原著者는 춘추시대春秋時

代의 손무이고, 그것을 전국시대戰國時代의 손빈이 시대에 즉응卽應하도록 가필증보加筆增補했으리라고 나는 추정한다"[3]고 했다.

그런데 1972년 4월 중국의 산동성 임기山東省臨沂에서 은작산 한묘銀雀山漢墓가 발굴되었으며, 거기서 『손자』, 『육도六韜』, 『울료자尉繚子』뿐만 아니라, 지금까지 알려지지 않았던 『손빈병서孫臏兵書』가 출토되었으며, 유물을 통해 묘는 기원전 134~118년 사이의 것으로 추정되었다.[4] 따라서 지금은 사마천의 「손자·오기 열전」은 사실史實임이 밝혀졌다. 즉 『손자』는 손무의 저서이고, 기원전 500년경에 저술되었던 것이다.

둘째, 한漢과 고구려의 지리적 위치가 검토되어야 한다. 일찍이 신채호申采浩는 "『한서漢書』의 고구려가 고구려국高句麗國과 관계없는 한漢 현도군의 고구려인줄을 모르고, 이를 고구려국으로 오인誤認하여 한서漢書의 본문本文을 그대로 초록抄錄하는 동시에…"[5]라 했는데, 그는 고구려국과 한漢나라의 현도군의 고구려를 구별하였다. 그런데 최근 중국의 조선족 역사가에 의하면, "고구려는 한의 현도군 경내에서 일어났기 때문에 정권이 탄생한 날부터 중원과는 종종 인연을 맺었다"[6]고 했다. 고구려국이 한漢나라의 현도군 고구려에서 창건되었는지 아니면 다른 곳에서 창건되었는지는 분명치 않으나 고구려가 한漢과 육속陸續으로 인접하고 있었던 것만은 확실하고, 사료③의 마지막 부분은 신채호의 견해를 뒷받침하는 사료로 생각된다.

셋째, 고구려인들은 한문자漢文字로 된 『손자』를 이해할만한 지적 수준에 있었는가를 검토해야 한다. 고구려는 "국초國初부터 문자(한자漢字)를 사용하기 시작하여…"[7]라 했고, 또 한漢나라의 인접국으로 한문자漢文字의 전래·수용 그리고 해독이 가능했다고 생각된다.

넷째, 이미 얘기한 바와 같이 고구려의 지리적 환경은 식량을 획득하기 위해서 다른 나라를 정복·약탈을 감행해야 했기 때문에 병법의 연구에 지대한 관심이 있었다는 것은 당연하리라.

---

3) 佐藤堅司, 『孫子の思想史的研究』(東京 : 風間書房, 1962), p. 18.
4) 中國 銀雀山漢沂竹簡整理小組 編, 『孫臏兵書』(東京 : 德間書店, 1976), pp. 12~18.
5) 『丹齋申采浩全集』上 (서울 : 형설출판사, 1979), p. 154. 내용은 한문이 많아 이해하기 쉽게 현대어로 풀어서 적었으며, 이후에도 이에 준한다.
6) 李殿福·孫玉良, 『高句麗簡史』(서울 : 삼성출판사, 1990), p. 93. 이들의 견해에 의하면, '고구려 정권은 漢 玄菟郡 境內에서 건립되어, 현도군의 통제를 직접 받았으며 漢代에는 漢의 고구려 현령이 그 名籍을 주관했다'(p. 128)고 했다. 이것은 우리와 高句麗史의 인식의 근본적 차이점을 보여 주고 있다.
7) 『三國史記』20, 嬰陽王 11年條.

따라서 사료①은 신빙성이 있는 내용이라 하겠다. 그리고 그 내용으로 보아 부분노의 헌책獻策과 실시과정은 고구려의 군사사상의 수준이 상당히 높다는 것을 보여 주고 있다.

사료②의 무휼이 열세한 병력으로 적에게 기습을 감행하고 또 추격을 철저하게 수행한 것은 오늘날의 전술 원칙으로 보아도 훌륭한 전례戰例라 하겠다.

사료③은 '군국軍國의 일을 맡겼다'함으로써 군사분야의 전문부서를 설치했거나, 아니면 이미 설치되어 있었는데, 임명을 했다는 것으로 해석되며, 2만 명의 병력을 동원하여 작전수행을 했다는 것은 작전의 준비를 아울러 생각하지 않을 수 없다. 따라서 사료①, ②, ③을 종합해 본다면, 고구려는 국초國初부터 가장 오래되었고 또 가장 훌륭한 병서『손자』에 바탕을 둔 상당한 수준의 군사사상을 간직하고 있었으며, 그것은 고구려인의 생존권을 확보하기 위한 빈곤한 자연환경에서 비롯되었던 것으로 해석한다.

대무신왕大武神王 11년(A.D. 27) 가을 7월에 한의 요동태수遼東太守가 침공해 왔을 때, 고구려가 어떻게 대처했는가를 살펴보고자 한다.[8]

> 왕은 여러 신하들을 모아 나가서 싸우는 일과 물러서서 지키는 계책을 문의했더니, 우보右輔 송옥구松屋句가 말했다.
>
> "신은 덕德을 믿는 사람은 창성하고 힘을 믿는 사람은 망한다고 들었습니다. 지금 중국은 흉년이 들어 도적이 벌떼처럼 일어나고 있는데도 군사를 냄에 명분이 없었으니, 이는 그 곳 임금과 신하들이 정한 계책이 아니옵고, 변방의 장수가 이익을 노려 우리나라를 제멋대로 침범한 것입니다. 천리天理를 거스르고 인심을 어기면 그 군사들은 결코 공을 세우지 못 합니다. 그러므로 험준한 곳에 의거하여 기계奇計를 내면 그들을 격파함은 틀림없습니다."
>
> 좌보左輔 을두지乙豆智는 말했다.
>
> "소적小敵에게는 강해도 대적大敵에게는 사로잡히는 법입니다. 신은 대왕의 군사와 한나라의 군사가 어느 쪽이 더 많은가를 생각해 보았는데, 꾀로써 칠 수 있을지언정 힘으로써 이길 수는 없습니다."
>
> 왕은 말했다.
>
> "꾀로 친다는 것은 어떤 것인가?"
>
> 을두지는 대답했다.
>
> "지금 한나라 군사는 멀리 와서 싸우니 그 날카로운 기세를 당해 낼 수 없을 것입니다. 대왕께서는 성문을 닫고 스스로 굳게 지키다가 그 군사들이 피로함을 기다려서 공격하면 될 것입니다."
>
> 왕은 이를 옳게 여겨 위나암성에 들어가서 수 십일을 굳게 지켰다. 그러나 한나라 군사들은 포위를 풀지 않았으므로 왕은 힘이 빠지고 군사들이 피로해졌으므로 을두지에게 말했다.

8)『三國史記』14, 大武神王 11年條.

을두지는 말했다.

"한나라 사람들은 우리들이 있는 암석의 땅에는 샘이 없으리라 생각하여 이로써 오랫동안 포위하여 우리들이 피로해지기를 기다리고 있습니다. 못 속의 잉어를 잡아 물풀로 싸서 맛좋은 술 약간과 함께 한나라 군사에게 보내어 먹이면 될 것입니다."

왕은 그 말에 따라 글을 써 보냈는데, 그 글은 다음과 같다.

"과인이 어리석고 몽매하여 죄를 상국上國(漢)에 얻어 장군께서 100만의 군사를 거느리고 와서 이곳에서 고생하게 했습니다. 그러나 후한 뜻을 갚을 길이 없으므로, 다만 이 변변치 않은 물건을 장군께 드립니다."

이에 한漢나라 장수는 성안에 물이 있으니 쉽사리 성을 빼앗을 수 없겠다고 생각하고 곧 회보했는데, 그 글은 다음과 같았다.

"우리 황제께서 나를 노둔하게 여기지 않으시고 군사를 내어 대왕의 죄를 묻게 했으므로, 이곳에 와서 열흘이 지나도록 일의 요령을 얻지 못했는데, 이제 보낸 글의 뜻을 보니 말씨가 순하고 또한 공손하니, 어찌 복명復命할 말이 있는데 황제께 보고하지 않겠습니까?"

드디어 군사를 이끌고 물러갔다.

좌보 을두지의 헌책獻策, 즉 소적小敵에게는 강해도 대적大敵에게는 사로잡힌다는 것은(小敵之强 大敵之擒也) 병력이 열세한 적에 대해서는 우리가 강하기 때문에 정공법正攻法을 취해도 좋지만, 우세한 병력의 적과 정면으로 대결하면 사로 잡혀 패배할 것이 확실하니 꾀(모공謀攻)로써 쳐야 한다는 것이다. 이것은 대단히 훌륭한 방책이며 또한 적의 날카로운 기세를 꺾기 위해 성문을 닫고 지키다가 적이 피로하면 공격하려 했으나, 적이 포위를 풀지 않자 물고기를 잡아 적장敵將에게 보낸 것을 보면 을두지는 고구려가 낳은 최초의 훌륭한 병법가라 해도 지나친 말은 아닐 것이다. 더욱이 그는 병력과 자원이 풍부한 중국의 한족漢族과의 전쟁에서 어떻게 대처해야 하느냐 하는 기본전략을 제시했다는 점에서 높이 평가되어야 마땅할 것이다.

신대왕新大王 8년(172) 11월에 한漢의 대병大兵이 고구려에 침공해 왔을 때, 어떻게 대처했는가를 살펴보고자 한다.[9)]

왕은 많은 신하들에게 싸우는 것과 지키는 것, 어느 쪽이 유리한가를 물었다. 여러 신하들은 아뢰었다.

"한漢나라 군사들은 그들의 병력이 많다는 것을 믿고 우리를 깔보니, 만약 나가서 싸우지 않는다면 그들은 우리를 겁쟁이로 여겨 자주 쳐들어 올 것입니다. 더구나 우리나라는 산이 험하고 길이 좁

9) 『三國史記』18, 新大王 8年條 및 同揭書 45, 明臨答夫.

으니, 이는 이른바 한 사람이 관문을 지키면 만 사람도 당해 낼 수 없다는 것입니다. 漢나라 군사가 비록 많더라도 우리를 어찌 못 할 것이니, 군사를 내어 이를 막기를 청합니다."

명림답부明臨答夫는 아뢰었다.

"그렇지 않습니다. 漢나라는 나라가 크고 백성이 많은데, 지금 강한 군사로써 멀리 와서 싸우니, 그 강한 선봉을 당해 낼 수 없습니다. 또 군사가 많으면 마땅히 싸워야 되고, 군사가 적으면 마땅히 지켜야 되니 이는 병가兵家들이 예사로 하는 일입니다. 지금 漢나라 군사는 천리 길에 군량을 운반하게 되었으니, 오랫동안 버티어 싸우지 못할 것입니다. 만약 우리가 성 밑의 구덩이를 깊이 파고 성루를 높이 쌓으며, 들판의 농작물·가옥의 물자와 양식을 철거하고서 기다린다면 저들은 반드시 열흘이나 한달이 지나지 못하고서 굶주리고 피곤해져 돌아갈 것이니 그때 우리가 강한 군사로써 몰아치면 뜻대로 될 것입니다."

왕이 그렇게 여겨 성문을 닫고 굳게 지키니, 漢나라 군사들이 공격해도 이기지 못했다. 사졸이 굶주리자 군사를 이끌고 돌아가므로 명림답부는 기병騎兵 수천 명을 거느리고 추격하여 좌원坐原에서 싸우니, 漢나라 군사가 크게 패하여 말 한필도 돌아가지 못했다. 왕이 크게 기뻐하여 명림답부에게 좌원과 질산質山을 주어 식읍을 삼게 하였다.

국상國相 명림답부는 漢나라와의 전쟁에 있어서 좌보 을두지의 기본전략을 더욱 구체적으로 발전시켰고 완전히 정립시켰다고 보아야 할 것이다. 기본전략을 발전시켰다고 하는 것은 을두지는 漢나라 군사들을 철수케만 했으나, 명림답부는 철수하는 漢나라 군사를 추격하여 완전히 격멸시켰기 때문이다. 이러한 관점에서 명림답부는 중국의 한족漢族과의 전쟁에 있어서 고구려의 기본전략, 즉 선수후공전략先守後攻戰略을 완전히 정립시켰을 뿐만 아니라, 실전實戰을 통해 실증했으니, 그는 고구려 기본전략의 완성자라 해야 마땅하리라.

고구려는 험한 산에 의지하여 쌓은 견고한 산성으로 적의 공격력을 무디게 만들어, 기회를 잡아 중무장한 기병으로 추격전을 감행하여 적을 섬멸하는 것, 이것이 고구려의 기본전략, 즉 선수후공 전략이었다.

3. 광개토왕의 팽창정책과 그의 비문

동천왕東川王 20년(246) 위魏가 관구검毌丘儉을 시켜 군사 1만 명을 거느려 현도를 거쳐 침입했으므로 왕은 보병과 기병 2만 명을 거느리고 비류수沸流水 위에서 맞아 싸워 이를 물리쳤고 3천명의 목을 벴다. 그러나 역습으로 패배를 당하여 환도성丸都城이 함락되고 왕은 도망을 치는 위기에 몰리기도 했다.[10]

미천황美川王 3년(302) 왕은 3만 명의 군사를 이끌고 현도군에 침입하여 8천 명을 사로잡았고, 12년(311) 장수를 보내어 요동군遼東郡의 서안평西安平을 탈취했으며, 14년(313)에는 낙랑군樂浪郡, 15년(314)에는 남으로 대방군을 침공하여 영토를 넓혔다.[11]

고국원왕故國原王 12년(342) 왕은 연燕의 군사를 맞이하여 대패당하여 성을 버리고 도망쳤다. 연의 군사는 궁궐을 불사르고 환도성을 파괴했다. 왕의 어머니 주씨周氏와 왕비 등을 포로로 잡고 미천왕의 시신을 파헤쳐 모두 가지고 돌아가니 고구려는 멸망의 위기에 몰렸다. 왕은 연과 화친관계를 취한 후 다시 남으로 세력을 넓히고자 369년 2만의 군사를 이끌고 백제정벌에 나섰다가 패배했으며, 371년에 백제왕은 3만 명의 군사를 이끌고 평양성을 치자 왕이 군사를 이끌고 싸우다가 불행히 화살에 맞아 전사하고 말았다.

고국양왕故國壤王 2년(385) 왕은 군사 4만을 동원하여 연을 공격해서 일거에 요동, 현도 두 군을 점령했으나, 같은 해에 연이 다시 요동, 현도를 수복하여 대치하게 되었다. 386년 왕은 군사를 동원하여 백제를 공격했다. 389~390년 백제는 고구려에 기근이 발생한 틈을 타서 고구려 남쪽 경계를 침공했다. 고구려는 앞뒤의 압력을 받는 어려운 시기였다.

이런 상황에서 391년 광개토왕(호태왕好太王)은 18세의 나이로 즉위했다. 그는 나면서부터 기상이 웅위雄偉하고 남에게 구속을 받지 않는 뜻이 있었다.[12] 그는 고구려왕들 중에서 무공이 가장 뛰어났으며, 그 영향력 또한 가장 컸다. 그는 병사와 장수를 잘 지휘하여 성과 땅을 공략하여 고구려의 경계선을 넓혔다. 호태왕비好太王碑에서는 이러한 그를 '은택은 황천에 두루 미치고 위무는 사해에 떨쳤다'라고 칭송했으니 타당한 평이었다.[13]

> 37년(392) 정월에 고구려(광개토왕)에서 사신을 보내어 왕은 이때 고구려가 강성한 까닭으로 이찬伊湌 대서지大西知의 아들인 실성實聖을 보내어 볼모로 삼았다.[14]

이 기록에서 두 가지를 알 수 있다. 하나는 광개토왕이 훌륭한 용병가用兵家인 동시에 대전략가大戰略家라는 점이다. 백제를 침공하기에 앞서 신라를 끌어들임으로써 백제를 고립시켰을 뿐만 아니라, 백제의 측방도 견제케 했다는 점이다. 다음은 실성實聖을 볼모로 보

---

10) 上揭書 17, 東川王 20年條.
11) 上揭書 17, 美川王.
12) 上揭書 18, 廣開土王 卽位年條.
13) 李殿福·孫玉良, 前揭書, p. 46.
14) 『三國史記』3, 奈勿王 37年條.

낸 것으로 보아, 나물왕奈勿王 37년(392)경 신라는 힘이 열세하여 고구려의 도움이 대단히 필요한 처지에 놓여 있었다는 것을 알 수 있다.

광개토왕은 그 해(392) 7월에 이미 백제에 대한 작전을 개시했다. 즉 백제를 쳐서 10개의 성을 빼앗았다. 9월에 북으로 거란契丹을 쳐서 남녀 5백 명을 사로잡고, 또 본국 사람으로서 거란에게 점령되어 살던 백성 1만 명을 불러가지고 돌아왔다. 겨울 10월에 백제의 관미성을 쳐서 함락시켰는데, 그 성은 사방이 험준하고 바닷물에 둘러 싸였으므로 왕은 군사를 일곱 길로 나누어 공격한지 20일 만에 함락시켰다.[15] 왕은 394년, 395년 그리고 396년[16]에도 백제를 침공하여 58성城, 700촌村을 빼앗고 백제왕의 동생과 백제의 대신 10명을 데리고 군사를 돌려 도성都城으로 귀환했다.

왕은 먼저 남쪽의 백제를 침공하여 영토를 넓히고 다음은 북·서쪽을 향했다. 즉

- 10년(400) 2월에 연왕燕王 모용성은 3만의 병사를 거느리고 습격해 왔는데, 표기대장군 모용희를 전봉前鋒으로 삼아 신성新城·남소南蘇 두 성을 뺏아 토지 700여리를 개척하고 5천여 호를 옮기고 돌아갔다.
- 12년(402) 왕은 군사를 보내어 후연後燕의 숙군성宿軍城을 치니 연의 평주자사平州刺史 모용귀慕容歸는 성을 버리고 달아났다.
- 14년(404) 11월에 왕이 군사를 내어 후연後燕을 침략하였다.
- 18년(408) 왕이 북연北燕에 사신을 보내어 종족宗族의 예를 베푸니, 북연왕 고운高雲도 시어사侍御史 이발李拔을 보내어 답례하였다.[17]

왕의 대외정책은 외교와 군사의 교묘한 조화를 이루었으며, 그는 손자병법의 묘산廟算, 즉 오사·칠계·궤도五事七計詭道를 계량計量하여 승패의 확률을 산정하는데 천부적 자질을 구비하고 있었다. 그리하여 서쪽의 요동지역에서 남쪽의 한강유역의 넓은 영토를 점유하여 많은 인구와 자원을 확보함에 따라 고구려 역사상 가장 찬란하게 빛나는 시기를 연출했다. 23년(413) 39세의 나이로 왕이 돌아가자 호를 광개토왕이라 했다.

광개토왕이 죽은 후 2년째 되던 해(414) 그의 아들 장수왕은 아버지의 업적을 기리기 위해 대형의 묘비를 건립하니 후세 사람들은 이를 광개토왕비廣開土王碑(혹은 호태왕비好太王碑)

---

15) 上揭書 18, 廣開土王 2年條(年代는 廣開土王의 紀元에 의거함).
16) 이 기록은 「廣開土王碑文」에 포함되어 있음.
17) 『三國史記』18, 廣開土王 參照.

라 불렀고, 그 위치는 중국 길림성 집안시吉林省輯安市 동쪽 대비가大碑街이다. 비의 높이는 6.39m이고 사면에 모두 글자를 새겼는데 예서체 음각으로 모두 1,775자라 한다.[18)]

그런데 이 비가 倭의 야마도정권(大和政權)의 「조선출병朝鮮出兵과 조선남부朝鮮南部의 지배」설의 귀중한 사료로 활용될 줄은 장수왕은 꿈에도 예상하지 못했으리라. 문제가 되는 비문의 주요 내용은 다음과 같다.

(가) ① 倭가 391년에 바다를 건너 백제, □□, 신라를 격파하여 신민으로 삼았다.(日本學會의 定說)[19)]

② 倭가 391년에 침입해 왔기 때문에, 우리 고구려는 바다를 건너 그들을 격파했다. 그런데 백제는(倭를 끌어들여) 신라를 침략하여 그들을 신민으로 했다.(박시형)[20)]

③ 백제가 끌어들인 倭가 391년 이래로 바다를 건너 백제로 온고로, 이 倭와 연계한 백제가 신라를 공격하여 신라를 신민臣民으로 삼으려고 하였다.(千寬宇)[21)]

(나) 400년에 교서敎書를 내리시어 보병과 기병 5만 명를 파견하여 신라를 구원케 하니… 왜구가 도망하였다.

(다) 404년 倭가 무모하게 대방지방(황해도)를 침입하였다.… 왜구를 격멸하니 도망가고 목을 베인 자가 무수하였다.

일본의 학회에서는 (가)①, (나), (다)를 바탕으로 하여 『일본서기』의 기사를 전면적으로 인정하지 않더라도, 4세기 후반에서 5세기 초에 걸쳐 倭의 대군大軍이 한반도에서 활약했으며, 그리고 백제와 신라를 격파하고, 고구려와 대적할 정도의 대군을 파견할 수 있었던 것은 야마도정권(大和政權)이다. 이리하여 4세기 후반에 야마도정권이 한반도에 출병했다는 것은 한반도의 금석사료金石史料에 의해 증명되고 있으며, 이 사실을 의심할 수 없다는 해석이다.[22)]

필자는 (가)의 해석을 제외하고 당시 倭가 파견한 병력은 과연 어느 정도였을까 하는 문제를 규명해 보고자 한다. 이에 대한 학자들의 견해는 다음과 같다.

(라) 왜정권倭政權이 부족적 통일체의 대표자로서 안정되기 위해서는 군사·외교에 있어서 탁월성이 요구되며, 그 반영으로 4, 5세기의 倭는 한반도에 비교적 대규모의 군사활동을 행한 것으로 생각된다.[23)]

---

18) 李殿福·孫玉良, 前揭書, p. 252.
19) 佐伯有清, 『広開土王碑』(東京 : 吉川弘文館, 1974), p. 255.
20) 上揭書, p. 256에서 再引用.
21) 千寬宇, 『加耶史硏究』(서울 : 一潮閣, 1991), p. 120.
22) 李進熙, 『広開土王碑と七支刀』(東京 : 学生社, 1980), pp. 12~13.

(마) 倭가 왜왕권倭王權인지 야마도정권(大和政權)인지 단정할 수 있는 문자는 비문 속에는 존재하지 않는다. 참전한 인원수를 확정할 수 있는 숫자도 비문에서 검출되지 않는다. 한반도의 각종의 고고자료考古資料나 문헌에 의해서도, 5세기 초 이미 개갑개마鎧甲鎧馬의 기마군騎馬軍을 중핵中核으로 수만의 대군을 움직여 싸우고 있는 고구려나 백제의 전투에 고고자료로서는 도·검·창·구식갑위刀劍槍舊式甲冑 정도의 왜병이 어느 정도의 전력戰力였는지도 의심스럽다. 倭를 과대히 묘사해서는 안 되리라.[24)]

(바) 호태왕 비문의 왜군을 대마해협對馬海峽을 건너간 일본 어느 곳의 군대만은 아니라고 생각한다. 예컨대 대마해협을 건너간 왜군이 있다 해도 그 수는 수백 명을 넘지 않으리라. 그것을 둘러싼 수천의 왜군은 倭로부터의 도래渡來의 유무有無에 상관없이, 왜인이라고 칭하는 것이 정치적, 군사적으로 유리하다고 판단한 가야제국加耶諸國의 지방호족地方豪族들의 세력이었다고 추정한다.[25)]

(사) 나는 '신묘년'(391년)의 倭는 왜군·왜병이라기보다는 왜사倭使 혹은 그 호위병력護衛兵力과 같은 것이었으리라고 본다. 만일 왜군이 391년부터 와 있었다고 하면, 그 수 년 뒤인 396년에 백제왕이 고구려에게 항복할 정도의 대전투에 그 왜군의 동향이 기록되지 않았을 리가 없기 때문이다. 백제의 원병으로 온 왜군은 404년에 한반도상에서 괴멸되었다.[26)]

비문에 있는 倭의 병력에 대한 학자들의 견해를 요약하면 다음과 같다.

(라)는 비교적 대규모의 군사활동(병력)… 鬼頭淸明

(마)는 倭를 과대히 묘사해서는 안 된다… 奧野正男

(바)는 수백 명의 왜병과 가야제국加耶諸國의 세력… 井上秀雄

(사)는 ① 391년에는 왜사倭使 혹은 그 호위병력
② 404년에는 倭軍이 괴멸됨 } … 千寬宇

필자는 倭의 실체에 대해 다음과 같이 규명을 시도해 보고자 한다.

첫째 : 한반도에서 비교적 대규모의 군사활동(라)을 했다면, 이는 비교적 대규모의 병력을 파견했다고 해석이 되는데, 그렇다면 구체적 숫자는 과연 어느 정도일까? "병법에 천 명의 적은 병력으로는 권모權謀를 필요로 하고 만 명의 병력으로는 무력武力에 의한 정공

23) 鬼頭淸明, 「倭からヤマト政權へ」, 『日本と朝鮮の古代史』(東京 : 三省堂, 1979), p.57. 및 角林文雄, 『倭と韓』(東京 : 学生社, 1983), p.178. 등 대부분의 日人들은 檢定制 歷史敎材에 의해 韓半島에의 대규모의 派兵을 史實로 믿고 있다.

24) 奧野正男, 『騎馬民族と日本古代の謎』(東京 : 大和書房, 1987), pp.228~229.

25) 井上秀雄, 『任那日本府と倭』(東京 : 寧楽社, 1978), p.121.

26) 千寬宇, 前揭書, p.32.

법正攻法을 취할 수 있다."[27]고 했다. 내용은 병력이 적어도 만 명 이상이 되어야 병법에 입각하여 무력武力으로 당당하게 적과 야전에서 싸울 수 있다는 것이다. 백제의 근초고왕近肖古王은 3만의 병력으로 고구려 평양성을 공격하였고, 고구려는 400년에 5만 명의 보·기병步騎兵을 파견하여 신라를 구원했으니, 391년에 '비교적 대규모의 군사활동'을 하자면 적어도 그 병력은 1만 명 이상으로 산정해야 하리라. 그리고 이 병력이 404년까지 14년간 한반도에 주둔하고 있었다면, 그 병력의 수송과 병참물자의 수송유지를 위한 선박 수송능력을 당시의 倭가 보유하고 있었을까?

『일본서기日本書紀』(702)에 다음과 같은 기록이 보인다.

① 420(?)년 신라왕이 倭에 조선기술자造船技術者를 보냈는데, 그는 倭에 정착한 猪名部氏의 시조始祖이다.(卷 10, 應神 31年)
② 554년 백제의 구원군 요청으로 倭는 '구원군의 수는 1,000명, 말 100필, 배 40척을 보냈다.'(卷 19, 欽明 15年)
③ 657년 이 해 사신을 신라에 보내 '지달智達 등을 그대 나라의 사신에 딸려서 당에 보내려고 한다'고 알렸다. 신라는 듣지 않았다. 그래서 그들은 돌아왔다.(卷 26, 齊明 3年)
④ 658년 지통智通·지달智達이 칙勅을 받들어 신라의 배를 타고 대당국大唐國에 가서 법상종法相宗을 현장법사玄裝法師가 있는 곳에서 배웠다.(卷 26, 齊明 4年)

倭는 신라로부터 조선술을 배웠으며(①), 554년에 倭가 백제에 파견한 병력은 1,000명이며, 한 배의 적재량은 겨우 병사 25명, 말 2~3필을 실을 정도였고(②), 7세기 중엽에 들어와서도 倭는 당唐으로 사신이나 승려를 보내는데, 신라의 선박을 활용해야만 했다(③·④).

따라서 391년경 倭가 대규모의 병력을 한반도에 출병하고 또 14년간 병참선을 유지한다는 것은 그들의 해상 수송능력(조선술造船術과 항해술航海術 및 인력과 자원 등)으로 보아 불가능한 것으로 판단된다.

둘째 : 倭의 무장과 군 편성의 열세劣勢(마) 뿐만 아니라, 당시의 왜병은 그때까지 대규모의 집단적 전투나 보·기군步騎軍에 의한 합동 작전술을 수행한 경험도 전연 없었고, 다만 전투방식은 권모權謀(술을 취하게 하여 살해하거나 꾀·속임수 등)이지, 무력武力에 의한 정공법正攻法은 아니었다. 예컨대 日本武尊·武內宿禰 등이 전형적인 사례이다.[28] 이러한 전투방식에

---

27) 兵法曰 千人而成權 萬人而成武…戰權. 第12, 『尉繚子』.

서는 건전한 병법이 육성되기 어렵다. 앞에 말한 바와 같이 고구려에서는 기원전 9년에, 신라에서는 393년에 문헌상으로 손자병법孫子兵法을 활용하고 있었지만,[29] 倭에 있어서 병법의 수용은 백제가 멸망한 후 663년 백제인 4명의 중국병법의 전문가가 전수하였으며, 그것은 손자병법으로 추정하였다.[30]

셋째 : 391년에 倭가 비교적 대규모의 병력을 한반도에 출병한 것이 사실史實이라고 한다면, 그들의 정사正史『일본서기』에 그 기록이 있어야 마땅할 것이다. 그리고 출병에 앞서 병력의 동원과 군사훈련, 장비와 군량미의 준비 그리고 수송선박을 건조하자면 적어도 5~7년간의 시간이 소요된다. 그런데 379년(仁德天皇 67년)의 기록에 의하면, "천황天皇은 아침 일찍 일어나고 밤 늦게 자며, 조세를 가볍게 하고, 거두어들이는 것을 박하게 하여 백성을 관대히 대하고, 덕을 깔고 은혜를 펴서 곤궁한 자를 구제하였다. 죽은 자를 조상하고, 병자를 위문하고 홀로 된 자를 구휼하였다. 때문에 명령이 잘 시행되고, 천하태평이었다. 20여년 간 무사하였다."(卷 11). 비문에 명시된 391~401년 사이의『일본서기』에는 출병出兵의 기록이 전연 없을 뿐만 아니라, 하물며 仁德天皇은 "남한南韓의 철 자원과 기술노예技術奴隷의 획득"(井上光貞,『日本國家の起源』)[31]을 위해 한반도에 침략을 자행할 정도로 인덕人德이 없는 천황은 아니었고 또 그런 군사력도 없었다.

따라서 필자는 위에 말한 세 가지 관점에서 비문의 倭는 북구주北九州의 구노국狗奴國의 倭 또는 야마도조정(大和朝廷)의 倭를 지칭한 것이 아니라는 결론을 내린다. 그렇다면 그 倭의 실체는 무엇일까?『삼국사기』에 다음과 같은 기록이 보인다.

⑤ 나해 이사금奈解尼師今 13년(208) 4월에 왜인이 변경을 침범하므로 이벌찬伊伐湌 이음利音을 보내어 군사를 거느리고 가서 막았다.(卷 2)
⑥ 자비마립간慈悲麻立干 6년(463) 봄 2월에 왜인이 삽량성을 침범하다가 이기지 못하고 가매 왕이 벌지伐知와 덕지德智를 시켜 군사를 거느리고 길에 매복하여 기다리고 있다가 마주 공격하여 이를 크게 이겼다. 왜인이 자주 국경지방(疆埸)을 침범하므로 왕은 변경에 두 곳 성을 쌓았다.(卷 3)
⑦ 이처럼 신라에서 사용된 倭는 3세기 이전 중국에서 사용된 남한의 倭를 가리키고 있다. 적어도 7세기의 중간까지는 倭를 신라와 땅이 이어져 있는 임나任那(加耶)지방으로 생각하고 있었다.[32]

28) 大林太良 編,『戰』(東京 : 社会思想社, 1984), pp. 132~138.
29) 拙稿,「新羅軍事思想의 研究」,『新羅思想의 再照明』, pp. 45~48.
30) 佐藤堅司, 前揭書, pp. 231~232.
31) 李進熙, 前揭書, pp. 50~52에서 再引用.

필자는 ⑤, ⑥의 기록 내용으로 보아 신라인들이 가리킨 왜인은 바다 건너 있는 것이 아니라, 땅이 이어져 있고 그 사이에 국경이 있음을 나타내고 있다고 본다. 따라서 ⑦의 견해에 전적으로 동의하며, 倭를 야마도 조정(大和朝廷)이나 기타규슈(北九州)의 구노국狗奴國으로 한정한다면 고대한일관계사古代韓日關係史는 바르게 해석하기 어려울 것이다. 따라서 비문碑文에 나오는 '倭'는 신라인들이 가야제국加耶諸國 가운데 어느 나라를 지칭한 것으로 해석한다.

만약 대규모의 倭의 병력이 파병派兵됐다는 것을 시인한다 하더라도, 404년의 전투에서 승리한 것이 아니라 괴멸 당했는데, 어떻게 그 후 200년간 한반도 남부를 지배할 수 있는 것일까? 「임나일본부任那日本府」설은 군사적 관점에서도 성립되지 않는다.

4. 장수왕長壽王의 남진정책南進政策

413년 장수왕은 광개토왕의 뒤를 이어 즉위하였다. 고구려의 역대 왕들은 북진남수정책北進南守政策 혹은 남북병진정책南北倂進政策을 취해 왔으나, 장수왕은 북수남진정책北守南進政策을 추구했으며, 그리하여 장수왕 15년(427)에는 수도를 집안輯安에서 평양으로 옮겼다. 그는 외교적 수단으로 중국의 위魏와 송宋을 견제하면서 백제를 침공코자 하였다.

장수왕은 백제를 침공하기 앞서 승僧 도림道琳을 간첩으로 파견했으며, 그 내용은 『삼국사기』(권 25) 개로왕 21년(475)에 다음과 같이 기록되어 있다.

> 도림이 거짓으로 죄를 짓고 도망하는 체 하고 백제로 달아났다. 당시에 백제왕 근개루가 장기와 바둑을 좋아하였다. 도림이 대궐 문에 이르러 고하기를,
> "제가 젊어서부터 바둑을 배워 꽤 묘한 수를 알게 되었으니 왕의 측근에 알려드리기를 원합니다."
> 고 하였다. 왕이 그를 불러들여 바둑을 두어보니 과연 국수였다. 드디어 그를 높은 손님으로 접대하고 매우 친숙해져서 서로 만나기가 늦은 것을 한탄하였다.… 왕은 도림의 말을 듣고 나라 사람들을 모두 징발하여 흙을 구워 성을 쌓고 그 안에는 궁실, 누각, 정자를 지으니 모두가 웅장하고 화려하였다.… 이로 말미암아 창고들이 텅 비고 국민들이 곤궁하여져서 나라가 위태함이 알을 쌓아 놓은 것보다 더 심하게 되었다. 그제야 도림이 도망을 쳐 돌아와서 장수왕에게 실정을 고하니 왕이 기뻐하여 백제를 치려고 장수들에게 군사를 나누어 주었다.

---

32) 井上秀雄, 『古代朝鮮』(東京 : 日本放送出版協會, 1972), p.139.

475년 고구려왕이 군사 3만을 거느리고 와서 서울 한성을 에워싸므로 개로왕은 성문을 닫고 나가 싸우지 못 하였더니 고구려 사람들이 군사를 네 길로 나누어 양쪽으로 협공하고 또 바람을 이용하여 불을 질러 성문을 태우니 사람들이 두려워하여 나가서 항복하려는 자도 있었다. 왕은 형세가 곤란하게 되어 어찌할 바를 몰라서 기병騎兵 수십 명을 거느리고 성문 서쪽으로 나가 달아나려 하였더니 고구려 병이 쫓아와서 살해하였다.

장수왕의 군사사상, 즉 백제를 침공하기 위한 전쟁의 준비와 수행과정은 마치 손자병법의 다음 내용을 연상케 한다. 즉

옛날의 용병을 잘하는 장수는 먼저 적이 승리하지 못하도록 만전의 태세를 갖추고 이 편이 승리할 수 있는 기회를 기다렸다.… 승리하는 군대는 모든 준비를 갖추어 승산이 확실한 뒤에 전쟁을 개시하고, 패배하는 군대는 덮어 놓고 전쟁을 시작한 뒤에 승리를 찾으려 한다.[33]

고구려의 군사사상은 장수왕에 이르러 원숙기에 접어들었다고 해도 지나친 말은 아닐 것이다.

5. 고구려와 수隋의 전쟁

장수왕이 추진했던 남진정책은 성공하여, 고구려의 남계南界가 예성강 혹은 임진강 선을 넘지 못하였는데 이제 아산만－조릉－영일만 선까지 확장하게 되었다. 그러나 이로 인해 백제와 신라는 결속하게 되었고 또 한편으로는 중국과 손을 잡게 만든 결과를 가져 왔다.

동東아시아에 있어서 거대한 강국인 고구려와 중국대륙을 통일한 수隋가 대결한다는 것은 인간사회, 특히 국제사회에 있어서 당연한 추세라 하겠다.

영양왕 8년(597) 수의 문제文帝는 모욕적인 국서를 고구려에 보내왔다. 영양왕은 여러 신하들을 모아 회답의 글을 보낼 것을 의논하니, 한 신하는, “이같이 오만무례한 글은 붓으로 회답할 것이 아니라 칼로 회답해야 합니다”고 주장하니, 왕이 그의 말을 좇아 598년 정병 5만을 거느리고 임유관臨渝關으로 향하게 하고 먼저 말갈의 군사 1만 명으로 요서遼西

33) 孫武, 『孫子』 第4 軍形.

를 공격함으로써 양국은 전쟁을 시작하게 되었다. 그런데 백제의 위덕왕이 사신을 수에 보내 글을 올리고 수군隋軍의 향도되기를 자청自請하였고 후에 고구려는 이것을 알고 백제를 침공하였다.

611년 수 양제隋煬帝는 고구려를 치는 조서를 내려, 전국의 군사를 이듬 해 정월 안으로 탁군涿郡에 모이게 했다. 이듬 해 모인 군사의 총병력은 113만 3,800명이고, 치중병의 수는 그 배가 되었으며, 하루에 한 군軍씩 40리만큼 행렬을 지어 출발시키는데, 40일 만에 출발이 끝났고, 깃발이 960리에 뻗쳤다.

수나라의 군대는 수륙의 두 방면으로 나누되, 지상군은 두 부대로 나누었다. 그 하나는 어영군御營軍과 그 밖의 10여군이니, 양제가 스스로 장수가 되어 요수를 건너 요동의 여러 성을 공략키로 하고, 또 하나는 우익위 대장군 우문술 등 9군이니, 우문술이 지휘관이 되고 좌익위 대장군 우중문이 참모가 되어 요수를 건너 고구려 서울 평양으로 침입키로 했다. 한편 수군水軍은 수군총관 내호아來護兒와 부총관 주법상周法尙이 군량미를 실은 수송선을 지휘하여 바닷길로 좇아 대동강으로 들어가서 우문술과 합세하여 평양성을 공격키로 계획되어 있었다.

한편 이에 대처하는 고구려는 선수후공전략先守後攻戰略으로 맞섰다. 즉 먼저 수세를 취해 적군을 국내로 유인한 다음 수의 군사가 양식이 떨어지기를 기다려 공세를 취한다는 계획이었다.

수나라의 좌익위 대장군 내호아가 수군水軍을 지휘하여 수백리에 뻗친 배들로 바다를 따라서 먼저 패수로부터 들어오니 평양과의 거리가 60리였다. 고구려 군사와 접전하자 수나라 군사가 진격하여 고구려 군사를 크게 깨뜨렸다. 내호아가 이긴 기세를 타서 성으로 다가 가려하니 부총관 주법상이 그를 만류하여 지상군 병사들이 오기를 기다려서 함께 공격하자고 했다. 내호아가 듣지 않고 강한 군사 수만명을 뽑아 성 밑까지 왔다. 이때 고구려 장수 건무建武는 외성外城 속에 있는 빈 절간에 군사들을 숨겨 놓고 군사를 내어 내호아와 더불어 싸우다가 패하는 체 하니 내호아가 성 안으로 쫓아 들어와서 군사들을 놓아 사람들을 사로잡으려 재물을 약탈하면서 다시 대오를 정돈하지 못하고 있었다. 이때 고구려의 숨었던 군사들이 기습을 가하니 내호아의 군사들이 크게 패하여 살아서 돌아가는 자가 수천 명에 불과했다.

고구려 군사가 선창까지 추격해 갔더니 수나라의 장수 주법상이 진을 정돈하여 대기하고 있으므로 고구려 군사들은 곧 물러났다. 내호아는 군사들을 데리고 바닷가로 돌아와서 주둔하여 있게 되고 다시는 감히 거기서 지상군과 호응하고 접촉할 수 없게 되었다.

한편 지상군인 우문술의 9군(요하를 건너올 때 30만 5천명)의 군사는 노하·회원의 두 진鎭을 출발하면서 각 병사에게 사람과 말이 100일 동안 먹을 식량과 갑옷·무기·화막 등을 주니 사람마다 3석石(216kg)이 넘어 무거워서 운반할 수가 없었는데, 명령을 내려 곡식을 버리는 자는 목을 베겠다고 했으므로, 병사들은 모두 장막 밑에 구덩이를 파서 묻어 버렸다. 이리하여 겨우 행군의 중도에 이르러 양식이 이미 떨어지려 했다.

영양왕은 을지문덕乙支文德을 적 진영에 보내어 거짓으로 항복케 했으나, 실제로는 적군의 허실을 탐지하는 데 있었다. 우중문은 앞서 비밀칙령에 '만약 왕이나 을지문덕이 오면 반드시 사로 잡으라'는 내용을 받았으므로 중문은 그를 잡으려 했으나 기회를 놓치고 말았다. 얼마 후에 이를 뉘우치고 사람을 보내어 문덕에게 속여 말했다.

"더 얘기를 하고 싶으니 다시 오시오."

문덕은 돌아보지도 않고 압록수를 건너서 돌아왔다. 그는 우문술의 군사에게 굶주린 기색이 있음을 보고 고의로 이들을 피로하게 만들려고 싸움할 때마다 문득 달아나니, 우문술은 하루 동안에 7번 싸워 모두 이겼다. 우문술은 이미 여러 번 이김을 믿고 또 여러 사람들의 의논에 핍박되어, 이에 마침내 동쪽으로 나아가 살수薩水를 건너 평양성에서 30리 떨어진 산에 의지하여 진을 쳤다.

문덕은 다시 사자를 보내어 거짓으로 항복하고 우문술에게 청해 말했다. 즉 "만약 군사를 돌이키면 마땅히 왕을 모시고 황제가 계신 곳으로 가서 예방하겠다."

우문술은 자기 군사들이 피로하여 다시 싸울 수 없음을 깨닫고 또 평양성이 험하고 든든하여 단시일 내에 함락시키지 못하리라 생각하여 드디어 고구려의 거짓말을 곧이듣고 돌아갔다.

우문술이 방진方陣을 치면서 행군을 하는데 고구려 군사가 사면으로 공격하니 우문술 등이 일변 싸우며 일변 행군하였다. 우문술의 군사가 살수에 이르러 군사가 절반 쯤 건넜을 때, 고구려 군사가 후방으로부터 그들의 후속부대를 공격하니 여러 부대들이 한꺼번에 무너져 걷잡을 수가 없게 되었다. 장수와 군졸들이 뛰어 달아났는데 하루 낮 하루 밤 사이에 압록강까지 450리를 갔다. 처음에 9군이 요동에 도착했을 때는 총수가 30만 5천명이었는데, 요동성으로 돌아갔을 때는 다만 2천 7백명 뿐이고 억 만에 달하는 군량과 무기·

장비 등은 모두 상실했다. 이것이 바로 역사상 유명한 살수대첩의 작전경과이다.[34] 그 후 수나라는 세 번이나 고구려를 침공했으나 실패하여 그로 인해 망하고 말았다.

고구려군은 당초의 선수후공전략에 입각하여 작전을 훌륭하게 수행했다. 즉 수나라의 수군水軍을 유인·교란하여 격멸하였고 또한 을지문덕은 직접 적진에 들어가서 적의 허실을 확인하고서 유인하여 적으로 하여금 철수케 만들고서는 공격을 감행하여 평양성까지 침공해 온 수나라의 지상군을 격멸했다. 그리고 살수에서 수나라 군사의 절반이 건넜을 때 공격을 감행했다는 것 등은 모두 다음 병법의 원리를 적용한 것으로 생각된다.

- 용병用兵에 능통한 장수는 적의 사기가 왕성한 때를 회피하고 나태했을 때 공격한다. 이것이 사기士氣를 다스리는 방법이다. 가까운 곳에서 원정해 오는 적군을 기다리며, 편안한 태세로 적군이 피로해지기를 기다리고, 배부름으로써 적군의 굶주림을 기다린다. 이는 체력을 다스리는 방법이다.… 군기軍旗를 들고 정연히 진격해 오는 적군을 요격하지 않으며, 정정당당하게 대세를 갖춘 적군을 공격하지 않는다. 이는 상황의 변화를 다스리는 방법이다.[35]
- 적이 하천을 건너오면 물가에서 요격할 것이 아니라, 적의 병력 절반이 건너게 한 뒤에 공격하는 것이 유리하다.[36]
- 만약 적군이 도하를 감행하여 다가온다면, 적 병력의 절반이 도하渡河했을 때를 기다려 공격해야 한다.[37]

도하작전渡河作戰에 있어서 적의 병력이 반수로 양분되었을 때 공격하는 이유는 그 순간이 적의 병력에 가장 많은 피해를 줄 수 있고 또한 열세한 기회이기 때문이다.

살수대첩은 을지문덕의 훌륭한 용병술에 의해 달성되었다는 사실은 모두들 잘 알고 있다. 그러나 그것을 가능·성공케 하는 계기를 마련해 준 것은 내호아의 수군水軍을 격파하여 지상군과 수군을 연결하지 못하게 했기 때문이었다. 그 이유는 내호아의 수군은 오늘날의 해병대처럼 지상작전을 수행하는 부대가 아니라, 군량미를 운반하는 수송부대였기 때문이다. 만약 우문술의 지상군이 내호아의 수군水軍으로부터 군량미를 수령했다면 그렇게 쉽게 고구려군이 승리하기는 어려웠으리라.

---

34) 『三國史記』20, 嬰陽王 23年條.
35) 孫武, 前揭書, 第8 軍爭.
36) 上揭書, 第9 行軍.
37) 吳起, 『吳子』 第5 應變.

그런데 살수대첩을 이룬 후, 을지문덕의 이름은 역사상에 다시 등장하지 않으며 또 그 후 수나라와의 전쟁에 있어서 선수후공전략의 결정적 성과는 철저한 추격전(후공後攻)에 있음에도 불구하고 왜 그것을 감행하지 않았고 또 중국을 정복할 기회도 상실한 이유는 무엇일까 하고 필자는 오랫동안 궁금하게 생각해 왔다. 이에 관련하여 신채호申采浩는 다음과 같이 기록했다.

> 이 때(3차 침공을 하려는 시기)에 고구려의 국론國論이 두 파로 갈리니, (갑)은 남쪽의 신라·백제를 멸하기 전에는 중국에 대해 말을 낮추고 후한 예물로 화평을 유지하는 것이 옳다. 전자에 중국에 대한 교제가 너무 강경하여 여러 해 병화兵禍를 일으켰으니, 오늘부터라도 다시 정책을 변경하여 수와 화의하자 하였고, (을)은 신라와 백제는 산과 내가 몹시 험하여 지키기는 쉽고 공격하기는 어려우며, 또 인민들이 굳세어 좀처럼 굴복하지 않는데, 중국의 대륙은 이에 반하여 넓은 들이 많아서 용병用兵하기 좋으며, 인민들이 전쟁을 무서워하여 한쪽이 무너지면 다른 쪽이 동요하므로, 장수왕의 북수남진책北守南進策은 원래 잘못된 것이다. 오늘부터라도 이 정책을 버리고 남쪽은 방어만 하고 정병을 뽑아 수를 치면, 비록 많은 군사가 아니라도 성공하기 쉬우며, 성공한 뒤에 인민을 위무하고 전중국을 통일하기가 용이하다고 했다. (갑)은 왕의 아우, 건무建武의 일파이니 많은 호족들이 이에 속해 있었고, (을)은 을지문덕의 일파이니 일부 무장武將들이 이에 속했다.
>
> 양인兩人이 모두 대수전쟁對隋戰爭에 큰 공을 세워서 나라 사람들의 신망이 다같이 높았으므로, 따라서 양파의 세력도 거의 비슷하였다. 영양왕은 을지문덕의 주장에 찬동하였으나, 고구려는 호족공화豪族共和의 나라였으므로 왕이 또한 건무파의 의견을 꺾지 못하였다.…
>
> 그러나 『해상잡록海上雜錄』에 명백히 이 전역戰役 끝에 문덕文德 등 일파가 북벌北伐을 주창主唱하였음을 기재하였거늘…[38]

신채호의 고구려의 (갑)·(을)정책의 내용은 어느 사료에 근거한 것인지 혹은 『해상잡록海上雜錄』에 근거한 것인지 분명히 알 수는 없으나 있음직한 내용이며, 고구려가 수나라와의 전쟁에서 승리했으면서도 승리의 열매를 얻지 못했고 또한 을지문덕이 역사에서 자취를 감춘 이유도 고구려가 (을)안案을 채택하지 않았기 때문이라고 필자는 해석한다.

6. 나·당 연합군에 의한 고구려의 멸망

일찍이 신채호는 고구려의 수·당과의 전쟁에 관한 사료에 대해 다음과 같이 주장했다.

---

38) 申采浩, 前揭書, pp. 273~274.

『삼국사기』에 기록된 고구려의 수와 당과의 두 전쟁의 사실이 거의 『수서隋書』와 『당서唐書』를 추려 기록한 것이고, 그 두 전쟁에 관한 『수서』, 『당서』의 기록이 거의 거짓임은 이미 앞에서 말하였거니와, 『수서』는 수가 그 전쟁 뒤에 곧 멸망하고, 그 전쟁을 기록한 자가 수의 사람이 아니요, 당의 사람이므로 거짓이 오히려 적거니와, 『당서』는 당의 연대가 오래 계속 되여 고구려와 싸운 기록은 곧 당 때의 사관史官이 기록한 것이기 때문에 시비是非와 승패勝敗를 뒤집어 꾸며서 거짓이 얼마인지를 알 수 없다.… 그러므로 이제 당사唐史를 좇지 않고 『해상잡록』, 『성경통지盛京通志』 및 동삼성東三省 사람들의 전설傳說 등을 재료로 하여 기록한다.[39]

필자는 그의 견해에 동의하여 따르고자 한다. 626년 당 태종唐太宗이 사자를 보내어 신라와 백제에 대하여 서로 전쟁하지 말 것을 권고하고 또 을지문덕의 전승기념으로 쌓은 경관京觀을 고구려와 당과의 평화에 장애가 되므로 파괴할 것을 요구함으로써 양국의 대립과 투쟁은 불가피하게 되었다.

연개소문淵蓋蘇文이 중국의 사정을 탐지하고 고구려로 귀국한 것이 대개 616년경이었다. 고구려의 사정, 즉 왕제王弟 건무建武는 북수남진책北守南進策을, 을지문덕은 북진남수책北進南守策으로 견해가 엇갈리고 있었으나, 618년 건무가 영류왕榮留王으로 즉위함에 따라 그의 정책을 고수했다. 그리하여 장수왕의 남진정책을 다시 써서 군사를 내어 백제와 신라를 침공하니 연개소문이 이에 반대했다.

"고구려의 우환이 될 것은 곧 당이며, 신라와 백제가 아니다. 지난날에 신라와 백제가 동맹하여 우리나라의 땅을 침노해 빼앗은 일이 있으나, 이제는 형편이 이미 변하여 신라와 백제가 서로 원수로 여김이 이미 깊어져서 화해할 가망이 없으니, 국가에서 남쪽에는 견제책을 써서 신라와 동맹하여 백제를 막거나, 백제와 동맹하여 신라를 막거나, 두 계책 중에서 하나를 쓰면 두 나라가 서로 싸우는 통에 우리나라는 남쪽의 걱정은 없게 될 것이니, 이 틈을 타서 당과 결정하여 다투는 것이 옳다. 서쪽 나라는 우리나라와 언제나 양립하지 못할 나라이니, 이것은 지나간 일에 경험하여 보아도 분명한 것이므로, 국가에서 왕년에 몇 백만 수의 군사를 격파했을 때에 곧 대군을 내어 추격하였더라면 그 평정이 손바닥을 뒤집는 것과 같이 쉬웠을 것인데, 그 천재일우의 좋은 기회를 잃었음이 이미 뜻있는 이가 통분히 여기는 바요. 오늘날도 좀 늦기는 하였으나 저네의 형세가 화목하지 아니하여 건성建成은 세민世民을 죽이려 하며, 세민은 건성을 죽이려 하는데 이연李淵이 사리에

39) 上揭書, p. 292 및 p. 303.

어두워 두 사람 사이에서 어찌하지 못하니, 이러한 판에 만일 우리나라가 대군으로 저네를 치면, 건성이 모반하여 우리에게 붙거나, 세민이 모반하여 우리에게 붙을 것이요, 설혹 그렇지 못할지라도 저네가 수의 말년에 우리에게 크게 패하고 또 여러 해 난리가 뒤를 이어 백성의 힘이 아직 회복되지 못하였으므로 반드시 전쟁을 할 힘이 없을 것이다. 이것은 대단히 좋은 기회이거니와 만일 저네 두 형제 중 한 사람이 패해 죽고 한 사람이 전권專權하여 세력이 통일된 뒤에 잘못된 정치를 고치고 군제軍制를 바로 잡아 우리나라를 침범하면, 땅의 크기와 인민의 많기가 다 저네에게 미치지 못하는데, 고구려가 무엇으로 저네에게 대항할 것인가? 국가흥망의 기틀이 여기에 있는데, 모든 신하와 장수들이 이를 아는 이가 없으니 어찌 한심하지 아니하랴?"[40]

하여 극력 당의 정벌을 주장하였으나, 영류왕과 다른 신하들이 이를 듣지 않았다. 뿐만 아니라 연개소문을 제거하자는 밀의가 있었는데, 그 비밀이 누설되었다. 그는 대신과 호족 수백 명을 한꺼번에 살해하고 또 영류왕도 죽이고 곧 왕의 조카 보장寶藏을 맞아들여 왕으로 삼고 자기는 태대대로太大對盧가 되었으며, 이는 정권과 병권兵權을 모두 장악한 직책이었다.

당에 대적하여 이를 쳐 없애고 중국을 고구려의 속국으로 만들려는 것은 연개소문의 필생의 목표였다. 그가 젊었을 때 서유西遊한 것은 물론 이 목표를 달성하기 위한 포석이었거니와, 혁명적 수단을 써서 왕을 죽이고 각 부의 호족을 무찌르고 정권과 병권을 한 손에 거두어 잡은 것도 또한 이 목표를 달성하기 위한 것으로 추정된다.

당 태종의 고구려 침공계획은 단시일 내에 이루어진 것이 아니었다. 소위 정관貞觀의 치治 20년 동안에 겉으로는 편안하고 한가롭게 여러 신하들과 도道를 닦고 덕德을 닦는 길을 강론하였지만, 그의 머리 속에는 그의 고급 참모인 방현령房玄齡도 알지 못하게 고구려와의 전쟁계획을 구상하고 있었다. 그는 고구려를 치려면 먼저 수의 양제가 패한 원인을 규명하여 그와 반대되는 전략을 짜야겠다고 하여 다음과 같은 초안을 작성했다.

(1) 수의 양제가 패한 첫째 원인은 정병精兵을 가리지 않고 많은 병력을 동원하여, 숫자상의 군사는 비록 4백만에 이르렀으나 전투에 종사한 자는 수십만에도 차지 못한 때문이라 하여, 10년 양성한 군사 중에서 특별히 정예한 군사 20만을 골라내고,

(2) 수의 양제가 패한 둘째 원인은 고구려의 변경부터 잠식해 들어가지 않고 대뜸 대군

40) 上揭書, pp. 284~285.

으로 평양에 침입했다가 양식 길이 끊어지고 지원군이 없었던 때문이라 하여, 평양에 침입하지 않고 먼저 요동의 각 고을을 정복하려 하였고,

(3) 셋째 원인은 수백만 육군이 제각기 먹을 양식을 스스로 지고 행군 중의 군량을 삼고, 따로 수군水軍으로 하여금 배로 양식을 운반하여 목적지에 가져다가 머물러 있는 군사들의 양식으로 삼게 하였다가, 양식 실은 배가 고구려의 수군에 의해 패했기 때문이라 하여, 배로 운반하는 양식의 위험을 보충하기 위해 국내에 소·말·양 등의 목축을 장려하여 병사 한 사람에 대해 타는 말과 양식 실은 소 각 한 마리와 양 몇 마리씩을 분배해 주어, 양식을 병사들이 직접 지고 가지 않고 소로 운반하게 하여, 도착한 뒤에는 배로 운반해 오는 양식을 기다릴 것 없이 양식을 충족케 하고 또 소·양 등의 고기를 먹게 하려 하였다.

(4) 넷째 원인은 다른 우방의 원조 없이 오직 혼자의 힘으로 고구려와 싸운 때문이라 하여, 외교적으로 고구려를 고립시키고 다른 우방국을 획득하는 외교력을 강화하였다.

이상과 같은 전략을 주도면밀하게 작성한 뒤, 644년 7월에 각 부대를 낙양洛陽에 집결시키고, 군량은 영주營州의 대인성大人城에 모이게 하고 부대를 편성하여 그 해 10월 육로로 요동을 침공토록 하고, 당 태종도 친히 군사 20만을 거느리고 뒤따르기로 하였다.

한편 당의 군사가 침입해 온다는 기별이 이르니, 연개소문은 여러 장수들을 모아 적에게 대항할 계책을 강구하는데 혹은 평원왕平原王 때의 온달이 주周와 싸웠을 때와 같이 기병騎兵으로 마구 무찔러서 요동평야에서 격전을 벌여 승부를 결정짓는 것이 옳다고 하고, 혹은 영양왕嬰陽王 때에 을지문덕이 수와 싸웠을 때와 같이 마을과 들의 인민과 곡식을 모두 옮겨 지키게 한 뒤에 평양으로 유인하여 양식 길을 끊어서 굶주려 피곤해졌을 때를 타서 쳐 깨뜨리는 것이 옳다고 하여 여러 사람의 견해가 분분하였다. 마침내 연개소문이 입을 열었다.

"전략은 형세에 따라 정하는 것이오. 오늘날의 형세가 평원왕 때와 다른데 어찌 그 때의 형세와 같이 여겨 전략을 정한단 말이요. 오늘에 있어서는 위치(지형)를 골라 방어하고 기회를 따라 진공進攻해야 할 것이니, 옛날 사람의 규정한 것을 그대로 지켜서는 아니 되오."

그리고 그는 명령을 내려 건안建安·안시安市·가호加戶·횡악橫岳 등 몇몇 성읍城邑만 굳게 지키게 하고, 그 나머지는 곡식과 말먹이를 옮겨 놓고 혹은 태워버려 적으로 하여금 노략질 할 것이 없게 하고, 오골성(지금의 연산관連山關)으로 방어선을 삼아 용감한 장수와 군사를 배치해 놓고, 따로 안시성주 양만춘과 오골성주 추정국에게 비밀히 일러, "지금 당나라 사람들이 수나라의 패전敗戰한 것을 경계삼아 양식에 특별히 유의해서 장래 군량이 모자랄

때 보충하려고 군중에 소·말·양을 수없이 가져왔는데, 가을이 되고 겨울이 되어 풀들이 다 마르고 강물도 얼어버리면, 그 가축들을 무엇으로 먹이겠소. 저들도 이것을 알기 때문에 빨리 싸워 결판을 내려고 할 것이오. 그러나 저네가 수나라의 패전을 경계삼아 평양으로 바로 나오지 않고, 안시성을 먼저 공격할 것이니 양공楊公(만춘萬春)은 나가 싸우지 말고 성을 굳게 지키다가 저네가 굶주리고 피곤해지기를 기다려, 양공은 성안에서 나와 공격하고, 추공(정국)은 밖에서 진격하오. 나는 뒤에서 당의 군사의 뒤를 습격하여 돌아갈 길이 없게 해서 이세민(당 태종)을 사로 잡으려 하오."라고 하였다.

중국의 「병법칠서兵法七書」 가운데 하나인 『이위공문대李衛公問對』는 당 태종과 당대의 명장인 이정李靖과의 병법에 관한 문답서問答書이다. 그 내용을 보면, 당 태종은 실전實戰을 통한 명장名將였을 뿐만 아니라, 병법에 대해서도 깊은 연구를 했다는 것을 알 수 있다. 『해상잡록』에 이런 기록이 있다.

> 당 태종이 출정하기 전에 일찍이 당의 첫째가는 명장名將 이정李靖으로 행군대총관을 삼으려고 하니까, 이정이 사양하며, "임금의 은혜도 무겁거니와 스승의 은혜도 돌아보지 않을 수 없습니다. 신이 일찍이 태원太原에 있을 때에 개소문을 만나 병법을 배웠는데, 그 뒤에 폐하를 도와 천하를 평정한 것이 모두 그의 병법에 힘입은 것이니, 오늘에 와서 신이 어찌 감히 전일에 스승으로 섬기던 개소문을 치겠습니까?" 하였다.
>
> 태종이 다시, "개소문의 병법에 과연 옛 사람 중의 누구와 견줄 만 하오?" 하고 물으니, 이정은 "옛날 사람은 알 수 없거니와, 오늘날 폐하의 여러 장수들 가운데는 그의 적수가 없고, 비록 천자의 위엄으로 임하시더라도 이기시기 어려울까 합니다." 하고 대답하였다. 태종은 못마땅해 하면서 "중국의 넓은 땅과 많은 인민과 강한 병력으로 어찌 한낱 개소문을 두려워한단 말이오?" 하였다. 이정이 다시 말했다. "개소문이 비록 한 사람이지마는 그의 재주와 지혜가 만 사람에 뛰어납니다. 어찌 두렵지 아니 하겠습니까?"

이 기록이 사실이라면, 연개소문의 병법가로서의 탁월함을 여실히 말하는 내용이며 또 『이위공문대』의 첫머리에 "연개소문이 병법에 능통하다고 자부하고 있으며…"[41]라 했는데, 그냥 넘겨 버리지 못할 내용이라 생각된다.

645년 2월에 당 태종은 낙양에 이르러 수의 우무후장군右武候將軍으로 양제를 따라 살수의 싸움에 참가하고, 수가 망한 뒤에 당에 벼슬하여 의주자사宜州刺史가 되었다가 이때 나이가 많아 퇴직한 정원숙鄭元璹를 불러 고구려의 사정을 물어 보았다. 그는 말했다.

---

41) 『李衛公問對』, 問對 上.

"요동은 길이 멀어 양식의 운반이 곤란하고, 고구려가 성을 지키는 데 능하여 성을 함락시키기가 매우 어렵습니다. 신은 이번 길을 매우 위태롭게 봅니다."

당 태종은 좋아하지 않고, "오늘의 우리 국력이 수나라와 비교할 바가 아니니, 공은 다만 결과만 보오." 하였다. 그러나 만일을 염려하여 태자와 이정에게 후방을 엄중히 지키라 명하고 마침내 출발하였다.

안시성은 전략적 요충지라 하여 성을 더 높이 쌓고 정병을 배치하고, 성 안에 항상 수십만 섬의 양곡을 쌓아 두었다. 그리하여 공격하기 어렵고 함락시킬 수 없는 요새로 일컬어 온지 오래였다.

그 해 6월에 당 태종은 이적李勣 등과 함께 수십만의 군사를 지휘하여 안시성 안을 향하여, "너희들이 항복하지 않으면 성이 함락되는 날에 모조리 죽일 것이다." 하고 외치게 했다. 그러니까 양만춘이 성 위에서 역시 통역자를 시켜 당의 군사에게 "너희들이 항복하지 않으면 성에서 나가는 날에 모조리 죽일 것이다." 하였다. 당의 군사가 성 가까이 가면 성 안의 군사가 이를 쏘아 죽이되 헛쏘는 화살이 적었으며, 당 태종은 성을 겹겹이 엄중하게 포위하여 성 안을 굶주리게 하려고 하였지만, 성 안에는 양식의 저장이 넉넉하고, 당의 군사는 비록 가져온 양식이 많았으나 몇 달을 지내니 차차 떨어져 가고, 요동의 몇 성을 얻기는 했으나 아무 저축이 없는 빈 성이었으며, 수로水路로 오는 배들은 모두 고구려의 수군水軍에게 격파당하여 양식 운반의 길이 없었다. 게다가 요동의 날씨가 일찍 추워지므로 만일 가을바람에 풀이 마르면 소·말·양들을 먹일 수가 없어 굶어 죽을 것이다.

당 태종은 크게 당황하여 강하왕江夏王 도종道宗에게 명하여 안시성의 동남쪽에 토성을 쌓게 하였다. 흙으로 나뭇가지를 싸서 올리는 것처럼 층층이 쌓아올리고, 중간에 길 다섯을 내어 왕래케 해서, 10일 동안의 품과 50만의 인력을 들이고, 군사 수만 명이 날마다 6, 7번을 번갈아 교전하여 죽고 부상하는 자가 적지 아니 하였다. 토산이 이루어지자 산 위에서 포석抛石(돌을 던지는 기구)과 당차撞車(돌진시켜 성문을 파괴하는 수레)를 굴려 성을 무너뜨리니, 성 안에서는 무너진 곳에 목책을 세워서 막았으나 당할 수가 없었다. 양만춘은 결사대 100명을 뽑아 성이 무너진 곳으로 갑자기 돌진하여 당의 군사를 쳐 물리치고, 토산을 빼앗아 산 위의 포석과 당차를 차지하여 이것으로 도리어 산 위의 당의 군사를 공격하니 당 태종은 달리 계책이 없어 군사를 철퇴시키려고 하였다.

연개소문은 요동의 싸움을 양만춘·추정국 두 사람에게 맡기고 정병 3만으로 적봉직赤峰

鎭(지금의 열하熱河) 부근으로 나가 다시 남하하여 장성長城을 넘어 상곡上谷(지금의 하간河間) 등지를 습격하니, 당의 태자 치治가 어양漁陽에 머물러 있다가 크게 놀라 급함을 알리는 봉화를 들어 횃불이 하룻밤에 안시성에까지 연락되었다.

당 태종은 임유관 안에 변란이 일어났음을 알고 곧 군사를 돌이키려고 하였다. 오골성주 추정국과 안시성주 양만춘은 성문을 열고 당군을 급습했다. 당 태종은 가까스로 달아났다.

안시성의 전투는 고대 전쟁사 가운데 가장 큰 전쟁이었다. 비록 숫자상의 군사는 살수전투에 미치지 못하지만, 전략의 용의주도함과 군대의 정예함과 물자의 소모는 살수전투보다 더 했으며, 전투의 기간도 갑절이나 길었다. 이 전쟁이 두 민족의 운명을 결정짓게 한 큰 전쟁이었으나 당사唐史의 기록은 거의가 사리에 어긋날 뿐만 아니라 소홀하게 다루었다. 당 태종은 원정遠征에 성공치 못 했음을 깊이 뉘우치고 탄식하여 말하기를 "위징魏徵이 만일 있었으면 나로 하여금 이 원정을 하지 않게 하였으리라"[42]고 하였다.

647년 당 태종은 다시 고구려 원정을 하려고 했다. 그러나 조정의 의논은 다음과 같은 것이었다.

> 고구려는 산에 의지하여 성을 만들었으므로 갑자기 함락시킬 수는 없습니다. 앞서 황제께서 친히 정벌하였으므로, 고구려 사람들은 밭을 갈아 씨를 뿌리지 못 했으며, 이긴 성에서도 실로 그 곡식을 거두었으나 가뭄이 계속되었으므로 백성들의 태반이 식량부족으로 어려움에 처해 있습니다. 이제 만약 일부분의 군사를 자주 보내어 다시 그 강토를 침략하고 요란하게 해서 그들을 분주히 돌아다니게 하면, 그들은 쟁기를 버리고 성으로 돌아갈 것이며, 수 년 동안 천리가 적적해지고 텅 비게 되어 인심은 날로 떠나 흩어질 것이니, 압록강 북쪽은 싸우지 않아도 취할 수 있을 것입니다.[43]

황제는 이 전략을 채택했다. 종전의 전략은 속전속결速戰速決의 공세전략攻勢戰略였지만, 그는 전략가답게 게릴라식의 공세적인 지구持久·소모전략消耗戰略으로 전환시켰다. 이것은 장기간 고구려의 국력을 소모시켰다가 공세전략으로 고구려를 멸망시키자는 전략이었다.

648년경 당 태종은 여러 번 소규모의 고구려 침공을 시도해 보았으나 성과가 별로 없었다. 그래서 그 타개책을 강구하는 가운데 하나가 고구려보다 약한 백제와 신라를 정복한 후 고구려에 대한 전·후방의 양면작전이었다. 이러한 전략구상을 하고 있을 무렵 백제의 침공으로 위급한 사태에 직면한 신라는 김춘추를 당에 파견하여 원병을 청하게 했다. 당

42) 『三國史記』21, 寶藏王 3年條.
43) 上揭書 22, 寶藏王 6年條.

태종은 원병을 청하러 온 소국小國인 신라의 사신에게 극진한 대접을 했을 뿐만 아니라, 원병의 요청을 허락하고 또 고구려와 백제를 평정하면 평양 이남의 땅은 신라에게 주어 영원히 편안하게 하려고 한다고 했다. 『삼국사기』의 편찬자는 당 태종이 김춘추에게 후한 대접을 한 것은 "춘추의 용모가 영특하고 위대함을 보고 그를 후히 대접했다"[44]고 기록했으나, 그 편찬자는 당 태종의 흉계, 즉 이이제이以夷制夷(오랑캐로써 오랑캐를 제압한다)의 전략을 알지 못한 것 같다. 당 태종의 전략구상은 한반도 전체의 정복에 있었다. 이것은 당 고종에게도 계승되었다.

660년 나·당 연합군이 백제를 정복하고, 소정방蘇定方이 귀국하자 당 고종唐高宗은 그에게, "그대는 무슨 까닭으로 신라를 정복하지 못했는가?" 하고 책임추궁을 했고, 웅진熊津에 도독부都督府를 설치했으며, 668년 고구려를 멸망시키고는 고지故地에 도호부都護府를 설치했기 때문에 당의 흉계가 명백하게 드러났던 것이다.

고구려는 연개소문이 권력을 잡고 24년간 통치하고 있는 동안 대당對唐 20년의 전쟁을 수행하면서 견디어 왔으나, 666년 그가 사망하자 골육상쟁의 내분이 일어났고 당과 신라는 고구려에 대해 본격적으로 침공하기 시작했다.

강성한 나라로 군림했던 고구려는 수나라와의 20년, 당나라와의 20년 전쟁을 통하여 굳건히 견디어 왔으나 개소문의 죽음과 그 후의 내분, 그 틈을 이용한 나·당 연합군에 의해 668년 멸망되었으니, 건국 후 705년 만에 지상에서 사라졌다.

7. 고구려의 해상활동

고구려의 자연환경은 산악이 많아서 농경에 의한 식량은 해결할 수 없었다. 따라서 그 해결책은 전쟁에 의한 영토의 확장이요, 그 다음은 목축과 어업이었다. 고구려 초기의 활동지구인 혼강 중류의 통화 지역 및 압록강 중류 집안 일대는 하천이 많았다.

고대인들은 철제 농기구가 발명되기 전에는 단위 면적의 농산물의 생산고가 높지 않았다. 그래서 하천이나 바다에서 물고기를 잡아 부족한 식량을 보충했고 또 산악으로 인해

44) 上揭書 5, 眞德王 2年條.

길이 험했을 때는 배를 이용한 하천은 주요한 교통수단을 제공해 주는 것이었다. 이것은 고고학적 유물을 통해서도 증명되고 있다.

> 통구묘군 우신묘구 3283호 적석묘 중에서는 일련의 물고기 잡이 공구가 출토된 바 있다. 그 중 흙 그물추가 250여 건이 있는데 완전한 것은 167건이다.… 이와 같은 시기에 출토된 것으로 41건의 완전한 철낚시고리(철어구鐵漁鉤)가 출토되었다. 대량의 낚시 공구가 하나의 무덤에서 출토되었다는 것은 무덤의 주인이 생전에 어로 생산에 밀접히 관련되었음을 설명한다. 그물추와 낚시 바늘이 많은 것으로 보아, 그물로 잡는 외에 깊은 물에 낚시 바늘을 던져 물고기를 잡았다는 것이다.… 4, 5세기에 이르면 고구려의 영역은 확대되어 동해와 황해 그리고 발해와 접하게 되어 연해의 거주민들은 배를 타고 고기잡이 나가는 것이 한 해의 생활이 되었다. 어업생산이 고구려 후기에는 개별적으로 어업에 알맞은 지구에서는 상당히 중요한 지위를 차지했다고 말할 수 있다.[45]

어업의 성행은 조선술造船術과 항해술航海術을 전제로 한다. 고구려의 조선술이 어느 정도의 수준인지 필자는 알지 못한다. 그러나 원시시대의 배의 종류에는 뗏목배(벌선伐船), 통나무배(고선刳船) 그리고 가죽배(피선皮船)가 있었다.[46] 고구려에서는 뗏목배와 통나무배가 주류를 점했을 것이고, 또 수렵생활을 하고 거기서 얻은 동물의 가죽으로 만든 바람통(부낭浮囊)이나 가죽배는 보조용으로 사용되었으리라. 그리고 뗏목배와 통나무배로부터 차츰 발달해온 구조선構造船, 특히 우리나라 배의 독특한 만듦새와 생김새를 갖춘 배를 한선韓船이라고 한다.[47]

고구려의 어업과 조선술의 발달은 수군水軍의 증강을 위한 기반이 되는 것으로 자연적 추세이다. 고구려 수군의 활동은 중국의 『삼국지三國志』에 나온다. 동천왕 10년(236) 오吳의 손권孫權이 고구려에 사신을 보내어 고구려 수군과 연합하여 요동遼東을 칠 것을 꾀했다. 그러나 동천왕은 이를 거절하고, 동천왕 12년(238) 위魏와 연합하여 낙랑·대방은 물론이요 화북지방華北地方 일대에 세력을 펼치고 있던 공손연公孫淵을 남북으로부터 협격할 때, 고구려 수군이 협력을 했던 것이다.[48]

광개토왕비에 의하면, 396년 광개토왕은 친히 수군을 이끌고 백제를 토벌하여 58성과 700촌을 빼앗고 백제왕의 동생과 백제의 대신 10명을 데리고 도성都城으로 돌아왔으니, 고구려의 수군이 적어도 몇 만 명은 되었으리라 추정된다.

45) 李殿福·孫玉良, 前揭書, pp. 188~189.
46) 金在瑾, 『배의 歷史』(서울 : 正宇社, 1980), pp. 20~29.
47) 이원식, 『한국의 배』(서울 : 대원사, 1990), p. 10.
48) 崔碩南, 『韓國水軍活動史』(서울 : 鳴洋社, 1965), pp. 14~17.

612년 수장隋將 내호아來護兒의 수군水軍은 비록 지상전투를 통해 고구려군에 의해 격멸되었지만, 이는 고구려의 수군인 것으로 추정된다. 왜냐하면, 북방에서 오는 수군隋軍을 대적한 것은 을지문덕이요, 바다로 오는 수의 수군水軍을 대적한 것은 왕제王弟 건무建武였기 때문이다. 건무가 바다에서 수의 수군水軍과 전투를 하지 않은 것은 아마도 함선과 병력이 너무 열세하여 유인작전을 통해 지상에서 격멸키로 작전을 수립한 것으로 추정한다.

648년 김춘추金春秋가 당 태종에게 구원병을 청하고 돌아오는 뱃길에서 고구려의 순라병을 만났다. 춘추의 수행원인 온군해가 높직한 갓과 큰 옷차림으로 배 위에 앉았더니 순라병이 보고 춘추로 여겨 잡아 죽였다. 춘추는 작은 배를 타고 귀국했는데,[49] 당시 고구려 수군의 해상경계가 엄했다는 것을 말해 주고 있다.

『신당서新唐書』 고구려전高句麗傳에 의하면, "신라가 구원을 요청하므로 당 태종은 오선吳船 400척을 보내 양곡을 운반하고, 영주도독營州都督 장검張儉으로 하여금 고구려를 치게 하더니 마침 요수遼水가 범람하여 군대가 돌아왔다"고 했는데, 이는 명백히 645년 안시성 전투 전의 전역戰役으로 당이 완패하였으므로 당의 사관史官들이 춘추필법春秋筆法을 써 모호한 몇 마디의 기록을 남겼는데, 이것은 고구려 수군에 의해 격멸된 것으로 생각된다.[50]

고구려에서 중국으로 사신을 파견했는데 그 사신들은 배를 타고 바다를 건너 왕래를 했으며,[51] "태조건원太祖建元 원년元年(479)에는 표기대장군의 칭호를 주었다. 3년(481) 사신을 보내와 공물을 바쳤고, 배로 바다를 건너오는 사신의 왕래가 항상 있었다."[52]

우리들은 지금까지 고구려는 대륙국가로서 또한 지상군 전투를 주로 살펴 왔는데, 고구려의 해상활동에 관한 분야는 아직 미개척 분야로 남아 있다. 앞으로 자료의 발굴과 연구가 이루어져야 할 것으로 생각한다.

8. 맺음말

고구려의 군사사상 형성에 있어서 유의했던 기록은 『삼국사기』 유리왕 11년(B.C. 9) 즉

49) 『三國史記』5, 眞德王 2年條.
50) 『丹齋申采浩全集』上, pp. 291~292.
51) 李殿福·孫玉良, 前揭書, p. 192.
52) 『南齊書』, 東夷傳列傳 高句麗.

부분노扶芬奴가 선비鮮卑를 굴복시키기 위해 '반간反間'을 이용하자는 내용이었다. 과연 이 기록은 신빙성이 있는가를 검토하였다. 그 이유는 '반간'이란 『손자』에 나오는 군사용어이기 때문이다. 필자는 네 가지의 관점으로 보아 그 기록은 신빙성이 있는 것으로 평가했으며, 고구려는 국초國初부터 가장 오래 되고 가장 훌륭한 병서兵書, 『손자』에 바탕을 두고 군사사상이 형성되었다는 것을 알 수 있었다. 그래서 유리왕 32년(A.D. 13) 왕자 무휼無恤이 병력이 우세한 부여병을 기계奇計인 복병伏兵으로 기습공격을 감행했다는 것은 고구려의 군사사상이 상당한 수준에 있었다는 것을 말하는 것이다.

고구려에 있어서 가장 어려운 상대는 중원中原의 한족漢族이었다. 그들은 인구와 병력이 많고 영토가 넓고 자원이 풍부했다. 이러한 적이 침공해 왔을 때, 어떻게 대처하느냐 하는 고구려의 기본전략 즉 선수후공전략의 원형을 제시한 것은 대무신왕大武神王 11년(A.D. 27) 좌보 을두지였다. 그는 고구려가 낳은 최초의 훌륭한 병법가라 할 수 있다. 고구려의 기본전략을 발전시켜 정립했을 뿐만 아니라 실전을 통해 실증한 것은 국상國相 명림답부明臨答夫의 한漢나라와의 전쟁이었다(172년).

그 후 고구려는 몇 번 존망의 위기에 처했지만 위기를 극복했다. 광개토왕(391~413)은 18세에 즉위하여 39세까지 22년간에 고구려의 영토를 가장 많이 넓혀 강성한 나라를 만들었으니, 서양의 알렉산더 대왕(B.C. 356~323)과 유사점이 많다. 그는 훌륭한 용병가이기도 했지만, 외교를 아는 대전략가이기도 했다. 즉 그는 남북병진정책南北倂進政策을 추구했지만, 신라와 우호관계를 유지함으로써 고구려가 양면협격兩面挾擊을 당하지 않도록 깊은 배려를 했다. 후대의 연개소문은 이 점을 소홀히 하였기 때문에 곤경에 빠졌고 또한 멸망의 길을 재촉한 것으로 생각된다.

장수왕은 그의 아버지를 기리기 위해 414년에 대형의 묘비를 건립했는데, 후세인들은 이를 광개토왕비(혹은 호태왕비好太王碑)라 불렀다. 이 비碑가 후세에 와서 일제日帝의 대륙정책의 추진자들에 의해 왜倭의 야마도정권(大和政權)의 「조선출병과 조선남부의 지배」설의 귀중한 사료로 활용되었으며, 특히 倭는 391년에 한반도에 대규모의 병력을 파견하여 백제와 신라를 정복했다고 주장해 왔다. 당시 倭의 파병派兵에 관한 여러 학자들의 견해를 검토하여 필자는 세 가지 관점, 즉 ① 倭의 해상 수송능력, ② 군의 장비·편성의 열세 뿐만 아니라, 무력에 의한 정공법의 실전경험이 전연 없었고 병법의 수용이 663년 이후이며, ③ 『일본서기』에 파병에 관한 기록이 전연 없다는 것을 밝힘으로써 당시의 倭는 한반도에 파병할 의도와 능력이 없었다는 결론에 도달했다. 그리고 비문의 倭는 신라인들이 가야제국加耶諸國 가운데 어느 나라를 지칭한 것으로 해석했다.

장수왕이 백제를 침공하기에 앞서 도림을 간첩으로 보내어 백제의 국력을 약화시킨 후 무력으로 침공한 것으로 보아 고구려의 군사사상은 원숙기에 접어들었다는 것을 알 수 있다. 그러나 고구려가 대적해야 할 강적은 한족漢族인데 그의 북수남진정책北守南進政策은 후대에 와서 고구려의 고립화를 만든 원인遠因이 되었던 것이다.

수의 침공을 맞이한 고구려는 그들의 기본전략인 선수후공전략으로 대처했다. 수는 실패한 공세전략을 계속 추구함으로써 패망하게 되었고, 한편 고구려는 기본 전략이 결실을 가져오기 위해서는 후공後攻 즉 철저한 추격을 감행해야 하는데 그것을 하지 않았다. 만약 고구려의 전략목표가 중원中原의 한족을 굴복시켜 지배하는 데 두었다면, 이때가 가장 좋은 기회였다고 생각된다.

당 태종은 수의 고구려 원정이 실패한 원인을 규명하여 정예병력에 의한 속전속결의 공세전략을 구사했으나, 연개소문의 선수후공전략에 의해 실패하고 말았다. 그는 병법가답게 곧 전략을 변경하였다. 즉 게릴라식의 공세적인 지구·소모전략과 신라·백제를 병합하여 양면협격을 구사하려고 했다. 그러나 연개소문은 이에 대처할만한 전략을 창출하기에는 늙어서 두뇌의 유연성이 결여되었고 또 너무 전쟁 위주에 집착하고 말았다. 그래서 그가 생존시에는 어느 정도 나라의 지탱이 가능했으나, 그가 죽자 골육상쟁의 분쟁이 일어났고, 40년간의 전쟁으로 국력은 쇠약해졌는데, 나·당 연합군에 의해 협격을 받았으니 멸망하지 않을 수 없었다. 옛 병서에, "그러므로 나라가 비록 강대하더라도 전쟁을 좋아하면 반드시 멸망하고, 또 천하가 태평하더라도 전쟁에 대비할 것을 잊으면 반드시 위태롭다"[53] 고 했는데, 고구려는 전자에 속하였다.

지금까지 역사가들은 고구려를 대륙국가 그리고 지상전의 관점에서만 주로 다루어 왔다. 그러나 고구려의 해상활동, 특히 수군水軍의 활동도 만만치 않았다는 생각이 들어 자료의 수집과 조명의 필요성을 시도해 보았으며, 앞으로 더 연구가 요청되는 분야일 것이다.♣

(『軍事發展』 제64호, 육군교육사령부, 1992.)

53) 『司馬法』 第一 人本, 故國雖大 好戰必亡 天下雖安 忘戰必危.

제 5 장

광개토왕 비문과 해상 상륙작전

1. 머리말

지금으로부터 1,580여 년 전에 건립된 廣開土王碑文(차후 碑文이라 略記함)에는 우리나라 역사상, 문헌이나 금석문을 통하여 최초로 '水軍'(海軍)이라는 글자가 기록되어 있을 뿐만 아니라, 비문에는 광개토왕의 기습적인 '迂廻上陸作戰'이 놀랍게도 記述되어 있기 때문에 그것을 밝혀 보려는 것이 이 논문의 주요 목표이다.

그리고 비문에는 '倭'가 기록되어 있기 때문에 韓·日古代史學者들 간에는 오랫동안 논쟁을 불러 일으켰고 지금도 진행 중에 있는 실정이다. 그것은 다만 古代韓倭關係史 뿐만 아니라 日本古代史, 日本近代史學史 등의 연구 영역에만 머물고 있는 것이 아니라, 일본인들의 역사 교육의 전개에 있어서도 절실한 과제인 것이다.

필자는 지난 4년 간 碑文의 倭의 實體란 무엇인가? 그리고 4세기 후반의 日本列島의 倭가 과연 韓半島出兵이 가능했던가, 하는 과제를 규명하는데 몰두했으며, 그 결과를 요약하면 다음과 같다.[1]

1) 李鍾學, 「廣開土王碑文의 倭의 實體에 대한 新考察－古代韓·日關係史의 定立을 위하여－」, 『新羅의 對外關係史研究』(新羅文化祭 學術發表會論文集 第15輯, 1994), pp. 137~174 참조. 그리고 「広開土王碑文の倭に関する一考察」, 『東アジアの古代文化』第81号(東京 : 大和書房, 1994), pp. 70~90.

社會的·産業的·經濟的·軍事理論的·海上勢力的 要因分析에 의해 4세기 후반의 日本列島의 倭가 大軍을 한반도에 출병시켜 征服戰爭을 수행한다는 것은 불가능하다고 생각한다. 그 이유는 대군을 출병시키는 데 필수불가결한 운반 수단인 선박의 造船技術이 통나무배나 혹은 準構造船 밖에는 제조할 수 없었다. 外海의 항행은 구조선의 출현으로 가능했으며, 구조선의 등장은 5세기 후반의 新羅造船技術의 도입으로 비로소 가능했던 것이다.

당시의 倭는 미개한 농경사회 집단이었고 또한 철의 생산 능력이 없었기 때문에 왜군은 빈약한 무장 밖에 할 수 없는 상황이었다. 열세한 군사력을 가지고 우세한 상대편에 정복전쟁을 도발한다는 것은 그 발상부터가 문제일 뿐만 아니라, 가능성이 별로 없으리라. 더욱이 대규모의 군대를 해외에 파병하여 장기전을 수행하는 데 필수조건인 財源·資源의 부족, 大軍運用을 위한 兵法의 不在, 그리고 대규모의 전투경험도 없었던 것이다.

한편 碑文의 倭의 實體란, 永樂10年條에 倭·倭兵·倭賊·倭寇가 등장하지만, 고구려군의 작전목표는 '任那加羅'였기 때문에 그것은 '任那加羅'의 蔑稱으로 해석한다.

高句麗軍의 上陸作戰을 규명하기에 앞서 碑文의 槪要와 硏究方法, 그리고 지난 반세기 동안 韓日古代史學者들 사이에 가장 논쟁의 핵심이었던 「辛卯年記事」를 文獻史學的·軍事史學的 觀點에서 살펴보고자 한다.

2. 碑文의 槪要와 硏究方法

광개토왕 비문는 고구려 제19대 광개토왕이 붕어한지 2년 후에 건립(414년)되었으며, 아들 장수왕이 父王을 기리기 위해 세운 勳績碑이다. 廣開土王의 이름은 談德 또는 安이라 하였으며, 諡號는 碑文에 보면, '國岡上廣開土境平安好太王'으로 되어 있고, 391년에 즉위하여 412년에 붕어했다. 在位 22년 간 왕은 남쪽으로 백제·임나가라를 공격했고, 북쪽은 부여를 침공했으며, 서쪽은 碑麗를 토벌함으로써 영토를 확장했던 것이다.

이 碑는 옛 고구려의 都城인 國內城의 동쪽 언덕에 기와를 얹은 아담한 누각 속에 있으며, 현재의 中國 吉林省 集安縣의 縣廳 소재지에서 동쪽으로 4.5킬로미터의 太王鄕의 大碑街에 있다. 지금도 그의 陵墓는 남아 있으며, 커다란 方壇積石墓이다. 이 묘에서 일찍이 「願太王陵安如山固如丘」(太王의 陵은 山처럼 편안하고, 丘처럼 단단하기를 바란다)라는 글자가 찍힌

구운 벽돌이 발견된 일이 있다.

王碑는 하나의 커다란 角礫擬灰岩으로 불규칙한 長方形柱狀의 石碑이다. 碑는 南東方向으로 서 있으며, 높이는 6.93m로 윗면과 아랫면은 약간 넓고 허리부분은 약간 좁은 모양이다. 비의 아래는 화강암의 巨石으로 座壇을 만들었으며, 길이는 3.35m, 너비 2.70m로 불규칙적인 장방형으로 나타나 있다. 石碑의 무게는 37톤 정도로 추정되며, 碑面에는 隸書로 음각해서 4면 글자의 총수는 원래 1,775자이며 이미 탈락되어 판독할 수 없는 글자가 141자이다. 이 비의 書體는 당시 일반적으로 사용되었던 隸書로 刻한 것이다. 소수의 글자는 草書로부터 隸書로 변하여 刻한 것도 있다. 글자의 크기는 균등하지 못 해서 큰 것은 길이가 16㎝, 작은 것은 길이가 11㎝ 정도이다. 그러나 일반적으로 모두가 14㎝ 내지 15㎝ 정도이며 배합과 간격은 비교적 균등하다.

비문의 내용은 대체로 세 부분으로 나눌 수 있다.

제1부분 : 고구려 건국의 신화, 전설과 芻牟王, 儒留王, 大朱留王 3代에 걸친 왕위 계승에 대한 것과 광개토왕의 일생의 경력을 간단하게 記述하고 있다.

제2부분 : 광개토왕이 碑麗와 백제를 정벌하고 신라를 구하고 倭寇를 퇴패시키며, 東扶餘 등을 정벌한 사실 및 탈취한 城, 村落, 노획한 가축의 수 등을 기술하고 있다.

제3부분 : 광개토왕의 유언에 근거해서 왕릉의 守墓煙戶의 來源 및 人家數 등을 상세히 기록하고 있다.

이러한 사실들은 史書에는 거의 보이지 않고 있다. 그러나 당시 사람들이 기록한 중요한 역사적 사실로 비록 功績과 美德을 찬양한 나머지 과장된 표현이 있기는 하지만 후세 사람들이 불완전한 史料를 모아 편찬한 史書에 비하면 오히려 신빙성이 있는 귀중한 역사적 자료이다. 오늘날 볼 수 있는 대형의 영구적인 비각을 세워 비를 안전하게 보호토록 하고, 보호구역을 더욱 확대하여 넓은 면적의 담장을 쌓아 두었는데, 이 공사는 1982년에 이루어졌다.[2] 필자는 1992년 7월 31일에 그 곳을 답사했을 때 碑의 주변이 잘 정리되어 문화재 보호에 각별한 배려를 하고 있다는 인상을 받았다.

이 비문에서 가장 핵심이요 또 왕의 공적을 기술한 부분은 제2 부분이라는 것은 재언할

---

2) 王健群, 『好太王碑の研究』(京都 : 雄渾社, 1984), pp. 23~32.

필요가 없으며, 그 내용의 구성은 다음과 같다.

(1) 永樂五年(乙未, 395)－碑麗의 정벌
(2) 이른바 「辛卯年」(391)記事
(3) 六年(丙申, 396)－水軍에 의한 百殘(百濟)의 정벌
(4) 八年(戊戌, 398)－帛愼의 정벌
(5) 九年(己亥, 399)－新羅의 請援
(6) 十年(庚子, 400)－步騎5萬을 파견하여 新羅를 救援하고 倭賊을 격퇴시킴
(7) 十？年－未詳
(8) 十四年(甲辰, 404)－帶方에서 倭寇을 潰敗시킴
(9) 十七年(丁未, 407)－步騎5萬을 파견하여 정벌했으나, 對象은 未詳임
(10) 二十年(庚戌, 410)－東扶餘의 정벌

여기서 우리들이 유의할 점은 다른 모든 기사는 年代順으로 정벌의 기사를 구체적으로 기록한 데 대해, 이른바 「辛卯年」記事라는 것은 예외적으로 그러한 순서를 밟지 않고 있다는 것이다. 辛卯年이라고 하면 永樂(廣開土王 年號) 元年(391)에 해당하므로 맨 앞에 와야 할 것인데 永樂五年(395)과 六年(396)의 중간에 들어 있어서 이것은 辛卯年에 일어난 것이라고 볼 수가 없으리라. 다만 「辛卯年」이라는 것은 倭가 來侵한 해를 말한 것이고, 고구려가 행동을 개시한 것은 乙未年(395) 이후이기 때문에 乙未年記事 다음에 온 것으로 해석한다.

이러한 관점에서 본다면, 이 기사를 「辛卯年」記事라고 부르는 것은, 엄밀히 말해서 적당하지 않지만, 종래 관습적으로 이렇게 불러 왔기 때문에 편의상 따르기로 한다.

주지하는 바와 같이, 제2부분은 征服事業으로서 戰爭·軍事作戰으로 구성되어 있으며, 지금까지 文獻史學的 硏究方法으로만 연구되어 왔다. 그러나 전쟁의 준비·수행 및 결과에 대한 분석·해석·평가는 軍事史學的 硏究方法을 구사하는 것이 더 타당성이 있다고 필자는 확신한다. 그 이유는 軍事史學的 硏究方法[3]의 대상과 내용을 살펴보면 알 수 있으리라.

軍事史學이란 軍事學과 歷史學의 綜合體系인 동시에 군사학과 역사학의 한 분과에 속

---

3) 李鍾學, 『韓國軍事史 序說』(경주 : 서라벌군사연구소, 1990), pp. 11~77 참조 및 이 책의 「제1장 현대 군사사의 연구방향」 참조.

하기도 한다. 軍事史學의 주요 구성 분과는 戰爭史·兵術史(즉 戰略, 作戰術, 戰術의 歷史를 뜻한다), 制度史, 技術史 그리고 部隊史 등이 포함된다. 특히, 戰爭史를 완전히 간결한 형태로 분석하기란 대단히 어렵다. 그러나 수많은 요인들 가운데 가장 현저하게 미치는 요인은 다음과 같다.

- 政治的 要因
- 社會的 要因
- 産業技術的 要因
- 軍事理論的 要因
- 軍事教理的 要因
- 統率的 要因
- 士氣的 要因
- 戰略的 要因 등이다.

이들 요인은 그 자체가 결심을 바르게 하기 위한 지침으로서 지휘관에 의해 채택될 수 있는 소위 전쟁의 원칙과 같은 것은 결코 아니다. 그러나 각 요인은 그 자체가 역사상 시대에 따라 광범위하게 변질과정을 겪는 응용과 관련된 하나의 복잡한 요인이라 볼 수 있다. 이들 요인들의 상관관계는 결코 단순한 것은 아니다. 이들 요인들은 다같이 戰爭史의 기본적 성분을 구성한다. 이들 요인들은 현대의 군사문제를 이해하는데 도움이 될 뿐만 아니라, 그것이 어느 시대의 상황 그리고 국가 등의 여건에 따라 중요성과 관련성이 변동된다는 것을 알려 주고 또한 전쟁을 분석하는 주요한 수단을 제공해 준다.

3. 「辛卯年」記事의 論爭

이른바 「辛卯年」記事란 다음 32자를 말한다. 즉,

百殘新羅舊是屬民由來朝貢而倭以辛卯年來渡海破百殘□□□羅以爲臣民

日本 陸軍參謀本部의 간첩이었던 酒匂景信 中尉가 1883년 10월 集安에서 碑文의 雙鉤加墨本을 日本으로 가져왔고, 그 후 6년 만에 日本 亞細亞協會가 발간한 『會餘錄』第五集(1889年)에서 橫井忠直(參謀本部職員이요, 陸軍大學教官)의 「高句麗古碑釋文」에 의해 처음으로 碑文과 雙鉤加墨本이 소개되었다. 거기에 수록된 「辛卯年」記事의 釋文은 다음과 같다.

> 百殘新羅舊是屬民 由來朝貢. 而倭以辛卯年來渡海. 破百殘 □□新羅以爲臣民. (『會餘錄』第5集)
> (百殘(濟)과 新羅는 예로부터 屬民으로서 조공을 해 왔다. 그리고 倭는 辛卯年(391)에 바다를 건너와 百殘(濟)과 新羅를 破하고 臣民으로 삼았다)

이것은 古代 日本이 한반도에 출병하여 百濟와 新羅를 정복하여 신민으로 만들었고 또한 廣開土王의 大軍과도 싸웠다고 碑文을 해석함으로써, 이른바 「任那日本府」說의 근거로 삼았고 또 日帝의 大陸侵略政策의 정당성을 홍보하는 자료로도 활용했다. 前澤和之는 「廣開土王陵 碑文を 둘러 싼 2, 3의 問題－辛卯年 部分を 中心으로－」(1972)라는 논문에서 현재 일본에서 廣開土王碑文에 대한 평가 및 碑文에 의해 해석되어 온 '通說'은 ① 碑文은 4세기 후반의 일본 세력의 한반도 진출을 분명히 하는 확실한 史料이다. ② 「辛卯年」의 부분은 倭를 主語로 하고 「以辛卯年來渡海, 破百殘□□新羅, 以爲臣民」이라 判讀하고 倭가 百濟, 新羅를 복종시켰다고 해석한다. ③ 碑文中에 있는 倭를 日本, 大和朝廷(軍), 日本軍 등 日本의 統一軍事力으로 이해한다. ④ 이런 것을 전제로 하여 大和朝廷에 의한 統一로 생각하는 것이 상식이요 해석이라는 것이다.

1993년 3월 5일자로 발간된 日本文部省의 검정필 고등학교 교과서인 『詳說 日本史』(再訂版)에는 碑文에 대해 다음과 같이 기록하고 있다.

> 好太王(廣開土王) 일대의 사업을 기록한 石碑이며, 고구려의 수도가 있는 中國 吉林省集安縣에 있다. 당시의 한반도의 정세를 알 수 있는 귀중한 史料인데 그 속에는 "百殘(濟)과 新羅는 舊是屬民이고 由來朝貢하였다. 그리하여 倭는 辛卯年(391年)부터 바다를 건너 百殘□□□羅를 파하여 이를 臣民으로 만들었다"고 하여 日本의 韓半島에의 진출을 전하고 있다.

한편, 明治時代 이래 일본인의 통설을 비판하고 독자적인 新說을 발표한 것은 鄭寅普의 「廣開土境平安好太王陵碑文釋略」(1955)이라는 논문인데 집필은 훨씬 이전의 것으로 짐작된다. 그는 다음과 같이 釋文했다.

百殘新羅 舊是屬民 由來朝貢 而倭以辛卯年來 渡海破 百殘[聯][侵][新]羅以爲臣民 以六年丙申 王躬率水軍 討伐殘國.

(百濟와 新羅는 원래 고구려의 속민으로 고구려에 조공하였다. 그런데 倭가 辛卯年에 침입하니 고구려가 바다를 건너 倭를 격파하였다. 이때 百濟가 倭와 연합하여 新羅에 침입하니, 百濟는 원래 고구려의 신민이라 永樂 6年 丙申에 廣開土王이 친히 水軍을 거느리고 가서 백제를 정벌하였다.)

鄭寅普의 上述한 논문에 대해 旗田巍는 일본인으로서 생각지도 못 했던 연구인데, 경청할 만한 점이 있다고 했다.

즉, 鄭氏는 碑文의 論理를 생각하여 만약 日本人들이 말하는 것처럼 倭가 침공해 와서 고구려의 속민인 백제와 신라를 격파하고 신민으로 했다면 敵은 倭이기 때문에 倭를 치고 백제·신라를 구하는 것이 도리이지, 倭를 방치해 두고 곤경에 빠진 백제를 친다는 것은 太王의 공적이 되지 못한다. 또한 백제·신라가 倭의 臣民이 되었다는 것이 죄가 된다고 한다면 백제와 신라는 같은 죄과가 되어야 하는데 太王은 백제만을 친다는 것은 수상하다. 그래서 高句麗와 倭가 전쟁 상태에 있을 때, 원래 속민인 백제가 倭와 결탁하여 신라를 침범했기 때문에 太王이 노하여 백제를 쳤다고 해석하는 것이 바르다는 내용이다. 이것은 卓拔한 發想이며 종래의 연구는 虛를 찔린 느낌이다. 이 논문의 결함을 찾아서 일률적으로 부정할 것이 아니라 배워야 할 점을 취해야 한다고 논평했다.[4)]

그 후 「辛卯年」記事는 韓日古代史學者들의 논쟁의 초점이 되어 왔으나 아직 명쾌한 해결을 보지 못하고 있다. 金永萬은 「由來朝貢」에 대해 문제를 제기했다. 즉, 종래 '來'로 읽었지만, 이 碑文의 다른 글자와 비교하여 볼 때, '來'보다는 '末'에 가까운 것을 느꼈다. '來'는 두 가로 획(橫劃) 사이에 두 점이 들어가기 때문에 사이가 넓어야 하고 '末'은 점이 없기 때문에 사이가 좁아야 한다. 碑文에 나오는 여러 글자를 비교해 보자.… 다음과 같이 뚜렷한 차이를 보여 주고 있다.

- 末…2.5㎝ 내외
- 來…3.0㎝~3.5㎝

이 간격은 현재 서울의 國立中央博物館에 소장되어 있는 總督府拓本을 實測한 것인데 李進熙氏의 『廣開土王碑の硏究』(1972)의 부록에 나오는 여러 拓本들의 축소 사진판을 보

---

4) 旗田巍, 1973『朝鮮と日本人』(東京 : 軽草書房, 1983), p.125.

아도 거의 구분이 간다.[5]

박진석에 의하면 「□□□羅, 以爲臣民」의 결자를 어떻게 보충할 것인가에 대하여 사학계에서는 실로 여러 가지 설이 많이 나왔다.… 세 번째 결자가 「新」으로서 「新羅」를 의미한다는 것은 이미 사학계에서 거의 공인되었다고 보여 진다. 첫 두 개의 결자에 대하여 필자는 「往救」(가서 구원하였다)로 보충한다는 견해를 밝혔다.[6]

그러나 필자는 후일 「辛卯年」記事를 다음과 같이 釋文을 시도해 보았다.

> 百殘新羅舊是屬民由來朝貢, 而倭以辛卯年來, 渡海破百殘任那加羅以爲臣民
> (百濟와 新羅는 옛날부터 屬民으로 고구려에 朝貢하였다. 그런데 任那加羅가 辛卯年(391)부터 (침공해) 왔다. 고구려가 바다를 건너 백제와 任那加羅를 破하고 臣民으로 삼았다.)

韓·日·中國의 고대 사학자들은 지난 50여 년간 「辛卯年」記事의 主語가 누구냐, 구두점은 어디냐, 碑文의 變造說 등으로 견해가 서로 엇갈리고 있었다. 그러나 前述한 바와 같이 4세기 후반의 일본열도의 倭는 韓半島 出兵의 능력이 없었다는 것을 논증하였다. 그리고 또한 「辛卯年」記事를 일본에서 일반화되어 있는 '通說'처럼 해석한다 해도 軍事理論上 「任那日本府」說이 성립할 수 있을까? 프러시아의 戰爭哲學者 클라우제비츠는 다음과 같이 주장했다.

> 戰爭은 적군의 격멸, 적의 자원의 약탈, 적 국민을 默從시킨다는 세 가지 주요 목적을 달성하기 위해 수행된다. 따라서 적의 主力部隊, 首都, 중요한 要塞나 補給施設을 파괴하도록 작전을 해야만 한다. 대승리를 하여 首都를 점령한다면 여론은 자연히 우리 편으로 기울어진다.[7]

일본에서의 통설처럼 391년의 倭가 백제·신라를 신민으로 만들었다면 倭의 군사활동은 다음처럼 想定할 수 있으리라.

(1) 강력한 海軍力과 兵力·物資를 수송하는 構造船의 존재
(2) 한반도 남부의 廣域의 作戰基地의 확보
(3) 百濟·新羅의 主力軍의 격멸

5) 金永萬, 「廣開土王 碑文의 新研究(1)」, 『新羅伽倻文化』第11輯, 嶺南大學校, 1980, pp. 23~48.
6) 박진석, 「호태왕 비문을 통하여 본 임나일본부의 존재 여부 문제」, 『력사과학』(2), (평양 : 사회과학출판사, 1987), p. 38.
7) Peter Paret, *Clausewitz and the State* (Oxford : Clarendon Press, 1976), p. 195.

⑷ 百濟·新羅의 首都占領과 王의 항복

이 네 가지 사항이 倭의 군사활동에 의해 달성되었다는 前提인데, 이러한 내용은 비문이나 문헌(『三國史記』, 『三國遺事』, 『日本書紀』 그리고 中國의 史書 등)에 전연 기록되어 있지 않을 뿐만 아니라, 비록 391년에 통설처럼 되었다 해도 碑文의 倭는 404년 최종적 결전에서 격멸되었던 것이다. 따라서 作戰基地의 상실, 즉 한반도 남부의 근거지를 상실함으로써 「任那日本府」說은 성립할 수 없다는 것이다. 예컨대 日本의 關東軍은 군사적 우세를 배경으로 하여 滿州事變을 일으켜 1932년 滿州國을 창설해서 만주를 지배하고 있었다. 그러나 1945년 8월 우세한 소련군의 공격에 의해 關東軍은 大敗하자 滿州國은 지상에서 사라지고 말았다. 그리고 관동군의 장병들은 포로가 되어 시베리아의 강제노동수용소에 연행·강제노동에 종사했다는 것을 상기할 필요가 있으리라.

이른바 「辛卯年」記事는 신묘년의 사건을 기록한 내용이 아니라, 丙申年(396), 己亥年(399), 庚子年(400), 甲辰年(404)까지의 기사를 요약하여 그 名分과 意義를 부여한 내용으로 보는 것이다.

4. 永樂6年(丙申, 396)의 上陸作戰

먼저 고구려의 海上活動의 形成期를 간략하게 살펴보고자 한다. 중국인의 기록에 의하면 "고구려인들은 큰 산과 깊은 골짜기에 살고 있어서 아무리 힘써 농사를 지어도 백성들은 자기들의 배(腹)를 채울 수 없다"[8]고 했는데, 이것은 고구려의 지리적 환경을 잘 묘사한 것이요, 또한 고구려가 征服國家로 성장할 수밖에 없었다는 것도 시사해 주는 내용이리라. 琉璃王 21年(서기 2년)에 集安의 國內城으로 도읍을 옮겨야 한다는 건의서를 薛支가 올렸다.

> 산수가 깊고 험하여 땅이 농사짓기에 적합하고 또 사슴과 물고기와 자라의 생산이 충분하니 왕께서 만약, 도읍을 옮기시면 국민의 이익이 무궁하며 또 전쟁의 환란을 면하기에 가합니다.[9]

8) 『三國志』東夷傳 高句麗條.
9) 『三國史記』13, 琉璃王 21年條.

이 건의문에서 압록강의 중요성과 함께 江이 가지는 經濟的 利點에는 물고기의 획득이 중요하다는 것을 말하고 있는데, 필자가 1992년 7월 集安을 방문하여 식당에서 점심식사를 하는데 압록강에서 잡았다는 큰 물고기가 등장하는 것을 보고 옛날 기록의 정확성에 감탄한 바가 있었다. 그리고 사료상의 기록을 입증하는 유물도 발견되고 있다. 통구묘군 우산묘구 3283호 積石墓에서는 일련의 물고기잡이 도구, 흙 그물추 등이 출토되었으며, 같은 시기에 출토된 것으로 철낚시고리(鐵漁釣) 등이 있다. 이로써 보건대 고구려인들은 이 지역의 강에서 활발한 漁撈活動을 벌였으며, 그것을 생산의 중요한 수단으로 여겼음을 알 수 있다.[10)]

고구려의 해상활동과 관련이 있는 자료를 살펴보면 서기 47년, 閔中王 때에 동해 사람 高朱利가 고래 눈을 바쳤으며,[11)] 西川王 때(288), 海谷太守가 고래의 눈을 바쳤다는[12)] 기록이 나타나는 것으로 보아 고구려의 초기부터 海洋漁撈가 행해졌고, 또 이것은 고구려가 고래를 잡을 정도의 漁撈水準을 가졌음을 보여주는 것이리라.

3세기에 들어와서 고구려는 당시 해양문화가 가장 발달하고 水軍活動의 능력이 뛰어난 吳와 관계를 맺음으로써 自國의 海洋能力發展에 轉機를 마련했던 것이다. 즉 233년 3월 公孫淵에게서 도망친 吳의 사신들이 고구려에서 돌아갈 때 오나라에 가는 고구려 사신 일행과 고구려의 배를 이용하여 고구려의 어느 항구에서 출발하여 귀국했을 것이다. 물론, 서해를 횡단하여 남하하는 航法은 동행한 吳人들의 도움을 받았을 것으로 추정된다.

이러한 일련의 사실들은 고구려에 이미 초보적이나마 해양활동이 있었고, 선박을 보유했거나 제조할 능력이 있었다는 것을 입증하고 있다.

당시 吳는 병사 1만을 거느리고 바다를 건너 현재의 대만·필리핀의 루손 등을 공격했고 또한 吳의 對遼東交涉은 이러한 해양활동 능력을 바탕으로 하고 있었다. 즉 吳는 232년 遼東에서 말을 구입하여 백 척의 배에 싣고 山東地方을 장악하고 있는 魏의 水軍을 피하여 沿岸航路가 아닌 近海航海를 시도하여 성공했던 것이다. 이러한 상황 속에서 吳에 갔다 오게 된 고구려인들은 당연히 吳의 수군활동을 견학하고 또 발달된 遠距離航海의 경험과 기술을 습득했을 것이다. 당시 서해를 둘러싼 力學關係가 吳와 魏 그리고 公孫氏 勢力

10) 李殿福·孫玉良, 『高句麗史』(서울 : 삼성출판사, 1990), pp. 188~189.
11) 『三國史記』14, 閔中王 4年條.
12) 上揭書 17, 西川王 19年條.

에 의해 복잡하게 전개될 때 이전부터 압록강 하구 및 遼東으로의 진출을 시도했던 고구려는 魏와 公孫氏로부터의 위협을 방비하기 위하여 또 交易上의 이익을 얻기 위해서 해양활동 능력을 강화시키지 않으면 안 되었다. 이러한 시대적 배경 하에서 고구려는 水上 및 海洋活動이 활발한 중국의 吳와 교섭을 하게 됨으로써 발달된 吳의 해양문화를 수용하여 본격적으로 해양활동을 할 수 있는 계기를 마련하게 되었다.[13]

대체로 海上活動은 큰 강에서 시작되었고, 그 곳에서의 활동과 경험을 바탕으로 하여 沿岸海上活動이 시작되고 경험이 축적되어, 말하자면 造船術과 航海術이 발달하여 大洋海上活動으로 옮겨지게 마련이다. 이것은 단순한 경제·무역활동이 아닌 군사작전의 경우에도 마찬가지의 절차와 순서를 밟게 된다. 즉, 軍事戰略에 알맞은 배의 建造能力과 작전지역의 海路上의 장애를 극복할 수 있는 航海術 그리고 숙련된 선박의 운용자 등을 구비해야만 해상에서의 전투활동 뿐만 아니라 상륙작전도 가능해 질 수 있다.

고구려는 마침내 美川王 12年(311)에 西安平을 점령한 후 西海岸에 진출하였고, 또 美川王 14年(312)에 樂浪을 완전히 구축하고 그 다음 해에는 帶方을 멸망시켰다. 樂浪·帶方勢力의 逐出 이후 고구려의 해양활동 능력은 더욱 성장했으리라. 요동반도 이남의 해상권을 장악하고 樂浪과 帶方이 가졌던 해양 능력을 흡수했을 것이고, 배후를 위협하는 해상세력이 사라져서 활동이 더욱 활발해졌을 것이다. 이리하여 성장한 고구려의 南進과 백제의 北進이 서로 부딪쳐 일대 충돌이 야기되었다. 百濟 近肖古王의 北進과 평양전투에서의 高句麗 故國原王의 戰死(371), 그 후 廣開土王의 對百濟攻勢作戰이 전개된 것이다.

碑文의 六年(丙申, 396)은 다음과 같이 기록되어 있다.

> 6年 丙申에 王은 친히 水軍을 거느리고 백제를 토벌했다. 大軍은 백제의 국경 남쪽에 도착하여 寧八城, 臼模盧城, 各模盧城, 幹氐利[城], □□城, 閣彌城, 牟盧城, 彌沙城, 古舍蔦城, 阿且城, 古利城, □[利]城, 雜珍城, 奧利城, 句牟城, 古模耶羅城, 須[鄒][城], □□城, □而耶羅[城], 瑑城, 於利城,…仇天城… 등을 탈취하고 백제의 國都에 육박했다. 그러나 백제는 正義의 군대에 항복하지 않을 뿐만 아니라 군대를 출동시켜 요격했다. 王은(백제가 대항함으로써) 威嚴을 상하게 되어 激怒했다.
>
> 王은 군대를 지휘하여 阿利水를 건너, 先頭部隊는 백제의 國都에 육박했다. 백제의 군대는 두려워 그들의 巢窟(國都)로 도망쳤다. (고구려군은 도주하는 백제군을 추격하여) 國都를 포위했다. 백제의 왕(殘主, 阿莘王)은 황급하여 男女의 生口(포로) 1천명과 細布 1천 필을 바치고, 王에게 무릎을 꿇고 "지금으로부터 영원히 王의 奴客이 되겠습니다." 하고 맹세했다. 王은 그들이 처음에 잘못한 허물을 널리 용

13) 尹明喆, 『高句麗 海洋交涉史 硏究』, 成均館大學校 大學院 博士學位論文, 1993, pp. 34~48 참조.

서하고 뒤에 순종하는 정성을 가상히 여기었다. 그리하여 왕은 58城과 700村을 탈취하고 殘主(阿莘王)의 아우와 大臣 10명을 볼모로 데리고 군대를 철수하여 (고구려의) 首都에 돌아왔다.

碑文의 撰者는 水軍의 배는 몇 척이며, 출동한 병력은 어느 정도이고, 고구려의 어느 항구를 출항하여 백제의 어느 지역에 상륙했는지 전연 밝혀 놓지 않았다. 이것은 우리나라 역사상 최초의 대규모 상륙작전으로 생각되지만 전연 구체적 내용을 알 수 없다. 필자는 옛날 자료인 金龍國, 「廣開土王과 海路作戰－通溝碑文에 대한 小考－」(『海軍』, 1957년 11월호)을 보게 되었으며(이 자료를 찾아 준 해군 사관학교 박물관의 鄭鎭述氏에게 사의를 표한다), 그 내용을 요약하면 다음과 같다. 즉, 廣開土王은 그 創意的인 作戰計劃으로 敵側에서 뜻하지도 못하였던 海上迂廻進擊戰을 급속히 실행하였기 때문에 고구려의 대군은 海上에서의 아무런 저항도 받지 않고 곧 漢江下流로 좇아 上陸作戰을 전개하여 백제의 國城, 즉 백제의 都城이던 廣州에까지 육박하여 최후 항전을 시도하는 백제의 도성 수호군까지 이를 격파하여… 당시 廣開土王이 친히 領率한 고구려 원정군의 百濟攻略의 主戰場은 江華灣 附近에서부터 지금의 서울 및 廣州一帶를 중심으로 하였던 것은 틀림없는 사실이다. 따라서 「王威赫怒 渡阿利水 遣刺迫城」의 「阿利水」는 지금의 「漢江」을 말하는 것으로서 이것은 漢江下流가 당시 고구려의 海路遠征軍의 발판이 되었음은 물론, 漢江沿岸一帶를 중심으로 麗·濟 兩國軍의 격렬한 水陸攻防戰이 벌어졌다는 것을 여실히 말하여 주는 좋은 기록인 것이다.

金龍國의 견해는 타당한 견해로 생각되며, 千寬宇의 「廣開土王의 征服活動과 領域(추정)」의 지도(〈그림－1〉)에 의하면, 고구려 원정군은 압록강 하구를 출발하여 강화도·한강 방면으로 상륙한 것으로 표시되어 있다. 이제 논쟁의 초점이 되고 있는 關彌城의 위치에 대해 논의하고자 한다. 392년 10월 廣開土王은 關彌城을 함락시켰는데, 그 城은 四面으로 가파르고 海水로 둘러 있어, 王이 군사를 七道로 나누어 공격하여 20일 만에 함락시켰다고 했다.[14] 이 기사에 기초를 두고 많은 견해가 등장했다. 즉, 京畿灣의 喬桐島,[15] 江華·延安附近,[16] 江華,[17] 開城,[18] 烏頭山城,[19] 江華島 海岸北部[20] 등이 있다.

14) 『三國史記』18, 廣開土王 2年條.
15) 李丙燾 譯, 『三國史記』(서울 : 乙酉文化社, 1977), p. 283.
16) 今西 龍, 『朝鮮古史の研究』(東京 : 國書刊行會, 1970), p. 466.

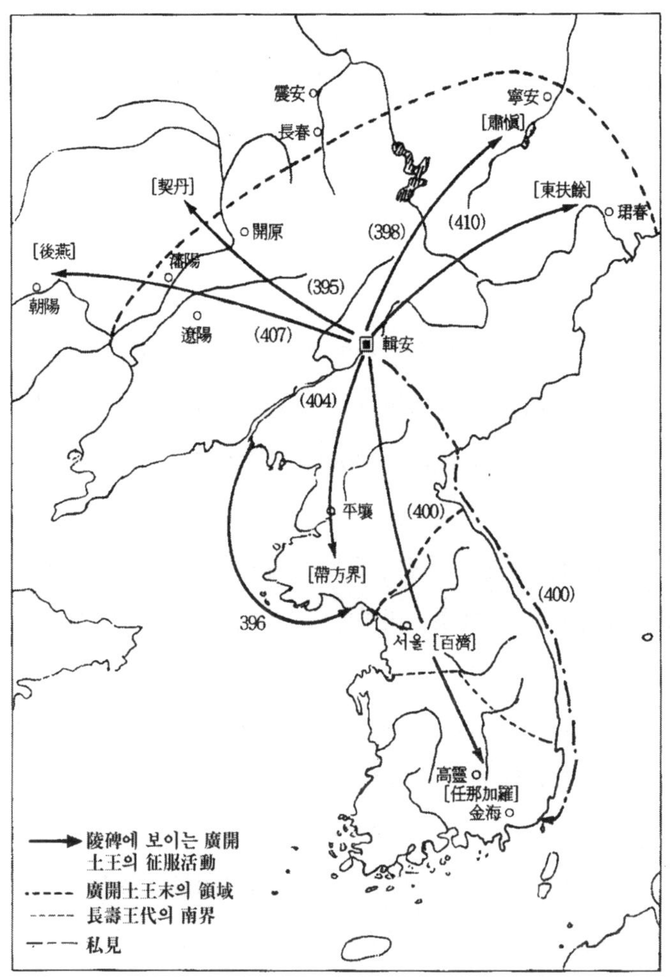

〈그림 1〉 廣開土王의 征服活動과 領域(추정)

여기서 우리가 알고 넘어가야 할 사항은 碑文의 閣彌城과 『三國史記』의 關彌城은 같은 城이며, 또 393년 8월 백제의 阿莘王은 武(王 外叔)에게 이르되, “關彌城은 우리 北邊의 要塞地인데 지금은 고구려의 소유가 되었으니 이는 과인의 痛惜하는 바이다. 경은 마땅히 마음을 써서 설욕하라”고 했다. 드디어 병사 1만 명을 거느리고 고구려의 南境을 칠 것을

17) 文定昌, 『百濟史』(서울 : 柏文堂, 1975), p.185.
18) 武田幸男, 『高句麗史と東アジア』(東京 : 岩波書店, 1984), p.171.
19) 尹日寧, 「關彌城 位置考」, 『북악사론』2, 1990 및 尹仙郎, 「關彌城 位置考」, 『自由』, 1993년 11월호, p.109.
20) 尹明喆, 前揭論文, p.91.

계획하고, 武가 몸소 士卒에 앞장서서 矢石을 무릅쓰고 石峴 등 五城을 회복하려 하여 먼저 關彌城을 포위했으나 고구려인이 城을 굳게 지키었다. 武는 糧道가 이어지지 못하므로 군사를 이끌고 돌아왔었다.[21] 따라서 關彌城은 396년의 고구려의 迂廻上陸作戰을 감행할 당시는 고구려의 성이지, 결코 碑文에 기록되어 있는 것처럼 丙申年의 作戰에 의해 탈취한 성은 아니라는 점이다.

만약, 關彌城이 漢江入口 附近에 위치하고 있다고 가정한다면, 무엇 때문에 廣開土王은 인천이나 한강 입구 부근에 上陸作戰을 감행했을까? 또한 武로 하여금 糧道가 이어지지 못하여 철군할 정도로 漢城(현재의 南漢山城으로 비정되고 있음)에서 먼 거리일까? 그리고 이 작전의 성공으로 고구려는 백제의 58城과 700村을 획득했다는 데 그 領域이 너무 협소하지 않을까?

필자는 關彌城의 위치는 漢城에서 북방으로 더 올라간다고 생각한다. 박시형의 고증에 의하면, 예성강 하구 남안의 성이라고 비정했는데[22] 타당성이 있는 견해로 본다. 高句麗의 丙申年(396)의 作戰은 왕이 關彌城 에서 남하하여 백제의 주력과 관심을 북방에 고착시켜 두고, 1만 명 이상의 기습 상륙부대로 하여금 평양의 대동강 하류에서 출항하여 인천 부근에 상륙해서 漢城으로 진격한 것으로 추정한다. 이러한 적 후방에의 迂廻奇襲 上陸作戰은 孫子兵法의 "전투가 전개되면 마치 돌로 달걀을 치듯 적을 격파할 수 있는 것은 충분한 병력(實)을 가지고 적의 虛를 치기 때문이다. 모든 전투는 적의 공격을 능히 막을 수 있는 방어(正)로써 나아가 적을 이길 수 있는 공격(奇)으로써 승리하는 것이다."(兵勢)의 원칙을 廣開土王은 충실히 활용한 것으로 평가된다.

아직 문헌적·고고학적 증거는 없지만 당시 고구려는 상당한 규모의 대형 構造船을 건조하고 운용하는 기술을 보유하고 있었던 것으로 추정된다.

5. 永樂10年(庚子, 400)의 上陸作戰

碑文에 의하면 신라(奈勿王)는 廣開土王에게 구원을 요청하자 고구려는 다음과 같이 조

21) 『三國史記』25, 阿莘王 2年條.
22) 박시형, 『광개토대왕릉비』(평양 : 사회과학원 출판사, 1966), pp. 105~106.

치했다. 즉, 永樂9年(399) 己亥에 百殘(濟)이 맹서를 어기고 倭와 和通하였다. [이에] 왕이 평양으로 행차하여 내려갔다. 그 때 신라왕이 사신을 보내어 아뢰기를 "倭人이 그 國境에 가득차 城地를 부수고 奴客으로 하여금 倭의 民으로 삼으려 하니 이에 왕께 歸依하여 구원을 요청합니다."라고 하였다. 太王이 은혜롭고 자애로워 신라왕의 충성을 갸륵히 여겨 신라 사신을 보내면서 [고구려 측의] 密計를 알려 주어 돌아가서 고하게 하였다.

10年(400) 庚子에 왕이 步兵과 騎兵 도합 5만 명을 보내어 신라를 구원하게 하였다. 고구려군이 男居城을 거쳐 新羅城(國都)에 이르니 그 곳에 倭軍이 가득 하였다. 官軍이 막 도착하니 倭賊이 퇴각하였다. 고구려군이 倭의 背後로부터 급히 추격하여 任那加羅의 從拔城에 이르니 城이 곧 항복하였다. 新羅人에게 이 성을 수비케 했다.… 倭寇는 大敗되었다.

지금까지 文獻史學者들은 碑文에 왕이 步·騎 5萬名을 파견했다고 기록했기 때문에 이에 대해 아무도 異議를 제기하지 않았으나, 필자는 여기에 문제점이 내포되어 있다고 생각한다. 물론, 碑文은 왕이 돌아간 뒤 3년 째 되는 해에 건립되었고, 이것을 세운 장수왕을 비롯하여 여러 신하들은 모두 廣開土王 在位時節에 함께 왕을 보필하였던 사람들이다. 따라서 이 碑文은 사건 당사자들의 기록이기 때문에 歷史學硏究에 있어서는 一等史料로 간주된다. 다시 말하면, 이 碑文은 다른 문헌기록에 우선하는 가치를 가지는 것이다. 그러나 碑文 역시 사람에 의해 씌어진 것이므로 그의 軍事問題에 대한 전문성 또 고구려의 국가 이익과 廣開土王 業績을 찬양하려는 욕망으로 인한 문장의 윤색이나 과장에 대한 史料批判은 반드시 수반되어야 한다고 본다.

문헌상 고구려의 최대 동원 병력은 385년의 4만 명이 있다.[23] 400년의 5만 병력이라면 고구려의 최대 동원 병력이라 생각할 수 있으리라. 한편, 399년에 燕의 大軍이 침입하여 고구려는 遼東의 新城과 南蘇城이 함락당하고 七百里에 달하는 땅을 빼앗겼다.[24] 그런데 신라를 구원하기 위해 고구려의 총 병력을 파견한다면, 북방의 燕과 남방의 百濟가 침공한다면 어떻게 할 것인가? 또한 파견 병력이 陸路·海路 어느 것을 택했는지도 밝히지 않았다. 碑文의 撰者는 軍事問題에 無知하거나 아니면 과장되게 내용을 기록한 것으로 생각하며, 필자는 신라 구원군의 파견 병력은 본국의 수비 병력을 남겨 두고, 1만~1만 5천 명 정도 파견했으리라 추정한다.

23) 上揭書, 廣開土王 9年條.
24) 上揭書, 廣開土王 9年條.

지금까지 고구려의 파견 병력은 陸路를 택한 견해가 대부분이었다.[25] 만약, 高句麗가 陸路를 택하여 평양으로 남하하여 신라로 가자면 당시 백제의 수도는 漢城(廣州)이고 보면 백제의 영토를 통과해야 하고, 아마도 竹嶺·鳥嶺을 통과해야 한다. 그렇다면 百濟의 側方攻擊·後方遮斷을 당하고 말 것이기 때문에 作戰上의 관점에서 본다면 난점이 많아 실현 가능성이 거의 없다고 보아진다.

신라로 파견된 고구려군은 東海의 海路를 택하였다는 것이 필자의 견해이며 다음과 같은 근거에 의거하고 있다.

첫째 : 前述한 바와 같이 廣開土王은 永樂6年(396)에 백제의 후방에 奇襲的 上陸作戰을 성공리에 감행하여 백제왕을 굴복시켰을 뿐만 아니라, 많은 전리품도 획득했던 것이다.

둘째 : 首都인 集安에서 東海의 함흥지방으로 가는 陸路가 옛날부터 개설되어 있었다. 즉, 고구려는 東沃沮에 대해 租稅로 貊·布·魚 등을 천리나 먼 거리에서 운반시켰고 또 東川王은 246年 毌丘儉의 공격을 받아 敗北하여 南沃沮로 도망치자 毌丘儉軍은 거기까지 추격했던 것이다.[26]

셋째 : 對馬島의 繩文時代의 海人들이 소지하고 있었던 漁撈具는 東海北部에서 한반도 동해 연안으로 남하해 온 문화의 흐름으로 보이는 것이 많으며, 유라시아 북부에서 발생한 다양한 骨角器(材質은 동물의 뼈이며, 낚시바늘, 화살촉, 뼈창 등)를 수용하고 있다.[27] 8월 초가 되면 寒流(리만海流)의 세력이 확장하여 對馬島까지 미치게 되었으며, 北方의 古代人은 이 海流를 이용하여 對馬島까지 갔던 것이 확실하다.

넷째 : 任那加羅는 金官加耶(金海)일진대, 碑文에 "고구려군이 倭의 背後로부터 급히 추격하여 任那加羅의 從拔城에 이르니…"라고 했다. 이것은 水軍을 金海方面에 奇襲上陸作戰을 감행한 것으로 해석하는 것이 순리일 것이다. "왕이 신라 사신을 보내면서 高句麗의 密計를 알려주어 돌아가서 고하게 했다"는 碑文의 9年條의 기록에

25) · 酒井改藏, 「好太王碑面の地名について」, 『朝鮮學報』第8輯 (奈良 : 朝鮮學會, 1955), p. 60.
· 李亨求·朴魯姬, 『廣開土大王陵碑 新研究』(서울 : 同和出版公社, 1986), p. 135.
· 金廷鶴, 『百済と倭国』(東京 : 六興出版, 1981), p. 128.
· 〈그림-1〉 참조.

26) 『魏志』東夷傳 東沃沮條 및 『三國史記』17, 東川王 20年條.

27) 永留久惠, 『対馬島古代史論集』(東京 : 名著出版, 1991), p. 242.

서 密計란 바로 적 후방에서 기습적 상륙작전을 말하는 것이리라.

따라서 필자는 신라를 구원하기 위한 고구려의 파견군은 集安에서 東海로 진출하여 함흥 부근에서 水軍의 선박을 이용해서 동해안으로 남하하여 일부는 신라의 男居城(지금의 蔚山市 中區 兵營洞의 城址로 비정)을 거쳐 王都로 직행했고, 주력군은 김해 방면에 상륙하니 任那加羅軍은 虛를 찔려 황급히 從拔城(金海의 盆山城으로 비정)으로 도망쳤으나 곧 항복하고 말았다고 생각한다.

여기서 유의할 점은 碑文의 「倭」이다. 당시 신라인들은 임나가라를 멸칭으로 倭라고 併用하고 있었다.[28] 그것은 對馬島를 비롯하여 北九州一帶는 임나가라의 세력권 하에 있었기 때문이다. 따라서 碑文의 倭는 임나가라를 멸칭한 것으로 해석한다.

6. 永樂14年(甲辰, 404)의 上陸作戰

碑文의 甲辰年 記事는 다음과 같다.

> 14年(404)甲辰, 倭가 法度를 지키지 않고 帶方地域에 침입하였다. 百濟軍과 연합하여 石城을 함락했고 連船(水軍을 동원하였다는 뜻인 듯)… 王은 스스로 군대를 지휘하여 討伐을 행했다. 평양에서 출발하며, 선두부대가 적과 조우했다. 왕의 군대는 적의 길을 끊고 좌·우로 공격하니 倭寇가 궤멸하였다. [倭寇를] 참살한 것이 무수히 많았다.

박시형에 의하면 永樂14年 甲辰에 高句麗 水軍이 서해안으로 침범하여 올라 온 倭寇船들을 맞받아서 격멸한 사실을 기록한 것이다. 이것은 廣開土王의 직접 정벌에 의한 것이었다.[29]고 했다. 그러나 필자는 見解를 달리한다.

碑文에는 倭가 帶方(지금의 黃海道로서 당시 고구려의 영토)에 침입했고, 또 백제와 왜가 고구려의 石城(미상)을 함락하는 데까지는 倭·百濟가 主語임에 틀림없다. 그런데 다음의 「連船」의 主語는 倭인가, 고구려인가에 대해 견해가 엇갈리고 있는 형편이다. 그런데 "連船□□□…" 다음에 王이 主語가 되는 문장이 시작하는 것으로 보아 「連船」의 主語는 倭와

28) 李鍾學, 前揭書, 「廣開土王碑文의 倭의 實體에 대한 新考察」, 1994, pp. 166~167.

29) 박시형, 前揭書, p. 198.

百濟로 보는 것이 타당하리라. 백제의 입장에서 본다면, 고구려 수군에 의한 迂廻奇襲的 上陸作戰에 의해 두 번(396년과 400년)이나 敗北를 당했기 때문에 이번에는 백제가 주동이 되어 倭와 연합하여 迂廻上陸作戰을 감행한 것으로 해석한다.

碑文의 글자만 본다면, 永樂 10年과 14年條는 高句麗와 倭와의 전투로 해석이 가능하지만(日本人 學者들 가운데는 高句麗의 主敵은 日本列島의 倭라고 대부분 주장함), 당시 韓半島의 歷史舞臺에서의 主役은 고구려와 백제이고, 助役으로 고구려 편에 신라가 가담했고, 백제 편에 임나가라가 가담했다는 사실에 유의해야 할 것이다.

百濟와 倭의 연합군이 帶方地域에 상륙하여 石城까지 함락시켰으나, 그 후 作戰에 실패한 원인은 무엇일까? 가장 큰 원인은 상륙부대와 북상하는 백제의 주력군이 合勢하기 이전에 상륙부대가 고립되어 광개토왕이 직접 지휘하는 정예군에 의해 패배 당한 데 있다고 본다.

두 번째 원인은 서해안의 制海權이 고구려 수군의 수중에 있었다는 점이다.

制海權(海上優勢라는 말이 더 적절하지만 편의상 사용함) 없이 소부대의 기습상륙은 일시적으로 성공할 수는 있으나 대규모의 상륙작전은 성공할 수 없다고 본다.

백제는 고구려의 迂廻上陸部隊의 흉내를 냈지만, 결국 실패하고 말았던 것이다.

7. 맺음말

광개토왕의 가장 큰 업적은 고구려의 영토를 넓힌 것이며, 이것은 征服戰爭에 의해 달성되었다. 그런데 지금까지 征服戰爭의 分析·解釋·評價는 文獻史學的 硏究方法에 의해 논의되어 왔으나, 필자는 軍事史學的 硏究方法에 의해 논의하는 것이 더 바람직하다고 생각하며, 그 연구 결과의 일부를 소개했다.

지난 반세기 동안 韓·中·日의 사학자들 간에 가장 심한 논쟁의 핵심은 碑文의 이른바 「辛卯年」記事였다. 필자는 先學들의 연구 성과를 발판으로 하여 스스로의 釋文과 譯文을 소개했다. 그리고 「辛卯年」記事는 辛卯年에 일어난 사건을 記述한 것이 아니라, 永樂6年(丙申, 396) 이후의 對百濟·新羅·倭(任那加羅)에 대한 종합적인 요약문임을 밝혔다.

우리들은 6·25전쟁 당시, 즉 1950년 9월 16일 맥아더元帥에 의한 연합군의 迂廻奇襲的

仁川上陸作戰의 혁혁한 성공에 감탄한 바 있다. 그러나 1,580여 년 전에 건립된 碑文을 자세히 살펴본다면 廣開土王은 制海權을 바탕으로 하는 迂廻上陸作戰을 즐겨 사용했다는 데 놀라지 않을 수 없다.

碑文의 永樂6年條에 의하면 신라를 구원하기 위해 步·騎 5萬의 고구려군이 파견되었다고 기록되어 있으나, 필자는 실제 파견 병력은 1萬~1.5萬名으로 추정했고 또한 파견 경로는 海路이며, 迂廻上陸作戰을 감행했다는 것을 밝혔다.

그리고 永樂14年條는 百濟·倭(任那加羅)의 上陸作戰이었으나, 실패한 원인을 밝혔다.

三面이 바다로 둘러싸인 한반도에서의 군사작전에 있어서 옛날이나 지금이나 또 미래에 있어서도 制海權의 획득과 上陸作戰의 활용은 대단히 중요하다는 것을 새삼 강조할 필요는 없으리라.♣

(『海洋戰略』 第87號, 海軍大學, 1995. 6.)

— 제 6 장 —

원광법사와 세속오계에 대한 신고찰

1. 문제의 제기

근래에 와서 신라의 군사문제에 관심을 가지게 되자 무엇보다도 화랑도花郎道를 다루어야 했고, 그러자니 자연히 원광법사圓光法師의 세속오계世俗五戒에 대해 유의하지 않을 수 없었다.

세속오계는 신라인의 생활신조生活信條·좌표座標가 되었을 뿐만 아니라, 더 나아가서 화랑도의 중심 이념으로 발전된 것으로 추정하였다. 그리하여 원광에 대해 조사했던 바, 그는 설씨 가문薛氏家門의 6두품頭品 출신이요, 승僧이 된 것도 사회적 출세가 제약받고 있던 현실에 대한 반항적인 행동이며, 진골眞骨이 아니라는 신분이 원광의 생애와 사상을 이해하는 데 큰 도움이 된다[1]고 했다.

원광은 608년(진평왕 30년) 고구려를 치기 위해 수隋에 군사원조를 청하는 글, 걸사표乞師表를 쓰라는 왕의 요청을 받았을 때, "자기가 살고 남을 멸하는 것은 승려의 할 짓이 아니나, 빈도貧道가 대왕의 나라에 살고 대왕의 수초水草를 먹으면서 어찌 감히 명령을 좇지 아

※ 본고는 1990년 4월 14일 韓國古代史硏究會에서 발표한 내용임.

1) 李基白, 1968「圓光과 그의 思想」,『新羅思想史研究』(서울 : 一潮閣, 1986). pp. 96~99.

니 하겠습니까"[2]하고 요청에 응했다. 이에 대해 필자는 원광법사란 정말 국가관이 투철하고 안목眼目이 넓고 사려思慮가 깊은 승려였구나 하는 생각을 가졌으나 이와 다른 견해도 있었다. 즉 불교에 어긋남을 스스로 인정하고… 위험한 바다를 건너 진리를 찾아 서유西遊의 길을 떠나던 때의 구도자求道者로서의 정열과 패기를 찾아볼 수 없으며, 진리와 현실과를 적당히 타협시키고 있으며 여기에 그의 불철저함이 있다. 단지 그의 타협은 치사스런 이론의 농락에 의한 것이 아니라, 강요된 현실에 할 수 없이 순종하는 데서 이루어진 것이었다.[3]

아무튼 원광은 그 후 신라의 정치에 관여했고, 외교문서도 작성하는 등 왕의 신임과 국민의 추앙을 받았다. 그런데 그가 죽자 나라에서 의식장구儀式葬具를 내리어 왕자王者의 예禮와 같이 했다[4]고 했는데, 과연 당시 신라의 골품제 신분사회에 있어서 6두품 출신에게 그렇게 할 수 있을까 하는 의심을 가졌고 또 납득이 가지 않았다.

그래서 필자는 본고本稿에서 다음 사항을 규명해 보고자 한다.

첫째, 원광법사의 신분은 무엇이며, 그의 시대적·사상적 배경은 무엇인가?

둘째, 화랑문제에 있어서 풍류도風流道에서 화랑도로 옮겨가는 데 깊은 연관성이 있는 것은 원화源花에서 화랑제도로 교체되는 제정시기와 세속오계로 추정했다. 특히 세속오계는 지금까지 원광의 사상적 배경에서 다루어져 왔으나, 오계五戒를 이해하고 실천한 것은 귀산·추항이기 때문에 그들의 사상적 배경과 나아가서 풍류도의 사상적 연원淵源을 밝혀 보고자 한다.

셋째, 세속오계의 현대적 의의는 무엇인가?

2. 원광법사와 그의 시대적 배경

원광의 출생 및 사망년死亡年은 확실한 정설은 없다. 『속고승전續高僧傳』에 의하면 선덕왕善德王 10년(641)에 99세로 임종했다고 한다. 한편 『고본수이전古本殊異傳』에 의하면 진평

---

2) 『三國史記』4, 眞平王 30年條.
3) 李基白, 前揭書, p.108.
4) 『三國遺事』4, 圓光西學.

왕 11년(589) 36세 때 서학西學의 길을 떠났고, 84세에 임종했으니 선덕여왕 6년(637)이요 따라서 그의 출생년出生年은 진흥왕眞興王 15년(554)이 된다는 견해[5]는 타당성이 있다고 생각된다.

신라는 법흥왕法興王(514~540)과 진흥왕 초기까지는 밖으로 크게 발전하여 낙동강 하류와 함흥평야에 이르기까지 영토를 확장했다. 그리고 진흥왕 14년(553) 신라는 한반도의 전략적 요충지인 한강유역을 점령했을 뿐만 아니라 중국대륙과 직접 내왕할 수 있는 통로를 획득했다.

그러나 이로 인해 신라는 백제와의 동맹관계를 잃고 원수지간이 되었으며 또한 고구려·백제의 공격 목표가 되었다. 신라는 그 후 거의 100년간, 즉 660년 나·당 연합군이 백제를 침공할 때까지 존망의 위기에 몰렸고, 군사적으로는 수세적守勢的 입장에 놓여 있었다. 예컨대,

- 602년 8월 백제가 신라의 아막성阿莫城을 공격해 왔는데, 이 전투에서 귀산·추항이 전사했다.(『三國史記』4, 眞平王 24年)
- 603년 고구려가 신라의 북한산성北漢山城을 침범하므로 왕이 몸소 군사 1만을 지휘하여 막았다.(『三國史記』4, 眞平王 25年)
- 608년 고구려가 자주 신라의 영토에 침범하므로 수병隋兵을 청하여 고구려를 치려고 원광에게 걸사표를 쓰라고 왕이 요청했다.(『三國史記』4, 眞平王 30年)
- 616년 백제가 신라의 모산성母山城을 공격했다.(『三國史記』4, 眞平王 38年)
- 624년 백제가 신라를 쳐서 6성城을 취했다.(『三國史記』4, 眞平王 46年)
- 642년 백제가 신라의 40여성을 탈취하고 대야성大耶城을 함락했다. 그리고 백제는 고구려와 공모하여 당항성黨項城을 취하여 당으로 통하는 길을 차단하려고 하므로 왕이 사신을 보내어 당 태종에게 위급함을 고했다.(『三國史記』5, 善德王 11年)

원광은 600년(진평왕 22년) 수隋에서 귀국하였으며, 그로부터 세속오계의 가르침을 받은 귀산·추항이 602년 8월의 전투에서 전사했으므로 원광이 세속오계를 가르친 연대는 600년에서 602년 사이가 된다. 필자는 원광이 귀국하자 왕과 온 국민이 환영하고 존경했던 것으로 보아, 그의 귀국 후 가까운 시일 내에 귀산·추항이 찾아간 것으로 생각하여 세속

5) 李基白, 前揭書, pp. 111~112.

오계를 가르친 연대는 600년으로 추정한다.

3. 필사본筆寫本 『화랑세기花郎世紀』와 화랑의 제정시기制定時期

1989년 2월 「서울신문」에 필사본 『화랑세기』가 소개되었으며, 그 후 이에 대한 사료적史料的 가치를 논의한 두 편의 논문이 발표되었다.[6] 필자는 이들과 상이相異한 접근방법을 시도해 보고자 한다. 즉 "필사본 『화랑세기』는 사료적 가치가 있다"는 가설假說에 입각하여 논고論考를 진행시키고자 한다.[7]

화랑의 기원과 그것이 제도로 제정된 시기는 다르며 아직 이 문제에 대해 정설이 없는 실정이다. 여기서는 다만 화랑의 제정 시기만 논의해 보고자하며, 이것은 원화에서 화랑으로 언제 교체되었나 하는 시기를 밝히려는 것이다. 이에 관련된 문헌은 다음과 같다.

A① 37년 봄에 비로소 원화를 받들게 되었다.… 드디어 미녀美女 두 사람을 뽑았는데, 하나는 남모南毛이고 다른 하나는 준정俊貞이었으며 모인 무리는 300여명이었다. 두 여자는 아름다움을 다투어 서로 질투하게 되었는데 준정이 남모를 자기 집으로 유인하여 술을 마시도록 강권하여 취하게 만든 후 끌어다가 강물에 던져 죽였다. 이에 준정은 사형에 처해지고 무리들은 화목을 잃고 흩어졌다. ② 그 후 다시 얼굴이 아름다운 남자를 뽑아 곱게 단장하고 이름을 화랑이라 하여 받들게 되니, 무리들이 구름같이 모여 서로 도의道義로서 연마하고… (『三國史記』4, 眞興王 37年)

B① 제24대 진흥왕의 성은 김씨이고… 왕은 천성이 풍미風味가 있어 신선神仙을 크게 숭상했다. 인가人家의 낭자娘子들 중 아름다운 자를 뽑아 원화原花로 삼고 사람을 뽑아 무리를 만들고 그들에게 효제충신孝悌忠信을 가르치려 하였으니 역시 나라를 다스리는 대요大要이다. ② 이에 남모랑南毛娘과 교정랑姣貞娘을 두 원화原花로 취하였다. 모여든 무리가 300~400명이나 되었다. 교정은 남모를 질투하여… 남모의 시체를 북천 속에서 찾아내었다. 이에 교정랑을 죽였다. 이에 이르러 대왕은 명령을 내려 원화를 여러 해 동안 폐지하였다. ③ 왕은 또한 나라를 일으키

6) 李載浩, 「「花郎世紀」의 史料的 價値」, 『정신문화연구』통권 제36호, 1989년, pp. 107~123 및 權悳永, 「筆寫本 「花郎世紀」의 史料的 檢討」, 『歷史學報』 第123輯, 1989, pp. 155~201.

7) 이 접근법은 다음과 같은 논리에 입각하고 있다. 즉 "여러 가지 現像·事實이 있다. 지금 어떤 假說을 참이라고 한다면, 그 여러 가지 現像·事實을 잘 설명할 수 있다. 따라서 그 假說을 참이라고 할 이유가 있다."

假說이란 긍정 또는 부정하기 위해서 세워 놓은 연구문제에 대한 提案的 또는 豫測的 해답이다(J. C. Townsend, *Introduction to Experimental Method*, New York : McGraw-Hill, 1953, p. 45). 假說은 연구문제에 대한 잠정적 해답이며 實證的 檢證을 통하여 긍정되면 연구문제에 대한 해답을 얻게 된다.(朴龍治, 『現代社會科學方法論』, 서울 : 고려원, 1989, pp. 236~271 및 채서일, 『사회과학 조사방법론』, 서울 : 法文社, 1990, pp. 70~78 參照.)

고자 해서 풍월도風月道를 먼저 일으키고자 다시 명령을 내려 양가良家의 남자로 덕행 있는 자를 뽑아 화랑이라 고치게 하였다.(『三國遺事』3, 彌勒仙花…)

C① 법흥왕 27년 진흥왕 원년元年… 삼맥종립彡麥宗立(진흥왕)의 나이 7세로 태후가 섭정攝政했다. 신라에서는 얼굴과 풍채가 단정한 남자를 뽑아 풍월주風月主라 부르며, 착한 선비를 구하여 무리를 만들어 효도·어른 공경·충성·신의(孝悌忠信)를 장려했다.(『東國通鑑』5, 庚申)

『동국통감東國通鑑』의 진흥왕 37년 진지왕眞智王 원년조元年條는 A①을 요약·인용한 내용으로 생각되며, 『신증동국여지승람新增東國與地勝覽』 22권 경주부慶州府의 법흥왕 원년 풍월주의 기록은 C①을 오독誤讀한 것으로 추정된다.

A①에 의하면 화랑의 제정 시기는 진흥왕 37년(576) 봄이 된다. 그런데 화랑인 사다함斯多含이 귀당비장貴幢裨將으로 가야정벌에 출전하여 공을 세웠는데,[8] 가야정벌은 진흥왕 23년(562)이기 때문에 진흥왕 37년에 화랑이 제정되었다는 것은 모순이 아닐 수 없다. 이 모순을 가장 먼저 지적한 사람은 문헌상 신채호申采浩이며, 「조선역사상일천래 제일대사건朝鮮歷史上一千年來 第一大事件」(「동아일보」, 1925.)이라는 논문에서 밝혔다.[9]

그리고 A①, B①을 통하여 낭도郎徒를 이끌던 중심인물이 원화源花였던 시기와 화랑이었던 시기로 나누어 볼 수 있는데, 원화의 시기가 더 오래된 것은 분명하지만, 그러면서도 화랑의 제정 시기가 언제였는지 단정하기 어려우며, 이와 관련된 종래의 견해는 다음과 같다.

진흥왕대(540~576)에 화랑이 제정되었다는 견해,[10] 진흥왕 초년 민족의 전통을 받들어 민간청년의 애국운동인 화랑도가 차츰 발전했다는 견해,[11] 화랑제도의 설치 연대는 진흥왕 10년 이후라는 견해[12] 등이 있다. 한편 손진태孫晋泰는 "화랑제도는 누가 창안하였는지는 모르되… 조정의 모후 섭정母后攝政과 이것을 아울러 생각했을 때, 시초기試初期의 화랑은 진흥모후眞興母后의 발안發案이 아니었던가도 상상된다"[13]고 했는데, 화랑제도와 진흥모후인 지소태후只召太后를 관련시켰다는 것은 놀라운 상상력이라 평가된다. 그리고 『화랑세기』에 나타난 화랑제도의 제정된 시기와 관련된 기록은 다음과 같다.

---

8) 『三國史記』44, 斯多含.
9) 申采浩, 『丹齋申采浩全集(中)』(서울 : 螢雪出版社, 1979), p. 120.
10) 三品彰英, 『新羅花郎の研究』(東京 : 三省堂, 1943), p. 209 및 李基東, 『新羅骨品制社會와 花郎徒』(서울 : 一潮閣, 1984), p. 326.
11) 李瑄根, 『花郎道研究』(서울 : 東國文化社, 1949), p. 3.
12) 劉昌宣, 「新羅花郎制度의 研究」, 『新東亞』1935, 5-11, p. 87.
13) 孫晋泰, 『韓國民族史概論』(서울 : 乙酉文化社, 1948), pp. 127~128.

H① 우리나라에서는 여자로서 원화源花로 삼다가 지소태후只召太后가 이를 폐지하고 화랑을 두어 나라 사람들로 하여금 받들게 하였다.(머리말)

② 그러나 대왕(진흥)은 그 사실도 모르고 미실美室을 받들어 원화로 삼고 두 화랑으로 하여금 낭도郎徒를 거느리고 조회하였다. 대왕이 전주殿主(미실)와 함께 남도南桃에서 조회를 받으니 원화의 제도가 폐지된 지 29년 만에 다시 부활되었고 곧 연호를 고쳐 대창大昌이라고 하였다.(세종世宗)

③ 태후는 또 낭도들이 부리기에 넉넉하지 못한 것을 염려하여 위화공魏花公에게 부탁하여 낭도를 갑절로 늘리게 하자 준정俊貞이 이를 시기하여 술을 가지고 남모南毛를 유인하여 수상水上에서 해쳤다. 남모의 낭도들이 이를 고발하니 태후는 곧 원화를 폐지하고 선화仙花를 화랑으로 삼아 그 무리를 풍월風月이라 칭하고 그 우두머리를 풍월주風月主라 칭하였는데 위화공이 화랑의 우두머리가 되고 공公이 차석次席… (미진부공未珍夫公)

우리들은 지금까지 준정이 남모를 살해한 사건이 어느 연대인지를 확실하게 알지 못하고 있었으나, 김대문金大問이 우연하게 원화제도源花制度의 부활을 기록함으로써 결정적 단서를 제공해 주었다. 즉 원화의 제도가 폐지된 지 29년 만에 다시 부활시키고 연호를 고쳐 대창大昌이라 했는데(H②), 이것은 바로 진흥왕 29년(568)이다. 따라서 준정이 남모를 살해하여 원화제도가 폐지된 것은 진흥왕 원년(540)이 된다.

그러면 원화가 폐지되고 곧 화랑제도를 창설했는지, 아니면 여러 해 후에 창설했는지가 문제이다. 이에 대해 먼저 제도의 존폐를 관장한 것은 지소태후였으며(H①, ③), 남모의 낭도들이 고발하자 태후는 곧 원화를 폐지하고 화랑의 우두머리인 풍월주로 위화공을 임명했다는(H③) 문맥과 당시의 상황으로 미루어 보아 원화의 폐지 후 곧 위화공을 지명하여 화랑제도를 창설한 것으로 해석된다. 더욱이 C①의 내용은 이를 뒷받침해 주고 있다.

C①의 내용은 지금까지 그 출처가 분명치 않아서 소홀하게 다루어져 왔으나, H①, ②, ③과 더불어 종합적으로 고찰하면 사료적 가치가 있는 내용임을 알 수 있다. 더욱이 고기류古記類 중에서 『신지神志』, 『삼한고기三韓古記』, 『해동기海東記』등 몇 종류는 조선시대까지 잔존하여 『동국통감東國通鑑』의 수찬修撰에 참고가 되었고,[14] 또한 그 책의 편수과정으로 보아[15] 아무 근거 없이 마구잡이로 풍월주의 탄생을 진흥왕 원년(540)에 삽입했으리라고는 생각되지 않는다. 그리고 지소태후가 정권을 담당하여 화랑을 설치할 때 위화랑魏花郎을 임명했다[16]고 했으니 화랑제도의 설치시기는 540년 7월부터 12월 사이가 될 것이다.

14) 申一澈, 「申采浩의 近代的 國史像 發達過程」, 『丹齋申采浩와 民族史觀』(서울 : 螢雪出版社, 1980), p.142.

15) 鄭求福, 「『東國通鑑』에 대한 史學史的 考察」, 『韓國史硏究』第21, 22輯, 1978, pp.119~190 參照.

16) 金大問, 『花郎世紀』魏花郎.

4. 원광법사의 신분과 사상적 배경

『당속고승전唐續高僧傳』에 의하면 원광의 속성俗性은 박씨朴氏라 했고, 또 『고본수이전古本殊異傳』에 의하면 설씨薛氏로 왕경인王京人이라 했다.[17] 박씨라면 진골출신眞骨出身일 것이며, 설씨라면 6두품일 것이나 어느 것으로 확정지을 만한 단서도 없고 또 그의 가계家系에 관해서도 지금까지 전연 알려져 있지 않았다. 그런데 『화랑세기花郎世紀』에는 다음과 같이 기록하고 있다.

원광의 조부祖父인 위화랑魏花郎은 이찬의 지위에 올랐고, 그의 아들 이화랑二花郎은 준실부인俊室夫人이 낳은 아들이었다. 준실부인은 수지공守知公의 누이이고 자비왕慈悲王의 외손으로 처음에는 법흥대왕의 후궁이 되었으나 아들이 없었으므로 다시 공에게 시집와서 이화랑을 낳았다. 이화랑 역시 얼굴이 잘생기고 문장文章을 잘 하였으므로 지소태후只召太后가 총애하여 항상 좌우에서 모시고 있게 하였다. 그런데 태후의 딸 숙명공주淑明公主가 진흥왕의 총애를 입어 태자를 낳아 황후로 봉해졌으나, 이화랑을 좋아하여 둘이 함께 도망하여 아들을 낳았는데 그가 바로 원광법사圓光法師였다. 원광의 동생 보리菩利는 숙태자의 딸 만용萬龍에게 장가들어 예원각간禮元角干을 낳았는데 그는 곧 나(김대문金大問)의 할아버지였다.(위화랑·이화랑)

圓光法師의 家系

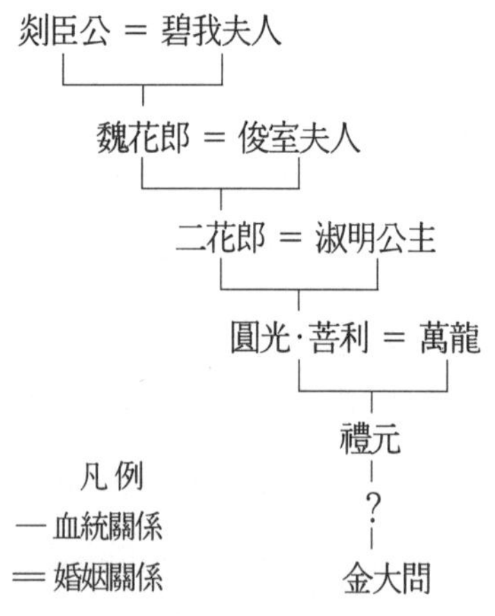

원광은 김대문의 종증조부가 되며, 예원은 문무왕 11년(671)에 중시中侍로 임명되었다.[18] 따라서 원광의 가계家系는 진골출신일 뿐만 아니라, 왕실과 대단히 밀접한 관계를 맺고 있었다는 것을 알 수 있다.

위화랑은 초대의 풍월주요, 2대의 미진부공未珍夫公, 3대의 모랑毛良은 위화랑의 사위였고,[19] 이화랑은 4대, 보리는 12대의 풍월주

17) 『三國遺事』4, 義解 5, 圓光西學.
18) 『三國史記』7, 文武王 11年.
19) 金大問, 『花郎世紀』 未珍夫公 毛良.

였다. 특히 보리는 여형女兄인 화명花明과 옥명玉明이 진평대왕의 후궁으로 왕의 총애를 받았기 때문에 조정에서 그를 중용重用하려고 했지만, 그는 거절하면서 "우리 가문은 대대로 화랑을 이어온 것으로 만족하는데 어찌 벼슬을 하겠는가"[20] 하였으니, 원광의 가문은 대대로 이어온 화랑의 가문일 뿐만 아니라, 그들은 이에 대해 높은 긍지를 가지고 있음을 여실히 보여 주고 있다.

원광은 대대로 해동海東에 살아 조상의 풍습風習이 오래 계승되었는데, 도량이 컸었다. 즐겨 문장을 연습하고 도학道學과 유학儒學을 섭렵하고 제자諸子와 사학史學을 연구하여 문명文名이 삼한三韓에 떨쳤다. 그는 중국에 11년간 유학하여 삼장三藏에 널리 통하고 겸하여 유술儒術을 배웠다. 그가 귀국하자 온 국민이 기뻐하였고 진평왕도 공경하고 성인聖人처럼 우러렀다. 그는 나라의 정치에 조언도 하는 한편 중국으로 보내는 외교문서를 작성하기도 했다. 고령에 이르자 수레를 타고 대궐을 출입했고 의복과 약식藥食을 모두 왕이 손수 마련해 주기도 했다. 그는 정법正法을 널리 펴고 매년 두 번 강론하여 후학을 양성했다. 보시布施로 받은 재물은 모두 사찰경영寺刹經營에 충당했으므로 남은 것은 오직 의복과 식기뿐이었다.[21]

한편 『고본수이전古本殊異傳』에 의하면, 원광이 홀로 삼기산三岐山에서 수양하고 있는데, 신神이 나타나서, "이곳에만 계시면 비록 자신을 이롭게 하는 행위는 있을 것이나 남을 이롭게 하는 공은 없을 것이니 지금 고명高名을 드러내지 않으면 미래에 승과勝果를 취하지 못할 것이다. 어째서 불법佛法을 중국에서 취해 와서 이 나라의 혼미한 중생을 지도하지 않는가?"

"중국에 가서 도道를 배우는 것은 원래 소원이나 바다와 육지가 멀리 막혀 있으므로 스스로 가지 못할 뿐입니다."

신神이 중국 가는 데 행할 계책을 자세히 일러 주자, 법사는 그 말에 따라 중국으로 유학하여 불법과 유학을 배워 귀국했다. 그는 신에게 감사를 표하고자 전에 거주했던 삼기산에 가서 신을 만나, "신의 큰 은혜를 입어 편안히 도착했습니다." 하고 보고했다.[22]

여기서 원광과 신과의 대화 내용 그리고 원광의 행적을 어떻게 해석할 것인가? 그가 중

---

20) 上揭書, 菩利.
21) 『三國遺事』4, 義解 5, 圓光西學.
22) 上揭書.

국으로 유학한 것도 신의 권유에 의한 것이요, 귀국해서 삼기산에 가서 신에게 사의를 표했다는 것은 신라의 고유종교固有宗教(선교仙教)를 간직하고 있으면서 불교를 수용했다는 설화說話의 내용으로 해석이 가능하리라. 이와 관련하여 『화랑세기』는 다음과 같이 기록하고 있다.

> 원광은 일찍이 동생 보리에게 가르쳐 말하기를, '나는 불도佛徒가 되고 너는 선도仙徒가 되면 가히 우리 가문과 나라를 편안하게 할 수 있을 것이다'고 하였다.[23]

이것은 대단히 중요한 내용으로 원광의 사상적 배경을 잘 표현하고 있다. 그의 세속오계 및 걸사표를 쓴 그의 입장과 태도의 일관성을 해명하는 열쇠가 된다고 생각한다.

원광은 국가와 열반에 안주安住하는 것을 분리해서 생각하거나 또 왕도王道와 불도佛道의 모순에 빠지는 그런 승려는 아니었다. 그에게 있어서 법도法道는 왕도를 위한 수단으로 생각했으며, 불도가 된 것은 수단(방편方便)이고, 가문과 국가를 편안하게 하는 것이 목적이었다.

불교의 발상지는 인도이지만, 그것이 중국, 한반도의 3국, 즉 고구려·백제·신라 그리고 일본에 전파되면서 그 특징이 상이相異하였다. 그런데 특히 신라의 불교가 호국불교護國佛教의 색깔이 유난히도 진하고, 그것이 고려·조선시대로 내려오면서 전통화된 것은 바로 원광법사로부터 연유된 것으로 생각한다.

5. 세속오계와 풍류도·화랑도

원광의 세속오계에 대한 사료는 다음과 같다.

> 귀산貴山은 사량부 사람이며… 같은 부의 사람 추항을 벗으로 삼았다. 두 사람은 서로 말했다.
> "우리들은 덕행이 높고 학문이 있는 이와 교유하기로 기약했는데 먼저 마음을 바루고 몸을 닦지 않으면 아마 치욕을 당함을 면하지 못할 것이니, 어찌 어진 사람 곁에 가서 도리를 듣지 않으랴."
> 이때 원광법사가 수나라에서 공부하고 돌아와서 가실사에 있었는데 그때 사람들이 그를 존경했다. 귀산 등은 그 문하로 가서 공손히 나아가 아뢰었다.
> "속세의 인사가 우매하여 아무 것도 아는 바가 없사오니 부디 한 말씀 내리셔서 평생의 잠언을 삼

---

23) 金大問, 前揭書, 菩利.

도록 해 주십시오."

법사는 말했다.

"불교의 계율에는 보살계菩薩戒가 있어 그 조항이 열이 있으나, 너희들은 남의 신하와 자식 된 몸이 되었으니 아마 감당하지 못할 것이다. 지금 세속의 5계율이 있으니, 첫째는 충성으로써 임금을 섬기는 일이요(사군이충事君以忠), 둘째는 효도로써 어버이를 섬기는 일이요(사친이효事親以孝), 셋째는 신의로써 벗을 사귀는 일이요(교우이신交友以信), 넷째는 싸움터에서는 물러서지 않는 일이요(임전무퇴臨戰無退), 다섯째는 생물을 죽이되 가려서 죽이는 일이니(살생유택殺生有擇), 너희들은 이 일을 실행하여 소홀히 하지 말라."

귀산 등이 말했다.

"다른 것은 이미 말씀을 알아들었습니다만, 이른바 '생물은 죽이되 가려서 죽인다'는 말씀만은 아직 이해되지 않습니다."

"여섯 젯날과 봄철·여름철에는 생물을 죽이지 않는 것이니, 이는 시기를 가림이요, 가축을 죽이지 않음은 곧 말·소·닭·개를 이름이며, 잔 생물을 죽이지 않음은 곧 고기가 한 점도 되지 못하는 것을 이름이니 이는 생물을 가림이다. 이도 또한 그 소용되는 것만 하지, 많이 죽이지는 않을 일이다. 이것이 세속의 좋은 경계이다."

귀산 등은 말했다.

"지금부터는 이 말을 받들어 실행하여 감히 어기지 않겠습니다."(『三國史記』45, 貴山)

지금까지는 원광이 어떤 사상적 배경에서 세속오계를 가르쳤는가 하는 것이 거의 논의의 초점이 되어 왔으며, 그 견해는 대략 다음과 같다.

• 유교적 배경

이 오계五戒는 글자 그대로 세속적인 계명誡銘이니, 대개 유가덕목儒家德目(충·효·신·용·인)에 의한 것이다. 그 중의 '살생유택'은 유가의 사상도 되고 불가의 예외적例外的·현세적現世的인 사상도 된다고 하겠다. 그러나 불교의 근본덕목은 아니다.[24]

이들 덕목이 유교에서 주장하는 기본덕목들과 일치한다는 점은 역시 간과할 수 없을 것으로 믿는다. 이들 덕목의 유래를 혹은 불교에서 찾아보려는 시도도 있는 듯하나, 적어도 이들 덕목이 불교의 기본사상과 직결될 수는 없다. 게다가 원광은 '노장老莊과 유학儒學을 널리 읽고 제자諸子와 사서史書를 연구했다'(『續高僧傳』13, 圓光傳)고 하였으므로 그는 유교에 대한 풍부한 지식을 갖고 있었음이 분명하다. 그러므로 원광 자신은 승려였지만 세속인世

24) 李丙燾, 『韓國史 古代篇』(서울 : 乙酉文化社, 1959), p. 601.

俗人에게 오히려 이러한 유교덕목이 적합하다고 믿고서 이를 주었다는 설이 온당할 것으로 생각된다.[25)]

• 불교적 배경

우리는 이상에서 효와 살생과 신信이 결코 반불교적反佛教的이 아니라, 다시 말하자면 한갓 유교덕목에 한한 것이 아니며 오히려 불가佛家에 있어서 효와 살생과 신은 호법護法을 위한 그리고 수도修道의 근본적인 제일보第一步라는 것을 말하여 왔다. 따라서 원광법사의 세속오계도 종전과 같이 전적으로 충·효·신·용·인의 유교덕목으로 해석하려는 관점은 이제 방향을 돌리어 정법正法을 수호하고 만행萬行을 닦고 수도하려는 신라인의 국가 생활규범이라는 방향에서 검토되어야 할 것이다. 원광이 유술儒術도 겸비하였다 하더라도 그가 불도수행佛道修行의 승僧이요 또한 세속오계가 불교윤리로서 혹은 경전經典으로서 해명될 수 있으니 일단 불교의 방향에서 다루어 가는 것이 순리일 것이다.[26)]

우리는 원광의 세속오계는 모두 불교적인 근거가 있다고 믿는다. 더구나 원광은 스님이었다. 무엇 때문에 남의 종교에서 실천 수행덕목을 빌려와야 한단 말인가.[27)]

• 삼교 조화적三教調和的 배경

원광의 세속오계는 그 조목 자체에서 볼 때 불가佛家의 계목戒目보다는 다르고 오히려 유가오륜儒家五倫에 가깝다. 그러나 여기서 주의해야 할 것은 충·효·신의 덕목을 꼭 유가儒家만의 것으로 보아서는 안 되고, 또 살생유택계殺生有擇戒도 그것을 불교만의 것으로 보아서는 안 된다는 것이다. 그러므로 원광의 세속오계는 그것이 원광이 승려라 해서 불교에서 사상의 배경을 찾아서도 안 되고 물론 유교에서만 찾아서도 안 된다는 점이다. 원광 자신이 불제자佛弟子가 되기 전에 이미 유학이나 도교道教에 조예造詣가 깊었다는 것과 진陳이나 수隋에 유학했을 때 그 곳 사정이 이미 삼교 조화사상三教調和思想이 이론적으로 특히 불승佛僧들의 주동적인 노력에 의해 성숙되어 있었다는 것… 특히 원광의 세속오계 중 임전무퇴는 당시 신라의 국가적 처지와 피치 못할 전쟁상황 속에서는 어쩌면 실제적으로

---

25) 李基白, 1973「儒教受容의 初期形態」,『新羅思想史研究』, p. 202.
26) 安啓賢,「新羅人의 世俗五戒와 國家觀」,『韓國思想』3, 1960. p. 89.
27) 鄭柄朝,『佛教文化史論』(서울 : 韓國佛教研究院, 1988), pp. 77~78.

가장 중요한 계목戒目이며 이것은 유불양가儒佛兩家의 기성덕목旣成德目이 아니라, 바로 원광 자신이 국가가 처한 운명을 직시한 데서 제정된 계목이며, 「걸사표」를 손수 지은 것만 보더라도 원광의 위인爲人이 삼교를 회통會通한 위대한 학문승學問僧이요, 현실을 중시하고 국가관이 투철한 사상승思想僧임을 알 수 있다.[28)]

• 신라인의 양속良俗·미덕적美德的 배경

이러한 역사와 신라의 미덕을 잘 아는 원광이 세속에서 정심지신正心持身할 평생의 교계敎誡를 일러줌에 있어서… 그러므로 원광은 옛부터 내려오는 신라의 미덕양풍의 전통을 당시의 시대 사정에 맞추어서(불교와 유학의 풍조까지도 참작하여) 통일과업을 앞둔 삼국전쟁기의 신라 젊은이들에게 가장 적합하도록 다섯 가지로 덕목화德目化한 것이 이 세속오계였다고 할 수 있을 것이다. 그리고 보통 다섯 번째의 '살생유택'을 불교적인 것이라고 본다. 그러나 실제에 있어서 이것은 불계佛戒와는 정반대가 된다. 불교에서는 어떤 계율에서든지 불살생不殺生을 첫째로 내세운다.… 그러므로 글자 그대로 본다면 살생유택은 '살생은 하라. 그러나 삼가서 하라'는 뜻이 되기 때문에 불살생의 불교교의佛敎敎義에는 어그러지는 것이 된다. 그와 동시에 원광은 불살생을 실천해야 하는 불승佛僧의 입장에서 살생을 하라(유택有擇이라도 살생은 살생이다)고 권장한 결과가 되고 마는 것이니 불교인으로서는(특히 대덕고승大德高僧으로서는) 불계에 크게 위배되었다고 할 수 있다. 그러기 때문에 원광은 불가에서 지켜야 할 보살계가 있다는 것을 밝히고 세속에서는 세속인에 적합한 오계가 있음을 전제하였던 것이다. 즉 이것은 불계가 지켜야 하는 수도인修道人도 아니고 불법을 신봉하는 불교인이 아닌 세속생활을 하는 일반 국민을 상대로 한 교계敎誡였기 때문이다.[29)]

• 신라인의 풍류도적 배경

지금까지의 세속오계에 대한 사상적 배경을 규명하는 접근법은 원광의 사상적 배경에 국한되어 왔고 또 외래종교의 사상과 교리(신라인의 양속良俗·미덕적 배경은 제외)에 합치하는가의 여부에 초점을 맞추어 논의되어 왔다.

그러나 필자는 원광이 세속오계에 대해 어떤 사상적 배경을 가지고 귀산·추항에게 가르

28) 金忠烈, 「花郎五戒의 思想背景考」, 『亞細亞硏究』1971, 14－4, p. 215.
29) 金煐泰, 1975「新羅佛敎受容의 國家的 理念」, 『新羅佛敎硏究』(서울 : 民族文化社, 1987), p. 31.

쳤는가 하는 것을 규명하는 것도 중요하지만, 더 중요한 것은 귀산·추항이 어떤 사상적 배경을 가지고 세속오계를 이해·실천했는가를 규명하는 것이라 생각한다. 그들은 원광에게 살생유택만 질문했을 뿐이라는데 유의할 필요가 있다. 이것은 지금까지의 세속오계에 대한 연구접근법과는 본질적으로 상이相異한 주객主客이 달라졌다는 것을 밝혀 둔다.

600년경을 기점으로 하여 당시 신라의 일반인들(귀산·추항을 포함하여)이 세속오계를 이해할 만한 사상적 배경은 무엇이며, 그것은 외래종교인가 아니면 전통사상인가 그리고 전통사상이라면 무엇일까 하는 것을 규명해 보고자 한다.

필자는 유교·불교·도교가 신라에 언제부터 전래·수용되었는가를 상세히 논의할 지면의 여유가 없다.[30] 그러나 신라에 외래종교가 전래된 것은 고구려·백제보다 늦었을 뿐만 아니라, 일반인들의 수용은 아무래도 삼국통일전쟁이 끝난 676년 이후로 보는 것이 타당할 것이다. 왜냐하면, 앞에 말한 바와 같이 신라는 당시 국가 존망의 위기 속에서 전쟁을 치르고 있었기 때문에 외래 종교를 수용할 정신적 여유가 없었으리라. 거기에다 고구려·백제의 불교 수용이 무반성無反省인데 비하여, 신라의 그것의 특징은 반성과 자각自覺이 수반되었다[31]고 했는데 신라인들은 외래 종교에 대해 신중한 태도와 자세를 취했기 때문이었다.

그렇다면 옛날 신라인들의 도의적·종교적 기조는 어떤 것이었을까? 이에 관련된 자료는 다음과 같다.

자료 ① 왜인들이 군사를 끌고 와서 변경을 침범하려다가 시조始祖에게 뛰어난 덕이 있음을 듣고 돌아갔다.(『三國史記』1, 赫居世 8年, B.C. 50年)

② 낙랑 사람들이 군사를 지휘하여 침범하려다가 변방 사람들이 밤에도 문을 닫지 않았고, 한데에 쌓아 둔 곡식더미가 들판을 덮은 것을 보고 서로 일러 말했다. "이곳 백성들은 서로 도둑질을 하지 않으니, 도덕이 있는 나라라고 할 수 있겠소. 그런데 우리들이 몰래 군사를 이끌고 와서 그들을 습격함은 도둑과 다름이 없으니, 어찌 부끄럽지 않으리오." 하고 군사를 이끌고 돌아갔다.(『三國史記』1. 赫居世 30年, B.C. 28年)

③ 나해왕이 왕이 된지 17년(212)…그 때 물계자의 무공武功이 으뜸이었다. 그러나 태자에게 미

30) 다음 문헌을 참고할 것.
· 趙芝薰, 『韓國文化史序說』(서울 : 探求堂, 1964), pp. 77~112.
· 李基白, 『新羅思想史硏究』(서울 : 一潮閣, 1986), pp. 192~209.
· 車柱環, 『韓國道敎思想硏究』(서울 : 서울大學校, 1978), pp. 90~117.

31) 村上四男, 『朝鮮古代史硏究』(東京 : 開明書院, 1978), p. 10.

움을 받아 그 공을 상 받지 못했다. 어느 사람이 물계자에게 말했다.

"이번 싸움의 무공武功은 오직 당신뿐인데 상은 당신에게 미치지 않았으니 태자가 당신을 미워함을 그대는 원망하시오?"

물계자는 말했다.

"임금께서 위에 계신 데 태자를 어찌 원망하겠소."

"그렇다면 이 사실을 왕에게 아뢰는 것이 좋지 않겠소?"

"공을 자랑하고 이름을 다투며 자기를 나타내고 남을 가리는 것은 지사가 하지 않는 일이니 그저 힘써 때만 기다릴 뿐이요.…"

20년 을미(215)에… 왕이 친히 군사를 거느리고 이를 막았더니 세 나라가 모두 패전했다. 물계자가 죽인 적병이 수십 급이었으나 사람들은 물계자의 공을 말하지 않았다. 물계자는 그 아내에게 말했다.

"내 들으니 임금을 섬기는 도리는 위태함을 보고는 목숨을 바치고, 환란을 당해서는 자기 몸을 잊어버리며 절의節義만을 지키고 사생死生을 돌보지 않음을 忠이라 하는데, 보라·갈화의 싸움은 진실로 나라의 환란이었고 임금의 위태로움이었는데도 나는 일찍이 자기을 잊고 목숨을 바친 용맹이 없었으니 이것은 불충不忠이 심한 것이오. 이미 불충으로서 임금을 섬겨 누를 아버님께 끼쳤으니 이를 효라고 하겠소? 이미 충효의 도를 잃었으니 무슨 면목으로 다시 조정과 시정에 설 수 있겠소."

이에 머리를 풀어 헤치고 거문고를 메고, 사체산에 들어가서… (『三國遺事』5, 물계자)

④ 옛날에 물계자는 "하늘은 사람의 마음을 알고 땅은 사람의 행실을 알며, 해와 달은 사람의 뜻을 비추고 귀신은 사람이 하는 것을 본다"고 말했다.(『揆園史話』 序)

⑤ 10년 을축(425)에 눌지왕은 여러 신하와 나라 안의 호협豪俠들을 소집하여 "만일 (불모로 간) 두 아우를 만나보고 함께 선왕先王의 사당에 고하게 된다면, 나랏 사람에게 은혜를 갚겠는데, 누가 그 계책을 이룩할 수 있겠소?"

왕이 (제상堤上을) 불러 물으니 제상이 두 번 절하고 아뢰었다.

"신이 듣자오니 임금에게 근심이 있으면 신하는 욕을 당하고, 임금이 욕을 당하면 신하는 죽게 된다 하였으니 만약 일이 어렵고 쉬운 것을 헤아려서 행한다면 그것은 충성되지 못하다 할 것이오며, 죽고 사는 것을 생각하와 움직인다면 그것은 용맹이 없다 할 것이오니, 신이 비록 불초하오나 왕명을 받들어 행하겠습니다."(『三國遺事』1, 奈勿王 金堤上, 『三國史記』에는 朴氏로 되어 있음)

⑥ 제24대 진흥왕의 성은 김씨요… 양나라 대동 6년 경신(540)에 왕위에 올랐다.… 왕은 천성이 멋스러워 신선을 크게 숭상하여 민가의 아름다운 처녀를 가려서 원화로 삼았다. 그것은 무리를 모아 (그 중에서) 인물을 선발하고 또 그들에게 효제충신을 가르치려 함이었으니, 또한 나라를 다스리는 대요였다.… 왕은 나라를 흥하게 하려면 반드시 풍월도를 먼저 일으켜야 된다고 생각하여 양가의 덕행 있는 사내를 뽑아 그 명칭을 고쳐 화랑이라 했다.(『三國遺事』3, 彌勒仙花…)

⑦ 최치원崔致遠의 난랑비서鸞郎碑序에는 "나라에 현묘玄妙한 도道가 있는데, 이를 풍류라 한다. 교敎가 베풀어진 기원은 『선사仙史』에 자세하다. 알맹이는 바로 삼교를 포함하여 이들이 상접

융화相接融化해 동근총생同根叢生하는 것이다. 이를테면, 안으로 집안에 효도하고 밖으로 나라에 충성하는 것은 노魯나라 사구司寇였던 이의 교지敎旨와 같고, 작위作爲없는 일에 처하고 말않는 가르침을 행하는 것은 주周나라 주사柱史를 지낸 이의 종지宗旨와 같고, 모든 악을 짓지 않고 모든 선을 받들어 행하는 것은 천축국天竺國 태자였던 이의 교화敎化와 같다."[32]고 했다.(『三國史記』4, 眞興王 36年)

⑧ 그 후에 다시 얼굴이 아름다운 사내를 뽑아 이를 곱게 꾸며서 화랑이라 이름 하여 받들게 했는데, 무리들이 구름처럼 모여 들었다. (그들은) 도덕과 의리로써 서로 연마하고, 노래와 음악으로써 서로 즐겼으며, 산과 물에 노닐고 즐겨 멀리 가보지 않은 곳이 없었다. 이로 말미암아 그 사람들이 간사함과 정직함을 알게 되어 착한 이를 뽑아서 그들을 조정에 추천했던 것이다. 그러므로 김대문金大問의 『화랑세기』에는 "어진 보필과 충성스러운 신하는 여기서 선발되었고 훌륭한 장수와 용감한 병졸도 이에서 나오게 되었다"고 했다.(『三國史記』4, 眞興王 36年)

자료①은 신라의 시조요 왕인 박혁거세朴赫居世가 '뛰어난 덕이 있다'고 했는데, 이것은 왕이 올바른 정치를 하고 있었다는 것을 뜻하는 것이다. ②는 신라인들이 '서로 도둑질을 하지 않고' 또 '도덕이 있는 나라'라고 했는데, 당시 신라인들은 서로 신뢰하는 믿는(신信) 사회였고 또 질서를 지키면서 살고 있었다는 것을 알 수 있다.

옛날 중국인들도 동이東夷를 군자국君子國이라고 칭송했다. 즉 『산해경山海經』에서는 '동이는 군자국으로서… 의관衣冠을 하고 칼을 차고… 사람들이 서로 사양하는 것을 좋아하고 다투지 아니 한다.' 하였고, 『산해경찬山海經讚』에서는 '동방은 천성이 어질고 나라에 군자가 있었으니… 예양禮讓을 좋아하되 예禮는 이치에 맡긴다.' 하였고, 『논어論語』에서는 '공자孔子는 그 도道가 행하여지지 못함을 한탄하여 뗏목을 타고 바다에 떠서 구이九夷(조선)에 가서 살고 싶다.' 하였고, 『예이경禮異經』에는 '동방 사람들은… 태연하게 앉아 서로 범하지 아니하며, 서로 기리고 서로 헐뜯지 아니하며, 사람에게 환란이 있는 것을 보면 목숨을 내걸고 이를 구하여 주니 선인善人이라 하였다.' 하였고, 『설문說文』에서는 '오직 동이는 대大를 좇으니 대인大人이다. 이속夷俗이 어지니 어진 자는 수壽를 한다. 군자君子가 죽지 않는 나라가 있다 하니, 공자와 같은 성인聖人 조차도 뗏목을 타고 가고자 하였다'고 했다.[33] 후세에 와서 당 태종도 김춘추에게 '정말 군자君子의 나라이다'고 했다.[34]

32) '난랑비 서'의 번역은 金裕宬, 「「鸞郎碑序」解釋에 대한 考察」, 『대구한의대 논문집』(제1집) 1983, pp. 58~59에 의거했다.
33) 北崖子, 『揆園史話』漫說, 1675.
34) 『三國史記』41, 金庾信 上.

자료③에 있어서 물계자는 임금과 나라의 위태함을 보고 사생을 돌보지 않음을 충이라 했고, 목숨을 바칠 용맹이 없음을 불충이라 했다. 그리고 불충은 곧 불효와 직결된다는 것이다. 역으로 말하면 충은 곧 효가 된다는 것이다. 이것은 또한 충이 효보다 상위에 있다는 것을 뜻하고 있다. 그리고 물계자는 무공武功(해야 할 바를 행하는 것)을 세웠으면서도 다투어 자기를 나타내지 않고 남을 가리지 않고 때만 기다리며, 또 ④의 내용으로 보아 그는 신라에 도교가 전래되기 전에 거의 도교의 진수를 터득했던 것으로 해석된다. 신라의 옛 기록에 도교에 관한 내용이 거의 보이지 않는 것은 신라인의 이러한 전통과 그리고 유오산수遊娛山水 등에서 비롯된 것으로 추정된다. "신선사상神仙思想(여기서는 도교를 뜻함)의 진원지震源地가 중국이 아니고 우리 해동 땅이었다고 단정할 과학적인 근거는 내세울 수 없기는 하지마는 그러한 관념을 가져볼 만한 가능성이 전무全無하지는 않을 것 같다"[35]는 견해가 있는데, 자료③, ④는 그러한 주장의 사료적 근거가 될 수 있는지 검토해 볼만한 것으로 생각된다.

자료⑤는 제상堤上이 임금과 나라의 일에 대해 어렵고 쉬운 것을 헤아려 행한다면 충성이 아니고, 죽고 사는 것을 생각하여 행동하면 용맹이 아니라면서 왕명을 받들어 행하겠다고 함으로써 충성과 용맹을 역설했다.

자료⑥에 있어서 신선·효제충신·풍월도 사이에 깊은 관계가 있는 것이 확실한데, '신선'을 어떻게 해석하는가 하는 것이 관건이다.

화랑은 처음부터 도가 내지 신선도神仙道의 입장에서 창시創始되었다. 그러나 삼국에서 모두 끝내 대중적인 종교로서의 도교가 외면당했다는 것은 확실하다는 견해[36]에는 도무지 수긍이 가지 않는다. 왜냐하면, 신라에 언제 도교가 전래·수용되었는지도 밝히지 않고 또 종교로서의 도교가 외면당했는데 어떻게 화랑이 도가의 입장에서 창시되었다고 주장할 수 있는지? 도교의 중추사상中樞思想은 신선사상이거니와… '난랑비서鸞郎碑序'에서 풍류도의 '說敎之源 備詳仙史'라고 했으니, 풍류도가 '신선도'였기에 그 역사적인 기록이 '선사仙史'에 있다는 견해[37]도 있다.

한편 '신선'이란 신라 고유의 국풍國風인 원화·화랑의 도道를 선仙에 비比하는 데서 나온

35) 車柱環, 「道敎의 移入과 韓國的 受容」, 『韓國民族思想史大系』2 古代篇, 亞細亞學術硏究會, 1973, p. 113.
36) 鄭璟喜, 「三國時代社會와 仙道의 硏究」, 『史學硏究』40, 1989. p. 105 및 p. 143.
37) 都珖淳, 「風流道와 神仙思想」, 『新羅宗敎의 新硏究』第5輯, 新羅文化宣揚會, 1984. p. 305 및 p. 307.

필법筆法이며 풍월도는 화랑도라는 견해,[38] 신선이란 신라 고유의 현묘한 도인 풍류를 가리킨 것이라는 견해[39]도 있다. 일찍이 신채호는 여섯 가지 이유를 열거하며 선교仙教가 중국의 도교道教가 아님을 주장하면서, 선교라 칭함은 단지 당시 한학자漢學者가 그처럼 역譯함이요, 실은 장생불사長生不死의 미신迷信을 포抱한 지나支那 선교仙教 즉 도교와는 성색취미聲色趣味와 그 역사가 전혀 같지 않다[40]고 했고 특히 그는 “국선國仙의 '선仙'자로 인하여 장생불사를 구하는 중국의 선도仙道로 알면 대오大誤다. 국선國仙은 투쟁에서 생활하여 '무위無爲'와 '불언不言'과는 거리가 천만리千萬里나 떨어지는 교教”[41]라 했다.

아무튼 자료①에서 ⑥까지는 600년경 원광이 세속오계를 가르치기 이전의 신라인들의 사상적·도덕적 기조이며, 따라서 귀산·추항이 오계五戒의 충·효·신을 이해하는데 조금도 어려움이 없었을 것이다. '임전무퇴臨戰無退'에 대해 “전쟁도덕戰爭道德이며, 신라와 같은 정복주의 국가가 절실히 필요로 하는 것”[42]이라는 견해도 있으나, 그것은 앞에 말한 바와 같이 당시 신라는 백제·고구려의 협공挾攻으로 전략적 수세에 몰려 있었기 때문에 생존권 확보의 결의와 수세적 태세로 이해하는 것이 온당할 것이다. 귀산·추항이 유일하게 질문한 '살생유택殺生有擇'은 원광이 추가 설명에서 말한 것처럼 가축에 관한 것이다. 농경사회에 있어서 가축의 필요성과 중요성은 재론할 필요가 없을 뿐만 아니라, 전시戰時에 군수물자軍需物資의 수송에서도 불가결한 것으로 생각했기 때문이리라.

풍월도(풍류도)가 신라 고유의 도라고 생각하는 이유는 효孝보다 충忠을 상위에 두고 있다고 생각하기 때문이다(자료③ 참조). 즉 충이 효에 앞서 등장하는 것은 유교의 근본윤리와는 근본적으로 다르니, 유교에서는 '부자천합父子天合', '군신의합君臣義合'이라 해서 충은 효에 대해서 제2차적인 의미 밖에는 없는 것으로 되어 있다. 명明의 '육유六諭'나 청淸의 '성유聖諭'에 효는 있으나 충이 등장하지 않음은 그것이 오히려 유교의 본의本義일 수 있다.[43]

자료⑥의 기록은 그것을 어떻게 해석하는가에 따라 화랑도 연구뿐만 아니라 신라사 연구에 있어서 차이점을 가져오는 것으로 생각하며 여러 학자들의 견해를 살펴보고자 한다.

---

38) 李丙燾 譯註, 『三國遺事』(서울 : 廣曺出版社, 1979), p. 344.

39) 李載浩 譯, 『三國遺事』(서울 : 養賢閣, 1982), p. 402.

40) 申采浩, 1910「東國古代仙教考」,『丹齋申采浩全集』別集 (서울 : 螢雪出版社, 1979), pp. 47~48.

41) 申采浩, 1931「朝鮮上古史」,『丹齋申采浩全集』上, 1979, p. 229. 그리고 '仙'의 漢意에 眩惑해서 字義에 구애되어 議論을 세운 것이 적지 않다는 견해(崔南善, 『崔南善全集』2, 玄岩社, 1973, p. 361 참조.)

42) 李基白, 『新羅思想史研究』, p. 111.

43) 都珖淳, 前揭論文, p. 302.

• 그의 마음은 유·불·선 삼교, 특히 유·불 양교의 융합에 관심을 가진 듯한 점이 엿보인다.… 당시의 세태가 순수한 유교적인 정치이념을 펴나갈 수 없는 상황 속에서 유학자들이 공통으로 느끼고 있던 일종의 좌절감의 소산이라 생각한다.[44]

• 최치원崔致遠이 화랑도花郎徒의 전통에는 유불선 삼교의 전통을 모두 지닌다고 하고 있지만, 불교의 영향을 받고… 유교사상의 영향을 받고… 도교사상의 영향을 받은 것을 말하는 것이라고 본다. 다시 말하면 최치원의 그러한 평은 곧 신라문화 자체의 발전과정을 화랑의 예에서 돌아본 것에 지나지 않는다고 생각할 수 있다.[45]

• 그의(최치원) 삼교 포함평三教包含評은 유교·불교·도교를 일체적一體的으로 수용하려고 했던 그의 이상理想이 화랑도에 가탁假託하여 표현된 것에 지나지 않는다고 본다.[46]

한편 이와 다른 범주에 속하는 학자들의 견해는 다음과 같다.

• 실내實乃「포함包含」삼교三教라 했으니, 이「포함」이자二字도 용이容易하게 간과해서는 안 되는 것이다.… 말하자면 이 고유의 정신이 본래 삼교의 성격을 포함했다는 의미로 해석해야 할 것이다.… 여기 하나 중대 문제가 들어 있는 것은 풍류도가 이미 유불선 그 이전의 고유사상일진대는 유불선적 성격의 각면各面을 내포內包한 동시에 그 보다도 유불선이 소유하지 않은 오직 풍류도만이 소유한 특색이 있는 것이다.[47]

•『삼국사기』에 보이는 최치원의 난랑비 서문에「현묘지도玄妙之道…」라는 구절이 있다. 이 현묘지도라고 하는 이른바「풍류도」의 상세한 내용에 대해서는 그것이 어떤 것이라고 단언할 길이 없으나「국유國有」라고 한 것으로 보아 틀림없이 유불도儒佛道는 아니다. 이 풍류도가 당시 민간신앙인 샤머니즘적 요소를 지닌 한국 고유의 사상내용을 담았다고 볼 수 있다.[48]

이 글(난랑비 서) 전체의 대의大義를 요약하면 우리나라 고유의 국교國教인「현묘지도」를「풍류風流」라고 이름한다는 것이고, 이 교教가 실시된 역사적인 기원을「선사仙史」라는 전거典據를 제시해 밝힌 것이고, 그 내용에 삼교가 포함되어 있되 이들이 완전한 통합체(integrity)로서 삼교 그 자체가 아닌 다른 새로운 가치로 발현하는 것임을 말한 것이고, 이러한「풍류도」의 가치소價値素들을 분석해 유·불·도 삼교에 조응照應시켜 부연한 것이라고 말할 수 있다.[49]

필자는 최치원(857~?)의 '난랑비 서'(자료⑦)는 신라인들이 유·불·도교를 수용하기 이전

44) 李基白, 1970「新羅骨品體制下의 儒教的 政治理念」,『新羅思想史研究』, pp. 235~236.
45) 金哲埈, 1971「三國時代의 禮俗과 儒教思想」,『韓國古代社會研究』(서울 : 知識産業社, 1975), p. 212.
46) 李基東,「花郎像의 變遷에 관한 覺書」,『新羅文化』5, 新羅文化研究所, 1988, p. 112.
47) 金凡父,「風流精神과 新羅文化」,『韓國思想』3, 1960, p. 109.
48) 申一澈,『韓國을 探求한다』(서울 : 探求堂, 1964), p. 272.
49) 金裕宬, 前揭論文, p. 59.

의 그들의 고유한 풍류도를 간략하게 설명한 내용으로 해석하며, 자료①~⑥까지의 분석한 관점에서 후자의 견해를 택하는 입장이다.

더욱이 자료⑥, ⑦에 의거하여 풍월도와 풍류도는 동일한 것이며, 그것의 주요 사상은 효제충신이며, '난랑비 서'(⑦)에서 "안으로 집안에 효도하고 밖으로 나라에 충성하는 것은… 천축국 태자였던 이의 교화敎化와 같다"는 내용은 유·불·도교의 가르침을 빌려서 풍류도를 부연한 것으로 해석한다. 이것이 바로 진흥왕이 나라를 흥하게 하려면 반드시 먼저 일으켜야 할 풍월도(풍류도)였다.

따라서 상술上述한 내용은 이미 물계자(자료③, ④)가 알고 실천한 행동이니, 풍류도는 나해왕대(196~230)에 이미 신라에 정착되어 있었다고 생각된다. 그 이유는 중국인의 기록도 뒷받침하기 때문이다. 이런 관점에서 귀산·추항이 세속오계 가운데 충·효·신은 전통사상으로 내려온 풍류도에 입각해서 이해했다고 생각된다. 그리고 원광법사도 계誡를 이해하고 실천할 사람이 귀산·추항이기 때문에 풍류도와 당시 신라가 당면할 국가적·현실적 요청을 가미하여 세속오계를 명확히 우선순위에 따라 가르친 것이며, 이것이 후에 화랑도로 발전된 것으로 해석한다.

따라서 그 후 신라 젊은이들의 전장戰場에서의 태도는 종전과는 전연 달랐다. 예컨대, 660년 황산전투黃山戰鬪에서 장군 흠순欽純이 그의 아들 반굴盤屈에게 말했다. "신하 노릇을 하자면 충忠만함이 없고, 자식 노릇을 하려면 효孝만한 것이 없다. 위태한 것을 보고 목숨을 바치면 충효를 둘 다 완전히 할 수가 있는 것이다." 그러자 반굴은 '그리하겠습니다.' 대답하고 곧 적진으로 뛰어 들어가 힘써 싸우다가 전사하였다.(『三國史記』5, 武烈王 7年)

6. 풍류도와 선교仙敎

여기서 필자는 풍류도의 사상적·종교적 연원淵源이 어디서 유래된 것인가를 규명해 보고자하며 이와 관련된 자료는 다음과 같다.

A① 남해차차웅南解次次雄 : 차차웅은 자충慈充이라고도 한다. 김대문은 '방언에 무당을 이른다. 세상 사람들이, 무당이 귀신을 섬기고 제사를 숭상하므로 무당을 두려워하고 공경하여 마침내 존장자尊長者를 자충이라 하였다.' 한다.(『三國史記』1, 南解次次雄 卽位年)

A② 신라 종묘의 제도를 살펴보면, 제2대 남해왕 3년(6) 봄에 처음으로 시조 혁거세의 묘廟를 세워 사시에 제사를 지냈는데, ③ 친누이 동생 아로阿老에게 제사를 주관하게 했다. ④ 제22대 지증왕은 시조가 탄생한 땅 나을奈乙에 신궁神宮을 창립하여 제사 지냈다.(『三國史記』 32, 祭祀)

A⑤ 9년(487) 봄 2월에 신궁을 나을에 설치했다.(『三國史記』 3, 炤知麻立干)

A⑥ 화랑은 선도仙徒이다. 우리나라에서는 신궁을 받들어 큰 제사를 하늘에 지냈다.… 우리나라에서는 여자로써 원화로 삼다가 지소태후가 이를 폐지하고 화랑을 두어 나라 사람들로 하여금 받들게 하였다.(『花郎世紀』序)

A⑦ 7년(253) 여름 5월부터 가을 7월까지 비가 오지 않았는데 조묘祖廟 및 명산名山에 기우제祈雨祭를 지내니 그제야 비가 내렸다.(『三國史記』2, 沾解尼師今)

A⑧ 5년(665) …이때에 이르러 백마를 잡아서 맹세하고, 먼저 천신天神과 지신地神 및 천곡川谷의 신神에게 제사지낸 후…(『三國史記』6, 文武王)

A⑨ 임신년壬申年 6월 16일 두 사람이 함께 하느님 앞에 맹서하여 기록한다.… (「壬申誓記石」)

A⑩ 나는 위로 천지天地의 도움을 입고 아래로는 종묘宗廟의 영조靈助를 받아… (『三國史記』8, 神文王 元年)

김대문에 의하면(A①), 차차웅이란 무당(sharman)이며, 무당은 귀신을 섬기고 제사를 지내며, 두려움과 공경을 받았다고 한다. 그래서 무당(巫)의 기능이 무엇이고, 무당이 섬긴 귀신은 어떤 것이며 샤머니즘(무속巫俗)이 무엇인가를 밝혀 보려고 한다.

『설문해자說文解字』에 의하면, 무巫란 여자가 무형의 신을 섬길 새 양편 소매를 드리우고 춤을 춤으로서 신을 내리게 하는 현상을 따서 만든 글자라 했다.[50] 무당(巫)이란 고대에 있어 신교神教를 주제主祭하던 사람이다. 그들은 춤으로써 신을 내리게 하고 노래로써 신을 모셨고, 사람들을 위해 기도하여 재난을 물리치고 복을 재촉하였다. 그러므로 노래와 춤을 곧 무속의 기원이라고 한다.[51] 따라서 무당이란 노래와 춤으로 귀신을 섬기고, 하늘과 땅, 신과 인간을 연결케 하는 사람이라 할 수 있다. 그리고 무당의 기능은 대개 사제(司祭 priest)·예언자(豫言者, prophet)·의무(醫巫, medicineman)의 세 가지를 가지고 있다.[52]

신라의 시조인 박혁거세朴赫居世는 진한 6부족의 사람들에 의해 추대되어 거서간(居西干,

50) '女能事無形, 以舞降神者也, 象人兩袖無形.'
51) 李能和, 1927「朝鮮巫俗考」,『韓國의 民俗·宗敎思想』(서울 : 三省出版社, 1986), p. 551.
52) 趙芝薰, 前揭書, p. 78.

왕의 칭호)이 되었다. 『후한서後漢書』를 보건대, 오직 마한계통馬韓系統의 사람이 진국辰國의 왕이 되었다고 운운하였는데, 그렇다면 박혁거세는 반드시 마한계통의 사람이고, 마한의 여러 국읍國邑에서는 각기 한 사람이 천신天神에 제사 드리는 것을 주관하였는데, 그를 천군天君이라 호칭했다. 그러므로 박혁거세도 역시 천신에 제사 드리는 것을 주관했던 천군이요, 천신에 제사 드리는 것을 주관하는 천군은 곧 차차웅 다시 말해 무당인 것이다. 남해차차웅은 그 친누이 동생인 아로阿老로 하여금 시조묘에 드리는 제사를 주관케 하였다. 무릇 신라의 풍속은 기왕에 무당으로써 제사 드리기와 귀신 섬기기를 숭상하였으니 아로 또한 무당임이 틀림없다는 견해[53]는 실로 탁견이라 하겠다.

남해왕은 왕호王號에 차차웅을 붙였으니 왕이 무당으로써 존경을 받고 있다는 것을 직접적으로 표현하고 있다. 그래서 신라의 왕권이 샤머니즘(무속)을 본질로 하고 있고, 또 신라정치를 샤머니즘에 의한 제정祭政으로 본다면 이해하기 쉽고 또 제정일치祭政一致의 정치형태를 발견할 수 있다.[54]

샤머니즘이란 동북아시아 일대의 보편적인 한 원시종교현상原始宗教現象을 가리키며, 이것은 인류가 지닌 가장 오랜 문화이며, 하나의 역사를 넘어서 각종 민족과 그 사회구조, 풍토, 역사적 환경 등을 따라 여러 갈래의 분화分化 또는 습합習合을 이루어 온 가장 생명력이 긴 문화소산이다.[55] 샤머니즘은 이 민족의 신앙의 기반과 핵심을 이루는 원시종교로서 지금까지 민간신앙에 그대로 전승되어 있는 원시 고유 신앙의 유물이다. 이는 문명의 단계에 있어서는 민중의 저층低層에 잔존해 있는 만큼 계통적 체계와 조직을 가진 것은 아니나, 아직도 많은 민중에게 살아있는 신앙이요, 사상이다. 발달된 모든 종교도 그 근원을 캐면 그 민족의 원시종교를 바탕으로 하여 형성된 것이듯이 우리 민족의 신앙에 있어서 샤머니즘도 신앙심리와 사고방식에 깊은 뿌리를 내리고 있어서 외래 종교의 수용에 자가적自家的 풍화습합風化習合의 경향이 현저하고 한국적 형성에도 크게 작용하였다.[56]

고대인의 농경사회에 있어서 천신·지신은 생존을 위해 불가결한 것으로 생각했으리라. 특히 바람·비·구름을 주재主宰하는 천신은 절대적 존재였고, 그 천신은 인간의 운명, 선악

53) 李能和, 前揭書, p.559.
54) 井上秀雄, 「朝鮮の王権とシャーマニズム」, 『日本古代史講座』10, (東京 : 学生社, 1984), p.238.
55) 柳東植, 『韓國巫敎의 歷史와 構造』(서울 : 延世大出版部, 1975), pp.60~61.
56) 趙芝薰, 前揭書, pp.77~78.

의 행동까지도 주재하는 것으로 생각했었다.[57] 신라인도 예외는 아니며 A①은 이를 명시하고 있다.

시조가 탄생한 땅 나을에 신궁神宮을 창립했는데(A④, ⑤), 연대에 차이가 있으나, 필자는 소지왕炤知王 9년(487)을 택하고자 한다. 그리고 신궁의 주신主神이 누구인가에 대해 학계의 견해가 분분했다. 즉 박혁거세, 김알지, 미추왕, 나물왕 그리고 천·지신[58] 등이다.

한편 문무왕릉비문文武大王陵碑文에 '祭天之胤傳七葉'의 뜻은 신라에 제천祭天의 의儀가 행해졌고… 이 신궁에서의 제천祭天의 의儀는 5세기 말·6세기 초에 갑자기 시작한 것은 아니리라. 그 기원은 『위지魏志』한전韓傳에 "國邑各立一人, 主祭天神, 名之天君"이라 했는데, 천군이 주제하는 천신의 제의祭儀에서 구할 수 있으리라. 다만 신궁의 제사 이전에 신라에서 제천의 의가 행해졌다는 명증明證은 보이지 않는다. 그러나 4~5세기의 신라의 왕은 제정적祭政的 군장君長의 성격을 띠고 마립간의 호를 칭하고 있었는데, 이 마립간이 주재하는 제사야말로 신궁의 축제로 성장한 것으로 생각한다. 즉 신라의 국가형성의 과정에서 마립간이 주재하는 제사가 신라에 있어서 유일한 제천祭天의 의례로 성장하여 신궁이 그 제전祭殿으로서 창립된 것으로 이해된다[59]는 견해에는 수긍이 가지만, "김씨족金氏族이 제천의 의儀를 유일주재唯一主宰하는 입장에서 그 시조를 「천天」에 유래케 하려는 자세이리라"[60] 하는 데는 동의하지 않는다.

필자는 새로이 발굴된 『화랑세기』의 첫 머리에 신궁은 하늘(천신)에 제사지내는 곳(A⑥)으로 명기明記하고 있어서 신궁의 주신主神은 천신으로 이해하지만, 그 신궁을 시조 박혁거세의 탄생지인 나을에 창립한 이유는 시조가 하늘에서 내려온 천손족天孫族[61]임을 표시하고 또 믿게 하려는 것으로 해석한다. 그리고 새로이 창립된 신궁의 사제장司祭長(무당)은 원화였고(A⑥), 그 기원은 소지왕 9년(487)이며(A⑤), 원화를 폐지하고 화랑을 두게 된 것은 앞에 말한 바와 같이, 진흥왕 원년(540) 지소태후가 섭정을 할 때 이루어진 것으로 해석한다(A⑥).

신라인의 귀신鬼神(고유신固有神)은 천신(A④, A⑤, A⑥, A⑦, A⑧, A⑨, A⑩), 지신(A⑧의 지신地神 및 천곡川谷의 신, A⑩), 조신祖神(A②, A⑦, A⑩) 그리고 잡신雜神(호신虎神, 용신龍神 등)이었다. 따라

57) 高翊晋, 『韓國古代佛敎思想史』(서울 : 東國大出版部, 1989), pp. 7~17 參照.
58) 崔光植, 「新羅의 神宮設置에 대한 新考察」, 『韓國史硏究』43, 1983, p. 78.
59) 浜田耕策, 「新羅の神宮と百座講會と宗廟」, 『日本古代史研究講座』9, 1982, pp. 224~226.
60) 上揭書, p. 227.
61) 『三國遺事』1, 新羅始祖 赫居世王 參照.

서 옛날의 신라인들은 샤머니즘에 바탕을 두고 위에 말한 귀신들을 섬기고 믿었는데 이를 한역漢譯하여 '선교仙敎'라 칭했다. 상술上述한 내용을 다룬 것이 최치원의 난랑비서鸞郎碑序(자료⑦)에 나오는 바로 '교敎가 베풀어진 기원은 『선사仙史』에 자세하다'(設敎之源, 備詳仙史)고 한 것으로 해석한다. 그러니 화랑은 선도仙徒이다(A⑥) 했을 때, 선도는 도교를 닦는 사람들[62]이 결코 아니다. 화랑들이 도덕과 의리로써 서로 연마하고, 노래와 춤으로 서로 즐긴다 했으나, 이것은 제천의 의儀이며 이런 모든 것은 선교에서 비롯되었음을 알 수 있다.

지금까지 논의한 내용(사상적 측면)을 이해하는데 도움을 주기 위해 그림으로 표시하면 다음과 같다.

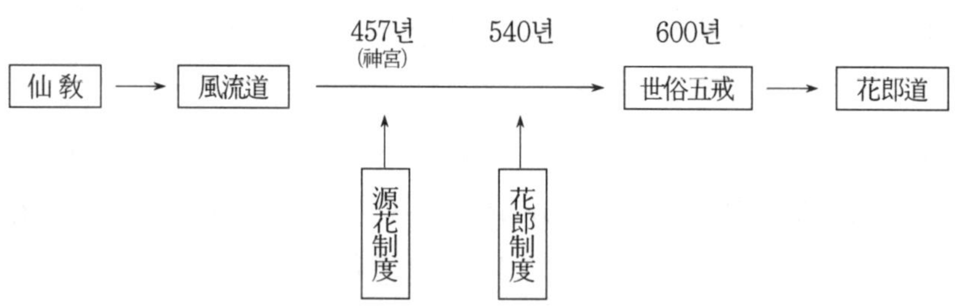

원화제도源花制度는 신궁에서 천신을 모시는 종교단체요 또한 사제적司祭的 기능을 수행하고 있었다. 그러다가 화랑제도로 변혁되면서 인재등용·양성기능이 첨가되었다가 신라의 국가적·현실적 요청을 가미한 세속오계에 의해 군사적 기능(임전무퇴)이 더 첨가되었던 것이다. 원화源花·화랑제도는 공히 선교에 바탕을 둔 풍류도이며 국가적·시대적 요청에 의해 그 기능의 우선순위가 달라졌었다는 것뿐이라 생각한다.

> 화랑도의 도의사상은 본래 우리의 고유 도덕에서 기원한 것으로, 그 무사도적武士道的 정신은 시대정신의 자극을 받은 것이고, 그 충효사상은 한편으로는 유교사상에서 더 자극을 받은 것이니, 화랑도와 유교의 충효정신 간에는 깊은 교섭과 영향이 있었던 사실을 부인할 수 없다.[63]

필자는 신라가 유교뿐만 아니라, 불교의 영향을 더 많이 받기 시작한 것은 600년경 이후로 짐작한다. 즉, "진陳·수隋의 시대에 해동사람으로서는 바다를 건너가서 도道를 물은

---

62) 李泰吉 譯, 『花郎世紀』(釜山 : 民族文化, 1989), p. 19.
63) 李丙燾, 『韓國儒敎史』(서울 : 亞細亞文化社, 1987), p. 38.

이는 적었으며 설혹 있어도 아직 이름을 크게 떨치지는 못 했는데, 원광 이후에는 뒤를 이어 중국으로 배우러간 이가 끊어지지 않았으니 원광이 바로 길을 열었던 것이다."[64]

신라인들이 본격적으로 도교를 수용하기 시작한 것은 앞에 말한 바와 같이 통일전쟁이 끝난 676년 이후로 생각되며, 여기서 유의할 사항은 그들이 외래 종교를 수용하는 태도와 자세이다.

신라인들은 그들의 고유사상인 풍류도를 견지하고 그것을 바탕으로 하여 불교·유교의 장점을 수용함으로써 신라문화의 전성기(문무왕~혜공왕)를 구가했던 것이다. 그러나 신라 하대기新羅下代期에 와서 풍류도를 소홀히 하고 유·불·도교에 몰입했을 때, 신라문화도 쇠퇴·몰락하기 시작했다고 생각한다. 이것은 오늘날 국제화 사회의 물결 속에서 우리가 외래문화를 어떻게 수용해야 하느냐, 하는 문제에 대해 시사해 주는 바가 많다고 여겨진다. 외국문화에 대한 맹목적인 수용(단점)으로 우리 고유의 것을(장점) 작고 초라하게 만드는 것이 요즘 우리 문화의 현주소라 한다면, 이것은 문화사대주의文化事大主義요 망국亡國을 자초하는 결과가 되리라.

7. 세속오계의 재평가

600년 원광이 수隋에서 신라로 귀국했을 때, 신라는 위기에 처해 있었고, 한반도는 삼국이 정립하여 투쟁을 계속하고 있었다. 한편 수·당 그리고 倭가 관여하고 있었으니, 오늘날의 한반도가 남·북으로 분단되어 언제 6·25전쟁의 재판이 일어날지 예측하기 어려운 상황이고, 거기다 미·소·중·일의 이해관계利害關係가 엉켜져 있으니, 1,390여 년 전이나 지금이나 한반도의 국내외 정세는 유사성이 있다. 즉 분단국이라는 것, 전쟁위기에 처해 있다는 것 그리고 외세의 개입 가능성 등이다.

오늘날 우리들이 직면하고 있는 민족적·국가적 그리고 사회적 당면과제는 실로 많고 또 복잡하다. 이러한 문제를 해결하는 방도는 없을까 하는 생각을 곰곰이 하고 있을 때, 진흥왕의 "나라를 흥하게 하려면 반드시 풍월도(풍류도)를 먼저 일으켜야 한다"는 구절이 회상

64) 『三國遺事』4, 圓光西學.

되었고, 필자는 이 견해에 전적으로 동의할 뿐만 아니라 수용하고자 한다.

원광은 풍류도를 바탕으로 하여 현실적 요청을 감안하여 세속오계를 설파했는데, 이제 시대와 상황이 달라졌으나 우리의 당면 과제를 해결하기 위해 그것을 다음과 같이 수정·보완하여 한 방도로써 제의한다.

첫째, 조국과 민족을 위해 충성을 바친다.

둘째, 부모를 효도로써 섬긴다.

셋째, 벗과 이웃에게 믿음으로 사귄다.

넷째, 전쟁터에서는 물러서지 않는다.

- 한 나라의 생존권의 확보와 자주독립의 유지는 그것을 수호하기 위해 자신의 신명身命을 희생할 각오와 용기에 의해 좌우되어 왔다. 조선왕조가 유교를 정치지도 이념으로 택하면서 문·무에 대한 그릇된 수용으로 결국 망국을 자초하고 말았다. 공자孔子는 "문文에 종사하는 사람은 반드시 무武를 갖추어야 한다"(有文事者, 必有武備, 『史記』孔子世家)고 했고, 또 "선비란 나라가 위급할 때 목숨을 바쳐서 구해야 하고, 이익을 보았을 때는 의리를 생각해서 처리하고 불의한 이익을 뿌리쳐야 한다.…"(『論語』)

다섯째, 자원을 보호한다.

- 생물(가축·수산자원 등) 뿐만 아니라 무생물(임산물·광물 등)에 대한 자원의 절약과 보호.
- 자연환경의 보존과 미화 : 전국토가 중금속·쓰레기·폐수 등으로 오염되는 것을 방지할 뿐만 아니라, 살기 좋은 국토를 가꾸어 후손들에게 물려주어야 한다.
- 검소한 생활태도 : 자원이 풍부하지 못한 우리나라에서는 소비가 결코 미덕이 아니며, 검소한 생활태도를 견지해야 한다.

8. 맺음말

필자는 가설假說에 입각하여 필사본 『화랑세기』를 활용해서 몇 가지 문제를 규명코자 시도해 보았다. 즉 원광법사는 김대문의 종증조부이며 그의 가계는 진골·화랑의 가문일 뿐만 아니라, 왕실과 대단히 밀접한 관계를 맺고 있었다. 그는 가문과 국가를 편안하게 하기 위해 승려가 되었으며, 이런 관점에서 세속오계와 걸사표는 이해되어야 하고 또 그가 죽자 나라에서 의식장구儀式葬具를 내려 왕자王者의 예禮와 같이 하여 그의 공로를 기렸다는 것이 쉽게 납득이 되었다. 그리고 신라불교, 더 나아가서 한국불교가 전통적으로 호국불교의 특징을 가지게 된 연유는 원광법사에서 비롯된 것으로 생각한다.

신라에서 천신에 대한 제의祭儀는 시조 혁거세 때부터 이미 실시되고 있었던 것으로 추정되나, 원화제도는 소지왕 9년(487) 신궁을 창건함으로써 시작되었으며, 화랑제도로의 변혁은 진흥왕 원년(540) 지소태후에 의해 이루어졌다.

풍류도란 효제충신의 사상이며 물계자의 행적으로 미루어 보아 그것은 나해왕대(196~230)에 이미 신라에 정착되어 있었다고 생각된다. 따라서 귀산·추항이 세속오계의 충·효·신을 이해하는 데 어려움이 없었다. 원광법사도 신라 고유의 풍류도에 바탕을 두고 당시 신라가 당면한 국가적·현실적 요청을 고려하여 세속오계를 가르쳤으며, 이것이 후에 화랑도로 발전한 것으로 해석한다.

풍류도의 사상적·종교적 연원은 샤머니즘에 바탕을 둔 천신·지신·조신祖神 그리고 잡신을 섬기는 교이며, 이를 한역漢譯하여 '선교仙敎'라 칭했으며 최치원의 난랑비서鸞郎碑序에 나오는 『선사仙史』는 상술上述한 내용을 상세히 기록한 책으로 해석한다.

원광법사가 세속오계를 가르친 600년과 오늘날의 한반도의 국내외 정세는 비슷한 점이 있다. 그리고 우리들이 직면하고 있는 민족적·국가적 그리고 사회적 당면과제를 해결하는 방도의 하나로 필자는 시대와 상황의 변화를 고려하여 세속오계를 수정·보완하여 제의하였다. 많은 지도와 편달을 바란다.♣

제 7 장

『삼국사기』의 군사사적軍事史的 인식서설認識序說

-나·당 연합군의 백제 침공작전-

1. 문제의 제기

전쟁이란 우리들이 싫어하거나 좋아하거나, 그것은 국가 존망의 문제요, 국민 생사의 문제일 뿐만 아니라, 패자는 승자의 의지 앞에 굴욕적인 굴복을 당하고 만다는 것이다. 그리고 전쟁은 상호의 약속이나 계약에 의해 발발하는 것이 아니라, 그것을 시작하고자 하는 자의 의지에 의해 이루어지는 것이다.

지금까지 민족이나 국가처럼 단위가 커지면 그 사이에서 일어난 분쟁을 조정기관에 의해 해결된 일은 거의 없었고, 유일한 해결수단으로 전쟁을 구사해 왔다. 그리고 전쟁은 오랫동안 인류 생존의 기본 요소가 되어 왔고 또 인간의 천성이 변하지 않는 한, 그 전쟁 양상을 달리하면서 계속 존속한다는 것이다. 이것이 바로 왜 우리가 전쟁의 문제를 진지하게 연구하며 이에 대처해야 하는가 하는 이유이다.

그럼에도 불구하고 전쟁의 문제, 즉 군사문제에 대해 학자들이 진지하게 연구할만한 가치가 있는 대상으로 생각해 왔을까?

> 군사사가軍事史家는 일반적으로 연구 분야의 동료뿐만 아니라, 그가 묘사하고자 하는 활동의 주인공인 군인들로부터 의심의 눈총을 받게 되는 일종의 인기 없는 직업이다. 군인들의 의심은 주로 문외한에 대한 직업적이고 천성적인 경멸에서 유래하는 것이다. 그러나 학자들이 군사사가를 불신할

때의 그 불신은 이보다 더 깊은 이유에서 비롯된다. 특히 민주주의 국가에서 전쟁이란 역사 과정에 있어서 하나의 변태적인 사건이며, 따라서 전쟁을 연구한다는 것은 유익하지도 않을뿐더러 바람직한 것이 못된다는 신조에서 유래하는 것이다.[1)]

제2차 세계대전 이후부터 미국을 비롯한 서구西歐의 대학과 학계에서는 군사문제의 연구에 대해 적극적일뿐만 아니라,[2)] 어느 분야, 예컨대 핵전략이론분야核戰略理論分野에서는 오히려 민간인 학자들이 더 주도적으로 연구하고 있는 실정이다. 근래에 와서 우리나라에서도 대학원 과정에서 군사문제를 다루게 되었으나, 아직 군사사軍事史 전공의 과정이 설치되었다는 얘기는 듣지 못했다.

우리나라의 고대사 연구에 있어서 가장 중요하고 유일한 사료인 『삼국사기』(1145년)와 『삼국유사』(1285년경), 그 가운데서 특히 『삼국사기』에 대해 군사사적 접근법에 의해 분석을 시도해 보았으면 하는 충동을 받게 되었는데, 그 이유는 다음과 같다.

첫째 : 『삼국사기』의 계량적 분석에 의한 삼국의 본기내용비교本紀內容比較(%)는 다음과 같다.[3)]

그리고 삼국시대에는 280여 회의 크고 작은 전쟁이 있었다. 이러한 『삼국사기』의 기록은 그 시대가 전쟁 속에서 성장하였음을 뜻한다[4)]고 했다. 그럼에도 불구하고 이 전쟁의 문제에 대한 우리의 연구 성과는 별로 신통하지도 않았을 뿐만 아니라, 중요하게 다루어지지도 않고 있다는 점이다.[5)]

내용 / 국가	정치	천재지변	전쟁	외교
신 라	48.3	26.8	10.1	14.8
고구려	36.4	24.1	18.3	21.2
백 제	29.8	31.3	20.6	18.3
평 균	38.2	27.4	16.3	18.1

1) Gordon A. Craig, "Delbrück : The Military Historian" in *Makers of Modern Strategy*, E. M. Earle, ed., (Princeton : Princeton University Press, 1943), p. 282.
2) 로널드 H. 스펙터, 「美國의 軍事學과 史學界」, 『軍史』 창간호, 국방부 전사편찬위원회, 1980, pp. 198~204.
3) 申瀅植, 『三國史記 硏究』(서울 : 일조각, 1981), p. 153.
4) 申瀅植, 『韓國古代史의 新硏究』(서울 : 일조각, 1984), p. 282.
5) 申瀅植, 『新羅史』(이화여자대학교 출판부, 1985)의 『삼국사기』 및 신라사 연구의 문헌목록에도 '전쟁' 항목은 없다.

둘째 : 신라는 우리의 역사상에 있어서 가장 찬란했던 문화와 예술을 꽃피운 시대였다. 이것은 바로 신라의 삼국통일에서 비롯되며, 삼국통일의 과정은 전쟁이라는 수단에 의해 달성되었다. 따라서 신라의 삼국통일의 과정은 신라사新羅史에 있어서 가장 중요한 분야임에도 불구하고 누락되기가 일쑤이다.[6]

셋째 : 660년 나·당 연합군이 백제를 멸망시킬 때, 이어서 신라마저 멸망시키라는 당 고종의 명령을 받은 소정방이 13만 명의 병력을 가지고 5만 명의 신라군과 싸워보지도 않고 백제의 포로만 데리고 귀환한 이유는 무엇일까?

넷째 : 당은 백제를 멸망시키고는 오도독부五都督府와 고구려를 멸망시키고는 평양에 안동도호부安東都護府를 설치했다가 676년 신라에 의해 한반도에서 축출당하고 말았는데, 그것을 가능케 한 요인과 주요 전투의 내용은 어떠한 것인가?

다섯째 : 당은 그 후 신라를 멸망시키고자 대규모의 원정을 실시하지 않았던 이유는 무엇일까?

이상 제기된 문제들은 『삼국사기』를 중심으로 하여 다른 관련된 문헌을 참고하면서 군사사적 접근법에 의해 앞으로 연구를 시도해 볼 생각이며, 본고本稿에 있어서는 다음 세 가지를 규명해 보고자 한다.

첫째 : 군사사적 접근법을 개관하고,

둘째 : 신라의 백제 공격로에 대한 문제.

셋째 : 신라의 백제 공격에 동원된 총병력 수는 얼마나 되는가, 하는 것으로 제기된 문제의 세 가지를 규명하게 될 것이다.

2. 군사사적 접근법[7]

3. 신라의 백제 공격로攻擊路 문제

신라의 삼국통일을 위한 첫 시발은 660년의 나·당 연합군에 의한 백제 공격으로부터

---

6) 상게서.

7) 이 책의 「제1장 현대 군사사의 연구방향」을 참조할 것.

시작된다. 『삼국사기』는 다음과 같이 기록하고 있다.

• 3월에 당나라 고종은 좌무위대장군左武衛大將軍 소정방蘇定方을 명하여 신구도행군대총관神丘道行軍大摠管으로 삼고, 김인문金仁問을 부대총관副大摠管으로 삼아 좌효위장군左驍衛將軍 유백영劉伯英 등 수륙군 13만 명을 거느려 백제를 치게 하고, 칙령을 내려 왕을 우이도행군총관으로嵎夷道行軍摠管으로 삼아 장병들로 하여금 이를 성원하게 했다.

여름 5월 26일, 왕은 김유신, 진주眞珠, 천존天存 등과 함께 군사를 거느리고 서울을 나와 6월 18일에 남천정南川停에 이르렀다. 소정방은 내주萊州로부터 출발했는데, 많은 전선戰船이 천리千里에 서로 잇달아 순탄한 물길을 따라 동쪽으로 왔다. 21일에 왕은 태자 법민法敏에게 병선兵船 100척을 거느리고 가서 소정방을 덕물도德勿島에서 맞이하게 했다. 정방은 법민에게 말했다.

"내가 7월 10일에 백제의 남쪽에 이르러서 대왕의 군사와 만나서 의자義慈의 서울을 무찔러 부수려 하오!"

법민은 말했다.

"대왕께서는 대군大軍이 곧 오기를 기다리고 계십니다. 만일 대장군이 오신 것을 들으시면 반드시 부리나케 이르실 것입니다."

정방은 기뻐하며 법민을 돌려보내어 신라의 병마兵馬를 징발하게 했다. 법민이 돌아와서 소정방의 군대의 형세가 매우 강성함을 말하니, 왕은 스스로 기쁨을 이기지 못했다. [왕은] 또 태자에게 명하여 대장군 김유신과 장군 품일·흠춘 등과 더불어 정병精兵 5만 명을 거느리고 가서 그들을 응원하게 하고, 왕은 금돌성今突城에서 머물렀다. 가을 7월 9일에 김유신 등이 황산벌에 군대를 내어 보내니, 백제 장군 계백階伯이 군사를 거느리고 와서 먼저 험한 곳에 의지하여 세 병영을 설치하고서 기다리고 있었다.[8)]

• 또 당나라와 신라의 군사가 이미 백강白江과 탄현炭峴을 지났다는 말을 듣고 [왕은] 장군 계백을 보내어 결사대 5천명을 거느리고 황산黃山에 나가서 신라 군사와 싸우게 했다.[9)]

이상은 『삼국사기』에 기록된 신라왕이 군사를 거느리고 서울(경주)을 출발하여 남천정(이천)에 갔다가 다시 내려와서 왕은 금돌성(상주 백화산?)에 머물고, 정병 5만 명은 탄현을 거쳐 황산(연산)으로 진격한 것으로 되어 있다.

그런데 여기서 한 가지 해석상의 문제는 과연 신라의 주력군 5만이 왕과 함께 무엇 때문에 남천정까지 갔다가 다시 내려와서 탄현을 거쳐 황산으로 진격했을까? 하는 점이다.

이 문제에 대해 정영호鄭永鎬는 신라의 주력군 5만 명이 서울(경주)을 출발하여 남천정에 갔다가 다시 내려와서 삼년산성(보은)→산계리토성(옥천)→장군재(옥천)→구진베루(옥천)→

8) 『삼국사기』5, 태종 무열왕 7년.
9) 상게서 28, 의자왕 19년.

군서(옥천)→마전(금산)→금산→탄현→황산이라 했으며, 무열왕은 장군재에서 주력군과 갈라져 금돌성으로 행차한 것으로 되어 있다.[10)]

그리고 신라의 주력군 5만 명이 남천정까지 가게 된 이유에 대해 다음과 같이 주장하고 있다. 즉 "한편 이때는 백제와 고구려가 연병連兵하여 신라를 침공하고 있기 때문에 만약에 백제가 고구려에게 병력을 지원할 경우를 생각하여 그 통로를 차단하기 위한 전략적인 조치라고 생각해서 남천정까지의 행차는 곧 신라군의 출정이었음을 잊어서는 안 될 것이라 하겠는 바…"[11)]

여기에 대해 이호영李昊榮은 다음과 같이 주장하고 있다.

> 위의 기사記事(신라 본기 무열왕 7년조)대로라면 대병大兵이 경주를 출발하여 남천정까지 오고 이 중에서 5만 정병을 뽑아 다시 남하南下한 신라군이 황산에 도착했다고 볼 수밖에 없다. 신라군의 백제 진격로 문제는 접어두고서라도 백제 정벌을 위한 대병력이 그렇게 먼 거리를 왜 우회했는지 그 이유가 불투명하고 납득되지 않는다. 단지 ① 당병唐兵을 영접하는 데 신라군의 성세盛勢를 보여주려는 것, ② 고구려의 침입을 우려한 것, ③ 대백제전략對百濟戰略으로서 백제의 방어주력防禦主力을 분산·교란시키려는 의도 등으로 추측할 수 있다. 그렇다 하더라도 신라군의 우회는 석연치 않은 점이 많은데 아마도 황산(연산連山)으로 향하는 백제 진입로인 보은 혹은 옥천에 먼저 군대를 집결시키고 왕을 비롯한 법민·김유신 등 주요 군 지휘관과 일부 병력만이 남천정에까지 갔다가 다시 남하하여 합류하지 않았나 억측된다.[12)]

신라의 왕과 군 수뇌들이 무엇 때문에 남천정에 갔으며, 어느 정도의 병력을 수반하고 갔을까? 하는 것이 문제로서 대두되었으며, 이 문제에 대해 필자는 1974년에 약간 언급한 바 있으나,[13)] 이번 기회에 더 철저히 규명해 보고자 한다.

전쟁이란 전쟁의 문법(법칙)에 따라 진행된다[14)]고 클라우제비츠는 갈파했는데, 필자도 이런 관점에서 즉, 군사이론의 관점에서 규명을 시도해 보고자 한다.

『손자병법』에 의하면, "저편의 능력과 의도를 알고 이편의 그것을 알고 있으면, 백 번 싸워도 위태롭지 않다.", "총명한 군주나 현명한 장수가 행동만 하면 적에게 승리하고 여

---

10) 鄭永鎬, 「金庾信의 百濟攻擊路硏究」, 『史學史』 제6집, 단국대학교 출판부, 1972. p. 61. 그리고 日人學者, 津田左右吉도 주력군이 남천정에 갔다가 남하했다는 견해이나, 탄현의 위치를 報恩·沃川方面이라 했다(『津田左右吉全集』 제11권, 東京, 岩波書店, 1964, pp. 166~168).

11) 上揭論文, pp. 43~44.

12) 李昊榮, 『新羅의 三國統合過程硏究』(경희대학교 박사학위 논문, 1985), pp. 135~136.

13) 洪良浩, 『韓國名將傳』(서울 : 박영사, 1974), p. 33.

14) 클라우제비츠, 『戰爭論』(서울 : 일조각, 1974), p. 217.

러 사람들보다 출중하게 공을 세우는 것은 먼저 적의 능력과 의도를 알기 때문이다."[15]고 했다. 전략가가 해야 할 가장 중요한 업무는 적의 능력과 의도를 아는 데 있으며, 이것은 평소 전쟁 이전부터 노력을 기울려 정보를 수집해야 한다. 신라의 김유신은 이 점에 있어서 백제의 능력과 의도를 탐지하는 데 철저했다.

> 영휘 6년(655) 가을 9월에 유신이 백제에 쳐들어가 도비천성刀比川城을 공격하여 이겼다. 이때 백제의 임금과 신하들이 사치하고 음탕한 생활에 빠져 나라 일을 돌보지 않았으므로 백성들이 원망하고 신이 노해서 재앙과 괴변이 자주 나타났다.…
>
> 이보다 먼저 급찬級湌 조미곤租未坤이 천산현령天山縣令으로 있다가 백제 나라에 잡혀가서 좌평佐平 임자任子의 집종이 되어 있었는데, 하는 일에 부지런하고 조심하며, 게으르지 않았으므로 임자는 그를 어여삐 여겨 의심하지 않고 마음대로 드나들게 했다. 이에 조미곤은 도망해 돌아와서 백제의 실정實情을 유신에게 알리니 유신은 조미곤이 충성스럽고 정직하여 쓸만한 점이 있음을 알고 이에 말했다.…
>
> 조미곤은 기회를 엿보아 임자에게 알렸다.
>
> "지난번에는 제가 죄를 얻을까 두려워하여 감히 바른대로 말하지 못했습니다만 사실은 신라에 갔다가 돌아왔습니다. 유신이 제게 이런 말을 좌평에게 알리라고 했습니다. 나라가 흥하고 망하는 것은 미리 알 수 없으나 만약 그대 나라가 망한다면 그대가 우리나라에 와서 의탁하고, 우리나라가 망한다면 내가 그대 나라에 가서 의탁할 것이다."
>
> 임자는 이 말을 듣고 잠잠히 말이 없었다. 조미곤은 몹시 두려워하여 물러가서 몇 달을 죄 주기를 기다리고 있었더니, 임자가 조미곤을 불러 물었다.
>
> "네가 전에 유신의 말을 얘기했는데, 그 내용이란 어떠한 것인가?"
>
> 조미곤은 놀라 두려워하면서 먼저 말한 대로 대답하니 임자는 말했다.
>
> "네가 전하는 말은 내가 이미 다 알고 있으니 돌아가서 그렇게 하자고 알려라."
>
> 조미곤은 마침내 돌아와서 그렇게 하자는 말을 알리고 백제의 국내 사정도 죄다 상세히 알리었다. 이에 유신은 백제를 병합할 계획을 더욱 급히 추진시켰다.[16]

신라는 백제의 국내 사정에 대한 확실한 정보에 바탕을 두고 침공을 위한 군사전략을 수립했던 것이다. 그런데 군사전략을 수립하기 위해서는 다음과 같은 절차가 있다. 즉

첫째 : 임무가 부여된다.

둘째 : 작전지역에 대한 군사지리(지형), 통신 그리고 적·아군의 능력과 취약점 등을 분석하게 된다.

15) 李鍾學 譯編, 『孫子兵法』(서울 : 박영사, 1974), p. 73, p. 257.
16) 『三國史記』42, 金庾信(中).

셋째 : 적군과 아군의 전력을 분석·비교하여 행동방침을 구상한다.

넷째 : 결심의 단계로서, 여기서 군사전략을 결정하게 된다.[17]

군사전략은 군사목표, 군사전략개념 그리고 군사자원으로 구성된다.[18]

군사목표는 군사능력 및 자원을 투입해야 할 특정 임무 혹은 과업으로 표시된다. 조미니는 군사목표에 두 가지가 있다고 했다. 즉 '기동상의 목표'와 '지리상의 목표'이다. 지리상의 목표는 수도首都, 중요한 요새, 하천의 선, 유리한 방어선 등이다. 기동상의 목표는 이와 대조적으로 적의 주력군의 상황에 의해 결정된다. 그리고 이것은 적 주력군의 격멸과 깊은 관계가 있으며, 나폴레옹은 훌륭한 승리를 획득하는 최선의 길은 적 야전군의 섬멸에 있었다고 지적했다. 그러나 조미니는 지리상의 목표를 강조했고, 특히 한 나라의 수도는 교통상의 중추일 뿐만 아니라, 권력과 행정부의 소재지로서 훌륭한 군사목표라 했다.[19]

군사전략 개념은 전략적 상황 예측의 결과로 채택된 군사목표의 달성을 위한 군사행동 방책으로 정의定義될 수 있다. 예컨대, 전쟁의 억제, 공세, 수세, 선수후공先守後攻 등이다.

군사자원은 군사능력의 결정 요인으로 인식되며, 보통 병력, 무기체계, 전쟁 물자, 예비 병력 등이 포함된다.

나·당 연합군의 군사전략의 결정은 전술한 바와 같이, 6월 21일 이후이며, 신라 측의 참석자는 법민 뿐만 아니라, 김유신, 진주, 천존 등이고,[20] 군사전략의 내용은 동일하지만 표현이 약간 다르다. 즉 "나는 바닷길로 쳐들어가고 태자는 육지로 쳐들어가서 7월 10일에 백제 서울 사비성에서 서로 만납시다."[21]

나·당 연합군의 군사전략은 다음과 같이 분석할 수 있다.

군사목표 : 백제 수도 사비성

군사전략 개념 : 육로로 신라군이, 해로로 당군이 분진합격分進合擊으로 공세를 취한다.

군사자원 : 병력만 본다면, 신라는 정예군 5만 명과 동원된 병력[22] 그리고 당군은 13만 명이다.

---

17) 李鍾學 編著, 『軍事戰略論』(서울 : 박영사, 1987), pp. 378~382.

18) 상게서, pp. 365~378.

19) Baron de Jomini, *The Art of War*, trans. Mendel and Craighill(Westport, Connecticut : Greenwood Press Publishers, 1971), pp. 88~92.

20) 『삼국사기』 42, 김유신(중)

21) 상게서.

22) 이 문제는 다음에 논의하고자 한다.

비록 연합군의 군사전략이 결정된 것은 6월 21일 이후라 할지라도, 신라군에 있어서 백제 정복을 위한 군사목표는 사비성이라는 것은 분명하고 또 군사 상식에 속한다. 따라서 신라의 주력군이 남천정에 갈 필요는 전연 없었던 것이다. 정영호와 마찬가지로 홍사준洪思俊도 "백제가 고구려에게 병원兵員 지원할 것을 예측하고 그 통로를 차단하기 위한 전략적 조치인 것"[23]이라는 견해는 다음 이유에서 타당치 않은 것으로 판단된다.

첫째 : 백제가 고구려에게 병원兵員 지원을 하는 것을 차단하기 위해 신라 주력군을 남천정에 출병시켰다면, 만약 백제가 경주로 급습한다면, 신라는 어떻게 될 것인가?

둘째 : 당시 백제는 고구려에 병원 지원을 할 상황이 아니었다. 의자왕은 나·당의 연합군이 동서로부터 침입해 온다는 급보를 듣고서야 크게 당황하여 신하를 모아 방위책을 위한 전략회의를 열었다. 즉,

- 16년(656) 봄 3월에 왕이 궁인宮人들과 더불어 주색酒色에 빠져 마음껏 즐기고 술을 마시어 그치지 않았으므로 좌평 성충이 극력 간하니 왕은 노하여 성충을 옥에 가두었다.… 만약 다른 나라의 군사가 오거든 육로로는 침현沉峴(탄현)을 넘어오지 못하게 하옵고, 수군은 기벌포伎伐浦의 언덕에 들어오지 못하게 할 것이오며, 험한 곳에 웅거하여 적병을 막아야만 할 것입니다.… 왕은 그 말을 살피지 않았다.[24]

- 소정방이 군사를 이끌고 성산城山에서 바다를 건너 신라국 서쪽 덕물도에 이르니, 신라 왕은 김유신을 보내어 강한 군사 5만 명을 거느리고 백제방면으로 가게 했다. 의자왕은 이 소식을 듣고 여러 신하들을 모아서 싸우는 일과 물러서서 지키는 일이 어느 것이 마땅한가를 물으니, 좌평 의직이 진언했다.…

  왕은 망설이며 따를 바를 몰랐다. 이 때 좌평 흥수가 죄를 얻어 고마미지현古馬彌知縣에 귀양 가 있었으므로, 왕은 사람을 보내어 물었다.

  "사세가 위급하니 어찌하면 좋겠는가?"

  흥수는 말했다.

  "당나라는 군사는 많고 군율이 엄격하고 명백하며, 하물며 신라와 앞뒤에서 협격하려고 모의하고 있으니, 만약 넓은 들판에서 대전對戰한다면 승패를 알 수 없습니다. 백강(기벌포)과 탄현(침현)은 우리나라의 요충입니다.… 마땅히 용사를 뽑아 가서 지키게 하여 당나라 군사는 백강을 들어오지 못하게 하고, 신라 군사는 탄현을 지나오지 못하게 할 것이며…"

  당나라와 신라의 군사가 이미 백강과 탄현을 지났다는 말을 듣고 왕은 장군 계백에게 결사대 5천 명을 거느리고 황산에 나가서 신라와 싸우게 했다.[25]

---

23) 洪思俊. 「炭峴考」, 『歷史學報』 35·36合輯(역사학회, 1967), p. 66.
24) 『삼국사기』 28, 의자왕 19년.
25) 상게서.

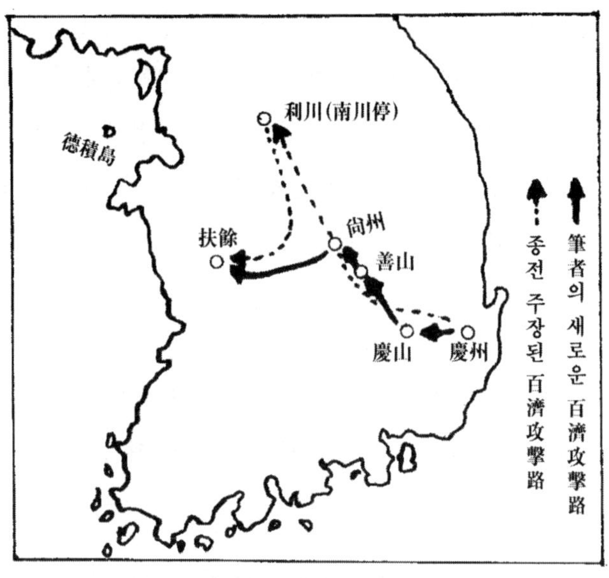

〈신라의 백제 공격로〉

백제는 당과 신라군이 백제를 향해 침공해 온다는 소식을 듣고서야 허둥지둥 방위계획을 논의하는 데 시간을 소비했고, 백제 방위의 요충지인 백강과 탄현을 상실한 연후에야 신라군 5만 명에 대해 5천 명의 병력을 계백 장군에게 주어 황산에서 싸우게 했다. 그래서 백제는 고구려에 병력 지원을 할 여력이 없었다고 생각된다. 계백이 출전에 앞서 가족을 모두 죽이고 갔다는 것은 이미 전투에 패배할 것과 나라가 패망할 것[26]을 예상했기 때문이 아니겠는가.

따라서 필자는 660년 5월 26일 신라왕과 군 수뇌들이 경주를 출발하기에 앞서, 기록에는 없지만, 군사작전상 백제 사비성을 공략하기 위해 신라군의 주력부대들은 몇 곳의 작전기지[27]에 이미 배치해 두었을 것이다. 따라서 '왕이 군사를 거느리고' 한 것은 왕과 군 수뇌들을 호위하기 위한 소수의 경호 병력을 뜻하는 것이다. 왕과 군 수뇌들이 남천정에 간 것은 덕물도에서의 소정방과 연합작전을 위한 전략회의를 하기 위한 것이며, 그 회의에 왕은 위신상 직접 나가지 않고 태자 법민과 김유신 등의 장수들을 참석케 했다. 거기서

26) 상게서, 47, 계백전.
27) 作戰基地란 軍이 증원 병력과 자원을 획득하고, 攻勢作戰을 始動하며, 후퇴이동의 집결지가 되고, 守勢作戰으로 국토를 엄호하기 위해 진지편성 시 지원을 담당하는 곳이다.(Baron de Jomini, 전게서, p. 77.)

군사전략이 결정되었다. 즉 7월 10일 양군이 백제의 남쪽에서 만나 도성都城을 공격한다는 것이었다.

그 후 '왕은 태자에게 명하여 대장군 김유신… 등으로 더불어 정병 5만 명을 거느리고 가서 그들을 응원하게 하고'라 했는데, 정병 5만 명의 숫자는 전략회의에서 군사전략이 결정된 이후의 조치사항이라는 것을 알아야 한다. 왕이 백제 침공군의 병력을 정병 5만 명으로 결정한 배경에는 당군의 병력 수와 간첩 조미곤 등에 의한 병력 동원능력 등을 정확히 평가해서 나온 숫자였다. 그것이 타당했다는 것은 그 후 백제군 5천 명과 황산에서 싸웠기 때문이다.

여기서 유의할 것은 '정병 5만'이라 한 점이다. 침공군의 부대편성을 해놓고 보면, 강한 부대와 약한 부대가 있게 마련이다. 그래서 무열왕은 동원된 전 병력을 투입하지 않았다는 것을 여기서 암시하고 있다.

4. 신라의 동원된 총병력 수

신라가 백제 정복을 위해 동원된 전 병력을 투입하지 않고, 다만 '정병 5만' 을 투입했는데, 그렇다면 과연 신라의 동원된 총병력은 얼마나 될까?

필자는 다음 세 가지 관점에서 그 숫자를 추산해 보고자 한다.

첫째 : 황산전투를 치른 후 김유신 등이 당군 진영에 이르렀을 때 소정방은 신라군이 약속한 기일에 늦었다 하여 장차 신라 독군督軍 김문영金文穎을 영문營門에서 목 베려 했다. 김유신이 군사들에게 말했다. "대장군(소정방)은 황산 싸움을 보지도 못하고 기일에 늦은 것만으로써 죄를 삼으려 하니, 나는 죄 없이 모욕을 당할 수는 없다. 반드시 먼저 당나라 군사와 결전한 후에 백제를 부수겠다." 이에 부월을 영문에서 잡고 섰는데, 성난 머리털은 꼿꼿이 일어서서 세워진 것 같고, 허리의 보검寶劍은 절로 칼집에서 튀어나올 것 같았다. 소정방의 우장右將 동보량董寶亮은 소정방의 발을 밟아 일깨워 말했다. "신라 군사가 변란을 일으키려 합니다." 소정방은 이에 문영의 죄를 용서해 주었다.[28]

---

28) 『삼국사기』 5, 태종 무열왕 7년.

김유신이 한 사람의 생명 때문에 신라의 존망과 관련되는 당과의 전투를 결심하기에는 그만한 신라의 군사력의 배경이 있었기 때문이며, 또한 신라를 도우러 왔고 또 우세한 입장에 있는 소정방이 김유신 한 사람의 노기 때문에 야전에서 하명한 명령을 함부로 취소하지는 않았을 것이다. 적어도 그가 지휘해 온 당군 13만과 대적할만한 신라군의 존재를 무시할 수 없었기 때문이라 생각된다.

둘째 : 당나라 군사는 이미 백제를 멸망시키고 사비성의 언덕에 진을 치고 신라를 침공하려고 몰래 계획을 꾸미고 있었다. 우리 임금이 이를 알고 여러 신하들을 불러 계책을 물으니…

당나라 사람들은 우리 편의 대비對備가 있음을 정탐해 알고 신라를 치지 못하고 백제왕과 신하 93명, 군사 2만 명을 포로로 하여 9월 3일에 사비에서 배를 타고 돌아가고… 정방이 돌아가서 백제의 포로를 바치니 천자天子는 그를 위로해서 말했다. "어찌 이내 신라까지 치지 아니 했는가?" 정방은 아뢰었다. "신라는 그 임금은 어질어 백성을 사랑하고 그 신하들은 충성으로써 나라를 받들고 아래 사람은 그 윗사람을 친 부형처럼 섬기니 비록 나라는 작지마는 도모할 수가 없었습니다."[29]

당의 원정군 총사령관으로 차마 천자 앞에서 소국 신라군이 강세했기 때문에 치지 '못했습니다' 고는 말하기 거북하였으리라.

셋째 : 문무대왕(668)은 인문과 함께 군사 20만 명을 동원하여 북한산성에 이르러 왕은 이 곳에 머물고, 먼저 인문 등을 보내어 군사를 거느리고 당나라 군사와 합세하여 평양을 공격해서 한 달 남짓 만에 보장왕을 사로잡았다.[30]

660년 나·당 연합군이 백제를 침공할 때, 당군은 처음부터 백제를 멸망시킨 다음은 신라도 멸망시킬 계획을 가지고 있었으나, 승산勝算이 없어 그 계획을 포기하고 말았다. 당시 당군의 병력은 13만 명이었다. 668년 신라가 고구려를 침공할 때, 20만 명의 병력을 동원한 것으로 미루어 보아, 백제 공격 때의 신라의 동원된 병력은 적어도 14만 내지 15만 정도로 추산推算할 수 있으리라.

---

29) 상게서 42, 김유신(중)
30) 上揭書 44, 金仁問傳.

5. 맺음말

『삼국사기』의 전쟁에 대한 기록 내용은, 역사의 아버지로 알려진 헤로도토스(484?~425? B.C)의 『역사歷史』처럼 상세한 것이 아니라, 너무나 간략하기 때문에 전략이론의 배경이 없이는 이해하기 어려운 점이 많다. 그 가운데 한 가지 문제가 바로 신라 주력군의 백제 공격로攻擊路의 문제이다.

상술上述한 바와 같이 신라의 주력군이 남천정에 가지 않은 것만은 분명하다. 그러나 사비성을 공략하기 위해 작전기지를 어느 지점에 설치했는지가 분명치 않다. 작전기지는 사비성으로 진격하기에 적합한 2~3곳 정도가 적당하며, 이 지점이 규명되면 탄현의 위치도 쉽게 알 수 있으리라. 역으로 탄현의 위치를 정확히 안다면 작전기지와 금돌성(신라의 전쟁 지도부戰爭指導部)의 위치의 규명에 도움이 될 것으로 생각된다.

전술前述한 바와 같이 남천정에 간 것은 신라의 주력군이 아니라, 다만 무열왕과 군 수뇌들이 덕물도에서 소정방과 연합작전의 전략회의를 하기 위해 갔던 것이다. 그 후 장군들은 작전기지로 돌아와서 정병 5만을 지휘하여 탄현을 거쳐 황산으로 진격해 갔고, 왕은 금돌성에 머물렀던 것이다.

그렇다면 신라의 주력군이 주둔하고 증원 병력과 자원(무기·장비 및 군량미 등)을 저장하여 백제 침공의 공격작전을 시동한 작전기지는 과연 어느 곳이었을까? 전략적 관점에서 다음 세 곳을 작전기지로 추정해 본다.[31]

1) 금돌성(상주 백화산)은 신라의 전쟁 지도부가 위치했을 뿐만 아니라, 가장 중요한 작전기지로 생각된다.
2) 장산성獐山城(경산)이다. 657년 왕자 김인문이 군주軍主로 임명되고, 이 성의 축조를 감독했다.
3) 일선주一善州(614년)의 주치州治였던 선산善山에 규모가 작은 작전기지를 두었을 것이다.

신라의 백제 공격에 동원된 총병력 수는 소정방이 지휘해 온 13만의 당군이 백제를 정

31) 신라의 백제 침공을 위한 작전기지의 위치 문제는 별도로 다음 기회에 다루고자 한다.

복한 후, 이어 신라를 정복하려던 당초의 계획을 포기한 것과 신라가 고구려 공략을 위해 20만의 병력을 동원한 것으로 미루어 보아 14~15만으로 추산해 보았다.

삼국시대를 비롯하여, 특히 신라의 삼국 통일과정을 『삼국사기』와 다른 문헌을 참고하면서 군사사적 접근법으로 앞으로 조명해 보려고 하며, 이에 대한 지도와 토론을 바라는 바이다.♣

(『경희사학』 박성봉 교수 회갑기념논총, 1987.)

제 8 장

주류성·백강의 위치비정에 관하여

—군사사학적 연구방법에 의한 고찰—

1. 머리말

7세기 후반의 한반도는 고구려·백제·신라의 삼국 대립의 최종단계에 이르렀다. 백제의 공세攻勢에 의해 위기에 몰린 신라는 당唐의 협력을 얻어, 660년 먼저 백제를 항복시켰다. 그러나 옛날부터 백제와 긴밀한 관계에 있었던 왜국倭國은, 백제 부흥군의 활동을 지원하기 위하여 출병했으나, 663년 백강白江[1] 해전海戰에서 참패를 당했다.

나·당 연합군과 백제부흥·왜군에 의한 백강·주류성[2]을 무대로 하는 백제 최후의 결전장은 여러 가지 이유가 있어서 지명 비정地名比定에 혼선이 있고, 그것이 현재의 어디인가에 대해서 아직도 정설定說이 없다. 그렇다면 그 원인은 무엇일까? 그것은 고전장古戰場의 위치 비정의 규명에는 군사이론을 바탕으로 하는 군사사학적軍事史學的 연구방법[3]을 전연

---

1) 『三國史記』에는 「白江」, 「白沙」로, 『日本書紀』에는 「白村江」, 『唐書』에는 「白江」, 「白江口」로 표기되어 있다.

2) 『三國史記』에는 「豆良尹城」, 「豆陵尹城」, 「豆率城」으로, 『日本書紀』에는 「州柔城」, 「疏留城」으로, 『唐書』에는 「周留城」으로 표기되어 있다.
『新增東國輿地勝覽』(1530)의 扶安縣에 의하면,
·禹陳巖 : 변산 꼭대기에 있다. 바위가 몸은 둥글면서 높고 크고, 바라보면 눈(雪)빛이다. 바위 밑에 3개의 굴이 있는데…
·[備考] 禹金城 : 禹金巖 기슭에 있다. 둘레는 10리인데, 妙香寺가 그 안에 있다.
그 후, 「禹陳古城」, 「遇金山城」, 「位金岩山城」으로 불렸으나, 1994년 3월 발행 이후의 國立地理院 5만분의 1 지도에는 「周留山城」으로 기재되어 있다.

3) 拙著, 『韓國軍事史序說』(경주 : 서라벌군사연구소, 1989), pp. 11~77.

고려하지 않았기 때문이 아닐까? 군사이론의 필요성을 조금이라도 시인한 것은, 今西 龍(이마니시 류)가 "나는 군사에 무식하지만 상식적으로 생각하여…"[4] 하는 정도이고, 많은 연구자들은 고전장의 위치 비정에 군사이론의 필요성, 그 자체를 알지 못하고 있었던 것이 아닐까.

병법兵法에 의하면, "싸우는 장소, 싸우는 일시日時를 적보다 먼저 알고 있다면, 가령 천리의 길을 원정해도 적과 싸울 수 있다"[5]고 했고, 또 나폴레옹은 "전쟁이란 위치의 상거래이다"[6](War is a business of positions)고 주장했는데, 이것은 전략지점戰略地點의 점유는 전쟁·작전의 성공을 결정하는 중대사이며, 새삼스럽게 전례戰例를 소개할 필요도 없이 시골장터에서 아낙네들의 자리다툼을 보더라도 알 것이다.

필자는 주류성·백강의 위치 비정에 관해 흥미를 가지고 있었지만, 그동안 현지답사의 기회를 얻지 못하다가, 금년(2003) 6월 3일, 일본 방위청 방위연구소의 林 吉永(하야시 요시나가)(전사부장戰史部長)와 부안군청의 문화재 전문위원 김종운金鍾云 박사의 안내로 함께 조사·답사를 했는데, 이것은 그 결과이며, 군사사적軍事史的 연구방법에 의한 주류성·백강의 위치 비정에 관한 시도이다.

2. 종래의 여러 견해

1) 안정복安鼎福에 의하면 두량윤성豆良尹城은 지금의 정산定山(충청남도 청양군 정산면)이고… 고사비성古沙比城은 지금 미상未詳이라 했다.[7]

2) 津田左右吉(츠다 사우기치)에 의하면, 주류성의 위치는 명확하지는 않지만, 금강 하류의 서안西岸에 있는 것 같다. 『구당서舊唐書』에 후년後年 주류성을 함락시킨 모습을 기록하여, 「劉仁軌…率水軍及糧船, 自熊津江往白江, 以會陸軍, 同趨周留城, 仁軌遇扶餘豊之衆於白江之口, 四戰皆捷, 楚其舟四百艘, 賊衆大潰, 扶餘豊脫身而走」라 말하고,… 문무왕文武王

4) 今西 龍, 1930「白江考」,『百濟史硏究』(東京 : 國書刊行會, 1970), p. 358.
5) 孫武, 『孫子』(513 B. C. ?) 虛實 第6.
6) Alfred T. Mahan, *Naval Strategy* (Westpoint, Conneticut : Greenword Press, 1911), p. 127.
7) 安鼎福, 1778『東史綱目』 第4 上, 辛酉年.

의 서書에, 「行至周留城下, 此時倭國船兵來助百濟, 倭船千艘停在白沙, 百濟精騎岸上守船, 新羅驍騎爲漢前鋒, 先破岸陣, 周留失膽, 遂卽降」이라 말한 것도 이를 가리킨다. 이러한 글에서 미루어보아, 주류성 함락의 원인은 백강의 패전에 있었으니, 따라서 주류성의 위치가 백강의 연안임을 알 수 있으리라. 백강은 제기濟紀에 기벌포伎伐浦의 별명別名이라 하니, 금강의 하구, 또는 하구에서 멀지 않은 하류일 것이다.… 州柔가 周留이어야 하는 것은 『일본서기日本書紀』에 이것을 가지고 복신福信이 풍장豊璋을 옹립하여 거수據守시킨 백제군의 근거로 만들었다는 것을 알기 때문에… 백촌강白村江은 소위 백강으로서, 또한 그것이 금강의 하구 부근이라는 것은 일본군이 해로海路로 곧 도달할 수 있는 지점이라는 것으로도 알 수 있다. 그렇다면 백강의 패전에 의해 곧 함락한 州柔, 즉 周留城의 위치가 금강의 하류이어야 한다는 것, 『일본서기』도 또한 이를 증명하고 있다.… 또 문무왕의 서書에, 「福信起於江西」라 했는데, 소위 강서江西의 근거지는 주류성인 것으로 보이는 것으로도 알 수 있다.… 나는 여전히 주류성을 가지고 한산韓山 부근이라 하고, 또 이것을 두량윤성이라 기록했다는 가정설을 유지한다.[8)]

3) 小田省吾(오다 쇼고)에 의하면, 백강, 이 강명江名은 종래 보통의 책에는 금강錦江, 즉 웅진강熊津江의 하류라 부르고 있지만, 나는 이에 동의할 수 없다. 왜냐하면, 금강의 강구江口는 『삼국사기』에 웅진강구熊津江口 또는 웅진강이라 하고, 백강의 하내河內는 별도로 백강구白江口로 기록되어 있어, 결코 동일한 하천으로 볼 수 없기 때문이다. 또 동서同書 주류성 포위조包圍條에, "유인궤劉仁軌 등… 수군 및 양선糧船을 이끌고 웅진강으로부터 백강으로 나아가, 거기서 육군과 만나…"라고 기록되어 있는 것을 보면, 당의 수군은 웅진강구를 나와 백강으로 향한 것이 틀림없다. 두 강은 분명히 각각 다른 것이어야 한다.

그렇다면, 백강은 어느 강에 해당하는 것일까? 다행히 『삼국사기』에 "백강 혹은 기벌포라 한다"고 되어 있다.… 생각컨대, 주류성 공격 때, 유인궤劉仁軌의 당 수군은 웅진강구를 나와 백강구, 즉 동진강구東津江口로 향했으리라. 따라서 나는 백강구, 즉 기벌포를 현재의 동진강 하구로 비정하고자 한다.… 이미 동진강구를 백강으로 시인한다면, 나는 지금의 부안읍扶安邑 혹은 그 부근의 고성지古城址를 주류성으로 비정하는 것을 가장 타당하다고 생각한다.[9)]

---

8) 津田左右吉, 1913「百濟戰役地理考」,『津田左右吉全集』第11卷(東京 : 岩波書店, 1964), pp. 172~173, p. 177.

4) 池內 宏(이케우치 히로시)에 의하면, 이들 양 설兩說을 보건대, 津田氏가, "『통감通鑑』 및 『구당서』에 당군이 웅진강구에서 백강으로 향했다는 것은, 상류에서 하항下航했다는 뜻이며, 웅진 부근을 웅진강이라 말하고, 하구 부근을 백강이라 칭했다"고 주장한 데 대하여, 小田氏는 "당의 수군은 웅진강구를 나와 백강으로 향한 것이 틀림없다. 두 강은 분명히 각각 다른 것이어야 한다"고 주장했다. 견해의 가장 현저한 차이는 여기에 있다. 어느 것을 택할 것인가 하면 나는 전설前說의 타당함을 믿는다.

전게前揭의 『구당서』 백제전百濟傳에 "도침道琛 등이 웅진강구에 양책兩柵을 세워 관군官軍을 막았다"고 하는 이상, 소위 웅진강은 금강의 하구를 가리키는 것이어야 한다. 즉 웅진강의 명칭은 금강의 하류에 적용되고 있는 것이다. 또한 웅진강의 하류에 대해 백강의 명칭도 있었던 것은, 용삭龍朔 3년의 주류성 공격에 관하여 백제전百濟傳에 「劉仁軌…自熊津江往白江, 以會陸軍」이라 하고, 『통감』에는 「仁軌…自熊津入白江, 以會陸軍」으로 되어 있는 것으로도 안다.… 나는 주류성의 위치를 부안읍 혹은 그 부근이라는 小田氏의 설을 부인하고, 津田氏의 견해에 따라 이 명성名城의 고지古址를 금강 하류의 우안右岸 가까운 데서 찾고자 한다.[10]

5) 今西 龍(이마니시 류)에 의하면 주류성의 위치는 어디인가. 먼저 얘기한 바와 같이, 그것은 고부古阜 부근에 있는 것에 의심할 여지가 없다. 용삭 3년(663), 이것을 공격하는 데, 웅진도독부熊津都督府로부터 수륙로水陸路로 나누어, 수군이 웅진강(지금의 금강)을 내려와 백강으로 가서 육군과 만나는 방법을 택한 것, 주류을 평정하자 곧 군대를 돌려 임존任存을 공격한 것을, 「南方已定, 廻軍北伐」이라 기록한 데서도 그 위치의 대강을 추측할 수 있다.… 그렇다면 고부 부근에 산성山城을 구한다면, 고부에 가깝고 그 동남에 위치하는 두승산성斗升山城과 그 서쪽 약 16킬로미터에 있는 우금암산성遇金岩山城이다. 이 두승산이야 말로 주류성이다…[11]

변산邊山의 동쪽 한 봉오리에 거대한 바위가 서 있으며, 아무데서나 멀리서 바라볼 수 있다. 이 바위가 곧 위금암位金巖이며, 이 바위를 한 모퉁이로 해서 산성지山城址가 있다.

9) 小田省吾, 1927『朝鮮史大系』(上世史)(東京 : 原書房復刻版, 1975), pp. 194~196.
10) 池內 宏, 1934「百濟滅亡後の動乱及び唐·羅·日三國の関係」,『滿鮮史研究』上世 第二册(東京 : 吉川弘文館, 1960), pp. 113~115.
11) 今西 龍, 1930「周留城考」,『百濟史研究』(東京 : 國書刊行會, 1970), pp. 346~348.

즉 위금암고산성位金巖古山城이며, 내가 오랫동안 찾고 있었던 주류성이다.[12)]

만약 당·나의 육군이 주로 부안방면으로부터 주류성으로 향했다면, 백강은 小田敎授가 비정한 것처럼 동진강이 되어야 하지만, 만약 당·나군의 육군이 주로 고부방면을 근거로 하여 주류성으로 향했다면, 전기前記의 두 강 외에 변산반도의 남쪽에 있는 줄포내포茁浦內浦도 가해야 한다.… 나는 만경강萬頃江·동진강을 백강의 후보지로 하는 외에, 이 내포도 여기에 가해야 한다고 생각한다.[13)]

6) 신채호申采浩에 의하면, 당장唐將 소정방蘇定方은 백강구白江口의 기벌포에 이르러 수리數里 진풀(이해泥海)에 행군할 수 없어 초목草木을 베어다가 바닥에 깔고 간신히 들어오는데… 의직義直이 중군衆軍을 호령하야 격전하다가 죽으니… 신라인이 의직의 죽은 곳을 이름하여 조용대釣龍臺라 하니… 백촌강白村江은 『해상잡록海上雜錄』에 보인 바, 의직의 죽은 곳이라 함이 가可하니라.[14)]

• 주류성周留城(김유신전金庾信傳의 두솔성豆率城이니 금연기今燕岐의 원수산元帥山?)을 …[15)]

7) 이병도李丙燾에 의하면, 복신福信·도침道琛 등은… 임존성任存城으로부터 남하하여 주류성(한산韓山)에 거據하고 웅진강구熊津江口(백강) 연안에 양 책兩柵을 세워…[16)]

주류성은 첫째 험고險高하다는 것과 또 사비성泗沘城과의 거리가 그렇게 멀지 않다는 점, 웅진강(금강)구 부근에 있어 왜국倭國과의 교통이 편리한 점 등을 생각해 볼 때, 나는 흔히들 말하는 바와 같이 이를 지금 서천군舒川郡 한산면韓山面의 건지산성乾芝山城에 비정하고 싶다.[17)]

이러한 견해는 그 후, 이홍직,[18)] 이기백,[19)] 이기동,[20)] 정효운,[21)] 김창석[22)] 등에 의해 수용되었다.

---

12) 上揭書, pp. 513~514.
13) 上揭書, pp. 357~359.
14) 申采浩, 1931『朝鮮上古史』(서울 : 鐘路書店, 1948), p. 354.
15) 上揭書, p. 359.
16) 李丙燾, 『韓國史』(古代篇)(서울 : 乙酉文化社, 1959), p. 514.
17) 李丙燾 譯註, 『三國史記』(國譯篇)(서울 : 乙酉文化社, 1983, 4版), p. 429.
18) 李弘稙編, 『國史大事典』(서울 : 知文閣, 1963)(上), p. 558 및 (下) p. 1455.
19) 李基白, 『韓國史新論』(서울 : 一潮閣, 1967), pp. 86~87.

8) 전영래全榮來에 의하면, 주류성은 연안지방인 백강구에 기벌포 해안이 있고, 이 일대에 고사비성古沙比城, 피성避城 등이 서로 이웃하고 있다고 전제하고, 기벌포를 백제의 개화현皆火縣으로 후의 부녕지방扶寧地方으로 보아, 고사비성은 고사부리古沙夫里로 현現 고부지방古阜地方이고, 백촌 곧 백강은 백제 소량매현所良買縣인 현 부안군扶安郡 백산면白山面 일대이며, 피성은 백제 벽골군碧骨郡으로 현 김제지방이라 하여, 주류성(두량윤성)의 위치를 현 줄포만茁浦灣을 거느린 부안군 상서면에 있는 위금암산성과 그 주변에 비정하였다.[23)]

9) 노도양盧道陽에 의하면, 주류성이란 지명은 661년대에는 지금의 충남 청양군 정산면의 두릉윤성豆陵尹城을 지칭하였고, 662년대에는 지라성支羅城이라고도 하였다. 그러나 일반적으로 또는 역사적으로는 663년 8월에 나·당군에게 함락된 백제 부흥군의 최후의 근거지 주류성을 말한다. 이 주류성의 위치를 전라북도 부안군 변산반도에 있는 위금암산성으로 비정한다. 백강·기벌포·백강구를 지금의 금강의 하류로 보는 데는 동의할 수 있으나, 『일본서기』의 「백촌」 및 「백촌강」과는 서로 확실히 다르며, 또 「백촌강」은 부안군의 서부를 흐르는 「두포천斗浦川」이라 주장했다.[24)]

10) 김재붕金在鵬에 의하면, 『일본서기』에 나타나는 소유성疏留城을 주류성으로 보고, 이의 기록을 주안점으로 하여, 이 주류성(소유성)의 백제군 때문에, 당인唐人들이 그들의 당시의 근거지인 사비, 웅진으로부터 북상하여 고구려 남계南界를 칠 수 없었을 뿐 아니라, 신라가 서쪽에 있는 성에 물자를 수송할 수 없었다고 보아, 안성천安城川을 백강 또는 백촌강으로 보고 안성천 하구인 백석포白石浦를 백촌으로 파악하여, 주류성을 전의지구全義地區 일대에 비정하고 두솔성豆率城을 도살성道薩城의 이칭異稱이라 하여, 고려산성에 비정하였다.[25)]

『일본서기』에 전하는 백촌강은 안성천 하구에 위치한 백석포이며, 백촌강으로 표기하고 『일본서기』에서 'ハクスキのエ(하쿠스키노에)'로 읽는 것은 백석포를 일본어의 음音으로 읽고

---

20) 李基東, 『百濟史硏究』(서울 : 一潮閣, 1996), p. 35.
21) 鄭孝雲, 「七世紀代의 韓日關係의 硏究－白江口戰에의 倭軍派遣 動機를 中心으로－」(下), 『考古歷史學志』 第7輯, 東亞大學校 博物館, 1991, pp. 219~220.
22) 金昌錫, 「唐의 東北亞戰略과 三國의 對應」, 『軍史』 第47號, 國防部 軍史編纂硏究所, 2002, p. 252.
23) 全榮來, 「周留城·白江 位置比定에 관한 新硏究」, 1976, p. 65.
24) 盧道陽, 「百濟 周留城考」, 『明知大論文集』 12輯, 1979~1980, pp. 26~33.
25) 金在鵬, 「全義 周留城 考證」, 1980, pp. 17~18, pp. 30~36.

뜻을 붙인 것이라고 생각한다. 'ハクスキ'는 백석에 대한 일본인들의 발음이지만, 'スキ'는 일본고어日本古語에서 '村(무라)'이었다. 그리고 'エ'는 강·포(江·浦)를 의미하는 말이다.[26)]

11) 심정보沈正輔에 의하면, 제2기 이후에는 부흥군의 중심 거점으로, 주류성이 임존성에 대신하여 중요한 지위를 확보하게 되었는데, 그 이유는 주류성이 금강 하류에 위치하였으며, 당 수군의 진입을 견제할 수 있는 지리적 이점을 점하고 있기 때문이라고 할 수 있겠고, 필자의 연구로서는 한산 건지산성 설이 가장 유력시 된다. 그리고 백강구, 즉 기벌포의 위치에 대해서도 역시 금강 하구로 비정하는 것이 가장 타당하다고 믿게 되었다.[27)]

12) 鈴木 治(스즈키 오사무)에 의하면, 백촌강은 백강이라고도 하고, 공주를 흐르는 부근을 옛날에는 웅진강이라 했다. 금강의 중류이다. 조금 내려가면 웅진 다음에 수도가 된 부여가 있다. 옛날에는 사비라 했다. 이 부근에서부터 수류水流가 바위에 부딪쳐 흰 파도가 일어나기 때문에, 지금도 백마강白馬江의 이름이 있다. 백마강은 수직으로 남하한 후, 강경江景으로부터는 거의 직각으로 흐름을 바꾸어, 서해안을 향해 흘러 군산의 북쪽으로 빠진다. 이 사이의 40킬로, 이것이 금강의 하류, 즉 백촌강 혹은 기벌포이다.[28)]

백제군은 朴市田來津(에모메다구츠)의 전략에 따라 주류성을 근거지로 했다.…「주류성」이 어디인가에 대해 논의가 있으나, 백촌강 강구 북안北岸의 한산韓山에 비정된다.[29)]

13) 鬼頭清明(기토 기요아키)에 의하면, 유인궤劉仁軌는… 수군을 이끌고 웅진으로부터 하류의 백강(금강)으로 나아가 육군과 합류하여 주유성(지도에 의하면 한산으로 비정되어 있음-필자)으로 향했던 것이다.[30)]

14) 小林惠子(고바야시 야스코)에 의하면, 기벌포=웅진강(금강), 백강=아산만으로 추정하지만, 당군이 산동반도로부터 황해 횡단의 최단 수로最短水路를 택하여 아산만의 덕물도德物島에 도착, 덕물도로부터 아산만 남쪽의 당진부근에 상륙하는 것이 약간의 어려움이 있

26) 金在鵬,「百濟周留城의 硏究」, 1995, p.24.
27) 沈正輔,「百濟復興軍의 主要據點에 관한 硏究」,『百濟硏究』14輯, 1983, p.178.
追記 : 8)은 이 논문에서 재인용함.
28) 鈴木 治,『白村江』(東京 : 學生社, 1972), p.37.
29) 上揭書, p.50.
30) 鬼頭清明,『白村江』(東京 : 教育社, 1981), p.150.

지만, 백제에 들어가는 가장 가까운 길이라 말할 수 있다.[31)]

15) 川崎 晃(가와시키 아키라)에 의하면, 8월 당·신라의 연합군은 부흥군의 거점인 주류성(주유성·충청남도 금강 하류)에 수륙으로 압박했다. 금강 하류의 백촌강(백강)에서 당 수군과 일본 수군이 조우했으나…[32)]

필자는 주류성·백강의 위치 비정에 관한 지금까지의 연구 성과를 검토하면서, 연구자의 견해가 엇갈리고 또 정설이 없는 원인을 다음과 같이 분석해 보았다.

가) 주류성·백강의 지명이 각 국의 사서史書에 따라 상이相異하기 때문에 연구자의 머리 속을 혼란케 하고 있다는 점이다. 예컨대, 주류성은 『삼국사기』에는 「두량윤성」, 「두릉윤성」, 「두솔성」으로, 『일본서기』에는 「주유성」, 「소유성」으로, 『당서唐書』에는 「주류성」으로 기록되어 있다.

나) 동일한 사료(한문漢文)에 대한 연구자들의 서로 다른 이해·해석이다. 예컨대 『구당서』의 「劉仁軌…率水軍及糧船, 自熊津江往白江以會陸軍, 同趨周留城」 등이다. 사료의 선택·비판·해석은 역사학 연구의 알파요 오메가(alpha and omega)인 동시에, 이 문제는 사람에 따라 달라지며, 대가大家의 이해·해석이 반드시 옳다고는 할 수 없다. 바로 이 점이 개인의 능력, 사료의 이해·해석방법 그리고 연구대상과 연구방법에 대한 적합성·타당성 등이 검토되어야 하는 과제이다. 예컨대, 오늘날 일본과 한국의 고대사 학계에서는 津田左右吉의 학설이 주류를 형성하고 있지만, 거기에는 연구대상에 대한 방법론에 문제점을 내포하고 있다는 것이 필자의 견해이다.

다) 주류성과 백강의 위치는 서로 가까운 곳에 있다는 것은 상술上述한 사료에 의해 모든 연구자들은 동의하고 있다. 그렇다면 사료로 그 위치를 확실하게 증명할 수 있는 쪽을 택하는 것이 바람직한 방법이라 생각했다. 그런데 "이 백강에 대한 올바른 해석이, 주류성의 위치 해명을 위한 선결 문제라 하겠다"[33)]고 했는데, 동의할 수 없으며, 필자는 주류성의 위치 비정에 필요한 확실한 사료가 더 많기 때문에 이 방법을 택했다.

31) 小林惠子, 『白村江の戦いと任申の乱』(東京 : 現代思潮新社, 1987), p. 75.
32) 川崎 晃, 「白村江の戦い」, 『日本古代史事典』(東京 : 大和書房, 1993), p. 266.
33) 沈正輔, 前揭論文, p. 172.

라) 주류성·백강이라는 고전장古戰場의 위치 비정을 규명함에 있어서, 여러 연구자들은 문헌사학적·고고학적·지리학적 그리고 음운학적音韻學的 연구방법 등을 구사해 왔다. 그런데 군사사학적軍事史學的 연구방법, 즉 군사이론과 역사학을 통합한 학문으로써, 군사문제로 연구한 사람은 아무도 없었기에, 필자는 이 방법으로 문제의 규명을 시도해 보고자 한다.

3. 군사사학적 연구방법에 의한 고찰

가. 제해制海의 관점에서

해양력(sea power)과 해상 통제(control of the sea)가 역사의 흐름이나 정치, 국가의 번영에 미치는 영향이 지대하다는 것은 아득한 옛날부터 알려져 있었지만, 이 문제를 학문적으로 체계화한 것은 미국 해군의 마한 대령(1840~1914)의 명저名著『해양력이 역사에 미친 영향』(1890)이었으며, 그는 다음과 같이 주장했다.

> 역사가는 대체로 바다의 사정에 어둡다. 그들은 바다에 대하여 특별한 관심이나 지식을 가지고 있지 않기 때문이었다. 그래서 그들은 해상력이 커다란 여러 문제에 있어서 깊고 결정적인 영향을 미친다는 것을 간과해 왔었다.…
>
> 여기서 말하는 넓은 뜻의 해양력이란, 무력에 의한 해상 혹은 그 일부분을 지배하는 해상의 군사력뿐만 아니라, 평화적인 통상通商 및 해운海運도 포함하고 있다. 이처럼 평화적인 통상 및 해운이 있어야만 비로소 해군의 함대가 자연스럽게 또 건전하게 태어나고, 그것이 함대의 건실한 기반이 되는 것이다.[34]

마한 대령은 해양력에 영향을 미치는 주요 조건으로서, (1) 지리적 위치, (2) 자연적 형태, (3) 영토의 범위, (4) 인구의 수, (5) 국민성, (6) 정부의 성격(국가의 여러 제도도 포함)을 다루며 상세하게 설명했으나,[35] 해상 통제에 관해서는 명확한 정의를 내리지 않았다. 그러나

34) Alfred T. Mahan, *The Influence of Sea Power upon History, 1660~1783* (Boston : Little, Brawn and Company, 1890), Preface and p. 28.
35) 上揭書, pp. 29~89.

일반적인 견해는, 전시나 비상사태에 임하여 자국自國이 필요로 하는 해상을 자유롭게 사용하는 동시에, 적으로 하여금 자국을 공격하는 목적을 위하여 일정한 해역海域을 자유롭게 사용치 못하게 하는 것을 뜻한다.

진실로 해상을 관제했다 하여도, 제해란 전파 탐지기가 없는 시대에 있어서 적의 단독 행동의 함선이나 작은 전대戰隊도 살며시 항구에 잠입 혹은 탈출할 수 없다거나, 긴 해안선상의 무방비의 지점에 대해 적을 괴롭히는 습격도 가할 수 없다는 뜻이 아니라, 상대적인 성질을 가진다. 어느 국가가 해상 병참선을 이용하여, 혹은 적에 대해 그 이용을 거부할 능력이 전반적인 전략의 견지에서 거의 만족한 상태에 있을 때, 이것을 '제해가 확립되었다'고 말하고, 적의 위협에 의해, 그 국가의 해상 병참선을 이용할 수 없거나 혹은 적의 사용을 거부하는 능력이 감소하여, 그 결과로 그 국가의 전략적 요구가 만족할 수 없는 경우, 이것은 '제해를 상실했다'고 일반적으로 말한다.

제해를 획득하는 것이 해군의 사명이며 또 무력武力에 의해 해상 혹은 그 일부분을 지배하는 해상의 군사력, 즉 우세한 해군력을 확보·유지해야 하는 것이다. 그렇다면, 어떻게 제해를 획득할 것인가? 마한 대령에 의하면, 전쟁에 있어서 해군의 주요 목표는 적의 해군을 격멸하는 데 있다. 적은 산재散在하는 전략지점 간의 연락을 유지하기 위해, 그 해군을 필요로 하기 때문에, 이것을 공격한다는 것은, 즉 적의 전략지점에 가할 수 있는 가장 확실한 공격이다,[36]고 말했다. 그가 만약 클라우제비츠의 『전쟁론戰爭論』(1832)을 읽었더라면, 해군의 주요 목표를 더 상세히 체계화했을 터인데.

당의 수군이 바다를 건너왔을 때, 백제로서는 해상에서 요격하는 것이 최상책이며, 그 다음은 상륙군의 반수가 상륙했을 때 공격하는 것이 유리하며,[37] 그 다음은 상륙군이 교두보를 설치하고 전비를 갖춘 연후에 공격하는 것으로 이것은 최하책이다.

660년 6월, 13만의 당군이 덕물도에 왔을 때, 태자 법민은 병선 100척을 거느리고 소정방을 맞이했는데, 663년 8월 왜 수군이 백강에서 패배할 때까지, 백제 수군이 전연 등장하지 않는 이유는 무엇일까? 마한 대령의 해양력에 영향을 미치는 주요 조건을 비교했을 때, 신라보다는 백제가 유리했음에도 불구하고, (6) 정부의 성격, 즉 백제 의자왕은 주색酒

---

36) Alfred T. Mahan, *Naval Strategy*, p. 199.
37) 『孫子』, 行軍 第九에는 '令半濟而擊之利'라고 했다.

色에 빠져 수군의 육성에 관심이 없었기 때문이었다.

따라서 당의 성산城山으로부터 신라의 덕물도 그리고 웅진강(금강)을 통하여 사비성(부여)에 이르는 당의 해상 병참선은 안전했으며, 또 당군의 제해가 확립되어 있었다고 보아야 할 것이다. 그렇다면 주류성이 웅진강구 좌측의 한산에, 혹은 아산만의 동남에 주류성(연기군 전의면)이 소재한다면, 다음 사료들은 어떻게 해석할 것인가?

> (사료 1) 齊明 6년(660) 10월, 백제의 좌평 鬼室福信이 좌평 貴智를 보내, 당의 포로 100여 인을 바쳤다.… 또 군사를 빌고 구원을 청하였다. 아울러 왕자 余豊璋을 되돌려 줄 것을 청하였다.… (『日本書紀』권 제26)
>
> (사료 2) 齊明 7년(661) 8월, 前軍의 將軍 大花下 阿曇比邏夫連…들을 보내, 백제를 구하게 하였다. 무기와 식량도 보냈다.
>
> 9월, 小山下 秦造田來津을 보내 軍士 5,000을 거느리고, 본국에 돌아가는 길에 호위를 하게 했다.
>
> (사료 3) 天智 元年(662) 春正月, 백제의 좌평 귀실복신에 화살 십만 촉, 실 500근, 솜 1,000근, 피륙 1,000단, 다룬 가죽 1,000장, 종자용 벼 3,000석을 주었다.
>
> 3월, 백제왕(풍장)에 피복 300端을 주었다.… 그래서 장군을 보내 疏留城에 웅거하게 하였다.
>
> 5월, 大將軍… 수군 170척을 거느려서, 豊璋 등을 百濟國에 보내고 칙하여, 豊璋에 그 위를 계승시켰다.
>
> 12월, 州柔(周留)에서 避城(金堤)으로 도읍하였다.
>
> 天智 2年(663) 春2月, 신라인이 백제의 남부 四州를 불태우고…이때 避城은 적에게 너무 가까웠다. 그래서 거기에 있기가 어려워, 도로 州柔로 돌아왔다.
>
> 3월, 前軍 將軍 上毛野君稚子…를 보내, 27,000명을 거느리고 新羅를 치게 했다.
>
> 8월 27일, 일본의 수군 중 처음에 온 자와 大唐의 수군과 대전하여 일본이 져서 물러났다.
>
> 28일, …진을 굳건히 한 大唐의 군사를 나아가 쳤다. 大唐은 좌우에서 수군을 내어 협격하여, 눈 깜짝할 사이에 관군이 패적하였다.(『日本書紀』권 제27)

당시의 주류성은 백제 부흥군의 왕성王城·작전기지 그리고 倭로부터 병원兵員·전략 물자의 보급이 계속되었음에도 불구하고, 663년 8월 백강 해전 때까지 당 수군과의 충돌이 전연 없었다는 것은 무엇을 뜻하는 것일까? 이것은 주류성이 당 수군의 제해권 외制海圈外에 소재하고 있었다고 보아야 하리라. 필자는 처음부터 주류성의 한산(건지산성乾芝山城) 설에는 의문을 가졌었다. 그 이유는 사비성으로부터 한산까지는 한나절의 행군거리 내에 소재하고, 난공불락難攻不落의 지리적 특징도 없는데, 어떻게 3년간이나 버티고 있었을까? 군사작전의 관점에서는 이해하기 어려웠다. 최근 건지산성의 성벽 단면조사城壁斷面調査의 결과에 의하면, 고려 말기의 축조로 보이며, 백제시대까지는 거슬러 가지 않았다는 것이 밝혀졌다.(『韓山乾芝山城』 忠淸埋藏文化財硏究院·忠淸南道 舒川郡, 2001年, p. 82.)

그렇다면 주류성의 위치는 당 수군의 제해권 외의 어디일까? 663년 8월의 백강 해전과 주류성 전투의 양상을 살펴보고자 한다.

(사료 4) 이에 孫仁師·劉仁願과 新羅王 金法敏은 육군을 이끌고 진격했고, 劉仁軌 및 別帥 杜爽·扶餘隆은 水軍과 糧船을 거느리고 웅진강으로부터 백강으로 나아가 육군과 합류하여 함께 주류성으로 향하였다. 仁軌는 백강의 입구에서 扶餘豊의 무리들을 만나, 네 번 싸워 모두 이기고 적선 400척을 불태웠으며… (『구당서』 백제)

(사료 5) 龍朔 3년(663)에 총관 孫仁師가 군사를 거느리고 熊津府城을 來救할 때에 신라의 兵馬도 출동, 함께 가서 周留城下에 다다랐다. 이때 倭國의 船兵이 와서 백제를 도울 새, 倭船 1,000척은 白沙[38]에 停在하고 백제의 精騎는 岸上에서 그 선함을 수호했다. 신라의 날랜 騎兵이 唐의 先鋒이 되어 백제의 岸陣을 깨뜨리니, 周留城은 실망하여 드디어 곧 항복하였다. 남쪽이 이미 평정되자, 군을 돌이키어 북쪽을 칠 새, 任存城만이 완강하게도 항복치 아니하므로… (『삼국사기』 신라본기 제7 문무왕 11년)

여기서 중요한 사실은, "劉仁軌는…수군과 양선糧船을 거느리고 웅진강熊津江으로부터 백강白江으로 나아가 육군과 합류하여 함께 주류성으로 향하였다"고 기록되어 있다는 것이다. 이것은 당의 수군은 웅진강을 나와 백강으로 갔다는 것이며, 이것을 최초로 주장한 것은 小田省吾로서, 탁견이라 말하지 않을 수 없다. 주류성의 위치와 방향은 작전일지作戰日誌를 조사하면 명백해지리라.

신라군과 당군은 웅진(공주)에서 육군의 연합군을 편성했으며, 663년 7월 17일에 출발하여 8월 13일에 두솔성(주류성)에 도착했고,[39] 17일에 주유州柔(周留)에 와서 왕성을 포위했다. 27일과 28일의 백촌강의 해전에서 왜倭 수군은 패배했고, 9월 7일 백제의 주유성(주류성)은 항복했다.[40] 10월 21일부터 임존성을 공격했으나 승리하지 못했다.[41] 남쪽(주류성)이 이

38) 白沙는 白江 근처의 모래사장을 두고 말한 것으로 볼 수 있다. 東津江 하구와 연결되는 下西面의 모래사장은 짧지만 지금도 규사가 많아 강한 햇빛 아래에서는 희게 보인다. 『三國史記』의 白沙는 어디를 말한 것인지 알 수 없으나, 규사가 있는 모래사장은 扶安郡 下西面 長信里 밖에 없다.(卞麟錫, 「白江口戰爭을 통해서 본 古代韓日關係의 接點－白江·白江口의 歷史地理的 考察을 중심으로－」, 『東洋學』 第24輯, 檀國大學校 東洋學硏究所, 1994, p. 124.)

39) 『三國史記』 卷第42, 列傳第2(金庾信 中)

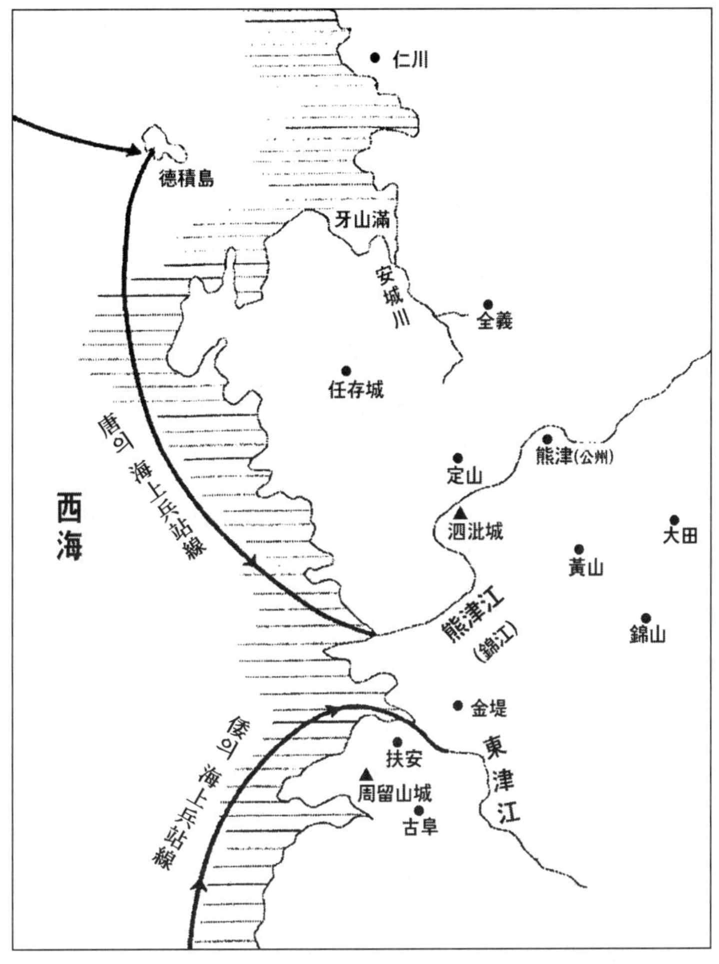

〈백강 해전과 주류성 전투〉

미 평정되자 군을 돌이켜 북쪽(임존성)을 쳤다[42](南方已定, 廻軍北伐)고 했으니, 주류성은 남쪽에 소재하고, 공주로부터 26일간의 행군거리에 있다는 것을 알 수 있다.

전영래는 주류성 함락 이후의 사항을 구체적으로 설명하고 있다. 즉 나·당 연합군은 9월 7일 주류성 함락 후 10월 21일 임존성을 공격하기까지 자그마치 44일이 흘렀다. 부안·주류성으로부터 대흥大興까지는 444리(177.6㎞)라는 엄청난 거리이다. 연기로부터 대흥

40)『日本書紀』 卷第27, 天智天皇 2年.
41)『三國史記』 新羅本紀 第6, 文武王 3年.
42) 上揭書, 新羅本紀 第7, 文武王 下.

까지는 공주를 거친다 해도 138리(55.2㎞)에 불과하다[43]고. 이것은 김재붕의 주류성의 연기설에 대한 반론이다.

나. 작전기지 또는 교두보橋頭堡의 관점에서

전쟁의 준비·수행에 있어서 기지·근거지(base), 작전기지(base of operation) 그리고 교두보(beach-head)는 육·해군에 의해 사용되는 용어는 다르지만, 이들의 기능은 동일이다. 기지는 진군·공격을 개시하고, 또 사태가 불리한 경우에는 철수할 수 있는 자기 소유의 영토이며, 이곳은 군대의 인적·물적 힘의 원천, 즉 병력, 무기와 장비, 보급품, 그리고 식량을 구비하고 있는 장소이다. 이것은 마치 인간의 신체에 혈액을 공급하는 심장과 동일하다.

그래서 본국에서 멀리 떨어져 작전하는 군대는, 작전기지 부근에 본국의 기지와 동일한 조건을 구비한 제2 기지를 설치하고, 또 확실한 병참선(line of communication)에 의해 양편을 연결해야 한다는 원칙이 있으며, 만약 이를 무시하면 패배하는 것이다. 예컨대, 태평양전쟁 중 솔로몬 군도群島의 가달가날 도島 전투에서 일본군의 패배이다. 제17군의 百武中將 휘하 약 3만 명의 장병 가운데, 적의 포화로 죽은 자는 약 5,000명, 굶어죽은 자는 약 15,000명, 약 10,000명만이 구출되었다.[44] 본국으로부터 멀리 떨어진 해상작전에 대해 미국의 마한 대령은 다음과 같이 주장했다.

> 본국으로부터 먼 해역에서의 작전은, 다만 일반 작전의 특별한 경우에 지나지 않는다. 즉 전쟁목적에 대해 유용한 지점을 곧 보유하고, 또는 아직 보유하지 않은 원양遠洋에서 실시하고, 또 그러한 지점을 보유할 것인가의 여부에 관계없이, 공세적 행동을 취하며, 또한 적의 영토를 점령하고, 혹은 적어도 이것을 관제하기를 바라는 해상원정이다.… 먼저 합리적으로 안전한 본국 국경과, 적과 제해권을 다툴 수 있는 해군의 근본적 조건을 구비하고 있다면, 다음에 취할 조치는, 원정 목적의 달성상 가장 적절한 작전계획을 책정하는 일이다. 작전계획에 있어서 결정해야 하는 것은 기지(base), 목표(objection), 그리고 작전선(line of operation)이라는 모든 작전에 존재하는 세 가지이다.[45]

본국으로부터 멀리 떨어진 도해渡海 상륙작전에 있어서 교두보를 어디에 설치할 것인가

---

43) 全榮來, 「周留城·白江戰鬪에 관한 硏究」(全州 : 2001), p. 12.
44) 今村 均, 『私記·一軍六十年の哀歡』(東京 : 芙蓉書房, 1971), p. 413.
45) Alfred T. Mahan, *Naval Strategy*, pp. 204~205.

는, 전쟁목적, 군사목표, 작전선을 고려해서 결정해야 하며, 또 작전의 성패에도 중대한 영향을 미치는 문제이다. 문헌사료에 의하면, 당군의 교두보는 백강(기벌포)이지만, 거기는 현재의 어디일까?

(사료 6) 600년 백제를 토벌하기 위해 군대를 이끌고 蘇定方은 城山(중국 산동성)으로부터 바다를 건너 웅진강구에 이르렀다. 적병은 강을 따라 진을 치고 있으니, 定方은 동쪽 강기슭으로 올라 산위에 진을 치고 이와 싸워 크게 이겼다. 돛을 달고 바다를 덮으며 꼬리를 물고 들이닥치니 적병은 무너지고 수 천 명이 죽어갔으며, 나머지는 흩어졌다.… 도성 밖 20여리를 남기고 적은 온 힘을 기울여 막았으나, 크게 이겨 이를 물리치고 만여 명을 사로잡았다. (『구당서』 열전 소정방)

상술上述한 사료에 의해, 정방定方은 13만의 대군을 이끌고 성산으로부터 곧바로 웅진강구로 상륙하여 적병을 패주시켰다고 해석하는 연구자도 있다. 예컨대, 今西 龍에 의하면 덕물도로부터 나와 금강에 들어가 왕도王都 부여로 향하는 당 수군이 만경강 혹은 동진강에 들어가 다시 금강에 들어간다는 일은 결코 없기 때문이다.[46] 小林惠子에 의하면, 웅진강을 금강으로, 백강을 동진강으로 하는 설을 취한다면, 「백제 본기」에 당군이 백강을 지났다는 것을 듣고, 서둘러 웅진강을 방어하기 위해 출병했다고 했는데, 당군이 덕물도에 도착한 것은 확실하기 때문에 웅진강(금강)을 지나서 동진강에 가서 다시 북상하여 웅진강에 들어간 것이 된다. 따라서 백강을 금강의 남쪽에 비정하는 설은 모두 성립될 수 없다[47]는 것이다.

바다를 건너온 상륙군이 최초로 해야 할 중요한 일은, 어디에 교두보를 설치할 것인가이며, 今西·小林 양인은 이것을 전연 고려하고 있지 않는 것 같다. 필자는 (사료 6)에는 定方이 덕물도에서 태자 법민을 만난 것과 교두보 설치에 관한 사항이 생략된 것으로 해석한다.

(사료 7) 6월 21일, 왕이 태자 법민으로 兵船 100척을 이끌고 덕물도에서 定方을 맞게 했다. 定方이 法敏에게 이르기를, "내가 7월 10일에 백제 남쪽에 이르러 大王의 군사와 만나 義慈의 都城을 무찔러 破하려 한다." 하매… (『삼국사기』 신라기 태종왕 7년)

46) 今西 龍, 前揭書, p. 361.
47) 小林惠子, 前揭書, p. 75.

蘇定方이 신라와 합류하는 날짜와 장소를 제시했다는 것은 당군의 깊은 계략이 숨겨져 있는 것이 아닐까? 그것도 덕물도에서 금강 하류까지는 일주일간이면 충분히 기습적 상륙작전의 실시가 가능한 데, 13만의 병력과 병선 1,900척(「鄕記」에 의하면 병력 122,711명, 병선 1,900척, 『三國遺事』卷第1 太宗 春秋公)이 20여 일간 어디서 무엇을 하고자 하는 계획일까? 클라우제비츠는 그의 명저 『전쟁론』(1832)에서 다음과 같이 주장했다.

> 전쟁에 의해 또한 전쟁에 있어서 무엇을 달성하려고 하는 이 두 가지 질문에 대답하지 않고서 전쟁을 개시하는 사람은 없을 것이다. 또한 당사자로서 현명하다면 전쟁을 개시해서는 안 될 것이다. 이 질문의 첫째는 전쟁목적에 관한 것이고, 둘째는 작전목표에 관한 것이다. 이 두 가지의 주요 사항에 의해 군사적 행동의 일체의 방향, 사용해야 할 수단의 범위, 전쟁을 수행하는 힘의 정도가 규정된다. 그리고 전쟁계획은 군사적 행동의 극히 사소한 말단에까지 그 영향을 미친다.[48]

蘇定方은 "의자義慈의 도성都城을 무찔러 파破하려고 한다"고 함으로써 작전목표는 명시했지만, 전쟁에 의해 달성하고자 하는 전쟁목적은 명시하지 않았고 또 명시할 수 있는 문제가 아니었다. 그러나 당의 전쟁목적을 알지 못하고 작전의 전반적인 문제를 논의할 수는 없는 일이다.

648년 신라가 백제의 침략에 의해 위기에 직면했을 때, 김춘추金春秋(후의 무열왕)가 당에 가서 원군의 파견을 요청했을 때, 당 태종은 "짐이 지금 고구려를 치는 것은 다른 까닭이 아니라, 그대 신라가 백제·고구려에 핍박되어 매양 그 침해를 입어 편안할 때가 없음을 애달피 여김이니, 산천토지山川土地는 나의 탐하는 바가 아니며… 내가 양국을 평정하면, 평양이남, 백제 토지는 다 그대 신라에게 주어 길이 편안하게 하려 한다"[49]고 말했다.

그러나 定方은 백제를 무찌르고 백제왕 및 중신 93명과 병사 2만 명을 포로로 잡아 660년 9월 귀국하여 천자에게 바쳤다. 천자는 그를 위로하면서, "어찌하여 이내 신라를 치지 않았는가" 하고 물었더니, 定方이 "신라는 왕이 어질고 백성을 사랑하며, 그 신하는 충성으로 나라를 섬기고 아랫사람들이 윗사람 섬기기를 부형父兄과 같이 하니, 비록 나라는 작지만, 도모할 수가 없었습니다"고 하였다.[50] 당은 백제·고구려를 멸망시키고는, 각각 웅진도독부熊津都督府·안동도호부安東都護府를 설치했다.

---

48) 이종학 편저, 『전략이론이란 무엇인가－손자병법과 전쟁론을 중심으로－』(경주 : 서라벌군사연구소, 2002), p. 237.
49) 『三國史記』 新羅本紀 第7, 文武王 下.
50) 『三國史記』 列傳 第2 金庾信 中.

여기서 중요한 것은 원군援軍으로 바다를 건너온 당군의 전쟁목적은 백제뿐만 아니라, 신라마저도 토벌·정복하는데 있었다는 것을 잊어서는 안 될 것이다. 이것은 '以夷制夷이이제이'의 계략에 의한 한반도의 정복에 있었기 때문에 신라와 백제, 신라와 고구려를 처음부터 싸우게 하여 서로 약화·피로케 만들어 그것을 이용해서 전쟁목적을 달성하는 데 있었다. 定方의 6월 21일부터 7월 10일까지의 행동과정에 관해서는 상세한 기록을 아직 보지 못했지만, 다음 사료에 의해 추정이 가능하리라.

> (사료 8) 蘇定方이 군사를 거느리고 城山(中國 山東省)에서 바다를 건너 덕물도에 이르니, 신라왕이 김유신 장군을 보내어 정병 5만을 거느리고 백제방면으로 가게 하였다. 의자왕은 이 정보를 듣고 군신을 모아 공·수세攻守勢의 어느 쪽을 택할 것인가를 물었다.
>
> 좌평 의직은 말하기를 "당병唐兵은 멀리 바다를 건너왔으므로, 물에 익숙지 못한 자는 배에서 반드시 피곤할 것이니, 처음 육지에 내려서 사기士氣가 안정치 못할 때에 급히 치면 가히 뜻을 얻을 수 있을 것입니다.… 그러므로 먼저 당병과 결전하는 것이 좋을 것입니다"고 했다.…
>
> 좌평 흥수가 말하기를, "당병은 수가 많고 군율이 엄격하고…만일 평원광야平原廣野에서 대전하면 승패를 알 수 없을 것입니다. 백강(혹은 기벌포)과 탄현炭峴(혹은 심현沈峴)은 아국我國의 요로要路입니다.… 당병으로 하여금 백강을 들어오지 못하게 하고, 신라인으로 하여금 탄현을 넘지 못하게 하소서. 그리고 대왕은 방어를 굳게 하여 적의 군량軍糧이 다하고 사졸士卒이 피로함을 기다려서 이를 습격한다면, 반드시 적병을 깨뜨릴 것입니다"고 하였다.
>
> 대신들은 말하기를 "당병으로 하여금 백강에 들어와서 흐름에 따라 배를 정렬할 수 없게 하고, 신라군은 탄현에 올라서 소로小路를 따라 말을 정렬할 수 없게 한 다음, 이 때를 당하여 군사를 놓아 치면, 마치 조롱 속에 있는 닭을 죽이고, 그물에 걸린 물고기를 잡는 것과 같습니다"고 하니, 의자왕은 대신들의 의견에 찬성하였다.
>
> 그러던 중 나·당의 군사가 이미 백강과 탄현을 거쳤다는 말을 듣고 장군 계백으로 하여금 결사대 5,000명을 거느리고 황산黃山(연산連山)에 나아가 신라병과 싸우게 하였는데, 네 번 싸워 모두 이겼으나 병력이 적고 힘이 꺾이어 드디어 패하고 계백도 전사했다.
>
> 이에 여러 군사를 소집하여 웅진강구를 방어하기 위해 강변에 군사를 포진케 했다. 定方이 강의 좌측 언덕으로 상륙하여 산에 올라 진을 치니 아군이 싸워서 대패했다.… 定方이 보기步騎를 거느리고 그 도성으로 직향直向하여 30리 되는 곳에 머물렀다. 아군은 모든 병력을 다하여 막았으나 또 패하여 사자死者가 만여 명이 되었다. 당병은 승전하여 성으로 육박하니 왕은 면하지 못할 것을 탄식하여 말하기를… (『삼국사기』 백제본기 제6, 의자왕 20년)

蘇定方은 덕물도로부터 직통으로 웅진강구의 좌측에 상륙한 것이 아니라, 백강(기벌포)에 상륙했던 것이다. 그 이유는 의자왕이 대신들을 모아 공·수세의 대책을 논의하여 끝날 무렵, 당군은 백강을, 신라군은 탄현을 통과했다는 보고를 받자, 계백 장군을 먼저 황산에 파견했다는 것은, 백강이 더 멀고 또 위협이 적었기 때문이었으리라. 계백 장군의 군대가 패배하고, 그가 전사한 후에 백제는 여러 군대를 모아서 웅진강구를 방위하기 위해 군대를 포진시켰던 것이다. 따라서 당군의 교두보는 백강이며, 웅진강과는 별도의 강이라는 것을 기억해야 한다. 또 663년 "劉仁軌는… 수군과 양선糧船을 거느리고 웅진강으로부터 백강으로 나아가 육군과 합류하여 함께 주류성으로 향했다"(사료 4)는 기록을 보아도 명확하며, 백강은 주류성의 부근에 위치하고 있다는 것도 알아야 한다.

만약 定方이 6월 21일 태자 법민과 만나, 일주일 후에 웅진강구에 교두보를 설치했다면, 백제의 주력군과 최초로 전투를 해야만 했으며, 이것은 전술前述한 바와 같이 전쟁목적에도 위배되는 조치이리라. 따라서 백강은 사비성의 입장에서 본다면 웅진강구보다 더 먼 위치에 있어야만 했다.

전영래에 의하면, 蘇定方이 다소라도 군사 상식이 있는 장수라면 다음과 같은 이유로 20여 일간을 13만 대군을 만재한 1,900척의 대선단을 그대로 서해바다에 멍청히 띄우고 있지는 않았을 것이다. 즉,

(1) 덕물도에서 보급을 받았다손 치더라도 시량柴糧이 충분치 못하였을 것이며, 특히 여름철에 식수·채소류 등을 20여 일간이나 저장 비축한다는 것은 불가능하다.

(2) 선상의 병사와 말은 좌평 의직이, "물에 익숙지 못한 자는 배 위에서 필시 피곤할 것"이라 한 대로 대부분이 승선에 익숙지 못하므로 하선 즉시 전투한다는 것은 어려움으로 반드시 상륙 후 충분한 휴식과 육상에서의 정비가 필요하다.

(3) 음력 6월 하순~7월 상순까지는 태풍 전선에 들어있으므로 폭풍우가 내습하는 기간에 한 척당 65명을 태울 정도의 소범선 1,900척을 그대로 해상에 방치해 두지는 않았을 것이다.[51]

고 주장했는데, 도해상륙군渡海上陸軍에 있어서 교두보의 필요성을 역설한 것은, 이 주제의 연구자에 있어서 최초이며, 탁견이라 생각한다.

필자는 (사료 6)의 "定方은 城山으로부터 바다를 건너 웅진강에 이르렀다…"(定方自城山濟海 至熊津江口)의 내용은, 定方이 성산으로부터 덕물도에 와서 신라의 법민에게 7월 10일 왕도의 남쪽에서 합류하자는 것을 통고하고, 거기서 백강에 들어가 교두보를 설치하고,

51) 全榮來, 『白村江에서 大野城까지』(全州 : 新亞出版社, 1996), pp. 30~31.

병사들의 휴식과 전투준비를 갖추고, 백제·신라의 주력군이 치열한 전투를 개시했으리라는 것을 계산하면서, 천천히 백강에서 웅진강에 도착한 것을 기록한 것으로 해석한다.

660년 9월 3일, 劉仁願이 당병 10,000명, 신라병 7,000명과 사비성을 지키게 되었다. 蘇定方은 백제왕과 왕족·중신 등의 포로를 이끌고 사비에서 배를 타고 당으로 돌아갔다. 그런데 벌써 23일부터 백제의 부흥군이 사비성에 침입하여, 항복한 백제인들을 약탈해 데리고 가고자 했다. 유수역留守役의 劉仁願은 당군과 신라군을 동원하여 그들을 격퇴했다. 당시 백제의 부흥군이 각 지역에서 거병을 했기 때문에 신라군은 그들을 진압하는 것이 급선무였다.

(사료 9) 661년 2월, 백제의 잔적殘賊이 사비성을 공격하므로 왕이 이찬伊湌 품일品日을 대당장군大幢將軍에 임하여… 가서 사비성을 구원케 하였다. 3월 5일, 중로中路에 이르러, 품일이 휘하 군대를 나누어 먼저 가서 두량윤성 남에서 진영(작전기지)할 곳을 살피게 하였던 바, 성중城中의 백제군이 나진羅陣의 정돈되지 아니 함을 바라보고 갑자기 나와 기습을 가하매 아군은 놀라 도주했다. 3월 12일, 대군이 고사비성 외古沙比城外에 주둔하여 두량윤성을 공격하였으나, 한 달 엿새가 되도록 이기지 못하였다. (『삼국사기』 신라본기 제5, 태종무열왕)

이 내용(사료 9)은 사비성을 공격하는 백제 부흥군의 소굴이며 근거지인 두량윤성(주류성)을 공격하기 위해 신라군은 그 성의 남쪽, 고사비성 외에 작전기지를 설치하고 공격했으나 실패했다는 기록이다. '3월 5일 중로에 이르러'(至中路)에서 「中路」란 무슨 뜻인가? 백제 도성부근에 도착한 것을 중로中路에 至하다고 기록했고,[52] 661년 당시 중부라고 하면 웅진성을 의미한 것으로 보아야 하며, 이어서 '中路에 至하다'라는 것도 '백제 도성(웅진성) 부근에 도달한 것'으로 해석해야 하며,[53] 「中路」란 말이 어떤 루트를 뜻하는 게 아니고, 「中方」이란 지방을 달리 적은 표현에 불과하고, 「中方古沙城」은 「國南二百六十里」라 한 거리상으로 보아도 지금 고부古阜가 틀림없다,[54]는 여러 견해가 있다. 필자는 신라의 주력군이 3월 12일 고사비성 외에 작전기지를 설치하여 두량윤성을 공격했으니, 고사비성이 고부라면, 「중로」는 고부, 아니면 그 부근의 지명을 지칭한 것으로 해석한다.

전술前述한 바와 같이, 작전기지는 전쟁목적·군사목표·작전선 등을 고려하여 결정한다

52) 今西 龍, 前揭書, p. 311.
53) 金在鵬, 前揭論文, p. 12.
54) 全榮來, 『白村江에서 大野城까지』, p. 70.

고 했는데, 이 작전의 목적·목표는 두량윤성의 타도·격멸에 있었기 때문에, 그 작전기지는 가능한 한 두량윤성의 주변, 즉 1일 행군거리인 20킬로미터[55] 이내에 설치하는 것이 당연하다. 따라서 고사비성의 위치를 규명한다는 것은 두량윤성의 위치 비정에 중요한 근거가 될 것이다.

津田左右吉에 의하면, 인용한 '나기羅紀'(사료 9)를 보건대, 신라군의 선봉이 두량윤성 남에 둔영屯營하니 성병城兵의 출격을 만나 먼저 패하고, 다음에 본군本軍이 고사비성 외에 오는 것을 기다려, 다시 두량윤성을 공격하였으니, 두량윤성은 고사비성과 멀지 않은 지점에 있는 것 같다.… 고부는 금강의 남쪽에 있고, 지금은 전라도에 속한다. 그런데 고사비성을 고부라 하고, 두량윤성을 정산定山이라 한다면, 두 성의 위치가 너무 떨어져, '나기羅紀'가 나타내는 것과 같은 관계는 아닌 성 싶다.[56]

池內 宏에 의하면, 신라의 선봉군 및 잇따라 고사비성 외에 주둔한 본군의 작전목표인 두량윤성은, 의심할 바 없이 「熊津江口의 兩柵」의 본성本城인 주류성 그것이다.… '신라본기'의 고사비성은 『통감通鑑』의 고사古泗에 해당하고, 『삼국사기』(권36) 지리지地理志에 「古阜郡, 本百濟古眇夫里郡」으로 설명하고 있는 고묘부리古眇夫里－부리夫里는 성읍城邑을 뜻하는 백제어百濟語－즉 부안의 남쪽에 위치하는 지금의 고부이다[57]고 했다.

필자도 고사비성은 지금의 고부라 하는 데는 동의한다. 그러나 津田·池內 두 사람의 견해는 두량윤성(주류성)을 정산과 마찬가지로 금강 하류의 우안右岸(한산지방)으로 비정하고 있는 데, 이것은 신라군의 작전기지와의 거리가 너무 동떨어져 있다. 신라군이 주류성(한산 혹은 정산)을 공격하기 위해, 일부러 먼 고부에 작전기지를 설치하고, 또 동진강·금강은 도보로 도강할 수 없으니 배를 만들어 운반해서 강을 건너 공격했을 것인가?

주류성이 고부(전북 정읍군 고부면)의 주변(20㎞ 이내)에 있다는 것은 신라군의 작전기지의 위치에 의해(사료 9) 수수께끼를 푸는 확실한 근거를 마련해 주는 것으로 해석한다.

---

55) 步兵의 一日行軍距離는 부대의 규모·휴대무기와 장비, 도로의 사정·계절·기상 및 장애물(도보로 건널 수 없는 河川) 등으로 인하여 일률적으로 정하기란 어렵지만, 예컨대, 나폴레옹이 지휘한 프랑스軍의 우수성은 20만의 대병력이 하루 평균 20킬로미터씩 행군을 계속하여 800킬로미터의 유럽大陸을 횡단한 그 기동력에서도 알 수 있었다. 李鍾學 外, 『綜合世界戰史』(서울 : 博英社, 1968), p. 157.

56) 津田左右吉, 前揭書, p. 175.

57) 池內 宏, 前揭書, pp. 118~119.

다. 군사지리軍事地理의 관점에서

필자가 발표한 논문, 「군사학의 이론체계」(1980)에 있어서, 군사지리란 군사작전 및 전쟁 전체의 준비와 수행에 영향을 미치는 입장에서, 여러 국가·전장·각 지역의 정치적·경제적·자연적 그리고 군사적 조건의 현황을 연구하는 군사학의 한 구성분야이다. 군사지리는 군사학의 요구에 따라 필요한 자료를 연구하고, 또 영토와 지형 등의 자연 지리적 여러 조건이 전쟁 및 군사작전의 수행에 어떤 영향을 미칠 것인가를 판정한다.[58]

전쟁·군사작전의 수행을 위해 지리적 조건을 고려한다는 것은 전쟁술(전략과 전술)과 거의 같은 시기의 옛날부터 존재하고 있었으리라. 예컨대, 한 장수가 부대를 지휘하여 전투를 하고자 한다면, 적의 부대 혹은 요새의 위치와 그 지형, 접근로, 공격에 유리한 고지 등을 고려하지 않을 수 없기 때문이다. 『손자』에는 지형에 의한 행군·전투의 수행법을 다음과 같이 가르치고 있다.

- 고지高地에 진을 치고 있는 적에게 정면 공격은 하지 말아야 한다.

- 무릇 지형에는 다음과 같은 위험한 곳이 있다.
  절간絕間－절벽에 둘러싸인 깊은 계곡
  천정天井－사방이 높고 가운데가 낮아 물이 괴는 분지.
  천뢰天牢－험준한 산에 둘러싸여 좁은 길이 하나만 있는 곳.
  천라天羅－초목이 빽빽하여 행동이 자유롭지 못한 곳.
  천함天陷－수렁이 된 늪지대로 통행이 어려운 곳.
  천극天隙－길고 좁으며, 땅은 울퉁불퉁한 곳.

- 대저, 지형이라는 것은 전투를 수행하는 데 있어서 중요한 보조 수단이다. 적군의 정세를 헤아리고 승리를 획득하기 위해서 지형이 험하고 좁고 멀고 가까움을 헤아리는 것은 장수의 용병하는 방법이다. 이것을 알고 싸우는 자는 반드시 승리할 것이며, 알지 못하고 싸우면 패배하는 것이다.[59]

주류성과 백촌강은 서로 가까운 곳에 위치하고 있고, 또 주류성을 공격하기 위한 작전기지가 고부에 위치했다는 것을 기억한다면, 사료에 의해 지형·위치를 더 많이 명확하게 설명하고 있는 것이 주류성이니, 이에 관련된 사료를 검토하는 것이 더 바람직하리라.

---

58) 拙著, 『軍事論文選』(慶州 : 徐羅伐軍事研究所, 1991), pp. 55~56.
59) 『孫子』, 九變 第8, 行軍 第9 그리고 地形 第10.

(사료 10) 이 州柔(周留)는 논·밭과 멀리 떨어져 있고, 토지가 척박하다. 농잠할 땅이 아니다. 방어하고 싸울 장소이다. 여기에 오래 있으면 백성이 기근이 들 것이다. 避城(金堤)으로 옮기자,… 지금 적이 함부로 오지 않는 까닭은 州柔가 산험에 가리어 있어서 모든 것이 방어하기에 적합하다. 산이 험준하고 계곡이 좁으니 지키기 쉽고 치기 어렵기 때문이다. 만일 낮은 곳에 있으면, 무엇으로 굳게 지켜 동요하지 않고, 오늘에 이르렀겠는가.(『日本書紀』 卷第27, 天智天皇 元年)

(사료 11) 복신은 거짓 병을 칭하여 굴실窟室에 숨고 부여풍扶餘豊이 병문안 오기를 기다렸다가 기습하여 왕을 살해하려 하였다. 그러나 이를 먼저 눈치 차린 부여풍은 심복을 이끌고 복신을 끌어내어 살해했다.(『구당서』 백제)

(사료 12) 변산은 봉오리들이 백여 리를 빙 둘러 높고 큰 산이 첩첩이 싸이고 바위와 골짜기가 깊숙하며… 우진암은 변산 꼭대기에 있는데, 암체는 둥글고 높고 거대하며 눈처럼 눈부시다. 바위 기슭에는 3곳의 굴이 있어 저마다 승려들이 기거하곤 한다. 바위 정박이는 평탄하여 올라가서 조망할 만하다.(『동국여지승람』 부안 산천조山川條)

(사료 13) 9월 7일(663), 백제의 주유성이 마침내 당에 항복하였다.… 드디어 전부터 침복기성枕服岐城에 있는 처자들에 가르쳐, 나라를 떠나갈 것을 알렸다. 11일, 牟弖(모데)를 출발, 13일, 弖禮(데레)에 도착하였다. 24일에는 일본의 수군 및 佐平 余自信…아울러 국민들이 弖禮城에 이르렀다. 다음 날 배가 떠나서 처음으로 일본으로 향하였다.(『日本書紀』 卷27, 天智天皇 2년)

전영래에 의하면, 주류성의 지리적 특징을 정리한다면, 그것이 어디인가 하는 수수께끼를 푸는 열쇠가 된다고 생각한다. 주류는 전지와 멀리 떨어져 있고… 방어하고 싸울 장소이다. 산이 험준하고, 계곡이 좁으니, 지키기 쉽고 치기 어렵다. 이런 주류의 지리적 조건을 설명한 『동국여지승람東國與地勝覽』 부안현扶安縣 산천조에는, “변산은 봉오리들이 백여 리를 빙 둘러 높고 큰 산이 첩첩이 싸이고, 바위와 골짜기가 깊숙하며…”라고. 거기에다 주류성 안에는 굴실窟室이 있다는 사실이다. 이것은 주류성의 위치를 밝혀주는 결정적인 증거물이다. 우진암은 변산의 꼭대기에 있는데, 바위 기슭에는 3곳의 굴이 있는 것이다. 그리고 9월 7일 주류성이 함락되고 탈출한 망명군亡命軍이 牟弖에 도착한 것은 13일이다. 만약 주류성이 금강 이북에 소재한다면, 걸어서 강을 건너지 못하는 금강·만경강 등이 있어서 적어도 7일 이상의 시간이 소요되리라[60]고 했다.

위에 말한 내용은 지리적 조건에 의한 주류성(부안군 상서면 감교리)의 위치 비정으로는 참으로 탁견이며, 필자도 수용하는 입장이다. 今西 龍은 만경강·동진강을 백강의 후보지로 하는 외에, 줄포도 여기에 가해야 한다고 주장했으나, 줄포 방면에는 커다란 강이 없다는 것이 결

60) 全榮來, 『白村江から大野城まで』(全州 : 新亞出版社, 1996), pp. 109~110, p. 118, pp. 140~141.

점으로 생각하고 있었다. 그러나 지도상으로 보면, 왜로부터 원군援軍이 주류성으로 가는 길은 줄포가 근거리이기 때문에, 안내자 김종운金鍾云 박사에게 질문했다. 그는 "지금은 아스팔트 길이 되어 자동차로 가면 알지 못하지만, 줄포~주류성의 길은 험해서 옛날에는 별로 이용하지 않았으며, 부안~주류성의 길은 평탄하여 잘 이용되고 있었다"는 대답이었다.

661년 3월 신라의 품일 장군이 고부에 작전기지를 설치하고 36일간 전투했으나, 실패했다는 것은 지형, 즉 작전선이 험준한 산길(천뢰天牢)을 택한 것이 주요 원인이라 생각했다. 만약 작전기지를 부안에다 설치했다면?

663년 8월 나·당 연합군의 육군은 부안을 통하여 주류성으로 가서 포위했다는 것이 확실하다. 그 이유는, 왜선倭船이 백사白沙에 정박하고 백제의 기병대가 그 선단을 지키고 있는 것을 신라의 기병대가 안변岸邊의 진지를 격파했다(사료 5)고 기록하고 있기 때문이다. 따라서 백강은 동진강으로 비정하지 않을 수 없는 것이다.

4. 맺음말

663년 나·당 연합군과 백제 부흥·왜군의 국제적 결전장인 백강과 주류성의 위치 비정의 문제가 연구자에 따라 여러 가지로 서로 다른 근본적 원인은, 군사이론에 바탕을 둔 군사사학적 연구방법을 도외시 한데서 비롯되었다고 진단함으로써, 그 방법에 의해 규명을 시도해 보았다.

1) 제해制海의 관점에서 중국 산동성山東城의 성산城山으로부터 덕물도를 거쳐, 남하하여 웅진강구를 통과하여 사비성으로 이어지는 해로海路는 당의 해상 병참선이기 때문에, 주류성은 당의 제해권 외制海圈外, 즉 남쪽에 위치하고 있어야 한다. 나·당의 육군 연합군은 663년 7월 17일 웅진(공주)을 출발하여 8월 13일 두솔성(주류성)에 도착·포위하여 9월 7일에 백제 부흥군을 항복시켰다. "남쪽이 이미 평정되자 군을 돌이켜 북쪽을 치다"(南方已定, 廻軍北伐)함으로써, 주류성은 남쪽에, 공주로부터 26일간의 행군거리 내에 소재한다.

2) 작전기지 또는 교두보의 관점에서, 본국에서 멀리 떨어진 도해상륙작전渡海上陸作戰에

있어서, 전쟁목적·군사목표·작전선을 고려하여 최초에 교두보를 설치하는 것이 중요하며, 당군의 최초의 교두보는 백강(기벌포)이었다. 661년 3월 신라군은 두량윤성(주류성)을 공격하기 위해 고사비성 외古沙比城外에 작전기지를 설치했다. 고사비성은 고부이기 때문에, 주류성은 고부의 주변(20㎞ 이내)에서 찾아야 한다.

3) 군사지리의 관점에서 전쟁·군사작전의 준비·수행을 위해 지리적 조건을 고려해야 한다는 것은 주지의 사실이다. 주류성과 백강은 서로 가까운 거리에 위치하며, 고부의 주변에서, 또 문헌사료에 의한 주류성의 지형적 조건과 일치하고 또 산성 내에 굴실이 있는 곳은 주류산성(부안군 상서면 감교리)뿐이다. 따라서 필자는 지금까지의 연구 성과를 참고하면서, 군사사학적軍事史學的 연구방법에 의해, 주류성은 주류산성으로, 백강은 동진강으로 위치 비정을 하는 바이다.♠

(『軍史』 52호, 군사편찬연구소, 2003.)

제 9 장

백제 멸망의 원인 고찰

1. 삼국三國을 보는 시각

백제는 신라와 당의 연합군에 의해 663년 9월[1] 멸망당하고 말았는데, 그것은 백제 멸망의 결과이고 여기서 다루고자 하는 것은 그 원인이 과연 무엇인가 하는 문제를 밝히는 데 있다.

당시 한반도에는 신라, 백제 그리고 고구려라는 각기 다른 주권 국가가 존재하고 있었으며, 따라서 거기에는 신라인, 백제인 그리고 고구려인은 존재하였어도 오늘날 우리가 말하는 한국인은 존재하지 않았다는 사실이다. 그리고 종래 고대의 삼국은 언어와 풍속이 유사했다는 견해도 있지만, 유사하다는 것과 동일하다는 것은 차이가 있는 것이다. 예컨대 종래는 언어가 단일이었다고도 생각했지만, 이것은 잘못이고, 알타이어계系에 속하지만 언어도 달랐다.[2]

따라서 삼국의 관계는 국가 간에 있어서와 마찬가지로 영원한 적도 없을 뿐만 아니라 영원한 우방도 없었다. 다만 국가 이익만이 존재한다는 것은 동서고금을 통해 일반적으로

---

1) 백제 멸망의 연대는 보통 부여가 함락된 660년으로 서술하고 있으나, 安鼎福의 『東史綱目』(第4, 癸亥)에는 663년 9월 "백제왕 풍이 고구려로 도망가니, 백제가 드디어 망했다"고 했는데, 이 견해가 타당한 것이기에 따르기도 했다.

2) 千寬宇 編, 『韓國上古史의 爭點』(서울 : 일조각, 1975), pp. 171~172.

시인되어 왔고, 요즘 우리나라의 북방외교, 특히 중공과 소련과의 무역관계의 개선을 보아도 알 수 있다. 더욱이 국가의 존망과 관계되는 안보문제에 있어서는 수단 방법을 가리지 않는 것이 상례이다.

그럼에도 불구하고 아직도 신라가 통일의 과정에 있어서 당군을 끌어들임으로써 한반도에 사대주의事大主義가 정착되었고 또 외세를 이용하여 동족을 살상한 민족사의 오도자誤導者라는 등의 견해는 역사적 사실의 왜곡된 인식이라 말하지 않을 수 없다. 국가가 위기에 처해서 강대국에 원군을 청하는 것을 가지고 사대주의 운운한다면 그 시초는 백제에서 비롯되었다. "개로왕(재위, 455~475)은 고구려인이 누차 국경을 침범하므로 위魏에 글월을 보내어 군사를 청했으나 듣지 아니했다."[3] 그래서 사학자 안정복은 "삼국에서 번갈아 상국에 호소하여 병력 빌기를 청한 것은 이로부터 시작된 것이다"[4]고 했다.

2. 백제의 정치적 부패

옛 병서는 다음과 같이 말했다.

> 옛날 성왕聖王들은 인의仁義와 도덕을 근본으로 하여 나라를 다스렸으니, 이것이 치국治國의 정도正道이다.… 군주가 인정仁政을 베풀면 백성들이 그 군주를 사랑하고, 군주가 정의로운 일을 하면 백성들이 기뻐하며, 군주가 지혜로우면 백성들이 의지하고, 군주가 용맹스러우면 백성들은 본을 받으며, 군주가 신의를 지키면 백성들이 그를 신임하게 된다. 그리하여 군주가 국내에서 백성의 사랑을 얻으면 나라를 잘 지킬 수 있고, 국외에서 위엄을 떨치면 적과 싸워 승리할 수 있는 것이다.[5]

과연 백제의 왕들은 올바른 정치를 했을까? 의자왕의 아버지인 무왕武王은 군사력의 강한 것을 믿고 교만하였으며 신라를 자주 침범함으로써 백성들이 편안히 쉴 날이 없었고 또한 호화스럽고 사치스러운 생활로 인해 국력의 소모가 심했다. 그는 궁성의 남쪽에 못을 파고 물을 20여리에서 끌어들이고, 사방의 언덕에 버드나무를 심고 못 가운데 섬을 쌓았는데, 이는 방장선산方丈仙山을 모방했다.

---

3) 『삼국사기』25, 개로왕 18년조.
4) 安鼎福, 前揭書, 第2 下.
5) 司馬法, 第一, 仁本.

왕은 측근의 신하를 거느리고 사비하泗沘河(금강)의 북쪽 갯가에 잔치를 베풀고 놀았다. 양쪽 언덕에 기이한 바위와 괴이한 돌이 뒤섞이어 서 있고, 그 사이에 기이한 꽃과 이상한 풀들이 있어 마치 그림과 같았다. 왕은 술을 마시고 즐거움이 극도에 달하여 거문고를 타고 스스로 노래를 부르니 종자從者들은 번갈아 춤을 추었다.… 6월에 가물었다. 가을 8월에 많은 신하들에게 망해루望海樓에서 잔치를 베풀었다.… 왕은 궁녀들과 큰 못에 배를 띄우고 놀았다.[6]

무왕의 뒤를 이은 의자왕은 태자시절에는 용감하고 담력과 결단성이 있었으며, 부모에게 효도하고 형제에게 우애가 있었으므로 그 때 사람들이 해동海東의 증자曾子라고 일컬었다. 그러나 그가 왕위에 오르자 부왕의 기질을 많이 계승하였음을 보여주었다. 특히 의자왕 2년(642) 7월 왕이 스스로 군사를 지휘하여 신라를 침범해서 미후성 등 40여 성을 함락시켰고 또 8월에 장군 윤충을 보내어 신라의 대야성(합천)을 공격하니 성주 품석品釋(무열왕의 사위)이 처자와 함께 나와 항복했으나 살해하고 말았다.

이렇게 신라와의 싸움에서 여러 번 승리를 거두자, 교만한 기색이 갑자기 나타나기 시작했고 또한 방종과 사치 그리고 주색으로 정치를 그르치기 시작했다. 예컨대 656년 봄 3월에 왕이 관인官人들과 더불어 주색에 빠져 마음껏 즐기고 술을 마시어 그치지 않았으므로, 좌평 성충이 극력 간하니 왕은 노하여 성충을 옥에 가두었다. 이로 말미암아 감히 말하는 사람이 없게 되었다. 성충은 몸이 여위어 죽게 되었는데 죽을 때 글을 올렸다.

> "충신은 죽어도 임금을 잊지 아니하옵니다. 한 말씀드리고 죽고 싶습니다. 제가 일찍이 정세의 변화를 살펴보오니, 반드시 병란이 있겠습니다. 대개 군사를 운용함에 있어서는 반드시 그 지세를 잘 가려야 될 것이오니, 강의 상류에 머물러서 적병을 맞이 하오면 능히 보전할 수 있을 것입니다. 만약 다른 나라의 군사가 오거든 육로로는 탄현을 넘어오지 못하게 하옵고, 수군은 기벌포의 언덕에 들어오지 못하게 할 것이오며, 험한 곳에 웅거하여 적병을 막아야 할 것입니다." 그러나 왕은 그 말을 살피지 않았다.[7]

다음해(657) 정월에 왕은 41명의 아들들을 임명하여 좌평으로 삼고 각기 식읍食邑을 내려 주었는데, 원래 백제에는 5명의 좌평만 두기로 되어 있는 것으로 미루어 보아 정치 기강의 문란과 부패는 극에 달했다. 백제에는 불길한 징조가 자주 나타났다.

---

6) 『삼국사기』, 25, 무왕 참조.
7) 상게서, 28, 의자왕 16년조.

659년 봄 2월에 많은 여우가 궁 안으로 들어왔는데, 흰 여우 한 마리는 좌평의 책상 위에 올라앉았었다. 9월에 궁중의 홰나무가 사람이 우는 것처럼 울었고, 밤에는 귀신이 대궐 남쪽 길에서 울었다. 660년 6월 서울(부여)의 여러 개들이 길 위에 모여서 혹은 짖고 혹은 울다가 한참 만에 흩어졌다. 한 귀신이 궁중에 들어와서 크게 부르짖었다. "백제는 망한다. 백제는 망한다." 귀신은 곧 땅속에 들어갔다.…[8]

의자왕이 주색에 빠지니 나라의 체통과 기강이 문란해졌고, 총명하고 충성스러운 신하들의 입을 가로막거나 옥에 가두어 죽이니 스스로 망국을 자초했다고 하는 것이 올바른 평가일 것이다.

한편 신라의 문무왕은 어떠했을까?

673년 문무대왕 13년에 김유신이 발병하여 병석에 누웠다. 대왕이 친히 와서 위문하니 유신은 아뢰었다.

"신은 대왕의 팔, 다리가 되어 있는 힘을 다하여 원수를 받들려고 했사오나, 신의 병이 이 지경에 이르렀사오니 오늘 이후에는 용안을 다시 뵈올 수 없겠습니다."

대왕은 울면서 말했다.

"과인에게 경이 있는 것은 물고기에 물이 있는 것과 같은데, 만약 경이 돌아가게 된다면 백성은 어찌하며, 사직은 어찌 되겠소?"

유신은 대답했다.

"신은 어리석고 불초한 사람이온데 어찌 국가에 이익 됨이 있었겠습니까? 다행히도 밝으신 임금님께서 쓰실 때 의심하지 않고 일을 맡기실 때 의심하지 않으신 까닭으로, 밝은 임금님을 섬겨 조그마한 공을 이루어 삼한이 한 집안이 되었고, 백성이 두 마음이 없게 되었으니, 비록 태평한 세상에는 이르지 못했사오나 또한 소란한 세상이 약간 편하게는 되었다고 할 수 있겠습니다. 신이 보옵건대 예로부터 선대를 계승한 임금들은 처음에는 정사를 잘못하는 이가 없었으나 끝까지 잘하는 이가 드물었으므로, 여러 대의 공적을 하루아침에 망쳐 버리게 되니 심히 원통한 일입니다. 삼가 원하옵건대 전하께서는 성공이 쉽지 않다는 것을 아시고, 창업을 지킴이 또한 어렵다는 것을 생각하셔서 소인을 멀리하시고 군자를 가까이 하시어 위에서는 조정을 화목하게 하고 아래에서는 백성을 편안하게 하셔서 화란이 일어나지 않고, 기업基業이 무궁하게 전한다면 신은 죽더라도 또한 유감이 없겠습니다." 왕은 울면서 이 말을 받아들였다.[9]

문무왕 21년(681년) 6월 왕은 서울(경주)의 성을 새롭게 하고자 스님 의상義湘에게 물어보았는데, 그는 대답하였다. "비록 궁벽한 시골의 띳집에 있더라도 정도正道를 행하면, 복업

---

8) 상게서, 28, 의자왕 17, 19, 20년조.

9) 상게서, 43, 김유신(하).

福業은 자욱해지지만 진실로 그렇지 못하다면 비록 백성들을 괴롭혀서 성을 만들지라도, 또한 이익 될 것이 없을 것입니다." 왕은 이에 역사役事를 중지했다.

가을 7월 1일 왕이 세상을 떠났는데, 여러 신하들은 그 유언에 따라 동해어구의 큰 돌 위에 장사지냈다. 민간에서는 왕이 화化해서 용이 되었다고 전해오며 그 돌을 가리켜 대왕석大王石이라 한다.[10]

왕은 평시에 항상 지의 법사智義法師에게 말하기를,

"나는 죽은 후에 나라를 지키는 큰 용이 되어 불법佛法을 받들어서 나라를 지키려고 하오"[11]라고 했는데, 왕의 호국 의지가 얼마나 투철했는가를 엿볼 수 있다.

3. 나·당 연합군의 침공과 대응책의 불비不備

영국의 사학자 토인비(1889~1975)는 문명의 발생에 있어서 도전挑戰과 응전應戰이라는 상호작용이 다른 어떤 요인-이 경우는 지리적 근접- 보다도 중요한 요인이라 주장했다.[12] 그는 문명쇠퇴의 원인을 분석했는데, 여기서 문명을 국가로 바꾸어 놓아도 타당하리라 생각된다.

> 문명쇠퇴의 원인은 우리들이 그 쇠퇴를 고찰하고 있는 사회생활에 대해 외래의 인간적 세력의 침입에 의해 측정할 수 있다.… 외래세력의 침입이 폭력에 의한 공격의 형태를 취하는 경우, 어느 문명의 역사의 최종단계, 즉 그 문명이 죽음의 순간에 놓여있는 경우 외는 공격 받는 측의 생활에 주는 영향은 보통 파괴적인 것이 아니고 분명히 자극적인 것이다. 헤레닉 사회는 기원전 5세기 초기의 페르시아의 공격에 자극되어 그의 천재적 능력을 최고도로 발휘했다.… 피지도자의 지도자로부터의 이탈은 사회 전체의 앙상블을 구성하는 부분 상호간의 조화의 상실로 보아도 좋다. 부분으로 성립되어 있는 전체에 있어서, 부분 상호간의 조화가 상실되면 그 대가로 전체가 자기 결정의 능력을 상실한다. 이 자기 결정의 능력의 상실이야말로 쇠퇴의 궁극의 기준이다.[13]

이런 관점에서 나·당 연합군의 외세의 침공(도전)에 대해 의자왕과 그의 보좌관들의 대

---

10) 상게서, 문무왕 21년조.
11) 『삼국유사』, 기이, 제2 문무왕 법민.
12) Arnold J. Toynbee, *A study of History*, abridgement by D. C. Somervell, 1965, p. 99.
13) 상게서, p. 317, p. 324.

응책(응전)을 살펴보고자 한다.

당나라의 소정방이 13만의 군사를 이끌고 성산城山(지금의 산동반도)에서 바다를 건너 신라국 서쪽 덕물도(지금의 덕적도)에 이르니, 신라왕은 장군 김유신에게 강한 군사 5만을 거느리고 가게 했다. 의자왕은 이 소식을 듣고 여러 신하를 모아서 나가서 싸우는 것(공격)과 물러서서 지키는 것(방어) 가운데 어느 것이 마땅한가를 물으니, 좌평 의직義直이 말했다.

> "당나라 군사는 멀리 바다를 건너 왔으므로 해상전에 익숙하지 못한 자는 배에 있으면서 반드시 피곤해졌을 것이오니 그들이 처음 육지에 내려와서 사기士氣가 평안하지 못할 적에 기습을 가하면 뜻대로 될 것이오며, 신라 군사는 큰 나라의 원조만 믿는 까닭으로 우리를 가벼이 보는 마음이 있을 것이오니, 만약 당나라 군사가 이기지 못함을 본다면 반드시 의심하고 두려워하여 감히 재빨리 나오지 못할 것입니다. 그러므로 먼저 당나라 군사와 결전하는 것이 좋을 것입니다."
>
> 달솔 상영 등은 반대했다.
>
> "그렇지 않습니다. 당나라 군사는 먼 곳에서 왔으므로 속히 싸우려 할 것이오니 그 날카로운 기세를 당해내지 못할 것이오며, 신라 군사는 우리 군사에게 여러 번 패전했으므로 우리의 계책으로서는 마땅히 당나라 군사의 길을 막아서 그 군사가 피로하게 됨을 기다릴 것이며, 먼저 일부분의 군사로써 신라군을 공격하여 그 예기銳氣를 꺾은 후에 상황을 엿보아 합세해서 싸운다면 군사를 온전히 하고 나라를 보전할 수 있을 것입니다."
>
> 왕은 망설이며 어찌할 바를 몰랐다. 이 때 좌평 흥수가 죄를 얻어 고마미지현(지금의 전남 장흥)에 귀양 가 있었으므로 왕은 사람을 보내어 물었다.
>
> "사태가 위급하니 어찌하면 좋겠는가?"
>
> 흥수는 말했다.
>
> "당나라 군사는 많고 군율이 엄격하고 명백하며, 하물며 신라와 앞뒤에서 서로 협격하려고 모의하고 있으니 만약 넓은 들판에서 대진한다면 이기고 질 것을 알 수 없습니다. 백강과 탄현은 우리나라의 요충지입니다. 한 사람이 창 한 자루만 잡고 있더라도 많은 적병을 당해 낼 수 있사오니, 마땅히 용사를 뽑아 가서 지키게 하여 당나라 군사는 백강을 들어오지 못하게 하고, 신라 군사는 탄현을 지나오지 못하게 할 것이오며, 대왕께서는 성문을 닫고 지키다가 그들이 양식이 떨어져서 병사들이 피곤해지기를 기다려 그런 연후에 이들을 요격한다면 반드시 격파할 수 있을 것입니다."
>
> 이때에 대신大臣들은 이 말을 믿지 않아 왕에게 아뢰었다.
>
> "흥수는 죄를 지어 귀양 중에 오래 있으므로 임금을 원망하고 나라를 위하지 않을 것이오니, 그 말을 채용할 수 없습니다. 당나라 군사로 하여금 백강에 들어와서 강류江流를 따라 내려오되 배를 나란히 타고 오지 못하게 하고, 신라 군사로 하여금 탄현에 올라와서 좁은 길을 따라 내려오되 말을 나란히 타고 오지 못하게 하여, 이 때에 군사를 놓아서 적군을 공격한다면 닭장에 든 닭과 그물에 걸린 고기처럼 될 것입니다." 왕은 그렇게 여겼다.(『삼국사기』 28, 의자왕 19년)

당나라와 신라의 군사가 이미 백강과 탄현을 지났다는 말을 듣고 왕은 장군 계백에게 결사대 5천 명을 거느리고 황산에 나가서 신라 군사와 싸우게 했다. 네 번 접전하여 네 번

다 승리했으나, 군사가 적고 힘이 다 되어 마침내 패전하여 계백은 전사했다.

이에 백제군은 군사를 합하여 웅진의 어구를 막고 강가에 군사를 포진했으나, 소정방이 왼쪽 강가로 나가서 산에 올라 진을 치고 싸우니 백제군이 크게 패했다.

당나라 군사는 조수를 이용하여 전선이 서로 잇달아 나아가며 북을 치고 고함을 지르는데, 소정방은 보병과 기병을 거느리고 바로 도성都城으로 쳐들어가서 30리쯤 되는 곳에 머물렀다. 백제의 군사들이 모두 출동하여 당군을 저지하려고 했으나 또 패전하여 죽은 사람이 만여 명이나 되었다. 당나라 군사는 이긴 기세를 타서 성에 들어 닥치니 왕은 죽음을 면하지 못할 줄 알고 탄식하여 말했다. "성충의 말을 시행하지 않다가 이 지경에 이른 것을 뉘우친다." 왕은 드디어 태자 효孝와 함께 북쪽으로 달아나니, 소정방은 도성을 포위했다.

왕의 둘째 아들 태泰가 스스로 왕이 되어 무리를 거느리고 굳게 지키니 태자의 아들 문사文思가 왕의 아들 융隆에게 말했다. "왕(의자왕)이 태자와 함께 달아났는데 숙부께서 자기 마음대로 왕이 되었으니, 만약 당군이 포위를 풀고 물러가면 그 때는 우리들이 어찌 보전될 수 있겠습니까?"

문사가 드디어 측근자를 거느리고 성을 넘어서 나가니, 백성들이 모두 그를 따랐으나 태는 금지할 수 없었다. 소정방이 군사를 시켜 성갈퀴(성채)를 넘어 당나라 깃발을 세우니 태는 매우 급하여 성문을 열고 항복하기를 청했다. 이에 왕과 태자 효와 여러 성이 모두 항복했다.

소정방은 왕과 태자, 대신·장사 88명과 백성 12,807명을 당나라 서울로 데리고 갔으며, 백제에는 웅진도독부를 설치하여 관장케 했다.[14)]

사비성은 함락되고 의자왕은 항복하여 포로로 잡혀갔지만, 백제의 유신遺臣·유장遺將들은 각지에서 국가 부흥운동을 일으켜 끈질기게 나·당 연합군을 3년간이나 괴롭혔다. 당시 부흥운동의 중심지는 임존성과 주류성이었고, 임존성에는 흑치상지가 3만 명의 병력을 보유하고 있었다. 부흥운동의 중심인물은 무왕의 조카 복신과 중 도침道琛이었는데, 이들은 임존성에서 항쟁했다. 나·당 부흥군이 이 성을 공격했으나 실패했고, 오히려 부흥군이 사비성을 포위하여 거의 함락시킬 단계에서 실패했다.

복신과 도침은 옛 왕자 부여 풍을 662년 5월 일본에서 맞이하여 그를 왕으로 추대하고

14)『삼국사기』 28, 백제 본기 6 참조.

주류성을 근거지로 하여 활발한 공격을 시작하여 전세가 우세했지만, 662년 7월부터 전세가 역전되기 시작했다. 그 이유는 백제군 수뇌부에 내분이 일어났다. 즉 도침은 복신에게 죽임을 당했고 또 복신은 풍 왕豊王에게 죽임을 당했던 것이다. 거기에다 당나라가 해상으로 원병 7천 명을 보내와서 반격이 본격화되었기 때문이었다.

이렇게 상황이 불리해지자 풍 왕은 고구려와 일본에게 원병을 요청했다. 당시 당나라와 대치하고 있던 고구려는 이에 응할 형편이 아니었고, 일본은 2만 7천여 명의 병력을 백제에 파견했다.

663년 2월부터 신라는 백제군에 대해 전면적 공세를 취했고, 9월에는 백제군의 총근거지인 주류성에 대한 수륙 양면작전이 나·당 연합군에 의해 실시되었다. 이 전투에는 신라의 문무왕도 참전했다.

나·당 연합군이 주류성으로 진격하는 도중에 구원병으로 온 왜군과 백강 어귀에서 만나 네 번 싸워서 모두 이기고 왜군의 배 4백 척을 불사르니, 연기와 불꽃이 하늘을 환하게 하고 바닷물이 피로 붉게 되었다. 주류성은 곧바로 함락되고 백제왕 풍은 고구려로 망명했으며, 왕자 부여충승 등은 그 무리를 거느리고 왜병과 함께 항복했으며, 임존성의 흑치상지는 그로부터 2개월 더 항쟁하다가 마침내 당군에 투항하고 말았다. 이리하여 백제는 모두 32왕 681년 만에 멸망되고 말았다.

4. 고관(高官, 인재)들의 내통內通과 장수의 죽음

한 회사를 경영함에 있어서 시설, 자금 그리고 회사를 운영할 인재가 필요하며, 특히 회사의 번영과 발전을 위해 인재人材가 가장 중요하다는 것이 경영전략의 기초라는 것은 주지의 사실이다. 하물며 한 나라의 번영과 발전을 위해 인재의 육성과 선택 그리고 적재적소適材適所에의 배치는 필수조건이다.

47세의 유비劉備는 한실漢室 재흥의 큰 뜻을 이룩하고자 심려하던 차에 그의 부하 서서徐庶로부터, "저의 친구 중에 제갈공명諸葛孔明이란 사람이 있습니다. 그는 땅에 숨어있는 와룡臥龍같은 인물입니다. 한 번 만나 보면 어떻겠습니까?" 하는 제의를 받았다. 유비는 무명인사인 제갈공명(당시 27세)의 집을 친히 찾아가 세 번째 방문에서야 겨우 만났고, 그 후

공명은 심혈을 기울여 유비를 보필했는데, 이를 삼고초려三顧草廬라 한다.

유비는 소중한 인재를 획득하기 위해 체면도 가리지 않았는데, 의자왕은 충성스러운 좌평 성충, 흥수 등을 감옥 또는 유배지로 보냈으니, 나라의 번영과 발전은 고사하고 유지도 어렵게 되었다. 더욱이 좌평 임자의 얘기는 백제의 부패와 신하들의 갈등 등에 관해 시사示唆와 교훈을 남겨주었으며, 그 내용은 다음과 같다.

> 급찬 조미곤이 백제 나라에 잡혀가서 좌평 임자의 집에 종이 되었는데, 하는 일에 부지런하고 조심하며, 게으르지 않았으므로 임자는 그를 어여삐 여겨 의심하지 않고 마음대로 드나들게 했다. 이에 조미곤은 도망해 돌아와서 백제의 실정을 김유신에게 알리니 유신은 조미곤이 충성스럽고 정직하여 쓸만한 점이 있음을 알고 이에 말했다.
>
> "내가 들으니, 임자가 백제의 일을 마음대로 한다고 하는데, 그와 더불어 모의하려고 했으나 아직 기회가 없었다. 그대는 나를 위하여 다시 임자에게로 돌아가서 이 말을 하라."
>
> 조미곤이 대답했다.
>
> "공이 저를 불초하다고 여기지 않으시고 그런 일을 시키시니 비록 죽더라도 후회하지 않겠습니다."
>
> 드디어 다시 백제로 들어가서 임자에게 알리었다.
>
> "저는 자신을 생각하기를 이미 백제 국민이 되었으니 마땅히 백제나라 풍속을 알아야 되겠사옵기에 나가서 여러 곳을 구경하느라고 수 십일 동안 돌아오지 못했습니다만, 개와 말도 그 주인이 그리워하는 정성에 이기지 못할 까닭으로 지금 돌아왔습니다."
>
> 임자는 이 말을 듣고 책망하지 않았다. 조미곤은 기회를 엿보아 임자에게 알렸다.
>
> "지난번에는 제가 죄를 얻을까 두려워하여 감히 바른대로 말하지 못했습니다만 사실은 신라에 갔다가 돌아왔습니다. 김유신이 제게 이런 말을 좌평에게 알리라고 했습니다. '나라가 흥하고 망하는 것은 미리 알 수 없으나 만약 그대 나라가 망한다면 그대가 우리나라에 와서 의탁하고, 우리나라가 망한다면 내가 그대 나라에 가서 의탁할 것이다.'"
>
> 임자는 이 말을 듣고 잠잠히 말이 없었다. 조미곤은 몹시 두려워하여 물러가서 몇 달을 죄 주기를 기다리고 있었더니 임자가 조미곤을 불러 물었다.
>
> "네가 전에 유신의 말을 했는데, 그 내용이란 어떠한 것인가?"
>
> 조미곤은 놀라 두려워하면서 먼저 말한 대로 대답하니 임자는 말했다.
>
> "네가 전하는 말은 내가 이미 다 알고 있으니 돌아가서 그렇게 하자고 알려라."
>
> 조미곤은 마침내 돌아와서 그렇게 하자는 말을 알리고 백제의 국내 사정도 모두 상세히 알렸다. 이에 유신은 백제를 병합할 계획을 더욱 급히 추진시켰다.[15)]

660년 6월부터 시작한 신라의 백제 침공은 유신의 주도면밀하고 확실한 일급의 정보에 입각하여 실시되었고, 이것은 『손자병법』의 내간內間 즉, 적의 관리를 이용하는 것과 생간

15) 상게서, 42, 김유신.

生間 즉, 적국에 잠입하여 정보활동을 하고 돌아와 보고하는 간첩을 병용한 실례가 된다. 뿐만 아니라, 이것은 고도의 정보전, 즉 적 수뇌들의 내부 불신·붕괴 및 와해공작이라고도 볼 수 있다.

임자가 백제의 좌평으로서 김유신의 제의를 받고 몇 달 동안 곰곰이 생각하여 얻은 결론은 백제가 망한다는 판단을 했기에 조미곤에게 그 제의의 수락을 유신에게 알렸던 것이다.

660년 7월 9일 황산벌의 전투에서 백제의 군사가 대패하여 장군 계백은 전사했으나, 좌평 충상·상영 등 30여 명이 사로 잡혔는데, 그 후 그들은 신라의 관리로 임용되었다. 즉 좌평 충상·상영과 달솔(2품) 자간에게는 직위 일길찬一吉湌을 주어 총관으로 삼았고, 은솔(3품) 무수는 직위를 대내마를 주어 대감으로, 은솔 인수에게는 직위를 대내마를 주어 제감으로 임명하였는데,[16] 그들은 단순한 전쟁 포로가 아니라 내통자로 보아야 할 것이다. 특히 의자왕 앞에서의 방위전략의 논의에 있어서, 좌평 의직의 계책에 대해 반대한 달솔 상영의 반대 견해의 내용 그리고 그가 황산벌에서 사로잡혀 신라의 일길찬의 직위로 총관에 임명된 사실은 그가 이미 신라와 내통하고 있었다고 보아야 할 것이다.

의자왕은 당나라 군사와 신라 군사가 백강과 탄현을 통과했다는 말을 듣고 장군 계백으로 하여금 결사대 5천 명을 거느리고 나가 이를 막게 했다. 계백은 말했다.

> 한 나라의 사람으로 당나라와 신라의 큰 군사를 당하게 되었으니, 나라의 생존과 멸망이 어찌될지 알지 못하겠다. 내 아내와 자식이 모두 종이 될까 염려된다. 그들이 살아서 욕을 당하는 것보다는 죽어 편안한 것만 같지 못할 것이다.[17]

장군 계백이 출전에 앞서 아내와 자식을 죽였다는 것은 이미 전투에서의 패배와 백제의 멸망을 예견했기 때문이다. 옛 사람들의 이에 대한 논평은 다음과 같다.

> 백제가 멸망할 것은 어리석은 사람도 다 알았다. 계백은 장수가 되어 반드시 죽을 것을 알고, 또 처자들이 욕을 당할까 두려워하여 먼저 죽인 것이다. 그리고 싸움에 패한 뒤에는 굽히지 않고 죽었으니, 그가 처자를 죽인 것이 비록 중도에 벗어난 것일지는 모르나, 이것을 가지고 그를 비난할 수는 없다. 권근權近이 계백을 논하여, "첫째, 무도하고, 둘째, 도의에 어긋나고 잔인하다"고 하였으니 너무 지나친 평이다. 옛날 송나라 주애지변朱涯之變에 육수부陸秀夫와 유정손劉鼎孫은 모두 아내들을

16) 상게서, 5, 무열왕 7년조.
17) 상게서, 47, 열전 제7(계백).

먼저 바닷물 속으로 넣은 뒤에 그도 따라서 죽었다. 그리하여 그들의 충의는 지금껏 해와 같이 빛난다. 사람을 논함에 있어서는 마땅히 지절志節을 논할 것이요, 성패成敗와 이둔利鈍을 따질 것이 아니다. 계백은 나라가 반드시 망할 것을 알고서도 그 몸을 아끼지 않았거늘, 하물며 그 처자를 아꼈겠는가? 또 처자를 아끼지 않았거늘 하물며 그 군부君父를 배반하였겠는가? 백제가 망할 때 한 사람의 충의忠義도 없었는데, 오직 계백만이 절개를 지켜 두 마음을 갖지 않았으니, 이것이 옛 사람이 말한 바 "나라가 망하면 함께 죽는다"는 것이다.[18]

싸움에서의 패배와 죽음 그리고 나라가 망할 것이라는 것을 예상한 장수가 출전에 임하여 어떤 각오와 태도를 취하는 것이 가장 바람직한 것인가 하는 것이 문제의 초점이다. 계백 장군은 처자가 살아서 욕을 당할까 두려워해서 죽인 것으로 기록되어 있으나, 한편으로는 처자를 후방에 남겨둠으로써 혹시나 살려고 하는 인간적 약점을 극복하기 위한 예방적 조치도 포함되지 않았나 하는 생각이다. 또한 당시의 상황으로 보아 5천 명의 병사들에게 장군으로서의 결사적 태도와 결의를 먼저 보일 필요도 있었으리라.

필자의 견해로는 출전에 앞서 만약의 경우 어떻게 처신해야 하는가 하는 지침을 처자에게 알려 주고, 싸움터에서는 진두지휘를 하여 전사戰死를 했어도 그의 충의는 충분히 발휘되었을 것이라고 보아지며 또한 그의 임무는 온전히 달성되었다고 평가될 수 있을 것이다.

출전에 임하는 장수의 사생관死生觀은 어떠해야 하는가 하는 문제는 비록 장수뿐만 아니라 오늘날 모든 장병에게도 중요한 문제이다. 우리의 역사상 이순신과 원균이 임진왜란 때 어떻게 처신했는가는 중요한 역사적 교훈이기에 소개하고자 한다.

1597년 7월 이순신의 후임으로 삼도 수군 통제사가 된 원균은 거제도 칠천량 해전에서 참패하고, 충무공이 여러 해를 두고 애써 가꾼 무적함대는 하룻밤에 전멸당하고 말았다. 국가의 위급한 상황 하에서 한때는 이순신을 죽이려고까지 서두르던 조정의 대신들도, 그에게 의지할 수밖에 없어 그를 다시 삼도수군통제사로 임명했다. 그러나 병선과 수군의 병력이 적다는 이유로 조정에서는 수전水戰을 버리고 육전陸戰을 하라고 명령을 내렸지만, 이순신은 다음과 같이 신념을 밝혔다.

아직도 신臣에게 전선 12척이 남아 있으니 사력死力을 다하여 싸우면 막아낼 도리가 있습니다. (행록行錄)

18) 안정복, 전계서, 제4 상.

9월 14일 마침내 적의 대함대가 대거 내침하고 있다는 정보가 들어왔다. 단 12척으로 적의 133척과 결전을 벌이고자 했다. 그리하여 장병들을 모아 놓고 엄숙히 훈시했다.

> 병법에 이르기를 죽음을 결의하고 싸우면 살아날 수 있고, 요행의 삶을 꾀하면 죽임을 당한다고 했으며, 또 한 사람이 길목을 지키면 천 명도 두렵게 할 수 있다는 말이 있는데, 모두 오늘 우리를 두고 이른 말이다. 여러 장수들이 조금이라도 명령을 어긴다면 군율대로 시행해서 작은 일일망정 용서치 않겠다.[19]

이순신은 이 명량해전에서 승리함으로써 일본 수군의 서해 진출을 완전히 좌절시켰을 뿐만 아니라, 정유재란의 전환점을 이룩했다. 1598년 11월 19일 새벽 이순신은 노량해전에서 뱃머리에서 진두지휘를 하다 가슴에 총탄을 맞았으며, 죽는 순간 한마디의 유언을 남겼다. 즉 "싸움이 바야흐로 급하니 아예 내가 죽었다는 말을 말라." 이를 두고 후세의 사람들은 이순신이 적탄에 맞아 전사한 것은 움직일 수 없는 사실이지만, 함대사령관이 쫓기는 적을 몰아 더구나 갑옷도 입지 않은 채 굳이 앞장서서 사지死地로 뛰어든 그 심정은 살아서 또 욕을 당하기보다 죽는 것이 낫다는 자살자의 심정이 아니겠느냐고 하기도 했다.

우리들 범인凡人에 있어서 죽느냐 사느냐 하는 문제가 가장 중요하겠지만, 이순신에 있어서, "이 원수를 없애주시면 죽어도 한이 없겠습니다." 하고 하늘에 빌었으니 이미 죽음을 초월했다고 보는 것이 타당하며 그 속마음은 범인들의 상상을 허락하지 않는다.

한편 원균의 죽는 모습은 어떠했을까?

서애 유성룡(1542~1607)은 그의 『징비록』에 다음과 같이 기록했다.

> …원균은 간신히 남은 배를 수습하여 가덕도에 돌아오자 군사들이 갈증이 심해서 서로 다투어 배에서 내려 물을 마시는 데 왜병들이 섬 속에서 졸지에 내달아 덮치니 이 싸움에서 장병 400여명을 잃었고 원균은 또 물러나와 거제 칠천도에 이르니 권율權慄이 고성固城에 있다가 원균이 패전한 것을 듣고 급히 원균을 불러 벌을 주고 다시 나가 싸우라 독촉하니 원균은 군중에 돌아와 더욱 화가 나서 술을 마시고 취해 누었으니 여러 장군들이 원균을 보고 군사일을 의논하고자 하였으나 할 수 없었다.

---

19) 『亂中日記』 정유 9월 15일.
여기서 말하는 병법이란 '武經七書' 가운데 『吳子』를 뜻한다. 즉 "吳子曰 凡兵戰之場 止屍之地 必死則生 幸生則死"(治兵, 第三).

이날 밤중에 왜선倭船이 와서 습격하매 원균의 군사는 크게 무너졌다. 원균은 도망해 해변에 이르러 배를 버리고 언덕에 올라 달아나려 했으나 몸이 비둔하여 갈 수가 없어 소나무 아래 앉았노라니 좌우 사람은 모두 흩어져 가버렸는데, 이곳에서 원균은 적에게 죽었다고도 하고 혹은 피해 달아났다고 전하는 데 그 확실한 것은 알 길이 없다.[20]

한 나라의 함대 사령관이 바다에서 싸우다 전사한 것이 아니라, 육지로 도망쳐 나와 살해당했는지 혹은 도망쳤는지 알 수 없다는 것은 조선 수군의 전통과 장수의 자질에 먹칠을 했을 뿐만 아니라, 후손들에게도 부끄러움을 주었다는 것은 원통한 일이 아닐 수 없다.

5. 수도首都의 지리적 위치

다산 정약용(1762~1836)은 백제의 멸망 원인에 대해 다음과 같이 주장했다.

백제는 삼국 중에서 가장 강하였는데 가장 먼저 망했다. 어떤 사람은 "신라는 남쪽으로 간사한 왜놈과 이웃했고, 고구려는 서쪽으로 요동과 경계가 닿았으므로 군비가 항상 엄중하였으나, 백제가 그 사이에 끼어 있어, 외환外患이 미치지 않았던 까닭에 병력이 약해서 쉽게 망했다"고 하며, 어떤 사람은 "그 풍속이 교만하고 간사해서, 이웃나라와 화목하지 못했던 까닭으로 쉽게 망했다"고 하는데 이것이 모두 백제의 단점이기도 하나 그것으로 인해서 망하게 된 것은 아니다.

국운國運이 장구하게 되는 것은 도읍을 정하는 데에 많이 연유한다. 반드시 요충지대를 점거하고, 위압하는 형세를 쌓아서 견고부동하게 민심을 유지시킨 다음에라야 하루아침에 환란이 있더라도 명령이 시행되어서 세력이 한 곳에 모이게 된다.… 문주왕 때에 와서 비로소 도읍을 웅천熊川(지금의 공주)에 옮겼다가, 잇달아 다시 부여로 옮겨서 겨우 185년 만에 망했다. 이로써 본다면 지리를 소홀하게 여길 것이겠는가.

부여는 큰 들녘 복판에 위치하여, 백리 안쪽에는 의지할 만한 성벽이 없고, 가릴만한 울타리도 없었는데, 의자왕은 황음荒淫한 임금으로서 방종하여 경계하지 않다가 갑자기 큰 적군을 만나매, 사방에서 바라보기만 하고 구원하지 않았으며, 여러 고을에서도 머뭇거리고 진격하지 않아, 마침내 도성이 함락되고 신라가 뒤쪽을 치게 되었던 것이다. 까닭에 나라를 세우는 자는 능히 지세地勢를 살펴서 도읍을 정하고, 한 번 여기에 정해서 움직이지 않으면 외적의 침범이 이와 같지는 않다.[21]

전쟁에는 대체로 두 가지의 종류가 있다. 첫째는 적의 완전한 타도를 목적으로 하는 전

20) 柳成龍, 『懲毖錄』 卷之二 八月初七日.
21) 丁若鏞, 『茶山論叢』(서울 : 을유문화사, 1972), pp. 131~132.

쟁이며, 이런 경우 국가로서 적국을 정치적으로 말살하든가, 아니면 다만 저항을 하지 못하게 만들어 이쪽이 요구하는 대로 강화에 응하지 않을 수 없게 하는 전쟁이다. 둘째는 적국의 국경 부근에 있는 적 국토의 얼마간을 탈취하는 전쟁이다.[22] 오늘날 첫째의 전쟁을 전면전쟁이라 부르고, 둘째를 제한전쟁이라 한다. 전쟁의 종류에 따라 군사목표가 달라진다는 것은 당연한 이치이다.

군사전략을 수립함에 있어서 군사목표를 무엇으로 정하는가 하는 문제는 전쟁의 승패에도 영향을 미치는 대단히 중요한 과제이다.

조미니(1779~1869)에 의하면, 목표지점에는 기동상의 목표지점과 지리상의 목표지점의 두 가지 종류가 있다고 했다. 지리상의 목표지점은 중요한 요새, 하천선 또는 내면적인 작전기도를 위한 양호한 방어선과 양호한 지원지점을 제공하는 작전전면이 될 수 있다. 특히 공세작전의 목표지점은 적의 수도를 점령 또는 상실하게 되면 적이 강화를 강요당하게 된다. 따라서 전면적 침공전쟁에 있어서는 보통 수도가 목표지점이 된다. 한편 기동상의 목표지점은 적군의 주력主力의 상황에 기인하여 적군의 주력의 위치에 따라 결정된다.[23]

전면전쟁의 공세전략에 있어서 군사목표는 적의 수도(지리상의 목표지점)의 점령과 적의 주력군(기동상의 목표지점)의 격멸, 두 가지의 종류가 있는 데, 적 주력군의 격멸이 군사목표로 채택되어 성과를 거두기 시작한 것은 나폴레옹에 의한 것이며, 클라우제비츠의 『전쟁론』(1832)은 바로 거기에 기반을 두고 저술된 명저이다. 한편 두 가지 군사목표 가운데 어느 것을 택하는 것이 바람직한 성과를 획득하느냐 하는 문제는 당시의 전쟁 목적과 전략적 상황에 의해 결정된다.[24] 이러한 전략적 관점에서 나·당 연합군의 군사목표가 사비성(부여)이라는 것은 당연한 이치이며, 또 정다산丁茶山이 주장한 나라의 흥망과 국운의 발전이 도읍을 어느 곳에 정하느냐에 달려 있다는 것도 타당한 주장이다. 그래서 백제의 좌평인 성충과 흥수가 백제의 방위를 위해 백강과 탄현의 전략적 중요성을 의자왕에게 역설했지만, 왕은 그 내용을 이해하지 못했다.

---

22) 클라우제비츠, 『전쟁론』(서울 : 일조각, 1974), p. xvii.
23) 조미니, 『조미니의 兵術論』(서울 : 박영사, 1987), p. 89.
24) 1812년 9월 15일 나폴레옹은 모스크바를 점령했으나, 러시아의 주력군을 포착·격멸하지 못했기 때문에 패전했다.
제2차 세계대전에 있어서 나치독일군은 소련 침공에 있어서 3개의 주요 군사목표, 즉 모스크바, 레닌그라드, 우크라이나에 두었기 때문에 한 결승점의 목표에 주력을 집중하지 못하여 패배했다. 한편 일본군의 진주만 기습작전은 전술적으로 본다면 대성공이었지만, 군사전략 및 국가전략의 관점에서 본다면, 미국으로 하여금 2차대전에 개입하는 구실을 주었고 또 모든 미 국민으로 하여금 일본을 격멸해야 한다는 국민적 합의와 戰意를 앙양케 해 주었다.

한편 신라는 금성金城(지금의 경주)에 수도를 정하고 있음으로 해서 당나라가 신라를 재침하여 멸망시킬 의도를 상실케 하는 데 많은 도움을 주었다. 그리고 그 후 신라는 민족문화의 꽃을 피웠을 뿐만 아니라, 무엇보다 한민족韓民族의 형성을 위한 토대를 마련할 수 있었다.

당나라가 신라를 재침할 의욕을 상실케 한 것은 무엇보다도 신라 수군이 676년 11월 기벌포 해전에서 당나라 수군을 격파하여 서해의 제해권을 획득한 데서 기인하는 것이었다.

> 11월에 사찬 시득은 수군을 거느리고 설인귀와 소부리주(부여)의 기벌포에서 싸워 패전했으나, 또 나아가 크고 작은 22회의 싸움에서 이겨 적의 머리 4천여 급을 베었다.[25]

이 해전이 당나라로 하여금 신라에 대한 재침략의 의욕을 상실케 한 이유를 부연하면 다음과 같다.

612년 6월 수 양제는 고구려 침공 때, 우문술 등의 군사(30만 5천 명)[26]가 노하·회원의 두 진을 출발하면서 병사들과 말에게 모두 100일 동안의 양식을 주고, 다시 무기와 장비 및 옷감 등을 주니 병사들마다 3섬(약 70여kg)이 넘어 무거워서 운반할 수가 없었는데, 영令을 군중에 내려 "쌀과 좁쌀을 버리는 자는 목을 베겠다"고 했으므로 사졸들은 모두 장막 밑에 구덩이를 파서 묻어버렸다. 이리하여 겨우 행군이 중도에 이르러 양식이 이미 떨어지려 했다. 여기에 을지문덕의 유인작전에 말려들어 결국 참패당하고 말았다.[27]

648년 당 태종은 고구려가 곤궁하고 피폐하다 하여 명년에 30만 명의 군사를 일으켜서 단번에 멸망시킬 것을 의논하자, 어떤 이가 말했다. "많은 군사가 동방을 정벌하자면 모름지기 한 해를 지낼 양식을 준비해야 할 것인데, 짐승과 수레로써는 능히 운반할 수가 없으니 마땅히 배를 갖추어 해상으로 운반해야 할 것입니다." 황제는 이 말에 따랐다고 한다.[28]

661년 12월 10일 부장군 인문, 진복, 양도 등 9명의 장군과 함께 군사를 거느리고 군량을 싣고 고구려의 경계로 들어갔다. 662년 정월 드디어 장사壯士 구근仇近 등 15명과 함께 평양으로 나아가서 소정방을 만나보고 말했다. "김유신 등이 군사를 거느리고 군량을 운반하여 벌써 가까운 지경에 도달했습니다." 정방이 기뻐하여 글을 보내어 사례했다. 유신

---

25) 『삼국사기』 7, 문무왕 16년조.
26) 『隋書』 권61, 宇文述傳, 九軍의 兵力이 遼河를 건너올 때 그 병력이 30만 5천 명이라 했음.
27) 『삼국사기』 20, 영양왕 23년조.
28) 상게서, 22, 보장왕 7년조.

이 양오에 진영을 설치하고 중국말 하는 사람 인문, 양도와 그 아들 군승 등을 보내어 당나라 군영에 도착하여 왕의 명령으로써 군량을 공급했다. 정방은 군량이 떨어지고 군사는 피로하여 힘써 싸울 수 없더니 군량을 얻자 당나라로 돌아갔다.[29]

수나라와 당나라가 고구려의 평양을 침공하는 데 군량의 운반 때문에 작전 수행의 어려움을 매번 겪어야 했는데, 하물며 서해의 제해권을 상실한 마당에 금성까지 침공한다는 것은 불가능했다.

여기서 한 가지 부언해 둘 것은 국가 방위에 있어서 수도의 지리적 위치는 그것을 활용하는 사람들의 능력에 의해 좌우되는 것이지 결코 그 자체가 결정적 요소는 아니라는 점이다. 따라서 당나라로 하여금 신라에 대한 재침 의도를 상실케 한 것은, 첫째로 신라의 서해 제해권의 획득이요, 둘째는 신라인의 16년간에 걸친 항쟁 의지와 특히 675년 9월 매소성 전투[30]에서 20만의 당군을 격파했다는 것, 그리고 셋째가 신라 수도의 지리적 위치로 평가된다.

6. 낡고도 새로운 역사적 교훈

백제가 무너져 가는 상징적 사건은 사비성이 함락되는 순간 왕의 희첩姬妾들이 대왕포大王浦의 암석 위로 도망가 떨어져 죽었는데, 그 바위를 후에 낙화암이라 불렀다. 이를 두고 후세 사람들은 여러 가지로 해석했다. 즉 백제 부인들의 절의정신節義精神의 상징으로, 또 아름다운 꽃 같은 여인들의 죽음에 대한 안타까움 그리고 나아가 나·당 연합군에 대한 원한의 씨앗으로 묘사되기도 했다.

하지만 왜 젊은 궁녀와 희첩들이 낙화암에서 떨어져 죽어야만 했는가는 그 원인을 규명하는 차원에까지 파고 들어가야만 역사의 귀중한 교훈을 찾을 수 있을 것이다.

옛 사람들의 백제 멸망의 원인에 대한 논평은 다음과 같다.

- 의자가 태자로 있을 적에 효도와 우애로 칭송을 받았으며, 즉위하여서는 죄수들을 생각하여 죄를

29) 상게서, 42, 김유신(中)
30) 상게서, 7, 문무왕 15년조.

용서해 주기도 하여 약간 볼만한 것이 있었으나, 다만 대체大體에 어두워 깊은 묘책과 큰 지략이 없어서 신라와 순치脣齒(입술이 없으면 이가 시리다는 뜻으로 하나가 망하면 다른 하나도 위험하게 된다는 말)의 형세에 있는 것을 알지 못하고 전쟁을 일으켜 집어삼키려고 하였으며, 여러 번 전쟁에 이긴 위세를 믿고 교만한 기운이 넘쳐 신라 보기를 주머니 속의 물건같이 생각하였다. 그리고 그의 생활은 음탕하고 탐학한 짓을 하면서 충신들을 죽이고 간하는 말을 거절하니 이에 하늘이 노하여 여러 번 재변을 내려 견책하였다. 그랬는데도 반성할 줄 모르고 자만하고 있다가 탄현과 백강의 요험지要險地를 보전치 못하고 당의 군사가 한 번 이르매 사직이 폐허가 되었으니 슬픈 일이다.[31]

- 백제는 온조溫祚로부터 전쟁을 힘쓰는 것으로 나라를 세워, 오로지 부국강병富國强兵에만 힘썼으니, 비록 6백~7백 년이나 장구한 역사를 누렸으나 다만 강포한 나라일 뿐이요, 남겨진 좋은 풍교風敎가 없었으며, 임금으로서 싸우기만 힘쓰다 죽은 자만도 4인이나 되었으니, 나라를 둔 자의 경계가 된다 하겠다.[32]

- 고구려의 사문沙門 도현道顯의 『일본서기日本書紀』에서 말하기를, 춘추春秋(무열왕)는 대장군 소정방의 힘을 빌려 백제를 협격하여 멸망시켰다. 어떤 사람은 말하기를 백제는 스스로 망했다. 왕비인 사고思古가 요망하고 간사하고 무도無道해서 마음대로 나라의 정치를 좌우하여 현명하고 선량한 신하들은 벌주고 죽였기 때문에 이러한 화禍를 가져왔으니 삼가지 않으면 안 된다.[33]

위에 열거한 내용들은 백제가 망하게 된 주요 요인을 밝히고 있다. 한 나라가 위정자를 중심으로 하여 선정善政을 통해 상하가 일치단결해 있고 또 인재를 육성·선발하여 적재적소에 배치하고 모든 국민들을 교화시켜 둔다면, 외부의 위협과 침략은 오히려 나라의 발전을 위한 자극제가 된다는 사실이다. 이것은 신라의 삼국통일의 과정을 살펴본다면 납득이 갈 것이리라.

따라서 백제의 멸망은 스스로 그 원인을 잉태하여 스스로 망했다는 오랜 낡은 사실을 우리들이 이제라도 알게 된다면 이것은 새로운 역사적 교훈이 될 것이다.♣(1989년 탈고)

---

31) 안정복, 전게서, 제4, 상.
32) 위와 같음.
33) 『日本書紀』 卷第26, 齊明天皇 6年 7月條.

제 10 장

신라 삼국통일의 군사사적 고찰

1. 머리말

1984년 3월 23일 일본과 중국의 총리회담에서 나카소네 일본 총리가 "중국 잔류 한국인의 친척 방문 실현을 희망하는 한국정부의 의향을 전달"한 데 대해 조자양趙紫陽 중국 총리는 "중국에 사는 한국인의 고향 방문은 신청이 있으면 수리하며 만나는 장소도 중국이든 도쿄든 다 좋다. 한국인의 중국 방문도 허가하겠다"고 적극적인 입장을 보였다고 한다.

그리고 양국 총리는 또 한반도 정세와 관련하여 "어떤 일이 있어도 한반도에서 전쟁이 일어나서는 안 되며 한반도 긴장 완화가 아시아 전체의 평화에 공헌한다는 인식 밑에 양국이 각자의 입장에서 긴장 완화를 위해 노력하기로 합의했다"고 일본 신문들은 전했다.

한반도의 문제가 주변 국가들의 지대한 관심사요, 또한 중요한 영향을 미친다는 것은 오늘날이나 또 1,300여 년 전이나 다름이 없다는 데 놀라지 않을 수 없다. 그것은 한반도의 지정학적 위치에서 비롯되는 것이며, 이것은 여기서 터전을 잡고 살고 있는 한민족韓民族이 어떻게 활용하는가에 따라 이해관계利害關係를 가져오는 것이다.

신라가 삼국을 통일할 때, 당唐과 일본이 전쟁에 개입했다는 사실, 그리고 외국군이 노렸던 것은 과연 무엇이었던가 하는 문제를 오늘날의 관점에서 분석 평가해 본다는 것은 의의가 있으리라 생각되며, 특히 다음 사항에 대해 규명해 보고자 한다. 즉,

첫째 : 과연 신라는 당의 힘을 빌려서 삼국을 통일했을까?

둘째 : 당이 한반도의 지배를 포기한 이유는 무엇인가?

셋째 : "애당초 당나라의 대군大軍을 끌어들여 삼국을 통일한 신라는 힘에 겨워 고구려 영토의 대부분인 원산만~대동강구 이북의 땅은 포기하고 말았으니, 이는 우리 민족사상 천추의 한이 아닐 수 없다. 그 뒤로부터 우리 민족은 한반도에 국한된 소국小國으로 전락되어, 1,000여 년 동안 대국의 세력 앞에 사대주의로 연명해 온 비운의 역사를 되풀이 해 왔다."(全榮來, 「三國統一戰爭과 百濟復興運動」, 『軍史』4, 1982)고 하는 한국사에 대한 역사인식歷史認識을 밝혔는데, 필자는 이와는 다른 역사인식을 제안해 보고자 한다.

2. 신라의 한강유역 점령과 백제의 대야성 침공

고구려의 장수왕은 427년 수도를 평양으로 옮기고 또 남하정책을 펴게 되니 백제와 신라에게 큰 위협이 되었다. 그리하여 백제와 신라가 433년에 동맹관계를 맺었으며, 또 개로왕 18년(472)에 백제는 중국 북조의 위에 사신을 보내어 고구려의 남침에 대항하기 위한 구원군을 요청하기도 하였다. 그러나 장수왕 63년(475) 9월 친히 3만의 대군을 지휘하여 백제에 침입해서 도성都城인 위례성을 함락시키고 백제의 개로왕을 살해했다. 이에 백제는 서울을 남쪽 웅진(공주)으로 옮기고 공동방위를 위해 신라와의 협력이 더욱 절실하게 되었다.

그리하여 백제는 동성왕 7년(485) 5월에 사신을 신라에 보내어 수교했으며, 또 15년(493) 3월, 왕은 사신을 신라에 다시 파견하여 혼사를 청하자, 신라의 소지왕은 이찬伊飡 비지比智의 여女를 시집보냄으로써 양국간에 혼인이 성립되었다. 이로써 북쪽의 고구려의 남하세력에 대해 공동으로 대처할 태세를 갖추게 되었다.

예컨대, 동성왕 17년(495) 8월, 고구려군이 치양성(원주)에 침입하여 포위 공격하므로 왕은 사신을 파견하여 신라에게 구원을 청하자 소지왕은 장군 덕지에게 명하여 군사를 거느리고 이를 구원하게 하여 고구려군을 격퇴하게 되었다.

그 후 성왕 3년(525)에 신라와 수교하였고, 다음 해 국도國都를 웅진에서 사비성(부여)으로 옮기고, 국가 중흥을 위해 여러 가지 정책을 추진했다. 그 중에서도 29년(551)에 신라의 진흥왕과 함께 북벌계획北伐計劃을 수행하여 한강유역의 백제 고토故土를 수복하기도 하였다.

당시 고구려에서는 왕위 계승관계를 둘러싸고 왕실귀족 간의 내분과 갈등이 있었는데, 신라와 백제에서는 이 기회를 틈타서 연합작전을 전개하여 백제는 한성, 북한성 등 한강 하류방면의 6군郡의 땅을 수복하고, 신라는 죽령 이북 고현高峴 이남, 즉 한강 상류방면의 10군을 점령함으로써 고구려의 남하정책에 대해 타격을 가한 것이다.

그러나 백제와 신라가 연합작전으로 고구려의 땅을 빼앗고 나서, 그동안 100여년(433~551)에 걸쳐 지속되었던 백제와 신라의 동맹관계가 결렬되는 사태가 벌어졌다. 신라 진흥왕이 553년 한강 하류의 백제의 6군을 탈취하여 광주廣州에 군주軍主를 두었기 때문이었다. 신라는 국력이 비약적으로 발전하였고 또 중국과의 교역상 전략적 요지인 한강 유역의 장악이 불가피했던 것이다.

한편 신라의 성장에 불안을 느낀 백제는 552년 왜에 원병을 청하여, 553년에 왜병 1,000여명이 도우러 왔다. 신라의 영토 확장에 격분한 성왕는 554년 7월 결전의 준비에 총력을 기울여 가야·왜병과 함께 신라로 진격했으나, 관산성(옥천)에서의 전투에서 백제군은 대패하고 말았다. 여기에서 성왕도 전사했고, 좌평 4명과 사졸 29,600여명이 참살되었으니, 구원 왔던 왜병들도 여기서 격멸된 것으로 보인다.

한강 유역의 전략적 요충지를 장악한 신라는 다시 가야제국伽耶諸國을 완전히 평정하여 낙동강 유역을 합병함으로써 후방의 근심을 없애고 한층 더 국토를 넓히게 되었다. 즉 서북으로는 임진강 연안에서, 동북으로는 멀리 함경도의 안변, 덕원 등지까지 국토를 확장하여 고구려와 대치했고, 서남쪽으로 평택, 성환 등지에서 백제와 국경선을 접했다.

특히 한강 유역의 점유는 고구려와 백제의 중간에 개입하여 양국의 진출을 억누르고, 한편 당항성(남양)을 통하여 해상으로 중국의 제·진·수 및 당과의 직접 교류할 수 있는 길을 마련해 주었다.

이렇게 신라의 세력이 강대해지자 가장 위협과 피해를 받게 된 것은 백제였다. 백제는 총력을 기울여 신라의 서북 국경을 공격하여 신라를 괴롭혔고, 한편 고구려도 백제와 마찬가지로 신라를 자주 침공하였다. 이 경우에 있어서 고구려와 백제는 동맹관계에 의한 연합작전은 아니었지만, 신라에 대한 침공이라는 동일한 정책을 추구하고 있었다. 따라서 진흥왕 다음 임금인 진지왕대부터 제27대의 선덕여왕에 이르기까지 신라는 서로는 백제,

북으로는 고구려의 침공을 수없이 받았다.

침공을 받은 신라는 백제에 대해 감정이 악화되어 있었는데, 백제가 한층 더 신라의 원한을 사게 된 사건이 일어났다. 대야성주大耶城主 품석品釋 일가와 왕손王孫 김흠운金歆運이 백제군에 의해 살해된 것이다. 이에 신라는 백제를 멸망시키고 말겠다는 결의를 더욱 굳혔다.

642년 7월, 백제 의자왕은 친히 부대를 지휘하여 신라를 침공해서 미후성 등 40여 성을 함락시켰고, 8월에 장군 윤충을 파견하여 군사 10,000여명으로 신라의 대야성(합천)을 공격해서, 성주 품석이 처자와 함께 나와 항복하였는데, 윤충은 모두 죽이고 그 머리를 잘라 왕도王都(부여)로 보냈다. 또 남녀 1,000여명을 사로잡아 백제 서부지방의 주현州縣에 나눠 살게 하고 군사를 주둔시켜 그 성을 지키게 하니, 의자왕은 윤충에게 말 20필과 곡물 1,000석을 상으로 주었다.

대야성 싸움에서 죽임을 당한 품석은 김춘추의 사위이니, 김춘추는 딸 일가족을 잃은 것이다. 이때 김춘추는 이 비보悲報를 듣고 기둥에 의지하여 서서 종일토록 눈도 깜박이지 않고 또 사람들이 앞으로 지나가도 알지 못했다고 한다. 그리고 말하기를, "슬프도다! 사나이 대장부로서 어찌 백제를 능히 멸망시키지 못할까 보냐." 하고 곧 왕에게 나아가 말하되, "신이 고구려에 봉사奉使하여 그 군사를 청하여 백제에 대한 원수를 갚고 싶습니다." 하니 왕이 허락하였다.

김춘추는 고구려의 보장왕에게 원병援兵을 청하니, 보장왕은 "죽령은 본시 우리의 지역이니 네가 만일 죽령 이북의 땅을 돌려보내면 원병을 보내겠다"고 해서 결국 실패하고 말았다. 그러나 김춘추는 대당외교對唐外交를 적극적으로 추진시켜 급기야 진덕여왕 2년(648) 당 태종은 출사出師를 허락했다.

3. 나·당 연합군의 침공과 백제의 멸망

당 태종은 고구려에 대해 여러 번 출병하여 굴복케 하려고 시도했으나 실패하고, 국내의 사정이 불안해지자 출전계획出戰計劃을 중지하지 않을 수 없었다. 그 후 대를 이은 당 고종은 국내 전비國內戰備를 수습한 다음 고구려 출병을 결정하게 되었다. 655년부터 정명

진程名振, 소정방蘇定方, 설인귀薛仁貴 등 역전의 명장들을 출전케 했지만 역시 실패하게 되자 당은 전략계획을 변경하게 되었다. 즉 고구려보다 그 후방에서 고구려의 응원이 되고 또 신라의 행동을 구속하고 있는 백제를 먼저 공략하여 후방을 튼튼히 해두고, 다음 전후방에서 고구려를 협공하자는 것이었다.

655년 8월 의자왕이 고구려 말갈과 함께 신라의 30여 성을 공략하니 신라왕 김춘추(태종 무열왕)가 사신을 당에 보내어 이 사실을 알려, 당 고종은 여러 번 신라의 원병 요청이 있었으므로 이미 계획한 삼국을 침략하려는 기회가 성숙되었다고 생각하여 신라를 이용해서 백제를 멸하고, 다음에 고구려를 정복하여 부왕父王(당 태종)의 원한을 푼 뒤에, 신라를 공략해서 한반도를 정복하기로 계획하고 신라의 원병 요청에 쾌히 응하게 되었다.

당시 신라는 어려운 사정에 놓여 있었으나, 김춘추·김유신 등과 같은 훌륭한 인물들이 있었고, 화랑도를 발전시켜 국민들의 무사정신武士精神을 길러 삼국통일의 의지를 공고히 하고 있었다.

한편 백제 의자왕은 초기에는 바른 정치를 펴고 신라를 침공하여 연승連勝하였으나, 그 후 주야로 향락에 파묻히며 국사를 돌보지 않게 되자 간신들이 정치에 간섭하여 현신賢臣들을 죽이는 등 국정國政이 극도로 부패케 되었다. 특히 왕은 충신인 성충 등의 간언을 듣지 않았으므로 정치의 문란은 극도에 달했고, 국방이 쇠약해져 외침의 좋은 기회를 만들어 주었다. 이런 때에 신라는 당에 이 사실을 알려주었다.

백제 의자왕 20년(660) 3월 당 고종은 소정방을 신구도행군대총관으로, 신라 김인문을 부대총관으로 삼아, 수륙 13만군을 거느리고 출전하여 백제를 치게 하는 한편, 신라왕에게 연락하여 당군과 연합해서 함께 백제를 공략토록 하였다.

동년 5월 소정방은 군사들과 함께 바다를 건넜다. 신라왕은 김유신, 진주, 천존 등과 함께 지휘부를 거느리고 남천정(이천)에 행차하여 세자 법민으로 하여금 병선 100척으로서 소정방을 덕물도(덕적도)에서 맞이하게 했다. 소정방은 법민에게,

“우리는 7월 10일을 기하여 백제의 도성 남쪽에서 대왕의 군사와 함께 만나서 백제 도성을 공략코자 한다”고 했다.

법민이 돌아와서 소정방의 군세가 매우 성대하다고 말하자, 무열왕은 대단히 기뻐하였다. 왕은 장군 김유신, 품일, 흠춘 등에게 정병 5만을 지휘케 하여 당군에 호응해서 백제로 쳐들어가게 하고, 왕은 금돌성으로 행차하였다.

백제의 의자왕은 나·당 연합군이 쳐들어온다는 말을 듣고 급히 중신회의重臣會議를 열고 방위전략防衛戰略을 물었다. 좌평인 의직은 말하기를,

"당나라 군사는 배를 타고 바다를 건너왔으므로 반드시 피곤할 것이니 처음 물가에 내릴 때, 급히 치면 틀림없이 이길 수 있을 것이고, 신라 군사들은 대국(당나라)의 도움을 믿고 반드시 우리를 가볍게 여길 것이니, 만약 당나라 군사가 패배하는 것을 보면 반드시 두려워하여 감히 우리를 공격하려고 하지 못할 것입니다. 그러므로 먼저 당나라 군사와 결전을 하는 것이 옳을 줄 생각합니다"고 했다. 그러자 달솔인 상영이 이렇게 말하였다.

"그렇지 않습니다. 당나라 군사는 멀리서 왔으므로 빨리 싸워 결판을 내려고 생각할 것이니, 그 예기銳氣를 당할 수 없을 것입니다 신라의 군사는 일찍이 여러 번 우리 군사에게 패하였으므로, 지금 우리 군사의 형세만 보아도 두려워하지 않을 수 없을 것입니다. 그러므로 오늘의 전략은 마땅히 당나라 군사의 길목을 막아 놓아 군사들을 피로하게 만들고 먼저 일부의 군사들로 하여금 그 예기를 꺾어 놓은 뒤에 형편을 보아가지고 군사를 모아 싸우면, 틀림없이 군사를 온전하게 하고 나라를 보전할 수 있을 것입니다."

왕은 어느 의견을 따라야 할지를 몰라 머뭇거렸다. 이 때 좌평 흥수는 죄를 짓고 귀양을 가 있었는데, 왕은 사람을 그에게 보내 문의하였다. 흥수는 이렇게 아뢰었다.

"당나라 군사들은 무리가 많고 군사들의 규율이 엄격하며, 더구나 신라와 함께 양쪽에 진을 치고 기다리고 있으므로 만약 평평하고 넓은 곳에 진을 치고 싸운다면, 승패를 알 수 없겠습니다. 백강(기벌포)과 탄현은 나라의 요충이라 적을 막기에 편리한 곳입니다. 여기에는 한 장부가 가히 백 명을 당할 수 있사오니, 마땅히 용감한 군사를 뽑아 보내 이를 잘 지키게 하여 당나라 군사들로 하여금 백강을 들어오지 못하게 하고, 신라 군사들로 하여금 탄현을 넘어오지 못하도록 하십시오. 그런 뒤에 대왕께서는 성을 굳게 지키고 있다가 적의 군량이 떨어지고 군사들이 피로하게 되는 것을 기다려 힘을 다하여 이를 치면 반드시 이길 수 있을 것입니다."

이 때 대신들은 그 말을 믿지 않고 흥수의 의견에 반대하였다.

"흥수는 오랫동안 귀양살이에 얽매어 있었으므로 임금을 원망하고 나라를 사랑하지 않을 것이니, 그가 말한 전략을 쓸 수가 없습니다. 그보다 당나라 군사로 하여금 백강을 들어오게 한다면 흐르는 물살에 마음대로 배질을 할 수 없을 것이고, 신라 군사로 하여금 탄현을 오르게 한다면 좁은 길을 경유하느라고 말을 마음대로 부릴 수 없을 것이니, 이럴 때

에 군사를 풀어 놓아 친다면 반드시 이길 것입니다."

왕은 그렇게 하기로 하였다.

의자왕은 당군과 신라군이 백강과 탄현을 통과했다는 보고를 받고 계백 장군으로 하여금 결사대 5,000명을 지휘케 하여 저지토록 했다. 계백은,

"한 나라의 백성으로 당나라와 신라의 대병大兵을 당하게 되었으니, 나라의 생존과 멸망이 어찌될지 알지 못하겠다. 내 아내와 자식이 다 종이 될까 염려된다. 그들이 살아서 욕을 당하는 것보다 죽어 편안한 것만 못할 것이다." 하고는 드디어 가족을 다 죽이고 싸움터로 나갔다. 계백은 황산(연산)의 들판에 삼영三營을 베풀고, 신라군과 싸워, 신라군을 고전케 했으나 결국 패하여 계백은 여기서 전사하고, 좌평인 충상·상영 등 20여명은 사로잡혔다.

백제는 군사를 모아 웅진구熊津口를 막고 강가에 연하여 진을 쳤다. 한편 소정방은 강의 왼쪽 언덕으로 상륙하여 산에 올라 진을 치고 함께 싸웠는데, 백제군이 크게 패하였다.

당나라 군사는 조수潮水를 이용하여 배를 서로 맞붙이고 북을 울리고 고함을 치며 진격하였다. 소정방은 보병, 기병을 지휘하여 도성으로 향하여 들어가 30리쯤 떨어진 곳에 머물렀고, 백제는 모든 군사를 동원하여 이를 막았으나 또 패하여 만여 명이나 전사했다. 당나라 군사들은 승세를 타고 도성으로 육박했다.

김유신 등이 군사를 거느리고 약속일보다 하루 늦게 당나라 병영에 이르니 소정방은 정한 기일에 뒤졌다고 하여 독군督軍 김문영을 베려 하였다. 김유신은 눈을 부릅뜨며, "장군은 황산 싸움을 보지 못하였으니 하는 말이지, 그냥 기일이 늦었다 하여 죄를 말하는가, 우리는 죄가 없이 욕을 당하지 않을 것이며, 그럴 것 같으면 먼저 당병唐兵과 결전을 한 뒤에 백제와 싸울 것이다"고 말하자 소정방의 우장右將인 동보량이 화해토록 하여 김문영의 죄를 묻지 않았다.

당과 신라의 연합군이 사비성으로 밀려들어오게 되자 의자왕은 태자太子 효孝와 함께 공주로 피난했다. 급기야 도성은 함락되었고, 연합군은 이어 공주를 함락시켰다. 공주에 피난했던 의자왕과 태자 효도 마침내 항복하였으니 660년 7월이었다.

이 해 9월 소정방은 백제의 의자왕을 비롯하여 왕자 4명, 대신·장군 등 88명, 병사 2만을 포로로 삼아 해로海路로 귀환했다. 소정방이 돌아오자 당 고종은 위로하며 말하였다.

"무슨 까닭으로 신라를 정벌하지 않았는가?"

"신라는 그 임금이 어질어서 백성을 사랑하고 신하들은 충성으로 임금을 섬기며 아랫사람은 윗사람을 부형과 같이 섬기므로 비록 작은 나라라고 하더라도 정벌할 수 없었습니다." 고 소정방은 대답하였다.

백제의 영내에는 당군 1만여 명과 신라군 7천여 명이 남게 되었고, 이 때에 당은 웅진도독부를 5개소에 설치하여 백제 전역을 통치케 했다.

661년 백제의 종친인 복신福信은 군사를 거느리고 도침道琛(승려)과 함께 주류성周留城에 웅거하여 저항했으며, 옛 왕자 부여풍扶餘豊을 맞아 임금으로 세웠는데, 그는 일찍이 왜국에 볼모로 가 있었다. 이들은 663년 11월까지 조직적인 항전을 하였으며, 한 때는 사비성을 포위까지 했다.

도성都城인 사비성이 함락된 뒤 백제군의 초기 항전의 대표적 지도자는 흑치상지였다. 그는 도성이 함락되자 부장部將 10여명과 함께 한동안 피난했다가 임존성(예산 대흥)을 거점으로 하여 10일 미만에 3만의 병력을 모았다. 그리고 소정방이 보낸 당군을 격퇴하면서 200여 성을 회복하였다. 그리고 백제군의 산발적인 유격전은 신라군의 보급로를 위협하였다.

부여와 공주를 거점으로 하는 나·당군과 임존성과 주류성을 거점으로 하는 백제군의 대결은 662년 7월경까지 대체로 백제군이 유리한 전세였고, 부여와 공주는 외부와의 연락이 어려운 상황에 놓여 있었다.

그러나 재편성된 백제군의 활발한 저항활동도 2년이 지난 662년 7월경부터는 약화되기 시작했다. 그 이유는 풍왕豊王이 일본에서 돌아오자 백제군 지도부에 내분이 일어났다. 도침은 부여복신에게 죽임을 당하였고, 부여복신은 풍왕에게 죽임을 당했다. 그리고 당군이 해로로 원병 7천명을 보내 본격적인 반격이 시작되었기 때문이다.

정세가 불리해지자 백제 부흥군은 고구려와 왜에 원병을 요청하였다. 당과 대치하고 있었던 고구려는 이 요청에 응할 형편이 아니었고, 왜는 원병을 보냈는데, 이때의 병력은 2만 7천이라고 『일본서기日本書紀』에 기록하고 있다.

663년 2월부터 신라는 백제 부흥군에 대해 전면적인 공세를 펴서, 9월에는 백제군의 총본영인 주류성에 대한 수륙 양로兩路의 총공격이 나·당군에 의해 시작되었으며, 이 전투에는 신라의 문무왕과 김유신도 참전하였다.

나·당군과 제濟·왜군의 첫 결전은 동진강 하구인 백강구白江口에서 전개되었으며, 4차의 격전으로 백제에 원군으로 온 왜군은 참패를 당했는데, 기록에 의하면 "일본 배 400척을 불태우니 연염煙炎이 하늘을 불태우고 해수海水는 붉게 물들었다"고 하여 그 전투의 처절한 장면을 묘사하고 있다.

주류성은 곧 함락되었고, 백제왕 풍은 고구려로 망명하였으며, 백제군의 또 하나의 거점인 임존성은 그로부터 2개월을 더 버티었으나 마침내 함락되고 흑치상지는 당군에게 항복하였으니, 이리하여 마침내 백제는 멸망했다. 이것은 663년 11월의 일이다.

백제가 완전히 멸망하자, 당은 또다시 일부 병력만 남겨두고 곧 철수했는데, 이것은 대對고구려 작전을 위한 조치였다. 그리고 이듬해인 664년에 오도독부제五都督府制를 개편하여 웅진도독부를 단일화하고, 그 밑에 7개의 주州를 두어 처음으로 구舊백제의 전역을 통치하게 했다.

4. 나·당 연합군의 고구려 정복

당唐의 대對백제 작전은 고구려 작전의 일부에 지나지 않았다. 당장唐將 유인궤劉仁軌의 말을 빌린다면, "고구려를 멸하기 위해 백제를 친다"는 것이었다. 그래서 당은 백제의 공략이 끝나자 백제군의 계속적인 항쟁을 돌볼 사이도 없이 곧 고구려 격멸전을 본격적으로 시작했다.

당 태종은 일찍이 645년 제1차 고구려 침입 때, 안시성 전투에서 패배한 뒤로는 일시의 대규모적인 속전속결의 섬멸전략殲滅戰略을 지양하고, 소규모의 병력을 고구려 국경지대에 빈번히 침입케 함으로써 지구持久·소모전략消耗戰略으로 전환했다. 그래서 당 태종과 그의 뒤를 이은 당 고종은 647~8년, 655년, 658년 및 659년 등 여러 번 고구려를 소규모로 침공했다.

이러한 정세 하에서 당은 신라의 구원을 구실로 660년 백제를 침공했다. 그리고 사비성이 함락되자, 원정군을 철수케 하고는 곧 고구려 원정군의 부서를 정하고, 이듬해인 661년 4월에는 벌써 공격을 개시하였다. 당의 제2차 고구려 침공의 병력은 4만 5천명이었다.

먼저 소정방의 군軍이 수로水路로 대동강구大同江口에 이르러 평양성을 포위 공격하기 시작한 것은 661년 8월이었다. 고구려군은 그들의 전력을 유감없이 발휘하여 당군을 괴롭혔다. 662년 2월 소정방은 다시 평양성에 대해 총공격을 실시했으나 실패하자, 그들은 마침내 대설大雪을 이유로 철수하게 되었다.

이 제2차 당의 고구려 침공 때는 신라왕에게도 출동을 요구했다. 그래서 문무왕은 김유신 등 제장諸將을 지휘하여 북상하였으나, 도중에 유성儒城 등지에서 백제군과 부딪쳐 고전하기도 했다.

평양성을 포위하고 있던 소정방은 군량의 조속한 보급을 신라에게 요청해 왔다. 눈보라치는 겨울이 닥쳐왔는데 대량의 군량을 수송하여 백제군 지역을 돌파하여 평양까지 간다는 것은 너무 어려운 일이었다. 그러자 김유신은 “이 날이야말로 노신老臣이 절節을 다할 날”이라고 그 임무수행을 자원했다.

김유신이 수레 2,000량에 2만 6천석의 군량을 싣고 평양성 부근에 도착함으로써 당군은 철수가 가능했던 것이다.

당은 제2차 고구려 침공도 실패하자 다시 침공할 엄두가 나지 않았다. 그러나 고구려는 오랫동안 주변 강국과 전쟁을 하였으므로 국력이 쇠약해졌고 거기다 흉년이 드니 백성들의 생활은 도탄에 빠졌다. 그런데 고구려를 지배해 왔던 연개소문淵蓋蘇文이 666년에 병사하자 그 후계를 둘러싸고 심각한 내분이 일어나게 되었다. 그리고 연개소문의 아우인 대신大臣 연정토淵淨土가 12개 성城을 가지고 신라에 투항하였다.

당이 고구려의 이 내분의 호기好機를 놓칠 리가 없었다. 이런 상황에서 당의 제3차 고구려의 침공이 본격적으로 시작된 것은 666년 12월 당 고종이 이세적을 대對고구려 전戰의 총사령관으로 임명한 때부터이다. 그는 20여년 전의 제1차 침입 때에도 당 고종 밑에서 육로군陸路軍을 총지휘한 나이 80의 역전의 노장이었다. 노련한 그는 이번에는 속전속결을 피하고 2차에 걸친 예비적인 공세로 고구려의 배후를 무너뜨린 연후에 제3차의 총공세로 평양성을 공격하였다.

즉, 제1차 공세는 667년 9, 10월에 걸쳐 실시되었다. 당은 수군으로 평양 방면을 견제하는 한편, 20년 전의 침입로와 마찬가지로 북방의 신성, 안시성 등을 함락시킴으로써 우선 요양·심양 방면을 제압하였다. 이런 일련의 전투에서 고구려군은 5만 이상의 전사자를 내면서 압록강 선을 굳게 지켜 당군의 남하를 막았다. 이세적은 남하를 감행하지 않고 우선 본국으로 철수했다. 이때 당의 요청으로 출동했던 신라군은 수안遂安까지 북상하였으나 당군의 철수를 보고 본국으로 돌아갔다.

제2차 공세는 수 개월 뒤인 668년 1, 2월에 걸쳐서 실시되었다. 이세적은 이때도 공격의 주방향을 평양으로 잡지 않고 부여성(고구려의 부여) 등 40여 성을 공략하였다. 이때 가언충賈言忠이 사신으로 왔다가 요동에서 돌아가자 고종은 군사의 정세를 물었다. 가언충은 틀림없이 승리할 것이라고 대답했다.

"경은 어떻게 아는가?"

고종은 그 이유를 물었다. 이에 가언충은 다음과 같이 답변했다.

"수 양제가 고구려 정벌에 나서서 이기지 못한 것은 민심이 이반離反되고 원만이 쌓였던 때문입니다. 선제先帝(당 태종)께서 고구려 정벌에서 이기지 못하신 것은 고구려에 내부 분쟁이 없었기 때문입니다. 지금 보장왕의 실권이 미약하고 권신權臣이 마음대로 하고 있는 데다, 개소문이 죽고 난 뒤 그의 아들 남건 형제가 안으로 서로 공탈攻奪하고 있습니다. 그리고 남생은 진심으로 우리에게 복속하여 우리를 위해 향도가 되고 있으니 저들의 실정을 다 알고 있습니다. 여기에다 폐하의 명성하심과 국가의 부강함과 장사將士의 진력함을 가지고 고구려의 그 분란 상태를 이용한다면 이길 것은 틀림없는 사실이겠사오니 다시 또 군사를 일으킬 여지가 없을 것입니다. 그리고 고구려의 비기秘記에 이르기를 '9백년이 못되어 80세 먹은 대장이 나타나 멸망시킬 것이다'라고 했습니다. 고씨高氏가 한대漢代부터 나라를 가졌으니 이제 900년이 되어가고 있고, 이세적의 나이가 바로 80세입니다.

지금 그들은 여기에 또 기근이 겹쳐 약탈이 자행되고 있으며, 지진이 일어나 땅이 갈라지며 이리와 여우들이 성 안으로 드나들며, 두더지가 문에 굴을 파는 등으로 하여 인심이 놀라 어쩔 줄 모르고 있으니, 그 멸망은 발돋움하고 기다리는 것과 같습니다."

당 고종은 가언충의 말을 깊이 긍정하였다.

남건은 다시 군사 5만 명을 보내어 부여성을 구원하게 하였는데, 이세적 등과 설하수에서 만나 교전이 벌어졌다. 결국 패배하여 3만여 명의 전사자를 내었다. 이세적 등은 대행성으로 진격했다.

6월에 유인궤가 고종의 뜻을 받들고 숙위로 있던 김삼광과 함께 당항진(지금의 경기도 화성군)에 도착했다. 신라의 문무왕은 각간 김인문으로 하여금 그를 영접하게 하였다.

평양성을 목표로 한 제3차의 마지막 대공세가 시작되었다. 이세적은 당군을 압록강 북방에 집결시킨 뒤 계필하력契苾何力의 병력을 앞세워 평양으로 향했다.

신라에게도 평양으로 내회來會하라는 당 고종의 명령이 전달되어, 문무왕은 7월에 한성주에 행차하여 모든 총관들에게 당군에게로 가서 회합하도록 명했다. 신라군이 평양 20리 지점에 도착했을 때, 이세적의 당군도 이미 압록강을 돌파하여 평양성 외곽에 진공해 왔으며, 구백제령舊百濟領에서 북상한 당의 웅진도독熊津都督 유인궤의 군軍도 황해도의 평산·재령 등지를 점령하고 있었다.

북에서 이세적의 당군, 남에서 유인궤의 당군과 김인문·김흠순의 신라군이 남북의 협공으로 마침내 평양성 총공격이 시작되었다. 고구려군의 용맹은 여전하였으나, 요하 방면을 이미 상실하여 국도國都는 고립에 빠져 있었고, 수뇌부는 동요하고 있었다.

대막리지인 연남건은 끝까지 항전하였으나, 전세는 결정적으로 고구려에 불리해졌다. 이 막바지에서 그로부터 병권兵權을 이어 받은 승僧 신성信誠이 당군과 내통하여 성문을 열어줌으로써 최후의 항전도 끝났다.

신라 기병 500명을 선봉으로 하여 밀어닥친 나·당군은 평양성에 불을 질렀다. 고구려의 국운國運도 이 불길과 함께 668년 9월에 끝나고 말았다.

평양성이 함락되자 이세적은 보장왕과 왕자 2명, 대막리지인 연남건, 고구려로 망명해와있던 백제왕 부여풍, 그리고 고구려인 20여만 명을 사로잡아 가서는 지금의 회하·양자강의 하류와 중류 그리고 서안 방면 등 각지로 강제 이주시켰다. 백제가 패하여 당군이 데려간 백제인 2만 명과는 비교가 안 되는 숫자이다.

신라의 문무왕도 고구려의 포로 7천 명을 이끌고 귀국하였다. 평양에는 당군 1만 명이 남아, 이듬해인 669년 1월에 정식으로 안동도호부安東都護府를 평양에 두고 고구려 영토를 통치하게 됐다.

고구려가 멸망된 후 고구려인들은 부흥운동을 전개하였다. 그리고 그들의 항전抗戰이라고 기록된 것은 망국 5년 후인 673년경에서 끝나고 있다. 그러나 이 무렵은 다음에 말하듯이 신라군과 당군의 전투가 치열하게 시작되어, 신라령新羅領에 편입된 지역의 고구려인들은 신라군과 합류하여 당군과 싸웠던 것이다.

5. 나·당의 대결과 당군의 축출

나·당 연합군이 백제와 고구려를 차례로 정복한 뒤로 신라와 당과의 대결은 필연적인 것이었다. 왜냐하면 당의 본래의 의도는 한반도 전체를 그 지배 하에 두려는 것이었고, 신라로서는 숙적인 백제를 정복하기 위해 당을 이용한 데 불과했기 때문이다.

663년 나·당 연합군이 백제군에 대해 최후의 총공격을 시작하기 직전, 당 고종은 신라를 계림주 도독부鷄林州都督府로 삼고, 문무왕에게는 계림대도독鷄林大都督이라는 내신內臣의 관직을 주는 형식으로 신라의 영토 역시 당령唐領의 일부라는 것을 못박아두려 하였다.

백제군을 완전히 궤멸시킨 이듬해인 664년 당은 전일에 사로잡아갔던 백제의 왕자 부여융을 웅진도독으로 삼아 구舊백제령으로 돌려보내는 한편 부여융과 신라의 문무왕을 회맹會盟케 하여 신라와 백제가 함께 "여국與國이 되어… 길이 당에게 번복藩服하겠다"는 서약을 주고받도록 주선하였다.

이미 멸망한 백제와 그를 정복한 신라를 동일한 지위에 두려는 당의 계략에 신라는 물론 반대하였지만, 그 이듬해 665년에는 당장唐將 유인궤의 주도하에 공주에서 나羅·제濟의 회맹이 강행되었다. 신라는 이 굴욕도 참았다. 그리고 3년 뒤인 668년에 고구려도 정복되었다. 당이 구舊고구려령의 관할에 대하여 신라에 아무런 권한도 주어지지 않았던 것은 구舊백제령의 경우와 다름이 없었다.

신라는 당초 평양 방면의 당군과의 충돌을 되도록 회피하면서, 한편으로는 구백제령을 실력으로 잠식해 들어갔다. 670년에는 신라가 구 백제령의 80여 성을 빼앗았고, 671년에는 웅진도독부의 소재지인 부여에 신라의 소부리주所夫里州를 신설하여 신라인 도독을 임명했다.

671년 7월 당의 총관 설인귀는 승려 임윤琳潤을 사자로 문무왕에게 편지를 보내왔는데, 내용은 다음과 같다.

"… 군주의 명령을 어김은 불충不忠이요, 아비의 마음을 배반함은 효도가 아니다. 한 몸으로 두 가지 과실을 저질렀으니 어떻게 스스로 편안할 수 있겠는가… 왕께서는 지혜가 밝으시고, 정신이 뛰어나시니, 겸손한 의리를 의지하시고, 순종하는 마음을 지녀서, 조상의 제사도 때를 따라 받들고, 사직도 바꾸지 않도록 하는 것이 왕께서 취할 바른 정책일 것입니다."

문무왕은 답서를 보냈다.

"우리 선왕先王(무열왕)께서 정관 22년(648년)에 입조入朝하여, 태종 문황제의 다음과 같은 분부를 직접 받았다.

'짐이 고구려를 치는 것은 다른 까닭이 아니다. 그대 신라가 두 나라(고구려와 백제) 사이에 끼어 매양 침범을 당해 편안한 세월이 없음을 동정한 때문이다. 내가 두 나라를 평정하여 평양 이남과 백제의 땅은 모두 그대 신라에게 주어 영구히 편안하게 할 작정이다.'

신라의 백성들은 이 분부를 듣고서 사람마다 분발할 것을 생각했다. 그런데 대사大事를 마치지 못하고 태종황제는 돌아갔다.…

우리나라는 백제를 평정할 때부터 고구려를 평정할 때까지 정성을 다하고 힘을 다해 당나라를 저버린 적이 없다. 그런데 무엇 때문에 하루아침에 절교를 당하는지를 알지 못하겠다.…

7월에 입조사入朝使 김흠순 등이 당나라에서 돌아왔는데 백제의 옛 영토를 모두 돌려주려 한다고 했다. 수 년도 못되는 동안에 주었다 빼앗았다 하니, 우리나라의 신민은 실망하지 않는 사람이 없었다.

총관摠管은 영웅의 뛰어난 기운을 갖고 장상將相의 높은 재능을 가지고 있다. 당나라 군사는 아직 나오지 않고, 먼저 연유를 물으므로 보내온 글에 따라 감히 배반하지 않는다는 진술을 하니 청컨대 스스로 잘 헤아리기를 바란다."

김유신이 별세한 673년, 임진강·예성강 방면에서부터 신라와 당의 실력대결이 시작되었다. 도합 아홉 번이나 싸웠는데, 신라군이 승리하여 2천여 명의 목을 베고 또 당병唐兵 중에는 두 강에 빠져 죽은 자가 이루 헤일 수 없을 정도였다.

675년 신라가 백제의 영토를 많이 빼앗고 드디어는 고구려의 남경南境을 쳐서 주·군을 설치하니, 이 말을 들은 당군은 거란과 말갈병으로 구성된 부대로 침입하므로 문무왕은 9군軍을 내어 이를 막아내게 하였다. 9월에 설인귀가 천성으로 쳐들어옴으로 신라의 장수 문훈 등이 반격하여 적병 1,400명의 머리를 자르고 병선兵船 40척을 노획하였다. 설인귀는 포위를 풀고 도망감으로 신라군이 전마戰馬 1천필을 얻었다.

9월 29일에 당장唐將 이근행은 군사 20만 명을 거느리고 매소성에 주둔하였으나 신라군은 이를 쳐서 퇴주시키고 전마 30,384필 등 많은 병기구를 노획했으며, 다른 전투에서 신라군은 당군과 대소大小 18회나 싸워 모두 승리해서 적 6,047명의 머리를 자르고 전마 200필을 얻었다.

이때 당에서는 황후皇后 무씨武氏가 병약한 고종을 대신하여 사실상의 집권을 하고 있었고, 궁정 내부에서는 환란이 거듭되어 민생이 피폐에 빠져 있었다. 당으로서는 더 이상 한반도에서 신라의 기예氣銳한 세력과 대항할 형편이 아니었다. 그래서 676년 신라 문무왕 16년 2월, 당은 마침내 평양의 안동도호부를 요동성으로 옮기고, 부여의 웅진도독부를 건안성으로 옮기는 후퇴가 불가피했다. 이때가 부여에 도독부를 둔 지 16년, 평양에 도호부를 둔 지 8년째의 일이다.

당군은 이 해 11월 당장 설인귀가 병선으로 기벌포로 침공했으나, 시득施得이 대소 22회의 전투에서 승리함으로써 서해의 제해권制海權도 신라의 수중에 들어왔다. 이것으로 신라와 당의 전쟁은 끝났다. 당 고종은 신라 정벌의 대군을 보내려 하였으나, 주위의 만류로 그 기회를 얻지 못했을 뿐만 아니라, 서해의 제해권을 상실했기 때문에 불가능한 일이었다.

6. 고구려가 삼국통일을 했다면?

지금까지 역사적 사실로 미루어 볼 때 신라가 당의 힘을 빌려 삼국을 통일한 것이 아니라, 당이 고구려를 멸망시키고 나아가 한반도를 정복할 의도로 신라를 이용했다고 해석하는 것이 더욱 타당할 것이다. 그 이유는 다음과 같다. 즉,

첫째 : 642년 원병을 청하러 간 신라의 사신에게 당 태종은 세 가지 방책을 제안했다.

"내가 약간의 변병邊兵을 보내어 거란·말갈병을 거느리고 곧 요동으로 쳐들어간다면, 그대 나라는 1년 동안은 공위攻圍를 받지 않을 수 있을 것이다. 그러나 그 뒤에 적이 아병我兵이 계속 구원해 주지 않음을 알면, 도리어 그대 나라에 침범을 마음대로 하여 그때는 사국四國이 함께 소란할 것이다. 그대 나라엔 미안한 일이나, 이것이 첫째의 방책이다. 내가 또 그대에게 수 천의 붉은 갑옷과 붉은 기를 주어 두 나라(백제와 고구려)의 병兵이 이를 때, 그것을 세워 벌여 놓으면 그들은 보고서 중국 군사로 여기어 필연 달아나고 말 터이니 이것이 둘째의 방책이다.… 그대 나라는 부인婦人을 임금으로 삼아 인국隣國의 업신여김을 받으니 이는 임금을 잃고 적을 받아들이는 격이라 해마다 편안할 적이 없다. 내가 친족親族의 한 사람을 보내어 그대 나라의 임금을 삼되, 자연 혼자 갈 수는 없으므로 마땅히 군사를 보내어 보호케 하고 그대 나라의 안정되는 것을 기다려 그대들이 자수自守하도록 맡기는 것이 셋째 방책이다. 그대는 잘 생각해 보아라. 어느 편을 좇으려 하느냐"(『삼국사기』 신

라 본기 제5 선덕왕)

당 태종의 셋째 방책은 그의 의도를 잘 나타낸 것으로 선심을 쓰는 척 하면서 신라를 싸우지 않고 정복하려 했던 것이다.

둘째 : 648년 김춘추가 당 태종을 만나 원병을 청하였을 때, 그는 출사出師를 허락했을 뿐만 아니라 고구려와 백제를 평정하여 평양 이남과 백제의 땅은 모두 신라에게 주어 영구히 편안하게 할 작정이라 했다. 그러나 당 태종은 이 두 가지 약속을 모두 지키지 않았을 뿐 아니라 지킬 생각도 없었다. 당군이 백제를 침입한 것은 12년 후인 당 고종 때였고, 그것도 고구려에 대한 직접 공격이 실패했기 때문이며, 우회迂回와 신라의 힘을 이용한 협공전挾攻戰을 하기 위해서였다. 백제를 멸하고는 웅진도독부熊津都督府를, 고구려를 멸하고는 안동도호부安東都護府를 설치하여 통치케 하고 신라에는 한 치의 땅도 주지 않았다.

신라는 당이 부여에 도독부를 설치한 지 16년간 굴욕을 참고 견디다, 마침내 당의 대군과 직접 대결해서 승리함으로써, 한반도에서 당의 세력을 축출하고 삼국통일을 달성한 것이었다.

당이 한반도의 점령·통치를 포기한 이유는 많지만 주요한 몇 가지를 살피면 당의 내부 사정이 혼란에 빠지고 민생이 피폐해졌다는 것과 신라의 왕과 국민의 일치단결, 특히 국가를 이끌어 나아갈 엘리트 집단인 화랑도花郎徒의 육성에 성공했기 때문이었다. 그래서 김대문金大問이 "현좌賢佐와 충신이 여기서 솟아나오고 양장良將과 용졸勇卒이 여기서 나온다"고 말하기도 한 것으로서 임신서기석壬申誓記石의 두 젊은이의 맹서는 당시의 젊은이들의 늠름한 기상을 전해주고 있다. 즉 "지금으로부터 3년 이후 충도忠道를 지키고 그릇됨이 없기를 맹세한다.… 만약에 나라가 불안해지고 크게 어지러워진다면 나라를 위해 충성을 다 할 것을 굳게 맹세한다"는 맹세를 돌에 새기기도 한 것이다.

가장 직접적인 이유는 육전陸戰에서의 매소성 전투와 기벌포 해전에서 당군이 대패大敗했기 때문이며, 특히 기벌포 해전에서의 패배로 서해의 제해권의 상실이 당의 한반도의 점령·통치를 포기케 한 결정적 요인이라 생각하며, 이 점에 대해서는 지금까지 소홀하게 다루어지고 있다. 20만의 당군을 패배시킨 매소성 전투에 관한 『삼국사기』의 기록은 너무 간략하다. 즉 "9월 29일(675) 이근행은 군사 20만 명을 거느리고 매소성에 주둔하였으나, 아군은 이를 쳐서 퇴주시키고 전마戰馬 3만 380필 등 많은 병기구를 얻었다"(『삼국사기』신라

본기 제7, 문무왕)고 했는데, 당시 신라의 장수는 누구이며 병력은 어느 정도를 가지고 어떤 작전계획으로 적군을 패배시켰으며, 추격을 했는지의 여부, 그리고 적군의 전사자의 수 등이 궁금하나, 밝혀져 있지 않아 애석할 뿐이다.

기벌포 해전에 대한 기록은 다음과 같다. 즉 "11월(676)에 사찬 시득이 병선을 거느리고 설인귀와 소부리주의 기벌포에서 싸워 패하였는데 다시 진격하여 대소 22회나 싸워 이를 이기고 4천여 명의 목을 잘랐다"(『삼국사기』 신라 본기 제7, 문무왕). 이때 상호相互의 병선이 몇 척이나 되는 지 알 수 없다. 다만 673년 대아찬 철천 등을 시켜 병선 100척을 거느리고 서해를 진수鎭守케 했다고 하니 이 숫자보다는 약간 많을 것으로 짐작할 따름이다.

이 해전이 가장 결정적 전기를 마련한 이유는 다음과 같다. 612년 수 양제 때, 고구려를 침공하여 우문술宇文述 등의 군사가 노하와 회원의 진鎭으로부터 떠날 때 병사들과 말에다 100일 동안 먹을 양식을 주고, 또 무기·옷·전구·화막 등을 주어 사람마다 3석 이상의 중량을 맡아 감당할 수가 없었다. 그래서 우문술은 명령을 내려 누구나 양곡을 버리는 사람은 베어죽인다고 하므로 군사들은 천막 밑에 굴을 파고 이를 묻어버리니 평양까지 가는 중도에서 식량이 다 떨어져 버리고, 을지문덕의 유인작전에 말려 결국 참패하고 말았다.

648년 4월 한 장수가 당 태종에게 말하기를, "대군大軍으로 동정東征하려면 모름지기 1년을 지낼 양곡을 갖추어야 할 것이요, 짐승으로는 실을 수가 없으니, 마땅히 주함舟艦을 갖추어서 수로水路로 수송할 것이다.… 군주가 이에 따랐다"(『삼국사기』 고구려 본기 제10, 보장왕 하下)고 했다. 당이 고구려를 침공하는 데도 병량兵糧을 운반하기 위해 주함을 갖추어야 하는데, 하물며 신라의 경주까지는 더 말할 필요가 없는 것이다.

신라의 수군이 어느 정도 강력했는지 구체적 숫자는 분명히 알 수 없으나, 678년 문무왕 18년 정월에 선부령船府令 1인을 두어 선박의 사무를 관장케 했다(『삼국사기』 신라 본기 제7, 문무왕 하)고 하니 이것은 병부兵部에서 하던 일을 별도로 선부를 설치하고 장관(令)을 임명했다는 것을 뜻하는 것으로서 수군을 그만큼 중요시했다는 증좌라고 할 수 있다.

신라인의 조선기술造船技術은 일본에도 많은 영향을 미쳤다. 즉 839년 7월 "태재부太宰府에 영令하여 신라선新羅船을 만들었더니 능히 풍파에 견디었다."(『속일본후기』권 8, 인명천황, 승화 6년 7월). 일본은 당으로 직접 갈 수 있는 배가 없었기 때문에 신라선을 이용했던 것이다. 즉 657년 일본은 사신을 신라에 보내어 사문 지달沙門智達 등을 신라국사新羅國使에 붙여서 당으로 보내려고 했으나 신라가 들어주지 않아 지달智達 등은 돌아갔다. 그러나 다음

해 7월에 지통智通, 지달 등은 신라선을 타고 당에 들어갔다. 일본의 유명한 자각대사慈覺大師 원인圓仁도 840년대 당을 왕복할 때 신라선을 이용했으며, 신라인의 조선술뿐만 아니라, 항해술도 일본보다 선진국이었기 때문에 신라 중기中期 이전의 왜 수군의 한반도 출병 등은 재평가를 해야 할 것으로 생각된다.

"삼국을 통일한 신라는 힘에 겨워 고구려 영토의 대부분인 원산만~대동강구 이북의 땅은 포기하고 말았으니 이는 우리 민족사상民族史上 천추의 한이 아닐 수 없다. 그 뒤로부터 우리 민족은 한반도에 국한된 소국으로 전락되어 일천여년 동안 대국의 세력 앞에 사대주의로 연명해 온 비운의 역사를 되풀이 해 왔다"고 하는 것은 대단히 비관적이요, 부정적인 한국사韓國史 인식이라 하겠다.

필자는 비록 한민족은 지금 분단 상태에 있기는 하지만, 당·여진·원·일본 등 주변의 열강들이 끈질기게 침략을 시도했으나, 결국은 모두 축출했고 어떤 역경도 버티어 단일민족으로서 고유한 전통문화와 생활양식을 가지고 오늘날까지 생존·유지·발전해 왔다는 것, 그리고 중국 동북부의 길림성, 요령성 및 흑룡강성에 한민족이 지금 176만 명(42%)이나 살고 있으며, 길림성 5개 현은 연변 한족 자치韓族自治를 구성하고 있다는 것, 일본과 미국, 캐나다 등 세계 각지에서도 한민족이 번영과 발전을 누리고 있다는 역사적·현실적 사실을 놓고 생각할 때, 우리 조상들의 슬기롭고 지혜로움에 긍지와 존경을 금할 수 없다. 더욱이 압록강 부근에서 강대국으로 군림해왔던 거란족, 말갈족, 여진족, 만주족 등은 한때 한족漢族을 괴롭히고 또 정복·통치도 했지만 지금에 와서는 그들의 문화와 언어마저 상실하고 한족에 정복·동화되고 말았지 않았는가.

어떤 사람은 삼국통일을 신라가 아니라, 고구려가 했다면 대국으로써 생존할 수 있었을 터인데, 신라가 했기 때문에 한반도의 소국으로 전락하고 말았다는 견해를 가지고 있기도 하다. 그러나 '고구려가 통일의 주체가 되었더라면' 하는 것은 부질없는 가정과 소망에 지나지 않을 뿐만 아니라, 역사적 현실은 아닌 것이다.

당 태종이 안시성 전투에서 패배하여 돌아와서 다시 출병을 하고자 하니(649. 4), 사공司空 방현령房玄齡이 병중病中에서도 상소하여 간하기를, "…만일 고구려가 신절臣節을 어기면 죽여도 가하며, 백성을 침요侵擾하면 멸해도 가하며, 타일他日에 중국의 근심이 된다면 제除해도 가합니다. 지금은 이 삼조三條가 없이 앉아서 중국을 괴롭히고 있습니다"(『삼국사기』 고구려 본기 제10, 보장왕 下)고 했다. 특히 타일에 중국의 근심이 된다면 제해도 가하다는 견해는 옛날이나 지금이나 국제사회에서 통용되는 진리이다. 따라서 역설적으로 들릴지 모르지만, 신라가 당에 대해 위협적 존재가 될 정도로 거대한 국가가 아닐 뿐만 아니라, 왕과 국민이 일치단결되어 있었고 국민이 화랑정신(특히 상무정신)으로 무장되어 있었기 때문에 통일국가로 생존했을 뿐만 아니라, 역사상 가장 빛나는 신라문화를 창조할 수 있었던 것으로 생각된다.

김유신이 병석에 눕게 되자, 문무왕이 그의 집에 와서 위로하니 유신은 말하였다.

"신臣은 대왕의 팔, 다리가 되어 힘을 다 바치고자 지금까지 섬겨 왔사오나, 신의 병이 이와 같으오매 오늘 뒤에는 두 번 다시 용안을 우러러 뵐 수 없겠나이다." 대왕은 울면서 말하기를,

"과인은 경이 있음으로 해서 고기가 물에 있는 것과 같았는데, 만약 경이 돌아가게 된다면 우리나라의 국민은 어찌되고 또한 사직은 어떻게 되리오." 하였다. 유신은 다시 말하기를,

"신은 어리석고 불초하였으므로 어찌 능히 국가를 유익되게 하였으리요. 다행히 밝은 대왕께서 쓰실 때 모든 것을 의심하지 않으시고 일을 믿고 맡겨주신 때문으로 밝은 대왕을 도울 수 있었고, 조그마한 공을 이루어 삼한을 한 국가로 되게 하였사옵고, 백성들은 두 마음이 없게 되었습니다. 아직은 태평한데 이르지 못하였사오나, 가히 소강상태는 되었다고 말할 수 있습니다. 신이 옛날부터의 역대 왕실과 임금의 치적을 살펴보오니 그 처음에 있어서는 정사를 잘못하는 분이 드물고, 나중에는 잘 하는 분이 적어서, 누세의 공적을 일조一朝에 망쳐버리는 일이 있아오므로 이를 통탄하였나이다. 바라옵건대 전하께서는 성공이 쉽지 않음을 아시고, 수성守成이 또한 어려움을 생각하시와 소인小人을 멀리하고 군자君子를 가까이 하시어 위에서 조정朝廷이 화목하고 아래에서 백성과 만물이 편안하여 화란禍亂이 일어나지 않고 기업基業이 무궁하게 된다면 신은 죽어도 유감이 없겠습니다."(『삼국사기』 권 제43, 김유신) 하였다.

대왕과 신하의 대화는 한 폭의 그림처럼 눈물겹게 서술되어 있을 뿐만 아니라, 바른 정치의 모습과 그 후 신라의 발전을 예언할 수 있는 내용을 담고 있다.

한민족의 역사무대는 당연히 동북아시아 대륙에서 한반도에 널리 걸쳐 있었다. 그러나 시·공간의 조건의 변화를 고려하지 않고 외형적·양적으로만 생각하는 경향 때문에 오늘날 우리 주변에는 민족의 활동지역이 고대보다 위축되었다고 자조自嘲하는 경향도 있다. 그러나 당시는(신라의 삼국통일의 시기, 즉 676년) 농경사회였기 때문에, 압록강 이북은 농경에

적합하지 않았을 뿐만 아니라, 인구로 봐서도 한반도의 남쪽만으로도 충분했던 것이다. 조선왕조 말엽까지 자급자족의 경제체제를 유지할 수 있었고 또 바다로 나아가 어업을 하지 않아도 식량을 충분히 생산했던 것이다. 그런데 1,300여년이 지난 오늘날의 인구 증가를 기준으로 신라가 땅을 좁게 잡았다고 나무라는 것은 역사해석의 바람직한 방법은 아닌 것 같다.

어떤 사람은 신라가 외세外勢인 당의 세력을 끌어들여 삼국을 통일했다.… 등의 견해를 말하는 사람도 있다. 이것은 다분히 민족국가의 의식에서 나온 것으로 근대적 개념이며, 한민족의 공동체 의식은 신라의 삼국통일 이후부터 형성되기 시작한 것이므로 그런 기준으로 평가하는 것은 바람직하지 못한 것 같다. 백제도 위기에 직면하여 위魏와 왜국에 여러 번 원군을 요청했던 것이다.

요컨대, 어떠한 시대의 역사적 사실은 그 시대의 특수성에 비추어 분석·판단을 먼저 해야 오늘의 새로운 관점에서 해석이 가능한 것으로 생각한다.

7. 맺음말

『오자吳子』 병서兵書에 다음과 같은 내용이 있다.

"옛날 승상承桑이란 임금은 문화적인 도덕 면에만 힘을 기울이고 군비軍備에는 전혀 힘을 쓰지 않았기 때문에 결국은 나라가 망하고 말았다. 또 유호有扈라는 임금은 무武에만 의존하여 군비증강軍備增强에만 힘을 썼기 때문에 결국 그로 인해 나라를 잃고 말았다. 현명한 임금들은 이런 예를 거울삼아 대내적으로 문덕文德을 닦고 대외적으로는 완전한 군비를 갖추고 있었던 것이다. 그러므로 적이 쳐들어오는 데도 나가 싸우려 하지 않는 것은 정의正義라고 할 수 없는 일이며, 싸우다 죽어 넘어진 백성들의 시체를 보고 눈물을 흘리는 것이 꼭 어진 것은 아니다."

한 민족이나 국가가 생존권을 확보하고 번영·발전해 나아가려면 문·무의 병중倂重이 무엇보다도 절실한 것이다. 신라는 원래 문화적·군사적으로 고구려와 백제에 비하면 후진국이었다. 그러나 신라가 오히려 백제와 고구려를 격파하고 삼국통일의 대업을 완수할 수 있었던 것은 인재를 양성하여 군사력을 강화하고 또 외교적 수완이 훌륭했기 때문이었다.

화랑제도는 무려 180년에 걸쳐 활기에 넘친 훌륭한 인재들을 끊임없이 배출했으며, 이들은 각계각층에서 사명감을 가지고 그 시대와 사회를 이끌어 갔다. 화랑도花郎道는 신라의 힘이며 지주支柱이기도 했다. 신라의 전성기와 삼국통일기가 화랑도 정신이 절정에 달했던 시기와 일치하는 것도 우연은 아니다.

화랑은 흔히 무사집단武士集團으로서 상무정신의 고취에만 힘쓴 것으로 알려졌지만, 원광법사의 세속오계를 보면, 인격 수양과 도의道義 연마의 바탕 위에 임전무퇴臨戰無退를 가르쳤던 것으로 해석된다. 그래서 적이 침범해 오면 목숨을 던지고 싸우는 기개氣概가 있었는가 하면, 평화로울 때면 자연히 국민을 이끌고 국가발전을 위해 헌신을 했기 때문에 우리 역사상 가장 융성하고 찬란한 신라문화를 탄생케 했던 것이다.

그 후 우리의 역사에 있어서 많은 외침으로 시련을 받은 이유는 문·무의 균형이 깨어져서 상무정신이 쇠퇴해졌기 때문이었다. 300여년 전 실학자實學者인 반계磻溪 유성원柳聲遠은 그의 명저 『반계수록磻溪隧錄』에서 문·무에 대해 다음과 같이 주장했다.

"대저 문과 무는 본시 두 길이 아니다. 옛적에는 선비를 학교에서 가르침에 육예六藝(예禮·악樂·사射·어御·서書·수數)를 강습하여 그 현능賢能한 이를 뽑아서 능력을 헤아려 직무를 맡기니, 그러므로 안에 살면 향수鄕遂에서 백성을 기르는 관리가 되고, 밖에 나가면 군사를 거느리고 외적의 모욕侮辱을 막는 장수가 되었다.…

지금 무사들은 평상시에 흔히 염치가 없고, 백성에게 사납게 구는 것이 많고, 문사文士들은 전진戰陣에 다다라 어린아이나 계집아이와 같으니 어떻게 하면 좋은가 하는데, 본래 문과 무는 두 길이 아니므로 옛적에는 졸卒·여旅·사師·군軍(군대의 편제)의 장수는 모두 이것이 족族·당黨·향鄕·수遂(행정단위)의 향사鄕士로서 안에 들어와서는 백성을 기르는 관리가 되고, 밖에 나가서는 외부의 침모侵侮를 막는 군사가 되는 것이니, 이는 선비는 모두 실용의 학문을 해야 하고 학문을 하지 아니한 자는 진실로 장수가 될 수 없는 것이다."

한 선비가 주장한 문·무에 대한 이러한 견해는 오늘날 우리 민족과 국가의 난국을 타개하고 또 나아가 번영과 발전 그리고 새로운 문화를 창조해야 한다는 명제를 두고 생각할 때, 놀라운 탁견이라 하지 않을 수 없다.♣

(『軍史』 제8호, 군사편찬연구소, 1984.)

제 11 장

문무대왕과 신라 해상세력의 발전

1. 머리말

신라의 통일은 한국사韓國史에 있어서 새로운 국면을 전개시킨 중대 사실重大事實의 하나이며, 이것으로 말미암아 정치적으로 또는 경제적으로 비약적 발전의 일면을 보이고 있는 까닭이다. 안으로는 통일적 정치 밑에서 대국민大國民으로서의 통일작용이 일어나고 있었으며, 밖으로 향해서는 당唐과의 통교通交가 한층 밀접하게 되었다. 신라공예新羅工藝의 황금시대와 상업발달도 통일기부터의 일이며, 그 주요한 발달 요인은 ① 신라의 여·제통합麗·濟統合으로 오랫동안의 전쟁이 종식되어 평화상태가 계속된 것, ② 반도통일半島統一로 말미암아 각 지방의 물질교통物質交通이 원활케 된 것, ③ 당과의 교통이 크게 열려 문화적으로 경제적으로 영향 받음이 컸던 것 등으로 말미암아 산업의 급속한 발달을 보았다.[1)]

김상기金庠基는 통일 후의 신라인의 해상활동을 개관槪觀하고 특히 신라 말기 장보고張保皐의 해상활동의 의의에 대해 논의했는데, 이것은 당시 획기적인 논문이며, 그 후 장보고에 관한 논문은 이 범주를 벗어나지 못 했을 뿐만 아니라, 더 부연하는 경과를 밟아 왔다

1) 金庠基, 1934「古代의 貿易形態와 羅末의 海上發展에 대하여」,『東方文化交流史論攷』(서울 : 乙酉文化社, 1984), pp. 8~10.

고 해도 과언이 아닐 것이다.[2] 그는 해상세력海上勢力이라는 용어를 사용했으나, 그것의 개념을 밝히지 않았고, 또 신라인의 해상활동의 유래를 밝히는 데 소홀하였다. 그래서 필자는 다음 내용을 밝혀보려고 한다.

첫째, 해상세력의 개념을 마한의 해상세력이론海上勢力理論으로 밝히고, 그것을 바탕으로 하여 신라 해상세력의 형성, 즉 기벌포 해전伎伐浦海戰(676)의 승리의 의의와 문무왕에 의한 선부船府(678)의 별설別設을 어떻게 해석할 것인가?

둘째, 신라 해상세력의 발전과 신라의 풍요로움 그리고 나말羅末의 신라인의 해상활동을 고찰했을 때, 과연 신라 초기에 자주 침범한 왜倭와 광개토왕비문廣開土王碑文의 倭가 일본열도日本列島에서 건너온 倭일까?

셋째, 감은사感恩寺의 창건유래創建由來에는 두 가지 견해가 있는 데, 어느 것이 바른 것일까?

넷째, 신라문화의 기층적基層的 성격은 무엇이며 또 재당신라인在唐新羅人의 신라방新羅坊과 해상활동을 어떻게 해석할 것인가?

다섯째, 문무왕은 신라 해상세력의 형성과 발전에 기여할만한 자질과 선견지명先見之明을 구비하고 있었을까? 그리고 신라인의 해상활동에 대한 문헌 자료가 빈곤한 이유는 무엇인가?

2. 해상세력이란 무엇인가?

마한(1840~1914) 대령은 1886년부터 미 해군대학에서 해양사海洋史에 관한 강의를 시작했는데, 학생들의 열광적인 호평을 받게 되자 그것을 정리하여 저서를 출판한 것이 그를

2) 新羅人 및 張保皐의 海上活動에 대한 주요한 論文·著書는 다음과 같다.
- 李永澤, 「張保皐海上勢力에 관한 考察」, 『韓國海洋大學論文集』제14집, 1979.
- 盧德浩, 「羅末 新羅人의 海上貿易에 관한 硏究」, 『史叢』27, 高大史學會, 1983.
- 莞島文化院編, 『張保皐의 新硏究』, 莞島文化院, 1985.
- 內藤雋輔, 「新羅人の海上勢力について」, 『大谷學報』 第9卷 1號, 1928.
- 蒲生京子, 「新羅末期の張保皐の擡頭と反亂」, 『朝鮮史硏究會論文集』16, 1979.
- Edwin O. Reischauer, *Ennin's Travels in T'ang* China (New York : The Ronald Press, 1955)

세계적인 유명인사로 만든 『해상세력사론海上勢力史論』[3](1890)이었다. 해상세력[4](sea power)은 국가의 성장과 번영을 지배하는 참다운 원칙이 발견되기 훨씬 이전부터 알려져 있었다. 예컨대 희랍의 역사가 투키디데스는 아테네의 정치가·군인인 데미스토클레스가 "파도를 제압하는 자는 세계를 제압한다"고 갈파한 것을 기록했고, 엘리자베스 여왕의 총아 월터 롤리 경卿이나 철학자 프란시스 베이컨이 "바다의 지배자는 통상通商의 지배를 통하여 세계를 제패한다"고 말했다. 그러나 이들 영국의 위대한 선인先人들도 해상세력에 대해 이론적으로 사적史的 분석과 실증實證을 시도하지 않았는데, 마한은 이 점을 착안하였다. 즉, "본서本書가 구하고 있는 특별한 목적, 즉 해상세력이 역사 속에서 국가의 번영에 미친 영향에 관한 평가에 대해 논의한 저술은 아직 없다"[5]고 했다.

바꾸어 말한다면, 그는 제해권制海權은 역사를 좌우하는 요소이지만, 이 사실은 아직 체계적으로 이해되거나 설명되지 않았다는 견지[6]에서 저술하였다. 그의 저서는 영국, 독일, 프랑스 등에서 열광적인 호평과 질시를 받기도 했다. 즉, 우리는 최초의 역사에 바탕을 둔 해상세력의 철학을 갖게 되었다. 이 세대의 영국인에게 해상세력의 의의와 중요성을 각성시켜 준 사람이 양키(Yankee)라니,[7] 하고 아쉬워했다. 마한의 주요한 해상세력 이론은 다음과 같다.[8]

사료 ① 정치적 및 사회적 관점에서 볼 때, 가장 중요하고 명백한 점은 바다란 하나의 거대한 교통로라는 사실이다. 좀 더 보편적으로 말하자면 바다는 인간이 사방으로 통과하기에 보다 유리한 통로가 될 수 있다.

② 바다가 갖는 여러 가지 알려진 그리고 알려지지 않은 위험에도 불구하고 해로海路에 의한 여행과 수송은 모두 언제나 육로陸路보다 용이하고 값 싼 것이었다.

③ 전시戰時에 있어서 선박의 보호는 무장선武裝船에 의해 실시되어야 한다. 따라서 협의狹義에 의한 해군의 필요성은 상선商船의 존재에서 비롯되며, 상선의 소멸과 더불어 해군도 소멸된다.

④ 상선이나 군함이 자기 나라의 해안을 떠나면 곧 평화로운 통상이나 피난 그리고 보급을 위

3) Alfred T. Mahan, *The Influence of Sea Power upon History, 1660~1783* (Boston : Little, Brown and Company, 1890)

4) 마한이 최초로 새로운 용어로 사용했는데, 그 이유는 "世人의 注目을 환기시키기 위해서"이고, 다음은 海軍力(Naval Power)보다 廣義로 사용하기 때문이었다.(Peter Paret, ed., *Makers of Modern Strategy*, Princeton University Press, 1986, pp. 450~451.)

5) Alfred T. Mahan, 前揭書, Preface, p. v.

6) Edward M. Earle, ed., *Makers of Modern Strategy* (Princeton : Princeton University Press, 1943), p. 417.

7) 上揭書, p. 441.

8) Alfred T. Mahan, 前揭書, pp. 23~28.

해 선박이 의지할 수 있는 지점의 필요성을 느끼게 된다.… 식민지가 발전하여 성공하는 여부는 그 나라의 능력과 정책에 의존하지만, 그 발전과 성공이 세계의 역사, 특히 해양사海洋史의 태반을 이루고 있다.

⑤ 생산, 해운海運 그리고 식민지의 세 가지는 바다에 연하고 있는 국가의 정책뿐만 아니라 역사의 열쇠를 찾으리라. 생산에 의해 생산물의 교역이 필요하고, 해운에 교역품이 운반된다. 식민지는 해운의 활동을 확대하고 또 안전한 거점을 늘림으로써 해운의 보호를 돌본다.

⑥ 정책은 시대의 정신 및 지도자의 성격과 선견지명에 의해 변화되어 왔다. 그러나 바다에 연한 나라의 역사는 정부의 기민성과 선견성先見性에 의하기보다 오히려 위치, 영토의 넓이, 지형, 국가의 인구와 국민성, 요약컨대 자연적 조건에 의해 결정되어 왔다. 그러나 개인의 현명한 혹은 현명치 않은 행동이 어느 시대에 광의廣義의 해상세력의 발전에 변화적인 영향을 미쳤다는 것을 시인해야 한다.

⑦ 광의의 해상세력이란 군사력에 의한 해양 내지 그 일부분을 지배하는 해상의 군대뿐만 아니라, 평화적인 통상과 해운을 포함하고 있다.

마한은 바다란 세계 어느 곳으로 갈 수 있는 거대한 교통로일 뿐만 아니라, 해상 수송은 가장 값싸고 용이하다고 했는데(①,②), 거기에다 부피가 크고 또 무게가 무거운 화물도 손쉽게 운반할 수 있다는 것을 첨가해도 좋을 것이다. 그래서 오늘날에도 국가간의 주요 화물수송은 대부분 해상 수송에 의존하고 있는 실정이다.

전시戰時에 있어서 병원兵員과 군수물자를 수송하는 선박을 보호하는 임무는 무장선, 즉 해군이 필요하고 그것은 해군의 기본 목표에 속한다(③). 우리의 병원兵員과 군수물자를 수송하기 위한 일반적 권리를 획득하는 한편, 상대편에 대해선 이러한 권리를 거부하는 것이다. 마한은 이런 해상 수송로에 대한 통제권統制權을 제해권制海權(command of the sea)이라 했다. 즉, 제해권이란 적의 단독 행동의 함선이나 작은 전대戰隊도 몰래 항구에서 탈출할 수 없다든가, 사용되는 빈도의 대소大小에도 불구하고 대양상大洋上의 항로를 횡단할 수 없다든가, 긴 해안선의 무방비한 지점에 대해 적을 괴롭히는 습격을 가할 수 없다든가, 봉쇄된 항만에 출입할 수 없다는 것을 의미하지 않는다. 그와 반대로 그러한 회피 행동은 약자 측이나 해군력이 열세해도 어느 정도 가능하다는 것을 역사는 제시해 주고 있다.[9] 이것은 대단히 융통성이 있는 정의定義이며 오늘날에도 통용된다.

해군의 첫째 기능은 적 전투력을 격멸함으로써 제해권을 장악하는 데 있다. 둘째 기능

9) 上揭書, p.14.

은 제해권을 이용하여 적의 군사력, 영토 및 의지意志 등에 압박을 가하기 위하여 해상 수송을 통제한다. 여기에는 상륙작전과 지상 병력의 수송, 적의 상륙에 대한 방어, 상선보호 및 적 항구의 봉쇄 등이 포함된다. 첫째 기능을 수행하기 위해서는 해전海戰에서 적 주력 함대의 격멸에 의한 승리가 요청되며, 이를 다루는 것이 해군전략海軍戰略·전술戰術이다.

한 국가의 해상세력에 미치는 일반 조건은 지리적 위치, 지형적 형태, 영토의 넓이, 인구의 다과, 국민성, 정부의 성격이며, 또 그 나라의 정책은 지도자의 성격과 선견지명에 의해 변화되어 왔다는 것을 마한은 강조했다(⑥).[10]

마한에 의한 해상세력이란 첫째, 생산과 통상通商, 둘째, 해운海運 그리고 셋째, 식민지라는 해외 경제발전의 요소를 두고 한편으로는 이를 보호하고 추진하기 위한 강력한 해군력을 총칭한 것으로 해석된다.

3. 경륜가經倫家로서의 문무대왕

한 나라의 국가정책은 시대의 정신 및 지도자의 성격과 선견지명에 의해 변화·주도되어 왔다는 것은 주지의 사실인데 이런 관점에서 문무대왕을 살펴보고자 한다.

> 문무왕이 왕위에 오르니 그의 이름은 법민法敏이요 태종왕의 맏아들이다. 어머니는 김씨 문명왕후文明王后이니 소판 서현의 막내딸이며 김유신의 누이였다.… 법민은 외모가 영특하게 생기고 총명하고도 지략智略이 많았다. 영휘 초년에 당나라에 가니 당 고종이 대부경이란 벼슬을 주었다. 태종 원년에 파진찬으로 병부령이 되었다가 곧 태자가 되었다. 현경 5년에 태종이 당나라 장수 소정방과 함께 백제를 평정할 때에 법민이 여기에 종군하여 큰 공을 세웠고 이 때에 이르러 왕위에 올랐다.[11]

이것은 문무왕에 대한 출신과 경력 및 자질에 대해 간략하면서도 요령 있게 기록한 내용이며, 이를 좀 더 부연해 보고자 한다. 문무왕의 아버지 김춘추金春秋는 倭에 사신으로 갔을 때, "춘추는 용모가 아름답고 쾌활하게 담소하였다"[12]고 기록되어 있고, 또 당나라에 갔을 때, "당 태종은 춘추의 외모가 영특함을 보고 후히 대접하였고… 그가 귀국할 때는

---

10) 海上勢力의 여섯 가지 요소에 대한 구체적 설명은 마한의 上揭書, pp. 29~89 참조할 것.
11) 『三國史記』6, 文武王 卽位年條.
12) 『日本書紀』25, 孝德天皇 大化 3年 12月條(647).

당주唐主가 3품 이상의 관리에게 명해 송별의 잔치를 열게 하여 그 우대가 극진했다"[13]고 했다. 이로 미루어 보아 춘추는 외모가 영특했을 뿐만 아니라 외교술에도 능통했다고 짐작된다. 한편 어머니 문명왕후의 아버지 김서현金舒玄은 가락국왕 김수로金首露의 11대 손이요, 명장名將 무력武力의 아들이며 또한 김유신의 아버지이고 보면, 그가 문무를 겸비한 문무왕이요 또 외모가 영특하게 생기고 총명하고도 지략이 많았다는 것은 혈통으로 보아 결코 우연은 아니었다.

650년 진덕왕은 태평송太平頌을 지어 법민을 보내어 당나라 황제에게 바쳤으며, 당 고종은 그를 대부경으로 삼아서 돌려 보냈다.[14] 법민은 외교수완도 성과가 있었지만, 그는 국제정세를 보는 안목도 넓혔고 또한 당나라 장안長安으로 왕래하면서 육로와 해로의 교통수단에 관한 장단점도 체험하였다.

660년 법민은 병부령兵部令으로 병선 100척을 지휘하여 덕물도로 나가 소정방을 맞이했고, 또 백제정벌을 위한 구체적인 전략계획을 수립했으며, 야전지휘관으로 이례성爾禮城과 사비성泗沘城, 남령南嶺의 전투에서 공을 세우기도 했다. 그가 수군水軍을 지휘하면서 만약 백제의 수군이 강했다면 소정방의 당군唐軍이 서해를 자유로이 건너 올 수 있었을까? 또 신라의 수군도 활동할 수 있었을까? 하는 문제를 한번쯤은 병부령으로서 생각해 보았으리라 추정하며, 이것은 바로 제해권制海權의 개념을 뜻하고, 그것의 중요성을 인식했으리라고 본다.

661년 법민은 왕으로 즉위한 다음 신라군의 총사령관으로 직접 백제고토百濟故土의 평정에 나섰고 나·당 연합군의 고구려 침공에도 능동적으로 참가했다. 그러나 당나라는 신라와의 약속을 지키지 않았다. 즉 648년 김춘추가 당 태종을 만나 원병을 청했을 때, 당 태종은 그에게 후한 대접을 했을 뿐만 아니라 다음과 같은 약속을 했다.

> 짐이 이제 고구려를 침은 다른 까닭이 있는 것이 아니라, 그대 신라가 고구려, 백제 두 나라에 핍박되어 매양 침략과 업신여김을 입어 편안할 때가 없음을 가엾게 여긴 것이요, 그러므로 산천과 토지는 내가 탐내는 바가 아니며, 옥백과 자녀도 이것은 내게는 있는 바이니, 내가 두 나라를 평정하게 되면 평양 이남과 백제의 토지는 모두 그대들 신라에 주어서 길이 편안하게 하겠소.[15]

---

13) 『三國史記』5, 眞德王 2年條(648).
14) 『三國史記』5, 眞德王 5年條.
15) 『三國史記』7, 文武王 11年條.

당나라는 660년 백제고지百濟故地에 도독부都督府, 668년 고구려를 멸망시키고는 거기에 도호부都護府를 설치하였다. 그래서 문무왕은 당군을 몰아내기 위하여 고구려·백제의 유민을 규합하여 대당전쟁對唐戰爭을 계속하게 되었다. 그러자 671년 당나라 총관 설인귀薛仁貴는 신라왕에게 항의·위협적 문서를 보내왔다. 문무왕은 「답설인귀서答薛仁貴書」를 보냈는데, 이것은 신라의 대당전쟁對唐戰爭을 이해하는 데 없어서는 안 될 귀중한 문서일 뿐만 아니라, 신라가 결코 당의 힘을 빌려서 삼국을 통일하지 않았다는 사실史實을 말해 주고 있다.[16]

이 문서는 648년부터 670년까지 연대별로 당나라의 태도와 신라의 입장을 밝히며 이미 전개된 대당對唐전쟁의 불가피성을 명백히 한 문서인 동시에 신라의 대당선전포고문對唐宣傳布告文이요, 자주의식自主意識의 강력한 표시이기도 했다. 신라는 매소성 전투(675)와 기벌포 해전(676)에서 승리함으로써 당나라 군사를 한반도에서 축출하여 삼국통일을 달성했을 뿐만 아니라, 당의 재침 의도마저 말살케 했던 것이다.

신라가 당의 침략을 무력武力으로 물리치고 삼국통일과 독립을 쟁취했다는 사실은 한국사韓國史에 있어서 커다란 의의를 지니고 있다. 그 이유는 통일신라의 영토와 주민 그리고 그들이 이루어 놓은 사회와 문화가 한국사의 주류를 형성하였고 또 한민족韓民族의 원형原形도 여기서 비롯되기 때문이다.

문무대왕은 당군을 한반도에서 몰아내는 전쟁을 계속하면서도 당과의 외교관계는 결코 단절하지 않고 유지했으며, 또 당이 김인문(문무왕의 동생)을 일방적으로 신라왕에 임명하는 등 갖가지 굴욕에도 참고 견디면서 소기의 목표인 삼국통일을 완수했다. 문무왕 13년(673) 김유신은 병석에서 왕에게 아뢰었다.

> "신이 어리석고 불초하니 어찌 국가에 유익했다고 할 수 있겠습니까? 다행히도 밝으신 임금님께서 쓰실 때 의심하지 않고, 일을 맡기실 때 의심하지 않으신 까닭으로, 밝은 임금님을 섬겨 조그마한 공을 이루어 삼한이 한 집안이 되었고, 백성이 두 마음이 없게 되었으니, 비록 태평한 세상에는 이르지 못했사오나 또한 소란한 세상이 약간 편하게는 되었다고 할 수 있겠습니다.… 삼가 원하옵건대 전하께서는 성공이 쉽지 않다는 것을 아시고, 창업을 지킴이 또한 어렵다는 것을 생각하셔서 소인을 멀리 하시고 군자를 가까이 하시어 위에서는 조정을 화목하게 하고 아래에서는 백성을 편안하게 하셔서 화란이 일어나지 않고, 기업基業이 무궁하게 된다면 신은 죽더라도 또한 유감이 없겠습니다." 왕은 울면서 이 말을 받아들였다.[17]

---

16) 위와 같음.
17) 『三國史記』43, 金庾信(下).

왕은 울면서 김유신의 건의를 받아들였는데, 그 후 어떻게 국정國政에 반영했을까? 문무왕 21년(681) 왕은 수도首都의 나성羅城에 대해서는 이미 수축修築을 완료하고 서울의 성을 새롭게 구축하고자 스님 의상義湘에게 물어보았는데, 그는 대답하였다.

> "비록 궁벽한 시골의 띳집에 있더라도 정도正道를 행하면 복업福業은 장구해지지만, 진실로 그렇지 못하다면 비록 백성들을 괴롭혀서 성을 만들지라도, 또한 이익될 것이 없을 것입니다." 왕은 이에 역사役事를 그만 그치었다.[18)]

신라 천년의 고도古都인 경주에 왕이 거처한 궁전이나 이를 보호하기 위한 거대한 성벽이 존재하지 않는 연유는 여기에서 비롯되는 것이다. 그리고 왕은 평시에도 언제나 지의 법사智義法師에게 말했다.

> "내가 죽은 후에 나라를 지키는 대룡大龍이 되어 불법佛法을 숭상하고 나라를 수호하려고 한다"고 하니 법사가 말하기를 "용은 짐승의 응보應報이니 어찌 용이 되겠습니까?", "나는 세간의 영화를 싫어한지 오래요, 만약 추한 응보로서 짐승이 된다면 나의 뜻에 맞지요."[19)]
>
> 여러 신하들은 그 유언에 따라 동해 어구의 큰 돌 위에 장사지냈다. 민간에서는 왕이 화해서 용이 되었다고 전해 오며 그 돌을 가리켜 대왕석大王石이라 한다. 왕은 유조遺詔에서 이렇게 말했다.
>
> "나는 국운이 마침 어지럽고 전쟁하는 시대를 당하여 서쪽을 정벌하고 북쪽을 토벌하여 능히 강토를 평정하고, 반역한 자를 치고 협조한 자를 불러와서 드디어 먼 곳과 가까운 곳을 편안하게 했었다.… 옛날 만기萬機를 다스리던 영주英主도 마침내 한 무더기의 흙을 이루게 되고 초동과 목수들은 그 위에서 노래를 부르며, 여우와 토끼들은 그 옆에 구멍을 뚫고 사니, 한갓 재물만 허비하고 비방을 서책에다 끼칠 뿐이며, 헛되이 인력만을 괴롭히고 죽은 사람의 넋을 구제하지 못하는 것이다. 가만히 생각하면 마음이 상하고 아픔이 그지없으나, 이와 같은 것들은 나의 즐겨하는 바가 아니다. 내가 임종한 후 열흘이 되거든 곧 궁문 밖 뜰에서 화장하여 장사할 것이다. 상복喪服의 가볍고 무거움은 스스로 일정한 등차가 있거니와 상례의 제도는 힘써 검소하고 절약한데 좇을 일이다.…"[20)]

문무왕은 일찍이 신라군의 수륙 야전지휘관 그리고 총사령관으로 활약하여 삼국통일을 완수했고 또한 통일 후의 치적治績으로 보아 한국사韓國史의 역대 왕 가운데 이만한 자질·능력·업적을 쌓은 왕은 찾기 어렵다는 것이 필자의 견해이다.[21)]

---

18) 上揭書 7, 文武王 21年條.

19) 『三國遺事』2, 文武王 法敏條.

20) 『三國史記』7, 文武王 21年條.

21) 美術史學者 高裕燮(1904~1944)은 1940년 8월 1일 「高麗時報」에 다음과 같은 글을 게재했다. 즉 "慶州에 가거든 文武王의 偉蹟을 찾으라. 구경거리의 경주로 쏘다니지 말고 文武王의 精神를 길러 보아라. 太宗武烈王의 偉業과 金庾信의 勳功이 크지 아님이 아니나 이것은 문헌에서도 우리가 가릴 수 있지만 文武王의 위대한 정신이야말로… 경주의 遺蹟을 찾아라.… 東海의 大王岩을 찾으라."

4. 신라 해상세력의 형성과 발전

가. 해상세력의 형성

먼저 한반도에 있어서 신라의 지리적 위치부터 살펴보고자 한다. 신라는 고구려·백제에 비하여 불리한 입장에 놓여 있었다. 즉 반도의 동쪽에 편재偏在하고, 해안선이 짧으며 산악이 많고, 넓은 평야가 없었다. 거기에다 직접 중국 대륙과의 교통의 편의도 없어 문화의 수준이 낮았고, 또 국력도 열세했다. 그래서 381년 고구려 사절을 따라 부진符秦(전진前秦)에 사신을 보냈고,[22] 또 고구려가 강성하기 때문에 실성實聖을 인질로 보냈다.[23] 당시 신라는 백제와 대결 중이라 고구려와의 유대와 협력으로 존립을 유지했고, 광개토왕릉 비문에 의하면, 400년 왜倭가 신라에 침공하자 고구려(광개토왕)의 보·기병步騎兵 5만 명의 구원병으로 물리치기도 했다.

그 후 신라는 법흥왕 8년(521) 백제사신을 따라 사자를 양梁에 보냈다.[24] 신라는 140여년간 고구려·백제·倭[25] 등의 압력에 시달려 왔기 때문에 중국과의 교류는 엄두도 내지 못했다. 그러나 지증왕 6년(505) 선박船舶의 이利를 권했다[26] 한 것으로 보아 배와 바다의 활용이 있었음을 보여 주고 있다.

문헌상으로 본다면, 탈해脫解(?~80)가 처음에는 고기잡이로 업을 삼아 노모를 봉양했다[27]는 것으로 미루어 보아 비록 규모와 수준은 유치했으나, 신라 초기에 어업이 존재했다는 것을 알 수 있다. 더욱이 다음 기록은 주목할 만 하다.

> 사료 ⑧ 제국에서 일시에 배 500척을 바쳤다. 모두 무고수문武庫水門에 모였다. 그 때 신라의 조공사가 같이 무고武庫에 묵고 있었다. 신라의 관에서 돌연 실화失火가 있었다. 불이 퍼져 모인 배에 미쳤다. 많은 배가 타버렸다. 이 때문에 신라인을 책하였다. 신라왕이 듣고 겁이 나고 놀라서 훌륭한 장인을 바쳤다. 이가 저명부猪名部들의 시조다.[28]

---

22) 『三國史記』3, 奈勿尼師今 26年條.
23) 上揭書, 37年條.
24) 『三國史記』4, 法興王 8年條.
25) 이 倭는 日本列島에 위치한 倭는 아니며, 차후 다루기로 함.
26) 『三國史記』4, 智證麻立干 6年條.
27) 上揭書 1, 脫解尼師今, 卽位年條.
28) 『日本書紀』10, 應神天皇 31年 秋8月條.

⑧은 사료평가를 거쳐야 할 내용이다. 즉 신라인이 묵은 관과 바다의 배 사이에는 간격이 있을 것이요 또 배는 바다에서 이동이 가능하기 때문에 많은 배가 탔다는 것은 있을 수 없다. 따라서 왜왕倭王의 간곡한 요청에 의해 신라왕이 倭에 선장船匠을 보낸 사실史實을 그렇게 날조·윤색한 것으로 평가한다. 이 내용에 대해 "이것은 아마도 한반도의 조선술造船術이 일본에 들어온 최초로 생각되며, 이 저명부씨猪名部氏는 대대로 조선업造船業에 종사한 것으로 생각된다."[29], "그들(猪名部氏)의 거주지가 섭진攝津의 저명군猪名郡였기 때문에 猪名部라는 말이 생겨났으며, 당시 저명선猪名船이란 신라식의 배였다는 것은 물론이요, 이것이 일본의 조선에 커다란 영향을 미친 것으로 생각된다"[30]고 했다. 응신천황(應神天皇) 31년(420?) 신라는 倭에게 조선술을 가르쳐 주었고, 倭에 구조선構造船이 출현한 것은 신라 조선기술造船技術의 도입이 계기가 되었던 것이다.[31]

자비왕 10년(467) 봄에 관리들을 시켜 전함을 수리하였고, 지증왕 10년(505) 선박의 이용제도를 설정했으며, 병부(국방부)가 창설된 것은 법흥왕 4년(517)이지만[32] 그 속에 선부서船府署를 두고 선박을 관장하는 대감大監과 제감弟監 각 1명을 둔 것은 진평왕 5년(583)이었다.[33] 특히 선부서의 설치는 신라의 조선술과 항해술 그리고 수군과 어선 등의 선박 수도 상당한 규모에 도달했다는 것을 뜻하지만 우리의 기록에 그 구체적 내용이 없는 실정이다.

사료 ⑨ (639) 9월 대당大唐의 학문승 혜은惠隱·혜운惠雲이 신라의 송사送使를 따라 입경하였다.[34]

⑩ (649) 2월 지총智聰은 바다에서 죽었다. 지국智國도 바다에서 죽었다. 지종智宗은 경인년庚寅年에 신라의 배편으로 돌아왔다. 의통義通은 바다에서 죽었다. 정혜定惠는 을축년乙丑年에 유덕고劉德高의 배편으로 돌아왔다.[35]

⑪ (657) 신라에 사신을 보내, '사문지달沙門智達…등을 그대의 나라의 사신에 딸려서, 대당大唐에 보내려고 한다' 고 알렸다. 신라는 듣지 않았다. 그래서 沙門智達들은 돌아왔다.[36]

⑫ (658) 7월, 이 달에 사문지통沙門智通, 지달이 칙을 받들고 신라 배를 타고 대당국大唐國에 가서 무성중생의無性衆生義를 현장법사玄裝法師가 있는 곳에서 배웠다.[37]

---

29) 內藤雋輔, 『朝鮮史硏究』(京都 : 東洋史硏究會, 1961), p. 344.
30) 茂在寅男, 『古代日本の航海術』(東京 : 小學館, 1979), p. 46.
31) 上揭書, p. 48.
32) 『三國史記』4, 法興王 4年條.
33) 上揭書, 眞平王 5年條.
34) 『日本書紀』23, 舒明天皇 11年條.
35) 上揭書 25, 孝德天皇 5年條.
36) 上揭書 26, 齊明天皇 3年條.
37) 上揭書, 4年條.

왜인들이 왜선倭船을 타고 서해를 건너 당나라로 왕래한다는 것은 죽음을 뜻하는 것이었기에(⑩), 그들은 신라선에 의존하지 않을 수 없는 실정이었다(⑨,⑪,⑫). 당시의 倭(야마도왜大和倭)는 백제와 더 친밀했음에도 불구하고 신라선에 의존했다는 것은 이미 신라의 조선술과 항해술이 백제를 훨씬 능가하고 있음을 말하고 있다.

660년 6월 법민은 병선 100척을 지휘하여 덕물도에서 소정방을 맞이했다는 기록은 당시 신라 수군의 척수隻數를 말해 주고 있다. 즉 동해의 수군을 합한다면 150~200척은 되리라 추정된다.

663년 8월, 당과 倭의 수군이 백강白江(동진강)에서 해전海戰을 벌렸는데, 신라 수군도 이때 참전했는지 문헌상으로 밝혀내지 못했다.

> 사료 ⑬ (663) 유인궤劉仁軌… 수군水軍과 양선糧船을 이끌고 웅진강熊津江에서 백강으로 가서 육군과 만나 함께 주류성周留城으로 가다가 백강 어귀에서 왜인을 만나 네 번 싸워 모두 이기고 배 400척을 불태우고 연기와 불꽃이 하늘을 찌르고 바닷물이 붉어졌다.[38]
>
> ⑭ (663) 3월 將軍 上毛野君稚子…27,000명을 거느리고 신라를 치게 하였다. 8월 대당大唐의 장군이 전선 170척을 이끌고 白村江에 진쳤다. 27일 일본의 수군 중 처음에 온 자와 大唐의 수군과 대전하였다. 일본이 져서 물러났다. 大唐은 진을 굳게 하여 지켰다. 28일 일본의 제장과 백제의 왕이 기상氣象을 보지 않고, "우리가 선수를 쳐서 싸우면 저쪽은 스스로 물러갈 것이다"라고 말하였다. 다시 일본이 대오가 난잡한 중군中軍의 병졸을 이끌고 진을 굳건히 한 大唐의 군사를 나가 쳤다. 大唐은 좌우에서 수군을 내어 협격하였다. 눈 깜짝할 사이에 관군이 패적하였다. 수중에 떨어져 익사한 자가 많았다. 뱃머리와 고물을 돌릴 수가 없었다.[39]

당의 수군 170척(⑭)이, 왜의 수군 400척(⑬)을 격멸하였다는 것은 먼저 전술적 요인은 제쳐두고, 양군의 배의 구조와 크기가 현저하게 다르다는 점에 유의할 필요가 있다. 倭가 27,000명의 병원兵員을 파견하는데, 과연 몇 척의 병선을 파견했는지 倭의 기록에는 전연 없으나, 신라의 기록에는 1,000척으로 나와 있다.[40] 한편 554년 백제가 왜에 원병을 청하자 왜는 병원兵員 1,000명, 말 100필, 배 40척을 보냈다.[41] 즉, 한 배에 25명과 말 2~3필의 수송능력을 가졌으니, 27,000명의 병원兵員을 수송하는데 배 1,000척을 동원한 것으

38) 『三國史記』28, 의자왕 당룡상 2년조. 당룡상 3년(663)으로 보아야 할 것이다.
39) 『日本書紀』27, 天智天皇 2年條.
40) 『三國史記』7, 文武王 11年條.
41) 『日本書紀』19, 欽明天皇 15年條.

로 계산되니, 『삼국사기』의 기록은 신빙성이 있는 것으로 생각된다. 한편 중국의 남북조 시대(5~6세기)에 이르러 오아함五牙艦은 대형 누선大型樓船의 일종으로서 갑판 위에 5층루層樓가 솟아 있어 높이가 100여척尺에 이르고, 전후좌우에 수전水戰의 무기인 박간拍竿을 6개씩이나 두고 전사戰士 800명을 수용하는 대함大艦이었다.[42] 아무튼 倭 수군은 백강 해전白江海戰에서 참패를 당하고 격멸되었다.

이제는 신라와 당나라의 수군이 서해에서 격돌하며 제해권을 획득하기 위해 자웅을 다투게 되었다.

> 사료 ⑮ (671) 겨울 10월 6일에 당나라의 수송선 70여척을 격파하여 낭장郎將 겸이鉗耳·대후大侯와 사졸 100여명을 사로잡았는데, 물에 빠져 죽은 자는 그 수효를 헤일 수도 없었다. 이 전투에서 급찬級湌 당천當千의 공로가 첫째였으므로 사찬沙湌의 지위를 주었다.[43]
>
> ⑯ (673) 왕은 대아찬大阿湌 철천徹川 등을 보내어 병선 100척을 거느리고 서해를 지키게 했다.[44]
>
> ⑰ (675) 가을 9월에 설인귀는… 풍훈風訓을 이끌어 길잡이로 삼아 와서 천성泉城을 쳤다. 우리나라의 장군 문훈文訓 등은 맞아 싸워서 이겨 머리 1,400을 베고 병선 40척을 빼앗았으며, 인귀가 포위를 풀고 물러나 달아나자 전마戰馬 1,000필을 얻었다.[45]
>
> ⑱ (676) 겨울 11월에 사찬沙湌 시득施得은 수군을 거느리고 설인귀와 소부리주所夫里州의 기벌포에서 싸워 패배했으나, 또 나아가 크고 작은 22회의 싸움에서 이겨 머리 4,000여급을 베었다.[46]

사료⑮는 신라 수군이 비록 당의 수송선 70척을 격파했지만, 당의 낭장 등을 사로잡았으니 당 수군에 관한 많은 정보를 획득했으리라. 즉 당 수군의 지휘체계, 적의 전력戰力(병원 수兵員數, 전함의 성능, 전함의 수 등) 그리고 해전방식 등에 관한 것. 이러한 결과가 675년의 해전(⑰)에서 잘 명시되고 있다. 당시 서해의 신라 병선은 100척이었는데(⑯), 그 해전에서 승리했을 뿐만 아니라 당의 병선 40척을 노획했다는 것은 신라 수군의 전력 증강에 대단한 보탬이 되었을 뿐만 아니라 서해의 제해권 획득에 필수적·결정적 정보를 제공했다고 평가한다.

당의 수군은 663년 백강 해전(⑬)에서 왜의 수군을 궤멸시킨 전적戰績을 가지고 있기 때문에 가볍게 볼 수 없는 적수였다. 그리고 설인귀薛仁貴는 지난 해(675)의 패배(⑰)를 설욕하

42) 『隋書』48. 楊素傳.
43) 『三國史記』7, 文武王 11年條.
44) 上揭書, 文武王 13年條.
45) 上揭書, 文武王 15年條.
46) 上揭書, 文武王 16年條.

기 위해 단단한 결의와 전전력全戰力을 가지고 676년 11월 시득이 지휘하는 신라 수군과 격돌하여 초전에 승리했다. 그러나 시득도 신라 수군의 명예와 나라의 흥망의 갈림길에서 선전善戰하여 크고 작은 22회의 해전에서 결국 승리하여(⑱), 동·서해뿐만 아니라 倭의 주변해역까지의 제해권을 획득했다. 이 기벌포 해전의 전략적 의의[47]는 당나라로 하여금 신라에 대한 재침의도再侵意圖와 능력을 상실케 했고 또 신라 해상세력의 형성에 결정적 요인을 제공하였다.

신라가 기벌포 해전에서 '어떻게' 승리했는가에 대한 기록은 아직 필자는 발견치 못했다. 그러나 고대의 서양 해전의 기록을 통해 승패勝敗의 요인을 유추해 보려고 한다.

> 사료 ⑲ 희랍인, 특히 그 중에서도 아테네인은 개리선船(galley)을 개량하고 지금까지 전해지지 않고 있는 해상 및 지상전투의 기술을 완벽하고 능숙하게 구사하였다. 아테네의 3단노段櫓 병선兵船(trireme)은 속력, 추진력, 그리고 기동성을 위해 항해의 적합성, 화물적재 능력, 항속거리 등은 고의적으로 희생시켰다. 개리선은 이러한 3단 노에 추가하여 보조 수단으로 2개의 돛을 달고 항해하며, 일단 전투가 개시되면 돛을 내리고 전적으로 150명의 노 젓는 노예에 의해서 배를 항진시켰다. 전투함대는 장거리 항해를 위해 식수食水를 많이 적재할 수 없으므로 보조선과 수송선으로 구성된 소규모 선단을 동반해야 했다. 개리선의 주무기主武器로서 뱃머리 앞에 3미터 길이의 금속으로 만든 새의 부리 모양의 돌기부突起部를 흘수선(water line) 높이로 부착하여 이 부리로 적선敵船의 옆구리를 타격하게 되면 치명적인 손해를 입히게 된다. 아테네의 수군은 적 함선의 옆구리를 강타할 수 있는 기회가 없을 경우, 기습적으로 접근하여 적의 노를 때려 부쉈다. 아테네의 수군은 항해술이 우수하고 배의 속도가 빠르며 양호한 기동성을 가지고 있었기 때문에 해전에서 승리할 수 있었다.[48]
>
> ⑳ 포에니 전쟁(punic war) 때는 5단 노 개리선이 표준 병선標準兵船이 되었다. 이 배의 정원은 300명의 노 젓는 사람과 오늘날의 해병대에 해당하는 100명의 전투병을 승선시키고 있었다. 로마의 병선은 빈약하고 속도가 느리고 또 항해술도 카르타고 인人에 비해 서툴렀다. 이에 대처하기 위해 로마인은 적선을 끌어당길 수 있고 적선으로 건너가기 위해 승선교乘船橋(boarding bridge)의 역할도 겸할 수 있는 코버스(corvus)라는 것을 고안해 냈다.[49]
>
> ㉑ 해전에서의 주요 목표는 적선에 충돌하여 침몰시키거나, 충각衝角(ram)으로 부딪쳐 격침시키거나, 적선의 노를 부러뜨리거나, 적선에 승선하여 육박전을 해서 포획하거나 혹은 적선에 불을 지르기도 했다.[50]

---

47) 拙稿, 「新羅軍事思想의 硏究」, 『新羅思想의 再照明』(경주 : 신라문화선양회, 1991), pp. 58~61. 참조할 것.

48) R. E. Dupuy and T. N. Dupuy, *The Encyclopedia of Military History* (New York : Harper and Row, Publisher, 1970), pp. 18~19.

49) 上揭書, p. 41.

50) 上揭書, p. 84.

아테네와 페르시아 사이의 살라미스 해전(B.C. 480)에서 시작하여 로마와 카르타고 사이의 포에니 전쟁(B.C. 2세기)에서의 해전 경과(⑲,⑳,㉑)는 고대 극동해전사古代極東海戰史의 연구에도 많은 도움이 된다고 생각한다. 특히 해전방식인 ㉑은 화약의 발명으로 대포가 해전에서 맹위를 발휘하기 이전까지의 동·서양의 공통된 해전방식으로 평가한다.

당나라의 병선은 서해를 건너서 장기간 작전을 수행하자면 거대한 배가 되지 않을 수 없을 것이며, 따라서 배의 기동성은 느리게 마련이다. 그러나 신라선은 연안 항구에서 대기했다가 요격하기 때문에 많은 식량, 음료수, 연료 등을 적재할 필요가 없기 때문에 상대적으로 당선唐船보다 배의 크기가 작을 것이니 따라서 기동성이 좋을 것이다. 당시(기벌포 해전 : 676) 신라선의 구조, 크기와 승선 인원 수에 관한 기록은 아직 보지 못했다. 그런데 일본의 기록(752)에 의하면,[51] 신라왕자 외 700여명이 7척의 배를 타고 다자이후(大宰府)에 왔다고 했으니, 신라의 병선은 한 배에 100명 내외의 병사가 탑승했던 것으로 추정한다.

기벌포 해전 때의 신라선에 충각[52]이 부착되었는지의 여부는 알 수 없으나, 배의 가장 견고한 부분은 선수船首요 가장 취약한 곳은 배의 옆구리(선복船腹)이다. 신라의 수군은 최초에 정공법正攻法으로 공격하다 실패했다. 그 이유는 당선唐船이 거대하였고 또 병력이 많았기 때문인 것으로 추정된다. 신라 수군의 장수인 시득은 현명하게도 곧 전술을 바꾸어 신라선의 빠른 기동력을 활용키로 했다. 그리하여 당선의 옆구리를 치고·달려가는(hit and run) 전법戰法으로 대응했다. 즉 적선의 옆구리에 손상이나 구멍을 만들어 행동의 자유를 상실케 하면, 선상의 당병唐兵들은 우왕좌왕하게 되고, 그렇게 되면 전의戰意를 상실하게 될 것이다. 그 기회를 포착하여 신라선에 탑승시켰던 검술劍術에 능한 수병水兵들을 신속히 당선에 접근, 건너가게 하여 백병전으로 크고 작은 22회의 전투에서 적의 머리 4,000여급을 베었으며, 이것이 기벌포 해전에서 신라 수군이 어떻게 승리했는가를 추정한 내용이다.

나. 문무왕의 「선부船府」의 별설別設[53]

문무왕은 676년 당군을 한반도에서 축출하여 삼국통일을 완수했고, 2년 후인 678년 정

51) 『續日本紀』18, 孝謙天皇 4年 3月條.
52) 옛날 兵船의 이물에 붙인 쇠로 된 돌기.
53) 拙稿, 「新羅軍事思想의 硏究」, pp. 62~70. 참조.

월에 선부령船府令을 한 사람 두어 선박의 사무를 관장케 했는데,[54] 구체적인 내용은 다음과 같다.

> 사료 ㉒ 선부—옛날에는 병부의 대감大監·제감弟監에게 선박의 사무를 맡게 했으나, 문무왕 18년(678)에 별도로 설치했다. 경덕왕이 고쳐서 이제부利濟府라 했으나, 혜공왕이 옛날대로 회복했다. 영令은 1인이며 관등은 대아찬大阿飡으로부터 각간角干까지로 하였다.[55]

원래 진평왕 5년(583) 병부(국방부)에 선부서船府署가 있어 선박사무를 관장해 왔는데, 이제 병부와 동격인 '선부'를 별도로 설치하고 영(장관)을 두었다는 것은 무슨 뜻인가? 이에 관해 지금까지의 역사가들은 적절한 해석을 하지 못했을 뿐만 아니라 간과해 왔다.

선부가 병부와 동격이요 또한 선부령을 두어 선부의 사무를 관장케 한 것으로 보아, 병선뿐만 아니라 무역선·어선까지도 관장했고, 수병水兵과 일반 선원의 양성, 그리고 조선술·항해술 등의 직무도 관장했던 것으로 추정된다. 이런 제도가 당이나 일본에도 있는가를 조사해 보았다. 지상군에 의해 국가의 운명이 결정되는 대륙국가인 당에서는 기대할 수도 없겠지만 실제로도 없었다. 그러나 해양국인 일본에는 존재할 것으로 예상했으나, 721년경에 제정된 양로율령養老律令에 의하면 병부성의 관할 하에 「주선사主船司」가 설치되어 있었다.[56] 따라서 신라의 선부는 당시 동아시아에서는 유일하고 독창적인 독특한 제도였음을 알 수 있다. 그리고 이것은 문무왕의 국가통치에 대한 선견지명과 지혜 및 삼국통일 후의 신라의 국가정책과 국가전략의 관점에서 조명되어야 할 과제라 생각한다.

문무왕은 동아시아의 제해권도 장악했고 또 통일전쟁을 성공리에 완수하여 삼국을 통일했다. 그러나 지난 17년간의 전쟁으로 인해 헐벗고 굶주리고 피로에 지친 백성들을 어떻게 하면 편안하게 살 수 있게 해 줄 수 있는가 등 여러 가지 난제難題를 안고 있었다. 이제 신라의 장래를 위한 국가정책과 국가전략을 무엇으로 정할 것인가를 곰곰이 생각했을 것이다. 통일신라는 반도국의 특성인 수륙 양서국水陸兩棲國인 이점利點과 또 중앙적 위치를 점하고 있다는 지리적 요인도 감안했으리라. 문무왕이 선택할 수 있는 주요 국가정책은 다음 몇 가지가 있었다.

---

54) 『三國史記』7, 文武王 18年條.
55) 『三國史記』38, 雜志 7, 職官 上.
56) 佐藤和夫, 『日本水軍史』(東京 : 原書房, 1985), p. 54.

첫째 : 해양정책海洋政策

둘째 : 대륙정책大陸政策

셋째 : 쇄국정책鎖國政策

넷째 : 해륙 병용정책海陸併用政策

문무왕은, 만약 대륙정책을 택한다면 말갈·여진족과 전쟁을 계속해야 하고 또 승리한다 해도 무슨 소득이 있을 것인가? 또한 해양정책을 취한다면 이미 제해권을 장악하고 있음으로 당·倭와의 국제무역을 통한 부富의 축적, 문화의 수용과 교류 및 해외진출 등을 저울질 했을 것이다. 그런데 그가 678년 정월 선부령을 임명했다는 것과 유조遺詔에 "무기를 녹여 농구農具를 만들어 백성들을 인수仁壽의 경지로 이끌었다"[57]고 한 것으로 보아 그는 해양정책을 채택한 것으로 필자는 해석하였다. 그리고 이것은 국가전략의 관점에서 본다면, 육주해종陸主海從에서 해주육종海主陸從으로 전환한다는 뜻이기도 했다. 이것은 신라에 있어서 하나의 획기적인 전환점이 되었던 것이다.

다. 해상세력의 발전

이제 신라의 해군력은 국제 해상무역과 교통에 전용하게 되었다. 그리하여 신라인들은 서해의 해상교통로를 통하여 국제무역을 했을 뿐만 아니라, 구도승求道僧·유학생·숙위·상인 등 넓은 분야에 걸쳐 중국대륙에서 활동하기도 했다. 그 후 이들은 신라가 당의 문물제도를 수용·발전시켜 찬란한 신라문화를 꽃피게 하는 주역자들이기도 했다.

신라는 통일 이후로 안으로 산업의 발달과 당과의 교통이 크게 열림에 따라 문화의 향상과 신라인 생활상태의 변화 등 물품수요의 증대를 가속적으로 초래한 결과 무역관계에 있어서도 재래형식의 조공수단朝貢手段만으로는 시대적 진전에 상부相符하지 못할 것은 명료한 사례라 할 것이다. 그리하여 신라 말기의 민간무역의 완성을 보게 된 것도 이 까닭이다.[58] 이러한 연유로 인해 장보고의 해상활동이 출현 가능하게 된 것이다.

통일신라의 발전상과 풍요로움은 다음과 같이 기록에 남아 있다. 즉 신라 전성시대에는

57) 『三國史記』7, 文武王 21年條.

58) 金庠基, 前揭書, pp. 8~43 참조.

서울에 178,936호戶, 1,360방坊, 55동洞, 35의 금입택金入宅(부유한 큰 집을 뜻함)이 있었으니… 제49대 헌강대왕 때는 서울로부터 지방에 이르기까지 집과 담이 연이어져 있었으며, 초가는 하나도 없었다. 풍악과 노랫소리는 길거리에 끊이지 않았으며, 바람과 비는 절기마다 순조로웠다.[59]

최근의 연구에 의하면,[60] 중세 아랍 사학가史學家이며 지리학자인 알 마끄디시는 966년에 저술한 『창세創世와 역사서歷史書』에서, "중국의 동쪽에 한 나라(신라)가 있는데 그 나라에 들어간 사람은 그 곳이 공기가 맑고 부富가 많으며 땅이 비옥하고 물이 좋을 뿐만 아니라 주민의 성격이 또한 양순하기 때문에 그 곳을 떠나려고 하지 않는다"고 하였다. 또 중세 아라비아가 낳은 세계적인 지리학자 알 이디리시는 신라의 황금다산상黃金多産相을 다음과 같이 격찬했다. 즉 "그 곳(신라)을 방문한 사람은 누구나 정착하여 다시 나오고 싶어하지 않는다. 그 이유는 그 곳에 매우 풍족하고 이로운 것이 많은 데 있다. 그 가운데서도 금은 너무나 흔한 바, 심지어 주민들은 개의 쇠사슬이나 원숭이의 목테도 금으로 만든다. 그들은 또 스스로 옷을 짜서 나가 판다. 신라인들은 가옥을 비단과 금실로 수놓은 천으로 단장하며 식사 때에는 금으로 만든 그릇을 사용한다."

괘릉掛陵에 있는 서역인西域人의 모습을 한 무인석武人石은 신라에 온 아랍인이 신라의 풍요로움과 황금에 끌려 그대로 정착해 버린 인물인 것으로 추정된다.

9세기 중엽의 동아시아를 무대로 하여 장보고를 비롯한 신라인들의 해상활동을 생생하게 기록하여 우리에게 남겨준 유일한 사료는 일본승日本僧 엔닌(圓仁, 794~864)의 『입당구법순례행기入唐求法巡禮行記』이다. 이 책을 20년간 연구한 바 있는 미국의 라이샤워(1910~1990) 교수는 다음과 같이 논평했다.

> 사료 ㉓ 원래의 일본 배 4척은 모두 파손되었지만 9척의 신라 배는 전부 무사히 바다를 건너 일본에 도착하였다가 다시 당나라로 돌아가는데 성공하였다는 것은 당시 항해술에서 신라인이 일본인보다 매우 뛰어났다는 것을 의미한다. 일본인은 결코 용기가 부족하지 않았으나 깊은 바다를 횡단하는데 필요한 기술이 대담함과 어깨를 나란히 하기 위해서는 다시 수 세기를 기다려야 했다. 그 무렵이 되면 일본인들은 마침내 항해술과 검술에 의해 동지나해의 두통거리(왜구倭寇라는 뜻)라는 달갑지 않은 명성을 얻게 되었다.[61]

---

59) 『三國遺事』1, 辰韓條 및 2, 處容歌·望海寺條.
60) 무함마드 깐수, 「중세 아랍·무슬림의 신라관」, 『한국중동학회논총』제11호, 1990, pp.152~154.
61) Edwin O. Reischauer, 前揭書, p.97.

838년, 당으로 갔던 일본견당사日本遣唐使의 배 4척은 모두 파손되었다. 그리하여 견당사 일행은 당나라에서 신라인의 배 9척을 고용하여 무사히 귀국했을 뿐만 아니라, 그 신라선도 무사히 다시 당나라로 왔다는 소식을 초주楚州의 신라인 친구가 장안長安에 있는 엔닌(圓仁)에게 알려 왔는데, 그는 842년 5월 25일자의 일기에 기록해 두었다. 이에 대해 라이샤워는 당시의 신라인의 항해술이 일본인 보다 월등하게 우수하기 때문에 일본인들이 항해술이 향상되고 또 검술과 결합하여 서해에서 왜구노릇을 하자면 아직 수백 년의 세월을 더 기다려야 했다는 견해이다. 이것은 대단히 합리적이고 타당한 결론이다. 왜냐하면, 조선술·항해술 그리고 검술劍術이 미숙하고서야 해적노릇을 할 수 없기 때문이다.

사료 ㉔ (849) 대마도對馬島에 사생일원史生一員을 정停하고, 노사일원弩師一員을 두어 신라에 대비할 것을 청하니 허락되었으며,[62]

(869) 신라 해적 2척이 博多에 와서 豊前國의 年貢의 絹綿을 약탈하고 곧 逃散하였기에 朝野에서 크게 놀랐다.[63]

㉕ (1350) 2월에 倭가 고성固城, 죽림竹林, 거제巨濟, 합포合浦에 입구入寇하거늘 천호千戶 최선崔禪, 도령都領 양관梁琯 등이 싸워 이를 부수어 300여급을 참획斬獲하였다. 왜구의 침입이 이에 비롯하였다.[64]

여기서 왜구의 침입이 1350년부터 비롯되었다는 것은 조직적이고 대규모의 왜구의 침입으로 해석된다. 그렇다면 사료㉓, ㉔, ㉕를 감안했을 때, 신라 초기에 자주 침입한 倭와 광개토왕 비문의 倭가 지금까지 일본열도에서 건너온 倭로 주장되어 왔는데, 이것은 재검토되어야 할 중대한 문제이다. 만약 신라에 침공하고 또 광개토왕의 군대와 싸운 倭가 일본열도에서 온 倭라고 주장하자면, 먼저 신라보다 조선술·항해술이 우수하였고 또 육상에서의 작전수행능력이 우세했다는 실증이 전제되어야 한다. 그런데 지금까지 논의한 사실史實에 의하면 전연 그렇지 않다. 따라서 초기 신라에 자주 침공한 倭와 광개토왕 비문에 나오는 倭는 일본열도에서 건너온 倭가 아니다. 이 문제는 앞으로 고대한왜관계사古代韓倭關係史를 재정립하기 위해 해상세력 이론뿐만 아니라 또 다른 고려요인考慮要因에 의해 倭의 실체實體가 밝혀지리라.

62) 『續日本後紀』19, 仁明天皇 嘉祥 2年 2月條.

63) 新羅海賊들의 활동에 대해서는 內藤儁輔, 前揭書, pp. 352~359. 및 p. 499 참조.

64) 『高麗史』37, 忠定王 2年條.

5. 감은사感恩寺의 창건유래創建由來에 대하여

경주군 양북면 용당리에 위치한 감은사지感恩寺址는 사적 제31호로 지정되어 있는데, 안내판에는 "감은사는 신라 제30대 문무대왕이 삼국통일의 대업을 성취하고 난 후 부처님의 힘으로 왜구의 침입을 막고자 이 곳에 절을 세우다 완성하지 못하고 돌아가자, 아들인 신문왕이 그 뜻을 좇아 즉위한지 2년 되던 해인 682년에 완성한 신라시대의 사찰이었다.…"고 적혀 있다.

감은사에서 조금 바닷가로 나가면 두 갈래의 길이 있다. 여기서 오른편으로 가면 대왕암大王岩에 가까운 양북면 봉길리로 가게 되고, 왼편 길로 가면 길가에 1989년 10월에 건립한 「동해구東海口」라는 비석이 서 있고, 거기서 조금 더 가면 이견대利見臺가 있다. 동해구라는 비석에는 다음과 같은 내용이 적혀 있다. "이곳 바다와 땅은 신라 으뜸의 성역聖域인 동해구이다. 통일의 영주英主 문무대왕이 왜병을 진압코자 창건한 감은사와 승하 후 호국룡護國龍이 되기를 유언하여 뼈를 묻은 해중릉海中陵 대왕암과 아들 신문왕神文王이 사모하여 해안에 쌓은 이견대 등 세 유적이 전하고 있다…"

오늘날 감은사는 문무왕이 왜병을 진압코자 창건하기 시작했다는 것이 거의 정설定說로 되어 있다.[65] 즉 "이 감은사는 오직 동방을 위협하던 왜구에 대한 국방적 의의를 그 처음부터 지녔다고 말할 수 있을 것이다."[66]

감은사의 창건 유래를 『삼국유사』는 다음과 같이 전하고 있다.

> 사료 ㉖ ㉮ 제31대 신문대왕의 이름은 정명政明이요, 성은 김씨이다. 개료 원년 신사(681) 7월 7일에 왕위에 올랐다. 아버지 문무대왕을 위하여 동해가에 감은사를 창건했다.
>
> ㉯ 사중기寺中記에 의하면, 문무왕이 왜병을 진압코자 이 절을 짓다가 마치지 못하고 돌아가자 바다의 용이 되고, 그 아들 신문왕이 왕위에 올라 개료 2년(682)에 마쳤다.…[67]

감은사의 창건 유래에 관해 본문과 그 주註인 사중기寺中記의 기록이 엇갈리고 있다. 일

---

65) · 金載元·尹武炳, 『感恩寺址 發掘調査報告書』(서울 : 乙酉文化社, 1961), p. 5.
· 黃沍根, 『新羅의 美』(서울 : 乙酉文化社, 1986), pp. 116~117.
· 井上秀雄, 『実証古代朝鮮』(東京 : 日本放送出版協会, 1992), p. 112.
66) 황수영, 『불국사와 석굴암』(서울 : 세종대왕 기념사업회, 1979), p. 39.
67) 『三國遺事』2, 萬波息笛.

연一然은 상이相異한 사료가 있어 분명하게 진위를 식별할 수 없는 경우, 두 사료를 그대로 수록하는 입장을 취했다. 예컨대 『원광서학圓光西學』에서 「당속고승전唐續高僧傳」과 「고본수이전古本殊異傳」을 게재했다.[68]

그렇다면 감은사는 신문왕이 아버지 문무왕을 기리기 위해 창건한 것인가, 아니면 문무왕이 왜병을 진압하기 위해 절을 짓다가 마치지 못하고 돌아가자 신문왕이 완성한 것인가?

만약 우리가 전자 ㉮를 택하는 경우 다음과 같이 해석할 수 있으리라. 즉 문무왕은 당의 세력을 한반도에서 축출함으로써 삼국통일을 완성했다. 따라서 그의 왕릉은 신라에서 가장 거대한 것으로 축조한다 해도 온 국민들은 즐겁게 그 요역에 참가했을 것이다. 그러나 왕은 유조遺詔를 통해, 분묘는 재물만 허비하고 또 헛되이 인력만 낭비하는 것이니 임종 후 화장해서 동해구의 큰 바위에 장사하라고 했다. 그리고 문무왕은 평소에 "내가 죽은 후에는 호국대룡護國大龍이 되어 불법을 높이 받들어 나라를 수호하리라"고 했다. 따라서 신문왕은 살아서 삼국통일을 완수했고 또 죽어서도 대룡大龍이 되어 나라를 지키겠다는 아버지 문무왕의 숭고하고도 위대한 정신을 기리기 위해 대왕암에 가까운 곳에 감은사를 세웠다.

그러나 후자 ㉯인 사중기寺中記를 택한다면, 먼저 당시 신라와 倭 사이의 군사정세의 평가가 선행되어야 한다. 즉 왜군은 신라를 침공할 능력과 의도를 가지고 있었던가? 양국의 긴장도는 어느 정도인가? 문무왕은 왜병의 효과적 진압 수단이 절을 창건하는 것이라고 생각했을까?

앞에 말한 바와 같이 倭의 사신이나 승려들은 신라의 배를 이용하여 당나라로 왕래하는 형편이라 신라에 비해 조선술·항해술이 열세劣勢하였고(사료⑧,⑨,⑩,⑪,⑫), 또 663년 백강해전에서 왜 수군倭水軍은 격멸당하고 말았다(사료⑬,⑭). 그 후 倭는 나·당 연합군의 침공에 대비하여 다음과 같은 조치를 강구했다.

사료 ㉗ 이 해(664) 對馬島, 壹岐島, 筑紫國 등에 防備兵士와 烽火를 두었다. 또 筑紫에 큰 제방을 만들고 물을 담게 하였다. 이것을 水城이라 한다.[69]

㉘ (665) 秋 8月, 達率 答炑春初를 보내 長門國에 성을 쌓게 하였다. 達率 憶禮福留, 達率 四比福夫를 筑紫國에 보내 大野 및 椽의 두 성을 쌓게 하였다.[70]

㉙ (667) 3월, 도읍을 近江에 옮겼다.[71]

68) 上揭書 4, 圓光西學.

69) 『日本書紀』27, 天智天皇 3年條.

70) 上揭書, 天智天皇 4年條.

당시의 倭는 나·당 연합군의 침공로인 대마도對馬島, 북구주北九州 및 산구현山口縣에 백제 병가百濟兵家들로 하여금 성을 쌓게 했고(㉗, ㉘),[72] 또 비상조치로 수도를 더 내륙지방인 滋賀縣 近江町으로 옮겼다(㉙). 따라서 倭는 완전히 수세적 입장에 놓여 있었고, 또 그 후 신라가 멸망할 때까지도 제해권制海權을 장악한 일이 없었다.

문무왕은 신라의 수도를 방위하기 위해 663년 남산성과 부산성, 673년 서·북 형산성兄山城은 수축修築했으나, 왜군의 가장 쉬운 접근로인 동쪽의 명활산성과 감은사 뒤편의 성 고개의 산성 및 감포성은 수축하지 않았다. 이것은 신라 수군이 제해권을 장악하고 있기 때문에 왜병의 침공은 불가능하다고 판단한 데서 취한 조치로 생각한다. 그리고 고려시대 몽골군의 침공 때처럼 수도가 강화도로 천도하고 갖가지 군사수단을 강구해도 효과가 없자 부처님의 힘을 비는 극한 상황이라면 몰라도, 문무왕 때는 그런 상황도 아니었다. 문무왕은 왜병을 진압하는데 절을 짓는 전략·전술가가 아니었고 또 왜병이 침공할 가능성도 전연 없는 시기였다. 따라서 감은사는 신문왕이 부왕인 문무왕을 기리기 위해 창건한 것이지, 결코 왜병을 진압하기 위해 창건한 것이 아니라는 것이 필자의 견해이다.

그리고 문무왕이 "죽은 후에는 대룡大龍이 되어 나라를 지키겠다"는 것은 무슨 뜻일까? 필자는 대룡을 해상세력, 즉 생산과 통상, 해운, 식민지 그리고 이를 보호·추진하기 위한 강력한 해군력으로 해석한다면 뜻이 명백해질 뿐만 아니라, 문무왕이 동해 바다의 대왕암에 장사케 한 숨은 의도, 즉 해외진출과 발전에 있었던 것으로 생각할 수 있으리라.

혜공왕惠恭王 14년(776)과 경문왕景文王 4년(864)에 왕이 감은사에 행행行幸하여 바다를 망제望祭하였다[73]는 기록이 보이는데, 만약 왕과 귀족들이 문무왕의 깊은 의도를 이해하고 실천했다면, 왕위 계승권의 쟁탈전으로 인한 정열의 낭비와 내부 붕괴, 그리고 청해진淸海鎭을 파하고 그 곳 주민들을 벽골군碧骨郡(지금의 김제군金堤郡)으로 옮기는[74] 등의 어리석은 짓은 하지 않았을 것이다.

---

71) 上揭書, 天智天皇 6年條.

72) 필자는 1991년 10월 北九州의 水城跡과 大野城跡을 답사·확인한 바가 있음.

73) 『三國史記』9 및 11.

74) 上揭書 11, 文聖王 13年條.

6. 신라방新羅坊과 국제무역에 대하여

장보고張保皐의 중국과의 교역활동을 생각할 때 무엇보다도 먼저 고려해야 할 것은 재당 신라인在唐新羅人들의 존재이다. 실로 이들은 장보고가 동아東亞 3국의 삼각무역권三角貿易權을 장악할 수 있었던 원천 바로 그것이었다고 해도 결코 지나친 말이 아니다. 신라인들이 어느 때부터 어떠한 경로로 중국에 건너가 곳곳에 정주定住하며 독자적인 거류지居留地와 자치단체自治團體를 구성, 교역에 종사했는지는 확실하지 않은데,[75] 필자는 이 점을 밝혀 보려고 한다.

재당在唐 신라인들의 활동을 생생하게 기록하여 남겨 준 유일한 문헌은 엔닌의 『입당구법순례행기入唐求法巡禮行記』(이하 『행기行記』라고 약칭함)이다. 실제로 엔닌의 일기는 일본인의 중국 여행기이지만 그 전체 내용에 등장하는 인물의 수에 중국인에 필적하는 것은 신라인이고 일본인의 그림자는 지극히 미약하다.[76] 『행기行記』에는 신라인의 해상활동, 신라방, 당의 문물제도 등 실로 다양하고 풍부한 자료가 기록되어 있지만,[77] 거기에는 한계성이 있다는 점이다. 즉 그것은 838년 6월 13일부터 847년 12월 14일까지의 기록을 남겼을 뿐이기 때문이다.

당대唐代에 중국에 거류居留하는 외국인의 거류지역을 「번방蕃坊」이라고 호칭했는데, 신라방이란 중국에서의 신라인의 집단 거주지를 뜻하며,[78] 산동山東의 적산지방赤山地方을 중심으로 하여 초주楚州, 양주揚州 등에 산재해 있었다.

이영택李永澤에 의하면,[79] ㉮ 838년 엔닌이 본 신라방은 훨씬 이전부터 존속해 왔다는 것. ㉯ 신라방의 인적人的 구성원은 반드시 신라인에 한하지 않고 당唐에 강제 혹은 자의自意로 이주한 구고구려舊高句麗, 구백제인계舊百濟人系도 상당수가 포함되어 있었을 것으로 생각된다고 하였다. 필자는 ㉮에 대해서는 동의하지만, ㉯에 대해서는 의문을 제기하지

75) 李基東, 「張保皐와 그의 海上王國」, 『張保皐의 新硏究』 1985, p. 105.
76) Edwin O. Reischauer, 前揭書, p. 272.
77) 라이샤워는 문헌 분석을 통해 『行記』의 신빙성을 인정했다.
Ennin's Diary–The Record of a Pilgrimage to China in Search of the Law, trans. E. O. Reischauer (New York : The Ronald Press Co., 1955), Preface xii ~ xiii.
78) 李永澤, 「張保皐海上勢力에 관한 考察」, p. 65.
79) 上揭論文, p. 65.

않을 수 없다. 즉 '상당수'란 어느 정도를 말하는 것인지 분명치 않다는 것이다. 그는 신라방의 인적 구성이 '어떻게' 해서 이루어졌는가에 대해 많은 자료를 인용하여 논의했다. 그러나 신라방이 '왜' 생기게 되었는가에 대해서 초점을 맞추어 논의하지 않았는데, 필자는 이 점에 대해 논의하고자 한다.

앞에 말한 바와 같이 문무왕은 678년 선부를 별설함으로써 해양정책을 택했다고 하였다. 이것은 개방정책을 뜻하며 당나라와의 무역이나 유학 등에 대한 허용·장려를 말하고, 그러하였기에 통일신라는 부의 축적을 통해 신라문화의 전성기를 구가했던 것이다.

그런데 한 나라의 상선이나 군함이 자기 나라의 해안을 떠나면 곧 평화로운 통상이나 태풍을 만나 피난을 하거나 그리고 선원들의 식량·음료수의 보급을 비롯하여 선박의 수리 등을 위해서는 해외에 기지基地가 필요하다. 이 기지가 식민지로 발전하는 여부는 그 나라의 능력과 정책에 의존하지만, 그 발전과 성공이 세계의 역사, 특히 해양사海洋史의 태반을 이루고 있다는 것이 마한의 해상세력 이론이다(사료④).

신라가 해양정책으로 당나라와 국제무역을 하자면 자연히 당나라에 기지가 필요하고 그것이 곧 신라방이며, 이것은 678년 이후부터 서서히 형성되어 갔으며, 841년[80] 장보고가 암살된 후에도 계속 존속하여 유지되었던 것이다.[81] 그리고 신라방의 인적 구성은, 그것이 신라인의 해상활동을 위한 기지라면, 신라 수군에서 제대한 자들이 주축을 이루어 발전되어 간 것으로 생각한다. 그 이유는 신라가 통일전쟁을 마친 후 군제개편軍制改編을 통해 가장 먼저 군인의 감원조치를 취했을 것이며, 따라서 수군 출신의 제대자들이 해상무역의 실무자가 되었으리라고 추정하기 때문이다.

라이샤워는 초주楚州의 거대한 신라인 거주지를 '신라 식민지'(Korean colony)라 하고 '총독'(General Manager)이 있었다고 했는데,[82] 식민지란 국제법상으로 완전한 치외법권治外法權을 누리는 곳을 말하지만, 신라방은 어느 정도의 치외법권을 누리고 있었지만 한계가 있었다. 예컨대 엔닌이 순례를 마치고 적산赤山에 돌아와서 처음에 묵었던 법화원에 머물 것을 요청했으나, 왕의 칙령(폐불정책廢佛政策에 의한)에 따라 사원寺院을 헐어버려 묵을 방이 없

80) 張保皐의 사망 연대는 여러 견해가 있으나, 필자는 841년 11월로 보는 입장이다.

81) 845년 圓仁은 登州諸軍事押衙 張詠을 만나자, 張詠은 "저의 관할 구역 안에서는 별다른 일이 없을 것이니 안심하고 쉬십시요"라 했고(『行記』 8월 27일자), 圓仁은 847년 新羅人 金珍의 배를 타고 귀국했다(7월 20일자).

82) Edwin O. Reischauer, *Ennin's Travels in T'ang China*, p. 281.

다고 기록하였다.[83]

신라인은 진취적·모험적 그리고 씩씩한 기상으로 해상활동과 국제무역에 활발하게 종사했는데, 도대체 그 유래는 어디서 찾아야 할 것인가?

신라 말기에 민간의 해상활동이 자못 장관을 이루었던 그 이면에 있어서는 정치적 통제의 이완이 일대 동인一大動因이었다.[84] 신라 골품사회의 신분적 제약을 벗어나 해외에 웅지雄志를 펴 보려는 당시 신라인 간에 왕성하던 해외웅비海外雄飛의 개척자 정신에서 그 이유를 찾아 볼 수 있다. 그러나 국가가 엄금하고 생명의 위험과 고난을 수반하는 사무역私貿易 감행의 이유는 보다 더 절박한 정치·경제·사회적 요인 속에서 찾아야 한다. 또 간과될 수 없는 사무역 성행의 이유는 신라통일 후의 인력·영토의 증가와 사회적 안정으로 인한 생산력과 산업의 발달에 따른 지배자 계급의 생활수준의 향상, 사치의 수용이다.[85] 신라에서는 엄격한 골품제 사회의 신분적 제약으로 중앙의 정치무대에 참여할 수 있는 길이 막힌 이들 세력은, 자연히 그 눈을 해외로 돌렸다. 이리하여 그들은 자기들의 중요한 활동무대를 해상무역이나 도당유학渡唐留學에서 찾게 되었다. 또한 선덕왕宣德王 이후, 신라 하대新羅下代(780~935)의 혼란한 정치상황으로 말미암아 중앙정부의 통제력이 약화된 데서 사무역의 성행 요인을 찾을 수도 있다. 아울러 설상가상으로 계속된 천재지변天災地變과 흉년은 백성의 빈곤을 더욱 가중시켰으며, 오로지 지방민이 택할 수 있는 유일한 길은 비적화匪賊化와 타국에의 유망流亡이었을 것이며, 이들의 생업수단으로서 해적이나 사무역상私貿易商으로 변모하게 되었을 것이고, 이것이 사무역 성행을 가져온 요인으로 생각한다.[86] 장보고의 해상왕국은 실로 9세기 전반기前半期라는 특수한 역사적 상황에 그의 당제국에서의 특이한 경력과 남다른 개성이 부합·작용한 결과 나타난 이례적異例的이고도 시한부적時限附的인 현상이기도 하였다.[87]

이러한 견해는 장보고가 등장하는 9세기 초의 상황만을 고려한다면, 그렇게 해석할 가능성은 있지만, 그러나 필자는 이들과 견해를 전연 달리할 뿐만 아니라, 그것은 신라 해상세력의 근본요인을 밝힌 것이 아니라고 생각한다.

---

83) 『行記』, 845년 9월 22일자.
84) 金庠基, 前揭書, p.17.
85) 李永澤, 前揭論文, pp.60~61.
86) 盧德浩, 前揭論文, p.6.
87) 李基東, 前揭論文, p.118.

서울 국립중앙박물관의 신라실에 가면, 5세기 후반으로 추정되는 금령총金鈴塚에서 출토된 기마인물형 토기騎馬人物形土器와 주형 토기舟形土器 한 쌍이 진열되어 있는데, 이것은 신라문화의 기층적 성격을 규명함에 있어서 중요한 상징적 의미를 지니고 있다고 본다. 기마인물형 토기의 인물은 높은 모자를 쓰고 있고 코가 서있고 정장을 하고 허리에 칼을 차고 말안장에 앉아 오른 손에 고삐를 잡고 있다. 이것은 아마도 북쪽에서 내려온 기마족騎馬族의 지도자를 뜻하는 것이리라. 그리고 주형 토기에 있어서 배의 구조를 보면, 배의 앞과 뒤가 높이 솟아 있고, 뱃전 위에 널판대기를 한·두 장 더 이어 올린 것으로 보아, 이것은 하천을 다니는 배가 아니라 파도가 높은 바다를 항해하는 배인 듯 하다. 그리고 앉아 있는 뱃사공의 코는 둥글고 작은 얼굴을 하고 있으며 옷을 벗고 있는 것으로 보아 전자前者의 기마인물상은 분명히 지배층의 표현이고, 주형의 인물은 연안의 토착민 어부를 나타내고 있는 것으로 보인다.

따라서 신라문화는 북방 기마민의 말(馬)의 문화와 남쪽 연해민의 배(船)의 문화의 융합에서 이루어졌다. 즉 그것은 북쪽의 용감한 무술武術과 병법兵法 그리고 남쪽의 조선술과 항해술이었다. 그리하여 신라인은 일본열도의 倭에게 조선술을 가르쳐 주었을 뿐만 아니라, 앞에 말한 바와 같이 기벌포 해전에서 당 수군에 승리함으로써 동아시아 해역의 제해권을 완전히 장악했고, 이것은 고려시대의 중반까지 계승되었다. 그리고 문무왕의 선부의 별설로 신라는 해양정책을 본격적으로 추구해서 국제무역과 해운海運 등을 통하여 부의 축적, 당 문화의 수용과 교류에 힘입어 우리 민족사상 가장 빛나는 찬란한 신라문화를 구현하였다.

그러나 신라의 해양정책의 수행에 관한 구체적인 문헌자료는 빈약하고, 특히 재당在唐 신라인의 해상활동 및 국제무역에 관한 문헌은 거의 없고, 오직 일본승 엔닌의 『행기』와 일본의 역사문헌에 약간 기록되어 있을 뿐이다. 신라 해상세력의 형성과 발전에 대한 기록이 빈약한 주요한 몇 가지 요인은 다음과 같은 것으로 추정한다.

첫째, 고려를 창건한 왕건王建은 원래 해상세력을 바탕으로 하여 왕위에 올랐지만, 바다를 버리고 고구려의 전통을 이어받고 옛 땅을 찾으려는 대륙정책(북진정책北進政策)을 추구함에 따라 해상활동에 대한 관심이 적어졌다.

둘째, 왕건을 도와 고려 건국에 협조한 중앙귀족은 원래 서해안 지방의 해상 세력가들인데, 이들도 결국 바다를 등지고 왕궁 부근에 근거지를 옮겼다. 장보고가 청해진을 설치하기 전, 신라인을 당나라에 노예로 팔거나 약탈행위로 부를 축적하여 세력을 구축한 것은 이들 중앙귀족의 선조들로 추정된다. 그 이유는 서해의 제해권은 신라가 완전히 장악하고 있었고 또 장보고가 청해진을 설치하자 해적들이 자취를 감추었을 뿐만 아니라, 장보고는 해적과 싸운 기록이 전연 없기 때문이다. 따라서 그들은 신라인의 해상활동과 국제무역에 관한 기록을 남기고 싶지 않았을 것이다.

셋째, 고대사 연구에 가장 중요한 『삼국사기』(1145)와 『삼국유사』(1285년경)는 대륙정책을 추구했던 고려시대에 편찬·발간되었고 또 당시 역사가들의 바다에 대한 인식이 부족했다는 점이다. "역사가는 대체로 바다의 사정에 어둡다. 그들은 바다에 관하여 특별한 관심도 지식도 가지고 있지 않았기 때문이다. 그래서 그들은 해상세력이 여러 큰 문제에 대해 깊고 결정적인 영향을 미친다는 것을 간과해 왔다."[88] 근세사近世史에 있어서 동·서양의 세력 우열의 근본적 차이의 원인이 바다의 활용과 제패에 기인함에도 불구하고 그들 역사가의 바다에 관한 인식 부족을 마한 제독提督이 나무랄진대, 하물며 고려시대의 역사가들을 이제 와서 비난할 수는 없지만 문제의 원인만이라도 밝혀 두는 것이 좋으리라.[89]

7. 맺음말

지금까지 신라인의 왕성한 해상활동에 대한 연구는 주로 장보고를 중심으로 하는 나말기羅末期에 집중되어 왔고 또 해상세력의 용어를 구사해 왔으나 그것의 개념은 밝혀지지 않았다. 따라서 필자는 해상세력의 개념을 밝히고 또 신라인의 해상활동의 유래를 밝히는 데 초점을 두었다.

마한 제독에 의하면, 해상세력이란 강력한 해군력에 의한 제해권의 획득을 바탕으로 하여 생산과 통상, 해운 그리고 식민지의 획득을 총칭하는 것이었다.

신라인의 왕성한 해상활동의 유래는 두 가지 관점에서 규명을 시도해 보았다.

첫째 : 신라문화의 기층적 성격으로 북방 기마민의 말(馬)의 문화(무술과 병법)와 토착민의 배(船)의 문화(조선술과 항해술)의 융합에서 이루어져 있었다.

88) Alfred T. Mahan, 前揭書, Preface, p. iii.
89) 歷史家와 海上勢力의 認識에 관해서는 拙稿 「新羅軍事思想의 研究」, pp. 66~70. 참조.

둘째 : 마한의 해상세력 이론의 관점이며, 신라는 기벌포 해전(676)에서 당 수군에 승리하여 동아시아 해역의 제해권을 획득했으며, 그 후 문무왕의 선부(678)의 별설은 통일신라가 해양정책을 채택한 것으로 해석했다. 이것은 곧 개방정책을 뜻하며 통상과 해운의 장려를 뜻하고, 통일신라의 번영과 신라문화의 창달은 여기서 비롯되었다. 통상과 해운의 발전을 가져오기 위해서는 해외기지가 필요하며, 마한은 이것을 식민지라 했고, 당에 소재했던 신라방은 신라의 해외기지에 해당하며, 나말羅末의 신라방은 어느 정도의 치외법권을 누리고 있었다.

문무대왕은 신라 해상세력을 형성·발전시켜 나갔으며, 그의 치적治績으로 보아 선견지명과 지혜가 풍부했을 뿐만 아니라, 해상세력 이론의 선각자先覺者요 대전략가大戰略家라 해도 지나친 말은 아니라고 생각한다.

신라의 해상세력 발전과정을 살펴보았을 때, 신라 초기에 자주 침범한 倭와 광개토왕비문의 倭는 해상세력 이론의 관점에서 보아 일본열도에서 건너온 倭가 아니라는 결론에 도달한다. 만약 일본열도에서 건너온 倭라고 주장하려면, 먼저 신라보다 조선술과 항해술의 발달과 검술이 우세하여 제해권을 장악하고 있었고 또 육상에서의 작전수행능력이 우세했다는 실증이 전제되어야 한다.

그리고 감은사는 신문왕이 부왕인 문무왕을 기리기 위해 창건한 것이지, 결코 왜병을 진압하기 위해 창건한 것이 아니다.

신라인의 해상활동이 왕성했음에도 불구하고 문헌자료가 빈약한 주요 원인을 세 가지 열거했고 또 고대 서양해전古代西洋海戰의 양상에서 유추하여 기벌포 해전에서 신라 수군이 어떻게 승리했는가를 추정해 보았다.

앞으로 새로운 자료의 발굴 그리고 기존의 자료에 대한 새로운 해석 등을 통하여 지금까지 논의한 문제를 더 상세히 규명해 보고자 한다.♣

(『慶州史學』 제11집, 동국대학교, 1992.)

제 12 장

정도전의 군사관軍事觀 연구

1. 머리말

정도전(1342~1398)은 탁월한 개혁 사상가改革思想家, 경륜가經綸家 그리고 성리학자性理學者이기도 했지만, 한편 그는 훌륭한 군사 전문가이기도 했다. 그는 조선왕조의 개국 일등 공신開國一等功臣에 피봉되었고, 문하시랑찬성사門下侍郎贊成事, 판도평의사사사判都評議使司事, 판호조사判戶曹事, 판상서사사判尙書司事, 보문각태학사普門閣太學士, 지경연예문춘추관사知經筵藝文春秋館事, 판의흥삼군부사判義興三軍府事 등의 왕조의 요직을 겸직 또는 역임했다. 그가 태조 7년(1398) 8월 26일 무인戊寅의 난亂에 의해 비명으로 죽을 때까지 주요 업적 두 가지만 열거하면 다음과 같다.

첫째는, 새 왕조의 통치조직을 확립하기 위해 『조선경국전朝鮮經國典』(1394년), 『경제문감經濟文鑑』(1395년), 『경제문감별집經濟文鑑別集』(1397년) 등을 저술했으며, 이것은 후에 『경국대전經國大典』의 기초가 되었다.

둘째는, 그가 판의흥삼군부사로 새 왕조의 병권兵權을 관장하고 있으면서 군사제도를 개혁했을 뿐만 아니라, 병서兵書를 저술했고 또 그것을 교범敎範으로 간행하여 실제 군사 교육 및 훈련을 실시했다는 점에서 군사 전문가로 보는 것이다.

필자는 군사 전문가로서의 정도전의 사상[1]을 군사학적 관점[2]에서 다루어 보고자 한다.

2. 시대적 배경과 역성혁명易姓革命

모든 사상이란 그 시대적·사회적 그리고 역사적 기반에서 생성되는 것이며, 정도전의 사상도 예외가 될 수는 없다. 그가 활약했던 14세기의 중·후기의 고려사회는 몇 가지의 모순을 안고 있었으며, 이 모순을 해결하고자 하는 것이 정도전의 개혁사상이 탄생하게 되는 계기가 되었다.

당시 고려는 몽골의 혹독한 간섭을 받아왔고, 거기다 명나라의 압력, 홍건적紅巾賊과 왜구의 계속적인 침략으로 인하여 국가의 존망과 민족적 시련에 부딪치고 있었다. 한편 사회구조면에서 본다면, 귀족, 즉 권문세가權門勢家의 부력富力·권력 독점으로 인하여 민생이 도탄에 빠지고 또 계층간의 갈등, 윤리·도덕의 타락 등 사회적 모순이 날로 심화되고 있었다. 고려왕조는 이 모순을 해결하기에는 너무 노쇠 되고 부패하고 있었다.

그는 이런 시기에 진사시進士試에 합격(1362년 10월, 21세)하여 고려왕조에 봉직하게 되어 1374년(33세)에는 정사품正四品의 지위까지 승진했다. 그러나 이 때 우왕禑王이 즉위하고, 이인임 일파가 권력을 잡고 원나라를 섬기려 하자 이에 반대하다가 미움을 사서 전라도 나주로 귀양 가게 되었으며, 1383년 가을 그가 함주의 동북면도지휘사東北面都指揮使로 있던 이성계李成桂를 만나 역성혁명을 결의하고 돌아올 때까지의 8년간에 걸친 유배와 유랑생활은 그에게 가장 고달프고 괴로운 시기이기도 했지만, 그는 헛되이 시간을 허송하지 않고 다가올 기회에 활용할 실력의 배양으로 소중하게 보냈던 것이다. 즉 그는 농촌생활을 통하여 농민의 실상을 체험하였고, 『심문천답心問天答』, 『학자지남도學者指南圖』와 같은 성리학 관계의 저서, 시문 그리고 특히 『팔진삼십육변도보八陣三十六變圖譜』, 『태을칠십이국도太乙七十二局圖』와 같은 병서도 저술했다.

---

1) 鄭道傳의 사상에 관해서 韓永愚의 훌륭한 연구업적이 있다. 즉 『鄭道傳思想의 硏究』(서울 : 한국문화연구소, 1973, 改訂版 : 1983). 한영우는 제3장 "社會·政治思想"에서 軍事問題(自主意識과 事大論)를 다루었다.

2) '군사학(military art and science)이란 무엇인가'에 관해서는, 졸저, 『知性人의 戰爭과 平和』(서울 : 형설출판사, 1980), pp. 168~197 참조.

> 도전은 타고난 자질이 총명하고 민첩하며, 어릴 때부터 학문을 좋아하여 많은 책을 널리 보아 의논이 해박하였으며, 항상 후배를 교훈하고 이단異端(불교)을 배척하는 일로서 자기의 임무로 삼았다. 일찍이 곤궁하게 거처하면서도 한가하게 처하여 스스로 문무의 재간이 있다고 생각하였다. 그가 동북면에 이르러 이성계의 군대를 봤을 때, 군기가 엄숙하고 대오가 질서정연한 것을 보고 나와서 비밀히 말하였다.
>
> "훌륭합니다. 이 군대로 무슨 일인들 성공하지 못하겠습니까"…
>
> 개국開國한 즈음에 왕왕 취중에 가만히 이야기하였다.
>
> "한漢 고조高祖가 장량張良을 쓴 것이 아니라, 장량이 곧 한 고조를 쓴 것이다."
>
> 무릇 임금을 도울만한 것은 모의하지 않는 것이 없었으므로 마침내 큰 공업功業을 이루어 진실로 상등의 공훈이 되었던 것이다.[3]

정도전은 역성혁명의 웅지를 품고 거기에 필요한 군사력을 얻기 위해 함주로 이성계를 찾아갔으며, 또한 이성계의 군대를 관찰하고서는 만족스럽게 생각했다는 그 자체가 그에게 군사적 안목과 식견이 있었다는 것을 나타내고 있다. 그 후 그의 생애는 그대로 조선왕조의 건국과 직결되며, 그가 스스르 장량으로 자처할 정도였다는 것은 정책수립에 주도적 역할을 수행하고 있었다는 것을 말하고 있다.

그런데 실록實錄의 집필자는 "스스로 문무의 재간이 있다고 생각하였다"[4](自謂有文武才從)고 함으로써 문무의 재간을 겸비한 것으로 생각하지 않는다는 것을 간접적으로 표현하고 있다. 바로 이 점이 필자가 밝히려고 하는 한 분야이기도 하다.

3. 군 경력軍經歷과 병서 저술

옛날부터 우리나라에서의 병서에 관한 연구와 저술에 대해 고찰한다면, 삼국시대三國時代는 바로 전국시대戰國時代였기 때문에 삼국의 젊은이들은 무술 뿐만 아니라 병서도 연구했을 것이다. 당시 병서는『손자』,『오자』등 중국의 병서를 수입하여 삼국의 각 나라의 실정에 맞추어 전술을 개발해서 적용했으리라 생각된다.[5]

---

3)『太祖實錄』卷十四 七年 戊寅八月.

4) 上揭書, 卷十四 七年 戊寅八月.

5) 일본의 저명한『孫子』연구가인 佐藤堅司의 學位論文에 의하면, "일본에의 중국 병법의 移入은 663년 이전인 것으로 추정된다.… 達率谷那晋首·同木素貴子·同憶禮福留·同答㶱春初가 병법을 가르쳤다는 이유로 大山下의 位가 주어졌다는 것은 당연하다. 이들 네 명의 百濟人은 中國兵法의 練達者이며 최초로 일본인에 중국 병법을 전한 것으로 추정된다."(佐藤堅司,『孫子の思想史的研究』, 東京 : 風間書房, 1962, p. 231.)

문무왕 14년(674) 9월 왕이 영묘사靈廟寺 전로前路에 행로行路하여 열병식을 거행하고 아찬阿湌 설수진薛秀眞의 육진병법六陣兵法을 관람하였다.[6] 육진병법이란 당唐의 이정李靖이 제갈량諸葛亮의 팔진법八陣法에 의거하여 만든 것으로 대진大陣이 소진小陣을 싸고 대영大營이 소영小營을 싸며 곡절상대曲折相對한 진법인 데, 한 가지 분명한 것은 우리의 것이 아니라는 점이다. 우리나라 사람이 저술한 병서로, 혜공왕 2년(767) 『안국병법安國兵法』 하권에 의거하면 "이러한 변화가 있으면 천하에 큰 병란이 일어난다"[7]고 했는데, 병서의 저서와 내용은 알지 못한다. 그리고 원성왕 2년(786) 10월 대사大舍 무오武烏가 『병법兵法』 15권, 『화령도花鈴圖』 2권을 바치므로 그를 굴압현령屈押縣令으로 임명하였다.[8] 무오의 『병법』과 『화령도』는 문헌상 우리나라 사람이 저술한 두 번째의 병서로 생각되지만 전해지지 않기 때문에 그 내용에 대해 알 수가 없다.

고려에서는 세계에서 최초로 금속활자를 사용하여 1234년 『상정고금예문詳定古今禮文』이라는 책을 발간할 정도로 인쇄문화가 발달되었고, 또 『삼국사기』, 『삼국유사』를 비롯한 총 350여종의 책이 간행되었으나, 뜻밖에도 병서는 정종 6년(1040) 8월, "서북로병마사西北路兵馬使가 주奏하기를 '『금해병서金海兵書』는 무략武略의 요결要訣이오니 청컨대, 연변沿邊의 주진州鎭에 각각 한 권씩 사賜하소서' 하니 이를 청종하였다"[9]고 했다. 『금해병서』란 고려의 병서로 알려지고 있으나 책이 전해지지 않기 때문에 저서, 발간 연대, 내용을 전연 알 수 없다.

다음은 정도전의 『팔진삼십육변도보八陣三十六變圖譜』와 『태을칠십이국도太乙七十二局圖』의 병서를 저술했으나, 저술 연대가 확실치 않다. 『삼봉집』의 권근의 서序에 의하면, 우왕 11년(1385) 이전에 저술된 것만은 확실하며,[10] 이 책도 지금 전해지지 않아 그 내용은 알 수 없다. 그가 병서를 지은 것은 평소 문·무의 겸비와 균형을 중요시 하였던 점에 비추어 능히 예상할 수 있는 저서라 할 것이며, 아마 역성혁명을 꿈꾸고 함흥의 이성계 진영陣營을 찾아갈 무렵에 지은 것이 아닌가 추측된다.[11] 그리하여 그는 이성계에게 그가 저술한 병서

---

6) 『三國史記』 新羅本紀 第七 文武王 下.
7) 『三國遺事』 卷二 惠恭王.
8) 『三國史記』 新羅本紀, 第十 元聖王.
9) 『高麗史』 志卷 第三十五 兵一.
10) 『三峰集』 序, " …祖八陣而成三十六變之譜, 約太乙而七十二局之圖, 能簡而盡, 世之名將術士, 皆善之…"
11) 한영우, 전게서, 개정판, p. 35.

를 보였을 것이고, 거기에 대해 논의도 했으리라 추정된다. 왜냐하면, 그 후 이성계가 왕이 되었을 때, 병권을 정도전에게 맡겼기 때문이다.

정도전이 태조 원년(1392) 7월 개국 직후에 『오행진·출기도五行陣出奇圖』와 『강무도講武圖』를 저술하여 바쳤더니 왕은 이것을 보고 좋다고 칭찬하고 군사들에게 명하여 익히게 하였다. 『오행진·출기도』는 『주례周禮』의 사마수수법司馬蒐狩法과 진晋 문공文公의 피노지수披盧之蒐, 제齊 혼공涽公의 기격법技擊法, 위魏 혜공惠公의 무졸武卒, 진秦 소공昭公의 예사용병법銳士用兵法, 양저穰苴·이정李靖·제갈무후諸葛武侯 등의 병법을 참조하여 우리의 실정에 맞게끔 저술한 독자적인 병서이고, 『강무도』는 사마법司馬法을 가감하여 저술한 병서이지만,[12] 전해지지 않고 있다.

정도전은 태조 2년(1393) 8월 20일 『사시수수도四時蒐狩圖』를 저술해 바쳤다.[13] 이 책도 전해지지 않으나 아마도 『주례』를 참고로 해서 저술한 것으로 추정된다. 즉 "『주례』에 군금軍禁으로써 방국邦國을 살피고 수수蒐狩로써 군사軍事를 익힌다"[14]고 했기 때문이다.

- 태조 2년(1393) 11월 9일, 판삼사사 정도전이 임금에게 말씀하여, 여러 절제사들이 거느린 군사 중에서 무략武略이 있는 사람을 뽑아 『진도陣圖』를 가르치게 하였다.[15]
- 태조 4년(1395) 4월 1일, 삼군부三軍府에 명령을 내려서 『수수도蒐狩圖』와 『진도』를 간행하게 하였다.[16]
- 태조 6년(1397) 6월 14일, 판의흥삼군부사 정도전이 일찍이 『오진도五陣圖』와 『수수도』를 만들어 바쳤다.[17]

지금 『삼봉집』에 수록되어 있는 「진법」과 『태조실록』에 나오는 「진도」, 「오진도」는 그 내용에 있어서 어떤 상이점이 있는지 알 수 없지만, 「진법」의 저술 연도는 1393년 11월 9일 이전임에는 확실하나, 정확한 연도는 알 수 없다. 그리고 「진법」의 내용은 다음에 구체적으로 논의하고자 한다.

정도전은 우리의 역사상, 그리고 문헌상으로 보아 네 번째의 병서의 저술가일 뿐만 아

---

12) 『三峰集』 卷之八, 『朝鮮經國典』下(영인본), pp. 234~235 및 卷之十四 附錄(事實)(영인본), p. 384.
13) 『太祖實錄』 卷四 二年 癸酉八月.
14) 『周禮』 夏官 司馬條 : 周禮以軍禁糾邦國, 以蒐狩習戎旅.
15) 『太祖實錄』 卷四 二年癸酉 十一月 庚戌.
16) 『太祖實錄』 卷七 四年乙亥四越 : 令三軍刊行 蒐狩圖陣圖.
17) 上揭書, 卷十一 六年丁丑六月 甲午.

니라, 그는 고려 공양왕 3년(1391) 1월에 삼군도총제부가 설치되자 우군총제사에 임명되었고, 태조 원년(1392) 7월에는 의흥친군위절제사, 태조 3년(1394) 2월 판의흥삼군부사로서 병제개혁에 관한 상소를 올렸고, 태조 6년(1397) 6월 판의흥삼군부사로서 요동 공략을 목적으로 「진도」에 의한 군사훈련에 박차를 가하고 왕에게 출병을 요청했으나 조준趙浚의 반대로 좌절되었다. 그가 훌륭한 장수인가의 여부를 판단할 실전지휘實戰指揮의 기회는 상실되고 말았다.[18] 태조 6년 12월 동북면도선무순찰사로 임명되어 경원부慶源府에 성을 쌓았고, 주군州郡을 구획하는 등 많은 공적을 세웠다.

정도전은 일선 지휘관을 역임했을 뿐만 아니라, 스스로 병서를 저술하여 그것으로 부대를 교육·훈련시켰고, 또한 병권兵權을 가지고 군제개혁도 실시했으니, 우리의 역사상 이만한 군사경력과 업적을 남긴 사람도 드물며, 다만 아쉬운 것은 실전경험이 없었다는 것 뿐이다. 따라서 그를 명장名將이라고 할 수 없어도, 군사 전문가라 일컫는다 해도 조금도 손색은 없으리라 판단한다.

4. 문무관文武觀과 군사제도

정도전의 개혁사상은 양인良人을 기간으로 하는 민본국가民本國家의 건설과 자주국가의 확립이라는 두 개의 큰 목표를 근간으로 삼는다. 그런데 민본정치가 실현되기 위해서는 대외적 시련을 극복하여 국가의 주체성·자주성을 확립하지 않으면 안 된다. 그러기 위해서는 한편으로 부국강병富國强兵이 필요하고, 다른 한편으로는 민족의식의 앙양이 필요하다. 여기에서 정도전은 양인 개병적良人皆兵的인 병농일치兵農一致를 통한 국방체제의 강화와 부병府兵=숙위병宿衛兵=중앙군의 증대를 통한 수도치안首都治安의 강화를 지향하고 그 자신 독자적인 병법을 창안하였다.[19]

그의 문·무에 대한 견해는 다음과 같다. 즉 "옛부터 나라를 위하는 자는 문文으로써 다스림을 이루고, 무武로써 난리를 평정하였으니, 이 두 직분은 사람의 양 어깨와 같아서 기

18) 상게서.
19) 한영우, 전게서, 개정판, p. 244, p. 253.

울거나 폐할 수 없는 것이다"[20]고 했다. 이것은 공자가 말한 "문에 종사하는 사람은 반드시 무를 갖추고 있어야 한다"[21](有文事者, 必有武備)는 견해와 상통하는 것이다. 그는 문·무 겸비를 주장했을 뿐만 아니라 실천도 했다.

그렇다면 어떤 병역제도를 선택하느냐 하는 것은 대단히 중요하다. 일찍이 『고려사高麗史』에 의하면, "군대는 폭동을 막고 난亂을 베는 것으로서 천하 국가를 가진 자는 진실로 폐할 수 없는 것이니 병제兵制의 득실은 국가의 안위安危가 달려 있는 것이다"[22]고 했다.

정도전은 병제의 기본 정신에 대해 다음과 같이 밝히고 있다.

> 육전六典이 모두 정政인데 유독 병제에서만 정正이라고 말한 것은 사람의 부정不正를 바로 잡는 것이기 때문이다. 그러나 오직 자기 자신이 바른 사람이라야 남을 바르게 할 수 있는 것이다. 『주례周禮』를 상고하면, 대사마大司馬의 직책은 첫째도 방국邦國을 바르게 하는 것이요, 둘째도 방국을 바르게 하는 것이다. 병兵은 성인聖人이 부득이 마련한 것인데 반드시 정正으로서 근본을 삼았으니, 성인聖人이 병兵을 중히 여긴 뜻을 볼 수가 있다.[23]

그는 병전兵典을 정전政典으로 호칭한 이유가 사람의 부정不正을 바로 잡는 것이기 때문이며, 대사마(국방장관)의 직책도 방국을 바르게 하기 위한 것이며, 군대는 성인(정치가·왕)이 부득이 마련한 것이나 반드시 정正으로서 근본을 삼았다는 것, 그리고 정치가가 군대를 소중하게 여기는 뜻과의 관계를 말하고 있다. 이러한 생각은 이태리의 마키아벨리(1469~1527)의 사상과의 유사성을 발견할 수 있다. 즉 그는 정치활동에 있어서 군사력의 결정적 역할에 주목하여 국가의 존립과 강대성은 군사력이 정치 질서 내에서 적절한 위치를 점하게 될 경우에 있어서만 보장된다는 결론을 내렸다. 그는 『군주론君主論』에서 "훌륭한 군대가 없는 곳에 훌륭한 법이 있을 수 없으며 훌륭한 군대가 있는 곳에는 반드시 훌륭한 법이 있다"고 서술했다. 그는 또 "군주는 전쟁과 군사조직 그리고 규율 이외에 다른 것을 생각하거나 혹은 이 이외의 다른 것을 연구대상으로 삼아서는 안 된다"고 기록했다.[24]

정도전은 왕조의 군사제도에 대해 다음과 같이 기술하고 있다.

---

20) 『太祖實錄』 卷五, 三年甲戌 二月己亥 및 『三峰集』 卷之六 經濟文鑑 下(衛兵)(영인본), p.188 : 自古爲國者, 文以致治, 武以戡亂, 文武兩職如人兩臂, 不可偏廢.

21) 國防硏究所, 『中國軍事思想史』(臺北 : 華岡書局, 1968), p. 19.

22) 『高麗史』 志卷 第三十五, 兵一 : 兵者, 所以禦暴誅亂, 有天下國家者, 固不可廢, 而兵制之得失, 國家之安危, 係焉.

23) 『三峰集』 卷之八, 『朝鮮經國典』下 政典摠序(영인본), p. 233.

24) Edward M. Earle, ed., *Makers of Modern Strategy* (Princeton : princeton University Press, 1943), p. 3.

• 주周나라 제도에서는 병농兵農이 일치하였다. 무사시에는 … 주州·향鄕이 되어 사도司徒에 소속되고, 유사시에는 … 사師·군軍이 되어 사마司馬에 소속되었다.

무사시에 매양 농한기를 이용하여 무예를 강습하기 때문에 유사시를 당하면 모두 이용할 수가 있었다. 양병養兵의 비용이나 징병의 소란함이 없으면서도 위급한 사태에 용이하게 대처할 수가 있었으니, 이것이 주나라 제도의 장점이었던 것이다.…

한漢나라의 남북군南北軍이나 당나라의 부병府兵은 그 제도가 비록 취할만 하지만, 득실을 따질만한 것이 없지는 않다. 우리나라에서는 중앙에 부병이 있고, 그 밖에 주군州郡에서 당번으로 상경하는 숙위병宿衛兵이 있으며, 지방에는 육수병陸水兵과 기선병騎船兵이 있으니, 그 제도는 모두 상고할 수 있는 것이다. 신臣은 먼저 역대의 제도를 기술하고 뒤에 우리나라의 제도를 설명하여 군제편軍制篇을 짓는다.[25]

• 우리나라는 당의 부병제도府兵制度를 현실에 맞게 가감하여 십위十衛를 설치하고 매 일위一衛마다 오령五領을 소속시켰으며, 상장군에서 장군, 중낭장에서 위정에 이르는 무관을 의흥삼군부에서 통솔케 하였다. 재상으로 하여금 의흥삼군부의 일과 제위諸衛의 일을 맡게 하여 중관重官으로서 경관輕官을 통어하게 하고 소관小官을 대관大官에 소속되게 하였으니, 체통이 엄격하였다.

각 도에는 절제사를 두고, 주군의 군사를 당번제로 상경시켜 숙위하게 하였으니, 이것은 중앙과 지방이 서로 유기적인 관계를 맺도록 하고자 하는 뜻에서이며, 지방 군사를 의흥삼군부의 진무소鎭撫所에 소속시킨 것은 중앙이 지방을 통어하고자 하는 뜻에서이다.[26]

정도전은 중국의 군사제도를 그대로 직수입하는 것이 아니라, 장점을 취하고 단점을 버리며 또한 우리나라의 현실에 알맞는 제도를 만든다는 기본자세가 훌륭했다고 말하지 않을 수 없다.

첫째 : 병역제도에 있어서 주나라의 병농일치兵農一致의 제도를 도입함으로써 농한기를 이용하여 군사훈련을 시켜 유사시에 얼마든지 활용함으로써 양병養兵의 비용이나 징병의 소란을 없앤다는 것이었다. 실록實錄에 의하면, 1394년(태조 3년) 3월 11일 "임금이 임진臨津의 수미포에 거동하여 판삼사사判三司事 정도전에게 명하여 오군진도五軍陣圖를 연습하게 하고는 말하기를, 내일에 내가 장차 친히 관람할 것이다"[27]고 했다.

"사재소감司宰少監 송득사宋得師가 상서하기를, '무예는 강습하지 않을 수 없사오니 중외로 하여금 해마다 봄·가을에 강습하게 하고… 당나라 이포진李抱眞도 백성들에게 활과 화살

---

25) 『三峰集』 卷之八(영인본), pp. 233~234.
26) 上揭書(영인본), p. 211.
27) 『太祖實錄』 卷五, 三年甲戌 三月庚戌.

을 주어 농한기에 활쏘기를 익히게 하고 연말에 가서 도시都試를 보고 상벌을 시행하니, 이로 인해 군사가 여러 도에서 제일이 되었던 것입니다.' 임금이 명하여 시행하게 하였다"[28]고 했다.

병농일치의 병역제도를 실시함에 있어서 문제점이 대두되었으니, 즉

> 간관諫官 이고李皐 등이 상서했다. "먹을 것이 족하고 군사가 넉넉해야 된다 하였으니 군사와 식량은 어느 하나도 폐할 수 없는 것입니다. 그러하오나 식량이 부족하면 비록 견고한 갑옷과 날카로운 무기가 있다 한들 무엇에 쓰겠습니까? 식량을 풍족하게 하는 방법은 오직 농시를 빼앗지 않는 데에 있을 뿐입니다.… 근년 이래로 토목공사와 군사를 점고하는 일이 한 해도 빠짐이 없어 백성들이 고생을 견디지 못하여 사방으로 흩어져 유망流亡한 것이 얼마나 되는지 알 수 없습니다. 이제 또 조관朝官을 나누어 보내서 군적軍籍을 점고하오니, 이것이 비록 편안할 때 위험한 것을 잊지 않고, 걱정이 없을 때 준비하려는 장구한 계책이오나, 방금 봄 농사가 한창이오니 때를 빼앗을 수 없습니다. 군사를 점고할 때에 농민을 한데 모으게 되니 오고 가는 데서 시간을 허비하여 경종耕種을 제대로 못하면, 위로는 부모를 봉양하고 아래로는 자녀를 양육하기도 오히려 부족할 터인데, 군국軍國의 필요한 물자가 어디에서 나오겠습니까? 원하옵건대, 전하께서는 아직 군사의 점고를 정지하여 백성들로 하여금 농사에 힘쓰게 하옵고, 농한기를 기다려서 사신을 보내어 점고해도 늦지 않을 것입니다."
>
> 임금이 판삼사사 정도전을 불러서 말하였다. "이제 간관이 상소하여, 농사철을 당하여 군사의 점고를 하여서는 안 된다고 하였다. 간관의 말은 비록 귀에 거슬려도 받아들이는 것인데 하물며 백성들에 관한 일이 아니겠느냐? 나도 자못 옳게 여기나, 다만 지금 좌우 정승이 모두 병으로 인하여 정사를 보지 못하니, 경이 그 집에 가서 의논해서 아뢰어라."
>
> 도전이 분부를 받고 의논하여 아뢰었다. "사신 파견을 중지하고, 그 고을 관리들로 하여금 군적을 점고하게 하소서."
>
> 이에 임금이 그대로 따랐다.[29]

장정의 병역 복무연령은 16세부터 60세까지의 남자가 군역軍役·신역身役(직역職役) 등 국역國役을 부담하는 것을 원칙으로 하는 여대麗代 이래의 원칙은 조선 초에도 답습되었다.[30] 당시 사회의 지배층이었던 양반으로서 현직의 관리는 별도로 국역을 부담하지 않았는데, 그것은 관료로서 복무하는 것이 국역의 일종이었기 때문이다. 그러나 양반계급도 삼품 이하의 전직前職관리까지는 군역을 담당하도록 되어 있었으나 이들은 사실상 국역을 기피하

28) 上揭書, 卷五, 三年甲戌 四月 壬申.

29) 上揭書, 卷七 四年乙亥 三月壬寅.

30) 『高麗史』, 食貨志 戶口 : 國制十七爲丁, 始服國役, 六十爲老而免役.
『太祖實錄』, 元年 9月壬寅 : 民丁 自十六歲, 至六十歲 當役.

는 경향이 많았다. 따라서 조선왕조의 군역은 양인층良人層이 담당하고 있었다. 조선왕조 초기에는 병역제도를 개정하여 철저히 관리했기 때문에 1419년(세종 6년) 6월 삼군도체찰사 이종무로 하여금 병력 17,285명, 병선 227척, 식량 65일분 등[31]을 동원하여 대마도 정벌을 감행할 수 있는 기반을 조성해 두었다.

둘째 : 의흥삼군부에서 무관을 지휘하며, 재상으로 하여금 의흥삼군부의 일과 제위諸衛의 일을 맡게 한다고 했는데, 이것은 병권을 재상이 장악한다는 말이다. 정도전이 재상 중심의 관료 지배체제를 지향하고자 한 것은 조선왕조 건국에 주동적인 역할을 수행한 자기 자신이나 자기의 동료 중신重臣의 정치적 주도권의 확립과 권력 강화를 위한 목적도 배려되어 있을지 모르나, 그 보다는 혼昏·명明이 일정치 않은 세습군주의 전제정치로서는 현인賢人정치에 입각한 민본民本·위민정치爲民政治를 보장할 수 없다는 데 대한 투철한 신념에 기초한 것으로 생각된다.[32] 이 문제에 대해 논란이 없지 않았다. 즉 "예로부터 정권과 병권을 한 사람이 겸임 못하는 법이라, 병권은 종친에게 있어야 하고 정권은 재상에게 있어야 하는 것이다. 그런데 지금 조준·정도전·남은 등이 병권을 장악하고 또 정권을 장악하니 실로 좋지 못하다"는 얘기가 왕에게 들렸다. 이에 왕이 성이 나서 말했다. "이들은 모두 나의 수족과 같은 신하들로 끝끝내 같은 마음을 가진 사람들이다. 이들을 의심한다면 믿을 사람이 누구냐? 이런 말을 하는 자들은 반드시 까닭이 있을 것이다"[33]고 하여 이런 말을 한 자들을 국문케 했다. 정도전이 왕자 이방원에 의해 죽임을 당한 중요한 요인의 하나는 병권의 문제에서 기인한 것이었다.

셋째 : 당의 부병제도[34]를 현실에 맞게 가감하여 십위十衛를 설치했다. 중앙에는 부병府兵과 주군번상지병州郡番上之兵이 있고, 지방에는 육수지병陸水之兵과 기선지병騎船之兵이 있다고 했는데, 이것은 지정학적 위치에서 반도국이 가져야 하는 군비를 고루 갖춘 것이라 하겠다. 부병이란 요즘의 수도경비사령부에 해당하는 것으로, 당시로 본다면 오위五衛(정병正兵을 제외)와 소수의 친병親兵(내금위 등)을 말하는 것이고, 주군번상지병은 곧 정병이다.

---

31) 『世宗實錄』, 元年己亥 六月庚寅.
32) 한영우, 전게서, 개정판, p.146.
33) 『太祖實錄』, 卷六 三年甲戌 十一月 庚子.
34) 唐의 府兵은 16衛였다.(孫金銘, 『中國兵制史』, 臺北 : 國防硏究院, 1960, p.98.)

육수지병은 진군鎭軍과 수부군守府軍이며, 기선지병은 선군船軍(또는 수군)을 뜻하는 것이다.[35] 따라서 국방체제는 왕실과 수도의 치안 및 방위는 부병이 담당하고, 실제 외적의 침략에 대해 국방을 담당하는 것은 지방군인 진군·수성군守城軍 및 선군이었다.

정도전은 부병의 문제점과 시정책을 왕에게 건의했다. "'부병의 제도는 대개 전조前朝(고려)의 것을 계승하는 데… 충열왕이 원나라를 섬긴 이후로는 매양 원나라의 환사宦寺·부녀·봉사자奉使者의 청으로 인하여 관작이 제 분수에 넘쳐져서, 모두 청탁하는 사람을 시위侍衛하는 관직으로 임명하매, 세력을 믿고 교만하여 숙위하기를 즐겨하지 아니 하니, 이로 말미암아 부위府衛가 비로소 무너졌으므로… 무릇 부위의 직책을 받은 사람은 한갓 국록만 먹고 그 사무는 일삼지 아니 하여 마침내 나라를 잃게 되었으니, 이것은 전하께서 친히 보신 바입니다.… 마땅히 의흥삼군부와 병조의 제위령諸衛領의 현임자로 하여금 신체를 살펴보고 재주를 시험하게 하여, 건장하고 재주가 있는 사람은 그 직책을 다시 주고, 어리고 약한 사람과 늙고 병든 사람과 재주가 없는 사람과 잡류雜類에 속하는 사람과 어떤 일을 핑계하고 출근하지 아니 한 사람은 일체 모두 삭제하고, 다시 친군위에 소속된 원종시위原從侍衛의 인원과 훈련관에서 병법을 익힌 인원과 태을수太乙數의 산법算法을 익힌 인원은 각기 소속 관원들로 하여금 보증 천거하게 하여, 앞에서와 같이 신체를 살펴보고 재주를 시험하여 아뢰어 차비하게 할 것이며… 명부에 있는 데도 숙위하지 아니 한 사람과 명부에 없는 데도 들어온 사람의 죄를 다스리게 하고, 당번으로 숙위하고 순작하는 것을 제외하고는 병진兵陣의 법을 예습시켜서, 잘한 사람은 상을 주고, 잘하지 못한 사람은 처벌하게 할 것입니다. 군사는 엄격함으로서 근본을 삼으니, 그 판지判旨를 따르지 아니 하여 무릇 부위의 법에 범한 바가 있는 사람은 의흥삼군부로 하여금 상세히 심문하게 하여, 중한 사람은 계문啓聞하여 법사法司에 내려서 과단하고…' 하니 임금이 그대로 따랐다.…"[36]

이처럼 정도전은 고려조부터 내려온 부병제도라 할지라도 제도의 운영에 문제점이 있다면 그것을 날카롭게 파헤쳐 거기에 대한 시정책을 강구했다. 특히 그 시정책은 군사의 기본 원칙에 입각하여 수행되었다는 점이니, 군사는 엄격함으로서 근본을 삼는다는 것 등이다.

35) 千寬宇, 『近世朝鮮史硏究』(서울 : 일조각, 1979), pp. 132~133.
36) 『太祖實錄』 卷五, 三年甲戌 二月己亥.

5. 군사제도의 운용

정도전은 무기와 장비의 필요성을 다음과 같이 말하고 있다. 즉 "하늘이 오재五材를 낼 때 금金이 그 중 하나를 차지하였다. 금이 계절에 있어서는 가을이 되어 숙살을 주관하고, 사람에 있어서는 병兵이 되어 살육을 주관한다. 이것은 대개 천지의 의용義用으로서 없어서는 안 될 것이다. 우리나라에서는 군기감軍器監을 설치하여 공장工匠의 일을 오로지 관장케 하고, 밖으로 주군에 이르기까지도 군기軍器를 제조하는 것이 연례로 되었다. 이에 그 수효를 상고할 만한 것을 적는다."[37]

태조 원년(1392) 7월 28일 문무백관의 관제官制를 정했는데, 군기감은 병기·기치旗幟·융장戎仗·십물什物 등의 일을 관장한다[38]고 되어 있다.

그리고 무기의 수리·점검의 중요성을 다음과 같이 말하고 있다. "대저 무기가 망가지게 되는 것은 오랫동안 손질하지 않은 데서 연유하고, 교습을 잊어버리게 되는 것은 오랫동안 익히지 않은 데서 연유한다. 그러므로 국가가 무사할 적에는 구습에 젖어서 세월만 보내니, 무비武備가 무너지고 병적兵籍이 망가지게 된다. 그리하여 만약 위급한 사태가 발생하면 지탱할 수 없게 되니 이것이 고금의 통폐인 것이다.… 우리나라에서는 중앙에 있는 금위군禁衛軍과 지방에 있는 주현병州縣兵을 매번 농한기에 병적을 조사하여 노유老幼·강약을 구별하고 매 월마다 군기감에서 만든 활·화살·창·갑옷 따위를 조사하여 그것이 날카로운가, 무딘가, 견고한가, 망가졌는가를 시험하고 있으니 정금의 뜻을 터득하였다고 할만 하다."[39]

정도전은 군사교육과 훈련(교습)의 중요성을 다음과 같이 말하고 있다. "공자는 말하기를, '가르치지 않은 백성을 전장으로 몰아넣는다는 것은 곧 백성을 버리는 것이다'고 했다. 『주례』에서는 대사마가 봄사냥·여름사냥·가을사냥·겨울사냥으로 무사를 강습하여 때를 거르는 일이 없었고, 징과 북 그리고 깃발을 사용하는 절차를 밝히고, 전진과 후퇴, 그리고 격자擊刺하는 방법을 익혔으며, 병사는 장수의 뜻을 알고 장수는 병사의 사정을 알아서 전진해야 할 때에는 장수와 병사가 함께 전진하고, 후퇴해야 할 때에는 장수와 병사

37) 『三峰集』 卷之八 『朝鮮經國典』 下(영인본), p. 234.
38) 『太祖實錄』 卷一 元年壬申 七月丁未.
39) 『三峰集』 卷之八(영인본), p. 235.

가 함께 후퇴하였다. 그리하여 방어에는 견고하고 싸움에는 이겼으니, 이것은 평소에 군사교육과 훈련을 잘 시켜 왔기 때문이었다.… 신臣은 제갈무후諸葛武候의 용병술을 조술하여 『오행진五行陣』과 『출기도出奇圖』를 지었고, 또 사마법을 가감하여 『강무도』를 지어서 바쳤더니, 전하는 이것을 보고 좋다고 칭찬하고 군사에게 명하여 익히게 하였다. 신이 주나라의 사냥법과 진晋·위魏·제齊·진秦·양저穰苴·이정李靖 등의 병법을 취하여 앞에다 적은 것은 옛날 것에서 법을 취하자는 것이고, 신이 지어 바친 『출기도』와 『강무도』를 뒤에다 적은 것은 그것을 지금에 익히자는 것이다. 고금의 제도가 갖추어지고 군사교육과 훈련의 법이 밝혀지면 군대를 쓸 수 있을 것이다."[40]

정도전의 군사교육과 훈련의 내용은 제갈 무후의 영향을 많이 받은 것으로 추정된다. "공자는 '가르치지 않은 백성을 전장으로 몰아넣는다는 것은 곧 백성을 버리는 것이다', '선인善人이 7년간 백성을 교화하면, 백성은 기꺼이 싸움터로 나가게 된다'고 말했다. 그렇다면 백성을 싸움터로 나가게 하자면 먼저 교육을 시키고 그들에게 예와 의, 충과 신을 가르쳐야 한다. 그리하여 군령을 내리면 백성들은 스스로 전장으로 나가게 된다."[41]

정도전의 상벌賞罰에 대한 견해는 동시에 그의 전쟁관에 뿌리를 박고 있다는 것을 알고 있고 또 부하의 통솔법을 제시해 주고 있다. "대저 전쟁이란 위험한 일이다. 전진하면 죽을 염려가 있고, 후퇴하면 살아남는 이치가 있는 것이다. 그런데 인정이란 누구나 죽음을 두려워하고 삶을 좋아하지 않음이 없는 것이다. 그러므로 오직 상을 중하게 해야만 목숨을 잊을 수가 있고, 오직 벌을 중하게 해야만 죽는 데에도 나갈 수 있는 것이다. 그러나 상과 벌이 모든 사람들이 공인하는 공功과 죄罪에 따르지 않고 한 개인의 기쁨과 노여움에서 결정된다면 상을 주어도 권장되지 못하고 벌준다 해도 징계하지 못할 것이다. 그러므로 높은 직위와 후한 녹봉은 공이 있는 사람을 대우하는 것이고, 칼과 톱, 채찍과 종아리채는 죄지은 자에게 가해지는 것이다. 그렇다면 군사를 관장하는 사람은 상과 벌이 없을 수 없으며, 상과 벌은 공적인 데서 나오지 않으면 안 되는 것이다."[42]

정도전은 둔전법屯田法의 의의와 장점 그리고 고려조에서 나중에 실패한 원인을 분석하고 시정책을 강구했다. "둔전법이란 둔수屯戍에 있는 병졸로 하여금 싸우면서 농사를 짓게

40) 上揭書(영인본), pp. 234~235.
41) 守屋 洋 編·譯, 『諸葛孔明の兵法』(東京 : 德間書房, 1977), p. 105.
42) 『三峰集』 卷之八(영인본), p. 235.

하는 것이니(且戰且耕), 즉 조운漕運하는 불편을 덜고 군량을 풍족하게 하기 위한 것이다. 한漢나라 사람은 금성金城에, 진晋나라 사람은 수춘壽春·양양襄陽·형주荊州에 모두 둔전을 설치하여, 안으로는 식량이 축적되는 이익을 얻고, 밖으로는 외적을 방어하는 이득을 얻었으며, 이로써 오랑캐를 정복하고, 이로써 이웃나라를 겸병兼併하였던 것이니, 뚜렷한 효험을 볼 수 있었다.

전조前朝(고려)에서는 음죽둔전陰竹屯田을 설치하였고, 연해의 주군州郡에도 모두 둔전을 두어서 군량을 공급했다. 그러나 법이 오래되자 폐단이 생겨서 둔전이란 이름만 있고 실속은 없었다. 그리하여 수조收租할 때에는 수졸戍卒들이 스스로 준비하여 바치기도 하고 혹은 꾸어다가 보태기도 하였으므로 그 고통을 견디지 못하여 도망하는 자가 많았다. 그래서 군량이 부족해졌을 뿐 아니라, 군사의 수효 또한 줄어들었으니, 그 폐단이 막대하였던 것이다.… 다만 훌륭한 관리를 얻지 못한 까닭으로 곡물을 축내어 둔수군屯戍軍에게 주지 않기도 하고 혹은 친히 둔전의 일을 감시하지 않아 밭갈이·씨뿌리기·김매기·북돋우기 등을 제때에 맞추지 못하고 제대로 힘쓰지 못하여 토지가 결국은 황폐해지고 싹이 또한 제대로 열매를 맺지 못하게 된 것이다. 이러한 폐단은 사람에게 있는 것이지, 법 자체가 있는 것은 아니다.… 그렇다면 둔전의 폐단을 개혁하고 둔전의 이득을 얻는 것은 오직 사람과 법이 병용되는 데 달려 있을 뿐이다."[43]

6. 진법陣法의 내용구성과 진도陣圖

『삼봉집』에 수록되어 있는 「진법」은 전술한 바와 같이 1393년 11월 9일 이전에 저술되었다는 것을 추정할 뿐이고, 이 책은 문헌상으로 우리나라에 현존하는 가장 오래된 병서이다. 필자는 정도전의 군사사상은 중국의 누구의 병서의 영향을 가장 많이 받았으며, 또 「진법」도 어느 병서의 영향을 받았을까 하는 데 관심의 초점을 두었다.

예부터 우리나라에서 군사에 관심이 있는 사람은 중국의 '무경칠서武經七書', 즉 『손자』, 『오자』, 『사마법司馬法』, 『울료자尉繚子』, 『삼략三略』, 『육도六韜』, 『이위공문대李衛公問對』를

43) 상게서(영인본), pp. 237~238.

필독서로 생각하여 읽었다. 정도전이 태조 원년 7월에 짓고, 대소신료大小臣僚와 한량閑良·기로耆老·군민軍民들에 보낸 왕의 교지에 의하면, "… 문·무 두 과거는 한 가지만 취하고 한 가지는 버릴 수 없으니, 중앙에는 국학과 지방에는 향교에 생도를 더 두고 교육에 힘쓰게 하여 인재를 양육하게 할 것이다.… 강무講武하는 법과 훈련을 주관하여 때때로 '무경칠서'와 사어射御의 기술을 강습시켜 보고서 그 통달한 경서의 많고 적은 것과 기술의 정하고 거친 것으로써 그 높고 낮은 등급을 정하여 합격한 사람 33명을 출신패出身牌를 주고, 명단을 병조兵曹로 보내어 등용에 대비하게 할 것이다.…"[44]고 했다. 그리고 태조 때부터 시작된 무과복시武科覆試에도 '무경칠서'가 필수과목으로 되어 있었다.

정도전은 중국의 여러 병서 가운데 '무경칠서'에 없는 제갈 무후의 병서를 좋아했으며 그 이유를 다음과 같이 밝혔다. 즉 "전국시대의 사마양저司馬穰苴와 당나라의 이정李靖에게도 모두 병법이 있지만, 오직 제갈 무후의 용병만이 인의仁義를 중심으로 하고 절제의 뜻을 지니고 있었다. 그러므로 주문공朱文公은 그를 가리켜 용법을 잘하는 사람이라고 말했다."[45] 그리고 그는 계속하여, "신은 제갈 무후의 용병술을 조술하여 『오행진』과 『출기도』를 지었고…"[46]라고 했다. 그래서 그의 『진법』은 제갈 무후의 병법을 바탕으로 해서 작성한 『오행진』과 『출기도』를 종합하면서, 곧 실시하고자 계획했던 요동정벌遼東征伐에 가장 필요한 군사훈련과 용병술을 요약한 것으로 평가된다. 『진법』의 내용 구성은 다음과 같다.

총 술總述

- 정진正陣 : 군사훈련의 방법을 논하고 있다.
- 결진십오지도結陣什伍之圖 : 결진의 방법을 논하고 있다.
- 오행출진가五行出陣歌 : 정병正兵으로 싸우고 기병奇兵으로 이기는 법을 논함.
- 기휘가旗麾歌 : 기휘에 의한 부대의 지휘법.
- 각경가角警歌 : 나팔에 의한 신호법.
- 기정총찬奇正總讚 : 정병과 기병의 운용법.
- 금고기휘총찬金鼓旗麾總讚 : 금고기휘에 의한 지휘법과 진陣의 중요성
- 논장수論將帥 : 장수의 자질과 유형
- 무사졸오혜撫士卒五惠 : 사졸을 어루만지는 다섯 가지 방법
- 용군팔수用軍八數 : 군대를 운용하는 데 필요한 여덟 가지 요소

44) 『太祖實錄』 卷一 元年壬申 七月丁未.
45) 『三峰集』 卷之八(영인본), p. 234.
46) 上揭書, 卷之八(영인본), p. 234.

• 삼암三闇 : 장수의 금기 사항 세 가지
• 삼명三明 : 관찰과 분석
• 오리五利 : 지형과 무기의 다섯 가지의 배합법.
• 삼용三用 : 세 병종의 특징
• 사법四法 : 작전수행의 네 가지 원칙
• 요적제승사계料敵制勝四計 : 적정의 탐지
• 사격四擊 : 네 가지 공격의 조건.
• 삼료三料 : 취약점의 파악
• 삼역三繹 : 세 가지 공격을 놓아두는 것.
• 오란五亂 : 다섯 가지 어지러운 것.
• 사리四理 : 네 가지 강병强兵의 요건.
• 십일필전十一必戰 : 열 한 가지 공격해야 할 시기
• 육필피六必避 : 여섯 가지 공격을 피해야 할 조건.
• 공수삼도攻守三道 : 공수攻守의 세 가지 방법.
• 사공四攻 : 네 가지의 공격조건
• 오수五守 : 다섯 가지 수비조건.

『진법』은 이상의 주요 내용으로 구성되어 있으나 병학兵學의 이론 정연한 체계를 구비한 것은 아니고, 전술한 바와 같이 요동정벌을 수행하기 위한 실전實戰 위주의 군사훈련과 요긴한 용병술로 구성되어 있는 독자적인 저서이다. 이제 그 중요한 내용을 소개하면 다음과 같다. 즉 '총술總述'에서,

> 군대는 신信으로써 다스리고, 승리는 기奇로써 거둔다. 신은 항상 불변하여 바뀌어 질 수 없는 것이나, 전투에는 일정한 규칙이 없다. 그러므로 움켜잡아야 할 때에는 움켜잡고, 풀어주어야 할 때에는 풀어주어 변화가 무쌍하여 적이 도저히 알 수 없게 하여야 한다.[47]

정도전은 그의 『진법』의 두 기둥을 신信과 기奇로서 설명하고 있다. 신이란 군대를 다스리는 기본이요 또한 불변의 것이라 했다. 그리고 기란 승리를 거두는 것이요, 전투에는 일정한 규칙이 없을 뿐만 아니라, 변화가 무쌍하다 했다. 그렇다면 '기'란 도대체 무엇일까?

• 움직이면 기奇가 되고, 가만히 있으면 진陣이 된다. 진이란 군사를 배치하는 것이요, 전투란 그 변화가 끝이 없는 것이다.[48]

---

47) 上揭書, 卷之十三, 『陣法』(영인본), p. 359. : 治兵以信, 信不可易, 戰無常規, 可握則握, 可施則施, 千變萬化, 敵莫能知.
48) 上揭書, 卷之十三(영인본), p. 359. : 動則爲奇, 靜則爲陣, 陣則陣列, 戰則不盡.

• 형衡은 정正이고, 익翼은 기奇이다.[49]
• 후형後衡은 뒤에서 정병이 되어 먼저 나아가 적을 치니 그 용맹 당할 수 없네. 좌익左翼과 우익右翼은 기병奇兵이 되어 벼락같이 옆으로 나가 찌르는구나.[50]

이상은 『진법』에 나온 '기·정'에 대한 설명이다. 제갈 무후의 병법에 의한 '기·정'에 대한 설명은 다음과 같다.

> 군대는 기계奇計를 가지고 모謀로 하며, 절지絶智를 가지고 주主로 하며, 능히 유柔하고 능히 강剛하게, 능히 약하고 능히 강疆하게, 능히 존存하고 능히 망亡하게 하여, 풍우風雨처럼 신속하고, 강해江海처럼 유연하며, 태산처럼 움직이지 않으며, 음양陰陽처럼 알 수 없으며, 땅처럼 무궁하며, 하늘처럼 충실하며, 강하江河처럼 마르지 않으며, 삼광三光(일, 월, 성日月星)처럼 시종하며, 사계절처럼 생사生死하고, 오행五行(금·목·수·화·토의 원기)처럼 쇠왕衰旺하고, 기정奇正이 서로 생겨 궁할 수가 없다. 따라서 군대는 양식을 가지고 본本으로 하고, 용병은 기정을 가지고 시작한다.[51]

『손자』는 '병세兵勢'편에서 '기·정'에 대해 다음과 같이 설명하고 있다.

> 삼군三軍의 중衆이 반드시 적을 받아 패敗가 없게 할 수 있는 것은 기정奇正 이것이다.… 무릇 전투는 정正으로써 합하고, 기奇로써 이긴다. 그러므로 기를 잘 내는 자는 천지天地처럼 무궁하고, 강해江海처럼 마르지 않으며, 끝나고 다시 시작하는 것은 일월日月 그것이며, 죽고 다시 사는 것은 사계절 이것이다. 소리는 다섯에 지나지 않으나 오성五聲의 변을 다 들을 수 없다. 색色은 다섯에 지나지 않으나 오색五色의 변은 다 볼 수 없다. 맛은 다섯에 지나지 않으나 오미五味의 변은 다 맛볼 수 없다. 전세戰勢는 기정에 지나지 않으나, 기정의 변은 다 궁진할 수 없으며, 기정의 상생相生은 순환의 끝이 없는 것과 같아서 누가 능히 이를 다할 것인가.[52]

여기서 우리들은 '기·정'의 군사용어가 『손자』에서 비롯되었음을 알 수 있으며, 기·정을 다음과 같이 해석할 수 있다. 즉,

정正 : 적의 공격을 능히 막을 수 있는 방어

기奇 : 적의 방어를 능히 격파할 수 있는 공격[53]

이러한 관점에서 『진법』의 기정을 본다면 이해하기 쉬울 것으로 생각된다. 그는 '정진正陣'에서,

---

49) 上揭書, 卷之十三(영인본), p. 361. : 日衡日翼, 爲正爲奇.
50) 上揭書, 卷之十三(영인본), p. 360. : 後衡居後爲正兵, 先出致敵勇莫當, 左翼右翼爲奇兵, 旁出突擊如雷霆.
51) 守屋 洋 編·譯, 前揭書, p. 167.
52) 李鍾學 譯·編, 『孫子兵法』(서울 : 박영사, 1974), pp. 117~118.
53) 上揭書, pp. 115~117. 및 拙著, 『現代戰略論』(서울 : 박영사, 1972), pp. 250~251. 참조.

지금의 군사훈련을 살펴보면, 금고와 기치를 가지고 나아가서 물러서고 앉고 서는 절차만 자세히 가르치고, 창·칼·화살을 가지고 치고 찌르고 활 쏘고 말 달리는 기술을 연습하지 않고 있으니, 이것은 후자를 생략하자는 것이 아니요, 훈련에 순서가 있기 때문이다. 그러므로 이후에 훈련할 때면 먼저 4개의 표시를 만들어 금고와 기치를 가지고 앉고 서고 나아가고 물러서는 절차를 연습한 다음, 다시 오진五陣을 결성하여 번갈아 드나들며 창·칼·활·화살로 치고 찌르고 활 쏘고 말 달리는 기술을 연습하게 하면 훈련하는 법이 거의 갖추어질 것이다.[54]

그는 문제의식을 가지고 지금까지의 군사훈련의 미비점을 지적하고, 실전 위주의 군사훈련을 역설했다. 그는 '결진십오지도'에서 각 개인간의 간격, 진陣의 인적 구성, 단위부대 편성으로 진을 만들어 '기휘가', '각경가', '금고기총찬'으로 전투시 각종 신호로 사용하여 부대를 지휘하는 방법을 설명했다. 그리고 '오행출진가'와 '기정총찬'에서 각 부대의 임무와 작전 형태를 설명하고 있다. 예컨대, '오행출진가'의 내용은 다음과 같다.

전형前衡과 중축中軸이 수병守兵이 되어
대열을 정돈한 채 태산처럼 움직이지 않네.
후형後衡은 뒤에서 정병正兵이 되어
먼저 나아가 적을 치니 그 용맹 당할 수 없네.
좌익과 우익은 기병奇兵이 되어
옆에서 나와 천둥처럼 돌격하네.
수병守兵의 임무는 패주敗走를 막는 것.
흩어져도 다시 합하니 패하여도 망하지 않네.
방어(正)로 접전接戰하고 공격(奇)으로 승리하여
때에 따라 조종하니 변화가 무궁하네.[55]

이것은 접적시接敵時 각 부대의 행동을 표시한 것으로 적이 공격해 오면 전형前衡과 중축中軸이 방어를 취하여 적의 공격을 저지하고는 좌·우익이 포위공격을 하여 승리한다는 것으로 양익포위兩翼包圍의 작전형태를 말하고 있다. 그리고 방어(正)와 공격(奇)은 상황에 따라 변화무쌍하여 적으로 하여금 대응치 못하게 한다는 것이다.

지휘관의 중요성에 대해서는 모든 군사 전문가들이 한결 같이 주장하고 있는 바, 즉 『손자』에 의하면, "용병술用兵術을 잘 아는 장수는 국민의 생명을 맡은 사람이요, 국가의 안위

54) 『三峰集』 卷之十三(영인본), p. 359.
55) 『三峰集』 卷之十三(영인본), p. 360.

安危를 좌우하는 사람이다"[56]고 하였고, 또 프랑스의 포슈 장군은, "전투의 승패는 지휘관에 의해서 결정되는 것이지 병사에 의해서 결정되는 것은 아니다.… 전쟁의 큰 성과는 지휘관에 의해서 달성되는 것이다. 그러므로 역사는 정당한 지휘관으로 하여금 승리에 대한 책임을 지게 하여 그때에는 영광을 누리게 되고, 또 패전에 대해서도 책임을 지게 하여 그때에는 굴욕을 당하게 되는 것이다. 지휘관 없이는 전쟁도 있을 수 없고 승리도 있을 수 없다"[57]고 했다. 그는 『논장수論將帥』에서 장수의 자질과 유형을 다음과 같이 말했다.

① 현장賢將 : 예악禮樂을 좋아하고, 시서詩書에 독실하며, 신의信義에 밝고 위엄과 은혜로움이 있어 병사들이 즐겨 따르고, 어질고 유능한 인물이 힘을 다 바친다.
② 지장智將 : 이해利害에 밝고 성패成敗를 잘 살피며, 적을 만나면 기묘한 계략을 세워 시기에 따라 잘 적응한다.
③ 용장勇將 : 자신이 사졸보다 앞장서서 시석矢石을 무릅쓰고 적진 속을 들락거리며 적의 예기를 꺾고 진을 함락시킨다.[58]

그는 장수의 세 가지 유형과 그 자질을 논의했는데, 이것은 세 유형의 장수들로 구성된 인적 결합으로 전쟁을 수행할 수 있다는 뜻으로 해석된다. 그리고 그는 장수로서 사졸에게 마땅히 해야 할 다섯 가지 지침을 열거하고 있다. 즉,

① 추위와 굶주림을 돌보아 줌 : 몸소 병사들을 살펴서 자기 옷을 벗어주고 자기 밥을 먹여준다.
② 노고를 덜어 줌 : 임무를 분담시키고, 모든 일에 같이 참여한다.
③ 질병을 구완해 줌 : 몸소 환자를 살펴보고 의료를 베풀어 준다.
④ 온전치 못한 자를 불쌍히 여김 : 늙거나 어린 사람을 집으로 돌려보내고 집안이 외롭거나 병든 사람도 돌려보낸다.
⑤ 죽음을 슬퍼함 : 죽은 자를 정성껏 매장하고 제사를 잘 지내 준다.[59]

여기에서 그의 투철한 민본정신民本精神이 여실히 나타나고 있다. 장수가 사졸에 대해 성의와 관심을 둠으로써 그들은 죽음을 두려워하지 않고 전장에서 장수의 명령에 복종하게 될 것이다. 그는 '용군팔수用軍八數'에서 전쟁을 수행하기 위해 군대를 운용하는 데 필요한 여덟 가지 요인을 다음과 같이 밝히고 있다. 즉,

56) 李鍾學 譯·編, 前揭書, p. 54.
57) Edward M. Earle, ed., *op. cit.*, p. 228.
58) 『三峰集』 卷之十三(영인본), p. 361.
59) 上揭書(영인본), p. 362.

① 재물을 모아 놓음 : 군수軍需에 사용한다.
② 공장을 세움 : 무기와 장비를 제조한다.
③ 무기를 제작함 : 무기와 갑옷을 튼튼하고 날카롭게, 깃발은 선명하게 만든다.
④ 병사를 가려 뽑음 : 용감하고 비겁한 자, 지혜롭고 어리석은 자를 선별한다.
⑤ 행정과 교육 : 호령은 엄숙하고 분명하게 하며, 상벌은 반드시 공정하게 시행한다.
⑥ 훈련 : 기치와 금고의 절차를 명확히 알게 하고, 진퇴와 치고 찌르는 기술을 연습한다.
⑦ 형세를 알아냄 : 지형이 험하고 평탄함과, 주장主將의 지략이 있고 없음과, 병사의 용감하고 비겁함과 군사의 많고 적음을 파악한다.
⑧ 기민한 계략 : 때에 따라 대응하고, 기회에 따라 변화를 쓴다.[60]

상술한 내용은 정도전의 독자적이요 또한 당시의 지휘관에게 요긴한 내용을 주장한 것으로 평가된다. 그는 '오리五利'에서 어떤 지형에 어떤 종류의 무기를 가진 무장병을 사용해야 하는가 하는 문제에 대해 다음과 같이 말하고 있다.

① 보병의 이점利點 : 한 길 반이 넘는 도랑과 수레가 빠질 만한 물과 비탈길에 돌무더기가 쌓인 곳이면, 이는 보병을 사용할 지형이니, 전차병, 기병 5명이 보병 1명을 당해내지 못한다.
② 전차와 기병의 이점 : 평원이나 광야가 서로 연이어졌으면, 이곳은 전차와 기병을 사용할 지형이니, 보병 10명이 전차병이나 기병 1명을 당해내지 못한다.
③ 궁노弓弩의 이점 : 마주 보이는 곳에 계곡이 가로질러 있으면, 이 곳은 활과 쇠뇌를 사용할 지형이니, 도순刀楯(짧은 칼과 방패를 쓰는 병사) 3명이 궁노수 1명을 당해내지 못한다.
④ 짧은 창의 이점 : 초목이 무성하여 잎새와 가지가 우거졌으면, 이는 끝이 갈라진 짧은 창을 사용할 지형이니, 긴 창잡이 2명이 짧은 창잡이 1명을 당해내지 못한다.
⑤ 짧은 칼과 방패의 이점 : 높은 언덕과 좁은 길에 장애물이 많으면, 이 곳은 짧은 칼과 방패를 사용할 지형이니, 궁노수 2명이 도순 1명을 당해내지 못한다.[61]

그는 '요적제승사계料敵制勝四計'에서 적정의 탐지와 대응책을 다음과 같이 말하고 있다. 즉,

① 적의 공격 의도를 분명히 알지 못하면 먼저 공격하지 못한다.
② 적의 관습을 분명히 파악하지 못하면 조약을 맺지 못한다.
③ 적장의 인품을 분명히 알지 못하면 먼저 군사를 쓸 수 없다.
④ 적의 군사를 알지 못하면 먼저 진을 칠 수 없다.[62]

60) 上揭書(영인본), p.362.
61) 上揭書(영인본), p.362.

그는 '십일필전十一必戰'에서 열 한 가지 적을 공격해야 할 시기를 다음과 같이 말하고 있다. 즉,

① 적이 거센 바람과 혹독한 추위에 일찍 일어나 이동하는데, 얼음을 깨고 물을 건너고 있으면 공격한다.
② 적이 한여름 심한 더위에 쉴 새 없이 사역을 시키며, 정신 못 차리게 몰아부쳐 행군하고, 기갈이 겹쳤으면 공격한다.
③ 적이 먼 곳의 전리戰利를 취하기 위해 외지에서 오래 주둔하여 군사들이 지치고 군량이 떨어졌으면 공격한다.
④ 적병들이 원망과 분노가 겹치고 진중에 괴상한 일들이 생겨서 서로 의심하는 데, 상관과 하졸들이 제지하지 못하면 공격한다.
⑤ 적의 군수품이 떨어지고 때마침 장마까지 계속되어, 약탈조차 못하고 있으면 공격한다.
⑥ 적의 군사도 많지 않고 지형도 불리하며, 인마人馬가 병들고 여위었으면 공격한다.
⑦ 행군로는 멀고 날은 저물어 병사들이 피로와 굶주림에 지쳤는데, 밥 먹을 새가 없다가 장비를 풀고 식사하고 있으면 공격한다.
⑧ 적의 장수와 군리軍吏가 경솔하며, 병사들의 마음이 안정되지 못한 상태이면 공격한다.
⑨ 적의 삼군이 자주 놀라고 지원부대가 없으면 공격한다.
⑩ 적이 진을 치고 아직 안정되지 못했거나, 막사 짓기를 미처 끝내지 못하고 있으면 공격한다.
⑪ 적이 비탈길을 지나거나, 거센 물을 건너는 데, 반쯤은 통과하고 절반은 아직 보이지 않을 때면 공격한다.[63]

그러면 조선조 초기에 있어서 『진도陣圖』에 의해 어느 정도 군사훈련이 실시되고 있었는가 하는 문제를 『태조실록』을 통해 살펴보고자 한다.

- 1393년(태조 2년) 11월 9일, 판삼사사判三司事 정도전이 임금께 말씀하여 여러 절제사들이 거느린 군사 중에서 무략武略이 있는 사람을 뽑아 『진도』를 가르쳤고 또 11월 12일에도 『진도』를 가르쳤다.[64]
- 1394년(태조 3년) 3월 11일, 왕이 임진에 거동하여 정도전에게 명하여 오군五軍에게 『진도』를 연습케 하고 말했다. "내일에 내가 친히 관람할 것이다.… 지난번에 이미 '진도'를 연습하도록 명하였으니, 내일 만약 연습하지 아니한 사람과 영을 어긴 사람이 있으면 장차 처벌할 것이다."[65]

---

62) 上揭書(영인본), p.363.
63) 上揭書(영인본), p.364.
64) 『太祖實錄』 卷4 癸酉 十一月庚戌·癸丑.
65) 上揭書, 卷五 三年甲戌 三月庚戌.

• 1395년(태조 4년) 4월 1일, 삼군부에 명령을 내려서 『수수도蒐狩圖』와 『진도』를 간행하게 하였다.[66]

• 1397년(태조 6년) 6월 14일, 판의흥삼군부사 정도전이 일찍이 『오진도』와 『수수도』를 만들어 바치니, 임금이 좋게 여기어 명하여 훈도관訓導官을 두어 가르치고, 각 절제사·군관, 서반西班 각품各品 성중애마成衆愛馬로 하여금 『진도』를 강습하고, 또 잘 아는 사람을 각 도에 나누어 보내어 가서 가르치게 하였다. 그리고 왕에게 출병을 꾀했으나 조준趙浚의 반대로 좌절되었다.[67]

• 1398년(태조 7년) 5월 28일, 양주 목장에서 『진도』를 연습했다.[68] 5월 29일 왕은 말하기를, "군사들은 병법을 알지 않으면 안 된다"고 했다. 마침내 『진도』를 찬술하여 올리고 여러 도의 절제사와 군사들로 하여금 약속을 정하여 갑자기 연습하게 하고 사졸을 매질하니 사람들이 이를 원망하는 이가 많았다.[69]

6월 24일, 임금이 환자宦者 박영문을 전라도와 경상도에 보내어 『진도』의 강습을 잘하는가, 못하는가를 자세히 시찰하게 하였다.[70]

7월 25일, 환자 박영문이 와서 아뢰었다. "각 진이 모두 『진도』를 익히지 못하고 있는데, 다만 나주진羅州鎭 만이 조금 익히고 있습니다." 이에 임금이 노하여 즉시 각 진의 훈도관을 가두도록 명하고, 또 각 진의 첨절제사僉節制使가 능히 감독하지 못한 죄를 논결論決하도록 명했다.[71]

7월 27일, 순군천호 김천익을 전라도와 경상도의 각 진에 보내어 첨절제사로서 『진도』에 통하지 않은 사람을 매질하게 하였다.[72]

8월 1일, 사헌부에 명하여 여러 왕자와 의성군宜城君 남은南誾, 참찬문하부사參贊門下府事 이무李茂, 상장군·대장군 등이 『진도』를 익히지 않는 까닭을 묻게 하였다.[73]

8월 4일, 사헌부에서 교지를 받들어 『진도』를 익히지 않은 이유로서 삼군절도사와 상장군·대장군·군관 등 292명을 탄핵하였다.[74]

8월 7일, 여러 도의 『진도』를 가르치는 사람에게 각기 곤장 100대를 치게 하고, 이내 『진도』를 도통한 5인을 뽑아서 각 도에 나누어 보내서, 서울에서 시위하는 군관으로 『진도』를 익히지 않은 사람이 없었다.[75]

8월 9일, 대사헌 성석용成石瑢 등이 상언하였다. "전하께서 무신들에게 『진도』를 강습하도록 명령한 지가 몇 해가 되었는데도 절제사 이하의 대소원장大小員將

---

66) 上揭書, 卷七 四年乙亥 四月甲子.
67) 上揭書, 卷十一 六年丁丑 六月甲午.
68) 上揭書, 卷十四 七年 戊寅 五月癸卯.
69) 上揭書, 卷十四 七年戊寅 五月甲辰.
70) 上揭書, 卷十四 七年戊寅 六月戊辰.
71) 上揭書, 卷十四 七年戊寅 七月戊戌.
72) 上揭書, 卷十四 七年戊寅 七月庚子.
73) 上揭書, 卷十四 七年戊寅 八月甲辰.
74) 上揭書, 卷十四 七年戊寅 八月丁未.
75) 上揭書, 卷十四 七年戊寅 八月庚戌.

들이 스스로 강습하지 아니하고 그 직책을 게을리 하오니, 그 양부兩府의 파직罷職된 전함前銜은 직첩을 관품에 따라 수취收取하되 1등을 강등시킬 것이며, 5품 이하의 관원은 태형笞刑을 집행하여 뒷사람을 감계하게 하소서."

임금이 말하였다. "절제사 남은, 이지란… 개국 공신이고, 이천우는 지금 내갑사제조內甲士提調가 되었으며… 방원 등은 왕실의 지친至親이고… 등은 원종공신原從功臣이므로 모두 죄를 논의할 수 없으니 그 당해 휘하사람은 모두 각기 태형 50대씩을 치고, 이무는 관직을 파면시킬 것이며, 외방 여러 진의 절제사로서 『진도』를 익히지 않는 사람은 모두 곤장을 치게 하라."

처음에 정도전과 남은이 임금을 날마다 비옵고 요동遼東을 공격하기를 권고한 까닭으로 『진도』를 익히게 한 것이 이같이 일이 급하게 되었다.[76]

8월 26일, 정도전은 이방원의 군사에 의해 참수 당했다.

『진도』에 의한 실전 위주의 군사훈련은 4년 동안 실시했으나 소기의 성과를 획득하지 못했으며, 1398년 5월부터 왕의 비상한 관심과 강경책으로 궤도에 진입하려는 시기에 이르게 되었다는 것을 알 수 있다.

7. 맺음말

정도전의 개혁사상은 민본국가民本國家의 건설과 자주국가의 확립을 목표로 삼았으며, 민본정치가 실현되기 위해서는 대외적 시련을 극복하며 국가의 주체성·자주성을 확립한다는 것이며, 이를 위해 부국강병책을 적절하게 수행해야 한다는 생각이었다. 그의 문·무관文武觀은 전술한 바와 같이 더욱 기본적 자세를 잘 나타내고 있다. 즉, "옛부터 나라를 위하는 자는 문文으로써 다스림을 이루고, 무武로써 난리를 평정하였으니, 이 두 직분은 사람의 양 어깨와 같아서 기울거나 폐할 수 없는 것이다"고 했다. 나라를 위한 지도자는 문무의 겸비가 필요할 뿐만 아니라, 국가의 제도도 문무의 병중을 나타내고 있다고 보겠다. 그래서 그는 병역제도를 병농일치兵農一致의 제도를 택했다.

그의 국가체제의 모든 제도는 중국의 제도를 참고하면서 그대로 수용하는 것이 아니라, 우리의 현실과 그 제도의 장·단점을 비교해서 채택했으며, 또 제도는 훌륭하나 운용자에

76) 上揭書, 卷十四 七年戊寅 八月壬子.

문제가 있다면 운용을 개정하기도 했다. 특히 군사면에서 본다면, 군사제도의 개정, 즉 국민개병제, 지휘체제의 확립, 무기와 장비의 개량·정비, 군사훈련의 강화, 상벌의 공정한 시행 등을 역설했다.

그는 중국 역대의 병법을 연구·종합하여 우리의 현실 상황에 입각하여 여러 권의 병서를 저술했으며 당시의 명장名將과 술사術士들이 칭송했다고 하나, 현존하는 책은 오직 『진법』뿐이다. 『진법』은 현존하는 우리나라 최고最古의 병서이며, 군사 이론적 체계를 위한 저술이 아니다. 그것은 '무경칠서' 등을 바탕으로 하고, 요동정벌을 앞두고 가장 요긴한 군사훈련의 교범과 용병술의 저서로 본다면 그 존재 가치를 인정할만한 훌륭한 저서라 평가된다.

그는 문무 겸비를 주장했을 뿐만 아니라, 스스로 이를 실천했던 것이다. 특히 군사적 경력의 측면에서 보면, 우군총제사右軍摠制使, 의흥친군위절제사義興親軍衛節制使, 판의흥삼군부사判義興三軍府事, 동남면도선무순찰사東南面都宣撫巡察使 등 야전 지휘관과 조정의 병권도 장악하여 행사했을 뿐만 아니라, 스스로 병서를 저술해서 장병의 군사훈련의 교범으로 삼았다는 관점에서 본다면, 우리의 역사상 정도전 만큼 훌륭한 군사전문가는 아직 없었다고 생각한다.

개혁 사상가, 경륜가, 문장가, 성리학자로서의 정도전은 널리 알려져 있으나, 군사전문가로서는 별로 알려져 있지 않다고 생각되어 여기에 초점을 두고 규명을 시도해 보았다.♣

(『국방연구』, 국방대학원, 1984.)

제13장

군사제도와 조선 초기의 병력동원문제

1. 머리말

병력 동원의 문제는 한 단어가 아니라, 엄격히 말해서 병력과 동원의 두 가지로 구분해서 논의되어야 한다. 즉 전자前者는 병역제도에 속하고, 후자는 동원제도의 문제로 군사제도에 있어서 중요한 비중을 차지한다. 그리고 군사제도는 통수권, 군대의 조직과 편성, 군사교육과 훈련 등 광범위한 문제를 다루게 된다. 특히 통수권의 문제는 국가 권력의 향방과 정권의 변동에 지대한 영향을 미치는 것이니, 군사제도는 정치제도와 국가의 조직에 있어서도 많은 영향과 비중을 차지한다.

요즘 우리나라에 있어서 군사제도(군제軍制 혹은 병제兵制라고 칭하기도 한다)의 문제가 역사분야에서 다루어지고 있으나, 그것의 이해와 분석 기준이 되는 군사제도의 이론분야는 거의 논의되고 있지 못한 실정이다. 따라서 필자는 다음과 같은 순서로 논의를 전개하고자 한다.

첫째 : 병역·동원제도를 중심으로 하는 군사제도의 이론을 소개한다.

둘째 : 조선 초기의 군사제도와 대마도 정벌 그리고 병력동원을 규명한다.

셋째 : 이율곡의 군제 개혁안과 임진왜란 초기의 병력동원을 규명코자 한다.

2. 군사제도의 이론[1)]

가. 군사제도의 의의

군사제도(약칭으로 군제라고도 함)란 국가의 군대가 창설되어 유효하게 활용될 수 있게끔 유지하여 국가가 지니고 있는 실제實際 및 잠재적인 군사 역량을 어떻게 발전·지원·통제할 것인가 하는 방법을 제시해 주는 제반규정을 말한다. 좀더 구체적으로 부연하면 국가가 전쟁수행을 위하여 준비하는 제반설비를 군비라 하고 군비에 관해서 상세히 규정하는 제반제도를 군사제도라고 한다. 군사제도는 군사를 다루는 일체의 제도를 말하며 군사는 정치를 하는 데 필요한 네 가지 요소(정치·경제·심리·군사) 중의 하나이다. 그 가운데서도 군사는 대단히 중요한 위치를 차지하고 있다.

전쟁은 정치의 연장延長이라고 하나, 사실상 정치작전의 마지막 수단인 것이다. 그러므로 이 수단(인원 및 장비와 무기)의 우열이 국가의 강약, 민생의 화복禍福, 국민의 생사 그리고 국가의 존망 등에 미치는 영향은 실로 심각한 것이다. 우리의 수천 년의 역사를 통한 흥망성쇠의 발자취를 돌이켜 볼 때, 가장 감명 깊은 것은 정치제도가 충실했을 때, 군사제도도 따라서 충실하였고, 국가는 자주 독립의 부강과 평화를 누렸다는 사실이다. 요컨대, 군사는 정치의 일환이며, 군사제도는 정치제도의 일부이다. 그러므로 국가의 흥망성쇠가 정치제도 및 군사제도의 완벽과 실행 여부와 밀접한 관계를 맺고 있다는 것은 역사가 증명해 줄 뿐만 아니라, 이 논문에서도 여실히 알게 될 것이리라.

군사제도의 근원은 첫째, 국가의 헌법, 둘째, 국가전략 그리고 셋째, 군사정책과 군사전략에서 비롯되는 것이다.

• 첫째, 국가의 헌법

헌법은 군사제도를 산출하는 기본적인 근원이며 불변의 요소로서 군사제도가 갖추어야 할 지속성과 강제성을 부여해 주고 있다. 예컨대, 유신헌법의 제34조에는 '모든 국민은

---

1) 군사제도의 이론에 관해서는 아래 문헌을 참고했다.
· 三軍大學編, 『軍制學』上·下(臺北 : 國防部, 1971)
· 蔣緯國, 『軍制基本原理』(臺北 : 黎明文化事業公司, 1969)
· 松下芳男, 『明治軍制史論』上·下(東京 : 有斐閣, 1956)

법률이 정하는 바에 의하여 국방의 의무를 진다'고 하였고, 제51조는 '대통령은 헌법과 법률이 정하는 바에 의하여 국군을 통수한다'고 규정하고 있다.

• 둘째, 국가전략

국가전략이란 국가가 국가목적을 달성하기 위해서 정치·경제·심리·군사 등 네 가지의 국력 요소를 개발·운용하여 전력戰力을 통합해 내는 술術이다. 그 목적은 유리하게 조성된 상황 아래서 전력을 발휘하여 성공의 확률을 증대시키고 승리의 결과를 획득 또는 확장시키는 데 있다. 국가전략 가운데, 군사전략에 부과된 구상은 군사정책의 모체母體가 되며, 군사정책은 군사제도의 기초가 되는 것으로, 국가전략은 곧 군사제도의 근원이 되는 것이다. 국가이익이 새로운 영향을 받거나 또는 국가목표가 새로운 장애에 봉착했을 때 국가전략은 전반적으로 새로운 검토와 수정이 가해져야 하며, 군사전략과 군사정책도 새로이 갱신更新되어야 하니 군사제도 역시 따라서 갱신되어야 한다. 그러기 때문에 국가전략은 군사제도를 창설·수정하는 데 있어 중요한 근거가 되는 것이며, 융통성과 적응성을 갖춘 군사제도라야만 건군建軍 및 전쟁준비 등의 업무면에서 항상 새로운 상황에 부합되고 적용될 수 있다.

• 셋째, 군사정책과 군사전략

군사정책이란 군사력을 건설·정비·유지 및 관리하여 군사력의 기반을 배양하고 대내적으로 또는 대외적으로 군사력 운용의 환경과 조건을 조성하는 정책적 기능을 뜻한다. 그리고 군사정책은 군사력의 임무를 정치목적에 적합·구체화하고 군사력 운용의 방침을 확인하며 군사전략의 요구에 따라 군사력 정비의 요령을 구체적으로 정한다. 군사전략은 준비된 군사력을 운용하여 주어진 군사목표를 달성하는 작전·용병의 기능을 뜻한다. 따라서 군사전략은 군사운용을 구체화하고 소요所要 군사력을 요청하기도 한다. 그러면 국가이익과 목표에 의하여 군사정책은 병력량의 증감과 군사력의 성격을 규제하게 된다.

나. 군사제도 설정의 기본원리

군사제도가 바라는 그 기능을 발휘하기 위해서는 그것을 설정함에 있어서 몇 가지 원칙이 있으며, 이 원칙에 위배되는 제도는 죽은 제도이며 결코 성과를 거둘 수 없을 뿐만 아니라, 실시할 수도 없고, 심지어 좋지 못한 결과를 가져다준다. 따라서 그 원칙을 살피면 다음과 같다.

1) 전력의 발휘

군대는 전투를 위주로 하고 전투는 승리를 요구하는 것이다. 그러므로 군사제도를 설정하는 데 첫째 원칙은 자신의 전투 역량을 건립·유지하고 증강시켜, 적의 전력을 격멸시킬 수 있도록 해야 한다. 건군을 하는 데는 반드시 전투와 전력발휘에 적응할 수 있어야 한다는 점에 착안해야 된다. 스스로 단결하고 종합전력을 발휘하고 낭비를 절제하고 전의戰意와 전력을 고취하되 불필요할 때에는 발휘하지 않고, 필요한 시기에는 가용병력可用兵力이 준비되어 있어야 한다. 모든 인원·물자·시간 및 공간의 배합은 적을 유효하게 섬멸하기 위한 것이며, 이것이 곧 가장 중요한 요결이다. 따라서 우리는 부대를 직접 전투에 참가시키려고 계획할 때는 전력의 특성을 발휘할 수 있도록 편성해야 한다. 한편 군사교육 및 훈련기구는 전투 인원을 양성하기 위해 있는 것이며, 군수물자 기구는 전투력을 유지 및 증강하기 위해 존재하고 군수공장 및 창고는 전쟁 물자를 제조하고 보관하기 위해 존재하는 것이니, 이들 기구가 비록 전투에 참가하지는 않지만, 기구 자체의 사명은 전투임무를 달성하기 위한 전체 체계의 일부를 담당하는 고로, 편제 및 운용상 반드시 전력의 발휘와 적군의 섬멸이라는 요구에 적합하도록 갖추어져야 한다. 인원과 물자의 준비에 있어서는 그들의 성질이나 수량의 결정이나 동원의 시기 및 위치의 선정 등 모두는 장차의 전쟁에서 승리할 수 있도록 착안해야 한다. 요컨대 어떠한 제도를 설정하건 간에 충분한 전투성을 갖추고 작전 요구에 적합할 수 있어야 한다.

2) 적군과 아군의 비교

만일 편제, 장비, 교육 및 훈련 등에 관한 제도를 설정 또는 수정하려면 먼저 객관적인 태도로 관찰하고 적군과 아군의 우열점優劣點을 분석하여 아군의 장점을 발전·운영함으로써 적군의 단점을 제압하는 한편, 각종의 장애 요소를 주도적으로 극복해야만 적으로부터 승리를 강요할 수 있다. 또 이렇게 함으로써만 시대와 상황에 보조를 맞추면서 전승을 기할 수 있다. 더욱이 국가 간의 모든 업무는 이해관계利害關係로 얽혀 있을 뿐만 아니라, 심지어 서로 모순되는 것이 대부분이다. 따라서 이로운 면과 해로운 면의 양쪽을 모두 고려해야 한다. 그리고 이로운 것을 처리할 때는 신빙성을 고려해야 하고 해로운 것을 처리할 때는 그에 대한 해결방법을 찾아내야 한다. 이롭고 해로운 가운데서 취사선택을 한다는 것은 고도의 지혜와 결의를 필요로 하는 행위이다. 그러므로 어떤 제도를 제정할 때는 대국적大局的인 면을 고려하고, 장단점을 통찰해서 전적으로 우리의 전투 역량을 증강하고 적을 타도함을 목적으로 삼아야 한다. 아군과 적군을 비교함에 있어서 적정敵情을 분석하고, 정세를 판단하고 신중한 검토를 한 다음 최선의 결론을 찾아내야 한다. 일찍이 손자가 '지피지기知彼知己 백전불태百戰不殆'라고 한 것은 이런 관점에서 파악해야 하리라.

3) 경제성과 효과

어떤 제도를 마련할 때는 경제성과 효과를 중시해야 하는데, 양자는 서로 상반되면서도 서로 따라 다니는 것이다. 전자는 객관적으로 표현되는 능력조건이며 후자는 제도를 실시함에 있어서의 요구사항이다. 어떤 때는 효과를 올리기 위해 상당한 낭비를 하는 경우도 있고, 또 어떤 때는 경제성을 위하여 부득이 효과의 감소를 면치 못하는 경우도 있다. 양자를 평형하게 조성하기 위해서는 국지적局地的인 면에서 전반적全般的인 면에 이르기까지 균형을 이루어야 한다. 행위의 기본 목적을 바탕으로 하여 손해를 참작하고 중점重點을 파악함으로써 요구에 부합할 수 있다. 그러나 제도상으로 볼 때 건국과 건군의 근본은 장기적인 국가의 백년대계이니 신중하게 다루어서 미래의 사태까지도 대처할 수 있도록 착안해야만 명실상부한 이익을 거둘 수 있게 된다. 만약 눈앞에 닥친 제한 요소를 붙들고 망설이기만 하거나 내용의 본질을 모르는 채 겉핥기만 하거나 심지어는 목적을 수단에 따라 맞추는 방법을 택한다면 건전한 건국과 건군은 기대하기 어려운 것이다. 가령 효과를 잠시 동안 수단에 조화시켜야 할 경우라 할지라도 단계적으로 융통성을 가지도록 해야지 결코 그 본질 자체를 저하시키거나 무리를 가해서는 안 된다. 그런 것이 오래되면 돌이킬 수 없는 결과를 초래한다.

4) 일관성

어떠한 제도일지라도 단번에 제정되기는 어려운 것이다. 또한 한 가지 제도만이 유독 이상적理想的일 수도 없다. 각종 제도 사이에는 서로 영향을 끼치며 상호 배합하는 작용이 있다. 예컨대 교육제도는 사실상 인사제도人事制度의 일환으로서 각종 간부를 양성할 수 있도록 마련해서 선발·훈련·용병 등의 일치된 목적을 달성할 수 있도록 되어야 한다. 따라서 제도를 설정하기에 앞서 각종 제도간의 상호관계를 먼저 고려해야 한다. 상호 부합하는가 또는 상호 저촉되는가의 여부를 세밀히 분석하여 피차간의 연관성에 주의해야 한다. 원칙, 교리 그리고 관리이건 간에 협조된 통일성과 활력 있는 유기체가 될 수 있도록 해야 한다. 그렇게 함으로써만 각종 제도는 서로 보완하고, 능률을 높일 수 있게 된다. 만약 머리카락을 뽑았다가 제자리에 도로 꽂는 식으로 일을 처리한다면, 일의 중점은 건드리지 못한 채 변두리에서만 맴돌게 된다. 일관성 있는 상호배합을 이루려면 먼저 사상과 행동을 통일해야 하는데 전자는 원칙, 교리, 규정 및 교육에 의해서 달성되고, 후자는 계획, 조직 그리고 협력에 의해서 달성될 수 있다. 통일성을 갖추어야만 일관성 있는 연관聯關 작용이 생길 수 있고 일원화함으로써만 비로소 효과적인 일관성을 낳을 수 있다.

5) 지속성

건군은 국가의 대사大事이니 하루아침에 이루어지는 것도 아니며, 더욱이 하루아침에 써먹기 위한 것도 아니다. 건군작업이 부단히 계속되고, 군대가 참신함을 유지하려면 지속성을 갖추어야 하며 이러한 지속성은 어느 특정인의 의사意思에 의해서 유지되어서는 안 되며, 반드시 제도 가운데 명시해서 제도로 하여금 부단히 지속시켜야 비로소 어느 특정인이 없더라도 정책은 계속 지속 될 수 있다. 제도 자체와 형성은 하루아침에 이루어지는 것이 아닐 뿐더러 또한 제도의 제정制定과 개정改定은 반드시 합리적이고 합법적인 절차를 통해서 이루어져야 하며, 법에 의해서 실시되고 또한 법에 의해서만 폐지되어야 한다. 만약 어느 특정인에 의해 존폐가 멋대로 결정된다면, 모든 제도는 존엄성을 잃고 지속성도 유지될 수 없으며, 마침내 제도는 붕괴되고 말 것이다.

6) 적응성

제도가 일단 제정된 다음 변경하기가 쉽지는 않지만, 그러나 각종 환경에 최대한으로 적응함으로써 제도의 지속성을 유지하도록 해야 한다. 그러므로 제도를 마련할 때, 한편으로는 당시의 환경에 적응토록 하는 동시에 또 다른 한편으로는 시간과 공간의 변경에 따라 적응할 수 있도록 고려해야 한다. 시간, 공간, 인원, 물자의 처리는 적응성을 갖추어야 하며 상술上述한 요소가 변경될 경우에는 적응성이 더욱 절실히 요구된다는 사실을 제도를 제정할 때 고려해서 설계해야 한다. 제도를 처음 제정하는 초기에는 먼저 '오늘'과 '여기'를 고려해야 하며, 다음으로 한 발자국 더 나아가서 미래에 닥쳐올 새로운 시간과 장소의 상황을 고려해야 한다.

7) 융통성

제도는 한 번 제정되었다고 해서 결코 다시 변경되지 않는 것은 아니다. 환경에 적응하고 실제 상황에 적합할 수 있도록 예상되는 상황에 대처할 수 있는 조치를 취해야 한다. 그러나 시효성時效性을 갖추고 또한 허다하게 많은 복잡한 수속절차를 감소하기 위해서는 제도를 제정할 때 정당한 융통성을 갖추도록 하는 것이 좋은 방법이다. 적용성과 융통성은 지속성을 유지하기 위한 좋은 방법이다. 제도의 적용성과 융통성은 횡적인 것으로 시기에 적합하고 변화 있게 운용되어야 하는 것이다. 융통성이야말로 정책과 이론의 범위 내에서 그리고 공명하고 합리적인 조건하에서 운용되어야만 정상 궤도를 벗어나지 않고 악용惡用과 곡해曲解를 면할 수 있다.

8) 자율성

제도상에서 말하는 자율이란 사물에 대한 관리와 처치 및 운용을 하는 데 있어서 상부의 정책적 지시나 상급기관의 상황에 따른 요구가 있을 때 발동하지 않으면 안 되는 제도 자체가 지니고 있는 일종의 역량으로서 질서정연한 것이다. 기간요원은 제도에 의해서 부과된 책임에 따라 제각기 스스로 책임을 진다. 사실상 제도는 보이지 않는 가운데 기풍을 조성하며 기풍은 사람으로 하여금 움직이지 않으면 안 되게끔 만드는 힘을 가진다. 그 가운데서도 가장 중요한 것은 책임과 절차이다. 책임에 관한 명확한 규정이 있음으로써 사람마다 책임을 지지 않으면 안 되도록 하며 또한 어떤 책임을 어떤 근거에 의해서 져야 하는가를 일러주게 된다. 그렇지 않으면 책임 이행을 모면하려거나 또는 제멋대로 난동하는 결과를 초래할 수도 있는 것이다. 책임제도를 실시함으로써만 비로소 스스로 일하는 기풍을 조성할 수 있으며, 제각기 맡은 일을 궤도에 따라 처리할 수 있도록 할 뿐 아니라 올바르게 처리하지 않으면 안 되게끔 만든다. 이것이 제도상의 자율성이다. 그리고 이것을 가리켜 오늘날의 관리학 부문에서는 자동화라고 일컫는다.

9) 인간성

인간성은 군사제도를 제정할 때, 특히 강조되어야 하는 원칙이다. 즉 인간의 소망이 사업발전의 원동력이고, 사업의 밑거름이 되는 것이다. 일을 유효하게 발전시키는 것이 곧 작업능률을 증진시키는 것이며, 최소를 투자해서 최대의 것을 생산한다는 것이다. 현대 관리학도 역시 노동자의 인간성을 파악하여 그들의 잠재능력을 발휘시킬 수 있어야만 비로소 작업능률을 향상시킬 수 있고, 실제적인 효과도 거둘 수 있다. 그러나 인간의 욕망은 결코 물자에 대한 욕심에만 국한되는 것이 아니며 정신적인 면에 대한 욕망이 오히려 강하다.

어떠한 제도를 마련하더라도 제도의 실시는 일반대중을 상대로 하는 것이다. 따라서 인간성의 중요성이 법칙 가운데 충분히 참작되어야만 비로소 그 제도가 통용될 수 있다. 제도로써 인간성을 발휘하도록 해야만 인간성 요소가 번거롭게 되지 않는다. 인간성의 관점에서 볼 때 인간은 다음 네 가지 기본 욕구를 가지고 있음을 알 수 있다.

첫째 : 정신적인 의지

둘째 : 안전의 추구

셋째 : 사회적 지위

넷째 : 새로운 지식을 습득할 수 있는 기회

소위 말하는 기본 욕구란 인간의 생활면에 결핍될 수 없는 것이며 다른 무엇과도 대체하거나 병합할 수 없을 뿐만 아니라, 그 중 어느 한 가지가 결핍되어도 인간은 정신면 또는 정서면에서 영향을 받게 된다. 요컨대 훌륭한 제도란 반드시 인간 본연의 정리正理에 순응하는 것이라야 한다. 그리고 반드시 제도에 의해서 인간의 네 가지 기본 욕구를 충족시킴으로써 업무의 열성도와 책임 관념을 동시에 증진시키도록 해야 한다. 이 네 가지의 기본 요구에 관한 사항을 제도 가운데 포함시켜야만 비로소 국민의 충성심을 국가 원수와 국가에 집중시킬 수 있다. 만약 제도가 이러한 기본 욕구를 충족시켜 주지 못하면 사람마다 제각기 제 나름대로 인간성의 약점을 타고 또 악용해서 마침내 국가 전체가 피해를 입게 되는 것을 면할 수 없게 된다. 그러므로 업무능률과 규율에 이로운 인간성은 최대한으로 고취해서 발휘시키는 반면 해로운 것은 되도록 억제해서 막아야 한다. 인간성에 착안하여 상황에 따라 올바르게 이끌어 나아가야 하는 것이 제도 확립의 기본 정신이다. 인간성에 위배되는 제도는 비록 준엄할지라도 오래 지탱하기 어려운 것이다.

다. 병역제도와 동원제도

병역은 국가가 국군으로 하여금 군사목표를 충실히 달성케 하기 위한 것으로서 국민으로 하여금 국가에 대하여 일정기간에 걸쳐 군사임무를 위해 복무케 하는 것이다. 이와 같은 병역의 목적을 달성하기 위해서는 일정한 제도를 채택해야 하는데, 이것이 병역제도이다. 병역제도는 건군建軍의 전제이며 동원의 기초가 되고, 이 제도의 좋고 나쁨에 따라 동원과 건군의 성패成敗에 지대한 영향을 미치며 또한 국가의 흥망도 실로 여기에 달려 있다.

한편 동원에는 두 가지가 있는 데, 하나는 광의廣義의 동원이고, 다른 것은 협의狹義의 동원이다. 넓은 뜻의 동원은 국가의 인력과 자원을 동원집결하고 조직, 편성하여 전쟁을 준비하는 것으로 국가가 평시태세에서 전시태세로 전환하는 것을 말한다. 좁은 뜻의 동원은 동원소집에 따른 편성부대·물자·장비 등을 현역에 복무케 하는 것을 뜻한다. 그래서 전자는 국가 총동원이며, 후자는 군사동원이라 한다. 그리고 위에 말한 동원을 실시하는 데 상응相應한 제도를 동원제도라 한다. 병역과 동원제도는 상호협조·보완하여 일체화된 운용을 기하여야 하며, 먼저 동원방식과 제도를 확립함으로써 그 기초가 된다. 비록 병역제도와 동원제도가 2개로 구분되어 있으나 양자가 밀접하게 협조함으로써 사상적으로나 시행상에서나 일치되는 것이다. 병역제도를 정할 때에는 동원의 요구에 충족하도록 착안해야 하고, 동원제도를 책정할 때에는 주로 병역제도의 적응성에 대하여 고려해야 한다.

병역과 동원제도의 목표는 작전의 요구를 충족시키는 데 있다. 그러나 전쟁이 어느 때 발발할지 예측하기 어려우므로 병역과 동원제도는 국방계획과 협조하여 지속적으로 행하여져야 하며 또한 정예한 군대를 보유하는 한편, 질이 좋은 군수물자를 보충할 수 있는 동원의 기동성과 군대의 지구전력持久戰力을 유지토록 지속적으로 개선하는 것이 매우 중요하다.

1) 병역제도

병역제도는 각국의 실정 및 관습이 달라서 차이가 있으나 그것을 분류해보면 〈표 1〉과 같다.

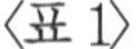
〈표 1〉

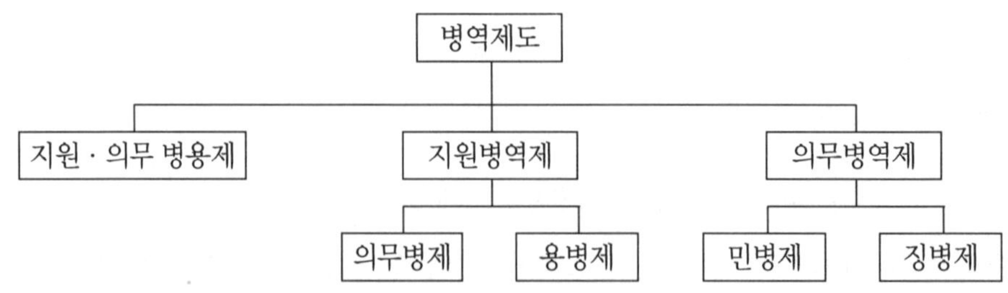

각 병역제도의 장·단점을 분석하면 아래와 같다.

가) 징병제

(1) 장점

㈎ 병역의무가 평등하다.

㈏ 군대 자질을 향상할 수 있다.

㈐ 적령기 장정을 전원 병역에 복무시킬 수 있다.

㈑ 융통성을 발휘하여 국가 재력을 활용할 수 있다.

(2) 단점

㈎ 국민은 병역 의무의 부담을 가지고 있기 때문에 자유스럽지 못하며 그 개인의 학업과 사업을 진행하는 데 제한을 받는다.

㈏ 과다한 징병으로 생산에 영향을 받는다.

나) 민병제

(1) 장점

㈎ 단기간 내에 대량의 병원兵員을 양성할 수 있다.

㈏ 양성 비용을 절약할 수 있다.

㈐ 생산에 방해를 받지 않는다.

㈑ 전 국민이 병역에 복무함으로 특수계급을 형성하지 않는다.

(2) 단점

㈎ 훈련기간이 짧아서 고도의 전투력을 보유하기 어렵다.

㈏ 상비부대가 너무 적어서 긴급사태에 적응하기 어렵다.

다) 용병제

(1) 장점

㈎ 계약에 의하여 종군하는 자는 장기長期병역에 복무하게 됨으로 전투기술을 우수하게 발휘할 수 있다.

㈏ 국민이 강제로 군에 복무하는 두려움을 주지 않게 된다.

㈐ 군대의 인사人事가 안정되어 전투기술에만 전념하여 숙달시킬 수가 있다.

(2) 단점

㈎ 양병養兵 비용이 너무 많아서 국가의 재력이 소비된다.

㈏ 전시에 많은 병력을 획득하기 어렵다.

㈐ 신앙의 중심이 없어서 전투 의지가 견고하지 못하다.

라) 의용병제

(1) 장점

㈎ 사기가 높고 의기양양하다.

㈏ 자원입대한 병사이므로 징병에서 가지는 고민이 없다.

(2) 단점

㈎ 병역의무가 불평등하다.

㈏ 대량의 병력을 획득하기 어렵다.

㈐ 높은 사기가 오래 갈 수 없어 군기軍紀를 엄격히 유지하기 어렵다.

마) 지원·의무병용제

(1) 장점

㈎ 지원병의 재영在營기간이 비교적 길어서 부대의 골간을 형성하므로 부대로 하여금 비교적 강한 전투력을 가진다.

㈏ 인력을 절용節用하여 목적을 적절하게 달성할 수 있다.

㈐ 생산에 영향을 미치지 않는다.

㈑ 국민은 군 복무의 자유를 선택할 수 있다.

㈒ 전시에는 용감한 예비역 병력을 보유할 수 있다.

(2) 단점

㈎ 지원병에 대한 처우를 높여야 하므로 국가의 부담이 과중하다.

㈏ 의무병은 충분한 훈련을 받지 못하게 되며 전시에 대량의 군대 확장을 실시할 때는 군대의 전투력을 약화시킨다.

병역제도의 선택에 있어서는 그 나라의 국방상의 수요需要에 기초를 두고 고려하여야 하며 또한 동원요구에 충족하도록 주안점을 두어 필히 상호 밀접한 관계를 가지고 조정되어야 한다. 그리고 병역제도를 선택할 때 미치는 영향과 여러 요소는 다음과 같다.

㈎ 국체國體

㈏ 역사

(다) 국민의 성격

(라) 국방정책

(마) 재정 및 산업 등이다.

2) 동원제도

동원방식은 국가의 사정에 따라 각각 다르며 크게 두 가지로 나눌 수 있다.

전시 확장식戰時擴張式 또는 후기 동원식後期動員式이다. 이것은 평시에 동원을 하지 않고 동원준비를 했다가 전쟁발발시 혹은 사변이 일어나면 국민을 소집하여 편성·훈련시켜서 후에 사용할 군대를 확충하는 것이다. 민간공장의 징발·편성과 군수물자의 대량제조 역시 전쟁 혹은 사변발발 후에 행하여진다.

평시 비축식平時備蓄式 또는 선기 동원방식先期動員方式이다. 이것은 평시에 국민을 징집하여 국민에게 군사훈련을 실시하고 난 후에 제대자는 예비역으로 복무한다. 전쟁 혹은 사변이 발발하면 신속히 소집하여 편성함으로써 군대를 확충한다. 군수물자도 역시 매년 축차적으로 비축하여 전시소요에 대비한다. 전쟁 혹은 사변이 발발하면 민간공장을 징발하여 군수물자를 대량 생산토록 편성하여 지속적으로 작전을 지원한다. 이런 동원방식의 장·단점을 분석하면 다음과 같다.

가) 전시 확장식

(1) 장점

(가) 평시의 재정부담을 경감시킴으로써 국민생활 수준을 향상시킬 수 있다.

(나) 전쟁에 임하여 군대를 확충시키고 군수물자를 생산함으로써 군대는 최신식의 통일된 훈련을 받고 무기를 획득할 수 있다.

(2) 단점

(가) 동원이 완만하여 전기戰機를 오판하기 쉽다.

(나) 전시 재정부담이 급증한다.

(다) 대량의 훈련장소와 설비를 필요로 하게 된다.

나) 평시 비축식

(1) 장점

(가) 유비무환으로 동원이 신속하다.

(나) 평시 완전한 계획준비가 되어 있으므로 전쟁이 발발하더라도 혼란을 일으키지 않는다.

(다) 전시 재정부담이 비교적 경감된다.

(라) 평시 병력 및 군수물자를 적게 가지고 있어도 전시에 곧 대비할 수 있다.

(2) 단점

(가) 평시의 재정부담이 비교적 과중하다.

(나) 군수물자는 신형과 구형이 있어 통일되지 못하고 전시용으로서 일치토록 통일시킬 수 없다.

(다) 근대과학의 진보가 급속도로 이루어지기 때문에 평시에 비축하여 둔 구식 무기는 적의 신식 무기에 대항하기 어렵게 된다.

국가가 선택하는 적합한 각종 동원방식의 특성은 다음과 같다.

가) 전시 확장식

(1) 국가가 부강하며 자원이 충분하고 재력이 충족되는 국가.

(2) 지리적 환경이 특수하여 전화戰禍의 파급이 쉽지 않은 국가.

(3) 영토를 확장할 여지가 없어 타국을 공격할 기도가 없는 국가.

(4) 공업이 발달하여 군수물자의 제조가 용이하고 단기간 내에 필요한 동원 소요를 지원할 수 있는 국가.

나) 평시 비축식

(1) 국력이 약하고 자원이 충분하지 못하며 재정이 충족되지 못한 국가.

(2) 인접국가가 강대하여 수시로 전쟁도발이 가능한 국가.

(3) 영토 확장을 기도하고 타국을 공격하려는 국가.

(4) 개전開戰 초기에 우세를 얻으려는 국가.

동원방식을 선택할 때의 고려 요소는 다음과 같다.

가) 지리적 환경

(1) 군사지리의 특성으로 보아 공·수세의 이해점利害點을 고려해야 한다.

(2) 인접국가에서 전쟁이 발발했을 때 그 파급 여부성을 고려해야 한다.

(3) 인접강국으로부터 받는 위협 여부를 고려해야 한다.

나) 국방정책

(1) 공세적인 국방정책

(2) 수세적인 국방정책

다) 국방자원

(1) 재정과 경제의 능력

(2) 공업의 설비

(3) 산업의 설비

(4) 국민교육 및 과학의 수준

라) 병역제도

병역제도는 동원이 요구하는 것을 충족시킬 수 있는지의 여부에 달려 있다.

3. 대마도 정벌과 병력동원

가. 조선 전기前期의 군사제도

조선왕조의 개국 일등공신이요, 또한 개국 후 판의흥삼군부사 등 군사와 국정의 요직을 역임하며 건국사업에 크게 이바지하여 새 나라의 문물제도와 국책國策의 대부분을 결정했던 삼봉三峯 정도전은 왕조의 군사제도를 당나라의 부병제도府兵制度를 우리의 현실에 맞게끔 조정했다고 했다.

• 우리나라에서는 당의 부병제도를 현실에 맞게 가감하여 10위衛를 설치하고 매 1위마다 5령領을 소속시켰으며, 상장군에서 장군, 중랑장中郎將에서 위정尉正에 이르는 무관武官을 의흥삼군부義興三軍府에서 통솔케 하였다. 재상으로 하여금 의흥삼군부의 일과 제위諸衛의 일을 맡게 하여, 중관重官으로서 경관輕官을 통어하게 하고, 소관小官을 대관大官에 소속되게 하였으니 체통이 엄격하였다. 각 도에는 절제사節制使를 두고 주군州郡의 군사를 당번제로 상경시켜 숙위하게 하였으니, 이것은 중앙과 지방이 서로 유기적인 관계를 맺도록 하고자 하는 뜻에서이며, 지방 군사를 의흥삼군부의 진무소鎭撫所에 소속시킨 것은 중앙이 지방을 통어하고자 하는 뜻에서이다.[2)]

---

2) 軍官, 『조선경국전』 상, 삼봉집 권13.

• 주나라 제도에서는 병농兵農이 일치하였다. 무사시에 매양 농한기를 이용하여 무예를 강습하기 때문에 유사시를 당하면 모두 이용할 수 있었다. 양병養兵의 비용이나 징병의 소란함이 없으면서 위급한 사태에 용이하게 대처할 수 있었으니, 이것이 주周나라 제도의 장점이었던 것이다.

우리나라에서는 중앙에 부병이 있고, 그밖에 주군에서 당번으로 상경하는 숙위병이 있으며, 지방에는 육수병陸守兵과 기선병騎船兵이 있다.[3]

상술한 내용은 조선왕조의 군사제도의 기초 구상을 밝힌 것으로 대단히 중요한 것이며 그것을 분석하면 다음과 같다.

첫째 : 중국의 군사제도를 그대로 직수입하는 것이 아니라, 장점을 취하고 단점을 버리며 또한 우리나라의 현실에 알맞은 제도를 만든다는 기본자세가 훌륭하다고 하지 않을 수 없다. 예컨대 당나라의 부병은 16위[4]이지만, 조선에서는 10위로 했다는 것이다.

둘째 : 무관의 지휘통솔은 의흥삼군부에서 하며, 그 직책을 재상이 맡는다는 것이다.

셋째 : 각 도에는 절제사를 두고 주군의 군사들을 당번제로 상경시켜 숙위케 하는 데 그 목적을 중앙과 지방이 유기적 관계를 맺고 동시에 지방 군사를 중앙에서 통솔하기 위한 것이라 했다.

넷째 : 중앙에는 부병과 주군번상지병州郡番上之兵이 있고, 지방에는 육수지병과 기선지병이 있다고 했는데, 이것은 지정학적 위치에서 반도국이 가져야 하는 군비軍備를 고루 갖춘 것이라 하겠다.[5] 정도전의 이른바 부병이란 요즘의 수도 경비사령부에 해당하는 것으로, 당시로 본다면 오위五衛(정병正兵을 제외)와 소수의 친병親兵(내금위 등)을 말하는 것이고, 주군번상지병은 곧 정병이다. 육수지병은 진군鎭軍과 수부군守府軍이며, 기선지병은 선군船軍(또는 수군)을 뜻하는 것이다.[6]

다섯째 : 주周의 병농일치의 군제軍制를 취하며, 그 이유는 농한기를 이용해서 군사훈련을 시키므로 유사시 언제든지 소집하여 위기에 대처할 수 있고, 양병의 비용이나 징병의 소란함을 피할 수 있기 때문이라 했다.

---

3) 軍制, 『조선경국전』 하, 삼봉집, 권14.
4) 孫金銘, 『中國兵制史』(臺北 : 國防研究院, 1960), p. 98.
5) 이것은 필자가 제창한 '반도세력이론'(Peninsular Power Theory)의 견지에서 보아도 대단히 타당한 내용이다.(이종학 저, 『韓半島의 抑止戰略理論』, 서울 : 형설출판사, 1977, pp. 291~296. 참조).
6) 千寬宇, 『近世朝鮮史研究』(서울 : 일조각, 1979), pp. 132~133.

군사기구에 있어서 지휘계통은 다원화되어, 첫째, 중추원·승추부·중추부의 계통, 둘째, 의흥삼군부·삼군진무소·의흥부·오위진무소·오위도총부의 계통, 셋째, 병조의 계통이 있었으며, 이 지휘계통은 여러 번 변동이 있었으나, 세조 10년(1464)에 이르러서는 병조의 지휘 하에 오위도총부가 있어서 오위의 병력을 지휘하게 되었고 중추부는 하등의 실권이 없는 기관으로 전락하게 되었다.

따라서 군사의 최고 지휘는 병조가 맡아 문신文臣이 상위를 차지하고 있었는데, 이것은 오늘날 우리의 것과 또한 구미 선진국의 소위 군사력의 문민통제 혹은 문민우위文民優位의 원칙을 이미 옛날에 실시하고 있었던 것이다.[7]

지방의 군사조직도 여러 번 변경되었으나, 『경국대전經國大典』에 의하면 각 도의 병마절도사(병사兵使)와 수군절도사(수사水使)의 소재지를 주진主鎭이라 하고, 그 밑에는 각각 수 개의 거진巨鎭을 두어 절제사·첨절제사가 각각 관장하고 이 거진을 단위로 하는 진관鎭管에 여러 개의 진을 두어 동첨절제사同僉節制使·만호萬戶·절제도위節制都尉가 이를 관장하는 것이었다.

따라서 국방체제는 왕실과 수도의 방위를 담당하는 경군京軍이라 할 수 있는 오위가 담당하고 외적의 침략에 대해 실제로 국방을 담당하는 것은 지방군인 진군·수성군 및 선군 등이었다.

병역제도는 16세부터 60세까지의 남자가 군역軍役·신역身役(직역職役) 등 국역國役을 부담하는 것을 원칙으로 하는 여대麗代 이래의 원칙은 조선 초에도 답습되었다.[8] 당시 사회의 지배층이었던 양반으로서 현직관리는 별도로 국역을 부담하지 않았는데, 그것은 관료로서 복무하는 것이 국역의 일종이었기 때문이다. 그러나 양반계급도 3품 이하의 전직 관리까지는 군역을 담당하도록 되어 있었으나, 이들은 사실상 군역을 기피하는 경향이 많았다. 따라서 조선왕조의 군역은 양인층良人層이 담당하고 있었다.[9]

조선왕조의 병역제도는 신분적 계층과 밀접한 관계가 있기 때문에 그것을 도시圖示하면 다음과 같다.[10]

---

7) 이종학, 『현대전략론』(서울 : 박영사, 1972), pp. 276~285.

8) 천관우, 前揭書, p. 142.

· 國制 民年十七爲丁 始服國役 六十爲老而免役 (『高麗史』 食貨志 戶口)

· 民丁 自十六歲 至六十歲 當役 (『太祖實錄』 元年 9月 戊寅)

9) 丁時采, 『韓國官僚制度史』(서울 : 和信出版社, 1978), p. 252.

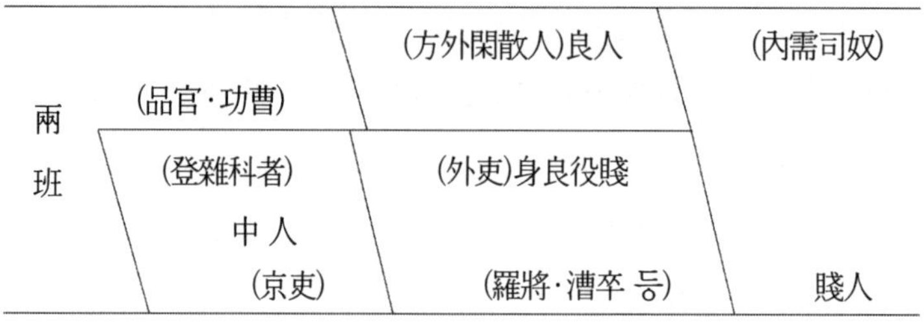

兩班

(品官·功曹)

(方外閑散人)良人

(內需司奴)

(登雜科者)

中人

(京吏)

(外吏)身良役賤

(羅將·漕卒 등)

賤人

첫째 : 양반계층은 과거·문음門蔭·천거 등을 통하여 문반·무반의 관료가 되며 이 무관은 군 지휘관으로서 군졸의 군역과는 엄격히 구별된다. 양반으로서 관직을 얻지 못하는 경우, 문재文才가 있는 자는 생원·진사 또는 무관직無官職의 유자儒者로 되며, 무재武才가 있는 자는 내금위 등 친병親兵(역役 아닌 관직)으로 선발된다. 그 어느 편도 아닌 자는 충찬위忠贊衛·충순위忠順衛 등으로서 오위五衛의 명목상 복무를 거쳐 제한된 것이나마 역시 관로官路로 나아가되, 그 지위는 사뭇 저하됨을 면할 수 없게 된다. 그리고 지위가 낮은 양반층(예컨대 초기의 한량품관閑良品官 등)으로서 무재가 있는 자는, 시취試取로서 갑사·별시위 등 직업군인이 되어 무반에 오른다.

둘째 : 양인은 대부분이 농민으로서, 대개는 시위군侍衛軍(뒤에는 정병正兵)이 되어 교대로 번상番上(상경복무)하거나, 영진군·수성군이 되어 교대로 입번入番(현지복무)하되 하번시下番時는 귀농하여 월 1회의 군사훈련을 받으며 생업에 종사한다. 이들 양인 군사에게는 보保를 붙여 그 경비를 부담케 했다. 즉 "무릇 정정正丁 1명에 가외의 정丁을 두어 그로 하여금 재력을 내어 정정의 역사役事를 돕게 하니, 국속國俗에 이것을 봉족奉足이라 한다."[11] 당시의 군사제도는 병졸에 소용되는 경비를 국가가 전부 부담하는 것이 아니라, 군인 각자가 부담하는 데 그 현역 병졸의 경비를 부담하는 자를 봉족 또는 보인保人이라 했다. 그 보인도 일종의 병력으로 간주되고, 유사시에는 동원된다. 양인의 일부는 파적위破敵衛 등의 직업군인이 될 수 있고, 또 정병의 일부는 시취에 의하여 대정隊正·여식旅帥 등으로 승급할 수 있는 동시에 하위의 품계와 함께 봉록俸祿을 받게 된다.

원래 양인인 수군은 뒤에 천역賤役으로 고정되어 이것이 우리 민족으로 하여금 해

10) 千寬宇, 前揭書, pp.142~144, p.274.
11) 『世宗實錄』 卷7 庚子正月乙巳.

양 진출 및 해상세력을 증강하는 데 저해 요소가 되었다.

셋째 : 신양역천身良役賤 또는 천인은 그 본래의 신역이 있는 만큼 군역과의 중복이 불가능하므로, 군역은 면제되는 것이 원칙이다. 그러나 시취試取에 의하여 무예로써 군직을 갖는 천인도 있을 수 있으며, 또 수군·조졸漕卒 등과 같이 그 군역으로 말미암아 도리어 신분이 규정되는 수도 있다. 이 천역에도 대개 봉족이 따른다.

따라서 천관우 씨는 전국의 16세 이상 60세 이하의 장정은 ① 무관 또는 군(군역)이 되거나, ② 군의 보가 되거나, ③ 그것도 아니면 비록 형식상의 편제編制나마 잡색군雜色軍에 편입되기로 되어 있어, 그런 의미에서는 국민개병國民皆兵이라고도 할 수 있다고 했는데, 이것은 타당한 결론이라 하겠다.[12)]

나. 대마도 정벌과 병력동원

대마도는 조선과 가장 밀접한 관계를 지니고 있었다. 그것은 대마도가 지리적으로 조·일 양국간에 있어 중개의 일을 맡고 있었다는 것과 또한 그 토지가 원래 좁고 농사에 적합지가 못해 식량을 밖에서 수입하지 않고는 생활을 유지할 수 없었기 때문에 조공을 바치면서 동시에 미곡을 얻어가는 형편에 있었다. 그리고 또 조선에서도 옛날부터 대마도가 왜구의 소굴이라 하여 이들을 회유하였고 대마도도 통상의 이익을 독점하고 있었다. 조선이 대마도에 대해 회유책을 쓴 것은 본래가 왜구의 방지를 위한 것이었으나, 그들이 함부로 우리의 연안에 침입해 와서 약탈을 자행하니 세종 원년에 이르러서는 마침내 대마도 정벌이라는 강경책을 사용하게 되었다.

1414년 5월 7일 충청관찰사 정진鄭津이 비보飛報하기를 "5월 5일 새벽에 왜적의 배 50여 척이 돌연 자인현 도두음곶都豆音串에 이르러, 우리 병선을 에워싸고 불살라서 연기가 자옥하게 끼어 서로를 분별하지 못할 지경이다." 하니, 상왕은 곧 다음과 같이 명했다.

---

12) 조선왕조의 병역제도가 국민 개병주의에 입각한 것인가, 아닌가 하는 것이 논란의 대상이 되기도 한다. 그러나 옛날의 사회체제는 신분사회라는 점을 감안하지 않을 수 없다. 예컨대 로마제국에 있어서는 로마 시민권을 가진 자만이 병사가 될 수 있었다. 국민 개병주의가 가장 철저한 스위스에 있어서, 모든 남자는 만 20세부터 50세까지 병역의무가 있으며 징병검사에 의해 병역 부적격자는 50세까지 매월 병역 면제세를 의무적으로 지불해야 한다. 또한, 예외규정으로 연방정부의 각료, 형무소장, 일부의 요직자, 병원장 그리고 불가결한 醫師 등은 병역이 면제되고 있다.(村石富行, 『スイス』, 東京 : 時事通信社, 1970, pp. 140~145)

그 도의 시위별패侍衛別牌와 하번갑사下番甲士와 수호군守護軍을 징집하여 당하령선군當下領船軍과 같이 엄하게 장비할 것이며, 총제總制 성달생成達生을 경기·황해·충청 수군 도처치사水軍都處置使에, 상호군上護軍 이각李恪은 경기 수군 첨절제사에, 이사검李思儉은 황해도 수군 첨절제사에, 전 총제 왕린王麟은 충청도 수군 도절제사에 명하고, 또 해주 목사 박령朴齡은 황해도 수군 절제사를 겸하게 하라.[13]

양상兩上[14]은 대마도 정벌의 이유와 결심, 지휘관의 임명, 병력 동원의 일자 및 작전구상 등을 다음과 같이 명시했다.

양상兩上이 유정현柳廷顯, 박은朴訔, 이원李原, 허조許稠 등을 불러 '허술한 틈을 타서 대마도를 치는 것이 어떨까'를 의논하니, 모두 아뢰기를 "허술한 틈을 타는 것은 불가하고, 마땅히 적이 돌아오는 것을 기다려서 치는 것이 좋습니다." 하나, 유독 조말생趙末生만이 "허술한 틈을 타서 쳐야 한다." 하니, 상왕이 말하기를,

"금일의 의논이 전일의 계책한 것과 다르니, 만일 물리치지 못하고 항상 침노만 받는다면, 한漢나라가 흉노에게 욕을 당한 것과 무엇이 다르겠는가. 그러므로 허술한 틈을 타서 쳐부수는 것만 같지 못하다. 그래서 그들의 처자식을 잡아오고, 우리 군사는 거제도에 대기하고 있다가 적이 돌아옴을 기다려서 요격하여 그 배를 빼앗아 불사르고, 장사하러 온 자와 배에 머물러 있는 자는 모두 구류拘留하고, 만일 명을 어기는 자가 있으면 베어버리고, 구주九州에서 온 왜인만은 구류하여 경동하는 일이 없게 하라. 또 우리가 약한 것을 보이는 것은 불허不許하니, 후일의 환患이 어찌 다함이 있으랴" 하고, 곧 장천군長川君 이종무李從茂를 삼군 도체찰사로 명하여 중군을 거느리게 하고 경상·전라·충청의 3도를 병선 200척과 하번갑사, 별패, 시위패 및 수성군 영속營屬과 재인才人, 화척禾尺, 한량인민閑良人民, 향리鄕吏, 일수日守, 양반 중에서 배타는 데 능숙한 군정들을 거느려, 왜구의 돌아오는 길목을 맞이하고, 6월 8일에 각 도의 병선들은 함께 견내량見乃梁에 모여서 기다리기로 약속하다.[15]

상왕은 대마도 정벌의 구체적 이유를 다음과 같이 밝혔다.

병력을 기울여서 무력행사를 취하는 것은 과연 성현聖賢이 경계한 것이요, 죄 있는 이를 다스리고 군사를 일으키는 것은 제왕帝王으로서 부득이한 일이라, 대마도는 본래 우리의 땅인데, 다만 궁벽하게 막혀있고, 또 좁고 누추하므로 왜놈이 거류하게 두었더니, 개같이 도적질하고, 쥐같이 훔치는 버릇을 가지고 경인년부터 변경에 침입하여 국민을 살해하고 부형父兄을 잡아가고 집에 불을 질러서 고아와 과부가 바다를 바라보고 우는 일이 해마다 없는 때가 없으니, 뜻있는 선비와 착한 사람들이 팔뚝을 걷어 부치고 탄식하며, 성낸 짐승처럼 간교한 생각을 숨겨 가지고 있는 것은 신과 사람이 한가지로 분개하는 바이지마는 내가 도리어 널리 포용하여 더러움을 참고 교통하지 않았노라. 그 배고픈 것도 구제하였고 통상을 허락하기도 하였으며, 온갖 구함과 찾는 것을 수응하여 주지 아니한

13)『世宗實錄』卷3, 世宗元年五月辛亥.

14) 왕은 세종이었지만, 兵權은 태종이 아직 장악하고 있었다.

15)『世宗實錄』世宗元年 五月戊午

것이 없고, 다같이 살기를 기약했더니, 뜻밖에 이제 또 우리나라의 허실을 엿보아 비인포에 몰래 들어와서 인민을 죽이고, 노략한 것이 거의 3백이 넘고, 배를 불사르며 우리 장사將士를 해치고 황해에 떠서 평안도까지 이르러 우리 백성들을 소란케 하며 장차 명나라까지 범하고자 하니 그 은혜를 잊고 의리를 배반하며, 하늘의 떳떳한 도리를 어지럽게 함이 너무 심하지 아니 한가. 내가 삶을 좋아하는 마음으로, 한 사람이라도 살 곳을 잃어버리는 것을 오히려 천지에 죄를 얻은 것 같이 두려워하거든, 하물며 이제 왜구가 탐독貪毒한 행동을 제멋대로 하여 온 백성을 학살하여 천벌을 자청하여도 오히려 용납하고 참아서 토벌하지 못한다면, 어찌 나라에 사람이 있다 하랴. 이제 한창 농사짓는 달을 당하여 장수를 보내 출병하여 그 죄를 바로 잡으려 하는 것은 부득이한 일이다. 아아! 신민들이여, 간흉한 무리를 쓸어버리고 생령生靈을 수화水火에서 건지고자 하여 여기에 이해利害를 말하여 나의 뜻을 일반 신민臣民에게 알리노라."[16]

상술한 내용은 전쟁목적과 명분을 국민들에게 명시한 것으로, 왜 대마도 정벌을 해야 하느냐 하는 것을 국민이 납득할 수 있도록 했고 결코 침략전쟁이 아님을 명확히 했다. 더욱이 농번기에 출병하지 않으면 안 될 이유도 밝혔다.

『손자병법』에, "상하의 마음이 같으면 승리한다"[17]고 했고, 또한 "도道는 국민들이 위정자와 같은 마음이 되어 생사를 함께 할 수 있으면 어떤 위험도 두려워하지 않도록 하는 것이다"[18]고 했는데, 상왕의 뜻은 분명하다고 보겠다. 이렇게 함으로써 우리 편의 전쟁의 정당성을 국민들에게 확신시켜 정의의 전쟁의식과 적개심을 불러일으키게 했다.

다음에 이런 전쟁목적, 즉 우리의 연안에 침공한 죄를 바로잡는 응징을 함으로써 장차의 침략행위를 억지하기 위한 작전구상은 선제공격으로 적의 허술한 틈을 타서 대마도를 쳐부수고, 그들의 처자식을 잡아와서 거제도에서 대기하고 있다가 왜구들이 중국 연안이나 다른 지방에서 노략질을 하고 돌아옴을 기다려 요격해서 섬멸하자는 것이었다.

『손자병법』에, "병법은 목적을 달성하기 위한 힘의 임기응변의 술術이다. 적의 무방비한 곳을 택하여 공격하고, 적이 뜻하지 못한 곳을 노려야 한다. 이것은 병법가의 승리를 거두는 비결이며 따라서 사전에 계획이 누설되어서는 안 된다"[19]고 했다.

그래서 당시 우리나라에 장사하러 온 자와 배에 머물러 있는 자는 모두 구류케 했다. 그리고 교지를 삼군도통사三軍都統使에 내려 말하기를(1419년 6월 6일), "구주九州 절도사가 우

16) 上揭書, 世宗元年六月壬午.
17) 『孫子』, 謀攻.
18) 『孫子』, 始計.
19) 『孫子』, 始計.

리나라의 대마도 정벌의 본의本意를 알지 못하고 반드시 의혹을 이룰 것이니, 우리의 병선이 떠난 뒤에 구주 사신의 배를 돌려보내게 하고, 구주에 간여하지 아니할 뜻을 알리라"[20] 고 했는데, 이것은 매우 세밀 주도한 전쟁지도戰爭指導라 하겠다.

5월 25일, 삼군도통사 유정현이 떠나감으로, 상왕이 친히 선지宣旨와 부월斧鉞[21]을 주어 보냈다. 그리고 선지하기를, "…내가 심히 가상히 여겨서 경에게 부월을 주어 바다의 도적들을 섬멸하게 하는 것이니, 오직 5도의 수륙 대소군민관大小軍民官과 도체찰사 이하는 경이 다 통솔하되, 상과 벌로써 명을 받드는 자와 받지 아니하는 자에게 쓰라…"[22]고 하였다. 상왕과 임금이 한강정漢江亭 북쪽에 거동하여 전송하고 상왕은 안장 갖춘 말과 활과 화살을 주고 임금은 옷과 전립戰笠 및 군화를 주었다.

6월 17일 삼군 도체찰사 이종무가 구절사九節使를 거느리고 거제도를 출발하여 바다 가운데로 나가다가, 바람에 거슬려 다시 거제도에 와서 병선을 매니, 병선 수가 경기도 10척, 충청도 32척, 전라도 59척, 경상도 126척, 총계 227척이고, 서울로부터 출정나간 모든 장수 이하 관군 및 따르는 사람이 669명이며, 갑사, 별패, 시위, 영진속營鎭屬과 이종무가 모집한 건강한 잡색군雜色軍과 원기선군元騎船軍을 합하여 16,616명이니, 총수가 17,285명, 65일의 식량[23]을 가지고 출정하였다.

6월 20일 우리의 수군 원정군은 오시午時에 10여척의 군사가 먼저 대마도에 도착했다. 섬에 있던 주민들은 바라보다가 재물을 훔쳐서 돌아오는 자기네의 배인 줄 착각하고 술과 고기를 가지고 환영하러 나왔다가 대군이 뒤이어 두지포豆知浦에 정박하니 그들은 모두 넋을 잃고 도망치고, 다만 50여명이 싸우다가 흩어져 양식과 재산을 버리고 험한 산중으로 도망하여 대항하지 않았다. 그래서 먼저 귀화한 왜인倭人 지인池人을 보내어 편지로 소오(宗貞盛)에게 깨우쳐 이르나 대답하지 않았다.

그래서 우리의 군사가 길을 나누어 수색해서 대소의 적선 129척을 빼앗아 그 중에 사용할 만한 것으로 20척을 고르고, 나머지는 모두 불살라 버렸다. 또 도적의 가옥 1,393호를 불 질렀으며, 참수 114명, 포로 21명이나 되었다. 밭에 있는 벼 곡식을 베어버렸고, 포로

20) 『世宗實錄』, 世宗元年六月己卯.

21) 鈇鉞 혹은 斧鉞이라고 쓰기도 하는데, 이것은 임금이 출정하는 장수에게 주는 작은 도끼와 큰 도끼인데, 지휘권의 이양을 상징한다.(『六韜』, 龍韜)

22) 『世宗實錄』, 元年己亥五月己巳.

23) 『世宗實錄』, 元年己亥六月庚寅.

가 된 중국인 남녀가 131명이었다. 제장諸將들이 포로가 된 중국인에게 물으니 섬 중에 기갈이 심하고 또 창졸간에 부자라 하여도 겨우 양식 한 두 말만 가지고 달아났으니, 오랫동안 포위하면 반드시 굶어죽으리라 했다. 그래서 목책木柵을 세워놓고 적의 왕래하는 중요한 곳을 막으며 장기간 머무를 뜻을 보였다.

6월 29일 유정현의 종사관 조의구趙義昫가 대마도에서 돌아와 승전勝戰을 보고하니, 상왕은 훈련관 최기崔岐를 보내어, 선지 2통을 받들고 군중에 가서 도체찰사 이종무에게 전했는데, 그 내용은 다음과 같은 것이었다. "예로부터 군사를 일으켜 도적을 치는 뜻이 죄를 묻는데 있고, 많이 죽이는데, 있는 것은 아니니라. …오직 경은 나의 지극한 생각을 본받아 힘써 투항하는 대로 모두 나에게 오게 하라. 또한 왜놈의 마음이 간사함을 헤아릴 수가 없으니, 이긴 뒤라도 방비가 없다가 혹 일을 그르칠까 함이 또한 염려되는 것이며, 또한 생각하니 7월에는 의례 폭풍이 많으니 경은 그 점을 잘 생각하여 오래도록 해상에 머물지 말라.…"

상왕의 선지는 일선 지휘관에게 정벌의 기본 취지를 다시 한 번 천명하는 동시에 투항하는 왜인에 대해서는 너그러운 자비심을 베푸는 아량을 엿보이게 한다. 상왕은 대마도의 토지가 척박해서 식량의 자급자족이 심히 어려우니 전일의 죄를 뉘우치고 항복한다면 거처와 의식을 요구하는 대로 해준다는 아량도 베풀었다. 한편 왜놈은 간사하니 승리했다 하여도 경계와 방비를 철저히 할 것을 당부한다. 그리고 7월에는 태풍을 감안하여 너무 오래도록 해상에 머물지 말고 돌아오라는 것이다. 그런데 이것이 명령이 아니라, 전선의 상황을 판단해서 결심하라는 종용의 형식을 취하고 있다는 점이 높이 평가할 일이다. 왜냐하면, 옛 병서에, "장수가 유능하고 군주가 작전에 간섭하지 않으면 승리한다"[24]고 했기 때문이다. 이때 육전陸戰에서 패했다는 보고가 아직 오지 않았기 때문에 이런 교지를 내렸다.

당시 이종무는 병선을 두지포에 머물게 하고는 매일 편장編將을 육지로 파견 수색하여 잡고, 다시 가옥 68호와 배 15척을 불사르고, 적 9명을 베고, 중국인 남녀 15명과 본국인 8명을 얻었다. 적이 항복은 하지 않고 항전을 계속함으로 6월 26일 이종무는 전진하여 니노군尼老郡에 이르러 3군軍에 명령하여 길을 나누어 육지에 내려, 한 번 좌우 군사들을 독려하여 먼저 상륙하니, 좌군절제사 박실朴實이 적과 접전했다. 적이 험한 곳에 모여 복병하고 기다렸다가 박실이 군사를 거느리고 높은 곳에 올라 싸우려 할 그 순간에 졸지에 복

24) 『孫子』, 謀攻.

병이 일어나 앞으로 돌격해 와서 패했는데, 전사하거나 언덕에서 떨어져 죽은 자가 백 수십 명이 되었다. 중군은 마침내 상륙을 하지 않았다. 소오(宗貞盛)는 우리의 군사가 오래 머물까 두려워서 글을 받들고 군사를 철수시키고 수호修好하기를 빌면서 "7월 사이에는 항상 풍파의 변이 있으니, 오래 머무름이 옳지 않습니다"고 했다.

7월 6일, 이종무가 보낸 진무鎭撫 송유인宋宥仁이 밤에 와서 계하기를 "군사가 거제도로 돌아왔는데, 전함의 복몰覆沒은 없었습니다"고 하니 상왕은 곧 불러 친히 상황을 묻고는 마굿간의 말 1필을 주고, 임금은 또한 옷 1벌을 주었다. 좌의정 박은이 계하기를, "이제 적왜賊倭가 중국에 들어가 도적질하고 본도로 돌아오는 것이 곧 이때이므로 마땅히 이종무 등으로 다시 대마도에 나가 적이 섬에 돌아오기를 기다렸다가 맞아서 치게 되면 적을 격파시킬 것이 틀림없으니, 진실로 섬멸시킬 기회를 잃지 마소서" 하니, 상왕도 그렇게 생각했다.

상왕은 7월 7일 유정현에게 말하기를, "중국으로부터 돌아온 적선 30여 척이 이 달 3일에는 황해도 소청도에 이르고, 4일에는 안흥량安興梁에 와서 우리 배 9척을 노략하고 도로 대마도로 향하니, 우박禹博과 권만權蔓으로 중군 절제사를 삼고… 도체찰사가 다 거느리고 다시 대마도로 가되, 육지에 내려 싸우지 말고, 군사를 거느리고 바다에 떠서 변을 기다릴 것이며,… 각각 병선 25척을 거느리고 나누어 등산굴두登山窟頭와 같은 요해처要害處에 머무르게 하고, 적의 돌아오는 길을 맞아 쫓으며, 협공으로 반드시 대마도까지 이르게 하라"[25]고 했다.

그런데 상왕은 7월 12일 왜적이 중국의 금주위金州衛를 범해서 도적질하니, 도독都督 유강劉江이 복병으로 유인하고 수륙으로 협공하여 사로잡은 것이 110여 명이요, 목 벤 것이 700여 명, 적선 10여 척을 빼앗아 수레 5량에는 수급首級을 싣고, 50량에는 포로를 실어서 모두 북경에 보냈다는 보고를 받고, 지인知印 이호신李好信을 보내어 유정현에게 선지를 내리기를, "대마도를 다시 토벌하는 것을 중지하게 하고, 장수들로 하여금 전라, 경사도의 요해처에 보내어 엄하게 방비하여 적이 통과하는 것을 기다렸다가 추격하여 잡게 하라"[26]고 했다.

이로써 대마도의 재정벌再征伐은 끝을 맺었는데, 동원병력은 17,285명, 병선 227척, 대마도 원정기간은 17일간(대마도 도착일이 6월 20일이요, 거제도 귀환일이 7월 6일)이며, 전사자 180명[27]이었다. 이 원정에서 아군은 적 주력부대(물론 중국으로 노략질하러 가고 부재 중이었지만)를

25) 『世宗實錄』, 元年己亥七月庚戌.
26) 『世宗實錄』, 元年己亥七月乙卯.
27) 『世宗實錄』, 己亥七月癸丑.

섬멸하지도 못했고, 더욱이 소오(宗貞盛)의 항복도 받지 못했다는 점에서 소기의 성과를 얻지 못한 것으로 평가된다.

우리의 가장 큰 관심사는 당시 전국의 병종별兵種別 정군正軍 수와 동원 병력 사이의 비율이다. 즉 전체 병력에서 몇%가 동원되었나 하는 점이다. 불행하게도 원정군의 총 수는 정확하게 숫자로 명시되어 있으나, 병종별 숫자는 없으며, 또한 당시의 전국 병종별 총 수도 없다.

그러나 다행히도 『세종실록』 지리지地理志에는 각 병종별 통계(세종 말년 추정)가 따로 나타나 있으며, 또한 1425년(대마도 정벌은 1419년 6월)에 편찬한 「경상도 지리지」에는 각 병종별로 정군正軍과 봉족奉足의 수가 나타나고 있다. 이 표를 통해 『세종실록』 지리지에서 취급한 시기의 전국의 정규 병력은 정군만 95,168명이며, 여기에는 갑사, 별시위 등 중앙군의 병력은 포함되어 있지 않다. 한편 「경상도 지리지」에 의하면 경상도의 경우 정군에 대해 봉족 수를 합산한 전인정全人丁과의 관계는 3.5대 1인데, 이러한 관계를 참작한다면 『세종실록』 지리지에서의 전국의 정군·봉족이 30만을 넘는 숫자였을 것이다. 태조 초의 20만 명과 비교한다면 상당한 군액軍額의 증가를 보이고 있다.[28] 따라서 대마도 정벌 당시의 전국의 정군 봉족은 25만 내외이고, 정군은 8만 5천 명 내외가 되었으리라 추정된다.

병종별 정군 수 (『세종실록』 지리지)

도별 \ 병종별	시위군	영진군	익군	수성군	기선군	계
경 기	1,713				3,892	5,605
충 청 도	1,974	1,766		248	7,858	11,846
경 상 도	2,631	3,878			15,934	22,443
전 라 도	1,167	2,424			11,793	15,384
황 해 도	2,294	2,736			3,997	9,027
강 원 도	2,276	25		11	1,384	3,696
평 안 도	2,878		14,053	789	3,490	21,210
함 길 도			4,472	516	969	5,957
계	**14,933**	**10,829**	**18,525**	**1,564**	**49,317**	**95,168**

28) 육군사관학교 한국군사연구실, 『韓國軍制史－近世朝鮮前期篇－』(서울 : 육군본부, 1968), pp. 44~45.

경상도내시거인 일람 (경상도 지리지)

병 종	정 군	봉 족	계
별 패	816	3,947	4,763
시 위	2,120	7,895	10,015
영 진 속	2,261	6,107	8,368
수 성 군	1,223	2,362	3,585
기 선	15,941	36,071	52,012
소 계	**22,361**	**56,382**	**78,743**
잡 색	16,574	47,462	64,036
중 계	**38,935**	**103,844**	**142,779**
上京從仕人員 및 老弱			51,940
총 계			**194,719**
(道內時居 41,320戶, 人丁 191,179) (자료 : 『한국군제사－근세조선전기편』, p. 44.)			

4. 임진왜란 초기의 병력동원

가. 이율곡의 10만 양병론

1555년 5월 을묘왜변乙卯倭變을 당하고 그 후 국방에 관심을 두어 신조전선新造戰船을 9월에 시험해 보기도 했으나, 북쪽의 오랑캐와 남쪽의 왜구의 침범이 20년 가까이 뜸해지고 태평의 세월을 맞이하게 되었다. 이렇게 되자 정치의 기강은 문란해지고 군사제도의 근본은 흔들리게 되었다. 당시의 실상을 1574년 정월 우부승지 율곡의 『만언봉사萬言封事』를 통하여 살펴보고자 한다.

> 나라와 백성 사이에 서로 믿는 실상實相이 없는 것이 첫째 근심이요, 신하들이 일을 책임지는 실상이 없는 것이 둘째 근심이요, 경연經筵에 임금의 덕을 성취하는 실상이 없는 것이 셋째 근심이요, 현명한 인재를 불러도 들여 쓰는 실상이 없는 것이 넷째 근심이요, 재화災禍를 만나도 하느님의 뜻에 응하는 실상이 없는 것이 다섯째 근심이요, 여러 정책에 백성을 구하는 실상이 없는 것이 여섯째 근심이요, 인심이 선善으로 향하는 실상이 없는 것이 일곱째 근심입니다.…

이 일곱 가지 근심은 지금 세대의 고질이 되었는데, 기강이 무너짐과 민심의 시달림이 전혀 여기에 기인하고 있습니다. 이 일곱 가지 근심이 제거되지 않으면 비록 위에서는 성심聖心이 노고하시고 아래에서는 고결한 분들의 언론이 성하더라도 역시 나라를 지키고 백성을 편히 하는 효과는 없을 것입니다. 오늘날 전하께서는 무슨 덕을 잃었기에 나라의 형세가 이렇게도 위태롭습니까?

나라가 거의 망하게 되더라도 밝은 임금이라면 오히려 진흥시킬 수 있는 것인데, 지금 조정은 아직 맑아서 권신의 무리가 나타나지 않았고, 사경四境은 아직도 완전하여 외란이 없으니, 지금은 아직도 가히 할 수 있으되 조금 늦으면 때를 잃어 미치지 못할 것입니다.[29]

율곡은 백성을 편히 한다는 병리病理에는 다섯 가지의 조목을 열거하고 설명했는데, 다섯 번째가 군정軍政을 개정改正하여 안팎의 방비를 굳게 해야 한다고 했다. 그는 당시의 군정의 실태를 다음과 같이 진단했다.[30]

• 첫째 : 군 지휘관의 봉급이 지불되지 않는 데서 오는 폐단

지금 군정이 무너지고 온 나라는 방비가 없으니, 만약 사변이 있다면 비록 장량張良·진평陳平의 꾀를 내고 오기吳起·한신韓信 같은 이가 통솔하더라도 거느릴만한 병사가 없는데, 어찌 홀로 싸우겠는가.… 우리의 법제法制는 빠진 것이 많아서 오직 병사兵使·수사·첨사·만호·권관 등의 벼슬을 설치했을 뿐이며, 이들의 생활을 보장할 준비가 없기 때문에 그것을 병졸로부터 거둬들이려고 하니, 변방의 장수들이 침탈하는 폐단이 여기서부터 시작했다. 법제가 점점 풀어져서 탐내고 포악한 것은 더욱 성해지고 더구나 인재를 뽑아 등용하는 것도 불공평하여 채수債帥(돈을 주고 장수가 된 사람)가 연달아 생겨 공언하기를, '아무 진鎭의 장수는 그 값이 얼마요, 아무 보堡의 벼슬은 그 갑이 얼마다'라고 정하고 있다.

• 둘째 : 수륙군의 유방지留防地와 거주지의 불일치에서 오는 폐단

지금 수륙의 군사가 반드시 살던 고장에 머물러 방비하지 아니하고, 수 일이 걸리는 거리나 혹은 천리 밖으로 가게 됨으로 풍토에 익지 못하여 발병發病하는 자가 많은 데, 이미 장수의 학대에 떨면서 또 그 지방의 군졸의 깔봄에 곤란을 받고 있다. 예컨대, 황해도 기병으로 평안도에서 수자리 사는 자는 한 번 나가는 비용이 반드시 3, 40필疋의 베값 보다 적지 않다 하니, 그 3, 40필은 시골 백성 몇 집의 전 재산에 해당할 것이므로, 한 번 나감에 반드시 두어 집의 재산을 파괴하게 되는 것이니, 어찌 궁한 나머지 도망하지 않겠는가.

---

29)『栗谷全書』卷5,「萬言封書」
30) 상게서, 권5.

• 셋째 : 매 6년의 군적개정軍籍改正이 시행되지 않는 데서 오는 폐단

지방에서는 그 수數가 미치지 못할까 두려워하여 오직 혹 빠진 것이 있을까 걱정하고, 구차히 수를 채우는 것만이 후환을 없게 하는 것으로 생각하여 걸인이라도 모두 수에 들어갔고, 닭·개의 이름까지도 기록된 것이 있었는데, 1, 2년이 못되어 태반이 빈 장부가 되어 버렸다.

• 넷째 : 내외 양역內外良役의 대립가代立價의 남징濫徵에서 오는 폐단

내외 양역의 명목은 매우 많다. 이 역을 역시 베로써 갚게 되어 그 소속관청에서 이미 다른 사람으로 대신 당하게 해 두고, 불시에 저리邸吏를 독촉하여 역채役債를 갚게 하니, 저리는 이자를 붙여 바치고 비용을 계산하여 당자에게 그 3배를 징수하니, 한 사람이 언제나 세 사람의 역을 감당하게 되며, 내지 못하면 예사로 일족一族에게 징수했다.

당시는 외부의 위협과 침략이 없는 평화로운 시기였으므로, 군정의 문란에 대해 개정의 시급성을 그렇게 필요로 하지 않았다. 그러나 1583년(선조 16년) 정월과 5월 양차에 걸친 두만강 부근의 추장인 니탕개尼蕩介의 난을 체험하면서 이완된 방위태세의 허약성을 여실히 나타내었다. 즉 훈련된 병력의 부족, 전마戰馬의 부족, 병량兵糧의 부족 등이 있었다. 거기다가 지역별의 자전자수自戰自守를 원칙으로 하는 진관체제鎭管體制가 기능을 발휘하지 못하여, 부득이 중앙에서 파견된 증원군에 의해 겨우 전투를 치를 수 있는 형편에 놓였다. 이 난의 전년 12월에 병조판서로 임명되었던 이율곡은 난의 체험을 바탕으로 하여 1583년 2월 「육조계六條啓」의 상소를 올렸는데, 그 서언에서 그는 다음과 같이 명언明言하고 있다.

> 우리나라는 태평한 지 이미 오래되어 매사에 태만함이 날로 심하여 지고 서울과 지방이 허공虛空하고 군사와 식량이 모두 궁핍하여 소규모의 오랑캐가 변경을 침범하여도 온 나라가 놀라니, 만약 대규모의 오랑캐가 침입해 온다면 비록 슬기로운 사람일지라도 이를 막아낼 계책이 없습니다. 옛말에 '적이 나를 이기지 못하도록 먼저 준비하여 내가 적을 이길 수 있는 기회를 기다리라' 하였사온데, 오늘날 나라의 정사는 하나도 믿을만한 것이 없사오니 적이 닥쳐오면 반드시 패하고 말 것이옵니다. 생각이 이에 미치고 보니, 한심하여 가슴이 터질 듯 하옵니다.[31]

병조판서 율곡은 임진왜란이 일어나기 10년 전에 이미 '적이 닥쳐오면 반드시 패하고 말 것이옵니다.' 하고 말할 정도였으니 당시의 군정이 얼마나 부패되어 있었는가를 짐작

31) 상계서, 권6 「육조계」

케 한다. 그리고 그는 여섯 가지의 시정책을 건의했는데, 그 내용은 다음과 같다.[32]

• 첫째 : 어질고 유능한 사람을 임용한다.

나라를 통치함에 요령이 있다. 왕이 위에서 손을 움직이지도 않고 노력하지 않아도 통치하는 것은 어진 사람은 위位에 있고, 유능한 사람은 직職에 있어서 각각 정성과 재주를 쓰기 때문이다. 오늘날 관직을 줌에 사실상 사람을 가려 뽑기는 하지만, 아침에 임명했다가 저녁에 관직을 옮겨서 미처 자리가 따스해질 겨를도 없으니, 비록 소임을 보살피려 하여도 할 도리가 없는 실정이다.… 여러 번 직책을 바꾸어서 그 소임을 잃은 것과, 적재適材가 아닌 사람이 오래 그 직책에 머물러 있는 것은 다 같이 결과적으로 잘못 다스리는 것이니, 지금부터 대소 관직은 일반법규에 구애되지 말고 널리 현명하고 재능 있는 사람을 받아들여 인물과 지위가 서로 합당하게 하고 대관大官을 임명하는 것은 반드시 대신에게 하문하시어 인재를 골라서 임명하고, 일단 그 적재를 얻어 신임하였으면 떠도는 말에 동요되지 않음으로써 어질고 유능한 사람을 임용한 실적이 나타나게 될 것이다.

• 둘째 : 군사와 백성을 기른다.

양병養兵은 양민養民을 근본으로 삼는 것이기 때문에 양민을 하지 않고 양병을 했다는 것은 고금을 통하여 들어본 적이 없다. 부차夫差(오나라의 왕)의 군사가 천하의 무적이었으면서도 마침내 그 나라가 망한 것은 양민을 하지 않았던 까닭이다. 지금 백성의 기력은 이미 다하여 사방이 위축되었으니 이제 대적大敵이 나타나면 비록 제갈량諸葛亮을 군사軍師로 앉히고 한신韓信과 오기吳起로 하여금 군사를 이끌게 한다 해도 어찌할 도리가 없다. 왜냐하면 군사를 훈련시키려 해도 군사가 없고 먹을 양식조차 없으니 아무리 지혜로운 사람이라 할지라도 어찌 밀가루 없이 국수를 만들 수 있는가. 이것은 각종 군역軍役의 경중輕重이 고르지 못하여 수월한 자는 그대로 견디겠지만, 고역苦役인 자는 도망하고야 말며 도망을 하면 그 해독이 일족에까지 미치게 되고, 그 화가 연달아 끼치게 되어 심지어는 한 마을이 텅 비게 된 까닭이다. 어질고 유능한 사람으로 하여금 군적軍籍의 일을 맡겨 군역의 경중은 사정査定하여 균일하게 하고… 각종 군사를 확보하여 일족을 연대적으로 징계하는 병폐를 없앤다면, 군사와 백성이 기를 펼 수 있다.

32) 상게서, 권 6.

• 셋째 : 재용財用을 충족하게 한다.

군사를 충족하게 함은 식량의 충분한 비축으로 그 근본을 삼으며, 백만의 군사가 하루 아침에 흩어지는 것도 식량이 없기 때문이다. 현재 국가의 식량비축은 1년을 지탱하지 못할 형편이니, 이야말로 나라가 나라 노릇을 하지 못하는 격이다.… 국고가 날로 줄어들어 가는 원인은 세 가지가 있다. 즉

① 수입이 적고 지출이 많다.

② 맥도貉道로 징세徵稅하는 것.

③ 제사가 번거롭고 실속이 없다.

공안貢案을 개정하여 전역田役의 10분의 7, 8을 감하여, 그렇게 한 연후에 적당히 세를 증가해서 국가의 비용을 넉넉하게 해야 한다. 그리고 제사라는 것은 정성스럽고 간결함이 근본이다.

• 넷째 : 변방을 굳게 한다.

경성은 곧 복심腹心이며 사방은 곧 변방이다. 변방이 든든한 연후에라야 복심이 믿는 바가 있어 평안하게 되는 것인데, 지금은 사방의 군읍郡邑이 쇠진하여 퇴폐되지 않은 곳이 없고, 감사監司도 자주 바뀌어서 백성은 도백道伯이 누구인지 알지 못하니, 만약 강포强暴한 도적이 불의에 나타나서 풍우처럼 내달아 치게 된다면 감사가 갑자기 군사를 징발하려 하여도 백성은 서로 믿지 않을 것이요, 명령도 평소처럼 행하여지지 않을 것인데, 어떻게 무슨 일을 할 수 있는가. 이러고서는 백 번 싸워도 끝내 패하고 말 것이다. 생각건대 쇠하고 퇴폐한 작은 고을은 합쳐서 하나로 만들어 백성의 힘을 펴게 하고, 감사監司를 선택하여 오래 계속해서 책임을 맡겨 은덕恩德과 위엄으로 한 도道가 다 알도록 하고 백성이 평소에 신뢰하여 복종토록 한다면, 평시에는 휴양하게 되고 급할 때는 방어할 수 있을 것이며, 변방이 견고하면 국가의 세력은 반석같이 된다.

• 다섯째 : 전마戰馬를 갖춘다.

국내의 전마가 가장 귀하여 만일 군사를 징발하는 일이 있게 된다면 보병만 쓰게 될 형편이다. 저편은 기병이고, 이편은 보병이라면 어떻게 대적할 수 있는가. 지금 여러 섬에서 기르는 군마軍馬는 마적馬籍은 있으나, 실제로 말은 없고 세월이 갈수록 감소되고 비록 고의로 잃은 것은 아니라 하더라도 여러 섬에 흩어져 있어 야수와 다름이 없으니, 긴급할 때는 쓸 수가 없다. 생각컨대 서울이나 지방의 무사로서 말 타기와 활쏘기를 잘하는 사람은

그 재주를 시험하여 우수한 자를 뽑아 목장에 보내어 그로 하여금 전투에 쓸 만한 수말을 골라 뽑아서 합격한 차례대로 나누어 주게 하고, 사변이 생기어 그가 종군하게 되면 자기가 타고 갈 것을 허락해야 한다. 당마唐馬나 호마胡馬를 널리 사들여 이 법대로 하여 무사에게 나누어 주면 무武를 업으로 하는 사람은 말없는 걱정이 없어질 것이요, 나라에서는 급할 때의 대비가 될 것이다.

• 여섯째 : 교화敎化를 밝힌다.

백성들이 임금에 대한 믿음이 없으면 서지 못한다고 하였고, 맹자는 말하기를, '어질면서 그 어버이를 버리는 자 없고, 의로우면서 그 임금을 뒤로 미루는 자 없다.' 하였으니, 설령 먹는 것이 풍족하고 군사가 족하다 할지라도 인의仁義가 없다면 어찌 유지될 수 있는가. 오늘날 풍속이 야박하고 완악해졌으며, 의리가 모두 없어졌으니, 본래 기한飢寒이 몸에 절박하면 염치를 돌보지 않는다고는 하지만, 이것은 교화가 밝지 않아서 강綱·유維를 일으키지 못했기 때문이다.

니탕개의 난을 평정하는 과정에서 병조판서로서 몸소 체험한 바의 어려움을 당하고서 그가 국왕에게 '나라의 정사는 하나도 믿을만한 것이 없으니, 적이 닥쳐오면 반드시 패할 것이다'고 소疏를 올렸다는 것은 그의 지위뿐만 아니라, 목숨마저 내놓고 하는 국가를 위한 충성심에서 나온 직언이며, 이에 대한 극복책이 바로 「육조계六條啓」이니 그 내용은 당시의 상황에 대한 사실事實의 진단과 해결책이 담긴 것이었다. 그는 또한 4월 경연經筵에서 계啓하여 가로되, "국세國勢의 부진함이 10년을 지나지 아니하여 마땅히 토붕土崩의 화가 있을 것입니다. 원컨대 미리 10만 병兵을 양성하여 도성에 2만, 각 도(8도)에 1만씩을 두어 군사에게 호세戶稅를 면해 주고 무예를 단련케 하고, 6개월로 나누어 번갈아 도성을 수비하다가 변란이 있을 때에는 10만을 합하여 지키게 하는 등 완급緩急의 비備를 삼아야 합니다. 그렇지 아니하면 일조一朝에 변이 일어날 때 훈련되지 않은 국민을 몰아 싸우게 함을 면치 못할 터이니, 그 때는 일이 죄다 틀리고 말 것입니다"[33]고 했다.

이것은 율곡의 10만 양병설養兵說로 유명한 내용인데, 병사 10만이 허황된 숫자는 아니었다. 그의 『육조계』를 실천한다면 충분히 가능하다고 확신했으리라. 왜냐하면 1477년(성

33) 上揭書, 卷33, 附錄「年譜」癸未條.

종 8년)의 각 도·봉족 수를 보면, 정군正軍만도 134,970명[34]이나 되기 때문이다.

성종 8년 각도 정군 봉족정액표

도 별	정 군	봉 족	도 별	정 군	봉 족
경 중	2,824	2,920	개 성	696	1,521
황 해 도	9,817	27,471	경 상 도	35,517	94,810
평 안 도	19,336	52,231	전 라 도	34,044	80,947
경 기 도	8,956	12,180	충 청 도	23,780	51,664
계				**134,970**	**323,744**

(자료 : 『한국군제사』, p. 209.)

당시 같은 연신筵臣인 서애 유성룡은 그의 양병론이 불가하다는 뜻으로 '무사無事한 때에 양병은 양화養禍'라고 하자, 다른 연신들도 모두 이에 동조했다. 다음 해 1584년 율곡이 돌아간 후, 그가 예언한 대로 10년 만에 임진왜란이 일어난 뒤 유성룡은 말하기를, "지금 와서 보면 율곡은 참 성인聖人이다. 만일 그의 말을 채용했다면 국사가 어찌 이 지경에 이르랴"고 했다는 것은 알려진 사실이다.

선조는 율곡의 건의가 옳다는 것을 알면서도 과감하게 그것을 채용하여 실천에 옮기려고 하지 않았다. 왕은 욕심이 없고 어진 사람이기는 했으나, 우유부단했다. 율곡은 서운한 정도를 넘어서 자못 분개와 실망의 심정으로 다음과 같은 내용의 글을 왕에게 올렸다.

"만일 전하께서 신의 정책을 모두 채용하셔서 굳게 변함없이 3년 동안 실행하여 보시다가 그래도 민생이 평안치 못하고 국용國用이 부족하고 양병이 뜻과 같지 아니 되거든 신에게 부월의 주誅를 가하신대도 신은 달게 받겠습니다."[35]

나. 임진왜란 초기의 병력동원

북방에서 일어난 니탕개의 난을 치르면서 조선왕조의 군사제도는 강력한 외침을 저지하기에는 거의 와해되어 있다는 것을 실감케 했다. 그리하여 율곡 같은 개혁론자는 군정軍政

34) 육군사관학교, 전게서, p. 209.
35) 이병도, 『율곡의 생애와 사상』(서울 : 서문당, 1973), p. 170에서 재인용.

의 정상 회복을 위한 일대 혁신을 주장했지만, 개혁에 따른 이해관계利害關係의 상충相衝과 혼란을 두려워하는 소극적인 입장과 정계의 미묘한 갈등으로 끝내 혁신을 단행하지 못했다. 거기에다 남쪽의 왜구들도 잠잠했으니 더욱 군정 개혁의 긴용성은 줄었다.

한편 일본은 전국시대戰國時代를 치르고 도요토미 히데요시(豊臣秀吉)가 일본 전국을 거의 통일하고는 중국대륙을 정복을 하겠다는 지나친 망상을 품고 먼저 조선과의 교섭을 벌이게 되었다. 이런 교섭과정에서 일본의 내침이 분명하게 예상되었기 때문에 이에 대한 대비책이 강구되기 시작했다. 즉, 1589년 7월에는 ① 하삼도下三道의 병·수사를 간택揀擇할 것, ② 요충의 읍에 참호와 축성을 서둘 것, ③ 방어사·조방장의 자격이 있는 자는 모두 대읍大邑의 수령으로 차견差遣할 것 등 전비戰備를 위한 교지가 비변사에 내려졌다.

1591년 3월 일본에 파견되었던 통신사 일행이 서울에 돌아와서 왕에게 복명復命함에 있어서 동·서 양파의 일본 정세에 대한 견해의 대립은 전비강화戰備强化를 주춤하게 하였다. 그런데 도요토미 히데요시는 조선과의 명나라 정벌교섭이 실패하자 곧 원정군을 편성하여 1592년(선조 25년 임진) 4월 13일 부산포에 상륙시켰다.

왜군의 제1진은 고니시小西行長를 대장으로 한 18,000명의 병력으로 동래, 양산, 밀양을 거쳐 대구, 상주, 조령방면으로 향했다. 제2진은 가토 기요마사(加藤淸正)를 대장으로 한 22,000여명의 병력으로 이들은 부산에 상륙하여 경주, 영천, 신령방면으로 향했다. 제3진은 11,000여명, 제4진은 14,000여명, 제5진은 25,000여명, 제6진은 15,000여명, 제7진은 30,000여명, 제8진은 10,000여명, 제9진은 11,000여명 등이 상륙하여 북상하였고, 수군 9,000여명, 병선 500여 척이 남쪽 바다를 덮고 있었다. 따라서 침략군의 총 병력은 165,000여명이었다.

왜군의 침공에 대한 우리의 대응책에 대해 주로 병력 동원을 중심으로 해서 고찰해 보고자 한다. 임진왜란 당시 좌의정, 영의정까지 역임했던 서애 유성룡의 『징비록懲毖錄』은 다음과 같이 기록하고 있다.

> 4월 13일(1592년 임진년)에 왜병이 국경을 침범했다.… 17일 이른 아침 변보가 처음으로 조정에 도착했다. 바로 좌수사 박홍의 장계였다. 대신들과 비변사가 빈청에 모여서 의논하고, 임금께 뵙기를 청했으나 허락되지 않았다. 즉시 내가 글을 올려 이일李鎰로 순변사를 삼아 중로中路로 내려가게 하고, 성응길은 좌방어사를 삼아 좌도左道로 내려가게 하며, 조경은 우방어사를 삼아 서로西路로 내려가게 하고, 유극량은 조방장을 삼아 죽령을 지키게 하고, 변기는 조방장을 삼아 조령을 지키게 하고, 경주부윤 윤인함은 유신으로 나약하고 겁이 많다고 해서 전에 강계부사로 있던 변응성을 기복

起復시켜 경주부윤을 삼아 제각기 군관을 가려서 데리고 가게 했다. 조금 뒤에 부산이 함락되었다는 보고가 또 들어왔다.…

이일이 서울에서 정병 300명을 인솔하고 내려가고자 병조의 선병選兵한 문서를 가져다 보니 모두 여염집과 시정의 군사의 경험이 전혀 없는 무리들이었다. 이들 중에는 아전과 유생이 반수나 되었다. 임시로 점검해 보니, 유생은 의관을 갖추고 시권을 들고 있고, 아전은 평정건을 쓰고 나와서 제각기 징병을 면제해 달라고 호소하는 자가 뜰에 가득하고 보낼만한 자가 없었다. 그러므로 이일이 명령을 받은 지 3일이나 되었으나 출발하지 못했다. 할 수 없이 이일을 먼저 가게하고 별장 유옥으로 하여금 군사을 인솔하고 뒤따라가게 했다. 내가 계청하기를, '병조판서 홍여순은 자기의 직책을 다 할 수 없는 사람이고, 또 군사들의 원망이 크니 해임해야 하겠습니다.' 하였다. 이에 김응남이 대신 병조판서가 되고, 심충겸이 참판이 되었다.[36)]

이 짧은 글의 내용 속에 당시 이미 군정이 타락의 밑바탕에서 우왕좌왕하고 있다는 것을 실감케 한다. 즉

첫째 : 왜병의 침입보고가 서울까지 오는 데 4일간이나 소용되었다는 점.

둘째 : 출전하는 장수가 인솔해 가고자 하는 데 병사가 없어 3일간 기다려도 소집하지 못하여 그냥 출발했다는 점.

셋째 : 소집된 병졸들이란 겨우 아전과 유생들이요, 또한 징병을 면제해 달라고만 호소했다는 점.

넷째 : 위급한 시기에 병조판서를 교체해야만 했다는 점 등이다.

그리고 순변사로서 첫 번째로 서울을 떠나 남하한 이일 및 모든 방어사와 조방장의 휘하에는 종사관 및 군관 60여명을 대동하고 있었을 뿐이고, 남하 중 지방의 군사 4,000여 명을 더하였을 뿐이었다. 따라서 우승열패優勝劣敗의 전투에 있어서 먼저 동원 병력 수만 보아도 정면으로 대적할 수 없었고, 따라서 왜군은 부산에 상륙한 지 20일도 채 안 되어 서울을 점령하고 말았다.

5. 맺음말

옛말에 '군대는 백 년 동안 한 번도 사용하지 아니할 수 있으나, 단 하루라 할지라도 이

36) 柳成龍, 『懲毖錄』, 卷一.

를 갖추지 않으면 안 된다'고 했다. 조선왕조는 건국 초기에 있어서는 정치 기강이 잘 잡혀져 있었기 때문에 따라서 군정도 엄정하게 시행되었다. 그래서 1419년 왜구의 소굴인 대마도 정벌을 위한 병력과 병선을 동원할 수 있었다.

그러나 태평의 세월이 흘러내려 오자 군정이 문란해졌을 뿐만 아니라, 건국된 지 200년의 세월이 지나니 노쇠현상을 일으키게 되었다. 이때 정치 기강과 군정의 혁신을 위한 각성제가 있었으니, 그것이 곧 1583년에 일어난 니탕개의 난이었다. 당시 병조판서였던 이율곡의 『육조계』를 강력히 실천한다는 것, 즉 외침에 대비하여 군사제도 설정의 기본 원칙에 입각하여 군사제도 특히 병역제도의 혁신을 강력히 추진한다는 것이 대단히 중요한 일이었다. 그러나 불행하게도 그것을 소홀히 생각하여 실천하지 않은 결과가 그 후 10년 만에 일어난 임진왜란의 비극을 자초하고 말았다.

전쟁이란 국민의 사생과 국가의 존망을 좌우하는 중요한 문제이기 때문에 이에 대비하여 하루라도 강력한 군대를 갖추지 않으면 안 되는 것이다. 따라서 한 나라가 독립을 수호하고 부국강병富國强兵을 이룩하자면 그 나라의 국민 각자가 병사되기를 명예롭게 생각하고 또한 고귀한 의무로 생각하며 군사제도가 전술前述한 기본 원칙에 입각하여 설정되고 공정히 실시되어야 한다는 것이 역사적 교훈이요, 또한 사실史實이다.♣

(『韓國史論』 7, 국사편찬위원회, 1981.)

제 14 장

『동국병감』의 전사적戰史的 의의

1

전쟁이란 그것을 긍정적으로 보든, 부정적으로 보든, 한 가지만은 공통점을 갖고 있는 것이니, 즉 우리의 생활환경에 급격한 변혁을 가져다준다는 점이다. 더욱이 전쟁의 수단, 즉 군사기술의 급진적인 진보는 막대한 자원의 소비와 화력의 증대로 파괴가 심해짐에 따라 승패자勝敗者의 이해득실이 거의 차이를 볼 수 없는 상황으로 치닫고 있다.

인간은 평화를 바라고 또 전쟁을 혐오하여 왔다. 그러나 인간의 역사를 살펴본다면, 서기전 1496년부터 서기 1861년 사이의 3,357년 동안에 3,130년간 전쟁을 하였고, 다만 227년간이 평화로웠다. 그러나 이 227년간이 사실은 평화로운 시기가 아니라, 오히려 전쟁을 하다가 지쳐서 잠깐 쉬는 기간으로 보는 것이 타당할 것이다. 예컨대, 제2차 세계대전 후의 전쟁과 무력분쟁을 살펴보자. 1945년부터 1978년 3월 30일까지, 주요한 무력분쟁 등은 60건에 달한다. 발생 지역별로 보면, 아시아 24건, 중동·북아프리카 16건, 중·남아프리카 9건, 유럽 4건, 미주美洲 4건이며, 아시아가 최다발지대最多發地帶임을 알 수 있다.[1)]

전쟁에 대한 개념 규정은 각 시대와 학자에 따라 서로 다르지만, 그 특징은 다음과 같다. 즉 전쟁은 국가존망의 문제요, 국민의 생사生死의 문제일 뿐만 아니라, 패자는 승자의

1) 內外軍事データ, 1979年 『每日年鑑』 別冊,(東京 : 每日新聞社), p. 206.

의지意志 앞에 굴욕적인 굴복을 당하고 만다는 것이다. 그리고 전쟁은 상호의 약속이나 계약에 의해 발발하는 것이 아니라, 전쟁을 시작하고자 하는 자의 의지에 의해 이루어진다는 것이다. 지금까지 개인적 분쟁에 대해서는 효과적인 방안과 기구機構가 있어서 문제를 해결해 주었지만, 민족이나 국가처럼 단위가 커지면 지금까지 그 사이에서 일어난 분쟁이 조정기관에 의해 해결된 일은 거의 없었고, 유일한 해결수단으로 전쟁을 구사해 왔던 것이다. 그리고 지금까지 전쟁은 인류 생존의 기본 요소가 되어왔고 또 인간의 천성이 갑자기 변하지 않는 한 그 전쟁 양상을 달리하면서 계속 존재한다는 사실이다.[2]

미국의 저명한 국제정치학자 슈먼 박사는 유사有史 이래의 국제관계를 연구하여 다음과 같은 현실적 결론을 내렸다. 즉 "과거의 모든 경험으로 비추어 본다면 각 국가가 다른 국가에 대하여 과감히 자기의 이익을 지키고, 자기의 존립을 옹호하는 능력은 군사력이라는 폭력을 사용하여 상대방에게 알려 줄 수 있는 능력에 달려 있었다. 물론 약간의 예외는 있지만, 전쟁을 효과적으로 수행할 수 없는 국가는 타국他國이 자국自國의 요구에 응해 주리라는 것, 자국의 희망에 귀를 기울여 주리라는 것, 또는 자국의 생존권만을 인정해 주리라는 기대도 할 수 없었다."[3]

어떠한 주권 국가도 인접 국가나 경쟁 상대국의 독립을 말살함으로써 가능한 모든 위협에서 자국을 더 안전하게 유지할 수 있는 힘을 지니게 되고 또 다른 주권 국가가 이 시도에 저항할만한 힘을 가지지 못하는 경우, 전자前者는 거의 수학적 확실성을 가지고 후자後者를 자기의 권위에 종속시키는 수법을 자행하여 왔다(소련의 체코, 헝가리 및 최근의 아프가니스탄의 침공을 상기하면 이해하기 쉽다). 따라서 생존을 바라는 모든 국가는 예기豫期할 수 있는 모든 돌발분쟁에 충분히 대응할 수 있는 군사력을 유지할 뿐만 아니라, 또 실력이 충돌할 경우 타국을 승리로 인도하는 그들 군사력의 어떠한 증강도 저지토록 노력을 기울여야 한다. 이것이 국제사회의 우승열패優勝劣敗의 논리의 세계이다.

역사의 변천 가운데, 전쟁이 중요한 변혁 요인으로 등장하고 있음에도 불구하고, 이에 대한 역사학자들의 연구가 비단 우리나라뿐만 아니라, 동서양을 막론하고 부진한 이유는 과연 무엇일까?

---

2) 李鍾學 著, 『現代戰略論』(서울 : 박영사, 1972), pp. 12~13.
3) Frederick L. Schuman, *International Politics* (New York : McGraw-Hill Book Company), p. 274.

첫째 : 전쟁을 연구한다는 그 자체가 민간인 역사학자들에 있어서 호전주의자好戰主義者, 군국주의자의 인상을 타인에게 줄 가능성이 많다는 것이다. 따라서 평화주의자인 학자에 있어서 전쟁의 연구는 하나의 금기禁忌로 되어왔었다. 예컨대, 영국의 저명한 전사학도戰史學徒 플러(1878~1964) 장군은 그가 1923년 캠벌리 참모대학에 교수로 부임하여 보니 전쟁사戰爭史의 연구는 소홀히 다루어져 있을 뿐만 아니라, 영어로 저술된 모든 전쟁사의 책이 한 권도 없다는 것을 알았다. 그리하여 그는 그 책을 쓰기로 결심, 3,500년간의 전쟁사를 다룬 저서, 『결정적 전투』(Decisive Battles) 두 권을 1939~40년 사이에 발간했고, 그 후 10년간 다시 자료를 수집하여 재집필해서 완성한 것이 『서구세계西歐世界의 군사사軍事史』(3권)로 1954년에 발간되었다.[4]

둘째 : 전쟁사를 연구한다는 것은 전쟁의 역사를 연구함을 뜻한다. 따라서 역사에 대한 이론적 배경뿐만 아니라, 전쟁에 대한 전문적 지식이 요구되는 것이다. 여기서 후자의 제한 요인이 아마도 전쟁사 연구를 부진케 하고 또한 곤란케 하는 주요한 요인일 것이다.

이 외에도 전쟁사 연구를 부진케 하는 다른 요인이 복합적으로 작용하고 있지만, 가장 주요한 요인은 상술한 내용이라 생각된다.

본고本稿는 『동국병감東國兵鑑』(1450 ?)의 전사적 그리고 현실적 의의를 살펴보고, 다음은 핵시대에 있어서 과연 전쟁사 연구가 필요한가? 전쟁사 연구는 왜 필요한가에 대해 규명해 보려고 한다.

2

우리나라의 병서전승兵書傳承 상태는 양호한 편은 아니다. 『증보 문헌비고增補文獻備考』에 조사된 병서兵書의 수를 보면, 동서同書 권 115 병고병서兵考兵書 난에 약 25종, 동서 권 246 예문고병가류藝文考兵家類 난에 약 18종이 실려 있는 데 이를 합하여도 43종 밖에 되지 않는다. 그리고 현존하는 병서의 전부는 조선시대의 것으로 고려 이전의 것은 서명書名만 전하는 것이 몇 개 있을 따름이다. 고병서古兵書 중에 삼국시대의 것은 전연 알려져 있지 않고, 통일신라 때의 것으로 『무오병법武烏兵法』, 『화령도花鈴

4) J. F. B. Fuller, *A Military History of the Western World* (New York : Funk & Wagnalls Company, 1954), pp. xi ~ xii .

圖』 두 권이 한국최고韓國最古의 병서로서 이름을 전할 뿐이다. 이 두 병서는 원성왕元聖王 2년(786년)에 대사大舍 무오武烏가 바쳤다는 사실만 알려져 있을 뿐 그 내용은 전혀 알 수 없다. 고려 때의 병서로는 정종靖宗 6년(1040년) 8월에 편간되었다는 『금해병서金海兵書』 하나 밖에 없으며, 서명書名만 남겼을 뿐 전연 내용은 알지 못하고 있다. 그러나 조선에 들어오면 사정이 약간 달라진다. 즉 조선 전기(임란 이전)의 것이 8종, 후기(임란 이후)의 것이 무려 50종을 헤아린다.

오늘날까지 실제로 전승되어 온 병서를 조사해 보면, 서울대 규장각 소장으로 28종, 국립도서관 소장으로 26종이 보관되어 있다. 이 수는 서로 중복되는 것을 피한 것으로 이 중에는 위의 『증보 문헌비고』에서 조사된 것이 다수 있음은 물론이다. 『증보 문헌비고』에 조사된 서명만 전하는 일서逸書와 위의 두 도서관에 보관되어 온 것을 모두 합하면 총 72종에 달한다.[5]

『동국병감』의 원본은 민제호閔濟鎬가 간직한 목판대본木板大本 상·하 2권을 1911년 육당 최남선이 주관한 조선광문회朝鮮光文會에서 중간重刊하면서, 원문 상·하권을 합본하여 국판菊版 1권으로 간행했다.

이 책은 조선의 문종이 왕위에 오른 1450년 3월 11일 의정부에 명하여 편찬한 것이며, 『문종실록文宗實錄』의 문종 즉위년 경오 3월조에 의하면 이 책을 편찬한 경위가 다음과 같이 적혀 있다.

> 의정부에서 건의하기를, "중국에서는 위급한 병란을 당하면 과거의 역사를 상고하여 그 대비책을 마련하오나, 우리나라는 그러한 역사책이 없으므로 일단 유사시에 변방 방비의 염려되는 점이 많습니다. 원컨대 삼국시대로부터 고려에 이르기까지 외적의 내침한 사실과 그때마다 적을 막아낸 용병술用兵術과 경과와 결과 등에 따르는 이해득실을 자세히 살펴 이를 책으로 만들어 펴서, 백성들이 많이 읽어 사실事實을 알도록 마련하소서." 하였다. 왕은 그 생각이 매우 좋다고 하시면서 "그런 책을 빨리 만들어 세상에 널리 펴도록 하라"고 하셨다. 그래서 이 책을 편찬하여 간행하고, 책 이름을 '동국병감'이라고 하였다.

이 기록으로 미루어 보면, 『동국병감』의 발간에 관한 경위는 분명히 알 수 있지만, 저자와 발간 연도가 분명치 않다. 이에 대해 다음과 같은 추론推論도 가능하다. 즉 "나의 생각으로는 문종 때 이룩한 여러 책, 곧 『고려사』·『고려사절요』 등 역사서의 편찬과 『동국병

5) 『韓國軍事史籍解題』(서울 : 육군사관학교, 1973), pp. 6~8.

감』 편찬의 특수성으로 미루어 보아, 이 책도 김종서의 주관으로 마련된 것이라고 짐작된다. 그리고 이 책을 마련하게 한 문종은 학문에 조예가 깊어 온갖 학술에 능통하였으며 특히 국방에 유의하여 『동국병감』을 비롯하여 『양계지도兩界地圖』와 『오위진법五衛陣法』, 『역대병요歷代兵要』 등을 마련하였는데, 이런 점으로 미루어 보아 이 책의 편찬에 있어서도 임금이 직접 지휘하여 마련하였을 것이라고 여겨진다"[6]고 하였는데, 이것 역시 어디까지나 짐작에 지나지 않지만, 상당히 타당성을 지닌 짐작이라 하겠다.

그리고 육당 최남선도 『동국병감요해東國兵鑑要解』에서 다음과 같이 밝히고 있다. 즉

> 지은이의 성명 및 이룩된 날짜를 지금 상고할 수 없는데, 이를 밝혀내는 일은 뒷날의 학자들에게 기대할 수밖에 없다. 문종은 학문에 조예가 깊어서 경사經史의 풍부한 지식과 성리학의 심오한 진리로부터 법률, 역서曆書, 음악 시문, 병서, 공예 등의 학술에 이르기까지 널리 통달하고 자세히 연구하지 않는 것이 없었으며, 더욱 군사적인 정사를 중히 하는데 힘을 기울여서 병요兵要를 선정하고 진법陣法을 발명하였는데, 이는 다 문종의 슬기로운 재량에서 나왔다. 그러나 임금이 지은 글로 세상에 전하는 것은 시 7편과 글 5편에 지나지 않는다. 그리고 이 책과 『오위진법』은 임금이 마련한 중요한 책인데, 대개 역대 여러 임금이 문文을 숭상하는 것을 정치의 근본으로 삼아 그 기풍이 흘러 퍼져 문에만 힘쓰고, 무武에는 게을리 하여 5백 년 동안 군사적 정사에 관한 책을 간행한 것이 오직 문종과 세조 두 임금 때에만 성하였으니, 곧 이 책은 실로 군사를 숭상하는 거룩한 뜻에서 나온 것이라 하겠다.[7]

『동국병감』의 저자와 발간 연도를 밝힌다는 것도 대단히 중요하지만, 더 중요한 것은, 이 책의 발간 경위와 더불어 문종이 의정부의 건의를 쾌히 수락하여 빨리 책을 발간해서 널리 국민들에게 펴도록 했다는 점이다.

먼저 발간 경위에 있어서, 과거 적이 침공한 경위와 결과를 거울삼아, 앞으로의 적의 침공에 대한 대비책을 강구하겠다는 사고방식은 오늘날에 있어서도 우리가 왜 전쟁사戰爭史를 연구해야 하느냐, 하는 근본 이유를 밝힌 내용으로 탁견이라 하지 않을 수 없다.

다음은 문종왕이 이 책의 중요성을 인식하고 발간케 했다는 사실이다. 당시 조선왕조는 세종대왕을 통하여 왕권이 확립되었고, 또한 세종 1년(1419)에 대마도의 왜구를 정벌하는 등 안정과 번영기에 접어들었으며, 우리나라 역사상에 있어서도 황금시절을 구가하고 있을 때, 그가 1450년 2월 왕위에 즉위하자 곧 3월에 『동국병감』의 간행을 허락했다는 것은

6) 김종권 역, 『東國兵鑑』(서울 : 한국자유교육협회, 1972), p. 14.
7) 위의 책, p. 17.

여간 현명한 군주가 아니면 내리기 어려운 일이다. 옛 병서에, "천하가 비록 편안하다 할지라도 전쟁을 잊으면 반드시 위태롭다"(天下雖安, 忘戰必危 : 司馬法), 베지티우스의 "평화를 바란다면, 전쟁에 대비하라"는 격언을 진실로 깨닫고 실천에 옮겼던 것이니 놀라움과 긍지를 갖지 않을 수 없다. 왜냐하면, 평화로운 시기에 한 나라의 국왕이 앞으로의 국방을 위해 '전쟁사'의 서적을 간행하여 국민들에게 보급한 전례는 듣지 못했기 때문이다.

3

『동국병감』의 내용 구성은 고조선 시대로부터 고려 말엽에 이르기까지 중국을 비롯한 대륙 호족大陸胡族들의 침입으로 인한 전쟁사를 상·하 2권으로 엮은 것인데 상권에는 "한나라 무제武帝가 조선을 평정하고 사군四郡을 설치함"을 첫머리로, "거란이 세 번째 고려를 침범함"까지 20번의 전역戰役을 기록하였고, 하권에는 "고려가 여진을 침"을 첫머리로, "고려가 호발도胡拔都를 쫓아냄"까지 17번의 전역을 기록했다.

물론 이 논문에서 모든 내용을 소개할 수는 없지만, 나·당 연합군의 백제침공에 관한 것을 예例로 소개하고자 한다.[8)]

• 나·당이 백제를 멸망시킴

처음 신라 태종왕은 백제가 자주 국경을 침범하므로 장차 이를 치려하여 사자使者를 당에 보내 군사로 도와줄 것을 청하였다. 백제 의자왕 20년(660년) 3월, 당의 고종은 소정방蘇定方을 신구도행군대총관神丘道行軍大摠官으로 삼고 신라 김인문을 부총관으로 삼아 수륙 13만군을 거느리고 백제를 치게 하고, 신라왕을 우이도행군총관으로 삼아 나라의 군사를 거느리고 함께 치도록 하였다. 5월에 소정방은 내주萊州로부터 바다를 건넜는데, 배가 천리를 이었다. 신라왕은 김유신, 진주, 천존 등과 함께 군사를 거느리고 이천에 행차하여 세자 법민으로 하여금 병선兵船 백 척을 거느리고 소정방을 덕적도에서 만나게 하였다. 소정방은 법민에게 말했다.

"우리는 7월 10일을 기하여 백제의 남쪽에 이르러 태종왕의 군사와 함께 만나서 의자義慈의 도성都城을 격멸코자 합니다."

---

8) 위의 책, pp. 93~101 및 李東歡 譯, 『東國兵鑑』(서울 : 삼중당, 1975), pp. 69~76.

법민은 말하였다.

"우리 왕은 당 대군을 기다린 지 오래 되었습니다. 만약 대장군(소정방)이 왔다는 말을 들으면 반드시 자릿밥을 마련하여 가지고 달려올 것입니다."

소정방은 기뻐하며 돌아가서 법민으로 하여금 군사를 모으게 하였다. 법민이 돌아와서 소정방의 거느린 군사가 매우 우세하다고 말하자, 왕은 기뻐하는 마음을 스스로 이기지 못하였다. 왕은 세자(법민)로 하여금 대장군 김유신·장군 품일·흠춘 등과 함께 정병 5만 명을 거느리고 이에 응하게 하였다. 신라 태종왕은 금돌성今突城에 행차하였다.

백제 의자왕은 나·당 연합군이 쳐들어온다는 말을 듣고 군신君臣들을 모아 방위전략防衛戰略을 물으니, 좌평佐平인 의직義直이 말했다.

"당군은 배를 타고 바다를 건너왔으므로 반드시 피곤할 것이니, 처음 상륙할 때 급히 치면 틀림없이 뜻을 이룰 것이고, 신라인은 대국(당)의 도움을 믿고 반드시 두려워하여 감히 사납게 침공해 오지 못할 것입니다. 그러므로 먼저 당군과 결전을 하는 것이 옳은 줄 생각됩니다."

달솔達率인 상영常永 등은 말하였다.

"그렇지 않습니다. 당군은 멀리서 왔으므로 단기속전短期速戰을 생각할 것이니, 그 예봉銳鋒을 당할 수 없을 것입니다. 신라의 군사는 일찍이 여러 번 우리 군사에게 패하였으므로, 지금 우리 군사의 형세만 보아도 두려워하지 않을 수 없을 것입니다. 오늘의 계책은 마땅히 당군의 진로를 막아 그들로 하여금 지치게 만들고, 먼저 일부 군대로 하여금 신라군을 공격하여 그 예봉을 꺾고 난 뒤에 편의함을 엿보아 합세하여 싸운다면 군대를 보전할 수 있으며 나라를 보호할 수 있을 것입니다."

의자왕은 머뭇거리며 어느 전략을 따라야 할지 결단을 내리지 못했다. 그 때 좌평인 흥수興首는 죄를 얻어 외방에 귀양 가 있었다. 왕은 사자를 보내어 전략을 문의했다.

"사태가 위급하니 어쩌면 좋겠소?"

흥수는 답하였다.

"당군은 수가 많고, 군율이 엄격합니다. 더구나 신라군과 공모하여 양쪽에 진을 치고 대기하고 있으므로, 만약 평야에서 그들과 대결한다면 승패를 알 수가 없습니다. 백강白江과 탄현炭峴은 우리나라의 요충으로서 한 군사가 백 명의 적을 당해 낼 수 있는 곳입니다. 마땅히 용맹스러운 군사를 뽑아 그 곳을 지킴으로써 당군으로 하여금 백강에 들어오지 못하게 하고, 신라군으로 하여금 탄현을 넘지 못하도록 하며, 대왕께서는 겹겹이 성문을 닫고 고수하시다가 그들의 군량이 떨어지고 병졸들이 지치기를 기다린 연후에 날쌔게 치면 그들을 격파하는 것은 틀림없는 일입니다."

이에 대신들이 흥수의 말을 불신하고 말했다.

"흥수는 오랫동안 귀양살이에 얽매어 있었으므로 왕을 원망하고 나라를 사랑하지 않을 것이니, 그가 말한 전략을 쓸 수 없습니다. 그보다는 당군으로 하여금 백강을 들어오게 한다면 흐르는 물살에 마음대로 배질을 할 수 없을 것이고, 신라군으로 하여금 탄현으로 오게 한다면 좁은 길을 경유하느라고 말을 마음대로 부릴 수 없을 것이니, 이럴 때 군사를 풀어 놓아 이를 치면 반드시 이길 것입니다."

왕은 그렇게 하기로 하였다.

의자왕은 당군과 신라군이 백강과 탄현을 통과했다는 말을 듣고 장군 계백으로 하여금 결사대 5천 명을 거느리고 나가 이를 막게 하였다. 계백은 말하였다. "한 나라의 병력으로 나·당의 대군을 막고 있으니 나라의 존망을 알 수가 없다. 나의 처자가 붙잡혀 노예가 될지도 모르니, 살아서 욕을 당하기보다는 죽어서 평안한 것이 나을 것이다."
하고는 드디어 처자를 모두 죽여 버렸다. 그리고 연산連山의 벌판에 이르러 세 군영軍營을 설치했다. 신라군과 조우하여 전기가 무르익어 갈 때 군사들에게 맹세시켰다.

"옛날 월越의 구천句踐은 5천 명의 군사로 오吳의 70만 대군을 격파했다. 마땅히 각자 분발하여 승리를 얻어 국가의 은혜에 보답하라."

드디어 치열한 전투가 벌어졌고, 모두 결사적으로 싸워 한 사람이 백 사람을 당해 내지 않는 군사가 없었다. 김유신 등의 부대는 4차나 교전했으나, 이기지 못했다. 백제의 군사도 지쳐 있었다.… 백제군이 대패하였고, 계백은 전사하고… 백제는 전군을 동원하여 대항했다. 그러나 또 패배하여 사망자가 만여 명이나 되었다. 당군은 승리의 여세를 타고 도성으로 육박해 왔다.

백제의 의자왕은 망국을 면하지 못할 것을 깨닫고 한탄했다.

"성충成忠의 간하는 말을 행하지 못해 이 지경에 이르렀구나!"

(이전에 의자왕은 궁녀들과의 음란으로 세월을 보냈다. 성충이 극력 간했으나 왕은 도리어 노하여 성충을 옥에 가두어 버렸다. 성충은 단식을 하고 죽기 직전에 왕에게 다음과 같은 글을 올렸다. "충신은 죽어도 임금을 잊지 않는 법입니다. 한 말씀드리고 죽고 싶습니다. 신이 항상 시국의 변천을 관찰해 보니 틀림없이 전쟁이

있을 것 같습니다. 무릇 용병에는 지세地勢를 잘 살펴서 상류에 처하여 적을 맞아 싸워야 보전할 수가 있습니다. 적병이 만약 내침來侵하면 육지에서는 탄현을 넘지 못하게 하고, 물에서는 백강에 들어오지 못하게 하여, 그 험하고 좁은 곳에 진을 치고 이를 막은 연후에야 온전할 수 있습니다." 왕은 반성하지 않았다. 마침내 성충은 옥중에서 죽었다.)

백제의 멸망과정을 전사적戰史的 기술記述을 통해 묘미를 엿볼 수 있고 또한 많은 역사적·군사적 교훈을 얻을 수 있다. 즉,

첫째 : 나·당 연합군의 전략구상과 협조

둘째 : 나·당 연합군의 침공에 대처한 의자왕의 방위전략의 결정과정

셋째 : 양군의 작전 경과와 백제의 패배

넷째 : 백제 패인의 정치적 요인

등으로 분석이 가능하다. 백제의 패망은 『손자병법』의 다음 구절로 결론을 맺을 수 있다. 즉,

"전쟁을 시작하기 전에 가장 중요한 일은 정부요인 및 군 수뇌 회의의 양편 전력의 분석·비교에 의한 계산이다. 승리할 자는 성산成算이 많은 것이다. 전쟁을 시작하기 전에 전력戰力의 비교에서 승리할 수 없는 자는 성산이 적은 것이다. 성산이 많은 자는 승리하고, 성산이 적은 자는 승리하지 못한다. 하물며 성산이 전연 없는 자는 말해 무슨 소용이 있겠는가."[9]

"승리하는 군대는 승산이 확실한 뒤에 전쟁을 개시하고, 패배하는 군대는 덮어놓고 전쟁을 시작한 뒤에 승리를 찾으려 한다."[10]

4

한 국가가 자주독립과 평화를 누리고 발전해 나아가려면 문과 무는 동등하게 존중되어야 한다. 그것은 마치 수레의 양 바퀴와 같은 것이다. 만약 바퀴의 크기가 다르다면 그 수레는 본래의 기능을 발휘하지 못할 것이다. 유교의 원조인 공자도 "有文事者, 必有武備"(『史記』 孔子世家)[11]라 했는데, 우리들의 선조들은 조선 500

9) 『孫子兵法』, 始計.
10) 위의 책, 軍形.
11) 魏汝霖·劉仲平編著, 『中國軍事思想史』(臺北 : 國防研究院, 1968), p. 9에서 再引用.

년간 철저히 숭문억무정책崇文抑武政策으로 일관했기 때문에 외침에 대한 방비가 허술하여 결국 일제日帝에 의해 36년간 굴욕적인 노예생활을 감수케 했다. 이에 대한 역사적 교훈을 우리들은 심각히 받아들이지 못하고 있다고 생각한다. 왜냐하면 우리나라의 그 많은 대학교와 학과가 있음에도 불구하고 전쟁사뿐만 아니라, 군사학(military art and science)[12]을 본격적으로 연구하고 또한 가르치는 민간대학[13]이 거의 없고, 다만 군사교육기관에서만 겨우 명맥을 유지하고 있기 때문이다.

그러면 과연 핵시대에 있어서 전쟁사의 연구가 필요한가, 하는 문제에 대해 논의하고자 한다.

전쟁사 연구는 군사교육에 있어서 전통적으로 중추적 지위를 점하여 왔으나, 제2차 세계대전 말기에 핵폭탄의 출현으로 과거의 전쟁에 관한 원리·원칙은 사물화死物化된 것으로 보는 경향이 나타났다. 확실히 핵무기가 군사분야에 있어서 질·양 양면에 있어 대변혁을 가져왔다는 사실에 대해 누구도 부인하지 못한다. 그러나 핵무기의 등장 이후라 할지라도, 국제환경은 핵이 언제나 무대의 뒤에서 흑막黑幕을 연출하면서도, 표면에서는 재래식 군사력이 언제나 주역을 담당해 왔다는 것도 사실이다. 그것은 2차대전 후부터 1978년 3월 30일까지, 주요한 무력분쟁은 60건이 되며, 그리고 이 무력분쟁은 모두 재래식 군사력에 의해 수행되었다. 따라서 불필요하게 된 것은 전쟁사 자체가 아니라, 그것의 고려요소의 일부가 불필요하게 될 가능성이 있는 것이다. 군사교육에 있어서 전쟁사 교육을 하지 않는다는 것은 마치 술에서 알코올 성분을 없앤다는 것과 마찬가지이다.

역사가들이 과거의 기록에서 사론史論, 사적史的 변천 및 사적史的 의의意義 등을 해명한다는 것은 현재를 이해하고 미래를 예지豫知하기 위한 것이다. 그렇다고 역사가 반복한다는 뜻은 아니다. 역사를 변천케 하는 요인 가운데는 불변적 요인과 가변적 요인이 내재하고 있다. 이것을 분별하여 분석·평가함으로써 미래의 상황을 예측케 하는 것이다. 요컨대 역사의 연구는 삶을 영위하는 환경의 시간과 공간의 제한으로부터 인간을 해방하여 과거에 대해 넓게 살펴봄으로써 다음 세대를 위해 다시 과오를 범하지 않는 길을 발견하고 터득케

12) 군사학이 어떤 학문인가에 대해서는 拙稿, 「軍事理論體系에 관한 연구」, 『國防硏究』 제22권 제1호(서울 : 국방대학원, 1979), pp. 65~85를 참조할 것.

13) 동국대학교 행정대학원의 안보행정학과에서 조금 시도하고 있을 뿐이다.

하는 것이리라. "어리석은 자는 체험을 통하여 배운다고 한다. 나는 타인의 경험에 의하여 이익을 얻는 것을 좋아한다." 이 명언은 비스마르크의 말을 인용한 것이다. 이 말은 결코 그의 독창獨創은 아니나 군사상 여러 문제에 대하여 특별한 관계를 갖는 명언이다.[14]

역사학의 견지에서 본다면, 사회적 여러 현상 가운데 가장 심한 변혁을 가져오는 전쟁사의 연구는 필요불가결한 것이다. 그러나 우리 한국의 현실은 그렇지가 못하다. 지성인이나 학자들 사이에는 전쟁사 연구란 진지한 학자들의 관심의 대상이 될 가치가 없는 것으로 인식되어 역사적 연구의 대상에서 제외되고 있는 실정이나, 이것은 앞으로 시정되어야 하겠고, 더욱이 국가적 안전보장의 관점에서도 재인식되어야 할 점이다.

그렇다면 전쟁사 연구의 기본 목적은 무엇인가에 대해 규명해 보려고 한다.

첫째 : 전쟁이 무엇인가 하는 것을 이해함으로써 국방문제는 비단 군인뿐만 아니라, 온 국민 각자로 하여금 이에 대처케 하는 물심양면의 태세를 갖추게 하는 것이다. 바로 이 점은 『동국병감』의 발간 경위에 분명히 명시되었는데, 문종왕의 현명함을 엿볼 수 있다. 더욱이 이 문제는 현대전의 추세에서 미루어 보아도 더욱 절실한 내용을 담고 있다. 즉 현대전은 더욱이 한반도에서 만약 제2차 한국전쟁이 발발한다면, 전후방이 없는 전투 양상이 될 가능성이 짙기 때문이다.

둘째 : 전쟁사는 전장戰場에서 실시되는 전투나 특정 인물 중심에서 탈피시켜, 사회 현상의 중요한 한 부문이요, 또한 역사학의 한 부문으로 정상적으로 다루어져야 한다.

셋째 : 군사문제에 관한 광범하고 전문적 군사지식을 획득하는 데 있다. 특히 군인으로서의 군사적 지식의 획득이란 다음 사항을 포함한다.

㈎ 전쟁의 급급한 상황에 따르는 적응성을 파악할 수 있는 사고력思考力을 함양한다.

㈏ 전쟁의 본질, 전투(작전)의 실태 및 전쟁에서의 여러 현상을 설명하고 그 원인, 경과 및 결과의 관계를 인식하여 교훈을 배운다.

㈐ 군인으로서의 자질향상이다. 군인의 자질 가운데 중요한 것은 전문직능, 책임관념 및 협동정신 등이다. 특히 생사관生死觀, 지휘관 및 참모로서의 자질, 복종에 대

14) B. H. Liddell Hart, *Strategy* (New York : Frederick A. Praeger, 1954), p. 23.

한 기민한 문제, 책임과 의무에 대한 갈등 등에 대하여 바른 사실을 통해 획득하고 그것을 바탕으로 하여 실천력이 되게 한다.

보오전쟁(1866)과 보불전쟁(1870)을 승리로 이끌어 게르만 민족의 통일국가인 독일을 수립케 하는데, 공로가 많은 몰트케 장군은 "전사연구戰史硏究는 장차의 지휘관들이 군사행동을 수행할 수 있는 여러 가지 실정의 복잡성을 이해케 하는 데 가장 유용하다"[15]고 갈파했는데, 이것은 지금도 사실이요, 앞으로도 그러하리라.

이런 점에서 『동국병감』을 통하여 문종왕이 보여준 혜지慧智, 즉 과거 적이 침공한 경위와 결과를 거울삼아 앞으로의 적의 침공에 대한 대비책을 강구한다는 것은 오늘날의 우리의 한반도 정세에 대처하는 기반이 되어 마땅하다고 확신한다.♣

(『慶熙史學』 第6·7·8合輯, 경희대학교, 1980. 2.)

---

15) Edward M. Earle, ed., *Makers of Modern Strategy* (Princeton : Princeton University Press, 1943), p. 179.

제15장

서애 유성룡의 군사사상

1. 머리말

'서애西厓 유성룡柳成龍의 군사사상'이란 제목은 비단 독자뿐만 아니라, 이 논문을 쓰기 얼마 전까지만 해도 생각지도 않았던 논제論題였다는 것을 솔직히 고백하지 않을 수 없다. 비록 그가 임진왜란을 당하여 6년간 재상의 자리에서 일을 치렀다 하여도 원래 문과출신이요, 퇴계의 제자였지 결코 무장武將은 아니었기 때문이다. 1583년 북녘 오랑캐 족속의 침범이 있자 선조왕이 유성룡(홍문관 부제학)을 함경도 관찰사로 제수했을 때, 우의정 정지행은 상소하기를, "경연에 오래 모시던 유신儒臣으로 변방의 책임을 맡게 하는 것은 마땅치 않습니다"[1]고 했다. 그러나 왕은 그 해 2월 그가 봉사封事로 올렸던 「북변헌책의北變獻策議」, 즉 북방 병란에 대한 방책을 드리는 글에서 그가 보통의 유신이 아니라, 비상한 경세가經世家요, 병가兵家로서의 재능이 풍부함을 간파했던 것이리라.

1560년 10월, 19세 때 서울의 관악산에 들어가서 공부를 했고, 1562년 9월 도산陶山에 가서 퇴계 선생을 찾아뵙고, 수 개월을 머물면서 『근사록近思錄』 등을 수업했다. 얼마 후 그는 금계에 있는 김성일을 찾아갔다. 김성일은 그에게 "우리들은 퇴계 선생을 모신 지 오

1) '經幄之儒臣不宜特授邊任'(『西厓先生年譜』, 十一年 癸未 先生四十二歲 七月)

래 되었으나, 한 말씀도 칭찬받은 일이 없었는데, 공은 선생을 한 번 뵈었는데 선생이 바로 '이 사람은 하늘이 낸 사람으로, 훗날 반드시 큰일을 할 것이다'라고 하셨으니, 공은 어떻게 스승에게서 이러한 칭찬을 받게 되셨소?"[2]라고 했다.

1592년 4월 임진왜란이 일어나자 유성룡은 도체찰사(이것은 출사재상出師宰相의 제도이며, 정일품正一品)에 제수되었고, 그 후 전세戰勢의 불리로 어가御駕를 모시고 서쪽으로 피란하게 되었다. 왕이 도승지(비서실장) 이항복에게 가슴을 치면서 묻기를 "나는 어디로 가야 하겠는가?" 하였다. 그래서 그는 "의주로 가서 머물고 계시다가 만약 팔로八路가 다 함락되면 명조明朝에 가서 호소하는 것도 가할 줄 아옵니다"고 하였는데, 유성룡은 아뢰기를, "안됩니다. 임금께서 동토東土에서 한 발자국이라도 떠난다면 조선은 우리 소유가 안 될 것이옵니다"[3]고 하였다.

이것은 국가 방위에 대한 비상하고도 확고한 결의를 표시한 말이었다. 1595년 그는 「조치방수사의계措置防守事宜啓」에서 "왜적은 우리와 만세萬世를 두고 꼭 갚아야 할 원수입니다. 지금 비록 세력이 오므라들어 굴함을 면치 못하지만, 와신상담臥薪嘗膽하여 꼭 갚고야 말겠다는 생각은 잠시도 풀어 놓을 수 없습니다"[4]고 했다.

유성룡은 1592년 송도에서 영의정이 되었으나, 왜란倭亂에 대한 책임으로 그 날로 사퇴하고 평양에서 소동을 일으킨 난민들을 진정시켰고, 관서 도체찰사가 되어 안주安州에 있으면서 백성들을 진무시키고 군량을 준비하여 명군明軍의 이여송李如松 도독을 맞이했다. 제독이 유성룡을 맞을 때 의자에 비스듬히 기댄 채로 있다가, 그가 소매 속에서 평양지도를 꺼내어 지형과 적의 배치상황을 가리켜 보이며 군사들의 진입로를 말하자, 제독이 크게 기뻐하면서 관심을 기울여 듣고 그 곳마다 붉은붓으로 표시를 하며 말하기를 "적이 내 눈에 환하게 보인다"고 하였다. 그가 물러간 후 제독은 부채에다 시를 써서 보내주었다.

그 후 왜군이 평양에서 패퇴하여 물러가자 삼남도체찰사三南都體察使가 되었고, 훈련도감제訓練都監制를 두어 명明의 새로운 병법인 「기효신서법紀効新書法」을 받아들여 군사들을 훈련시켰으며, 다시 영의정에 보직되었다가 후에 정인홍 등의 무고로 사퇴하고 고향에 돌아가 후세에 교훈이 되는 많은 저서를 남겼다. 그는 예악교화禮樂敎化·치병이재治兵理財에

---

2) '此人天所生也 他日所樹立必大'(『西厓先生年譜』, 二十年 壬戌 先生二十一歲, 九月)
3) '不可 大駕離東土一步地朝鮮非我有也'(『西厓先生年譜』, 四十一年 壬辰 先生五十一歲, 五月)
4) 『西厓集』, 啓辭, 措置防守事宜啓 乙未.

이르기까지 연구하지 않은 것이 없었다.

저자는 그동안 주로 서애의 병서와 동양의 무경칠서武經七書를 중심으로 연구하여 왔으나, 전략이론에 가장 많은 영향을 미치는 한 국가의 지정학적 위치를 두고 생각했을 때, 한반도의 독특한 반도국의 전략이론의 연구가 절실함을 느꼈다.[5] 그리하여 우리 선조들이 어떻게 외국의 침략에 대처했는가를 살펴보기 위해 가장 잘 알려진 서애 유성룡의 『징비록』(1603년경)을 읽고 놀라운 사실을 발견했던 것이다. 즉 20세기 초 영국과 미국의 해군 전략가들이 논의했던 해양전략에서 가장 기본적 자리를 차지하는 '현존함대現存艦隊'(Fleet in Being)의 전략사상을 300여 년 전에 명쾌하게 설파하고 있다는 사실이었다. 그리하여 관심을 갖고 그의 저서를 읽고 아직 별로 연구가 되지 않고 있는 분야인 그의 군사사상을 소개코자 한다.

2. 현존함대의 전략사상

현존함대(Fleet in Being)라는 새로운 해군 용어를 만든 사람은 영국의 아더 허버트(1647~1716)였다. 그는 1690년 7월 영·난 연합함대 사령관으로 프랑스 함대와 비취 헤드 해전을 치렀다. 그는 영국 정부로부터 공격명령을 받고 있었으므로 그의 연합함대는 네덜란드 함대를 선두로 하여 용감하게 프랑스 함대와 접전했다. 전위대前衛隊였던 네덜란드 함대는 중앙에 있는 영국 함대가 너무나 퇴영적退嬰的이어서 전위前衛를 지원하지 않았기 때문에 적의 전위에 의하여 완전히 포위되어 대 손해를 입었다.

시간이 늦어서 영국 함대 주력대가 참전했을 때는 이미 네덜란드 함대의 세력은 상당히 감소되었으며, 그 전력의 일부를 주력대에 지원 보낼 수 없을 뿐만 아니라, 자기 자신도 구원을 받아야 할 상태로 곤란에 빠졌다. 전세가 불리하자 영란英蘭 연합함대 사령관 아더 허버트 제독은 결전을 회피하고 전장戰場 철퇴를 하여 본국으로 도망치고 말았다. 그리하여 그는 군법회의에 회부되었는데, 거기서 그는 영국 함대를 가지고 결전을 하자는 것이

5) 이 문제에 대해 필자는 '반도세력이론'(Peninsular Power Theory)을 제창했다.(졸저, 『한반도의 억지전략이론』(서울 : 형설출판사, 1979), pp. 291~299.

아니고, 오히려 국가를 위하여 함대를 보존(fleet in being)하려고 했다는 전략이론을 펴서 무죄가 선고되었다. 즉 영국의 함대가 존재하고 있다는 그 자체가 프랑스로 하여금 영국을 함부로 침공해 오지 못하게 한다는 이론이었다.

이 문제에 대해 미국의 해양 전략가 마한 제독은 그의 저서 『해군 전략론』(1911)에서 다음과 같이 논평했다.

> 소위 해군 지상주의파와 그 근본사상을 전적으로 같이 하는 현존함대주의파는 다른 요소와는 관계없이 해군력 그 자체만의 중요도와 능률을 인정하는 것은 옳지만, 그 도를 넘어 결과적으로 자칫하면 요새를 전적으로 무시하고, 그렇게까지 가지 않더라도 국방 및 해군작전에 있어서 그 가치를 극단적으로 경시하는 경향이 있다. 해군 지상주의라고 하는 근대사상은 영국 해군 중장 코름으로부터 나온 것이다.… 그가 열세하지만 상당히 유력한 함대의 적 도양작전敵渡洋作戰을 방해할 수 있는 능력을 과분히 어림하고 있었다고 평評해도 감히 부당하다고 할 수 없을 것이다. 그의 저서 『해상전』(Naval Warfare) 중에서 비취 헤드 해전에 있어서의 연합함대 사령관 아더 허버트 제독—현존함대란 신어新語의 창안자—의 조치에 관하여 다음과 같이 논술했다.
>
> "현존함대는 가령 해전에 패했다 해도 또는 표식도 없는 사퇴沙堆의 후방에 갇혀 있다 해도 아직도 감시와 저지의 부대라는 위력을 갖고 있으며, 외견상 우세의 지위에 있는 적 함대의 해상 또는 육상에 대한 행동을 마비시킬 수 있는 것이다. 그리하여 비취 헤드 해전 중 최대의 흥미를 돋우는 것이 실로 이 점이다.…"
>
> … 만약 일본 해군이 여순함대를 격멸할 때까지 육병陸兵의 해상수송을 못했다면, 여순함대는 금일까지도 아직 현존함대로서 존재할 수 있을 것이다. 왜냐하면 그것은 오로지 동항내同港內에 정박하고만 있으면 되기 때문이다. 현존함대주의자들의 설에 의하면 이와 같은 함대는 단지 그 존재에 의하여, 즉 완강하게 항내에 잔존하는 한 적으로 하여금 하나의 행동도 취하지 못하게 하며, 그 활동을 마비시키고, 아무런 성공을 기대하지 못하고 실패에 들어가지 않으면 안 될 것으로 만드는 것이라고 한다. 만약 일본 해군이 어떻게 해서라도 오상誤想을 용인하였다고 하면 막연히 적 해군의 작전에 말려들어 무한히 육상작전의 개시를 연기했을 것이다.…
>
> 같은 현존함대주의자라 할지라도 그 설이 비교적 온건한 자도 없는 것은 아니라는 것을 여기서 부언하는 것이 타당할 것이다. 영제국의 국방위원회의 간사幹事를 오랫동안 역임한 조지 클라크 같은 사람은 다음과 같이 설명하고 있다.
>
> '유효한 함대(아마도 열세의 경우일 것이다)는 해상작전 특히 육군의 해상수송에 대하여 가장 유력한 억지력이 될 것이다'고 말하였다. 이 진술에는 누구도 이의를 제기하지 못할 것이다.…
>
> 본인이 처음 코름의 『해상전』을 읽은 것은 15여년의 이전으로서, 그 기억이 극히 희미해서 최근에 다시 동서同書를 열어보았다. 그래서 우연히 당시 본인이 기록해 둔 독후의 소감이 삽입되어 있는 것을 발견했다. 그 하나에, '코름은 해군 병력—반드시 우세를 요하지 않고 균형 이하의 경우에 있어서도—의 단순한 존재를 가지고 해·육군 합동의 원정을 중지시킬 이유가 된다는 주장은 극단에 흐른 감이 있다'고 씌어져 있었다.… 최후에 독료 후의 인상을 요약하여 "이 설은 '모험 없이는 전쟁을 할 수 없다'는 나폴레옹의 올바른 금언을 무시한 것이다"라고 기록되어 있었다.[6)]

이상과 같은 코름 중장의 '현존함대'의 전략사상에 대하여 마한 제독은 이의를 제기하고, 현존함대 그 자체에 상대편의 군사행동을 저지시키는 힘이 있는 것이 아니라, 비록 열세해도 지휘관이 싸울 의지가 첨가되어야 억지력이 생긴다는 견해를 밝혔다. 상대편에 작용하는 힘이란 능력(현존함대)에 결의가 결부되어야 작용하는 것이지, 그렇지 않으면 억지력으로 작용하지 못하는 것이다. 이 점에 대해 서애 유성룡은 다음과 같이 기록하고 있다.

> 불행하게도 본도本道의 수륙의 장수들은 모두 비겁하였다. 좌수사 박홍은 한 사람의 군사도 움직이지 않았으며, 우수사 원균은 비록 물길이 좀 멀다고는 하지만 거느리고 있는 함선이 많았고, 또 적병이 하루 사이에 모두 온 것이 아니니 우리 편에서 군사를 있는 대로 다 거느리고 나와서 위세를 과시하면서 서로 대치하여 견제할 수 있었을 것이다. 다행히 한 번 승리한다면 적은 마땅히 뒤돌아보는 걱정이 있어서 반드시 갑자기 깊이 쳐들어오지는 못했을 것이다. 그런데 바람결만 바라보고 멀리 피하여 한 번도 싸움을 한 일이 없었다.[7]

서애는 건전한 현존함대의 전략사상을 명시했다. 즉 "우수사 원균은 비록 물길이 좀 멀다고는 하지만 거느리고 있는 함선이 많았고, 또 적병이 하루 사이에 모두 온 것이 아니니 우리 편에서 군사를 있는 대로 다 거느리고 나와서 위세를 과시하면서…" 하는 내용은 대단히 깊은 전략구상이 담겨져 있다. 당시 경상좌도수사의 관할인 유이도柚伊島를 거쳐서 부산포를 향한 왜선은 90여 척(왜 수군 전체는 500여 척)이며, 원균의 수군은 100여 척의 함선을 보유하고 있었다. 따라서 우리는 병력을 집중시켜 분산된 적을 각개격파할 수 있는 상황에 있었던 것이다(적병이 하루 사이에 모두 온 것이 아니니). 이것은 우리의 실을 가지고 적의 허를 친다는 병술이며, 절대병력絕對兵力은 왜 수군이 우세했지만 전장에서의 상대적 우세(집중을 통하여)는 우리 편에 있었던 것이다. 그러니 적을 견제하다가 기회를 엿보아 기습으로 다행히 한 번 승리한다면, 상륙했던 왜병(육군)은 내륙 깊이 쳐들어오지 못한다는 서애의 견해는 대단히 타당한 것이었다. "그런데 바람결만 바라보고 멀리 피하여 한 번도 싸움을 한 일이 없었다"고 했는데, 이것은 극단적인 '현존함대'의 전략사상, 즉 함대가 존재하고 있다는 그 자체가 적의 행동을 저지 혹은 억지할 수 있다는 견해를 전적으로 배격하고 있다. 20세기 초, 해군국인 영국과 미국의 해군 전략가들이 논의의 불꽃을 튀기던 '현존함대' 의 전략사상의 내용을 300여 년 전 서애 유성룡이 이미 명쾌하게 해답을 제시했다

---

6) 마한著,『海軍戰略論』李允熙·金得柱譯,(서울 : 同元社, 1974), pp. 346~348.
7)『懲毖錄』卷之一.

는 사실은 통쾌하고 놀라운 일이 아닐 수 없다.

3. 국가방위책國家防衛策 : 진관법鎭管法과 제승방략制勝方略

조선의 국가 방위책을 고찰하자면 당시의 군사제도 및 전략·전술 등을 규명해야 한다. 먼저 병역제도를 보면 남자 16세부터 60세까지는 병역의무[8]가 있었고, 사회의 지배계급이었던 양반으로서 현직관리는 병역의무가 면제되었는데, 이것은 관리로 복무하는 것이 국역國役의 일종으로 간주했기 때문이다. 그러나 양반계급도 3품 이하의 전직관리까지는 병역의무가 부가되었으나 기피하는 경향이 있었고, 주로 양인층이 담당했다(천인층은 면제되었다). 이들은 갑사, 정병, 수군 등으로 분류되며, 이들 의무병義務兵은 평시에는 교대로 번상番上하여 소정회수所定回數 및 기간의 복무를 마친 후 고향에 귀농하여 월 1회의 군사훈련을 받으며 생업에 종사했다.

병역의무의 해당자가 모두 직접 징발 대상자가 되는 것이 아니라, 일부는 징발되었고, 일부는 징발된 자의 경제적 뒷바라지를 하도록 되어 있었다. 전자를 정군正軍, 후자가 보인保人, 즉 봉족[9]이었다. 당시 상번上番하는 군사에게 국가가 모든 경비를 부담하는 것이 아니라, 보인이 이를 담당했다. 그리하여 보인이 입번자入番者에게 지급하는 것도 1인당 매월 면포일필綿布一匹을 초과하지 못하게 했다.

이 때의 면포를 보포保布라 하고, 입번자가 직접 자기 보인에게서 지급받도록 하였으며, 보포는 후에 군포라고 불려진 것으로서, 이미 임진왜란 전에 군포를 대신해서 가포價布(현금)를 함부로 징수하는 '방군수포放軍收布'의 악폐가 생겨, 양인들은 스스로 천인이 되어 그 부담의 고통에서 벗어나려고 했다.[10]

조선의 군사체제는 정도전의 『조선경국대전朝鮮經國大典』에 의하면, 중앙의 부병府兵, 번상 숙위병과 지방의 육수병陸守兵과 기선병騎船兵으로 망라할 수 있다.[11] 여기서 '부병'은

---

8) 民丁, 自十六歲, 至六十歲, 當役(『太祖實錄』 元年 九月)
9) 『世宗實錄』 2年, 正月 乙巳.
10) 丁時采 著, 『韓國官僚制度史』(서울 : 和信出版社, 1978), pp. 252~253 참조.
11) 鄭道傳, 『三峰集』 卷之八, 『朝鮮經國典』 下, 政典 軍制.

무과 또는 시취試取로 선발되는 직업군인, '주군번상지병州郡番上之兵'은 시위군이며, 이들은 왕실과 수도방위가 주요 임무였고, '육수지병陸守之兵'은 영진군營鎭軍과 수성군守城軍이며, '기선지병騎船之兵'은 선군船軍 또는 수군으로 이들이 실제로 국방 임무를 담당하는 지방군이었다. 조선의 건국 초기에 여러 명칭으로 변화과정을 거쳐 세조 3년에는 중앙군으로 오위체제五衛體制와 지방군으로 진관체제였는데, 『경국대전』에 의한 지방의 군사조직은 각 도의 병마절도사(병사兵使)와 수군절도사(수사水使)의 소재지를 주진主鎭이라 하고, 그 밑에는 각각 여러 개의 거진巨鎭을 두어 절제사·첨절제사가 각각 관장하고, 이 거진을 단위로 하는 '진관'에 여러 개의 진을 두어 동첨절제사·만호·절제도위가 이를 관장하는 것이었다.

이것은 전국의 행정조직 단위인 읍(고을)을 동시에 군사조직 단위인 진으로 편성하여, 주진·거진·진으로 구분하고, 각 읍의 수령으로 하여금 그 곳 군사 지휘관의 임무도 겸하도록 하는 방위체제, 즉 진관체제였다. 따라서 적이 바다에서 침입해 온다면 수군이 1차로 이를 요격하고, 만약 적이 상륙하면 제일선의 진관이 격퇴하든가, 그렇지 못하고 당해 진관이 함락되더라도 다음 진관까지 적을 방어하는 데 시간적 여유가 있게 하여, 그동안 인근 진관 및 중앙으로부터의 후원군의 내도來到를 가능케 하는 방위체제로 거진 중심의 자전자수自戰自守를 원칙으로 하고 있었다. 그리고 정병(육군)은 4번番으로, 수군은 2번으로 나뉘어 한 달씩 교체하여 소정의 진 또는 포浦에서 복무해야 한다. 이 외에 습진習陣이라 하여 매월 16일에는 여러 진鎭별로, 매년 2월과 10월의 두 차례는 거진巨鎭별로 진법을 익히는 정기적 군사훈련이 있었으며, 그 습진 시에는 전 군사가 각자 소지所持의 군기軍器(장裝)까지 점검받도록 되어 있었다.

방위체제로서의 진관법은 훌륭했지만, 그것을 운영하는 사람과 행정제도에 약간의 문제점을 내포하고 있었다. 즉 행정관으로서의 수령이 곧 군사 지휘관이었던 까닭에 그들은 원래 군사를 소홀히 하는 잠재적 요소를 내포하고 있었다. 진관법에 있어서 실제 지방 군사력은 유방군留防軍, 즉 정병과 수군이 그 기간基幹이었고, 정병은 연중 3개월, 수군은 연중 6개월의 복무가 원칙이었다. 번상정병番上正兵의 경우도 마찬가지지만, 그들은 근무를 마치고 돌아오면 다시 일반 농민으로서의 모든 의무를 져야 했다. 하번인 경우에 그들은 흔히 생업에 종사하였다고 일컬어지나, 실제에 있어서는 그들이 일정기간의 복무를 마치고 돌아오면, 곧 전세田稅·공물貢物·진상물 등을 마련키 위한 요역, 즉 일반 국민으로서의 부담이 그들 앞에 기다리고 있었다.

이러한 상황에서 군사는 복무기간에 대해 일정한 대가를 치르고 귀가하여 부족한 자가自家의 노무력勞務力을 보충코자 하는 이른바 방군수포放軍收布의 현상이 일어나 시대가 내려갈수록 성행하였다. 방군수포는 한편으로 행정관인 동시에 군사 지휘관인 수령(진장鎭將)의 이익과도 일치하는 것이었다. 그들은 방군의 대가로 받은 포布가 곧 자신의 이익(부정 수입)이 될뿐더러, 본읍本邑에 할당된 일반 요역 등의 부담 이행을 촉진키 위해서도 군사를 돌려보내는 것이 보다 유리한 조치였다. 군사로서의 활동기간을 축소 내지 폐기하는 것은 그만큼 다른 부담을 이행키 위한 노동력의 증대를 가져올 수 있었기 때문이다. 따라서 군사의 처지에서는 포를 납부하여 복무를 면제받았다고 하나, 그 면제기간은 실상 자신을 위한 것이 아니라, 상술한 여러 부담과 각종 잡역에 종사하기 위한 것이었다. 따라서 병역의무를 담당하는 양인良人신분에서 일부러 그것이 면제되는 천인신분으로 전락轉落(유망·도피)하는 풍조가 날로 심하게 되어갔다.

이 같은 방군수포의 성행은 당시 변장邊將에 대하여 녹봉을 전혀 지급치 않았다는 국가제도상의 결함에도 큰 원인이 있었다. 상술한 바와 같이 진관법에 있어서는 감사와 수령이 겸임하는 각급 지휘관 외의 여러 전임의 지휘관, 즉 병사兵使·수사·첨사·만호·권관 등이 설정되어 있었지만 그들에 대한 녹봉의 지급제도는 마련되지 않고, 그들은 모든 경비를 사졸로부터 받아들이도록 되어 있었다. 그리하여 각 부임지에 따라서 그들의 수입상에 현격한 차이가 있었으므로, 진장鎭將 임명에 있어서 모진某鎭의 장은 이를 매관賣官하는 데 있어 그 가격이 얼마이고, 모보의 관은 그 가격이 '얼마이다'라고 공언되며, 그들에게는 채수債帥라는 별칭이 붙을 정도였다.

이런 상황 하에서 진관법에 의한 방위태세에 있어서 진을 지켜야 할 정규의 군사가 없든가, 아니면 있더라도 그들은 거의 군사적 기능을 갖추지 못하는 실정에 놓였다. 그러나 당시 북방의 야인과 남방의 왜구의 침입은 날로 심해졌다. 이에 수적으로 줄고, 질적으로 허약해진 군사만으로도 적침敵侵에 효과적으로 대응키 위해 그 군사를 집중적·중점적으로 배치하는 이른바 '제승방략制勝方略'이 변방의 일선 지휘관들에 의해 채택하게 되었다.

제승방략에 있어서는 진관법에서 자전자수自戰自守하는 원칙을 버리고 후방군이 일선으로 옮기어, 바꾸어 말하면 타 진관의 책임지역으로 출동하여 혼성부대를 이루는 것이며, 이렇게 함으로써 병력의 집중은 가능했으나, 지휘권의 문제가 대두되었다. 당시 삼남지방에서는 후방군의 일선에의 배치에 있어서 대장(총수)으로는 반드시 그 도의 병·수사(종2·정3품)보다 더 상위 지휘관인 도체찰사(정1품)·도순찰사(정2품) 등이 중앙에서 파견되었고, 그 아래 일선부대의 지휘관도 본도의 병·수사 외 역시 중앙에서 파견되는 순변사(종2품)·조방장(종2품) 등으로 임명되었으므로, 실제 전투를 위해서는 그들이 서울에서 내려와 지휘할 때까지 기다려야 했다. 따라서 제승방략은 군대는 존재해도 장수가 없는 방위체제였다.[12] 여기서 한 가지 유의할 것은 북방은 자체의 도道만으로 제승방략을 했지만, 남방은 중앙의 경장京將파견을 전제로 한 것이며, 흔히 제승방략이라 하면 남방의 것을 가리킨다.

제승방략은 당시 방군수포와 대역납포代役納布로 인하여 병력이 감소되었고, 거기다 병사들의 질적 저하를 가져온 당시의 군사제도의 해이되었던 시기에 있어서 규모가 작고 또한 국부적 전투에 불과했던 남방 왜구나 북방 야인의 방어에는 분명히 효과적인 방위체제였다. 그러나 임진왜란과 같이 전면전쟁을 당하여 적이 깊숙이 침입한다면 다음과 같은 문제점이 예상되었다.

첫째 : 제1선 방어에 전력을 집중하고 제2선인 후방지역에는 방어가 없기 때문에 제1선이 무너지면 그대로 전면 패퇴를 면할 수 없다.

둘째 : 중앙에서 파견되는 경장京將이 예정 방어지에 부원赴援한 지방군의 지휘를 적시에 맡을 수 있도록 내려가기 어렵다. 그리하여 집결된 군사는 오합지졸이 되기 쉽다.

셋째 : 경장이 내려와서 군사들의 장단점을 곧 알기 어렵고, 훈련의 미비로 지휘의 어려움, 지형의 생소 등이었다.[13]

이러한 문제에 대하여 우려를 가졌고 또 예견할 수 있었던 사람이 바로 서애 유성룡이었다. 그는 왜군에 대비하기 위해 선조 24년 10월경 제승방략을 즉각 폐기하고, 진관체제로의 복구를 다음과 같이 강력히 주장했다.

> 이때, 왜국이 출병한다는 소리가 날로 급해지니, 임금께서 비변사에 명령하여, 제각기 장수가 될 만한 재간이 있는 사람을 추천하라고 하셨다. 그래서 내가 이순신을 추천하여 드디어 정읍 현감에서 차례를 뛰어넘어 수사에 임용되니, 사람들 중에는 그의 갑작스런 승진을 의심하는 이도 있었다.
>
> 그때, 조정에 있는 무장武將 중에는 신립申砬과 이일李鎰이 가장 유명했고, 경상우병사 조대곤曹大

12) 金秀文(以濟州牧使, 逐倭立功者), 增補文獻備考, 卷 109, 兵考 1, 制置 1.

13) '鎭管法'과 '制勝方略'에 관한 것은 許善道 敎授의 다음 논문을 주로 참고했다.
- 『鎭管官兵編伍冊』(國會圖書館報, 1973년 6, 7, 8월호)
- 『制勝方略硏究』(上·下)(震檀學報, 제36, 37호, 1973·74년)

坤은 늙고 용기도 없어서 여러 사람들이 그가 장수의 직책을 감당하지 못할 것이라고 근심하였다. 나는 임금 앞에서 경서經書를 강론하는 자리에서 이일로 조대곤을 대신하게 하기를 계청하였다. 이때 병조판서 홍여순洪汝諄이 말하기를,

"명장名將은 서울에 있어야 합니다. 일鎰은 보낼 수는 없습니다."

하고 반대하므로 내가 다시 계청하기를,

"매사는 미리 준비하는 것이 소중합니다. 더욱이 병사를 다스려 적을 막는 일은 졸지에 할 수는 없는 것입니다. 하루아침에 적변賊變이 있게 되면 마침내 일鎰을 안 보낼 수 없으니, 이왕 보낼 바에야 하루라도 일찍 가서 미리 준비하여 불의의 변을 막도록 하는 것이 유익할 것입니다. 그렇지 않고 갑작스럽게 딴 곳에 있던 장수를 내려 보낸다면, 그 도道의 지형지세를 알지 못할 뿐 아니라, 또 군사들 중에는 누가 용맹스럽고, 누가 비겁한지도 모를 것이니, 이것은 병가兵家의 꺼리는 일로서 반드시 후회하는 일이 있을 것입니다."

하였다. 그러나 임금께서 아무런 대답을 하지 않으셨다.

나는 또 비변사에 나와서 여러 사람들과 의논하고 조종祖宗으로부터 전해 오던 진관법을 시행하자고 계청하였다. 그 내용은 대략 다음과 같다.

"우리나라 건국 초기에는 각 도의 군사를 모두 나누어 진관鎭管에 예속시켜 일이 있으면 진관이 속읍屬邑의 군사들을 지휘하여 마치 물고기의 비늘처럼 차례로 정돈하고 주장主將의 호령을 기다렸다. 경상도를 말하면, 김해·대구·상주·경주·안동·진주의 여섯 진관이다. 설사 적병이 쳐들어와서 한 진의 군사가 비록 실패하더라도 다른 진이 차례로 군대를 엄중히 하여 굳게 지켰기 때문에 한꺼번에 다 허물어지지는 않았다. 지난 번 을묘년의 왜변倭變이 있은 뒤에 김수문金秀文이 전라도에 있으면서 처음으로 군사조직을 개편하여 도내의 여러 고을을 분할하여 순변사·방어사·조방장·도원수 및 그 도의 병사·수사에게 각각 예속 시켰는데, 이 조직이 '제승방략'이라는 것이다. 여러 도가 모두 이 조직을 본받았기 때문에 이에 진관의 명칭은 비록 있으나 그 실은 서로 연결되어 있지 않으니, 한 번 급한 경보가 있으면 반드시 멀고 가까운 곳이 함께 움직여 장수 없는 군사들이 먼저 들 가운데 모여 천리 밖에 있는 장수 오기를 기다리게 될 것이다. 장수가 때맞추어 오지 않고 적병의 칼날이 이미 다가오게 되면 군사들은 놀라고 당황할 것이다. 이것은 반드시 무너지고 말 제도이다. 많은 무리가 한 번 무너지면 다시 수습하기는 어려울 것이다. 이렇게 혼란에 빠진 다음에, 비록 장수가 온다 해도 누구와 더불어 싸우겠는가? 바라건대, 다시 조종祖宗으로부터 전해오던 진관제도를 부활정비復活整備하는 것이 급선무라 생각한다. 진관제도는 평시에 훈련하기 쉽고, 유사시에는 순조롭게 징집할 수 있으며, 또 전후가 서로 호응할 수 있고, 안팎이 서로 의지할 수 있어서 흙이 무너지고 기와가 깨어지듯 수습할 수 없는 사태까지는 이르지 않을 것이니 일에 있어서 마땅할 줄 안다." 이 일을 본도에 내려 검토하게 했더니, 경상감사 김수金睟가 말하기를, "제승방략은 시행해 온 지가 이미 오래어서 갑자기 변경할 수가 없습니다." 하였다, 그리하여 나의 건의는 마침내 보류되고 말았다.[14)]

14)『懲毖錄』卷之一.

·『宣祖修正實錄』卷25, 24년 10월조에 같은 내용이 실려 있고, 또한 왕이 이 의견을 윤허했다는 것과, 金睟의 반대로 서애의 議論은 잠잠히 묶이고 말았다고 기록하였다.

장수된 자가 해야 할 가장 기본적 임무란 도대체 무엇인가? 그것은 아래와 같은 내용이 될 것이다.[15)]

첫째 : 가상적 미래전쟁에 있어서 가장 효과적으로 승리를 쟁취하고 특정한 전쟁목적이 성취될 수 있게 하여 주는 군사력의 사용을 지도하는 전략개념을 결정하기 위하여 미래전쟁의 가상적 형태와 수단 및 방법을 연구·검토해야 한다는 것이다. 이것은 우리 국군이 갖추어야 하는 무기체계와 장비의 연구개발, 군의 편성과 지휘계통의 정비·군사훈련의 지침 등의 기반을 이루는 요소이다. 따라서 한 국가의 국방을 다루는 장수가 가장 먼저 생각해야 하고 또 지침과 방향을 제시해야 할 것은 바로 미래전쟁의 가상적 형태인 것이다.

둘째 : 승리를 얻기 위한 전략개념의 여러 요구를 실현하기 위하여 군사력에 관한 이론, 기구, 편성, 규모 및 배치 등을 연구해야 한다.

셋째 : 가상 적국에 대한 미래의 수세 및 공세적 전쟁에서 야기될지 모르는 온갖 우발적 사태에 대처하기 위하여 여러 대안의 전쟁계획을 준비해야 한다.

넷째 : 가상 적국의 정책, 전쟁준비, 전략개념, 군의 훈련과 준비, 특히 연습과 기동의 실시에 대하여 신중히 연구를 해야 한다.

이런 군사 이론적 관점에서 본다면, 서애는 왜군이 침입할 경우의 미래전쟁의 가상적 형태를 미리 예견하여 '제승방략'을 버리고 '진관법'으로 돌아가야 한다는 주장에 대해, 반대 이유가 '시행해 온지가 이미 오래여서 갑자기 변경할 수가 없다'는 것은 충분한 이유가 되지 못한다. 그래서 왜군이 갑자기 침입해 오자 그 후 사태가 어떻게 진행되었는가를 살펴보자.

> 4월 13일(임진년, 1592년)에 왜병이 국경을 침범하였다. 부산포가 함락되고 첨사 정발鄭撥이 전사하였다.
>
> 부산 첨사 정발이 절영도로 사냥하러 나갔다가 적선이 오는 것을 보고 허둥지둥 성 안으로 들어갔으나, 왜군이 곧 상륙하여 사방에서 구름처럼 모여드니 성이 함락되었다. 좌수사 박홍朴泓은 왜적의 기세가 너무나 큰 것을 보고 감히 군사를 움직여 나아가 싸워보지도 못하고 성을 버리고 도망쳐 버렸다.
>
> 좌병사 이각李珏은 이 소식을 듣고 병영으로부터 동래에 들어왔는데, 부산이 함락되자 겁을 집어

15) 拙著, 『現代戰略論』(서울 : 박영사, 1972), pp.138~141.

먹고 어찌할 바를 몰라 하며, 성 밖에 나가서 적을 견제하려는 것이라고 핑계하고 성에서 나와 소산역에 진을 치려고 하였다. 이때, 부사 송상현宋象賢이 성 안에서 함께 지키자고 하였으나, 각은 듣지 않았다. 15일에 적이 동래에 육박하니 상현이 성의 남문 위에 올라서서 싸움을 독려한지 한나절 만에 성이 함락되니, 상현이 동요하지 않고 꿋꿋이 버티고 앉아 적의 칼을 맞고 죽었다. 왜인들도 그가 목숨을 걸고 성을 지킨 것을 갸륵하게 여겨 시체를 관에다 넣어 성 밖에 묻고 말뚝을 세워 표식하였다.

이렇게 되니 각 군·현은 풍문만 듣고 달아나 무너지게 되었다.

17일 이른 아침 변보邊報가 처음 조정에 도착했다. 바로 좌수사 박홍의 장계였다. 대신들과 비변사가 빈청에 모여서 의논하고, 임금께 뵙기를 청하였으나 허락되지 않았다. 즉시 내가 글을 올려 이일로 순변사를 삼아서 중로中路로 내려 보내고, 성응길成應吉은 좌방어사를 삼아서 좌도로 내려 보내고, 조경趙儆은 우방어사를 삼아서 서로西路로 내려 보내고, 유극량劉克良은 조방장을 삼아서 죽령을 지키게 하고, 변기邊璣는 조방장을 삼아서 조령을 지키게 하고, 경주부윤 윤인함尹仁涵은 유신儒臣으로 겁이 많다 해서 전에 강계부사로 있던 변응성邊應星을 기복起復(상중喪中에 있는 관리에게 상복을 벗고 나와 벼슬을 하게 하는 일)시켜 경주부윤을 삼아 모두 자기가 군관을 가려서 데리고 가게 하였다.

이일이 서울에서 정예병 300명을 거느리고 가고자 하여 병조의 선병選兵한 문서를 가져다 보니, 모두 여염집과 시정의 군사의 경험이 전혀 없는 무리들이었다. 이들 중에는 아전과 유생이 반수나 되었다. 임시로 점검해보니, 유생은 의관을 갖추고 시권을 들고 있고, 아전은 수정건手頂巾를 쓰고 나와서 제각기 징병을 면제해 달라고 호소하는 자가 뜰에 가득하고 보낼만한 자가 없었다. 그러므로 이일이 명령을 받은 지 3일이 지났으나 출발하지 못했다. 할 수 없이 일鎰을 먼저 가게하고 별장 유옥俞沃으로 하여금 군사를 인솔하고 뒤따라가게 하였다. 내가 계청하기를,

"병조판서 홍여순은 자기의 직무를 다할 수 없는 사람이고, 또 군사들의 원망이 크니 해임하여야 하겠습니다." 하였다. 이에 김응남이 대신 병조판서가 되고…

조금 뒤에 급보가 잇달아 들어왔다. 적의 선봉이 이미 밀양·대구를 지나 장차 조령 아래에 접근하고 있다는 것을 들은 나는 김응남과 신립에게 말하기를,

"적이 깊이 들어왔으니 일이 매우 급하오. 장차 어떻게 하겠소?" 하니, 신립이 말하기를,

"이일이 고군孤軍을 거느리고 앞에 나가 있는데, 후속부대가 없습니다. 체찰사(유성룡)께서 비록 내려가더라도 싸움하는 장수는 아닙니다. 어째서 용맹한 장수를 시켜 급히 먼저 내려 보내어 일을 구원토록 하지 않습니까?" 하였다. 신립의 의사를 살피건대, 자기가 가서 일을 구원하겠다는 것이므로 나는 응남과 함께 임금께 신립의 말대로 아뢰니, 임금께서 즉시 신립을 불러 물으시고, 마침내 신립으로 도순변사를 삼았다. 신립이 대궐문 밖에 나와서 자기가 직접 사졸을 모집하였으나, 따라가기를 원하는 자가 없었다.

적군이 상주를 함락시키니, 순변사 이일이 패하여 달아나 충주로 돌아왔다. 처음에 경상도 순찰사 김수가 적변賊變의 보고를 받고 즉시 제승방략의 분군법分軍法(배치법)에 의하여 각 고을에 통첩을 보내서 각각 소속 군사를 거느리고 목적지에 집합하여 서울에서 오는 장수를 기다리게 하였다.

이 지령에 따라 문경 이남의 수령들이 모두 그들의 군사를 인솔하고 대구로 가서 냇가에 노숙하면서 순변사를 기다린 지 벌써 수 일이 되었으나, 순변사는 오지 않고 적병만 점점 가까워지므로 군사들이 스스로 서로 놀라 움직이었다. 때마침 큰 비가 내려 옷과 행장은 다 젖고 군량까지 떨어지매,

군사들은 밤중에 다 흩어져 달아나고 수령들은 모두 단기單騎로 도망쳐 버렸다. 이 때 순변사가 문경에 들어와 보니, 온 고을이 이미 텅 비어 한 사람도 볼 수가 없었다. 순변사는 스스로 창고를 열고 곡식을 끌어내어 거느리고 온 사람들에게 나누어 먹이고 함창을 거쳐 상주로 들어갔다.

저녁 무렵에 개령 사람 하나가 와서, 적이 가까이 왔다고 보고하니 일鎰은 여러 사람들을 의혹시킨다 해서 그를 죽이려 하였다. 그러자 그 사람이 부르짖어 말하기를, "내 말을 못 믿겠거든 나를 잠시 가두어 두었다가 내일 아침에 적이 오지 않으면 죽여도 늦지 않을 것이오." 하였다. 이 날 밤에 적병이 장천까지 와서 둔을 치고 있었으니 상주와의 거리는 불과 8킬로미터였으나, 일의 군사에는 척후斥候가 없으므로 적이 오는 것을 알지 못했다. 이튿날 아침 일은 적이 오지 않는다고 말하고 개령 사람을 옥에서 끌어내어 베어 죽였다.

이일의 군사는 불러 모은 민군과 서울서 데리고 온 장사들을 합치니 겨우 8·900명이었다. 이들을 데리고 북천변에서 진법을 연습하느라고 산을 의지하여 진을 치고, 진 한가운데다 대장기를 세운 다음 일이 갑옷을 입고 깃발 아래에 말을 타고 섰고 종사관 윤섬尹暹, 박호朴箎와 판관 권길權吉과 사근찰방 김종무金宗武 등은 모두 말에서 내려 일鎰의 말 뒤에 있었다. 조금 후에 두어 사람이 숲 속에서 나와 배회하면서 이쪽을 살펴보고 돌아가니 여러 사람들이 적의 척후가 아닌가 의심하였으나 개령 사람의 일을 징계하여 감히 말하지 못했다. 또 성 중을 돌아보니 여러 곳에서 연기가 일어나므로 일은 그제야 군관 한 사람을 보내서 탐지해 오게 하였다.

군관은 말을 타고 역졸 두 사람은 말굴레를 잡고 천천히 가니, 왜병이 먼저 다리 아래 숨었다가 조총으로 군관을 쏘아 말에서 떨어뜨려 머리를 베어 달아나니 우리 군사들이 그것을 보고 사기가 떨어졌다. 조금 뒤에 적군이 크게 몰려와서 조총 10여 개를 가지고 쏘니 총에 맞은 자는 즉시 쓰러져 죽는 것이었다. 일이 급히 군사를 불러 활을 쏘라 했으나 화살이 겨우 수 십 보 밖에서 떨어지므로 적을 죽일 수가 없었다. 적은 이미 군사를 좌우익으로 나누어 기치旗幟를 가지고 우리 군사 뒤를 둘러서 포위하여 몰려오니, 일은 사태가 위급함을 알고 말을 돌려 북쪽으로 달아났고 군사들은 크게 혼란하여 제각기 목숨을 살리려고 도망쳤으나 포위망을 벗어난 자는 얼마 되지 않았다. 종군관 이하 미처 말에 올라타지 못한 사람들은 모두 적에게 살해되었다. 적이 일을 급하게 추격하니 그는 말을 버리고 의복을 벗은 채 머리털을 흩트리고 알몸으로 달아나서 문경에 다다르자 지필紙筆을 찾아 자기의 패한 상황을 임금께 보고하고, 물러가서 조령을 지키려 하다가 신립이 충주에 있단 말을 듣고 바로 충주로 달려갔다.[16]

약간 장황한 인용이었지만 당시의 전쟁 양상을 생생하게 묘사했을 뿐만 아니라, '제승방략'에 의거한 방위체제가 실전에 있어서 어떤 결과를 가져왔는가 하는 문제를 분석·평가하는 데 요긴한 내용이기에 길지만 인용하였다. 그리고 초전의 패전은 서애가 예상한 것이 불행하게도 그대로 적중되고 말았다. 그리고 국방을 담당한 장수들이 그들의 임무를 소홀히 했을 때, 그 결과가 국가의 존망과 국민의 사생에 어떻게 영향을 미치는가를 생생

16) 『懲毖錄』 卷之一.

하게 설명해 주고 있다. 이 초전의 패배가 그 후의 전세戰勢에 지대한 영향을 미쳤다.

『손자병법』에 의하면 "싸움을 잘하는 장수는 당초부터 패배하지 않는 태세를 갖추고, 적을 패배시킬 수 있는 기회를 놓치지 않는다. 이런 까닭으로 승리하는 군대는 태세를 갖추어 승산이 확실한 뒤에 싸움을 시작하고, 패배하는 군대는 덮어놓고 싸움을 시작한 후에 승리를 찾으려 한다"[17]고 했는데, 임진왜란 당시의 우리의 국방을 담당했던 장수들은 『손자』의 가르침과는 너무나 동떨어진 자세와 준비를 취했기 때문에 패배하지 않을 수 없었다고 평가하지 않을 수 없다.

서애 유성룡은 패인을 다음과 같이 말했다. 즉 "군정軍政의 근본과 장수를 선택하는 요건, 그리고 군사를 편성하고 훈련하는 방법 등 백 가지 중에 한 가지도 제대로 못하여 전쟁에 패하고 말았던 것이다."[18]

4. 국가전략론 : 북변헌책의北變獻策議

국가 방위책인 진관법과 제승방략은 군사전략에 속하는 분야이고, 서애가 1583년 왕명에 의해 올린 「북변헌책의」, 즉 북방병란北方兵亂에 대한 방책防策을 드리는 글은 국가전략[19]에 속하는 내용이다.

북방병란이란 경원부 아산보 반호의 추장인 우을지迂乙知가 진장鎭將 최몽린崔夢麟의 학대가 심하다는 이유로 경원으로 내침하여 아산·안원 지역 등을 점령했던 사건을 말하는 것이다. 이에 대해 서애는 왕에게 다음과 같은 다섯 가지 방책[20]을 건의했다.

첫째 : 화禍의 근원을 막는 것입니다

북쪽 오랑캐들은 통속統屬이 없고 부락은 여기저기 산재하여 있고, 우리에게 의지하여

---

17) 『孫子』 軍形.

18) 『懲毖錄』 卷之一.

19) 국가전략(National Strategy)이란 국가목적을 달성하기 위하여 전·평시를 막론하고 군사력과 아울러 정치·경제·심리 등 국가가 사용할 수 있는 모든 방법과 수단을 통합하여 사용하는 기술과 과학이다. 이에 반하여 軍事戰略은 국가전략의 일부이며, 군사력의 창설·유지 및 운용에 관한 문제를 다루게 된다.(졸저, 『現代戰略論』 p. 93.)

20) 「北變獻策議」(『西厓集』, 雜著)

생계를 유지하며, 귀순하지 백년이 되었습니다. 그들은 또 우리나라에 조세도 바치고 역사役事도 하며 노예와 다름이 없으니, 옛날 이적夷狄처럼 거칠고 사나워서 제어하기 어려움이 우리의 영토를 다투고 우리의 성읍을 빼앗으려 우리에게 항거하는 것과는 다릅니다. 다만 육진六鎭이 경사京師와 거리가 멀어 왕의 교화가 미치지 못하고, 조정에서는 연방이라 생각하고 반드시 무신武臣을 고을 원에게 등용하게 했으나, 원으로 가는 자가 대부분 공선公選을 거치지 않고 권세의 청탁에 의해 발탁된 사람이 많음으로 그 고을에 도착하면 구렁이 같은 욕심을 부리고 호랑이 같은 독을 피워 백성을 벗기고 후리기를 못할 것이 없어서 원성이 자자해도 살피지 않고 굶주려도 구휼救恤할 줄 모릅니다.

오랑캐들은 본시 짐승 같은 마음으로 원한을 품고 힘입을 데 없이 세월을 보내다가 때를 기다려 폭동을 일으키게 되는 데, 변이 일어난 후에도 조정에서는 아직 원인을 규명하여 적당히 처치해서 그들의 감정을 위로하지 않고 한갓 그들에게 분풀이만 하려 합니다.…

호인胡人이 무식하고 완악할지라도 시비를 가릴 줄 알아서, 관리가 조심성 있고 청렴하다는 소문을 들으면 이마를 조아리고 경의를 표하지만, 포악하고 탐욕함을 알면 침을 뱉고 욕질을 하여 마지않을 것입니다. 이러한 탐관들은 또한 공功을 결정하여 서울에 보고할 즈음에는 뇌물의 많고 적은 것으로 등급을 매기기 때문에 인심을 잃게 되는 수가 많습니다. 옛사람이 말하기를, "용병用兵하는 방법은 마음을 치는 것이 상책上策이고, 성을 공격하는 것은 하책이다"[21]고 했습니다.

만일 오늘날 변방을 지키는 대소 관리들로 하여금 하나같이 약속을 지켜서, 전일의 포악하고 탐욕을 일삼고 거둬들이는 등의 나쁜 습성을 깨끗이 씻어버리고 위엄과 신의를 베풀고 청렴결백을 숭상하고 맑은 기풍을 일으켜 이제까지 쌓인 폐단을 일소해 버린다면 백성과 오랑캐가 다함께 진심으로 기뻐하고 복종할 것이니, 싸움에서 공을 세우는 것 못지않을 것입니다. 바라건대, 3품 이상의 조신朝臣으로 하여금 무신으로 변장邊將을 감당해 낼 청렴하고 조심성 있는 사람을 천거하게 하여 보내고, 부임 후 만일 탐장貪藏이 드러나면 천거한 사람까지도 함께 법으로 다스리고 조금도 용서하지 말며…

21) 이 내용은 『손자병법』에서 변형한 것으로 생각된다. 즉 "가장 훌륭한 방책은 적이 전쟁하려는 의도를 분쇄하는 일이고, 그 다음은 적의 동맹관계를 끊어 고립시키는 일이며, 그 다음은 적의 군사를 정벌하는 일이고, 최하의 방책은 적의 성을 공격하는 일이다"(故上兵伐謀, 其次伐交, 其次伐兵, 其下攻城 : 謀攻).

둘째 : 나가 싸우느냐 아니면 지키느냐를 결정하는 것입니다

병법에 "먼저 적이 승리하지 못하도록 만전의 태세를 갖추고 이 편이 승리할 수 있는 기회를 기다린다"[22]고 했습니다. 지금 오랑캐의 힘이 강한가 약한가, 변비邊備는 소홀한가 완전한가의 자세한 실정을 신은 알 수 없습니다. 그러나 우리의 형세를 강하게 하고 견고하게 하며, 장병들이 명령대로 움직이게 되면, 싸우면 이기고 지키면 견고할 것입니다. 피차의 정세를 헤아리지 못하고 경솔하게 천근짜리 쇠뇌를 새앙 쥐 따위에게 당긴다면 이겼어도 장할 것이 없고, 한 번 실수하면 위엄만 손상시키고 나라를 욕되게 할 뿐이며, 변경의 민심이 이로 인해 동요될 것이니, 장차 보다 큰 환이 초래될 것입니다. 이러한 거사는 극히 중요한 것이니 소홀히 할 수 없는 것입니다.…

왕자王者의 군사는 만전을 도모하며 출동해야 할 것인데, 어찌하여 위험을 무릅쓰고, 요행을 바라며, 기약할 수 없는 공을 바랄 수 있겠습니까? 그러므로 오늘날 계책에 있어서는 우선 자수自守하는 대책을 세우고 규율을 거듭 밝혀, 오랑캐가 침범할 수 없게 한 연후에 시세를 보고 변통變通을 마련하여 나라의 위엄을 떨치고, 이길 승산이 있으면 공격하고 어려울 듯 하면 멈추어, 이利가 있을 것을 안 후에 움직이면 신축伸縮이 우리에게 있어 가는 데마다 뜻대로 안 되는 일이 없을 것입니다.…

싸움에 있어서는 군이 대거할 필요가 없다고 했지만은 한갓 '가볍게 움직이지 말라'는 말에 구애되어 수치와 모욕을 참고 그들이 깔보고 업신여기는 것을 묵인하는 것도 국위國威를 떨치고 후환을 없게 하려는 것이 못됩니다.

셋째 : 오랑캐의 실정을 살피는 것입니다

대저 분란을 해결하고 전쟁을 종식하는 방법은 우선 그들의 실정實情을 잘 파악하여 그 기회에 알맞게 처리하는 데 있습니다. 지금 오랑캐가 원망하는 단서를 조정에서 알아내지도 못하고 왕래하는 호인胡人들의 역순逆順과 진위를 또한 밝혀내지 못하였으니, 대처하는 계책이 마땅함을 잃음이 많습니다. 더구나 용병할 때는 적의 실정을 세밀히 살펴서 동기를 따라 대처해야 하며, 공격해 들어올 곳을 지키고 그들이 지키지 않는 곳을 공격한다면 뜻을 이룰 수 있습니다.…

---

22) 이것은『孫子兵法』軍形의 句節이다.

넷째 : 식량을 공급하는 것입니다

한 곳에서 적의 습격을 받으면 각처에서 일어나 식량을 공급하여 이들을 구제해야 합니다. 그러나 식량을 운반하고 공급하는 일이 번거로워 사람들은 고통을 감당하지 못하고 반란을 생각하는 사람이 많습니다. 따라서 전쟁이 일어나면 식량 운송을 우선으로 하는데, 이 일을 맡은 사람이 참으로 잘 처리하여 전쟁이 빨리 그치게 되면 천하는 동요되지 않을 것이요, 만일 잘못하여 꼴을 베어 나르고 수레를 끌며 한 해를 지내고 또 한 해를 보낸다면 원근遠近을 막론하고 소란할 것입니다.…

지금 눈썹이 타는 듯 위급한 형편에 이렇게 양곡을 쌓아 모아 둘 계획을 세운다면 좀 더디고 먼 계책인 듯하지만, '7년 병病에 3년 묵은 쑥을 구한다'는 말이 있듯이 참으로 저축하지 않으면 장차 죽음을 어떻게 면할 수 있겠습니까…

다섯째 : 구황救荒을 잘 실시하는 것입니다

'구황에는 좋은 방책이 없다'라고 옛사람이 말했습니다. 그러나 송효종宋孝宗은 "진구賑救를 못하는 것은 시기를 놓치고 실정을 파악하지 못하는 데 있다"고 했는데, 주자朱子는 이 말의 요점을 알았다고 탄복했습니다. 신臣이 듣기로는 북도北道 길주 이북 백성들이 굶주려 제 몰골이 아니며 길에서 굶어 죽은 시체가 깔려 있다고 하니 매우 참혹하고 측은한 일입니다. 조정에서는 이 소식을 듣고 비로소 의논하고 천리나 되는 먼 곳에 양곡을 운반하여 이들을 구하려 하니, 이른바 '먼 곳의 물을 가지고 눈앞의 불을 끄지 못한다'는 것으로 어찌 이런 위급에 미칠 수 있겠습니까?

신臣의 생각 같아서는 백성들의 빈부의 차이를 자세히 조사하여 등급을 정하고, 현재 북도에 남아 있는 곡식으로 굶주림이 심한 백성을 우선 구하고, 만일 부족하면 이미 운반된 군량軍糧으로 지급하고 이 후에 운송하는 것으로 채워야 할 것을 보충한다면, 시기를 놓치거나 실정을 잃어버리는 폐단이 없을 것입니다.

오늘날의 정세는 적절한 인재를 써야 합니다. 오랑캐의 실정을 상세히 살피고 신중히 대처하여 요동하지 말며, 백성과 오랑캐를 하나같이 어루만져 그들에게 은혜와 위엄을 베풀고 변방을 공고히 하고 군량을 넉넉히 확보하여 오랑캐가 감히 침범하지 못하게 한 후에야 이利를 보고 편리한 형세를 엿보아 시기에 따라 대처함이 만전의 계책이요 동시에 상책上策이 되는 것입니다.

서애가 왕에게 건의한 방책의 기본 목표(국가목표)는 오랑캐들이 나라에 조세도 바치고 역사役事도 즐겁게 하도록 만들어 국가 이익에 보탬이 되게 하자는 데 있다. 따라서 문제 해결을 위해 올바른 진단을 해야 처방이 가능하다는 주장이다. 그리하여 서애는 오랑캐들의 병란兵亂의 원인은 변방으로 가는 관리(권세의 청탁으로 발탁된 자)가 욕심을 부려 착취를 일삼고 그들의 원성이 자자해도 살피지 않고 굶주려도 구휼할 줄 모르기 때문에 일어났다고 판단했다. 그리하여 관리가 오랑캐들에게 선정善政을 베푼다면 그들도 진심으로 기뻐하고 복종할 것이며, 그들을 진압해서 공을 세우는 것보다 더 상책이라는 것을 "용병하는 방법은 마음을 치는 것이 상책이요, 성을 공격하는 것은 하책이다"고 말함으로써, 비군사적 수단을 먼저 구사할 것을 건의하고 있다. 그리하여 그는 변방에 보내는 관리의 인선人選방법과 기준을 구체적으로 적었다.

서애는 비군사적 수단의 사용을 먼저 건의하면서 동시에 오랑캐들에 대한 군사적 대비책을 손자병법을 인용하여 기본 입장을 밝혔다. 즉 "먼저 적이 승리하지 못하도록 만전의 태세를 갖추고 이 편이 승리할 수 있는 기회를 기다린다"고 했다. 그리고 그는 왕자王者의 군사는 만전을 도모하여 출동해야 하며 위험을 무릅쓰고 요행을 바라며 기약할 수 없는 공을 바라서는 결코 안 된다고 했다. 왜냐하면, 당시 조정의 공론公論이 "비밀리에 군대를 오랑캐 지역에 투입시켜 그들의 소굴을 소탕하자"는 견해가 있었기 때문이었다. 그리하여 그는 먼저 오랑캐들의 실정을 파악해야 한다고 했다. 이것은 '지피지기知彼知己 백전불태百戰不殆'의 견지와 같다. 그리고 오늘날과 마찬가지로 군대가 작전을 수행하자면 병참의 문제가 가장 중요한 데, 당시는 식량의 공급이 가장 중요했기 때문에 이에 대한 구체적 방안도 제시했다.

서애는 끝으로 구황의 실시를 강조하고 그 방안도 제시했다. 이것은 옛날이나 지금이나 마찬가지로 중요한 일이다. 즉 2차대전 후 일본이 패배하자 식량 부족으로 연합군 사령부에 식량 수입을 요청했다. 워싱턴 당국은 1945년 세계적인 대흉작으로 식량 부족 현상이 일본뿐만 아니라 유럽과 아시아 전역에 걸쳐서 어려운 사정에 있었기 때문에 일본의 식량 원조에 대해 난색을 표명했다. 맥아더 원수는 이런 상황에 처해 식량 위기에 봉착한 일본 사회의 불안에 대해 조속히 식량을 보내주는 것 밖에 다른 방도가 없다는 판단 아래, "식량을 빨리 보내주든가 아니면 미군 병력을 빨리 더 보내라. 만일 이 조치를 서두르지 않으면 식량과 병력 둘 다 필요하게 될 것이다"고 다분히 협박조의 식량요청을 했다. 일본의 식량관리국의 관리였던 히노(日野水一良)는 당시를 회고하여, "식량 결핍이 인간을 어느 정도 타락시킬 수 있는가를 알게 되었다. 사람은 먹기 위해 원숭이도 개도 될 수 있다. 지옥, 바로 그것이었다"[23]고 했다.

서애는 국가전략에서 비군사적 수단과 군사적 수단의 효과적이고 구체적인 방안을 제시하고는, 이것을 수행하기 위해서는 적절한 인재를 등용해야 한다는 것을 재삼 강조했다. 「북변헌책의」는 1583년 2월에 제출했는데, 당시 서애는 홍문관 부제학으로 제수되어 있었다. 그런데 그 해 7월 특명으로 그는 함경도 관찰사로 제수되었으나, 어머니의 병환 때문에 사양하고 부임하지 않았다. 왕은 건의자가 바로 실천자가 되어야 할 인재임을 간파한 것이다. 뿐만 아니라, 그의 건의 방안의 내용은 후일 임진왜란 당시의 어려운 영의정의 직책을 수행할 수 있는 인재임을 보여주고 있다.

5. 전술론 : 전수기의십조戰守機宜十條

임진왜란이 발발한 지 2년이 지났으나, 아직 왜병은 우리의 국토에 머물러 있으면서 돌아갈 생각은 하지 않고 있었다. 거기다 서애는 5월(1594) 병이 위독하여 네 차례나 차자를 오려서 사직하였으나, 모두 윤허가 내리지 않았다. 6월에 병고에 시달리면서 그는 2년간의 왜병과의 전쟁을 치르면서 전술적 교훈, 즉 「전수기의戰守機宜」를 왕에게 올렸는데, 그 내용을 요약하면 다음과 같다.[24]

> 신은 부유腐儒로서 군대 일에 익숙하지 못한 데… 이제 적의 형세는 오히려 급하고 국사가 더욱 어려운 데, 외방의 장수된 신하는 오히려 지난 일을 반성하여 후환을 도모할 뜻이 없어, 군사 다루기를 법도가 없고 수비가 완전하지 못한 데도 놀기만 하고 직무를 게을리 해서 나날이 더하니, 설혹 적세가 충돌해서 길게 몰아오면 장차 국사를 어떻게 하려는 것입니까?
>
> 신이 신병으로 신음하게 되어 공무公務에는 약간 여가가 있으니, 나라를 근심하는 마음을 억누르지 못하여 난리 이후에 보고 들은 것과 생각해 낸 것을 엮어서 10조로 분류했으니… 만약 을람乙覽을 거치시고 혹 해당 관서에 내리어 각처 모든 장수들에게 알리면 적을 제압하고 수비하는 대책에

23) 「일본은 굶주림을 이겼다」(「한국일보」, 1979. 8. 21.)
24) 「戰守機宜十條」(『西厓集』 雜著)

만에 하나라도 보탬이 없지 않을 것입니다.

• 첫째 : 척후

척후와 요망瞭望(멀리서 적을 망보는 것), 이 두 가지는 삼군三軍의 이목耳目이다. 군대의 내부에 척후와 요망이 없으면, 이는 소경이 눈먼 말을 타고 밤중에 깊은 연못에 임하는 것과 같아서 적군이 자기 군문에 이르도록 미처 알지 못하니 그 위태함이 심하다. 그리고 척후와 요망은 선기先期(정한 기일보다 앞섬)와 원포遠布(멀리 배치하는 것)하는 것이 귀중하다. 선기에 하지 못하면 적의 간첩이 이미 아군 쪽으로 들어오게 되고, 원포하지 않으면 적의 매복병이 중요한 지대를 먼저 점령하여 교묘한 꾀로 아군을 그르치게 할 수 있고 그 동정과 허실을 끝내 알 수 없을 것이다.…

우리나라는 요사이 여러 장수들의 용병술에 있어서 척후와 요망이 중요하다는 것을 알지 못하고, 무턱대고 망령되이 행동하여 뜻밖에 적의 무리와 서로 마주치면 몹시 놀라고 두려워서 재빨리 도망치고 당황해서 어찌할 바를 몰라 맞붙어서 싸우기도 전에 패하고 만다(사례 : 이일이 상주에 있을 때, 신립의 충주에서의 경우).… 장수들은 병사들에게 척후와 요망 설치하는 것을 알지 못해서 군중으로 하여금 이목을 막히게 한 탓으로 그 화가 이와 같이 엄청나게 된 것인데도, 그 후에 장수된 사람이 경계할 줄을 몰라 매번 적의 기습을 받게 되었으니 진실로 통탄할 일이다.

• 둘째 : 장단長短

병법에 이르기를 "자기를 알고 남을 알면 백 번 싸워서 백 번 이기고 자기를 알지 못하고 남을 알지 못하면 백 번 싸워서 백 번 진다"[25](知彼知己 百戰百勝, 不知己不知彼 百戰百敗) 하였으니, 이른바 자기를 알고 남을 안다는 것은 남과 자기의 장단점을 견주어 헤아린다는 뜻이다.…

이제 시험 삼아, 왜적과 우리나라의 장단점을 견주어 본다면, 왜적의 장기長技는 세 가지가 있으니, 조총과 창칼과 생명을 가볍게 여기고 돌진하여 분투해서 끓는 물에 들어가고 불속에 뛰어들지라도 사양치 않는 것이다. 이는 천하에서 가장 굳센 적이어서 우리가 대적할 수가 없다. 우리의 장기는 단지 활과 화살만이 있는 데 왜적의 조총에 비교한다면 멀고 가까움이 서로 맞지 않고, 그 소리와 위엄의 폭렬이 또 아울러서 비교하기가 어렵다.

무릇 우리 군사는 오합지졸인데, 그 단점만 가지고 평원과 광야에서 서로 견주고자 하는 것은 패배하는 것이 당연한 것이다. 그런데 잘 싸우는 장수는 그 전세戰勢를 바탕으로 해서 이롭게 인도하여 장단을 도리어 단점으로 만들기도 하고, 단점을 도리어 장점으로 만들기도 하니, 이는 병가兵家의 묘책으로서 잘 살피지 않으면 안 될 것이다.

이제 기병騎兵과 보병의 두 병사를 놓고 말한다면 누가 기병이 보병을 이긴다고 하지 않겠는가? 그러나 기병은 평지에서 이롭고, 보병은 험한 곳에서 이롭다. 만약 지형을 활용하지 못하고 혼잡하게 사용한다면 기병이나 보병 둘 다 장점을 잃게 되어 적군에게 패하게 된다. 조총과 궁시弓矢의 기술이 역시 그러하다. 만약 평원과 광야에서 아군과 적군이 서로 대적하여 징 소리와 북 소리를 서로 울리면서 차례차례 같이 전진하는 데는 궁시는 단점이 되고, 조총은 장기가 되어서 절대로 대적할 수가 없다.…

만약 그 지형을 살펴서 험한 곳을 알아내어 임목林木 사이에 길을 끼고 복병을 숨겨두었다가 적군이 오기를 기다려서 여러 화살을 일제히 어지럽게 쏘아대면, 적들은 비록 많은 무리라 할지라도 장

25) 서애는 『손자병법』을 誤讀한 것으로 생각된다. 즉 '知彼知己, 百戰不殆'이지 '知彼知己 百戰百勝'은 아니다.

단이 되는 기술을 시행할 여지가 없으므로 우리 군사는 승전勝戰할 수 있을 것이다.… 바야흐로 신립이 충주에 도착했을 때 만약 조령을 먼저 점거하고 길을 끼고서 50~60리 사이에 사수를 세워두고 별도로 산골짜기에 적군을 의혹시키는 군사를 세워 적으로 하여금 우리 군사들이 많고 적음을 예측할 수 없게 하고, 적들이 장사진을 펴고 골짜기에 들어왔을 때 미리 약속하여 앞과 뒤를 끊고, 동시에 어지럽게 발사하면 적들은 필연 험난한 곳을 빨리 넘지 못했을 것이다. 그런데도 이 험한 곳을 버린 채 지키지 않고 넓은 들판에 끌어들여서 그 단점으로 겨루어 저들의 장기長技를 더욱 유리하게 하고 우리의 단점을 더욱 불리하게 해서 패배하게 되었으니, 이것은 병법을 모르는 탓이다. 그러므로 '장수가 병법을 알지 못하면 그 나라를 적에게 넘겨주는 것'이라 함은 참으로 이를 말함이다.

• 셋째 : 속오束伍

병법이 천언만어千言萬語나 되지만, 그 긴요한 주안점은 오직 속오(부대의 조직)에 있으니, 이른바 속오는 즉 수로 나눈 것이다. 그래서 옛 선유先儒들이 말하기를 "한신韓信이 군사가 많으면 많을수록 더욱 잘 다룬 것은 단지 분수를 밝게 했기 때문이다." 하였고, 손자는 말하기를 "많은 병사를 다스리기를 소수의 사람을 다스리는 것처럼 하는 것이 분수分數이다"고 한 것이 이를 두고 한 말이다.

우리나라의 장수된 사람은 하나도 그 속오에 분수의 법을 아는 이가 없어서 매양 군졸이 잘 무너지는 것만을 걱정하니, 아! 미혹됨이 심하다. 무릇 속오라고 하는 것은 위衛가 부部를 통솔하고, 부가 기旗를 통솔하고 기가 대隊를 통솔하고 대가 오伍를 통솔하는 유가 이것이다.… 그러므로 통솔하는 바가 더욱 많아지면 나뉘는 바도 더욱 세분되고, 나뉘는 바가 더욱 세분화 되면 살피는 바도 더욱 정밀하게 되니, 이것이 군법의 강령이다. 그런 까닭에 평시에 있어서는 이로써 군사를 다루면 장수와 병졸들이 서로 얽매여 연습하기가 쉽고, 적군과 맞붙게 되어서는 이로써 절제節制하면 팔과 손가락이 서로 의지해서 선후를 용납하지 않아, 이른바 만인을 합쳐서 한 마음으로 삼는다고 함은 다 이로 말미암아 이루어지며, 비로소 절제된 군사라 말할 수 있다.

오늘날 장수된 사람은 한 사람도 이런 뜻을 아는 이가 없어서 무릇 조관朝官과 양반들은 겨우 활잡을 줄만 알면 이름하여 군관이라 하여, 장막 속에 모여서 분군分軍을 하지 않고 겨우 좌우에서 응대하고 사환하는 임무만 갖출 뿐이다. 군졸에 이르러서는 모두가 각 고을에서 임시로 촌야村野의 백성들을 뽑아 보내어서 번갈아 왕래만 하니, 본래 싸우고 진鎭을 치는 일을 알지 못하며, 또 대·오·기·초哨 등 예속되어 있는 곳이 없어서 어수선하고 떠들썩하여 수족手足과 이목耳目이 지향할 바를 알지 못하고 있다가 갑자기 죽음을 다투는 전쟁터에 몰아넣어 힘껏 싸워서 적을 이기기를 바라지만 어찌 어렵지 않겠는가?

그러므로 장수가 참으로 속오를 안다면 비록 시정市井의 잡된 무리들을 모은 군사라 할지라도 훈련을 시켜서 적군과 교전할 수 있거니와, 반대로 속오를 알지 못하면 비록 군센 활을 당기고 수레를 뛰어넘을 수 있는 군사라 할지라도 다 미리 겁을 먹고 놀라서 싸우지도 않고 도망가 무너져 버린다.…

• 넷째 : 약속約束

분수分數가 평일에 이미 명확히 되었으면 또 진지에 임할 때의 약속은 더욱 명확하지 않으면 안 된다. 이른바 약속이란 즉 대장이 그 적세敵勢의 강약, 지형의 험난하고 평탄한 것을 살피고 승패의 상황을 헤아려서 모든 장수들에게 분부해서 각각 통솔하는 바의 군대를 거느리고, 혹은 앞서고 혹은 뒤서며 혹은 복병이 되고 혹은 후계後繼가 되며 혹은 의병疑兵이 되고 혹은 유인부대를 만들고 세 번 명령하고 다섯 번 거듭하여 반드시 그들로 하여금 감히 어기거나 넘치는 일을 하지 못하게 하고 한

결같이 대장의 명에 좇게 해서 모두 죽을 힘을 다하게 하는 것이 이것이다.

그러므로 약속이 명확하지 못해서 병사가 이를 범하는 것은 장수의 죄이고, 약속이 이미 명확한데도 불구하고 병사가 죄를 범하는 것은 병사의 죄라고 하니, 무릇 죄가 병사에게 있고 장수에게 있지 않은 연후에야 목을 베고 형벌을 행하여야 군사들이 원망하는 말이 없게 된다.

무릇 군사를 써서 적을 당함에는 반드시 정正(적의 공격을 능히 막을 수 있는 방어)이 있고 기奇(적을 이길 수 있는 공격)가 있는 데, 기와 정을 순환시켜서 임기응변하기를 무궁하게 하는 자가 훌륭한 장수로서 병사를 잘 부리는 사람이다.

오늘날 장수된 사람이 전쟁에 임할 때 전혀 약속이 없이 혼잡하게 아울러 나아가서 무엇이 정正이 되며, 무엇이 기奇가되는지 모르고, 또 무엇을 먼저 해야 하며 무엇을 뒤에 하여야 하고, 무엇이 복병이 되며 무엇이 후계가 되는지를 알지 못하고, 같은 시각에 함께 전진하여 복잡하게 뒤섞이고 시끄럽게 떠들어서 조금도 통솔하고 영도함이 없으면, 병사들은 다 놀라서 두리번거리며 쳐다만 보고 간담이 이미 떨어지고 만다.

이른바 군관과 장수들이 살찐 말을 타고 채찍을 잡고는 으레 뒤에서 스스로 벗어날 꾀만을 궁리하니, 아래 병졸들도 이러한 것을 알고 다시는 싸울 마음이 없어서 마침내 적군이 수 십 보 안에 이르면, 흙이 무너지고 기왓장이 깨지 듯 말을 탄 사람은 모두 멀리 달아나서 죽음을 면하고, 보병의 파리하고 둔한 병사들만이 적의 칼날에 다 죽고 만다.

• 다섯째 : 중호重壕

무릇 성 밖과 영책營柵 밖에다 마땅히 겹참호(중호)를 설치해야 한다. 바깥 참호는 평상시의 호에 의하여 깊고 넓게 만들되 그 중에 목각木角을 많이 설치하고, 안쪽 참호는 그 넓이를 바깥 참호의 반으로 줄이고 그 깊이는 일장一丈 정도로 깊게 한다.…

• 여섯째 : 설책設柵

옛사람은 행군을 하면 반드시 싸울 준비를 하고, 주둔하면 반드시 영사營舍의 벽을 견고하게 하였으니 그 생각하는 것이 깊었다. 그러나 영벽營壁의 설치는 반드시 먼저 지형을 얻고, 설치하는 법은 반드시 그 제도를 곡진曲盡하게 해서 견고하고 치밀하게 한 연후에야, 아군은 믿는 바가 있어서 두렵지 않고 적도 또한 감히 와서 침범하지 못하게 된다.

왜적은 지형을 아주 잘 알고, 또 목책은 잘 설치해서 진을 칠 때에는 반드시 요새지要塞地에 한다. 그들이 목책을 설치하는 법을 보면 우리나라에서는 다만 활과 화살만을 사용한다는 것을 알기 때문에 흙을 발라서 벽루壁壘를 만들어 겨우 화살을 막을만하게 하고, 빙 둘러 이리 구불 저리 구불 휘어서 서로가 보호하고 가리게 하며, 구멍을 만들어서 탄환을 편리하게 쓸 수 있게 하니, 참으로 열 걸음에 아홉 번 돌아보는 치밀성이다. 그렇게 하기 때문에 외로운 군사가 깊숙이 천리까지 들어와 영營을 연결시키고 있는 데도 아군은 3년간을 서로 바라보며 하나의 둔영屯營도 공격하여 부수지 못하였으니, 그 계획이 정밀하였다.

목책을 설치하는 데 가장 중요한 방법이 있으니, 인력을 많이 소모할 필요가 없이 지세地勢를 따라서 판별할 줄을 알아야 한다.

• 일곱째 : 수탄守灘

무릇 적을 만나 중과衆寡·강약이 현저하게 차이가 날 때에는 반드시 험난한 곳을 점거하여야만 적을 막아낼 수 있다. 이른바 험하다는 것은 높은 산과 큰 하천처럼 적군은 전진하기 어렵고 아군은 수비하기 쉬운 곳이 모두 이곳이다. 그러나 큰 하천의 험난한 곳을 이용하는 것이 높은 산보다 더욱 낫다.

지난 해에 적의 무리가 양근·용진 및 평양의 대동강을 따라서 다 여울을 경유하여 도보徒步로 건너서 나아갔는데, 우리 군사는 능철菱鐵(마름쇠) 등을 설치할 줄도 모르고 이르는 곳마다 패하여 무너졌다. 지난 일의 거울은 뒷일의 밝은 경계가 되니, 이제라도 조치하면 오히려 방비가 되는 데, 다만 걱정되는 것은 비록 좋은 대책이 있으나 사람들이 즐겨 시행하지 않으려 함이다. 만약 강 언덕에 대포를 설치하면 더욱 좋은 묘법이 된다.

• 여덟째 : 수성守城

옛사람들은 우리나라가 성을 잘 지킨다고 하는 데, 안시성에서 당나라 군사를 물리치고, 원주성에서 거란 군사를 막아내고… 그러나 임진년(1592년) 이후부터 한결 같이 왜적을 만나 움직이기만 하면 패하여 무너지는 것은 무엇 때문인가? 대개 우리나라는 활과 화살만을 잘 사용하였고, 또 산을 인하여 성을 만들었다. 때문에 적군이 단지 활과 화살만을 사용해서 공격해 오면 아군과 적군의 높고 낮은 지세가 크게 현격한 차가 있게 되어 성을 굳게 지키기에 어려움이 없었다.

이제 왜적은 오로지 조총을 사용해서 공격하여 오고 수 백보까지 미칠 수가 있는데, 우리나라의 활과 화살은 이미 서로 미치지 못한다. 게다가 성면城面이 조금이라도 평평한 곳만 있으면 적의 무리는 흙으로 보루를 만들고 높은 다락을 만들어서 성 안쪽을 내려다보고 탄환을 쏘기 때문에 성 안의 사람들은 몸을 숨길 수가 없어서 마침내 패해서 함락되니 그 형세는 족히 괴이할 것이 없다.

각 읍의 진보鎭堡에 성과 목책이 있는 곳에는 흙이나 나무를 사용하여 바깥쪽은 흙을 두텁게 발라서 적이 불을 질러도 타지 않게 하고 화약과 화포를 많이 준비하며, 때때로 구멍을 통하여 대포 쏘는 것을 익혀서 지세의 굽고 곧음과 대포알 나가는 거리의 멀고 가까움을 보게 해서, 직접 본 백성으로 하여금 환히 이 법을 알게 하면 참으로 성을 지키는 묘책이 된다. 적이 이르러도 근심할 바가 없게 하면 비록 독촉하고 명령하여 성안에 오게 하지 않더라도 저절로 무너지고 흩어지려는 생각이 없게 된다.

• 아홉째 : 질사迭射

우리나라의 군사는 다만 활과 화살만 가지고 다른 기술은 익히지 않아서 적군이 수 십 보 내에 접근해서야 화살을 쏘고, 이미 쏜 뒤에는 계속 할 살이 없다. 또 적이 단병短兵을 가지고 돌진하여 와서 백병白兵으로 맞붙어서 교전하면, 적에게 대항할 수 없어 활과 화살을 버리고 도망가는 것에 불과하다. 이는 단병과 장병長兵을 갖추지 못해서 서로 막을 수가 없고, 다만 장병은 있으나 단병이 없는 소치이다.

이제 이에 대처하자면 질사법을 쓰는 것이 마땅하다. 대개 같은 시각에 함께 활을 쏘아대면 적의 무리는 비록 적중되는 사람이 있지만, 다른 적들은 다시 화살을 올려대기 전에 틈을 타서 앞으로 돌진하니, 질사라고 하는 것은 그들이 돌진하여 오는 적세를 막아내어 적으로 하여금 우리 군사의 틈을 탈 수 없게 하는 것이다.

만일 사수 백 명이 있으면 나누어서 대隊를 만들고, 10명으로 1대를 삼아서 다같이 활을 당기되 1대 중에 3명이 먼저 쏘고, 또 3명이 다음으로 쏘고, 또 4명이 그 다음에 쏘아서 시괄矢括이 서로 이어져서 간단없게 해서 백 명 중에 늘 30~40개의 화살이 다음을 연차로 쏘게 하고, 먼저 쏜 사람이 또 다시 화살을 대어 끝없이 돌고 돌게 해서 적으로 하여금 틈을 탈 수 없게 한다. 또 앞에 쏜 사람은 뒤에 쏜 사람을 믿어서 굳게 하고, 뒤에 쏘는 사람은 다음에 쏘는 사람을 믿어서 방위가 되게 하면 마음이 두렵고 겁냄이 없어서 화살을 반드시 잘 다루어 적을 많이 적중시킬 것이다.

• 열째 : 지세地勢의 통론統論

왜적은 참으로 군센 도적이고 또 우리의 국경을 오래도록 점거하여 왔으므로 우리의 허실을 다 알고, 요새지에 주둔하여 지켜왔으므로, 간사한 계략이 이미 이루어졌으니 우리로서는 허랑하게 싸울 수 없고 마땅히 장책長策을 세워서 제재해야 한다. 이른바 장책이란 산성을 만들고 목책을 설치하여 반드시 지키겠다는 계획을 삼고 공사公私간에 저축된 물자를 다 거두어들이고 들판을 깨끗하게 치우고서, 기다려서 적으로 하여금 우리로부터 식량을 얻지 못하게 하는 것이다. 적이 이미 성을 공격해서 함락시키지 못하면 들판에 약탈할 것이 없어 불과 수 일 만에 사기가 점점 떨어지고 병사들은 배를 주려 반드시 머뭇거려 후퇴하고자 할 것이니, 그 때에 용맹스러운 병사들을 내어서 분산하여 매복시켰다가 그 앞을 치고 혹은 그 뒤를 끊으며, 또 수군으로 하여금 바다를 왕래하게 하여 식량 보급로를 차단한다. 이것이 오늘날의 가장 좋은 장책이다.

이상은 「전수기의십조戰守機宜十條」를 요약하여 소개했는데, 이것은 훈련이 잘 되고 화력과 병력이 우세한 왜적을 맞이하여 우리의 패인을 상세히 분석하고, 훈련되지 않은 병력과 화력이 열세한 힘을 가지고 어떻게 효율적으로 적과 싸울 것인가 하는 가장 심각하고 현실적 대응책, 즉 전술문제를 다루고 있다. 서애는 구체적 대책을 마련함에 있어서 탁상공론이 아니라, 전례戰例의 분석에 입각하여 현실적으로 해결책을 제시했다. 그리고 왜적처럼 강력하고 우리의 허실을 잘 아는 적에 대해서는 산성을 중심으로 지형을 활용하여 싸우는 동시에, 초토작전焦土作戰으로 나아가고, 한편으로 우세한 수군으로 하여금 적의 병참선을 차단하여 적을 섬멸하자는 것인데, 이것은 퍽 훌륭한 방책이었다. 그는 결코 그가 말하듯 부유腐儒가 아니라, 당시의 장수들을 능가하는 병가兵家[26]임을 입증하고 있다.

6. 장수론將帥論

옛날부터 "군대는 백 년 동안 한 번도 사용하지 아니 할 수 있으나, 단 하루라 할지라도 갖추지 않으면 안 된다"[27]고 하였거니와, 더욱이 그 군대를 움직이는 지휘관의 중요성은

---

26) 서애는 "糧餉·軍兵·城地·武器, 이 네 가지는 싸우고 지키는 데 크게 요긴한 것이다"(『西厓集』 備邊雜錄)고 했고, 거기에 대한 이유를 밝히고 있는 것으로도 兵家로서의 자질이 풍부함을 보여주고 있다.

27) 劉千俊 編, 『歷代名賢經武粹語』, 正中書局, p. 78.

재론할 필요도 없다. 손자는 지휘관의 중요성에 대해, "용병술을 잘 아는 장수는 국민의 생명을 맡은 사람이요, 국가의 안위安危를 좌우하는 사람이다"[28]고 했다. 이것은 지휘관이 얼마나 무거운 직책을 가지고 있는가를 단적으로 표현한 것이다. 군대에 있어서 지휘의 중심이 되고 또 원동력이 되는 것은 실로 지휘관이며, 옛날부터 조건이 비슷한 상황 속에서의 전투의 승패는 장수의 우열에 의하여 좌우되어 왔다. 그래서 프랑스의 포슈 장군은 "전투의 승패는 지휘관에 의해서 결정되는 것이지, 병사에 의해서 결정되는 것은 아니다.… 전쟁의 큰 성과는 지휘관에 의해서 달성되는 것이다. 그러므로 역사는 정당히 지휘관으로 하여금 승리에 대한 책임을 지게 하여 그 때에는 영광을 누리게 하고, 또 패전에 대해서도 책임을 지게 하여 그 때에는 굴욕을 당하게 되는 것이다. 지휘관 없이는 전쟁도 있을 수 없고 승리도 있을 수 없다"[29]고 했다. 이것은 1870년 보불전쟁에서 프랑스군의 대패大敗와 또 그들의 장수들의 과오를 바로 잡으려는 결의에 의한 교훈의 결론이었다.

서애는 왕이 "반드시 인재를 얻은 뒤에 무슨 일을 할 수 있으니, 비변사 당상은 각각 그들이 아는 사람을 추천토록 하라"고 했을 때, 형조정랑 권율權慄을 천거하여 의주목사로 삼고, 정읍현감 이순신을 천거하여 전라좌도 수사로 삼았다. 이들은 임진왜란을 당하여 훌륭히 그들의 직무를 수행했다. 그는 장수의 등용 기준을 "재지才智와 식견과 사려가 있고 병법을 밝게 깨달아 장수의 임무를 감당할 수 있는 사람"[30]이라 했다.

서애는 『징비록』에 장수 신립에 대해 다음과 같이 기록해 두었다.[31]

> 임진년(1592년) 봄에 신립과 이일을 보내어 변방의 군비軍備를 순시케 했다. 이일은 충청·전라도에 가고, 신립은 경기도·황해도로 갔는데, 모두 한 달이 지난 다음에 돌아왔으나, 점검한 것은 고작 활·화살·창·칼 따위뿐이었다. 각 군·읍에서는 대개 문서만 갖추어서 법에 저촉되지 않게만 꾸몄고, 다른 수비와 방어에 대한 좋은 방책은 없었다. 신립은 원래 성질이 잔인하고 포악하다는 평이 있는 사람으로, 그가 가는 곳마다 사람을 죽여서 자신의 위엄을 세우니, 수령들이 두려워하여 백성을 동원해서 길을 닦고, 대접하는 것이 지극히 사치하니, 비록 대신大臣의 행차라도 이만 못할 정도였다.
>
> 그가 임금에게 복명復命한 다음 4월 1일에 내 집으로 찾아왔기에 내가 그에게 묻기를, "멀지 않아서 우리나라에 변이 일어나게 되면 그 때에는 마땅히 공이 군사를 이끌고 방어를 해야겠는데, 공의

28) 『孫子兵法』 作戰.
29) Edward M. Earle, ed., *Makers of Modern Strategy* (Princeton : Princeton University Press, 1943), p. 228.
30) 『西厓集』, 啓辭 請廣取人才啓.
31) 『懲毖錄』 卷之一.

생각에는 오늘의 적 형세를 보아 그 방비책의 어렵고 쉬움이 어떠하겠소?" 하니, 신립이 적을 대단히 가볍게 보면서, "걱정할 것 없습니다"고 하였다. 내가 다시 말하기를, "그렇지 않습니다. 전에는 왜병이 짧은 창·칼 따위만을 믿고 있었지만, 오늘날엔 조총과 같은 훌륭한 무기를 가지고 있으니 가볍게 볼 수는 없을 것이오." 하였으나, 신립이 주저하지 않고 급히 말하기를, "비록 조총을 가지고 있다 해도 어찌 쏘는 대로 다 맞겠습니까?" 하였다. 내가 말하기를, "나라가 태평한 지 오래되었으므로 사졸들이 겁이 많고 나약해졌습니다. 과연 급변을 당하여 항거하기가 매우 어려울 것입니다. 내 생각으론 수 년 뒤에 사람들이 군사 일에 익숙해지면 난을 수습할 수 있을지 모르나 지금 같아서는 매우 걱정이 됩니다." 하였으나, 신립은 도무지 반성하고 깨닫는 기색이 없이 가버렸다.…

신립이 충주에 도착했을 때, 충청도의 각 군·현에서 군사들이 속속 모여들어 8천여 명이나 되었다. 신립이 조령을 지키려고 하다가 이일이 패하였다는 소식을 듣고 크게 기가 꺾여 충주로 돌아왔다. 신립이 천험한 조령을 버리고 지키지 않으며, 명령이 번거롭고 요란스러우니 보는 사람들이 그가 반드시 패할 것을 알았다. 신립과 친근한 군관 한 사람이 와서 은밀한 적이 이미 조령을 넘어섰다고 보고하니 이 때가 27일 초저녁이었다.… 이튿날 아침, 신립은 군관이 거짓말을 했다고 하여 끌어내어 베어 죽이고, 임금께 글을 올려 "적이 아직 상주에서 떠나지 않았습니다"고 하였다. 그는 적병이 10리 안에 있는 것을 알지 못하였다.

이어 신립은 군사를 인솔하여 탄금대 앞 두 강물 사이에다 진을 쳤다. 그 곳은 좌우에 논이 많고 수초가 얽혀있어서 말을 달리고 사람이 달음질치기 불편한 곳이다. 조금 뒤에 적병이 단월역으로부터 진로를 나누어 쳐들어오는데, 그 기세가 마치 바람이 비를 몰고 오는 것 같았다. 한 패는 산을 돌아 동쪽으로 오고, 한 패는 강물을 따라 내려오는데, 포 소리는 땅을 진동하고 티끌은 하늘을 덮었다. 신립은 이 광경을 보고 어찌할 바를 몰라 하다가 말을 채찍질 하여 몸소 적진을 향해 돌격하려고 두어 차례 시도하였으나 들어갈 수가 없었다. 되돌아와 강물에 뛰어들어 빠져 죽으니 군사들도 모두 강물 속으로 뛰어들어 시체가 강을 덮고 떠내려갔다.…

그 뒤에 명나라 제독 이여송李如松이 적을 추격하여 조령에 이르렀다가 탄식하여 말하기를, "험난하기가 이와 같은 곳이 있었는데, 여기를 지킬 줄 몰랐으니 신 총병申總兵은 모책謀策이 없는 사람이다"고 하였다. 대체로 신립은 비록 경예輕銳하여서 한 때의 이름은 얻었으나, 계책과 모책을 세우는 것은 거의 잘하는 바가 아니었다. 옛사람이 말하기를,

"장수가 병법을 모르면 그 나라를 적에게 주게 된다"고 하였다. 지금 비록 후회하여도 쓸 데 없기는 하지만, 오히려 뒷날의 경계가 될 수 있으므로 자세히 기록하여 둔다.

서애는 과연 임진왜란 전후를 통하여 신립에 관한 상세한 내용을 기록했는데, 과연 그가 그러한 기록을 할 만한 직위에 있었는가 하는 점을 고려해 볼 필요가 있다. 그는 1589년 봄에 사헌부 대사헌과 병조판서에 제수되었고, 1590년 5월 우의정에 제수되었을 뿐만 아니라, 1592년 임란壬亂이 발발하자 도체찰사에 제수되었기 때문에 당시의 군사문제와 장수의 능력에 대해 평가할 수 있는 직위와 식견을 구비하고 있었다고 본다. 그리고 임란 전의 군사문제(앞에 말한 네 가지의 장수의 기본 임무)에 대한 신립과의 토의내용을 보면 서애는

문제의 핵심을 묻는데 비해, 장수인 신립은 장담만 하고, 실제 전투에 대해서는 병법의 기본도 모른 채(알고 있었다 해도 실천하지 않았다면 알지 못한 것과 같다) 왜군에 패하였으니, 서애가 옛사람의 말을 빌려, "장수가 병법을 모르면 그 나라를 적에게 주게 된다"고 한 것은 비통한 체험에서 나온 경구警句라 생각된다.

7. 맺음말

임진왜란과 정유재란을 전쟁사적戰爭史的 관점에서 개관한다면, 그것은 왜군의 패전으로 판결을 내려야 할 것이다. 왜냐하면, 그들은 막대한 병력과 자원을 동원하여 전쟁을 치렀지만, 한 푼의 배상금, 한 치의 영토도 획득하지 못했기 때문이다. 특히 초전初戰의 2개월 동안 왜군은 지상전투(전술)에서 승리를 했지만, 그 후로는 철퇴撤退와 방어태세만 취하다 도망을 쳤으니 전쟁에서는 우리가 승리했다고 보아야 할 것이다. 다만 아쉬웠던 것은 우리의 수군으로 하여금 도망치는 왜군을 바다에서 섬멸하지 못한 것이었다.

서애 유성룡은 왜병의 침입에 대비하여 일선 지휘관의 교체, 방위책으로서의 진관법의 복구, 조총에 대한 대응책, 남방 각 요충지의 축성 등 여러 가지 국방정책을 건의했으나, 하나도 제대로 받아들여져 실행되지 못했다. 그 결과는 엄청난 희생의 대가를 지불해야만 했다. 그래서 우선 선조들의 국방에 대한 지혜를 알기 위하여 그의 군사사상의 일부를 소개하고, 이 분야의 연구에 조금이라도 기여하는 바가 있다면 다행으로 생각하며, 앞으로 더 체계적 연구를 시도해 볼 생각이다.♣

(『亞細亞學報』 제13집, 1979.)

제 16 장

칠천량 해전의 군사사학적 연구

1. 머리말

세계 해전사상, 해군력의 육성에는 장시간이 소요되기 때문에 결정적으로 패배한 해군이 가까운 시일 내에 다음 해전에서 승리한 전례戰例가 없었다. 그런데 불과 2개월 만에 통제사 이순신(1545~1598)은 13척 대 130여척의 열세임에도 불구하고 31척의 적선을 격파하고도 한 척의 손실도 없는 완승을 거두었을 뿐만 아니라, 군사목표, 즉 일본 수군의 서진西進을 좌절시킨 해전이 명량해전(1597. 9. 16.)이었다.[1] 한편, 해전장에서 부하와 병선을 버리고 육지로 도망친 최고 지휘관의 전례는 필자가 아는 한, 세계 해전사상 칠천량 해전(1597. 7. 15)에서 3도 수군통제사 원균(元均, 1540~1597)이 부끄럽게도 유일한 기록을 남겼는데, 그의 등용과 패인에 대한 연구는 미미한 상태에 놓여 있는데, 놀라지 않을 수 없다.

이민웅의 연구에 의하면, 칠천량 해전에 대한 기존의 연구 성과는 거의 없다고 할 정도로 빈약한 형편이고, 다만 재야 사학자인 김일룡金一龍의 「전적지戰跡地로 통해 본 칠천량 해전漆川梁海戰」(1992)이 유일한 연구 성과라 했다. 그리고 승리를 거둔 일본 측의 연구 성

1) 이종학, 「명량해전의 군사사학적 연구」, 『해양전략』 제132호(해군대학, 2006), pp. 117~167. 및 『나의 학문과 인생』(충남대학교 출판부, 2009), pp. 163~202.

과 역시 개괄적인 수준의 연구만 있을 뿐 구체적인 연구는 거의 없다고 했다.[2] 그 후 칠천량 해전을 주제로 한 연구 성과는 아직 찾지 못하고 있는 실정이다.

비록, 칠천량 해전은 7년 동안의 임진왜란을 통하여 조선 수군이 처음이자 마지막인 단 한 번의 참패를 당한 해전인데, 이를 주제로 한 논문과 기존의 단행본 속의 연구 성과도 참고하면서 군사사학적 연구방법에 의한 원균의 등용과 패인을 분석·평가해 보고자 한다.

2. 기존의 연구 성과와 논쟁점

가. 기존의 연구 성과

칠천량 해전에서의 조선 수군의 패인에 대한 연구 성과는 아래와 같다.

• 조인복에 의하면, 원균은 권율로부터 독촉을 받고, 통제영統制營에 돌아와 본영의 90여척에 달하는 함선과 삼도의 함선을 총동원하여 약 200여척의 함대와 전 병력을 이끌고, 왜 수군을 양중洋中에서 요격하려 출동하였다.… 마침내 15일, 달밤에 왜 수군 함대의 기습공격을 받게 되었다.… 가덕도로부터 시마즈(島津義弘)가 거느린 육군 2,000명이 거제도 배후로 상륙하여 수륙협공水陸挾攻을 하게 되자, 원균은 외양外洋으로 탈출하려다가 거듭 추격을 받아, 상승 조선 수군의 장졸 대부분을 이 해전과 육전에서 상실하였다.… 역전의 장수들과 통제사 원균도 전사했다.…

아군의 피해
- 각종 함선 : 160여척(7월 16일부 고니시(小西行長)의 도요토미(豊臣秀吉)에게 보고한 보고서에 근거)
- 나포선박 : 27여척
- 전사상자 수 : 최소 1,400여명
- 잔존함선 수 : 12척

그리하여 도망해온 경상우수사 배설裵楔의 부지휘관인 이의득李義得으로부터 패전 실황

---

2) 이민웅, 「丁酉再亂期 漆川梁海戰의 배경과 원균 함대의 패전 경위」, 『한국문화』 제29집(서울대학교 규장각 한국학연구원, 2002), p.149.

을 들으려 하니, 모든 사람들이 서로 울면서 말하기를, "대장 원균이가 적이 공격해 오자 먼저 배를 버리고 육지로 도망쳤습니다. 그러니 딴 장군들도 다 도망쳐서 이와 같이 비극이 되었습니다.…"[3)]

• 이형석에 의하면, 통제사 원균이 곤장을 맞고 한산도 본영에 돌아오자 분함을 이길 도리가 없어서 출동할 수 있는 함선을 모조리 동원시켜 부산 적 본진을 급습키로 하여 7월 14일 일찍이 한산도를 떠났다. 이 때 부산진 포구에는 적의 배가 대소 합하여 600여척이 있었는데 적은 웅천, 안골포, 거제, 가덕도, 김해, 죽도 등을 연하는 성에서 미리 아군 함대가 북상하는 것을 알고 이에 대비하고 있었다.… 이날 야반에 적은 작은 배로 몰래 원균 주력 함대 사이에 숨어 들어와서 원균군의 형세를 살피고 또 함선 5, 6척으로써 원균군의 배를 둘러싸게 하였는데, 원균의 군사들은 모두 이것을 모르고 지냈다. 7월 16일 아침이 밝은 뒤에 원균군의 복병선伏兵船이 먼저 적의 기습을 받고 불타오르니, 원균이 크게 놀라 북을 치고 나각鑼角을 불며 화전火箭을 쏘아 적습을 알리게 하였다.… 오전 6시에 이르러 적의 대함대가 포위태세를 갖추고 공격하여 오매… 원균이 도망하여 해변가에 이르러 배를 버리고 언덕에 올라 달아나려 하였으나 대식가로서 몸이 비둔하여 뛸 수가 없어 소나무 아래에 앉아 있다가 적에게 필경 살해되고 말았으며…[4)]

• 조성도에 의하면, 그 때 원균이 거느리는 조선 수군의 실정을 어느 정도 알게 된 왜군 측에서는 부산포로부터 먼저 웅천으로 이동하여 수군장 도오도오 및 와기자카 등은 육군장 고니시 등과 연석회의를 열고 조선 수군을 기습할 계획을 세웠다.… 왜군들은 조선 수군의 형세를 정탐하면서 점점 칠천량으로 접근하고 있었다.… 아무런 경계 없이 거의 포기 상태에 놓여있는 원균에게 이러한 왜군의 이동이 발견될 리 만무하였다.… 기습을 당한 우리 수군들은… 더구나, 통제사 원균은 부하들의 항전하는 모습을 끝까지 지키면서 독전하지 못하고 뭍으로 도주하고 말았다. 지휘관을 잃은 대부분의 군사들은 장렬한 최후를 마치고 말았다.… 원균은 알몸으로 뭍으로 오르기는 하였으나, 뒤따라오는 왜병의 칼날에 비겁한 최후를 고하고 말았다.[5)]

---

3) 趙仁福, 『李舜臣戰史硏究』(서울 : 鳴洋社, 1964), pp. 253~259.
4) 李炯錫, 『壬辰戰亂史』下卷(서울 : 서울大學校出版部, 1967), pp. 995~996.
5) 조성도, 『충무공 이순신』(서울 : 한국자유교육협회, 1973), pp. 271~273, pp. 281~282, pp. 298~299.

• 이정일李貞一에 의하면, 간단히 요약하면 칠천량 패전의 책임은 원균에게 있는 것이 아니라, 첫째는 조정朝廷에 있고, 둘째는 당시 수군의 제장諸將들에게 있다는 것이다.[6)]

• 강영철姜英哲에 의하면, 칠천량 해전에서 조선 수군은 지금까지 세인世人이 알고 있는 정도로 참담하게 궤멸潰滅된 것은 아닌 듯 하다.…

비변사와 사관史官은 패전의 책임을 일선 지휘관인 원균에게 묻고 있는 반면, 선조와 사헌부는 그에게 작전을 강행시킨 상층 지휘부 및 조정에 과실이 있음을 지적하였고, 유성룡은 조정과 수군이 적의 위장술에 속은 것을 애석해 하였고, 조경남은 원균의 용맹성과 충성심을 높이 인정하고 있다.…

물론 그는 이 패전의 일차적인 책임을 벗어날 수는 없다. 그러나 앞에서 보았듯이 그는 매우 불리한 조건에서 상부의 명령에 따라 출동하였다가 패몰敗沒되었다. 그렇기 때문에 조정에서도 그러한 사정을 감안하여 공신책정功臣策定에 있어서 그 전공戰功을 높이 평가하여 선무일등공신宣武一等功臣으로 삼았던 것이다.[7)]

• 최석남崔碩南에 의하면, 원균이 3도 수군을 전멸시킨 하수인이라면 3도 수군을 전멸시킨 원흉은 바로 전제권자인 왕 이연이다.… 출전을 극력 기피하는 원균에게 독전을 위해 군법을 발동할 수 있는 권한이 왕명으로 도원수에게 부여되었기 때문이다. 원균에게 곤장을 때린 도원수 권율은 왕명을 충실히 이행한 것뿐이다.…

결국, 공신도감의 도제조 이항복은 원균을 1등 공신으로 책정하는 것은 부당한 처사이지만 신하이기 때문에 왕명에 따를 수밖에 없었던 것이다. 이렇게 하여 왜란 초에 경상우수군은 자패, 자괴했으며, 나중에는 3도 수군을 전멸시킨 대죄인 원균은 유일권자인 이연의 명령에 의해 선무 1등 공신으로 둔갑해 버린 것이다.[8)]

• 이민웅李敏雄에 의하면, 조선 함대가 칠천량 해전에서 패배한 원인을 분석한다면 다음과 같다.

첫째는 수군의 군령권軍令權, 즉 작전권이 통제사가 아닌 체찰사와 도원수에게 속해 있

---

6) 李貞一, 「元均論」, 『歷史學報』 제89호(서울 : 歷史學會, 1981), p. 122.
7) 姜英哲, 「壬辰倭亂과 元均」, 『史學研究』 제35호(서울 : 한국사학회, 1982), p. 96, p. 99 및 p. 101.
8) 崔碩南, 『救國의 名將 李舜臣』(下) (서울 : 教學社, 1992), pp. 273~274, p. 285.

었다는 점이다. 선조宣祖 역시 훗날 이 점에 대해 지적했지만, 그 자신도 체찰사와 도원수에게 수군의 군령권을 부여한 책임을 면할 수 없다.

두 번째 원인은 도망逃亡을 들 수 있는데, 해전 이후 조선 수군이 전투에 임해 싸우지 않고 도망함으로써 패전을 자초했다고 지적하고 있다. 이 해전에서 조선 수군 중에 도망자가 많았던 원인은 새로 뽑은 병력이 전투 경험이 없었을 뿐만 아니라, 훈련도 제대로 안 된 급조된 함대였기 때문이었다.

세 번째 원인으로는 원균의 지휘 책임을 들 수 있다. 즉 습격을 받은 후 함대를 통솔하지 못한 점, 함대 세력을 보존하지 못한 점, 그리고 경계에 실패한 점 등은 그가 지휘 책임을 면할 수 없는 사항들이다. 결국 칠천량 해전은 이상에서 살펴본 몇 가지 원인 때문에 조선 함대가 10여척을 제외하고는 모두 파괴되는 대타격을 입었을 뿐만 아니라, 남해의 제해권이 일본군의 수중에 넘어간 결과를 가져왔다.[9]

근세 중국의 계몽사학자 양계초梁啓超는 역사가의 구비조건 네 가지를 주장했다. 즉 첫째, 사덕史德이란, 역사가는 무엇보다도 사실史實에 충실해야 하며, 과장·부회附會·억단臆斷의 3가지 병폐를 제거해야만 사실에 성실할 수가 있고, 역사가의 사명을 완수할 수 있다. 둘째, 사학史學은 역사를 연구하는 방법론, 셋째, 사식史識은 역사를 통찰하는 관찰력, 즉 사관史觀을 뜻한다. 넷째, 사재史才는 역사를 저작하는 문장력이라 했다.

필자는 여러 사학자들의 칠천량 해전의 연구 성과를 살펴보면서, 둘째의 역사를 연구하는 방법론에 관심을 두지 않을 수 없었다. 연구대상이 옛날의 전쟁·전투에 관한 과제라면, 당연히 역사학과 군사이론(병법)을 결합한 군사사학(military history)에 바탕을 두고 비교분석·해석 및 논평을 해야 바람직하고 타당한 성과를 얻을 수 있다. 그럼에도 불구하고 다만 문헌사학적 연구방법만으로는 타당한 결론을 얻지 못한다는 점을 밝혀 두고자 한다.

나. 논쟁점은 무엇인가?

1) 원균은 스스로 경상우수군을 자괴自壞시켰는가?

1592년(선조 25년) 4월 중순, 왜군이 침공해오자, 경상우수사 원균은 자신이 지휘하는 수

9) 이민웅(2002), 전게논문, pp. 169~170.

군과 함선을 과연 스스로 자괴시켰는가 하는 중대한 문제를 연구자들은 다루지 않거나 혹은 가볍게 다루고 있는 데 놀라지 않을 수 없다. 이 문제는 칠천량 해전에서 조선 수군의 완패와도 직접적인 연관이 있기 때문이다. 이 문제에 대한 사료는 다음과 같다.

> 처음에 적병이 이미 육지에 오르자, 원균은 적의 형세가 큰 것을 보고 감히 나가 치지 못하고 그 전선戰船 백 여척과 화포, 병기 등을 모조리 바다 속에 가라앉힌 다음, 다만 수하의 비장裨將 이영남, 이운룡 등만 데리고 배 네 척에 나누어 타고 달아나서 곤양 바다 어귀에 이르러 뭍으로 올라가서 적군을 피하고자 하니, 이에 그가 거느린 수군 1만여 명은 모두 무너지게 되었다. 이영남이 간諫하기를, "공은 임금의 명령을 받아 수군절도사가 되었는데, 지금 군사를 버리고 육지로 올라가게 되면 후일 조정에서 죄를 물을 때 무슨 말로 해명하겠습니까? 그러니 전라도(수군)에 구원병을 청하여 적군과 한 번 싸워본 다음 이기지 못하거든 그 후에 도망치더라도 늦지 않을 테니 그렇게 하는 것이 좋을 듯합니다." 하자, 원균이 옳다고 여겨 이영남을 이순신에게 보내 구원을 청하도록 했다.[10]

이순신의 「제1차 옥포 승첩을 아뢰는 계본」(1592년 5월 10일)에 의하면, "여러 장수들과 판옥선 24척, 협선 15척, 포작선 46척을 거느리고 출발하여 경상 우도의 소비포 앞 바다에 이르자… 초6일 원균이 우수영 경내의 한산섬에서 단지 1척의 전선을 타고 도착하였으므로…"[11] 그리고 「제2차 당포·당항포 등 네 곳의 승첩을 아뢰는 계본」(1592년 6월 14일)에 의하면, "5월 29일 신은 홀로 전선 23척을 거느리고… 원균은 다만 3척의 전선을 이끌고 하동 선창에 옮겨 있다가 신의 함대를 보고 노를 재촉하여 왔으므로… 6월 1일 새벽에는 경상우수사 원균이 신에게 말하기를, '어제 접전할 때, 짐짓 남겨둔 적선 2척이 도망쳤는지의 여부를 알아볼 겸 화살에 맞아 죽은 왜놈의 목을 베겠소.' 하였는데, 처음에 원균은 패군한 뒤 군사 없는 장수로서 작전을 지휘할 수 없었으므로 교전하는 곳마다 화살이나 철환에 맞은 왜인을 찾아내어 머리 베는 일을 담당한다 하여… 본도 우수사 이억기가 전선 25척을 거느리고 신이 정박하고 있는 곳으로 와서 모였는데…"[12]라고 했다.

유성룡의 『징비록』에 의하면, 경상우수사 원균은 일본 수군과 싸우지도 않고 전선 백 여척과 화포, 병기 등을 모조리 바다 속에 버렸다고 했다. 한편 이순신은 원균의 구원 요청에 의해 출동한 병선은, 판옥선 24척, 협선 15척, 포작선 46척을 합하면 85척이나 되었

10) 유성룡, 『징비록』 이재호 옮김(서울 : 위즈덤하우스, 2007), pp. 167~168.
11) 『李忠武公全書』 李殷相 譯(上)(서울 : 成文閣, 1992), p. 136.
12) 상게서, p. 143, p. 146 및 p. 148.

고, 전라우수사 이억기가 판옥선 25척을 거느리고 갔다. 그런데 원균은 판옥선 3척만 거느리고 출전했는데, 당시 경상우수영에 판옥선이 몇 척 있었는지는 명확하지 않지만, 지리상 일본 수군의 접근로였기 때문에 30척 내외는 보유하고 있었으리라.

이분李芬의 「행록」에 의하면, "5월 4일에 여러 장수들을 거느리고 당포에 이르러 사람을 시켜 경상우수사 원균이 있는 곳을 찾았다. 그때 원균은 전선 73척이 모조리 적에게 패해 버리고 다만 남은 것이라고는 옥포 만호萬戶 이운룡과 영등도 만호 우치속이 타고 있는 배가 각각 한 척이요, 원균은 작은 배 한 척을 타고 걸망포에 있었다. 공公은 원균이 영남 수로에 익숙할 것이라 하여 맞아와 전선 한 척을 주고 같이 일할 것을 약속하였다"[13]고 기록했다. 이분(1566~1619)은 이순신의 큰형의 셋째 아들로, 1597년에 이순신에게 와서 군중문서를 맡아보며 명나라 장수를 접대하는 외교 방면의 일을 훌륭하게 수행했고 또 후에 『선조실록』 편찬에도 참가했으니, 그의 기록은 신빙성이 있으리라. 다만 전선 73척이라 했는데, 판옥선이 몇 척인지를 밝히지 않았다는 것이 아쉬움을 남겼다.

선조왕은 원균이 범한 무거운 죄를 엄하게 다스리지 않았을 뿐만 아니라, 오히려 후에 삼도 수군통제사로 임명한 이유는 도대체 무엇일까? 왕이 참석한 어전회의 내용을 살펴보고자 한다.

- 유성룡(영의정) : 원균이 힘써 싸웠다는 건 모두들 아는 일이오나, 한 번 패전한 뒤로 착오를 일으켜서 영남 수군들이 많이들 원망하고 배반하는 것을 보면 원균을 쓸 수 없음이 분명합니다.…
- 윤두수(판중추부사) : 원균은 소신에게 척분이 있는 사람이온데, 오래 못 만나보긴 했사옵니다마는 아마 순신이 후배로서 자리가 도리어 원균 위에 있기 때문에 그렇게 노염을 품은 모양이온즉 반드시 조정에서 그것을 알아 처리해 주어야 할 줄 아옵니다.…
- 이원익(우상 겸 도체찰사) : 원균의 공로가 결코 순신보다 나을 수가 없사옵니다.… 원균이 당초에 패군하였사옵고… 원균은 처음에 많이 실패했었고 오직 순신만은 실패가 없어 공로가 있기 때문에 거기서 싸움이 시작된 것이옵니다.[14]

위의 회의 내용은 삼도 수군통제사를 이순신에서 원균으로 교체해야 할 것인가를 논의하는 마당에, 윤두수는 전쟁 중의 통제사로서의 자질과 능력을 따지는 것이 아니라, 자기

---

13) 상게서(하), p. 22.
14) 『선조실록』, 선조29년 11월 7일.

와는 인척관계에 있다는 것과 선후배의 서열을 고려하여 조정에서 조정해야 한다는 사리사욕에 사로잡힌 어처구니없는 주장을 했다. 그런데 윤두수(1533~1601)란 어떤 인물인가?

> 해원 부원군 윤두수의 4명의 아들은 모두 청현淸顯에 있으며, 손자 하나는 부마였으므로, 안으로는 외척-임금-의 도움을 받았으며 밖으로는 세상 사람이 선망하는 높은 벼슬에 있었다. 윤두수 일가의 번성은 근래에 그 유례가 없었으므로 세상 사람들은 그를 복 많은 사람이라고 말했다. 그러나 그는 재물을 탐하고 이익 추구를 좋아하여 높고 깨끗한 언론을 영구히 용납하지 않았다.[15)]

윤두수는 어전회의에서도 원균은 자기와 인척관계(원균의 처가 윤씨임)에 있다는 것을 공언했을 뿐만 아니라, 원균이 무거운 죄를 범하고도 처벌을 받지 않고, 삼도 수군통제사로 임명된 것도 윤두수의 모략과 영향 때문이며, 그는 선조왕의 사돈임을 기화로 국정을 어지럽혔던 것이다. 따라서 경상우수사 원균은 스스로 경상우수군을 자괴시켰다는 죄로 법에 따라 처리되지 않았을 뿐만 아니라, 화근을 가진 인물을 보호·등용함으로써 칠천량 해전의 참패를 자초自招했다는 것이 필자의 해석이다.

2) 원균은 선무일등공신宣武一等功臣이 될 수 있는가?

전쟁이 끝나고 이순신, 권율 그리고 원균 세 사람은 선무일등공신으로 결정되었다. 이 결정에 대해 최근 우리나라 사학자 가운데는 당연하다는 견해도 있다. 즉 "원균이 비록 패사敗死하였지만, 이것이 불충·불의한 소치가 아니거늘… 그 후의 논공행상에서 원균이 역시 선무공신의 원훈元勳의 한 사람으로 되었으니, '오호라 왕법은 역시 공명정대하구나!'"[16)]

필자의 견해는 전연 다를 뿐만 아니라, 그 결정과정을 살펴볼 필요가 있다. 전쟁 후 선무공신을 정할 때, 공신도감에서는 원균을 2등 공신으로 정하니, 선조왕은 그 비망기備忘記를 내려 1등 공신으로 책정하라는 명령이었다. 이 비망기를 받은 공신도감은 다음과 같이 기록해 두었다.

> 원균은 당초에 군사가 없는 장수로서 해상의 대전에 참여하였고, 뒤에는 수군을 전멸시킨 과실이 있었으니, 이순신·권율과는 같은 등급으로 할 수 없어서 낮추어 이등에 녹공했던 것인데, 방금 성상의 분부를 받들었으니, 올려서 일등에 넣겠습니다.[17)]

---

15) 상게서, 선조33년 12월 18일.
16) 李貞一, 「壬亂과 元均」, 『충무공 이순신 연구논총』(진해 : 해군사관학교 박물관, 1991), pp. 313~315.
17) 『선조실록』, 선조36년 6월 26일.

전쟁 초기에 경상우수군을 자괴했을 뿐만 아니라, 나중에는 조선 수군을 전멸케 한 대죄를 범한 원균을 절대권자인 선조왕의 명령에 의해 선무 1등 공신으로 둔갑했다는 것은 역사에 오점을 남긴 대사건이라 말하지 않을 수 없다. 패배한 장수에 대한 책임과 처리를 옛 병서는 다음과 같이 주장했다.

> 1천 명 이상의 병력을 지휘하는 장수로서 전투 중 패주하거나, 수비 중 항복하여 임의로 정 위치에서 이탈하거나, 부하를 저버리고 도망친 자는 '국적國賊'이라고 한다. 이러한 부류의 장수는 참형에 처하고, 그 가산을 몰수하여, 신분을 박탈하고, 조상의 무덤을 파헤치고, 그의 시신을 시장에 공개하여 치욕을 가하며, 처자는 남녀를 불문하고 관의 노예로 삼는다.[18]

실록의 편찬자는 패전에 대한 책임과 이순신과 원균을 비교하면서 다음과 같이 논평하였다.

- 한산의 패배에 대하여 원균은 책형磔刑을 받아야 하고 다른 장졸들은 모두 죄가 없다. 왜냐하면 원균이라는 사람은 원래 거칠고 사나운 무지한 위인으로서 당초 이순신과 공로 다툼을 하면서 백방으로 상대를 모함하여 결국 이순신을 몰아내고 자신이 그 자리에 앉았기 때문이다. 겉으로는 일격에 적을 섬멸할 듯 큰 소리를 쳤으나, 지혜가 고갈되어 군사가 패하자 배를 버리고 뭍으로 올라와 사졸들이 모두 물고기의 밥이 되게 만들었으니, 그 때 그 죄를 누가 책임져야 할 것인가. 한산에서 한 번 패하자 뒤이어 호남이 함몰되었고, 호남이 함몰되고서는 나랏일이 다시 어찌할 수 없게 되어버렸다. 시사를 목도하건대 가슴이 찢어지고 뼈가 녹으려 한다.[19]

- 이순신은 충용하고 재략才略이 있는 사람이다. 기강을 분명하게 하였고, 장병을 사랑했으므로 사람들은 모두 기꺼이 그를 따랐다.
  통제사 원균은 탐학貪虐하기가 그 유래가 없는 자이며, 크게 군심軍心을 잃었으므로 사람들이 모두 그를 이반하여 드디어 정유년(1597)에 한산 싸움에서 패했다.…
  애석하구나, 조정이 사람을 잘못 써서 순신으로 하여금 그 재능을 충분히 발휘케 하지 못한 것이, 만일 정유년에 순신을 통제사에서 면직시키지 않았다면 어찌 한산의 패전이 있었을 것이며, 호남과 호서를 적의 소굴로 만들었을 것이냐. 아아, 애석하도다.[20]

통제사 이순신이 지휘했던 조선 수군은 임진왜란 이후 20여회에 걸친 일본 수군과의 해전에서 언제나 승리를 거두었는데, 원균으로 교체되어 그가 지휘하자 단번에 완패·와해

---

18)『尉繚子』, 重刑令 第十三.
19)『선조실록』, 선조31년 4월 2일.
20) 상게서, 선조31년 11월 27일.

당하고 말았다. 따라서 원균은 패전에 대한 책임 때문에 극형에 처해야지, 결코 포상의 대상에도 들어갈 인물은 아니다. 그럼에도 불구하고 이순신과 마찬가지로 '선무일등공신'이 되었다는 것은 신상필벌이라는 국가 기강이 허물어졌고 또한 역사에 오점을 남긴 중대하고도 비극적인 사건이라 말하지 않을 수 없다.

3. 정유재란과 3도 수군통제사의 교체

가. 정유재란과 일본군의 계책

1592년 7월의 한산해전, 즉 7월 8일의 견내량 해전에서 일본군 73척 가운데 47척의 격침, 12척을 나포했고, 안골포 해전에서는 42척 모두를 격침하고 나니 조선 수군은 남해의 제해권을 장악하게 되어 일본군의 서해진출을 차단했다. 뿐만 아니라, 일본의 도요토미(豊臣秀吉)는 일본 수군의 장군들에게 부산포 등 안전한 항구에 주둔하고 조선 수군과의 해전을 금지하라는 명령을 내렸다.[21] 그리고 이 해전의 결과가 전국戰局에 어떤 영향을 미쳤는가에 대해 유성룡(1542~1607)은 다음과 같이 논평을 했다.

> 고니시(小西行長)가 평양에 이르러 글을 보내 "일본 수군 10여만 명이 또 서쪽 바다로 오게 되니 대왕(선조)의 행차는 이 곳에서 어디로 가시렵니까?"라고 했다. 적군은 본디 수군과 육군이 합세하여 서쪽으로 내려오려 했는데, 이순신이 이 한 번의 싸움(한산해전)으로 드디어 적군의 한쪽 세력을 꺾었기 때문에 고니시가 비록 평양을 점령했으나, 형세가 외로워져서 감히 더 나아가지 못했다. 우리나라에서는 전라도·충청도·황해도·평안도 연해지역沿海地域 일대를 보전함으로써 군량을 보급시키고 조정의 호령이 전달되도록 하여 나라의 중흥을 이룰 수 있었으며, 요동의 금주金州…천진天津 등도 소란을 당하지 않아서 명나라 군사가 육로로 나와 구원함으로써 적군을 물리치게 된 것이다. 이 모든 일이 이순신이 단 한 번의 싸움에서 이긴 공이니, 아아, 이것이 어찌 하늘의 도움이 아니겠는가![22]

전쟁을 교착상태에 빠지게 만든 강화교섭의 기간 중, 일본 수군은 도요토미의 명령을 준수했을 뿐만 아니라, 그들의 패인을 분석하고 이에 대한 보완책을 마련했다. 즉 수군의

21) 北島万次, 『豊臣秀吉の朝鮮侵略』(東京 : 吉川弘文館, 1995), p. 300.
22) 이재호 옮김(2007), 전게서, pp. 171~173.

병력 증강, 대형 병선의 건조, 전략·전술의 개발 및 통제사 이순신을 제거하기 위한 모략 등이며, 여기서는 전략·전술의 개발과 이순신 제거의 모략에 대해서만 논의하고자 한다.

임진왜란(1592~1598) 때의 일본 수군의 장기長技는 등선백병전술(boarding tactics)을 전문으로 애용했으나, 로마함대의 코르비(corvus)와 같은 장치는 결국 발명하지 못했다. 반면 조선 수군의 병선인 판옥선은 첫째, 갑판을 2층으로 함으로써 노군은 상장上粧 안의 은폐된 장소에서 마음 놓고 노역에 전념하고, 전사들은 상갑판 위 넓은 장소에서 노군의 방해를 받지 않고 전투를 전개할 수 있게 되어 있다. 둘째, 전사들이 높은 위치에서 적을 내려다보며 전투에 임할 수 있었다. 셋째, 적이 접근하여 배에 뛰어들기가 어렵게 설계되어 있다는 점이다. 넷째, 병선에 탑재하고 있는 대포는 지자·현자 등의 각종 총통의 화력이 강하고 또한 사정거리가 일본의 조총보다 길었다. 따라서 일본 수군의 전법은 무조건 적선에 접근하여 배에 뛰어들어 1대1의 백병전을 벌려 적선을 노획해 버리는 수법(boarding tactics)이었으나, 조선 수군은 판옥선의 기능과 함포의 위력 등으로 여러 해전마다 승리했던 것이다.[23)]

1596년 9월, 일본은 명나라와의 강화교섭이 이루어지지 못하자, 도요토미는 여러 장수들에게 명령을 내려 재침의 준비를 갖추게 했다. 그리고 고니시에게는 공명功名을 세워 죄를 보상케 하고, 다음 해 2월을 출전의 시기로 정했다. 그러나 가토(加藤清正)는 지정한 출전의 시기보다 앞서 1597년 1월 12일에 서생포西生浦에 상륙했고, 고니시 등도 계속하여 웅천포熊川浦에 상륙했다. 일본군의 재침부대의 총병력은 141,490명이며, 작전목표는 먼저 전라도의 공략攻略, 그 다음에 충청도와 기타 지역을 공략하며 웅천에 있던 수군들은 대함을 건조하여 조선 수군과 싸울 계획으로 밤낮으로 공사를 진행시켰다.[24)] 그리고 일본의 작전목표와 수군의 전략·전술은 다음과 같이 수정·보완되었는데, 이것은 통신사 황신(黃愼, 1560~1617)이 일본에서 돌아와 올린 서계장에 다음과 같이 기록되어 있었다.

> 야나기가와(柳川調信)가 박대근에게 말하기를, "우리들이 지금 다시 군사를 움직이면 반드시 먼저 전라도를 침범할 것이다. 또한 조선에는 지금 비축해 놓은 곡식이 없어 대군大軍의 식량이 염려되니 반드시 먼저 군량을 운반해야 하고 (조선)수군을 격파한 다음에 수군과 육군이 동시에 진격할 수 있다. 그런 까닭으로 여러 장수들이 이미 이런 계획을 의논하여 결정하였다." 하였습니다.

---

23) 金在瑾, 『韓國의 배』(서울 : 서울대학교 출판부, 2002), pp. 134~135.
24) 旧参謀本部編纂, 1924『朝鮮の役』(東京 : 徳間書店, 1995), pp. 242~245.

야니기가와는 또 역관 이언서李彦瑞에게 말하기를 "조선의 수군이 차츰 수전水戰을 익히고 선박도 견고하니 피차가 맞서서 서로 버티며 진퇴하면서 싸운다면 반드시 이기기가 어렵다. 만약 어두운 밤에 몰래 나가서 습격하되, 조선의 큰 배 한 척에 으레 일본은 작은 배 5~6척 내지 7~8척으로 대적하고 시석矢石을 무릅쓰고 돌진하여 일시에 붙어 싸운다면 수군도 격파할 수 있다. 전일 거제巨濟 싸움에서, 나는 그 때 삼포森浦에 있으면서 사람을 시켜 속히 거제 진장陣將에게 일러 배에 올라 싸우지 말고 다만 성벽을 굳게 지키고 있다가 저들이 육지에 내려오기를 기다려 교전交戰하라고 지시했다. 그 때 이 병법을 사용했기 때문에 조선 수군은 기회를 잡지 못하고 물러갔다." 하였습니다.[25]

통신사 황신의 서계장에는 참으로 귀중한 정보가 포함되어 있었다.

첫째 : 조선 수군을 먼저 격파한 다음에 수군과 육군이 합세하여 반드시 먼저 전라도를 침범한다.

둘째 : 일본 수군이 임진년(1592)의 해전에서 그들의 장기長技인 등선백병전술(boarding tactics)을 활용하지 못한 원인을 분석하고, 해결책으로 야간의 기습작전으로 조선의 판옥선을 일본의 작은 병선 5~6척 내지 7~8척으로 포위하여 일시에 공격하여 돌진하면 승산이 있으며, 1594년 10월 거제도의 장문포 전투에서 조선 수군이 승리하지 못한 이유도 설명하고 있다.

적의 재침입을 방어하는 계책을 비변사가 다음과 같이 건의했다.

야나기가와가 말하기를 "조선이 점차 수전에 익숙해지고 배도 견고하며… 작은 배 5~6척 내지 7~8척이 한꺼번에 공격해 싸운다면 성공할 수 있다"고 하니, 이것 또한 흉악한 적의 약삭빠른 계책인데 우리 수군이 대비할 줄을 알지 못한다면 속임을 당할 염려가 없지 않습니다. 전일 거제에서 접전할 때에도 우리 수군이 밤중에 바다 한 가운데서 진을 치고 있는데 캄캄한 어둠 속에 적이 작은 배로 와서 침범하니, 배 안에 있던 군사들이 놀라 소란하여 거의 패전할 뻔 하였습니다. 이는 전일에 한 번 경험했던 일인데 적의 말이 또 이와 같으니, 이 뜻을 통제사에게 보내는 하유에 상세히 기록하는 것이 어떻겠습니까?" 하니, 전교하기를 "아뢴 대로 하라. 회계回啓는 생략하라." 하였다.[26]

일본 수군의 새로운 전술에 대한 귀중한 정보를 입수했음에도 불구하고, 통제사 원균은 거기에 관심을 가지지 않았을 뿐만 아니라, 부하 장군들과 논의도 하지 않았다. 따라서 거기에 대한 대비책을 전연 강구하지 않았기 때문에 칠천량 해전에서 그들의 야간기습에 의

25) 『선조실록』, 선조29년 12월 21일.
26) 상게서, 선조29년 12월 23일.

한 포위공격과 등선백병전술에 의해 조선 수군은 완패당하고 말았던 것이다.

옛날이나 지금이나 전쟁에 있어서 승패를 좌우하는 것은 야전 최고 지휘관이기 때문에, 장수의 중요성에 대해 옛 병법에 의하면 "전쟁의 본질과 수행방법을 잘 아는 장수將帥는 국민의 생명을 맡은 사람이요, 또 국가의 안위安危를 좌우하는 주인공이다"[27]고 주장했다. 예컨대, 태평양 전쟁(1942~1945)의 벽두에 진주만 기습작전(1942. 12. 7)을 수행하여 미국의 태평양 함대에 심대한 피해를 준 일본의 연합함대 사령관 야마모도(山本五十六) 제독에 대해 미 해군은 복수심을 품고 있었는데, 기회는 왔다. 즉 1943년 4월 18일 연합함대 사령관 야마모도 제독이 라바울 기지를 출발하여 최전선 기지를 순찰한다는 비밀전문을 해독하여 미 태평양 함대 사령부의 정보참모가 사령관 니미츠 제독에게 가져와서 야마모도 제독의 제거작전을 건의했다. 그는 야마모도 제독을 제거한 다음에 더 우수한 제독이 임명될 가능성을 검토케 한 연후에 야마모도의 제거작전을 수행한다는 결심을 하고, 수행방법은 일선부대에 일임한다는 명령을 내렸다. 야마모도 제독이 탑승한 항공기가 라바울의 비행장을 이륙하여 부겐빌 섬의 상공에 왔을 때, 갑자기 미국의 P-38 전투기 24대의 습격을 받아 야마모도의 탑승기는 격추, 살해당하고 말았다.[28]

나. 양국의 첩보전과 반간反間의 활용

옛 병법에 의하면, "명석한 군주와 현명한 장수가 행동만 하면 적에게 승리하고, 여러 사람들보다 출중하게 공을 세우는 것은 적의 능력과 의도를 먼저 알기 때문이다.… 반간反間이란, 적의 간첩을 역이용하는 간첩이다.… 뛰어난 지혜가 있는 사람이 아니면 간첩을 이용하지 못할 것이며, 어질고 의롭지 아니하면 간첩을 부리지 못할 것이며, 미묘한 데까지 살필 줄 아는 명석함이 없으면 첩보의 진실을 파악하지 못한다"[29]고 했다. 선조는 승정원에 다음과 같이 명하였다.

> 옛날 사람들은 용병用兵할 때에 혹 자객을 쓰기도 하였다. 지금 적이 다시 덤벼들려는 것은 오로지 가토(加藤清正)에게서 연유하니…

---

27) 孫武, 『孫子』, 作戰 第二.
28) 新井喜美夫, 『名將·愚將, 大逆轉の太平洋戦史』(東京 : 講談社, 2005), pp. 44~46.
29) 『孫子兵法』, 用間 第十三.

가토가 1~2월 사이에 나온다 하니, 미리 통제사로 하여금 정탐군을 파견하여 살피게 하고 혹 왜인에게 후한 뇌물을 주어 그가 나오는 기일을 말하게 하여, 바다를 건너오는 날 해상에서 요격하는 것이 상책이다. 다만 바다를 건너오는 날을 알아내기가 어려울 따름이다.[30)]

여기서 간첩 요시라(要時羅)가 등장하게 된다. 선조와 그 수뇌들은 가토를 살해하기 위해 요시라를 활용코자 했고, 고니시(小西行長)는 이순신을 제거하기 위해 요시라를 활용코자 했다. 요시라는 대마도 출신으로 유창한 조선어 솜씨로 고니시의 통역이 되었다. 비변사에서는 적중에 간첩을 넣는 일에 대해 선조에게 아뢰었다.

"전일 요시라가 고니시의 말을 전하러 김응서金應瑞에게 진중陣中으로 와서 사정을 전하였으니, 행간行間하여 적진의 동정을 탐문하려면 이들을 계제階梯로 하면 될 것이므로 방도가 없을 걱정은 없습니다. 도원수 권율이 요시라에게 높은 벼슬을 주려고 하는 것도 그 뜻이 여기에 있습니다. 이 뜻을 도체찰사都體察使와 도원수에게 밀유密諭하고 김응서에게 상세히 가르쳐주어, 김응서의 뜻으로 다시 요시라에게 통해 야나기가와에게 미치게 함으로써 그 뜻을 시험하고, 답하는 것을 보고 나서 처치해야 하겠습니다. 그리고 요시라와… 벼슬을 주어 그 마음을 매어두어야 하겠습니다. 다만 이런 일은 후한 상이 있지 않으면 할 수 없으니, 비변사에 있는 은자銀子 200냥을 내려 보내어 응용應用에 대비하게 하고, 공문으로는 자세히 말할 수 없으니 일을 아는 선전관宣傳官 한 사람에게 곡절을 가르쳐주어 빨리 보내는 것이 어떠하겠습니까?" 하니, 대답하기를,
"아뢴 대로 하라. 이 두 왜인에게 도원수의 계사대로 곧 벼슬을 제수하여 임명 사령서를 내려 보냄으로써 믿음을 보여 그 마음을 매어두고, 이에 따라 계책을 행하는 것은 해롭지 않은 일이다. 고니시 등이 그들과 합심하지 않으면 가토도 어떻게 할 수 없을 것이다. 이 기회는 참으로 잃을 수 없으니 요컨대 익히 생각하여 잘 처리하기에 달려 있다."[31)]

경상도 병사兵使 김응서를 통하여 요시라를 간첩으로 활용해서 가토가 언제 바다를 건너오는가를 탐지하여 바다에서 요격하는 것이 상책이라고 선조를 비롯하여 수뇌들은 생각하고 있었는데, 김응서로부터 선조30년(1597) 1월 19일에 장계가 올라왔다.

• 이 달 11일 요시라가 나왔는데 고니시의 뜻으로 말하기를, "가토가 7천명의 군사를 거느리고 4일에 이미 대마도에 도착하였는데, 순풍順風이 불면 곧 바다를 건넌다고 한다. 전일에 약속한 일은 이미 갖추었는가?… 근일에 잇따라 순풍이 불고 있어 바다를 건너는데 어려움이 없을 것이니 수군이 속히 거제도로 나가 정박하였다가 가토가 바다를 건너는 날을 엿보아야 한다."[32)]

---

30) 『선조실록』, 선조29년 12월 5일.
31) 상계서, 선조29년 11월 27일.
32) 상계서, 선조30년 1월 19일.

• 경상도 위무사慶尙道慰撫使 황신黃愼의 장계에, "당일에 우병영右兵營의 아병牙兵 송충인宋忠仁이 부산에서 돌아와 말하기를, '이 달 12일에 가토의 관하 왜선 150여척이 일시에 바다를 건너와 서생포에 정박했고…' 고니시가 송충인을 불러 말하기를, '조선의 일은 매양 그렇다. 기회를 잃었으니 매우 애석하나 이 뒤에도 할 일이 있다'고 하였습니다. 수군이 차단하는 계책이 진실로 좋은 계책인데, 우리의 조치가 기일에 미치지 못하여 일의 기회를 그르쳤으니, 매우 통한스럽습니다.… " 비변사에 계하하였다.[33]

• 1월 17일 경상우병사 김응서의 장계에, "…17일에 돌아와 고하기를 '12일에 풍세가 매우 순조로와서 청정淸正 관하의 왜선 150여척이 서생포로 나왔고…' 그러나 우리나라의 수군은 정돈이 되지 않아서 맞아 치지 못하였는데, 풍세가 순하지 못했음은 실로 하늘이 도와준 것인데 인사人事를 닦지 못하여 앉아서 기회를 잃었으니 분개한 심정을 이기지 못하겠습니다. 고니시 역시 매우 분통하면서…"[34]

위에 소개한 세 가지 장계는 요시라에게 은자 80냥을 주면서 반간으로 활용했던 것이 현명했던가 하는 깊숙한 내용을 명시해 주고 있다. 경상도 병사 김응서가 올린 선조30년(1597) 1월 19일의 장계에 의하면, 요시라를 1월 11일에 만나서 가토가 4일에 대마도에 와서 기상을 보아 그가 바다를 건너는 날을 엿보아야 한다는 첩보를 전했다. 그런데 1월 23일 경상도 위무사 황신의 장계에 의하면, 1월 12일 가토는 왜선 150척을 거느리고 서생포에 도착했다는 것이다. 이 사실은 너무나 중대하며, 하루 사이에 아무런 대책도 존재할 수 없으며, 거기에다 일본측의 모략이 숨겨져 있다는 것, 그리고 요시라가 어느 편의 간첩인가를 간파했어야 했다. 가토를 바다에서 요격한다는 계책이 실패했다고만 어리석게 오판한 왕은 대신 및 비변사 유사 당상을 인견하여 상의했다.

판중추부사 윤두수가 아뢰기를 "…이순신은 조정의 명령을 듣지 않고 전투에 나가는 것을 싫어해서 한산도에 물러나 지키고 있어 이번 대계大計를 시행하지 못하였으니, 이번 일은 온 나라의 인심이 모두 분노해 하고 있으니… 위급할 때에 장수를 바꾸는 것이 비록 어려운 일이지만 이순신의 벼슬을 갈아 교체시켜야 할 듯 합니다." 하고, 정탁이 아뢰기를, "참으로 죄가 있습니다만 위급할 때에 장수를 바꿀 수는 없습니다.' 하자 왕이 이르기를,

"나는 이순신의 사람됨을 자세히 모르지만 성품이 지혜가 적은 듯 하다. 임진년 이후에 한 번도 전투를 하지 않았고, 이번 일도 하늘이 준 기회를 취하지 않았으니 법을 범한 사람을 어찌 매번 용서할 것인가. 원균으로 대신해야 하겠다.… 왜영倭營을 불태운 일도 김난서와 안위가 몰래 약속하여

33) 상게서, 선조30년 1월 23일.
34) 상게서, 선조30년 1월 23일.

했다고 하는데, 이순신은 자기가 계책을 세워 한 것처럼 하니 나는 매우 온당치 않게 여긴다. 그런 사람은 비록 청정淸正의 목을 베어 오더라도 용서할 수가 없다." 하였다.…[35]

다. 3도 수군통제사의 교체

선조의 결심은 명백히 드러났다. 즉 첫째, 이순신은 하늘이 준 기회를 취하지 않았으니 법을 범한 사람은 용서할 수 없고, 둘째, 삼도 수군통제사는 원균으로 임명하겠다는 것이었다.

- 사헌부가 아뢰기를, "통제사 이순신은 막대한 국가의 은혜를 받아 차례를 뛰어 벼슬을 올려 주었으므로 관직이 이미 최고에 이르렀는데, 힘을 다해 공을 세워 보답할 생각은 하지 않고 바다 가운데서 군사를 거느리고 있은 지가 이미 5년이 경과하였습니다. 군사는 지치고 일은 늦어지는 데 방비하는 모든 책임을 조치한 적도 없어 한갓 남의 공로를 빼앗으려고 남을 그럴 듯하게 속여 장계를 올렸으며, 갑자기 적선이 바다에 가득히 쳐들어 왔는데도 오히려 한 지역을 지키거나 적의 선봉대 한 명을 쳤다는 말은 듣지 못하였습니다. 뒤늦게 전선戰船을 동원하여 직로直路로 나오다가 거리낌 없는 적의 활동에 압도되어 도모할 계책을 하지 못했으니, 적을 토벌하지 않고 놓아두었으며, 은혜를 저버리고 나라를 배반한 죄가 큽니다. 잡아오라고 명하여 율에 따라 죄를 정하소서." 하니, 천천히 결정하겠다고 답하였다.[36]

- 이순신을 잡아오도록 김홍미에게 전교하였다. 즉 "이순신을 잡아올 때에 선전관에게 표신(標信 : 궁중에서 급변急變을 전할 때나 궁궐 문을 드나들 때에 표로 가지던 문표門標)과 밀부(密符 : 유수留守·감사監司·병사兵使·수사水使·방어사防禦使에게 병란兵亂이 일어나면 때를 가리지 말고 곧 응할 수 있게 하기 위하여 내리는 병부兵符)를 주어 보내 잡아오도록 하고, 원균과 교대한 뒤에 잡아올 것으로 말해 보내라. 또 이순신이 만약 군사를 거느리고 적과 대치하고 있다면 잡아오기에 온당하지 못할 것이니, 전투가 끝난 틈을 타서 잡아올 것도 말해 보내라."[37]

1596년 겨울에 고니시가 거제에 진을 치고 이순신의 위엄과 명망을 꺼려 온갖 계책을 내던 끝에 그 부하 요시라란 자를 시켜 반간反間을 놓게 하였다. 요시라가 경상좌병사 김응서를 통하여 도원수 권율에게 고하되, "고니시가 가토(加藤淸正)와 서로 틈이 져서 그를 죽이려고 하는데 가토가 지금 일본에 있지만 오래잖아 다시 올 것이라 내가 그 오는 때를

35) 상게서, 선조30년(1597) 1월 27일.
36) 상게서, 30년(1597) 2월 4일.
37) 상게서, 2월 6일

확실히 알아가지고 가토가 탄 배를 물색해서 가리켜 줄 것인즉 조선에서는 통제사를 시켜 수군을 거느리고 바다로 맞아 나가게 하시오. 그러면 백 번 승첩한 수군의 위엄으로 그를 잡아 목을 베지 못할 리가 없을 것이니 조선의 원수도 갚게 될 것이요, 고니시의 마음도 통쾌할 것입니다." 하며 거짓으로 충성과 신의를 보이면서 간절히 권하여 마지않았다.

조정에서는 이 말을 듣고 가토의 머리를 얻을 수 있을 것이라고 이순신에게 칙령을 내려 일체 요시라의 계책대로 좇아라 할 뿐, 그것이 실상 놈들의 술책에 빠지는 것인 줄은 알지 못했다.

1597년 1월 21일 도원수 권율이 한산진閑山陣에 이르러 이순신에게 하는 말이, "가토가 쉬이 다시 오리라 하니 수군은 꼭 요시라의 말대로 하라. 그래서 기회를 잃지 말도록 하라." 하였다. 이 때 조정에서는 한창 원균의 말을 믿고 이순신을 비방하여 마지않으므로 이순신은 비록 마음속으로 요시라에게 속는 것인 줄을 알면서도 감히 그 앞에서 그냥 물리쳐 버릴 수는 없었다.

도원수가 육지로 돌아간 지 겨우 하루 만에 웅천熊川에서 온 보고가, "지난 1월 15일에 가토가 장문포에 와서 닿았다"는 것이다. 그렇건만 조정에서는 가토가 무사히 도착했다는 말만 믿고 이순신이 그를 사로잡지 못한 것만을 꾸짖으며 대간臺諫들의 여론이 분분하여 적을 놓쳐 버렸다는 것으로 벌을 내리기를 청하였다. 그리하여 마침내 잡아다 국문하라는 명령이 내렸다.

그 때 이순신은 수군을 거느리고 가덕加德 바다로 나가 있다가, 잡아 올리라는 명령이 내렸음을 듣고 곧 본진으로 돌아와 사무인계를 했다. 이원익李元翼 정승이 도체찰사로서 영남에 있다가 이순신을 잡아오라는 명령이 내렸단 말을 듣고 곧 장계를 올렸으되, "왜적들이 제일 무서워하는 것이 우리 수군이요, 또 이李 아무는 바꿔서 안 될 사람일뿐더러 원균을 보내서도 안 될 일입니다." 하였으나, 조정에서는 듣지 않으므로 정승은, "이제는 나랏일도 다시 어찌 할 길이 없이 되었다." 하고 탄식하였다.

2월 26일에 길을 떠났는데, 가는 도중에 남녀노소 모든 백성들이 에워싸고 울부짖는 소리들이, "대감 어디로 가시오. 이제 우리들은 다 죽었습니다." 하는 것이었다.[38)]

---

38) 李殷相 譯(下)(1992), 전게서, pp. 30~32.

일본의 수뇌들은 어떻게 하면 이순신을 제거하고 또 조선 수군의 판옥선을 어떻게 격파할 것인가의 전술개발에 전념하고 있을 때, 조선 왕조의 수뇌들은 어떻게 하면 이순신을 실각시키고 원균을 3도 수군통제사로 등용시킬 것인가를 꾀하고 있었다.

선조왕은 반간反間 요시라를 이용하여, 적장 가토를 바다에서 요격하여 제거하려고 했다. 그런데 김응서가 요시라를 만난 것이 1월 11일이요, 다음 날 1월 12일에 가토가 병선을 지휘하여 서생포에 도착했다는 것을 알았다면, 요시라의 정체를 간파하고 반간反間으로서 믿지 말아야 했다. 그러나 결국 적장 가토를 잡으려 하다가, 자신의 3도 수군통제사 이순신을 잡고 말았다. "뛰어난 지혜가 있는 사람이 아니면 간첩을 이용하지 못할 것이다"고 하는 옛 병서의 내용이 새삼스럽게 떠오르게 만들었다.

4. 칠천량 해전의 경과

1597년 1월 중순, 전라도 병마절도사 원균이 다음과 같은 서장을 올렸다. 즉 "임진년 초기에 육지의 적이 기세를 떨쳐 몇 달 사이에 평양까지 침범했으나, 해상의 적은 여러 해 동안 패하여 끝내 남해 서쪽에는 이르지 못하였으니, 우리나라의 위무威武는 오직 수군에 달려 있습니다. 신의 어리석은 생각으로는 수백 척의 수군으로 영등포 앞 바다로 나아가 몰래 가덕도 뒤에 주둔하면서 경선輕船을 가려 뽑아 삼삼오오 짝을 지어 절영도 밖에서 무위를 떨치고, 100척, 200척으로 큰 바다에서 시위를 하면 가토는 원래 수전을 하면 불리하다는 것을 알고 있으므로 겁을 내어 군사를 거두어 돌아갈 것으로 생각됩니다. 원하건대, 조정에서 수군으로써 바다 밖에서 맞아 공격해 적으로 하여금 상륙하지 못하게 한다면 반드시 걱정이 없게 될 것입니다. 이는 신이 쉽게 말하는 것이 아니라, 전에 바다를 지키고 있어서 이런 일을 잘 알고 있기 때문에 이제 감히 잠자코 있을 수가 없어 우러러 아룁니다."[39]

위의 장계 내용은 원균이 수군통제사라면 수군을 지휘하여 부산 앞 바다로 진격해서 가토의 재침공을 저지하겠다는 것이다. 당시 선조는 이순신이 적과 싸울 의지가 없어서 출

---

39) 『선조실록』, 선조30년 1월 22일.

전하지 않았기 때문에 왜군(가토군)의 재침공을 저지하지 못했다고 생각하는 참이었다. 원균의 장계는 이순신을 투옥시키고 원균을 통제사로 임명하는 데 상당한 영향을 미쳤으리라. 이 장계는 원균을 통제사로 임명시키고자 조정에서 모략을 꾸미고 있었던 윤두수尹斗壽의 사주에 의한 것으로 필자는 추정한다.

원균이 통제사로 부임한 것은 1597년 2월 25일 전후이며, 당시 이순신은 수군을 거느리고 가덕도 앞 바다로 출전하고 있다가, 잡아 올리라는 명령이 내렸음을 듣고 곧 본진으로 돌아와 진중의 비품들을 계산하여 원균에게 인계했다.

부산 앞 바다에 출전하여 재도래 하는 왜군을 저지하겠다던 원균은 통제사로 부임하자, 왜군이 계속 바다를 건너오는데도 불구하고 출전하지 않았을 뿐만 아니라, 도원수 권율의 출전 명령도 묵살하고 출전하지 않았으며, 그 이유는 다음과 같다. 즉, "신이 통제사로 부임한 후 가덕진, 안골포, 죽도를 출입하는 적들은 부산의 적과 서로 긴밀히 연계를 짓고 있으나, 그 수는 불과 수 만 명에 지나지 않으므로 적의 병력은 고립되었다고 볼 수 있으며, 그 세력도 약합니다. 그 중 안골포와 가덕진의 적은 3, 4천명 미만이므로 그 세력이 몹시 고단합니다. 만일 육군이 (가덕진과 안골포의 적을)몰아내면 수군이 이를 바다에서 섬멸할 수 있으며, 그런 연후에 파죽지세로 장수포 등지로 진격하여 뒤를 돌아볼 염려 없이 다대포, 서평포, 부산포 등지로 진격, 매일 병위를 빛내어 이들 지역을 수복할 수 있습니다."[40]

원균의 장계는 조선 수군의 부산 진로를 가로막고 있는 안골포, 가덕진의 적을 공격하여 바다로 쫓아내면 수군이 이를 바다에서 섬멸한 후 장림포, 다대포, 서평포, 부산포로 진격하여 이들 지역을 수복하겠다고 했으니, 원균이 통제사가 되기 전의 장계(1월 22일)와는 전연 태도가 달라진 내용이다.

왜군의 교두보인 부산포를 공격하거나 또는 그 앞 바다에서 해전을 전개하자면, 가덕도에 작전기지가 있어야 한다는 것은 당연하다. 이순신은 '제4차 부산포 승첩을 아뢰는 계본'(1592년 9월 17일)에서 다음과 같이 보고했다.

> 여러 전선에서 용사들을 선발하여 육지로 내려서 모조리 섬멸하려고 하였으나, 무릇 성 안팎의 6·7개소에 진치고 있는 왜적들이 있을 뿐 아니라, 말을 타고 용맹을 보이는 놈도 많았습니다. 그래서 말도 없는 외로운 군사를 경솔하게 육지로 내리게 한다는 것은 만전의 계책이 아니며, 날도 저물

40) 『선조실록』, 선조30년 4월 19일.

었는데 적의 소굴에 머물러 있다가는 앞뒤로 적을 맞는 환란이 염려되어 하는 수 없이 여러 장수들을 거느리고 배를 돌려 한밤중에 가덕도로 돌아와서 밤을 지냈습니다.…

접전한 다음 날(9월 2일) 또 다시 돌진하여… 바다와 육지에서 함께 진격하여야만 섬멸할 수 있을 것입니다.… 적선 100여척을 깨뜨리고… 2일 진을 파하고 본영으로 돌아왔습니다.[41]

원균이 장계를 올린 1597년 1월에는 이미 가덕도에 왜군이 주둔하고 있었고, 또 거제도 작전에도 실패했기 때문에, 육군이 진을 치고 있는 안골포·가덕도의 왜군을 바다로 내몬다는 것은 불가능하다는 것을 알면서 4월에 위와 같은 장계를 올렸다는 것은 출전하지 않기 위한 핑계라고 도원수 권율은 생각했다. 한편 비변사의 작전계획 건의와 왕의 하교는 다음과 같다. 즉 "'이제 수군과 격군이 대강 모아졌으니, 통제사 원균을 시켜 다시 형세를 살피게 해서 거제도와 옥포 등지에 진주시키고 부산과 대마도의 바닷길을 살피게 해서 중로를 막아 끊는 계책을 세워야 할 것입니다.…' '계사啓辭는 지당하나, 나의 견해는 그렇지 않다. 체찰사에게도 반드시 계책이 있어 스스로 지휘할 것이니, 하유할 것이 없다.'"[42]

삼도 수군의 작전기지를 옥포에 설치하고 수군을 절영도 앞 바다로 교대로 출격시켜 적의 재도래를 가로막고 또 적의 해상 병참선을 차단하는 작전을 비변사는 건의했으나, 선조왕은 체찰사와 도원수의 재량권에 맡겨야 한다는 견해였다.(이 문제는 차후 상세히 논의함)

도체찰사 우의정 이원익이 치계馳啓하기를 "…도원수 권율 역시 군사를 내어 책柵을 공격하는 일은 결코 할 수 없다고 하는데 밤낮으로 생각해도 좋은 계책이 없습니다. 오는 적을 막아 죽이는 것은 오직 수군만을 믿고 있는데, 근일에는 수군이 한 번도 해양에 나가지 않고 있습니다.… 신의 종사관從事官 남이공南以恭으로 하여금 한산도로 달려가 신구新舊의 전선을 모두 합쳐 절반은 한산도 등에 머물러 있고, 반은 운도雲島 등지의 해양에 출몰하게 하였습니다.… 통제사 원균 등 각 장수와 상세히 의논하여 시행하라고 남이공에게 지시하여 보냈습니다."[43]

한편 수군통제사 원균과 비변사의 견해를 살펴보기로 한다.

"신이 11월 15일자로 제출한 장계에서 먼저 안골포의 적을 공격하는 방책을 건의한 데 대한 조정의 명령을 기다리는 사이, 시일이 경과하여 앉아서 기회를 잃게 되었으니, 매우 안타깝습니다.… 신

---

41) 趙成都 譯, 『임진장초』(서울 : 연경문화사, 1997), pp. 86~88.

42) 『선조실록』, 선조30년 5월 12일.

43) 상게서, 6월 10일.

의 계책으로는 반드시 수륙水陸으로 병진하여 안골포의 적을 도모한 연후에야 차단할 방도가 생겨 회복하는 형세를 십분 우리에게 유리하게 전개시킬 수 있으리라 여겨집니다. 조정에서도 방도를 강구하지 않는 것은 아니겠으나, 신이 변방에 있으면서 적을 헤아려 보건대 금일의 계책은 이보다 나은 것이 없으니, 조정으로 하여금 각별히 처치하여 속히 지휘하게 하소서."
하였는데, 비변사에 계하啓下하였다. 비변사가 회계하기를, "원균의 뜻은 반드시 육군이 먼저 안골포와 가덕도의 적을 공격해야 한다는 것이고, 도원수와 체찰사의 뜻은 그렇지 않아 수군을 나누어 다대포 등지를 왕래시키면서 해양에서 요격하려는 계획입니다. 이는 큰일이니, 여러 장수의 계책을 하나로 결정하여 처리해야지 서로 달라서 기회를 잃게 해서는 안 됩니다. 신들 역시 지도地圖로 형세를 살피고 해변의 형세를 자세히 아는 사람의 말을 참조하건대, 안골포는 김해·죽도와 매우 가깝고 지형이 바다 가운데로 뻗어 나왔으므로 군사가 육로로 공격하면 적에게 뒤에서 엄습당할 염려가 없지 않으니, 도원수가 진공進攻을 어렵게 여기는 것이 또한 반드시 소견이 있을 듯합니다. 대저 군대의 내부 일을 제어하는 권한이 체찰사와 도원수에게 있으니, 여러 장수들은 지휘를 받아서 진퇴하는 것이 마땅한데도 근일 남쪽의 장수들이 조정에 처치해 달라고 자청하는 일이 다반사여서 체통을 유지시키는 뜻이 도무지 없습니다. 위의 사연을 도체찰사와 도원수에게 모두 하유하는 것이 어떻겠습니까?"
하니, 아뢴 대로 윤허하였다.[44]

통제사 원균의 작전계획은 수륙병진책이고, 도원수와 체찰사는 그렇지 않으니, 이 문제는 먼저 군의 지휘부서에서 논의·결정해야 할 사항인데, 원균은 조정에다 자기의 계책을 수용토록 지휘부에 압력을 넣어달라고 했으니, 이것은 군의 지휘계통을 무시한 처사요, 병법의 무지를 표출한 통제사로서의 자질뿐만 아니라, 수군의 존폐와도 깊이 관련된 일이리라.

비변사가 아뢰기를, 체찰사는 대신大臣이고, 도원수는 주장主將인데도, 지휘권의 권한이 수군에게 행해지지 않고 있으니 매우 놀랍습니다. 명령에 따르지 않으면 거기에 상응하여 행해야 할 법규대로 적용해야 할 것이고, 그저 고지식하여 어리둥절하게 몇 마디만 조정에 치보馳報하고 그만 둘 일이 아닙니다.[45]

도원수 권율은 이러한 사정을 장계를 통해 알리고 있다. 즉 "통제사 원균은 매양 육로에서 먼저 안골포 등의 적을 치라고 미루면서 바다로 나가 군사작전을 벌여 오는 적을 막을 생각이 없으니, 신은 분한 마음을 이기지 못하겠습니다. 그래서 전령傳令으로 혹은 돌려보

44) 상게서, 6월 11일.
45) 상게서, 6월 26일.

내면서 호되게 나무랐고 세 번이나 도체찰사에게 군관을 보내기까지 하였습니다. 그리하여 남이공이 또한 체찰의 명을 받들고 한산도에 들어가 앉아서 독촉하고서야 부득이한 나머지 6월 18일에 비로소 전선을 출발시켜 크고 작은 배 1백여 척이 가덕도 앞 바다로 향했으니, 이는 남이공의 힘이었지 어찌 원균의 마음이겠습니까?"[46]

도체찰사 이원익의 장계는 다음과 같다. 즉 "신의 종사관 남이공이 이 달 19일 치보 가운데, 18일 한산도에서 발선發船시켜 저물녘에 장문포에 들어가 자고, 이튿날 일찍 통제사 원균과 함께 같은 배를 타고 부대를 나누어 학익진을 이루어 안골포의 적의 소굴로 직진하였더니, 왜병들이 다 줄지어 서서 해안에 잠복하기도 하고 혹은 암석 사이에 기계를 설치하기도 하였습니다. 여러 장수들이 경예輕銳한 군사를 거느리고 북을 울리면서 전진하였더니 적들도 배를 타고 싸움을 걸어와 서로 응전하였는데, 포탄과 화살이 함께 쏟아져 해안이 진동하였는데도 군사들은 조금도 물러날 뜻이 없었습니다. 마침내 적선에 육박하여 많은 숫자를 살상하니, 적은 마침내 버티지 못하고 간신히 해안 위로 도망하기에 인하여 타고 온 배 2척을 빼앗았습니다. 또 가덕도加德島로 향했더니 가덕도의 적은 이미 안골포에서 내원來援했기 때문에 적들이 또 배를 타고 그들의 소굴로 들어갔습니다. 우리 수군들이 급히 배를 저어 추격하여 거의 모든 적선을 포착하기에 이르자 적들은 마침내 배를 버리고 작은 섬으로 숨어 들어갔습니다.… 수군이 그만 두고 돌아오려 할 즈음에 안골포의 적도들이 또 배를 타고 역습해 왔으므로 아군은 다시 돌아서 접전하였습니다. 적도들은 알몸을 드러낸 채 서서 조금도 두려워하지 않고는 혹 배꼬리를 둘러싸기도 하고 배의 좌우를 협공하기도 하면서 비처럼 탄환을 쏘아댔으므로 아군 역시 방패防牌에 의지하여 화살을 다발로 쏘아대며 점차 유인해 나오다 날이 저물자 파하고 돌아왔습니다. 평산 만호平山萬戶 김축金軸은 눈 아래에 탄환을 맞았는데 즉시 뽑아냈고, 그 밖에 하졸下卒들은 하나도 중상을 입지 않았는데, 보성군수寶城郡守 안홍국安弘國이 끝내 이마에 철환을 맞아 뇌腦를 관통하여 그 자리에서 죽었으니, 매우 참혹합니다."[47]

이순신은 일기에다, "저녁에 종 경京이 한산도에서 돌아왔는데, 보성군수 안홍국이 적탄에 맞아 죽었다는 소식을 전했다. 놀랍고 슬픈 마음을 이길 수가 없다. 놀라 탄식할 따

46) 상게서, 6월 28일.
47) 상게서, 6월 29일.

름이다. 적 한 놈도 잡지 못하고 먼저 두 장수를 잃었으니 통탄스러움을 어찌 말로 다 하랴"[48]고 했다.

통제사 원균은 출전을 거부하고 있다가 도체찰사 이원익의 종사관 남이공의 독촉으로 겨우 함께 출전했으나, 부산을 공격하는 것이 아니고, 안골포와 가덕도를 공격하는 척 하다가 왜군이 배를 타고 싸움을 걸어와 싸움을 했는데, 조선 수군의 장수 한 명은 전사하고 한 명은 부상한 반면, 병사들은 한 사람의 부상병도 없었다니, 해전의 방식에 문제점이 숨겨져 있었다. 즉 왜선과의 해전에서 왜군은 포위하며 조총을 발사하고, 우리 수군은 방패에 의지하여 싸웠다니 병선, 판옥선에 탑재한 현자총통의 사정거리는 1,600미터이고, 지자총통은 640미터인데, 조총의 사거리 100~50미터 이내에서 화살로 싸웠으니, 손해만 입고 철수한 결과를 초래했다고 보아야 하리라.

통제사 원균은 도체찰사 이원익의 종사관 남이공의 권유로 겨우 함께 출전했으나, 부산까지 가지도 않고 안골포·가덕도에서 싸우는 시늉만 하고 한 장수의 전사와 부상만 입고 철수하여 움직이지 않자, 비변사의 건의대로 원균에게 후퇴하지 말고 적을 공격할 것을 명령했다.

> 비변사가 아뢰기를, "적병이 비록 해안에 나누어 점거하고 있으나, 군량을 조달하고 병사를 보충하는 길은 바다에 있습니다. 우리나라의 수군을 적이 무서워하니 부대를 나누어 번갈아 나가 바다에 왕래하면서 적의 보급로를 끊는다면 이는 곧 적의 허점을 공격하는 것임과 동시에 요해처를 장악하는 것이니 현재의 계책으로는 이보다 나은 것이 없습니다. 다만 염려되는 것은 제장들이 명령을 잘 이행하지 않아 부득이 출병하였다가 오히려 앞을 다투어 돌아옴으로써 크게 형세를 이루어 적의 사기를 떨어뜨리지 못하는 것뿐입니다. 지금 양 총병의 분부가 이와 같으니, 접견할 때 문답한 내용을 자세히 거론하여 미리 도체찰사와 도원수에게 하유하되 시급히 전일 분부한 대로 수군의 제장을 엄하게 독려하는 한편 기회를 살펴가며 도모하여 기회를 잃어 대사를 그르치지 않도록 하는 것이 어떻겠습니까?" 하니, 상이 전교하기를, "아뢴 대로 시행하라. 원균에게도 아울러 말을 만들어 하유하기를, '전일과 같이 후퇴하여 적을 놓아준다면 나라에는 법이 있고 나 역시 사사로이 용서하지 않을 것이다'라고 하라." 하였다.[49]

비변사에서는 중요한 공격 목표의 변경을 제시했다. 즉 왜군의 본영인 부산포를 공격목표로 하는 것이 아니라, 적의 병참선을 공격하라는 명령과 함께, 적극적인 공격을 명시했

48) 이순신, 『난중일기』(1597년 6월 25일)
49) 『선조실록』, 선조30년(1597) 7월 10일.

다. 이제 원균은 출전하지 못하는 이유가 없어지게 되었을 뿐만 아니라, 그렇게 하지 않으면 법으로 다스리겠다는 명령이다.

한편, 도체찰사 이원익이 치계하였다. 즉 "이 달 8일에 왜선 600여척이 일본에서 건너와 부산 앞 바다에 정박하였는데, 우도 수군이 이미 7일에 밤을 틈타 강을 건너 다대포 앞바다에 정박하였다가 8일에 적선 10여척을 포획하였습니다."[50]

이 보고서에는 누군가 수군을 지휘하여 어떻게 싸워 적선 10여척을 포획했는지, 구체적인 내용이 생략되어 있다. 이순신은 다음과 같이 기록하고 있다. 즉 "오전 10시경에 황 종사관은 정인서鄭仁恕를 보내어 문안하고, 또 김해 사람으로 왜놈에게 붙었던 김억金億의 고백告白을 보여주었다. 이에 의하면, '초7일에 왜선 500여척이 부산에 드나들고, 초9일에 왜선 1,000척이 합세하여 우리 수군과 절영도絶影島 앞 바다에서 싸웠는데, 우리 전선 5척이 두모포豆毛浦에 표류해 대었고, 또 7척은 간 곳이 없다'고 하였다. 그 말을 듣고 분함을 이기지 못하여 곧 황 종사관이 군대 점호하는 곳으로 달려가서 황 종사관과 일을 논의하고, 그대로 앉아서 활 쏘는 것을 구경했다."[51]

"저녁에 영암군 송진면에 사는 사삿집 종 세남世男이 서생포(西生浦, 울산)로부터 알몸으로 왔기에 그 까닭을 물으니, '7월 초4일 전 병사의 우후(무관직)가 타고 있던 배의 격군이 되어 초5일에 칠천량에 이르러 정박하고, 6일 옥포玉浦에 들어갔다가, 초7일 새벽에 말고지(末串)를 거쳐 다대포多大浦에 이르러 왜선 8척이 정박하고 있음을 보고 여러 배들이 바로 돌격했더니, 왜인은 남김없이 뭍으로 올라가고 빈 배만 걸려있어 우리 수군들은 그것을 끌어내어 불 지르고, 그 길로 부산 절영도 바깥 바다로 향하다가 마침 적선 1,000여척이 대마도로부터 건너오는데, 서로 싸우려 했더니 왜선은 흩어져 회피하므로 끝내 잡아 초멸할 수도 없었고, 세남이 탄 배와 다른 배 6척은 배를 제어하지 못하고 서생포 앞 바다까지 표류하여 뭍으로 오르려고 하자 거의 모두 살육을 당하고 세남만은 혼자서 수풀 속으로 들어가 기어서 목숨을 살려 간신히 여기까지 왔다'는 것이었다. 듣고 나니 참으로 놀랄 일이다. 우리나라에서 믿는 바는 오직 수군에 있었는데, 수군이 이와 같으니 다시 더 바라볼 것이 없다. 거듭 생각할수록 분하여 간담이 찢어지는 것만 같다."[52]

---

50) 상게서, 7월 14일.
51) 이순신, 『난중일기』(1597년 7월 14일)
52) 상게서, 1597년 7월 15일.

조경남의 기록에 의하면, 초8일 수군의 여러 장수들은 부산 앞 바다에서 무력시위를 했고, 경상우수사 배설은 큰 전함 2척을 가지고 선봉이 되어 웅포熊浦에 이르자 적선을 만나 잠시 동안 접전接戰을 했으며, 화살에 맞아 죽은 왜병은 그 수를 알 수 없었다.… 권율權慄은 원균이 친히 바다로 출동하지 않고 적을 두려워 오래 육지에 머물고 있었기 때문에 전령傳令을 보내어 곤양昆陽으로 불러오게 했다. 11일, 권율은 곤양에 이르렀고, 원균은 명을 받고 왔다. 권율은 곤장棍杖을 치기로 결정했다.[53]

원균은 도원수 권율로부터 곤장을 맞고서 불편한 심정으로 본영에 돌아와, 7월 14일 모든 함대를 지휘하여 부산을 향해 출전했다. 이때 언덕 위에 있던 왜적의 진영에서는 우리 배가 지나가는 것을 내려다보고 서로 전보傳報했다. 원균의 배가 절영도에 이르자 바람이 일고 물결이 일어났는데, 날은 벌써 저물었으며 배를 정박시킬 만한 곳이 없었다. 바라보니 왜적의 배가 바다 가운데서 나타났다 숨었다 하므로, 원균은 여러 군사들을 독려하여 앞으로 나아갔다. 군사들은 한산도에서부터 하루 종일 노를 저어왔기 때문에 잠시도 쉬지 못하였으며, 또 기갈에 시달리고 피곤하여 배를 뜻대로 운행할 수가 없었다. 왜적들은 우리 군사들을 피곤하게 하려고 우리 배 가까이 왔다가 갑자기 배회하면서 피하여 교전하지 않았다. 이 때 밤은 깊고 바람은 세찬데, 우리 병선들은 사방으로 흩어져 떠내려가서 갈 방향을 알지 못했다. 원균은 간신히 남은 배를 수습하여 가덕도로 들어왔고 군사들은 갈증이 심해서 서로 다투어 배에서 내려 물을 마셨는데, 왜병들이 섬 속에서 뛰어나와 덮치는 바람에 병사 400여 명을 잃어 버렸다. 원균은 물러나와 거제 칠천도에 도착했다.[54]

통제사 원균과 행동을 함께 했던 선전관 김식金軾이 돌아와서 전황보고를 다음과 같이 했다. 즉 "15일 밤 10시경에 왜선 5~6척이 불의에 내습하여 불을 질러 우리의 병선 4척이 전소 침몰되자 우리의 여러 장군들이 병선을 동원하여 어렵게 진을 쳤는데, 닭이 울 무렵에는 헤일 수 없이 수많은 왜선이 몰려와서 서너 겹으로 에워싸고 형도荊島 등 여러 섬에도 끝없이 가득 깔렸습니다. 우리의 수군은 한편으로 싸우면서 한편으로 후퇴하였으나 도저히 대적할 수 없어 할 수 없이 고성지역 춘원포(추원포秋原浦)로 후퇴하여 주둔하였는데, 적세가 하늘을 찌를 듯 하여 마침내 우리의 전선은 모두 불에 타서 침몰되었고 제장과 군

53) 趙慶南, 『亂中雜錄』(서울 : 민족문화추진회, 1977, 영인본), p. 122.
54) 이재호 옮김(2007), 전게서, p. 292.

졸들도 불에 타거나 물에 빠져 모두 죽었습니다. 신은 통제사 원균 및 순천부사 우치적과 간신히 탈출하여 상륙했는데, 원균은 늙어서 행보하지 못하여 맨 몸으로 칼을 잡고 소나무 밑에 앉아 있었습니다. 신이 달아나면서 일면 돌아보니 왜병 6~7명이 이미 칼을 휘두르며 원균에게 달려들었는데 그 뒤로 원균의 생사를 자세히 알 수 없었습니다. 경상우수사 배설裵楔 등은 간신히 목숨만 보전하였고, 많은 배들은 불에 타서 불꽃이 하늘을 덮었으며, 무수한 왜선들이 한산도로 향했습니다."[55]

〈칠천량 해전도〉

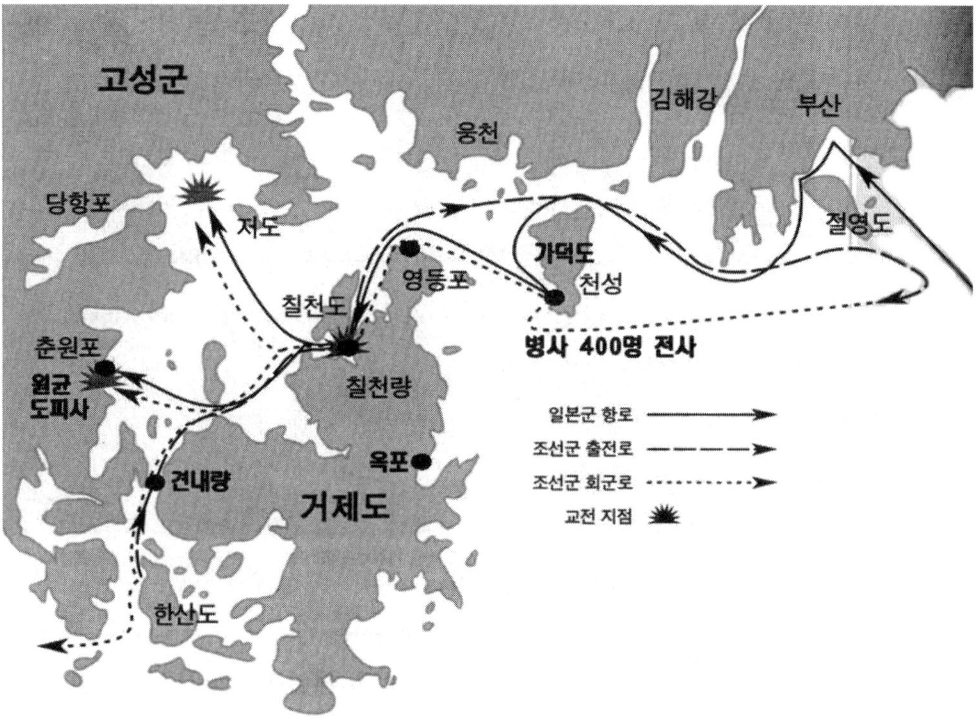

(자료 : 이민웅, 『임진왜란 해전사』, p. 206.)

원균의 함대는 15일 오후 칠천량으로 와서 정박했는데, 이 곳은 거제도와 칠천도 사이의 바다로 바람과 파도를 피할 수 있는 적당한 공간임을 필자는 답사(2007. 6. 8.)를 통해 확인할 수 있었다. 그런데 왜군은 수륙으로 조선 수군을 완전히 포위하고서 밤 10시경부터

55) 『선조실록』, 선조30년 7월 22일.

병선 500여척[56]으로 공격을 개시하였다. 원균 함대는 전술의 기본원칙인 '경계'도 하지 않고 있다가 기습을 당하여 160척[57]의 병선이 연소·격파 당했고, 겨우 배설이 지휘한 12척의 병선만 탈출에 성공했다. 다른 수군의 장군들은 모두 전사했으나, 통제사 원균은 싸움터인 칠천량을 이탈하여 춘원포(지금의 통영군 광도면 황리)로 도망쳐서 거기서 왜병들에게 살해당했으니, 전사戰死[58]가 아니라, 도피사逃避死로 기록해야 마땅하리라.

한편 칠천량 해전에서의 조선 수군의 피해 정도가 아직 명확하지가 않은 실정이다. 정유년(1597) 5월 비변사가 보고했다. 즉 "도원수 권율의 장계를 보니, 수군 중에 지금 한산도에 도착한 배는 134척이고, 이미 출발하였으나 아직 도착하지 못한 배는 5~6척이며, 따로 건조 중인 것으로 20일 사이에 건조가 끝나는 배가 48척이라 하였습니다. 모두 계산하면 180여척에 이르는데 이들은 판옥대선板屋大船입니다."[59] 180척은 어림한 숫자이고 조선 수군의 출동한 총 병선은 이보다 조금 적을 것이며, 일본 수군이 도요토미(豊臣秀吉)에게 보고한 160척을 포획·격파했다는 숫자는 배설의 12척을 뺀다면 대체로 정확한 숫자이며, 출동한 조선 병선은 거의 괴멸 당했다. 그렇다면 인명 피해는 어느 정도일까? 당시 판옥선에 100여명이 탑승했다고 가정하면, 15,000여명 내외의 인명 손실을 추산할 수 있으리라.

5. 조선 수군의 패인은 무엇인가?

전장에서의 승패의 요인을 분석·평가함에 있어서 가장 먼저 생각하는 것은 『손자병법』의 칠계七計이며, 손무는 七計의 기준에 의거 승패를 미리 판정한다고 했는데, 소개하면 아래와 같다.

- 그러기 때문에 일곱 가지 기준에 의거 양편의 전력을 분석·평가해야 한다. 즉
  첫째, 어느 편의 통치자(왕)가 더 정치를 바르게 잘 하는가?
  둘째, 장수는 어느 편이 더 유능한가?
  셋째, 천시와 지리는 어느 편이 더 유리한가?

56) 北島万次(1995), 전게서, p.190.
57) 佐藤和夫, 『日本水軍史』(東京 : 原書房, 1985), p.392.
58) 趙仁福(1964), 전게서, p.255. 및 이민웅, 『임진왜란 해전사』(서울 : 청어람미디어, 2004), p.205.
59) 『선조실록』, 선조30년 6월 12일.

넷째, 조직, 규율, 병참 등은 어느 편이 더 잘 정비되어 있는가?
다섯째, 군대는 어느 편이 더 많으며 강한가?
여섯째, 장병은 어느 편이 더 잘 훈련되어 있는가?
일곱째, 상벌은 어느 편이 더 분명히 행해지고 있는가?
나(孫武)는 이 일곱 가지 기준에 의해서 승패를 미리 판정한다.[60]

조선 수군의 패인을 분석·평가하기 위해 손무가 제시한 일곱 가지 기준은 훌륭한 잣대가 된다. 그리고 지금까지 임진왜란·정유재란에 관한 논쟁점을 살펴보니, 전쟁사를 연구대상으로 하면서 병법, 즉 군사이론을 소홀하게 생각함으로써 문제점을 더 복잡하게 얽히게 만들었을 뿐만 아니라, 사리에도 어긋나는 주장을 펴기도 했다. 그래서 군주와 장수의 관계, 즉 군주가 출전하는 장수에게 지휘권을 이양한다는 것은 무슨 뜻이며, 군주가 장수에게 군의 진퇴를 명령할 수 있는가, 승패에 대한 책임 등에 관해 병법의 기초이론을 간략하게 아래와 같이 소개하고자 한다.

(1) 장수는 군주를 보좌하는 중요한 존재이다. 보좌가 주도면밀하면 국가가 강대해 질 것이고, 보좌가 그렇지 못하면 국가는 반드시 약해진다.
군주가 군의 지휘권에 간섭하여 군을 위태롭게 하는 경우가 세 가지가 있다.
첫째, 군대가 진격해서는 안 되는데 알지도 못하고 진격하라고 명령하며, 군대가 후퇴해서는 안 되는데 후퇴명령을 하는 등 군을 속박하는 일이다.
둘째, 군의 내부사정을 알지도 못하면서 군사행정에 간섭하여 군 내부에 혼란을 일으키게 만든다.
셋째, 지휘계통을 무시하고 군령에 간섭하여 내부에 불신감을 조성하는 일이다.…
장수가 유능하고 군주가 간섭하지 않으면 승리한다.[61]
(2) 군주의 명령도 받아들여서는 안 될 명령이 있다.[62]
(3) 용병의 원칙상 승리가 확실하다고 예견되면, 군주가 싸우지 말라고 하더라도 반드시 싸워야 하며, 용병의 원칙상 승리할 수 없는 것이라면, 군주가 싸우라고 하더라도 싸우지 말아야 한다.

60) 『孫子兵法』, 始計 卷一.
61) 상게서, 謀攻 卷三.
62) 상게서, 九變 卷八.

따라서 장수된 자가 진격하는 것도 명예를 얻기 위함이 아니며, 후퇴하는 것도 처벌을 피하지 않는다. 오직 국민을 보호하고 국가의 이익과 일치하기를 바랄 뿐이다. 이러한 장수야말로 국가의 보배인 것이다.[63)]

제갈량(諸葛亮, 181~234)은 군주가 장수를 어떻게 임명하며, 장수의 행동규범에 대해 구체적으로 아래와 같이 명시하고 있다.

(4) 옛날에 국가가 위난에 처하면 국왕은 유능한 인재를 골라 장수로 임명하였다.… 국왕은 월(鉞, 고대 도끼 모양의 무기로 권력의 상징)을 장수에게 넘겨주면서 다음과 같이 말한다. “장군은 지금부터 일체의 군사업무를 지휘하라.”

재차 다음과 같이 명한다. “적이 허약하게 보이면 진격하고, 강력하게 보이면 후퇴하라. 자신의 신분이 높다 하여 남을 깔보지 말 것이며, 지나친 고집으로 부하들로부터 고립되지 말고 자신의 공적과 능력을 자랑하지 말며 충성과 신의를 잃지 말라. 부하가 쉬지 않을 때 먼저 쉬지 말라. 부하가 먹지 않을 때 먼저 먹지 말라. 부하와 더위와 추위를 함께 하며 즐거움과 고통 그리고 환란을 함께 나누어라. 이렇게 하면 그들은 목숨을 걸고 최선을 다할 것이며 적은 기필코 패망할 것이다.”

장수는 국왕의 명령을 받들어 군대를 이끌고 장도에 오른다. 국왕은 그를 전송하기 위해 땅에 엎드려 수레바퀴를 밀면서 다음과 같이 말한다. “진퇴 여부는 시기에 따라 결정하고 모든 군사업무는 국왕의 명령에 따를 필요가 없으며 전적으로 장수의 명령에 의하여 집행하라.”

이렇게 되면 장수는 위로 하늘의 통제를 받지 않고, 아래로 땅의 간여를 받지 않으며 앞으로 적을 두려워하지 않고, 뒤로 국왕을 염려하지 않게 된다. 따라서 지모 있는 인재가 그를 위해 자신의 지혜를 발휘하고 용감한 인재가 그를 위해 목숨을 바친다.[64)]

(5) 군대가 강력하면 국가는 안전하고, 군대가 허약하면 국가는 위태로워지며, 성공 여부는 소임을 맡은 장수에게 달려 있다. 만약 성공할 수 없다면 국민의 장수, 국가의 참모, 군대의 지휘관으로서 자격이 없다.[65)]

---

63) 상게서, 地形 卷十

64) 諸葛亮, 『諸葛亮集』 박동석 옮김(서울 : 홍익출판사, 2006. 5쇄), pp. 56~57.

65) 상게서, p. 125.

(6) 장수는 부하의 생명과 군대의 성패 그리고 국가의 운명을 좌우하는 무거운 책임을 지고 있다.… 따라서 손무는 "장수가 일단 출병하면 군주의 명령에 구애받지 않는다" 라고 하였고 또한 한漢나라의 장수 주아부周亞夫는 "군대 안에서는 장수의 명령을 따르고 천자의 명령을 따르지 않는다" 라고 하였다.[66]

(7) 무릇 적의 대군을 이기는 것은 장수 한 사람의 지모智謀로써 이기는 것이다.…

전투에서 승리를 거두면 부하들과 함께 그 공적과 명예를 나누어야 한다. 만약 계속해서 적군과 싸워야 할 경우에는 상벌을 더욱 엄격히 시행하며, 공이 있는 자에게는 반드시 상을 내려 격려하고, 잘못이 있는 자에게는 반드시 처벌하여 경계심을 갖도록 한다.

만약 적과 싸워서 불행히 패배했을 경우에는 그 책임은 장수 자신에게 돌려야 한다. 다시 적과 싸울 때는 병사들이 죽음을 각오하고 싸울 수 있도록 사기를 북돋아 주고 장수 자신이 앞장서서 진두지휘를 해야 한다. 다시는 이전의 실패한 전투방식을 되풀이해서 사용하지 말아야 하고 충분히 검토한 다음에 작전에 임해야 한다.

승리와 패배를 막론하고 이 원칙에서 벗어나서는 안 된다. 왜냐하면, 이것이 바로 전투의 원칙이기 때문이다.[67]

(8) 프랑스의 포슈(Foch, 1851~1929) 원수는, "전투의 승패는 병사들에 의해서가 아니라, 장수에 의해 결정된다.… 전쟁에서의 커다란 전과戰果는 최고 지휘관에서 비롯된다. 따라서 역사는 승리를 장수의 책임에 돌리는 것은 바르다. 이 경우에 그들은 영예를 받는다. 그러나 패배의 경우 치욕을 받는다. 최고 지휘관 없이 전투도 승리도 있을 수 없다"[68]고 주장했다.

가. 선조는 최고 통치자로서 현명했던가?

국가의 위기상황 하에서 최고 통치자가 가장 먼저 해야 할 일은 군의 최고 지휘관인 장수의 선정, 전쟁 규모의 예산과 그 대책, 사회집단의 단결 등이며, 특히 전쟁수행을 위한 병력

66) 상게서, p. 80.
67) 『司馬法』, 嚴位 第四.
68) Edward M. Earle, ed., *Makers of Modern Strategy*(Princeton University press, 1943), pp. 228~229.

보충·군수물자의 공급, 동맹국과의 유대강화, 그리고 신상필벌 등이 중요한 업무이다.[69]

1) 수군통제사를 교체해야 했던가?

1592년 8월 조정에서 수군이 서로 통합되지 않으므로 지휘의 단일화를 위해 반드시 주관하는 장수가 있어야 되겠다고 생각하여, 그 때까지의 전공戰功으로 보아 이순신에게 삼도 수군통제사로 삼고 본직은 그대로 겸하게 하니, 원균은 자기가 선배로서 오히려 이순신에게 지휘 받게 된 것을 부끄럽게 생각하고 매사 충돌을 일삼게 되었다. 1595년 2월, 이순신은 자기 직책을 갈아달라고 장계를 올렸으나 조정에서는 대장을 갈 수 없다 하고 원균을 충청병사로 전임시켰다.

그런데 강화기간 중에 선조는 이순신에 대해 탐탁치 않게 생각하게 되었다. 즉 "한산도 장수(이순신)는 편안히 드러누워서 무얼 하고 있는지 모르겠군."[70]

- 윤두수(판중추부사) : … 이순신은 조정의 명령을 받들지 아니 하고 싸움을 꺼려 물러나 한산도만 지키고 있었기 때문에 이번 큰 계획이 실시될 수 없었던 것에 대해서 신하들로서는 어느 누가 통탄하지 아니 하오리까?
- 선조 : …이순신이 부산에 있는 왜적의 진영을 불태웠다고 조정에 속여서 보고를 하니 영의정(유성룡을 가리킴)이 여기 있지마는 그럴 리가 없는 일인즉 이제는 설사 손에 청정清正의 대가리를 들고 온대도 결코 그 죄를 보충하지 못할 것이다.… 이순신은 용서할 수 없어! 무장으로서 어찌 감히 조정을 경멸하게 여기는 마음을 품을 수 있을 것인가…
- 윤두수 : …행장行長이 가리켜 주는데도 하지 않았으니까 설사 전쟁 중에 장수를 바꾸는 것이 어려운 일이라 하올 망정 순신은 갈아야만 할 것 같사옵니다.
- 정탁(지중추부사) : 참으로 죄가 있기는 하옵니다마는 이런 위급한 때에 대장을 바꿀 수는 없사옵니다.[71]

몇 차례의 어전회의가 있은 후, 1597년 2월 7일 선조는 통제사를 원균으로 교체한다는 뜻을 발표했고, 이순신을 통제사에서 해직하고 서울로 압송한 죄명은 아래와 같다.

> 이순신이 조정을 기만欺瞞한 것은 임금을 무시한 죄이고, 적을 놓아주어 치지 않은 것은 나라를 저버린 죄이며, 심지어 남의 공을 가로채 남을 모함하기까지 하였다.[72]

69) 이 문제에 대한 상세한 내용은, 李鍾學, 『現代戰略論』(서울 : 博英社, 1981, 5刷), pp. 296~302. 참조
70) 『선조실록』, 선조30년 1월 23일.
71) 상게서, 선조30년 1월 27일.
72) 상게서, 선조30년 3월 13일.

이러한 세 가지 죄를 지었다 하여 이순신은 마침내 1597년 2월 26일 함거에 실려 서울로 끌려가 3월 4일에 구속되었다. 이순신을 구속시킨 세 가지의 죄는 과연 합법적이고 타당한 조치였을까?

최두환 교수의 상세한 연구결과에 의하면, "이순신의 행적에 관한 잘잘못이 밝혀지지 않은 상태에서 구속을 시켰고, 구속의 세 가지 죄명은 선조나 그 추종자들의 모함과 더불어 이중간첩 요시라의 간계에 의해서 이루어졌을 뿐만 아니라, 모든 것이 선조에 대한 괘씸죄 내지는 전혀 무죄임을 알 수 있다"[73]고 했다. 필자는 최 교수의 연구결과를 수용하는 입장이다. 그러나 "적을 놓아주어 치지 않은 것은 나라를 저버린 죄"인데, 이것은 왕이 출전을 명령했는데도 이순신이 출전을 거부했으니, 항명抗命이냐, 아니냐가 연구자에 의해 견해가 엇갈리고 있기에, 이 점에 관해 논의하고자 한다.

강영오 제독(예)에 의하면, 일반적으로 한국의 사학자들은 이순신이 가토(加藤淸正)의 도해차단 명령을 거부하고 고니시(小西行長)의 첩자였던 요시라(要時羅)의 정보를 묵살한 것을 정당한 것으로 보고 있다. 그러나 이순신이 출전을 거부한 것에 대한 정당성正當性을 강조하는 측면이 너무 일방적으로 강조되어 왔다고 보기 때문에 항명이 아니냐는 관점에서 토의되어야 한다고 본다.… 가토의 도해를 공격하라는 왕 스스로의 명령을 거부한 것을 뜻한다고 했다. 그리하여 그의 논문의 명칭도, 「李舜臣의 出戰拒否는 抗命이다」고 했다.[74]

이순신의 출전 거부의 문제는 간첩 요시라의 정보와 연결시켜 앞에서 논의했다. 그리고 선조가 이순신에게 삼도 수군통제사로 임명했다면, 그것이 병법의 기본원칙으로 보아 무엇을 뜻하는가 하는 관점에서 논의되어야 한다.

이미 『제갈량집』에서 소개한 것처럼, 장수가 국왕의 명령으로 군대를 이끌고 장도에 오를 때, 국왕은 다음과 같이 말한다. "진퇴 여부는 시기에 따라 결정하고, 모든 군사업무는 국왕의 명령에 따를 필요가 없으며 전적으로 장수의 명령에 의하여 집행하라." 『손자병법』에 의하면, "군주의 명령도 받아들여서는 안 될 명령이 있다.", "장수가 유능하고 군주가 간섭하지 않으면 승리한다.", "용병의 원칙상 승리할 수 없는 것이라면 군주가 싸우라고 하더라도 싸우지 말아야 한다."

73) 최두환, 『충무공 이순신 전집』5권(서울 : 우석, 1999), pp. 398~477.
74) 姜永五, 「李舜臣의 出戰拒否는 抗命이다」, 『壬亂水軍活動硏究論叢』(서울 : 海軍軍史硏究室, 1993), pp. 494~497.

따라서 선조의 통제사에 대한 출전명령은, 병법의 기초지식도 없다는 사실을 실증한 처사이며, 그리고 출전 거부는 통제사 '교체'의 대상은 되어도 '범죄'의 대상은 결코 아님을 밝혀두고자 한다. 예컨대, 6·25전쟁 때, 맥아더 원수가 트루먼 대통령의 정책과 다른 성명을 발표하자, 그를 직위해제는 시켜도 감옥으로 보낼 수는 없었다. 임진왜란 후, 일본수군과 싸울 때마다 승리한 통제사 이순신을 일본의 재침이 가까워진 위급한 시기에 원균으로 교체해야만 했던가? 칠천량 해전에서 조선 수군이 완패 당하자, 이순신을 통제사로 재임명하는 교서敎書에서 선조는 다음과 같이 밝혔다.

> 어허! 국가가 의지하여 보장을 삼는 것은 오직 수군뿐인데, 하늘이 아직도 화 내린 것을 후회하지 않아 흉한 칼날이 다시 번뜩여 마침내 삼도三道의 큰 군사들이 한 번 싸움에 모두 없어지니 그 뒤로 바다 가까운 여러 고을들을 그 누가 막아주랴. 한산閑山을 이미 잃어버렸으매 적이 무엇을 꺼리리요…
>
> 지난번에 그대의 직함을 갈고 그대로 하여금 백의종군白衣從軍하도록 하였던 것은 역시 사람의 모책謀策이 어질지 못함에서 생긴 일이었거니와, 그리하여 오늘 이같이 패전의 욕됨을 만나게 된 것이라 무슨 할 말이 있으리요. 무슨 할 말이 있으리요.…
>
> 삼도 수군통제사三道水軍統制使로 임명하노니… 그대의 나라 위해 몸을 잊고 시기 따라 나가고 물러옴 같은 것은 이미 다 그 능력을 겪어보아 아는 바이니 내 구태여 무슨 말을 많이 하리요.[75]

이 교서의 명칭은 「상중喪中에 다시 삼도통제사를 임명하는 교서」(起復授三道統制使敎書)로 되어 있지만, 내용은 왕인 선조가 신하에게 사과문의 형식을 취한 재임명장이었다.

첫째, 그대의 직함을 갈고 백의종군케 한 것은 왕의 모책이 어질지 못해서 생긴 일이며,

둘째, 야전에서의 수군의 전진과 후퇴문제에 간섭한 것을 완곡한 표현으로 사과한 내용으로 해석할 수 있으리라.

이중간첩 요시라의 계교를 간파하지 못했고 또 이순신을 모함하는 무리들의 그릇된 정보에 흔들려 상승장군 이순신을 원균으로 교체했다는 것은 왕인 선조가 '모책이 어질지 못함에서 생긴 일'임에 틀림이 없다.

2) 반도국으로서의 전쟁수행의 방법은?

대륙국가에 있어서는 지상군이, 해양국가에 있어서는 수군이 작전의 주도권을 장악하여 전투를 수행하기 때문에 문제가 야기되지 않지만, 반도국가에 있어서는 지상군과 수군

---

75) 李殷相 譯(1992)(上), 전게서, p. 58.

의 합동작전·병력 및 자원배분 등 문제점이 생기는 경우가 있으며, 상호의 견해가 엇갈리는 경우 어떻게 조정할 것인가 하는 문제가 있게 마련이다.

> 비변사가 아뢰기를, "삼가 도원수 권율의 장계 내용을 보니, 도원수의 의견은 육전陸戰을 중히 여기고 있습니다. 그러나 통제사 이순신은 전일에 조정에서 연해변의 수령들을 함부로 옮겨 쓰지 못하도록 하는 하령下令이 있었는데도 진주晋州 등 4~5개의 고을 수령까지도 하해(下海, 바다로 나감)하게 하였다고 합니다. 수군이 적도를 차단하는 것도 진실로 관계되는 바가 중하지만, 진주 등의 고을은 바로 적을 맞는 요충지로서 바야흐로 대진對陣하고 있는 중인데 모두 하해시킨 것은 진실로 승산勝算이 아닙니다. 대저 도원수가 수군과 육군을 모두 관장하여 완급의 이해를 보아가며 편의한 바를 힘써 찾아 좋은 방향으로 조치하도록 하라는 내용으로 회유回諭하는 것이 어떠하겠습니까?"
> 하니, 상이 따랐다.[76]

위의 내용은 실로 중대한 내용을 포함하고 있는 데도 불구하고 쉽게 결정되고 말았다. 즉 수군의 지휘권이 지상군인 권율의 지휘권 아래로 들어갔으며, 이로 인해 통제사 원균이 도원수 권율로부터 곤장을 맞고, 분한 김에 준비도 없이 출전하여 수군이 궤멸당하고 말았던 것이다.

> 원균의 서장書狀을 보면, 안골포安骨浦가 그 앞에 있어 금방 들어갈 형세가 못되니 육군으로 하여금 먼저 적을 몰아내게 한 다음 들어가야 한다고 했다. 그런데 도원수가 잡아들여 곤장을 치자, 그는 반드시 패할 것을 알면서도 들어가지 않을 수 없었던 것이다. 그게 과연 그가 스스로 패한 것인가?
> 후에 들으니, 이억기李億祺와 최호崔湖 등이 조정에서 빨리 들어가라고 재촉한 것을 듣고서는 서로 말하기를, '명령을 어기면 세 사람이 죽을 것이고, 들어가면 나라를 욕되게 함이 작지 않을 것이다.' 하였다 하니, 패군한 죄에 비하면 차이가 있다고 하겠다. 내가 평소에 매우 온당치 않게 생각했기 때문에 말한 것이다. 외부의 공론은 어떠한가?[77]

선조는 원균을 옹호하는 견해를 밝혔다. 즉 "도원수가 잡아들여 곤장을 치자, 그는 반드시 패할 것을 알면서도 들어가지 않을 수 없었던 것이다. 그게 과연 그가 스스로 패한 것인가?" 도원수가 원균을 곤장 치게 만든 것이 선조 스스로이며, 또 원균이 병법을 알고, 그리고 반드시 패할 것을 안다면 곤장을 맞아도 출전하지 않았어야 했는데, 그는 사실 병법에 무지無知한 통제사였다.[78] 한편 배설은 "비록 군법에 의하여 나 홀로 죽임을 당할지언

---

76)『선조실록』, 선조26년 12월 1일.
77) 상게서, 선조34년 1월 17일.
78) 이 문제는 차후 논의하고자 함.

정 군졸들을 어떻게 사지에 들여보내겠는가"[79]라고 했다는 것은 원균보다는 병법을 좀 안다고 할 수 있으리라.

임란 당시의 지휘체제를 본다면, 군령의 행정적인 최고기관으로서 비변사가 있었고, 도체찰사는 민병의 지휘·모병, 군량미 확보 및 명군과의 접촉을 담당했고, 도원수는 지상군의 최고 지휘관으로 전쟁수행을 담당했으며, 통제사는 수군을 담당하고 있었다.

반도국으로서 전쟁수행을 위한 체제는 당시의 상황 하에서 도체찰사를 상위에 두고 도원수와 통제사의 견해차를 조정하는 방식이 바람직하다는 것이 필자의 견해이다.

예컨대, 일본제국은 명치시대부터 대륙정책을 수행함으로써, 반도국과 마찬가지로 수륙 양서국水陸兩棲國이 되어 병력·자원배분을 둘러싸고 육·해군의 암투가 시작되었다. 태평양전쟁(1942~1945)을 수행함에 있어서 육·해군의 작전계획은 존재했어도, 국가로서의 군사전략은 존재하지 않았다.

3) 비변사의 계책은 타당했던가?

임진해인 1592년 9월 1일 이순신은 전선 74척과 협선 92척을 지휘하여 부산포의 왜군 본영을 공격하여 적선 100척을 격파했다. 그는 육지로 도망친 왜군을 잡고자 경솔하게 군사들을 육지로 보낸다는 것은 만전의 계책이 아니며, 날도 저물었는데 적의 소굴에 머물러 있다가는 앞뒤로 적을 맞는 환란이 염려되어 하는 수 없이 여러 장수들을 거느리고 배를 돌려 한밤중에 가덕도로 돌아와서 밤을 지냈다. 그리고 그는 왜군의 소굴을 불사르고 적선을 깨뜨리고자 한다면, 바다와 육지에서 함께 진격하여야만 섬멸할 수 있다는 견해를 올렸다.[80]

이 때만 해도 수군의 함대가 작전을 수행하고 쉴 수 있는 작전기지 가덕도를 활용할 수 있었다. 그런데 휴전기간을 거쳐 1597년에는 이미 가덕도는 왜군이 주둔하고 있었다. 이순신은 왕의 출전을 거부한 이유를 다음과 같이 말했다.

> 황신이 이순신에게 달려가서 가만히 조정의 의견을 알리니, 이순신은 말하기를, "바닷길이 험난할 뿐만 아니라, 적이 반드시 육지의 여러 곳에 복병을 설치하고 기다릴 것이니, 배를 많이 거느리고 가면 적이 알지 못할리 없고, 배를 적게 거느리고 가다가는 도리어 습격을 당할 것이다"고 하면서 실행하지 않았다.[81]

---

79)『선조실록』, 선조30년 7월 22일.
80) 趙成都 譯(1997), 전게서, pp. 83~87.
81)『선조 수정실록』, 선조30년 2월 1일.

병법에 정통하고 있었던 이순신은 소신대로 부대를 지휘하고 있었다. 그런데 큰 소리를 쳤던 원균이 통제사가 되어서는 마찬가지로 출전을 하지 않고 있었다. 이런 상황 하에서 비변사에서 중대한 계책을 왕에게 아래와 같이 건의했다.

> 당초 수군을 모아서 하나로 만든 뜻은 단지 바닷길을 중도에서 끊어 적들로 하여금 뒤를 걱정하는 염려가 있게 하면, 육지에 있는 적의 소굴이 아무리 견고하더라도 형편상 동요하지 않을 수 없을 것이라는 점에서였습니다. 이는 지금으로서는 큰 계책입니다. 혹 어떤 사람은 "적병이 현재 안골포와 가덕도에 주둔하고 있으니 우리의 수군이 이곳을 지나 부산 앞 바다를 가로막기는 어렵다"고 하니, 그 형세가 진실로 그렇기는 합니다.
>
> 이제 수군과 선척船隻·격군格軍이 대강 모아졌으니, 통제사 원균을 시켜 다시 형세를 살피게 해서 혹은 거제도와 옥포 등지에 진주시키고 부산과 대마도의 바닷길을 살피게 해서 중로를 막아 끊는 계책을 세워야 할 것입니다. 가령 크게 싸우지는 못한다 할지라도 배를 3등분해서 절영도 앞 바다를 번갈아 오가며 뒤따라온 배가 이어가고 앞에 있던 배가 되돌아가게 함으로써 수군의 왕래가 끊이지 않게 하면 부산과 서생포에 상륙해 있는 왜적들은 모두 군량미 수송로가 끊길까 걱정할 것이고, 뒤를 이어 나오는 적선들도 반드시 두려워하고 주저하여 함부로 건너오지 못해서 마음대로 횡행하지 못할 것입니다. 이렇게 되면 적의 형세는 선두와 후미가 단절되어 우리가 도모할 수 있게 될 것입니다.
>
> 대체로 군세는 기회를 타는 것을 소중히 여기며, 또 견고한 곳을 피하고 허점을 공격하란 말이 있습니다. 요즘 말하는 자들 중에 혹은 곧바로 적의 소굴로 공격하려 하고 있습니다만, 이는 바로 견고한 곳을 공격하는 것으로서 병가兵家에서 꺼리는 바입니다. 반드시 우리의 장점을 이용하여 적의 허점을 공격한 다음에야 승리의 공을 거둘 수 있습니다.…
>
> 바라건대, 이러한 의견을 비밀히 도체찰사와 도원수에게 하유하여 다시 더 생각하고 분간하도록 하고, 수군과 육군의 여러 장수들을 단속하여 기회를 잃지 않도록 곧바로 선전관을 보내어 밤낮을 가리지 않고 달려가게 하는 것이 어떻겠습니까?" 하니 답하기를, "계사啓辭는 지당하나, 나의 견해는 그렇지 않다. 체찰사에게는 반드시 계책이 있어 스스로 지휘할 것이니, 하유할 것이 없다."[82]

비변사의 건의내용은, 전략적 상황(가덕도의 상실)이 변했다면, 군사목표도 바꾸어야 하고 또 적에 대한 공격은 적의 허점을 노려야 한다는 병법의 기본원칙을 바탕으로 하고 있다. 즉 군사목표로 왜군이 지키고 있는 소굴(부산포의 왜군 본영)을 공격할 것이 아니라, 대마도와 부산 간의 적의 병참선을 차단한다는 것이며, 이를 위해 옥포 등지에 작전기지를 설치하여 3교대로 하는 계책으로 당시로서는 최적전략最適戰略으로 필자는 평가한다. 그리고 작전기지를 옥포에 설치하여 적 병참선을 차단하게 되면, 적 수군도 바다로 유인하게 될

---

82) 『선조실록』, 선조30년 5월 12일.

것이며, 그 때 화력이 강한 판옥선으로 일본 수군을 격멸할 수 있는 기회도 있었을 터인데, 하는 아쉬움을 가지게 된다.

이런 비변사가 건의한 훌륭한 계책을 도원수와 통제사에게 권유형식으로 통보했어야 했다. 그러나 병법에 무지한 선조는 귀를 기울이지 않음으로써 승전의 기회를 놓치게 되었다.

위에서 논의한 세 가지 사항으로 분석·판단한다면, 선조왕은 지혜롭고 현명한 군주는 아니며, 또한 스스로 '모책이 어질지 못함에서 생긴 일'이라고 실토했다. 사례로 보면, 임종을 맞이한 79세의 김유신(595~673)은 문무왕에게, "바라옵건대, 전하께서는 성공이 쉽지 않음을 아시고, 수성守成이 또한 어려움을 생각하시와, 소인小人을 멀리 하고 군자君子를 가까이 하시어, 위에서 조정이 화목하고 아래서 백성과 만물이 편안하여 화란이 일어나지 않고 기업基業이 무궁하게 된다면 신臣은 죽어도 유감이 없겠습니다." 하니, 왕은 울면서 받아들였다.[83]

그 후 문무왕은 선정을 베풀었고, 또 유언으로 백성들의 괴로움을 덜고자 시신을 화장해서 동해의 바위(대왕암)에 뿌리게 했다. 그 후 한민족의 통일국가의 기반과 찬란한 신라문화의 기초를 쌓았던 것이다.

한편 선조왕은 뇌물과 권모술수를 자행하는 소인배小人輩를 중용하여 그들의 건의를 수용해서, 임진왜란 초기부터 20여회의 해전에서 승리한 통제사 이순신을 정유재란이 발발하기 직전에 무고한 죄를 덮어씌워 옥에 가두고, 통제사로서의 자질도 없고 더욱이 병법에도 무지한 원균을 통제사로 임명했으니, 칠천량 해전의 패배의 일차적 책임은 임명권자인 선조왕에게 있다는 것을 밝혀둔다.

그리고 선조왕에 대해 명나라의 동정찬획주사東征贊畫主事 정응태丁應泰는, "현재의 조선국왕 이연은 신민에게 포악하고 주색에 빠졌으므로 감히 왜의 침략을 꾀어내어 천조(天朝 : 명나라를 뜻함)를 우롱했다"[84]고 주장하기도 했다.

83) 『三國史記』, 卷第四十三 列傳 第三, 金庾信(下).
84) 『선조실록』, 선조31년 9월 21일.

나. 원균은 수군통제사로서 자질·능력을 갖추었던가?

옛부터 "군대는 100년 동안 한 번도 사용하지 아니 할 수 있으나, 단 하루라 할지라도 갖추지 않으면 안 된다."(兵家 百年不用 不可一日不備)라고 하였거니와, 더욱이 그 군대를 움직이는 최고 지휘관의 중요성은 재론할 필요가 없을 것이다. 그런데 이 최고 지휘관의 획득이란 하루아침에 이루어지는 것이 아니라, 최소한도로 한 장성을 육성하려면 20년 이상의 시간이 소요된다. 손무는 지휘관의 중요성에 대해, "용병술을 잘 아는 장수는 국민의 생명을 맡은 사람이요, 또 국가의 안위를 좌우하는 주인공이다"고 하였다.

오자는 다음과 같이 장수의 자질에 대해 주장했다.

> 문文과 무武를 겸비하면 장수가 될 수 있고, 강剛과 유柔를 겸비하면 능히 전쟁을 맡길 수 있다. 세상 사람들은 양장良將을 논함에 있어서 항상 용기의 유무를 주로 관찰하지만 용기 이외도 필요한 요소는 많으므로 용기는 그 가운데 일부에 지나지 않는다. 그저 용기만 있는 자는 반드시 경솔하게 적과 접전하기만 좋아한다. 그러나 이렇게 경솔히 싸우기만 해서는 이롭지 못한 것이다. 따라서 장수가 해야 할 일이 다섯 가지가 있다. 즉
> 첫째, 지휘·통솔에 능통해야 한다.
> 둘째, 작전 준비에 완벽을 기해야 한다.
> 셋째, 과감한 용단력이 있어야 한다.
> 넷째, 적을 경시하지 말고 경계를 철저히 해야 한다.
> 다섯째, 군령軍令 등은 간명해야 한다.[85]

필자는 전투에 임하는 최고 장수가 갖추어야 하는 자질에 대해 논의한 바 있기 때문에,[86] 여기서는 중복을 피하고 새로운 내용만 소개키로 한다.

• 첫째 : 지휘·통솔력의 구비

지휘·통솔력이란, 부하들로 하여금 죽음을 각오하고 싸우게끔 만들어 승리를 쟁취하는 능력이다. 예컨대, 이순신은 명량해전의 전날, 여러 장군들을 불러 모아 약속하기를, "병법에 이르기를 반드시 죽기를 각오하고 싸우면 살고, 반드시 살려고 하면 죽는다 하였다"[87]고 했다. 다음 날 해전에서 이순신은 진두지휘하면서 부하들로 하여금 죽기를 각오하고 싸우

85) 『吳子』, 論將 4.
86) 이종학(2006), 전게논문, pp. 149~162. 참조.
87) 이순신, 『난중일기』(1597. 9. 15.)

게끔 만들었기 때문에 13척으로 130여척의 왜선과 싸워 31척을 격파하고 우리 수군은 전연 손실이 없는 완승을 거두었다.

6·25전쟁의 분수령이라 할 수 있는 다부동 전투(1950. 8.) 때의 상황이다.

> 11연대 병사들이 피로에 지친 모습으로 후퇴하며 산을 내려오고 있었다. 나(사단장 백선엽 장군)는 지프차로 달려가서, 대대장을 불러 "어떻게 된 것이냐?" 하고 물으니, 그는 "장병들이 계속된 주야의 격전에 지친데다 고립된 고지에 급식이 끊겨 이틀째 물 한 모금 먹지 못했다"는 대답이었다. 나는 후퇴하는 병사들 앞으로 달려 나갔다.
>
> "모두 앉아 내 말을 들어라. 그동안 여러분 잘 싸워주어 고맙다. 그러나 우리는 여기서 더 후퇴할 장소가 없다. 더 후퇴하면 망국亡國이다. 우리가 더 갈 곳은 바다밖에 없다. 저 미군을 보라. 미군은 우리를 믿고 싸우는데 우리가 후퇴하다니 무슨 꼴이냐. 대한 남아로서 다시 싸우자. 내가 선두에 서서 돌격하겠다. 내가 후퇴하면 너희들이 나를 쏴라."
>
> 나는 부대에 돌격 명령을 내리고 선두에 서서 앞으로 나아갔다.… 대대는 삽시간에 고지를 재탈환했다.[88]

한편, 칠천량 해전에서 원균은 어떻게 부대를 지휘·통솔했을까?

> 이의득李義得이 보러왔기에 패하던 정황을 물었다. 모든 사람이 울며 말하기를, "대장 원균이 적을 보자 먼저 뭍으로 달아나고 여러 장군들도 모두 그 같이 뭍으로 달아나 이 지경에 이르렀습니다." 하는 것이었다. 대장의 잘못을 말하는 것은 입으로 옮길 수가 없고 그 살점이라도 뜯어먹고 싶다고들 했다.[89]

통제사 원균은 왜군의 기습을 당했다는 것도 원통한데, 하물며 가장 먼저 뭍으로 도망쳤으니, 지휘·통솔력이란 전연 찾아볼 수 없었다. 그러니 조선 수군이 완패·와해되어 버린 것도 당연하리라.

• 둘째 : 정보에 입각한 준비태세

전쟁·전투 수행에 있어서 정보의 중요성을 재언할 필요는 없을 것이며, 손무는 다음과 같이 주장했다. 즉 "저 편의 능력과 의도를 알고, 이 편의 그것을 알고 있으면, 백 번 싸워도 위태롭지 않다.… 저 편의 능력과 의도 그리고 이 편의 그것을 알지 못하고 있으면 싸울 때마다 반드시 패배한다"[90]고 했다.

---

88) 백선엽, 『軍과 나』(서울 : 대륙연구소, 1989), pp. 69~70.
89) 이순신, 『난중일기』(1597. 7. 21.)

태평양전쟁에 있어서, 미드웨이 해전과 마리아나 해전은 일본과 미국에 있어서 전환점이 된 해전이었다. 두 해전에서 해군의 항공모함을 중핵으로 하는 거의 모든 함대가 출격하여 적 함대와의 결전이 일어날 것을 생각하며, 엄중하게 방비된 섬의 항공기지를 탈취하려고 했다.

전투에 앞서 정보와 정찰의 싸움에서 각별한 차이가 있었다. 미드웨이 해전 때, 미국은 암호해독에 의해 점령의 목표를 확실하게 알고 있었는데 대해, 마리아나 해전 때의 일본은 파라오 방면이 첫 번째 목표라는 생각을 마지막까지 버리지 못했다. 미드웨이 해전 때의 일본의 수송선단은, 상륙 예정의 3일 전에 발견되어 항공공격을 받았는데 대해, 마리아나 해전 때의 미국의 수송선단은, 상륙하는 아침까지 발견되지 않았다. 일본측은 전투에 앞서 첩보전과 정찰전에서 완전히 패배하고 있었다.[91]

통제사가 된 원균은 수륙병진전술을 주장하면서, 도체찰사인 이원익의 해상출동을 거부하다가 1597년 6월 18일 부산방면으로 출전했고, 다음 두 번째 해전이 7월 8일에 수행되었으나, 통제사 원균은 출전하지 않고 직접 지휘를 하지 않았다. 그리하여 도원수 권율은 7월 11일 곤양에 가서 원균을 호출하여 곤장을 쳤다.[92] 이 사건 직후, 통제사 원균은 7월 14일 모든 수군 함대를 지휘하여 부산으로 출전했는데, 그는 출전에 앞서 충분한 정보와 준비태세를 갖추지도 않고 출항했다. 그리하여 부산 앞 바다에서 일본 수군의 유도작전에 휘말려 싸워보지도 못하고 병사들이 피곤과 갈증에 시달린 채, 일본 수군의 새로운 전술, 즉 야간기습에 의한 포위공격과 등선백병전술에 의해 칠천량에서 참패당했다.

출전에 앞서 어떻게 준비해야 하느냐, 하는 과제에 대해 옛 병서를 통해 알아보고자 하며, 이것은 오늘날에도 유용한 원칙이다.[93]

• 용병의 방법은 먼저 충분한 준비를 한 연후에 시행해야 하며, 다음 사항에 유의해야 한다.
(1) 세상의 도리를 명확히 한다.
(2) 민심의 동향을 살핀다.
(3) 전투훈련을 철저히 한다.
(4) 상벌을 명확히 시행한다.

---

90) 『孫子兵法』, 謀攻 卷三.
91) 野村實, 『海戦史に学ぶ』(東京 : 文藝春秋, 1994), pp. 241~242.
92) 趙慶南, 『亂中雜錄』(서울 : 민족문화추진회, 1977, 영인본), p. 122.
93) 박동석 옮김(2006), 전게서, pp. 126~128.

(5) 적의 전략 전술을 파악한다.
(6) 도로 사정을 조사한다.
(7) 전술상 안전과 위험을 구별한다.
(8) 피아의 전력을 분석한다.
(9) 전진과 후퇴의 시기에 정통한다.
(10) 기회가 왔을 때 순응한다.
(11) 수비를 철저히 한다.
(12) 공격의 위세를 강화한다.
(13) 병사들의 전투 능력을 고양한다.
(14) 면밀한 작전계획을 세운다.
(15) 죽을 각오를 한다.

이러한 준비를 마친 후에 출동하여 적을 위압하면 필승을 거둘 수 있으며, 이것이 곧 군사행동의 기본이 된다.

• 셋째 : 전쟁의 원칙 및 건전한 전략에 입각한 작전계획의 구상능력

최고 지휘관인 장수는 전장에서 적과 싸워 승리하기를 바란다면, 무엇보다 전쟁의 기본원리를 습득하고 있어야 한다. 그리고 전략이란 군사목표를 달성하기 위해 자원(병력, 무기, 장비 및 물자 등)을 최선으로 활용하려는 행동계획의 선택을 뜻한다. 예컨대, 제1차 세계대전 말기에 연합군 총사령관으로 임명된 프랑스의 포슈 원수의 권한은 최고 사령관으로서의 권한이 부여된 것이 아니라, 연합군 지휘관들의 조정역調整役의 권한이 부여되었을 뿐이었다. 그런데 시간이 흐름에 따라, 그는 명실공히 연합군의 최고 사령관으로서 활약하여 연합군을 승리로 인도했다. 그는 그에게 주어진 권한 이상의 권한으로 연합군을 지휘할 수 있었던 여러 요인 가운데, 첫째는 그가 훌륭한 전략이론가요 또한 실천가인데 기인하였다. 그는 프랑스 육군대학의 군사학 교관으로 5년간의 교육과 연구 끝에 두 권의 저서, 즉 『전쟁의 원칙』(1903)과 『전쟁의 수행법』(1915)을 저술한 실력가였다. 둘째는 그의 군사이론에 의해 가르침을 받은 학생들이 그의 하급 지휘관 및 참모로 수족과 같이 활동해 주었기 때문이었다.

포슈 원수는 그의 회상에서, 1903년 육군대학 교관에서 라온의 포병 제29연대 소속 중령으로 임명되었을 때, 육군대학에서 밀려나가는 꼴이었다. 당시 동료들은, “자넨 올 때까지 왔군. 대령은 확실하지만 장군은 되지 못할걸!” 했지만 그 예언은 보다시피 어긋났고, 그 때 포슈는 다음과 같이 대답했다고 한다. 즉 “진급은 어떻게 되어도 좋다. 나는 나의 의

무를 최후까지 완수할 뿐이며, 그 후는 밭을 갈아야지."[94)]

한편, 통제사 원균은 병법을 어느 정도 습득해 있었을까? 옛사람이 말하기를, '장수가 용병술을 알지 못하면 그 나라를 적에게 주는 것과 마찬가지다'고 했다. 이순신은 판옥선 40척을 거느리고 이억기와 약속하여 함께 거제로 나와 원균과 군사를 합쳐 나아가 적의 병선과 견내량에서 만나게 되었다. 이순신이 말하기를, "이 곳은 바다가 좁고 물이 얕아서 배를 돌리기가 어렵겠으니 우리가 거짓으로 물러가는 체하여 적병을 유인하고, 바다가 넓은 곳으로 나가서 싸우는 것이 좋을 듯 합니다." 하자, 원균은 분함을 견디지 못하여 바로 나가서 맞닥뜨려 싸우고자 했다. 이에 이순신은 "공은 병법을 알지 못하니 이같이 하면 반드시 패전할 것이오"라고 말하고, 마침내 깃발로써 배를 지휘하여 물러갔다. 그러자 적병은 크게 기뻐하여 앞다투어 따라왔는데, 이미 좁은 곳을 다 나온 후 이순신이 북소리를 한 번 울리자 여러 배들이 일제히 노를 돌려 바다 가운데 열을 지어 벌려 서서 적의 배와 맞부딪치니… 여러 배가 일시에 합세하여 쳐부수니 연기와 불꽃이 하늘까지 가득하였고 적의 배가 수없이 불타버렸다.[95)]

부산방면으로 출동했던 조선 수군(1597. 7. 14.)은 일본 수군의 유도작전에 걸려 접전해 보지도 못하고 피로와 갈증 등으로 가덕도에서 장병 400여명이 왜의 복병에 살해당하고, 7월 15일 허둥지둥 칠천량에 도착했다. 배설은 원균에게 "칠천도는 물이 얕고 협착狹窄해서 배를 운행하기가 불편하니 다른 곳으로 옮겨 진을 치자"고 말했으나 원균은 전혀 듣지 않았다. 배설은 가만히 자기가 거느린 배들과 은밀히 약속하고 엄중히 경계하면서 싸움에 대비하고 있다가 적병이 내습하는 것을 보자 항구를 벗어나 먼저 달아났기 때문에 그가 거느린 군사는 홀로 보존되었다.[96)] 그날 밤 일본 수군의 새로운 전술에 의해 조선 수군은 괴멸당하고 말았다.

• **넷째 : '네 자신을 알라'(Know Thyself)**

철학은 의심, 특히 자기가 믿어왔던 신앙, 교리(dogma), 공리(axioms)를 의심할 때 시작되

---

94) レーオン·ルクーリー著,『フオッシュの回想』洪泰夫譯(東京 : 水交社, 1931), p. 180.
95) 이재호 옮김(2007), 전게서, pp. 169~170.
96) 상게서, pp. 293~294.

는 것이다. 우리가 믿어왔던 신앙은 어떻게 우리들에게 확실성을 주었는지, 혹은 우리의 열망이 사상의 옷갈피에 욕망을 집어넣어 그 확실성을 만든 것이나 아닌지, 우리의 마음이 자신을 심사하기까지는 진정한 철학이 없으니, 소크라테스(Socrates, 기원전 470~399)는 "네 자신을 알라"(Know Thyself)고 말했다.[97]

철학의 시작은 확고하게 지금까지 믿고 있었던 것을 의심하는 데서 비롯되니, '네 자신을 알라'는 '네 자신부터 알고서 일을 시작하라'는 뜻으로 해석해 보았다. 우리의 인생살이에 있어서 출세하여 남을 지배하는 자리를 획득하고 싶은 것이 상례이다. 그러나 그 높은 직위나 직책이 특히, 장수가 되고자 하는 경우, 자기의 능력과 자질이 상응하는가, 아닌가를 엄격하게 객관적으로 분석·평가할 필요가 있다. 더욱이 최고의 야전지휘관인 장수는 국민의 생명과 국가의 안위를 좌우하는 것이니, 더욱 '네 자신을 알라'를 강조하고 싶고, 이것은 곧 '인간됨'과 직결되는 과제이리라.[98]

이제 우리들은 원균의 '인간됨'에 관하여 살펴보고자 한다. 우산 안방준牛山 安邦俊은 『은봉전서』(8권)에 다음과 같이 기록해 두었다.

> 원균은 안방준의 둘째 큰아버지인 동암공東岩公의 부인 원씨元氏의 친족이라, 원균이 통제사로 부임해 가기 직전에 인사차로 동암공을 찾아갔을 때의 문답이다.
>
> • 원균 : 나는 통제사라는 직함을 영광스럽게 생각하는 것이 아니라, 순신에게서 당한 부끄러움을 씻는 그것을 상쾌히 여기는 것이오.
>
> • 동암공 : 사또가 힘을 다하여 적을 무찔러서 공로가 순신보다 더 뛰어나야 그게 과연 부끄러움을 씻는 것이지, 단순히 순신을 대신한다는 것만 가지고서야 어찌 부끄러움을 씻는 것이라 하겠소.
>
> • 원균 : 내가 만일 적을 만나 싸우게 될 경우, 멀면 편전片箭으로, 가까우면 장전長箭으로, 그러나 맞부딪치면 칼로써 할 것이요, 칼이 부러지면 몽둥이를 가지고선들 이기지 못할 일은 없는 것이요.
>
> • 동암공 : 허허 ! 대장으로서 칼과 몽둥이를 쓰게까지 되어서야 되겠소.
>
> 이런 문답을 서로 나누고 원균이 돌아간 뒤에 동암공은 안방준을 불러, "균의 사람됨을 보니 나랏일은 다 틀렸다." 하고 탄식했던 것이다.[99]

97) Will Durant, (1952) *The Story of Philosophy* (New York : Washington Square Press, 1970, 23rd printing), p. 6.
98) 여기서는 元均을 연구대상으로 하고 있다. 그런데 또 한 사람의 연구대상은 6·25전쟁 초기작전을 지휘했던 육군 총참모장 채병덕 소장이며, 그는 일본 육사를 졸업하고, 실전경험이 전연 없는 병기장교 소령으로 부평 조병창의 공장장 출신이었다. 그는 1946년 1월 국방경비대가 창설되자 입대하여 육군 총참모장을 두 번째 역임하면서 북한 인민군의 기습을 받고, 3일 만에 수도 서울을 점령당하고 말았다. 상세한 내용은 졸저, 『6·25전쟁사－그 진실과 교훈을 찾아서－』(2001), pp. 27~41. 참고하기 바람.
99) 이은상, 『太陽이 비치는 길로』(下)(서울 : 三中堂, 1973), pp. 269~270.

동암공이 탄식한 데는 두 가지 이유가 있었으리라 추정한다.

첫째는, 원균이 부끄러움을 씻는 참 뜻을 알지 못하고, 뇌물·비방 그리고 모략으로 통제사가 되었고 또한 그의 아버지 원준량元俊良의 과거 행적을 회상했으리라. 원준량은 전라좌수사에서 파직당하고, 다시 바로 다음 해에 경상좌도 병마절도사로 임명되었다가 곧바로 다른 관직으로 옮겼다. "사신史臣은 말한다 ; 원준량은 욕심이 많고 사납고 우직함은 이원우보다 더 심했다. 그런데 이원우는 내치고 준량은 임명되었으니, 이는 필시 원준량의 뇌물이 권신權臣의 세력을 얻고 간관諫官의 입을 막을 수 있었기 때문이다. 아! 군졸을 보살피고 방비를 굳게 하는 일을 어찌 원준량이 해낼 수 있겠는가!"[100]

둘째는, 수군통제사가 된 원균이 병법을 잘 알지 못하고 있다는 점이다. 옛 병서에 의하면, "장수는 북과 깃발로 지휘하는 것이 임무이다. 어려운 일을 결단하고, 군사들을 지휘하여 전승으로 이끌어가는 것이 장수가 해야 할 일이요, 칼을 잡고 직접 적과 싸우는 것은 장수의 임무가 아니다."[101]

통제사 원균의 한산도에서의 생활상을 유성룡은 『징비록』에 다음과 같이 기록해 두었다.

> 처음에 원균이 한산도에 부임하고 나서 이순신이 수행하던 여러 규정을 모두 변경하고, 모든 부하 장군들과 병사들 가운데서 이순신에게 신임을 받던 사람들을 모두 쫓아버렸다. 특히 이영남은 자신이 전일 패전한 상황을 자세히 알고 있는 사람이므로 더욱 미워했다. 병사들은 마음속으로 (원균의 이러한 처사를)원망하고 분개했다.
>
> 이순신은 한산도에 있을 때, 운주당이라는 집을 짓고 밤낮으로 그 안에 거처하면서 여러 장군들과 전쟁에 관한 일을 함께 의논했는데, 비록 지위가 낮은 병졸일지라도 전쟁에 관한 일을 말하고자 하는 사람에게는 찾아와서 말하게 함으로써 군 내부의 사정에 통달했으며, 매양 전투할 때마다 부하 장군들을 모두 불러서 계책을 묻고 전략을 세운 후 나가서 싸웠기 때문에 패전하는 일이 없었다.
>
> 원균은 자기가 사랑하는 첩과 함께 운주당에 거처하면서 울타리로 당堂의 안팎을 막아버려서 여러 장군들은 그의 얼굴을 보기가 드물게 되었다. 또 술을 즐겨서 날마다 주정을 부리고 화를 내며, 형벌쓰는 일에 법도가 없었다. 군중에서 가만히 수군거리기를 "만일 적병을 만나면 우리는 달아날 수밖에 없다"라고 했고, 여러 장군들도 서로 원균을 비난하고 비웃으면서 또한 군사 일을 아뢰지 않아 그의 호령은 부하들에게 수행되지 않았다.[102]

위기에 처했을 때 최고 지휘관은 어떤 태도를 취했는가를 사례를 통해 살펴보고자 한다.

---

100)『명종실록』, 명종18년 11월 11일.
101)『尉繚子』, 武議 第八.
102) 이재호 옮김(2007), 전게서, p. 291.

• 통제사 이순신은 노량해전(1598. 11. 19.)에서 일본 함대 200여척을 격파했으며, 뱃머리에서 진두지휘를 하다가 가슴에 적탄을 맞았다. 전사하는 순간, 그는 "싸움이 바야흐로 급하니, 내가 죽었다는 말을 말라"는 유언을 남겼다. 그는 군인의 본분을 지켜 죽음을 각오하고 싸웠기에, 400여년이 지난 오늘날까지도 한국인의 마음속에 살아 숨 쉬고 있다.

• 통제사 원균은 칠천량 해전(1597. 7. 15.)에서, 일본 수군의 기습으로 싸움터인 칠천량에서 춘원포로 도망쳐 상륙했는데, 잠복하고 있던 왜병의 칼날에 최후를 고하고 말았다.

• 태평양전쟁 초기의 말라야 해전(1941. 12. 8.)에 출전한 영국의 최신 전함이요, 기함인 「프린스 오브 웰즈」호가 일본 항공기의 공격으로 침몰하게 되었다. 그 때 호위함이 접근해 와서 동양함대 사령관 톰 필립스 중장과 선장 리치 대령을 구출코자 했으나, 그들은 "No thank you!" 하면서 거절하고, 침몰하는 전함과 함께 삶을 마쳤다.

• 강원도 속초 선적의 어선 「하나」호(100톤, 선장 유정춘)가 제주도 마라도 남서쪽 해상에서 조난당했다(1990. 3. 1.). 선장은 선원 21명을 구명대에 태워 보내고, 그는 배가 침몰할 때까지 혼자 조타실에 남아 긴급 구조신호를 계속 보내다가 배와 함께 바다 속으로 가라앉고 말았다.(「중앙일보」, 1990. 3. 3)

이상 논의한 관점에서 필자는 원균이 수군통제사로서의 직책을 수행할 요인을 구비하고 있었는지를 분석·평가해 보니, 전연 자질과 능력을 구비하고 있지 않았다는 결론에 도달했다. 더욱이 지휘관으로서 최후의 순간을 맞이하는 모습을 봤을 때, 통제사 원균은 책임감·사명감에 있어서 어선의 선장만도 못했다는 것이 필자의 평가이다.

조선 정조~순조 때의 무장武將인 이정집李廷集(1741~1782)과 그의 아들 이적李迪(?~1809)이 저술한 병서, 『무신수지武臣須知』(1809)의 첫 장에 장수의 재질을 논의하면서, 그 가운데 다음 내용이 있기에 소개해 둔다.[103]

> 장수에게는 다섯 가지 조심해야 할 것(오신五愼)과 다섯 가지 시행해야 할 일(오시五施)이 있으니, 이를 지키기 위하여 언제나 조심하고 또 조심하여, 마치 적과 대치한 것처럼 하여야 한다.

103) 國防部 戰史編纂委員會, 『武臣須知』 軍事文獻集⑤, 1986, pp. 15~16.

• 다섯 가지 조심해야 할 것은, ① 지휘를 잘하여 다수의 병졸을 소수의 병졸처럼 다스리는 것이고, ② 경계심을 늦추지 않아 출입할 때마다 적군을 본 듯이 하는 것이고, ③ 용맹성을 발휘하여 싸움터에 나가면 생명을 돌보지 않는 것이고, ④ 방비를 튼튼히 하여 승전하더라도 자만하지 않고 처음 싸울 때처럼 수비에 만전을 기하고, ⑤ 법령을 시행함에 있어 까다롭지 않고 간략하게 하는 것이다.

• 다섯 가지 시행해야 할 일은, ① 신의이니, 진실하고 속이지 않으며 약속을 변치 않고 끝까지 지키는 것이다. ② 용맹이니, 과감하게 선두에 서서 적진을 쳐부수는 것이다. ③ 엄격함이니, 군정軍政을 바로 잡고 명령을 바르게 시행하는 것이다. ④ 지혜이니, 병법에 밝고 적의 허실을 잘 판단하는 것이다. ⑤ 인자함이니, 병졸들을 사랑하고 아껴 잔혹한 행위를 하지 않는 것이다.

장수된 자가 이러한 것을 가슴 속에 깊이 간직하여 항상 공손하고 겸허한 마음을 가지고 하찮은 것을 따지지 않는 넓은 도량을 지녀, 때에 따라 적절히 일을 처리해야 할 것이요, 절대로 방종하고 경솔한 행동이 있어서는 안 된다.

다. 천시天時와 지리地利는 어느 편이 유리한가?

작전계획을 수립하자면, 먼저 적이 포진하고 있는 지형의 유리함과 불리함을 파악해야 한다. 당시의 조선 수군의 군사목표는 일본 수군의 격멸에 두었으며, 그들의 근거지는 부산이었다. 그래서 이순신이 부산항을 공격하고 보고한, 「제4차 부산포 승첩을 아뢰는 계본」(1592년 9월 17일)을 살펴보기로 한다.

> … 그들이 도망해 갈 시기를 이용하여 수륙水陸으로 한꺼번에 공격하려고 본도(전라도) 좌우도의 전선 74척과 협선狹船 92척을 모두 철저히 정비하여 지난 8월 1일 본영 앞 바다에 이르러 진을 치고 거듭 약속을 명확히 했습니다.…
> 절영도 안팎 쪽을 모조리 수색하였으나, 적의 종적이 없었으므로 작은 배를 부산 앞 바다로 급히 보내어 적선을 자세히 탐망하게 하였더니, "대개 500여척이 선창의 동쪽 산기슭의 언덕 아래 늘어서 있으며 선봉 왜 대선 4척이 초량목으로 마주나오고 있다" 하므로 곧 원균 및 이억기 등과 의논하기를 "우리 군사의 위세로써 만일 지금 공격하지 않고 군사를 돌이킨다면 반드시 적이 우리를 멸시하는 마음이 생길 것이다." 말하고, 독전기를 휘두르며 진격하였습니다.…
> 죽음을 무릅쓰고 다투어 돌진하면서 천·지자 총통에다… 등을 일제히 발사하며 하루 종일 교전함에 적의 기세는 크게 꺾였고 적선 100여척을 3도의 여러 장수들이 힘을 모아 깨뜨렸습니다.… 날도 저물었는데 적의 소굴에 머물러 있다가는 앞뒤로 적을 맞는 환란이 염려되어 하는 수 없이 여러 장수들을 거느리고 배를 돌려 한밤중에 가덕도加德島로 돌아와서 밤을 지냈습니다.…
> 접전한 다음 날(9월 2일) 또 다시 돌진하여 그 소굴을 불사르고 그 배들을 모조리 깨뜨리고자 하였는데 육지로 올라간 적들이 여러 곳에 널리 가득 차 있으므로 그들의 돌아갈 길을 끊는다면 곤란에 빠진 도적들의 환란이 있을 것이 염려되는 바, 바다와 육지에서 함께 진격하여야만 섬멸할 수 있을 것입니다.[104)]

이순신이 왜군의 근거지인 부산항을 공격하고서 올린 장계狀啓(1592. 9. 17.)에는 중요한 두 가지 내용을 담고 있다.

첫째 : 부산항을 공격하자면, 가까운 곳에 작전기지(Base of Operation)가 있어야 한다는 것이며, 작전기지란 한 부대가 그 곳을 중심으로 하여 공세적인 작전을 개시할 수 있고, 불리한 경우에는 그 지점으로 철수하여 자체 방어를 할 수 있도록 보급시설이 구비되어 있는 지역 또는 시설을 뜻한다.[105] 이 용어는 지상군에서 사용하지만, 수군의 경우, 풍랑風浪을 피하고 병사들의 휴식과 음료수 공급 등을 할 수 있는 공간의 뜻으로 사용한다.[106]

둘째 : 왜의 수군은 위급하면, 육지로 도망치기 때문에 그들을 격멸하자면, 수륙 병진공격을 해야 한다.

원균이 부산의 왜군 기지를 공격하려던 1597년 7월의 상황은 이순신 때와는 전연 달랐다. 원균의 함대가 한산도를 출항하자 곧 조선 수군의 동태가 알려졌을 뿐만 아니라, 가덕도에도 왜군의 복병이 기다리고 있었다. 이미 『징비록』에서 소개한 것처럼 왜적들은 우리 군사들을 피곤하게 하려고 우리 배 가까이 왔다가 갑자기 배회하면서 피해 가기만 하고 교전하지 않았다. 이 때 밤은 깊고 바람은 세찬데, 우리 배들은 사방으로 흩어져 떠내려가서 갈 방향을 알지 못했다. 원균은 간신히 남은 배를 수습하여 가덕도로 들어왔고, 군사들은 갈증이 심해서 서로 다투어 배에서 내려 물을 마셨는데, 왜병들이 섬 속에서 뛰어나와 덮치는 바람에 장군과 병사 400여명을 잃어버렸다. 원균은 물러나와 거제 칠천량에 도착했다가 밤에 기습을 당하여 참패했다.

상황이 변했으니 전략도 변했어야 했다. 즉 군사목표를 부산포의 왜 본영에서, 적의 병참선(왜의 수송선)을 위협·차단하는데 두었다면 상황은 달라졌으리라.

라. 군대의 조직·규율·병참은 어떠했는가?

전투를 수행함에 있어서 군대의 조직·규율·병참 등의 준비가 갖추어져 있는가의 여부

---

104) 趙成都 譯(1997), 전게서, pp. 83~87.
105) 『합동·연합작전 군사용어사전』(합동참모본부, 2006), p. 329.
106) 해군용어에 '해안 교두보'(Beach-head)와 '교두보' (Bridge-head)가 있으나, 이것은 상륙작전을 전제로 하기 때문이다.

가 승패에 직접적인 영향을 미친다는 것은 새삼스럽게 논의할 필요는 없으리라.

이순신은 원균에게 업무인계를 마치고 1597년 2월 26일 한산도를 떠났으니, 하루 전인 25일에 업무인계를 했으며, 조카인 이분李芬이 행정업무를 담당하고 있었기에 귀중한 자료를 기록해 두었다.

> 그 때 공公(이순신)은 수군을 거느리고 바다로 나가 있다가 잡아 올리라는 명령이 내렸음을 듣고 곧 본진으로 돌아와 진중의 비품들을 계산하여 원균에게 인계하니, 군량미가 9,914석인데 밖에 있는 곡식은 계산에 넣지 않은 것이며, 화약은 4,000근이요, 총통은 각 배에 갈라 실은 것 말고 따로 300자루가 있었고 그 밖에 다른 물품들도 이렇게 헤어 주었다.[107]

이순신이 원균에게 군량미·화약·총통 등의 전쟁 물자를 인계해주었다는 것은 평소에 그가 군수물자의 비축에 많은 힘을 기울였다는 것을 실증한 내용이다. 이로써 원균은 당분간 작전수행에 지장이 없었을 것이며, 또 그가 삼도 수군통제사로서의 행적을 유성룡의 『징비록』에서 살펴보았다.

이순신은 작전수행에 필요한 군대조직의 활성화, 병졸들의 기강확립, 무기와 장비 및 군량미 등을 새로 임명된 통제사 원균에게 인계해 주었다. 그런데 원균의 사생활이 통제사로서 너무나 문란했고, 또 부하 장군들과의 지휘·통솔에 대한 토의도 전연 없다보니, 이순신이 옥에 있을 때, 우수사 이억기가 사람을 시켜 글을 바치어 그에게 안부를 묻게 하면서 울며 보내는 말이, "수군은 오래잖아 패할 것이오. 우리들은 어디 가서 죽을지 모르겠소."[108] 하였다. 결국 그는 칠천량 해전에서 전사하고 말았다. 그리고 양국의 무기와 장비의 성능 비교 등은 생략키로 한다.[109]

마. 군대의 감투정신과 훈련

용인부근의 전투[110](1592년 6월)에서 전라순찰사 이광李洸을 비롯한 충청도 및 경상도 순찰사의 총계 약 5만여 명의 병력과 일본 수군 와키사가(脇坂安治)의 병력 약 1,600여명이 싸

107) 李殷相 譯(1992)(下), p. 31.
108) 상게서, p. 32.
109) 이종학(2006), 전게논문, pp. 144~149 참조.
110) 李炯錫, 『壬辰戰亂史』(上)(서울 : 서울대학교 출판부, 1967), pp. 327~333 참조.

웠다. 6월 5일 왜군 600여명은 용인부근의 북두문산과 문소사 등에 소규모의 진지를 구축하고 수비하고 있었는데, 아군의 공격에 대해 왜군은 경솔하게 싸우지 않으면서 원군을 기다리고 있었다. 갑자기 왜의 증원군이 나타나자 요란한 북소리와 여러 색깔의 깃발을 나부끼면서 수만의 군사가 진격하는 것처럼 보였다. 이에 아군은 모두 일시에 사기가 떨어지고 서로 먼저 도망치려는 인마의 혼란으로 빠져, 선봉장 백광언이 큰 칼을 빼어들고 마상에서 소리 질렀으나 수습할 수가 없었다. 왜군의 구원군은 전후좌우로 육박하였고, 방어를 취하고 있었던 왜군도 대거 출격하여 아군의 선봉군이 일시에 패주했다.

6일 아침 이광은 패전한 선봉군을 수습하여 모두 식사를 하고 있는데, 이 때 적의 기마군사가 갑자기 본진으로 돌격해 왔다. 이것은 주장 와키사가의 군사가 전날의 전승으로 아군을 얕보고 기습을 감행했던 것이다. 한편 밥을 먹으면서, 아무런 경계도 하지 않고 방심하고 있던 이광의 주력군은 이 급습을 받고 병사들은 흩어졌으며, 충청병사 신익이 수습할 생각도 하지 않고 먼저 도망치는 바람에 모든 병사들도 전투 장구와 식량 등을 모두 버리고 도주하고 말았다. 충청병사 신익은 백의종군하였고, 전라순찰사 이광은 백의종군하다가 유배당하고 말았다.

이 전투는 5만여 명의 병력으로 1,600여명의 적에게 참패를 당한 전례戰例로서, 전투의 승패는 반드시 병력의 많고 적음에 의해 결정되지 않는다는 것을 실증해 주고 있다. 이러한 전례는 전쟁사상에서도 찾기 어려운 참패였다.

조선군의 구성요원들은 적과 싸워 이기려는 전의戰意가 없었을 뿐만 아니라, 군사훈련도 제대로 받지 못한 오합지졸에 불과했다. 그들은 적을 보기만 하면 도망칠 궁리만 했는데, 그 이유는 어디서 찾아야 할까. 간략하게 설명한다면, 조선왕조가 정치이념으로 효孝를 중시하는 유교의 기본정신을 잘못 수용한 데서 비롯되었으며, 부모에게 효도하려면 도망쳐 살아야만 한다는 생각이 아니었을까? 그리하여 조선왕조는 일본제국과 한판 싸워보지도 못하고 국권을 상실하고 식민지로 전락하고 말았다.

이에 반하여, 신라 삼국통일의 원동력의 하나는 원광법사가 가르친 「세속오계」로, '싸움터에서는 물러서지 않으며, 전사한다는 것은 임금에게 충성하고 부모에게 효도를 바치는 지름길'이라고 믿고 싸움터에 나갔던 것이다.

한편 왜군은 수군이라 할지라도 역전의 용사들이었다. 그들은 전국시대, 즉 1467년의 오닌(應仁)의 난에서부터 1568년 오다(織田信長)의 입경入京에 이르는 약 1세기에 걸친 전란을 겪었고, 도요토미(豊臣秀吉)에 의해 통일된 후, 한반도로 출전했던 것이다. 임진왜란 때, 평창군수였던 권두문(1543~1617)이 포로생활 중 남긴 일기인 『호구록虎口錄』에 다음과 같이 기록했다. "왜군들은 군졸들끼리 농담도 하며 서로 웃고 지껄이는 것이 계급도 없고 마치 친구 같지만, 일단 명령을 내리고 출군할 때는 엄숙하기 짝이 없고 그 위엄은 찬바람이 나는 듯하다."

이순신은 삼도 수군통제사가 되기 직전에 해전과 육전의 어렵고 쉬운 점과 오늘의 급선무에 대해, 「해전과 육전에 관한 일을 자세히 아뢰는 계본」(1593. 9.)에서 다음과 같이 보고했다.

> 우리나라 사람들은 겁쟁이가 10명 중에 8·9명이며, 용감한 자는 10명 중에 1·2명입니다. 평시에 분발하지 않고 섞여서 모여 있으므로 무슨 소문만 들어오면 번번이 도망해 흩어질 생각만 내어 덧없이 놀래며 엎어지고 자빠지며 다투어 달아나니, 비록 그 안에 용감한 자가 있더라도 혼자서 번쩍이는 칼날을 무릅쓰고 죽을 각오로 돌격하여 싸울 수 있사오리까. 만일 정선한 군졸들을 용감하고 지혜 있는 장수에게 맡겨서 행세 따라 잘 지도했더라면 오늘의 전란이 반드시 이렇게까지 되지는 않았을 것입니다.
>
> 해전으로 말할 것 같으면 많은 군졸이 모두 배 안에 있으므로 적선을 바라보고 비록 도망해 달아나려 해도 그들의 형편이 어쩔 수 없는 것입니다. 하물며 노를 재촉하는 북소리가 급하게 울릴 때, 명령을 위반하는 자가 있을 것 같으면 군법이 뒤를 따르는데, 어찌 마음을 다하지 아니할 것이며, 거북선이 먼저 돌진하고 판옥선이 뒤따라 진격하여 연이어 지·현자 총통地玄字銃筒을 쏘고 따라서 포환砲丸과 시석矢石을 빗발치듯 우박 퍼붓듯 하면 적의 사기가 쉽게 꺾이어 물에 빠져 죽기에 바쁘니 이것은 해전의 쉬운 점입니다.
>
> 그러나 전선의 수가 적고 수군의 군졸 중에서 달아나는 자들이 요즘에 와서 더욱 심한 바, 만일 전선을 많이 준비하고, 또 격군을 보충할 길이 열린다면 비록 대적이 무수히 침범해도 능히 감당할 수 있으며, 쉽게 섬멸할 수 있을 것입니다.… 만일 적들이 수륙으로 합세하여 일시에 돌격해 오면 이렇게 매우 약한 수군으로서는 그 세력을 막아내기 어렵고 전 군량을 이어가기도 어려울 것이므로 이것이 신이 자나 깨나 걱정하는 일입니다.…[111]

이순신은 수군의 전력戰力 보강책을 건의했으나 여기서는 생략키로 하고, 당시의 병사들이 겁쟁이요, 도망칠 생각만 하는 오합지졸임을 시인했다. 그러나 만일 병사들을 교육·훈련을 시켜 용감하고 지혜 있는 장수에게 맡겨서 행세 따라 잘 지도했다면, 오늘의 전란이 반드시 이렇게까지 되지는 않았을 것이라 했다. 그는 실전을 통해 이 사실을 증명했다.

---

111) 趙成都 譯(1997), 전게서, pp. 147~148.

즉 칠천량 해전(1597. 7. 15.)에서 조선 수군은 완패당하고 말았다. 사태가 급하자 선조는 백의종군 중인 이순신에게 삼도 수군통제사로 재임명했는데, 그가 임명장을 받은 것은 8월 3일이었다. 그는 전선 13척과 패잔병들을 긁어모아 130여척의 일본 수군과 명량해전(1597. 9. 16.)을 벌려 31척의 적선을 격파했을 뿐만 아니라, 조선 수군은 전연 손실이 없었고 또 왜군의 서해로의 수륙병진책을 좌절시켰던 것이다.[112]

6. 맺음말

임진왜란을 통하여 조선 수군은 20여회의 주요 해전에서 언제나 일본 수군을 격파하고 승리했으나, 칠천량 해전에서 조선 수군은 완패 당했고 또한 와해되고 말았다. 그런데 거기에 대한 패인의 분석·평가의 논문은 많지 않을 뿐만 아니라, 문헌사학적 연구방법만으로 다룬 연구논문은 문제점을 혼란스럽게 만들었다. 해전의 패인을 분석·평가하자면, 먼저 전략·전술적 관점이 필수적이라는 차원에서 군사이론(병법)과 역사학을 결합한 군사사학적 연구방법으로 패인을 분석·평가했다는 것을 밝혀둔다.

이 해전의 연구에 있어서 두 가지 논쟁점을 살펴보기로 했다.

첫째 : 전쟁 초기에 원균은 경상우수군을 자괴시켰는가의 여부인데, 실제로 자괴시킨 병선은 73척이지만, 배의 종류를 밝히지 못했다. 그러나 수군을 자괴시킨 원균은 왜 처벌을 받지 않았는가를 밝혔고, 또 그로 인해 칠천량 해전의 참패를 자초했다고 해석했다.

둘째 : 원균은 선무일등공신이 될 수 있는가, 하는 문제이다. 원균은 전쟁 초기에 경상우수군을 자괴했을 뿐만 아니라, 수군통제사로서 칠천량 해전에서 완패당한 패장敗將이요, 또한 싸움터를 벗어나 뭍으로 도망쳐 살해당해 도피사했으니 처벌의 대상인물이지, 결코 포상의 대상인물은 아니다. 그럼에도 선조왕의 강요로 일등공신이 된 경위를 밝혔다.

112) 이종학(2006), 전게논문, pp. 117~165 참조.

조선 수군이 칠천량 해전에서 패배당한 원인이 과연 무엇인가를 총체적으로 살펴보았다.

첫째 : 선조왕의 전쟁준비와 수행과정에 있어서, 수군통제사의 교체, 지상군과 수군의 지휘권 문제 그리고 비변사 계책의 파기를 분석·평가했다. 특히 수군통제사를 이순신에서 원균으로 교체했다는 것은 가장 커다란 실책이었다. 국가는 적의 침략에 대해 언제나 방비를 철저히 해야 함에도 불구하고 그것을 소홀히 했고 또한 위에 논의한 전쟁수행과정의 경과를 살펴봤을 때, 선조왕은 '모책이 어질지 못한' 그리고 현명치 못한 최고 통수권자로 평가한다.

둘째 : 수군통제사 원균에 대해서는, 지휘·통솔력의 구비, 정보에 입각한 준비태세, 전쟁의 원칙 및 건전한 전략에 입각한 작전계획의 구상능력 그리고 인간됨의 관점에서 분석·평가했다. 그는 통제사로서의 자질과 능력을 전연 갖추고 있지 않았고, 다만 뇌물·모략 등으로 통제사로 임명되었다는 것은 국가를 위태롭게 했을 뿐만 아니라, 개인을 파멸로 이끌었다는 점을 밝혔다.

셋째 : 천시天時와 지리地理, 군대의 조직·규율·병참 그리고 군대의 감투정신과 훈련 등은 대부분 통제사 원균의 지휘·통솔력과 용병술의 영역에 속함을 밝혔다.

옛 병서에, "용병술을 잘 아는 장수는 부하의 생명, 군대의 승패, 그리고 국가의 안위를 좌우하는 주인공이다"고 했는데, 칠천량 해전의 경과와 결과를 살펴봤을 때, 용병술에 무지한 통제사 원균은 국민의 생명을 버린 자요, 국가를 위기에 빠뜨린 주인공임을 새삼스럽게 실감케 했다.♣

(『군사평론』 제404호, 육군대학, 2010. 4.)

제 17 장

청산리 전투의 군사적 의의

1. 문제의 제기

북만주의 밤공기는 살을 에는 듯 차가왔고, 병사들은 따뜻이 휴식할 침소도 없고 또한 먹을 양식도 없어 굶주리면서도 독립의 쟁취를 위해 왜적을 무찌르고자 손에 총칼을 쥐고 이렇게 외쳤다.

하늘을미워한다배달족의
자유를억탈하는왜적들을
삼천리강산에열혈熱血이끓어
분연憤然히일어나는우리독립군

하느님저희들이후에도
천만대후손의행복을위해
이한몸깨끗이바치겠으니
빛나는전사戰死를하게하소서.[1]

1) '半世紀의 證言', 「조선일보」 1964년 3월 20일자.

이 군가軍歌는 청산리 싸움 때의 병사들이 즐겨 불렀던 '기전사가祈戰死歌'이다. 일제에 의해 주권을 상실한 후, 다시 자주 독립을 쟁취하기 위해 의병, 독립군 그리고 광복군이 독립전쟁을 수행했지만, 1945년 8월 일제가 패망하자 우리의 소망이던 자주 독립을 쟁취하지 못하고 오히려 국토의 분단 그리고 동족상쟁의 비극, 위기와 긴장상태의 지속으로 세월을 보내고 있는 것이 한민족의 오늘의 현실이다.

지금까지 우리의 독립운동사, 특히 무력 투쟁사는 개인이나 단체의 혁혁한 공적을 기술하는데 성의를 쏟아왔다. 그러나 이제부터는 우리의 그러한 혁혁한 공적과 일제에 대한 투쟁에도 불구하고 왜 우리들은 일제가 패망할 때, 자주 독립을 쟁취하지 못했나 하는 원인과 이유를 냉철하게 분석·평가하고 반성할 시기가 왔다고 생각된다.

필자는 이제 이런 관점에서 청산리 전투를 평가해 보면서, 군사학적[2] 견지에서 분석을 시도해 보고자 한다.

2. 만주의 독립군과 중·일 관계

1919년 3·1운동을 기점으로 하여 독립운동의 양상이 달라지기 시작했으며, 특히 강 하나를 사이에 두고 자유로이 군사 활동을 할 수 있었던 간도의 독립군 단체들의 무력 투쟁은 날로 증강되어 갔다. 서로 군정서, 대한 독립군, 북로 군정서, 군무 도독부 등 항일단체 및 독립군 부대는 40여[3] 단체나 되었다.

이처럼 두만강 연안 국경지방에서의 독립군 활약에 대하여 일제의 경찰과 국경 수비대는 두만강 대안의 수비에만 신경을 쓰는 소극적인 대책으로만 대응할 수밖에 없었다. 왜냐하면, 북간도는 중국 땅으로 남의 나라 주권 침해가 되기 때문에 일본군이라 할지라도 공공연하게 군사행동을 취할 수 없었다.

1920년 3월 18일 독립군 약 30명이 강을 건너 조선 땅으로 진입하여 일본 경찰대와 교전하였고, 또한 그 무렵, 대안 북간도 땅 양수 천자凉水泉子 전면에는 약 200명의 독립군이

---

2) 군사학(military art and science)이 어떤 학문체계를 가지고 있는가에 대해서는, 졸저, 『지성인의 전쟁과 평화』(서울 : 형설출판사, 1980), pp. 168~197을 참조하기 바란다.

3) 국사편찬위원회 편, 『한국독립운동사』3 (서울 : 1967), pp. 182~189.

집결하여 도강할 기회를 기다리고 있을 때에도 이 지역의 중국 군대와 경찰은 이를 관망만 하고 있을 뿐이요, 아무 간섭도 하지 않았다. 그러므로 당시 북간도에서의 독립군의 활동은 이 때까지 사실상 별 지장과 구애를 받지 않고 활동하게 된 것이어서 독립운동은 보장을 받은 것처럼 되어, 사실상 1919년 여름부터 1920년 여름까지 1년간은 북간도에서의 독립군의 무장활동은 전성기였다.

그러나 일제는 독립군의 무장활동을 보고만 있지 않고 더 고차원적인 대책을 강구하고 있었다. 즉 만주의 독립군 소탕의 명목으로 군대를 개입시켜, 독립군의 무장투쟁을 저지시킬 뿐만 아니라, 일본의 소위 대륙정책, 즉 만주에 대한 이권 획득과 병합까지도 꿈꾸고 있었던 것이다.

1920년 5월 상순, 봉천奉天·길림吉林성 지방에 출장한 조선 총독부 경무국장 아카지(赤池)는 현지에서 일본 영사관 영사 및 길림·봉천성 독군督軍의 고문으로 가 있는 사이토(齊藤) 등 관계 수뇌자들과 협의하고, 동삼성 순열사東三省巡閱使 장작림張作霖에게 봉천·길림 각지에서 그들이 말하는 불령선인不逞鮮人, 즉 독립군에 대한 합동 수사를 요구하여 허락을 얻었다. 그리하여 봉천성 내에서는 일본인 경찰 간부를 수사 반장으로 하는 중·일 합동 수사반을 편성, 서간도 일대에 대한 검거 행위를 시작하기로 하였다. 그러나 북간도 방면에 있어서는 길림성장 서정림徐鼎林으로부터 "불령선인이라 하는 사람들은 모두 정치범이므로 중국으로서는 이를 토벌할 이유가 없다. 또 간도 방면에서의 보고에 의하면, 그 지방에서는 큰 소요가 없는 것 같고, 특히 여기에 대한 단속은 이미 규정을 만들어 도윤道尹 이하의 관원들로 실시하게 하고 있다"고 하여 일축을 당하게 되니, 이것은 북로 군정서·국민회 등 현지 당무자들이 중국 당국자들과 사전 연락을 갖고 있었기 때문이었다.[4)]

일본 측은 중국 측에 대해 '필요한 시기에는 일정한 기간에 중국 군대와 협동하는 이름으로 일본 군대로 소탕할 것을 승낙해 달라'고 요구했는데, 이것은 일본군의 간도 출병을 인정하는 내용이었다. 중국 측은 이 제의를 받아들이지 않았지만, 일본 측은 1920년 7월 제3차 봉천회의 이후 군은 병력 출동의 경우를 고려하여 주도한 '간도지방 불령선인 초토계획剿討計劃'을 작성하여 소요 총경비를 27만원으로 어림하는 등 간도지방에 병력을 투입할 것을 결정하고 있었다.[5)]

---

4) 독립운동사 편찬위원회 편, 『독립운동사』제5권(서울 : 1973), pp. 370~371.
5) 金正柱 編, 『朝鮮統治史料 第2卷 間島出兵』(東京 : 宗高書房, 1970), p. 11.

이처럼 일본 측은 출병계획까지 짜놓고 또 무력을 배경으로 하여 중국 측에 계속 압력을 가하니 더 버틸 수 없게 되자, 동삼성 당국자로서는 한국 독립군 측에 대해 주권을 행사하는 본의 아닌 압력을 가할 수밖에 없었다. 1920년 9월부터는 무력에 의하여 우리 독립군을 강제 해산시킬 태세를 취했다.

9월 6일 군영장軍營長 맹부덕孟富德이 200여 명의 중국군을 거느리고 왕청현 십리평의 북로 군정서 사령부 군영으로 왔다. 북로 군정서 수뇌부는 중국군 장병을 맞이하여 소·돼지를 잡아 대접하고 하룻밤을 지내며 서로 사정을 말하게 되었다.

그리하여 북로 군정서는 형편이 되는대로 다른 곳을 찾아 이동하고 중국 측에서는 우리의 이동을 방해하지 않는다는 데에 합의를 보았다.

이리하여 이튿날 중국군은 돌아갔으며, 그 동안 무기 구입 차 노령방면에 나가 있던 총재 서일徐一·재무부장 계화桂和, 그리고 무기 운반대가 돌아옴으로써 무기 증강의 계획도 완료되었다. 또 이와 때를 같이 하여 일본군 침입의 정보를 들은 홍범도洪範圖·안무安武 등 국민회 관계 독립군 부대로부터 함께 장백산長白山으로 들어가서 기회를 보아 일대 결전을 하자는 서신을 받게도 되니, 여기서 북로 군정서에서는 이동 준비를 서둘러 하루를 건너 9월 9일에는 사관 연성소의 제1회 졸업식을 거행하고, 12일에는 보병 1개 대대 및 교성대教成隊를 편성한 다음 9월 20일에 이범석李範奭을 단장으로 하는 여행단을 조직, 민족의 영지靈地 백두산을 향해 부대 이동의 길을 떠날 수 있게 되었다.[6]

3. 독립군의 무력 증강 -북로 군정서를 중심으로-

나폴레옹의 참모를 역임한 스위스 태생의 저명한 전략가 조미니(Jomini, Antoine Henri, 1779~1869)는 그의 명저, 『전쟁술』(1838)에서 다음과 같이 설명하고 있다. 즉,

"전쟁술(The Art of War)은 일반적으로 생각해서, 다섯 가지의 순수한 군사분야 ; 전략(Strategy), 대전술(Grand Tactics), 군수(Logistics), 축성(Engineering) 그리고 전술(Tactics)로 구성되어 있다. 여섯 번째요 또한 가장 중요한 분야이나 지금까지 인정되고 있지 않는 즉

6) 독립운동사 편찬위원회 편, 전게서, p. 374.

전쟁과 관련된 외교이다.…"

개괄한다면, 전쟁술은 여섯 가지의 상이相異한 분야로 구성되어 있다. 즉,

(1) 전쟁과 관련된 위정술

(2) 전략

(3) 대전술

(4) 군수

(5) 축성술

(6) 전술[7)]

조미니의 견해에 의하면, 어떤 교전단체나 국가가 전쟁을 수행하자면, 이 여섯 가지에 대해 만반의 준비를 갖추어야 한다는 것이다. 우리의 독립군에 있어서 이 모든 분야를 적용시켜 고찰할 수는 없지만, 그래도 가장 시급한 문제는 군수였다. 군수의 문제란 주로 전투원에게 무기와 장비를 제공하는 일과 또 전투원에게 식량과 기타 필수품을 보급하는 일을 과제로 다루어 왔다. 그래서 군수를 정의定義하여, 전쟁 수행을 지원하기 위하여 인원, 물자, 병원兵員을 준비하고 제공하는 과학이라 했다.[8)]

우리 독립군에 있어서 모든 것이 필요하였지만, 가장 필요한 것은 싸우기 위해 가장 필수적인 무기와 탄약이었다. 무기와 탄약의 획득은 자금난도 겹쳤지만, 국제 정세가 그것을 허용하는 실정이 아니었다.

즉 러시아는 유럽에서 제1차 대전을 치르기에 급급했고, 중국은 청일전쟁의 패배 이후 일본의 군사력에 대응할 형편이 되지 못했기 때문에 함부로 독립군에 대해 무기 지원을 할 능력과 형편이 되지 못했다.

그런데 행운이 찾아왔다. 즉 제1차 세계대전 중 독일과 오스트리아가 러시아와 단독 강화조약을 체결함으로써 체코슬로바키아는 오스트리아의 사슬로부터 해방되어 미·영·불의 원조 아래 독립을 하게 되었다.

이 소식이 전해지자 참전했던 체코군 2개 군단은 동유럽 전선으로부터 시베리아를 경유, 서부전선에 이르러 연합군과 합류하여 싸워, 개선 귀국하려는 생각을 갖게 되었다.

---

7) Jomini, *The Art of War*, translated by G. H. Mendell(Westport Connecticut : Greenwood Press, 1971), p. 13.
8) 李鍾學, 『現代戰略論』(서울 : 박영사, 1972), p. 184.

그리하여 이들은 우랄산맥을 횡단하여 블라디보스톡에 집결했다. 유럽으로 떠나는 배를 기다리는 동안 그들은 한국 독립군에 그들의 무기를 팔게 되었다.

그러나 이것만으로는 필요한 양에 부족하여 백계 러시아인으로부터도 무기를 입수하기도 했다. 당시 무기 운반에 직접 참가한 이우석李雨錫 씨의 증언은 다음과 같다.

> 1920년 6월 어느 날, 사명을 받고 북로 군정서 무장 경비대에 편입되었는데, 지방에서 선발해 온 도수徒手(맨손) 부대 200명을 호위하기 위한 무장 경비대로 험한 산길을 통하여 혼춘지방 민가에서 하룻밤을 지내며 그 다음날 국경을 넘어 30리쯤 가서 30여 호 가량의 동포가 사는 부락에서 체류하면서 무기 입수의 통지가 올 때까지 기다리게 되었다. 이곳에서 70리 되는 블라디보스톡 항구에 배편으로 운반해 오는 무기를 넘겨받아 가지고 가게 되는 것인데 처음에는 2, 3일 내로 무기가 입수될 예정이었으나 뜻밖에 지장이 생긴 것은, 제정 러시아가 망하고 혁명 러시아가 탄생되어 구제도가 개혁되는 과정에서 자연히 화폐개혁이 실시되자, 구지폐를 마련하였던 우리 독립군 측으로서는 당황하지 않을 수 없었다. 그래서 새로 대금을 마련하느라고 기다리게 된 것이며, 결국 무기를 입수한 뒤에도 시베리아에 출병한 왜놈의 눈초리와 여기저기서 우글대는 마적의 떼거리며, 2중 3중의 고통을 겪으면서 200여 명의 일행이 무기를 걸머지고 천신만고하여 서대파 본영에 돌아오니 군정서 수뇌가 모두 반가이 맞아 운반대 일행에게 최대의 찬사와 치하를 하였다. 체코군에게서 구입한 무기와 백계 러시아 인에게서 입수한 무기로 지금까지 거의 빈손으로 목총만 가지고 훈련받던 양성소 학생 수 백 명이 비로소 실제로 무장하게 되니, 한층 사기가 의기충천하였다.[9]

당시 북로 군정서 참모 이정李楨의 「진중일지陣中日誌」(1920. 7. 1.~1920. 9. 13.)에 의하면 7월 26일, 29일, 30일, 31일로 소단위 부대로 편성하여 출발 일자를 달리해서 보냈고, 9월 7일에 무기를 운반하여 본영으로 돌아왔다고 기록했다.[10]

이 때 어느 정도의 무기를 입수했는지 수량은 명확치가 않다. 그러나 한 사람이 운반할 수 있는 소총의 수는 3정 정도이고, 또 탄약을 져야 하니 600정 내외로 추정된다. 당시 간부였던 이범석에 의하면, "이리하여 우리는 충분한 무기를 갖게 되었다. 작은 대포, 중기관총, 일제 및 러시아제 소총, 수류탄 등등… 더욱이 적에게 피의 빚을 청산할 80만 발의 탄환까지 끼어서…"[11]

당시 조선 총독부 경무국 비밀문서인 「만주·시베리아 등지의 독립군 군사상황」에 상세히 나온다. 즉 1920년 8월 12일 무기 구입상황에 대해 다음과 같이 기록하고 있다.

---

9) 이강훈, 『무장독립운동사』(서울 : 서문당, 1975), pp. 121~122.
10) 독립운동사 편찬위원회 편, 『독립운동사 자료집』제10집(서울 : 1976), p. 51 및 p. 58.
11) 李範奭, 『우둥불』(서울 : 思想社, 1971), p. 25.

(1) 무기 반입의 경로

반입 경로는 다음 세 갈래로 볼 수 있다.

① 우수리(烏蘇里) 연선 방면으로부터 왕청현 오지지방으로 들어오는 것, 이리로 오는 것은 철로로 니코리스크를 경유하고 또는 스파스카야 유정구 역 방면으로부터 육로 국경역 포그라니츠야 부근으로 나와서 교묘하게 국경을 넘어 둔전영屯田營 통로 또는 삼차구三岔口를 경유 대조사구大鳥蛇溝로 나와 수분하원綏芬河源을 돌아서 왕청현 오지 나자구 지방으로 들어오는 것이다.

② 추풍秋風방면으로부터 왕청현 오지 방면으로 반입되는 것…

③ 남부 연해주 지방으로부터 혼춘현에 들어오는 것. 혼춘현 국경방면으로부터 반입한 것은 주로 홍기하紅旗河·상원上源지방 삼림지대 또는 바라반 방면으로부터 교묘하게 국경 감시를 피하여 혼춘 오지 방면으로 들어오게 된다.

그리고 최근에 있어서의 반입은 ②선에 의한 것이 가장 많고 ①, ③선에 의한 것은 많이 감소하여졌다.

(2) 반입의 방법

먼저 노령에서 과격파 또는 기타에 연락을 가진 자가 구입할 교섭을 하고 또는 이를 수집하여 동지의 손에 의하여 러시아·중국 국경부근에 운반하고, 간도 방면의 동지단체에 통첩하여 이를 주고받는 것인데, 그들(독립군)은 이 반입에 당면하여서는 체력 강건한 자를 선발하고 재령宰領으로서 이를 지휘하게 하고 있는데 보통 1, 2정 내지 3정을 메고 적당히 탄환을 분담하여 삼삼오오 연락을 잃지 않을 정도로 거리를 취하면서 행진하여 도중 중국 관헌의 소재 지방에 있어서는 되도록 멀리 돌거나 또는 상황에 따라서는 금전을 주어 매수책을 강구하여 통과하고 있는데, 그들(독립군)의 마음을 가장 괴롭히는 것은 러시아·중국 국경을 통과하는 것인데, 금력 또는 비상한 노력을 경주하지 않으면 아니 된다.

(3) 현재에 있어서 무기의 종류 및 수량

현재 각 불령선인단이 소유한 무기의 주요한 것을 통계해 보면, 군총이 약 3,300정, 동 탄약이 약 195,300발, 권총이 약 730정, 수류탄이 약 1,550발, 기관총 9정을 계산하게 된다.…

서일 일파의 군정서는 앞서 김영학金永學 및 최우익崔禹益의 알선에 의하여 블라디보스톡 및 니코리스크 방면의 러시아 과격파로부터 군총 30,000정의 양수讓受 계약을 하였는데, 최근 김영학으로부터 일부 인도한다는 통첩이 있으므로 7월 중순 현갑玄甲을 수송지휘관으로 하고 운반부대를 파견하였다 한다.[12]

이 비밀문서를 통하여 무기 반입경로, 반입의 방법, 그리고 당시 만주 방면의 독립군의 무기의 종류와 수량을 상세히 알 수 있고 더욱이 놀라운 것은 북로 군정서에서 7월 하순에 블라디보스톡으로 무기 운반 부대가 출발했다는 것이 8월 12일 보고서에 나타났다는 점이다. 이것은 일제의 정보망이 잘 조직되어 있었다는 것을 입증하고 있다.

12) 독립운동사 편찬위원회 편, 『독립운동사 자료집』 제10집, pp. 155~157.

일제의 '비밀' 간도 정보 제19호(1920년 10월 18일)에 의하면, 노령 흑룡강 방면에서 중·노 연합 선전부와 군정서간의 교섭에 의한 총기 약 3,000정의 양도 문제는 앞서 이동휘의 알선에 의하여 협의가 매듭지게 되어 이미 이를 받으려고 삼차구로 파견한 군정서 운반대 약 400명은 각각 4정씩을 휴대하여 합계 1,600정을 반입하고 그 중에 약 800정을 서대파 부근에 있는 동서 본부에 두고 남은 800여 정은 이를 현재 삼도구 방면으로 진출한 동서부대에 송달하도록 10월 13일 약 400명 운반대가 각자 2정씩 휴대하고 연길현 상의향 동불사銅佛寺 북구北溝를 통과하여 신길을 통하여 이도구로 향하였다.

위 총기는 9월 초순 졸업한 무관 학생을 지휘자로 하고 최근 소집한 군적자로 새로 편성할 부대에 이들을 배치하는 것이다.[13]

북로 군정서의 군사력에 대한 일제 측의 기록에 의하면, 1920년 8월 현재로 독립군 약 1,600명, 군총軍銃(소총) 1,300정, 권총 150정에 기관총 7문을 보유하고 있으며, 이들은 본영 부근에 무관학교를 설립하여 소장 김좌진 이하 교관 이범석, 김규식, 김홍국, 최상운 등이 훈련을 담당하여 후술後述하게 될 청산리 전투에서 승첩한 정예군을 양성하고 있었다. 1920년 9월 9일 제1회 사관 연성생 298명의 졸업식을 거행했다.[14]

4. 일본군의 만주 출병

일본군은 봉오동鳳梧洞 전투(1920. 6.)에서 예상 외의 피해를 입고서는 본격적으로 만주 출병의 계획을 전술前述한 바와 같이 추진시켰다. 그 계획은 1920년 8월까지에는 병력을 출동시킬 준비를 완료하는 것이었다.

다만 처음부터 출동하지 못하는 이유는 만주가 중국의 영토이기 때문에 일제는 출병의 구실을 만들 필요가 있었으니, 그것이 소위 혼춘사변琿春事變이다. 이것은 일본군이 사전에 공작하여 중국 마적 두목 장강호長江好란 자와 내통하여 그들을 무기와 금전으로 매수하여 혼춘을 습격케 하여 사건을 조작했다.

1920년 9월 25일 약 400명으로 추산되는 장강호의 마적단이 혼춘 북방의 번자구藩子溝에 출현하더니 동년 10월 2일 새벽 이들이 구식 야포로 공격을 가하며 침공해 오니 당황

13) 상게서, pp. 193~194.
14) 국사편찬위원회 편, 전게서, p. 169에서 재인용.

한 중국 주둔군은 일본 측에 구원을 청하였다.

그러나 일본군 측에서는 영사관 경찰대 등 약 50명으로 중국군과 함께 방어전에 참가했지만, 중·일군이 양쪽으로 나누어 성문을 방어했다. 그런데 일본군이 방어하던 성문이 쉽게 열리며 마적떼는 물밀 듯 쳐들어와 성내를 약 4시간 약탈을 자행했다. 이들의 습격으로 중국군 60명과 한국인 7명이 살해되었으며, 일본 영사관도 피습되었으나 주요 인물들은 피했고, 엉뚱한 일본인 7명도 일본이 이들과 관련되지 않았다는 사실을 입증키 위해 살해되었다. 일제는 이 조작된 사변을 구실삼아 중국 당국과는 사전 협의도 없이 "본국인의 생명·재산을 보호하기 위해서"라는 구실로 미리 계획했던 만주 출병을 곧 실천에 옮겼다.

일본군의 만주 침공 목적은 과연 무엇인가 하는 데 대해서는 10월 11일 소위 조선군 사령관이 일본군 파견부대의 주력인 제19 사단장에게 내린 '조선작명朝鮮作命 제3호'에 잘 수록되어 있다.

(1) 군은 혼춘 및 간도 지방에 있는 제국 신민을 보호하고 아울러 그 지방에서의 불령선인 및 거기에 가담한 마적 기타 세력을 초토剿討하려 한다.
(2) 포조浦潮 파견군은 당 군의 행동에 책응策應하기 위하여 보병 2, 3 중대의 1부대를 해림海林에서 합마당蛤蟆塘 부근에, 보병 약 1대대·기병 약 1연대·저격포狙擊砲, 산포 각 2문·공병 1소대로 된 1부대를 삼차구에서 수분대전綏芬大甸 부근에, 또 보병 약 1대대, 기병·포병 약간으로 된 1부대를 토문자土門子 부근에 진출시키며, 또 동지철도 동선東支鐵道東線 및 남부 우수리 지방의 수비를 엄하게 함과 동시에, 삼차구 방면의 부대와 연락하여 기의機宜의 처치할 수 있는 준비를 한다.
(3) 제14 사단의 보병 제28 여단은 본월 하순 보세트에 상륙 후, 나의 지휘 하에서 혼춘·간도지방에서의 불령 선인에 대한 시위 목적으로 혼춘·양수천자凉水泉子·국자가局子街 부근을 경유, 회령을 향하여 행동한다.
(4) 귀관은 그 예하 보병 약 6대대를 기간으로 하는 연합부대로 대개 초토계획에 준하여 혼춘·왕청·연길·화룡 제현에 걸쳐 적을 수색 초토한다. 적의 안도·돈화 지방으로 도망칠 것을 고려하여, 그 기도를 좌절하기에 노력한다. 또한 본 초토의 여세가 도문강과 압록강 상류지방 및 수비 관구 내에 파급하는 일이 있을 것을 고려, 필요한 처치를 한다. 산포 및 비행기를 증가한다.
(5) 귀관은 행동 개시 기일을 예보한다.
단, 준비완료에 앞서, 정황에 의하여 토벌을 요할 때에는 기회를 놓치지 말고 실행한다.[15]

일본군 제19사단의 부대편성은 아래와 같다.

15) 김정주 편, 상게서, p. 29.

• '이소바야시' 지대(磯林支隊)
지대장 육군소장 이소바아시(磯林直明)
보병 제38 여단사령부
보병 제75 연대
보병 제78 연대 제3 대대
기병 제27 연대 제3 중대
야포병 제25 연대 제2 대대
공병 제19 대대 제2 중대
헌병 약간

• '기무라' 지대(木村支隊)
지대장 육군 보병 대령 '기무라'(木村益三)
보병 제76 연대
기병 제27 연대 제2 중대의 1개 소대
산포병 제1 중대
공병 제19 대대 제1 중대의 1개 소대
헌병 약간

• '아즈마' 지대(東支隊)
지대장 육군 소장 '아즈마'(東正彦)
보병 제37 여단 사령부
보병 제73 연대
보병 제74 연대 제2 대대
기병 제27 연대
야포병 제25 연대 제1 대대
공병 제19 대대 제3 중대
헌병 약간

• 사단 직할부대
보병 제74 연대 제1 대대 본부 제3 중대
비행기반
무선 전신반
구鳩 통신반[16]

청산리 전투에서 북로 군정서 부대와 싸운 일본군은 '아즈마' 지대였다.

16) 상게서, pp. 41~43.

5. 청산리 전투

북로 군정서北路軍政署는 1911년에 조직된 중광단重光團이 발전한 것으로 볼 수 있다. 대종교大倧敎의 지도자였던 경원慶源 출신의 서일 등은 1911년 일제와 투쟁을 하다가 두만강을 건너 북간도에서 재투쟁의 기회를 노리고 의병들을 규합하여 중광단을 조직하여 본부를 왕청현汪淸縣에 두고 우선 민족운동에 중점을 두고 활동하여 오던 중 3·1운동이 발발했다.

중광단은 일제와의 재투쟁의 적절한 기회라 판단하고, 북간도를 비롯한 만주 일대의 대종교도 및 한말 의병 등을 규합하여 정의단正義團으로 확장하고 일제와의 항쟁은 혈전을 벌이는 독립전쟁의 수행만이 있을 뿐이라고 주장했다.

1919년 8월에는 군정회軍政會라 개칭하고 군자금, 군량미 및 무기 구입에 힘을 기울여 북간도에서는 유력한 항일 독립군으로 발전코자 했다. 동년 10월에 군정부軍政府라 칭하여 일제와의 항쟁을 기도하는 한민족의 독립 군사정부임을 자부했다.

그러나 12월 상해 임시정부의 명령에 복종키로 하고 군정서軍政署[17]로 개칭하여 임시정부 산하의 주요 전투부대가 되었고, 이 때 김좌진金佐鎭을 군사령관으로 맞이하여 군사력 증강에 매진했다. 북로 군정서의 창설 당시의 부서는 아래와 같다.

총 재	서일徐一
총사령관	김좌진金佐鎭
참 모 장	이강녕
여 단 장	최해崔海
연 대 장	정훈鄭勳
연성대장	이범석李範奭
경 리	계화桂和
길림분서 고문	윤복영尹复榮
군기 감독	양현梁玄

이 때의 군사력은 병력 500명, 장총 500정, 권총 40정, 기관총 3문이었다.[18]

17) 명칭은 '북로 군정서' 혹은 '대한 군정서'라고 하기도 하지만, 북로 군정서로 한다.
18) 독립운동사 편찬위원회 편, 『독립운동사』제5권, p. 365.

그 후 군사력 증강에 박차를 가하여 1920년 9월 러시아에서의 체코군의 무기 구입, 사관 연성소에서 사관생도 교육수료 등으로 급격히 증강되었으며, 전술한 바와 같이 일제의 비밀문서에 다음과 같이 나타났다.

군　사　1,600명

군　총　1,300정

권　총　150정

기관총　7문[19]

이범석의 회고록에 의하면, 이때의 병력을 "보병 2개 대대에 1,500명 안팎의 병력을 갖추었다."[20]고 했다.

북로 군정서는 중국 측의 요청에 의해 본부가 소재했던 왕청현을 떠나 장백산으로 들어가기로 했다. "우리들은 당시의 중국의 곤란한 처지를 이해하고 길림성 경계선을 떠나 장백산 깊숙이 들어가서 군대를 좀더 확장하고 실력을 기르기로 하였다. 그 다음에 토끼와 같은 민첩과 기동으로 재빠르게 두만강을 건너 조국 반도의 척추인 낭림산맥을 꿰뚫고 내지內地 한복판에 잠입하여 질풍 전격의 속도와 벽력같은 힘으로 적에게 가장 참혹하고 가장 비장한 한 차례의 급격을 감행키로 결정하였다."[21]

이 내용은 북로 군정서가 앞으로 하려는 전략목표를 제시한 중요한 내용이다.

1920년 9월 9일 이들은 사관 연성소의 졸업식을 마치고, 12일에는 보병 1개 대대 및 교성대教成隊를 편성한 다음, 9월 20일 이범석을 단장으로 하는 이동단이 조직되어 백두산을 향해 떠났으며, 인원의 "대부분은 보병이었으며, 더러는 말을 타고 있었다. 대열의 후부에는 180량의 치중차輜重車가 따르고 있었다."[22]

북로 군정서와 사령부가 왕청현 서대파를 떠나 대감자를 거쳐 화룡현 삼도구로 향하여 행군하고 있을 때, 일본군은 10월 2일 혼춘사변을 일으켜 우리의 독립군을 섬멸키 위해 작전을 개시했다. 북로 군정서의 행군부대는 야음과 산로를 이용하여 400여리를 강행군하여 10월 16일 삼도구三道溝(청산리靑山里)에 당도했다. 당시 홍범도, 안무安武, 최진동崔振東

---

19) 註14) 참조.

20) 이범석, 『우둥불』, p. 25.

21) 상게서, p. 26.

22) 상게서, p. 28.

등 다른 독립군 부대도 뒤를 따라 도착했다.

북로 군정서 사령부를 위시한 독립군의 이동 상황은 간도 일대에 침입한 일본군에게도 이미 알려졌으며,[23] 10월 13일에는 적 보병 73연대의 일부 병력이 북로 군정서 사령부 일행의 뒤를 따라 삼도구 부근까지 진출했다. 적을 발견한 것은 10월 18일 오후 4시경이었다. 주변의 지형을 정찰하고 또 멀리 이도구二道溝와 무산茂山 길가의 적정을 살핀 결과 일본군은 삼면으로부터 삼도구를 포위하여 독립군을 섬멸코자 하는 작전이었다.

북로 군정서는 전투를 위해 부대를 둘로 편성했다. 훈련 정도가 낮은 보병 3분의 2와 비전투원으로서 제1 제대梯隊를 조직하여 이를 김좌진 장군 예하에 두어 후방에 위치케 했다. 동시에 연성소 졸업생을 기간으로 하여 보병 600명, 기관총 6정, 박격포 2문으로 제2 제대를 편성하여 이를 이범석이 지휘했다.

이범석은 백운평白雲坪의 유리한 지점을 미리 점유하고 위장을 해서 적이 오는 것을 기다렸다. 10월 21일 아침 8시경 일본군의 선봉대가 오자 30분 만에 섬멸하고 한 시간 후에는 뒤따르던 '아즈마' 지대의 주력이 백운평으로 몰려들어 전투가 개시되었다. 우세한 적을 상대로 싸우는 그 전투는 고전이었다. 그런데, 김좌진 장군으로부터 다음과 같은 명령이 전달되었다.

① 봉미구鳳尾溝에서 돌아오는 적은 약 1시간 후면 도착될 것이다. 그렇게 되면 우리의 퇴로가 차단될 위험이 있으니 아군은 즉시 이도구 방면으로 철퇴할 예정이다.
② 제2 제대는 원 진지에서 저항을 계속하고, 제1대의 철수를 엄호한 후 적당한 시기에 철퇴하라.
③ 제2 제대는 오늘 밤 2시 이전에 현 진지로부터 약 160리(64킬로미터) 떨어진 갑산촌甲山村에 도착하라.[24]

이리하여 섬멸전투는 엄호전으로 또 철수전으로 변했다. 명령은 12시경에 받았는데, 그 후 추위, 굶주림, 피로, 가시밭길 등의 고난을 헤치며 14시간의 급행군으로 밤 2시 40분경 마침내 갑산촌에 도착했다. 쉴 사이도 없이 부락민으로부터 천수평泉水坪에 적 기병

---

23) 일본 측의 '비밀' 간도 정보 제18호(1920. 10. 18)에 의하여, "목하 김좌진이 지휘하는 군정서 부대는 약 600명으로 기관총 4정을 가졌고 총기 약 500정은 신식이며 탄약은 가장 풍부하여 그 정확한 숫자는 불명한, 牛車로 약 200량에 적재한 양을 가졌으며 폭탄은 적어도 1,000개를 나리지 않을 것이라 하고… 군정서는 종래 간도에 있는 것을 북로 군정서라 칭하고, 안도현 방면에 있는 것을 서로 군정서라 칭하여 각각 그 구역을 달리하고 있었는데, 이번 김좌진의 삼도구 방면으로 이동한 것은 양 군정서 부대의 합동을 도모하려는 것으로 근일 그 근거를 백두산 서북 방면(다분 내도산 부근이 될 것)에 두려는 것이다.…"(독립운동사 편찬위원회 편, 『독립운동사 자료집』제10집, p. 190)

24) 이범석, 전게서, p. 50.

120여 명이 해질 무렵에 도착하여 지금도 거기에 머물고 있다는 정보를 입수했다.

그래서 새벽에 적을 공격키로 하고 잠든 지 겨우 1시간 남짓한 병사들을 깨워, 22일 새벽 4시경, 제2 제대를 선두로 하여 다시 행군을 시작했다. 한 시간 후에 부대는 천수평에 도착했다.

일본군 기병 중대장 시마다(島田)가 지휘하는 적 기병은 토성 안에 말을 매고 인가에 들어가 잠자고 있었다. 일본군은 독립군이 160리 밖의 청산리 부근에 있는 것으로 착각하여 마음 놓고 잠들고 있었다.

제대장 이범석은 새벽에 기습 공격을 가하여 적 기병 중대 120명 중 4명만 탈출하고 그 외는 모두 섬멸시켰다. 그러나 적군의 사령부가 천수평에서 25리(10킬로미터) 떨어진 어랑촌漁郎村에 있기 때문에 공격해 올 것이 틀림없었다.

그리하여 적 전방의 고지를 점령하여 선제공격을 하는 것이 유리하여 어랑촌의 서남단 고지를 점령하고 적을 공격케 했다. 적은 아직 독립군이 고지에서 기다리고 있는 줄을 모르고 그들 나름대로 고지를 빨리 점령하려고 달려 올라왔다. 여기서 전투가 개시되어, 오전 9시부터 시작한 전투는 날이 기울어도 그치지 않았다.

적은 우세한 병력으로 정면 공격과 우회작전을 시도했기 때문에 불리해져서 노두구老頭溝 방면으로 철수키로 결정했다.

이 전투에서 적측은 연대장 가노(加納) 대령 이하 장병 1,000여 명의 전사자를 냈으며, 독립군측도 전사 100여 명, 실종 90여 명, 부상 200여 명이나 되었다.

이 전투에서 일본군은 중포重砲를 사용했는데, 이것은 사단 병력 이상의 대규모 부대가 배속되어 있다는 것을 암시한다. 그런데 일본군은 이 중포로 독립군에 대해 위협사격을 가했다. 이 때 어떤 참모가 황급히,

"적이 중포를 휴대했습니다."

라고 외쳤다. 그러나 김좌진 장군은,

"아, 이사람, 정신이 나갔나? 저게 중포 소리야? 물방아 소리야!"

하고 받아넘기며 눈을 껌벅했다. 김 장군은 사병들의 공포심을 덜어주기 위해 기지를 발휘했던 것이다.[25]

---

25) 상게서, p. 65.

김좌진이 지휘하는 북로 군정서 독립군의 주력부대는 3일간의 청산리 전투를 치르고 철수작전을 개시하여 적의 공격과 포위망을 피하여 길 없는 산중을 행군해서 1920년 10월 26, 7일경 소·만蘇滿 국경에 가까운 밀산密山에 당도했다.

6. 군사적 평가

가. 전투 승패의 원인분석

청산리 전투에서 직접 부대를 지휘하여 싸웠던 제대장 이범석은 전투에서의 승리의 요인을 다음과 같이 밝히고 있다. 즉,

(1) 항쟁 의식의 투철

(2) 우수한 사관 청년·학생

(3) 왕성한 공격정신

(4) 마을 주민들의 협조

(5) 의복의 간편성

(6) 지리에 통달했었다.

(7) 전투 의식이 적보다 강했다.

(8) 지휘력이 적보다 우수했다.

(9) 적의 피동적 행동

(10) 적의 장구가 산악전에 부적不適했다.

(11) 민중들이 적을 미워했다.[26]

북로 군정서 총재 서일은 1921년 1월 15일 임시정부에 제출한 보고(「독립신문」, 1921년 1월 18일 95호 3면)에서 다음과 같이 밝히고 있다.

- 적의 실패 이유

① 병가兵家의 최기最忌하는 경적輕敵의 행위로 험곡장림險谷長林을 별別로 수색도 무無히 경계도 없

26) 상게서, p. 84.

이 맹진盲進하다가 항상 일부 혹은 전부의 함몰을 당함이며,

② 국지전술局地戰術에 대한 경험과 연구가 부족하야 삼림과 산지중山地中에서 종종種種의 자상충돌自相衝突을 생生함이며,

③ 해該 군인의 염전심厭戰心과 피사도생避死逃生하는 겁류심㤼儒心은 극도에 달하야 군기가 문란하며 사법射法이 부정不精하여 일발一發의 효効가 무無한 사란射亂을 행할 뿐이더라.

• 아군의 전반全般 이유

① 생명을 부원不願하고 분용결투奮勇決鬪하는 독립에 대한 군인 정신이 먼저 적의 지기志氣를 압도함이오,

② 양호한 진지를 선점先占하고 완전한 준비로 사격 성능을 극도極度 발휘함이오,

③ 응기수변應機隨變의 전술과 예민銳敏 신속한 활동이 모다 적의 의표意表에 출出함이라.[27]

두 가지의 승패의 요인을 종합한다면 전술적 승패의 내용은 거의 망라된 것으로 평가된다.

나. 전투 승패의 기준

전과戰果는 당시 임시정부 군무부 발표에 의하면 자그마치 일본군 사살 1,200명에 달하였다고 하였다. 이에 대하여 독립군측은 전사 60명, 전상戰傷 90여 명을 내었다고 하였다. 중국군 발표도 이와 비슷하여 일본군 사살이 1,300명이라 하였다 한다.

또한 당시 일본 영사의 비밀 보고도 이도구전二道溝戰에서 가노(加納) 연대장과 대대장 2명, 중대장 5명, 소대장 9명이 전사하고 하사관급 이하의 전사자는 900여 명이라 하여, 이를 시인하고 있다고 했다.[28]

이강훈 씨는 "필자가 만주에 다년간 있었던 관계로 이 전투에 참가하였던 이들로부터 간접적으로 들은 것과 기타 신빙할만한 문헌을 참고로 하고 종합 판단하면, 적의 전사자는 1,100명으로 전상자는 거의 배로 보면 타당할 것이다"[29]고 했다. 이범석 제대장에 의하면, "적의 사상자는 가노 연대장을 포함하여 3,300여 명이었고, 아군은 전사 60여 명, 부상 90여 명, 실종 200여 명이었다(실종자의 대부분은 나중에 부대로 돌아왔다)."[30]고 기록했다.

27) 국사편찬위원회 편, 『독립운동사』3. p. 732.
28) 상게서, p. 206.
29) 이강훈, 전게서, p. 142.
30) 이범석, 전게서, p. 83.

사상자의 수에 관한 보고는 어느 쪽도 정확치가 못하다. 또한 정직한 발표는 거의 드물며, 대부분의 경우 고의故意로 사실을 감추고 있다.

더욱이 우리의 독립군은 교육·훈련이나 장비면에서 일본군에 비해 열세했으니, 더욱 일본군의 체면이 앞서고 보면 독립군에 의해 패했다는 발표는 하기 어려웠으리라.

전술적 차원에 있어서 어느 쪽이 더 많은 손실을 입었는가 하는 문제는 대단히 중요하다. 그러나 청산리 전투에 있어서 사상자의 수는 전략적 차원에서는 그렇게 중요치가 않다. 왜냐하면, 독립군이 만약 일본군의 제19사단 전원을 섬멸시켰다 해도, 그것은 일본 육군 총병력에 치명적 타격을 주는 것이 아니기 때문이다.

그렇다면 전투에 있어서 승패의 기준은 무엇인가?

여기에는 대체로 두 가지의 견해가 있다. 즉 하나는 해양국가(영국·미국 등)의 견해이다. 이들 국가의 생존은 바다라는 장애물 때문에 유럽대륙에서의 전쟁을 이해타산의 견지에서 본다. 따라서 전투가 끝난 후, 손해가 적으면 승리했고, 손실이 많으면 패배한 것으로 간주한다.

그러나 대륙국가(독일·프랑스·러시아 등)에 있어서는 사정이 다르다. 아무리 작은 전투라 해도 그것은 국가의 존망과 관계되고, 패퇴는 곧 망국과 연결된다. 그래서 적을 압도하여 전장戰場에서 철퇴시켜 전장의 주인공이 되는 경우와 또 이편의 작전 목적을 달성했을 때를 전략적 승리라 하며, 전장에서 적을 타도하여 이편이 우세했을 때를 전술적 승리라고 한다.

이런 관점에서 보았을 때, 청산리 전투는 일시적이나마 전술적 승리를 획득했으나, 전략 목표를 달성하는 데 어느 정도 기여했는가를 검토해야 한다.

독립군의 전략 목표는 전술前述한 바와 같이 장백산에 들어가서 군사력을 증강하여 일제에 대해 비장한 한 차례의 습격을 감행하는 데 있었다. 그런데 이 목표를 달성할 수 없었을 뿐만 아니라, 무장활동을 할 근거지를 거의 상실했고, 또한 그 후 일본군의 만행에 의해 간도를 비롯하여 만주 각지에서 우리의 동포가 7,000여 명[31] 이상이나 학살되었다는 사실을 잊어서는 안 된다.

전술적으로 승리했으나, 전략적으로 패배한 전례戰例가 제2차 세계대전에서도 찾아볼 수 있다. 즉 일본군은 1941년 12월 8일 새벽 항공모함에서 공격기를 출동시켜 미 태평양

31) 이강훈, 전게서, p. 113.

함대를 기습하여 대승리를 획득했다. 그러나 그 대승리는 전략 목표를 달성하는데 기여하지도 못했고, 또 활용하지도 못했다.

다. 전략적 판단

프러시아의 군사 이론가 클라우제비츠(Carl von Clausewitz : 1780~1831)는 그의 명저, 『전쟁론』(vom Kriege)에서, "전략적 능력의 극치는 주력전主力戰을 수행하기 위한 수단을 갖추고, 주력전을 수행하는 시간과 장소 및 병력 운용의 방향을 교묘히 결정하고 또한 주력전에 의해 획득된 성과를 이용하는 데 있다"[32]고 했다. 이 내용은 전술前述한 조미니의 전쟁술의 구성 요소와 아울러 깊이 생각할 문제를 담고 있다. 왜냐하면, 적어도 일제의 군사력과 대응하여 자주 독립을 쟁취하자면 그 내용을 필수적으로 극복하지 않으면 안 되기 때문이다.

그러면 일본군과 주력전을 할 수 있는 군사력을 독립군이 갖출 수 있단 말인가? 물론 불가능하다. 그러나 그 기회는 찾아왔던 것이니, 그것이 곧 제2차 세계대전이었다. 우리의 광복군이 2, 3개 사단의 병력만 있었더라도 무장은 미국이 지원해 주었을 것이요, 연합군과 어깨를 나란히 하고 일본군에 대해 싸웠다면 다른 연합국과 마찬가지로 전승국이 되어, 한반도 내의 일본군의 무장을 해제시켜 1945년 8월에는 자주 독립국이 되었으리라.

그러나 우리들은 절호의 기회를 놓쳤던 것이다. 1940년 9월 17일 중국 중경重慶에서 광복군 결성식을 거행하였으나, 1945년 3월 총병력이 겨우 450명이요, 광복군의 이범석 참모장이 1946년 6월 5일 인천에 귀국 상륙했을 때의 병력이 500여 명[33]에 불과했던 것이다.

다음은 무력전을 수행할 장소와 시간의 결정이다. 만주는 지리적 요소는 갖추고 있었지만, 중국과 러시아는 다같이 청일전쟁과 노일전쟁에 있어서 일본에 패배하였고, 또 군사기술적 측면이나 국내 사정으로 보나, 일제에 대항하면서 우리의 독립군을 군사적으로, 최소한 무기 지원도 해 줄 형편이 되지 못했다.

그런데 1919년 3·1운동을 계기로 일제에 대해 무력투쟁을 개시하기로 결정했다는 것은

32) Clausewitz, *On War*, translated by O. J. Matthijs Jolles (New York : The Modern Library, 1943), p. 212.
33) 崔永禧, 「實記三十年」(「한국일보」, 1975년 1월 18일)

시기가 적절하지 못했던 것으로 생각된다. 좀더 느긋하게, 그리고 긴 안목에서 군사 및 비군사적 힘을 육성하고 인재를 양성하여 기회를 기다리는 지혜가 아쉬웠다.

7. 맺음말

만주의 산야에서 추위와 굶주림 속에서 목숨을 바쳐 일제와 무력투쟁을 감행했던 여러 군사들의 공적에 대해서 아무리 높이 평가해도 부족할 따름이다.

그러나 필자는 그들의 숭고한 정신과 높은 공적이 우리의 궁극적 목적(정치적 목적)인 자주 독립국의 쟁취와 전략적 목표의 달성에 어느 정도 기여하고 또한 이용되었는가 하는 관점(극히 제한된 분야에 한해서)에서 청산리 전투에 대해 분석·평가를 시도해 보았다.

지금까지 우리의 무력 독립투쟁사의 연구는 대체로 개인 혹은 단체의 공적을 기술記述하는데 주력해 왔으나, 이것은 어디까지나 전술적 차원에 지나지 않는다. 이제 우리들의 연구는 전략적 차원으로 높여서 연구할 시기가 왔다는 것을 제의하는 것이다. 그리고 이 차원에 도달해야만 우리들은 역사적 교훈을 배울 수 있으리라.♣

(『나라사랑』 제41집, 외솔회, 1981.)

제 18 장

대한민국 임시정부의 군사활동

1. 머리말

필자는 전략이론을 연구하고 있는데, 이것은 바로 군사활동을 직접으로 다루는 분야이다. 전략은 목표의 달성으로 지향되는 가장 적합한 수단의 운용을 위한 행동의 계획이다. 그리고 훌륭한 전략이냐 아니냐의 여부는 최소의 비용과 손실로 목표를 달성하는 정도의 여부에 의해 평가하는 냉철한 학문분야이다. 이런 관점에서 보면, 우리의 목표는 조국 광복이요, 수단은 무력투쟁, 외교 등이었다. 특히 많은 애국지사들은 일제日帝의 한반도 침략 이후 만주의 벌판에서 또 중국의 대륙에서 헐벗고 굶주리면서 훈련을 했고, 또 항쟁하여 귀중한 생명도 버렸지만, 2차대전 후 우리들 앞에 다가선 것은, 국토의 분단, 골육상잔, 남북대결만 가져다주었다.

본고本稿에서는 조국 광복의 무장투쟁, 특히 그 가운데서도 광복군의 군사활동에만 국한하여 다음 내용을 다루고자 한다.

첫째 : 임시정부 초기의 군사활동

둘째 : 광복군의 성립배경

셋째 : 광복군의 군사활동

2. 임시정부 초기의 군사활동

가. 임시정부의 성립과 그 성격

3·1운동은 항일운동사상抗日運動史上의 한 분기점을 이루는 민족 최대의 독립운동이었다. 이 운동을 계기로 지금까지의 독립운동의 성격은 점차 전환되어 갔으며, 독립운동의 모습도 다양하게 전개되었다. 그리고 노령露領, 간도, 중국 및 미주美洲 등 해외 여러 곳에서 조국의 광복을 위한 독립운동단체가 조직되어 독립운동의 일선에 나서게 되었다. 이러한 추이 속에서도 가장 주목할 만한 단체가 상해上海 임시정부였다.

3·1운동 이후 전개된 임시정부 수립운동은 세 곳에서 이루어졌는데, 1919년 4월 23일 서울에서 국민대회 취지서를 반포하고 국민대회 13도 대표자와 조선민족 대표를 기반으로 성립한 한성漢城 임시정부와 노령 교포사회에서 대한국민 의회를 조직함으로써 나타난 노령 임시정부, 그리고 상해 임시정부가 그것이다. 이 세 정부는 소위 법통法統문제로 갈등이 있었고, 상해 임시정부와 노령 임정臨政의 대립은 표면화되기까지 하였으나 통일된 정부를 수립하려는 민족적 염원에 따라 노령 임정이 상해 임정에 편입됨으로써 명실공히 통일된 대한민국 임시정부가 1919년 9월 15일 상해에서 성립되었다.[1] 따라서 대한민국 임시정부는 3·1운동으로 표현된 전체 민족적 독립 의지가 집약된 것이요, 그러기에 이에 대한 민족의 기대도 매우 큰 것이었다.

이처럼 민족 독립운동의 흐름이 통일된 대한민국 임시정부(이하 임시정부로 약칭함)로 집중되었고 따라서 국내외의 여러 항일단체들도 이에 대한 적극적인 지지를 아끼지 않았다. 국내에서는 연통제聯統制를 통하여 자금지원 등을 하였으며, 만주의 다수 무장단체들도 임시정부에 대한 신뢰를 가지고 그 산하 기관이 되었다. 그러나 그 후 임시정부는 그 자체의 여러 문제점과 일제의 강압, 사상적 대립과 분열 등으로 인하여 해외 독립운동의 중추적 역할을 하지 못함으로써 우리의 독립운동사獨立運動史와 해방 이후의 역사의 흐름에 여러 가지 문제점을 가져오게 했던 것이다.

---

1) 李康勳, 『大韓民國臨時政府史』(서울 : 서문당, 1975), pp. 11~42.

임시정부의 한계성은 이미 여러 논고論考[2]에서 지적되었는 바, 그것은 대개 다음 두 가지 사항으로 요약된다.

첫째, 투쟁방법에서 외교 노선을 채택함으로써 실제적인 독립운동 역량인 만주 독립군 세력을 흡수하지 못한 점이고,

둘째, 공화주의共和主義에 대한 불철저한 이해理解와 내부의 복고주의의 대두, 급진적인 사회주의의 도전에 대처하지 못한 점이다.

임시정부에게는 우리 역사상 최초로 이루어진 국민국가로서의 성격을 투명하게 유지해 나아가야 할 민족운동사의 내적 요구도 있었고, 한편 일제와 대결에 있어서도 그 방법의 철저성이 요구되었다.[3] 따라서 임시정부가 성립 초기에 당면한 문제는 투쟁방법론에 있어서 무장투쟁 노선과 외교 노선의 선택문제였다. 3·1운동을 계기로 평화적인 항일운동은 이미 종말을 고하고, 오로지 실력, 즉 군사력에 의한 조국의 해방만이 유일한 길이라는 생각은 국내외를 막론하고 대부분의 독립운동가에게 있어서 공통된 여론이었다. 그러나 임시정부는 이 같은 독립투쟁 방식을 배제하고(완전히 배제한 것은 아니지만) 외교 노선을 지향함으로써 국내외 많은 독립운동가에게 커다란 실망을 주었다. 더욱이 군사행동을 통하여 조국의 독립을 쟁취하려는 만주의 여러 독립군에게는 이러한 임시정부의 기본 노선을 수락할 수 없는 것이기에 통일된 독립운동 노선의 여망은 붕괴되고 만주의 독립군 운동과 임시정부의 독립운동으로 분열되고 말았다.

이와 같은 분열의 씨앗은 이미 노령 국민의회와 상해 임시정부의 통합과정에서 크게 부각된 임정의 위치설정 문제에서 보이고 있었다. 당시 노령과 만주에는 백만이 넘는 교포가 거주하고 있었으며 또한 여기에는 다수의 무장 항일단체가 있어 임시정부의 실제적 위치로는 적합한 곳이었다. 그러나 상해를 주요 무대로 주장한 사람들은 상해가 국제적인 도시로 외국과의 접촉이 용이하고, 프랑스 조계租界에서는 일제의 주권이 미치지 못하는데 반하여 노령은 적색혁명赤色革命으로 전쟁터가 되어 있고 만주는 일제의 세력이 침투되어 있다는 점을 들어 노령 혹은 만주에 임시정부를 설치하는 것을 반대하였다.[4]

---

2) · 강만길, 「독립운동의 역사적 성격」, 『아세아 연구』 제59호, 1978.
· 박성수, 「광복군과 임시정부」, 『독립운동사 연구』, 창작과 비평사, 1980.
· 申一澈, 「韓國獨立運動의 思想史的 性格」, 『아세아 연구』 XXI , 1. 1978.

3) 강만길, 「독립운동의 역사적 성격」, 『분단시대의 역사인식』, 창작과 비평사, 1978, p.164.

그리하여 결국 임시정부의 위치는 상해로 정하게 되었는데, 이것은 외교 투쟁방식을 중심 노선으로 정한 임시정부의 성격을 그대로 드러낸 것이라 할 수 있다. 국내와의 거리가 멀고, 무장 독립운동의 역량이 축적되어 있는 만주 및 노령의 교포사회를 기반으로 하지 못한 임시정부가 독립운동의 중추적 역할을 수행하지 못하게 된 것은 여기에 많은 요인이 숨겨져 있었다. 이러한 한계성을 인식한 임시정부의 일각에서는 노령에 임시정부를 옮기되 교통부와 외교부를 상해에 두고 외교업무를 전담케 하자는 주장도 있었으며, 군부만이라도 길림지방吉林地方으로 옮기자는 의견이 나타났으나,[5] 모두 허사가 되었다.

당시 임시정부의 국무총리 대리와 내무총장을 역임했던 안창호安昌浩의 「항일 자주 독립운동에 관한 신년사 및 연설문」(1920년 1월 5일)은 임시정부의 노선 결정의 배경을 이해하는 데 도움을 줄 것이며, 요약하면 다음과 같다.

> 대한 국민은 나라를 광복하는 대업의 성취가 오직 의로운 피를 뿌림에 있음을 절실하게 각오하고 독립운동을 단행하기로 결심하여 지이다.…
>
> …스러운 연구가 있어야 하나니 그런 후에야 명확한 판단이 생生하오. 우리의 사업은 강포强暴한 일본을 파괴하고 잃었던 국가를 회복恢復하려 함이니 그러한 대사업大事業에 어찌 심각한 연구가 필요하지 아니 하겠소.…
>
> 우리의 당면의 대문제大問題는 우리 독립운동을 평화적으로 계속하랴 방침을 고쳐 전쟁하랴 함이오. 평화수단을 주장하는 이나 전쟁을 주장하는 이나 그 충성은 일一이오. 평화론자는 왈 아등我等은 의사意思를 발표할 뿐이니 피아彼我의 형세形勢를 비교하건대 전쟁은 이란격석以卵擊石이라 차라리 전혀 세계의 여론에 소訴함 만 같지 못한다 하오. 주전파主戰派는 왈 한인韓人이 전쟁을 선宣한다고 결코 과격파의 혐의嫌疑를 수受함이 무無하리라. 남의 독립을 위하야서도 싸우거든 제가 제 독립을 위하여 싸움은 당연한 일이 아니뇨. 또 피아의 세력을 비교함은 우론愚論이니 우리는 승리와 실패를 고려할 바 아니라 내 동포를 죽이고 태우고 모욕함을 보고 사死를 결決함은 당연한 일이니 우리는 의리로나 인정으로나 아니 싸우지는 못하리라.…
>
> 그러나 함부로 나갈까 준비를 성成한 후에 나갈까 혹 말하기를 혁명사업은 타산적打算的으로 할 수 없나니 준비를 기다릴 수 없다 하오. 그러나 필요하오. 나의 준비라 함은 결코 적의 역량에 비할만한 준비를 칭함이 아니나 그래도 절대로 준비는 필요하오. 편싸움에도 노랑이 빨강이 모여서 작전계획에 부심腐心하나니 무준비無準備하게 나가려 함은 독립전쟁을 너무 경시함이라 하오. 군사 매명每名에 일일一日 이십 전이라 하여도 만 명을 먹이려면 1개월에 6만 원이나 되오. 준비 없이 개전開戰하면 적에게 죽기 전에 기아飢餓에 죽을 것이오. 그러므로 만일 전쟁을 찬성하거든 절대로 준비가 필요한 줄을 자각自覺하시오. 혹 말하기를 준비를 말하지 말라. 과거 10년간에 준비하느라고 아무

4) 국사편찬위원회, 『한국독립운동사』, 1967, pp. 11~12.
5) 대한민국 국회도서관, 『大韓民國臨時政府議政院文書』, 1974, pp. 94~95.

것도 못하지 아니하였느냐 하지마는 과거 10년간에 못나간 것은 준비한다 하여 못나간 것이 아니오 나간다 나간다 하면서 준비 아니 하기 때문에 못 나간 것이오. 만일 나간다 나간다 하는 대신에 준비한다 준비한다 하였던들 벌써 나가게 되었을 줄 믿소.…

그러면 우리는 다 군사교련軍事敎練을 받읍시다. 매일 한 시간식時間式이라도 배웁시다. 나도 결심하오. 다만 30분식이라도 군사학을 배우면 대한인大韓人이요, 불연不然하면 대한인이 아니요.…[6]

여기서 우리들이 알 수 있는 것은 독립은 무력투쟁에 의해 쟁취되어야 한다는 것을 알고 있었지만, 거기에는 준비가 필요하기 때문에 차선책次善策으로 외교 노선을 택했을 뿐이었다. 그래서 안창호는 "우리 국민이 단정코 실행할 육대사六大事"[7]를 말하면서 첫째 군사, 둘째 외교, 셋째 교육, 넷째 사법, 다섯째 재무, 여섯째 통일이라 했다.

그래서 임시정부는 먼저 파리 강화회의, 국제연맹 및 태평양 회의 등 국제회의를 통하여 한민족韓民族의 처지와 독립을 호소했지만 별다른 성과를 얻지 못했다. 미국의 대통령 루스벨트에게도 기대를 걸어 보았으나 허사였다. 즉 "본질적으로 사고방식과 근본적 철학관·도덕관이 다른 그들이 입으로만 부르는 정의니 박애니 하는 것을 그대로 믿고 그들에게 애원을 하고, 나아가서는 그들에게 국가를 떠맡기려는 위임통치 청원까지 하였다고 하니 근본 이유야 어찌 되든 용인할 수 없는 행위였다."[8]

이것은 임시정부의 외교활동이 실패하자, 이승만李承晩과 정한경鄭翰景이 미국 정부에 한국의 위임통치를 요구한 청원서를 제출한 사건을 말하며, 이로 인해 임시정부의 분열과 외교 노선의 불신을 초래하였다. 그래서 이후 독립운동을 주도할 능력을 점차 상실하게 되었다.

이러한 과정에서 독립운동 진영 내부에서는 임시정부의 노선에 대한 비판과 반성이 일어나게 되었고, 1921년 4월 북경에서는 무장 항일단체가 모여서 '군사 통일회'를 결성하여 임시정부 불신임안을 결의하였고, 1923년 3월에는 상해에서 국민대표회가 임시정부의 해체와 새로운 통일정부의 수립을 의결하였다. 더욱이 국민대표회의에서는 창조파創造派와 개조파改造派가 분열·대립하는 등으로 임시정부의 기능은 더욱 약화되어 갔으며, 1930년을 전후해서는 임시정부의 간판마저 없어질 뻔 하였으나, 김구金九를 비롯한 몇 사람의

6) 군사편찬위원회, 『한국독립운동사』 임정편Ⅱ 자료 3, 1973. p. 62. pp. 66~67.
7) 상게서, p. 64.
8) 이강훈, 전게서, p. 89.

노력과 주로 미주와 하와이에 거류하는 동포들이 보내주는 달러의 송금으로 겨우 법통을 이어 오다가 윤봉길尹奉吉의 의거義擧로 임시정부 활동 전반에 활기를 되찾는 활력소가 되었다. 또한 중국 조야朝野로 하여금 임시정부의 존재를 재인식하게 하여 그들의 협조를 받을 수 있게 되었다.

나. 임시정부의 군사제도

군사제도란 국가의 군대가 창설되어 유효하게 활용할 수 있게끔 유지하여 국가가 지니고 있는 실제 및 잠재적인 군사 역량을 여하히 발전·지원·통제할 것인가 하는 방법을 제시해 주는 제반규정諸般規定을 말하는 것이다. 좀더 구체적으로 설명한다면, 국가가 전쟁수행을 위하여 준비하는 제반설비를 군비라 하고 군비에 관해서 상세히 규정하는 제반제도를 군사제도라 한다. 따라서 이런 군사제도의 근원은 헌법, 국가전략 그리고 군사정책과 군사전략에서 연유되는 것이다.

1) 통수체제

1919년 4월 11일에 발표된 10개 조의 임시헌장臨時憲章을 기본 삼아 임시헌법(1919년 9월 11일)에서 통수체제와 관련된 내용을 보면 다음과 같다.[9]

제11조, 임시 대통령은 국가를 대표하고 정무를 총람하며 법률을 공포함.
제15조, 임시 대통령의 직권은 아래와 같음.
2. 육해군을 통솔함
4. 문무관을 임명함.
제36조, 국무원에서 의정할 사항은 아래와 같음
3. 군사에 관한 사항.
4. 조약과 선전강화宣戰講和에 관한 사항.

1919년 11월 5일 공포公布된 대한민국 임시관제의 내용은 다음과 같다.[10]

제1절 대본영大本營
제1조, 대본영은 임시 대통령을 원수로 한 군사의 최고 통솔임.

9) 國史編纂委員會編, 『韓國獨立運動史』 臨政篇 II 자료 2, 1971, pp. 12~15.
10) 상게서, pp. 35~40.

제2조, 대본영에는 막료급 기관의 고등부를 치置하되 그 편제는 차此를 별정함.
제3조, 국무총리 및 참모총장은 막료의 주간이 되어 유악帷幄의 기밀을 운주運籌하고 작전의 계획을 작성하여 차를 실행함.

제2절 참모부參謀部

제1조, 참모부는 국방 및 용병에 관한 일체 계획을 통솔함.
제2조, 참모부는 총장 1인, 차장 1인, 참모 약간인으로 조직함.
제3조, 참모부의 상세한 규정은 차를 별정함.

제3절 군사 참의회軍事參議會

제1조, 군사 참의회는 중요 사무에 관한 임시 대통령의 자문기관임.
제2조, 군사 참의원은 임시 대통령이 선임한 의장 1인, 부의장 1인, 참의원 약간인으로 조직함.

제4절 군무부軍務部

제1조, 군무총장은 육해군 군정에 관한 사무를 장리掌理하며 육해군인 군속軍屬을 통할하고 소관 각서各署를 감독함.
제2조, 군무부에는 비서, 육군, 해군, 군사, 군수, 군법의 육국六局을 치함.
제4조, 육군국陸軍局은 좌개사항左個事項을 장리함.
1. 육군 건제建制 및 평시 편제와 계엄연습 검열에 관한 사항.
2. 단대團隊배치에 관한 사항.
3. 전시 법규와 군기 및 의식 복제服制에 관한 사항.
4. 육군 비행대에 과한 사항.
5. 각 과병科兵에 과한 사항.
6. 육군 위생 의정醫政과 기타 사항.
제5조, 해군국은 좌개 사항을 장리함.
1. 해군 건제 및 평시 전시편제와 계엄연습 검열에 관한 사항.
2. 전시법 규칙과 군기 및 의식 복제에 관한 사항.
3. 함정艦政에 관한 사항.
4. 해상안보 및 운수 통신에 관한 사항.
5. 수로 등대 및 측기에 관한 사항.
6. 해군 비행대에 관한 사항.
7. 해군 위생에 관한 의정醫政 및 기타 사항.
제6조, 군사국 좌개 사무를 장리함.
1. 육해군 문무관 임면任免 보충에 관한 사항.
2. 육해군 병적兵籍 전시명부戰時名簿 고적표考績表.
3. 육해군 병원兵員 모집에 관한 사항.
4. 상공賞功 은급恩給 포장褒獎 급가給暇 결혼에 관한 사항.
5. 육해군 유학생 및 학교에 관한 사항.

제7조, 군수국은 좌개 사무를 장리함.

1. 병기兵器 및 기재器材에 관한 사항.
2. 피복 식량 마필馬匹 물품에 관한 사항.
3. 군사운용 경리연구 심의에 관한 사항.
4. 건축에 관한 사항.
5. 군수관 교육 양출養出에 관한 사항.
6. 폐물처분에 관한 사항.

제8조, 군법국에 좌개 사무를 장리함.

1. 군사국법軍事局法에 관한 사항.
2. 육해군 감옥에 과한 사항.
3. 군인 심판 및 감옥직원의 인사에 관한 사항.
4. 특사 및 죄인 인도에 관한 사항.
5. 군법회의에 관한 사항.

상술한 임시헌법 및 관제官制는 여러 번 수정되었지만, 그 원형이 변경된 것은 아니었다. 임시정부는 독립전쟁에 대비하여 군사제도를 통하여 지휘체제를 갖추었으나, 많은 독립군을 통제하여 실제로 단일 지휘체제로 운용하는 단계에는 곧 이르지 못했다.

1920년 만주에 파견되었던 최동오崔東旿의 보고에 의하면 독립단체의 총수는 22개, 무장 군인은 약 2,000여 명이라 했다. 무장 군인의 수가 아무리 많다 하여도 어떤 단일 지휘하에서 일정한 전략에 의해 운용되지 못한다면, 군사력을 효과적으로 발휘하지 못한다. 이러한 실정에 비추어 군사단체의 통일이 요청되었다. 그리하여 1920년 9월 북경에 있던 박용만·신영호 등이 주동이 되어 군사통일촉성회軍事統一促成會를 조직하여 1921년 4월 20일 베이징北京 교외 삼패자화원三牌子花園에서 군사통일 주비회籌備會를 열고 군사통일 방침을 토의했는데, 이때 참가한 단체대표는 아래와 같다.

- 내지內地 국민회 대표 박용만
- 포와布哇 국민회 대표 김천호·박승선·김세준
- 간도間島 국민회 대표 김구우
- 서로군정서西路軍政署 대표 송 호
- 내지 광복단 대표 권경지
- 포와 독립단 대표 권승은·김현구·박건병
- 내지 청년회 대표 이장호·이광동
- 대한민국 의회 대표 남공선
- 내지 노동당 대표 김 갑
- 내지 통일당 대표 신 숙·신성모·황학수

이 회의는 군사문제에 대하여 진공進攻·준비의 양면으로 나누어, 노령露領에 집결하고 있는 대한 독립군단은 뒷날 대격진공大擊進攻을 준비케 하고 만주 각지에 산재한 부대는 정돈하여 끊임없이 국경을 넘나들며 게릴라전을 전개하기로 전략을 수립하였다. 그리고 이 독립전쟁의 지휘권을 임시정부의 군무부하軍務部下에 통할하느냐, 따로 군사통일 기관을 설치하느냐의 두 가지 방안을 토의 중 포와 독립단 대표 권승근이 이승만의 위임통치 문제를 폭로함으로써 이 회의는 만장일치로 임시정부(당시 이승만은 임시 대통령이었다) 및 임시 의정원을 부인하기로 결의하고 다시 국민 대표회를 소집하여 군사문제를 해결하기로 결정하였다.[11]

이 회의는 그 후의 독립운동에 있어서 결정적 영향을 미쳤고 또한 애석한 생각마저 들게 한다. 즉 이 회의는 독립전쟁을 위한 지휘체제의 단일화도 가져오지 못했을 뿐만 아니라, 임시정부 그 자체를 부인함으로써 독립운동에 균열을 가져온 불행한 결과가 되었다. 그 후 1931년 9월의 만주사변, 1932년 4월 윤봉길의 의거, 1937년 7월 중·일전쟁 등의 정세의 변화와 군사력 증강의 시대적 요청 등으로 활발한 움직임을 보이려고 했다. 1937년 10월 임시정부 정무보고의 내용은 그동안의 실정과 현실 및 앞으로의 대책을 다음과 같이 기록하였다.

> 과거 10수년래로 각종 외래의 이단적 사상과 각파 주의자들의 발호跋扈와 진공進攻으로 인하여 우리 광복진영은 많이 파괴되고 혼란되어 실로 한심한 경우에 처하여 우려를 불감不堪하던 바… 수 개월 전에 발표된 범凡 구개九個의 한국광복운동단체의 연합선언으로서 광복진선光復陣線이 선명하여지고 광복진선은 이로써 임시정부를 옹호 지지하는 밑에서 통일되어… 중·일전쟁이 이미 개시된 금일에 재在하여는 왜적에 대비한 특무공작을 급절急切히 행함이 필요하므로… 불원不遠한 장래에 대부대적大部隊的 군대를 편성하려면 군대의 간부인재幹部人材가 얼마든지 많아야 하겠으므로 정부에서 속성과로 훈련소를 설립하여 최단最短한 기간 내에 위선 제1기로 초급장교 약 200명을 양성하기로 하였습니다.[12]

이러한 계획은 중·일전쟁의 전세戰勢의 악화로 임시정부는 피란하기에 급할 정도였기 때문에 실천에 옮기지도 못했다. 1919년 임시정부에서 구상했던 통수체제에 의한 군대는 1940년 9월 17일 광복군이 중경重慶에서 창설됨으로써 겨우 부분적으로 성립되었다.

11) 국사편찬위원회, 『한국독립운동사』 3, 1967, pp. 67~69.
12) 국사편찬위원회, 『한국독립운동사』 임정편 I 자료 1, p. 83.

2) 군사교육제도

1920년의 임시정부의 시정방침은 다음과 같다.[13)]

제5항 개전 준비

독립운동의 최후 수단인 전쟁을 대대적으로 개시하고 규율적으로 진행하여 최후 승리를 득得하기까지 지구持久하기 위하여 여좌如左 준비의 방법을 실행한다.

1. 군사적재軍事適材 소집

군사상 수양과 경험 있는 인물을 조사 소집하고 군사회의를 개開하여 작전계획을 주비籌備하고 각종 군사직무를 분담 복무케 한다.

2. 국외 의용군 소집훈련

아령俄領 중령中領 각지에 10만 명 이상의 의용병 지원자를 모집하고 좌左와 여如한 결속 훈련을 한다.

(가) 대오 편성－응모한 병사로 대오를 편성하고 장관將官이 차此를 영독지휘領督指揮한다.

6. 사관학교 설립

중아령中俄領 및 정부 소재지에 가능한 방편을 취하여 사관학교를 설립하고 사관을 양성한다.

7. 비행기대 편성…

상술한 내용은 군사에 관한 내용을 요약한 것으로 대단히 치밀하고 광범위한 계획을 세웠다. 이 외로 시정방침을 보면, 내정內政, 외교, 재무 등이 포함되어 있다.

한 국가의 군사력의 기본적 요소의 하나는 병원兵員의 질과 수이다. 더욱이 군의 간부양성은 가장 중요한 문제이다. 일찍이 보불전쟁에서 프랑스군의 패인敗因과 그들 고위 지휘관들의 과오를 분석한 포슈 장군은 "전투의 승패는 지휘관에 의해 결정되는 것이지 병사에 의해서 결정되는 것은 아니다"[14)]고 했는데, 여기서 우리들은 임시정부의 사관士官 양성에 관해 고찰해 보고자 한다.

임시 육군사관학교 조례에 의하면 다음과 같다.

제1조, 육군 무관은 중학 이상의 학력이 있고 연령이 만19세 이상 30세 이하의 대한민국 남자로 하여금 입학케 하며 초급장교됨에 필요한 교육을 수受하므로써 목적으로 함.

제4조, 교장은 군무총장에 직례直隷하여 일체 교무를 총리總理하고 학도교육의 책임을 부負함.

제14조, 학도의 수학기修學期는 만 12개월로 함.

제23조, 졸업생은 참위參尉에 임무하며 대부속隊附屬 혹은 기타의 근무를 명命함.

제28조, 본 조례에 규정한 군무총장의 직권은 참모본부 성립과 동시에 참모총장에 전속轉屬함.[15)]

---

13) 상게서, 자료 3, pp. 180~181.

14) E. M. Earle, ed., *Makers of Modern Strategy* (Princeton : Princeton University Press, 1943), p. 228.

상술한 육군 무관학교 설치법에 의하여 중국 상해에서 1920년 5월 8일 제1회 졸업식을 거행하고 19명의 초급장교를 배출시켰다. 교장 김의선은 훈유를 통하여, "그러나 오직 유감 됨은 우리에게 군세軍勢의 부득이함이 다多하여 수업 6개월간에 충분한 연찬硏鑽을 득得치 못하였음이라…"[16]고 했다. 결과적으로 보면, 수업기간이 1년간에서 6개월로 단축되었고, 졸업 인원 수는 불과 19명이었다. 그런데 실제 무관학교 운영 실능運營實能에 대해서는 임정의 기본 자료가 아직 발견되고 있지 않지만 1920년 2월 5일 일본 고등경찰의 국외 정보의 보고서에 의하면, "사관학생을 양성한다 하여 구시舊時의 부위副尉 1인과 체조교사 1인을 써서 청년 22명을 가르치는 등"[17]이라고 했다. 그리고 1921년 4월 29일 국외 정보에 의하면,

• 육군 무관학교
교장대리 겸 생도대장 도인권(전임교장 김의선)
교관 겸 생도대 중대장 김 철
경 리 김준수

(1920년 11월경부터 폐교 중인 것)[18]

라 했으니, 무관학교의 운영실태가 빈약했을 뿐만 아니라, 더 애석한 사실은 발전하지도 못했다는 것이다. 그러다가 1932년 4월 윤봉길의 일본 시라가와(白川) 대장의 살해 등 일련의 한국인의 저항정신을 중국인들이 높이 평가하게 되어, 장개석蔣介石 및 국민정부 요인들의 지원을 얻어 간부요원 양성을 다시 시작하게 되었다.

예컨대, 김원봉은 남경南京 교외 국민정부 군사위원회 간부 훈련반 내에 의열단 경영에 의한 같은 반 제6대(별명別名 조선혁명간부학교)를 창립하여, 한국인 교관 20여명을 두고 한국 및 만주 등의 각지에서 모집한 청년들에 대해 민족의식의 고취를 비롯하여 폭탄의 제조, 이의 투척기술, 소총 및 권총의 조법操法 및 사격술, 철도 교량 등의 폭파술 기타 일반 군사교련 등 테러행위에 필요한 각종의 기술을 습득시켰다. 그리하여 마침내 1933년 4월 1기생 26명, 1934년 4월 2기생 54명, 1935년 10월 3기생 36명을 졸업시켰다. 또한 한국

15) 국사편찬위원회, 전게서, 임정편Ⅱ 자료 2, pp.62~63.
16) 상게서, p.140.
17) 金正明 編, 『朝鮮獨立運動』Ⅱ, 1967, p.408.
18) 상게서, p.437.

독립군 총사령 이청천李靑天도 중국측 요인의 지원으로 1933년 12월 이후 청년 92명을 선발하여 2개년을 기간으로 하는 보통반을 편성해서 이를 국민정부 군관학교 낙양분교에 수용, 육군 군관 훈련반 제17대로서 조직하여 군사훈련을 실시하며 또 별도로 청년 수 십 명을 가지고 특별반을 편성하여 3개월을 수업기간으로 하는 남경 중앙군관학교 예과에 입학시켜 중국 입학생과 마찬가지의 각종 군사훈련을 실시하는 등 활발한 움직임을 보였으며, 그 구체적 내용은 〈그림 1〉의 「한국인 군관학교 일람표」와 같다.[19]

국민정부 군관학교 낙양분교 설치의 경위에 대해서는 재북평在北平 나카야마(中山) 일등 서기관의 보고서, 「김구의 군관학교 설립상황」(1934년 6월 4일)에 다음과 같이 기록되어 있다.

> 김구는 1932년 4월 홍구공원 폭탄 투척사건(윤봉길 의사의 사건을 뜻함)에 관여함에 당하여 당시 19 노군路軍으로부터 차此의 보수報酬로 양洋 10만원의 지급을 수受하고 더구나 동同정부 비호 하에 교묘히 그 행동을 비밀히 하여 현재에 급及하여… 스스로(김구를 뜻함) 국민정부 요로要路에 극력 운동한 결과 마침내 중앙당부中央黨部도 드디어 원조하기로 되어 금회今回 중앙 군사위원회 정훈반 낙양분교소 내에 선인鮮人 군관학교의 설치 허가를 득得하여 본년 3월 차此의 개교를 하기에 지至하여 현재 학생 70명에 이르고 극력 교육 중으로서 그 경비는 최초 중앙당부로부터 매월 1,500원의 지출 원조할 것을 승낙하였음에도 불구하고 생각하는 대로 지원이 없어서 김구는 사재私財를 투投하고 있는 바 불원不遠 제1기생으로 수료할 예정인데…"[20]

중국 요인들에 의한 임시정부의 군관학교의 설치 및 분교의 지원 등은 한민족韓民族의 일제日帝에 대한 저항정신의 발로에서 연유되었다. 더욱이 장개석은 윤봉길을 찬탄하되, "중국의 백만 군대가 불능하는 것을 한국의 한 의사義士가 능히 하니 장하도다"고 하였다. 일제의 한·중 이간책으로 야기된 만보산 사건으로 한·중 감정이 나빴지만 중국 관민官民은 이 홍구공원虹口公園의 장거壯擧로 융화되어 한·중 공동 항일체제抗日體制가 한층 더 깊어졌다. 1933년 5월 중국 국민정부 주석 장개석蔣介石은 김구와의 면회를 요청하므로 김구는 남경 중앙군관학교 내에 있는 주석 관저에서 장개석과 면회하여 중앙군관학교 낙양분교에 한국 독립군을 위해 특별반을 설치하고 군 간부를 양성하도록 약정하여 교육이 실시되었고, 이들이 후에 조직된 광복군의 기간요원이 되어 활약하였다.

---

19) 상게서, pp. 554~555.
20) 국사편찬위원회, 전게서, 임정편Ⅱ 자료 2, pp. 150~151.

〈그림 1〉 한국인 군관학교 일람표

명 칭	기별	입학년월일	졸업년월일	학생 수	교관 수	학교 소재지	주요 교수과목	경영자
국민정부 군사위원회 간부 훈련반 제6대(조선혁명 간부학교)	제1기	1932. 10. 20.	1933. 4. 22.	26명	약 20명 (중국인 3명 포함)	남경교외南京郊外 탕산湯山 선사묘善祠廟	①정치조 : 정치, 경제, 사회, 철학 ②군사조 : 보병조전, 사격교범, 폭탄제조법, 기타 ③실과 : 상동	교장 : 김원봉
위와 같음	제2기	1933. 9. 17.	1934. 4. 20.	54명	위와 같음	남경교외 강령진江寧鎭	①경영학, ②유물사관, ③사격, ④전술, ⑤삼민주의, ⑥진중요무령, ⑦의열단사, ⑧각국 혁명사, ⑨폭탄제조 및 사용법, ⑩ 기타	위와 같음
위와 같음	제3기	1935. 4. 2.	1935.	입학 44명 졸업 36명	위와 같음	남경교외 상방진上方鎭 황룡산 산록山麓 천령사天寧寺	①조선혁명에 관한 훈화, ②사회학, ③세계경제, ④특무공작, ⑤경제학, ⑥보병조전, ⑦소총기관총조립법, ⑧진중요무령, ⑨정치학, ⑩실과교련, ⑪기타	위와 같음
국민정부 군관학교 낙양분교 육군 군관 훈련반 제17대(보통반)		1933. 12.	1935. 4.	입학 92명 졸업 62명	4명	낙양	①학과목은 대략 제6대와 같음 ②실과 일반군사훈련을 실시함	김구, 이청천, 김원봉 3명의 합작대장 이범석
남경중앙군관학교(특별반)		1933년 말경	훈련 중	입학 50명 그 후 대부분 퇴교	불상不詳	남경南京	중국 입학생과 동일한 훈련을 받음	김구, 이청천, 김원봉 등이 중국측에 학생훈련을 위탁함
한국독립군 특무대 예비훈련소		1935년 2월경	1935년 10월 하순 중지	28명	불상	남경	주로 혁명적 훈련을 실시하는 동시에 중국측 군관학교에 입학시키기 위한 예비적 훈련을 실시하고 있음.	김구

1937년 7월 중·일전쟁의 발발은 새로운 국면을 가져왔다. 그리하여 임시정부는 훈련소를 설립하여 단시일 내에 초급장교 약 200명을 제1기로 양성할 계획을 세웠으나, 중국 측의 전세 불리로 후퇴를 거듭함에 따라 실현을 보지 못했다. 그 후 임시정부의 독자적인 군관학교 설립은 없었고, 다만 황포黃浦군관학교의 분교에 한국인을 위한 특설 군사반이 있어서 일본군 학병學兵으로 중국전선에서 탈출한 병사들의 세뇌교육과 군사훈련을 3~4개월 시켜 참전케 했다.

3. 중·일전쟁과 광복군의 성립 배경

1931년 9월 만주사변 이후 만주지역에 일제의 침략의 손길이 뻗치자 많은 무장 투쟁가들은 그 곳을 떠나지 않을 수 없었다. 1932년부터 이들 많은 독립군의 지도자들은 상해로 모여들어 임시정부에 대거 가담하였다. 임시정부는 무장투쟁의 경험을 가지고 있는 이들을 흡수함으로써 종래의 외교투쟁 노선을 지양하고 무력武力 항일투쟁으로 서서히 그 성격을 변화시켜 갔다. 이것이 임시정부가 중·일전쟁 이후 임시정부의 위치를 다시 부각시키는 주요한 요인이었다.

1937년 7월 7일 중·일전쟁이 발발하여 전쟁이 중국 전토全土로 확대되자 국민당 정부는 총력을 기울여 일제의 침략을 저지해야 했다. 그러나 일본군의 공세에 밀려 중국 정부는 1938년 10월 중경으로 환도하여 철저한 항일전을 수행할 것을 결의했다. 중국 대륙의 정세가 이렇게 되고 보니 일제를 상대로 조국 광복운동을 수행하고 있는 임시정부의 목표와 또 중국 대륙에 침공한 일제를 구축驅逐하려는 중국 정부의 입장은 상적相適하게 되었다. 그래서 중국 정부의 임시정부에 대한 협조태도가 달라지게 되었다.

종전에 있어서는 중국 정부가 일제를 정면으로 충돌하면서까지 임시정부를 적극적으로 또한 표면적으로 지원할 처지가 되지 못했으나, 중·일전쟁은 이러한 상황을 일변시키고 말았다. 중경의 신촉보新蜀報, 대공보大公報 등의 주요 언론의 사설을 통하여 다음과 같이 주장했다.

> 과거 중·한 양 민족의 연합은 일제의 간악한 이간정책으로 성공하지 못하였으나 일제의 중국침략으로 중·한 양 민족은 공동의 이해관계利害關係가 명백하여졌으니 응당 단결해야 한다. 중국의 승리

는 일제로부터 압박을 받고 있는 민족의 해방을 의미하게 되니 중·한 양 민족은 연합하여야 하며 공동합작 하여야 한다.[21]

중국이 이렇게까지 양 민족의 연합전선의 필요성을 강조한 이유는 전세가 너무 그들에게 불리하게 전개되어 갔기 때문이었다. 한편 임시정부 김구 주석은 중국 정부와 국민들의 열망에 호응하여 다음과 같은 성명서를 1938년 11월 12일에 발표했다. 즉 "한·중 양국은 수 십 년래 일본 제국주의의 압박을 함께 받아왔으니 침략을 물리치는 정신에 다를 바가 없으며 중국의 승리가 약소민족이 해방되어 자주평등지경自主平等之境에 이를 수 있는 길이니 한·중 양 민족이 단결을 견고히 할 것을 희망한다."[22]

결과적으로 본다면 중·일전쟁에서 중국측의 전세불리戰勢不利는 한·중 연합전선의 긴요성을 가져왔고, 임시정부에 있어서는 광복군의 설립이 시급하게 되었다.

4. 광복군의 군사활동

가. 행동준승行動準繩 9개 조항

임시정부가 광복군을 창군創軍하여 군사행동을 전개하려는 계획에 착수한 것은 중·일전쟁이 일어나기 전인 1936년 11월이었다. 그러나 이 계획은 실제로 착수하지도 못하는 사이에 1937년 7월 중·일전쟁이 발발하자 임시정부는 새로이 독자적인 계획을 1937년 10월 17일에 세웠다. 이 내용은 전술한 바와 같이 필요한 간부를 양성하기 위하여 속성과로 훈련소를 설립하여 최단最短한 기간 내에 우선 제1기로 200명을 양성한다는 계획이었다. 그러나 이것을 실시할 여건이 조성되지 않았다.

우선 군관학교 설립에 요하는 지점까지를 물색하다가 당시 우리가 있던 지대가 전구戰區에 입入하여 부득이 당지當地를 출발하게 되고… 차此에 소요되던 금전은 백 여명 소속 인원의 구급비에 유용하게 되어 예산하였던 금액을 적립치 못하고 아울러 우리가 점점 중국 복지服地로 이전된 관계로 인

21) 『아세아 학보』 제11집, p. 15에서 재인용.
22) 상게서, p. 16에서 재인용.

하여 학원學員 모집에도 극히 곤란하여 기정旣定한 계획을 예기豫期한 대로 실시치 못하였음은 유감천만이오.…[23]

여기서 우리들은 군사계획을 실시하지 못한 이유가 밝혀졌는데, 당시 임시정부는 중국군의 총후퇴로 남경南京, 항주杭州, 가흥嘉興, 진강鎭江, 장사長沙, 광동廣東, 유주柳州, 기강綦江, 중경重慶[24] 등으로 10번을 이전했으니 그 고초는 형용하기 어려웠다.

그러나 1939년 중국정부가 중경에 임시수도를 정하고 장기 항전태세를 취하게 되었고 또 임시정부도 혼란을 딛고 수습단계에 이르자 한·중 연합작전과 광복군의 조직문제가 제기되었다. 임시정부 주석 김구는 광복군 성립계획을 1940년 3월 장개석에게 제출하여 4월에 허락을 받았다. 그 후 임시정부는 광복군 훈련대강訓練大綱을 마련하여 중국측의 허락을 받았으며, 모든 준비를 해서 1940년 9월 17일 중경에서 중국측 요인 및 한국 독립운동자 다수가 참석한 자리에서 한국광복군 총사령부 성립전례成立典禮를 거행했고 이로써 광복군은 정식으로 창설을 보게 되었다.

임시정부 주석 겸 광복군 창설위원회 위원장 김구는 다음과 같은 내용의 선언문을 발표했다. 즉 "대한민국 임시정부는 대한민국 원년(1919)에 정부가 공포한 군사조직법에 의거하여 중화민국 총통 장개석 원수의 특별허락으로 중화민국 영토 내에서 광복군을 조직하고 대한민국 22년(1940) 9월 17일 한국광복군 총사령부를 창설하며 한국광복군은 중화민국 국민과 합작하여 우리 두 나라의 독립을 회복하고 저 공동의 적인 일본 제국주의자들을 타도하기 위하여 연합군의 일원으로 항전을 계속한다."[25]

광복군의 임무는 다음과 같다.[26]

① 우리들의 분산된 역량을 독립군에 집중하여 전면적 조국 광복전쟁을 전개할 것.
② 중국의 항전에 참가하여 중국 항일군과 연합하여 왜적을 격멸할 것.
③ 국내 민중의 무장 항일운동을 적극적으로 지도할 것.
④ 정치, 경제, 교육 등에 균등한 신민주국가를 건설하기 위한 무력적武力的 기간基幹을 이룰 것.
⑤ 화평 및 정의를 지지하는 세계 각 민족 및 인류를 조애阻礙하려는 사물을 일체 소탕할 것.

23) 국사편찬위원회, 전게서, 임정편 I 자료 1, pp. 93~94.
24) 이강훈, 전게서, p. 192.
25) 『아세아 학보』 제11집, p. 19에서 재인용.
26) 김정명 편, 전게서, p. 700.

당시 일본측은 광복군의 창립에 대해 다음과 같이 평가했다. 즉 "한국 독립군의 내용에 대해서는 중국 공산당 기관지 「대중보」의 '중국 군관학교 및 일본 육군사관학교 출신의 선인鮮人청년학교 약 600명을 지휘관으로 하여 그 병력 수 십 만을 헤아린다'고 하는 보도는 과장과실誇張過失을 범했지만, 상당수의 실세력實勢力을 가지고 있다는 것은 의심할 여지가 없다."[27]

광복군은 당시 중국측의 지원에 의지하고 있었기 때문에 군의 방침을 우선 항일결전을 위한 전투부대를 편성훈련하는 데 주력키로 하고 다음과 같은 계획을 수립했다.[28]

① 대량으로 군사간부를 단기 양성하는 일방 국내 만주 남북중국에 전원을 파견하여 동포사병을 초련招練하여 훈련할 것.
② 군 창립 1개년 후에는 최소 3개 사단을 편성하여 중·미·영 등 연합군에 교전단체로 참가하여 전투를 전개할 것.
③ 일방으로 선전전宣傳戰을 실시하여 외外로 종래의 투쟁역사와 현존의 분투奮鬪상황을 소개하는 동시에 내內로 적 후방의 동포를 고동鼓動하여 총궐기 폭동할 것과 군사행동에 향응 협조케 할 것을 촉진할 것.

1940년 11월 중경에 설치되었던 광복군 총사령부를 임무수행에 편리한 서안西安으로 이전하는 한편 총사령 이청천 등을 비롯한 간부들은 중국 당국과의 군사협정의 문제를 절충키로 했다. 당시 광복군이 해결해야 하는 당면과제는 두 가지였다. 하나는 모든 재정財政은 중국측으로부터 지원을 받아야 광복군은 활동할 수 있는데, 그 군사활동이 중국 영토에서 수행되어야 하기 때문에 연합작전에서의 지휘권의 문제와 행동범위 등의 문제, 둘째는 내부적 문제로 임시정부와 대립관계에 있던 조선 민족혁명당이 중국측의 지도와 지원하에 조선 의용대를 조직하여 전선에서 활동을 전개하고 있었기 때문에 중국과 광복군의 관계를 어떻게 정당화시킬 것인가 하는 문제였다.

조선 의용대의 존재는 한국 독립운동전선의 통일과 대對중국 군사외교활동에 있어서 중대한 장애였다. 중국 정부와의 군사협정체결을 위한 교섭은 부진하였고 최종단계에 가서는 1941년 11월 중국 군사위원회가 일방적으로 통고한 '한국광복군 9개 행동준승'을 임시정부가 수락함으로 마무리를 지었는데, 그 내용은 다음과 같다.[29]

27) 상게서, p. 700.
28) 洪永道 編, 『韓國獨立運動史』, 1956, p. 356.

(1) 한국광복군은 중국의 항일작전 중에 있어서는 중국 군사위원회에 직속直屬하고 참모총장에 의하여 장악 운용된다.
(2) 한국광복군이 중국 군사위원회의 통괄 지휘를 받아 중국에서 항전을 계속하는 기간 및 한국 독립당 임시정부가 한국경내韓國境內로 지행하기 전에는 중국 최고 통수부만의 군령을 접수하고 기타의 군사령軍事令을 접수하거나 혹은 기타 정치적 견제를 접수할 수 없다. 한국 독립당과 임시정부와의 관계는 중국 군령을 받는 기간 내에는 고유의 명의관계名義關係를 보류한다.
(3) 중국 군사위원회에서 한국광복군이 한국 내지內地 및 한국 변경邊境 접근지역을 향하여 활동함을 원조하되 중국 저항공작을 배합함을 원칙으로 하며 한국 경내로 진입하기 전에는 한인이 흡수할 수 있는 지방을 활동구역으로 삼는다. 군대의 편성기간 중에는 특별히 중국 전구戰區 제일선第一線 부근에서 조직 훈련하되 당지當地 최고 군사장관의 절제節制를 받아야 한다.
(4) 전구 제일선 이후 지구地區에서는 전구장관戰區長官 소재지 및 중국 군사위원회 소재지에서만 연락 통신기관을 설립하되 부대를 소집 편성하여 임의로 두류逗留하거나 혹은 기타 활동을 할 수 없다.
(5) 해군 총사령부 소재지는 군사위원회에서 지정한다.
(6) 해군은 함락구陷落區 및 전구 후방에서를 물론하고 중국 국적의 사병을 초모수합招募收合하거나 임의로 행정관리를 설치할 수 없고 화문華文의 문화공작이나 기술인원을 쓰려고 하는 경우에는 군사위원회에서 파견한다.
(7) 해군의 지휘명령에 관한 것이나 문서와 무기의 청구 수령 등에 관한 것은 중국 군사위원회에서 변공청辨公廳 군사처에 지정하여 책임지고 연락 제공한다.
(8) 중·일전쟁이 종결되기 전에 임시정부가 벌써 한국 경내에 진입하였을 때는 해군과 임시정부의 관계는 따로 명령규정을 의정議定하되 종전대로 중국 군사위원회의 군령을 계속 접수하여 작전에 주력한다.
(9) 중·일전쟁이 종결되었을 때에도 임시정부가 아직 한국 경내에 진입하지 못하였을 경우 광복군을 그 후 어떻게 운용하는 것은 중국 군사위원회의 일관된 정책에 의하여 당시의 정황을 보아서 책임지고 처리한다.

이 9개 준승準繩은 광복군을 지원한다기보다는 오히려 행동범위를 제한하려는 취지에서 만들어졌고 더욱이 군령권軍令權을 갖지 못함으로써 광복군은 임시정부의 국군의 역할을 하지 못하는 결과가 되었다. 그래서 임시 의정원 의원들의 공박이 심했으며, 임시정부에서도 그것을 수정하려고 노력했으나 중국측이 들어주지 않았다. 임시정부가 이것을 수락한 이유를 1942년 10월 27일 군사보고에서 다음과 같이 밝히고 있다.

소위 활동준승이라는 9항에 불만한 것이 많아 접수할 수 없다는 논의도 있었으나, 광복군의 교섭

29) 국사편찬위원회, 전게서, 임정편 I 자료 1, p. 452.

이 1년 반이나 끌어오다가 겨우 된 것이니 또 다시 반년 1년을 끌어간다면 좋은 시기를 허송하며 속수무책할 것이 너무나 절박하고 또 이것이 무슨 조약을 체결한 것이 아니니 인통접수忍痛接受하더라도 중국이 우리 운동을 진정으로 협조코자 한다면 교정矯正할 수 있겠다는 치상癡想도 있고 또 어떻게 하든지 우리 세력의 기초만 생겨서 만주지경滿洲地境에만 들어가면 아무리 각박한 구속을 하려해도 가능이 적으리라 하야 인통접수한 것…[30]

임시정부에 있어서 비록 광복군의 지휘권이 일시적이나마 중국 군사위원회에 속한다 할지라도 그 사이에 광복군의 국군으로서의 사명 그리고 서약문 등을 만들어 내실의 기반을 확고히 하는 방향으로 나아갔다. 그리하여 1941년 11월 25일 국무회의에서 한국 광복군 공약과 선서문을 통과시켜 공포했는데 그 내용은 다음과 같다.[31]

한국광복군 공약

제1조 무장적 행동으로써 적의 침탈세력을 박멸撲滅하려는 한국 남녀는 그 주의사상主義思想의 여하를 물론하고 한국 광복군의 군인될 의무와 권리가 유함.

제2조 한국광복군의 군인된 자는 대한민국의 건국 강령과 한국광복군 지휘정신에 위반되는 주의主義를 군 내외에 선전宣傳하고 조직함을 부득不得함.

제3조 대한민국의 건국 강령과 한국광복군 지휘정신에 부합되는 당의黨義·당강黨綱·당책黨策을 가진 당은 군내軍內에 선전하고 조직함을 득함.

제4조 한국광복군의 정신과 행동을 통일하기 위하여 군내에 일종 이상의 정치조직을 치置함을 불허함.

한국광복군 서약문

본인은 적성赤誠으로써 좌열각항左列各項을 준수하옵고 만일 배서背誓하는 행위가 유有하면 군의 엄중한 처분을 감수할 것을 자玆에 선서하나이다.

1. 조국광복을 위하여 헌신하고 일체를 희생하겠음.
2. 대한민국의 건국 강령을 절실히 진행하겠음.
3. 임시정부를 적극 옹호하고 법령을 절대 준수하겠음.
4. 광복군 공약과 기율을 엄수하고 장관 명령에 절대 복종하겠음.
5. 건국 강령과 지도指導정신에 위배되는 선전이나 정치조직을 군 내외에서 행치 않겠음.

대한민국 년 월 일

서약인 서명 날인

30) 대한민국 국회도서관, 『대한민국 임시정부 의정원 문서』, 1974, p. 777.

31) 국사편찬위원회, 전게서, 임정편 I 자료 1, pp. 456~457.

임시정부가 해결해야 할 두 번째 과제는 조선 의용대와의 문제였다. 즉 동족이면서 중국 군사위원회의 산하에서 활동한다는 것은 임시정부의 대외적 문제와 또한 광복군의 전력 증강과 밀접한 관계가 있기 때문이다. 이 문제는 세 가지 점에서 해결의 실마리가 풀리기 시작했다.

첫째, 제2차 세계대전의 발발로 유럽에 반反나치 저항운동의 기치 아래 프랑스, 폴란드, 네덜란드 등의 망명정권이 수립되어 연합국의 승인을 얻어 활동을 하고 있었다는 사실이었다. 조선 민족혁명당은 종전부터 임시정부를 부인해 왔는데, 그 이유는 국토가 아직 광복되지 않았음으로 실질적으로 인민이 없는 해외에서 임시정부는 주권을 행사할 수 없고, 또 국내 인민의 민주적 합법선거에 의거한 조직이 아니고, 각국은 아직 임시정부를 승인하고 있지 않다는 점이었다. 그러나 이런 이상적理想的 근거는 현실에서 통용하지 않게 되었다는 것이다.

둘째, 제2차 대전의 정세 하에서 대일對日항쟁을 계속하고 있는 임시정부도 연합국이 승인할 가능성이 증대되었고 또한 임시정부의 지도하에 광복군이 조직되었기 때문에 조선 의용대의 명분과 정통성 그리고 통일전선을 펴기 위한 내부적 단합의 필연성이 겹치게 되었다. 그래서 1942년 4월 임시정부 국무회의에서는 광복군·조선 의용대 합편안合編案을 결의하여 통합의 조건을 마련하였다.

셋째, 중국 측의 중용이 크게 작용했다는 점이다. 중국 군사위원회의 지휘 하에 두 부대가 속해 있다는 것은 여러 가지 문제가 있었지만, 그들은 한국인 내부의 문제는 그들 스스로에게 맡긴다는 원칙으로 직접 개입을 삼가왔으나, 내외의 상황이 성숙되었기 때문에 중국 측에서도 더 이상 두 부대의 병립이 필요 없게 되어 중국 군사위원회는 동년 5월 21일 조선 의용대의 해산과 광복군 편입을 명령하고 조선 의용대장 김원봉金元鳳을 광복군의 부사령副司令으로 임명했다.

임시정부와 기타 요인들은 광복군 9항 행동준승의 폐기 내지 개정을 끈질기게 교섭해 왔다. 예컨대 1942년 12월 이연호李然晧 의원 외 6명이 광복군에 관한 제의안을 제출했는데, 그 내용은 다음과 같다.

> 소위 행동준승 9개 조항의 가혹한 조건을 행사함은 백년 전 중·영조약中英條約 이상의 위험성을 가진 것이다. 중국이 백년의 치욕을 세설洗雪하는 금일今日에 오인吾人에게 여사히 가혹한 조건을 접수케 한다면 이는 우리 민족으로서 만대萬代 치욕을 가하는 동시에 이폭역폭以暴易暴으로 화약을 자

탄自呑하는 우준한 행동인지라 결단코 그 최고 당국의 의사가 아닌 동시에 신흥 중국 국책도 아닐 것이다 이제 오인吾人은 아국의 완전한 독립정신을 관철하며 한·중 양방의 영원한 우의를 건립하기 위하여 문제의 9개 조항을 즉일 취소하고 양방이 평등한 입장에서 완전히 우호적으로 군사상 신新 관계를 결성함이 정당한 것을 절대로 주장하는 것이니…[32]

타국에 거주할 뿐만 아니라, 모든 지원을 받고 있는 입장에서 '평등한 입장'을 주장하면서 문제점을 해결코자 하는 태도는 비록 그 기개만은 높이 칭송할만 하지만, 국제정치의 냉혹한 현실에서 그런 논리는 통용되지 못하는 것이다. 그러나 끈질긴 수 차에 걸친 교섭의 결과로 1944년 8월 23일에 이르러 중국 군사위원회 참모장 하응흠何應欽으로부터 "종금從今 이후로는 한국광복군이 의당히 한국정부에 직속할 것인 바, 전자前者의 중국 군사위원회에서 정한 한국광복군 행동준승 9항은 지금 수요需要되지 않으므로 이를 곧 취소한다"[33]는 공문이 전달되었다.

나. 광복군의 인도印度파견

임시정부는 12월 9일 제20차 국무회의에서 목하 세계대전이 전면적으로 확대되어 태평양전쟁까지 폭발된 오늘날 우리 정부에서도 3천만 인민을 동원하여 민주국으로서 반침략 전선에 참가하여 공동으로 분투할 것을 대외에 성명할 것을 결의하고 대일선전對日宣戰 성명서를 1941년 12월 10일에 발표했다.[34]

태평양전쟁이 연합국 측에 불리하게 전개되어 동남아로 번졌다. 그리하여 버마가 일본군의 침공을 받고 다음은 인도까지 침공할 가능성이 짙어졌다. 미국 측은 유럽대륙에서 패하여 영국 본토에 몰려 고전苦戰하고 있을 때라 도저히 인도까지 적극적으로 지원할 처지가 되지 못했다. 어느 쪽이 먼저 제의했는지는 분명치 않지만, 김약산金若山이 조선 민족혁명당을 대표하여 일찍이 주인영군駐印英軍 대표자 맥켄지로부터 연락공작대 파견에 관한 협정을 성립시켰는데, 조선 민족혁명당에서 그 관계를 임시정부에 이교移交코자 하기 때문에 1944년 12월 8일 국무회의에서 접수하여 적의適宜히 처리하기로 결의를 했다.[35]

32) 상게서, p. 559.
33) 상게서, p. 472.
34) 상게서, p. 448.
35) 상게서, p. 528.

광복군 연락대의 인도 파견의 협정내용을 보면, 한국광복군 대표와 인도 주재 영국대표는 한국의 독립과 영국의 대일對日작전의 철저한 승리를 위하여 광복군은 재인在印 영국군의 대일작전을 합작협조하고 영국은 광복군의 대일작전을 원조하는 원칙 하에서 협정하는 것으로 되어 있는데, 그 협정 초안은 다음과 같다.

한국광복군 파인派印 연락대에 관한 협정 초안

한국광복군 대표와 재인在印 영국대표는 한국의 독립과 영국 대일작전의 철저한 승리를 위하여 한국광복군은 재인영군在印英軍의 대일작전을 합작 협조하고 영군은 한국 광복군의 대일전쟁을 원조하는 원칙 하에서 좌左와 같이 협정함.

1. 한국광복군은 한국광복군 주인駐印 연락대를 파견하여 영군의 대일작전을 협조함.
2. 주인駐印 연락대의 주요 공작은 전지戰地 혹은 전후방戰後方에서 영군을 협조하여 대일방송 전단제작, 전지일문戰地日文 신문출판, 부획俘獲한 문건의 번역, 부로심문俘虜審問, 부로훈련 등임.
3. 영군은 주인駐印 연락대의 확대발전, 군사기술훈련, 한국문제의 선전, 각지 한국운동과의 연락聯絡에 관한 것을 협조함.
4. 한국광복군은 주인 연락대의 공작을 유효하게 추동推動하고 영방英方과 긴밀한 합작을 취하기 위하여 인도 연락대 변사처辨事處를 공개적으로 설치하고 연락대 대장이 차此를 부책負責함.
5. 주인 연락대의 조직, 인사, 훈련, 제복, 휘장, 진급, 상벌 등은 한국광복군의 규정에 의하여 변리辨理하되, 단 영방의 동의를 요함.
6. 동남아 총사령전구總司令戰區 내에서 영방의 관할 하에 있는 한적부로韓籍俘虜는 적 정탐을 제외하고 모두 해방하여 주인 연락대에 인도하여 훈련, 사용, 관리케 함.
7. 주인 연락대의 공작기간의 6개월을 1기로 정하되 필요한 시에는 양방의 협의에 의하여 연기함을 득함.
8. 공작기工作期 만전滿前에 한국광복군이 필요로 인認할 시時나 또는 영방이 필요로 인할 시는 일부 혹은 전부의 인원을 소환 혹은 조환調換할 수 있음.
9. 주인 연락대 및 변사처 인원은 영국군관 동계급의 신금薪金, 율첩律帖, 여행, 의약 상 완전히 동등한 대우를 향수享受함.
10. 연락대 및 변사처의 경비, 인원의 파견, 조환 및 철회에 수요需要되는 일체 경비는 영방에서 부책負責함.
11. 차此 협정은 각 조 원칙의 구체적 실시에 관한 것은 주인 연락대 대장과 영방 당국자와 별외로 상정실시想定實施함.
12. 차 협정은 한국 광복군 대표와 재인영군在印英軍 대표가 개자환문蓋字換文한 시부터 유효함.[36)]

한국 광복군의 인도파견 협정이 이루어져서 영국군과 협력하여 대일전쟁에서 일익을

36) 상게서, pp. 385~386.

담당하게 되었다. 그 활약상에 대하여 「군무부 공작보고서」(1944. 4. 1.~1945. 3. 31.)에 의하면, 목전目前 공작을 좀더 확대발전시키기 위하여 정부에서는 영국 군사당국과 다시 신협정체결의 교섭을 진행하고 있으며, 인도공작은 주로 영군과 배합하여 대적선전對敵宣傳, 포로심문, 적 문건번역, 선전삐라작전, 전지戰地방송 등인데 목하 공작 상 필요로 인하여 정부로서는 5명을 증파하기로 결정했던 것이다.[37]

그들의 활동상을 구체적으로 살펴보면, "한지성韓志成 이하 주인 공작대 8인은 영군과 합작하여 대적선전, 부로심문, 적정敵情판단 등 공작에 막대한 효력을 발생하여 그 성적이 파頗히 양호하며 영방의 칭예稱譽가 자자함"[38]이라 했다. 우리 광복군의 주인 연락대의 활동이 대단히 훌륭했다는 것을 알 수 있으나 주인 공작대가 대장 이하 13명뿐이라는 점을 감안한다면 그 병력 규모가 많지 않다는 것을 알 수 있다. 비록 인원 수는 적다하여도 광복군이 해외에서 연합군과 공동으로 대일전선에 참가했다는 점에서 특히 해외 독립지사 및 교포들에게 긍지를 심어주었던 것이다.

> 8월 13일 중경… 인도 륙군부의 요구에 응하야 인도로 파송합니다, 하는 전보가 중경에 잇난 본보 통신원 엄항섭씨로부터 본사에 래도 하얏다.… 한국광복군은 이제 세계전쟁에 출마하얏다. 이 얼마나 힘드난 거름인가. 광복군 성립 이래 우리는 일단 셩심으로 후원하엿으며 오직 그들의 활동을 바랏으나 때로는 무리한 비란에 락망도 하여 보앗다. 혹은 젼체를 허무한 일이라고 하야 우리를 흔들려고 시험하얏다. 그러나 우리는 꾸준히 우리의 할 바를 다 하여 왓다. 오늘 우리는 시시비비를 말할 필요도 업게 되엿다. 우리가 말하지 안터라도 광복군의 존재와 로력은 사실로 증명되엿다.…
>
> 우리는 과거에 광복군을 후원하엿다. 지금도 하며 장래에도 할 것이다.… 우리는 젼승 후원금을 모집한다. 왜? 우리의 국군이 처음으로 세계적 전쟁에 나셔서 중대한 사명을 가지고 인도에 가는 사관들을 후원하지 못하랴…
>
> 우리는 광복군의 이러한 활동을 원하얏고 우리의 독립전쟁을 원하얏다.
>
> 그런데 이제 광보군의 활동은 시작하얏으며 독립전쟁도 시작되엿다…[39]

상술上述된 지상紙上을 통해서 보더라도 남의 영토에서 어렵게 육성한 광복군이 이제 세계전쟁에 참전하여 중대한 사명을 가지고 인도로 파견하게 되었다는 점, 그리고 우리의 독립전쟁이 시작되었다는 점에서 임시정부의 요인, 망명정객 및 광복군들의 자부심을 알

37) 상게서, pp. 473~474.
38) 상게서, p. 476.
39) 新韓民報, 1943년 8월 19일자 및 국사편찬위원회 편, 『한국독립운동사』 임정편Ⅲ 자료 3, pp. 297~299.

수 있다. 한편 해외의 교포들도 마찬가지였다. 즉 "시카고 지방 국민회 집행위원장 강영문 씨는 말하기를 '…이제 우리 광복군 사관 한 부대가 인도 륙군부의 요구로 인도에 출마한 것은 우리 군관이 아니고는 하지 못할 중임을 담임하게 될 것이라고 봅니다.… 이제부터는 우리는 우리의 갈 길을 기로에 드러가서 찻지 말고 직졉으로 원동 군역에 중력하기를 재미 1만 동포에게 애원합니다' 하야 우리 광복군의 특별 공작에 대한 특장이 있음을 말하고 또 우리가 광복군 후원에 전력하여야 할 것을 말하얏다. 가주 옥글랜드 지방 국민회 집행위원장 안영호 씨는 말하기를 '우리 독립운동에 조금이라도 유익이 될 것 갓흐면 언제 어데던지 보내는 것이 조타'하야 우리의 광복을 위하야는 시세와 경우와 다소를 뭇지 말고 로력하여야 할 것을 주장하얏다.

우리는 더욱 광복군을 후원하자!"[40]

당시 광복군이 항일투쟁, 나아가서 독립전쟁을 하기 위해 어느 정도의 전력戰力을 갖춘 국군으로 육성되었는가를 살펴볼 단계가 되었다. 『손자병법』에 "知彼知己면 百戰不殆"라는 명언이 있다. 즉 적의 능력과 의도 그리고 우리의 능력과 의도를 안다면 백 번 싸워도 위태롭지 않다고 했다. 이런 관점에서 적아敵我의 능력을 살피기로 하며, 이에 대해서는 전술한 「군무부 공작보고서」(1944. 4. 1.~1945. 3. 31.)에 가장 새롭고 또한 상세히 기록되어 있다.

• 일본군의 병력

(1) 적 일본의 현역 육군은 약 220만이고… 능히 병역에 직접 복무할 수 있는 자는 약 680만 가량이 됨.
(2) 적 일본이 한국에서 동원시킬 수 있는 한인 군사력은 약 100만이 됨.
(3) 한국에 주둔하고 있는 일본의 소위 조선 사령부의 소속 부대는 3개 사단이고, 그 밖에 특수부대를 합하면 그 총수는 10만여 명이 된다.

• 광복군의 현세現勢

(1) 총사령부 중경重慶
(2) 군의 분포지점
① 제1지대 중경
② 제2지대 서안西安
③ 제3지대 부양阜陽
④ 주인 공작대 가이가답加爾加答

40) 상게서, p. 301.

(3) 총인원 수

① 총사령부관좌總司令部官佐 56인(한적韓籍 13인, 화적華籍 43인)

사병 52인

② 제1지대관좌支隊官佐 21인(한적 10인, 화적 11인)

대원 48인

사병 20인

③ 제2지대관좌 28인(한적 17인, 화적 11인)

대원 122인

사병 35인

④ 제3지대관좌 4인

대원 122인

사병 3인

⑤ 주인공작대駐印工作隊 대장 한지성韓志成 이하 13인[41]

전력은 먼저 수적, 질적 문제와 그 구성 요소는 병원兵員, 무기, 장비, 조직, 훈련, 전략·전술, 지휘 통솔력 등을 고려하여 비교 분석한다. 그러나 이런 전반적 고찰은 그만 두고 먼저 병원兵員의 수만 보아도, 한반도에 주둔한 일본군의 병력이 10여만 명인데 비하여, 1940년 10월 광복군이 창설되어 1945년 3월 현재의 총병력이 겨우 450명(중국인 제외)이요, 광복군 참모장 이범석이 1946년 6월 5일 인천에 상륙했을 때의 병력이 500여명에 불과했으니,[42] 너무나 차이가 심하였다. 만약 독립의 쟁취가 무력수단에 의한 것이라고 한다면 광복군의 존재는 너무나 미약한 존재라 말하지 않을 수 없다.

그래서 광복군은 국내 진공작전進攻作戰에 앞서 정보의 획득과 게릴라전을 위해 미군의 지원 하에 낙하산 훈련을 실시하고 있었다. 그러나 이들이 한반도에 투입되기도 전에 일본이 항복하고 말았다. 조국 광복전쟁을 전개하려던 광복군의 전략이 미약한 이유는 대체로 다음 네 가지로 분석된다.

첫째, 신흥 제국주의 일본이 청일·노일전쟁에서 승리를 획득하여 그 여세를 가지고 한반도와 만주를 삼킴으로써 그 세력이 우리에 비하여 너무나 강대했다는 것.

둘째, 따라서 세계의 열강국이 임시정부를 승인하지 않았을 뿐만 아니라, 주변국마저도 무장활동에 대해 지원을 적극적으로 해주지 않았다.

41) 전게서, 임정편Ⅰ 자료1, pp. 474~475.

42) 崔永禧, 「實記三十年」(「韓國日報」, 1975년 1월 18일)

셋째, 민족의 해방과 독립을 쟁취하기 위한 무장단체가 많았으나, 합심 협조하여 단일 지휘체제로 조직화하는데 너무 시일이 소요되었고 거기에다 사상적 대립투쟁을 계속했다는 것.

넷째, 무력투쟁을 주로 외국, 특히 만주와 중국대륙에서 했기 때문에 국내의 인적·물적 자원을 충분히 활용하지 못했다는 것이다.

5. 맺음말

광복군의 군사활동을 종합적으로 평가하려고 할 때, 가장 먼저 생각나는 일은 임시정부의 김구 주석이 중국에서 일본 제국주의가 항복했다는 소식을 듣는 순간의 감회를 그의 『백범일지』에 다음과 같이 술회했다.

"이것은 내게 기쁜 소식이라기보다는 하늘이 무너지는 듯한 일이었다. 천신만고로 수년간 애를 써서 참전할 준비를 한 것도 다 허사다. 서안과 부양에서 훈련을 받은 우리 청년들에게 각종 비밀한 무기를 주어 산동에서 미국 잠수함을 태워 본국으로 들여보내어서 국내의 요소를 파괴하고 혹은 점령한 후에 미국 비행기로 무기를 운반할 계획까지도 미국 육군성과 다 약속이 되었던 것을 한 번 해보지도 못하고 왜적이 항복하였으니 진실로 전공이 가석이거니와 그 보다도 걱정되는 것은 우리가 이번 전쟁에 한 일이 없기 때문에 장래에 국제간의 발언권이 박약하리라는 것이다."

김구가 "이번 전쟁에 한 일이 없다"고 한 것은 교전단체交戰團體로써 한 전구戰區 혹은 한 전투전면戰鬪前面을 담당하여 연합군과 어깨를 나란히 해서 싸우지 못했다는 뜻이다. 물론 광복군의 일부는 인도에 파견되었지만 규모도 적었고 또한 후방근무였다. 예컨대 2차대전 후 프랑스가 독립을 쟁취하고 전승국戰勝國이 될 수 있었던 것은 드골 장군이 지휘한 불과 몇 개 사단의 병력뿐이었다. 그러나 그들은 파리의 입성도 다른 연합국에 앞서 달성했던 것이다. 그렇기 때문에 그들은 전후戰後의 발언권도 가졌을 뿐만 아니라, 다른 연합국에 의해 위임통치도 받지 않게 되었던 것이다. 왜냐하면 잃어버린 영토와 주권을 자기가 투쟁해서 찾지 못하는 민족은 자활할 능력도 없는 것으로 간주하는 것이 국제정치의 냉랭한 현실이기 때문이다.

김구는 또 "장래에 국제간에 발언권이 박약하리라는 것이다"고 했는데, 이것은 국제정치의 현실을 어느 정도 정확하게 예측하기는 했으나, 너무 안이하게 생각한 것으로 평가된다. 왜냐하면, 광복군은 항복한 일본군의 무장해제를 시킬 능력도 없었기에 강대국에 의해 국토가 분단되었고, 그것이 화근이 되어 동족상잔의 비극을 치렀고, 30여 년이 지난 오늘날에도 아직 불신과 대결로 일관하고 있기 때문이다.

한 세대가 그들이 당면한 과제를 총화단결하여 해결하지 못했을 때, 그것이 다음 세대의 후손들에게 어떤 영향과 결과를 미쳤나 하는 문제에 대해 한민족韓民族은 냉철히 반성해야 한다. 일제의 한반도 침략 이후 의병의 활동, 만주에서 여러 독립군의 활동, 그리고 중국 본토에서의 광복군의 전쟁준비 등을 생각했을 때, 우리가 투입한 인명, 물자 그리고 정열에 비해 2차대전 후 우리가 획득한 소득은 과연 무엇이었던가? 우리 민족은 아직도 그 후유증에 시달리고 있는 상황이다.

미국의 사상가 산타야나는 "과거를 기억하지 못하는 자는 과거를 되풀이하기 마련이다"고 했는데, 우리와 비슷한 반도국인 발칸반도의 아테네와 스파르타의 양 도시 국가의 운명이 눈앞에 아롱거린다. 희랍민족인 양 도시국가가 서로 반목反目하게 되자 대화를 통해 협상을 시도했지만 실패했다. 그리하여 이 양 도시국가는 27년간, 이른바 펠로폰네소스 전쟁을 치렀다. 결국 스파르타가 승리하기는 했으나, 그 후 희랍민족은 27년간의 전쟁으로 인력과 자원을 모두 소모해 버려 그 후 2,000여년이 넘도록 빈곤과 노예생활로 연명해 왔고, 오늘날까지도 옛날의 영화를 다시 찾지 못하고 있다.

광복군의 군사활동의 미비로 겪은 민족적 고난을 생각하면서 역사의 교훈을 저버리지 말고 통일국가를 이룩하여 후손들에게 물려주어야 하는 것이 지금 세대의 중요한 과제라 생각한다.♣

(『韓國史論』 10, 1981.)

제 19 장

6·25전쟁의 현대 전략적 조명※

1. 머리말

처절했던 동족상쟁의 6·25전쟁이 발발한지 어언 40년이 가까워 오고 있다. 남·북한의 관계는 아직도 긴장과 대결로 언제 폭발할지 모르는 활화산의 모습을 지니고 있으며, 일부 젊은이들 가운데는 최근 6·25전쟁에 대한 왜곡된 선전에 현혹되어 엉뚱한 주장의 소리도 들려오고 있다. 한편 군인과 학자들도 과연 6·25전쟁에 대해 진지한 연구를 해서 국민들, 특히 젊은 대학생들에게 제시해 주었던가 하는 문제를 생각해 봤을 때 부끄러움과 반성이 앞선다는 것을 필자는 솔직히 고백하지 않을 수 없다.

6·25전쟁이 담은 역사의 교훈을 우리들이 소홀하게 다루었을 때, 또다시 한반도에 전화戰火의 불꽃이 일어난다는 것은 자명한 이치이다. 우리들은 그동안 한·미 방위조약에 의한 한·미 연합 억제전략으로 전면전쟁만은 방지해 왔다. 그러나 지금은 작전권의 한국군 이양문제와 주한 미군의 철수 논의가 거론되고 있고, 또 앞으로 그런 방향으로 실천되어 가리라 예상되며 다만 시기만 미정일 뿐이다.

이 문제들은 우리의 생존 차원인 안보문제와 그리고 한국 군사전략과 직결되는 중요한

※ 이 논문은 한국국방연구원의 1988년도 국방학술용역계획에 의거 연구되었음.

과제이다. 따라서 6·25전쟁을 현대전략의 관점에서 재조명하여 교훈을 찾는다는 것은 평화적 수단에 의한 조국통일의 기반이 되고 나아가 한민족韓民族의 번영에 이바지할 것으로 확신한다. 그래서 필자는 다음 문제들에 대해 논구論究해 보고자 한다.

첫째 : 6·25전쟁의 초기작전에 있어서 한국군의 패인敗因은 무엇인가?

둘째 : 인천 상륙작전의 교훈을 찾고, 거기서 한국 군사전략의 개념정립과 체계화를 시도해 보고자 한다.

셋째 : 미 행정부의 전쟁지도戰爭指導와 야전사령관 맥아더 장군의 전쟁수행의 알력의 내용과 결과는 어떠했는가?

넷째 : 휴전회담은 과연 적절한 전쟁지도였던가?

2. 전쟁의 초기작전

가. 북한의 정치적 목적과 군사목표

전쟁에 의해 무엇을 달성하고자 하는 것은 정치적 목적이고, 전쟁에서 무엇을 달성하고자 하는 것은 군사목표라고 한다. 이 두 가지 주요 사항에 의해 군사적 행동의 일체의 방향, 사용해야 할 수단의 범위, 전쟁을 수행하는 힘의 정도가 결정된다. 군사목표는 정치적 목적을 달성하는 데 이바지해야 하고 또 거기에서부터 비롯된다. 이것이 소위 정치 우위의 원칙이다. 클라우제비츠의 다음 주장은 이를 잘 명시하고 있다.

> 전쟁은 정치적 행동일 뿐 아니라, 실로 하나의 정치적 수단이며, 정치적 교섭의 계속이며, 다른 수단에 의한 정치적 교섭의 계속에 지나지 않는다.[1]

군사전략에 있어서 군사목표의 설정은 작전뿐만 아니라 전쟁의 정치적 목적 달성에 지대한 영향을 미친다. 여기에는 두 가지의 견해가 존재하고 있다. 조미니는 군사목표에는 두 가지 즉, 기동상의 목표지점과 지리상의 목표지점이 있다고 했다. 지리상의 목표지점

1) 클라우제비츠, 『전쟁론』(增補新版)(서울 : 一潮閣, 1986), p. 23.

은 요새, 하천선河川線 등이며, 침공전쟁에 있어서는 보통 수도首都가 목표지점이 된다. 한편 기동상의 목표지점은 적군의 주력主力의 상황에 기인하며 적군의 주력의 위치에 따라 결정된다. 그리고 이것은 적 군사력의 격멸과 와해에 관계가 깊다.[2] 조미니는 지리상과 기동상의 목표지점을 병립해서 고려하면서, 특히 공세전쟁을 실시하는 경우 지리상의 목표, 즉 적국의 수도를 첫 번째로 열거했다.

한편 클라우제비츠는 기동상의 목표지점, 즉 적군의 야전 주력군의 격멸에 두었고 지리상의 목표지점은 적군의 격멸과의 관련에 있어서 차등적으로 다루고 있다.

> 전쟁의 목표(군사목표)는 그 본래의 개념에서 말하면 언제나 적의 타도가 되어야 한다. 그리고 이것이야말로 우리들이 출발점으로 한 근본 개념이다.… 공격자는 적 병력의 핵심을 끊임없이 탐색하여 전쟁에 있어서 전체적 승리를 얻기 위해 아군의 전력全力을 기울여서만이 적을 타도할 수 있으리라. 그러나 아군이 공격목표로 하는 적의 중심重心이 어떠한 것이든 적의 전투력을 파괴하는 것이야말로 승리의 가장 확실한 단서이며, 또 어떠한 경우에도 가장 중요한 일이다.
>
> 많은 경험에 의하면 적을 타도하기 위한 조건으로서는 다음과 같은 상황이 있는 것으로 생각된다.
>
> ① 적측에서 군이 중심重心을 이루는 경우에는 군을 분쇄한다.
>
> ② 적국의 수도가 국가 권력의 중심지일 뿐만 아니라 정치단체 및 당파의 소재지인 경우에는 수도를 침공한다.
>
> ③ 적의 가장 중요한 동맹자가 적보다도 유력한 경우에는 그 동맹자에 강력한 공격을 가한다.[3]

군사목표의 선정에 있어서는 일반적으로 전쟁의 정치적 목적과 정치적 환경 및 다른 환경이 부여하는 전쟁의 성격 그리고 양군의 군사태세, 배비 및 시설 등에 의존하게 된다. 그러나 실제의 경우, 지리상의 목표, 즉 적국의 수도와 기동상의 목표, 즉 적의 야전 주력군 가운데 어느 것을 군사목표로 할 것인가는 난제難題에 속한다. 적군이 수도 방위에 전력을 기울이는 경우는 별도로 하고, 그렇지 않는 경우는 더욱 그러하다. 예컨대, 1814년 연합군의 프랑스 침공작전에 있어서 수도 파리인가? 나폴레옹군인가? 2차대전의 일본군의 초기작전(필리핀)에 있어서 수도 마닐라로 향할 것인가, 아니면 바탕 반도의 미군을 군사목표로 할 것인가? 2차대전 말기 아이젠하워 장군의 연합군은 나치 독일군의 소탕으로 향했는데 반하여 소련군은 수도 베를린으로 향했는데, 전후戰後 그것이 어떤 영향을 미쳤는가, 하는 문제는 군사목표의 선정이 실제의 전쟁에 있어서 얼마나 어렵고 또 중요한가를 말해 준다.

---

2) 조미니, 『조미니의 兵術論』(서울 : 박영사, 1987), pp. 89~90.
3) 클라우제비츠, 전게서, p. 201. p. 203.

6·25전쟁에 있어서 북한이 가졌던 전쟁의 정치적 목적은 무력武力에 의한 한반도의 공산화를 달성하는 데 있었고, 소련은 공산화된 한반도를 소련의 위성국으로 만드는 데 있었다. 그리하여 소련은 북한에 인적·물적 자원을 지원했다. 특히 1950년 4월 15일경 바실리에프 중장 외 10여 명의 고위 군사고문관들이 인민군 통수부에 파견되었다. 이들은 남침을 위한 「작전명령」을 노어露語로 작성했을 뿐만 아니라, 전선에까지 파견되었으며, 이들이 서울에 왔을 때는 사복을 입었고, 이들 작전고문들은 신문기자, 보도원, 카메라 맨 등의 명목으로 따라다녔다.[4] 북한군의 군사목표는 다음과 같다.

> 당黨의 전략적 방침에 의거 인민군 최고 사령부는 금천-구화리, 연천-철원, 화천-양구지역에 강력한 병력을 집중하여… 서울지역에서 적의 기본 주력을 포위 섬멸하고, 그 전과戰果를 확대하여 남해안으로 진출할 것을 계획하였다.[5]

북한군의 군사목표는 서울지역에서 한국의 주력군을 포위 섬멸하는 데 있었다. 그런데 김일성은 1950년 12월 21일 「현 정세와 당면과업」이라는 연설을 통하여 "우리 일부 지휘관들은 적을 포위 섬멸하여 적의 유생 력량을 소멸함으로써 적의 재기를 불가능케 할 대신에 적을 한갖 밀고만 나가서 일정한 시기에 적군이 다시 편성할 가능성을 주었습니다"[6] 고 말함으로써 한국의 주력군을 포위 섬멸하는데 실패했다는 것을 자인自認하였다.

나. 북한군의 작전계획과 배치

북한군의 작전계획은 다음과 같다.

> 제1차 작전의 기본 임무는 서울의 서북과 북, 동남과 남의 방향으로 각각 우회하여 38도 경계선의 적을 횡성, 원주, 이천 및 수원의 서남과 남 방향을 엄호하고 있는 적과 분리시켜, 적의 기본 집단을 서울지역에서 포위 소탕함으로써 서울을 비롯하여 한강 이북의 제諸도시를 해방하는 것이었다.[7]

북한군은 이러한 작전계획에 입각하여 1950년 6월 10일 사단장 회의를 개최해서 각 부

---

4) 朱榮福, 『朝鮮人民軍の南侵と敗退』(東京 : コリア評論社, 1979), p. 223.
5) 朝鮮民主主義 人民共和國科學院 歷史硏究所 編纂, 『朝鮮人民の正義の祖國解放戰爭史』(平壤 : 外國文出版社, 1961), p. 41.
6) 김일성, 『김일성 선집』3, (평양 : 조선로동당출판사, 1953), p. 131.
7) 조선민주주의 인민공화국과학원 역사연구소 편찬, 전게서, p. 41.

대의 이동과 배치를 명령했으며, 배치완료 일자는 23일로 되었다. 6월 10일부로 제1 군단 사령부가 편성되었으며 군단장에는 김웅 소장이 임명되었다. 6월 11일 「대기동연습」의 실시가 발령되었고, 연습기간은 2주간이라고 설명되었다. 그리고 12일부로 제2 군단 사령부가 편성되었고 군단장에는 김광협 소장이 임명되었다. 6월 18일 인민군 정보국장은 공격부대에 대하여 노어露語로 된 정찰명령 제1호를 교부했으며,[8] 주공을 담당한 제4 사단에 대해서는 의정부 회랑에 연한 지역의 한국군의 병력 배치를 확인할 것을 요구했다. 6월 22일 각 사단은 예하부대에 전투명령을 하달했고, 23일에는 공격배치가 완료되었다. 장교들은 병사들에게 '이것은 연습이다' 고 가르쳤으나, 많은 병사들은 23~24일 밤에 남침이라는 사실을 알았다.

다. 한국군의 방어태세

1949년 12월 27일 육군본부 정보국에서 작성한 「종합 정보보고」의 결론은 다음과 같다.

> 최근 적정과 제반 정세를 종합하건대, 명년(1950년) 춘계를 계기로 적정에 급전적 변화가 예기되며… 전쟁준비를 급속도로 촉진시킨 다음 38선 일대에 걸쳐 전면적 공세를 취하고 일거에 대한민국의 전복을 기도할 것임.[9]

이 정보서에 입각하여 육군본부 작전국(국장 강문봉 대령)은 「육본 작전명령 제38호」를 1950년 3월 25일 작성하여 총참모장 대리 신태영 소장의 명의로 각 부대에 하달되었는데 주요 내용은 다음과 같다.

- 군은 별지 요도와 같이 배비의 중점을 의정부 지구에 두어 방어지대를 구성하고 적 공격을 진전에 격파하여 38도선 부근을 확보하려 함.
- 육군 방어계획 별지 부록 제4호 참조.
- 제7사단은 (995－1673)·(1038－1689)간에 주진지를, (995－1689·5)·(1036－1684)간에 예비진지를 준비하고, (995－1695)·(1041－1692·5)간에 경계진지를 구성하라. 특히 일부 화력을 제1사단 진전 적암赤岩 동북 대지상에, 일부 화력을 제6사단 진전 적목리赤木里 부근을 지원할 수 있도록 준비하라.…

---

8) 주영복, 전게서, p. 245.
9) 국방부 전사편찬위원회, 『한국전쟁사』제1권, 1967, p. 749.

• 소요 계획이 작성 완료되면 친히 작전 교육국에 반납할 것.
• 소지기간 : 명령 수령 후 2일간

〈육군작명 제38호 별지 부록 제4호〉
육군 방어계획
제1 방침
군은 투명도 제1도와 같이 중점을 의정부 정면에 보지하고 진전에서 적을 섬멸하려 함.…

제3 각 부대의 임무
1. 제1, 제7사단
배비(배치)의 중점을 의정부 방면에 보지하며 적의 전차를 수반하는 주공을 보·포步砲의 저항으로써 소모시키며 이를 진전陣前에서 섬멸시킴. 특히 경계선 전투에 있어서는 점차로 주요 도로 및 교량을 파괴하면서 예정의 주저항선主抵抗線까지 전진轉進함.…[10)]

각 예하사단은 「육본 작전명령 제38호」에 입각하여 사단의 방어계획을 작성했다.

채병덕 예비역 소장은 1949년 12월 14일부로 현역에 복귀했다가 1950년 4월 10일 육군 총참모장에 재취임했다. 그런데 북한군의 남침 위기설이 떠도는 긴박한 정세 하에 총참모장은 6월 10일부로 건국 이래 최초로 일선 사단장급의 대인사 이동을 단행했다.

5월 1일의 메이데이 또 5월 30일의 총선거로 인하여 각 부대는 비상경계를 장기간 자주 실시했기 때문에 상례적인 행사가 되어 장병들의 사기 및 긴장이 풀어져 있었다. 거기다 특별한 징후가 없다고 하여 6월 23일 비상경계를 해제했다. 그리하여 24일은 토요일이라 부대의 장병들은 외출·외박을 하였고, 또 이날 저녁 용산의 육군 장교클럽의 개관연회가 열렸다. 여기에는 재경지구在京地區 및 가까운 일선지역의 지휘관과 국방부 및 육군본부의 수뇌들이 대부분 참석하였고, 총참모장을 비롯한 일부 수뇌들은 2차로 국일관에 가서 향연을 즐겼는데 끝난 것은 25일 오전 2시경이었다.

라. 초기작전의 경과

북한군의 작전개념은 제1군단이 서쪽에서 주공主攻 제3·4사단을 주력으로 의정부－서

10) 안용현, 『한국전쟁의 허와 실』(서울 : 고려원, 1987), pp. 68~73.

울방향으로 진격하여 서울을 점령하고, 한강 이북에서 한국군 주력을 포위·섬멸하며, 제2군단은 동쪽에서 조공으로 춘천을 돌파하여 남쪽으로 진격하는 한편 일부 병력을 서울 동남방으로 진출시켜 서울 포위에 기여케 하는 것이었다.

북한군은 1950년 6월 25일 04시경 38선 전역에 걸쳐 포사격을 시작하면서 전차를 앞세우고 기습남침을 개시했다.

1) 서울지역의 전투

북한군은 연천－동두천－의정부 접근로에 제4사단(제107 전차연대), 운천－포천－의정부 접근로에 제3사단(제109 전차연대)을 투입하여 공격해 왔다. 적의 주공방향의 한국군은 제7사단으로 2개 연대를 전방에 배치하였고 사단예비인 제25연대는 예속변경으로 인해 온양에 주둔하고 있었다. 적은 25일 아군의 방어진지를 돌파하여 동두천－포천선까지 진출했다. 26일 아군은 의정부 정면에 제2사단과 수도사단 등 후방병력을 투입하여 역습을 시도했으나 모두 격파당하여 의정부도 상실하고 말았다. 지도체계가 무너진 한국군은 조직적인 저지력을 발휘할 수 없어 갈팡질팡하다가 의정부－서울간의 교량도 파괴하지 못하고 28일 01시를 전후하여 미아리 방어선이 붕괴되고 적 전차가 서울에 진입하게 되었다. 그리고 28일 02시 30분 한강교를 폭파하고 말았다.

개성－문산지구를 방어하던 국군 제1사단은 북한군 제6·1사단의 공격을 받아 임진강 방어선으로 철수하였고 일부 병력은 김포방면으로 후퇴했다. 그런데 임진교의 폭파에 실패하였으나, 예비 방어선에서 효과적인 저지로 28일까지 진지를 고수했다. 그러나 서울이 함락되어 행주 나루에서 한강을 도하하여 철수했다.

2) 춘천지역의 전투

북한군 제2군단은 당일에 춘천을 점령하고 서울과 원주방향으로 진격할 임무가 부여되어 있었다. 그리하여 제2사단으로 하여금 춘천을 공격케 하고, 제7사단은 홍천방면을 공격케 했다. 그런데 한국군 제6사단은 춘천 북방에서 유리한 지리적 이점과 효과적 포병운용으로 적에게 막대한 피해를 주었을 뿐만 아니라, 당일에 춘천을 점령할 가망이 없었다.

한편 북한군 제7사단은 순조롭게 홍천으로 진격했는데 25일 저녁 제2 군단장의 명령으로 일부 병력만 잔류시키고 사단 주력은 인제로 북상 반전케 하여 측방에서 춘천을 공격케 했다. 그 이유는 제2 군단장이 남침 전 총참모부 작전국장으로 있으면서 남침계획을 수립한 관계로 춘천을 점령함으로써 서울 북방에서 한국군 주력을 격멸한다는 기본 임무를 잘 알고 있었기 때문이었다. 제6사단은 춘천을 27일까지 잘 고수했으나 서부전선의 붕괴, 퇴로의 차단을 염려하여 28일 후퇴를 하였다. 북한군 제2사단은 막대한 피해를 입고 가평을 경유하여 서울로 진출했고 제7사단은 홍천－원주방향으로 진격했다.

3) 동해안 지구

북한군 제5사단에 부여된 임무는 동해안 도로를 따라 신속히 진격하여 포항으로 진출하는 데 있었다. 이를 돕기 위해 게릴라 부대는 강릉, 옥계 및 임원진에 상륙하였다. 이리하여 제5사단은 처음부터 정규전과 게릴라전을 배합하여 한국군 제8사단의 퇴로 차단과 북한 제2군단 주력의 남진南進을 측방에서 지원했다.

마. 전략적 논평[11)]

1) 전쟁지도戰爭指導에 대하여

전쟁지도란 전시 국력운용에 관한 지표로서 전쟁수행의 요강, 무력행사에 따르는 지휘와 국가전략과 군사전략을 통합 조정운용하고 또한 전쟁목적을 달성하기 위한 국가 총력을 조직화하여 전승 획득에 집중시키는 지도 역량과 기술을 말한다. 특히 전쟁지도는 정치적 작용이 군사행동을 지도하여야 하며, 전쟁의 준비, 개전開戰, 전쟁수행, 전쟁 종결 그리고 전후戰後 처리과정에서 그 지도 역량이 충분히 발휘되어야 한다.

예컨대 전쟁준비라고 한다면 다음 사항을 포함하고 있다.

(1) 국방방침의 수립

(2) 전쟁계획의 수립

(3) 적국의 국력 및 전력의 파악

(4) 국민의 전쟁에 대한 정신적 준비

(5) 작전준비, 특히 인적·물적 동원의 준비와 작전계획의 수립

(6) 국가경제의 준비

(7) 적재적소에의 인사배치 등.

---

11) 졸고, 「한국전쟁 초기작전의 분석」, 한국국방연구원 제5회 국방학술토론회(1988. 6.) 참조.

남북한은 건국한 지 2년도 되지 않았을 뿐만 아니라, 10만 이상의 병력을 동원한 전면 전쟁의 준비와 수행을 담당할 인재(전쟁 지도자의 경력 대조표 참조)와 물자(군수문제)가 없었다.

소련은 1950년 4월 다량의 군수물자[12]를 북한에 공급했을 뿐만 아니라, 전술한 바와 같이 바실리에프 중장 외 10여 명의 고급 군사고문관을 파견하여 북한의 전면적 남침 공세를 위한 전략계획을 수립해 주었고 또 작전의 수행을 지휘·감독했다.

한편 미국은 한국의 전략적 가치에 대한 부정적 평가에 따라 군사원조에 적극적 자세를 취하지 않았고 또 한국정부가 요구한 항공기, 전차, 대포 등의 중무기重武器는 지원할 생각도 하지 않았다. 이승만 대통령은 한국에서의 공산주의의 위협은 미국의 점령정책에 기인하는 결과이므로, 미국은 북한의 침입에 대항하는 데 필요한 무기를 한국에 공급할 의무가 있다고 주장하고 군사원조를 청했으나 거절당했다.

전쟁 지도자의 경력 대조표

1950. 6. 25.

한 국		북 한	
대 통 령	이승만(74세, 배재학당 졸업, 미국 프린스턴 대학 졸업, 철학박사	수상	김일성(37세, 게릴라 대장, 소련군 소령)
국무장관	신성모(58세, 런던항해대학 졸업, 영국 선박 선장)	보위상 총참모장	최용건 부원수(49세, 중국 운남군관학교 졸업, 게릴라 활동, 소련군 대위) 남 일 중장(35세, 소련 타시켄트 대학 졸업, 소련군 대위)
총참모장 부장	채병덕(32세, 일본 육사 졸업, 부평 육군 조병창 제1 공장장, 일본군 소령) 김백일 대령(32세, 봉천군관학교 졸업, 게릴라 토벌활동, 만주군 대위)	전 총사령관 참모장	김 책 대장(모스크바 공산대학 졸업, 소련군 중령) 강 건 중장(게릴라 활동, 소련군 총위)

12) 주영복, 전게서, pp. 212~223.

이승만 대통령은 군사에 대한 경륜이 없었고 거기다 북한의 군사적 위협이 가중되는 상황 하에서 군사문제에 밝은 전문가의 자문제도를 만들었어야 했다. 그런데 그렇게 하지 않고 신성모를 국방장관 겸 국무총리 서리, 채병덕 소장을 육군 총참모장에 임명했는데, 이것은 결코 적재적소의 인사배치라고 말할 수가 없다. 왜냐하면, 신성모 장관은 군사에 대한 경륜이 전연 없는 선장 출신이었고, 또 채병덕 소장은 실전뿐만 아니라, 야전부대의 지휘에 전연 경험이 없었기 때문이다.

2) 육군 총참모장 채병덕 소장에 대하여

『손자』에 의하면 "용병술을 잘 아는 장수는 국민의 생명을 맡은 사람이요, 국가의 안위를 좌우하는 사람이다"[13]고 했는데, 초기작전을 분석해 본다면 정말 실감나는 내용이라 말하지 않을 수 없다. 한 장수를 육성하자면 최소한 20년 이상의 세월과 경륜을 쌓아야 하는데, 건국과 건군이 일천한 그 시점에서 그의 총참모장으로서의 자질을 책망한다는 것은 너무 가혹하다. 그러나 그는 자신의 경험과 능력으로 미루어 보아 총참모장 직책을 사양했어야 했고, 오히려 무기의 생산 및 연구·개발 분야에 종사했더라면 국가와 군뿐만 아니라 자신을 위해서도 좋았을 것이다. 그리고 다음 사항은 교훈으로써 생각하지 않을 수 없다.

가) 정보의 소홀이다.

『손자』에 의하면 "지피지기知彼知己 백전불태百戰不殆"라 했고 또 "총명한 군주나 현명한 장수가 행동하기만 하면 적에게 승리하고 여러 다른 사람들보다 출중한 공을 세우는 것은 먼저 적의 능력과 의도를 알기 때문이다"[14]고 했다. 전승의 필수조건은 정보의 획득과 활용에 있다는 것은 전사戰史가 잘 설명해 주고 있다. 그런데 채 소장은 인민군이 보유하고 있는 122밀리 곡사포와 T-34 전차의 존재를 시인하려고 하지 않았으며, 특히 1950년 6월 24일 육본 작전정보실에서의 긴급회의 시 "북괴는 38도선 전 전선에 걸쳐 6월 24일 밤이나 6월 25일 아침에 공격할 것이다"[15]고 보고했으나, 묵살하고 대책을 강구하지 않았다.

나) 용병술에 대한 무지無知

1950년 6월 27일 새벽 1시쯤에 열린 「비상 국무회의」에서 초대 국무총리와 국방장관을

13) 『손자』, 作戰 第二.
14) 『손자』, 用間 第十三.
15) 육군본부 정보참모부 간, 『북괴 6·25남침분석』(서울 : 1970), p. 78.

역임한 이범석 씨의 증언은 주목할 만 하다.

> 회의 벽두에 신성모 국방이 일어나 전황 브리핑을 했는데 안일하고 낙관적인 것이었지. 그것은 마치 어떤 국지전투에서 분대장의 전투보고와 같은 것이었단 말이에요. 특히 적정敵情에 대해서는 전혀 아는 바가 없었거든요. 참 한심하지. 그래서 나는 "국방장관 이야기는 더 들을 필요가 없다"고 핀잔을 주었어요. 나는 자격의 권외圈外 사람이지만 다시 일어나 발언을 했지. 요컨대 서울을 사수하겠느냐, 또는 서울 주변에서 저항하여 시간을 쟁취하겠느냐, 위의 두 가지를 못할 형편이면 서울을 철수하여 환도還都하는 수밖에 없지 않느냐 하는 세 가지 방안에 대하여 시급히 결정을 내려야 한다고 말에요.…[16]

이 세 가지 전략적 방책은 그 상황에서는 적절한 방책들이었다. 채 소장은 전선시찰도 했으니 적절한 방책을 선택했어야 했다. 그런데 그는 인민군을 격퇴시킬만한 전력과 준비도 없이 서울 사수를 택하여 후방의 예비사단의 병력을 축차 투입하였고 또 이형근 준장(제2사단장)의 건의도 묵살하고 말았다.

만약 당시 셋째 방안을 택하여 후방의 예비사단을 영등포 방면에 포진케 하고 한강 이북에서는 일부 병력으로 적군과 접전케 하면서 주력과 중장비 그리고 시민들을 철수시키고, 그 후 한강의 인도교와 철교를 완전히 폭파했더라면, 도강渡江 장비가 부족했던 인민군으로서는 T-34 전차의 도하에는 시간이 걸렸을 것이요, 또 아군은 지연작전으로 시간을 벌어 군의 재편성도 어느 정도 가능했으리라.

이와 비슷한 전례戰例를 소개하면, 1812년 9월 러시아의 쿠투스프 장군은 수도 모스크바를 지키기 위하여 전군의 희생을 각오하고 나폴레옹군과 결전할 것인가, 아니면 군대를 보존하기 위하여 모스크바를 희생할 것인가를 결정해야 할 중대한 기로에 서게 되었다. 여기서 그는 러시아를 구출하는 것은 군대뿐이라고 생각하여, 군대를 보존하기 위하여 수도를 버리고 카루가 부근으로 철수했다. 그는 많은 비난과 욕설을 들었지만, 그의 판단이 옳았다는 것은 곧 판명되었다. 즉 나폴레옹군은 패퇴했기 때문이다.

우리들을 더욱 놀라게 하는 사실은 채 소장이 26일 국회에 와서, "사흘 안으로 평양을 함락시키겠다"고 호언하였고, "적을 의정부 밖으로 격퇴했다"고 말했으나, 황성수 의원은 맞은편에 살던 채 소장을 직접 집으로 찾아가서 물으니, 그는 대뜸 "빨리 떠날수록 좋다"

16) 중앙일보 편, 『민족의 증언-한국전쟁 실록』1(서울 : 을유문화사, 1972), p. 33.

면서 "어제 국회에서 한 보고는 군기軍機라 할 수 없이 거짓말을 했다"는 것이다.[17]

더욱이 총참모장이 전황을 파악하기 위해 제7사단장을 여러 번 방문했는데, 사단장은 언제 전황을 파악하고 작전지휘를 한단 말인가?

왜 지휘 통신망을 준비해 두지 않았던가?[18]

왜 작전을 용이하게 지휘할 수 있는 군단편성을 해 두지 않았던가?

다) 모순된 여러 조치

초기작전과 관련하여 채 소장은 여러 가지 모순된 조치를 취했다. 즉 방위진지 건설 건의를 묵살한 것, 6월 10일 군 수뇌·사단장의 대인사이동을 실시한 것, 6·25 3일전 그동안 계속된 비상경계를 해제한 것, 24일 주말에 외출·외박을 실시한 것, 한 달 전 각 연대에 4문씩 있던 대전차포를 수리 차 거둬들인 것, 뒤에 있었던 심야 파티 등이다.[19]

신흥우 씨는 이 대통령으로부터 국방부와 군 고위층의 일부 인사가 좀 이상한 것 같으니 조사해 보라는 분부를 받고, 미처 조사해 볼 사이도 없이 큰일을 당했다고 말했다.[20]

6월 24일 밤 2차의 심야 파티는 국일관에서 26일 새벽 2시경에 끝났는데, 그 파티의 비용을 낸 사람은 정국은鄭國殷이라는 설이 있는데, 이것은 철저히 규명되어야 한다.

3) 일선 지휘관의 자질

열세한 무기와 장비 그리고 중대 내지 대대훈련 밖에 하지 못한 부대를 지휘하여 초기작전을 수행한 사단장(약력표 참조)을 비롯하여 예하 지휘관들의 노고에 대해서는 치하하여도 지나치지 않을 것이다. 그러나 초기작전의 패인을 전적으로 T-34 전차를 대적할 대전차포가 없었고 또 화력의 열세에만 있다고 한다면, 당시 춘천방면의 제6사단의 선전善戰은 어떻게 설명할 것인가?

---

17) 상게서, p. 38.

18) 미 제24 사단의 대전전투에서의 패인도 통신의 두절에 있었다. 그리하여 "전장에 있어서 통신이 전투의 승패를 결정하는 가장 중요한 요소"라 했다. Roy E. Appleman, *South to the Nakton, North to the Yalu*, (Washington : Department of the Army, 1961), p. 179.

19) 「중앙일보사」 편, 전게서, p. 260.

20) 상게서, p. 261.

사단장 약력표

1950. 6. 25.

사 단	성 명	계급	연령	임명일자	약 력
수도경비사령부	이 종 찬	대령	33세	1950. 6. 18.	일본 육사 졸업. 일본군 소령
제1사단	백 선 엽	대령	29세	1950. 4. 22.	만주군관학교 졸업. 만주군 중위.
제2사단	이 형 근	준장	29세	1950. 6. 20.	일본 육사 졸업. 일본군 대위
제3사단	유 승 렬	대령	?	1950. 4. 22.	일본 육사 졸업. 일본군 대령
제5사단	이 응 준	소장	58세	1950. 4. 22.	일본 육사 졸업. 일본군 대령
제6사단	김 종 오	대령	28세	1950. 6. 10.	학도출진. 일본군 소위
제7사단	유 재 흥	준장	28세	1950. 6. 10.	일본 육사 졸업. 일본군 대위
제8사단	이 성 계	대령	27세	1950. 6. 10.	중국 중앙군관학교 졸업. 중국군 소령

한국군이 보유하고 있었던 105밀리 곡사포 및 2.36인치 대전차포도 T-34 전차를 파괴할 수 있었다.[21] 당시 제1사단장이었던 백선엽 장군은 다음과 같이 회고했다.

> 당시 국군의 대전차포가 전차에 대해 전혀 무력無力한 것은 아니었다. 파괴는 못했지만 이를 잘 활용하면 저지할 수는 있었다. 또 포병을 활용하여 전차를 파괴할 수도 있었다. 제1 사단은 도합 11대의 적 전차를 파괴했다.… 특히 대전차 중대가 철판 관통력이 큰 철갑탄을 보유하지 못했던 것이 치명적이었다. 더구나 병사들은 전차를 본 적도 없거니와 대전차 훈련을 한 번도 치러본 적이 없었다. 병사들은 첫날부터 소위 '전차 공포증'에 시달리게 됐다.[22]

1950년 3월에 작성하여 배포된「육본 작전명령 제38호」및「별지 부록 제4호」에 "적의 전차를 수반하는 주공主攻을 보·포步砲의 저항으로써 소모시키며 이를 진전陣前에서 섬멸" 시키라는 부대 임무가 제1·7사단에 부여되어 있었는데, 왜 전차에 대한 대항책과 훈련을 실시하지 않았던가?「육본 작전명령 제38호」는 작성자였던 강문봉 작전국장은 그 실재實在를 주장했으나, 6월 10일의 인사이동으로 임명된 정래혁 작전과장, 장창국 작전국장, 이종찬 수도경비사령관 등은 그런 문서를 보지 못했다고 했다.[23] 이것은 업무의 인수·인계가 잘못 이루어졌고 또 과잉 보안조치로 인해 읽어서 알아야 임무를 수행할 간부들에게까지 그 기회를 앗아가 버렸기 때문에 야기된 문제였다.

---

21) Roy E. Appleman, 전게서, p. 72. 및 p. 162.

22)「경향신문」, 1988년 6월 25일 및 7월 8일자.

23) 佐々木春隆,『朝鮮戰爭/韓國編』中卷 (東京 : 原書房, 1976), pp. 123~128.

전세가 불리해졌을 때야말로 일선 지휘관들은 진두에서 지휘·통솔력을 발휘해야 하는데, 과연 어느 정도였을까?[24] 초기작전에서 일선 지휘관의 사상자는 얼마나 되었는가? 이 문제에 대한 실패의 패인분석이야말로 오늘날에 있어서도 군 간부에게 귀중한 교훈이 될 것이다.

군 간부는 그 계급과 직책에 상응하는 군사 전문지식을 연구하여 그것을 능력화해야 하고, 군의 임무수행에 사명감을 가져야 한다는 것은 재론할 필요가 없을 것이다.

4) 한강교 조기早期 폭파에 대한 책임 소재는?

한강 이북의 미아리 방어선과 수색방면에 주력부대, 중화기, 차량 및 보급품 등을 남겨둔 채 6월 28일 새벽 02시 30분경 한강다리는 폭파되었다. 그런데 한강다리 조기 폭파를 둘러싼 지휘관의 책임의 소재가 아직까지 분명하게 해결되지 않았다는 것은 아쉬운 점이다.

1950년 9월 21일 군법회의에서 공병감 최창식 대령은 한강 철교 및 인도교의 조기 폭파에 대한 책임을 물어 사형판결이 내려졌고 그 날로 총살형이 집행되었다. 그러나 1962년부터 1964년까지 재심을 거쳐 1964년 10월 23일 원심판결을 뒤엎고 무죄로 확정되었는데, 그렇다면 그 책임자는 누구인가?

지휘권이라 함은 군대를 지휘·통솔하기 위하여 한 개인에게 부여된 권한을 말한다. 법과 규정에 의하여 보장되는 이 권한은 전가할 수 없는 같은 정도의 책임을 동반한다. 따라서 모든 상황 하에서 부대의 성패成敗에 관하여 지휘관만이 책임을 진다는 것을 알아야 한다.

5) 작전지휘권의 이양문제

1950년 7월 7일 유엔 안전보장이사회의 결의에 따라 유엔 연합군 사령부가 설치되었고, 7월 14일 한국군의 작전지휘권이 공식적으로 이 대통령 공한公翰에 의해 유엔군 사령관 맥아더 장군에게 이양되었다. 그 후 1954년 11월 17일 한미 합의 의사록에서는 작전통제권이라고 하여 순수한 군 작전에만 한정시켜 권한의 범위가 많이 축소되었으나 실제에 있어서는 그렇지 못했다.

1978년 11월 7일 한미 연합군 사령부가 창설됨으로써 한국군도 작전통제권 행사에 참

---

24) 딘 소장은 다음과 같이 회고했다. "당시 敵我의 배치는 불명하였다. 본인이 최후까지 대전에 남아 있었던 몇 가지 이유 중… 한국군 지휘관에게 시범하고, 한국군에게 확신을 주기 위한 것이었다.…" Roy E. Appleman, 전게서, p. 181.

여할 수 있게 되었다. 이 사령부의 창설의의는 첫째, 한미 군사협력과 유대강화를 위한 제도적 장치가 마련되었다는 점이며, 둘째, 한국군으로서는 주한미군의 완전철수에 대비하여 작전통제권을 인수할 수 있는 기반을 갖추게 되었다는 점과, 셋째, 한국군은 형식상으로나마 작전지휘에 공동 참여할 수 있게 됨으로써 한미 군사협력의 수평적 관계를 유지할 수 있게 되었다는 점에 있다고 할 수 있다.[25)]

한국이 작전지휘권을 유엔군 사령관에게 이양함으로써 한국의 국방에 기여한 긍정적 측면도 있지만, 반면에 부정적 측면도 있다. 특히 전략적 측면에서 본다면, 한국군은 6·25전쟁과 월남전쟁을 통해 전투는 수행했어도 전쟁을 수행해 보지 못했다는 것이다. 환언하면, 전략적 차원인 전쟁의 준비와 수행에 대한 체험이 없다는 것이다.

한미 연합사령부가 수립한 군사전략과 한국군이 작전통제권을 인수한 후 우리의 국가목표를 달성하기 위한 한국 군사전략은 분명히 달라야 하고 또 그것은 우리 스스로가 수립해야 한다. 그런데 다른 분야의 군사 전문가들은 선진국에서 상당수 연구를 해왔으나, 과연 용병술 분야의 인재양성과 관리는 어느 정도 하고 있는가?

3. 인천상륙작전

가. 낙동강선의 방어작전

북한군은 한국군과 유엔군의 지연작전에도 불구하고 계속 적극적인 공세를 취하여 낙동강 주변까지 진출했다. 낙동강은 남부 태백산맥 일대에서 안동을 거쳐 상주·대구를 거쳐 부산 서쪽에 이르는 길이 약 425킬로미터의 큰 강이다. 이 강은 경상남북도에 대한 하나의 궁형弓形을 형성하고 있으며, 상류의 일부를 제외하고는 거의 도보에 의한 도강渡江은 불가능하다. 당시 한국군과 유엔군이 낙동강을 최후의 방어선으로 정한 것은 이러한 지리적 이점이 있었기 때문이었다.

1950년 8월 초순, 한국군과 유엔군이 방어하고 있었던 낙동강 방어선은 약 250킬로미

25) 동아일보사 편, 『東亞年鑑 1979』(서울 : 동아일보사, 1980), p. 332.

터에 달하고 있었다. 이 전선의 내곽지역은 부산을 거점으로 하여 남북으로 약 140킬로미터, 동서로 90여 킬로미터가 되는 긴 네모 형태를 이루고 있었고, 왜관을 중심으로 하여 남쪽의 남서부 전선에는 미군 3개 사단, 그 동쪽의 중동부 전선에는 한국군 5개 사단이 배치되어 있었다. 이리하여 한국군과 유엔군은 내선작전內線作戰을, 그리고 북한군은 외선작전外線作戰을 수행하는 태세를 갖추게 되었다.

북한군의 8월 공세는 목표를 대구 점령에 두고 주공을 이곳에 지향하되, 전 전선의 가용한 모든 접근로에서 동시에 공격을 개시하는 즉시 유엔군의 전투력을 분산시키고, 어느 축선에서든지 돌파구가 형성되면 이를 확대하면서 후방 깊숙이 침투하려고 했다.

대구는 당시 임시수도(1950. 7. 16.~8. 18.)인 동시에 부산 교두보의 전략적 요충지였다. 북한군이 결전장으로 선택한 상주－다부동－대구 축선에 투입한 3개 사단(제13, 15, 3사단)과 이와 대치한 것은 한국군 제1사단이었다. 여기서 유명한 다부동 전투(1950. 8. 4.~8. 30.)가 시작되었으며, 연일 양군 사이에는 치열한 공방전이 계속되었다. 27일간에 걸친 다부동의 혈전血戰에서 제1사단은 승리를 했으며, 대구의 최후 방어선을 사수했다. 북한군은 8월 공세에서 7만여 명의 병력과 많은 장비를 상실했고, 병참 사정이 여의치 않아 공격은 중단되고 말았다.

북한군의 9월 공세는 현풍에서 왜관에 이르는 낙동강 좌안左岸을 견제공격하면서 북쪽에서 공격하여 대구－영천방면에서 한국군을 포위·섬멸하고자 했다. 공격 개시일은 남서부 전선에서는 8월 31일로, 그 밖의 전선에서는 9월 2일로 정하고 야간전투 위주의 공세작전을 수행한 것이 9월 공세의 특징이기도 했다.

이러한 북한군의 공세는 초기에 있어서 상당한 기습 효과를 달성하여 전 전선에서 한국군과 유엔군의 방어선을 돌파하는 데 성공했다. 그리하여 영산·다부동·영천·안강·포항이 북한군의 수중으로 들어가고, 대구와 경주가 위협받게 되자 전세는 낙동강 방어선의 전면적 붕괴로 이어질지도 모를 위급한 사태가 벌어졌다. 이러한 가운데 한국군과 유엔군은 총력을 집중하여 낙동강 방어선을 고수했는데, 특히 영천전투(1950. 9. 2.~9. 12.)는 가장 치열했고 여기서 한국군의 반격으로 인민군 제15사단은 패주하여 거의 와해되어 버렸다. 이리하여 9월 10일경부터 북한군의 공격은 중단되었으며, 그들의 부산점령의 최후의 기도는 좌절되고 말았다.

그러나 전쟁을 승리로 전환하려면 모든 역량을 다해 적 후방 어느 지점에 적전敵前 상륙을 해야 하였다. 그 날은 9월 15일로 결정되었던 것이다.

나. 맥아더 장군의 전략개념

맥아더 장군이 6·25전쟁에서 승리하기 위해 적의 후방에 상륙할 것을 생각한 것은 자연스럽고 또한 예측 가능한 것이었다. 제2차 대전 중 바탄 전역戰役 후 거의 수륙 양면작전이었으며, 호주에서부터 루손 섬에 이르기까지 적이 점령한 섬을 차례로 석권하였다. 해상 통제권은 군사력에 기동력을 부여하고, 기동력과 기동전은 항상 귀중한 보수와 신속한 결정을 가져왔다. 해상작전으로 적의 후방에 우회하여 후방의 보급 및 병참선을 공격하는 것은 맥아더 장군의 호소력이 있는 대전술적大戰術的 감각이었다.[26]

1950년 6·25전쟁이 일주일 쯤 지났을 때, 맥아더 장군은 그의 참모장 알몬드 장군에게 서울에서 적의 병참선 중앙부를 타격하기 위하여 상륙작전 계획을 준비하고 이를 수행하기 위한 상륙지점을 연구하라고 지시했다. 이 최초의 계획은 Blue-Hearts라고 불렀고, 제안된 작전 일자는 7월 22일이었으나, 당시 적의 남진을 저지시킬 미군과 한국군의 능력 부족 때문에 7월 10일에 포기되었다. Blue-Hearts작전이 중단된 후에도 새로운 계획은 진전되고 있었다. 이 계획은 극동군 사령부의 합동전략기획단(JSPOG)에서 취급되었는데, 작전참모인 라이트 장군이 이 기획단을 지휘하였다.[27]

7월 23일 라이트 장군은 맥아더 장군의 지시에 따라 총사령부 각 참모부에 크로마이트 작전의 개요를 회람시켰는데, 크로마이트라는 상륙작전은 9월에 실시할 예정으로 다음과 같은 3개 안이 있었다.

(1) 기획 100-B는 서해안 인천에 상륙하는 것.

(2) 기획 100-C는 서해안 군산에 상륙하는 것.

(3) 기획 100-D는 동해안 주문진 부근에 상륙하는 것.

기획 100-B는 인천상륙과 동시에 8군이 정면에서 공격하는 것으로 되어 있었다. 7월 23일 맥아더 장군은 한국에 있는 제5 해병연대와 미 제2 보병사단을 남부의 8군과 협조

---

26) Roy E. Appleman, 전게서, p. 488.
27) 상게서, pp. 488~489.

하여 9월 중순경에 적의 후방에 상륙시킬 계획이라고 육군성에 보고했다.[28]

미 합참본부에서는 전세가 불리하여 계속 밀리고 있는 판국에 적 후방에 상륙작전을 하겠다는 맥아더 장군의 견해가 잘 납득이 가지 않았다. 그리하여 육군 참모총장 콜린스 대장과 해군 참모총장 셔먼 제독을 동경東京에 파견하여 무엇이 일어나고 있는가를 명확히 알아오게 하였다. 1950년 8월 23일[29] 동경 제일빌딩에서 맥아더 장군, 콜린스 대장, 셔먼 제독을 비롯한 주요 지휘관·참모들이 참석한 가운데 회의가 개최되었다. 맥아더 장군이 간단히 소개한 후 라이트 장군이 상륙작전의 기본 계획을 보고하고, 그 후 도일 제독의 해군의 의견을 설명했다. 그는 비관적인 어조로 "작전이 불가능하지는 않다. 그러나 나는 이를 건의할 수가 없다"[30]고 결론을 내렸다. 그리고 셔먼 제독은 "모든 가능한 지리적 그리고 해군의 장애를 열거하라면, 인천은 그 모든 장애를 갖추고 있다"[31]고 했다. 콜린스 대장은 대체안代替案으로 군산을 제의했다. 잠시 침묵이 실내 회의장을 긴장케 했다. 맥아더 장군은 조용히 일어나 다음과 같이 말했다.

> 북한의 대병력은 낙동강 방어선에 집중되어 있다. 적은 인천 방어에 적절한 대처를 하지 못하고 실패할 것으로 나는 확신한다. 인천 상륙에 대한 실행 불가능성에 대하여 제기된 주장들은 나에게 기습의 요소를 더욱 확신케 해 준다. 누구도 그러한 위험을 무릅쓰고 공격을 실행하리라고 적의 지휘관은 생각하지 않기 때문이다. 기습은 전쟁에서 성공의 가장 결정적 요소이다.
>
> …해군측이 반대한 조류, 수로, 지형 그리고 물리적 장애는 실질적이고 적절한 것이지만, 극복할 수 없는 것은 아니다. 해군에 대한 나의 신뢰는 완전하다.…
>
> 군산 상륙에 대한 제안은 인천에 비해 위험은 적지만 비효과적이고 결정적인 것이 아니다. 그것은 포위할 수 없는 적군을 포위하고자 하고, 적의 보급선과 분배 센터를 파괴할 수도 없다.…
>
> 그러나 인천과 서울을 탈환하면 적의 보급선을 차단할 수 있고 한반도 전체의 확보가 가능하다. 적의 약점은 보급에 있다. 적은 남쪽으로 남하할수록 수송선은 길어져 그만큼 보급을 교란당할 위험성이 많아진다. 적의 북쪽으로부터의 주요 보급선은 어떤 것이든지 서울에서 전선 방면으로 연장되어 있다. 따라서 서울을 억눌러 놓으면 적의 보급망 활동을 꼼짝 못하게 완전히 마비시켜 놓을 수가 있다.…
>
> 만일 나의 판단이 그릇된 것이고 걷잡을 수 없는 적의 방어선에 부딪치게 된다든지 하면 나도 그

28) 상게서, p. 489.

29) 애플먼(Appleman)은 7월 23일(상게서, p. 493)이라 했으나 잘못이다. James F. Schnabel, *Policy and Direction : The First year* (Washington : United States Army, 1972), p. 149 및 Douglas MacArthur, *Reminiscence* (New York : Mcgraw-Hill, 1964), p. 347.

30) Roy E. Appleman, 전게서, p. 493.

31) Douglas MacArthur, 전게서, p. 348.

때에는 현장에 있을 테니까 치명적인 반격을 받기 전에 부대를 즉시 이끌어 낼 것이다 그러한 경우 우리들의 손해는 단지 나의 직책상의 오점이 될 뿐이다. 그러나 인천 상륙작전은 결코 실패하지 않으며 반드시 성공할 것이다. 그리하여 10만의 생명을 구할 것이다.[32)]

8월 29일 미 합참본부는 맥아더 장군에게 인천 작전계획에 조건을 붙여 동의한다는 전문을 보내왔다.

맥아더 장군의 인천 상륙작전의 목적은 서울지역에 있는 북한군의 보급 근원을 파괴함으로써 적의 군수·보급체제를 완전히 분쇄하고 적의 전쟁 수행능력을 철저히 와해시켜 버리는 데 있었다.

다. 인천 상륙작전 및 서울 탈환작전

1) 인천 상륙작전

이 작전의 주역인 미 제10 군단은 미 제1 해병사단과 미 제7 보병사단을 주축으로 편성되었고, 국군 제17 연대와 해병 4개 대대도 참가했으며, 총병력은 7만 명에 달했고, 함정은 260척이었다. 이 상륙작전의 일련의 목표는 인천항을 지배하고 있는 월미도와 인천을 점령하고, 다음에 김포 비행장을 장악하고 서울을 탈환하는 것으로 미 제1 해병사단이 주공으로 이 목표를 달성하는 임무가 부여되었다. 한편 미 제7사단은 우측방을 경계하면서 수원방향으로 우회, 남진을 계속하여 낙동강 전선으로부터 총반격을 개시하여 북으로 진격하는 미 제8군 예하부대와 연결한 후, 북한군을 협격할 계획이었다.

9월 15일 02시부터 인천에 대한 상륙작전을 감행했으며, 이때 북한군의 저항은 미약하였다. 16일 인천 일원의 잔적殘敵을 소탕하고 18일 아침에는 김포 비행장을 완전히 점령했다.

그동안 해상에서 대기 중이던 미 제7 보병사단은 9월 16일 인천항에 진입하여 17일부터 상륙을 개시해서 수원방면으로 진격을 했다.

2) 서울 탈환작전

미 제10군단장 알몬드 소장은 9월 18일 미 제1사단에게 서울을 공격하여 탈환하라는 명

32) 상게서, pp. 349~350.

령을 내렸다. 미 제5 해병연대는 9월 20일 능곡 쪽으로 한강을 도하하는 데 성공해서 수색방면으로 진격한 끝에 9월 24일에는 연희고지까지 진출했다. 그 뒤를 이어 능곡에서 한강을 도하한 미 제7 해병연대(국군 해병 1개 대대 배속)는 서울 북쪽의 북악산 방향으로 우회공격을 계속했다.

한편 9월 19일 영등포 남쪽에서 미 제7사단에 영등포 이남지역에 대한 작전 임무를 인계한 우측의 미 제1 해병연대(국군 해병 1개 대대 배속)는 9월 22일 영등포 시내를 완전히 장악한 데 이어 9월 24일에는 마포에서 한강을 도하하여 치열한 시가전에 돌입했다. 그리하여 9월 27일 아침에 서울을 완전히 탈환했으며, 9월 29일에는 이승만 대통령과 맥아더 장군이 임석한 가운데 서울 탈환을 경축하는 의식이 거행되었다.

라. 전략적 논평

1) 군사작전의 걸작품 : 인천 상륙작전

맥아더 장군에 의해 구상되었고 또 수행되었던 인천 상륙작전은 한니발이 칸내 전투(216 B.C), 루덴돌프의 탄넨베르크 전투(1914)보다 훨씬 더 훌륭한 군사작전의 걸작품으로 평가하지 않을 수 없었다. 왜냐하면, 그는 불리한 전세로 인하여 계속 철수작전에 시달려 왔고 또 그의 전략개념에 대해 고위 직위자 및 부하 지휘관·참모들의 반대 내지 회의를 설득시켜 실시했기 때문이다.

낙동강의 방어와 인천 상륙작전

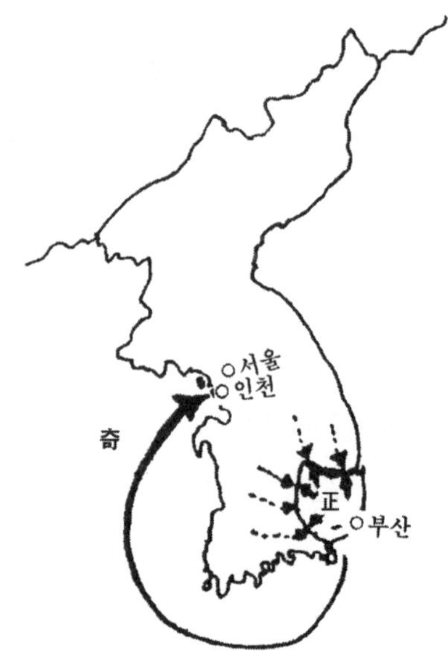

당의 명장이요, 또 병가兵家이기도 했던 이정李靖(571~649)에 의하면, "손자의 말에 '이길만 하지 못할 때는 지키고, 이길만 할 때는 공격한다'란 말은 적에게 아직 이길만한 허虛가 없기 때문에 아군은 잠시 방어를 취하며, 적에게 승리할 만한 약점이 생기는 것을 기다려 이것을 공격한다는 것을 말하였을 따름이지, 병력의 다과多寡를 가지고 한 말은 아니다"[33)]

고 했는데, 이것은 적에게 공격을 가하여 승리할 만한 허점의 유무가 문제이지 결코 병력의 우열이 문제가 아니라는 것이다.

전쟁사戰爭史의 교훈에 의하면, 오직 공세 행동만이 결정적인 결과를 가져오며 또 승리를 위한 선행조건先行條件이다. 공세는 선제권과 주도권을 장악하게 되며, 적에게 우리의 의지를 강요할 수 있다. 마오쩌둥은 "모든 전쟁에 있어서 쌍방은 전장戰場에서, 전지戰地에서, 전구戰區에서 더욱이 전쟁 전체에서 모든 노력을 다하여 주도권을 장악하려 한다. 이 주도권이란 군대의 행동의 자유를 말한다"[34]고 했다.

전쟁에서 주도권이 얼마나 중요한 역할을 하는가에 대해선 우리들은 6·25전쟁을 통하여 뼈저리게 체험하였다. 즉 6월 25일 북한군의 기습적 공세로 전쟁의 주도권이 적에게 넘어가고 그것이 9월 15일 인천 상륙작전이 이루어진 연후에야 비로소 우리에게 넘어왔다. 그런데 8월 초순에는 쌍방의 병력이 비슷했고, 9월 초에는 우리가 월등하게 우세(한국군 및 유엔군 : 179,929 대 인민군 : 107,850)했을 뿐만 아니라, 제해·공권制海空權마저 거의 완전하게 장악하고 있었음에도 불구하고 계속 수세에 몰려 악전고투만 계속하였던 것이다.

공세의 방법에 대해서 『손자』는 다음과 같이 말하고 있다.

> 우리 병사들이 적과 마주쳐서 결코 패하지 않는 것은 적이 우리를 이길 수 없는 방어(正)와 우리가 적을 이길 수 있는 공격(奇)이 있기 때문이다. 돌을 가지고 알을 깨트리는 것처럼 쉽사리 싸우면서 반드시 승리하는 것은 충실한 전투력을 가진 군대(實)를 가지고 허술한 적(虛)을 공격하기 때문이다. 모든 전투는 正으로써 대치하고 奇로써 승리한다.[35]

한국군과 유엔군은 낙동강 방어선에서 북한군의 공세를 저지하고 있었는데, 이것은 正에 해당되고, 미 제10군단에 의한 인천 상륙작전은 奇에 해당된다. 그리고 미 제10군단의 병력은 7만 명으로 실實에 해당되고, 인천지역의 북한군의 병력은 6,500명으로 허虛에 해당된다. 따라서 맥아더 장군의 기습적 인천 상륙작전은 군사원칙에도 합당하다는 것을 우리들은 알 수 있다.

한편 미 행정부는 인천 상륙작전의 대승리를 국제 정치적 내지 외교적으로 활용하는데

---

33) 『李衛公問對』 下.
34) 『毛澤東選集』 第二卷(北京 : 人民出版社, 1967), p. 379.
35) 『孫子兵法』, 兵勢 第五.

소홀하였다. 그것은 정치와 군사가 잘 결합되지 못했음을 나타냈는데, 후에 중공군의 개입과도 관련이 있는 것으로 평가된다.

2) 고수냐 아니면 죽음이냐

1950년 7월 26일 북한군이 대구에 대하여 압박을 증가시키자 대치시킬 수 없는 통신장비 때문에 워커 장군은 그의 사령부(제8군)를 부산으로 철수시킬 것을 동경 사령부에 요청했다. 그러나 그는 그의 사단을 항구도시로 후퇴시키겠다는 의사는 아니었다. 이에 알몬드 장군은 개인적으로 이러한 사령부의 이동에 대해서 반대의사를 표명했다. 사령부를 부산으로 옮긴다는 것은 군의 사기를 떨어뜨릴 우려가 있으며, 제8군이 더 이상 한국에서 지탱을 못하고 철수를 개시할 수밖에 없다는 인상을 안겨주기 때문이라고 말하였다.

워커 장군이 전화를 끝내자마자 알몬드 장군은 맥아더 장군에게 달려가서 그가 직접 한국에 가서 워커 장군에게 분명한 극동군 사령부의 의사를 전해 줄 것을 건의했다. 7월 27일 맥아더 장군은 오전 10시에 대구에 내렸다. 맥아더 장군은 전날 워커 장군의 요청에 대해서도, 또 그의 어떠한 행동에 대해서도 아무런 말도 하지 않고 비평도 하지 않았다. 그는 다만 8군이 현 진지를 고수해야 된다고 강조하면서 일반적인 전술상황에 대해서만 서로 주고받았다. 그는 워커 장군에게 철수는 종식되어야 한다고 말했다. 그런 후에 8군의 참모들과 만난 자리에서 맥아더 장군은 한국에서 철수란 있을 수 없으며, 제2의 덩케르크가 재연되어서는 안 된다고 말하였다.

7월 29일 맥아더 장군의 방문결과로서 워커 장군은 제25사단 참모들에게 훈시하는 가운데 일반적인 성명형식을 통하여 명령을 하달했다. 워커 장군은 8군은 이제 더 이상 후퇴하지도 않을 것이며 또 후퇴할 수 있는 방어선도 없다. 요컨대 8군의 모든 장병은 현 전선에서 '고수냐 아니면 죽음이냐'라고 말하였다. 그가 말한 방어선이란 낙동강 방어선을 말하는 것이었다.[36]

> 다부동 전투 때의 일이다. 미 27연대의 좌측 능선을 엄호하던 한국군 11연대 1대대(대대장 김재명 소령)가 출격의 초동初動에 제압당해 고지를 탈취당하고 다부동쪽으로 후퇴하고 있다는 보고가 들어왔다. 이어 8군 사령부로부터 전화가 걸려왔다. "한국군은 도대체 어떻게 된 거냐. 싸울 의지가 있느냐"는 노한 음성의 힐책이었다.

---

36) James F. Schnabel, 전게서, pp. 125~126.

연대의 측면이 뚫리자 마이켈리스 대령이 즉각 미 8군에 "한국군이 후퇴했다. 퇴로가 차단되기 전에 철수해야겠다"고 즉각 보고한 것이었다. 마이켈리스는 내게도 전화를 해 "후퇴하겠다"고 통고했다. "후퇴하지 말고 잠깐 기다려라. 내가 현장에 나가 확인하겠다." 나는 동명학교에서 다부동으로 급히 지프를 몰았다.

과연 진목동 도로 서쪽의 11연대 병사들이 피로에 지친 모습으로 후퇴하며 산을 내려오고 있었고, 고지를 점령한 적은 산발적으로 미군의 포병진지를 향해 측면사격을 가하고 있었다. 김재명 대대장을 불러 "어떻게 된 것이냐?"고 물으니 그는 "장병들이 계속된 주야의 격전에 지친데다 고립된 고지에 급식이 끊겨 이틀째 물 한 모금 먹지 못했다"고 대답했다. 나는 후퇴하는 병사들 앞으로 달려나갔다.

"모두 앉아 내 말을 들어라. 그동안 여러분 잘 싸워주어 고맙다. 그러나 우리는 여기서 더 후퇴할 장소가 없다. 더 후퇴하면 곧 망국이다. 우리가 더 갈 곳은 바다 밖에 없다. 저 미군을 보라. 미군은 우리를 믿고 싸우는데 우리가 후퇴하다니 무슨 꼴이냐. 대한남아大韓男兒로 다시 싸우자. 내가 선두에 서서 돌격하겠다. 내가 후퇴하면 너희들이 나를 쏴라."

나는 부대에 돌격명령을 내리고 선두에 서서 나아갔다. 곧 병사들의 함성이 골짜기를 진동했다. 김재명 소령도 용감하게 앞장 서 부대를 지휘했다. 대대는 삽시간에 고지를 재탈환했다.[37]

『손자』에 의하면, "장수가 병사들을 지휘하여 결전할 경우 마치 사람을 높은 곳에 오르게 하고 사다리를 떼어버리는 것처럼 하라"[38]고 했고, 『오자』도 "무릇 전쟁터란 시체가 뒹구는 비참한 곳이다. 필사적인 결의로 싸우면 살아날 수 있고, 요행의 삶을 꾀하면 죽음을 당하는 곳이다"[39]고 했다. 이것은 전장에서 장수의 부하들에 대한 지휘 통솔법을 설파한 실로 오묘한 내용이다. 워커 장군이 말한, "더 후퇴할 방어선이 없다. 진지의 고수냐 아니면 죽음이냐" 그리고 백선엽 장군의 "더 후퇴하면 곧 망국이다. 우리가 더 갈 곳은 바다 밖에 없다"는 것은 상술上述한 병리兵理의 실례實例라 하겠다.

삼국을 통일하여 한민족韓民族의 원형을 창출했던 신라의 화랑과 젊은이들의 가치관은 충·효·신 그리고 임전무퇴臨戰無退(싸움터에서 물러서지 않는다)였다. 그들은 싸움터에서 물러서지 않고 죽음을 무릅쓰고 싸웠기 때문에 살아날 수도 있었고, 삼국을 통일했고 그 후 민족문화의 꽃을 피우기도 했다.

군인은 작전상 후퇴할 줄도 알아야 한다. 그러나 후퇴 밖에 모른다면 그것은 곧 죽음과 망국으로 직결된다. 따라서 임전무퇴와 적을 격파하여 승리하기 위해서는 왕성한 공격정

---

37) '백선엽 회고록 : 군과 나' (「경향신문」, 1988년 7월 29일자.)
38) 『孫子兵法』, 九地 第十一.
39) 『孫子兵法』, 治兵 第三. 「必死則生 幸生則死」란 구절은 이순신도 그의 『난중일기』에서 인용했다.

신을 갖추어야 한다는 것은 군인의 기본자세이다. 이것은 동서고금을 막론하고 군인들에 있어서 진리이다. 아무리 훌륭하고 기발한 전략·전술을 가졌다 해도 장병들이 싸우려는 의지가 없다면 모든 것은 소용이 없는 것이다.

제2차 세계대전을 승리로 장식했던 미 군인들이 불과 5년 후 6·25전쟁에 참전하여, 특히 대전전투에서 미 제24사단이 패배하자 놀라워했고 또 그 패인을 다음과 같이 분석했는데, 우리들에게도 교훈이 될 것이다.

> 점령 근무 중인 전투사단은 전투를 위해 훈련도 하지 않았고, 장비도 갖추지 않았고 싸울 준비가 되어 있지 않았다는 것이 기본적 사실이었다. 대다수의 병사들은 너무 젊었고 거기에다 군인이 되겠다는 생각에 흥미가 없었다. 육군 입대를 권유하는 모병광고는 모든 생각할 수 있는 이점과 많은 장점을 약속했을 뿐이고, 육군의 기본 임무는 싸우는 데 있다고는 말하지 않았다.
>
> 최초의 미군부대가 한국의 여름 더위와 습기 속에서 산에 올라가 적군과 싸우거나 혹은 포위되어 도망칠 때, 주간지週刊紙의 공식보고처럼 그들은 파리처럼 떨어졌다. 소금은 최고 우선순위의 보급품목의 하나가 되었고 그것은 항공기에 의해 부대에 떨어뜨렸다.
>
> 전쟁 초기의 한 참여자요, 또한 유능한 관찰자는 이 환경을 잘 표현하였다. 즉 그는 다음과 같이 말했다. "전쟁이라고 불려 지지는 않았지만 병사들과 장교들은 싸움에 흥미를 가지지 않았다. 그것은 많은 장병들의 생명을 앗아간 치열한 전투였고 또한 옆 전우가 쓰러지지 않도록 하는 전우애와 마찬가지로 부대 그리고 전문직에 대한 우리의 긍지를 제외한다면 거기에서는 아무런 소득이 없었다."[40]

3) 공군력 없이 지상전의 주도권은 잡을 수 없다

6·25전쟁 그리고 월남전쟁을 통하여 우리 한국군은 많은 전투경험을 쌓았다. 그러나 거의 적기敵機를 보지 못한 제공권을 장악한 상황에서 자유로운 지상작전과 해상작전 그리고 항공작전을 수행했다. 따라서 6·25전쟁과 같은 전면전쟁(미국은 제한전制限戰이라 하지만)에 있어서 공군력의 중요성과 가치에 대해서 우리들은 과연 어느 정도 인식하고 있는지?

북한은 6·25전쟁의 실패의 주요 원인의 하나는 공군력의 열세로 인한 제공권의 상실로 평가했다. 그리하여 휴전 이후 계속 공군력의 증강에 박차를 가하여 이제는 세계 제4위의 공군력을 건설했으며, 한국공군에 비해 2대1의 우세를 보이고 있는 실정이다. 북한이 6·25전쟁에서 어떤 체험을 했는가는 1950년 12월 21일 김일성의 연설에서 찾아보고자 한다.

> 우수한 공군과 해군과 포화를 소유한 적들과 싸우는 특수한 조건에서 전투를 진행할 줄 몰랐습니

---

40) Roy E. Appleman, 전게서, pp. 180~181.

다.… 특히 적들의 공습이 심한 조건 하에서 산악전과 야간 전투에 능숙하지 못하였습니다.… 우리 군대의 장비가 적보다 그리 약하지 않음에도 불구하고 비행기 없이는 적들과 싸울 수 없다는 패배주의 경향들과의 강력한 투쟁을 전개하지 않았을 뿐만 아니라…[41]

김일성은 항공기 없이 싸울 수 없다고 하는 장병들의 호소를 패배주의로 몰아붙였다. 미 공군 전사戰史편찬실이 북한군 포로의 진술을 기초로 하여 공군력의 역할을 평가했을 때, 미 육군과의 차이를 나타내기도 했다.

남북한 공군전력 비교

구 분	한 국	북 한
병 력	33,000	53,000
전 술 기	476	840
무장 헬기	육군에서 운용	110

자료 : *The Military Balance* 1987~1988(IISS)

맥아더 장군은 9월 30일자 대對유엔보고서에서, 서울에 있는 적 보급체제 중심부를 장악함으로써 남한 내에 있는 적군의 군수지원을 완전히 엉망으로 흔들어 놓았으며 적의 분열을 재빨리 초래하는 결과를 가져왔다고 했다. 그러나 미 공군의 견해는 어느 정도 상이相異하였다. 미 공군 전사편찬실 조사에 의하면, 전쟁포로에 대한 보고서에서 밝혀졌는 바, 북한 지상군의 패배는 시의적절한 인천상륙 침공에 의해서가 아니라, 남한 내의 끊임없는 공·지空地작전에 기인되었다고 하는 것이 명백해졌다. 한 쪽이 다른 쪽의 도움 없이는 성공할 수 없었을 것이라고 하는 것이 진리이다. 북한군의 지상전투의 템포를 계속 유지하는 한, 항공 차단은 비효과적이었을 것이다. 그러나 적이 일단 주도권을 상실하자, 전방에서의 손실과 후방에서부터 전방의 손실을 신속히 교체 보충하지 못하는 무능력의 배합이 적의 붕괴를 초래하였다. 북한군의 역전패는 지상작전과 항공작전의 종합된 효과에서 기인된 결과였다.[42]

특히 낙동강 방위작전에 있어서 항공지원은 지대한 영향을 미쳤다. 9월 2일 심각한 전투단계에서 미 제2 및 25사단은 공군과 해군으로부터 300회의 근접 항공지원을 받았다. 미 제25사단장 킨 소장은 "제5 공군에서 출격한 근접 항공지원 출격 회수가 이전에도 수없이 그러한 바와 같이, 이번에도 또 다시 우리 사단을 구해 주었다."[43]

정일권 장군도 그의 회고록에서 다음과 같이 밝혔다.

41) 김일성, 전게서, pp. 138~139.
42) M. J. Armitage and R. A. Mason, *Air Power in the Nuclear Age* (University of Illinois Press, 1983), p. 28.
43) R. F. Futrell, *The United states Air Force in Korea* (New York : Duell, Sloan and Pearce, 1961), p. 134.

> 공군의 근접지원은 절대적이었다. 총참모장 때에는 자주 볼 수 없었던 전투장면을 실제로 가까운 거리에서 지켜볼 수 있었다. 나에게는 소중한 실전 지휘경험이었다. 공군력 없이는 지상전의 주도권을 잡을 수 없다는 사실을 절감했다.[44]

만약 한반도에서 전면전쟁이 재발할 경우, 6·25전쟁 때와 같은 일방적인 공중우세를 유지하면서 전쟁을 수행하기는 어려울 것이다. 왜냐하면, 첫째, 북한의 공군력이 한국의 공군력보다 우세를 유지하고 있고, 둘째, 북한의 공군기지가 요새화 되어 지상의 모든 항공기와 주요 시설들이 지하로 숨겨져 있어 공중 공격을 가하여도 무력화시킬 수 없기 때문이다. 따라서 한국군(육·해·공군)은 이에 대한 대응책을 조속히 강구해야 할 것이다.

4) 한국 군사전략의 체계수립을 위하여

근래에 와서 작전술의 개념 규정에 대한 논의가 대두되고 있다. 인천 상륙작전의 발상과 준비 및 실시는 이 문제의 가장 훌륭한 실례實例를 보여 주는 것으로 생각된다.

작전술은 군사전략과 전술의 중간에 위치하는 것으로 우리의 『합동군사용어사전』(합동참모본부 : 1972)에는 없다. 그런데 육군본부에서 발간한 『전략전술용어집』(1984)에는 다음과 같이 정의하고 있다.

- 작전술 : 육군의 군사전략 개념 하에 전쟁을 준비하고 수행하는 활동으로서 대체로 대부대 작전을 계획하고 실시하는 이론理論과 실제實際[45]

미 육군과 소련의 작전술에 대한 정의는 아래와 같다.

▲ 작전술이라 함은 전역戰役 및 대규모 작전의 계획, 편성 및 실시를 통하여 전쟁전구戰爭戰區 및 작전전구에서의 전략목표를 획득하기 위한 군사력 운용기술이다.[46]

▲ 작전술 : 군사술의 한 구성요소로 주로 야전군 혹은 주요 군종軍種부대에 의한 합동 및 독립작전의 수행을 위한 준비의 이론과 실제를 다루고 있다. 작전술은 전략과 전술을 잇는 이음새 역할을 한다. 전략적 요구가 생겨나기 때문에 작전술은 전략목표를 달성하기 위해 작전의 준비와 수행의 방법을 결정한다. 그리고 그것은 작전의 목표와 임무에 입각하여 전투의 실시를 위한 준비를 조직하는 전술을 위해 최초의 자료를 준다. 작전수행의 일반적 원칙을 탐구하는 작전술의 일반이론 외에도 각 군종은 스스로의 작전술을 가진다.[47]

---

44) 정일권, 『전쟁과 휴전』(서울 : 동아일보, 1986), p. 338.
45) 교육사령부 편집, 『전략전술용어집』(서울 : 육군본부, 1984), p. 873.
46) 『미 작전요무령』(1986년판)(진해 : 육군대학, 1987), p. 17.
47) *Dictionary of Basic Military Terms*, A Soviet View, Published under the auspices of the United States Air Force (Washington : G.P.O. 1976), p. 143.

군사전략과 전술의 중간에 왜 작전술이 필요한가에 대해서는 상술한 정의에서 명시되었지만, 좀더 구체적으로 설명하면 다음과 같다.

▲ 군사전략은 군사목표, 군사전략개념 그리고 군사자원으로 구성되어 있다.[48]
군사목표 : 군사능력 및 자원을 투입해야 할 특정 임무 혹은 과업으로 표시된다.
군사전략개념 : 전략적 상황 예측의 결과로 채택된 군사행동의 방책.
군사자원 : 군사목표를 달성하기 위한 군사능력의 결정 요인.

▲ 작전술은 전략에서 설정한 군사목표와 그것을 달성하는 행동방책의 내용을 실시단계의 시간 예정표로 구체화 한 것이다. 여기서는 무엇을 누가 구체적으로 어떻게 할 것인가를 명시하고 그 순서가 상세히 시나리오화化 되어 있어야 한다.

▲ 전술은 전투의 실시단계이다

맥아더 장군의 군사전략에 있어서 군사목표는 수도 서울, 군사전략개념은 상륙군에 의한 기습적 공세, 군사자원은 미 제10군단의 창설로 제시되었다. 그는 작전참모인 라이트 장군에게 명하여 합동전략기획단으로 하여금 계획을 수립케 했는데, 이것이 작전술에 해당되며, 이에 입각하여 제10군단장이 작전을 실시했는데, 그것은 전술에 해당된다.

따라서 군사전략의 체계상 작전술은 불가결한 단계이며, 작전술의 정의에 대해 다음과 같이 시안試案을 제시한다.

▲ 작전술 : 주요 야전군 및 각 군종부대에 의한 합동 및 독립작전을 수행하여 군사목표를 달성하기 위해 작전의 준비와 수행에 대한 이론과 실제이다.

4. 중공군의 개입과 맥아더 장군의 해임

가. 중공군의 개입 배경과 침입

1950년 10월 말 미군 지휘관들은 전쟁이 끝난 기쁨에 싸여 있었다. 미 육군성이나 극동군 사령부는 미 제2사단을 먼저 유럽으로 보내고 미 8군부대의 재배치계획을 준비하고 있었다.

10월 25일 미 육군성은 맥아더 장군에게 17,000명의 하사관을 제외하고는 10월과 11월에 극동에 보낼 예정이던 보충병을 취소하겠다고 통보했다. 10월 22일 워커 장군은 맥아

---

48) 이종학 편저, 『군사전략론』(서울 : 박영사, 1987), pp. 366~378.

더 장군에게 이제부터 한국에 오는 모든 탄약은 일본 보급창으로 전환시켜 달라고 요청했다. 10월 24일 유엔군의 선두부대가 청천강을 도하하고 있을 때, 맥아더 장군은 한국 내의 전 지상군 지휘관에게 이전에 하달한 명령을 변경하는 새로운 명령을 하달했다. 맥아더 장군은 국경 남쪽의 유엔군 사용에 관한 모든 제한을 철폐하고 모든 지휘관은 전 예하부대를 동원하여 한국의 북단北端까지 전진할 것을 지시했다.[49]

인천 상륙작전 이후에 중공이 한국전에 개입한다는 명확한 군사적 징후는 없었다. 윌로비 장군은 대략 450,000의 병력이 만주에 집결되어 있다고 주장했다. 9월 27일 합참본부는 중공이 전쟁에 개입할 것인지 아닌지 하는 문제를 심각히 고려하여 결과를 보고하도록 지시했다. 다음 날 맥아더 장군은 현재로서 중공군이 북한에 개입한 징후는 없다고 보고하였다. 저우언라이(周恩來)의 경고가 있은 다음 날인 10월 3일 유엔군 사령부 정보처는 20개 사단의 중공군이 9월 10일 이후부터 북한에 머물고 있다는 증거가 있었다고 보고했다.[50]

1950년 10월 25일 한국군 사단에 대해 중공군이 공격을 가해 왔으며, 중공군 포로도 잡았다. 그리고 중공군의 개입은 확실함에도 불구하고 맥아더 장군은 중공군 개입을 시인하려 하지 않다가, 다음에는 과소평가를 하고, 급기야 11월 24일 대공세를 취했다가 실패하고, 그 후 철수를 계속했던 것이다. 그렇다면 과연 맥아더 장군은 중공군 개입을 예상하지 못했을까?

중공군의 개입 배경에 대해 정일권 장군은 다음과 같이 주장했다.

> 중공군은 당시 이렇게 개입 이유를 설명했었다. 즉 만주 공업지대의 에너지원源인 압록강의 수풍댐을 지키기 위한 것과 압록강 남쪽 일대에 불가침 완충지대를 만들기 위해서라고 했다. 그러나 중공군의 개입 동기는 다른 데에 있었다.
>
> 첫째는, 장차 아시아 지역에 있어서 중공의 지위를 높이기 위한 정치적 포석이었다. 한반도를 유엔군이 제압한다면 동북아에서 중공의 지위가 뻗어날 수 없다는 판단을 했을 것이다. 따라서 국군의 국경선 도달을 방해하려 했고 특히 한반도에서 한·미·일의 반공체제反共體制가 굳어지는 것이 두려웠을 것이다.
>
> 둘째로, '공산 우방 북괴'가 붕괴되는 것을 보고만 있게 된다면 여러 가지 부작용이 일어날 것을 우려했을 것이다. 중공의 위신 손상과 함께 주변 국가들에 대한 영향력의 약화를 걱정하지 않을 수 없었을 것이다. 특히 대만으로 옮긴 국부군을 자극하여 본토 수복의 반공反攻을 유발할지 모른다고 판단했을 것이다.

---

49) Roy E. Appleman, 전게서, pp. 669~670.
50) James F. Schnabel, 전게서, p. 199.

셋째로, 중공 내부에 잔존해 있던 반공反共세력을 소멸시키고 국민들의 결속을 촉구하기 위해 대외對外전쟁인 한국전 개입의 도박을 건 것이라고 보여진다. 따라서 중공은 한국전 개입으로 일석삼조一石三鳥의 효과를 노렸을지도 모른다.[51]

중공군의 개입 동기의 세 가지 이유 가운데 세 번째의 이유가 가장 중공으로서는 절실했을지도 모른다. 왜냐하면, 중공군의 포로들 가운데는 반공세력이 많았기 때문에 국가 자체의 존립에도 영향을 미칠 가능성이 있었다. 그래서 그들은 저 유명한 인해전술人海戰術을 구사하여 그들을 소멸시켰던 것이다.

나. 맥아더 장군의 대응전략과 그의 해임

1950년 9월 27일 합동참모본부가 유엔군 사령관 맥아더 장군에게 다음과 같은 작전훈령을 내렸다.

당신의 군사목표는 북한군의 격멸이다. 이 목표를 달성하기 위하여 38선 이북에 대한 상륙 및 공수작전을 포함한 지상작전을 전개할 수 있는 권한을 부여한다. 그러나 그 작전이 소련이나 중공의 개입 또는 개입 의사의 공식적 발표가 없고 우리의 작전에 전혀 위협을 주지 않는 상황에서만 가능한 것이다. 귀하의 군대는 한·만 국경이나 소련과의 국경을 넘을 수 없으며 특히 정책적 문제로서 한국군이 아닌 부대는 국경근처 지역에서 작전해서는 안 된다.[52]

10월 1일 정오 도쿄에서 맥아더 장군은 북한군 총사령관에게 항복을 요구하는 방송을 하였다. 이러한 요구에 전혀 응답이 없었다. 10월 7일 유엔총회는 미국이 내놓은 결의안을 채택하였다. 물론 그 결의안이 북한을 점령하라든지 정복하라든지 하는 것을 분명히 밝힌 것은 아니지만, 은연중 그러한 사항을 동의하고 있었다. 유엔총회는 다음과 같이 권고했다. "(a) 한반도 전체의 안전을 유지 확보하는 데 필요한 모든 조치를 강구하고, (b) 한반도에 통일된 자유민주정부를 수립하기 위하여 유엔 감시 하에 선거를 하는 등의 모든 조치를 취하도록 한다.…"[53]

---

51) 정일권, 전게서, pp. 225~226.
52) James F. Schnabel, 전게서, p. 182.
53) 상게서, p. 194.

중공군은 비밀리에 10월 14일부터 11월 1일 사이에 제4 야전군에서 18만의 병력을 압록강을 건너 북한에 투입했다. 그리고 조기 종전을 바란 맥아더 장군은 9·27 훈령을 무시하고 10월 24일 유엔군의 북진 한계선을 철폐하고 전 부대로 하여금 압록강·두만강으로의 신속한 진격명령을 내렸다. 10월 25일 중공군이 출현하여 한국군을 공격했고 포로도 획득했다. 그런데 11월 6일경 중공군은 여러 전투장에서 일제히 자취를 감추었다. 이것은 정치적 결정과 다음 공세를 위한 부대의 재편성, 병력 증강 및 보급의 획득을 위한 기만전법이었다.

제8군은 예정대로 11월 24일 총공세를 시작했으나 25일 저녁부터 중공군의 공격을 받아 28일부터 철수를 시작했다. 맥아더 장군은 11월 28일 미 합참본부에 다음과 같은 전문을 보냈다.

> 우리가 가지고 있는 현재의 병력은 분명히 선전포고를 하지 않음으로써 어떤 이점을 얻고 있는 중공과의 전쟁에 대처하기에는 충분하지 않다. 이로부터 발생하는 상황은 야전사령관의 결정 범위를 넘어서 전 세계적으로 고려해야 할 잠재력을 증강시켜야만 되는 새로운 양상을 말해주고 있다.[54)]

맥아더 장군은 12월 3일의 보고에서, 자신의 전투조건에 관해 논평하면서 지금까지 자신의 군대는 좋은 사기와 현저한 능률을 보여 왔지만, 그러나 5개월 동안 거의 쉴 새 없이 전투를 해왔으며, 이에 따라서 정신적으로 피로해 있으며 신체적으로 지쳐있다고 지적했다. 더욱이 해병 제1 사단을 제외하고 그 당시 한국에 있던 미군 사단들은 각각 적어도 5천 명 정도가 부족한 상태에 있었다. 이에 반해 중공군은 새로이 잘 조직되어 있으며 또한 훈련과 장비 면에서 잘 갖추어져 있었고 그에 따라 실제 작전을 수행하기 위한 최적조건으로 있었던 것으로 나타났다.[55)]

맥아더 장군은 만약 그가 신속하게 대규모의 지상군의 증강을 받지 않는 한 자신의 군대는 감소된 저항력을 가지고 계속 철수하거나 혹은 어느 정도 저항을 계속하면서도 다만 방어만을 할 수 있게 하는 교두보 진지를 구축해야 할 것이라고 결론지었다. 그는 그가 받은 훈령들이 현재로서는 완전히 쓸모없는 것이라고 비난했다. 북한군에 대항하기 위해 사용되었던 전략개념들이 강력한 중공군에 대항하기 위해 계속 적용하는 데는 적합하지 않

54) 상게서, p. 275.
55) 상게서, pp. 281~282.

았다. 구체적인 언급 없이 맥아더는 그가 작전수행의 권한을 부여받은 것보다도 더 강력한 조치를 요구했다. "이러한 사태는 현실에 적절히 대처할 수 있는 정치적 결정과 전략기획을 요구한다"고 그는 선언했다. "시시각각으로 적의 전투력이 증가되고 그 반면 우리의 전투력이 감소되고 있음을 볼 때 시간이 가장 본질적 문제이다"고 말하였다. 유엔군 사령관으로서 맥아더 장군은 명백하게 전황에 대해서 비관적 견해를 표명했다.[56)]

미 육군 참모총장 콜린스 장군은 맥아더, 워커, 알몬드와 회담하고 그리고 한국 전선을 시찰하기 위해 12월 4일 도쿄에 도착했다. 현지를 시찰하고 최종적인 회담을 위해 12월 6일 도쿄에 돌아온 콜린스 장군은 맥아더 장군, 조이 제독, 스트래트메이어 장군 그리고 주요 참모들을 만나 중공군에 대처하기 위해 어떠한 조치를 취할 것인가에 대해 토의했다. 회담의 테두리로서 그들은 다음 몇 주일 혹은 몇 개월간에 걸쳐 일어날 세 가지 가정적인 상황을 고려했다.

첫째 : 중공은 계속 전면적 공격을 가해 올 것으로 그들은 생각했다. 그러나 맥아더에게는 중공 본토에 대한 공중공격을 증대시키지 못하도록 금지시킨다. 중공에 대한 어떠한 봉쇄조치도 취해지지 않을 것이다. 장제스蔣介石 군대는 한국에 파견되지 않을 것이다. 1951년 4개의 주州 방위사단이 한국에 파견될 때까지 맥아더의 미국군에 대한 실제적인 병력 증강이 이루어지지 않을 것이다. 그리고 북한에 원자탄도 사용될 수 있을 것이다. 이에 대해 맥아더 장군은 강경한 어조로 강력한 중공군의 공격을 받고 있는 상황에서 그에게 그러한 제한을 가한다는 것은 실제로 항복을 의미하게 될 것이라고 비난했다. 이러한 조건하에서 휴전의 문제는 정치적 문제는 될지언정 군사적 견지에서 볼 때 확실히 필요요건은 되지 못한다고 보았다. 그의 병력은 여하튼 한국에서 철수해야 될 것이다. 그러나 미국은 현재의 조건하에서 휴전을 모색하는 데 서둘러서는 안 될 것이다. 그는 유엔군이 휴전이 이루어지든 혹은 이루어지지 않든 간에 부산과 흥남으로부터 각기 안전하게 철수할 수 있다는 데 워커 및 알몬드 장군과 의견을 같이 했으며 이 점에서는 콜린스도 동조했다.

둘째 : 회의 참석자들은 중공의 공격이 계속되지만 그러나 중공에 대한 효과적인 해양봉쇄가 실시되며, 중국 본토에 대한 공중정찰과 폭격이 허용되고 자유중국의 병력이 최대로 활용되며 또 전술적으로 적합한 경우 원자탄이 사용될 수 있는 상황을 가정했다. 이러한 조건이 허용되는 경우 맥아더 장군은 그가 가능한 한 한국의 북쪽으로 진지를 고수하도록 지시를 받아야 한다고 말했다. 이런 경우 그는 알몬드의 10군단을 부산으로 이동시켜 육로로 8군과 결합하도록 할 수 있을 것이다.

셋째 : 중공이 38선 이남으로 내려오지 않을 것이라는 가정에서 맥아더 장군은 유엔이 휴전을 받아들여야 한다고 생각했다. 휴전조건에서는 중공군은 물론이요, 북한군도 38선 이남에로의 진격을 배제해야 한다. 북한 게릴라들도 자기들의 영토로 철수해야 하며 8군은 서울과 인천지역을 포함하

56) 상게서, p. 282.

는 진지에 남아있어야 한다고 판단했다. 그 반면 10군단은 부산으로 철수해야 하며 한국 유엔위원단이 휴전조건의 이행을 감시해야 한다고 가정했다.[57]

맥아더 장군은 유엔이 둘째의 가정에서 행동할 것을 결정하지 않는 한 이러한 것은 한낱 가정 조건에 불과하다고 생각했다. 그는 자유중국이 지체 없이 한국에 군대를 파견해야 하며 유엔의 다른 강대국들도 한국에 보낼 군대를 증가시켜 적어도 전체 유엔군의 수가 75,000명에 달하도록 해야 한다고 확고한 신념을 되풀이 했다. 그는 콜린스 장군에게 실제적인 증강이 신속하게 이루어지지 않는 한 유엔군은 한국으로부터 쫓겨나게 될 것이라고 말하면서 자신의 결론을 내렸다.[58]

콜린스 장군은 워싱턴으로 돌아오자 곧 합참본부에 다음과 같이 보고했다. "만약 유엔군이 한국에서 전면적 공격을 계속하지 않을 것을 결정하고 그에 반해 중공군은 계속 공격을 가해 온다면 한국으로부터 최종적인 철수를 하여 아군이 파멸되는 것을 방지하도록 맥아더 장군에게 지시하여야 한다"는 내용이었다.[59]

맥아더 장군은 그의 손이 묶여진 채로 싸우도록 강요당하고 있다고 느꼈다. 콜린스 장군과의 회담 중 나타난 그의 분노는 이미 공공통로公共通路를 통하여 전달되어 공식적 관심을 불러 일으켰으며 후에 논쟁을 위한 근거를 제공했다. 12월 6일 콜린스와 만나기 조금 전에 맥아더는 「유 에스 뉴스 앤드 월드 리포트」의 편집자들과의 회견에서 그의 사령부에 가해진 제한조치들을 통렬히 비판하였다. 그는 적에 대한 맹렬한 추격을 계속 금지하고 또한 만주에 있는 중공군의 기지를 폭격하는 것을 금지시키는 것을 "군사사상軍事史上 유례를 찾아볼 수 없는 놀라운 제한 사항"이라고 표현했다. 또한 그는 신문협회 회장 휴프 베일리 씨에게 편지를 보냈다. 이 편지에서 맥아더는 그의 작전수행의 제한을 가하고 있는 국가정책을 또다시 비난했다. 12월 5일 트루먼 대통령은 맥아더의 행동에 자극되어 합참본부에 모든 통합군 사령부에게 외교정책에 관한 대외적 발표는 어떠한 것이든 공표하기 전에 국방성을 거쳐야 한다는 것을 통고하도록 했다.[60]

맥아더의 견해에 따르면 중공은 그들 자의적으로 모든 자원을 동원하여 전쟁을 행하고

57) 상게서, pp. 283~284.
58) 상게서, p. 284.
59) 상게서, p. 285.
60) 상게서, p. 284.

있었으며 또한 병참 면에서 소련의 지원을 받고 있었다고 판단했다. 12월 30일 그는 가능하다고 믿고 또한 군사력을 상대적으로 줄이게 될 네 가지 보복조치를 제의했다. 첫 번째의 조치는, 중공 해안을 봉쇄하는 것. 두 번째는, 해군의 함포사격과 공중폭격을 통하여 중공의 군수산업을 파괴시키는 것. 세 번째는, 대만에 있는 자유중국군의 일부를 동원하여 한국의 병력을 증강시키는 것. 그리고 네 번째는, 중국 본토의 취약지역에 대해 자유중국군이 견제작전을 전개하도록 허용하는 것이었다. 이러한 조치들은 한국에서 유엔군에 대한 압력을 벗어나게 할 뿐만 아니라, 중공의 전쟁 잠재력을 크게 해칠 수 있고 그 결과 그 이외의 다른 지역에 대한 공산주의자들의 침투로부터 아시아를 방어할 수 있게 할 것이라고 확신했다. 그는 그러한 조치들이 이미 중공을 대규모 전쟁노력으로 끌어들이게 될 것이라는 판단으로 거부되었음에도 불구하고 맥아더 장군은 그러한 방향으로 수긍하지 않았다.[61)]

맥아더는 또다시 한국에 병력을 증강해 줄 것을 합참본부가 거절한 데 대해 이의를 제기했다. 이와 같은 거절은 긴급사태가 발생하는 경우 한국보다 더 중요한 전략적 지역에 그들의 병력이 필요할 가능성이 훨씬 더 클 것이라는 데 기반을 둔 것이었다. 맥아더는 그의 사관들에게 극동에 추가병력을 파견하는 것은 특히 서구와 같은 전략적 지역에서의 군사자원의 개발을 저해하기 보다는 오히려 조장할 것이라고 설명했다. "나는 유럽의 안전에 대한 요구를 철저하게 이해하고 있다. 그리고 또한 그러한 지역에서 가능한 모든 일을 하는 데 대해 동의한다. 그러나 그 이외의 지역에서 패배를 받아들이면서 그렇게 하는 데는 반대한다. 즉 내가 확신컨대 후에 유럽에서도 패배하지 않을 것임을 보장할 수 없는 그러한 것을 받아들일 수 없다"고 맥아더는 계속 주장했다.[62)]

아시아에서의 전투를 한국의 제한된 지역에 국한시키고 공산주의의 침략에 대해 미국과의 동맹국가들의 단결을 보전하는 것이 확립된 국가정책의 기본원칙이었다.[63)] 따라서 미 행정부는 한국의 통일문제에 대해 관심이 소홀해졌다.

미 합참본부는 맥아더 장군에게 1951년 1월 9일 그의 제안(1950. 12. 30.)에 대한 잠정적 부정의 대답을 보냈다. 그들은 맥아더에게 그의 제안은 주의 깊게 고려되었으나 최소한

61) 상게서, p. 315.
62) 상게서, p. 316.
63) 상게서, p. 316.

현재로서 국가정책에 있어서의 변화를 필요로 할만한 사태진전이 일어나지 않았다고 말했다.[64]

합참본부는 맥아더 장군이 그의 군에 대한 압력을 덜기 위해 한국 이외의 지역에서 중공에 공격행위를 취해야 한다고 주장한 것으로는 받아들이지 않았다. 그들은 맥아더에게 되도록 현 진지에서 방어하고 가능한 한 적에게 최대의 손실을 가하면서 또한 "우선적으로 귀하의 병력의 안전과 일본을 보호하는 귀하의 기본임무를 고려할 것"을 지시했다. 동시에 그들은 맥아더에게 만약 그의 판단에서 한반도에서의 철군이 인력과 물자의 막대한 손실을 피하기 위해 필요하다고 생각되는 경우 한국으로부터 일본으로 철수할 수 있는 권한을 부여했다.[65]

이에 대해 맥아더는 1월 10일 그의 명령을 명백히 해 줄 것을 요청했다. 즉 "현재 편성된 유엔군이 한국에 있는 진지를 고수하고 동시에 외부의 공격으로부터 일본을 보호하기에는 충분한 힘을 갖고 있지 못하다는 것은 자명한 사실이다. 현재의 상황에서 취한 전략적 배치는 미국 이익의 상대성을 확립한 무의미한 정책에 기초하고 있음이 분명하다." 여기서 그는 합참본부가 그들이 가장 중요하다고 생각한 임무가 어느 것인가를 결정해 주도록 요구하고 있는 것 같았다.[66]

맥아더 장군은 합참본부에 대해 그의 사령부는 본래 북한군을 격퇴시키기 위해 한국에 파견되었던 것이라고 지적했다. 또한 유엔군이 중공군과 싸워야 할 아무런 의도가 없었다고 맥아더는 주장했다. 그는 만약 그의 군대가 중공군과 싸워야 할 것이라고 예상했더라면 아마 한국에 보내지지 않았을지도 모른다고 상당히 심각하게 생각했다.[67]

그는 중공군과의 전투를 행하는 데 있어 요구되고 있던 제한조치, 즉 군사력 증강 중지, 국부군의 군사적 행동의 제한, 중공의 대륙적 군사 잠재력에 대한 조치의 불허 그리고 한국과 만주지역에 있는 중공의 군사력 집중 등을 인용하면서 맥아더는 한국에서 유엔군의 군사적 지위는 곧 지탱할 수 없게 될 것이라고 주장했다. 그는 이러한 조건하에서 그리고 어떠한 정치적 고려가 없는 상황에서 그의 군은 전술상 가능한 한 신속히 한반도로부터

64) 상게서, p. 321.
65) 상게서, pp. 321~322.
66) 상게서, p. 322.
67) 상게서, p. 322.

철수되어야 한다고 강력히 건의했다.[68]

한국에 계속 남아 있을 것인가, 아니면 철수할 것인가를 결정하는 문제는 그가 결정할 문제가 아니라고 맥아더는 주장했다.

> 문제는 실로 미국이 한국에서 철수하려고 하는지의 여부에 관한 질문으로 귀착되며 그것은 또한 야전사령관의 권한을 넘어 최고의 국가적 그리고 국제적 중요성을 갖는 결정이다. 이에 반해 야전 사령관이란 주로 극히 제한된 행동영역에서 전개되는 전술적 상황에 영향을 미치는 문제들에 의해 주로 도출된다.[69]

합참본부는 그가 지시내용을 이해하지 못한다는 불평에도 불구하고 맥아더 장군에 대한 그들의 지시를 변경하지 않았다.

> 한국에서 실제적으로 군사적 고려에 의해 강요되지 않는 한 철수하지 않는 것이, 그리고 공산주의 침략자들에게 최대한의 징벌을 가하는 것이 전 세계적인 미국의 위신과 유엔과 북대서양 조약기구의 장래문제, 그리고 아시아에서 반공 저항反共抵抗을 조직화하기 위한 노력에 대해 매우 중요하다.[70]

사태가 여기에 이르자 트루먼 대통령은 맥아더 장군에게 국가 지도자의 입장에서 문제의 정치적 측면을 제시한 사신私信을 전하기로 결심하고 1월 13일 그에게 다음과 같이 썼다. 트루먼 대통령은 맥아더와 그의 군대의 전투행위에 대해 치하하면서, 간접적으로 중공에 대한 보다 더 직접적 행동을 취할 것을 요구하는 맥아더의 제안에 관해 주의를 환기시켰다. 즉 "우리의 국가적 힘을 증강시키기 위해 우리는 전투행위의 영역이 확대되는 데 대해 아주 신중하게 행동해야 한다. 스스로 정당화 될 수 있고 또한 한국의 전투에 어느 정도 도움을 줄 수 있는 조치들은 그러한 것이 일본이나 서구를 대규모 전쟁으로 포함시키는 경우 이로운 것이 되지 못할 것이다."[71]

맥아더 장군이 그에게 내려진 지시 내용을 이해하지 못하겠다는 공언公言과 군대의 사기가 극히 저하되었다는 보고로 인해 합참본부는 극동군 사령관과의 또 다른 직접적 대화를 해야 할 시기가 왔다고 확신하게 되었다. 합참본부는 콜린스 장군과 반덴버그 장군을

---

68) 상게서, pp. 322~323.
69) 상게서, p. 323.
70) 상게서, p. 323.
71) 상게서, p. 324.

파견했으며, 그들은 1월 15일 도쿄에 도착했다. 그 날의 제1차 회의에서 맥아더 장군은 콜린스와 반덴버그에게 그의 지시에 대한 혼란이란 얼마동안 그리고 어떠한 조건하에서 그가 그의 군대를 한국에 머물도록 해야 할 것인가를 분명하게 밝혀주지 못하기 때문에 일어난 것이라고 설명했다. 콜린스는 그들이 워싱턴을 떠나기 직전에 트루먼 대통령과의 회담에서 한국에서의 철군에 관한 결정은 가능한 한 8군이나 일본의 안전을 위태롭게 함이 없이 오랫동안 지연시켜야 할 것이라는 데 전적으로 동의했음을 선언했다. 미국의 목표는 유엔에서 정치적 행동을 취할 수 있도록 가능한 한 오랜 시간을 허용하는 것이며 또한 중공군에 대해 최대한의 피해를 주도록 충분한 기회를 포착하는 것이라 했다.[72]

콜린스는 맥아더에게 참모본부에서 작성한 '1월 12일 각서覺書'[73]를 읽어주었다. 그는 콜린스에게 참모본부의 각서에 포함된 모든 제안들에 의견들을 같이 한다고 말했다. 후에 1951년 5월 맥아더 장군의 해임에 관한 청문회에서 이와 같은 연구는 오히려 '1월 12일 각서'로 유명하게 되었다. 여기서 맥아더 장군은 합참본부의 각서에서 표명된 견해들은 그 자신의 건의내용과 일치하며 따라서 그와 합참본부는 중공에 대해 취해야 할 조치들에 관해 견해를 같이 하고 있었다고 주장했다.[74]

1950년 12월 30일 맥아더 장군이 건의한 중공에 대한 조치와 주로 1951년 1월 12일의 각서 속에서 합참본부가 지지한 조치들을 검토하는 데서 국가 안전보장회의의 고위 의원들 사이에 견해의 차이가 노출되었다. 각기 견해의 차이는 유엔의 지지에 관한 다양한 태도로부터 나왔다. 그리하여 그 회의에서 승인을 얻지 못했다. 1월 24일 대통령은 국가 안전보장회의에 참석하여 합참본부의 건의안과 국가 안전보장회의의 대안代案을 재검토했다. 그러나 아무런 결정에 도달하지 못했다. 그 후 트루먼 대통령은 국무성과 국방성에 대해 미국의 정치·군사전략을 다 함께 검토하면서 계속 연구할 것을 지시했다. 그러나 한국의 전세가 호전되어 '1월 12일 각서' 는 각하되었다.[75]

1951년 3월 22일 릿지웨이 장군(8군 사령관)은 맥아더 장군에게 만약 허락된다면 그는 서부를 약간 제외하고 38선을 바로 넘어 서해안으로는 한강과 예성강의 합류지점으로부터

72) 상게서, p. 325.
73) 미국이 한국과 기타 아시아 지역에서 중공의 움직임에 대처하기 위한 방안의 연구. 상게서, pp. 328~329 참조.
74) 상게서, p. 329.
75) 상게서, pp. 329~330.

동해안으로 양양읍으로 진격해 들어갈 계획을 준비하고 있음을 알리고 3월 22일 공격을 개시하고 점진적으로 진격을 하고 있었다.

한편 미 국무성은 대통령이 발표할 선언문을 초안하여 합참본부의 승인을 얻은 후 한국에 군대를 파견하고 있는 다른 국가들에게 통보하기 시작했다. 대통령은 그 선언문에서 침략자들이 애초 불법적 침략을 감행했던 지역으로 격퇴되었으며 그 결과 대한민국에 대한 북한과 중공의 공격을 격퇴시키는 주요한 목표는 달성되었음을 지적하고 있었다. 더 나아가 대통령은 한국의 통일과 전 지역에서 자유정부를 수립하려는 유엔의 목표가 앞으로 전투의 계속이나 유혈 없이도 달성될 수 있고 또 그렇게 되어야 한다고 주장되어 있었다. 결과적으로 중공은 휴전에 동의해야 되며 전반적인 문제해결을 위해 협상하도록 촉구하였으며 만약 그들이 협상을 거부하는 경우 유엔은 계속 전투를 감행할 것이라는 경고를 포함시켰다.[76]

이런 내용의 대통령의 선언발표는 이루어지지 못했다. 대통령의 선언문이 준비되고 있는 동안 맥아더 장군은 3월 24일 워싱턴 관리들의 입장에서 볼 때 완전히 고려 중인 정치적 움직임을 손상시킨 공식성명을 발표했기 때문이었다. 이 성명에서 맥아더 장군은 최근 유엔군이 거둔 전술적 승리로 보아 인적 자원을 제외하고는 별것이 없는 중공을 지금까지 미국은 너무나 과대평가했다며, 그는 계속하여 다음과 같이 선언했다.

> 유엔군의 활동을 제약하고 그만큼 중공에게 군사적 이점을 주는 현재의 억압 조치 하에서도 중공은 무력武力에 의해 한국을 정복하는 데 있어서 무력함을 나타내었다. 따라서 적은 지금까지 유엔이 우리의 군사작전을 중공의 해안 및 내륙기지까지 확대함으로써 전쟁을 한국지역에만 국한시키려는 관대한 노력에서 벗어나기로 결정한다면 이는 중공으로 하여금 군사적으로 와해케 할 것이라는 점을 뼈저리게 깨닫게 할 것이다.… 군 사령관으로서 나의 권한에 속하는 지역 내에서는 여하한 국가도 이의를 제기할 수 없는 한국에 있어서의 유엔의 목표를 더 이상의 유혈 없이 달성하기 위한 군사적 수단을 찾기 위해 본인이 언제라도 일선에서 적군 사령관과 협의할 용의가 있음은 두말할 필요도 없다.[77]

트루먼 대통령은 맥아더의 성명이 대통령의 대권大權을 묵시적으로 침범했으며 적어도 함축적인 의미로 국가정책을 비판했기 때문에 이에 대해 분노를 표했다. 맥아더의 성명발

76) 상게서, pp. 357~358.
77) Douglas MacArthur, 전게서, pp. 387~388.

표가 있자 워싱턴은 미국의 우방들로부터 맥아더의 말이 국가정책에 있어서 극적인 변화의 전조前兆가 아닌가 하는 문의에 분주했다. 트루먼 대통령은 애치슨, 러스크 등을 불러 맥아더의 행위에 대해 어떤 조치가 적절한가에 대해 논의했다. 그들은 12월 5일 맥아더와 다른 지휘관들에게 보낸 지시에서 사전에 허가 없이 말할 수 있는 것과 말할 수 없는 것을 분명히 밝혔다고 말하였다. 더 나아가 그들은 맥아더가 이런 지시를 위반했다는 데 동의했다. 트루먼 대통령은 4월 10일 브래들리 장군(합참의장)에게 다음과 같은 내용의 메시지를 맥아더에게 보내도록 지시했다.

> 나는 대통령과 미국군의 최고 사령관으로서 귀하를 극동 및 유엔군 총사령관 그리고 극동 미군 사령관, 극동의 미 육군 사령관에서 해임시키는 나의 임무를 수행함을 매우 유감으로 생각한다. 귀하는 귀하의 지휘권을 가능한 한 즉시 릿지웨이 중장에게 이양하기를 바란다.[78]

맥아더 장군은 그의 회상록에서 다음과 같이 말했다.

> 나는 두 번이나 적의 사령관에게 항복과 유혈행동의 정지를 호소했다. 그 첫 번째는 인천에서 승리를 거두었을 때이고, 다음은 평양을 점령한 후였다. 어느 때이고 비난 같은 소리는 들리지 않았고 오히려 반대의 방향이 있었다. 전쟁의 시초부터 야전사령관이 자기의 지휘 하에 있는 병사들의 유혈을 최소한으로 줄이고 자기의 권한 내의 모든 조치를 취하는 것은 야전사령관의 권리일 뿐만 아니라, 의무이기도 하다.[79]

다. 전략적 논평

1) 중공군 개입에 대한 미 행정부의 오판

맥아더 장군의 인천 상륙작전이 대성공을 거두자 9월 22일 중공 외무성은 중공은 항상 '조선 인민'의 편에 서 있다고 말하고, 9월 30일 외무부장 저우언라이(周恩來)는 "중공 인민은 절대적으로 외국에 의한 침략행위를 참고만 있지 않을 것이며, 중공 인민은 제국주의자들에 의해서 중공의 우방이 노예화되는 것을 결코 묵인하지 않겠다"고 공식적 경고를 했다. 10월 3일 오후 늦게 저우언라이는 베이징(北京)에 있는 주駐중공 인도대사 파니카를 방문하고 그의 성명을 미국 정부에 전달해 줄 것을 원했다. 즉 유엔군이 북한에 침공한다

78) James F. Schnabel, 전게서, p. 359. 및 p. 365.
79) Douglas MacArthur, 전게서, p. 389.

면 중공은 만주로부터 병력을 투입할 것이나, 만약 한국군만이 38선을 넘을 경우 중공은 간섭하지 않을 것이다. 다음 날 파니카 대사는 저우언라이의 메시지를 베이징에 있던 영국대표를 통해 미국에 전달하였다.

그러나 조기의 위협은 없을 것이고, 설사 위협이 있다 하여도 별로 심각한 사태가 일어나지 않을 것이라는 가정 하에, 저우언라이의 경고는 맥아더 장군이 북진명령을 내리는데 변화를 주지 못했다. 또 파니카 대사로부터 전달받았기 때문에 그 경고가 과연 신빙성이 있는가 하는 의심을 갖게 하였다. 왜냐하면, 파니카는 과거 친親공산주의자이고, 반미적反美的 감정을 지닌 사람이었기 때문이다. 그리고 더욱이 미국은 인도를 통해서 중공의 가장 최선의 이익은 한국 사태에 간섭하지 않는 것이라고 충고해 주도록 요청한 사실이 있었다. 파니카 대사는 중공은 한국 사태에 개입할 의사가 없다고 말하였다. 이러한 이유로 인해 미 정보관리들은 파니카 대사로부터 최근의 메시지를 믿지 않았다.[80]

한편 군사적 측면에서 본다면, 1950년 7월과 8월에 미 육군성은 많은 중공군이 남부 중공으로부터 만주로 이동하고 있다는 많은 첩보를 받았다. 8월 말, 윌로비 장군은 대략 9개 군, 합계 246,000명의 중공군 병력이 만주에 이동하여 왔다고 추산하였다. 극동군 사령부의 정보참모부는 중공군이 개입하여 전투를 수행할 가능성이 있다는 보고를 육군성에 보냈다. 인천 상륙작전 후에 중공이 한국전에 개입한다는 명확한 군사적 징후는 없었으나, 윌로비 장군은 대략 45만 명의 병력이 만주에 집결되어 있다고 추정하였다. 미국의 정책수립가들은 중공의 한국전 개입 가능성과 중공의 병력에 대해서 충분히 고려하고 있었다. 그러나 이들은 중공이 개입할 것인가의 여부보다는 소련이 어떻게 나올 것인가 하는 문제에 더욱 관심을 기울이고 있었다. 9월 27일 합참본부는 맥아더 장군에게 중공이 전쟁에 개입할 것인지 아닌지 하는 문제를 특별히 고려하여 결과를 보고하도록 지시했다. 다음날 맥아더 장군은 현재로서 중공군이 북한에 개입한 징후는 없다고 보고하였다. 저우언라이의 경고가 있은 다음날 10월 30일, 유엔군 사령부 정보처는 20개 사단의 중공군이 9월 10일 이후부터 북한에 머물고 있다는 증거가 있었다고 보고하였다. 11월 5일 북한에 9개 사단의 중공군이 개입하였다는 믿을만한 자료를 제시하면서, 극동군 사령부 정보장교들은 최근의 보고서에서 불길한 징후를 관찰하여, 중공군은 만약 유엔군이 38선을 넘었

80) James F. Schnabel, 전게서, p. 198.

을 경우 한국전에 공공연히 개입할 가능성이 있다고 보았다.[81]

한편 10월 15일 웨이크 섬의 트루먼 대통령과의 회담 때, 대통령이 중공군의 한국전 개입의 가능성에 대해 질문하자, 맥아더 장군은, "…나 자신의 군사적 평가로는 우리의 공군이 현재로는 우선 무적無敵의 상태에 있으며 압록강의 남·북 방면에서 상대의 공격기지나 병참선을 뜻대로 파괴할 수 있는 힘을 갖고 있는 이상 중공군의 사령관이 황폐된 한반도에 대부대를 투입하는 그러한 위험을 범하리라고는 생각되지 않는다. 그러한 행동은 보급부족으로 전멸당할 위험성이 크게 있다."[82]

맥아더 장군은 청문회에서 그 자신의 판단과 현지 정보장교들의 입장을 옹호하면서, "…어떤 한 국가가 전쟁을 감행하려고 한다는 정보는 아주 좁은 전투지역에 한정된 지휘관에게는 유용한 정보는 아니다. 그러한 정보는 나에게 제공되었어야 했을 것이다."[83]

맥아더 장군의 견해는 한 국가가 전쟁을 감행할 것인가 아닌가 하는 문제는 전략정보에 속하고, 그것은 행정부의 정보기관인 중앙정보부(CIA)나 육군성의 정보처에서 다루어야 할 문제이고, 야전사령관은 전술정보를 다루는 것이 본연의 입장이다. 따라서 중공군의 한국전 개입의 문제는 상부기관에서 야전사령관에게 제공되어야 한다는 견해인데, 이것은 군사이론상 타당한 견해로 생각된다. 그러나 과연 맥아더 장군은 중공군의 한국전 개입을 모르고 있었을까? 슈나벨(Schnabel)은 이에 대해 "G-2의 공개된 평가보고와 그의 사적私的 브리핑이 유사했다는 점을 가정해 볼 때, 맥아더는 분명히 적의 능력과 그러한 능력을 사용할 수 있는 명령을 알고 있었을 것이다. 그러나 그는 그러한 보고서가 혼돈을 일으키며 또한 모순적이라고 생각했을 것이다"[84]고 했다.

이 문제에 대해 정일권 장군의 회고록은 시사해 주는 바가 크며, 다음과 같이 기록하고 있다.

> 과연 10월 25일 운산에서 나타난 중공군의 출현은 기습적이었다. 그런 가운데서도 워커 중장만은 기분이 좋은 듯했다. 그는 나에게 이런 말을 했다.
> "제너럴 정, 맥아더 장군은 정말로 비범한 전략가입니다. 앞뒤를 자로 재는 듯 합니다."
> 워커 중장은 웨이크 회담 이야기를 꺼냈다.

81) 상게서, pp. 198~200.
82) Douglas MacArthur, 전게서, p. 362.
83) James F. Schnabel, 전게서, p. 275.
84) 상게서, p. 276.

"맥아더 장군은 그 회담에서 트루먼 대통령에게 중공군은 절대로 나타나지 않을 것이라고 못을 박았습니다. 맥아더 장군이 정말 그렇게 믿고 있다고 보십니까?"

워커 중장의 이러한 물음에 나는 처음엔 쉽게 대답할 수가 없었다. 나는 맥아더 사령부에서 그러한 판단을 내릴 만한 정보수집이 있지 않았겠느냐고 만 대답했다. 그러면서도 나는 중공군의 개입 가능성을 내 나름대로 주장했다. 워커 중장은 내 의견에 적극 찬동했다.

"잘 보신 것입니다. 맥아더 사령부가 입수한 전략정보에 의하면 중공군의 개입은 확실해졌습니다. 중공 본토의 중공군 2개 야전군이 이미 만주로 이동완료 했습니다. 제3 야전군과 제4 야전군입니다. 중공군의 정예입니다. 무슨 이유이겠습니까?"

나로서는 처음 듣는 사실이었다. 내가 알기로는 중공군의 야전군은 최소한 9개 사단 규모이다. 10만을 웃도는 병력인 셈이다. 2개 야전군이라면 20만 이상의 대병력이었다. 나는 더 이상 궁금증을 달랠 수 없었다. 전략정보가 그렇다면 왜 맥아더 원수는 트루먼 대통령에게 중공군의 개입 가능성을 부정했느냐고 물었다.

워커 중장은 이렇게 분석했다.

첫째는 미국민들의 반전의식을 불러일으키지 않기 위해서이며, 둘째는 중공군을 끌어들이기 위한 것이라고 했다. 바로 그러한 점이 맥아더 장군의 비범한 착상이라고 그는 덧붙였다.…

워커 중장의 설명에 나는 수긍을 하지 않을 수 없었다.

"나온다 나온다 하면 중공군이 정말로 안 나올지도 모르므로 안 나온다고 강조하는 것입니다. 맥아더 장군은 누구보다도 중공군이 나와 주기를 원하고 있었습니다."

워커 중장은 끝으로 맥아더 전략은 장기적長期的인 구상이라고 요약했다.[85]

6·25전쟁에 있어서 북한군의 남침 그리고 중공군의 개입 등은 군사문제를 잘 알지 못하는 위정자, 예컨대 트루먼 대통령에게 있어서는 기습이요, 또한 중공군 개입의 여부를 야전지휘관에게 질문한다는 그 자체가 스스로 군사에 대한 능력의 한계를 나타낸 것이라 하겠다. 적국의 전쟁수행에 대한 능력의 의도를 정확한 첩보로 입수한다면, 즉 적의 병력과 배치, 보급물자의 이동상황, 훈련양상 등을 고려해서 판단하면 전쟁을 하려고 하는지의 여부는 곧 판명할 수 있다. 다만 어려운 것은 언제(시기) 어디서(장소) 전쟁을 할 것인가 하는 문제이다.

2) 맥아더 장군의 장기長期전략과 행정부의 제한전쟁

1950년 8월 초 낙동강의 방위선에서 한국군과 유엔군은 어려운 시련을 겪고 있었다. 그 어려운 시기에도 맥아더 장군은 한반도뿐만 아니라, 아시아 전체의 먼 장래의 문제를 생각하고 있었다. 그는 도쿄에 회담차 내방한 릿지웨이 장군에게 그의 솔직한 견해를 밝혔

85) 정일권, 전게서, pp. 222~223.

는데, 릿지웨이 장군은 다음과 같이 기록했다.

> 그는 특히 대만에 관해 열심이었다. 만일 중공이 어리석게도 대만을 공격하게 되면 그는 대만으로 달려가서 지휘권을 갖고 '적을 철저하게 격파하여 그 전투가 역사상 가장 결정적인 전투의 하나로 기록될 패배를 안겨주고, 그 결과 아시아의 평화를 굳히고 공산주의를 몰아낼' 것을 약속했다. 그러나 그는 중공이 그런 어리석은 짓을 하리라고는 생각하지 않는 것 같았다.[86)]

인천 상륙작전 후 북한군이 와해되고 위기에 몰리자 중공의 남부에 배치되었던 정예군이 속속 한·만 국경선으로 집결하고 있다는 정보에 맥아더는 내심 기뻐하고 있었으리라. 그는 중공이 전면개입에 대한 공식선언이 있기를 바랐다. 그러나 중공은 조심스럽게 의용군의 파견 정도로 사실을 숨기고 있었다. 이 허위의 사실을 벗기고 또 중공군의 전면적 개입이라는 새로운 사태를 미 행정부에 인식시키기 위한 것이 1950년 11월 24일의 총공격이었다. 그가 11월 28일 합참본부에 보낸 전문電文은 제한전쟁의 굴레를 벗겨달라는 내용이었다. 그는 손이 묶여진 채로 싸우도록 강요당하고 있다고 생각했고 따라서 병력 증강이 없으면 유엔군은 한국에서 철수해야 한다고 행정부를 위협했다. 특히 12월 30일 중공에 대한 그의 네 가지 보복조치는 그의 장기 전략의 핵심을 뜻하는 것이었다. 즉,

첫째 : 중공 해안을 봉쇄하는 것.

둘째 : 해군의 함포사격과 공중폭격을 통한 중공의 군수산업의 파괴.

셋째 : 대만의 자유중국군의 일부를 동원하여 한국의 병력 증강.

넷째 : 중국 본토의 취약지역에 대한 자유중국군의 견제작전.

이러한 조치를 통해 한국에서 유엔군에 대한 압력을 벗어나게 할 뿐만 아니라, 중공의 전쟁 잠재력을 파괴하여 다른 지역에 대한 공산주의자들의 침투를 저지하자는 것이었다.

릿지웨이 장군은 이에 대해 다음과 같이 부연했다.

> 그가 미국을 아시아의 전면전에 말려들게 하려 했다는 말은 그의 의도와는 정반대의 것이다. 그는 언제나 온건한 정신을 가진 사람이라면 어느 누구도 지상군을 중국 대륙에 파견하려 하지는 않을 것이라는 신념을 갖고 있었다. 그는 지상군을 한국 국경 너머에서 사용하는 데 거듭 반대했다. 그가 열심히 일관하여 주장한 것은 중공을 고립시켜 '한 세대동안' 중공의 무력 침략능력을 파괴하기 위해 미국의 막강한 해·공군력을 쓰자는 것이었다.[87)]

---

86) Matthew B. Ridgway, *The Korean War* (New York : Doubleday&Company, Inc. 1967), p. 37.
87) 상게서, p. 143.

맥아더 장군의 장기 전략은 미국의 해·공군력을 사용하여 중공의 무력 침략능력을 파괴함으로써 한 세대동안 아시아의 평화를 확보해 보자는 것이었다. 그러나 미 행정부는 제3차 세계대전을 회피하기 위해서 또는 한국에서 미국의 자원을 낭비하는 것을 회피하기 위해 전쟁의 정치적 목적을 제한했고, 군사적 수단의 제한 그리고 지역의 제한을 고수하였다. 그렇다면 미 행정부는 과연 소련의 개입으로 일어날 전면전쟁의 위험성을 올바르게 판단하였던가?

> 회고하건대, 소련이－특히 그들이 커다란 공군력·핵능력을 획득하기 전－ 그들의 인접한 세력권에 대해서 직접적 공격을 함으로써 일부러 전면전쟁을 일으키는 경우가 될 행동을 다소나마 취하였을 것이라는 것은 극히 의심스럽다. 전면전쟁은 그들 본토의 사멸死滅을 의미하는 것이요, 또한 소련의 목적을 달성하는 데 보다 위험성이 적고 보다 유리한 기회를 상실하는 것을 의미하였다.… 크렘린이 유엔군 사령부는 한국 저쪽의 영토적 목표를 탐내지 않는다고 믿는 한, 단순히 한국에서 중공의 입장을 북돋아 주기 위하여 전면전쟁을 일으키게 될 그러한 방법으로 일부러 간섭하였을 것이라는 것은 매우 있을 수 없는 일이다. 특히 크렘린이 만주폭격에 대한 보복으로서 또는 맥아더 장군이 주장하는 어떠한 다른 수단에 대한 보복으로서 NATO지역을 공격하도록 택하였을 것이라는 것은 있을 수 없는 일이다.[88]

소련은 북한으로 하여금 남침을 위한 모든 전쟁수행에 참여하였고 또 군사 고문관들도 파견했으나 전쟁 중 그들을 소환했는데, 그것은 그들이 포로로 잡혀 소련이 개입했다는 증거를 없애기 위한 스탈린의 조치였다.[89] 그리고 중공군이 개입 후 소련은 상당수의 전투기 조종사를 파견해 유엔 공군기와 전투를 벌임으로써 전쟁에 직접 개입했으면서도 감추고 있었다.[90] 이것으로 미루어보아도 미국과의 전면전쟁을 가장 두려워 한 것은 소련임에도 불구하고 미 행정부는 오히려 더 두려워하여 맥아더의 전략을 수행하지 못하게 하였던 것이다.

미국이 단호하게 소련과의 핵 전면전쟁을 각오하고 취한 조치, 즉 1962년 10월 쿠바사태 그리고 월남전쟁 때 소련의 수송선이 월맹에 군수물자를 수송해주는 하이퐁 항에 대한 공중기뢰의 부설작전을 실시했을 때, 소련은 결코 미국과 정면대결을 회피했던 사실을 상기한다면, 트루먼 대통령이 그의 회고록에 쓴 내용은 무의미한 것이라 하겠다.

---

88) Robert E. Osgood, *Limited War : The Challenge to American strategy* (Chicago : The University of Chicago Press, 1957), p.180.
89) 『흐루시초프 회고록』(서울 : 한림출판사, 1971), p.354.
90) 「경향신문」, 1988년 6월 28일자.

한국전쟁에 관해서 내가 한 모든 결정은 다음과 같은 한 가지 목적을 마음속에 가지고 있었다. 즉 제3차 세계대전과 가공할 파괴를 예방하고 문명된 세계를 가져오게 하는 것이다. 이러한 것은 우리들이 완전 규모의 전면전쟁을 일으키도록 소련에 구실을 주거나 또한 자유국민을 이끌어 넣을 어떠한 일도 하여서는 안 된다는 것을 의미하고 있다.[91]

미국이 4개 사단만 더 투입하였더라면 유엔군은 만주기지를 폭격하지 않고도 한국을 통일하는 데 성공했을 지도 모른다. 왜냐하면 중공은 그들의 최대의 병력을 투입하였기 때문이었다. 그리고 그들이 1951년 여름 정전협상停戰協商에 드디어 동의하게 되었을 때, 그들의 훈련된 예비 병력은 거의 없어지게 되었다.[92] 그러나 미 행정부는 한국보다 더 전략적 가치가 많은 서구를 위해 병력 증강을 거부했고, 또 중공군을 패배시킨다는 군사목표도 거부했기 때문에 그 후 중공으로 하여금 국제사회에서 대국으로서의 위신을 세워 주었고 또 월남전에 개입케 했다.

미 행정부의 잘못된 전쟁지도는 그 후 월남전쟁을 통하여 값비싼 대가를 지불했을 뿐만 아니라, 군사적 패배를 안겨주었다. 맥아더 장군의 염려는 적중되고야 말았다. 일찍이 해리만은 1950년 8월 초 맥아더 장군과 회담한 후, "정치적, 개인적인 고려는 제쳐놓고 우리 정부는 맥아더 장군을 국가의 위대한 인재라는 높은 차원에서 다루어야 한다"[93]고 말했지만, 트루먼 대통령은 그를 해임시키고 말았으니 애석한 일이었다.

맥아더의 수석 정보참모였던 윌로비 장군은 맥아더가 항명抗命 때문에 해임되었다고 생각하지 않았다. 윌로비는 자신의 회고록에서 "행정부가 내세운 일체의 이유들의 이면裏面에는 모종의 내밀한 사연이 은폐되어 있었다고 생각하지 않을 수 없다"고 신랄하게 꼬집었다. 윌로비가 암시하고자 했던 바는 맥아더가 미 국무성과 영국 외무성 내의 불순세력 때문에 그리고 트루먼 행정부의 정책에 영향력을 행사하던 잠입된 공산분자들 때문에 희생되었다는 것이었다.[94]

맥아더 장군의 해임뿐만 아니라, 그의 북진계획이 제한을 받을 것이라는 것과 중공군의 전쟁 개입과 깊은 관계가 있다. 즉 맥아더의 북진계획은 불행히도 공산측이 그의 지휘권

91) Harry S. Truman, *Memoirs*, Ⅱ(New York : Doubleday, 1956), p. 345.
92) Robert E. Osgood, 전게서, p. 183.
93) Matthew B. Ridgway, 전게서, p. 37.
94) Joseph C. Goulden, *Korea : The untold story of the war* (New York : Mcgraw-Hill Book Company, 1982), p. 476.

에 가해진 제약과 38선 북쪽으로 진격하는 것을 워싱턴 당국이 우려하고 있다는 것을 정확히 알고 있었기 때문에 어려움을 안고 있었다. 이러한 정보의 출처는 영국 정부의 고위층에 잠입하고 있던 3명의 소련 첩보원들이었다. 워싱턴 주재 대사관 정보장교인 필비(Kim Phiby)와 동 대사관 2등 서기관 가이 버제스(Guy Burgess) 그리고 런던 외무성의 미국담당 도날드 맥클린(Donald Maclean)이 그 장본인이었다.[95]

트루먼 대통령과 맥아더 장군의 전쟁지도와 수행의 관계를 살펴보았을 때, 『손자』의 다음 구절이 실감나게 한다. 즉 "대저 장수는 나라를 보좌하는 사람이다. 보좌하는 장수가 군주와 친밀하면 나라는 반드시 강해지고, 보좌하는 장수가 군주와 틈이 있으면 나라는 약해진다.… 장수가 유능하고 군주가 간섭하지 않으면 승리한다."[96]

5. 휴전회담

가. 휴전회담과 제한공격

6·25전쟁이 발발하자 유엔을 중심으로 하여 정전(停戰)을 성립시키기 위한 노력이 시도되었지만 전세가 중공군에게 유리했기 때문에 거부당하고 말았다. 그러나 1951년 4월~5월 사이에 그들의 공격이 실패했을 뿐만 아니라, 인적 손실이 막심하였다. 이 기회를 활용하여 전 전선에 걸쳐 유엔군은 반격을 개시하여 캔사스-와이오밍 선까지 진출하고 작전의 주도권을 장악하게 되었다.

5월 10일 정보판단에 의하면 중공군의 지상 병력은 542,000명에 달했다. 수적으로는 열세하지만 아직도 위험스러운 존재인 북한군은 197,000명이었다. 압록강을 건너 만주에 있는 중공군의 예비 병력은 750,000명이 주둔해 있었다. 한편 밴 플리트 장군(8군 사령관)은 269,772명의 미 육군, 해병대, 연합군 그리고 234,993명의 한국군을 지휘하고 있었다.[97]

---

95) 상게서, p. 245.
96) 『孫子』 謀攻, 第三.
97) James F. Schnabel, 전게서, p. 387.

적의 강력했던 공세가 패배와 혼란으로 바뀌고 중공군과 북한군이 다시 북한으로 후퇴함으로써 릿지웨이 장군(미 극동군 사령관 및 유엔군 사령관)은 아주 자신 있게 5월 30일 합참본부에 다음과 같이 보고했다. 즉 적은 한국에서 크게 패배했다. 야전 지휘관들의 판단에 의하면 5월 말까지 적의 사상자 비율은 믿을 수 없을 정도로 컸다. 적의 사상자들의 대부분이 보병이기 때문에 적의 전술단위의 전투 효율성 상실이 단순히 수적인 감소 이상으로 크다. 대부분 중공군인 10,000명에 가까운 포로들이 8군에 의해 사로잡혔다. 거대한 양의 적의 물자를 노획하고 아직도 포획 중에 있다. 지금까지 한국전에서 얻어진 양을 훨씬 초과하는 많은 양의 대포, 박격포 및 자동 무기 등이 포획되었다. 이러한 적의 손실에 따라 중공군의 사기가 크게 떨어졌음은 이해할만 하다. 또한 식량 부족이 적의 사기를 크게 떨어뜨렸다. 포로가 된 중공군의 진술에 의하면 그들의 부대들은 레이숀 공급이 고갈되었기 때문에 풀과 그 뿌리를 먹어야 했다. 종합적으로 말해서 릿지웨이 장군은 '확실히 중공군과 북한군은 현재 함께 해체될 상태에 놓였다'고 판단했다.[98]

한반도의 군사정세가 공산측에 대단히 불리해지자, 소련의 유엔 대표 마리크는 6월 23일 정규방송을 통한 연설에서 한반도에서의 무력충돌은 평화적으로 해결할 수 있다는 것을 시사함으로써 휴전협상의 기운이 감돌았다. 그리하여 1951년 7월 10일 개성에서 휴전회담이 개최되었다.

한편 미국의 대對한반도 정책은 어떻게 변했는가? 미 국무장관은 1951년 2월 23일 유엔이나 미국은 군사적 수단에 의해 한국을 통일시킬 아무런 의무를 갖고 있지 않다는 입장을 취했다. 이러한 관점에서 1950년 10월 7일자의 총회 결의안은 미국으로 하여금 유엔을 대신하여 행동하는 것을 허락한다는 것이지 의무국義務國으로 해야 하는 것은 아니었다. 애치슨 장관은 미국의 주요 동맹국들을 포함하여 한국에 군대를 파견한 대부분의 정부들은 전쟁목표로서 통일을 지지하는 것이 아니라 정치적 목적으로 한반도의 통일을 지지할 것이라고 믿었다.[99]

4월 5일 미 합참본부는 한국에 있어서의 군사적 관점에 관한 그들의 견해와 미국이 유지해야 하는 군사적 위치에 대한 그들의 견해를 국방성에 제출했다. 이것은 다시 대통령

98) 상게서, pp. 389~390.
99) 상게서, p. 350.

과 국가 안전보장회의에 전달되었다. 만약 소련이 '의용군'의 형태나 혹은 전면전全面戰의 일부로서 전쟁에 개입하는 경우 유엔군은 한국으로부터 철수되어야 할 것이라고 판단했다. 그리고 만약 소련군이 한국문제에 대한 해결에 앞서 전면전을 시작하지 않는다면 세계정세를 투시할 수 있는 두 가지 방법이 있었다. 합참본부는 소련 전략의 직접적 목표가 서구에 있다면 한국에서 유엔군을 최대한으로 묶어두는 것이 소련의 이익이 될 것이라고 보았다. 한편 소련의 직접적 목표가 극동에 있다면 그들은 유엔군이 한국에서 철수하도록 촉구할 것이라고 내다보았다.[100)]

반대로 위에 인용한 두 가지 조건 중 어느 경우에 있어서도 공산주의자들은 그들의 군사력을 한국에 머무르게 함으로써 이득을 얻게 될 것이다. 한국에 공산군을 남겨두는 휴전은 유엔에 대단히 불리하게 될 것이며, 또한 한국에 미군을 보유케 함으로써 미국의 군사력을 크게 소모시키게 할 것이다. 그러나 합참본부는 군사적으로나 정치적으로 그 후 미국의 대한對韓정책의 기조를 발표했다. 그들은 국방성에 대해 "한국문제는 단순히 군사적 행동에 의해서 미국에 만족스러운 방식으로 해결될 수 없다"고 말했다. 한국문제는 세계의 긴장이 완화될 때 미국에 만족스러운 방식으로 해결될 수 있는 세계 긴장의 일부라고 말하였다. 그들은 4가지 주요한 건의안을 제기하고 결론지었다. 이들의 건의안은 후에 극동에서 공산주의의 위협에 대처하는 데 있어 미국의 목표와 절차를 규정한 것으로서 국가 안전보장회의에 의해 미국의 기본정책으로 통합되었다. 이들 건의안 내용은 다음과 같다.

(1) 한국에 있는 미군은 한국에 대한 정치적 목적이 소련과 대만 그리고 중공의 유엔 가입에 관한 미국의 입장을 곤란하게 하지 않고 달성할 수 있을 때까지 그 곳에서 현재와 같은 군사적 행동방책을 추구해야 한다.
(2) 의존적인 한국군은 조속한 시일 안에 유엔군으로부터 상당한 정도의 부담을 넘겨받을 수 있도록 강력하게 발전되어야 한다.
(3) 중공 본토에 대한 해·공군에 의한 행동을 취할 수 있는 준비가 곧 이루어져야 한다.
(4) 한국과 극동에 대한 연합국들의 정책과 목표를 파악하고 그리고 현재의 군사적 행동이 한국에서 계속될 경우 중국 본토에 대한 작전이 시도될 때 미국이 연합국으로부터 기대할 수 있는 지원의 정도와 성격을 발견해 내는 것이 긴급한 문제로서 조치가 취해져야 한다.[101)]

이러한 정책안은 5월 17일 대통령에 의해 승인되었다. 대통령은 국가 안전보장회의의

100) 상게서, pp. 391~392.
101) 상게서, p. 392.

제안을 받아들이면서 미국은 군사적 해결이 아니라, 통일되고 독립된 민주한국民主韓國을 이룩할 정치적 해결을 궁극적 목표로서 보유해야 할 것이라고 결정했다. 동시에 그는 모든 정부기관들에 대해 즉각 그러한 정책을 추구하는 데 필요한 모든 조치를 취하도록 지시했다.[102)]

당시 유엔군 사령관 릿지웨이 장군은 행정부로부터 권한을 부여받지 않고 중공 영토에 대한 군사적 행위를 취하는 것이 금지되어 있었고 또한 소·만蘇滿 국경지역에서 비한국군의 사용과 그의 병력이 그러한 국경선을 넘지 못하게 금지되어 있었다. 그리고 그에게는 나진에 대한 해·공군의 행동을 취하지 못하며 압록강 근처에 있는 수력발전시설을 공격하지 못하도록 금지되어 있었다. 그는 한반도 중간지역의 이북에 있는 지역을 일반 목표지역으로 생각할 수 없으나, 다만 그는 병력과 목표점에 대한 제한조치에 따라 38선 이북에서 작전을 수행할 따름이었다. 따라서 릿지웨이 장군은 사전 허가를 받지 않고 캔사스-와이오밍 선을 넘어 총공격을 하지 못한다는 합참본부의 지시를 받고 있었다.[103)]

그리하여 5월 말에 밴 플리트 장군은 적의 방어선 깊숙이 들어가는, 즉 동해안으로 상륙하여 대규모의 중공군과 북한군을 포위·공격할 수 있도록 허가를 요청했으나 거절당했다.

나. 휴전회담의 교착과 유엔군 사령관의 확전건의擴戰建議

1951년 7월 10일 개성에서 휴전회담이 개최되었다. 유엔군 측은 정치적·경제적 문제는 토의하지 않을 것이며, 다만 6·25전쟁을 휴전케 하는 협상에만 국한되어야 한다는 태도를 밝힌 데 반하여 공산군 측은 정치적인 문제, 예컨대 한국 내에 있는 모든 외국 군대의 철수에 관한 문제도 함께 다루자는 태도였다. 그러나 7월 26일 다음 항목의 의사일정의 합의를 보았다.

(1) 적대행위 중지의 기초 조건으로서 비무장지대를 설정하기 위한 쌍방의 군사 경계선의 협정.

(2) 정전 및 휴전 실시를 위한 세목細目의 협정.

---

102) 상게서, p. 393.
103) 상게서, pp. 380~381. 및 p. 384.

(3) 포로교환에 대한 여러 조치

(4) 전 한국 장래의 정치상태에 관해서는 남북 양 정부에 권고할 것.

이러한 내용을 가진 의사일정 제1차인 비무장지대 및 군사 경계선에 관한 논의에서 협상은 다시 정돈상태에 빠지고 말았다. 유엔군 측은 휴전 효력이 발생하는 그 순간의 양군 접촉선을 휴전 경계선으로 획정劃定해야 한다고 주장하는 데 반하여 공산측은 38선을 경계선으로 해야 한다고 주장했기 때문이다. 이리하여 4개월 동안 양보 없는 쌍방의 주장만 계속되었다. 그동안 공산군 측은 여러 번 개성 중립협정을 위반했다. 조이 제독의 추론推論에 의하면, 공산군 측은 시일만 오래 끌면 유엔군 측이 결국 38선을 군사 경계선으로 하자는 요구에 굴복할 것이라고 생각했지만 그들의 억측은 빗나가고 말았다.

군사 분계선 설정에 관하여 생각해 보면, 8월 23일부터 10월 24일까지 63일간 회담은 완전히 중단되었다. 유엔군 측은 개성에서의 회담 속행은 불가능하다고 생각하여 릿지웨이 장군은 9월 6일 공산군 측에 서신을 보내 회담 속행을 위한 새로운 회담 장소의 선정문제를 토의하기 위하여 즉시 판문점 다리에서 회합할 것을 제의했다. 그 후 어려운 고비를 넘기면서 결국 판문점에서 회담을 속행할 수 있게 되었지만, 공산군 측이 회담 장소의 이전에 대한 유엔군 측의 요구에 양보하게 된 것은 9월부터 개시된 유엔군의 강력한 군사적 공세가 결정적 역할을 하였던 것이다.

여러 번의 논의 끝에 11월 27일에야 비로소 현 접촉선을 기선基線으로 하는 휴전회담과 그 기선을 중심으로 하여 남북으로 각 2킬로미터 폭의 비무장지대 설정에 합의를 보았다.

한편 포로교환 문제는 휴전회담이 개시되었을 때, 그것이 중대한 쟁점이 되리라고는 아무도 예상하지 못하였다. 왜냐하면, 그런 일은 지금까지의 전쟁사상戰爭史上 휴전회담에서는 한 번도 논란의 대상이 되지 않았기 때문이다. 그러나 6·25전쟁에 있어서 포로문제는 2년여의 휴전회담 중 약 18개월에 걸쳐 양측이 토의대립討議對立을 거듭했던 최대의 난제難題로서 휴전의 조기 성립을 저지한 의안이었다.

포로문제가 정치문제로 화하여 휴전회담을 혼란 및 지연케 한 주요 원인은 유엔군 측에 수용된 공산군 측 포로 중 반 수 이상이 본국 송환을 원치 않는데 있었다. 1951년 12월 11일에 개최된 포로교환 합동위원회에서 공산군 측은 모든 포로의 송환을 주장하였고, 유엔군 측은 공정한 감시 하에 1대1의 비율로 교환할 것을 주장했다. 그러나 공산군 측은 억류된 모든 포로의 무조건 석방을 고집하므로 유엔군 측은 우선 국제적십자사의 포로수용소

I. 유엔군이 제시한 포로 수	
인 민 군	111,754명
중 공 군	20,720명
합 계	132,474명
II. 공산군이 제시한 포로 수	
한 국 군	7,142명
미 국 군	3,193명
기타 유엔군	1,216명
합 계	11,551명

방문과 포로의 성명 및 수용소의 위치를 명시하자고 제의하여 비로소 포로명부의 제출에만 합의를 보았다. 12월 18일 양측에서 제시한 포로 숫자는 다음과 같다.

이 숫자의 비교는 너무나 압도적인 차이이며 공산군 측이 많은 유엔군 측의 포로를 누락시키고 있다고 생각하였다. 그래서 수 차에 걸쳐 유엔군 측이 항의를 했지만, 공산군 측은 끝내 통계숫자의 정확함을 고집하고 오히려 유엔군이 40,000명의 공산군 포로를 누락시켰다고 비난하였다.

1952년 초 유엔군 측은 포로의 송환은 각자의 자유의사에 따른다는 원칙을 세워 이것을 제안했으나, 공산군 측은 즉석에서 거부하고 모든 포로의 송환을 주장했다. 그 후 유엔군 측은 송환 여부를 조사한 결과 인민군 출신 포로 중 송환 희망자는 65,000명이고 중공군 출신은 불과 5,000명에 지나지 않았다.

포로송환 문제의 논쟁은 상호간의 이해관계利害關係가 얽힌 복잡한 것이었다. 유엔군 측이 포로의 강제송환을 거부한 첫째 이유는 인도적 입장에서 취한 것이었다. 둘째 이유는 심리전의 성과에 관한 문제였다. 장차 소련 혹은 중공과 전쟁상태에 들어갈 경우를 생각하여 선전활동을 통해서 적을 대규모로 투항케 함으로써 그들의 사기를 꺾을 수 있을 것이라고 생각했다.

이에 반하여 공산군 측은 그들대로의 이해관계利害關係가 숨어 있었다. 중공군 의용병 출신의 포로 가운데 4분의 3이 송환을 거부함으로써 중공 정부를 싫어한다는 사실이 중공으로서는 큰 체면상의 문제였다. 따라서 중공은 자존심과 국제적 명예상 유엔군 측의 발표는 허위이며, 중공군 포로가 송환을 거부하게 된 것은 강박에 의한 결과라고 주장하고 이것을 입증하기 위하여 거제도 포로의 폭동 및 포로수용소 소장 돗드 장군의 납치사건을 음모했던 것이다. 인민군의 입장에서 본다면 전쟁에서 오는 인적 소모와 1·4후퇴 결과로 많은 수의 인민의 남하로 어려움에 빠진 병력 및 노동력의 보충을 위하여 포로의 강제송환을 고집하게 되었다.

이렇게 회담을 지연시킴으로써 공산군 측은 귀중한 시간을 획득할 수 있었고 그 시간을 활용하여 방어진지를 견고히 구축하였을 뿐만 아니라, 보급의 개선 및 와해되어 가던 그들의 군사력을 재정비했다. 한편 유엔군 측은 미국을 비롯하여 참전국간의 이해관계利害關係 및 긴장을 증대시킴으로써 정치적 어려움을 겪게 되었다.

포로교환 문제로 판문점 회담이 결렬되어 무기한 휴회로 들어가고 전선의 교착이 계속되자 클라크 장군은 휴전을 유리하게 조속히 성립시키기 위한 압력을 공산군에 가하기 위해 확전擴戰을 다음과 같이 건의했다. "한국군을 조속히 증강시킬 것, 대만의 국부군 사단을 한국에서 사용할 것, 그리고 진실로 전쟁에서 승리하고자 미국 정부가 결정을 내리는 경우에는 원자탄을 사용할 것."[104)]

클라크 장군은 1952년 10월 초 미 육군 참모총장 콜린스 장군에게 공산측이 유엔군 측의 휴전조건을 수락하도록 하기 위한 작전계획을 준비하고 있으며, 만약 미 합참본부가 이 계획을 승인하여 준다면 미 극동사령부에서 이에 대한 각종 지휘계획을 수립하겠다고 했다. 그의 계획은 약 20일 간에 걸친 3단계 작전으로서 평양－원산 선을 목표로 한 지상군의 포위공격, 수륙 양면 기습 및 공수작전 그리고 상황에 따라서는 중공 본토 내의 군사목표에 대한 유엔군 해·공군의 작전까지도 망라한 대규모 작전계획이었다. 이 계획을 성공적으로 수행하기 위해서는 미 극동군의 증편이 불가피했다. 현 유엔군 산하의 기존 부대 외에도 미군 기타 유엔군 3개 사단(보병, 공수, 해병 각 1개 사단), 국군 2개 사단, 자유중국군 2개 사단, 야포 12개 대대 및 대공포 20개 대대가 더 필요한 확전계획이었다.[105)]

클라크 장군은 새로이 대통령에 당선된 아이젠하워 원수가 1952년 12월 2일~5일까지 방한訪韓할 때 설명할 계획을 준비하고 있었다. "나는 워싱턴 당국으로부터 아이크가 무엇에 관하여 토의할 것인가에 대해 아무런 지시도 받지 못했다. 그러나 나는 그가 관심을 가질 수 있는 과제를 준비했다. 여기에는 만약 신 정부에서 한국전쟁의 승리를 획득하려고 결정한다면 이에 필요한 병력과 계획에 대한 상세한 판단서가 포함되었다. 대통령 당선자의 한국 방문 중 나로서 가장 잊을 수 없는 일은 이 판단서를 그의 고려로서 제출할 기회가 없었던 것이다. 전쟁의 승리를 위해 얼마나 더 필요한가는 논의되지 않았다. 우리의 많은 대화를 통하여 그는 명예스러운 휴전을 구할 것이라는 것이 분명해졌다."[106)]

---

104) Mark W. Clark, *From The Danube To the Yalu* (New York : Harper & Brothers, 1954), p. 3.
105) 합동참모본부 편, 『韓國戰史』(서울 : 합동참모본부, 1984), p. 560.
106) Mark W. Clark, 전게서, p. 233.

다. 중공군의 최후 공세와 휴전조인

포로교환 문제에 있어서 송환을 거부하는 포로를 중립국으로 이관코자 하는 공산군 측의 제안이 나오고, 유엔군 측 안이 그 안을 약간 수정하여 수락하고자 하는 기색을 보이자 이승만 대통령은 한국 청년을 어떠한 중립국으로도 이관함을 허용치 않겠다고 성명했다.

1953년 5월 25일 워싱턴으로부터 온 최종적인 유엔군 측 안이 공산군 측에 제시되기 전에 클라크 장군은 브릭스 주한 미 대사와 함께 이 대통령을 방문하고 미국의 휴전을 위한 최종안과 아이젠하워 대통령의 개인 서한을 전달했다. 그 자리에서 미국의 4개 항목의 주요 보장을 제시하고는 그 대가로서 한국이 휴전 반대운동을 자제할 것과 일단 조인되면 휴전조약을 준수할 것 그리고 한국군의 지휘권을 유엔군 사령관에게 그대로 존속케 하는 등을 요구했다.

휴전을 목전에 두고 정세는 숨 가쁘게 돌아갔다. 공산군 측은 최종안을 검토하기 위하여 휴회를 요구했으며, 이 휴회 중인 5월 말에 미국은 한·미 상호방위조약체결을 위한 협상을 할 용의가 있다고 통고해 왔다. 그러나 6월 18일 미명을 기하여 각지에 산재하고 있었던 포로수용소의 문이 이 대통령의 명에 의하여 개방되어 송환을 거부하는 한국인 반공포로 27,000여 명은 극적으로 탈출하게 되었다.

반공포로의 석방으로 눈앞에 다가온 휴전의 성립이 위기에 놓이게 되었다. 공교롭게도 휴전협정의 전 조문은 6월 18일까지 서명이 끝나고, 남은 것은 조인식의 일자와 여러 절차를 토의하는 것뿐이었다. 클라크 장군은 이 대통령에 대한 비난적인 항의와 공산군 측에게는 포로의 석방에는 미국 당국이 전연 몰랐다는 변명의 서한을 발송했다. 공산군 측에서 몇 가지 주요 질의를 해왔지만, 당사국인 한국 정부가 휴전을 저해하지 않겠다는 사전 보장이 없이는 어떤 언질이나 회답도 줄 수가 없었다.

따라서 휴전회담은 재차 휴회되고 미국은 우리 정부를 설득시키기에 전력을 다 하였다. 미 국무차관 로버트슨이 6월 25일 내한하여 18일간이나 체한滯韓하면서 매일 이 대통령을 설득하는 데 몰두했다. 미국 정부가 우리의 의사를 무시하고 일방적으로 휴전회담을 추진해 온 대가로 이 회담에서는 계속 우리의 주장을 수동적으로 받아들이지 않을 수 없게 되었다.

그래서 이 대통령은 미국의 휴전정책을 방해하지 않는다는 조건으로 로버트슨으로부터 다음과 같은 것을 획득하였다.

(1) 휴전성립 후 한·미 군사방위조약의 체결에 대한 확약.
(2) 장기간의 경제 원조와 2억 달러의 제1회 원조공여援助供與.
(3) 90일이 경과하여도 휴전 후의 정치회담에서 어떤 구체적인 성과도 이루지 못할 때에는 한미 양국은 동 회의로부터 물러나와 한국 통일에 관한 장차 행동을 토의할 것.
(4) 이미 계획된 바와 같이 한국군을 20개 사단으로 증강하고 이에 적당하게 해·공군력을 증강시킬 것.
(5) 정치회의가 개최되기 전에 공동목표를 토의하기 위하여 고위 한미회담의 개최.[107)]

이·로버트슨 회담이 진행되고 또 휴전회담이 계속되는 동안 중공군에 의한 6·7월 공세가 주로 한국군 방어 정면에 대해 실시되었다. 이 두 차례에 걸친 마지막 공세로 중공군은 중부전선에서 보다 유리한 방어선을 형성하게 되었고 반면 아군은 금성 돌출부를 상실하였다.

1951년 7월 10일부터 개최되었던 휴전회담은 25개월이라는 오랜 시일을 겪고서야 1953년 7월 27일 22시를 기하여 승리도 패배도 없이 다만 포화만 멈추게 되었다.

라. 전략적 논평

1) 미 행정부의 전쟁지도

1947년 9월 미국의 대對한반도 정책을 결정하는 데 대단히 중요한 두 가지의 정책 건의가 있었다. 하나는 『웨드마이어 보고서』로 알려진 것으로, 웨드마이어 장군은 "한국의 자유와 독립을 보장하기 위해 가능한 한 많은 안전보장 장치를 지원하는 데 충분한 군사원조를 공급해야 하며, 당분간 미군을 주둔시켜야 한다"[108)]고 했다. 한편으로 미 합참본부는 "미국의 군사적 안전의 입장에서 고려할 때 한국에 미군을 주둔시키거나 기지를 유지할 만한 전략적 가치가 없으며, 극동지역에서 적대상태가 야기되었을 경우 주한 미군은 군사적 부담이 될 것이다"[109)]고 했다.

트루먼 대통령은 웨드마이어 장군의 정책건의를 비밀문서로 분류하여 공표하지 못하게 하고, 미 합참본부의 건의를 받아들여 주한 미군의 철수를 결정했을 뿐만 아니라, 6·25전쟁에 있어서 미 행정부의 전쟁지도의 기조를 이루고 있었다.

---

107) 상게서, pp. 287~288.
108) Albert C. Wedemeyer, *Wedermeyer Reports* (New York : The Devin-Adair Company, 1958), pp. 478~479.
109) Harry S. Truman, 전게서 Ⅱ, p. 326.

미 합참본부의 건의는 다음 이유에 의해 결정된 것으로 보인다. 첫째로 미국은 한국을 방위할 만한 충분한 군사적 이해관계를 가지고 있지 않다는 것, 둘째로 미국의 전면적인 병력 부족이 심하므로 한국에 주둔하고 있는 사단들은 다른 곳에서 보다 유용하게 사용할 수 있다는 것이었다.[110] 이러한 관점에서 미 행정부는 제한전쟁을 수행하였고 또 합참의장 브래들리 장군은 "우리들이 소련을 주요 적대국으로 간주하는 한, 또한 서구를 주요 대상으로 하는 한, 맥아더가 주장하는 수단은 그릇된 적과 그릇된 시간에 그릇된 장소에서 그릇된 전쟁을 하게 하는 것이다"[111]고 했다.

6·25전쟁에 있어서 미 행정부의 전쟁지도에 관하여 몇 단계로 나누어 고찰해 보고자 한다. 그들의 첫 단계의 정치목적은 평화를 회복하고 38선의 국경선을 회복하는 것이었다. 이러한 목적은 6월 27일 유엔 결의로도 채택되었던 것이었다. 그래서 38선 이북의 군사작전은 병참선만을 파괴해야 할 것이라는 태도였다. 그러나 전쟁의 다음 단계 즉 공세를 취하게 되었을 때 정치적 제한이 재평가되었다. 그래서 합참본부는 1950년 9월 15일 맥아더 장군에게 새로운 훈령을 내렸다. 즉 38선 이북의 지상군 작전을 허락하는 것이었다. 그러나 이 작전은 소련이나 중공의 무력간섭의 표시가 없을 때에만 한다는 것이었다. 인천 상륙작전이 성공되자 합참본부는 맥아더 장군에게 9월 27일 같은 조건하에서 군사목표로 북한군의 격멸을 허락했다. 그러나 소·만 국경선 지역에서는 비非한국군의 사용을 금할뿐더러 만주에 대한 해·공군의 행동을 금한다고 했다.

인천 상륙작전의 성공으로 인하여 낙관적인 군사 전망에 입각하여 미 행정부는 정식으로 또한 명백하게 전쟁의 정치목적을 변경했다. 원래 1943년 카이로 선언에서 명시된 자유롭고 독립된 그리고 통일된 한국을 수립하려는 장기적 목표를 달성함에 있어서 유엔군을 가로막을만한 장애는 없으리라 생각하여 10월 7일 유엔 총회는 이런 정치목적을 달성하기 위해 맥아더 장군에게 그의 군대를 사용하도록 허락하자는 결의안을 통과시켰고 또한 실제로 한국군 및 유엔군은 38선 이북으로 진격하고 있었다.

실제로 중공군의 공공연한 한국전 개입은 10월 16일 이후이며 이 사실을 맥아더 장군이 보고한 것은 11월 초였다. 이러한 보고에 입각하여 미 국무성은 압록강 양편에 각각 10마

110) Robert E. Osgood, 전게서, pp. 163~164.
111) 상게서, p. 175.

일의 완충지대 설치에 대하여 중공과의 협상의 가능성을 찾으려고 서둘렀다. 맥아더 장군의 명령은 변경되지 않았다. 그러나 11월 24일 합참본부는 중공군 개입의 위험이 컸으므로 맥아더에게 그의 군대를 압록강 계곡 부근의 유리한 지점에서 머물도록 권고했다. 그러나 같은 날 맥아더 장군은 전쟁의 승리를 위해 총공세를 명했다. 4일 후 10군단은 막강한 중공군과 직면하게 되었고 한국군 및 유엔군은 후퇴를 강요당하게 되었다.

유엔군은 다시 38선 이남으로 후퇴하였으나, 그 후 곧 저지되었다. 릿지웨이 장군의 지휘 하에 유엔군은 1951년 1월부터 반격을 시작했으며, 그 후 밴 플리트 장군에 의해 캔사스-와이오밍 선까지 진출했다. 군사적 상황의 변동에 따라 1951년 5월 17일 트루먼 대통령은 한국을 통일하려는 궁극적 목적은 그대로 남아있는데 미국은 이 목적을 군사적 수단으로 수행하는 것을 포기한다고 했다. 그리하여 미국은 최초의 유엔의 목적인 침략을 저지하고 남한을 회복하는 것에 만족한다는 것이었다. 그래서 7월부터 정전협상을 시작했다.

여기서 필자는 두 가지 점에 관해 논의해 보고자 한다.

첫째는, 트루먼 행정부의 전쟁지도는 전술한 바와 같이 확고한 정치목적과 군사목표도 없었을 뿐만 아니라 시종 일관성이 결여되어 있었다는 점이다. 따라서 전쟁수행에 있어서 야전 사령관과 전쟁지도부 사이에 끊임없는 혼란과 오해를 가져왔고 또한 인명人命과 자원을 낭비했다는 것이다. 다음 내용은 이것을 단적으로 증명하고 있다.

> 특히 5월 3일 워싱턴에서 시작된 맥아더 장군 해임에 대한 공개된 청문회에 비추어 미국이 아시아 특히 한국에서 그의 군사목표와 정치목적을 분명하게 할 필요성이 날로 명백하게 되었다. 미국인은 그러한 문제에 관해 혼란을 일으켰을 뿐만 아니라 또한 미국이 왜 유엔 개입에 압력을 가했는지에 관해 이유를 충분히 이해하거나 평가하지도 못했다. 미국의 군사 및 정치 전략가들도 그들 자신 적합한 목표설정에 일치하지 못했으며 더욱이 그러한 목표를 달성하기 위한 방법과 수단에 관해서도 마찬가지였다.[112]

이것은 군의 통수권자인 대통령(혹은 내각 수반)은 문·무를 겸비하고 있어야 한다는 것을 뜻하며, 만약 그렇지 않다면 직위와 보직에 구애받지 않는 군사전문가를 자문역으로 보임하여 수시로 군사문제에 대한 자문을 받아야 한다. 예컨대 2차 세계대전에 있어서 루스벨트 대통령은 이러한 제도를 활용했다.

112) James F. Schnabel, 전게서, p. 392.

둘째는, 만약 1951년 5월 말 밴 플리트 장군의 대규모의 중공군 및 북한군을 포위·공격하는 작전을 허용하여 좀더 북상北上해서 안주－개천－덕천－영원－함흥 선[113]에서 멈추었더라면 오늘날의 남북한 관계는 동·서독 형태로 발전했을 가능성이 더 있었지 않았나 하는 아쉬움을 남긴다. 당시 미 행정부가 맥아더의 군사목표와 그것을 달성하기 위한 수단을 사용하는 것을 허용하는 경우라면, 압록강·두만강의 국경선까지 진격하여 국토 통일을 달성하는 것이 최선책일 것이다. 그러나 미 행정부가 제한전쟁을 수행하기로 정책을 결정했다면, 상술上述한 안·함선安咸線이 군사적·정치적 관점에서 가장 유리한 선이다. 그 이유는 한반도에서 가장 좁은 허리이기 때문에 방위하기가 용이하다. 안·함선의 거리는 약 200킬로미터이고, 현재의 휴전선은 약 250킬로미터 그리고 압록강·두만강의 국경선은 약 1,300킬로미터이다. 안·함선 이남에는 평양, 원산, 함흥 등 주요 도시와 항구 및 공업지대를 포함하고 있기 때문이다.

2) 휴전회담의 성과

미국의 전략전문가 브로디 박사는 미국 측이 공산 측의 휴전 제의를 곧장 받아들인 것부터가 중대한 과오임을 다음과 같이 논평했다.

> 공산측이 휴전협상에 관심을 표명하자마자 우리가 공격을 중지한 것은 중대한 잘못이었다. 그 원인은 군사적 지도에서 보다는 정치적 지도에 있었던 것이며, 결국 전쟁을 제한하려던 우리의 기대에 아무런 도움도 되지 못하였다. 당시의 공산군 포로 신문의 보고에 의하면 당시 중공군은 대규모 집단 이탈사태가 벌어질 정도로 극한적인 절망상태에 빠져 있었다고 한다. 바로 이때에 마리크가 던진 몇 마디 말 때문에 우리는 공세를 중지했던 것이다. 그 후 뒤늦게 우리는 몇 차례의 제한된 공세를 감행하여 그들에게 압력을 가하려 하였으나, 이미 그 때는 시기적으로 그 효력을 기대하기에는 너무나 늦었던 것이다.[114]

우리들은 당시 공산측이 휴전을 제의했을 때야말로 안·함선까지 쉽게 진격하고서 휴전 제의를 수락하여도 좋았을 절호의 기회를 놓치고 말았다. 그것은 바로 트루먼 행정부의 전쟁지도의 실책에서 비롯되었다.

유엔군 측의 휴전회담 수석대표였던 조이 제독은 1951년 6월에 내놓은 마리크의 제의

---

113) 1950년 10월 2일, 맥아더 사령부가 유엔군에 설정한 진격 한계선인 '맥아더 라인'은 이와 비슷하나, 다만 西部가 定州로 되어있다.

114) 합동참모본부 편, 전게서, p. 544에서 재인용.

에 대해서 미국이 즉각 응하였다는 것은 미국이 휴전을 몹시 갈망하고 있거나 그럴 필요에 쫓기고 있다는 인상을 주었으며 이는 공산 측에 하나의 약점으로 보였을 것이라고 생각했다.[115] 그 후 휴전회담 동안 연간 미군만의 사상자 수가 3만 명이나 되었다.[116]

당시 한국에 있었던 밴 플리트 장군과 기타 군사지휘관들은 평화협상으로 들어가는 정부를 비난하였다. 그들의 의견에 의하면 조금만 더 노력하면 공산군을 패배시킬 수 있다는 것이며, 적어도 우리의 위신을 회복하고 보다 좋은 의미의 평화를 이룩할 수 있다는 것이었다. 한편 릿지웨이 장군은 만약 우리들이 사상자를 낼 각오를 한다면 압록강까지 진격할 수 있다는 것을 시인했다. 트루먼 행정부나 아이젠하워 행정부나 함께 한국에서 중공을 패배시킴으로써 얻는 정치적 이익은 군사적 비용에 비하여 가치가 없다는 것으로 생각했다. 이러한 조건에서 그들은 남한에 대한 침략만을 격퇴하는데 만족하였다. 군사적 대가와 보다 좋은 의미의 목적을 달성하려는 노력의 결과를 생각지 않고 38선을 기준으로 해서 정전停戰에 동의하려는 행정부의 결정이 현명하였던 것인가를 평가하기는 어렵다. 아마도 정부가 인기 없는 전쟁을 종결하려 애쓰고, 보다 좋은 의미의 협정을 얻으려는 장기적인 정치적 이점을 경시하였다는 것은 앞으로의 역사만이 증명하게 될 것이다.[117]

6·25전쟁의 성과는 무엇인가? 이 전쟁을 적절하게 평가하기란 아직 시기상조이지만 눈앞에 나타난 결과는 어느 정도 식별하기란 어렵지 않다. 공산측이 제아무리 주장하더라도 한국전에서는 정치적으로나 군사적으로 공히 승리를 거두지 못하였다. 결과는 잘 말해서 무승부였다.[118]

휴전협정에 조인을 했던 당시 유엔군 사령관 클라크 장군의 견해는 깊은 혜지慧智와 통찰력이 담겨진 내용이라 말하지 않을 수 없다.

> 나는 승리가 심각한 손실을 수반한다는 것을 잘 알고 있다. 그러나 나는 또한 한국에서 승리를 획득하는 데 입는 손실은 만약 우리가 한국에서 군사적 승리를 거두지 못하고 공산측이 그들 자신의 조건에 따라 전투할 준비를 갖출 때까지 기다리게 되는 경우 궁극적으로 받아야 할 손실보다도 훨씬 적다는 확신을 가졌으며 또한 현재도 역시 그러한 확신에는 조금도 변함이 없다. 나의 견해로는 공격을 가하지 않고 다만 강력한 군사력을 극동에 집결하여 그것을 적에게 인식시킴으로써 이득을

115) Walter G. Hermes, *Truce Tent and Fighting Front* (Washington : G.O.P. 1966), p. 503.
116) Mark W. Clark, 전게서, p. 317.
117) Robert E. Osgood, 전게서, pp. 185~186.
118) Walter G. Hermes, 전게서, p. 498.

취할 수 있었다. 전면공세의 위협 및 현재까지 금지구역으로 되어 있는 만주 내의 군사시설에 대한 공중공격은 아마도 훨씬 더 만족할만한 그리고 또 훨씬 더 조속한 휴전을 가져왔을 것이다. 내 견해로는 이것이 소련으로 하여금 한국전쟁에 개입하거나 또는 제3차 대전을 야기시키게 하지는 않았을 것이다. 소련은 그들 자신이 선택하는 장소 및 시간에 따라서만 전쟁을 야기시킬 것이기 때문이다.… 휴전은 이루어졌으며 나는 협정에 조인하였다. 그러나 솔직히 말하면 나는 무거운 마음을 가지고 그 협정에 서명을 하였다. 적어도 당분간 살인이 중지된 것은 고마운 일이었으나 한국에서 공산군을 패배시키려는 결정을 하는 경우보다도 더 값비싼 피의 희생을 후일 우리 국민이 바치게 되리라는 심각한 불안을 나는 느꼈다.[119)]

불행하게도 클라크 장군의 예언은 적중하고 말았다. 미국은 그 후 월남전쟁에서 그들 자신뿐만 아니라, 우리 젊은이의 피를 희생시켰고 많은 자원과 재력을 소비했다. 그러나 그 결과는 클라크 장군도 상상하지 못했던 이번에는 명백한 패배로 막을 내렸다. 그것은 국제무대에서 미국의 위신을 추락시켰고 또한 국력의 쇠퇴를 가져오는 원인이 되고 말았다. 정치가들의 전쟁지도력과 전략의 빈곤은 아무리 자원이 풍부하다 하여도 전쟁에서 패배한다는 교훈을 우리들에게 남겼다.[120)]

6. 맺음말

한반도에서 휴전이 성립된 지 35년간의 세월이 흘렀다. 지금 세계의 조류는 긴장 완화와 상호 협조의 물결이 치고 있지만, 유독 남·북한만은 긴장과 대결의 고삐를 늦추지 않고 있는 실정이다. 최근 한국은 북한에 대해 더 이상 경쟁대상이나 적대상대로 대하지 않고 같은 민족 공동체의 한 부분으로 생각하고 상호 협력할 것을 제의했으나, 아직 북한은 대남對南 무력적화통일 노선을 견지하고 있다. 이러한 상황에서 북한으로 하여금 평화통일 노선으로 전환케 하는 유일한 길은 우리의 완벽한 임전태세뿐이다. 이것이 또한 평화유지의 최선의 방법이다.

우리들이 6·25전쟁을 통하여 배워야 할 교훈은 국민의 생명과 재산 그리고 국가의 주

119) Mark W. Clark, 전게서, p. 82 및 pp. 317~318.
120) 미국의 월남전쟁 수행에 대한 반성은 다음 저서가 좋은 참고가 된다.
· 해리 서머스, 『전략 : 미국의 월남전』, 민평식 역(서울 : 병학사, 1983)

권은 어떤 희생을 지불해서라도 스스로가 수호해야 한다는 자주국방 의식이다. 그리고 우리의 당면과제는 지휘권의 인수와 주한 미군의 철수에 대비하는 문제이다.

1950년 7월 이 대통령은 한국군의 지휘권을 유엔군 사령관에게 이양하였다. 그로 인해 한국군은 6·25전쟁과 월남전쟁에서도 전투는 수행했어도 전쟁을 수행하는 경험을 갖지 못했다. 그런데 아무리 풍부한 자원과 거대한 국력을 가진 미국이라 하여도 정치가의 전쟁 지도력이 빈곤해서 겨우 전쟁을 무승부로 끝냈다고 하지만, 전쟁에 투입된 인명과 자원을 고려했을 때, 그렇게 생각하기 어렵고 또한 아쉬움을 남겨 주었다. 거기다가 군사전략의 부재不在가 겹치게 되었을 때, 강대국인 미국도 월맹에게 패배한다는 사실을 월남전쟁을 통하여 알고 있다.

우리들은 한반도에서 한민족의 번영과 평화통일정책을 추구하기 위해서 전쟁 억제력을 구비하고 있어야 한다. 그리고 또한 만약 억제가 실패하여 전쟁이 발발했을 경우, 우리의 정치적 목적을 달성하는 데 이바지 하는 신속하고 손실을 적게 입는, 더 효과적인 한국 군사전략을 연구·개발하여 정립해야 한다. 환언하면 이것은 군사전략의 한국적 토착화를 뜻하는 것이며, 이로 인해 군의 구조와 부대구조, 병력의 수요, 무기체계와 장비의 연구·개발방향 그리고 군수軍需 지원체제 등의 개선과 깊은 연관을 맺고 있다.♣ (1988. 12. 21. 탈고)

제 20 장

진실의 6·25전쟁※

- •영국에 있어서 영원한 우방도 없으며, 또한 영원한 적도 없다. 다만 영원한 국가이익이 있을뿐이다•-파머스톤(1784~1865)

1. 머리말

오늘 발표하고자 하는 이 내용은 서울에서 해야지, 도쿄(東京)에서 발표하기에는 아까운 것이지만, 하야시(林吉永) 전사부장戰史部長이 일부러 경주까지 와서 요청했기 때문에 여기서 발표하기로 결심했다.

"역사란 자유로운 나라에서만 훌륭하게 쓸 수 있다"고 프랑스의 사상가 볼테르(1694~1778)는 말했지만, 필자는 좀더 부연한다면, "역사란 자유로운 나라에서 자유로운 신분에 놓인 사람만이 훌륭하게 쓸 수 있다"고 말하고 싶다. 그 이유는 역사의 진실을 솔직하게 기록할 수 있기 때문이다.

6·25전쟁은 한반도를 무대로 하여 20개국의 군대가 1950년 6월 25일부터 1953년 7월 27일까지, 3년 1개월여에 걸친 전쟁이었다. 이 전쟁은 한민족韓民族에게 심각한 인적·물적·정신적 피해를 안겨다 주었고, 그 후유증은 휴전을 하여 반세기가 지난 오늘에 이르기까지 남겨져 있다. 한민족韓民族이 평화적 통일을 달성하기 위해서는, 이 6·25전쟁의 진실을 밝히고, 거기서부터 교훈을 찾아야 비로소 치유가 가능하리라. 이러한 관점에서 몇 가지 문제점을 규명하고자 한다.

※ 본고는 「朝鮮戰爭史觀」이란 제목으로 2000년 1월 27일 日本防衛廳防衛硏究所 戰史部에서 발표한 내용이다.

2. 6·25전쟁의 기원

지금까지 6·25전쟁에 관한 많은 저서·논문이 발표되었지만, 문제점은 소련·북한·중공의 비밀자료가 공개되지 않았기 때문에 억측臆測의 부분이 많았다. 그러나 1991년 소련의 붕괴로 인하여, 그 자료가 공개됨에 따라 상당한 수준에 이르기까지 진상을 밝힐 수 있게 되었다.

6·25전쟁사 연구에 있어서 많은 비중을 차지하는 것은, 6·25전쟁의 기원, 즉 누가 6·25전쟁을 일으켰는가, 하는 것이다. 이 문제는 제2차 세계대전 후의 미·소 양 대국에 의한 냉전冷戰이 어느 쪽에 의해 시작됐는가 하는 논쟁선상에서 6·25전쟁의 기원의 논쟁이 비롯되었다는 점에 유의해야 한다.

냉전의 기원에 관한 최초의 학설은 전통주의 학파傳統主義學派에 의해 정립되었다. 그들은 기본적으로 냉전의 책임은 소련에 있다고 생각하며, 종전終戰과 더불어 스탈린은 동유럽에서 중동지방을 거쳐서 동아시아에 걸쳐 팽창정책을 추구했고, 소련은 마르크스시즘·레닌주의에 따라 세계적화의 목표달성을 위해 모든 수단, 특히 무력수단도 사양치 않은 거대한 제국주의 국가라고 주장했다.

한편, 이와 같은 전통주의 학파의 주장에 도전한 것이 수정주의 학파修正主義學派이며, 그들의 주장에 의하면, 미국의 대외정책은 더 제국주의적이며, 팽창주의적이라는 것이다. 마르크스주의자라고 자칭하는 수정주의자들은 미국이 자신의 자본주의 체제를 유지·발전시키기 위해, 전후의 국제질서를 미국을 중심으로 하는 자본주의 국가의 통합이라는 방향으로 개편한다는 것을 전제로 하여, 미국의 대외정책은 자연히 소련을 압박함으로써, 소련의 대응을 불러 일으켰다고 분석·해석했던 것이다.

6·25전쟁의 기원을 규명함에 있어서, 전통주의자나 수정주의자들은 당초 냉전의 기원에 관한 자기네들의 이론을 그대로 적용했던 것이다. 구체적으로 얘기한다면, 전통주의자들은 마치 냉전이 소련에 의해 시작된 것처럼, 6·25전쟁도 소련에 의해 시작되었다고 해석했고, 또 수정주의자들은 마치 냉전이 미국에 의해 시작된 것과 마찬가지로, 6·25전쟁도 미국에 의해 시작되었다는 것이다.

따라서 지금까지 6·25전쟁은 남침·북침 어느 쪽인가? 국내전, 국제전, 민족해방전쟁 등 어느 쪽인가도 해결하지 못하고 논쟁이 계속되어 왔으나, 이것은 연구방법에 문제점이 숨겨져 있는 것이 아닌가? 그 이유는 연구대상의 본질에 따라 연구방법도 달라져야 할 것이다. 그것은 냉전과 전쟁은 본질적으로 서로 다른 연구대상이며, 전쟁은 군사이론에 의해 분석·해석되어야 한다는 것이 필자의 관점이다. 주로 사용한 자료는 다음과 같다.

(1) Roy E. Appleman, *South to the Naktong, North to the Yalu*, Office of the Chief of Military History, Department of the Army, Washington, D.C., 1961.
(2) 朝鮮人民共和國科學院歷史硏究所編纂, 『朝鮮人民の正義の祖國解放戰爭史』(平壤 : 外國文出版社, 1961)
(3) 大韓民國國防部戰史編纂委員會編, 『韓國戰爭史』(1, 2卷, 1967, 1968)
(4) 예프게니 바자노프/나탈리아 바자노프著, 김광린譯, 『소련의 자료로 본 한국전쟁의 전말』(서울 : 열림, 1998). 저자는 1991년 이후 러시아 외교 아카데미 부원장이며, 그의 부인은 러시아 동양학 연구소 연구위원이다. 이 책은 공개된 비밀문서를 활용한 내용이나, 러시아에서는 아직 발간되지 않았고, 한국어로 최초로 번역·발간되었다.

가. 한국군과 인민군의 전력戰力과 배치

한국의 육군본부 정보국의 절박한 정세판단에 바탕을 두고, 작전교육국장 강문봉姜文奉 대령은, 1950년도의 군사 보충예산에 38도선 축성공사비를 계산하여 긴급 건의서를 국회에 제출했다. 양편의 전력비戰力比와 공방攻防의 기본적 입장의 차이 및 미국이 무관심한 이상, 축성 외는 방위수단이 없다고 판단했다. 이 건의서는 다음 네 가지 사항으로 구성되어 있으며, 당시 남·북한의 전력戰力의 격차를 단적으로 표시하고 있다.

(1) 병력 : 북한의 병력은, 인민군, 38경비여단, 게릴라 부대, 민청훈련소, 해·공군으로 구성되어 있으며, 총계 18만 4천 명에 달한다. 이에 비해 우리는 국군 10만, 국립경찰 4만 등 계 14만 명이나, 경찰의 장비는 소총뿐이며, 행정경찰의 병력도 포함되어 실질적인 전투력은 10만 명에 지나지 않는다. 더욱이 징병제는 실시되었으나, 전시동원에 필요한 법령이 정비되지 않았기 때문에 실행에는 어려움이 있다.

(2) 양편의 물적 격차는 다음과 같다.

북 한 인 민 군	국 군
각종 대포 수 …… 609문	105밀리 포 …… 91문
전차·장갑차 ……. 272대	장 갑 차 ……… 27대
항 공 기 ………… 168대	연 습 기 ……… 10대

(3) 교육훈련 : 북한은 폭동이나 다른 장애를 받지 않고 수 년에 걸쳐 예정된 훈련을 계속할 수 있다. 따라서 제일선이나 후방을 불문하고 착실하게 전투력을 향상시켰고 또 대부대의 훈련도 끝마쳤다. 이에 반하여 국군은 여수·순천 반란군의 토벌, 남파된 게릴라 부대의 소탕 등에 쫓기어 병력의 소모뿐만 아니라, 중대 훈련의 단계에 이르는 정도이다.

(4) 후방지원 : 북한은 재래의 군수공장을 이용하여 무기생산(소화기 수준)을 증강하고 있었지만, 우리 편은 권총의 시작단계試作段階에 있다.

미국의 전사가, 애플만은 남북한의 군사력을 다음과 같이 평가했다.

1950년 6월, 인민군은 한국군보다 분명히 몇 가지 관점에서 본다면 우세했다. 예컨대, 인민군은 85밀리 포를 가진 우수한 중형 전차 150대를 보유하고 있는 반면, 한국군에는 없었다. 인민군에는 세 가지 종류의 포, 즉 최대사정最大射程 14,000야드의 122밀리 곡사포, 76밀리 자주포, 76밀리 사단포를 가지고 있었지만, 한국군은 최대 사정 8,200야드의 105밀리 곡사포(M3)를 보유하고 있었고, 사단포의 수에 있어서도 3대1로 북한이 우세했다. 북한군은 소규모이기는 하지만 전술공군(180대)을 가지고 있었지만, 한국군에는 없었다. 65,000명의 한국군은 89,000명의 북한군에 대항해야만 했다.…

현대전을 수행함에 있어서, 전투기·전차도 없고, 사정射程이 짧은 소수의 대포만 보유하고 있는 군대가 전면적 전쟁을 도발할 수 있을까? 특히 1950년 6월 25일의 양군 배치는 북한의 『해방전쟁사』에는 38도선에 연하여, 각 사단의 배치현황을 구체적으로 명기하고 있지 않다(〈그림 3〉). 이것 자체가 인민군의 남침을 증명하는 증거이리라. 그 이유는, 공세攻勢를 하자면 병력을 집중해야 하고, 수세守勢를 하자면 병력을 분산하는 것이 군사원칙이기 때문이다. 당시 한국군의 배치는 38도선에 연하여, 제1, 7, 6, 8사단이 배치되고, 후방에 제2, 3, 5사단이 배치되어 있었다(〈그림 1, 2 참조〉).

〈그림 1〉 북한군의 남침(1950. 6. 25.)

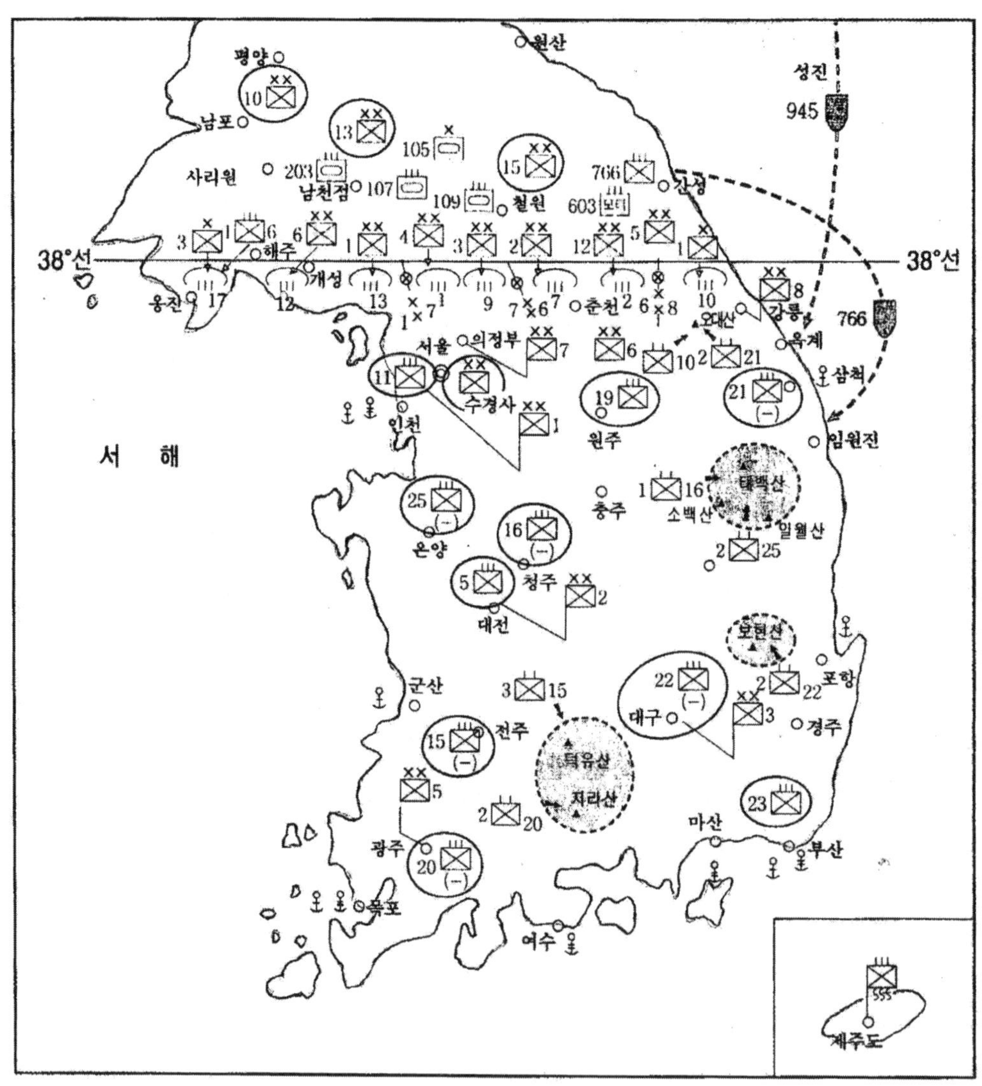

자료 : 國防部戰史編纂委員會 編輯, 『韓國戰爭史』 第2卷(1968)

〈그림 2〉 북한군의 침략(1950. 6. 25.~28.)

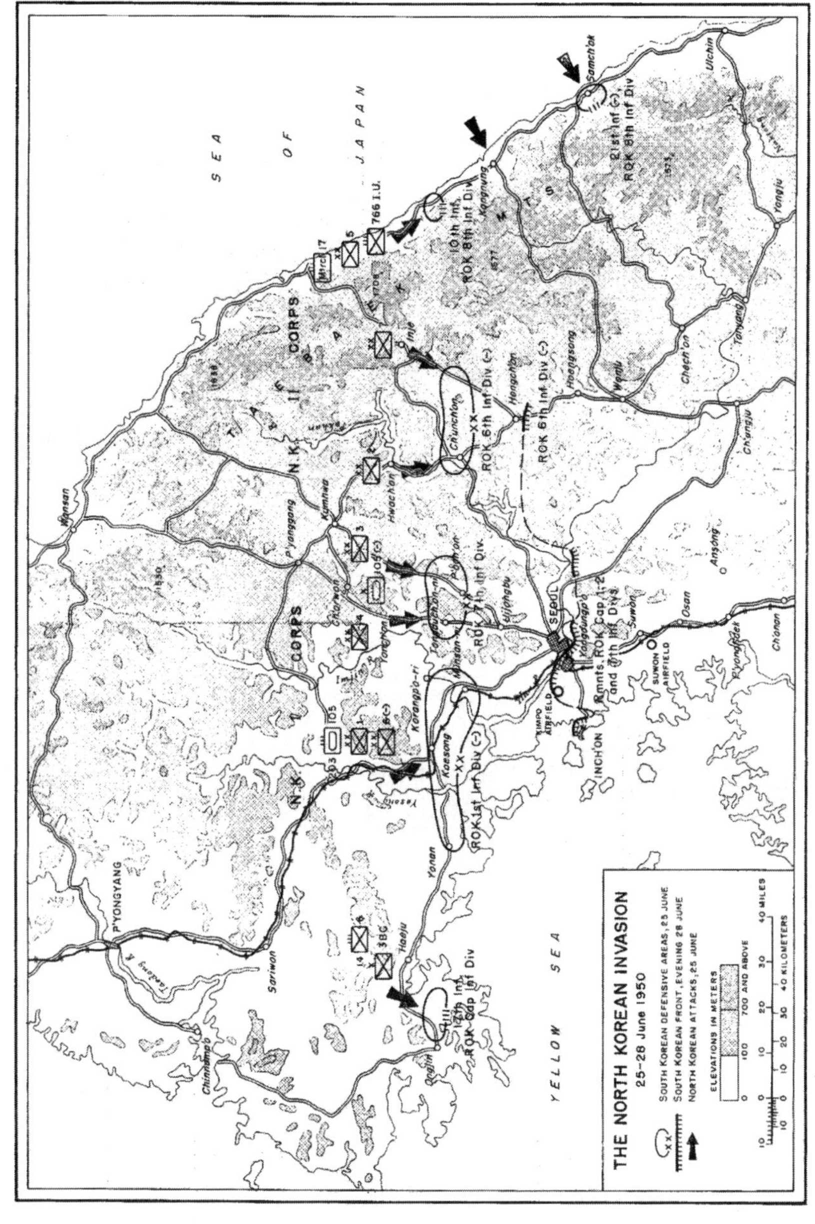

자료 : Roy E. Appleman, *South to the Naktong North to the Yalu*, 1961.

〈그림 3〉 해방전투 약도(1950. 6.)

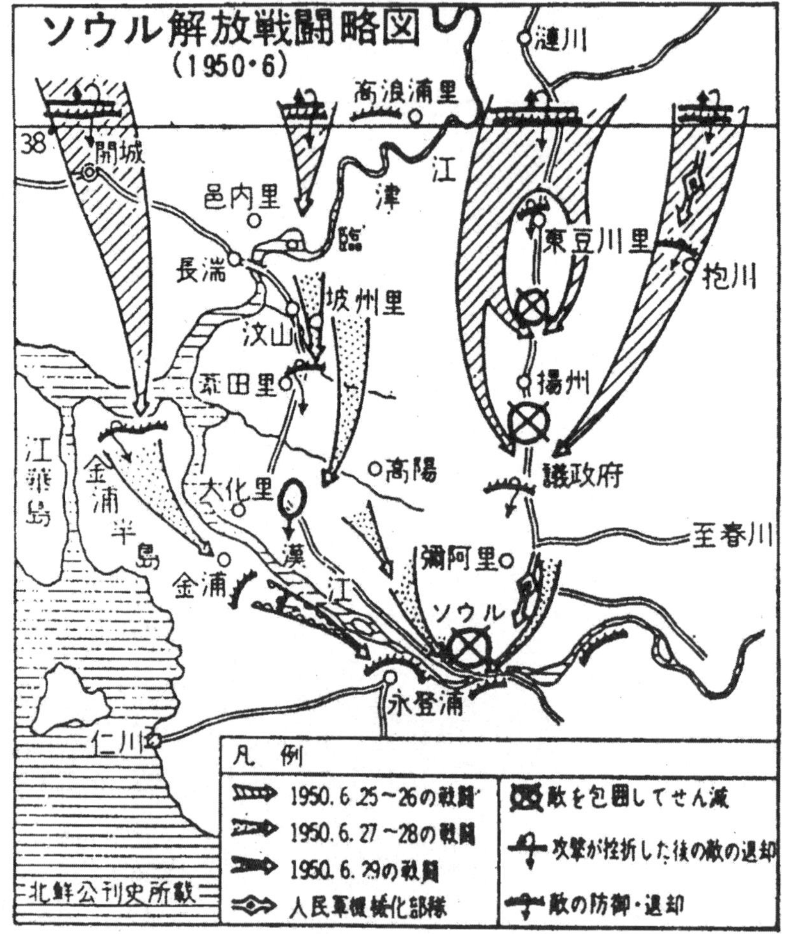

자료 : 朝鮮人民共和國科學院歷史研究所 編纂, 『朝鮮人民の正義の祖國解放戰爭史』(1961)

나. 전쟁발발의 보도報道

6월 25일 11:00시, 국방부 정훈국장 이선근 대령은 다음과 같이 전황戰況에 대한 담화문을 발표했다.

> 오늘 25일 아침 5시부터 8시 사이에 38선 전역에 걸쳐 이북 괴뢰집단은 대거하여 불법남침하고 있다. 즉 옹진 전역으로부터 개성·장단·의정부·동두천·춘천·강릉 등 각지 전면의 괴뢰집단은 거의 동일한 시각에 행동을 개시하여 남침하여 왔고, 동해안에는 괴뢰집단이 선박을 이용하여 상륙을 기도하였으므로, 목하 각지의 우리 국군부대는 이를 요격하여 적절한 작전을 전개하고 있다.…

한편, 북한의 평양방송은 6월 25일 10:00시에 보도하고, 또 26일 김일성이 다음과 같은 방송연설을 했다.

> 매국 역적 리승만 괴뢰정부의 군대는 6월 25일에 38선 전역에 걸쳐 38이북지역에 대한 전면적 진공을 개시하였습니다. 용감한 공화국 경비대는 저들의 진공을 항거하여 가혹한 전투를 전개하면서 리승만 괴뢰정부 군대의 진공을 좌절시켰습니다.
>
> 조선민주주의 인민공화국 정부는 조성된 정세를 토의하고 우리 인민군대에게 결정적 반공격전을 개시하고 적의 무장력을 소탕하라고 명령을 내리였습니다. 인민군대는 공화국 정부의 명령에 의하여 저들을 38이북지역으로부터 격퇴하고 38이남지역으로 10~15킬로미터까지 전진하였습니다. 인민군대는 옹진·연안·개성·백천 등 여러 도시들과 많은 부락들을 해방시켰습니다.… (『김일성 선집』3, 1954.)

김일성의 방송내용은 북한에서 발간되는 공사公私를 불문한 모든 책과 일부의 연구자들에 의해, '남선공南先攻'설의 논거가 되어왔으나, 그 내용 자체가 허위이고 또 군사지식이 얄팍하거나 혹은 거의 없다는 것을 증명하고 있는 것이리라.

선공논쟁先攻論爭은 전쟁이 발발한 6월 25일, 양군의 배치와 그 움직임에 초점을 두어야 하는데, 위에 말한 내용은 전연 거기에 관한 기술記述이 없는 것이다. 즉 '현 정세를 검토하여 반격전을 개시'했다면, 한국군이 어디를 몇 시에 공격했기 때문에, 반격은 몇 시에 개시되었다는 것일까? 과연 반격에 옮긴 인민군이 6월 28일 11시 30분경 서울을 완전히 점령했고, 뿐만 아니라, 그와 같은 대병력(13개 보병사단과 1개 전차사단 등)을 40여일 간에 걸쳐 대구의 전면에까지 남하 침공할 수 있었을까? 동해안의 강릉 남쪽 15킬로미터 지점에 인민군 제766부대(병력은 약 1개 연대 규모)는 06:00시경에 상륙작전을 개시했는데, 그들은 몇 시에 북한을 출발했던가? 김일성의 방송내용은 기초적 군사지식을 가지고서도 전연 이치에 맞지 않는 주장이다.

다. 남북한의 현대전現代戰 수행능력

지금까지 6·25전쟁의 연구자들은, 정치가의 선언·주장이나, 신문·잡지 등의 기사 속에서 자기의 이데올로기나 주장에 적합한 내용을 인용하는 것이 보통이며, 또 냉전 연구방법에 의해 전쟁사戰爭史를 연구했기 때문에 문제점이 도사리고 있었던 것이 아닐까? 두 가지의 중요한 문제, 즉 사료비판과 남북한은 과연 10만 명 이상의 병력을 동원하여 현대전을 수행할 수 있는 능력을 구비하고 있었던가 하는 문제를 소홀히 했기 때문에 논쟁해야 할 문제도 아닌 문제에 많은 시간과 노력을 낭비한 것이 아닐까?

전쟁준비는 대단히 복잡하다. 예컨대, 전략·작전계획의 수립, 전투부대의 편성·정비, 교육훈련, 병참의 정비, 기도企圖의 비밀 등은 불가결의 준비사항이다. 특히, 전쟁에는 군사전략계획이 전제가 되어야 한다. 이것은 군사목표, 군사전략개념 그리고 군사자원으로 구성되어 있다.

남북한에는 군사자원, 즉 현대전에 필요한 무기, 장비, 탄약, 유류 등을 공급할 능력이 전연 없었던 것이다. 예컨대, 한국군은 병원兵員과 그들의 주식인 쌀을 공급할 수 있었을 뿐이고, 그 외는 탄약 한 발도 미 군사고문관의 서명이 없으면 사용할 수 없는 체제였기 때문에, 이승만 대통령이 아무리 위세 있게 북진통일을 외쳐도 헛소리에 지나지 않았으며, 이것은 김일성도 같은 입장이었다.

남북한에는 전략계획을 수립하고, 그것을 수행할 인재가 존재하고 있었을까? 예컨대 한국군의 육군 총참모장 채병덕 소장은 32세이고, 일본 육사출신, 병기장교 소령출신이었고, 육본의 작전국장 장창국 대령은 26세이고, 일본 육사를 1945년에 졸업했다. 인민군의 총참모장 남일 중장은 35세로 소련군 대위, 작전국장 유성철 대령은 33세, 소련군 중위(?) 출신이었으니, 10만 명 이상의 병력을 동원한 현대전의 전략·작전계획수립이나 전쟁체험은 전연 없었다. 한국군은 방어계획을 작성했다고 했으나, 군사자원을 수반하지 않은 탁상계획에 지나지 않았고, 인민군은 1950년 5월 바실리에프 중장 외 10여 명의 작전고문단이 와서 전면적 남침공격의 전략·작전계획을 작성하여, 유성철 대령이 그것을 번역했던 것이다. 그런 작전계획을 수행했던 남북 양군의 사단장 등은 30세 전후였으니, 실전경험은 소부대에 의한 전투였지 전쟁은 아니었다.

바자노프의 저서에 의하면, 1950년 6월 21일 스티코프 대사는 스탈린에게 다음과 같이 보고했다.

> 김일성은 '남조선의 라디오 방송 및 정보보고에 의하면, 남조선 측이 곧 있을 인민군의 공격에 관한 세부 사실들을 알고 있다'고 본 대사에게 말하였음. 그 결과 남조선은 군대의 전투능력을 강화하기 위한 조치를 취하고 있다 함. 방어선이 강화되고 있으며, 부대들이 옹진방면에 추가적으로 배치되고 있음. 이러한 상황발생으로 김일성은 본래 공격계획이 수정되어야 한다고 믿고 있음. 총공세의 서막으로 옹진반도에 대한 국지작전 대신에 김일성은 6월 25일 전 전선에 걸쳐 전면공격을 가하자고 제안하였음.

이것은 공격방법에 관한 수정을 하자고 김일성이 제안했는데, 그가 1950년 4월 스탈린을 만나, 주어진 공격방법은, '옹진반도에서 인민군이 공격하여, 한국군이 반격한 후에, 전선을 확대하는 기회가 주어진다'는 방법을, 최초부터 총공격으로 변경할 것을 김일성이 수정제안을 했던 것이다. 6월 21일 스탈린은 다음과 같이 회답했다.

"…전 전선에 걸쳐 직접적인 공격을 가하자는 김일성의 견해에 동의함."

이처럼 김일성은 스탈린에게 공격방법의 변경까지 승인을 얻어, 6월 25일 04:00시부터 38도선의 전 전선에 걸쳐 총공격을 개시했다. 따라서 6·25전쟁은 한국군의 북침이나, 혹은 국내전, 민족해방전쟁이라는 주장은 전연 논거가 없을 뿐만 아니라, 이 전쟁은 스탈린의 승인을 얻어, 김일성이 일으킨 침략·대리전쟁代理戰爭이었다.

3. 미·소의 대對한반도 정책

적대적인 정치집단 사이에, 군사력의 불균형 상태는 분쟁·전쟁이 야기된다는 것은 당연하며, 그것은 마치 물이 높은 곳에서 낮은 곳으로 흐르는 이치와 동일한 것이다. 바자노프의 저서에 의거, 스탈린·김일성·마오쩌둥(毛澤東)의 인민군에 대한 군사력 증강과정을 규명해 보고자 한다. 김일성은 1949년 3월 7일 크렘린의 회담에서 최초로 스탈린에게 남침의 허가를 공식적으로 요청했다.

김일성 : 스탈린 동무, 현재의 정세에 비추어 볼 때, 군사적 수단을 통하여 전국을 해방하는 것은 필연적이고 또 가능하다고 우리는 믿고 있습니다.… 현재 우리는 주도권을 장악할 수 있는 최선의 기회를 맞고 있습니다. 우리의 군대가 보다 강하며, 이에 덧붙여 우리는 남측 내의 강력한 유격대 운동으로부터 지원을 받고 있습니다. 친미정권을 경멸하는 남쪽 주민들도 분명 우리를 도울 것입니다.

스탈린 : 남쪽으로 진격해서는 안 됩니다. 우선 조선 인민군은 남쪽 군대에 대하여 압도적 우위를 확보하고 있지 못합니다. 둘째, 남반부에 미군이 여전히 존재하고 있어, 적대행위가 발생하는 경우 개입할 것입니다. 셋째, 38도선에 관한 소·미간 협정이 유효하다는 사실을 잊어서는 안 됩니다.

김일성 : 그것은 가까운 장래에 조선을 통일할 기회가 없다는 의미인가요? 우리 인민들은 다시 합쳐지기를, 그리고 반동정권 및 그 미국 주인의 멍에로부터 벗어나기를 매우 열망하고 있습니다.

스탈린 : 적이 공격 의도를 갖고 있다면, 조만간 공격을 시작할 것입니다. 공격에 대응하여 반격을

개시할 좋은 기회를 갖게 될 것입니다. 그렇게 되면, 동무 측의 행동은 모두에 의해 이해되고 지지받게 될 것입니다.

이것은 김일성의 남침 승인의 요청에 대한 스탈린의 반대 의견이지만, 『흐루시초프 회상록』의 1949년 12월의 내용은, 이때의 일을 기록한 것이리라. 원문에는 '달과 날짜는 명확하지 않지만'이라 되어 있다. 김일성은 그 후 기회가 있을 때마다, 남침의 필연성을 크렘린 당국에 표명해 왔던 것이다. 김일성은 그의 대표단을 인솔하여 1950년 3월 30일부터 4월 25일까지 소련에 체재하며, 이 기간에 스탈린과 3회에 걸쳐 회담했고, 그 대화내용을 바자노프의 저서에 의해 요약하면 다음과 같다.

스탈린 동무는 김일성에게 조선통일 문제에 대하여 보다 적극적인 자세를 취할 수 있도록 국제환경이 충분히 변화하였다고 언급하였음.… 그러나 우리는 조선의 해방에 관한 모든 찬반 의견을 다시 한 번 신중하게 고려해야 함. 우선 미국이 결국 개입할 것인지 아닌지를 고려해야하고, 둘째, 조선의 해방은 중국 지도부가 이를 찬성할 때만 개시될 수 있다는 것임.

김일성은 미국은 개입하지 않을 것이라는 의견을 개진하였음.…

스탈린 동무는 철저한 전쟁준비가 필수적이라고 강조하였음.…

그 다음 구체적인 공격계획이 수립되어야 한다는 것임. 기본적으로 그것은 3단계로 구성되어야 함. 첫째, 38선에 인접한 특정 지역에 병력이 집중 배치됨. 둘째, 북한의 최고 권력자가 새로운 평화통일 제안들을 제시함. 분명 이러한 제안들은 상대방에 의해서 거부될 것임. 거부가 이뤄진 후, 이에 대해 반박이 이루어져야 함. 어느 측이 전투를 시작했는지 위장하는 데 도움을 줄 것이므로 옹진반도에서 적과 교전한다는 동무의 생각에 동의함. 귀측이 공격하고 남측이 반격한 후에 전선을 확대할 기회가 마련될 것임. 전쟁은 속전속결을 지향해야 함. 남조선과 미국이 정신을 차릴 시간을 주어서는 안 됨.…

북한사람들은 소련이 전쟁에 직접 참여해 줄 것으로 기대해서는 안 된다고 덧붙였음. 그는 재차 毛澤東과 상의하도록 김일성에게 촉구하였으며, 毛澤東이 동양의 문제에 대해서 잘 이해하고 있다고 언급하였음. 특히 미국이 조선에 군대를 파견하는 모험을 하는 경우, 소련은 조선 문제에 직접 개입할 준비가 되어 있지 않다고 반복하였음.

김일성은 미국이 개입하지 않을 이유에 관하여 보다 상세히 분석하였음. 공격이 신속히 전개될 것이며, 전쟁은 3일 내에 승리를 거두게 될 것이라는 것이었음.…

북조선군의 동원을 여름까지 완료하고, 이 때까지 소련 고문관들의 도움을 받아 조선군 참모들이 구체적인 작전계획을 수립하기로 합의하였음.

거의 1개월에 걸린 김일성의 모스크바 방문에 의한 회담으로, 6·25전쟁에 관한 전반적인 문제가 빠짐없이 토의·결정되었다. 특히 스탈린은 만약 미국이 전쟁에 개입해도, 소련은 미국과 대결하지 않는다는 것, 그런 경우가 있다면 중국과 대결시키기 위해, 毛澤東의 동의가 절대 필요하다고 강조했다는 것은 그가 얼마나 신중하고 교묘한 정치가인가를 표명한 내용이리라. 그리고 소련의 고문관들이 구체적인 작전계획을 수립하기로 합의했다는 데 유의해야 하리라.

1950년 5월 15일 김일성·박헌영은 베이징(北京)을 방문하여, 毛澤東·저우언라이(周恩來)와 남침에 관하여 상세히 의견을 교환했다. 그 후 周恩來·박헌영은 그 결과를 주중국駐中國 소련대사 로쉰(Roshin)에게 설명했다. 박헌영은 로쉰 대사에게 설명했고, 이 내용은 로쉰 대사가 스탈린에게 보고했다.

> 毛澤東과의 대화 도중 김일성은 자신과 스탈린 간에 이미 모스크바에서 합의한 남침계획에 대해 설명하였음.… 毛澤東은 이러한 계획에 전적으로 동의하였음.… 毛澤東은 인민군이 신속히 행동하고, 대도시를 점령하는 데 시간을 낭비하지 말고 우회하여 진격하며, 적의 무장한 군사력을 파괴하는데, 노력을 집중해야 한다고 강조하였음.
>
> 毛澤東은 김일성에게 일본군의 전쟁개입 여부에 관해 물어보았음. 김일성은 그러한 일이 발생될 가능성은 거의 없다고 말하였음.…

6·25전쟁의 기원에는 스탈린, 김일성, 毛澤東 세 사람이 토의·결정했다는 것이 밝혀졌다. 물론, 전쟁의 방아쇠를 당긴 것은 김일성이지만, 개전 책임을 백분율로 표시할 수 있다고 한다면, 스탈린이 50%, 김일성이 30%, 毛澤東이 20% 정도가 되지 않을까.

한편, 미국에서는 1950년 11월에 미네소타의 하원의원 쥬드(Walter H. Judd)는 민주당 행정부의 외교정책이 실제로 한국을 공산주의자들의 수중에 내놓고 말았다고 비판하면서 북한의 남한 침략을 유인한 미국의 6대 과오를 다음과 같이 지적한 바 있다.

(1) 얄타회담에서 만주에 대한 권리를 소련에 양보한 것.

(2) 한반도를 38도선으로 분할하기로 한 결정.

(3) 한국의 정규군을 준비하지 아니한 실책.

(4) 1949년의 미 점령군의 대안 없는 철수.

(5) 대만에 대한 군사원조 중단의 선언(1950. 1. 15.)

(6) 애치슨의 '방위선'선언-한국과 대만 제외.

한편, 당시의 행정부 정책을 비판한 하들리(Hardley)는 선거 유세 중, "미국은 스탈린의 남침을 자초하였다"고 혹평까지 했다. 그렇다면 트루먼 대통령과 그의 수뇌들은 '스탈린의 남침을 자초'한 것은 과오로 인한 것인가, 아니면 함정으로써 불러들인 것인가에 관해서는 밝히지 않았다. 필자는 이 문제점을 규명해 보고자 한다. 트루먼은 그의 『회고록』(1955)에서 다음과 같이 기록했다.

> 합동참모본부는 한국으로부터의 군대 철수문제에 대해 군사적 견지에서 신중한 검토를 하고, 1947년 9월, 미국이 부족한 병력의 점령부대를 한국에 유지함으로써 얻는 전략상의 이익은 거의 없다고 보고했다.… 합동참모본부가 이 보고서를 작성했을 때, 그들은 내가 요청한 알버트 C. 웨드마이어 육군 중장의 연구 여행의 결과를 참고할 수 있었다. 웨드마이어 장군은 1947년 여름의 상황을 직접 연구하고 미군 철수문제에 대해 다음과 같은 결론을 내렸다.
>
> "…한국에 있는 미 점령군에 대한 조치에는 세 가지의 가능한 방법이 있습니다.
>
> 첫째는, 당장 철수하는 일입니다.…
>
> 둘째는, 점령을 무기한으로 계속하는 일입니다.
>
> 셋째는, 소련군과 동시에 미군을 철수하는 일입니다.…"
>
> 그러면서 웨드마이어 장군은 이 셋째 안을 따를 것과, 차라리 소련과의 협정의 기초 위에서 이를 시행하되, 미국은 군대철수 전에 남한의 국방력의 창설과 훈련을 원조할 것을 건의했다.

1970년 초, 필자는 웨드마이어의 보고서가 최초에 발표 금지되었다는 것이 좀 의문시되어 웨드마이어 대장(퇴역)에게 편지를 써서, 그의 저서 『웨드마이어는 보고한다』(1958)를 수령하여 검토했던 바, 트루먼의 상술上述한 내용은 일부를 제외하고는 개찬改竄되어 있다는 것을 발견했다. 그의 보고서, 제5부의 건의는 다음과 같다.

> 미국의 한국에서의 철수는 소련도 이와 비례해서 철수를 실시한다는 협정에 기반을 두고 시행되는 동시에 한국의 자유와 독립을 보장하기 위해 가능한 한 많은 안전보장 조치를 지원하는 데 충분한 군사원조를 공급하고, 또 이 군사원조의 공급에 관해서는 다음 사항을 고려해야 한다.
>
> ① 한국 국립경찰대와 한국 해안경비대에 대해 무기와 장비를 계속 미국에서 공급한다.
>
> ② 북한으로부터의 위협에 대처하기 위해 현재의 경비대 대신 충분한 병력을 가진 미국인을 장교로 한 한국 의용단부대를 창설할 것.
>
> ③ 한국에는 미 육군이 당분간 계속 주둔할 것.
>
> ④ 기술 전문가와 전술부대의 훈련에 대해 조언을 할 것.

트루먼 대통령에게 제출된 이 보고서의 내용은 묵살되었을 뿐만 아니라, 그의 행정부는 이 보고를 '공표금지'시켰던 것이다. 그 이유는 마샬 국무장관이 말한 것처럼 '비밀내용이 있기' 때문이 아니라, 웨드마이어의 건의를 수용하게 된다면, 한반도에서 전쟁이 일어나지 않기 때문이리라.

한편, 1949년 3월 이승만 대통령은 한국에서의 공산주의의 위협은 미국의 점령정책에 기인하는 결과이기 때문에, 미국은 북한의 침입에 대항하는 데 필요한 무기를 한국에 공급할 의무가 있다고 주장했다. 당시 유엔에 파견되어 있었던 조병옥 단장을 대통령 특사로 임명하여 군사원조를 미 정부에 재청再請토록 했는데, 이 재청은 실패했을 뿐만 아니라, 예정한 대로 1949년 6월 29일 500명의 군사고문단을 남기고 미군을 한국에서 철퇴시켰다.

트루먼 대통령은 웨드마이어의 건의를 무시하고 공표 금지의 조치를 취했고, 이승만 대통령의 군사원조 재청의 거부, 인민군보다 훨씬 열세한 한국군을 그냥 두고 미군철수를 실시한 것, 1950년 1월 12일 애치슨 국무장관의 방위선 선언은 왜 했을까? 제2차 세계대전이 끝나자, 동원했던 병력을 복귀시키라는 국민들의 언론압력이 일어났고, 트루먼은 그의 『회고록』에서 지적한 것처럼, "우리들이 추진하고 있는 계획은 동원해제動員解除가 아니라, 우리들의 군대를 해체하는 것이다"고 언명했던 것이다. 구체적으로 말한다면, 1946년 6월까지 육군은 800만 명에서 195만 명으로, 해·공군도 이와 같은 비율로 감원한다고 발표했다. 또한 종전 당시의 총군사비는 약 900억 달러였던 것이, 1946년에는 485억 달러로 반감되었고, 1947년에는 181억 2,600만 달러로 삭감되었다. 이러한 조치는, 트루먼 대통령이 1948년 대통령 재선에 출마해서 당선을 목표로 하는 이상 그렇게 실시하지 않을 수 없었으리라.

미군의 재건을 위해서는 전쟁이 필요했고, 웨드마이어 보고서에 의해 한반도가 최적지역最適地域으로 선정되었을 것이다. 1950년 6월 25일 인민군에 의한 전면적 남침이 개시되자, 트루먼 행정부는 25일에 유엔 안보리에서 인민군의 공격을 '침략'이라 규정하고, 38선 이북으로 철퇴할 것을 요구했으며, 27일에는 극동 미 공군을 출동시켰고, 30일에는 미 육군을 참전케 지시했다. 트루먼 대통령은 선전포고의 의무를 가지고 있는 의회와도 협의하지 않았고, 또 야전사령관과도 의논할 생각을 하지 않고 전쟁에 개입했던 것이다.

이와 같은 신속한 대응책은, 전쟁을 예기치 않고 가능할까? 3년간의 전쟁에 의해, 미국은 새롭게 세계 최강의 군대를 재건했고, 또 군사예산의 획득도 가능해졌다. 그리고 세계전략의 관점에서 반소反蘇·반좌익 혁명로선反左翼革命路線(NSC-68 문서)의 추진도 가능해졌기 때문에, 후일 애치슨은 "6·25전쟁이 일어나서 미국을 살려주었다"고 본심을 털어놓았던 것이리라.

트루먼은 루스벨트 대통령 아래에서, 그의 정책수행 기법을 배운 것이 아닐까? 즉, 애치슨의 '방위선 선언'은 '헐 노트'(일본정부에 수락하기 어려운 조건을 강요하여 태평양 전쟁을 유발케 한 문서), 38도선의 기습은 하와이 기습(일본군의 하와이 공격을 알면서도 일부러 대책을 강구하지 않았다)을 받은 것과 유사한 내용이리라. 따라서 스탈린·김일성은 트루먼의 함정에 빠져 6·25 전쟁을 일으켰다고 해석한다. 그 이유는 이들 정치가들은 이태리의 마키아벨리(1489~1527)의 주장을 신봉하고 있기 때문이다. 즉 "조국의 존망이 걸렸을 때는 그 목적에 유효하다면, 어떤 수단도 정당화된다. 이 한 가지는 위정자뿐 아니라 국민 모두가 명심해야 할 일이다.… 무엇보다도 우선되어야 할 목적은 조국의 안전과 자유의 유지이기 때문이다."

그리고 자본주의 경제체제하의 방위산업 체제는 5, 6년마다 재고정리를 하지 않으면 살아남기 어려우리라.

4. 인민군의 서울점령과 한강교漢江橋 폭파

북한은 1950년 6월 25일 오전 5시경부터 38도선 전역에 걸쳐 인민군 7개 사단(보병), 1개 기갑여단 등의 총병력 11만여 명과 전차 240여 대를 가지고 전면적인 기습남침을 개시했다. 한편 일선지역의 한국군 4개 사단 3만 6천여 명의 병력과 미 군사고문단의 장병들은 주말의 휴가와 외출을 즐기고 있었다. 예컨대, 인민군의 주공방향主攻方向인 의정부 방면에는 제3·4 보병사단, 제105 전차여단의 전차 150대와 병력 34,000명을 집중 투입한데 대해, 한국군의 제7사단 2개 연대(25연대는 배속 변경으로 미도착) 7,500명의 병력 밖에 없었다. 문제는 57밀리 대전차포, 바즈카포, 105밀리 곡사포를 가지고도 적의 T-34 전차를 파괴할 수 없어서, 장병들은 전차 공포증에 휘말려 방위선이 붕괴되어, 6월 28일 오전 11시경 서울은 완전히 인민군의 점령 하에 들어갔다.

당시 한강에 걸려 있었던 다리는, 한강대교와 동쪽의 광장교 및 3개의 철도교가 있었는데, 특히 한강 대교는 가장 중요한 다리였다. 28일 02:00시, 강문봉 대령은 전차가 시내에 침입했다는 것을 채병덕 총참모장에게 보고하니, 그는 전화를 들어 공병감 최창식 대령에게 폭파명령을 내렸다. 28일 02:30분경, 한강대교와 철도교 두 개가 다리 위에 사람과 차와 함께 폭파되었다. 한국군의 주력과 장비 등을 한강 이북에 남겨둔 채 한강대교를 너무 서둘러 일찍이 폭파함으로써, 퇴로를 차단하여 스스로 붕괴작용을 일으키게 했다.

다음 날 29일 한강변의 언덕에 선 맥아더 원수는, "이미 한국에는 방위력이란 껍질도 남지 않았다. 만약 한국을 공산주의자의 마수에서 구하고자 한다면, 미 육군을 투입하는 외의 방법은 없다"고 판단하여 워싱턴에 그 취지를 보고했다.

인민군 제4사단이 한강을 도하하기 시작한 것은 7월 1일 새벽이었다. 인민군이 서울을 점령하고 3일간을 허송했는데, 그들은 부산 공략작전의 첫 단계에 지나지 않았던 서울 점령 후, 왜 한국군을 추격하지 않았을까? 만약 추격했다면, 미 육군이 본격적으로 전쟁에 개입하기 전에 부산을 점령할 가능성도 있었는데…. 이것은 큰 수수께끼가 아닐 수 없다. 당시 인민군 작전국장 유성철俞成哲 대령의 수기, 『나의 증언』(한국일보, 1990. 11. 1.~11. 30.)을 소개한다.

① 나는 김일성의 스탈린 방문사실을 어렴풋이 눈치 채고는 있었으나, 방문 목적은 당시 김일성을 수행했던 비서 문일文日을 통해 51년경에야 뒤늦게 알게 됐다. 문일은 그 때 김일성이 스탈린을 만나 남침계획을 설명하자, 스탈린은 "나 혼자는 결정할 수 없으니 당 정치위원회에 당신의 전쟁계획과 군사협조 요청안건을 회부해 결정하겠다"고 말했다. 때문에 김일성은 그냥 돌아왔고 그가 귀국한 얼마 후 소련에서 남침승인 통보가 내려왔다는 것이다.
소련은 이어 그 해 5월 북한에 파견된 군사고문단을 전쟁경험이 풍부한 인물로 전원 교체했다. 수석 군사고문은 스미르노프 소장에서 독·소전쟁獨蘇戰爭 영웅인 바실리에프 중장으로 바뀌었다.
6·25 남침계획은 바로 이 소련 군사고문단이 직접 초안을 작성한 것이며, 그 명칭은 「선제타격 작전계획」이었다. 김일성은 이 작전 계획서를 넘겨받아 총참모장 강건姜健에게 주었고, 강건은 다시 나에게 이 계획서를 주면서 "당신이 우리말로 번역 계획을 수립하라"고 지시했다. 50년 5월 초쯤의 일이었다.… 1개월여에 걸친 작업 끝에 작전계획을 수립했으며, 내가 이를 최종 종합했다.…
나는 최종 확정된 작전 계획서를 김일성에게 올렸고, 김일성은 '동의함'이란 사인을 한 뒤 다시 내려 보냈다. 이 한마디 말로 김일성은 전쟁의 방아쇠를 당긴 것이다.

② 6월 28일 탱크사단을 앞세운 제4사단이 마침내 서울에 입성했다는 보고를 받고 나는 "이제 전쟁이 끝났구나." 하고 생각했다. 하지만 이 같은 감격은 잠시 뿐이고 우리는 선제타격작전의 치명적 허점을 발견하고 당혹해야 했다.
앞에서도 말했듯이 우리의 남침계획은 사흘 안에 서울을 점령하는 것으로 끝나게 돼 있었다. 이러한 작전개념은 우리가 남한 전역을 장악할 의도가 없었기 때문은 아니다. 단지 우리는 남한 수도를 점령하면 남한 전체가 우리 손에 들어오는 것으로 '착각'했던 것이다.… 우리는 일단 서울을 점령하면 남한 전역에 잠복해 있는 20만 남로당 당원이 봉기, 남한정권을 전복시킬 것이라는 박헌영의 호언장담을 철석같이 믿고 있었다.

③ 전선사령부는 서울점령에도 불구하고 이승만 대통령 등 남한정부가 대전으로 이동하고, 국방군의 항전이 계속된다는 보고를 받고 화급히 계속 남진하라는 명령을 하달했다.… 만약 이 때 인민

군이 쉬지 않고 진격을 계속했다면, 6·25의 역사는 전혀 달라졌을지도 모른다. 그러나 인민군은 3일간 계속된 전투로 몹시 지친 상태였고, 승리의 기쁨에 들떠 서울에서 멈춰버렸다.

④ 38선을 넘어 서울로 진격할 때, 인민군은 전략적으로 중요한 다리에는 주민으로 가장한 유격대를 사전에 보내 국방군이 다리를 폭파하지 못하도록 했으나, 한강다리는 신경을 쓰지 않았다.… 인민군은 이틀간(3일간임)이나 서울에 머무름으로써 전술상의 호기를 스스로 놓쳐 버렸다.

⑤ 6·25는 사흘을 예정했으나, 실제로는 무려 3년이 걸린 전쟁이었다. 이 말은 뒤집어 말해, 인민군이 3일을 제외한 전 기간 동안 각본에도 없는 전쟁을 치렀다는 것을 의미한다.

6·25전쟁의 작전계획을 번역해서 최종 종합한 유성철 작전국장은, 그 후 중장까지 역임했으나, 김일성에게 추방을 당하여 소련에 망명하여 살고 있었다. 그는 북한의 초청으로 그 곳을 방문했고, 또 한국의 MBC TV에서 '6·25 40주년 기념행사'를 위해 초대되어, 1990년 10월 15일~11월 5일까지 20일간 체재했으며, 그는 방한訪韓의 이유를 다음과 같이 밝혔다.

이런 저런 번민 끝에 나는 남한방문을 결정했다. 여기에는 북한방문에서 허위와 과장으로 분칠한 북한 역사를 보고 그 왜곡된 역사를 바로 잡아야 한다는 사명감이 크게 작용했다. 더욱이 내 나이가 이미 고희를 넘어섰고 몸도 온전치 못하기 때문에 이번이 아니면 다음 기회를 기약할 수 없다는 초조감도 느꼈다.

그가 신문에서 발표한 내용과 소련의 비밀문서를 비교·검토했을 때, 신빙성이 있다는 것과 지금까지 의문으로 남겨졌던 문제점을 해명할 수 있었다.

첫째 : 인민군의 남침계획은 소련의 바실리에프 중장 이하의 군사고문단이 작성하여 이를 번역했다는 것은, 주영복저朱榮福著 『朝鮮人民の南侵と敗退』(東京 : コリア評論社, 1979) 속에 상세히 소개되어 있었는데, ①에 의하여 확인되었다.

둘째 : 인민군은 왜 서울을 점령하고 3일간이나 허송했을까 하는 이유는 ②, ③, ⑤에 의해 남김없이 분명하게 해명되었다고 생각한다. 김일성과 그의 수뇌들은 유격전의 전투를 했던 체험은 있었으나, 대규모 전쟁의 준비·수행을 체험하지 않았기 때문에 이와 같은 실책을 범한 것이리라.

이 문제에 관하여, 1950년 7월 1일 소련군 참모본부의 루트를 통하여 평양주재 소련대사에게 발송된 긴급전문에서 스탈린은, "동지는 북한 군사당국의 계획이 무엇인가에 관하여 전연 보고하지 않았다. 북한 군사당국은 전진할 의지를 가지고 있는가? 또는 진격의 중지를 결정했는가? 우리들의 견해에 의하면, 진격은 의문의 여지가 없이 계속되어야 하며, 또 남한이 빨리 해방될수록 미국의 개입 가능성도 줄어든다"고 꾸짖었다. 인민군의 그 후의 작전을 보아도, 클라우제비츠의 『전쟁론』(1832)에, "무엇보다도 적의 완전한 타도, 따라서 적 전투력의 격멸이야말로 모든 군사적 행동의 주요목표이다." 하는 것을 알지 못한 것 같다.

셋째 : 북쪽에서 서울에 이르는 다리, 즉 임진교, 의정부교, 창동교 등의 교량폭파의 실패는, 지금까지 한국군 공병대의 판단 과오 혹은 기술·자재의 부족으로 인한 실패로 생각해 왔으나, ④에 의해 그 원인이 밝혀진 것이다.

넷째 : 한강대교의 폭파를 명령한 것은 누구인가? 명령권자인 총참모장 채병덕 소장은, "군사지식이 있는 자가, 그런 경우에 점화를 명할 이유가 있겠는가." 하며 발뺌을 하고는, 7월 27일 하동 마루고개의 전투에서 전사(?)하고 말았다. 너무 일찍이 다리를 폭파한 책임을 공병감 최창식 대령 한 사람에게 뒤집어 씌워, 1950년 9월 21일 부산 교외에서 처형했다.

1960년대, 필자는 공군사관학교 교수부의 교관·과장(중령)으로 생도들에게 6·25전쟁을 가르치면서, 민간대학교에 가서 역사학을 공부하기로 했다. 그 이유는 역사학 연구방법을 통해 한국군이 초전에서 완전히 참패한 원인을 규명하고 싶었다. 그래서 이선근李瑄根 박사(경희대학교 대학원장, 6·25전쟁 당시 국방부 정훈국장, 대령)의 지도를 받아 「初期韓國戰爭의 戰史的 研究」(1968)로 석사학위 논문을 집필하면서 참패의 원인을 규명하기 위해 연구했지만, 오히려 의문이 더 많아졌다. 1968년 10월경, 국방부 전사편찬 위원회의 문희석文熙奭 위원장(해병대 준장 출신)을 찾아가서 다음과 같은 질문을 했다.

"채병덕 총참모장의 모순된 여러 조치, ① 방어진지의 건설건의를 묵살한 것, ② 6월 10일에 군수뇌·사단장들의 인사이동의 실시, ③ 계속되었던 비상경계가 6·25전쟁 직전에 해제된 것, ④ 6·25전쟁의 주말에 3분의 1의 병력을 외출·외박시킨 것, ⑤ 1개월 전, 각 연대에 4문의 대전차포를 수리한다는 명목으로 회수한 것, ⑥ 전방사단의 예속변경, ⑦ 6월 24일·25일의 심야 파티 등인데, 아무리 연구해도 이해가 가지 않습니다."

고 말하고, 나는 문 위원장을 바라보았다. 그 분도 나를 바라보면서 말문을 열었다.

"2차의 심야 파티는 국일관에서 25일 오전 2시까지 진행되었으며, 그 비용은 정국은鄭國殷이 지불했으며, 더 큰 사건이 있지만,"

하고 입을 다물고 말았다. 나는 지금까지의 의문이 풀린 것에 만족하고는, "그 사건의 내용은 기록으로 남겨주십시오." 하고는 돌아온 것을 지금도 후회스럽게 생각한다. 그 이유는 더 구체적인 내용을 들어두었어야 하는데 하고.

정국은은 전쟁 당시 신문기자로 활동했으며, 그는 '거물간첩'으로 1954년 2월 19일 사형을 당한 인물이며 채병덕 총참모장의 부관 나최광羅最絖 중위는 한국군의 군적에도 없는 인물이며 전쟁발발 직후 행방불명이 되었는데, 아마도 인민군에 원대복귀 했으리라.

한국군의 패인, 이러한 여러 문제 점, 채 장군의 사인死因 등은 지금부터 새로운 시각에서 규명되어야 할 과제이리라. 군대가 존재하는 유일한 이유는, 언제 일어날지 누구도 예측할 수 없는 돌발적인 비상사태에 대비하여, 언제나 대응할 수 있는 태세를 갖추는 데 있다. 이렇게 함으로써 비로소 전쟁의 억지抑止도 가능하리라.

5. 중공군의 전쟁개입

1949년 10월 중공은 건국선언을 하고 국내문제가 산더미처럼 많은 데도 불구하고, 1950년 10월 왜 6·25전쟁에 개입했을까? 지금으로서는 毛澤東·周恩來의 문서가 미공개이기 때문에 문제점은 있으나, 앞에 말한 바자노프 부처의 저서를 통해 규명을 시도해 보고자 한다.

1950년 7월 2일 周恩來는 소련대사 로쉰에게 한반도 정세에 대한 중공의 평가를 전했다. 소련정부에 보낸 전문에 있어서, 로쉰은 다음과 같이 보고했다.

> …毛澤東은 서울을 방어하기 위하여 인천지역에 강력한 방어망을 구축할 필요가 있다고 믿고 있음. 왜냐하면, 미군이 그 곳에 상륙할 수 있기 때문이라는 것임. 본 대사가 周恩來에게 일본군이 6·25전쟁에 참전할 태세를 갖추고 있다는 것이 사실인지 여부를 물어보자, 그는 중국은 그에 관한 정보를 갖고 있지 않다고 대답하였음.
>
> 周恩來는 또한 미군이 38도선을 넘는다면, 중국은 이에 대항하여 조선인으로 위장한 의용군을 투입할 것이라고 강조하였음. 이를 위하여 중국 지도부는 이미 목단지역에 3개 군 13만 명의 병력을 집결시켜 놓았다 함. 周恩來는 소련 공군이 이들 중국 군대에 공중엄호를 제공해 줄 수 있는지 물었음.

1950년 7월 13일 스탈린은 다음과 같은 전문을 北京에 발송했다.

…우리는 중국이 중·소 국경지역에 9개의 사단을 배치하기로 결정하였는지 알지 못함. 중국이 그와 같은 결정을 내렸다면 우리는 124기의 제트 전투기로 이들 중국 사단을 엄호할 준비가 되어 있음.…

중국 측은 미군이 38도선을 넘는다면 참전할 예정이지만, 소련은 중국을 원조할 의지가 있는가 하는 질문이리라. 이에 대해 스탈린은 지원할 준비가 되어 있다는 응답이었다. 그러나 9월 15일 한미 연합군의 인천상륙작전의 성공으로 인민군은 패퇴하고 있었다. 10월 1일 스탈린은 중국이 김일성 정권을 붕괴에서 구원해야만 한다는 결론을 내렸다. 그리하여 중국주재 소련대사에게 다음과 같은 전문을 보내며, 이것을 毛澤東·周恩來에게 곧 전하라고 지시했다.

본인은 현재의 상황에서 조선에 병력을 파견, 원조를 제공하는 것이 가능하다면, 조선 동무들에게 중국군의 엄호 하에 예비부대를 편성할 기회를 주기 위하여, 지체 없이 최소한 중국군 5~6개 사단 병력을 38도선으로 파병해야 한다고 생각합니다. 중국군 사단들은 자체적으로 지휘되는 의용군으로 구성할 수 있을 것입니다.…

毛澤東은 곧 이에 응답했으며, 1950년 10월 3일 소련대사는 스탈린에게 다음과 같이 보고했다.

동무의 1950년 10월 1일자 전문은 잘 접수했습니다. 우리는 적측이 38도선을 넘어 북쪽으로 진격하기 시작하는 경우 북한 동무들에게 원조를 제공하기 위하여 몇 개의 의용군 사단을 편성하려고 처음부터 계획하고 있었습니다. 그러나 철저히 심사숙고한 후 우리는 현재 그러한 행위가 극도로 심각한 사태를 초래할 수 있다고 생각하게 되었습니다.

첫째 : 몇 개의 사단으로 – 우리 군대의 장비가 매우 취약하고 미군을 상대로 하는 군사작전의 성공을 보장할 수 없으므로 – 조선 문제를 해결한다는 것은 매우 어려우며, 오히려 적군이 우리 중국군을 격퇴시키게 될 것입니다.

둘째 : 이는 미국·중공 간 공개적인 충돌을 유발, 그 결과 소련도 전쟁에 말려들게 될 가능성이 매우 높습니다. 그러므로 해서 문제가 극도로 확대될지 모릅니다.

중국 공산당 중앙위원회의 대다수 동무들은 따라서 신중하게 행동해야 한다고 생각하고 있습니다.… 현재의 북조선은 패퇴 중인 바 투쟁의 방법을 변화시켜 게릴라전에 의존해야 할 것입니다.…

이 문제 관하여 아직 최종적인 결정이 채택되지 않았습니다. 이것은 참고로 미리 알려드리는 것이며, 추후 동무와 상의하기를 원합니다. 동무가 동의한다면, 항공편으로 周恩來와 林彪를 파견할 준비가 되어 있습니다.

1950년 10월 2일
毛 澤 東

이 회답문의 뒤에 로쉰 대사는 다음과 같은 주석註釋을 달았다. 즉 "우리의 관점에서 볼 때, 이상과 같은 毛澤東의 반응은 조선 문제에 관한 중국 지도부의 초기 입장이 변화되었음을 나타내 주고 있음.… 중국이 입장을 변경시킨 이유는 아직 분명하게 알 수 없음. 현재의 국제정세와 악화되고 있는 조선 정세가 영향을 미친 것으로 추측해 볼 수 있음. 파국을 피하기 위해서는 중국이 자제해야 한다고 영·미 진영이 네루를 통해 전개한 계략도 영향을 미친 것 같음." 그러나 10월 13일 중국에서 새로운 정보가 들어왔다고 로쉰 대사는 스탈린에게 보고했다.

> 毛澤東은 중국 공산당 중앙위원회가 조선 문제를 재차 논의하였으며, 중국 군대의 충분하지 못한 무장에도 불구하고 조선동무들에게 군사원조를 제공하기로 결정하였다고 본 대사에게 알려 주었음.…
>
> "소련 측으로부터 무기원조 문제, 항공엄호 문제는 물론, 국제정세에 대하여 분명히 알고 있지 못하기 때문에 우리 당의 동무들은 여전히 망설임을 갖고 있다"고 하였음.
>
> 毛澤東이 가장 필요한 것은 엄호해 줄 항공 전력이라고 말하였음. 가능한 한 빨리, 늦어도 2개월 이내에 항공엄호 부대가 도착하기를 희망하였음. 이에 덧붙여 毛澤東은 제공된 무기에 대하여 현시점에서는 현금으로 지불할 수 없다고 언급하였음. 신용으로 무기를 획득하기를 희망하고 있음.

중국이 10월 1일 스탈린의 전문을 받고 파병을 주저 내지 거부하게 된 동기는 소련이 공중엄호에 대해 확답을 해주지 않았기 때문인지, 아니면 중공의 최초 입장이 변했기 때문에 스탈린도 마음이 변했기 때문인지 전후 상호관계는 분명치 않다. 아마도 10월 2일 毛澤東의 회답전문의 뒤에 로쉰 대사의 주석에 스탈린의 마음이 흔들렸다면, 후자의 경우가 되리라. 아무튼 10월 13일의 전문에서 毛澤東이 파병을 결정한 것은 공중엄호와 무기원조에 대한 스탈린의 확답을 받기 전에 내린 것 같다. 毛澤東의 결정은 스탈린의 마음을 움직여, 그 후 소련 공군을 중국에 파병했으리라.

여기서 주의할 사항은, 1950년 10월 25일 스탈린과 긴밀한 유대를 갖고 있는 중국의 지도급 인사 중 한 사람인 高崗은 레드포스키 목단주재 소련 총영사와 바즈노프 장군에게 중국군의 북한 파병문제를 놓고 중국 공산당 중앙위원회 정치국에서 전개된 논평에 대해 말해 주었다. 총영사관은 모스크바 당국에 다음과 같이 보고했다.

> 高崗의 설명한 바에 의하면, 모스크바에서 周恩來가 조선전쟁에 관한 전문을 보낸 후, 중국 지도부 내에서 조선전쟁 참전 여부를 놓고 열띤 논쟁이 전개되었음. 이 문제를 놓고 개최된 정치국 특별회의에서 高崗은 중국 의용군의 파견에 반대하는 周恩來와 심각한 언쟁을 벌였음.
>
> 高崗은 조선으로 즉각 파병할 것을 毛澤東에게 함께 요구하자고 彭德懷를 설득하였음. 이들은 그

렇게 하지 않으면 중국과 국제정세에 중대한 위험이 발생하게 될 것이라고 강조하였음. 왜냐하면, 미국이 조선반도 전체를 결정적으로 점령해 버릴 것이기 때문이라는 것임. 高崗과 彭德懷는 두 가지 점을 강조하였음.

첫째, 만약 미국이 조선 전체를 점령한다면, 중국은 군대를 파견할 명분을 상실하게 될 것임.

둘째, 미국은 국민당을 무장시켜 궁극적으로 중국을 공격할 것임. 미국의 침략에 즉각적으로 대응하지 않고, 미 제국주의자들이 중국을 공격할 때까지 가만히 기다린다면, 중국혁명의 승리에 어떤 도움이 된다는 것인가?

高崗과 彭德懷의 입장은 중국 공산당의 다른 지도자들로부터 지지를 받았고, 정치국은 조선에 파병하기로 결정하였음.

한편, 로쉰 대사는 1950년 10월 25일 스탈린에게 다음과 같이 보고했다.

1950년 10월 24일 여러 민주 정당들의 지도자들이 참석한 가운데 중국 정부의 특별 회의가 개최되었음. 이 회의에서 조선사태에 대한 중국의 입장에 관한 논의가 진행되었음. 周恩來가 공식보고를 행하였음.

여러 민주 정당들의 대표들은 연설을 통하여 대체로 정부의 입장을 승인하였음. 그러나 일부 사람들이 '미국은 강력하며, 따라서 중국이 패배'하게 될지 모른다는 우려를 표명하였음. 심지어 중국은 미국이 조선을 점령하는 것을 받아들여야 한다는 의견도 제시되었음.

일부 사람들은 미국이 만주를 점령하는 것 조차도 용인해야 한다고 주장하였음. 왜냐하면 이 경우 소련과 미국 간에 전쟁이 개시될 것이고, 중국은 이를 일정한 거리를 유지한 채 관망할 수 있을 것이기 때문이라는 것임.

소련은 왜 중국과 함께 조선에 파병하지 않는가, 하는 질문들도 제기되었음.

회의가 끝날 무렵 毛澤東이 발언하였음. 그는 조선은 중국으로 가는 관문이라고 설명하였음. 과거 일본은 조선을 점령하고 이를 교두보로 삼아 후일 중국을 공격하였다는 것임. 중국 정부는 미국의 조선점령을 용인할 수 없다는 것임. 왜냐하면, 중국의 안보에 심각한 위협이 초래되기 때문이라는 것임.

毛澤東은 또한 조선 문제에 소련이 참여할 필요가 없다고 설명하였음. 중국과 소련은 동맹국이며 매우 정중하고 정직한 관계를 갖고 있다는 것임. 만일 미국이 중국을 공격한다면, 소련은 1950년 2월 14일 조인된 중·소 조약상의 의무를 이행할 것이라는 것임.

1950년 4월 스탈린·김일성 회담에 있어서, 김일성은 미국이 전쟁에 개입하지 않을 이유와 또 전쟁은 3일 이내에 끝나기 때문에 미국이 전쟁에 개입할 시간적 여유가 없다고 주장했다. 이에 대해 스탈린은 미국의 전쟁개입 문제와 중국 지도부가 이에 찬성을 해야만 전쟁을 개시할 수 있고, 또 북조선은 소련이 직접 참가하는 것을 기대하지 말라고 재차 얘기한 것에 유의해야 하리라.

스탈린의 기본전략은, 만약 미국이 전쟁에 개입해도 미국·중국을 대결시킨다는 것이었다. 그런데 로쉰 대사가 스탈린에 보낸 보고(1950. 10. 25.)에 의하면, 중국의 일부 인사들은 미국의 만주점령을 허용하여 소련·미국의 대결을 주장하는 견해도 나왔다. 그러나 毛澤東은 6·25전쟁에 개입하는 이유는 위에 말한 바와 같이 '과거 일본이 조선을 점령하고 이를 교두보로 삼아 후일 중국을 공격하였으니 미국의 조선점령은 용인할 수 없다'고 주장했다.

毛澤東·周恩來의 문서가 미공개인 오늘날에 있어서, 로쉰 대사의 보고문은 신빙성이 있는 것이리라. 지금까지 이 문제에 대한 학자들의 견해는 다음과 같다.

- 중국은 압록강 수풍 댐, 동북 공업시설의 보호를 우선으로 생각하여, 이를 위해 완충지대를 설치할 목적으로 참전했다.(I. F. 스톤)

- 중국의 참전 요인은 ① 만약 한반도 전체가 미국에 의해 점령되면, 아시아지역에서의 중국의 위신이 손상되고, ② 그런 경우, 미국은 장개석과 더불어 중국대륙으로 신공할 가능성이 많아지고, ③ 세계에, 새로운 중국의 존재를 선전하고, 중국의 국제적 지위를 높인다.(화이팅)

- 중국이 참전한 정치목적은, 궁극적으로 중국의 주도하에 한반도를 통일하는 데 있었다.(平松茂雄)

- 중국의 군사개입은, 압록강의 발전시설이라든가, 만주의 공업 등 특정한 제한적 목적이 이유가 아니고, 보다 넓은 관심의 소산이다.… 일본·미국관계의 새로운 경향, 아시아에서의 중국의 역할, 신정권의 대내적·대외적 안전보장 등.(神谷不二)

- 중국 참전의 주요 원인은 한반도를 전장으로 선택하여 미국의 '대對중국침략의 계획'을 타파하고자 했던 북경 지도부의 결의였다.(朱建榮)

당시 중국의 군사력·경제력이 극히 빈약하여 태반의 지도자들은 신중한 태도를 취하고 있었음에도 불구하고, 毛澤東은 미국의 '대對중국침략'에 과잉반응을 보여 앞날이 분명치 않은 전쟁에 개입하는 것을 결단해서, 최종적으로 그의 생각을 중앙 내부의 반대자·회의론자에게 받아들이게 한 직접적 동기는 과연 무엇이었을까? 만약 중국이 참전하지 않았을 경우, 스탈린은 어떻게 했을까?

스탈린은 그와 긴밀한 관계를 가지고 있고 또 참전을 주장하는 高崗(부주석, 만주滿州의 군벌軍閥이고, 만주의 독립왕국을 꿈꾸며 毛澤東과 대립했으며, 스탈린 사망 후, 1955년 3월 毛澤東에 의해 '반당분자'로 단죄되어 1956년 '자살'로 발표됨)에게 참전을 지시하고, 만주를 북한처럼 위성국으로 만들어 지배하는 것과 자신의 지도력 약화 내지 실각을 염려하여 毛澤東은 가장 심각하게 생각해서 참전을 결단했으리라.

미국의 '대對중국침략'이 아니라, 소련의 '대對만주침략'과 자신의 지도력 약화가 毛澤東의 참전의 직접적 동기라는 것이 필자의 견해이다.

6. 한·미동맹의 역사

1871년 주청駐淸 미국 공사美國公使는 아시아 함대사령관 로저스 제독과 더불어 군함 5척을 이끌고 강화도에 와서 통상을 요구했으나, 서로의 국정國情도 모르고 또 말이 통하지 않아 무력충돌만 하고 돌아갔다(신미양요). 그러나 1882년 5월 한미조약韓美條約이 체결되었고, 제1조는 제삼국으로부터 불공정한 억압이나 모욕을 받았을 때는 '반드시 서로 도와 잘 대처한다'는 문구가 들어있었는데, 이것은 다른 나라와의 조약에 비하면 대단히 우호적인 내용이었다. 그러나 주지하는 바와 같이 1905년 7월의 「태프트·가츠라 협정」(미국은 필리핀을, 일본은 조선을 식민지로 삼는데 서로 양해한다는 비밀협약)에 의해, 한미조약은 파기되었다해도 과언이 아니리라.

1945년 9월 이후, 미군에 의한 군정을 거쳐 1948년 8월 대한민국이 탄생했다. 1950년 1월 12일 미 국무장관 애치슨은, "미국의 극동방위선은 알류산 열도~일본~오키나와~필리핀 선이다. 일본은 미국의 한 주州와 마찬가지로 확보한다.… 한국은 일본 정도는 아니지만, 가능하면 유엔의 여러 나라와 협동해서 이를 방위하는 책임을 가진다.…"는 성명을 발표했다. 이것은 한국인에 있어서 사활死活의 문제로 받아들여졌다.

그러나 미국은 한국을 버리는 것이 아니다, 하는 견지에서 애치슨 성명이 있은 14일 후, 1월 26일에 「한·미 상호방위원조협정」과, 주한 미국 군사고문단(KMAG) 설치에 관한 '한미협정'을 체결했다. 상호방위원조는 전문 8개 조항으로 구성되어 있고, 이 협정은 1949년 10월에 미국이 제정한 「상호방위원조법」(Mutual Defense Assistance Act of 1949)에 바탕을 둔 것이었다. 그러나 그 내용은 명칭과는 전연 다른 것으로, 제삼국의 침입이 있다면 자동적으로 개입(NATO조약처럼)한다는 조항은 없고, 한국의 부흥과 안정을 원조하기 위한 경제기술 원조가 주류를 형성하고 있었다.

따라서 이 협정에 의한 한국에 대한 원조액은, 미국이 대외 무기원조 법안이 요구했던 1억 달러 가운데, 1,200만 달러에 지나지 않았다. 더욱이 미 의회에서는 공화당의 반대로

1,097만 달러로 삭감하는 데 4개월이 소비되었고, 그 발효는 5월 말로 되어 있었다. 인민군의 남침이 시작되었을 때, 한국에 도착한 원조품은 1,000달러 정도에 지나지 않았고, 35만 달러는 수송 중에 있었다. 그리고 그 원조 품목은 무기와 차량 부분품, 통신선 및 전화기가 주主였다.

또 주한 미국 군사고문단 협정은 전문 14조로 구성되어 있었는데, 이것은 한국이 독립한 직후, 잠정협정에 바탕을 두고 설치된 임시 군사고문단의 설치를 거슬러 공식화한 것으로, 그 정원은 장교 181명, 준사관 이하 291명, 합계 472명으로 정했다. 이러한 협정은 닥쳐오고 있었던 38도선의 위기에 대해 아무런 효과도 가져오지 못했다.

앞에 말한 바와 같이 인민군의 남침이 개시되었을 때, 예상 외로 미국은 신속히 개입하여 한국을 구원했다. 1951년 7월경의 군사정세로 미루어 보아, 쌍방은 휴전에 의해 문제를 해결하는 방도 외는 없었다. 유엔군 측은 보조가 맞지 않았고, 미국의 여론도 1952년 10월의 대통령 선거를 고려해야만 했기 때문에, 휴전의 기운이 촉진되었다. 공산군 측도 군사력의 한계를 인식하여, 정치적으로 타협하지 않을 수 없었다.

그러나 한국정부의 기본방침은 전쟁을 계속하여 북진통일을 성취하는 데 있었기 때문에, 휴전회담에 절대반대의 입장을 취했다. 따라서 이승만 대통령은 얼핏 보아 무모할 정도의 반대투쟁을 전개했다. 그의 투쟁은 현실적인 모든 조건을 고려해서 치밀한 국가전략에서 비롯된 것이며, 그것은 대단히 고차원의 단계적인 외교였다. 예컨대, 반공포로의 석방이었다. 이것으로 휴전회담 그 자체가 위기에 빠지기도 했다. 로버트슨 국무차관이 6월 25일 방한하여 정력적으로 이 대통령과 교섭해서, 결국 한국의 안전과 부흥에 대한 5개 조항의 약속을 맺게 되었다.

① 상호 안전보장조약의 체결
② 장기 경제원조에 대한 보장과 당초 2억 달러의 원조자금의 제공.
③ 미국과 한국정부는 휴전회담의 정치회담에 있어서, 90일간 논의하여도 실질적인 성과가 없을 경우, 여기서 손을 뗀다.
④ 계획 중인 한국군의 확장에 있어서, 육군 20개 사단과 상응하는 해·공군의 건설을 원조한다.
⑤ 정치회담에 앞서, 공통목적에 대하여 한·미 수뇌회담을 개최한다.

7월 12일(휴전조약 조인 15일 전) 로버트슨이 한국을 떠날 때, 그는 "한국은 휴전조약의 설정에 있어서 결코 방해하지 않는다는 취지를 명기한 아이젠하워 대통령에게 보내는 이승만 대통령의 서한을 휴대했다"고 기술했다.

이 때에 체결된 「한·미 상호안전보장조약」(1954. 1. 17. 발효)의 특성은 아래와 같다.

첫째, 어느 한 나라가 외부로부터 무력공격에 의해 위협을 받았을 때, 양국은 '상호 협의한다'고 되어 있었고, 자동적으로 전쟁개입은 아니라는 점.

둘째, 상호 합의에 의해, 미국의 육·해·공군을 대한민국의 영토에 배치하는 권리를 한국은 허용하며, 미국은 이를 수락한다는 점.

셋째, 본 조약은 무기한으로 유효하지만, 한 나라가 통고하면, 일년 후에 종지終止한다는 것.

1970년대에 카터 대통령에 의해 주한 미군철수의 문제가 대두되었으나, 결국 불발로 끝나고, 오늘에 이르기까지 미군은 한국에 주둔하고 있다. 문제는 한반도가 통일되었을 때, 주한미군을 어떻게 할 것인가 하는 것이 최근 중국인의 관심사이나, 이것은 한국과 미국 정부 간의 회담에 의해 해결해야 하는 문제일 것이다. 미국은 주둔에 의한 이익과 비용을 비교하여, 이익이 많다면 당분간 철수하지 않을 것이다. 그리고 지정학적으로 보아 통일된 한국이라 할지라도 일본·중국·러시아에 둘러싸여 있으니, 미국을 맹방으로 삼고 있어야 하리라.

7. 맺음말

6·25전쟁은 남침·북침, 국내전·국제전·민족해방전쟁 등 어느 것인지 미해결로 지금까지 논쟁이 계속되었는데, 이것은 연구방법에 문제점이 도사리고 있는 것이 아닐까? 그 이유는 연구대상에 따라 연구방법도 달라져야 하기 때문이다. 냉전과 전쟁은 본질적으로 상이相異한 연구대상이며, 전쟁은 군사이론에 의해 분석·해석되어야 한다. 이와 같은 관점과 스탈린의 비밀문서에 의해, 6·25전쟁은 스탈린의 승인 하에 김일성이 일으킨 침략·대리전쟁이었으며, 한국군의 북침, 국내전·민족해방전쟁 등의 주장은 전연 근거가 없는 것이다.

한편, 1947년 9월 웨드마이어 중장이 제출한 보고서에 의하면, 미군의 철수 건에 대하여 한국의 군사력 창설과 미군은 당분간 계속하여 한국에 주둔해야 한다는 것을 건의했다. 이 보고서는 공표 금지가 되었고, 트루먼 대통령의 『회고록』에는 상술한 부분이 개찬改竄되어 있다는 것에 주목하였다. 그 후의 트루먼 행정부의 정책·신속한 전쟁 개입·미 군사력의 재건 등을 분석함으로써, 스탈린·김일성은 트루먼의 함정에 빠져 6·25전쟁을 일으켰다고 해석했다.

인민군의 남침계획은 소련의 바실리에프 중장 외의 고문관들에 의해 작전계획이 작성되었고, 작전국장 유성철 대령에 의해 번역·종합되었다. 그 작전계획은 3일 내에 서울점령으로 끝남으로써, 결정적인 약점을 가지고 있었다. 인민군은 군사작전의 주요 목표는 적 전투력의 격멸이라는 군사원칙을 범하고 말았던 것이다.

중국의 6·25전쟁 개입의 직접적 동기는 중국 측의 문서 미공개로 인하여 아직까지 분명하게 밝히기는 어렵지만, 이 문제에 관한 연구자들의 견해는 다양하다. 毛澤東은 미국의 '대對중국침략'이 참전의 주요 원인이라 했지만, 속사정은 소련의 '대對만주침략'과 자신의 실각 가능성에 대한 우려가 그의 직접적인 참전 동기라 추정한다.

무력에 의한 한반도의 통일은 다시 국제전쟁을 불러일으킬 것이리라. 예컨대, 1,300여년 전, 신라의 삼국 통일전쟁에 있어서도 당나라와 왜국이 개입했던 것이다. 만약 이승만·김일성 그리고 남북 수뇌들이 신라의 삼국 통일전쟁의 교훈※을 알고 활용했다면, 6·25전쟁은 일어나지 않았으리라.

남북통일이 한민족의 숙원이고 또 시간이 오래 걸린다 할지라도, 결코 무력에 의한 통일만은 배제해야 한다는 것은 필자의 견해일 뿐만 아니라, 소망인 것이다.♣

(『海洋戰略』 107호, 해군대학, 2000. 6.)

※ 648년 위기에 빠진 신라의 김춘추는 당나라에 파견되어 당 태종에게 원병을 요청했다. 당 태종은 김춘추에게 후한 대접을 했을 뿐만 아니라, 백제와 고구려를 평정하면 평양 이남과 백제의 토지는 신라에게 주어서 영원히 편안하게 하려 한다고 했다. 그러나 당 태종의 흉계는 한반도의 정복에 있었다. 당나라는 백제를 멸망시키고는 도독부를, 고구려를 멸망시키고는 도호부를 설치하여 지배하기 시작했다. 신라군과 백제·고구려 유민들은 힘을 합쳐 675년 9월 매소성 전투에서 당군 20만을 격파함으로써 당군을 한반도에서 축출했고, 그리고 676년 11월 기벌포 해전에서 당의 수군을 격멸함으로써 서해의 제해권을 신라가 장악했기 때문에 당의 신라에 대한 침공은 영원히 불가능하게 만들었다.

– 주요 참고문헌 –

(1) 國防部戰史編纂委員會編, 『韓國戰爭史』제1권, 서울 : 1967.

(2) ____________________, 『韓國戰爭史』제2권, 서울 : 1968.

(3) 김일성, 『김일성 선집』 3, 평양 : 조선노동당출판사, 1953.

(4) 安龍鉉, 『한국전쟁의 허와 실』, 서울 : 고려원, 1987.

(5) 李鍾學, 『韓國戰爭史』, 서울 : 正音社, 1969.

(6) 朝鮮民主主義人民共和國科學院歷史硏究所編纂, 『朝鮮人民の正義の祖國解放戰爭史』, 平壤 : 外國文出版社, 1961.

(7) 中央日報社編, 『民族의 證言 – 韓國戰爭實錄』 1, 서울 : 乙酉文化社, 1972.

(8) 예프게니 바자노프/나탈리아 바자노프著, 김광린譯, 『소련의 자료로 본 한국전쟁의 전말』, 서울 : 도서출판 열림, 1998.

(9) 朱榮福, 『朝鮮人民軍の南侵と敗退』, 東京 : コリア評論社, 1979.

(10) 佐々木春隆, 『朝鮮戰爭』上·中·下, 東京 : 原書房, 1976.

(11) 朱建栄, 『毛沢東の朝鮮戦争』, 東京 : 岩波書店, 1999. 3刷.

(12) Roy E. Appleman, *South to the Naktong, North to the Yalu*, Washington, D.C. : Department of the Army, 1961.

(13) Albert C. Wedemeyer, *WEDEMEYER REPORTS*, New York : The Devin-Adair Company, 1958.

(14) Harry S. Truman, *Years of Trial and Hope, Memoir*, New York : Double Day & Co., 1955.

(15) 유성철, '나의 證言', 「한국일보」, 1990. 11. 1~11. 30.

제21장

한국군사사학韓國軍事史學의 발전방향※

1. 머리말

오늘날 북핵문제北核問題를 둘러싸고 한반도의 군사정세는 급변하고 있다. 만약 북핵문제가 6자회담六者會談을 통해 대화로 해결되지 않는다면, 한반도에서 핵전쟁이 일어날 가능성도 배제할 수 없는 상황이리라.

그런데 우리나라 주요 월간지는 6월호임에도 불구하고 6·25전쟁에 대한 기사는 자취를 감추고 말았다는 것은 우려하지 않을 수 없다. 왜냐하면, 과거를 기억하지 못하는 자는 과거를 되풀이할 뿐만 아니라, 미래에 대한 비전도 제시하지 못하기 때문이다.

이런 상황 하에서 (1) 한국군사사학회韓國軍事史學會의 탄생 유래, (2) 군사사軍事史란 무엇인가, (3) 한국 군사사학 연구의 중요성과 발전방향에 대해 살펴보고자 한다.

※ 본고는 한국 군사사학회의 「21세기 한국 군사사학의 발전」세미나(2005. 6. 24.)에서 발표한 내용임.

2. 한국 군사사학회의 탄생 유래와 경과

「국제역사학위원회」에서는 매 5년마다 국제역사학회의를 개최하여 세계 각국의 역사학자들이 모여 논문 발표·교류를 하는 데, 1975년 8월 미국 샌프란시스코의 페아몬드 호텔에서 개최되었다. 당시 필자는 「제2차 세계대전사 국제위원회」 산하의 「제2차 세계대전사 한국위원회」에 속하여 간사 업무를 담당하고 있었으며, 회장은 이선근李瑄根 박사였다. 회의 도중 어느 날 한 외국인이 만나자고 하여 만나서 명함을 교환했는데, 그는 「국제 군사사학회」(International Commission of Military History) 회장 오스란드(Dr. B. Åhslund, 스웨덴) 박사였다. 그의 요청은 "한국에는 아직 「한국 군사사학회」가 없는데, 당신이 창립할 수 있는가?" 하는 제의였다. "새로운 학회를 만들자면 여러 가지 여건이 구비되어야 하니, 귀국해서 답장을 보내겠다"고 답변했다.

1976년 5월경 오스란드 박사에게 「한국 군사사학회」의 창설을 통보했다. 그리고 학회운영學會運營의 활성화를 위해 1978년 10월경 경남대학교 극동문제연구소의 박재규朴在圭 소장에게 인수를 요청하여 성사되었다. 그 후 1982년 미국 워싱턴, 그리고 1985년 서독 슈투트가르트의 국제 군사사학회 회의에 참가했다. 특히 한국 군사사학회가 1986년 8월 17일~24일까지 서울 워커힐 호텔에서 국제 군사사학회의 연차회의를 개최했다는 것은 놀라운 일이었다. 왜냐하면 동양에서는 이것이 최초의 국제회의이며 아직 일본에서도 개최한 바가 없기 때문이다. 그 후 「한국 군사사학회」의 활동은 쇠퇴하였고, 필자도 1987년 퇴직하여 경주에 자리를 잡아서 관여하지를 못했으나, 최근에 와서야 김재창金在昌 회장을 중심으로 연구활동을 다시 시작했다는 것은 다행스럽고 또 기쁜 일이 아닐 수 없다.

3. 군사사란 무엇인가?

군사사(Military history)란 용어는 군사학(military art and science)과 역사(history)의 합성어合成語로서, 역사학의 한 분과요, 마찬가지로 군사학의 한 분과인 군사사는 군사학의 이론적 기초요, 또한 발전 근원의 하나로 작용하는 과거 군사경험에 대한 지식의 체계이다. 따라서 군사사는 역사가 먼저이고 군사학은 다음에 위치하는 학문분야이다.

필자는 20여년 전에 「현대 군사사의 연구방향」에서, 군사사 연구의 의의, 군사사의 개념과 범위, 군사사의 연구방법, 군사사 연구의 고려요소[1] 등을 논의했기 때문에 여기서는 이 문제에 대해서는 생략하고 보완하는 내용만 논의하고자 한다.

역사란 희랍어의 Historie에서 왔으며, 원래의 뜻은 "탐구해서 획득한 지식"이며, 일어난 사건 자체뿐만 아니라, 사건의 서술敍述, 역사의 지식, 역사 연구, 사학史學도 여기에 포함된다. 여기서 역사와 역사학(Geschichtswissenschaft)은 엄격히 구별해야 한다는 견해도 있다. 즉 역사학에는 역사이론과 역사 서술이라는 양 측면이 포함되어 있다. 이론과 방법은 학문(과학)으로서 역사학의 성립에 없어서는 안 되는 것이지만, 이는 역사를 서술하는 가운데 비로소 자기 타당성을 가지게 되고 또 역사학은 역사 서술을 통하여 비로소 자기 완성을 가져온다. 그런데 이 말은 역사학이 역사라는 단어로 쉽게 대치될 수 있다는 것을 의미한다. 예컨대 영어에 있어서 역사학을 굳이 말한다면, 'historical science'라고 하겠지만, 영어를 사용하는 국민들은 이런 말을 사용하지 아니하고 'history'란 말을 즐겨 사용한다.[2] 여기서는 사학史學의 본질 및 직능, 작업영역 그리고 사학의 연구방법론에 관해서는 생략키로 한다.[3]

전쟁을 연구대상으로 하는 학문을 군사학이라 칭하며, 이 용어는 제2차 세계대전 후에 등장했고, 전쟁을 학문으로 깊이 연구하여 체계화를 시도한 것은 프로이센의 전쟁철학자로 알려진 클라우제비츠(1780~1831)가 저술한 『전쟁론』(1832)일 것이다. 그는 '전쟁이란 무엇인가'(제1편 제1장)를 논의하면서, 전쟁이론을 위한 결론에서 다음과 같이 주장했다.

> (자료 1) 전쟁이란 구체적 상황에 따라 그 성질을 달리하고 카멜레온과 같은 것일 뿐만 아니라, 그 현상 전체의 지배적인 여러 경향을 보았을 때, 기묘한 삼위일체三位一體를 이루고 있다.
> 첫째, 맹목적인 자연 충동이라 볼 수 있는 증오·적개심과 같은 본래의 격렬성.
> 둘째, 전쟁을 자유로운 정신활동으로 만드는 개연성·우연성과 같은 도박의 요소.
> 셋째, 전쟁은 순수히 오성悟性(Verstand)의 영역에 속한다는 것에 의해 정치적 도구로서의 종속적 성격을 가진다.

1) 李鍾學, 「現代軍事史의 硏究方向」, 『軍史』 제3호(서울 : 국방부 전사편찬연구소, 1981), pp. 10~59. 혹은 拙著, 『韓國軍事史序說』(경주 : 서라벌군사연구소, 1990), pp. 11~77.

2) 역사와 역사학이라는 말의 의미에 대해서는, 林 健太郎, 『史學槪論』(東京 : 有斐閣, 1953), 제1장 참조.

3) ベルハイム, 『歴史とは何ぞや』 坂口 昻 外譯(東京 : 岩波書房, 1958) 및 李鍾學, 『韓國軍事史序說』(경주 : 서라벌군사연구소, 1990), pp. 11~77. 참조.

여기서 셋째의 오성(Verstand)은 그의 전쟁이론을 해석하고 또 성립케 하는 열쇠가 되는 단어이지만, 지금까지의 번역자들은 여러 가지로 번역했다. 즉 타산적(합리적)인 것, 이성理性(reason), 지력知力, 지성知性(intelligence) 등이다. 클라우제비츠는 그의 저서에서 지성(Intelligenz), 오성(Verstand), 이성理性(Vernunft)을 명확하게 구별해서 사용하고 있다는 점에 유의해야 한다. 칸트(1724~1804)의 『순수이성비판純粹理性批判』(1781)에 나오는 인식론認識論을 요약한다면, 오성悟性은 경험할 수 있는 현상세계現象世界까지의 영역을 담당하고, 이성理性은 경험이 미치지 않는 또 감각적 경험과는 관계가 없는 실체實體의 세계, 즉 이념, 신, 자유, 불사不死 등의 영역을 담당한다. 따라서 클라우제비츠의 전쟁이론은 경험할 수 있는 현상세계를 샅샅이 검사하여 규칙을 찾고자 했으며, 이것은 순수히 오성의 영역에 속하는 과제로 생각했다.

(자료 2) 전쟁술에 있어서, 경험은 철학적 진리보다도 중요하기 때문이다(Ⅱ-5). 역사적 실례實例는, 일반적으로 많은 사항을 설명하지만, 그러나 그것만이 아니고 경험과학에 있어서 최대의 증명력을 구비하고 있다.… 전쟁술의 뿌리에 있는 여러 가지의 지식이 경험과학에 속한다는 것은 더 말할 필요도 없다(Ⅱ-6).

위에 말한 내용은 그의 전쟁이론이 오성에 바탕을 두고 있다는 것을 명시하며, 그의 절대전쟁관絕對戰爭觀에서 현실전쟁관現實戰爭觀으로의 전환의 이론적·철학적 근거를 나타내고 또한 전쟁사 연구에서 비롯됨을 말하고 있다.[4]

오늘날 군사학이 다루어야 할 연구 대상은 핵전쟁에서부터 재래식 전쟁, 게릴라전戰 그리고 테러에 이르기까지 광범위한 영역에 속한다. 현대전現代戰은 그 규모에 따라 그 양상이 달라지겠지만, 한 국가의 총력을 기울여야 하고 또 관련되지 않는 분야가 없으리라. 그렇다면 군사학의 연구 대상과 영역을 어떻게 잡아야 하느냐가 그 성격을 결정하는 요인이 되며, 필자는 무력전武力戰에 한정키로 하고, 1980년 「군사학의 이론체계」[5]라는 논문을 발표했으며, 그 내용을 간략하게 소개하면 아래와 같다.

(자료 3) 군사학을 정의한다면, 전쟁의 본질과 성격 및 무력전의 준비와 수행에 관한 통일된 지식의 체계이다.

---

4) 이종학, 『클라우제비츠와 전쟁론』(서울 : 주류성, 2004), pp. 156~164. pp. 179~194. 참조.
5) 李鍾學, 『軍事論文選』(경주 : 서라벌군사연구소, 1991), pp. 9~59.

군사학은 다음과 같은 학문분야로 구성되어야 한다.
(1) 전쟁철학
(2) 전쟁학
(가) 군제학軍制學
(나) 용병술用兵術(군사전략·작전술·전술)
(3) 군사사
(4) 군사기술
(5) 군사교육학
(6) 군사지리학(해양학·기상학 포함)
(7) 군사보조학문(국방경제론·군법·위생학 등)
(8) 군사학의 각 분야의 연구방법의 확립

따라서 군사사를 연구하고자 하면, 역사학과 군사학에 관한 광범위한 지식을 구비하고 있어야 하며, 이 양자를 구비하는 경력을 쌓는다는 것은 쉬운 일이 아니다. 그리고 군사사가 다루어야 할 연구 범위는 이 책의 「제1장 현대 군사사의 연구방향」의 '3의 나. 군사사의 범위'를 참조할것.

4. 한국 군사사학의 발전방향

국방부 전사편찬위원회에서는 1967년 10월부터 『한국전쟁사-해방과 건군-』 제1권부터 발간하기 시작했다. 집필위원들은 모두 현역장교(대위~중령)이고, 자문위원들은 우리나라의 저명한 역사학자들로 구성되어 있었다. 필자는 때때로 전사편찬위원회를 방문하여 그들과 친한 사이가 되었지만, 내가 아는 범위 내에서는 집필위원 가운데 대학원 석사과정 이상의 역사학 전공자는 찾지 못했다. 아마도 이 점을 보완하기 위해 자문위원 제도를 설치했으나, 어느 정도 영향을 미쳤는지는 분명치 않다. 한편 젊은 역사학 전공자를 채용했을 때는 군대 경력이 없거나 하사관 출신이었다. 필자는 전쟁사 집필자를 어떻게 양성해야 할 것인가에 대해 관심이 많았다.

2000년 10월 13일 독일의 포츠담에 소재하고 있는 독일 군사사 연구소를 방문했다. "현재, 당 연구소의 편찬관은 114명이며, 민간인 69명, 군인 45명(현재원은 20명)으로 구성되어 있다"는 브리핑을 하기에 다음과 같이 질문했다.

(질문) : 민간인 편찬관은 역사학에 관해서는 전문가겠지만, 군사적 전문지식은 많지 않을 것이며, 군인은 그 반대로 생각한다. 이 문제점을 여기서는 어떻게 해결하고 있는가?

(답) : 그 문제는 쉽게 해결하고 있다. 즉 여기서 민간인이라 했지만, 퇴역장교(소·중령급)를 선발하여, 민간대학교에 파견해서 역사학 석사학위 이상을 취득케 하고 있으며, 현역장교도 마찬가지이다.

한국 군사사학의 발전을 위해 :

첫째 : 군사사학 연구자 육성이 급선무이다. 각 군 대학의 정규과정 졸업자 소·중령(현역 혹은 예비역) 가운데서 선발하여, 민간대학교 사학과에 파견해서 석사학위 이상을 취득케 함으로써 인재를 양성해야 한다.

둘째 : 매년 학회에서 논문발표 연차대회를 개최하며, 그 결과를 논문집으로 발간한다.

셋째 : 매 2년마다 군사사 분야의 최우수 논문·저서를 엄선하여 포상하는 제도를 마련한다.

5. 맺음말

우리 민족은 수隋·당唐, 거란과 몽골의 침공, 임진·정유의 왜란倭亂, 병자호란, 일제日帝의 침략 등 역사상 끊임없이 주변 대륙국가와 해양국가의 침략과 위협을 받아오면서도 강력한 저항정신과 민족적 자주정신을 발휘하여 유구한 민족사民族史를 쌓아 올렸다. 이러한 민족사를 지금까지는 주로 역사적 연구방법으로 서술해 왔으나, 이제부터는 규명되지 않거나 혹은 미해결의 과제는 군사사적 연구방법을 구사하여 밝혀야 한다.

예컨대, 일본 고대 사학계는 광개토왕 비문의 신묘년 기사를 가지고 소위 '임나일본부任那日本府'설을 110여년간 주장해 왔으나, 필자는 군사사학적 연구방법으로 그 설을 논파했으며,[6] 주류성周留城·백강白江의 위치도 위에 말한 방법으로 밝혔고,[7] 또한 6·25전쟁은

6) 李鍾學, 「廣開土王碑文 辛卯年記事의 檢討－軍事史學的研究方法에 의한－」, 『軍史』 제32호(서울 : 國防軍史研究所, 1996), pp. 46~77. 「広開土王碑文の真実 －軍事史学的研究方法による辛卯年記事の検討－」, 『日本及日本人』(東京 : 日本及日本人社, 1998), pp. 144~154. 『東アジアの古代文化』 創刊100号 記念特大号(東京 : 大和書房, 1999)再掲載.

1950년 6월 25일 북한 인민군의 남침으로 발발했으며, 내전·민족해방전쟁이 아니라, 스탈린의 대리전쟁代理戰爭임을 밝힌 바가 있다.[8] 앞으로 한국사 가운데서 군사적 연구과제는 군사사학적 연구방법으로 규명을 시도해야 하리라.

오늘날 일반 대학교에서도 군사학과가 설치되었기 때문에 군사사(특히 전쟁사)는 필수과목이며, 이를 가르칠 교관들의 수요는 많아질 추세이다. 따라서 군사사 연구의 인재 양성은 급선무의 과제이리라. 그리고 군사사는 군사학의 이론적 근원임을 재강조해 두는 바이다.♣

---

7) 李鍾學, 「周留城·白江의 位置比定에 관하여－軍事史學的 硏究方法에 의한 考察－」,『軍史』제52호(서울 : 군사편찬연구소, 2004), pp. 161~191.

8) 이종학, 『6·25전쟁사－그 진실과 교훈을 찾아서－』(경주 : 서라벌군사연구소, 2001), pp. 47~76.

부록

진주만 기습의 전략적 평가

1. 머리말

1975년 8월 필자는 두 가지 목적을 가지고 하와이를 방문했다. 하나는 미주美洲에서 무력에 의한 한국의 독립을 쟁취하려는 독립운동가 박용만(1881~1928)의 국민군단(1914년 하와이에서 창설)의 유적물을 찾는 일이요, 다른 하나는 1941년 12월 7일 일본 해군이 진주만의 기습작전을 감행한 현장의 답사였다.

첫 번째의 박용만의 활동에 관한 유적물과 유적지는 찾기가 매우 어렵다는 현지인의 얘기와 시간적 여유가 없어 단념하고, 태평양전쟁의 발상지를 찾기로 했다.

포드 섬 가까이 있는 해상 군사박물관은 당시 전함 아리조나 호의 격침된 현장 위에 건립되어 있었다. 이 박물관의 현장에서 군함의 굴뚝과 잔해를 생생하게 볼 수 있었고, 그 배와 함께 전사한 1,000여 명의 장병들의 명단이 박물관 벽에 기록되어 있었다.

"진주만을 상기하라!(Remember Pearl Harbor!)"

고 외쳤던 당시 미국인들의 구호는 이 군사박물관의 현장교육을 통해 미국인들의 안보관을 오늘날까지도 고취시키고 있었다.

필자는 1941년 12월 7일 아침 일본군 해군기에 의한 진주만 기습작전의 발상 경위 및 작전준비, 그리고 실시 결과에 대한 전략적 평가를 통하여 교훈을 찾고자 한다.

2. 하와이 기습작전의 발상

노·일전쟁이 끝난 후 일본 해군은 1907년에 제정된 '국방방침'에 의해 '미국을 주요 가상 적국'으로 삼았고, '용병강령用兵綱領'에 의해 대미對美작전은 "개전 벽두에 먼저 동양에 있는 적 해상 병력을 소탕하여 서태평양을 제압해서 교통선을 확보하고, 수세작전에 의해 적의 도양래공渡洋來攻을 우리의 근해에서 요격 격파하여 불패지구不敗持久의 전략태세를 확보하고 적국의 전의戰意를 좌절시킨다"는 방침을 세우고 있었다.

그 후 군사기술의 발달에 따른 항공기 및 잠수함의 발달로 대미작전 요령에도 약간의 변화가 보였다. 그러나 요격작전이라는 수세적 공세의 기본전략은 1907년 이후 30여 년 이상 조금도 변하지 않았다. 그것은 일본 해군의 전통적이며 또한 정통파적正統派的인 대미전략사상이 되어 군비·편성·교육 및 훈련이 모든 기초가 되었다.

이에 대해 1939년 8월 30일 일본 해군 연합함대 사령관으로 임명된 야마모토(山本五十六)는 해군의 정통적인 사고방식, 즉 미 해군함대의 내공來攻을 기다려, 이것을 일본 근해에서 요격하여 전함을 중핵中核으로 하는 미·일 함대의 결전에 의해 적 함대를 격멸한다는 수동적 작전으로는 대미對美전쟁에 성산成算을 찾을 만한 대승리를 얻기란 어렵다고 생각했다. 오히려 미국 해군에 비해 열세한 일본 해군으로서는 개전 벽두의 적극적 작전에 의해 미 함대의 주력을 공격해서 먼저 선수를 취하며, 그 후에도 적극적인 작전으로 미 함대를 수세로 몰고 가야만 대미전對美戰에서 승산을 찾을 수 있다고 보았다.

야마모토 사령관은 일찍부터 항공기의 장래성을 전망하여, 이것을 장래의 일본 해군의 주병主兵으로 삼아 미 해군에 대항한다는 구상으로 그 육성에 노력했었다. 그는 해군의 전통적인 대미작전 방침에 의한 성산成算을 의문시했는데, 그 주요한 이유를 1941년 1월 7일 오이가와(及川) 해군 대신에게 보낸 '전비戰備에 관한 의견'에서 다음과 같이 열거하였다.

(1) 항공기가 발달한 오늘날, 전 함대를 가지고 접적接敵·전개·포어뢰전砲魚雷電·전군 돌격 등의 화려한 장면을 펼친다는 것은 전쟁의 모든 기간을 통하여 한 번도 실현의 기회를 찾지 못할 경우도 있을 것이다.

(2) 때때로 도상연습 등에서 나타나는 결과를 관찰하면 정정당당한 요격작전으로 제국해군은 아직 한 번도 대승을 얻지 못하였고 그대로 추이推移한다면 점점 열세에 빠지는 정세로 연습중지를 하는 것이 상례이다.

야마모토 사령관은 이런 작전사상에 바탕을 두고 해군의 군전비軍戰備의 현황을 고려하여 대미전對美戰에 승산을 얻을 수 있는 방책을 찾는 데 고심하고 있었다.

그런데 1940년 봄 함대 훈련 때, 항공부대의 전함전대에 대한 공격의 성과, 특히 훌륭한 어뢰공격의 성적을 보고, 야마모토는 이 공격력을 가진다면 자기가 생각하는 작전구상의 제일격의 전과를 기대할 수 있다고 판단하여, "항공모함에 의한 하와이 공격은 할 수 없을까?"하고 참모장에게 말했다. 이것이 그가 하와이 기습공격을 말한 최초였다.

그러나 이 작전은 전략적 기습을 기도하는 것으로, 그 기도의 비익秘匿, 공격시의 적 함대의 위치 등에 불안이 있을 뿐만 아니라, 작전 실패 혹은 일본 항공모함의 상실이 그 후의 작전에 미치는 영향 등을 고려했을 때, 야마모토로서는 좀처럼 실행의 결단을 내릴 수 없어 검토에 검토를 거듭했다.

당시 일본 해군은 석유연료가 불충분한데다 군전비軍戰備 작업이 예정대로 진첩되지 않았고, 거기다 수중에 있는 자재는 수입이 멈추면 약 1년 밖에 지탱할 수 없을 정도로 감소되어 있어서 네덜란드의 식민지였던 인도네시아와 석유교섭이 급했다. 그런데 1940년 가을 인도네시아와의 석유교섭이 어려워졌고, 유럽의 정세 영향도 있고 해서, 해군의 일부에서는 인도네시아에 대한 무력처리를 주장하는 자도 생겨났다.

1940년 11월 야마모토는 연합함대의 도상연습에서 인도네시아 공략작전에 대해 연구했다. 그 목적의 하나는 인도네시아의 무력처리가 필연적으로 대미전으로 발전하리라는 것을 인식시키는 데 있었다.

이 도상연습의 경과로써, 야마모토는 인도네시아 작전 중에 대미영전對美英戰이 일어나는 것은 필연이므로 이 작전에는 연합함대의 대부분의 병력을 투입할 필요가 있으며, 그리고 상당한 소모를 예상해야 되고, 그 공략작전 중 혹은 그 후의 요격작전 준비가 갖추어지는 동안 미 함대의 주력이 침공해 왔을 때 일본 해군으로서 자신 있는 대책은 생각할 수 없다는 것을 통감했다. 그 결과 남방작전의 수행이 부득이한 경우, 처음부터 대미對美·영·인 작전을 개시하는 것으로 계획할 필요가 있다는 것을 확인했다.

3. 하와이 기습작전의 결정

1940년 11월 말, 야마모토는 검토를 거듭하여 개전벽두에 항공부대를 가지고 하와이에 있는 미 주력함대에 통격痛擊을 가하는 작전을 수행할 것을 결심했다. 이 결심은 오랫동안의 검토의 결과에서 온 것이며, 이것은 이미 신념으로 굳어졌다.

이 작전구상을 다음 해 1월 오이가와 해군 대신에게 보낸 서한 속에서 밝히고 있다. 여기에 나타난 대미작전 방침은 "개전 벽두, 우리의 항공부대를 가지고 미 주력함대에 통격을 가하여 미국의 해군 및 국민의 사기를 구할 수 없을 정도로 상실케 하며, 동시에 남방작전을 개시하여 미 주력함대의 손실에 의해 사기가 떨어진 남방지역의 적을 격파하여 조속히 요지要地를 공략 확보한다"는 것이었다.

그리고 미 항공모함의 일본 본토 공습이 일본 국민에게 미치는 심리적 영향을 특히 강조했다. 이것은 미 주력함대에 대한 통격에 의해 적의 사기 상실을 도모하는 한편, 미 함대의 서태평양 진공進攻을 봉쇄하고 이것으로 일본 본토에 대한 공습을 저지하며 동시에 남방작전의 측배후를 수호하자는 것이었다.

야마모토는 이 작전구상을 택하게 된 결심의 이유를 1941년 10월 해군장관에게 다음과 같이 기술했다.

(1) 작년(1940년) 때때로 도상연습과 병기兵棋 연습을 수행했다. 요컨대 남방작전이 아무리 순조롭게 진행되어도 그 작전이 거의 완료될 시기에는 순양함 이하의 소함정에 상당한 손실이 있고, 특히 항공기는 3분의 2의 손실로 해군 병력이 더 증강되어야 할 상황이 될 가능성이 많다. 거기에다 항공 병력의 보충능력이 극히 빈약한 현실에서 다음에 속행될 해상작전에 즉응卽應한다는 것은 극히 어렵다는 것을 시인하지 않을 수 없다.
(2) 미 태평양 함대사령관 킴멜 제독의 성격 및 최근의 미국 해군의 사상을 관찰하면, 미 함대는 반드시 점진정공법漸進正攻法만으로 전쟁을 수행할 것으로 보여 지지 않는다.
(3) 다행히 남방작전이 순조롭게 진행되어도 만약 도쿄와 오사카가 공습을 받는다면, 실질적으로 큰 손해는 없지만 국민에게 주는 정신적 동요는 일로日露전쟁의 전훈戰訓에서 본 것처럼 대단히 클 것임이 분명하다.

그러나 "안전·당당한 정공적正攻的 순차작전順次作戰에 자신이 없는 궁여지책에 지나지 않는다"고 야마모토가 자인한 것처럼 하와이 기습작전이 얼마나 커다란 위험을 안고 있는가는 그의 스스로의 말에서도 분명하게 알 수 있다.

오이가와 해군장관에게 보낸 문서 속에서, 그는 "이 작전의 성공은 쉽지 않지만, 관계 장병들이 상하일체가 되어 진실로 필사봉공必死奉公의 각오가 굳다면 성공을 천우天佑에 기대할 수 있다"고 말하고, 스스로 제1 항공함대 사령관이 되어 지극히 어려운 이 작전을 직접 지휘하여 '최후의 봉사'를 하겠다고 했다.

이리하여 야마모토는 1941년 1월 말경, 개전 벽두, 항공모함 함대를 가지고 하와이에 있는 미 태평양 함대를 기습 공격하는 작전의 구체안의 기초적 연구를 자기의 참모 외에 최적임자로 생각한 당시의 제11 항공함대 참모장 오니시(大西瀧治郎) 소장에게 명했다.

이렇게 해서 작성된 하와이 작전에 관한 연합함대의 기초 안은 4월 10일부로 연합함대 참모장으로부터 군령부軍令部(군령부 총장은 천황에 직속되어 있고 국방·용병을 관장한다) 제1부장에게 전달되어 군령부에서 검토되기를 요망하였다. 그 후 연합함대 사령부는 하와이 기습작전을 중앙의 작전계획으로 채택할 것을 여러 번 군령부에 요망했다. 그러나 종래의 정통적인 작전구상에 의한 요격작전에 성산이 있다고 판단하고 있는 군령부는 이 기습작전이 너무나 투기성이 강하기 때문에 성공의 확신을 가질 수 없고, 실패했을 경우 다른 방면의 작전에 미치는 영향이 지대하다는 이유로 채택에 난색을 표시했다.

한편 세계정세는 더욱 긴박해졌다. 1941년 6월 독·소전이 시작되어 나치·독일군은 소련군을 격파하고 모스크바를 향해 진격했다. 일본과 인도네시아의 석유교섭은 마침내 결렬되었고, 더욱이 미국은 일본에 대해 경제적 압박을 강화했으며, 영국과 네덜란드는 연합하여 대일 포위망을 결정하는 것으로 보였다. 7월 하순 일본은 남부월남에 군대를 진주시켰다. 이에 대해 미국과 영국은 국내의 일본재산의 동결로, 다음에는 석유 금수의 조치로 보복했다. 그 결과 일본과 미국의 관계는 급격히 악화되었다. 일본은 대미교섭에 의한 위기의 타개에 노력을 기울임과 동시에 필요한 전비를 갖추는 데 착수했다.

8월 상순, 야마모토는 수석참모로 하여금 군령부에 대해 하와이 기습작전의 채용을 강력히 요청했다. 그러나 군령부는 종래의 주장을 굽히지 않았고, 결국 9월 중순에 예정되었던 연합함대 도상연습에서 검토키로 했다.

그 동안 연합함대 사령부에서는 이 작전을 실시하는 것으로 준비를 진행시켜 9월 중순 해군대학교에서 일반 도상연습과는 별도로, 직접 관계자만이 비밀히 본 작전의 도상연습을 실시했다.

일반 도상연습(남방방면의 작전)은 전투기의 항속거리 불충분 및 항공기의 소모에 대한 보충 등의 문제를 야기시켜 남방작전의 수행에 불만을 가져왔다. 그래서 연합함대 사령부는 전반적 작전상의 지도에서 하와이 기습작전을 단행하는 외에는 대책이 없다고 주장했으나, 군령부는 그 작전을 단념하고 그 모함 병력을 남방작전에 증강시켜야 한다고 주장해서 합의를 하지 못했다.

11월 중순의 개전이라는 작전계획상의 복안으로 준비를 진행시켰으나, 기대에 미치지 못하여 12월 상순으로 연기되는 상황이 되었다. 12월 상순에 개전한다면 새로이 취역하는 항모 2척과 제5 항공전대를 개전시의 작전에 사용할 수 있다는 전망이었다. 그래서 지금까지의 절충으로 연합함대 사령부의 하와이 작전에 관한 굳은 결의와 자신自信을 알게 된 군령부는 제5 항공전대를 남방작전에 충당함으로써 제1 및 제2 항공전대의 항공모함 4척을 가지고 하와이 작전을 실시하는 것으로 나가노(永野修身) 군령부 총장의 내락을 얻었다. 이리하여 야마모토의 희망이 달성되어 하와이 기습작전을 실시하게 되었다.

그런데 이번에는 연합함대 속에서 문제가 생겼다. 사령관 나구모(南雲忠一) 중장은 작전실시에 자신을 가지지 못하였고, 또 남방의 항공작전을 담당하는 제11 항공함대 사령관은 용병상의 견지에서 하와이 기습작전을 중지하여야 한다는 의견을 야마모토 사령관에게 상신했다. 야마모토는 이것을 단호하게 거절했다.

문제는 또 있었다. 제1 항공함대 사령부는 하와이 작전계획 연구에 있어서 일본의 기도를 감추기 위해 기상, 해상의 상황이 가장 험한 북방 항로를 선택할 필요가 있으며, 도중의 해상에서 연료공급이 어려울 것으로 예상하여 항공모함 가운데 항속거리가 긴 3척의 항모만 사용하고, 훈련도가 가장 높은 제1 및 제2 항공전대의 항공기를 이들 3척의 항모에 배치하는 안을 작성했다. 그러나 이 작전을 단행하려는 야마모토의 결의를 재차 확인한 제1 항공함대 사령부는 주력 항공모함 전력(6척)을 사용하는 안으로 개정했다.

이미 기술한 바와 같이, 군령부는 주력 항공모함 6척 가운데 4척을 하와이 기습작전에, 2척을 남방작전에 충당하는 복안을 가지고 준비를 진행시키고 있었다. 이에 대해 야마모토는 공격 효과를 더욱 확실하게 하기 위해 만난을 무릅쓰고 6척의 항모를 하와이 작전에 사용할 것을 고집했다.

그리하여 먼저 연합함대의 제1 항공함대 참모장에게 6척의 항모 사용을 군령부와 절충하게 했으나 실패하자, 다시 구로시마(黑島) 연합함대 참모를 파견하여 절충에 임하게 했다. 이때, 야마모토는 '직책을 걸고서라도 항모 6척 안을 견지해야 한다.'는 결의를 보였다. 그리하여 10월 19일 나가노(永野) 총장이 직접 연합함대의 희망을 수용한다는 의향을 보임으로써 난항을 거듭했던 하와이 기습작전도 야마모토의 소망대로 병력을 사용하게 되었고, 11월 5일부로 정식으로 그 작전의 실시에 대해 지시를 받았다.

대본영(1937년에 설치)이 지시한 연합함대의 작전계획 중에 나타난 전반적인 작전방침은 다음과 같다.

- 제국해군 작전방침의 대강大綱은 조속히 동양에 있는 적 함대 및 항공병력을 격멸하며 남방 요역을 점령 확보해서 지구불패의 태세를 확립하는 동시에 적 함대를 격멸하여 종국에는 적의 전의戰意를 상실케 하는 데 있다.

이에 바탕을 둔 제1 단계 작전방침에는 하와이 기습작전에 대해서 다음과 같이 지시되었다.

- 제1 항공함대를 기간으로 하는 부대를 가지고 개전 벽두 하와이 소재 적 함대를 기습하여 그 세력을 격멸하는 데 노력한다.

이 작전방침은 종래의 대미 요격작전 요령을 기조基調로 한 것이며, 이 명령을 수령한 제1 항공함대 수뇌부는 역시 남방작전기간에 적 함대 주력의 내공來攻을 저지하는 작전으로 알았다.

하와이 기습작전의 발상자이며 강력한 추진자였던 야마모토가 오이가와 대신에게 보낸 서한에 나타난 개전벽두의 하와이 기습의 목적과 상술上述한 제1단계 작전방침과는 상당한 차이를 발견할 수 있다. 이 점에 대해 『하와이 작전』(일본방위청 전사실 저戰史室著)은 다음과 같이 논평하고 있다.

- 야마모토 사령관을 비롯한 우가기 참모장, 구로시마 참모 등 당시의 연합함대의 수뇌가 이미 고인이 된 현재, 어떻게 해서 이런 차이가 생겼는가 하는 그 진상을 밝힌다는 것은 어려우며, 이 점은 장래 연구를 요하는 문제라 하겠다.

4. 참가부대의 작전준비

가. 작전계획의 검토

제1 항공모함 사령부에서는 연합함대의 지도 하에 하와이 기습작전 계획안을 연구하여 1941년 8월 말 한 가지 안을 완성하고 세밀한 검토를 거쳐 9월 중순 연합함대의 도상연습에 임했다. 그 후 10월 중순, 도상연습의 결과와 비행부대의 숙련도 현황을 감안하여 작전계획안을 완성했다. 이 계획안에 의거, 11월 상순 기동부대에 편입될 예정인 부대는 기동부대 특별훈련을 실시했다.

연합함대 사령부에서는 본 작전계획 입안에 있어서 대국적인 지도만을 담당하였을 뿐 전적으로 제1 항공함대에 일임하는 방침을 취했다. 한편 군령부와 밀접한 연락을 유지하면서 군령부의 적극적인 협조 하에 정보의 입수, 기밀유지, 통신계획 등을 수립하는 데 협조했다.

1) 사용병력의 결정

하와이 기습작전은 기도의 비닉상, 적의 비행 초계권을 고려하고 또 상선의 상용항로常用航路를 피할 필요가 있었기 때문에 가장 기상조건이 나쁜 북위 40도와 45도 사이의 항로를 택하지 않을 수 없었다. 더욱이 공격 실시 전후에는 고속을 사용할 필요가 있었고 적 함대와의 전투도 고려해야만 했다. 이 북방 항로는 기상조건이 나쁠 뿐만 아니라 하와이까지의 거리도 멀다는 악조건이 겹쳐 있었다. 한편 마셜군도 방면에서 하와이로 접근하는 항로를 택한다는 것은 거리와 기상조건에서는 유리하지만, 적의 비행초계 등을 고려하여 기도의 비닉이 어렵다는 치명적인 결점이 있었다.

이러한 이유에서 참가 함정은 항속력이 가장 중시되었으며, 따라서 항공모함과 행동을 함께 하고 속력을 낼 수 있는 함정으로 제한되었다.

2) 항로의 선정

제1 항공함대에서는 7, 8월경 항해참모에게 항로의 연구를 명했고, 항해참모는 기도의 비닉이라는 견지에서 상선의 상용항로를 피하여 북위 40도선을 동진하는 항로를 주로 연구했다.

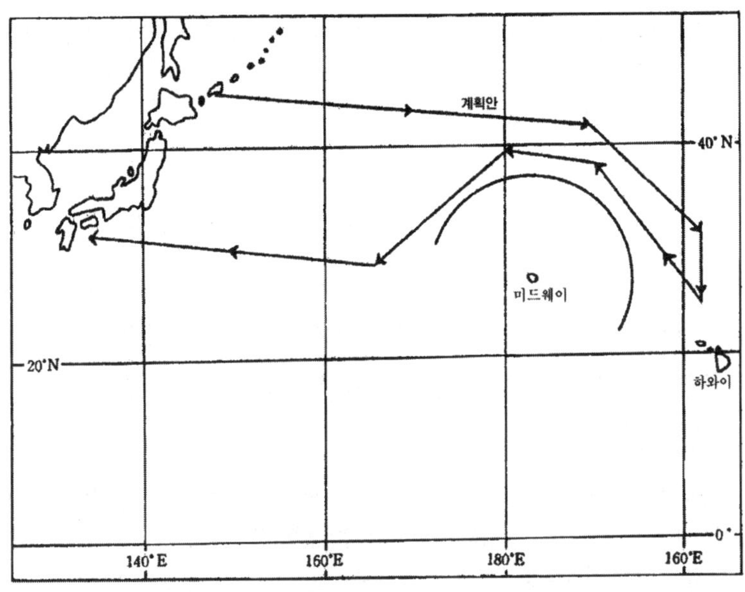

〈기동부대의 행동계획〉

항해참모는 8월부터 수로부水路部에서 북태평양 전반의 해상관계의 자료를 빌려서 조사했고, 또 수로부에서 보내온 하와이 섬 부근의 풍랑, 시계視界, 기상 등의 과거 10년 간의 통계자료에 입각하여 항로를 정했다. 즉 에도르프 섬을 출발하여 대체로 북위 42도선 상을 동진해서 미드웨이의 800해리 권외를 계속 동항東航하고, 공격 4일 전의 오전에 대기지점을 통과해서 공격 전일의 오전 접적지점에 달하고, 곧 고속으로 오아후 섬의 미 비행정 초계권 내를 남하하여 공격 당일의 새벽에 발함지점(포드 섬 북쪽 200해리)에 진출하는 것이었다.

공격 실시 후의 귀환항로는 공격기의 발함 후 기동부대는 20노트로 북방에 퇴피해서, 포드 섬의 약 300해리 부근에서 공격기대를 수용, 다음 날 보급대로부터 연료보급을 수령, 미드웨이의 700 내지 800해리를 통과해서 수용지점을 거쳐 본국으로 직항한다. 그리고 손상함이 생겼을 경우의 귀국항로도 따로 정해 놓고 있었다.

3) 항속력 신장의 대책

참가 함정의 항속력은 중대문제로 그 신장대책은 제1 항공함대 사령부로서는 가장 두통거리의 문제였기에 진지한 토의를 했다. 즉 소극적으로는 각 함의 연료 소비량을 절약토록 노력하고, 적극적으로는 해상보급과 각 함의 연료 탑재량을 증가시키는 대책이 강구되었다.

4) 통신계획

기동부대의 본국 출격 후 미·일교섭에 수반되는 화전和戰의 결정통보 및 정보가 확실히 전달되는가의 여부는 국가정책의 수행뿐만 아니라, 작전의 성패를 좌우하는 중대한 문제이기도 했다. 따라서 통신계획은 확실한 전달을 기하기 위해 군령부가 중심이 되어 연합함대, 제1 항공함대와 신중히 검토, 다음과 같이 조치가 강구되었다.

- 특정한 통신망의 신설.
- 통신은 특정한 은어를 사용하며, 도쿄 방송국의 해외 일본어 방송을 이용하여 주로 미·일 교섭현황 및 그 결과에 의한 화전和戰결정의 확실한 전달방법의 병용併用.
- 기동부대 출격 후의 전파통제
- 기동부대 출격 후, 항모부대가 일본 근해에서 행동 중인 것처럼 하는 기만통신의 발사
- 기동부대 내의 통신방법
- 항공기의 귀환은 극력 추측항법推測航法에 의하며, 전파복사는 부득이한 경우 외에는 하지 않는다.

5) 기상예측

당시 일본은 동절기의 북태평양의 기상에 대해서 아주 나쁘다는 막연한 지식 밖에 없었고, 구체적 자료는 전무한 상태였다. 그래서 고베 해양 기상대가 당시 작성하고 있던 과거 10년간의 북태평양 기상도를 모아 통계표를 만들고 또 동절기 북태평양을 항행한 경험이 있는 상선의 선장 4, 5명을 초청하여 경험담을 듣기도 했다.

소련은 이미 기상통보를 암호화하고 있었고, 미국 측의 관측 자료도 입수할 수 없었다. 기동부대는 동경 160도까지 간다면, 미국의 기상통보가 입수 가능하리라고 간단히 생각했는데, 이로 인해 후에 상당한 어려움을 겪었다.

6) 공격계획

• 지휘계통

공습시와 그 직후, 기동부대와 선견부대先遣部隊가 한동안 동일한 해상에서 작전을 하기 때문에, 이것을 통일 지휘할 필요가 있었다. 따라서 공습 종료 후부터 3일간 선견부대를 기동부대 지휘관의 지휘 하에 넣어 미 함대의 출격에 대비케 했다.

• 공격 순서

항공부대의 기습을 최우선 순위로 하고, 기도의 비닉을 위해 잠수함부대는 개전까지 그 행동을 절대로 은폐하고 또 특수 잠수정의 공격도 항공대의 제1격 이후로 했다. 이를 위해 잠수함은 일체 무선을 사용하지 않았으며, 미군기의 초계권 내에서는 주간에 잠항행동을 취하여 기도의 비닉에 노력하도록 했다.

• 공격목표

항공대의 공격 주목표는 어디까지나 미 태평양 함대 수상함정, 특히 전함과 항공모함이며, 이 목적 달성을 위해 일본군의 작전을 방해하는 항공기 및 항공기지를 부목표副目標로 했다.

이 의도는 야마모토가 본 작전을 채용한 이유에서도 분명히 밝힌 것처럼 심리적 효과와 미 함대의 서태평양 진공능력을 저지하기 위한 것이었으며, 병력을 둘로 나누어 미 함대와 공창工廠, 유류 등의 시설을 공격하고, 특히 수상함정에 집중공격을 가하기로 했다. 수상함대를 철저하게 격멸하면, 가령 대서양함대에서 태평양함대로 증강해도 상당한 기간 그 진공능력을 회복할 수 없을 것으로 판단했다.

• 항공모함의 행동

발함 위치는 쌍방 항공기의 항속거리에 지배되게 마련이다. 항공기는 이륙·상승, 편대 집결, 편대비행, 전투행동, 착함행동, 항법오차, 여유 등을 고려하면 행동반경이 짧아진다. 당시 일본군이 사용한 세 가지 기종을 종합하면 작전행동의 반경은 대체로 260해리 정도였다.

한편 당시 하와이에 있던 미 해군의 항모 탑재기의 성능은 그 작전행동의 반경이 최대 300해리로 판단되어, 공격대 수용위치는 진주만에서 300해리 이상 떨어져 발함위치를 정하는 것이 안전했다.

제1 항공함대에서는 일출 1시간 전 진주만의 북쪽 200해리에서 제1차 공격대를 발진하고, 북상하면서 제2차 공격대를 발진, 그 후 항공기를 수용할 계획 하에 한시라도 빨리 오아후 섬에서 300해리 권외로 탈출하도록 계획안을 수립하였다. 겐다(源田實) 참모는 지휘상의 견지에서, 모함이 도망치면서 항공기를 발착해서는 죽음을 각오하고 적진을 공격하는 탑승원의 사기에 관계된다고 해서 이 안을 적극 반대했다. 그리하여 제1차 공격대의 발

함 위치를 포드 섬의 북쪽 230해리로 하고, 제2차 공격대는 더욱 남하하여 200해리에서 발함 후 반전 북상키로 했다. 이렇게 해서 항공기의 수용 위치를 가능한 한 오아후 섬에 접근시켜 돌아오는 항공기의 수용을 쉽게 하기로 했다.

• 공격시간

군령부와 연합함대는 야간에 발함, 새벽에 공격하는 것으로 공습을 예정했으나, 조종사들의 기량 등을 고려해 새벽에 발함하는 주간공격으로 계획을 변경했다.

• 사전 정찰

기동부대의 행동, 항공기의 공격방법은 미 함대가 진주만에 정박하고 있는지, 훈련기지 라하이나에 정박하고 있는지 혹은 해상에서 훈련 중인지에 따라 달라진다. 따라서 사전에 이것을 정찰에 의해 확인해야 한다.

이러한 정찰은 항공기로 하는 것이 효과적이고 쉽지만, 공습 기도가 폭로될 우려가 있기 때문에 잠수함의 은밀 정찰에 의존키로 계획했다.

그러나 공습 직전의 비행정찰은 공격에 필요한 적정, 기상 등을 아는 데 절대로 필요하고, 적에게 발견되어도 시간관계상 기도의 폭로에 크게 영향을 미치지 않을 것으로 판단했다. 그리하여 비행정찰의 발함시각을 공격기 발함 30분 전으로 했다.

• 항공공격

기동부대의 모함병력은 제1, 제2, 제5 항공전대였으며, 제1, 제2 항공전대 조종사들은 숙련도가 높은 점을 감안하여 어려운 함선공격을, 제5 항공전대는 훈련이 불충분했기 때문에 비행장 공격을 담당하도록 계획되었다.

항공기는 한꺼번에 전부 발함시킬 수가 없기 때문에 두 번으로 나누어야 했다. 발함에서 다음 발함까지 소요되는 시간은 항공기 준비에 약 1시간, 발함에 약 10~15분이 소요되었으므로, 공격대 제1차, 제2차의 간격은 약간의 여유를 취하여 1시간 30분으로 했다.

이 공격대를 2회로 나눌 때, 제1차 공격은 기습이 가능성이 많고 적의 방해도 적을 것으로 미루어 뇌격雷擊, 대함선 수평폭격과 함폭기에 의한 비행장 선제공격을 실시키로 했다.

전함 및 항모의 공격은 뇌격과 철갑폭탄에 의한 수평폭격으로 하고, 제1, 제2 항공전대의 항공기 전부(90대)를 사용하며, 공격대의 구성은 진주만 부근의 공역空域을 고려하여 뇌격기 40대, 폭격기 50대로 했다. 그리고 기습의 경우 적의 대공포화를 받기 쉬운 뇌격대를 가장 먼저 돌입케 했다.

제1차 공격대의 함폭대(54대) 공격개시 후, 적 항공기를 목표로 적 비행장의 공격을 실시하지만, 적의 경계상황에 의해 항공대 공격 전에 선제공격을 실시하여 적 전투기의 발진을 방해하도록 했다. 이때 전투기대(45대)를 제1차 공격대에 수반케 하여 공격대의 엄호와 제공制空 및 지상 항공기의 공격을 실시케 했다.

제2차 공격대인 제1, 제2 항공전대의 함폭기 전부(81대)는 적의 항공모함, 순양함, 상황에 의한 전함의 순으로 공격하며 전과戰果를 철저히 얻도록 하였다. 폭격의 명중률은 80%로 보았으며, 그 반 수는 효과를 얻을 수 있을 것으로 예기했다.

제2차 공격대의 비행장 공격은 제5 항공전대의 항공기 전부(54대)를 가지고 수평폭격으로 하고, 전과戰果확대에 철저를 기하도록 했다.

나. 선견부대 작전계획의 검토

하와이 작전에서의 선견부대란 잠수함 부대를 뜻했다. 대미작전에 있어서, 주력 잠수함은 적 함대 주력의 소재지를 감시하고, 적이 출격했을 경우, 이를 보고하는 동시에 추적을 계속하며, 그 동안 습격을 반복해서 적 세력을 감쇄하여 적 함대 승무원들을 피로케 한 후 함대 결전에 참가하고, 상황에 따라 일부의 잠수함으로 미 본토 서해안의 해상교통 파괴를 실시하는 것을 임무로 삼았다. 이번의 하와이 작전계획에서도 그 용법의 기본적 사고방식에는 변함이 없었다.

선견부대는 기동부대가 공격을 실시한 후부터 적에게서 완전히 이탈할 때까지 기동부대에 대한 지원임무를 중시하고, 그 후는 종래의 대미작전 요령에 의해 행동한다는 계획을 세웠다.

기동부대의 공격이 성공하는 경우 1개 잠수대(3척)를 가지고 미 서해안의 해상교통의 파괴전을 실시할 계획이었다.

다. 개전에 대비한 훈련과 전비戰備

1) 연합함대

전비戰備작업을 끝낸 함정들은 1941년 9월 말경부터 내해 서부에 집결하여 훈련을 개시했다. 그 때까지 각 함정마다 승무원의 교체, 정비 작업 등 때문에 거의 훈련을 하지 못했다.

야마모토는 10월 9일 기함에서 도상연습을 하기에 앞서 다음과 같은 내용의 훈시를 했다. 즉 시국의 어려운 전망과 전비, 그리고 훈련 등에 대해서, 특히 전력戰力의 발휘는 각급 간부의 기량 여하에 많이 달려 있다는 점을 강조하며 개전 부서에 의한 초두의 작전은 전쟁 전국全局을 지배하는 중대한 작전으로서 중시되기 때문에 각대, 함은 이의 완수에 차질이 없도록 연구·훈련에 노력하도록 당부했다.

집결한 각 함정들은 특별훈련이라 칭하여 맹훈련을 개시했으나, 공창능력 등의 관계로 일부 함정들은 군항에서 정비를 하고 있었고, 정비를 끝내고 집결하는 상황이었다.

따라서 연합함대 훈련관계자의 필사적인 노력에도 불구하고 함대술력艦隊術力의 회복은 진첩이 늦었고, 전대 및 함대의 합동훈련도 실시하기 어려웠다.

겨우 10월 30일 및 11월 1일 전 병력에 의한 응용훈련과 종합훈련을 실시할 수 있었으나, 술력은 결국 바람직스러운 정도까지 이르지 못하고 있었다.

2) 항공모함부대

하와이 작전에 예정된 항공모함은 비행기대의 훈련을 위해 육상기지로 이동되었다. 이렇게 모함 가운데 반 수는 비행기대 훈련을 위해 규슈(九州)방면의 훈련기지 부근으로 배치되었고, 나머지 반 수는 군항에서 정비작업을 하는 두 가지 임무를 번갈아 가며 실시했다. 그리고 제5 항공전대는 신편성의 부대로, 조종사들은 모함 근무의 경험이 적어서 발착함發着艦 훈련이 중시되었으므로 비교적 빠른 시기에 규슈방면에 집결해서 훈련을 실시했다.

해상 연료보급 훈련은 하와이 기습작전이 해상상태가 가장 험악하고도 먼 북방항로를 경유함으로써 대단히 중시되었다. 그러나 배속된 급유선이 적었고 거기에다가 각 함의 정비를 위해 훈련지를 떠났으며, 또 훈련을 위해 산재하는 경우가 많아 훈련실시의 기회가 적어 본격적인 훈련개시는 10월 중순에 들어가서야 실시되었다.

3) 항공부대

엔다(淵田義津雄) 소령(1941년 10월 15일부로 중령으로 진급)은 8월 15일부로 비행대장으로 임명되어 제1 항공함대 소속의 모든 항공기 훈련을 통제·지도하게 되었다. 이것은 일본 해군으로서는 획기적인 조치였다. 왜냐하면 항공모함에 탑재된 항공기의 직접 교육담당자는 함장이었기 때문이다.

비행훈련은 11월 15일까지 완료하는 것을 목표로 했으며, 제1, 제2 항공전대는 함선공격을 목표로 하여 기술연마훈련을 실시했고, 제5 항공전대는 모함 항공부대로서 작전이 가능토록 하는 데 목표를 두고 실시되었다.

이러한 훈련은 시국을 반영하여 진지하게 실시되었는데, 10월 7일에는 비행장 및 비행대장에게 하와이 작전의 계획이 있음을 알렸고, 11월 상순경에는 비행과 사관들(일본 해군에는 하사관 조종사가 많았다)에게까지 이 계획을 알려 주어, 조종사들의 사기는 더욱 높아졌고 훈련은 더욱 심해졌다.

4) 기동부대 특별훈련 : (생략)

5) 잠수함 부대 : (생략)

5. 개전발령과 기동부대의 공격

일본은 국력과 자원면에서 미국과는 비교가 되지 않을 정도로 열세함에도 불구하고 왜 대미對美전쟁을 하게 되었는가 하는 문제는 연구할 만한 가치가 있으나, 본 논문의 주제 밖의 영역이기 때문에 생략하기로 한다.

1941년 11월 5일 일본정부는 「제국국책수행요령帝國國策遂行要領」을 결정한 바 있다. 따라서 외교와 군사를 병행해 가면서 외교 교섭에 약간의 희망을 걸었던 일본 수뇌들은 이미 개전을 불가피한 것으로 판단하고 있었다. 미국은 11월 26일 소위 「헐·노트」라고 칭하는 강경한 문서를 일본측에 보냈으며 일본정부는 이것을 최후 통고로 받아들였다.

12월 1일 개전에 대한 천황의 결단이 내려져, 군령부 총장은 작전부대에 대해 명령을 하달했다. 그러나, '무력발동의 시기는 나중에 명령한다'고 되어 있었다. 연합함대 사령부는 기동부대에 대해 12월 2일 17:30에 '×일을 12월 8일 오전 0시로 정했다.'(일본 시간)고 발신했다.

기동함대는 하와이를 향해 남하하고 있었고, 7일 03시에 대본영 해군부에서 대단히 적절하고도 주요한 정보를 입수했다. 즉 "항구에는 전함 9척, 경순양함 3척, 잠수함 모함 3

척, 구축함 17척이 정박해 있고, 중순양함 및 항공모함은 전부 출동 중이다. 함대는 특별한 경계를 하고 있지 않으며, 호놀룰루 시가는 평상시와 같고, 등화관제도 실시하지 않고 있다"는 것이었다.

충분한 정보를 입수한 기동부대는 공격을 진주만에 집중키로 결정하고 하와이 북쪽 200해리 지점에서 공격기를 발진 완료했으며, 기습 성공을 알린 것은 하와이 현지 시간으로 12월 7일(일요일) 07시 52분이었다.

제1차 공격대는 엔다 중령이 지휘했으며 합계 183대로 다음과 같이 구성되어 있었다.

- 제1집단 : 수평폭격대 49대, 뇌격대 40대
- 제2집단 : 급강하 폭격대 51대
- 제3집단 : 제공대 43대

제1차 공격대는 계획에 따라 공격 행동으로 옮겼으며, 각 대의 공격 목표는 다음과 같다.

- 급강하 폭격대 : 포드·히캄 비행장
- 뇌격기 : 전함
- 제공대 : 히캄 비행장
- 수평폭격대 : 전함

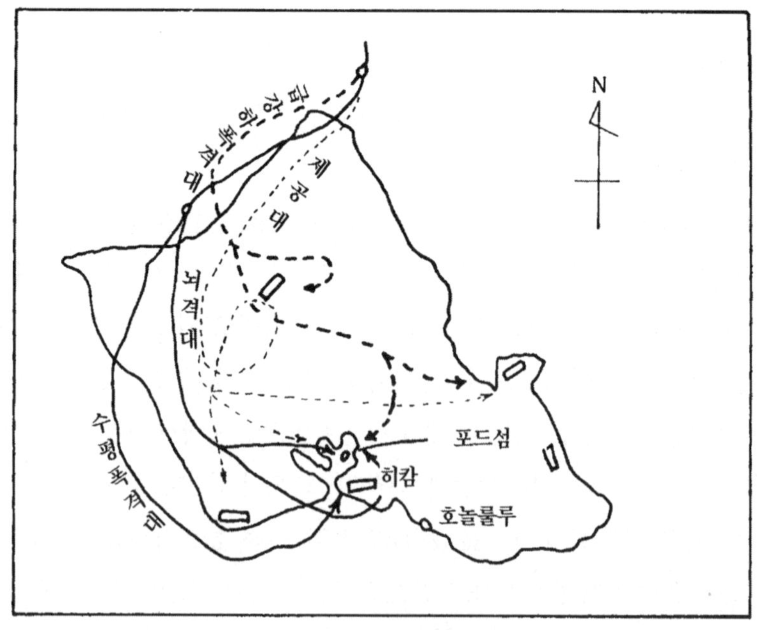

〈제1차 공격대 진입로〉

뇌격대는 저공으로 접적接敵할 때 함정으로부터 이미 약간의 공격을 받았으나 계획대로 뇌격을 실시했으며, 거의 명중시켜 예상 이상의 전과를 얻은 것으로 판단되었다.

수평 폭격대는 다행히 진주만 상공이 맑아서 폭격에 지장이 없었으며, 철갑폭탄의 위력이 상당하여 격침 당한 전함도 있었다.

제공대는 공격대의 상공에서 적 전투기의 반격에 대비했으나, 공격해 온 미군기는 불과 4대에 지나지 않았고 이것도 곧 격추시켰다.

제2차 공격대는 시마시키 소령이 지휘했으며, 합계 167대로 다음과 같이 구성되어 있었다.

- 제1집단 : 수평 폭격대 54대
- 제2집단 : 급강하 폭격대 78대
- 제3집단 : 제공대 35대

제2차 공격대도 제1차 공격대와 마찬가지의 요령으로 공격했으나 진입로는 달리했다. 미군에게도 약간의 시간 여유가 있어서 방어태세를 갖추어 치열한 대공포화를 발사함으로써 제2차 공격대는 많은 피해를 입었다.

기동부대의 지휘관 나구모南雲 제독은 제1격에서 귀함한 공격대에게 곧 차기 공격을 위한 출격준비를 실시토록 했으나, 제2격을 실시하지 않고 본국으로 귀환했다. 기동부대 지휘관이 제2격을 단념한 이유는 제1차의 공격으로 미 태평양 함대 주력 및 그 방면 항공 세력의 대부분을 격멸하여 거의 소기의 목적을 달성하여 제2격을 가해도 별로 큰 전과를 얻기가 어려운 것으로 판단했기 때문이었을 것이다. 한편 하와이 작전의 목적을 남방작전의 보조작전으로 해석하고 있었던 것이 제2격을 감행하지 않은 근본 원인이 아닌가 하는 견해도 있다. 기동함대의 전과는 아래와 같다.

가. 함 정
- 격침 : 전함 6척, 함형 미상 1척, 순양함 2척, 급유선 2척
- 대파 : 전함 2척, 순양함 3척, 구축함 3척
- 중파(수리 가능한 것) : 전함 2척, 순양함 4척

나. 항공기 및 육상시설
- 격추 14대, 종합 추정 파괴기 약 300대
- 격납고 16동 화재, 2동 파괴.
- 전사자 2,403명, 중상자 1,173명

일본군의 피해는 항공기 29대와 특수 잠수정 5척을 상실했다.

6. 맺음말(작전의 전략적 평가)

가. 작전목표의 달성 여부

대본영 해군부는 남방의 자원지역을 공략하여, 미 함대의 주력 요격의 배비를 완료하고 장기불패長期不敗의 태세를 갖추는 동시, 미 함대 주력이 내공한다면, 이를 요격·격멸하여 적의 전의戰意를 상실케 하는 작전방침을 택했다. 그리고 하와이 기습작전을 이 불패不敗의 태세가 갖추어질 때까지 미 함대 주력의 내공을 저지할 겸 미 함대의 세력을 감쇄할 목표로 실시했다.

그런데 기동함대는 훌륭하게 이 작전목표를 달성했을 뿐만 아니라, 미 태평양 함대의 전함에 심각한 타격을 주어 상당한 기간 동안 미 함대 주력의 서태평양 진공을 불가능케 하는 전가를 얻었다. 뿐만 아니라, 일본군의 손실은 극히 적었다.

한편 야마모토의 불패 태세의 확립에 대한 생각은 대본영 해군부가 생각한 것과는 달랐는데, 미 함대의 서태평양 기동능력을 박탈하여 남방 자원지역을 확보해야 비로소 달성된다는 것이었다. 또한 그는 장기전이 일본에게 대단히 불리하다고 생각했다. 따라서 그는 비밀히 하와이 기습공격에 의해 미 함대 주력에 통격을 가하여, 이로 인해 적의 사기를 상실케 하고, 미 함대의 서태평양 진공능력을 박탈하며, 특히 적의 항공모함에 의한 일본 본토 공습을 저지할 것을 기대하여 그 목표를 달성하려고 했다.

이런 견지에서 하와이 작전의 전과를 봤을 때, 야마모토는 적 함대의 주력을 격멸함으로써 서태평양의 진공을 저지하는 것과 적이 대혼란에 빠져 사기가 저하되었다는 점에서 어느 정도 목표가 달성되었다고 볼 수 있다. 그러나 적의 항공모함은 무상無傷 건재하여 있었기 때문에 작전목표의 일부는 달성되지 않았으며, 또한 장기 불패의 태세도 확고하지 못한 것으로 평가되었다. 이것은 그 후 현실로 나타나서 미 항공모함에 의한 일본 본토의 공습이 실행되었고, 이로 인해 미드웨이 작전을 실시하게 되었던 것이다.

여기서 유의해야 할 점은 야먀모토의 작전목표를 기동함대 지휘관인 나구모 제독이 확실하게 인식하지 못하고 있었던 점과 하와이 작전을 반대하고, 적극적으로 수행하려는 결의도 없는 지휘관에게 임무를 부여했다는 점이 아닐까 한다.

지휘관은 적어도 자기가 바라는 작전목표를 명확하게 수행자에게 납득시켜야 하며 적극적으로 그 임무를 수행할 사람을 임명하든가 아니면 스스로 지휘를 했어야 했다. 또한 야마모토는 하와이 공격개시 30분 전에 대미 최후 통고를 미 정부에 하도록 외무성에 당부했으나, 주미 일본대사관의 부주의로 공격 후에 전달되었다. 미 정부는 이것을 최대한 도로 활용하여 속임수의 기습으로 단정하고, '진주만을 상기하라!' 등의 구호로 전 국민을 대일전對日戰에 집결시켰고, 국민의 적개심과 사기를 자극하는 자료와 구실로 삼았다.

이로 인해 야마모토가 이 작전에서 기대했던 미 해군 및 국민들의 사기를 구할 수 없을 정도로 상실케 하고자 했던 작전의 정치적 목적은 달성되기는커녕, 오히려 역효과를 가져오고 말았다.

나. 전략사상에 미친 영향

무기의 발전에 따라 전쟁방식의 변화는 필연적으로 야기되며, 이에 어떻게 미리 대책을 강구하느냐 하는 문제가 전투의 승패에 결정적 영향을 미친다.

하와이 기습작전은 항공기의 급격한 발달과정에서 실시된 것이기 때문에 그 전과와 그 직후의 말라야 해전의 결과는 해상 병술사상海上兵術思想에 지대한 영향을 미쳤을 뿐만 아니라, 대함거포주의大艦巨砲主義와 항공 주병주의航空主兵主義에 명쾌한 판결을 내렸던 것이다.

항공기는 제1차 대전에 등장하여 새로운 무기로서의 능력을 발휘하게 되었다. 특히 미국의 미첼 장군은 항공기로써 해군 함정도 격침시킬 수 있다고 주장했다. 그리하여 1921년 7월 전리품으로 인수한 독일군의 전함 그리고 그 후에 미 함정을 가지고 실험하여 이를 격침시킴으로써 그의 주장의 정당성을 입증했다. 그러나 실전이 아니었기 때문에 설득력이 약했다.

그러므로 해전의 주력은 전함이 아니라, 항공기라는 것이 명백해졌음에도 불구하고 일본 해군의 수뇌부들은 아직도 대미작전에 있어서 전함이 함대의 주력이며, 항공기는 유력한 보조병력이라는 인식에 머물고 있었다. 그리하여 용병과 군비의 중심을 항공으로 전환하지 못했다.

미 해군도 개전 전에는 일본 해군과 마찬가지로 대함거포주의에 입각한 작전방식을 생각하고 있었으나, 개전벽두 태평양함대의 모든 전함이 괴멸적 타격을 입자 그것을 교훈으로 수용하여 그 후 항공모함을 중핵으로 하는 작전방식으로 전환했다. 즉 새로 건조한 고

속전함도 항공모함의 호위 병력으로 사용했고 신조함新造艦시에도 항공모함에다 자원과 인력을 집중 투입시켰다. 하와이의 패전 후 새로이 임명된 미 태평양 함대 사령관 니미츠 제독은 다음과 같이 논평했다.

> 미국 측의 관점에서 보았을 때, 진주만의 참패 정도는 당초 생각했던 것보다 크지 않았고 상상했던 것보다는 훨씬 경미했다.… 구식 전함을 일시에 잃었다는 것은 다른 면으로 보면 당시 극히 부족했던 훈련을 쌓은 승무원을 항공모함과 수륙 양용부대에 충당할 수 있었고, 그것은 미국으로 하여금 결정적으로 입증된 항모전법航母戰法을 채용케 했다.
>
> 공격목표를 함정으로 집중시킨 일본군은 기계공장을 무시했고 수리시설에 무관심했다. 일본군은 연료탱크에 저장된 450만 배럴의 기름도 놓쳤다. 장기간 저장한 이 연료가 없었다면 미 함대에 의한 진주만에서의 작전은 수 개월 동안 불가능했을 것이다.
>
> 미국에 있어서 행운이었던 것은 항모가 위난을 면한 것이었다. 제2차 세계대전에 있어서 가장 효과적 해군 무기인 고속항모 공격부대를 편성하기 위한 함정은 손해를 입지 않았다.

군사전략에 있어서 군사목표의 선정이 얼마나 중요한 과제인가를 니미츠 제독은 가르쳐 주고 있다. 일본군이 하와이 작전에서 미 해군의 전함을 격침시켰다는 것은 미 함대의 서태평양 진공을 저지시키기는커녕 오히려 항모전법으로 일본을 공격하는 항공 주병주의航空主兵主義로의 전환을 촉진시키는 결과가 되었다.

다. 기습작전 성공의 요인

일본 해군에 의한 진주만의 기습작전은 완전히 성공했다. 한편 미국의 루스벨트 대통령은 미국이 일본의 암호를 해독하고 있었기 때문에 일본이 진주만을 공격하는 것을 알고 있었으나 2차 대전에 개입할 심산으로 방치했다고 하는 설도 있는데, 아직 거기에 대한 확증은 없지만, 그러할 가능성은 있다고 필자는 생각한다※

루스벨트는 12월 18일 로버트를 장으로 하는 위원회를 설치하여 미군이 기습을 당한 진상과 책임의 소재를 밝히도록 지시했다. 로버트 위원회의 결론은 다음과 같다.

> ① 국무장관, 육·해군장관, 육군 참모총장 및 해군 작전부장은 충분한 시간의 여유를 가지고 하와이 육·해군 사령관에게 기습방지에 관한 경고와 명령을 내려 그 직책을 완수했다.

※ 이 문제는, Robert B. Stinnett, *DAY OF DELEIT－The truth about FDR and Pearl Harbor*(New-York : Touchstone, 2000)에서 상세히 규명되었음.

② 기습을 당한 책임은 하와이의 육·해군 사령관의 태만과 오판에 있다. 즉 양 사령관은 충분한 시간을 가지면서 해야 하고 또 할 수 있는 전비戰備 및 경계강화에 관해 아무런 조치를 취하지 않았다.

그러한 태만을 가져오게 한 것은 그들의 오판이었다. 즉 그들은 일본이 공세를 취한다면, 그것은 동남아시아가 될 것으로 생각했다. 이러한 판단은 일반적으로 넓게 유포되어 있었지만, 그렇다고 이 때문에 하와이 방위의 직접 책임자인 양 사령관의 책임이 면제되는 것은 아니다.

하와이 주재 육·해군의 협동방위계획에 의하면 육군은 오아후 섬 주변 20해리, 해군은 700~800해리까지의 초계정찰을 실시하도록 되어 있었으나, 당일은 실시되지 않았고, 또한 일본 항공기의 공격 한 시간 전에 레이다로 오아후 북쪽 130해리의 지점에서 다수의 항공기 편대를 발견했으나, 이 보고를 받은 경험이 미숙한 한 중위는 우군기로 생각하고 아무런 조치도 취하지 않았다.

만약 미 해군이 700해리 초계를 실시했다면, 일본 기동함대는 2일 전에 발견되었을 것이며, 그렇게 되었다면 그들의 계획은 별명 없이도 돌아가게 되어 있었다. 따라서 경계의 철저는 아무리 강조해도 지나치는 법이 없으리라.

세계의 해군국 가운데 가장 최초로 항모를 중심으로 기동함대를 운용했고, 사전 주도면밀한 계획 하에 충분한 준비와 훈련으로 대함대가 편도片道 3,500해리의 원정을 실시하여 완전한 기습으로 미 주력함대에 심한 타격을 주었다는 것은 해전사상에 있어서 빛나는 성과라 말하지 않을 수 없다.

그러나 진주만의 기습공격이 전술적으로 커다란 전과를 획득했음에도 불구하고, 그 전과가 군사전략과 더 나아가 국가전략에 기여를 하지 못했을 뿐만 아니라, 오히려 역효과를 가져왔다는 것도 부인하지 못할 결과였다. 따라서 전략 수립에 종사할 사람들은 이 점을 깊이 성찰해야 할 것이다.♣

(『軍史』 제19호, 국방부 전사편찬위원회, 1989. 12.)

—참고문헌—

(1) 防衛廳 戰史室 著, 『ハワイ作戰』, 東京 : 朝雲新聞社, 1967.
(2) 服部卓四郎 著, 『大東亞戰争全史』, 東京 : 原書房, 1965.
(3) 野村實 著, 『海戦史に学ぶ』, 東京 : 文藝春秋, 1985.
(4) 千早正隆 著, 『日本海軍の戦略發想』, 東京 : ペレジデント社, 1982.
(5) 鄕田充 著, 『航空戦力』, 東京 : 原書房, 1978.
(6) E. B. Potter and Chester W. Nimitz, *The Great Sea War*, Prentice-Hall, Inc. 1960.
(7) The Office of the Chief of Military History, Department of the Army, *Command Decisions*, Harcourt, Brace and Company, 1959.

군사학 총서의 발간취지

군사학은 전쟁이란 무엇이며, 전쟁의 준비·수행 및 억제와 연구방법 등에 관한 지식의 체계이다. 전쟁은 오랫동안 인류 생존의 기본 요소이며 수단으로 등장하였고, 현재뿐만 아니라 앞으로도 형태를 달리하면서 존속하리라. 그리고 전쟁은 국민의 생사·국가의 존망과 직결되는 문제이기 때문에 신중히 대처하지 않을 수 없다. 한민족의 평화적 통일·생존권의 확보 및 번영의 초석이 되는 군사학의 연구·발전을 위해 이 총서를 발간하는 것이니 독자의 지도 편달과 육성, 그리고 동참을 바라는 바이다. (이종학 : leechoy@daum.net)

<table>
<tr><th>번호</th><th colspan="2">책 명</th><th>저 자</th><th>발행연도</th><th>정가</th></tr>
<tr><td rowspan="2">1</td><td colspan="2">군사학 개론</td><td>이종학·길병옥 편저</td><td>2009년
(4·6배판, 594쪽)</td><td>35,000</td></tr>
<tr><td>내용</td><td colspan="4">군사학이 우리나라에서 학문으로 공식적으로 인정된 것은 2002년 12월이다. 군사학의 간략한 정의는, "전쟁의 본질과 성격 및 무력전의 준비 및 수행에 관한 통일된 지식체계"라는 점에서 그 범위도 설정되었다. 이런 관점에서 군사학의 다양성, 다차원성, 다변화성을 포괄하는 학문적 개론서로서 새로운 학문영역으로 자리 잡고 있는 군사학의 학문체계를 정리하고자 각 분야의 전문가 13명의 공동집필로 출간되었다.</td></tr>
<tr><td rowspan="2">2</td><td colspan="2">군사전략론</td><td>이종학 편저</td><td>2009년
(신국판, 450쪽)</td><td>25,000</td></tr>
<tr><td>내용</td><td colspan="4">우리 국군은 6·25전쟁과 베트남전 참전을 통해 전투경험은 했지만 전쟁을 하지 않았다는 것을 잊어서는 안 된다. 즉, 군사전략을 수립하여 전쟁을 수행해 본 일이 없는 것이다. 그래서 이 책은 군사전략 수립을 위한, 제1편 군사전략의 기초, 제2편 군사전략의 이론, 제3편 군사전략의 실제로 구성되어 있다. 군사전략은 군사목표, 군사전략개념 그리고 군사자원으로 구성되어 있는 결심사항을 간략한 문장으로 표기하며, 이것은 세 가지 기준, 즉 적합성, 가능성 및 수락성에 의해 검토된다는 것을 상세히 설명하고 있다.</td></tr>
<tr><td rowspan="2">3</td><td colspan="2">나의 학문과 인생</td><td>이종학 편저</td><td>2009년
(4·6배판, 606쪽)</td><td>30,000</td></tr>
<tr><td>내용</td><td colspan="4">평생을 군사학 분야 발전을 위해 헌신해온 이종학 교수의 八旬을 맞이하여 펴낸 책이다. 제1편은 나의 학문과 인생(이종학), 제2편은 군사학의 학문체계 및 발전방향(교수 에세이), 제3편은 군사학의 발전방향으로 군사학과의 박사과정을 이수했거나 혹은 이수중인 피교육자들의 학위논문 주제를 요약하거나 관심을 가진 분야에 대한 간략한 에세이를 수록했다. 부록에는 공군사관학교 57기생들에게 '군사학 특강'을 실시 후 그들의 소감문을 소개했다.</td></tr>
<tr><td rowspan="2">4</td><td colspan="2">한국군사사연구</td><td>이종학 지음</td><td>2010년
(4·6배판, 632쪽)</td><td>30,000</td></tr>
<tr><td>내용</td><td colspan="4">1981년 국방대학원에 재직할 때, 「현대 군사사의 연구방향」이라는 논문을 발표하면서 '군사사'에 대한 이론 정립을 시도했다. 즉, 군사사는 군사이론과 역사학이 결합된 학문인 동시에 군사학의 이론적 기초이며 근원이다. 이것을 기초로 하여 한국사 가운데 군사문제를 다루기 시작해 30년간의 연구 성과를 집대성한 것이며, 21편의 논문으로 구성되어 있다. 저자가 지난 반세기 동안 군사사 연구에서 얻은 결론과 기본철학을 소개하면 다음과 같다. 즉, "평화를 바란다면, 전쟁을 이해하고 이에 대비하라!"</td></tr>
</table>

<table>
<tr><td rowspan="2">5</td><td>전략이론이란 무엇인가
–『손자병법』과 『전쟁론』을 중심으로–</td><td>이종학 편저</td><td>2012년(개정보완판)
(신국판, 372쪽, 3판)</td><td>16,000</td></tr>
<tr><td>내용</td><td colspan="3">전략이론이란 무엇인가를 밝히면서, 원래 군사분야의 용어가 1960년대 이후 경영분야에도 활용되어 왔다는 것을 알아야 하고 군사전략뿐만 아니라, 국가전략 및 핵전략의 발전과정을 소개했다. 전략이론의 고전인 『손자병법』은 1972년 중국 산동성에서 『죽간 손자병법』이 나왔기에 그것을 삽입시켜 13편을 완역했다. 한편 클라우제비츠의 『전쟁론』은 내용이 너무 방대하기에 전술적 내용을 삭제한 抄譯을 했다. 직업군인과 최고 경영자들에게 전략이론을 알기 위한 필독서를 만들고자 꾸며 보았다.</td></tr>
<tr><td rowspan="2">6</td><td>6·25전쟁이란 무엇인가</td><td>이종학 지음</td><td>2011년
(4·6배판, 623쪽)</td><td>30,000</td></tr>
<tr><td>내용</td><td colspan="3">이 책은 40여 년 간에 걸친 6·25전쟁 연구의 총 결산이자 집대성한 내용이다. 6·25전쟁에 대한 연구와 분석을 통해 그 원인을 밝혀내고 평시에 안보태세를 굳건히 하는 것이 가장 기본적인 대책이라고 해법을 제시한다. 이 책은 마치 6·25전쟁을 구석구석 현미경으로 확대해 들여다보는 듯하며 지금까지 나왔던 6·25전쟁 관련 서적과 다르게 새로운 사실들과 풍부한 사료들을 담고 있기 때문에 6·25전쟁을 연구하는 전문가들이나, 석·박사과정의 학생들에게 많은 도움이 될 것이다.</td></tr>
<tr><td rowspan="2">7</td><td>현대 북한의 이해</td><td>박성규·길병옥 지음</td><td>2012년
(4·6배판, 336쪽)</td><td>25,000</td></tr>
<tr><td>내용</td><td colspan="3">탈냉전 이후 급변하는 국제상황 속에서 북한이라는 실체를 명확히 파악하고 한반도 평화통일의 기본 틀을 마련하는 데 기본적인 목적이 있다. 특히 남북한의 평화로운 통일과 기본적인 방향을 설정하는 데 있어서 가장 중요한 것은 북한을 제대로 이해하는 것이라는 점을 강조한다. 이 책은 현재 북한 관련 교재들이 북한의 실제를 제대로 파악하기에는 많이 부족하다는 점을 지적한다. 상식으로는 이해할 수 없는 북한이라는 체제 전체를 제대로 알 수 있는 교육이 절대적으로 필요하고 북한의 본질을 이해하여 그 대응책을 마련하는데 주요 초점을 두고 있다.</td></tr>
<tr><td rowspan="2">8</td><td>군사고전의 지혜를 찾아서</td><td>이종학 지음</td><td>2012년
(신국판, 537쪽)</td><td>25,000</td></tr>
<tr><td>내용</td><td colspan="3">인류의 역사는 투쟁사 혹은 전쟁사의 연속이라 할 수 있다. 그러한 급변하고 위태로운 정세하에서 어떻게 생존하며 또한 승리할 것인가 하는 그 방법과 지혜를 제시했으며, 동양의 손무가 저술한 『손자병법』(기원전 513?)과 서양의 클라우제비츠가 저술한 『전쟁론』(1832)이 군사고전에 속하며, 그것들의 시대적 배경과 철학적 기초를 밝히려고 지난 반세기 동안 시도한 에세이를 편집한 것이 이 책이다. 군사고전은 심오한 철학사상을 바탕으로 하고 있기 때문에 생명력과 실용성을 보유하고 있을 뿐만 아니라, 인생철학의 지침서요 또 경영전략의 참고서로써 최근에 와서 더 많은 각광을 받고 있다.</td></tr>
<tr><td rowspan="2">9</td><td>군제기본원리와
한국의 병역제도</td><td>나태종 편저</td><td>2012년
(신국판, 353쪽)</td><td>16,000</td></tr>
<tr><td>내용</td><td colspan="3">이 책은 군사제도의 기본원리란 무엇이며, 한국의 병역제도는 어떠한 방향으로 발전되어야 하는가를 독자가 이해하기 쉽도록 기술함으로써 군사학 전공자는 물론 관심 있는 일반인들도 부담 없이 접할 수 있다. 제1편 군제기본원리에서는 군사제도에 관한 역사적 교훈, 현대 국방사상이 군제에 미치는 영향, 군제의 제정절차를 소개하고 있다. 제2편 한국의 병역제도에서는 정부수립 이후로부터 현재에 이르기까지 시대별 병역제도의 변화요인을 분석한 후에 이를 스위스와 이스라엘의 병역제도와 비교평가 함으로써, 한국적 여건에 부합된 미래 지향적인 병역제도의 발전방안을 제시하고 있다.</td></tr>
</table>